안을 **연필**로 칠하거나 **동전**으로 긁으면 답이 나옵니다.

V 동물과 에너지

화보 5.1 우리 몸의 기관계

진도 교재 10쪽

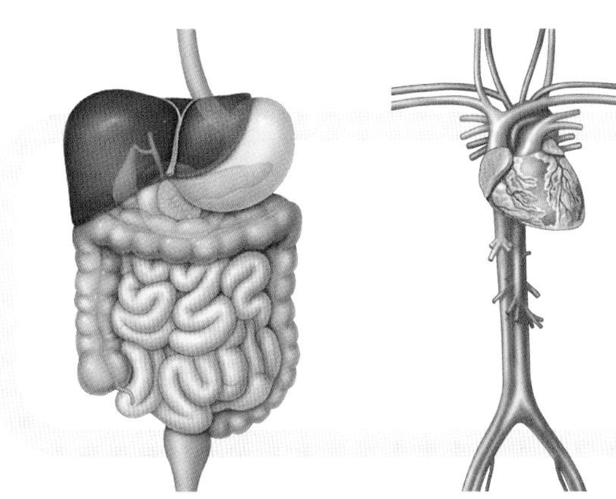

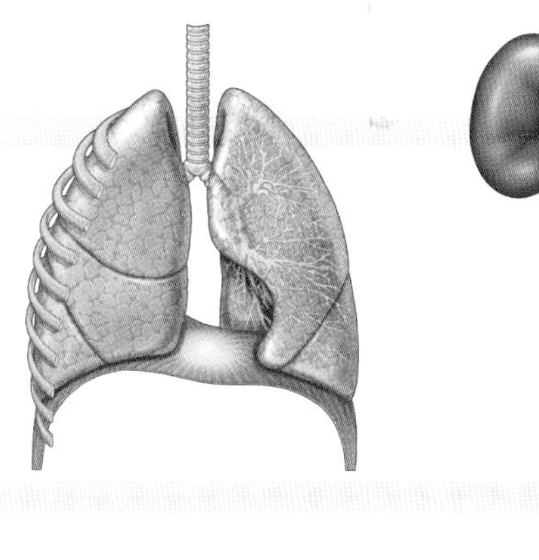

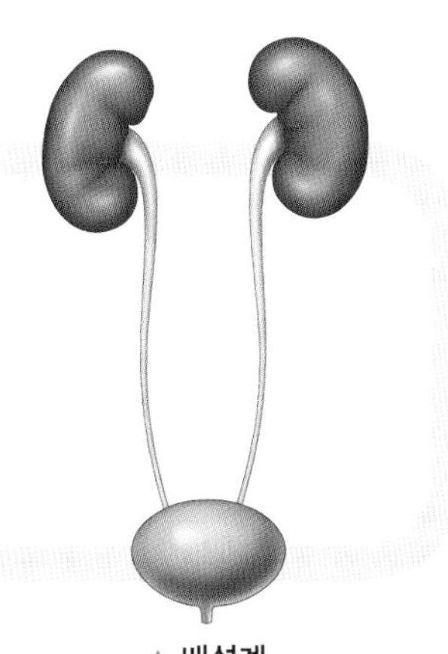

▲ 소화계　▲ 순환계　▲ [　　]　▲ 배설계

화보 5.2 심장의 판막

진도 교재 24쪽

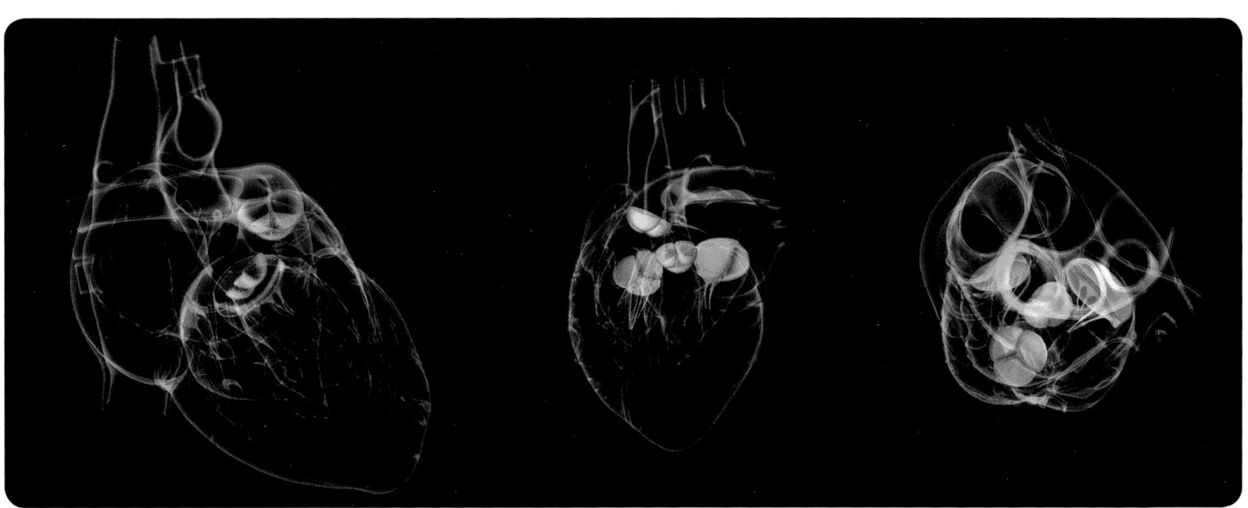

▲ 심장에서 판막은 심방과 [　　] 사이, 심실과 [　　] 사이에 있다.

화보 5.3 혈액의 구성

진도 교재 26쪽

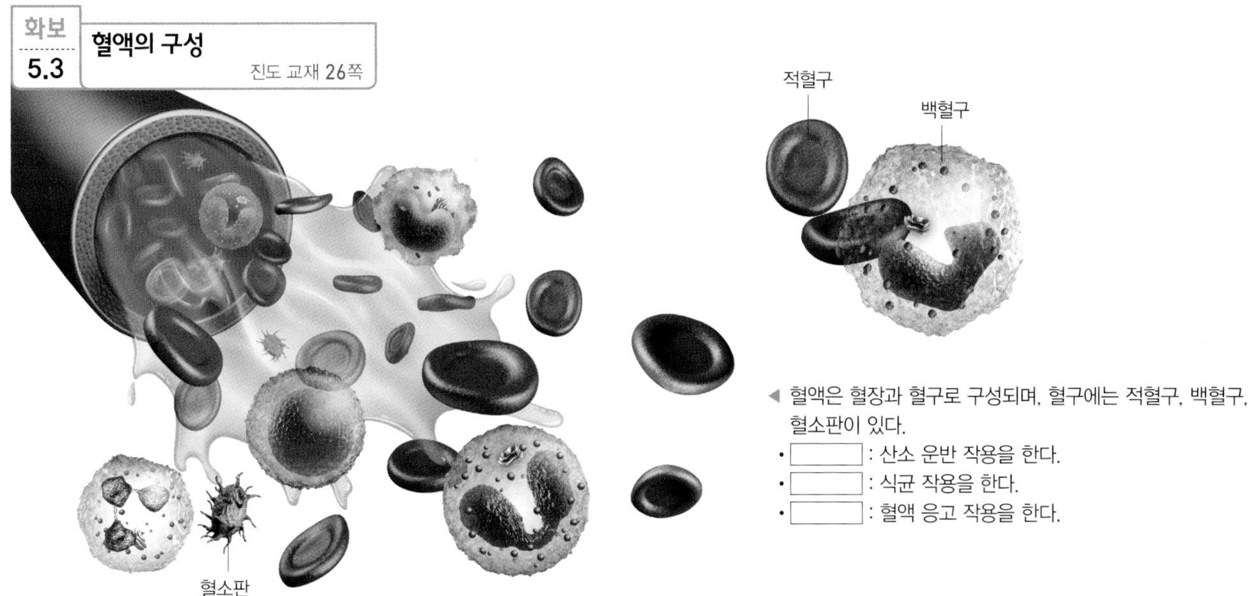

◀ 혈액은 혈장과 혈구로 구성되며, 혈구에는 적혈구, 백혈구, 혈소판이 있다.

- [　　] : 산소 운반 작용을 한다.
- [　　] : 식균 작용을 한다.
- [　　] : 혈액 응고 작용을 한다.

화보 5.4 **호흡계**

진도 교재 34쪽

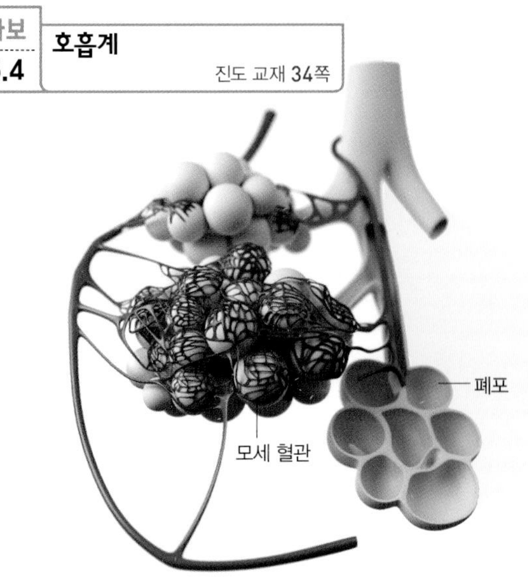

▲ **폐포** 폐는 수많은 [   ]로 이루어져 있어 공기와 닿는 표면적이 매우 넓기 때문에 기체 교환이 효율적으로 일어난다.

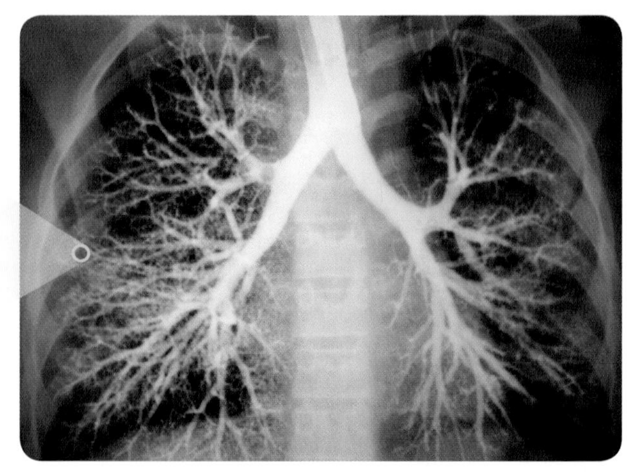

▲ **폐와 기관, 기관지** 기관은 두 개의 [   ]로 갈라져 좌우 폐와 연결되며, [   ]는 폐 속에서 더 많은 가지로 갈라져 폐포와 연결된다.

화보 5.5 **표면적을 넓히는 구조**

진도 교재 34쪽

▲ **어류의 아가미**

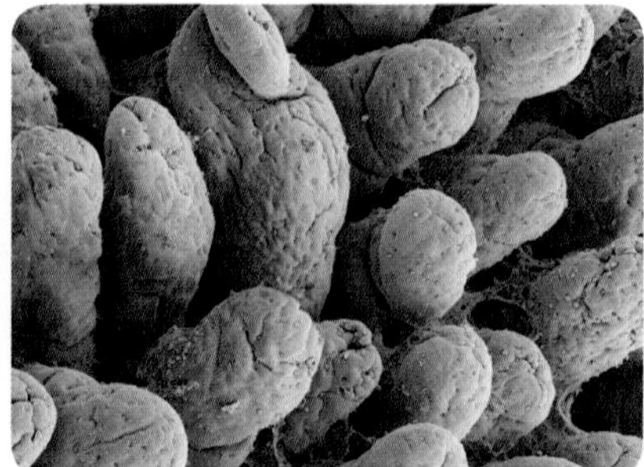

▲ **소장의 융털**

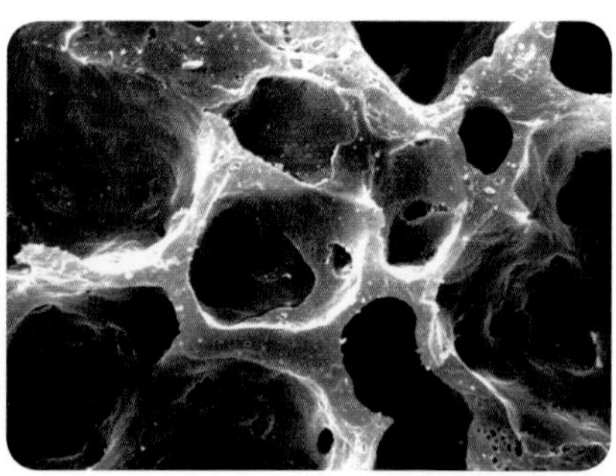

▲ **폐의 폐포**

화보 5.6 **배설계**

진도 교재 44쪽

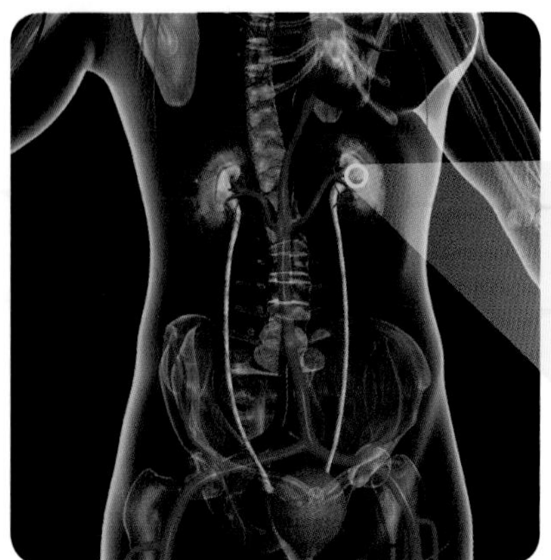

▲ **배설계**

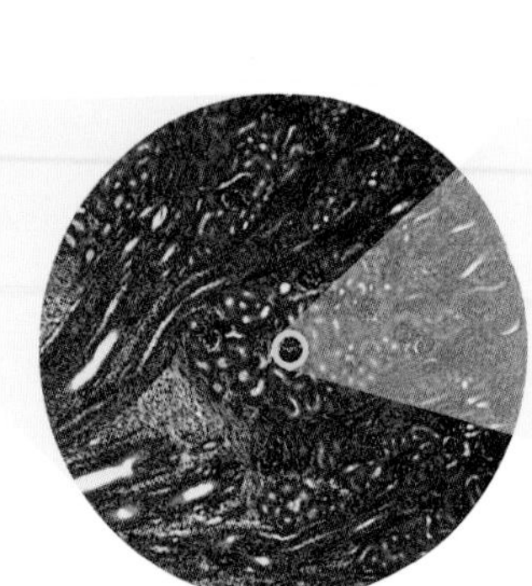

▲ **콩팥 단면**

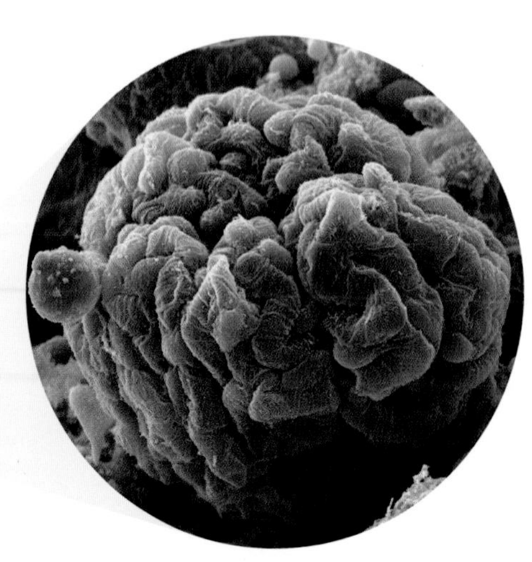

▲ **사구체** 사구체에서 보먼주머니로 크기가 작은 물질이 [   ]된다.

물질의 특성

화보 6.1 순물질과 혼합물

진도 교재 60쪽

순물질

한 종류의 원소로 이루어진 물질

▲ 금은 한 종류의 ____로 이루어진 물질이다.

두 종류의 이상의 원소로 이루어진 물질

▲ 물은 두 종류의 원소로 이루어진 물질이다.

혼합물

균일 혼합물

▲ 공기는 질소, 산소 등 여러 기체가 섞여 있고, 바닷물에는 수많은 물질이 녹아 있다. 공기와 바닷물은 ____ 혼합물이다.

불균일 혼합물

▲ 우유는 물, 단백질, 칼슘 등 여러 물질이 섞여 있는 ____ 혼합물이다.

화보 6.2 밀도

진도 교재 68쪽

▼ 밀도가 ____ 물질은 밀도가 ____ 물질 아래로 가라앉고, 밀도가 ____ 물질은 밀도가 ____ 물질 위로 뜬다.

나무

식용유

플라스틱

물

글리세린

돌

화보 6.3 혼합물의 밀도

진도 교재 68쪽

▼ 물에 소금을 녹일수록 소금물의 밀도가 ____지므로 달걀이 떠오른다.

화보 6.4 용해와 용액

진도 교재 70쪽

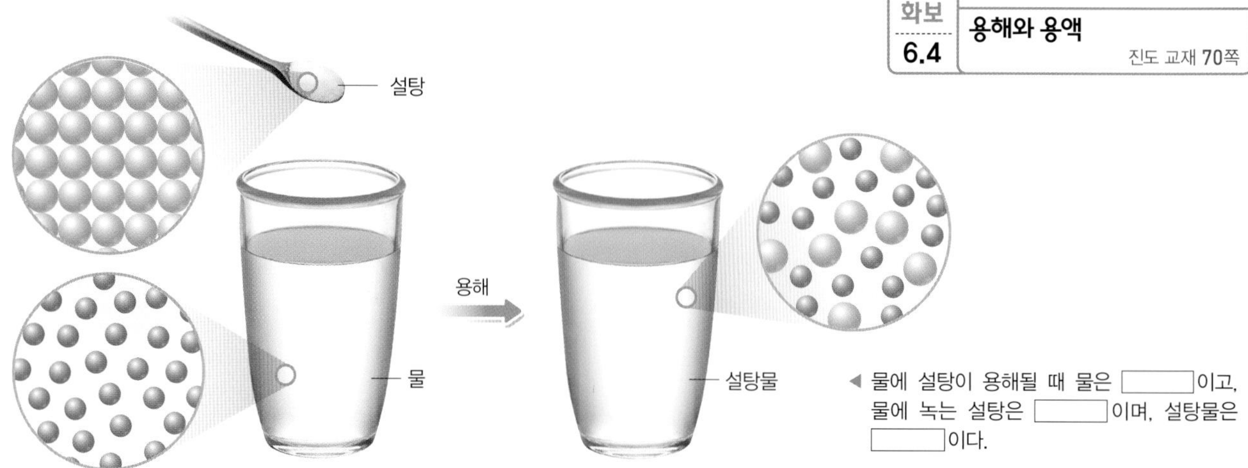

◀ 물에 설탕이 용해될 때 물은 [ ]이고, 물에 녹는 설탕은 [ ]이며, 설탕물은 [ ]이다.

화보 6.5 밀도 차를 이용한 분리

진도 교재 82쪽

▼ **분별 깔때기를 이용한 분리** 서로 섞이지 않고 밀도가 다른 액체의 혼합물은 분별 깔때기에 넣어 분리할 수 있다. 이때 밀도가 큰 아래층의 액체 물질을 먼저 분리하고, 밀도가 작은 위층의 액체 물질을 나중에 분리한다.

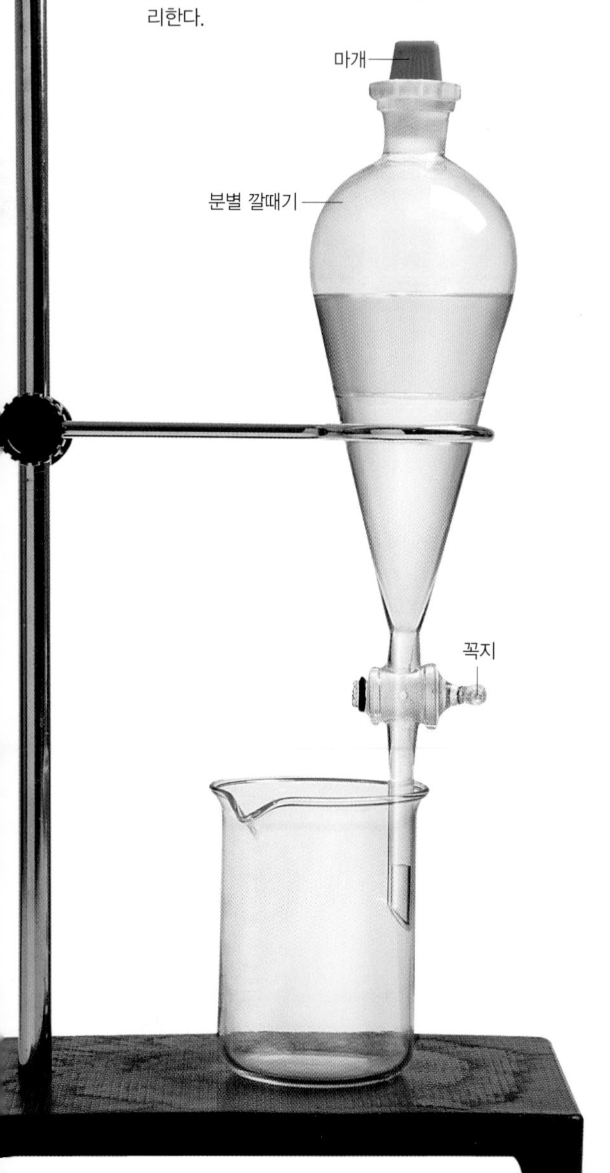

① 밀도가 큰 물질

혼합물이 두 층으로 나누어지면 마개를 열고 꼭지를 돌려 아래층의 액체 물질을 분리한다. 경계면 부근의 액체 물질은 따로 받아 낸다.

② 밀도가 작은 물질

분별 깔때기의 위쪽 입구를 이용하여 위층의 액체 물질을 분리한다.

화보 6.6 용해도 차를 이용한 분리

진도 교재 90쪽

▲ 천일염의 [ ] : 불순물이 섞인 천일염을 물에 녹인 다음 거름 장치로 거른 후 거른 용액을 증발시키면 깨끗한 소금을 얻을 수 있다.

수권과 해수의 순환

화보 7.1

수권의 분포

진도 교재 106쪽

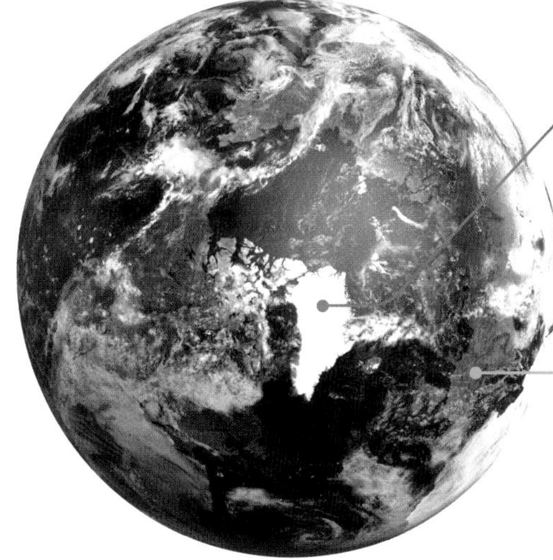

▲ **수권의 분포** 수권은 크게 해수와 담수로 구분하며, 해수가 대부분을 차지하고, 약 2.5 %에 해당하는 [　　]가 육지에 분포한다.

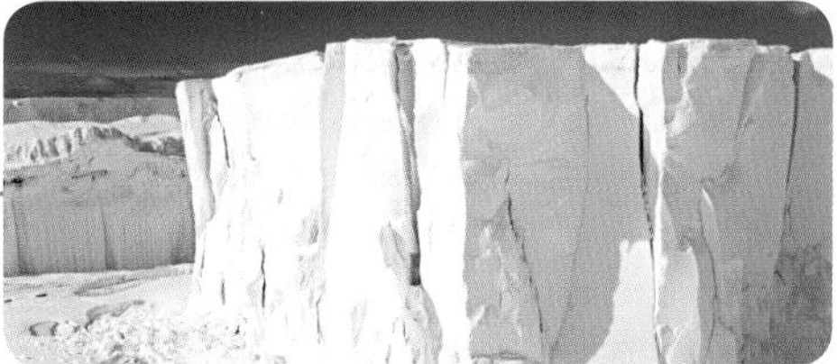

▲ **빙하** 빙하는 담수 중 가장 많은 양을 차지하며, 극지방이나 고산 지대에 분포한다.

▲ **호수와 하천수** 우리가 주로 사용하는 호수와 하천수는 수권 전체의 약 [　　] %에 불과하다.

화보 7.2

수자원의 용도

진도 교재 106쪽

생활용수 우리가 마시는 물이나 청소, 빨래 등 일상생활에 이용하는 물이다.

[　　] 농사를 짓거나 가축을 기르는 데 이용하는 물로, 우리나라에서 가장 많이 이용되는 용도이다.

수자원의 용도

공업용수 공장에서 제품을 만들거나 제품의 세척, 기계의 냉각 등에 이용하는 물이다.

유지용수 하천의 정상적인 기능을 하기 위해 수량을 유지하고, 수질을 개선하는 데 필요한 물이다.

화보 7.3

수자원의 용도

진도 교재 106쪽

▲ **수력 발전** 물을 이용하여 전기를 생산한다.

▲ **수상 스포츠** 큰 강이나 바다는 여가 생활을 즐기는 공간으로 활용되기도 한다.

▲ **온천** [ ]를 개발하여 온천과 같은 관광 자원으로 이용하기도 한다.

화보 7.4

수자원의 다양한 활용

진도 교재 122쪽

▲ **만조** [ ]로 해수면의 높이가 가장 높아질 때이다.

▲ **간조** 썰물로 해수면의 높이가 가장 낮아질 때로, 갯벌이 드러나거나 바다 갈라짐 현상이 나타나기도 한다.

화보 7.5

조석의 활용

진도 교재 122쪽

▼ **조력 발전** [ ]를 이용하여 전기를 생산한다.

▼ **조개 캐기** [ ] 때 넓게 드러난 갯벌에서 조개를 캔다.

열과 우리 생활

화보 8.1 온도와 입자 운동

진도 교재 134쪽

▼ 물체의 온도가 높을수록 입자 운동이 [ ]하다.

온도가 낮다.
→ 입자 운동이 [ ].

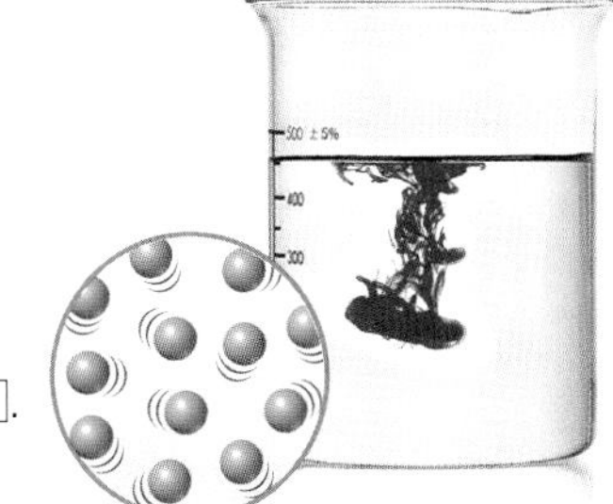

▲ 10 ˚C의 차가운 물

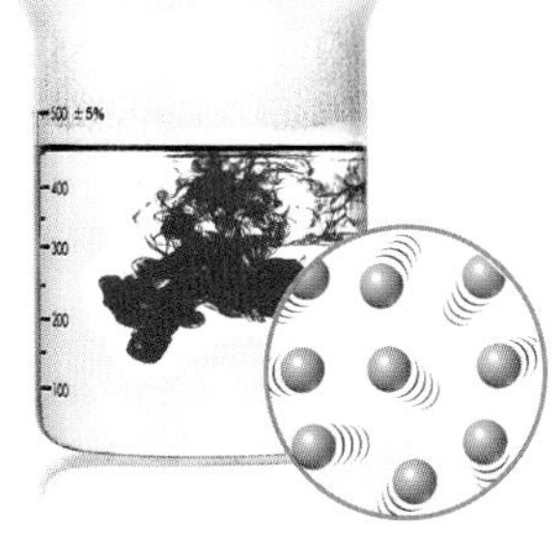

▲ 100 ˚C의 뜨거운 물

온도가 높다.
→ 입자 운동이 [ ].

화보 8.2 전도의 이용

진도 교재 134쪽

- 플라스틱은 열이 잘 [ ]되지 않는 물질이어서 손잡이로 많이 쓰인다.
- 프라이팬 바닥, 전기다리미 바닥, 냄비 바닥은 잘 [ ]되는 물질인 금속으로 만들어져 있다.

화보 8.3 복사의 이용

진도 교재 134쪽

태양열이 도달하는 양지는 온도가 높고 따뜻하다.
그늘에는 태양열이 닿지 않아 온도가 낮고 서늘하다.

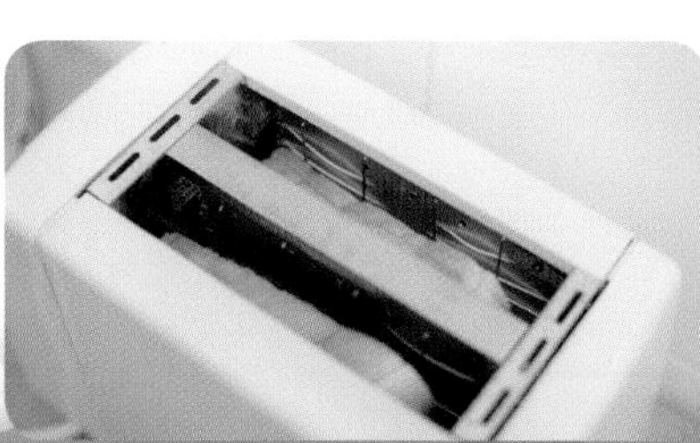

▲ 토스터는 복사열을 이용하여 빵을 굽는다.

▲ 적외선 카메라는 물체의 복사열을 감지하여 온도 분포가 보이는 사진을 찍을 수 있다.

내륙 지역 | 해안 지역

▲ 물이 많은 해안 지역에 비해 물이 적은 내륙 지역은 일교차가 ______.

화보 8.4 비열에 의한 현상 및 이용

진도 교재 144쪽

▲ 비열이 ______ 뚝배기는 뜨거운 상태를 오랫동안 유지해야 하는 음식을 요리할 때 사용한다.

▲ 비열이 ______ 금속 냄비는 음식을 빨리 요리할 때 사용한다.

화보 8.5 열팽창에 의한 현상 및 이용

진도 교재 146쪽

◀ 철로 만들어진 에펠탑은 열에 의해 팽창한다. 따라서 에펠탑의 높이는 겨울철보다 여름철에 더 ______.

▼ 철로 사이에 틈을 두어 여름철 철로가 ______ 하여도 철로가 휘어지지 않도록 한다.

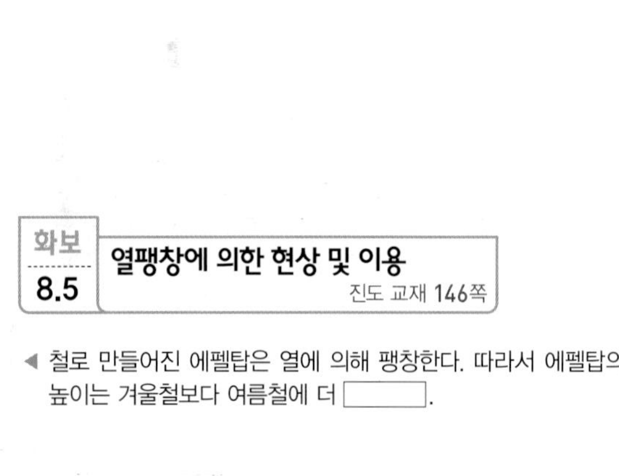

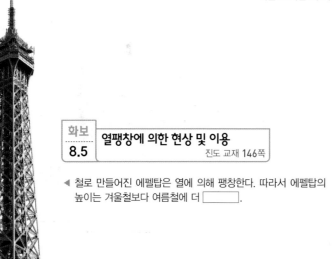

▲ 치아도 열에 의해 부피가 변한다. 따라서 충치를 치료할 때 충전재로 치아와 열팽창 정도가 비슷한 물질을 사용하여 온도 변화가 있을 때 뒤틀리거나 틈이 생기지 않도록 한다.

오투

2-2

제대로 된 과학 공부를 원한다면, 오투 ~!

오투의 '탁월함'은 어떻게 만들어진 것일까?

매해 전국의 기출 문제를 모아 영역별 → 단원별 → 개념별로 세분화하여 오투에 완벽하게 적용한다.

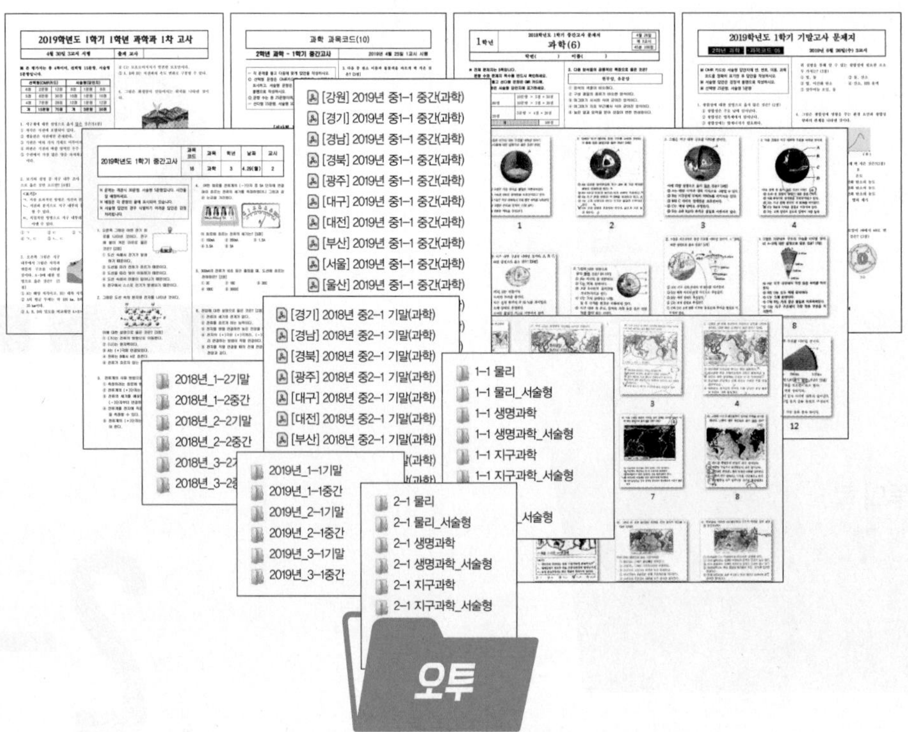

- 기출 문제 분석을 통한 **핵심 개념 정리**
- 중요하면서 까다로운 주제 도출 및 공략 **여기서 잠깐**
- 시험에 꼭 나오는 탐구와 탐구 문제 **오투실험실**
- 자주 나오는 기출 문제 구조화 **개념 쏙쏙, 내신 쑥쑥, 실력 탄탄**

오투의 완벽한 학습 시스템

1 체계적인 오투 학습을 통해 과학 공부의 즐거움을 경험할 수 있다.

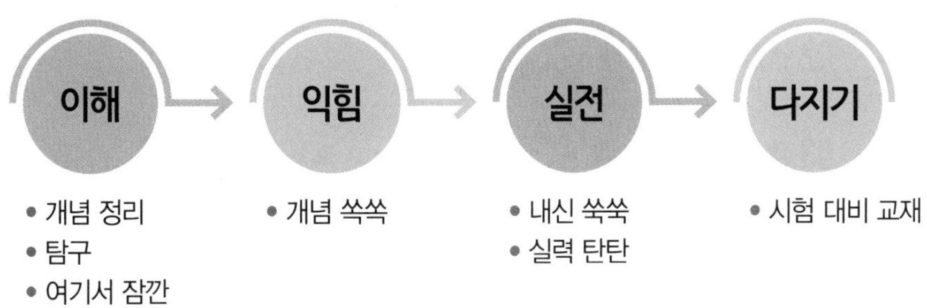

- 이해: • 개념 정리 • 탐구 • 여기서 잠깐
- 익힘: • 개념 쏙쏙
- 실전: • 내신 쑥쑥 • 실력 탄탄
- 다지기: • 시험 대비 교재

2 오투의 탁월함에 생생함을 더했다. 실험 과정부터 원리 설명까지 실험 속 생생함을 오투실험실에서 경험할 수 있다.

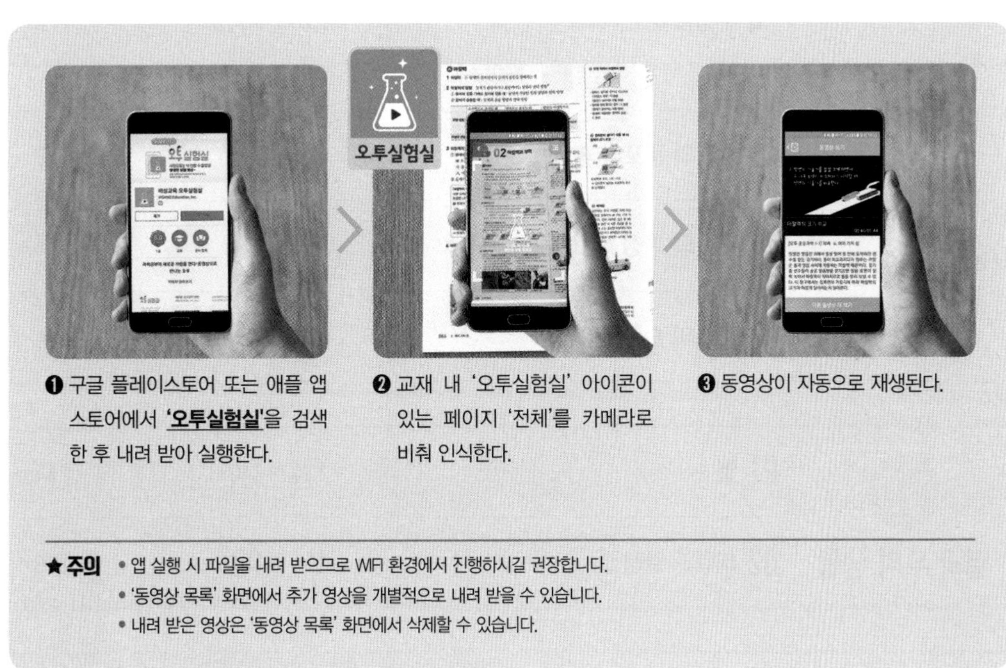

❶ 구글 플레이스토어 또는 애플 앱스토어에서 **'오투실험실'**을 검색한 후 내려 받아 실행한다.

❷ 교재 내 '오투실험실' 아이콘이 있는 페이지 '전체'를 카메라로 비춰 인식한다.

❸ 동영상이 자동으로 재생된다.

★**주의**
- 앱 실행 시 파일을 내려 받으므로 WIFI 환경에서 진행하시길 권장합니다.
- '동영상 목록' 화면에서 추가 영상을 개별적으로 내려 받을 수 있습니다.
- 내려 받은 영상은 '동영상 목록' 화면에서 삭제할 수 있습니다.

오투와 내 교과서 비교하기

아래 표를 어떻게 봐야 할지 모르겠다구?
먼저 내 교과서 출판사명과 시험 범위를 확인하는 거야!
음... 비상교육 교과서 150~163쪽이면 오투 10~23쪽까지를 공부하면 돼.

미래엔	천재교과서	동아	YBM
158 ~ 167	154 ~ 167	150 ~ 159	157 ~ 169
168 ~ 173	168 ~ 175	160 ~ 167	170 ~ 176
174 ~ 177	176 ~ 181	168 ~ 173	177 ~ 181
178 ~ 187	182 ~ 189	174 ~ 181	182 ~ 190
196 ~ 203	197 ~ 203	191 ~ 193, 200 ~ 201	202 ~ 204, 210 ~ 211
204 ~ 212	204 ~ 211	194 ~ 199	206 ~ 209
214 ~ 219	215 ~ 219	205 ~ 209	214 ~ 219
220 ~ 227	220 ~ 225	210 ~ 213	220 ~ 225
238 ~ 242	235 ~ 239	225 ~ 227	238 ~ 243
244 ~ 249	243 ~ 248	228 ~ 231	246 ~ 249
250 ~ 254	249 ~ 253	235 ~ 239	250 ~ 253
264 ~ 275	262 ~ 273	250 ~ 261	266 ~ 278
276 ~ 282	274 ~ 283	262 ~ 271	280 ~ 288
294 ~ 305	290 ~ 299	280 ~ 291	298 ~ 307

오투의 단원 구성

V 동물과 에너지

VI 물질의 특성

Ⅶ 수권과 해수의 순환

Ⅷ 열과 우리 생활

Ⅸ 재해·재난과 안전

2-1에서 배운 내용

Ⅰ. 물질의 구성	Ⅱ. 전기와 자기	Ⅲ. 태양계	Ⅳ. 식물과 에너지
01 원소	01 전류의 발생	01 지구의 크기와 운동	01 광합성
02 원자와 분자	02 전류, 전압, 저항	02 달의 크기와 운동	02 식물의 호흡
03 이온	03 전류의 자기 작용	03 태양계의 구성	

동물과 에너지

다른 학년과의 연계는?

초등학교 5학년

- 소화, 순환, 호흡, 배설 : 영양소와 산소의 흡수 및 운반, 이를 이용한 에너지 생성과 그 과정에서 만들어진 노폐물의 배설 과정이 연결되어 작용한다.

중학교 2학년

- 생물의 구성 단계 : 생물은 세포 → 조직 → 기관 → 개체의 단계로 이루어진다.
- 소화, 순환, 호흡, 배설 : 세포 호흡이 잘 일어나려면 소화계, 순환계, 호흡계, 배설계가 유기적으로 작용해야 한다.

생명과학 Ⅰ

- 생명 활동과 에너지 : 세포 호흡은 주로 세포의 미토콘드리아에서 일어나며 방출된 에너지의 일부는 ATP라는 화합물에 화학 에너지 형태로 저장되고, 나머지는 열로 방출된다.

이 단원에서는 소화, 순환, 호흡, 배설 과정이 유기적으로 일어나야 하는 까닭을 알아본다.
이 단원을 들어가기 전에 이전 학년에서 배운 개념을 확인해 보자.

알고 있나요?

다음에서 필요한 단어를 골라 빈칸을 완성해 보자.

산소, 심장, 영양소, 노폐물, 이산화 탄소, 혈관

초5

1. 소화

① 소화 : 우리 몸에 필요한 ❶□□□가 들어 있는 음식물을 잘게 쪼개어 몸에 흡수될 수 있는 형태로 분해하는 과정

② 소화 기관 : 입, 식도, 위, 작은창자, 큰창자, 항문 등

③ 음식물을 먹고 소화시킴으로써 생명을 유지하는 데 필요한 영양소를 얻어 활동할 수 있다.

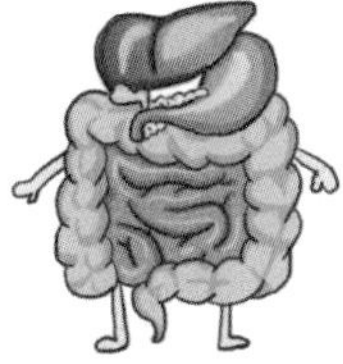
▲ 소화 기관

2. 순환

① 순환 : 심장에서 나온 혈액이 혈관을 따라 온몸을 거친 다음 다시 심장으로 돌아오는 과정

② 순환 기관 : 심장, 혈관 등

③ ❷□□은 펌프 작용을 통하여 혈액을 온몸으로 순환시키고, ❸□□은 몸 전체에 퍼져 있어 혈액의 이동 통로 역할을 한다.

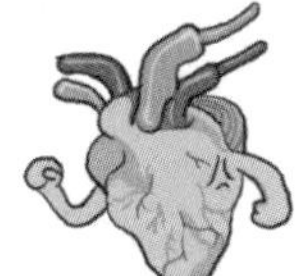
▲ 순환 기관

3. 호흡

① 호흡 : 숨을 들이마시고 내쉬는 활동

② 호흡 기관 : 코, 기관, 기관지, 폐 등

③ 호흡 기관은 몸에 필요한 ❹□□를 들이마시고, 불필요한 ❺□□□□□를 몸 밖으로 내보낸다.

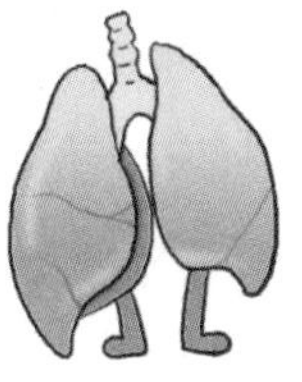
▲ 호흡 기관

4. 배설

① 배설 : 혈액에 있는 ❻□□□을 몸 밖으로 내보내는 과정

② 배설 기관 : 콩팥, 방광 등

③ 콩팥은 혈액을 통하여 운반된 노폐물을 걸러 내어 오줌을 만들고, 오줌은 방광을 통하여 몸 밖으로 내보내진다.

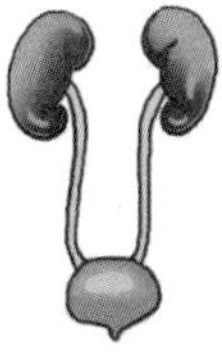
▲ 배설 기관

정답 | ❶ 영양소 ❷ 심장 ❸ 혈관 ❹ 산소 ❺ 이산화 탄소 ❻ 노폐물

01 소화

A 생물의 구성 단계

1 생물 몸의 구성 단계 다양한 세포가 체계적으로 모여 *유기적으로 구성되어 있다.
➡ 세포 → 조직 → 기관 → 개체의 단계로 이루어져 있다.

2 동물 몸의 구성 단계 기관이 모여 기관계를 이루고, 기관계가 모여 개체를 이룬다.

세포 → 조직 → 기관 → 기관계 → 개체❶

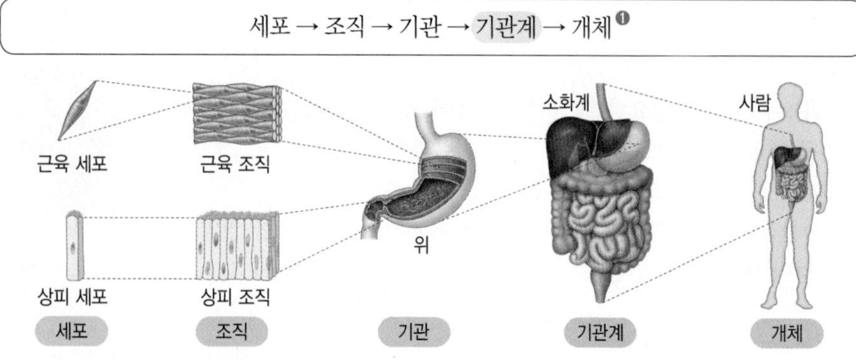

세포	생물의 몸을 구성하는 기본 단위 예 근육 세포, 상피 세포, 신경 세포, 혈구
조직	모양과 기능이 비슷한 세포가 모인 단계 예 근육 조직, 상피 조직, 신경 조직, 결합 조직
기관	여러 조직이 모여 고유한 모양과 기능을 갖춘 단계❷ 예 위, 폐, 간, 심장, 콩팥, 방광
기관계	관련된 기능을 하는 몇 개의 기관이 모여 유기적 기능을 수행하는 단계 입, 간, 대장, 소장, 위 / 심장, 혈관 / 코, 기관, 폐 / 콩팥, 방광 ▲ 소화계 양분을 소화하여 흡수한다. ▲ 순환계 여러 가지 물질을 온몸으로 운반한다. ▲ 호흡계 기체를 교환한다. ▲ 배설계 노폐물을 걸러 몸 밖으로 내보낸다.
개체	기관계가 체계적으로 연결되어 이루어진 독립된 생물체 예 사람

화보 5.1

B 영양소

1 영양소 몸을 구성하기도 하고 생명 활동에 필요한 에너지를 내거나 몸의 기능(생명 활동)을 조절하는 물질로, 음식물에 들어 있다.

2 탄수화물, 단백질, 지방 *에너지원으로 이용되는 영양소이다.❸ ➡ 3대 영양소

구분	기능과 특징	많이 들어 있는 음식물
탄수화물	• 주로 에너지원으로 이용된다.❹ • 남은 것은 지방으로 바뀌어 저장된다. • 종류 : 녹말, 엿당, 설탕, 포도당 등	밥, 국수, 빵, 고구마, 감자
단백질	• 주로 몸을 구성하며, 에너지원으로도 이용된다.❺ • 몸의 기능을 조절한다.	살코기, 생선, 달걀, 두부, 콩
지방	• 몸을 구성하거나 에너지원으로 이용된다.	땅콩, 깨, 참기름, 버터

플러스 강의

내 교과서 확인 | 미래엔, 동아

❶ 식물 몸의 구성 단계

세포 → 조직 → 조직계 → 기관 → 개체

예 표피 세포 → 표피 조직 → 표피 조직계 → 잎 → 나무
- 조직계 : 식물에서 여러 조직이 연결되어 일정한 기능을 하는 단계로, 다양한 조직계가 모여 뿌리, 줄기, 잎, 꽃과 같은 기관을 이룬다.
- 동물의 몸에는 기관계가 있고, 식물의 몸에는 조직계가 있다.

❷ 삼겹살이 기관이 아닌 까닭

삼겹살은 여러 종류의 조직으로 이루어져 있지만, 고유한 모양과 특별한 기능이 있다고 할 수 없기 때문에 기관이 아니다.

❸ 영양소의 구분
- 에너지원으로 이용되는 영양소 : 탄수화물, 단백질, 지방
- 에너지원으로 이용되지 않는 영양소 : 무기염류, 바이타민, 물

내 교과서 확인 | 미래엔

❹ 영양소와 에너지

탄수화물과 단백질은 1 g당 약 4 kcal의 에너지를 내고, 지방은 1 g당 약 9 kcal의 에너지를 낸다.

❺ 청소년에게 특히 많이 필요한 영양소

주로 몸을 구성하는 단백질은 성장기인 청소년에게 특히 많이 필요하다.

용어 돋보기

*유기적(有 있다, 機 틀, 的 과녁)_전체를 구성하고 있는 각 부분이 서로 밀접하게 관련되어 있어 떼어 낼 수 없는 것

*에너지원(源 근원)_에너지의 근원

● 정답과 해설 2쪽

A 생물의 구성 단계

- □□ : 생물의 몸을 구성하는 기본 단위
- □□ : 모양과 기능이 비슷한 세포가 모인 단계
- □□□ : 식물에서 여러 조직이 연결되어 일정한 기능을 하는 단계
- □□ : 조직 또는 조직계가 모여 고유한 모양과 기능을 갖춘 단계
- □□□ : 동물에서 관련된 기능을 하는 몇 개의 기관이 모여 유기적 기능을 수행하는 단계
- □□ : 기관 또는 기관계가 체계적으로 연결되어 이루어진 독립된 생물체

B 영양소

- 에너지원으로 이용되는 영양소 : 탄수화물, □□□, 지방

A

1 각 구성 단계의 ( ) 안에 알맞은 말을 쓰시오.

(1) 생물 몸의 공통 구성 단계 : ㉠( ) → 조직 → ㉡( ) → 개체

(2) 동물 몸의 구성 단계 : 세포 → ㉠( ) → 기관 → ㉡( ) → 개체

(3) 식물 몸의 구성 단계 : 세포 → 조직 → ㉠( ) → ㉡( ) → 개체

2 그림은 사람 몸의 구성 단계를 순서 없이 나타낸 것이다.

(가)

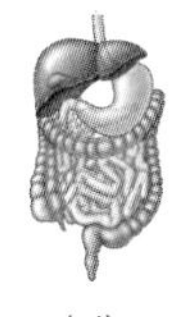
(나)

(다)

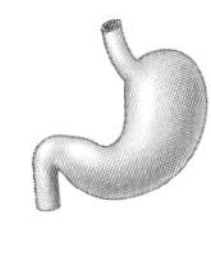
(라)

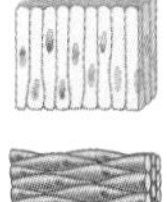
(마)

(1) (가)~(마)에 해당하는 단계를 각각 쓰시오.

(2) (가)~(마)를 작은 단계부터 순서대로 나열하시오.

3 다음에서 각 기관계를 구성하는 기관을 각각 찾아 쓰시오.

위	간	폐	콩팥	심장
기관	소장	혈관	방광	대장

(1) 소화계 : ________________ (2) 순환계 : ________________

(3) 호흡계 : ________________ (4) 배설계 : ________________

4 생물 몸의 구성 단계에 대한 설명으로 옳은 것은 ○, 옳지 않은 것은 ×로 표시하시오.

(1) 소화계는 양분을 소화하여 흡수한다. ( )

(2) 동물의 몸에만 있는 단계는 기관이다. ( )

(3) 식물의 몸에는 조직계와 기관계가 모두 있다. ( )

(4) 순환계는 여러 가지 물질을 온몸으로 운반한다. ( )

(5) 동물의 몸은 한 종류의 세포로만 이루어져 있다. ( )

(6) 식물의 몸에서는 뿌리, 줄기, 잎과 같은 조직이 모여 조직계를 이룬다. ( )

암기 쾅 동물 몸의 구성 단계

세조의 기막힌 기개
포 직 관 관 체 계
내가 왕이 될 상인가?

B

5 영양소의 특징을 옳게 연결하시오.

(1) 탄수화물 • • ㉠ 주로 에너지원으로 이용된다.

(2) 단백질 • • ㉡ 땅콩, 깨, 참기름 등에 많이 들어 있다.

(3) 지방 • • ㉢ 주로 몸을 구성하고, 몸의 기능을 조절한다.

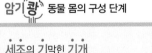

3 무기염류, 바이타민, 물 에너지원으로 이용되지 않는 영양소이다.

구분	기능과 특징	많이 들어 있는 음식물
무기염류	• 뼈, 이, 혈액 등을 구성하며, 몸의 기능을 조절한다. • 종류 : 나트륨, 철, 칼슘, 칼륨, 마그네슘, 인 등	멸치, 버섯, 다시마, 우유
바이타민	• 몸의 구성 성분이 아니다. • 적은 양으로 몸의 기능을 조절한다. • 종류 : 바이타민 A, B_1, C, D 등❶	과일, 채소
물	• 몸의 구성 성분 중 가장 많다. ➡ 약 60 %~70 % • 영양소와 노폐물 등 여러 가지 물질을 운반한다. • 체온 조절에 도움을 준다.	—

4 영양소 검출 탐구 a 16쪽

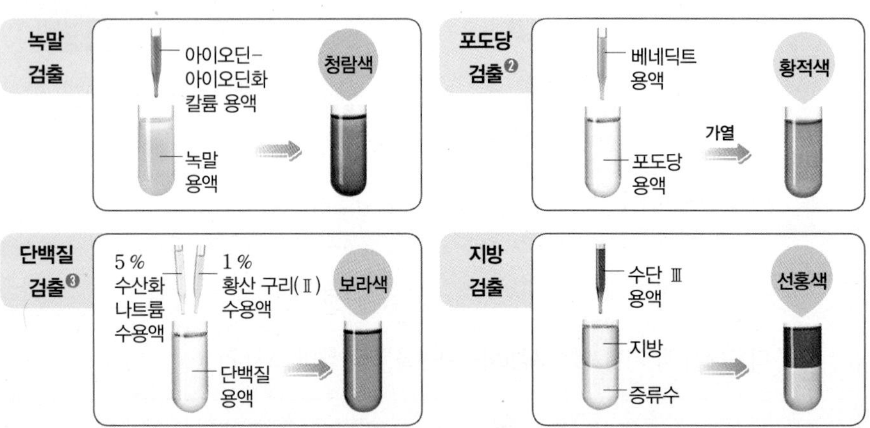

C 소화

1 소화 음식물 속의 크기가 큰 영양소를 크기가 작은 영양소로 분해하는 과정

① **소화의 필요성** : 영양소를 세포로 흡수하여 이용하려면 영양소의 크기가 세포막을 통과할 수 있을 만큼 작아야 한다.

② **소화 효소** : 크기가 큰 영양소를 크기가 작은 영양소로 분해하는 물질 ➡ 각각의 소화 효소는 한 종류의 영양소만 분해하며, 체온 범위에서 가장 활발하게 작용한다.

2 소화계 입, 식도, 위, 소장, 대장, 간, 쓸개, 이자 등으로 이루어져 있다.

• **소화관** : 음식물이 직접 지나가는 곳으로, 입 - 식도 - 위 - 소장 - 대장 - 항문으로 연결되어 있다.

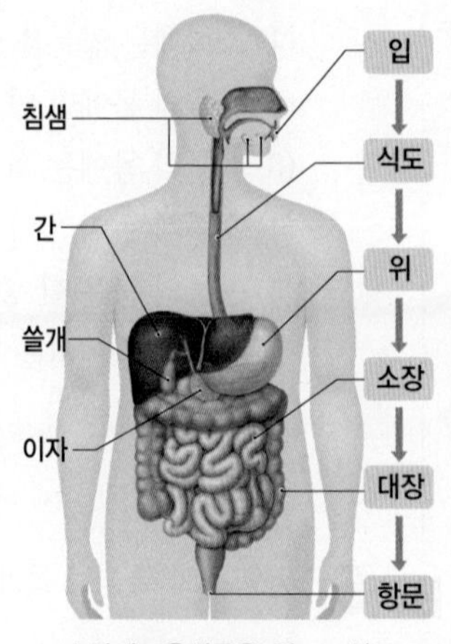

▲ 소화계 음식물은 입 → 식도 → 위 → 소장 → 대장 → 항문의 경로로 이동하며, 간, 쓸개, 이자 등에는 음식물이 지나가지 않는다.

3 입과 위에서의 소화

입	• 녹말 분해 : 침 속의 소화 효소인 아밀레이스가 녹말을 엿당으로 분해한다.❹ 탐구 b 17쪽 • 입에서는 음식물을 이로 잘게 부수고, 침과 골고루 섞는 작용이 일어난다.❺
위	• 단백질 분해 : 위액 속의 소화 효소인 펩신이 염산의 도움을 받아 단백질을 분해한다. • 위액 속에 들어 있는 강한 산성을 띠는 염산은 펩신의 작용을 돕고, 음식물에 섞여 있는 세균을 제거하는(살균) 작용을 한다.

플러스 강의

내 교과서 확인 | 천재

❶ 바이타민 결핍증
• 바이타민은 음식물로 섭취해야 하며, 섭취량이 부족하면 결핍증이 나타난다.
• 괴혈병 : 바이타민 C 결핍증으로, 잇몸이 붓고 피가 나며 피부에 멍이 들고, 관절통을 느낀다.

❷ 포도당 검출
• 베네딕트 용액으로 포도당을 검출할 때는 가열을 해야 색깔 변화가 빠르게 일어난다.
• 베네딕트 용액을 이용하여 포도당 외에 엿당, 과당 등의 당분도 검출할 수 있다.

❸ 뷰렛 용액
단백질을 검출할 때 사용하는 '5 % 수산화 나트륨 수용액+1 % 황산 구리(Ⅱ) 수용액'을 뷰렛 용액이라고 한다.

❹ 밥을 오래 씹으면 단맛이 나는 까닭
밥의 주성분인 녹말은 단맛이 나지 않는데, 침 속의 아밀레이스에 의해 녹말이 분해되면 단맛이 나는 엿당이 생성되기 때문이다.

❺ 음식물을 잘 씹으면 소화에 도움이 되는 까닭
음식물을 씹어 음식물의 크기가 작아지면 음식물이 소화액과 닿는 표면적이 넓어져 소화가 활발하게 일어날 수 있기 때문이다.

B 영양소

- 에너지원으로 이용되지 않는 영양소 : □□□□, 바이타민, 물
- 영양소 검출
  - 녹말 검출 : □□□□ 반응
  - 포도당 검출 : □□□□ 반응
  - 단백질 검출 : □□ 반응
  - 지방 검출 : □□ □ 반응

C 소화

- □□ : 음식물 속의 크기가 큰 영양소를 크기가 작은 영양소로 분해하는 과정
- □□ □□ : 크기가 큰 영양소를 크기가 작은 영양소로 분해하는 물질
- 입에서의 소화 : 침 속의 □□□□□가 □□을 엿당으로 분해한다.
- 위에서의 소화 : 위액 속의 □□이 □□□을 분해한다.

암기광 영양소 검출

단이를 보러 포항에 간 지선이
(단-백질, 보-라색, 포-도당, 항-황적색, 지-방, 선-홍색)

B

6 무기염류에 대한 설명이면 '무', 바이타민에 대한 설명이면 '바', 물에 대한 설명이면 '물'이라고 쓰시오.

(1) 몸의 구성 성분 중 가장 많다. ( )

(2) 칼슘, 칼륨, 철, 마그네슘, 나트륨 등이 있다. ( )

(3) 섭취량이 부족하면 괴혈병과 같은 결핍증이 나타난다. ( )

(4) 영양소와 노폐물 등 물질을 운반하고, 체온 조절에 도움을 준다. ( )

7 표는 여러 가지 영양소의 검출 반응 결과를 나타낸 것이다. ( ) 안에 알맞은 말을 쓰시오.

영양소	검출 용액	색깔 변화
㉠( )	아이오딘-아이오딘화 칼륨 용액	㉡( )
포도당	㉢( ) 용액+가열	㉣( )
단백질	㉤( ) 수용액 +1 % 황산 구리(Ⅱ) 수용액	㉥( )
㉦( )	㉧( ) 용액	선홍색

C

[8~9] 오른쪽 그림은 사람의 소화계를 나타낸 것이다.

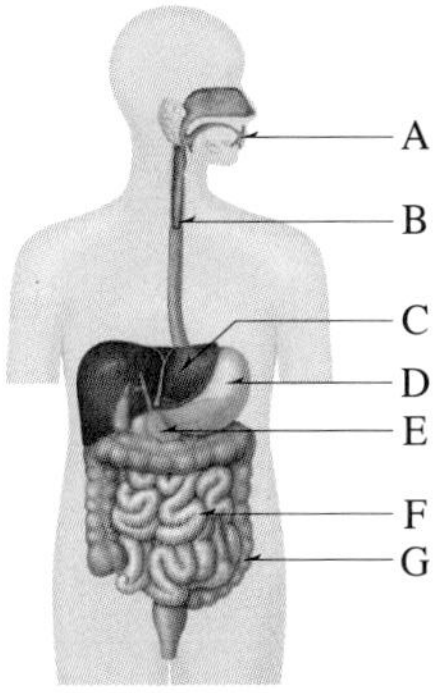

A
B
C
D
E
F
G

8 A~G의 이름을 쓰시오.

9 음식물이 이동하는 경로를 완성하시오.

A → ㉠( ) → ㉡( ) → ㉢( ) → G

10 입과 위에서의 소화 과정에 대한 설명으로 옳은 것은 ○, 옳지 않은 것은 ×로 표시하시오.

(1) 입에서 녹말이 분해된다. ( )

(2) 위에서 단백질이 분해된다. ( )

(3) 펩신은 침과 위액 속에 들어 있다. ( )

(4) 아밀레이스는 염산의 도움을 받아 작용한다. ( )

01 소화

4 소장에서의 소화
탄수화물, 단백질, 지방이 최종 산물로 분해된다.

소화액	소화 효소	작용
쓸개즙	없음	지방 덩어리를 작은 알갱이로 만들어 지방이 잘 소화되도록 돕는다.
이자액❶	아밀레이스	녹말을 엿당으로 분해한다.
	트립신	단백질을 분해한다.
	라이페이스	지방을 최종 산물인 지방산과 모노글리세리드로 분해한다.
소장의 소화 효소	탄수화물 소화 효소	엿당을 최종 산물인 포도당으로 분해한다.
	단백질 소화 효소	펩신과 트립신에 의해 분해된 단백질의 중간 산물을 최종 산물인 아미노산으로 분해한다.

5 소화의 전과정
소화 과정의 결과 녹말은 포도당으로, 단백질은 아미노산으로, 지방은 지방산과 모노글리세리드로 최종 분해된다.

소화 기관	입 (녹말 분해)	위 (단백질 분해)	소장 (탄수화물, 단백질, 지방 분해)			최종 소화 산물
소화액	침	위액	쓸개즙	이자액	소장의 소화 효소	
녹말	아밀레이스			아밀레이스 → 엿당	탄수화물 소화 효소	포도당
단백질		펩신		트립신	단백질 소화 효소	아미노산
지방			쓸개즙	라이페이스		지방산, 모노글리세리드

6 영양소의 흡수
최종 소화 산물은 소장에서 흡수된다. 여기서 잠깐 18쪽

① **소장 안쪽 벽의 구조** : 주름이 많고, 주름 표면에는 융털이라고 하는 돌기가 많이 있다. ➡ 소장 안쪽 벽은 주름과 융털 때문에 영양소와 닿는 표면적이 매우 넓어 영양소를 효율적으로 흡수할 수 있다.

② **영양소의 흡수와 이동** : 영양소는 소장 융털의 모세 혈관과 암죽관으로 흡수되어 심장으로 이동한 후 온몸의 조직 세포로 운반된다.❷

구분	수용성 영양소(물에 잘 녹음)	지용성 영양소(물에 잘 녹지 않음)
종류	포도당, 아미노산, 무기염류	지방산, 모노글리세리드❸
흡수	융털의 모세 혈관으로 흡수	융털의 암죽관으로 흡수

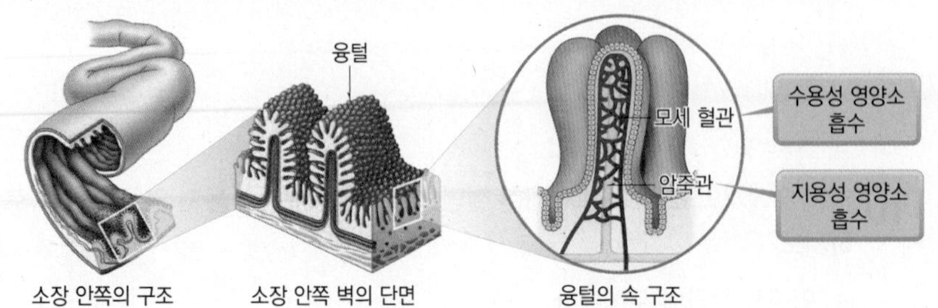

소장 안쪽의 구조　소장 안쪽 벽의 단면　융털의 속 구조

③ **대장의 작용** : 소장에서 영양소가 흡수되고 남은 물질은 대장으로 이동한다.
- 소화액이 분비되지 않아 소화 작용은 거의 일어나지 않고, 주로 물이 흡수된다.❹
- 물이 빠져나가고 남은 물질은 대변이 되어 항문을 통해 몸 밖으로 나간다.

플러스 강의

❶ 소화액의 생성과 분비
- 간 : 쓸개즙을 만들어 쓸개로 보낸다. 영양소를 저장하고, 독성 물질을 해독하는 작용도 한다.
- 쓸개 : 간에서 만들어진 쓸개즙을 저장하였다가 소장으로 분비한다.
- 이자 : 녹말, 단백질, 지방의 소화 효소가 모두 들어 있는 이자액을 만들어 소장으로 분비한다.

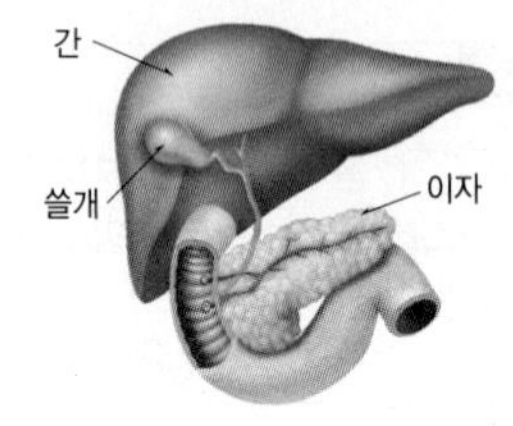

내 교과서 확인 | 미래엔

❷ 흡수된 영양소의 이동 경로
모세 혈관으로 흡수된 수용성 영양소는 간을 거쳐 심장으로 이동하고, 암죽관으로 흡수된 지용성 영양소는 간을 거치지 않고 심장으로 이동한다.

❸ 지방의 흡수 내 교과서 확인 | 동아
지방산과 모노글리세리드는 소장 융털의 상피 세포로 흡수된 후, 상피 세포를 통과하면서 다시 지방으로 합성되고, 그 상태로 암죽관으로 흡수되어 이동한다.

❹ 대장에서의 물 흡수
음식물에 들어 있는 물은 소장에서 대부분 흡수되고, 대장에서는 소장을 지나온 물질에 남아 있는 물이 흡수된다.

C 소화

• 이자액 속의 소화 효소
 – □□□□□ : 녹말 분해
 – □□□ : 단백질 분해
 – □□□□□ : 지방 분해

• 최종 소화 산물
 – 녹말 → □□□
 – 단백질 → □□□□
 – 지방 → 지방산, □□□□□□□

• 소장 안쪽 벽의 구조 : 주름이 많고, 주름 표면에는 □□이 많이 있어 □□□이 매우 넓다.

• 소장 융털의 영양소 흡수
 – □□ □□ : 수용성 영양소 흡수
 – □□□ : 지용성 영양소 흡수

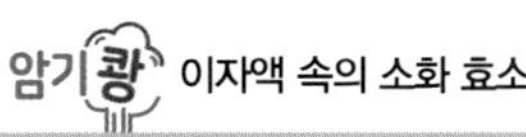

놀아요 단둘이 지리산에서~
• 녹말 – 아밀레이스
• 단백질 – 트립신
• 지방 – 라이페이스

C

11 소화 과정에 대한 설명으로 옳은 것은 ○, 옳지 않은 것은 ×로 표시하시오.

(1) 지방은 위와 소장에서 분해된다. ( )
(2) 녹말은 입과 소장에서 분해된다. ( )
(3) 펩신과 트립신은 단백질을 분해하는 소화 효소이다. ( )
(4) 쓸개즙에는 지방을 분해하는 소화 효소가 들어 있다. ( )

12 그림은 녹말, 단백질, 지방의 소화 과정을 나타낸 것이다.

소화 기관	입	위	소장			최종 소화 산물
소화액	침	위액	쓸개즙	이자액	소장의 소화 효소	

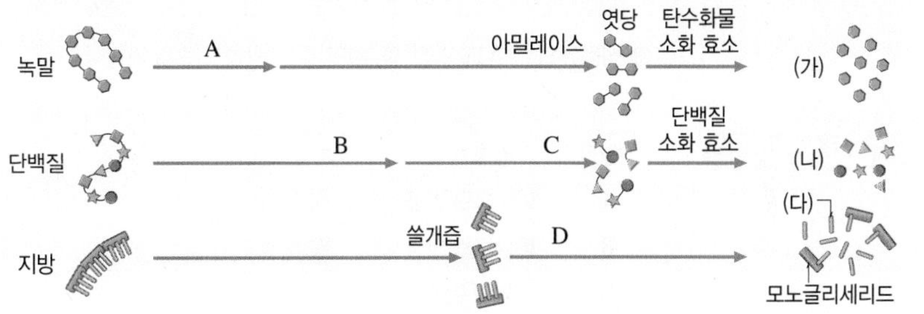

녹말 → A → 아밀레이스 → 엿당 → 탄수화물 소화 효소 → (가)
단백질 → B → C → 단백질 소화 효소 → (나)
지방 → 쓸개즙 → D → (다), 모노글리세리드

(1) A~D에 해당하는 소화 효소의 이름을 쓰시오.

(2) (가)~(다)에 해당하는 최종 소화 산물의 이름을 쓰시오.

더 풀어보고 싶다면? 시험 대비 교재 4쪽 계산력·암기력 강화 문제

13 오른쪽 그림은 사람의 소화계를 나타낸 것이다. 각 설명에 해당하는 곳을 찾아 기호와 이름을 쓰시오.

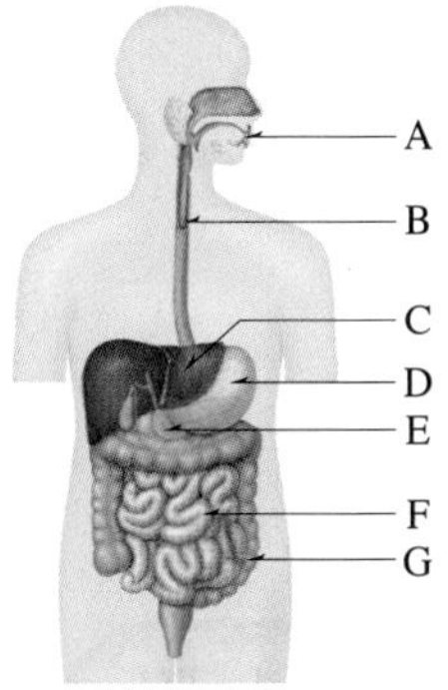

(1) 쓸개즙을 만드는 곳 : ______
(2) 단백질이 처음으로 분해되는 곳 : ______
(3) 영양소가 최종 분해되어 흡수되는 곳 : ______
(4) 녹말, 단백질, 지방의 소화 효소가 모두 들어 있는 소화액을 만들어 분비하는 곳 : ______

A
B
C
D
E
F
G

더 풀어보고 싶다면? 시험 대비 교재 4쪽 계산력·암기력 강화 문제

14 오른쪽 그림은 소장 융털의 구조를 나타낸 것이다.

(1) (가)와 (나)의 이름을 쓰시오.

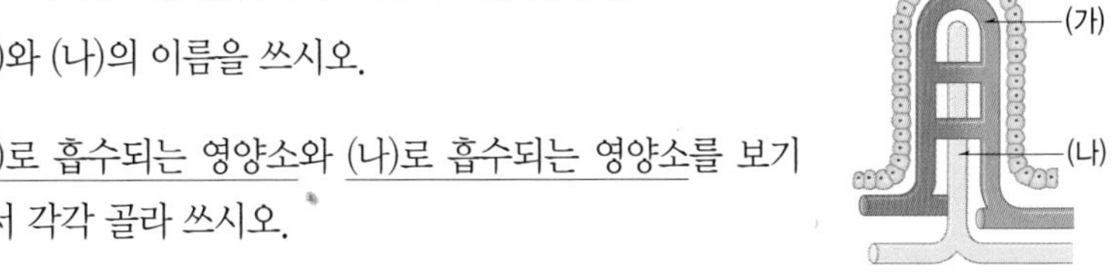

(2) (가)로 흡수되는 영양소와 (나)로 흡수되는 영양소를 보기에서 각각 골라 쓰시오.

(가)
(나)

보기
ㄱ. 지방산 ㄴ. 포도당 ㄷ. 아미노산
ㄹ. 무기염류 ㅁ. 모노글리세리드

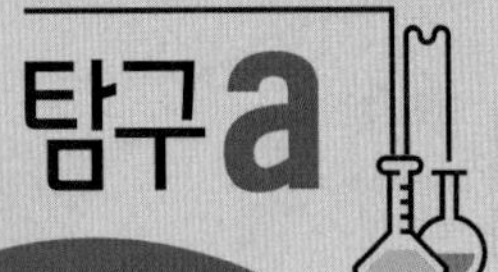

영양소 검출

이 탐구에서는 음식물에 들어 있는 영양소를 확인하는 방법을 알아본다.

● 정답과 해설 2쪽

과정

페이지를 인식하세요! 오투실험실

❶ 시험관 A~D에 쌀 음료수를 10 mL씩 넣는다.

❷ 표와 같이 영양소 검출 용액을 넣은 다음 색깔 변화를 관찰한다.

시험관	방법
시험관 A	아이오딘-아이오딘화 칼륨 용액을 2방울 넣는다.
시험관 B	베네딕트 용액을 2방울 넣고, 80 ℃~90 ℃의 물에 담가 둔다.
시험관 C	5 % 수산화 나트륨 수용액을 1방울 넣고, 1 % 황산 구리(Ⅱ) 수용액을 1방울 넣는다.
시험관 D	수단 Ⅲ 용액을 2방울 넣는다.

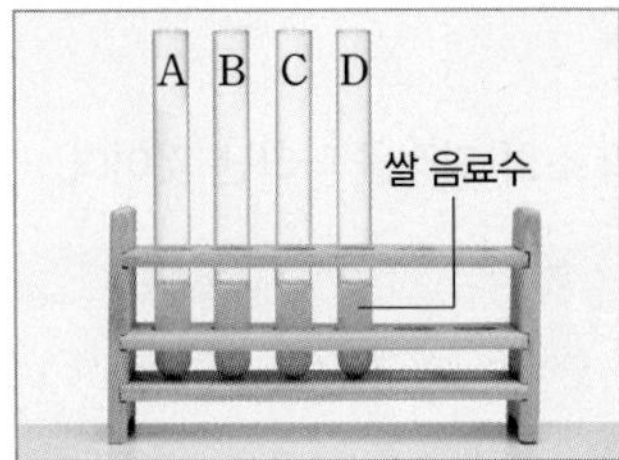

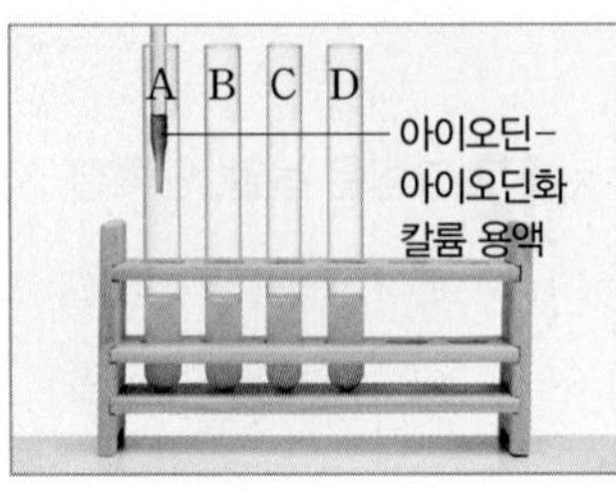

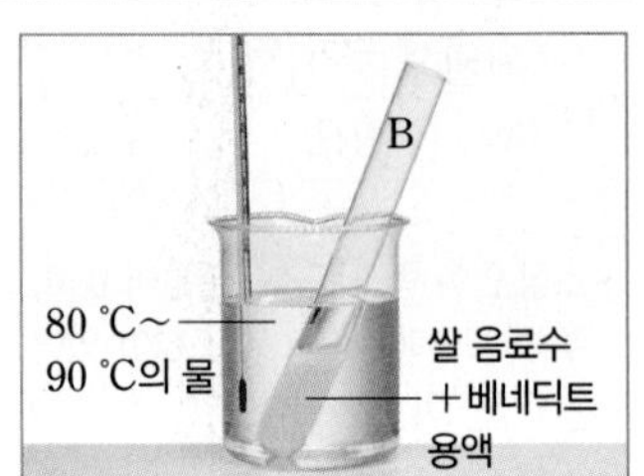

❸ 식용유와 우유도 과정 ❶, ❷와 같은 방법으로 실험한다.

결과 & 해석

시험관	검출 반응	쌀 음료수	식용유	우유
A	아이오딘 반응	청람색	–	–
B	베네딕트 반응	황적색	–	황적색
C	뷰렛 반응	–	–	보라색
D	수단 Ⅲ 반응	–	선홍색	선홍색

[각 음식물에 들어 있는 영양소]
- 쌀 음료수 : 녹말, 당분
- 식용유 : 지방
- 우유 : 당분, 단백질, 지방

정리

아이오딘 반응으로 ㉠(　　　)을, 베네딕트 반응으로 당분을, 뷰렛 반응으로 ㉡(　　　)을, 수단 Ⅲ 반응으로 지방을 검출할 수 있다.

이렇게도 실험해요

내 교과서 확인 | 동아

|과정| 24홈판의 정해진 위치에 미음, 양파즙, 달걀흰자 희석액, 식용유를 떨어뜨리고, 각각의 검출 시약을 두세 방울 떨어뜨린다. 베네딕트 반응은 물중탕 과정을 거친다.

|결과| 미음에는 녹말(아이오딘 반응-청람색)이, 양파즙에는 포도당(베네딕트 반응-황적색)이, 달걀흰자에는 단백질(뷰렛 반응-보라색)이, 식용유에는 지방(수단 Ⅲ 반응-선홍색)이 들어 있다.

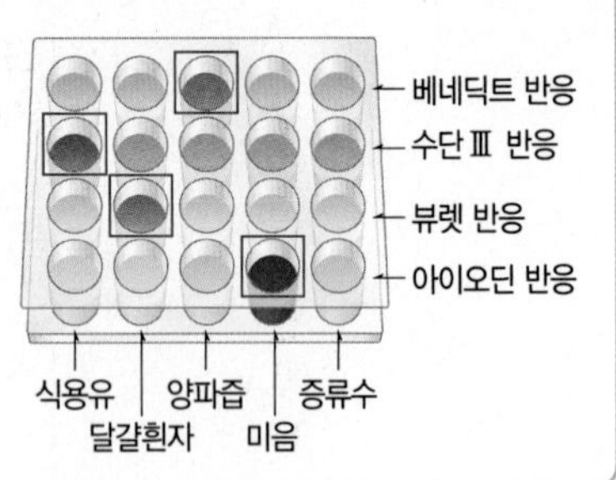

확인 문제

01 위 실험에 대한 설명으로 옳은 것은 ○, 옳지 않은 것은 ×로 표시하시오.

(1) 녹말은 수단 Ⅲ 용액으로 검출할 수 있다. ----- (　　　)

(2) 영양소 검출 반응 중 가열 과정을 거쳐야 하는 것은 베네딕트 반응이다. ----- (　　　)

(3) 단백질이 들어 있는 음식물에 5 % 수산화 나트륨 수용액과 1 % 황산 구리(Ⅱ) 수용액을 넣으면 청람색으로 색깔 변화가 나타난다. ----- (　　　)

02 위 실험에서 음식물에 들어 있는 단백질을 검출하기 위해 사용하는 두 가지 용액의 이름을 쓰시오.

03 위 실험 결과 알 수 있는 식용유에 포함된 영양소의 종류를 쓰고, 그 까닭을 검출 용액과 색깔 변화를 포함하여 서술하시오.

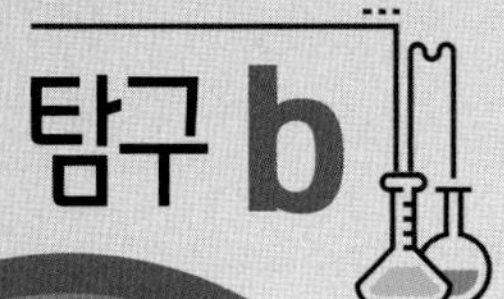

침의 작용

이 탐구에서는 녹말을 분해하는 침의 작용을 알아본다.

● 정답과 해설 2쪽

과정

◎ **시험관을 35 ℃~40 ℃의 물에 담가 두는 까닭**
소화 효소는 체온 범위에서 가장 활발하게 작용하기 때문

❶ 혀 밑에 거즈를 넣어 침을 충분히 적시고, 침에 적신 거즈를 증류수에 헹구어 침 용액을 만든다.

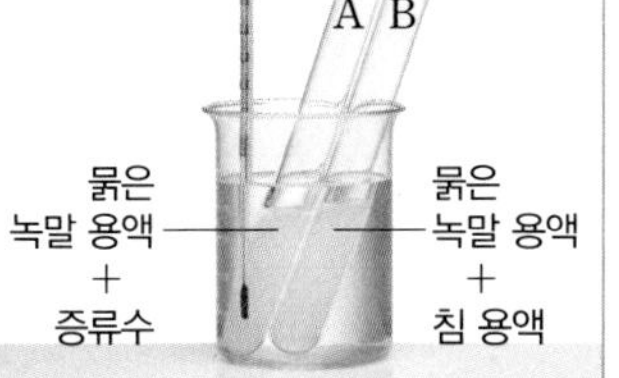

❷ 시험관 A에는 묽은 녹말 용액과 증류수를, 시험관 B에는 묽은 녹말 용액과 침 용액을 넣고 35 ℃~40 ℃의 물에 담가 둔다.

❸ 페트리 접시에 시험관 A, B의 용액을 떨어뜨리고, 아이오딘-아이오딘화 칼륨 용액을 떨어뜨린 다음 색깔 변화를 관찰한다.

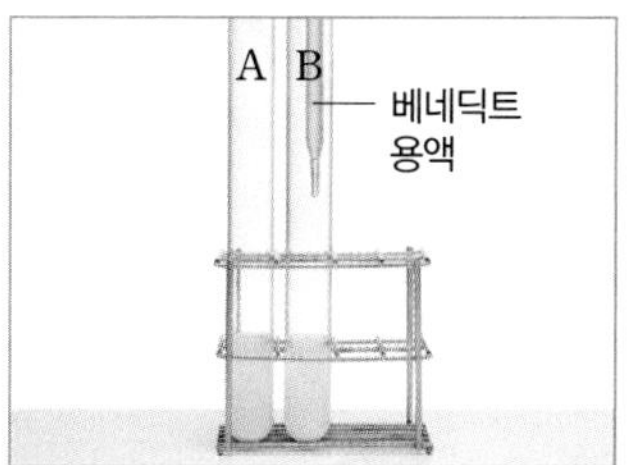

❹ 시험관 A, B의 용액에 베네딕트 용액을 넣고 80 ℃~90 ℃의 물에 담근 다음 색깔 변화를 관찰한다.

결과 & 해석

구분	색깔 변화		색깔이 변한 까닭
	시험관 A (녹말 용액+증류수)	시험관 B (녹말 용액+침 용액)	
과정 ❸ (아이오딘 반응)	청람색	변화 없음	시험관 A에는 녹말이 있고, 시험관 B에는 녹말이 없기 때문
과정 ❹ (베네딕트 반응)	변화 없음	황적색	시험관 A에는 당분이 없고, 시험관 B에는 당분이 있기 때문

➡ 녹말 용액에 침 용액을 넣으면 녹말이 당분으로 분해된다.

정리

침 속에 들어 있는 소화 효소인 ㉠(　　　)는 ㉡(　　　)을 엿당으로 분해한다.

이렇게도 실험해요

내 교과서 확인 | 미래엔

|과정| ❶ 시험관 A와 B에는 녹말 용액을 넣은 후 아이오딘-아이오딘화 칼륨 용액을 넣고(청람색), 시험관 C와 D에는 묽은 달걀흰자 용액을 넣은 후 뷰렛 용액을 넣는다(보라색).
❷ 시험관 A와 C에는 증류수를, 시험관 B와 D에는 침 용액을 넣은 후 35 ℃~40 ℃의 물에 담가 두었다가 색깔 변화를 관찰한다.

|결과| 시험관 A, C, D에서는 색깔 변화가 없고, 시험관 B에서는 청람색이 사라진다. ➡ 침 속의 소화 효소는 녹말을 분해하며, 단백질은 분해하지 않는다.

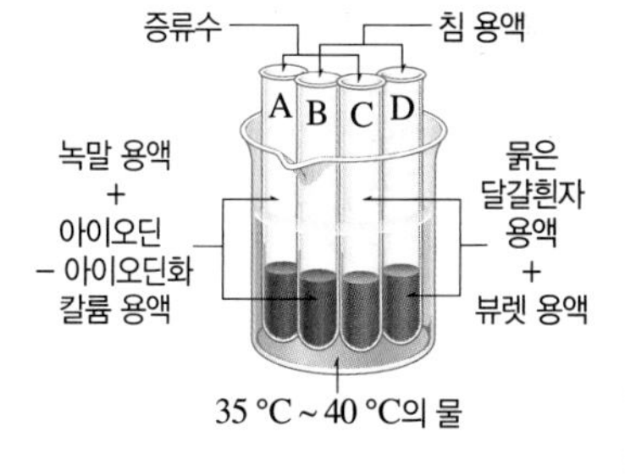

확인 문제

01 위 실험에 대한 설명으로 옳은 것은 ○, 옳지 않은 것은 ×로 표시하시오.

(1) 소화 효소는 체온 정도의 온도에서 가장 활발하게 작용한다. ························ (　　　)

(2) 시험관 A에서 아이오딘 반응 결과 청람색이 나타난 까닭은 아밀레이스가 작용했기 때문이다. ········ (　　　)

(3) 시험관 B에서 베네딕트 반응 결과 황적색이 나타난 까닭은 펩신이 작용했기 때문이다. ················ (　　　)

02 침 속에 들어 있는 소화 효소의 이름을 쓰시오.

03 시험관 B에서 베네딕트 반응 결과 황적색이 나타난 까닭을 다음 단어를 모두 포함하여 서술하시오.

침, 녹말, 엿당, 아밀레이스

앞에서 영양소의 특징과 소화 과정, 소화된 영양소가 흡수되어 이동하는 경로까지 많은 내용을 배웠지? 머릿속이 복잡할 거야. 여기서 잠깐에서 중요한 내용을 한눈에 보고 확실하게 정리한 후 넘어가자구!

영양소의 소화와 흡수 한눈에 보기

영양소의 특징

주로 에너지원으로 이용되는 탄수화물은 밥, 국수, 빵, 고구마, 감자 등에 많이 들어 있다.
주로 몸을 구성하는 단백질은 살코기, 생선, 달걀, 두부, 콩 등에 많이 들어 있다.
몸을 구성하거나 에너지원으로 이용되는 지방은 땅콩, 깨, 참기름, 버터 등에 많이 들어 있다.
탄수화물(녹말)
단백질
지방

소화 과정

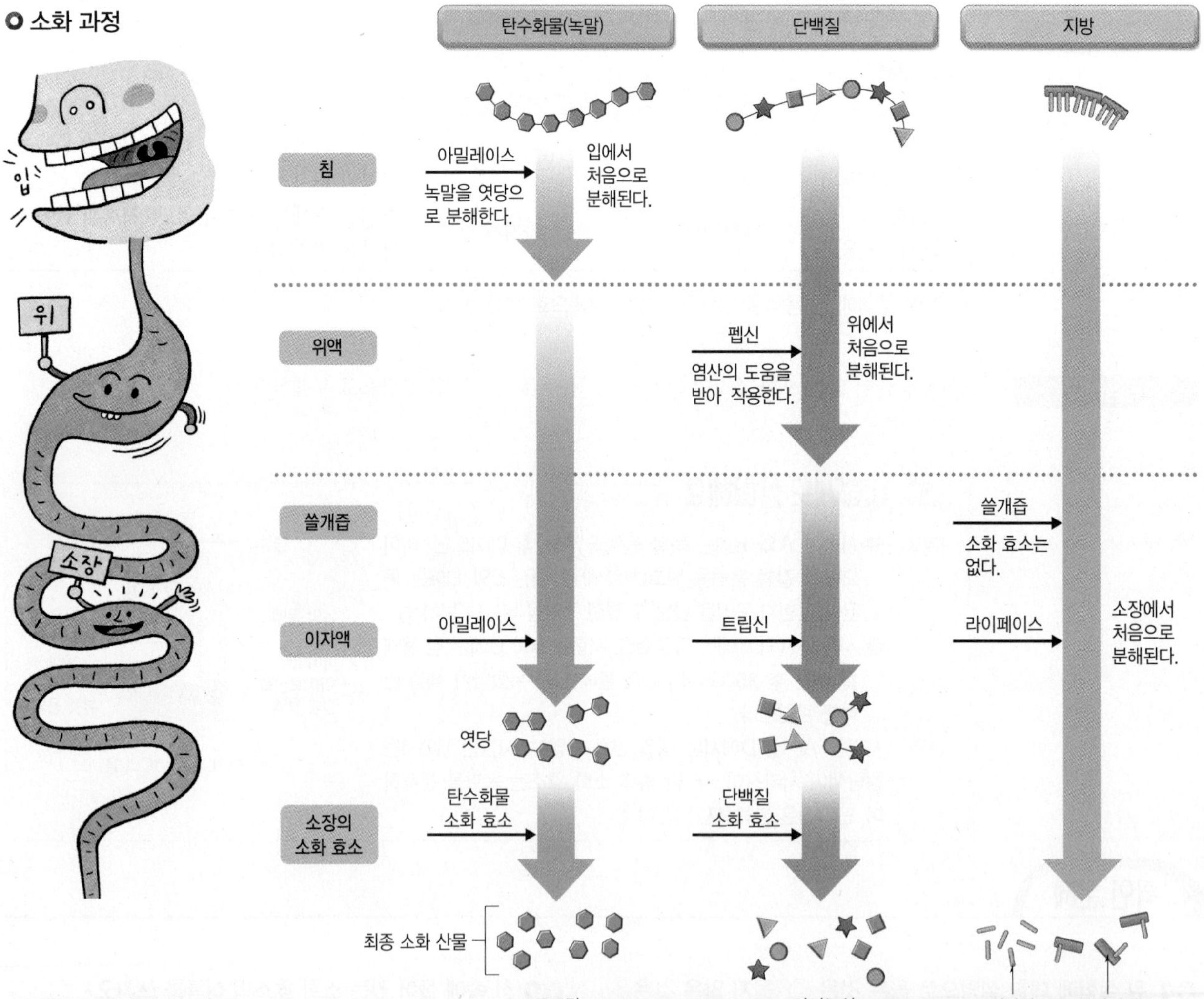

영양소의 흡수와 이동

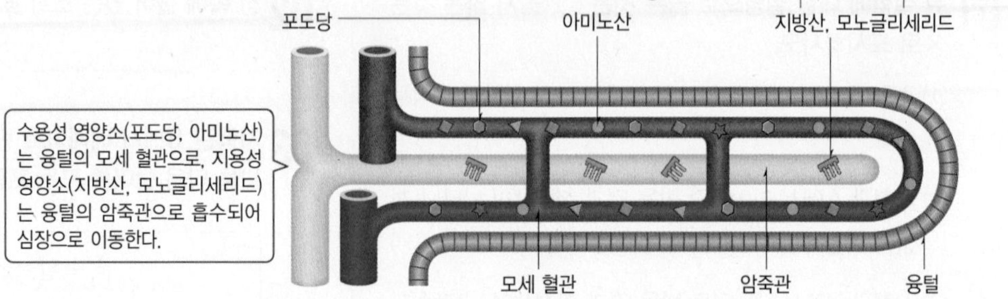

전국 주요 학교의 **시험에 가장 많이 나오는 문제**들로만 구성하였습니다.
모든 친구들이 '꼭' 봐야 하는 코너입니다.

● 정답과 해설 3쪽

A 생물의 구성 단계

중요
01 생물 몸의 구성 단계에 대한 설명으로 옳지 않은 것은?

① 위, 폐, 콩팥, 뿌리, 줄기는 기관에 해당한다.
② 생물의 몸을 구성하는 기본 단위는 세포이다.
③ 모양과 기능이 비슷한 세포가 모여 조직을 이룬다.
④ 여러 종류의 조직으로 이루어진 삼겹살은 기관에 해당한다.
⑤ 식물에서는 여러 조직이 연결되어 일정한 기능을 하는 조직계를 이룬다.

02 동물 몸의 구성 단계를 순서대로 옳게 나열한 것은?

① 세포 → 기관 → 조직 → 기관계 → 개체
② 세포 → 조직 → 기관 → 기관계 → 개체
③ 세포 → 조직 → 조직계 → 기관 → 개체
④ 세포 → 조직 → 기관계 → 기관 → 개체
⑤ 세포 → 기관계 → 조직 → 기관 → 개체

[03~05] 그림은 동물 몸의 구성 단계를 순서 없이 나타낸 것이다.

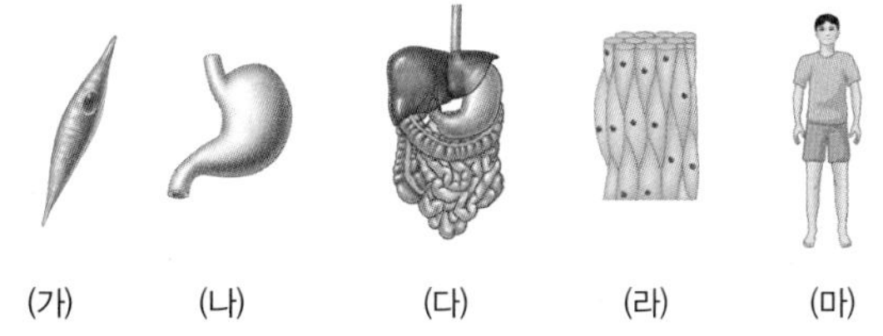
(가) (나) (다) (라) (마)

03 (가)~(마)를 작은 단계부터 순서대로 나열하시오.

중요
04 이에 대한 설명으로 옳은 것은?

① (가)는 여러 조직이 모여 고유한 모양과 기능을 갖춘 단계이다.
② 신경 조직은 (나)와 같은 단계에 해당한다.
③ (다)는 관련된 기능을 하는 몇 개의 기관이 모여 유기적 기능을 수행하는 단계이다.
④ 심장은 (라)와 같은 단계에 해당한다.
⑤ (마)는 기관이다.

05 식물의 몸에는 없고, 동물의 몸에만 있는 단계의 기호와 이름을 쓰시오.

06 기관계에 대한 설명으로 옳은 것은?

① 배설계는 기체를 교환한다.
② 순환계는 양분을 소화하여 흡수한다.
③ 호흡계는 노폐물을 걸러 몸 밖으로 내보낸다.
④ 심장과 혈관은 소화계를 구성하는 기관이다.
⑤ 콩팥과 방광은 배설계를 구성하는 기관이다.

B 영양소

중요
07 영양소에 대한 설명으로 옳지 않은 것을 모두 고르면? (2개)

① 물은 체온 조절에 도움을 준다.
② 몸의 구성 성분 중 가장 많은 것은 물이다.
③ 탄수화물과 단백질은 주로 몸을 구성한다.
④ 남은 탄수화물은 지방으로 바뀌어 저장된다.
⑤ 에너지원으로 이용되는 영양소에는 무기염류, 단백질, 지방이 있다.

08 다음은 영양소 (가)~(다)의 특징을 설명한 것이다.

(가)	• 뼈나 이 등을 구성하며, 몸의 기능을 조절한다. • 멸치, 버섯, 다시마 등에 많이 들어 있다.
(나)	• 주로 에너지원으로 이용된다. • 포도당, 엿당, 녹말 등이 이에 해당한다.
(다)	• 1 g당 약 9 kcal의 에너지를 낸다. • 버터, 땅콩, 깨 등에 많이 들어 있다.

(가)~(다)의 영양소를 옳게 짝 지은 것은?

	(가)	(나)	(다)
①	지방	탄수화물	단백질
②	단백질	무기염류	물
③	바이타민	물	탄수화물
④	무기염류	단백질	지방
⑤	무기염류	탄수화물	지방

09 바이타민에 대한 설명으로 옳은 것을 모두 고르면?(2개)

① 몸을 구성하는 성분이다.
② 나트륨, 철, 칼슘 등이 있다.
③ 과일이나 채소에 많이 들어 있다.
④ 적은 양으로 몸의 기능을 조절한다.
⑤ 영양소와 노폐물 등 여러 가지 물질을 운반한다.

10 다음은 어떤 영양소에 대한 설명이다.

- 1 g당 약 4 kcal의 에너지를 낸다.
- 살코기, 생선, 콩 등에 많이 들어 있다.
- 몸을 구성하는 주요 성분으로, 성장기인 청소년에게 특히 많이 필요하다.

이 영양소를 검출하는 용액과 색깔 변화를 옳게 짝 지은 것은?

① 수단 Ⅲ 용액, 선홍색
② 베네딕트 용액, 황적색
③ 아이오딘-아이오딘화 칼륨 용액, 청람색
④ 5 % 수산화 나트륨 수용액+1 % 황산 구리(Ⅱ) 수용액, 청람색
⑤ 5 % 수산화 나트륨 수용액+1 % 황산 구리(Ⅱ) 수용액, 보라색

11 각 음식물에 들어 있는 영양소의 종류와 이 영양소를 검출하는 용액을 옳게 짝 지은 것은?

① 미음 : 녹말, 수단 Ⅲ 용액
② 양파즙 : 단백질, 뷰렛 용액
③ 양파즙 : 포도당, 베네딕트 용액
④ 식용유 : 지방, 아이오딘-아이오딘화 칼륨 용액
⑤ 달걀흰자 : 지방, 5 % 수산화 나트륨 수용액+1 % 황산 구리(Ⅱ) 수용액

중요 탐구 a 16쪽

12 다음은 어떤 음식물에 들어 있는 영양소의 종류를 알아보기 위해 수행한 실험 과정과 결과이다.

[과정]
그림과 같이 같은 양의 음식물을 넣은 시험관 A~D에 각각의 검출 용액을 넣고 시험관 B만 가열한 후 색깔 변화를 관찰한다.

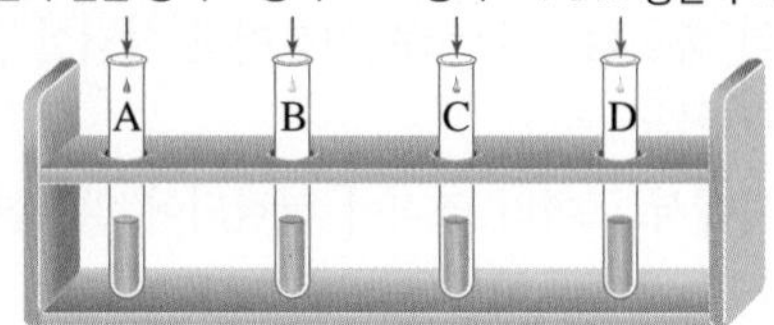

[결과]

시험관	A	B	C	D
색깔 변화	변화 없음	변화 없음	선홍색	보라색

이 음식물에 들어 있는 영양소끼리 옳게 짝 지은 것은?

① 녹말, 지방 ② 녹말, 포도당
③ 녹말, 단백질 ④ 지방, 포도당
⑤ 지방, 단백질

중요 탐구 a 16쪽

13 우유에 들어 있는 영양소의 종류를 알아보기 위해 시험관 (가)~(라)에 각각 같은 양의 우유를 넣고 표와 같이 검출 용액을 넣은 후 색깔 변화를 관찰하였다.

시험관	검출 용액	색깔 변화
(가)	베네딕트 용액	황적색
(나)	아이오딘-아이오딘화 칼륨 용액	변화 없음
(다)	수단 Ⅲ 용액	선홍색
(라)	5 % 수산화 나트륨 수용액 +1 % 황산 구리(Ⅱ) 수용액	보라색

이에 대한 설명으로 옳은 것을 보기에서 모두 고른 것은?

보기
ㄱ. (가)는 가열 과정을 거쳐야 한다.
ㄴ. 우유에는 녹말이 들어 있지 않다.
ㄷ. 우유에는 탄수화물, 단백질, 지방 중 두 가지가 들어 있다.

① ㄱ ② ㄱ, ㄴ ③ ㄱ, ㄷ
④ ㄴ, ㄷ ⑤ ㄱ, ㄴ, ㄷ

14 표는 각각 한 가지 영양소가 들어 있는 용액 A~C를 두 개씩 섞어 영양소 검출 실험을 한 결과를 나타낸 것이다.

혼합 용액	아이오딘 반응	베네딕트 반응	뷰렛 반응	수단 Ⅲ 반응
A+B	+	−	+	−
A+C	+	−	−	+

(+ : 반응이 일어남, − : 반응이 일어나지 않음)

용액 A~C에 들어 있는 영양소를 각각 쓰시오.

C 소화

15 소화의 뜻을 가장 옳게 설명한 것은?

① 온몸에 산소를 공급하는 과정이다.
② 산소와 이산화 탄소가 교환되는 과정이다.
③ 몸속의 노폐물을 몸 밖으로 내보내는 과정이다.
④ 흡수한 영양소를 온몸의 조직 세포로 운반하는 과정이다.
⑤ 영양소를 세포 안으로 흡수할 수 있을 만큼 작게 분해하는 과정이다.

중요

16 소화에 대한 설명으로 옳지 않은 것은?

① 쓸개즙에는 소화 효소가 없다.
② 위액 속의 염산은 펩신의 작용을 돕는다.
③ 한 가지 소화 효소가 여러 종류의 영양소를 분해한다.
④ 녹말, 단백질, 지방은 크기가 커서 세포막을 통과할 수 없다.
⑤ 음식물을 씹어 음식물의 크기가 작아지면 음식물이 소화액과 닿는 표면적이 넓어진다.

17 다음은 입에서 일어나는 소화 과정을 설명한 것이다.

> 밥을 입 안에 넣고 오래 씹으면 단맛이 난다. 이는 밥에 들어 있는 영양소인 ㉠(　　)이 침 속의 소화 효소인 ㉡(　　)에 의해 ㉢(　　)으로 분해되기 때문이다.

(　　) 안에 알맞은 물질을 쓰시오.

중요

18 오른쪽 그림은 우리 몸의 소화계를 나타낸 것이다. 이에 대한 설명으로 옳지 않은 것은?

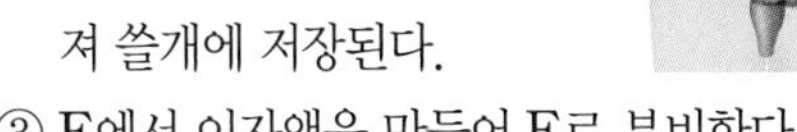

① A에서 녹말이 처음으로 분해된다.
② 쓸개즙은 C에서 만들어져 쓸개에 저장된다.
③ E에서 이자액을 만들어 F로 분비한다.
④ 최종 소화 산물은 F에서 흡수된다.
⑤ 음식물은 A → B → C → D → E → F → G의 경로로 이동한다.

중요 탐구 b 17쪽

19 4개의 시험관 A~D에 묽은 녹말 용액을 넣고 그림과 같이 장치한 다음, 일정 시간 후 각 시험관의 용액을 덜어 내어 각각 아이오딘 반응과 베네딕트 반응을 하였더니 그 결과가 표와 같았다.

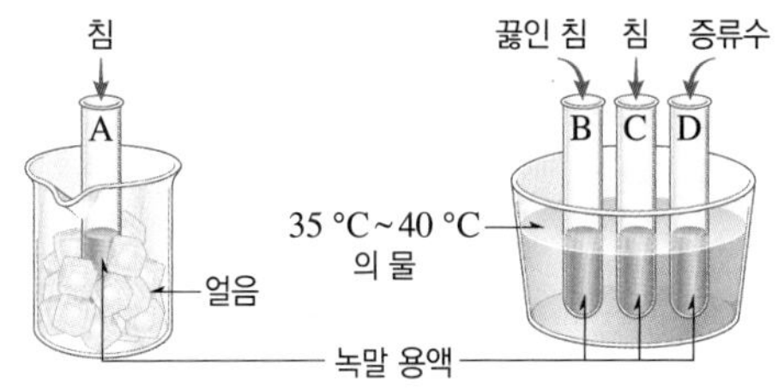

시험관	A	B	C	D
아이오딘 반응	청람색	청람색	−	청람색
베네딕트 반응	−	−	황적색	−

이에 대한 설명으로 옳은 것은?

① 시험관 A, B, D에서 당분이 검출되었다.
② 시험관 C에서 녹말이 분해되었다.
③ 침을 끓여도 소화 작용이 일어난다.
④ 증류수는 녹말을 엿당으로 분해한다.
⑤ 소화 효소의 작용은 온도의 영향을 받지 않는다.

20 소화액 속의 소화 효소와 그 기능을 옳게 짝 지은 것은?

	소화액	소화 효소	분해하는 영양소
①	침	아밀레이스	지방
②	위액	펩신	녹말
③	쓸개즙	트립신	단백질
④	이자액	트립신	녹말
⑤	이자액	라이페이스	지방

21 지방의 소화 과정에 대한 설명으로 옳지 않은 것을 모두 고르면?(2개)

① 위에서 처음으로 분해된다.
② 라이페이스는 지방을 분해한다.
③ 쓸개즙은 지방의 소화를 돕는다.
④ 침 속에는 지방 소화 효소가 없다.
⑤ 소장의 소화 효소에 의해 최종 소화 산물로 분해된다.

[22~24] 오른쪽 그림은 사람의 소화계 중 일부를 나타낸 것이다.

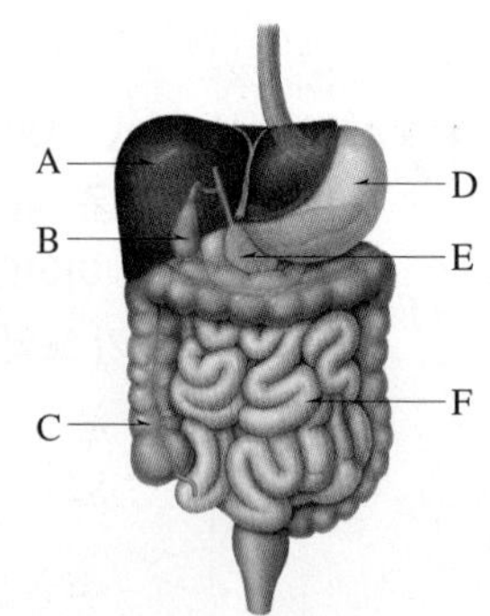

중요

22 (가) 단백질이 처음으로 분해되는 장소의 기호와 (나) 그곳에서 작용하는 소화 효소의 이름을 쓰시오.

중요

23 녹말, 단백질, 지방의 소화 효소가 모두 들어 있는 소화액을 만들어 분비하는 기관의 기호와 이름을 쓰시오.

24 이에 대한 설명으로 옳지 않은 것은?

① B가 연결된 관이 막히면 지방의 소화가 원활하게 일어나지 못한다.
② C에서는 소화액이 분비되지 않고, 주로 물이 흡수된다.
③ D에서 분비되는 소화 효소는 염산의 도움을 받아 작용한다.
④ E에서 녹말, 단백질, 지방이 최종 분해된다.
⑤ F에서 엿당이 포도당으로 분해된다.

중요

25 그림은 녹말, 단백질, 지방의 소화 과정을 나타낸 것이다.

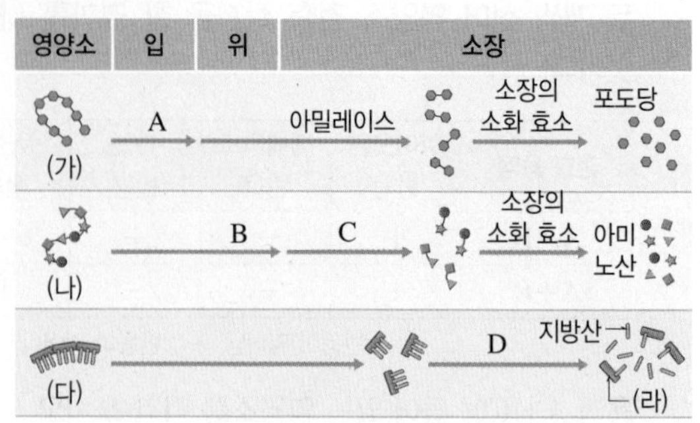

이에 대한 설명으로 옳은 것은?

① (가)는 녹말, (나)는 지방, (다)는 단백질이다.
② 쓸개즙은 (가)의 소화를 돕는다.
③ (라)는 모노글리세리드이다.
④ A는 라이페이스, B는 트립신이다.
⑤ C와 D는 소장에서 만들어진다.

26 영양소의 소화와 흡수에 대한 설명으로 옳은 것은?

① 쓸개즙과 이자액은 이자에서 작용한다.
② 최종 분해된 영양소는 대장에서 흡수된다.
③ 이자액 속의 소화 효소에 의해 엿당이 포도당으로 분해된다.
④ 물에 잘 녹는 수용성 영양소는 융털의 암죽관으로 흡수된다.
⑤ 소장의 안쪽 벽은 주름과 융털 때문에 영양소와 닿는 표면적이 매우 넓다.

중요

27 오른쪽 그림은 소장 융털의 구조를 나타낸 것이다. 이에 대한 설명으로 옳지 않은 것은?

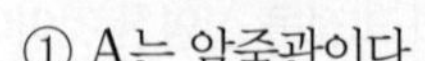

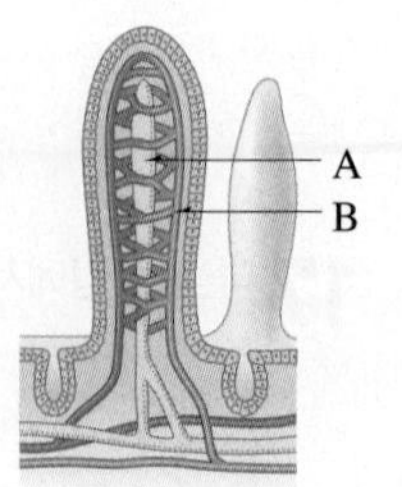

① A는 암죽관이다.
② B는 모세 혈관이다.
③ 지방산과 모노글리세리드, 무기염류는 A로 흡수된다.
④ 포도당과 아미노산은 B로 흡수된다.
⑤ B로 흡수되는 영양소는 간을 거쳐 심장으로 이동한다.

서술형 문제

28 지방을 검출하는 방법을 검출 용액과 색깔 변화를 포함하여 서술하시오.

중요 탐구 b 17쪽

29 침의 소화 작용을 알아보기 위해 시험관 A와 B에 같은 양의 묽은 녹말 용액을 넣은 후 그림과 같이 장치하고 일정 시간이 지난 다음 아이오딘 반응과 베네딕트 반응을 하여 색깔 변화를 관찰하였다.

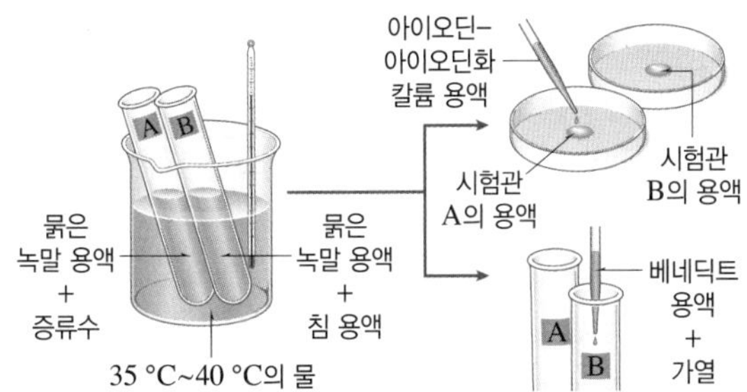

(1) 아이오딘 반응이 일어난 시험관과 색깔 변화를 쓰시오.

(2) 베네딕트 반응이 일어난 시험관과 색깔 변화를 쓰시오.

(3) (2)의 시험관에서 베네딕트 반응이 일어난 까닭을 침 속에 들어 있는 소화 효소의 작용과 관련지어 서술하시오.

30 위액에 들어 있는 염산의 기능을 두 가지 서술하시오.

중요

31 소장 안쪽 벽에는 주름이 많고, 주름 표면에는 융털이 많이 있다. 이러한 구조의 장점을 영양소 흡수 측면에서 서술하시오.

● 정답과 해설 5쪽

01 다음은 사람 몸의 구성 단계를 순서 없이 나타낸 것이다.

> (가) 사람 (나) 심장 (다) 순환계
> (라) 근육 세포 (마) 근육 조직

구성 단계를 순서대로 옳게 나열하시오.

02 그림은 서로 다른 종류의 영양소 A, B, C가 소화관을 지나는 동안 분해되고 남은 양의 비율을 나타낸 것이다. A, B, C는 각각 단백질, 지방, 녹말 중 하나이다.

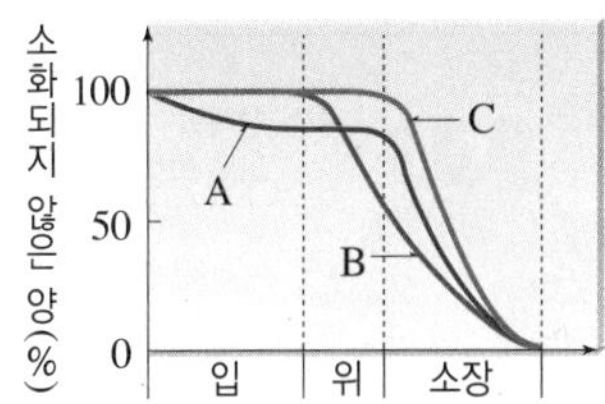

각 영양소에 다음과 같이 소화액과 특정 물질을 첨가하였을 때 영양소가 가장 잘 분해되는 것은?

	영양소	소화액	첨가 물질
①	A	위액	증류수
②	A	끓인 이자액	증류수
③	B	침	염산
④	C	위액	쓸개즙
⑤	C	이자액	쓸개즙

03 표는 각각 한 가지 영양소가 들어 있는 용액 A~C를 두 개씩 섞어 영양소 검출 실험을 한 결과를 나타낸 것이다.

혼합 용액	아이오딘 반응	베네딕트 반응	뷰렛 반응	수단 Ⅲ 반응
A+B	청람색	변화 없음	보라색	변화 없음
B+C	변화 없음	변화 없음	보라색	선홍색

이에 대한 설명으로 옳지 않은 것은?

① A에는 녹말, B에는 단백질, C에는 지방이 있다.
② A의 최종 소화 산물은 소장 융털의 암죽관으로 흡수된다.
③ B의 최종 소화 산물은 아미노산이다.
④ B의 최종 소화 산물은 소장 융털의 모세 혈관으로 흡수된다.
⑤ C는 라이페이스에 의해 분해된다.

02 순환

A 심장과 혈관

1 순환계 물질을 운반하는 기능을 담당하며, 심장, 혈관, 혈액으로 이루어져 있다.

화보 5.2

2 심장 근육으로 이루어져 있는 주먹만 한 크기의 기관이다.

① 기능 : 수축과 이완을 반복하면서 혈액을 순환시킨다. ➡ 혈액 순환의 원동력❶❷

② 구조 : 2개의 심방과 2개의 심실로 이루어져 있으며, 심방과 심실 사이, 심실과 동맥 사이에 판막이 있다.

심방	혈액을 심장으로 받아들이는 곳으로, 정맥과 연결되어 있다.
심실	혈액을 심장에서 내보내는 곳으로, 동맥과 연결되어 있다. ➡ 심방보다 두껍고 탄력성이 강한 근육으로 이루어져 있어 강하게 수축하여 혈액을 내보내기에 알맞다.
판막	혈액이 거꾸로 흐르는 것을 막는다.❸

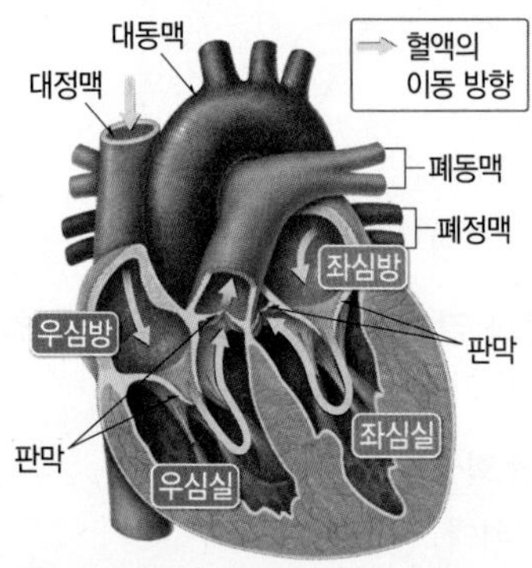

▲ 심장의 구조와 혈액의 흐름 우심방은 대정맥, 좌심방은 폐정맥, 우심실은 폐동맥, 좌심실은 대동맥과 연결되어 있다.

우심방 대정맥을 통해 온몸을 지나온 혈액을 받아들이고, 수축하여 혈액을 우심실로 보낸다.

좌심방 폐정맥을 통해 폐를 지나온 혈액을 받아들이고, 수축하여 혈액을 좌심실로 보낸다.

우심실 수축하여 폐동맥을 통해 혈액을 폐로 내보낸다. 우심실이 수축할 때 우심방과 우심실 사이의 판막은 닫히고, 우심실과 폐동맥 사이의 판막은 열린다.

좌심실 수축하여 대동맥을 통해 혈액을 온몸으로 내보내는 곳으로, 근육이 가장 두껍다. 좌심실이 수축할 때 좌심방과 좌심실 사이의 판막은 닫히고, 좌심실과 대동맥 사이의 판막은 열린다.

3 혈관 심장에서 나온 혈액은 동맥 → 모세 혈관 → 정맥 방향으로 흐른다.

동맥	• 심장에서 나오는 혈액이 흐르는 혈관이다. • 혈관 벽이 두껍고 탄력성이 강하다. ➡ 심실에서 나온 혈액의 높은 압력(*혈압)을 견딜 수 있다.
모세 혈관	• 온몸에 그물처럼 퍼져 있는 가느다란 혈관이다. • 혈관 벽이 매우 얇아 모세 혈관을 지나는 혈액과 주변 조직 세포 사이에서 물질 교환이 일어난다. ➡ 혈액 속의 산소와 영양소가 조직 세포로 전달되고, 조직 세포에서 발생한 이산화 탄소와 노폐물이 혈액으로 이동한다.❹
정맥	• 심장으로 들어가는 혈액이 흐르는 혈관이다. • 혈관 벽이 동맥보다 얇고 탄력성이 약하다.❺ • 군데군데 판막이 있다. ➡ 혈압이 매우 낮아 혈액이 거꾸로 흐를 수 있기 때문

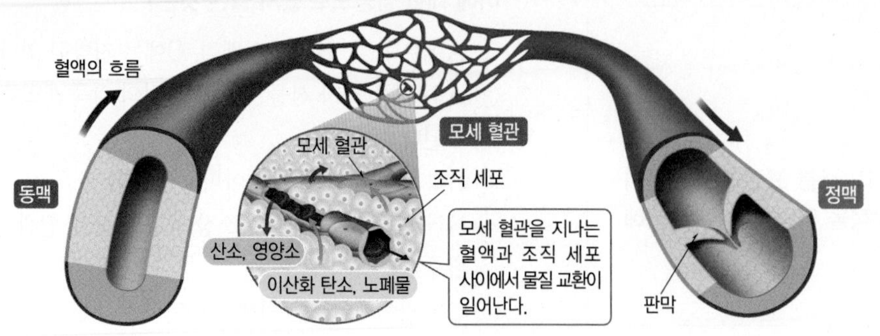

플러스 강의

❶ 심장 박동
- 심장의 규칙적인 수축과 이완 운동을 심장 박동이라고 한다.
- 심장은 심장 박동을 하면서 혈액을 받아들이고 내보내어 혈액이 온몸으로 흐르게 한다.

내 교과서 확인 | 동아

❷ 심장 박동 원리
심방과 심실 이완(혈액이 심방과 심실로 들어옴) → 심방 수축(혈액이 모두 심실로 이동) → 심실 수축(혈액이 심실에서 동맥으로 나감) → 심방과 심실 이완 → …

❸ 심장의 판막과 혈액의 흐름
- 심장에서 혈액은 한 방향(심방 → 심실 → 동맥)으로만 흐른다.
- 심실이 수축할 때 혈액이 심실에서 심방으로 흐르지 않도록 심방과 심실 사이의 판막이 닫힌다.

❹ 모세 혈관의 특징과 물질 교환
혈관 벽이 한 층의 세포로 되어 있어 매우 얇고, 혈관 중 혈액이 흐르는 속도가 가장 느리다. ➡ 물질 교환이 일어나기에 유리하다.

모세 혈관 —(산소, 영양소)→ 조직 세포
모세 혈관 ←(이산화 탄소, 노폐물)— 조직 세포

❺ 혈관의 특징 비교
- 혈관 벽 두께 : 동맥 > 정맥 > 모세 혈관
- 혈압 : 동맥 > 모세 혈관 > 정맥
- 혈액이 흐르는 속도 : 동맥 > 정맥 > 모세 혈관

용어 돋보기

* 혈압(血 피, 壓 누르다)_혈액이 혈관 벽에 미치는 압력

확인 문제로 **개념 쏙쏙**

● 정답과 해설 6쪽

A 심장과 혈관

• 심장의 구조
- □□ : 혈액을 심장으로 받아들이는 곳
- □□ : 혈액을 심장에서 내보내는 곳
- □□ : 혈액이 거꾸로 흐르는 것을 막는 구조

• 혈관의 종류
- □□ : 심장에서 나오는 혈액이 흐르는 혈관
- □□ □□ : 온몸에 그물처럼 퍼져 있는 가느다란 혈관
- □□ : 심장으로 들어가는 혈액이 흐르는 혈관

암기 쾅 심장에서 혈액이 흐르는 방향

혈액은 방실방실 흐른다.

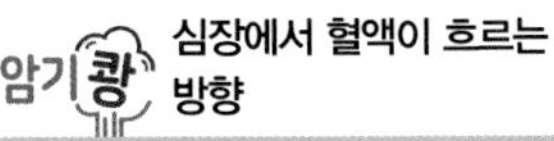

A

1 심장에 대한 설명으로 옳은 것은 ○, 옳지 않은 것은 ×로 표시하시오.

(1) 심방이 심실보다 더 두꺼운 근육으로 이루어져 있다. ( )

(2) 심장의 수축과 이완은 혈액을 순환시키는 원동력이다. ( )

(3) 심장에서 혈액은 심실 → 심방 → 동맥 방향으로 흐른다. ( )

(4) 심방은 정맥과 연결되어 있고, 심실은 동맥과 연결되어 있다. ( )

(5) 판막은 우심실과 좌심실 사이, 우심방과 좌심방 사이에 있다. ( )

더 풀어보고 싶다면? 시험 대비 교재 12쪽 계산력·암기력 강화 문제

2 오른쪽 그림은 사람의 심장 구조를 나타낸 것이다.

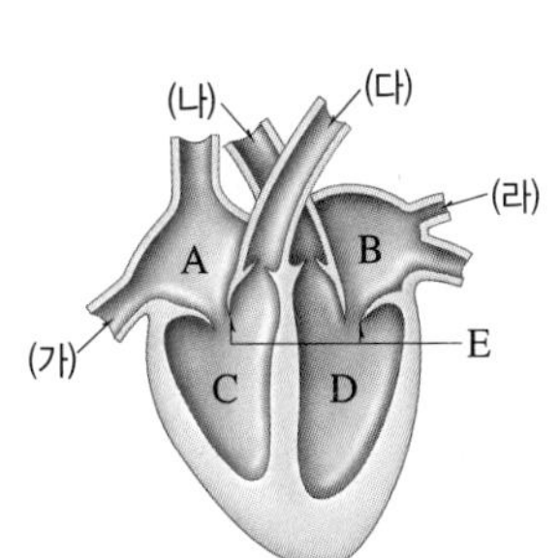

(1) A～E의 이름을 쓰시오.

(2) 혈관 (가)～(라)의 이름을 쓰시오.

(3) A～D 중 온몸을 지나온 혈액을 받아들이는 곳의 기호를 쓰시오.

(4) A～D 중 폐로 혈액을 내보내는 곳의 기호를 쓰시오.

[3~5] 그림은 혈관이 연결된 모습을 나타낸 것이다.

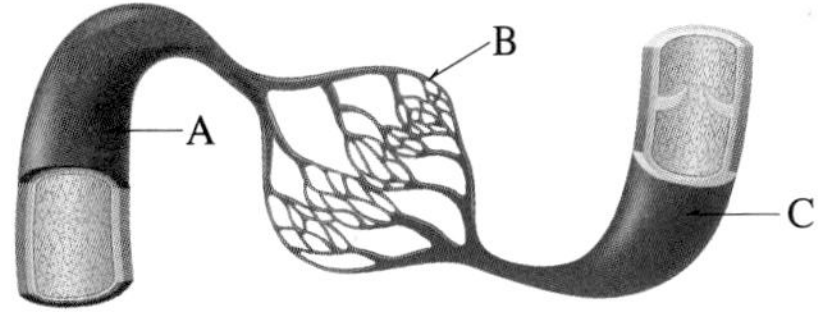

3 혈관 A～C의 이름을 쓰시오.

4 A～C에서 혈액이 흐르는 방향을 순서대로 나열하시오.

5 각 설명에 해당하는 혈관의 기호를 쓰시오.

(1) 혈액이 흐르는 속도가 가장 느리다.

(2) 혈관 벽이 가장 두껍고 탄력성이 강하다.

(3) 혈압이 매우 낮아 혈액이 거꾸로 흐르는 것을 막는 판막이 있다.

(4) 혈관을 지나는 혈액과 주변 조직 세포 사이에서 물질 교환이 일어난다.

02 순환

B 혈액

화보 5.3

1 혈액의 구성 혈액은 액체 성분인 혈장과 세포 성분인 혈구로 이루어져 있다. 탐구 a 28쪽

① 혈장 : 옅은 노란색 액체이다. ➡ 혈액의 약 55 % 차지

② 혈구 : 적혈구, 백혈구, 혈소판으로 구분된다. ➡ 혈액의 약 45 % 차지

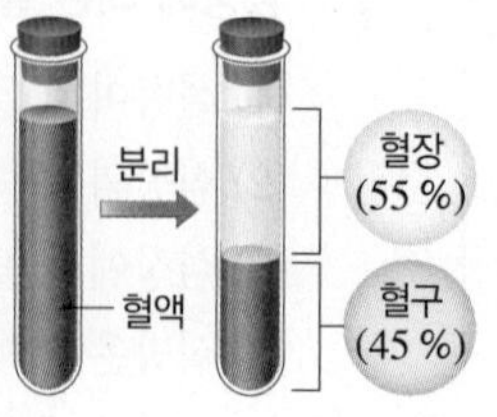

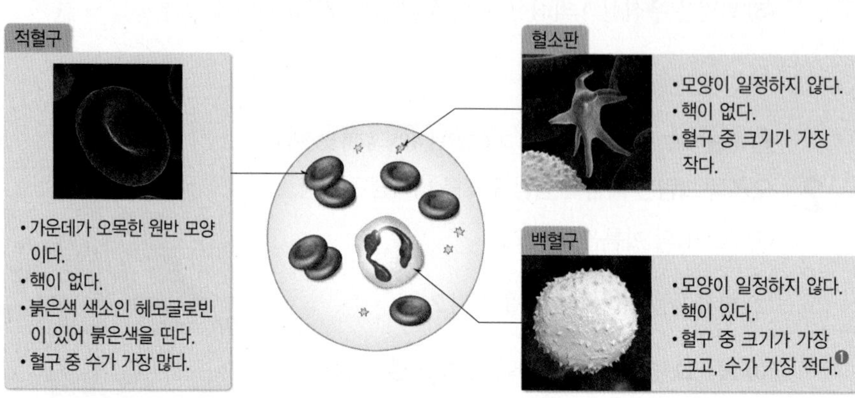

적혈구
•가운데가 오목한 원반 모양이다.
•핵이 없다.
•붉은색 색소인 헤모글로빈이 있어 붉은색을 띤다.
•혈구 중 수가 가장 많다.
혈소판
•모양이 일정하지 않다.
•핵이 없다.
•혈구 중 크기가 가장 작다.
백혈구
•모양이 일정하지 않다.
•핵이 있다.
•혈구 중 크기가 가장 크고, 수가 가장 적다.❶

2 혈액의 기능

① 혈장 : 물이 주성분이며, 영양소, 이산화 탄소, 노폐물 등의 물질을 운반한다.

② 혈구 : 혈장에 실려 온몸으로 이동한다.

적혈구	산소 운반 작용	헤모글로빈의 작용으로 온몸의 조직 세포에 산소를 전달한다. ➡ 부족하면 빈혈이 생긴다.❷❸
백혈구	식균 작용	몸속에 침입한 세균 등을 잡아먹는다. ➡ 몸속에 세균이 침입하면 수가 늘어나고 기능이 활발해진다.
혈소판	혈액 *응고 작용	상처가 났을 때 혈액을 응고시켜 출혈을 막고 상처를 보호한다. ➡ 부족하면 지혈이 잘 되지 않는다.

3 혈액 순환 심장에서 나간 혈액이 동맥, 모세 혈관, 정맥을 거쳐 다시 심장으로 돌아오는 것으로, 온몸 순환과 폐순환으로 구분된다.❹ 여기서 잠깐 29쪽

① 온몸 순환 : 좌심실에서 나간 혈액이 온몸의 모세 혈관을 지나는 동안 조직 세포에 산소와 영양소를 공급하고, 조직 세포에서 이산화 탄소와 노폐물을 받아 우심방으로 돌아오는 순환

② 폐순환 : 우심실에서 나간 혈액이 폐의 모세 혈관을 지나는 동안 이산화 탄소를 내보내고 산소를 받아 좌심방으로 돌아오는 순환

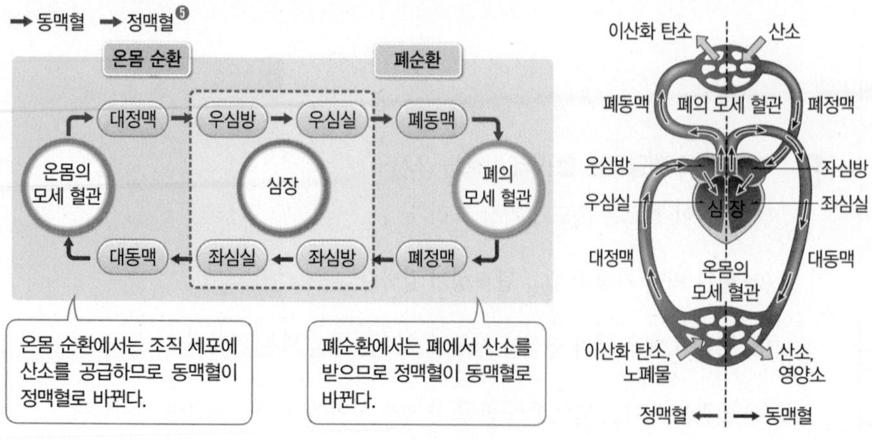

플러스 강의

❶ 혈구의 특징 비교
• 크기 : 백혈구 > 적혈구 > 혈소판
• 수 : 적혈구 > 혈소판 > 백혈구

❷ 고산 지대에 사는 사람의 적혈구 수
산소가 부족한 고산 지대에 사는 사람은 평지에 사는 사람에 비해 적혈구 수가 많다. ➡ 산소가 적은 환경에서 산소를 효율적으로 이용할 수 있다.

❸ 헤모글로빈의 성질
헤모글로빈은 산소가 많은 곳(폐)에서는 산소와 결합하고, 산소가 적은 곳(조직)에서는 산소와 떨어지는 성질이 있다. ➡ 이 때문에 헤모글로빈이 있는 적혈구가 산소를 운반할 수 있다.

❹ 온몸 순환과 폐순환
온몸 순환과 폐순환은 연결된 과정이다. ➡ 온몸 순환을 거친 혈액이 이어서 폐순환을 거치고, 폐순환을 거친 혈액이 이어서 온몸 순환을 거친다.

❺ 동맥혈과 정맥혈
• 동맥혈 : 산소를 많이 포함한 혈액으로, 선홍색을 띤다. ➡ 폐정맥, 좌심방, 좌심실, 대동맥에 흐른다.
• 정맥혈 : 산소를 적게 포함한 혈액으로, 암적색을 띤다. ➡ 대정맥, 우심방, 우심실, 폐동맥에 흐른다.

용어 돋보기
*응고(凝 엉기다, 固 굳다)_엉겨서 뭉쳐 딱딱하게 굳어짐

● 정답과 해설 6쪽

B 혈액

• 혈액의 구성과 기능

□□ : 물질 운반

혈구
- □□□ : 산소 운반 작용
- □□□ : 식균 작용
- □□□ : 혈액 응고 작용

• 혈액 순환
- □□ 순환 : 좌심실 → 대동맥 → □□의 모세 혈관 → 대정맥 → □심방
- □순환 : 우심실 → 폐동맥 → □의 모세 혈관 → 폐정맥 → □심방

6 혈액에 대한 설명으로 옳은 것은 ○, 옳지 않은 것은 ×로 표시하시오.

(1) 혈구 중 크기가 가장 큰 것은 적혈구이다. ( )

(2) 혈구 중 수가 가장 많은 것은 백혈구이다. ( )

(3) 혈액의 구성 비율은 혈장이 혈구보다 높다. ( )

(4) 혈소판에는 붉은색 색소인 헤모글로빈이 있다. ( )

(5) 백혈구는 핵이 있고, 적혈구와 혈소판은 핵이 없다. ( )

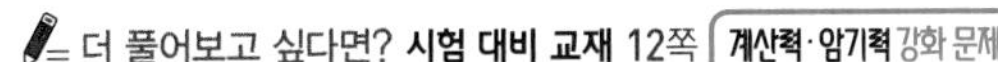

더 풀어보고 싶다면? 시험 대비 교재 12쪽 계산력·암기력 강화 문제

7 오른쪽 그림은 혈액의 성분을 나타낸 것이다. 각 설명에 해당하는 것의 기호와 이름을 쓰시오.

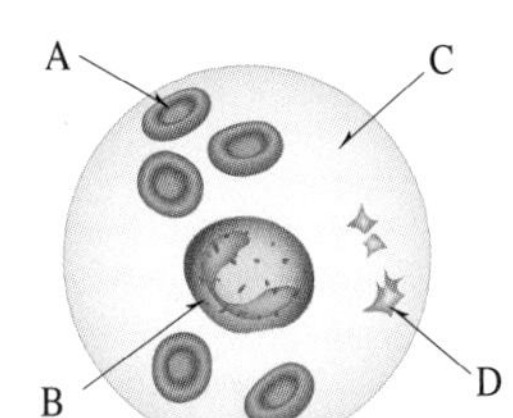

(1) 몸속에 침입한 세균을 잡아먹는다.

(2) 헤모글로빈의 작용으로 산소를 운반한다.

(3) 상처 부위의 혈액을 응고시키는 혈구이다.

(4) 영양소, 이산화 탄소, 노폐물 등의 물질을 운반한다.

8 오른쪽 그림은 혈액 순환 경로를 나타낸 것이다.

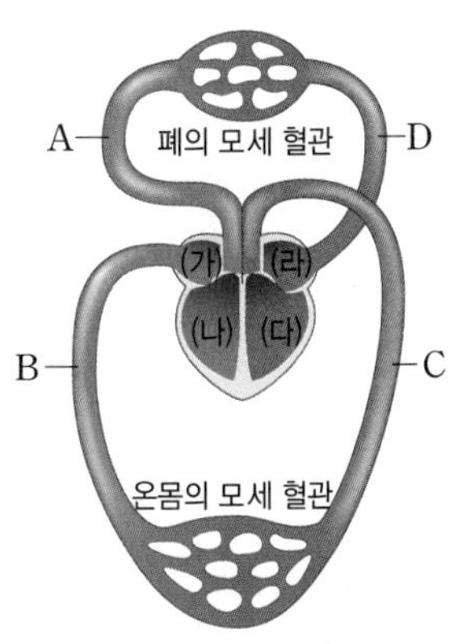

(1) 혈관 A~D의 이름을 쓰시오.

(2) 폐순환 경로를 완성하시오.

(나) → ㉠( ) → 폐의 모세 혈관 → ㉡( ) → ㉢( )

(3) 온몸 순환 경로를 완성하시오.

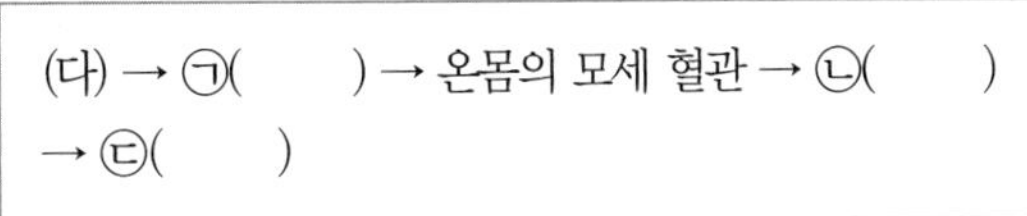

(다) → ㉠( ) → 온몸의 모세 혈관 → ㉡( ) → ㉢( )

9 혈액 순환에 대한 설명으로 옳은 것은 ○, 옳지 않은 것은 ×로 표시하시오.

(1) 대동맥과 폐동맥에는 동맥혈이 흐른다. ( )

(2) 온몸 순환에서는 정맥혈이 동맥혈로 바뀐다. ( )

(3) 혈액이 폐의 모세 혈관을 지나는 동안 산소를 받고, 이산화 탄소를 내보낸다. ( )

(4) 혈액이 온몸의 모세 혈관을 지나는 동안 조직 세포에 산소와 이산화 탄소를 공급하고, 조직 세포에서 영양소와 노폐물을 받는다. ( )

암기콱 혈구의 기능

혈혈단신 **백신** 구하러 **저산**에 오른다.
(혈: 소판, 혈: 액 응고 / 백: 혈구, 신: 식균 / 저: 적혈구, 산: 소 운반)

탐구 a 혈액 관찰

이 탐구에서는 혈액을 관찰하고, 관찰한 혈구의 특징을 알아본다.

● 정답과 해설 6쪽

과정 & 결과

❶ 손가락 끝을 소독한 다음, 채혈기로 찔러 받침유리 위에 혈액을 떨어뜨린다.

❷ 혈액에 생리 식염수를 떨어뜨려 희석한다.

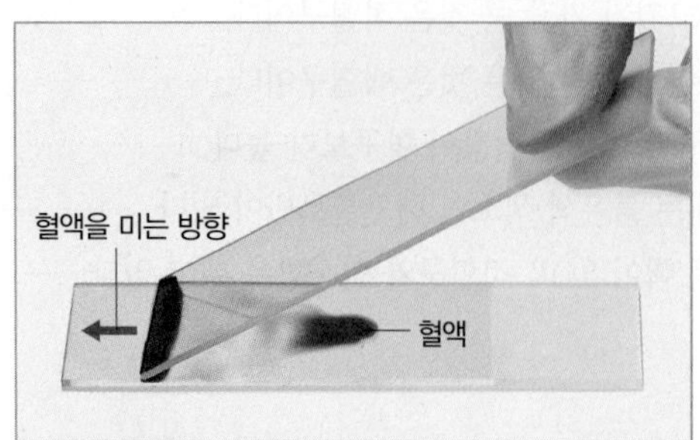

❸ 다른 받침유리를 혈액 가장자리에 비스듬히 대고 밀어서 혈액을 얇게 편다.

◎ **혈액을 미는 방향**
혈액이 있는 반대 방향으로 밀어야 혈액이 얇게 펴지고, 혈구가 터지지 않는다.

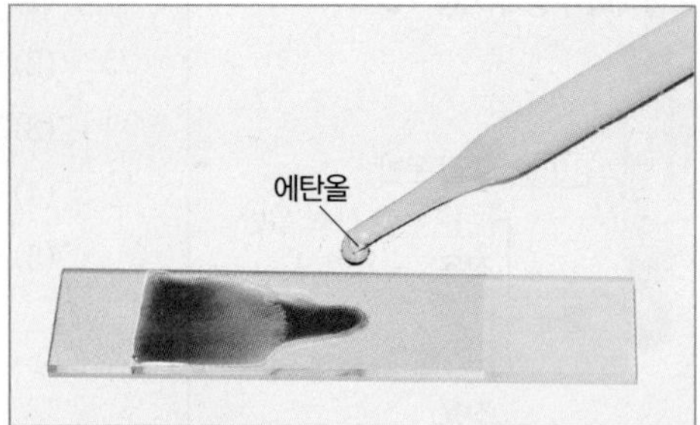

❹ 혈액에 에탄올을 떨어뜨리고 말린다.

◎ **에탄올**
세포의 모양이 변형되지 않고 살아 있을 때의 형태로 유지되게 한다. ➡ 고정

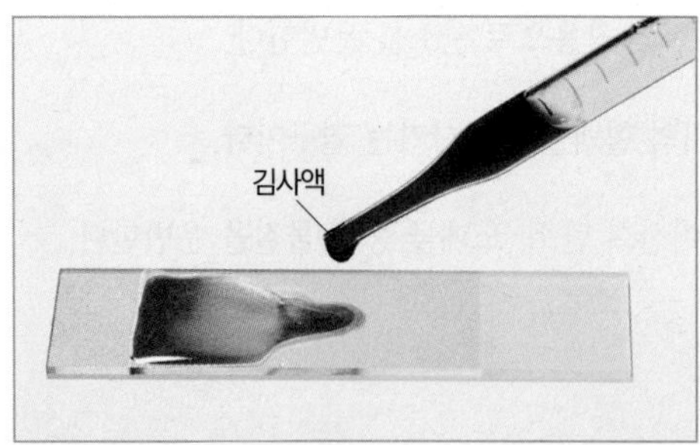

❺ 김사액을 떨어뜨려 혈액을 염색한 후 물로 씻어 내고 말린다.

◎ **김사액**
세포의 핵을 보라색으로 염색하는 용액 ➡ 백혈구의 핵을 염색하여 쉽게 관찰할 수 있게 한다.

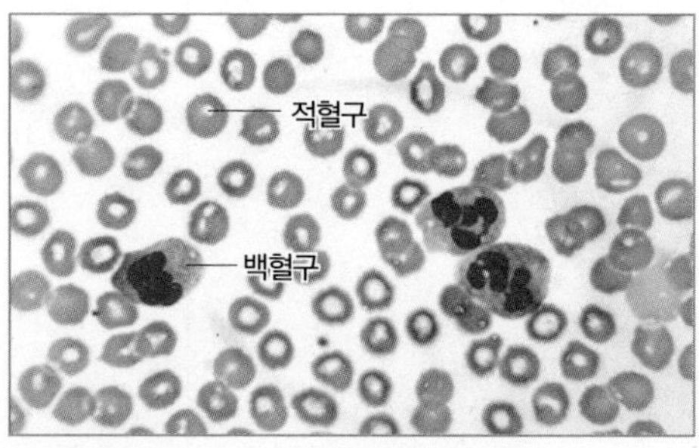

❻ 덮개유리를 덮어 현미경으로 관찰한다.

결과
- 적혈구가 가장 많이 관찰된다. ➡ 혈구 중 수가 가장 많기 때문
- 김사액에 의해 핵이 보라색으로 염색된 백혈구가 관찰된다.

유의점
에탄올이 손이나 얼굴에 튀지 않게 하고, 코로 마시지 않게 주의한다.

정리

1. 적혈구 : 가운데가 오목한 원반 모양으로, 혈구 중 수가 가장 ㉠(많고, 적고), 핵이 ㉡(있다, 없다).
2. 백혈구 : 모양이 일정하지 않으며, 혈구 중 크기가 가장 ㉢(크고, 작고), 핵이 ㉣(있다, 없다).

확인 문제

01 위 실험에 대한 설명으로 옳은 것은 ○, 옳지 않은 것은 ×로 표시하시오.

(1) 김사액으로 적혈구의 핵을 염색한다. ( )

(2) 에탄올을 떨어뜨리는 것은 고정 과정이다. ( )

(3) 가장 많이 관찰되는 혈구는 가운데가 오목한 원반 모양이다. ( )

(4) 혈액을 얇게 펼 때는 받침유리를 혈액이 있는 방향으로 밀어야 한다. ( )

02 혈액을 현미경으로 관찰하였을 때 가장 많이 관찰되는 혈구의 이름을 쓰시오.

03 김사액에 의해 핵이 염색되는 혈구의 종류와 색깔 변화를 서술하시오.

혈액 순환 경로를 기억하는 핵심은 혈액이 흐르는 방향을 아는 것에 있어. 심장과 혈관에서 각각 혈액이 흐르는 방향을 알면 순환 과정을 기억하는 것은 어렵지 않지. 여기서 잠깐에서 혈액 순환 경로를 쉽게 외우는 비법을 알아보자.

● 정답과 해설 6쪽

혈액 순환 경로

	온몸 순환	폐순환
step 1 먼저 '모세 혈관'을 쓴다.	온몸 순환이니까 온몸의 모세 혈관을 쓴다. **→ 온몸의 모세 혈관 →**	폐순환이니까 폐의 모세 혈관을 쓴다. **→ 폐의 모세 혈관 →**
step 2 혈액은 동맥 → 모세 혈관 → 정맥으로 흐른다.	온몸 순환이니까 대동맥, 대정맥만 나온다. **대동맥 → 온몸의 모세 혈관 → 대정맥**	폐순환이니까 폐동맥, 폐정맥만 나온다. **폐동맥 → 폐의 모세 혈관 → 폐정맥**
step 3 심실 → 동맥으로 혈액이 나가고, 정맥 → 심방으로 혈액이 들어온다.	동맥은 심실, 정맥은 심방과 연결된다. **□심실 → 대동맥 → 온몸의 모세 혈관 → 대정맥 → □심방**	동맥은 심실, 정맥은 심방과 연결된다. **□심실 → 폐동맥 → 폐의 모세 혈관 → 폐정맥 → □심방**
여기서 비법!	**온몸의 좌우를 살핀다.** 온몸 순환 좌심실, 우심방 좌심실 → 대동맥 → 온몸의 모세 혈관 → 대정맥 → 우심방	**폐하~ 옥좌에 앉으십시오.** 폐순환 우심실, 좌심방 우심실 → 폐동맥 → 폐의 모세 혈관 → 폐정맥 → 좌심방

유제❶ 다음 혈액 순환 경로를 완성하시오.

(1) 온몸 순환 경로 : 좌심실 → ㉠(　　　) → 온몸의 모세 혈관 → ㉡(　　　) → ㉢(　　　)

(2) 폐순환 경로 : ㉠(　　　) → 폐동맥 → 폐의 모세 혈관 → ㉡(　　　) → ㉢(　　　)

유제❷ 오른쪽 그림은 사람의 혈액 순환 경로를 나타낸 것이다.

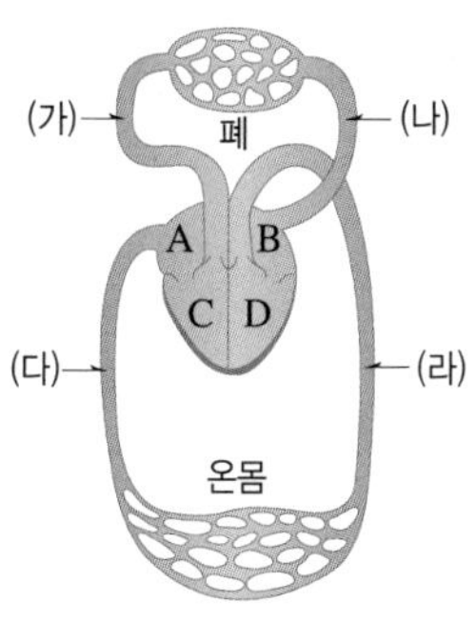

(1) 심장에서 나간 혈액이 온몸의 조직 세포에 영양소와 산소를 공급하고 심장으로 돌아오는 경로를 완성하시오.

㉠(　　　) → ㉡(　　　) → 온몸의 모세 혈관 → ㉢(　　　) → A

(2) 심장에서 나간 혈액이 폐에서 산소를 받고 심장으로 돌아오는 경로를 완성하시오.

C → ㉠(　　　) → 폐의 모세 혈관 → ㉡(　　　) → ㉢(　　　)

기출 문제로 내신쑥쑥

전국 주요 학교의 **시험에 가장 많이 나오는 문제**들로만 구성하였습니다.
모든 친구들이 '꼭' 봐야 하는 코너입니다.

A 심장과 혈관

01 **순환계에 대한 설명으로 옳지 않은 것은?**

① 물질을 운반하는 기능을 담당한다.
② 심장, 혈관, 혈액으로 이루어져 있다.
③ 혈관은 동맥, 모세 혈관, 정맥으로 구분된다.
④ 심방은 동맥과 연결되고, 심실은 정맥과 연결된다.
⑤ 모세 혈관을 지나는 혈액과 조직 세포 사이에서 물질 교환이 일어난다.

중요
02 **사람의 심장에 대한 설명으로 옳지 않은 것은?**

① 심방은 혈액을 받아들이는 곳이다.
② 2개의 심방과 2개의 심실로 이루어져 있다.
③ 수축과 이완을 반복하면서 혈액을 순환시킨다.
④ 심장의 규칙적인 수축과 이완 운동을 심장 박동이라고 한다.
⑤ 심방은 심실보다 두껍고 탄력성이 강한 근육으로 이루어져 있다.

03 **심장에서 판막이 있는 곳이 아닌 것은?**

① 우심방과 우심실 사이 ② 우심실과 폐동맥 사이
③ 좌심방과 우심방 사이 ④ 좌심방과 좌심실 사이
⑤ 좌심실과 대동맥 사이

[04~05] 오른쪽 그림은 사람의 심장 구조를 나타낸 것이다.

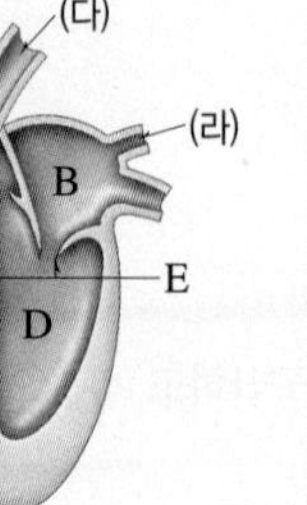

중요
04 **이에 대한 설명으로 옳지 않은 것은?**

① A는 우심방, B는 좌심방이다.
② A~D 중 D 부분의 근육이 가장 두껍다.
③ C는 폐동맥, D는 대동맥과 연결되어 있다.
④ E는 혈액이 거꾸로 흐르는 것을 막는 판막이다.
⑤ (가)는 폐정맥, (라)는 대정맥이다.

05 **이에 대한 설명으로 옳은 것을 보기에서 모두 고른 것은?**

보기
ㄱ. A가 수축하면 혈액이 C로 이동한다.
ㄴ. (가)를 통해 온몸을 지나온 혈액이 A로 들어온다.
ㄷ. B가 수축하면 혈액이 (라)를 통해 폐로 나간다.
ㄹ. D가 수축하면 B와 D 사이의 E가 열린다.

① ㄱ, ㄴ ② ㄴ, ㄷ ③ ㄷ, ㄹ
④ ㄱ, ㄴ, ㄹ ⑤ ㄴ, ㄷ, ㄹ

06 **혈관에 대한 설명으로 옳은 것을 모두 고르면?(2개)**

① 혈압이 매우 낮은 정맥에는 판막이 있다.
② 동맥에는 심장으로 들어가는 혈액이 흐른다.
③ 모세 혈관은 온몸에 그물처럼 퍼져 있는 가느다란 혈관이다.
④ 심장에서 나온 혈액은 정맥 → 모세 혈관 → 동맥 방향으로 흐른다.
⑤ 정맥은 혈관 벽이 가장 두껍고 탄력성이 강하여 높은 압력을 견딜 수 있다.

중요
07 **오른쪽 그림은 혈관이 연결된 모습을 나타낸 것이다. 이에 대한 설명으로 옳지 않은 것은?**

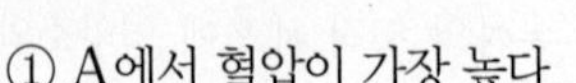

① A에서 혈압이 가장 높다.
② A의 혈관 벽이 가장 두껍고 탄력성이 강하다.
③ B에서 혈액이 흐르는 속도가 가장 느리다.
④ C에서 조직 세포와 물질 교환이 일어난다.
⑤ 심장에서 나온 혈액은 A → B → C 방향으로 흐른다.

08 모세 혈관에 대한 설명으로 옳지 않은 것은?

① 정맥보다 혈압이 낮다.
② 혈관 벽이 한 층의 세포로 되어 있다.
③ 혈관 중 혈액이 흐르는 속도가 가장 느리다.
④ 혈액 속의 산소와 영양소가 조직 세포로 전달된다.
⑤ 조직 세포에서 발생한 이산화 탄소와 노폐물이 혈액으로 이동한다.

09 혈관의 특징을 옳게 비교한 것을 모두 고르면?(2개)

① 혈압 : 정맥 > 모세 혈관 > 동맥
② 혈압 : 동맥 > 모세 혈관 > 정맥
③ 혈관 벽 두께 : 동맥 > 모세 혈관 > 정맥
④ 혈관 벽 두께 : 동맥 > 정맥 > 모세 혈관
⑤ 혈액이 흐르는 속도 : 동맥 > 모세 혈관 > 정맥

B 혈액

10 오른쪽 그림은 혈액을 채취하여 두 층으로 분리한 모습을 나타낸 것이다. 이에 대한 설명으로 옳지 않은 것은?

① A는 혈장, B는 혈구이다.
② A는 액체 성분, B는 세포 성분이다.
③ A에 가장 많은 성분은 단백질이다.
④ A는 영양소, 노폐물, 이산화 탄소 등을 운반한다.
⑤ B에 적혈구, 백혈구, 혈소판이 있다.

중요

11 혈액의 구성 성분에 대한 설명으로 옳은 것은?

① 백혈구에는 헤모글로빈이 있다.
② 혈구 중 혈소판의 수가 가장 많다.
③ 혈구 중 크기가 가장 큰 것은 적혈구이다.
④ 적혈구는 붉은색의 핵이 있어 붉은색을 띤다.
⑤ 평지에 사는 사람보다 고산 지대에 사는 사람의 혈액에 적혈구가 더 많다.

[12~13] 그림은 혈액의 성분을 나타낸 것이다.

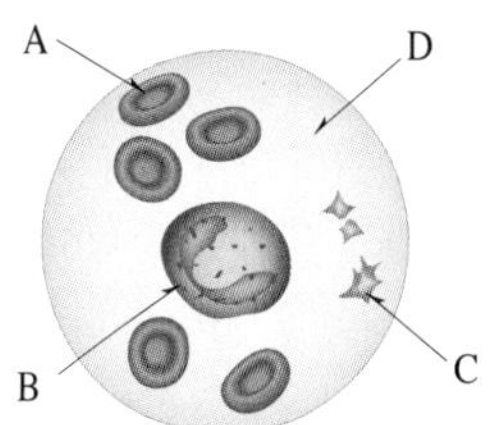

중요

12 A~D의 이름과 기능을 옳게 짝 지은 것은?

① A – 백혈구 – 몸속에 침입한 세균을 잡아먹는다.
② A – 적혈구 – 온몸의 조직 세포로 산소를 운반한다.
③ B – 혈장 – 상처 부위에서 혈액을 응고시킨다.
④ C – 혈소판 – 영양소, 노폐물, 이산화 탄소 등의 물질을 운반한다.
⑤ D – 혈소판 – 몸속에 침입한 세균을 잡아먹는다.

13 다음과 같은 특징을 가진 혈구의 기호와 이름을 옳게 짝 지은 것은?

- 핵이 없고, 모양이 일정하지 않다.
- 상처가 났을 때 출혈을 막고 상처를 보호한다.

① A – 적혈구 ② A – 혈소판
③ B – 백혈구 ④ C – 혈소판
⑤ C – 적혈구

14 표는 정상인과 두 학생 A, B의 혈액에 들어 있는 혈구 수를 비교하여 나타낸 것이다.

(단위 : 개/mm^3)

사람	적혈구	백혈구	혈소판
정상인	500만~600만	5000~10000	25만~40만
학생 A	500만	8000	5만
학생 B	200만	7000	30만

이에 대한 설명으로 옳은 것을 보기에서 모두 고른 것은?

보기
ㄱ. 학생 A는 작은 상처에도 출혈이 많이 일어날 수 있다.
ㄴ. 학생 B는 세균 침입으로 인한 염증이 있을 가능성이 높다.
ㄷ. 학생 A와 B는 모두 빈혈 증상이 있을 것이다.

① ㄱ ② ㄴ ③ ㄷ
④ ㄱ, ㄴ ⑤ ㄴ, ㄷ

탐구 a | 28쪽

15 다음은 혈액을 관찰하기 위해 수행한 실험 과정이다.

> (가) 받침유리에 혈액을 한 방울 떨어뜨린 후 다른 받침유리로 밀어 얇게 편다.
> (나) 혈액에 에탄올을 한 방울 떨어뜨리고 말린다.
> (다) 김사액을 한 방울 떨어뜨린 후 물로 씻어 내고 말린다.
> (라) 덮개유리를 덮어 현미경으로 관찰한다.

이에 대한 설명으로 옳은 것은?

① (가)에서 혈액을 얇게 펼 때는 받침유리를 혈액이 있는 방향으로 밀어야 한다.
② (나)는 고정 과정이다.
③ (다)에서 김사액은 적혈구의 핵을 염색한다.
④ 가장 많이 관찰되는 혈구는 백혈구이다.
⑤ 백혈구는 혈구 중 크기가 가장 크고, 핵이 없다.

16 혈액 순환에 대한 설명으로 옳지 <u>않은</u> 것은?

① 폐순환에서 정맥혈이 동맥혈로 바뀐다.
② 온몸 순환을 거친 혈액은 폐순환을 거치지 않는다.
③ 폐순환을 통해 산소를 얻고, 이산화 탄소를 내보낸다.
④ 온몸 순환을 통해 조직 세포에 산소와 영양소를 공급한다.
⑤ 심장에서 나간 혈액이 동맥, 모세 혈관, 정맥을 거쳐 다시 심장으로 돌아오는 것이다.

17 다음은 혈액 순환이 일어나는 경로를 나타낸 것이다.

> 온몸 → (가) → 우심방 → (나) → 폐동맥 → 폐
> 폐 → (라) → 좌심방 → (다) → 대동맥 → 온몸

(가)~(라)에 알맞은 말을 옳게 짝 지은 것은?

	(가)	(나)	(다)	(라)
①	대정맥	좌심실	우심실	폐정맥
②	대정맥	우심실	좌심실	폐정맥
③	폐정맥	좌심실	우심실	대정맥
④	폐정맥	우심실	좌심실	대정맥
⑤	우심실	폐정맥	좌심실	대정맥

18 산소가 많은 혈액이 흐르는 곳이 <u>아닌</u> 것은?

① 폐동맥 ② 폐정맥 ③ 대동맥
④ 좌심실 ⑤ 좌심방

[19~20] 오른쪽 그림은 사람의 몸에서 혈액이 순환하는 경로를 나타낸 것이다.

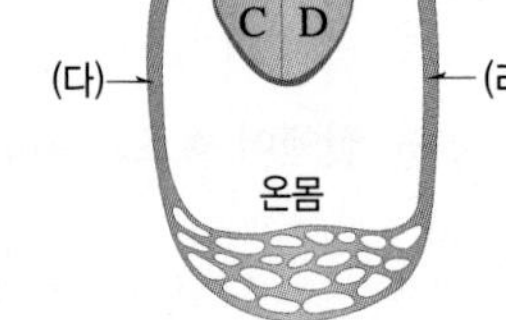

중요

19 폐순환 경로를 옳게 나열한 것은?

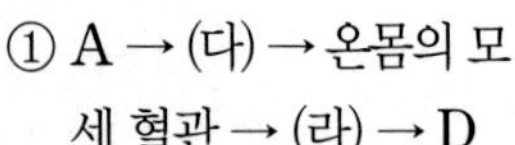

① A → (다) → 온몸의 모세 혈관 → (라) → D
② B → (나) → 폐의 모세 혈관 → (가) → C
③ C → (가) → 폐의 모세 혈관 → (나) → B
④ C → (다) → 온몸의 모세 혈관 → (라) → B
⑤ D → (라) → 온몸의 모세 혈관 → (다) → A

중요

20 이에 대한 설명으로 옳은 것을 보기에서 모두 고른 것은?

> 보기
> ㄱ. (가)는 폐동맥, (나)는 폐정맥이다.
> ㄴ. (가)와 (다)에는 정맥혈이 흐르고, (나)와 (라)에는 동맥혈이 흐른다.
> ㄷ. A와 B에는 산소가 적은 혈액이 흐르고, C와 D에는 산소가 많은 혈액이 흐른다.
> ㄹ. C와 (가) 사이에는 판막이 있다.

① ㄱ, ㄴ ② ㄴ, ㄷ ③ ㄷ, ㄹ
④ ㄱ, ㄴ, ㄹ ⑤ ㄴ, ㄷ, ㄹ

서술형 문제

21 심장과 정맥에 있는 판막의 기능을 서술하시오.

22 그림은 혈관이 연결된 모습을 나타낸 것이다.

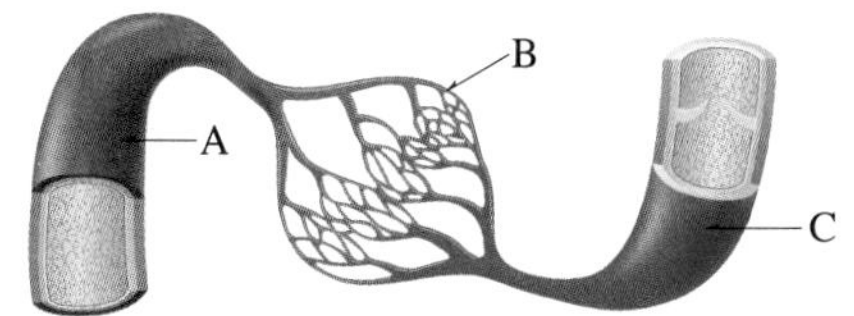

(1) 혈관 벽이 가장 두꺼운 혈관의 기호를 쓰고, 혈관 벽이 두꺼운 것이 유리한 까닭을 서술하시오.

(2) 조직 세포와 물질 교환이 일어나는 혈관의 기호를 쓰고, 물질 교환에 유리한 까닭을 혈액이 흐르는 속도와 관련지어 서술하시오.

중요

23 오른쪽 그림은 혈액의 성분을 나타낸 것이다. A의 이름을 쓰고, 그 기능을 서술하시오.

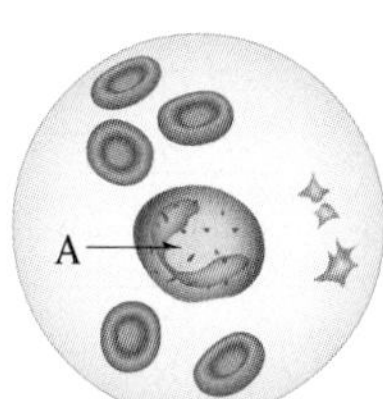

24 오른쪽 그림은 사람의 혈액 순환 경로를 나타낸 것이다.

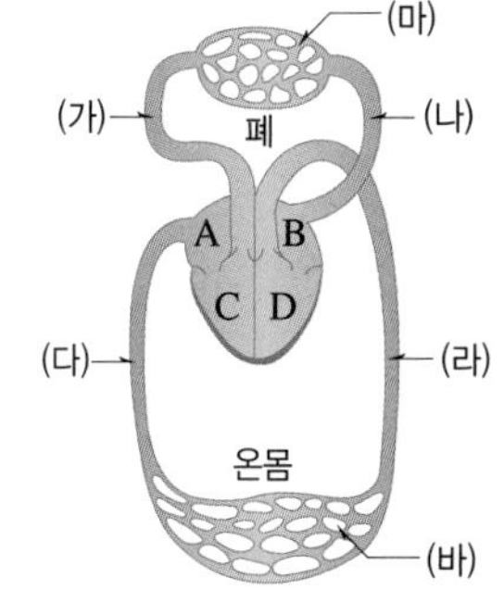

(1) 온몸 순환이 일어나는 경로를 기호와 화살표를 이용하여 나열하시오.

(2) (바)에서 일어나는 물질 교환 과정을 서술하시오.

실력 탄탄

● 정답과 해설 8쪽

01 그림은 우리 몸에 분포하는 혈관 A~C의 특징을 나타낸 것이다.

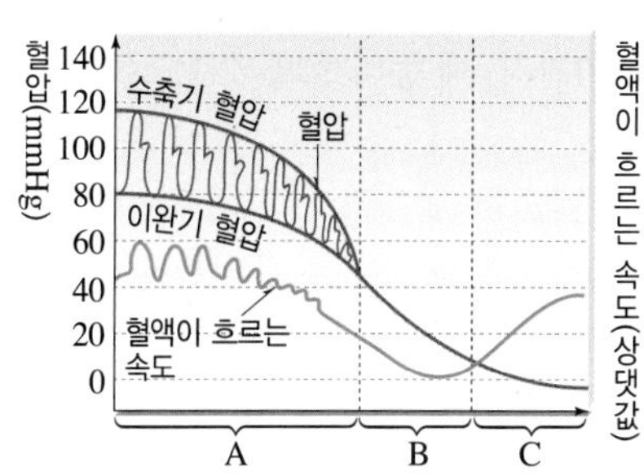

이에 대한 설명으로 옳은 것을 보기에서 모두 고른 것은?

> 보기
> ㄱ. A는 동맥, B는 정맥, C는 모세 혈관이다.
> ㄴ. B보다 C의 혈관 벽이 더 두껍다.
> ㄷ. 혈압이 낮아질수록 혈액이 흐르는 속도가 느려진다.

① ㄱ ② ㄴ ③ ㄷ
④ ㄱ, ㄴ ⑤ ㄴ, ㄷ

02 그림 (가)는 혈액의 흐름에 따른 혈액 속 산소 양의 변화를, (나)는 혈액이 순환하는 경로를 나타낸 것이다.

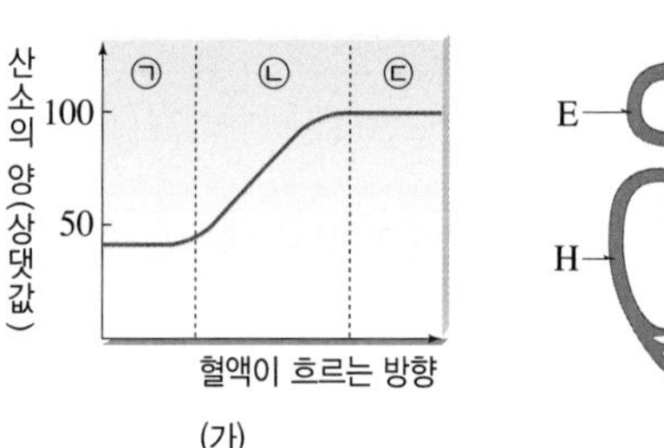

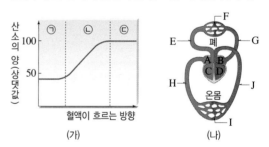

이에 대한 설명으로 옳은 것을 보기에서 모두 고른 것은?

> 보기
> ㄱ. (가)는 온몸 순환에서 일어나는 산소 양의 변화이다.
> ㄴ. 혈관 E에는 ㉢과 같은 산소 양을 포함한 혈액이 흐른다.
> ㄷ. 혈관 F에서 ㉡과 같은 산소 양의 변화가 일어난다.

① ㄱ ② ㄴ ③ ㄷ
④ ㄱ, ㄴ ⑤ ㄴ, ㄷ

03 호흡

A 호흡계

1 호흡계 숨을 쉬면서 산소를 흡수하고 이산화 탄소를 배출하는 기능을 담당하며, 코, 기관, 기관지, 폐 등의 호흡 기관으로 이루어져 있다.❶

2 들숨과 날숨

① 뜻 : 들숨은 들이쉬는 숨, 날숨은 내쉬는 숨이다.

② 성분 : 날숨에는 들숨보다 산소는 적게 들어 있고, 이산화 탄소는 많이 들어 있다.❷
➡ 공기가 몸 안으로 들어왔다 나가는 동안 몸에서 산소를 받아들이고 이산화 탄소를 내보내기 때문

산소 : 들숨 > 날숨	이산화 탄소 : 들숨 < 날숨

화보 5.4 5.5

3 호흡계의 구조

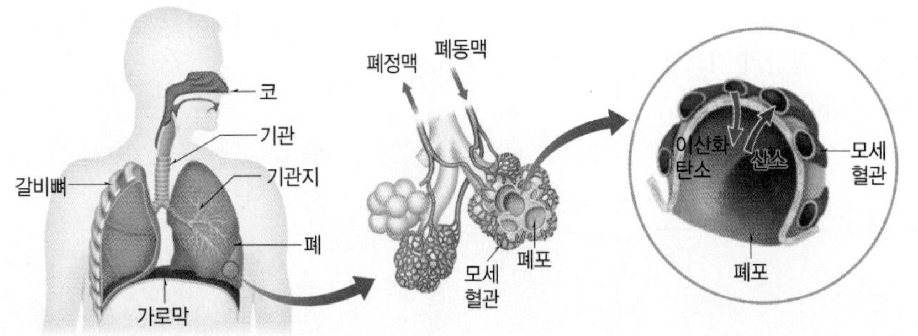

① 공기가 이동하는 경로 : 숨을 들이쉬면 공기가 콧속을 지나 기관과 기관지를 거쳐 폐 속의 폐포로 들어간다.

코 → 기관 → 기관지 → 폐 속의 폐포

② 구조와 기능

구분		기능	
코		• 차고 건조한 공기를 따뜻하고 축축하게 만든다. • 콧속은 가는 털과 끈끈한 액체로 덮여 있어 먼지나 세균 등을 걸러 낸다.	
기관, 기관지		• 기관의 안쪽 벽에는 섬모가 있어 먼지나 세균 등을 거른다. • 기관은 두 개의 기관지로 갈라져 각각 좌우 폐와 연결된다. • 기관지는 폐 속에서 더 많은 가지로 갈라져 폐포와 연결된다.	
폐		• 가슴 속에 좌우 한 개씩 있다. • 갈비뼈와 가로막으로 둘러싸인 *흉강에 들어 있다. ➡ 폐는 근육이 없어 스스로 수축하거나 이완할 수 없고, 갈비뼈와 가로막의 움직임에 따라 그 크기가 변한다. • 수많은 폐포로 이루어져 있어 공기와 닿는 표면적이 매우 넓다. ➡ 기체 교환이 효율적으로 일어날 수 있다.❸	
폐	폐포	• 폐를 구성하는 작은 공기주머니이다. • 한 층의 얇은 세포층으로 이루어져 있다. • 표면이 모세 혈관으로 둘러싸여 있다. ➡ 폐포와 모세 혈관 사이에서 산소와 이산화 탄소가 교환된다.	
*가로막		• 폐의 아랫부분에 있는 근육으로 된 막	위아래로 움직여 호흡 운동(들숨과 날숨)이 일어나게 한다.
갈비뼈		• 폐를 보호한다.	

플러스 강의

❶ 호흡
넓은 의미에서 숨을 쉬는 것, 산소와 이산화 탄소의 교환, 생명 활동에 필요한 에너지를 얻는 과정까지 모두 포함한다.

내 교과서 확인 | 동아

❷ 들숨과 날숨의 성분

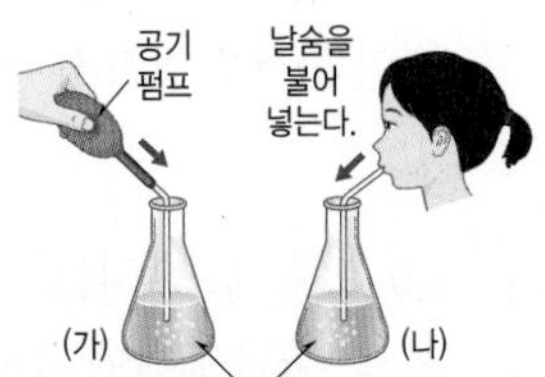

(가) 초록색 BTB 용액에 공기 펌프로 공기(들숨)를 넣는다.
(나) 초록색 BTB 용액에 날숨을 불어넣는다.
[결과] (나)에서 BTB 용액의 색깔이 노란색으로 더 빨리 변한다.
➡ 들숨보다 날숨에 이산화 탄소가 더 많이 들어 있기 때문

❸ 표면적을 넓히는 구조
폐의 폐포와 소장 안쪽 벽의 주름과 융털은 표면적을 넓혀 각각 기체 교환과 영양소의 흡수가 효율적으로 일어나게 한다.

용어 돋보기

* **흉강(胸 가슴, 腔 속이 비다)**_갈비뼈와 가로막으로 둘러싸인 공간으로, 흉강에는 폐, 심장과 같은 기관이 있다.
* **가로막(膜 막)**_근육으로 이루어진 막으로, 횡격막이라고도 한다.

● 정답과 해설 9쪽

A 호흡계

- 호흡계 : □□를 흡수하고, □□□ □□를 배출하는 기능을 담당한다.
- □□ : 폐를 구성하는 작은 공기 주머니
  - 기체 교환 : □□와 모세 혈관 사이에서 □□와 □□□ □□가 교환된다.

암기 쾅 폐와 폐포

폐는 수많은 폐포로 이루어져 있어 공기와 닿는 표면적이 매우 넓기 때문에 기체 교환이 효율적으로 일어난다.

그래서 좋은 점이 뭔데?
나 표면적 완전 넓잖아!

1 다음은 들숨과 날숨의 성분에 대한 설명이다. (　　) 안에 알맞은 말을 고르시오.

> ㉠(산소, 이산화 탄소)는 들숨보다 날숨에 적게 들어 있고, ㉡(산소, 이산화 탄소)는 들숨보다 날숨에 많이 들어 있다.

2 다음은 숨을 들이쉬었을 때 호흡계에서 공기가 이동하는 경로를 나타낸 것이다. (　　) 안에 알맞은 말을 쓰시오.

> 코 → ㉠(　　　) → 기관지 → 폐 속의 ㉡(　　　)

[3~4] 그림은 사람의 호흡계를 나타낸 것이다.

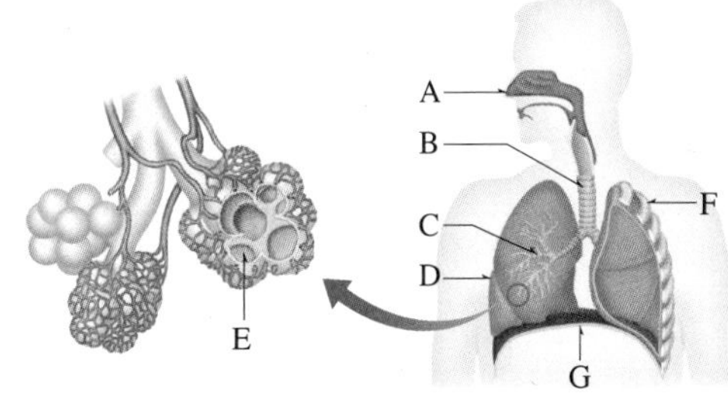

3 A~G의 이름을 쓰시오.

4 이에 대한 설명으로 옳은 것은 ○, 옳지 않은 것은 ×로 표시하시오.

(1) A와 B에서 먼지나 세균 등이 걸러진다. ············ (　　)
(2) C는 폐 속에서 더 많은 가지로 갈라져 폐포와 연결된다. ············ (　　)
(3) D는 스스로 수축과 이완을 할 수 있다. ············ (　　)
(4) D는 갈비뼈와 가로막으로 둘러싸인 흉강에 들어 있다. ············ (　　)
(5) E와 모세 혈관 사이에서 산소와 이산화 탄소가 교환된다. ············ (　　)
(6) E는 D가 공기와 닿는 표면적을 줄여 기체 교환이 효율적으로 일어날 수 있게 한다. ············ (　　)
(7) F와 G의 움직임에 따라 D의 크기가 변한다. ············ (　　)

B 호흡 운동

1 호흡 운동의 원리 폐는 근육이 없어 스스로 커지거나 작아지지 못하므로 흉강을 둘러싸고 있는 갈비뼈와 가로막의 움직임에 의해 호흡 운동이 일어난다.

2 호흡 운동이 일어나는 과정 탐구 a 38쪽 | 여기서 잠깐 39쪽

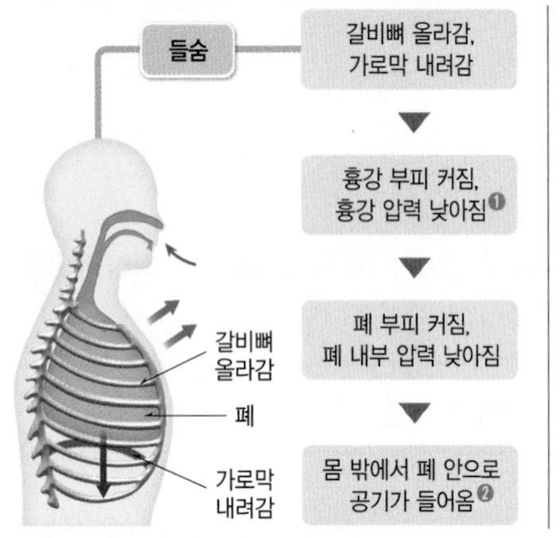

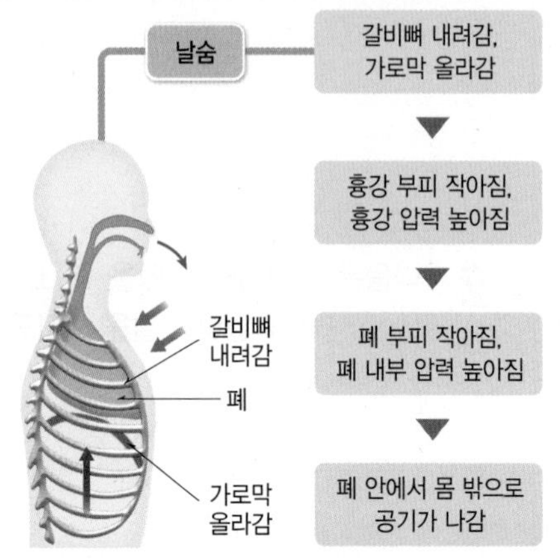

3 들숨과 날숨이 일어날 때 몸의 상태 비교

구분	갈비뼈	가로막	흉강 부피	흉강 압력	폐 부피	폐 내부 압력	공기 이동
들숨	올라감	내려감	커짐	낮아짐	커짐	낮아짐	몸 밖 → 폐
날숨	내려감	올라감	작아짐	높아짐	작아짐	높아짐	폐 → 몸 밖

C 기체 교환

구분		폐에서의 기체 교환❸	조직 세포에서의 기체 교환
장소		폐포와 폐포를 둘러싼 모세 혈관 사이	온몸의 모세 혈관과 조직 세포 사이
기체 농도	산소	폐포 > 모세 혈관	모세 혈관 > 조직 세포
	이산화 탄소	폐포 < 모세 혈관	모세 혈관 < 조직 세포
기체 교환		폐포 (산소 →, ← 이산화 탄소) 모세 혈관❹	모세 혈관 (산소 →, ← 이산화 탄소) 조직 세포
기체 교환 결과		혈액에 산소가 많아지고, 이산화 탄소가 적어진다(정맥혈→동맥혈).	혈액에 산소가 적어지고, 이산화 탄소가 많아진다(동맥혈→정맥혈).

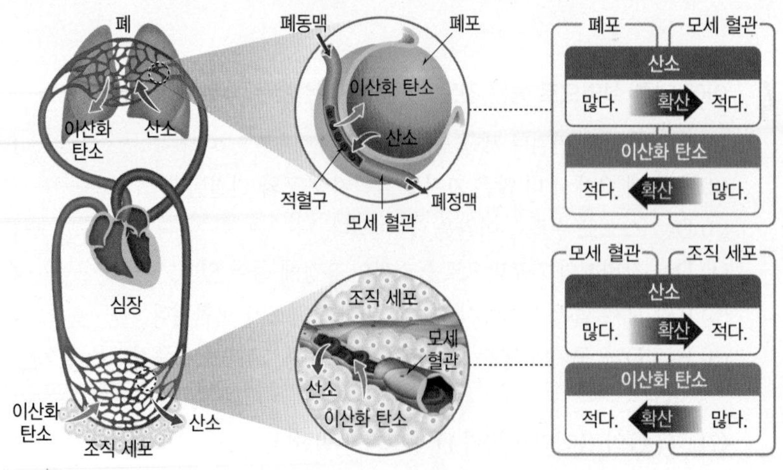

플러스 강의

❶ 부피와 압력의 관계(보일 법칙)
기체의 부피는 압력에 반비례 한다. ➡ 들숨이 일어날 때 흉강의 부피가 커지면 흉강의 압력이 감소하고, 그에 따라 폐의 부피가 커지면 폐 내부 압력이 감소한다.

❷ 공기의 이동 원리
공기는 압력이 높은 곳에서 낮은 곳으로 이동한다.
- 들숨 시 : 폐 내부 압력이 대기압보다 낮아져 공기가 몸 밖에서 폐 안으로 들어온다.
- 날숨 시 : 폐 내부 압력이 대기압보다 높아져 공기가 폐 안에서 몸 밖으로 나간다.

❸ 기체 교환의 원리
기체의 농도 차이에 따른 *확산에 의해 기체 교환이 일어난다. ➡ 농도가 높은 쪽에서 낮은 쪽으로 기체가 이동한다.

❹ 폐포에서의 기체 교환

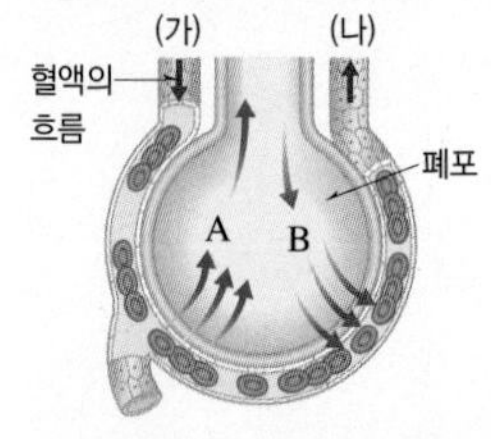

- (가)는 폐동맥, (나)는 폐정맥과 연결된다.
- 모세 혈관 → 폐포로 이동하는 A는 이산화 탄소이고, 폐포 → 모세 혈관으로 이동하는 B는 산소이다.
- 기체 교환을 마친 혈액이 흐르는 (나)에는 (가)보다 산소가 많고, 이산화 탄소는 적다.

용어 돋보기

*확산(擴 넓히다, 散 흩어지다)_ 어떤 물질이 농도가 높은 쪽에서 낮은 쪽으로 퍼져 나가는 현상
예 향수 냄새, 꽃향기, 음식 냄새 등이 퍼져 나간다.

B 호흡 운동

- □□□가 내려가고, □□□이 올라갈 때 날숨이 일어난다.
- □□이 일어날 때 폐의 부피가 커지고, 폐 내부 압력이 □□진다.

C 기체 교환

- 폐에서의 기체 교환 : □□는 폐포에서 모세 혈관으로 이동하고, □□□ □□는 모세 혈관에서 폐포로 이동한다.
- 조직 세포에서의 기체 교환 : 산소는 □□ □□에서 □□ □□로 이동하고, 이산화 탄소는 □□ □□에서 □□ □□으로 이동한다.

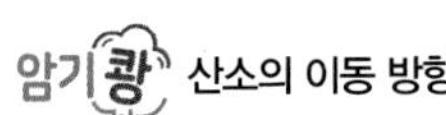
산소의 이동 방향

폐포 → 모세 혈관 → 조직 세포
산소는 폐에서 모조리!
포 세직 혈세 관포

B **5** 다음은 우리 몸에서 호흡 운동이 일어나는 원리를 설명한 것이다. (　　) 안에 알맞은 말을 쓰시오.

> 폐는 ㉠(　　　)이 없어 스스로 커지거나 작아지지 못하므로 갈비뼈와 ㉡(　　　)의 움직임에 의해 호흡 운동이 일어난다.

6 표는 들숨과 날숨이 일어날 때 우리 몸의 변화를 비교하여 나타낸 것이다. (　　) 안에 알맞은 말을 고르시오.

구분		들숨	날숨
갈비뼈		올라간다.	내려간다.
가로막		㉠(올라간다, 내려간다).	㉡(올라간다, 내려간다).
흉강	부피	㉢(감소한다, 증가한다).	㉣(감소한다, 증가한다).
	압력	㉤(낮아진다, 높아진다).	㉥(낮아진다, 높아진다).
폐	부피	㉦(감소한다, 증가한다).	㉧(감소한다, 증가한다).
	압력	낮아진다.	높아진다.

7 오른쪽 그림은 사람의 가슴 구조를 나타낸 것이다. 이에 대한 설명으로 옳은 것은 ○, 옳지 않은 것은 ×로 표시하시오.

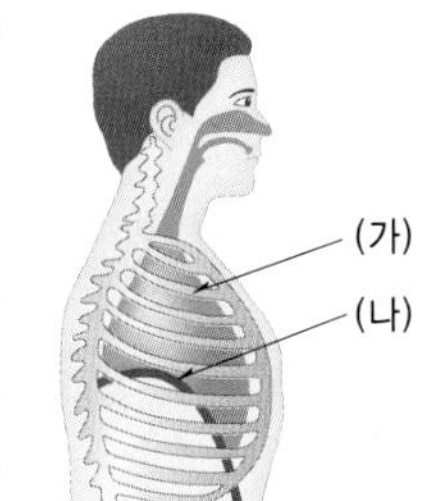

(1) (가)가 내려갈 때 날숨이 일어난다. ……… (　　)
(2) (가)가 올라갈 때 흉강의 압력이 높아진다. ……… (　　)
(3) (나)가 내려갈 때 들숨이 일어난다. ……… (　　)
(4) (나)가 올라갈 때 폐의 부피가 증가한다. ……… (　　)

C **8** 그림은 폐와 조직 세포에서 일어나는 기체 교환을 나타낸 것이다. (　　) 안에 알맞은 말을 고르시오.

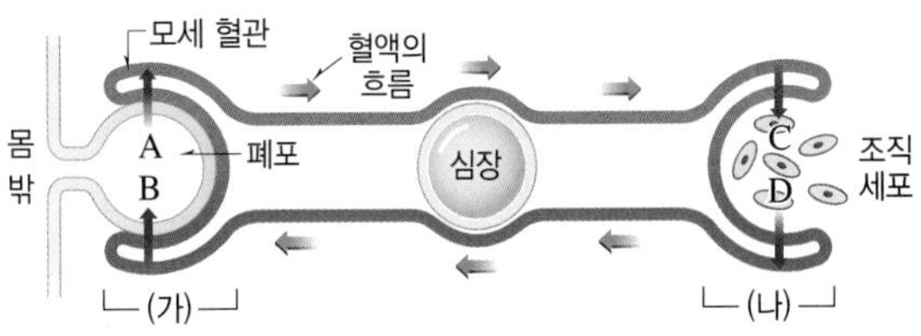

(1) (가)에서 산소의 농도는 ㉠(폐포, 모세 혈관) > ㉡(폐포, 모세 혈관)이다.
(2) (나)에서 이산화 탄소의 농도는 ㉠(모세 혈관, 조직 세포) > ㉡(모세 혈관, 조직 세포)이다.
(3) A와 C는 ㉠(산소, 이산화 탄소)의 이동 방향이고, B와 D는 ㉡(산소, 이산화 탄소)의 이동 방향이다.

탐구 a 호흡 운동의 원리

이 탐구에서는 호흡 운동 모형을 만들어 호흡 운동의 원리를 알아본다.

● 정답과 해설 9쪽

과정 & 결과

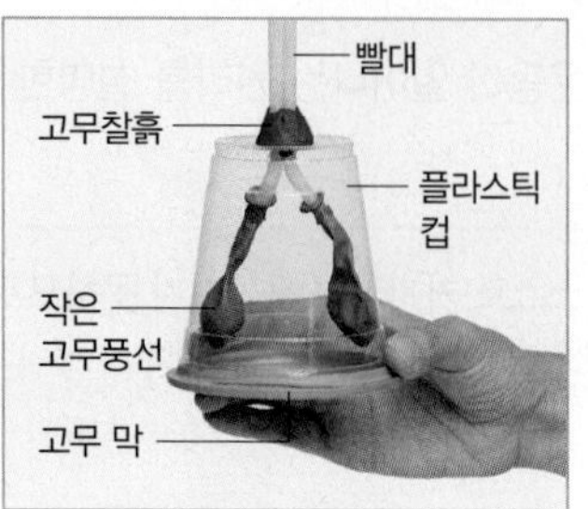

❶ 투명한 플라스틱 컵에 작은 고무풍선을 끼운 빨대를 끼우고 고무찰흙으로 빨대 주위를 공기가 새지 않게 막은 다음, 큰 고무풍선을 잘라 씌워 고무 막을 만든다.

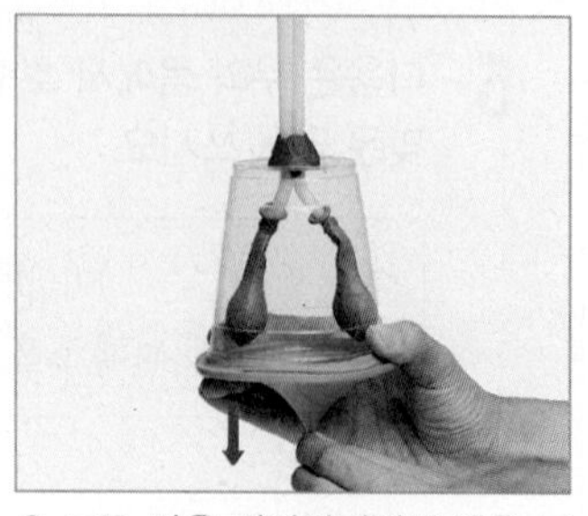

❷ 고무 막을 잡아당기면서 작은 고무풍선의 변화를 관찰한다.

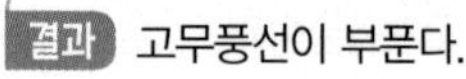

결과 고무풍선이 부푼다.

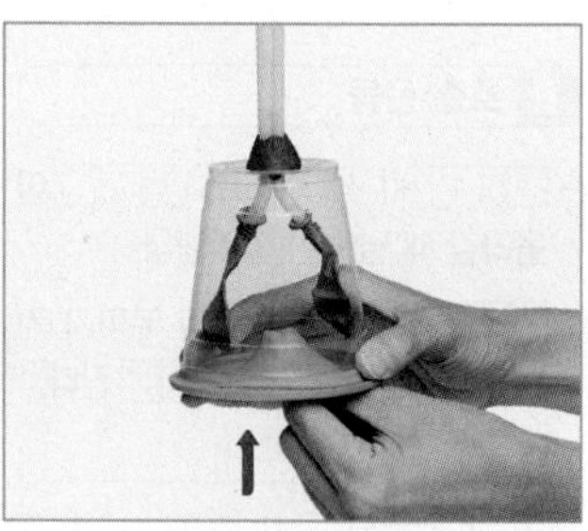

❸ 고무 막을 밀어 올리면서 작은 고무풍선의 변화를 관찰한다.

결과 고무풍선이 줄어든다.

해석

• 고무 막을 잡아당길 때와 밀어 올릴 때의 변화 비교

고무 막	컵 속의 공간		고무풍선		공기 이동
	부피	압력	부피	내부 압력	
잡아당길 때(들숨)	증가	낮아짐	증가	낮아짐	밖 → 고무풍선
밀어 올릴 때(날숨)	감소	높아짐	감소	높아짐	고무풍선 → 밖

• 호흡 운동 모형과 사람의 몸 비교

호흡 운동 모형	빨대	컵 속의 공간	작은 고무풍선	고무 막
사람의 몸	기관, 기관지	흉강	폐	가로막

◎ **호흡 운동 모형과 사람 몸의 차이점**
호흡 운동 모형에서는 가로막에 해당하는 고무 막의 움직임으로만 공기가 드나들지만, 사람의 몸에서는 가로막과 갈비뼈가 함께 움직여 공기가 드나든다.

정리

1. 호흡 운동 모형에서 고무 막을 잡아당기는 것은 사람의 호흡 운동에서 ㉠(들숨, 날숨)에 해당하고, 밀어 올리는 것은 ㉡(들숨, 날숨)에 해당한다.

2. 호흡 운동 모형에서 컵 속의 공간은 우리 몸의 ㉢(흉강, 폐)에 해당하고, 작은 고무풍선은 ㉣(흉강, 폐)에 해당한다.

확인 문제

01 이에 대한 설명으로 옳은 것은 ○, 옳지 않은 것은 ×로 표시하시오.

(1) 고무 막을 잡아당기면 컵 속의 압력이 높아진다. ( )

(2) 고무 막을 잡아당기면 작은 고무풍선이 줄어든다. ( )

(3) 고무 막을 밀어 올리면 컵 속의 부피가 감소한다. ( )

(4) 고무 막을 밀어 올리는 것은 사람의 호흡 운동에서 날숨에 해당한다. ( )

02 호흡 운동 모형의 고무 막은 사람의 몸에서 무엇에 해당하는지 쓰시오.

03 고무 막을 잡아당길 때 나타나는 컵 속의 부피와 압력 변화 및 공기의 이동을 서술하시오.

우리 몸에서 일어나는 호흡 운동도, 호흡 운동 모형으로 알아보는 호흡 운동의 원리도 모두 복잡하게만 느껴지지? 두 과정을 연결해서 기억하면 훨씬 쉬워질 거야! 여기서 잠깐에서 함께 정리해 보자!

● 정답과 해설 9쪽

호흡 기관과 호흡 운동 모형

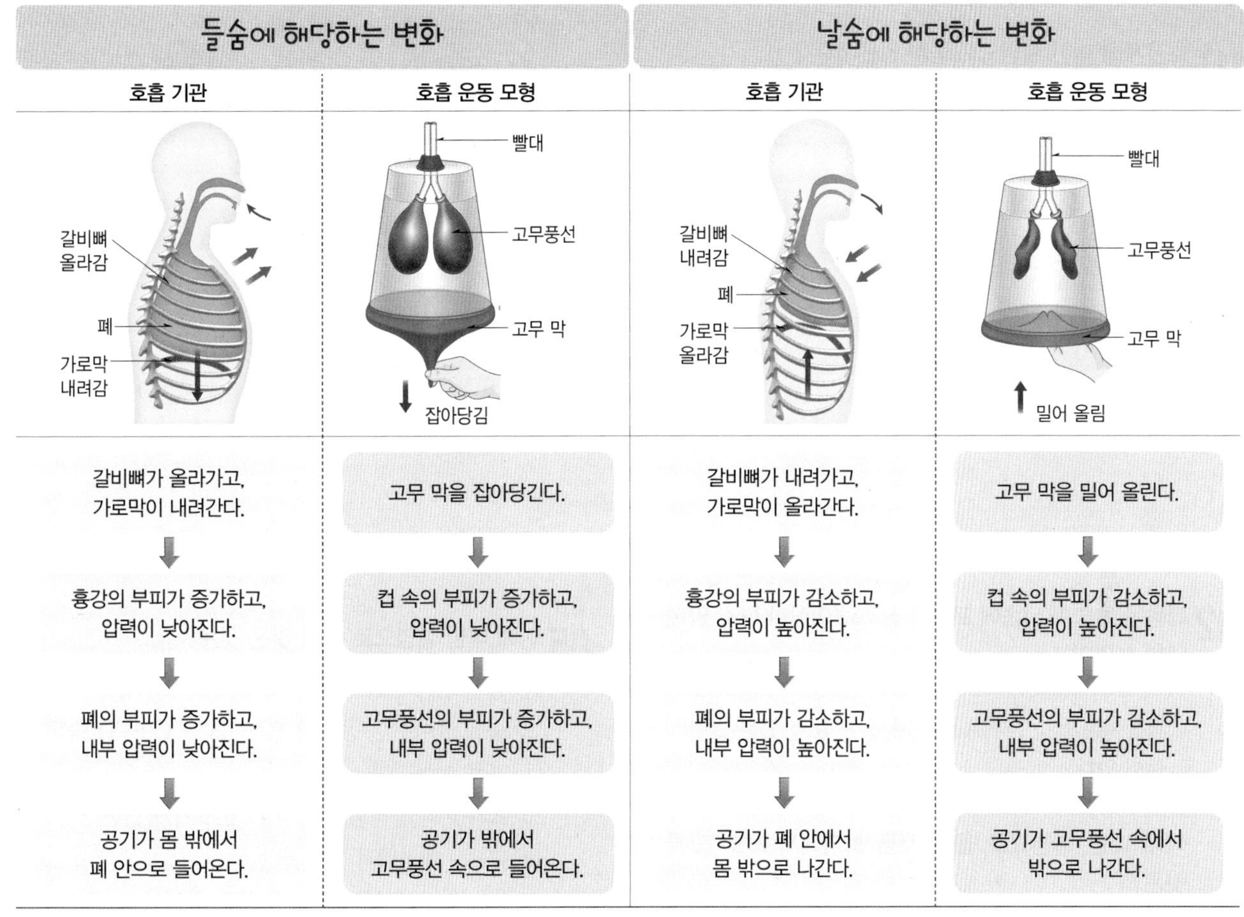

들숨에 해당하는 변화
날숨에 해당하는 변화
호흡 기관
호흡 운동 모형
호흡 기관
호흡 운동 모형
갈비뼈 올라감
폐
가로막 내려감
빨대
고무풍선
고무 막
잡아당김
갈비뼈 내려감
폐
가로막 올라감
빨대
고무풍선
고무 막
밀어 올림
갈비뼈가 올라가고, 가로막이 내려간다.
흉강의 부피가 증가하고, 압력이 낮아진다.
폐의 부피가 증가하고, 내부 압력이 낮아진다.
공기가 몸 밖에서 폐 안으로 들어온다.
고무 막을 잡아당긴다.
컵 속의 부피가 증가하고, 압력이 낮아진다.
고무풍선의 부피가 증가하고, 내부 압력이 낮아진다.
공기가 밖에서 고무풍선 속으로 들어온다.
갈비뼈가 내려가고, 가로막이 올라간다.
흉강의 부피가 감소하고, 압력이 높아진다.
폐의 부피가 감소하고, 내부 압력이 높아진다.
공기가 폐 안에서 몸 밖으로 나간다.
고무 막을 밀어 올린다.
컵 속의 부피가 감소하고, 압력이 높아진다.
고무풍선의 부피가 감소하고, 내부 압력이 높아진다.
공기가 고무풍선 속에서 밖으로 나간다.

(유제) 그림 (가)는 사람의 호흡 기관을, (나)는 호흡 운동 모형을 나타낸 것이다.

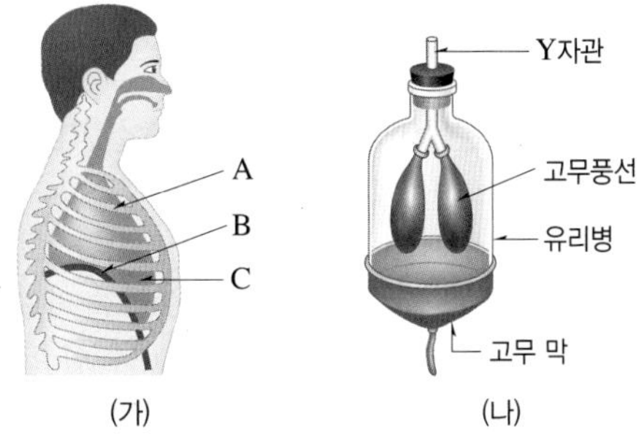

(1) A~C의 이름을 쓰시오.

(2) (나)에서 (가)의 B와 C에 해당하는 구조를 각각 찾아 쓰시오.

(3) (나)에서 고무 막을 잡아당길 때와 밀어 올릴 때는 각각 들숨과 날숨 중 무엇에 해당하는지 쓰시오.

(4) 다음은 (나)에서 고무 막을 잡아당길 때 일어나는 현상을 설명한 것이다. (　　) 안에 알맞은 말을 고르시오.

> 고무 막을 잡아당기면 유리병 안의 부피가 ㉠(증가, 감소)하여 압력이 ㉡(높아, 낮아)진다. 이에 따라 유리병에 들어 있는 고무풍선의 부피가 ㉢(증가, 감소)하고 고무풍선 안의 압력이 ㉣(높아, 낮아)져 공기가 밖에서 고무풍선 안으로 들어온다.

(5) (나)에서 고무 막을 밀어 올릴 때에 해당하는 (가)의 변화로 옳은 것은?

① 흉강의 부피가 커진다.
② A가 올라가고, B가 내려간다.
③ C의 부피가 커진다.
④ C의 압력이 높아진다.
⑤ 몸 밖에서 C로 공기가 들어온다.

기출 문제로 내신쑥쑥

전국 주요 학교의 **시험에 가장 많이 나오는 문제**들로만 구성하였습니다.
모든 친구들이 '꼭' 봐야 하는 코너입니다.

A 호흡계

01 호흡계에 대한 설명으로 옳지 않은 것은?

① 기관의 안쪽 벽에는 섬모가 있다.
② 코, 기관, 기관지, 폐 등으로 이루어져 있다.
③ 공기는 콧속을 지나면서 따뜻하고 축축해진다.
④ 기관은 두 개의 기관지로 갈라져 각각 좌우 폐와 연결된다.
⑤ 숨을 쉬면서 이산화 탄소를 흡수하고 산소를 배출하는 기능을 담당한다.

02 다음은 들숨과 날숨에 포함된 산소와 이산화 탄소 양에 대한 설명이다.

> 날숨에는 들숨보다 A는 적게 들어 있고, B는 많이 들어 있다.

이에 대한 설명으로 옳은 것을 보기에서 모두 고른 것은?

보기
ㄱ. A는 산소, B는 이산화 탄소이다.
ㄴ. A는 모세 혈관에서 폐포로 이동한다.
ㄷ. 우리 몸에서는 A를 받아들이고, B를 내보낸다.

① ㄱ ② ㄱ, ㄴ ③ ㄱ, ㄷ
④ ㄴ, ㄷ ⑤ ㄱ, ㄴ, ㄷ

중요
03 폐에 대한 설명으로 옳지 않은 것은?

① 폐포는 폐를 구성하는 작은 공기주머니이다.
② 근육이 있어 스스로 수축하고 이완할 수 있다.
③ 갈비뼈와 가로막으로 둘러싸인 흉강에 들어 있다.
④ 폐포와 모세 혈관 사이에서 산소와 이산화 탄소가 교환된다.
⑤ 수많은 폐포로 이루어져 있어 공기와 닿는 표면적이 매우 넓다.

[04~05] 그림은 사람의 호흡계를 나타낸 것이다.

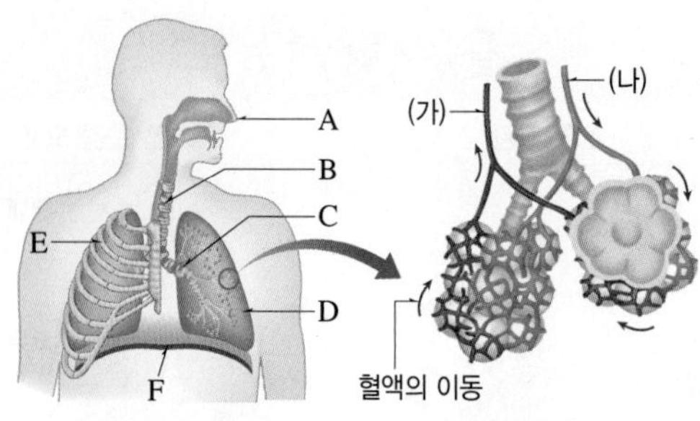

04 각 부분의 이름을 옳게 짝 지은 것은?

① B－기관지 ② C－기관 ③ D－폐
④ E－가로막 ⑤ F－갈비뼈

중요
05 이에 대한 설명으로 옳지 않은 것은?

① 공기가 A와 B를 지날 때 먼지나 세균 등을 거른다.
② 숨을 들이쉬면 공기가 A → B → C → D 속의 폐포로 이동한다.
③ E와 F의 움직임에 따라 D의 크기가 변한다.
④ (가)는 폐정맥과 연결된다.
⑤ (나)에는 (가)보다 산소가 많은 혈액이 흐른다.

B 호흡 운동

06 다음은 호흡 운동이 일어나는 과정을 설명한 것이다.

> 숨을 들이쉴 때는 가로막이 ㉠(　　)가고, 갈비뼈가 ㉡(　　)가면서 흉강의 부피가 커진다. 이에 따라 폐의 부피가 커지고, 폐의 내부 압력이 대기압보다 ㉢(　　)져 공기가 폐로 들어온다.

(　　) 안에 알맞은 말을 옳게 짝 지은 것은?

	㉠	㉡	㉢
①	올라	올라	높아
②	올라	내려	높아
③	올라	내려	낮아
④	내려	내려	낮아
⑤	내려	올라	낮아

07 그림은 들숨과 날숨이 일어날 때의 변화를 순서 없이 나타낸 것이다.

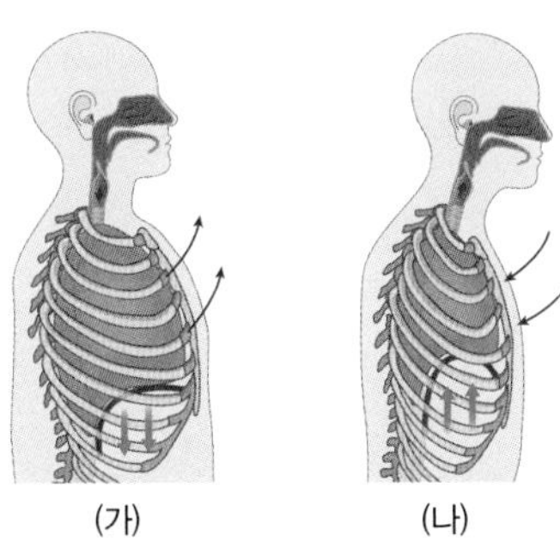

이에 대한 설명으로 옳지 않은 것은?

① (가)는 들숨, (나)는 날숨이다.
② (가)에서 가로막이 내려간다.
③ (가)에서 흉강의 부피가 커진다.
④ (나)에서 폐의 부피가 작아진다.
⑤ (나)에서 폐 내부 압력이 낮아진다.

중요

08 오른쪽 그림은 사람의 가슴 구조를 나타낸 것이다. 날숨이 일어날 때의 변화로 옳지 않은 것은?

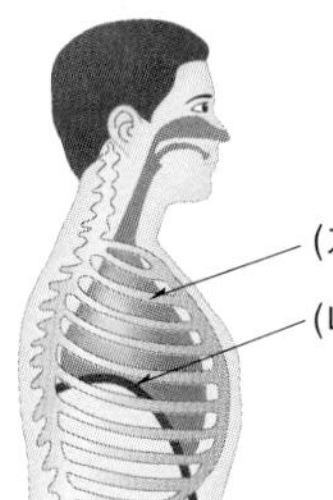

① (가)가 아래로 내려간다.
② (나)가 아래로 내려간다.
③ 흉강의 압력이 높아진다.
④ 폐의 부피가 작아진다.
⑤ 폐 내부 압력이 대기압보다 높아진다.

중요

09 들숨과 날숨이 일어날 때 나타나는 우리 몸의 변화를 옳게 비교한 것은?

	구분	들숨	날숨
①	갈비뼈	내려감	올라감
②	가로막	올라감	내려감
③	폐의 부피	작아짐	커짐
④	폐 내부 압력	낮아짐	높아짐
⑤	공기 이동 방향	폐 → 몸 밖	몸 밖 → 폐

탐구 a 38쪽

[10~11] 오른쪽 그림은 호흡 운동 모형을 나타낸 것이다.

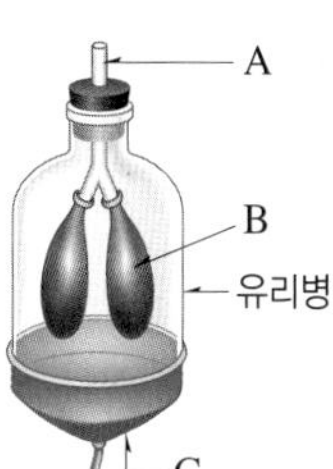

10 A~C에 해당하는 사람 몸의 구조를 옳게 짝 지은 것은?

	A	B	C
①	폐	기관	가로막
②	폐	기관	흉강
③	기관	폐	가로막
④	기관	폐	갈비뼈
⑤	기관	갈비뼈	가로막

중요

11 C를 아래로 잡아당길 때 호흡 운동 모형에서 나타나는 변화로 옳은 것은?

① B가 줄어든다.
② B 속의 압력이 낮아진다.
③ B 속의 공기가 A를 통해 밖으로 나간다.
④ 유리병 속의 부피가 감소한다.
⑤ 우리 몸에서 날숨이 일어나는 경우에 해당한다.

중요 탐구 a 38쪽

12 그림은 호흡 운동의 원리를 알아보기 위한 호흡 운동 모형 실험을 나타낸 것이다.

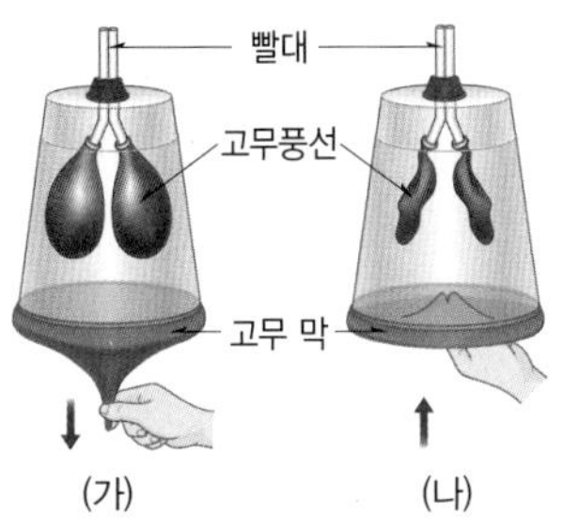

(나)와 같이 고무 막을 밀어 올릴 때에 해당하는 우리 몸의 변화로 옳은 것은?

	가로막	흉강 압력	공기 이동
①	내려간다.	높아진다.	폐 → 몸 밖
②	내려간다.	낮아진다.	몸 밖 → 폐
③	올라간다.	낮아진다.	폐 → 몸 밖
④	올라간다.	높아진다.	몸 밖 → 폐
⑤	올라간다.	높아진다.	폐 → 몸 밖

13 그림은 호흡 운동이 일어날 때 폐포 내부의 압력 변화를 대기압과 비교하여 나타낸 것이다.

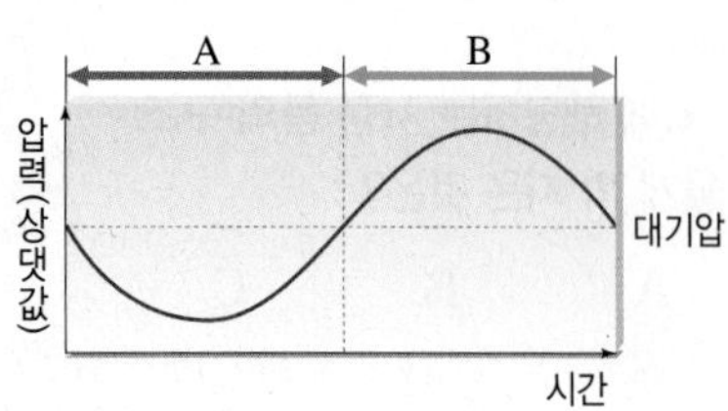

이에 대한 설명으로 옳은 것을 보기에서 모두 고른 것은?

보기
ㄱ. 구간 A에서는 들숨이 일어난다.
ㄴ. 구간 B에서는 갈비뼈가 내려간다.
ㄷ. 구간 B에서는 흉강의 부피가 커진다.

① ㄱ ② ㄱ, ㄴ ③ ㄱ, ㄷ
④ ㄴ, ㄷ ⑤ ㄱ, ㄴ, ㄷ

C 기체 교환

중요
14 우리 몸에서 일어나는 기체 교환에 대한 설명으로 옳지 않은 것은?

① 확산에 의해 기체 교환이 일어난다.
② 산소의 농도는 모세 혈관보다 폐포에서 더 높다.
③ 폐포와 모세 혈관 사이에서 기체 교환이 일어난 결과 혈액의 산소 농도가 높아진다.
④ 모세 혈관에서 조직 세포로 이산화 탄소가 이동한다.
⑤ 이산화 탄소의 농도는 모세 혈관보다 조직 세포에서 더 높다.

[15~16] 오른쪽 그림은 폐포와 폐포를 둘러싼 모세 혈관 사이에서 일어나는 기체 교환 과정을 나타낸 것이다. A와 B는 각각 산소와 이산화 탄소 중 하나이다.

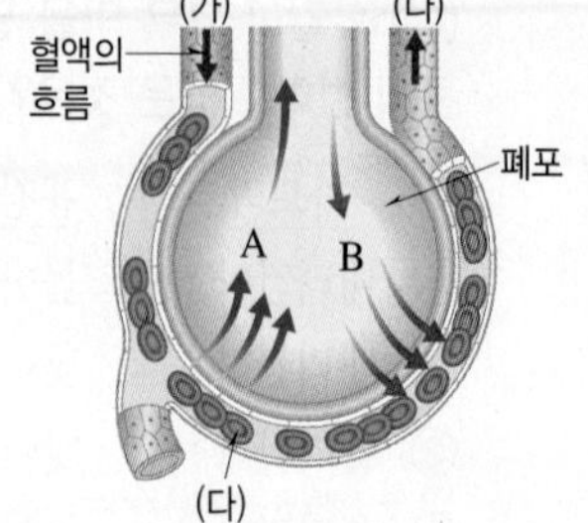

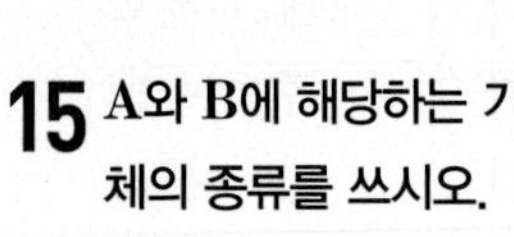

15 A와 B에 해당하는 기체의 종류를 쓰시오.

중요
16 이에 대한 설명으로 옳지 않은 것은?

① A는 날숨을 통해 몸 밖으로 나간다.
② (가)는 폐동맥과 연결된다.
③ (가)에 흐르는 혈액은 선홍색을 띤다.
④ (가)보다 (나)에서 이산화 탄소의 농도가 낮다.
⑤ (다)는 B를 운반한다.

[17~18] 그림은 우리 몸에서 일어나는 기체 교환 과정을 나타낸 것이다. A~D는 각각 산소와 이산화 탄소 중 하나이다.

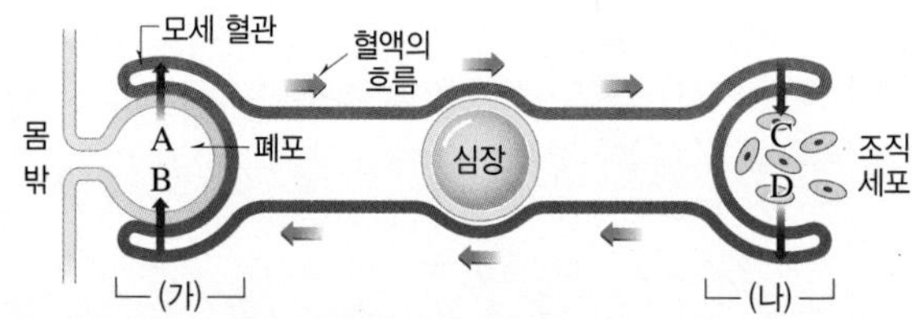

중요
17 기체 A~D의 종류를 옳게 짝 지은 것은?

	A	B	C	D
①	산소	산소	이산화 탄소	이산화 탄소
②	산소	이산화 탄소	산소	이산화 탄소
③	산소	이산화 탄소	이산화 탄소	산소
④	이산화 탄소	산소	산소	이산화 탄소
⑤	이산화 탄소	산소	이산화 탄소	산소

18 이에 대한 설명으로 옳은 것은?

① 폐순환 경로에서 (가)의 기체 교환이 일어난다.
② (가)의 기체 교환 결과 동맥혈이 정맥혈로 바뀐다.
③ (나)의 기체 교환 결과 혈액의 산소 농도가 높아진다.
④ 호흡계는 B를 흡수하고, A를 배출하는 기능을 담당한다.
⑤ C는 들숨보다 날숨에 더 많이 들어 있다.

서술형 문제

중요
19 오른쪽 그림은 폐를 구성하는 폐포의 구조를 나타낸 것이다. 폐가 수많은 폐포로 이루어져 있어 유리한 점을 제시된 단어를 모두 사용하여 서술하시오.

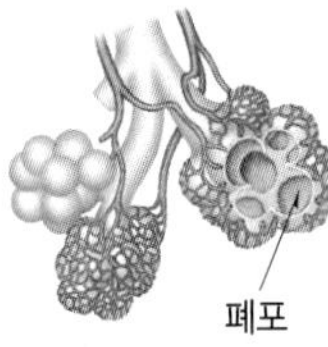

공기, 표면적, 기체 교환

중요
20 그림은 호흡 운동이 일어날 때의 변화를 나타낸 것이다.

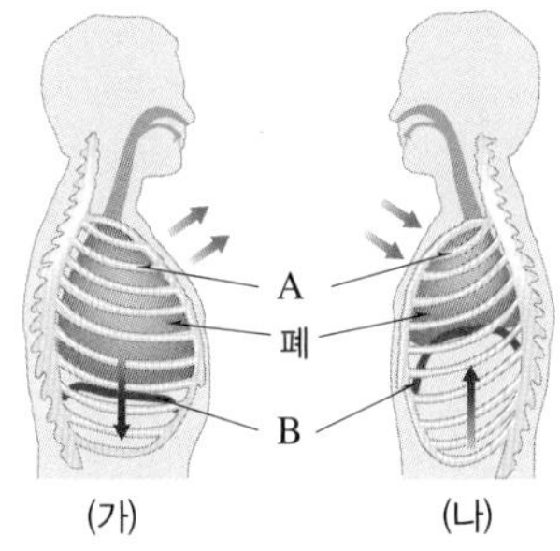

(1) A와 B의 이름을 쓰시오.

(2) 숨을 들이쉴 때 A와 B의 움직임, 흉강과 폐의 부피 변화를 서술하시오.

21 그림은 우리 몸에서 일어나는 기체 교환 과정을 나타낸 것이다. A와 B는 각각 산소와 이산화 탄소 중 하나이다.

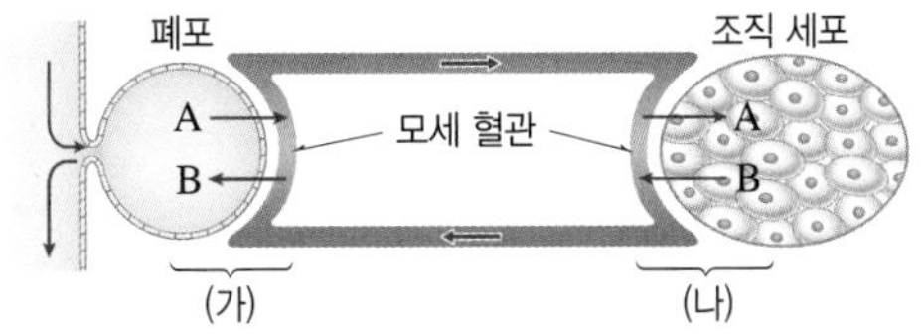

(1) 기체 A의 이름을 쓰고, (가)에서 기체 A의 이동을 농도와 관련지어 서술하시오.

(2) 기체 B의 이름을 쓰고, (나)에서 기체 B의 이동을 농도와 관련지어 서술하시오.

실력 탄탄

● 정답과 해설 11쪽

01 그림과 같이 초록색 BTB 용액이 담긴 2개의 비커를 준비하여 (가)에는 공기 펌프로 공기를 넣고, (나)에는 날숨을 불어넣었다.

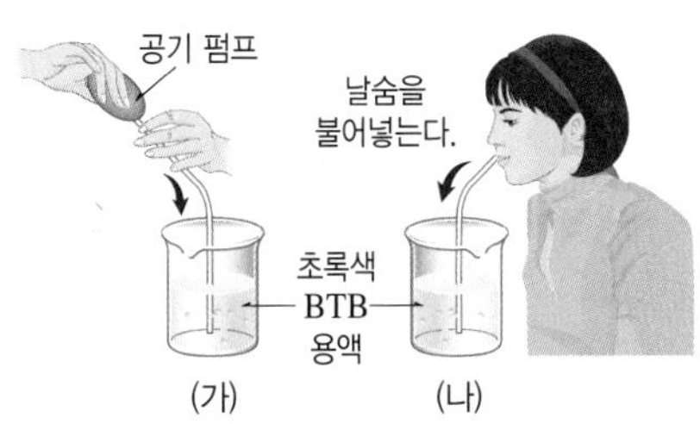

이에 대한 설명으로 옳지 않은 것은?

① (가)에는 들숨을 넣은 것이다.
② (나)의 BTB 용액은 파란색으로 변한다.
③ (가)보다 (나)에서 BTB 용액의 색깔이 더 빨리 변한다.
④ BTB 용액의 색깔이 변하게 하는 기체는 이산화 탄소이다.
⑤ 들숨보다 날숨에 이산화 탄소가 더 많이 들어 있는 것을 확인할 수 있다.

02 그림은 폐포를 둘러싼 모세 혈관에서 두 지점 (가), (나) 사이를 흐르는 혈액 속 두 기체 A와 B의 양 변화를 나타낸 것이다. A와 B는 각각 산소와 이산화 탄소 중 하나이다.

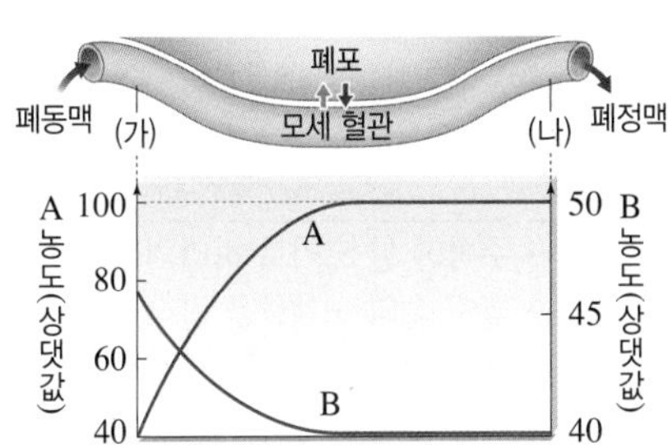

이에 대한 설명으로 옳은 것을 보기에서 모두 고른 것은?

보기
ㄱ. A는 산소, B는 이산화 탄소이다.
ㄴ. A는 폐포에서 모세 혈관으로 확산된다.
ㄷ. 모세 혈관보다 폐포에서 B의 농도가 높다.
ㄹ. (나)보다 (가)에서 산소 농도가 높다.

① ㄱ, ㄴ ② ㄱ, ㄹ ③ ㄴ, ㄷ
④ ㄴ, ㄹ ⑤ ㄷ, ㄹ

배설

A 배설계

1 배설계 콩팥에서 오줌을 만들어 요소와 같은 노폐물을 몸 밖으로 내보내는 과정을 배설이라고 하며, 배설계가 배설 기능을 담당한다.❶

2 노폐물의 생성과 배설 세포에서 생명 활동에 필요한 에너지를 얻기 위해 영양소를 분해할 때 노폐물이 만들어진다.

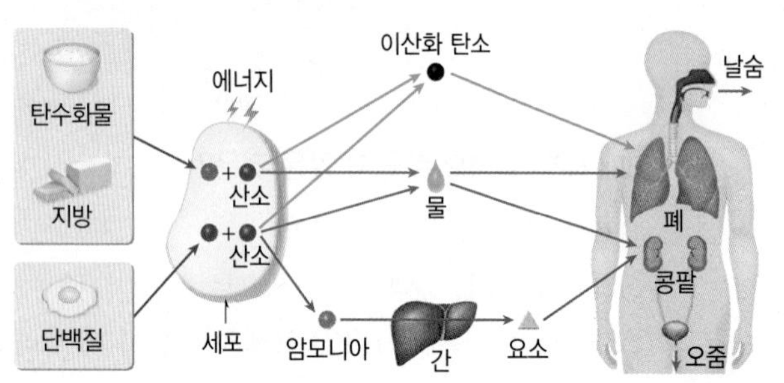

분해되는 영양소	노폐물	노폐물이 몸 밖으로 나가는 방법
탄수화물, 지방, 단백질	**이산화 탄소**	폐에서 날숨으로 나간다.
탄수화물, 지방, 단백질	**물**	폐에서 날숨으로 나가거나 콩팥에서 오줌으로 나간다.
단백질	**암모니아**	독성이 강하므로 간에서 독성이 약한 요소로 바뀐 다음 콩팥에서 오줌으로 나간다.

화보 5.6

3 배설계의 구조 콩팥, 오줌관, 방광, 요도 등의 배설 기관으로 이루어져 있다.

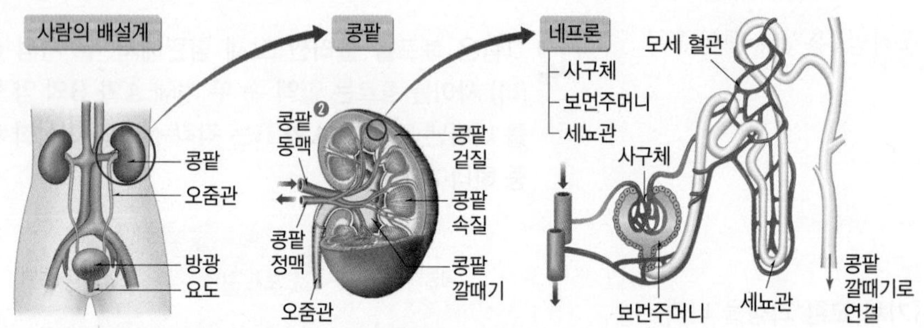

<table>
<tr><td rowspan="4">콩팥</td><td colspan="3">• 주먹만 한 크기로 허리의 등쪽 좌우에 한 개씩 있다.
• 혈액 속의 노폐물을 걸러 오줌을 만드는 기관이다.
• 콩팥 겉질, 콩팥 속질, 콩팥 깔때기의 세 부분으로 구분된다.❸
• 콩팥 겉질과 콩팥 속질에 네프론이 있다.❹
• 네프론 : 오줌을 만드는 단위 ➡ *사구체, 보먼주머니, 세뇨관으로 이루어진다.</td></tr>
<tr><td rowspan="3">네프론</td><td>사구체</td><td>모세 혈관이 실뭉치처럼 뭉쳐 있는 부분</td></tr>
<tr><td>보먼주머니</td><td>사구체를 둘러싼 주머니 모양의 구조</td></tr>
<tr><td>세뇨관</td><td>보먼주머니와 연결된 가늘고 긴 관</td></tr>
<tr><td>오줌관</td><td colspan="3">콩팥과 방광을 연결하는 긴 관이다.</td></tr>
<tr><td>방광</td><td colspan="3">콩팥에서 만들어진 오줌을 모아 두는 곳이다.</td></tr>
<tr><td>요도</td><td colspan="3">방광에 모인 오줌이 몸 밖으로 나가는 통로이다.</td></tr>
</table>

[오줌의 생성과 배설]

콩팥 의 네프론에서 만들어진 오줌은 콩팥 깔때기에 모이고, 콩팥 깔때기 속의 오줌은 오줌관 을 지나 방광 에 모인 다음, 요도 를 거쳐 몸 밖으로 나간다.

플러스 강의

❶ 배설과 배출
- 배설 : 혈액 속 노폐물을 걸러 내어 오줌으로 내보내는 것
- 배출 : 소화·흡수되지 않은 물질을 대변으로 내보내는 것

❷ 콩팥 동맥과 콩팥 정맥
- 콩팥 동맥 : 콩팥으로 들어오는 혈액이 흐르는 혈관 ➡ 요소의 농도가 높다.
- 콩팥 정맥 : 콩팥에서 나가는 혈액이 흐르는 혈관 ➡ 요소의 농도가 낮다.

❸ 콩팥 깔때기
- 콩팥의 가장 안쪽 빈 공간이다.
- 콩팥 겉질과 콩팥 속질에 있는 네프론에서 만들어진 오줌이 콩팥 깔때기에 모인다.

❹ 콩팥과 네프론
콩팥 하나에는 약 100만 개의 네프론이 있다.

용어 돋보기
* **사구체(絲 실, 球 둥근 물체 공, 體 몸)**_모세 혈관이 실뭉치처럼 뭉쳐 있는 부분

A 배설계

- □□ : 콩팥에서 오줌을 만들어 요소와 같은 노폐물을 몸 밖으로 내보내는 과정
- 노폐물의 생성
  - □, □□□ □□ : 탄수화물, 지방, 단백질이 분해될 때 공통으로 생성된다.
  - □□□□ : 단백질이 분해될 때 생성된다.
- □□ : 혈액 속의 노폐물을 걸러 오줌을 만드는 기관
  - □□□ : 콩팥 겉질과 콩팥 속질에 있는 오줌을 만드는 단위

암기 꽝 네프론의 구성

네프론을 사보세~
(사구체, 보먼주머니, 세뇨관)

A

1 노폐물이 몸 밖으로 나가는 방법을 옳게 연결하시오.

(1) 물 •　　　　• ㉠ 폐에서 날숨으로 나간다.
(2) 암모니아 •　　　　• ㉡ 간에서 요소로 바뀌어 콩팥에서 오줌으로 나간다.
(3) 이산화 탄소 •　　　　• ㉢ 폐에서 날숨으로 나가거나 콩팥에서 오줌으로 나간다.

[2~4] 그림은 사람의 배설계를 나타낸 것이다.

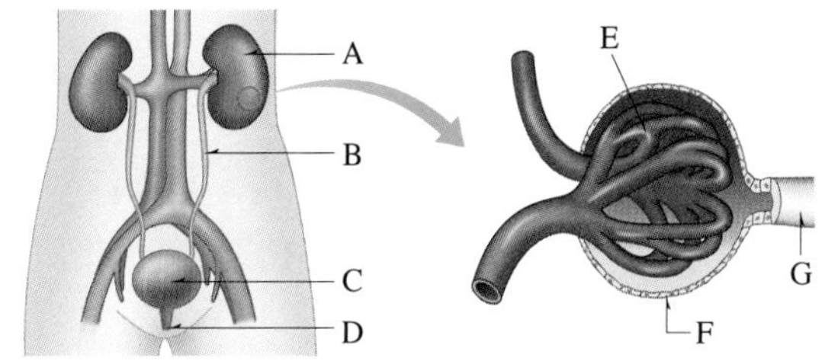

2 A~G의 이름을 쓰시오.

3 다음에서 설명하는 구조의 기호를 쓰시오.

(1) 콩팥과 방광을 연결하는 긴 관
(2) 모세 혈관이 실뭉치처럼 뭉친 구조
(3) 사구체를 둘러싼 주머니 모양의 구조

4 네프론을 구성하는 구조의 기호를 모두 쓰시오.

[5~6] 오른쪽 그림은 콩팥의 구조를 나타낸 것이다.

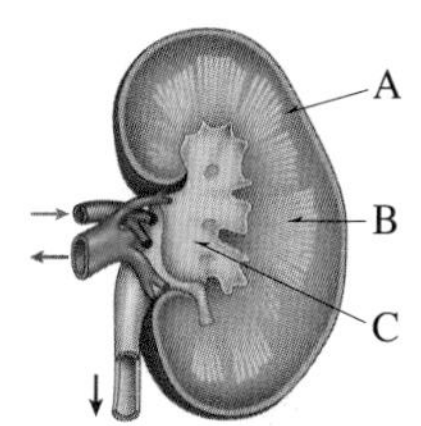

5 A~C의 이름을 쓰시오.

6 이에 대한 설명에서 (　　) 안에 알맞은 기호를 쓰시오.

> 오줌을 만드는 단위인 네프론은 A와 ㉠(　　　)에 있고, 네프론에서 만들어진 오줌은 ㉡(　　　)에 모인 다음 오줌관을 통해 방광으로 이동한다.

4 오줌의 생성 과정 오줌은 네프론에서 여과, 재흡수, 분비 과정을 거쳐 만들어진다.

구분	이동 경로	이동 물질
여과[1]	사구체 → 보먼주머니	물, 요소, 포도당, 아미노산, 무기염류 등 크기가 작은 물질이 여과된다. ➡ 혈구나 단백질과 같이 크기가 큰 물질은 여과되지 않는다.
재흡수	세뇨관 → 모세 혈관	몸에 필요한 물질이 재흡수된다. • 포도당, 아미노산 : 전부 재흡수된다.[2] • 물, 무기염류 : 대부분 재흡수된다.
분비	모세 혈관 → 세뇨관	여과되지 않고 혈액에 남아 있는 노폐물이 분비된다.

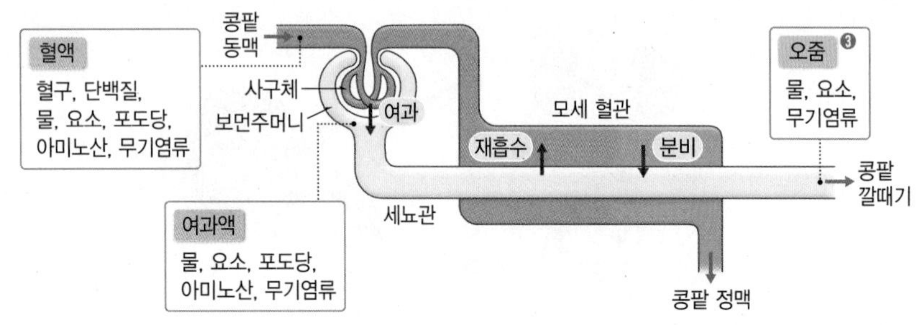

[콩팥 동맥 혈액, 여과액, 오줌의 성분 비교]

(단위 : %)

구분	혈액	여과액	오줌
단백질	8	0	0
포도당	0.1	0.1	0
요소	0.03	0.03	2

- 단백질 : 여과액에 없다. ➡ 크기가 커서 여과되지 않기 때문
- 포도당 : 여과액에는 있지만 오줌에는 없다. ➡ 여과된 후 전부 재흡수되기 때문
- 요소 : 여과액보다 오줌에서 농도가 크게 높아진다. ➡ 대부분의 물이 재흡수되어 농축되기 때문

B 세포 호흡과 기관계

1 세포 호흡 세포에서 영양소가 산소와 반응하여 물과 이산화 탄소로 분해되면서 에너지를 얻는 과정[4]

➡ 세포 호흡으로 얻은 에너지는 여러 가지 생명 활동에 이용되거나 열로 방출된다.[5]

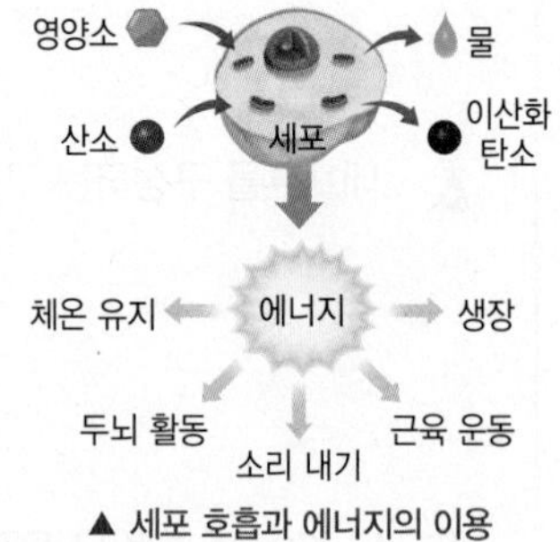

▲ 세포 호흡과 에너지의 이용

2 세포 호흡과 기관계 생명 활동에 필요한 에너지를 얻는 세포 호흡이 잘 일어나려면 소화계, 순환계, 호흡계, 배설계가 유기적으로 작용해야 한다.[6]

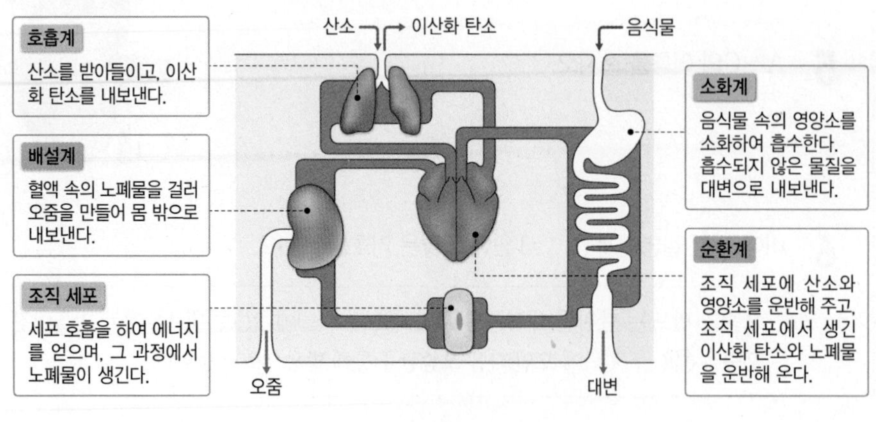

플러스 강의

내 교과서 확인 | 천재

❶ 여과가 일어나는 원리
모세 혈관이 뭉쳐 있는 사구체는 보먼주머니보다 압력이 높아 이 압력 차이에 의해 물질이 여과된다.

❷ 오줌 생성 과정에 문제가 있는 경우
- 오줌에 포도당이 있는 경우 : 포도당이 여과된 후 전부 재흡수되지 않은 것이므로, 재흡수 과정에 문제가 있다.
- 오줌에 단백질이 있는 경우 : 사구체에 이상이 있어 단백질이 여과되었을 가능성이 높다.

❸ 오줌의 배설 경로
콩팥 동맥 → 사구체 → 보먼주머니 → 세뇨관 → 콩팥 깔때기 → 오줌관 → 방광 → 요도 → 몸 밖

❹ 연소와 세포 호흡의 비교
- 연소 : 연료 + 산소 ⟶ 물 + 이산화 탄소 + 에너지
- 세포 호흡 : 영양소 + 산소 ⟶ 물 + 이산화 탄소 + 에너지

❺ 격렬한 운동 후의 변화
격렬한 운동을 하면 근육에서 에너지를 많이 이용하므로, 운동에 필요한 에너지를 얻기 위해 세포 호흡이 활발해진다.
- 세포 호흡 결과 열이 많이 발생하여 체온이 올라간다.
- 세포 호흡에 필요한 영양소와 산소를 빠르게 공급하기 위해 호흡 운동과 심장 박동이 빨라진다.

❻ 기관계 사이의 물질 이동
- 산소 : 호흡계 → 순환계 → 조직 세포
- 영양소 : 소화계 → 순환계 → 조직 세포
- 이산화 탄소 : 조직 세포 → 순환계 → 호흡계
- 암모니아 : 조직 세포 → 순환계 → 간에서 요소로 전환 → 순환계 → 배설계

A 배설계

- □□: 크기가 작은 물질이 사구체에서 보먼주머니로 이동하는 현상
- □□□: 몸에 필요한 물질이 세뇨관에서 모세 혈관으로 이동하는 현상
- □□: 여과되지 않은 노폐물이 모세 혈관에서 세뇨관으로 이동하는 현상

B 세포 호흡과 기관계

- □□ □□: 세포에서 영양소가 산소와 반응하여 물과 이산화 탄소로 분해되면서 에너지를 얻는 과정

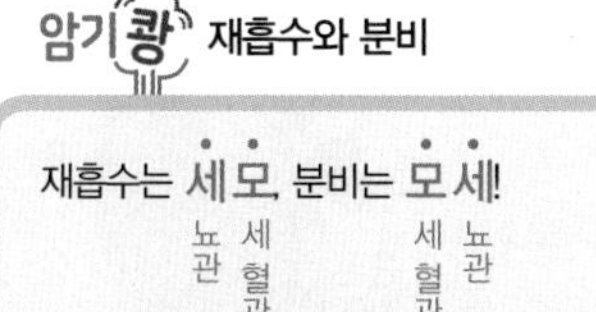

재흡수는 세모, 분비는 모세!

A

[7~8] 그림은 오줌이 생성되는 과정을 나타낸 것이다.

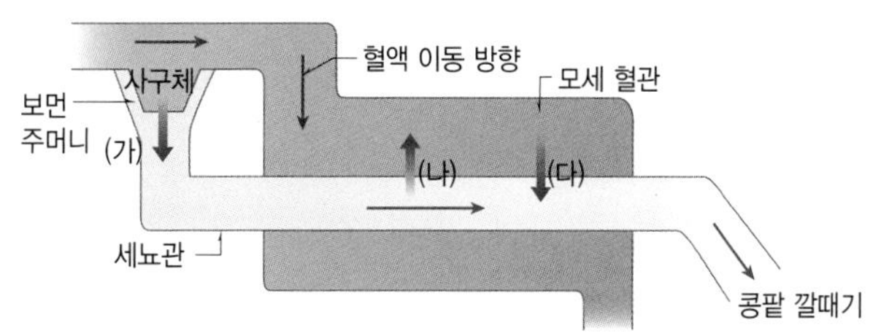

7 과정 (가)~(다)의 이름을 쓰시오.

8 이에 대한 설명으로 옳은 것은 ○, 옳지 않은 것은 ×로 표시하시오.

(1) (가) 과정에서 크기가 작은 물질이 이동한다. ( )

(2) (가) 과정에서 혈구와 단백질은 이동하지 않는다. ( )

(3) (나) 과정에서 물과 무기염류는 이동하지 않는다. ( )

(4) (다) 과정에서 여과되지 않은 노폐물이 이동한다. ( )

9 보기에서 오줌에 들어 있는 성분을 모두 고르시오.

보기
ㄱ. 물 ㄴ. 요소 ㄷ. 포도당 ㄹ. 단백질 ㅁ. 무기염류

10 다음은 오줌이 배설되는 경로이다. ( ) 안에 알맞은 구조를 쓰시오.

콩팥 동맥 → ㉠( ) → 보먼주머니 → ㉡( ) → 콩팥 깔때기 → ㉢( ) → 방광 → 요도 → 몸 밖

B

11 다음은 세포 호흡 과정이다. ( ) 안에 알맞은 물질을 쓰시오.

영양소 + ㉠( ) ⟶ 물 + ㉡( ) + 에너지

12 다음은 기관계의 유기적 작용에 대한 설명이다. ( ) 안에 알맞은 기관계를 쓰시오.

영양소는 ㉠( )를 통해 흡수되고, 산소는 ㉡( )를 통해 흡수된다. 몸속으로 흡수된 영양소와 산소는 ㉢( )를 통해 조직 세포로 운반되어 세포 호흡에 쓰인다. 이 과정에서 생성된 노폐물은 순환계를 통해 ㉣( )로 운반되어 콩팥에서 걸러져 오줌에 포함되어 몸 밖으로 나간다.

기출문제로 내신쑥쑥

전국 주요 학교의 **시험에 가장 많이 나오는 문제**들로만 구성하였습니다.
모든 친구들이 '꼭' 봐야 하는 코너입니다.

A 배설계

중요

01 그림은 노폐물의 생성과 배설 방법을 나타낸 것이다.

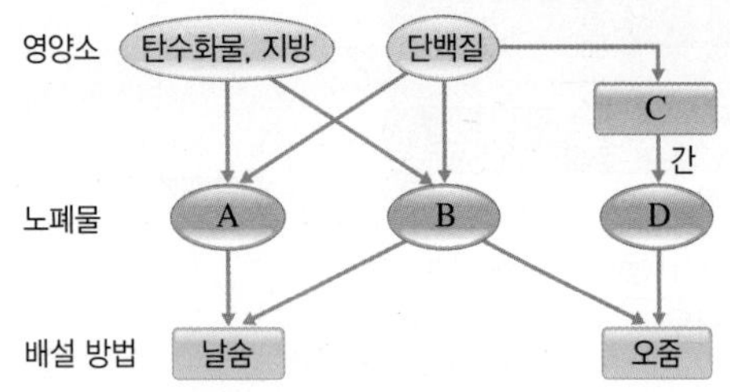

A~D에 해당하는 물질을 옳게 짝 지은 것은?

	A	B	C	D
①	산소	물	요소	암모니아
②	산소	물	암모니아	요소
③	이산화 탄소	물	요소	암모니아
④	이산화 탄소	물	암모니아	요소
⑤	이산화 탄소	요소	물	암모니아

중요

02 다음은 세포에서 에너지를 얻기 위해 단백질을 분해할 때 생성되는 노폐물에 대한 설명이다.

> 세포에서 단백질을 분해할 때 생성되는 ㉠(　　　)는 독성이 강하기 때문에 ㉡(　　　)에서 ㉢(　　　)로 바뀐 후 콩팥에서 걸러져 오줌에 포함되어 몸 밖으로 나간다.

(　　) 안에 알맞은 말을 쓰시오.

03 노폐물의 생성과 배설에 대한 설명으로 옳은 것은?

① 암모니아는 콩팥에서 요소로 바뀐다.
② 물은 오줌의 형태로만 몸 밖으로 나간다.
③ 이산화 탄소는 콩팥에서 오줌으로 나간다.
④ 탄수화물이 분해될 때 질소를 포함하는 노폐물이 만들어진다.
⑤ 탄수화물, 지방, 단백질이 분해될 때 공통적으로 이산화 탄소와 물이 만들어진다.

04 배설계에 대한 설명으로 옳지 않은 것은?

① 콩팥은 허리의 등쪽 좌우에 한 개씩 있다.
② 요도는 오줌이 몸 밖으로 나가는 통로이다.
③ 네프론은 사구체, 보먼주머니, 세뇨관으로 이루어진다.
④ 소화·흡수되지 않은 물질을 대변으로 내보내는 것도 배설계에서 담당한다.
⑤ 배설은 콩팥에서 오줌을 만들어 요소와 같은 노폐물을 몸 밖으로 내보내는 과정이다.

중요

05 오른쪽 그림은 사람의 배설계를 나타낸 것이다. 이에 대한 설명으로 옳은 것은?

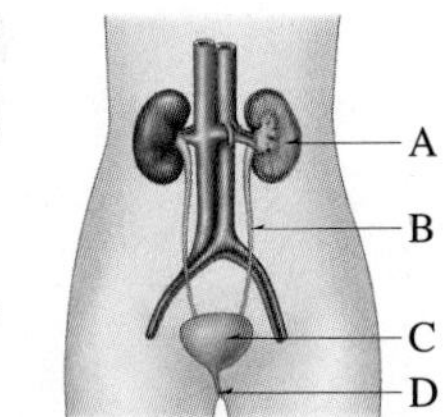

① A는 방광으로, 오줌을 만드는 기관이다.
② B는 오줌관으로, A에서 만들어진 오줌이 흐른다.
③ B에 있는 포도당은 모세 혈관으로 전부 재흡수되어 C에서 발견되지 않는다.
④ C는 콩팥, D는 요도이다.
⑤ 오줌이 만들어져 이동하는 경로는 콩팥 정맥 → A → B → C → D이다.

06 오른쪽 그림은 콩팥의 구조를 나타낸 것이다. 이에 대한 설명으로 옳지 않은 것은?

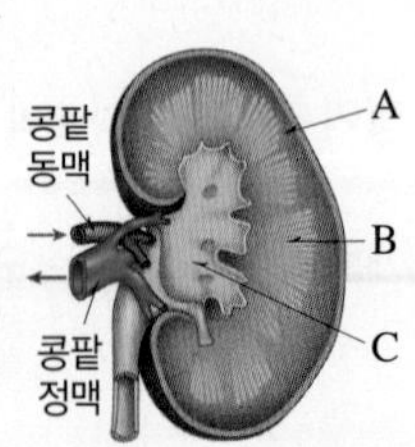

① A는 콩팥 겉질, B는 콩팥 속질이다.
② A와 B에 네프론이 있다.
③ C는 콩팥 깔때기로, 네프론에서 만들어진 오줌이 모인다.
④ 콩팥 동맥보다 콩팥 정맥에서 요소의 농도가 높다.
⑤ 콩팥 동맥은 콩팥으로 들어오는 혈액이 흐르는 혈관이다.

● 정답과 해설 12쪽

[07~08] 그림은 콩팥의 일부를 나타낸 것이다.

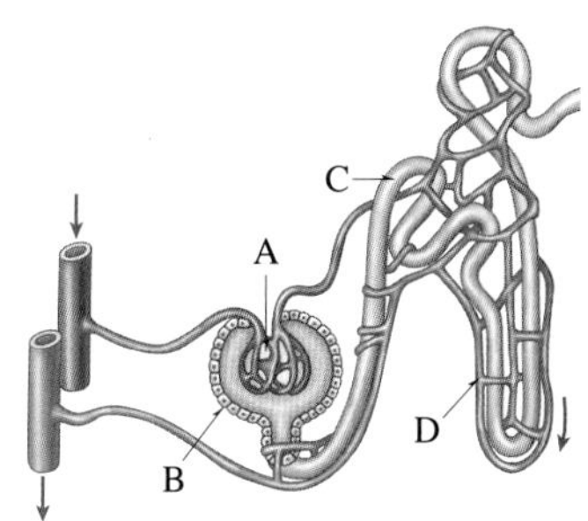

중요
07 오줌을 만드는 단위인 네프론을 구성하는 구조를 모두 쓰시오.

08 이에 대한 설명으로 옳은 것을 보기에서 모두 고른 것은?

보기
ㄱ. 크기가 작은 물질이 A에서 B로 여과된다.
ㄴ. 혈액에 남아 있는 노폐물이 C에서 D로 분비된다.
ㄷ. 몸에 필요한 물질이 D에서 C로 재흡수된다.

① ㄱ ② ㄴ ③ ㄷ
④ ㄱ, ㄴ ⑤ ㄱ, ㄷ

[09~10] 그림은 오줌 생성 과정을 나타낸 것이다.

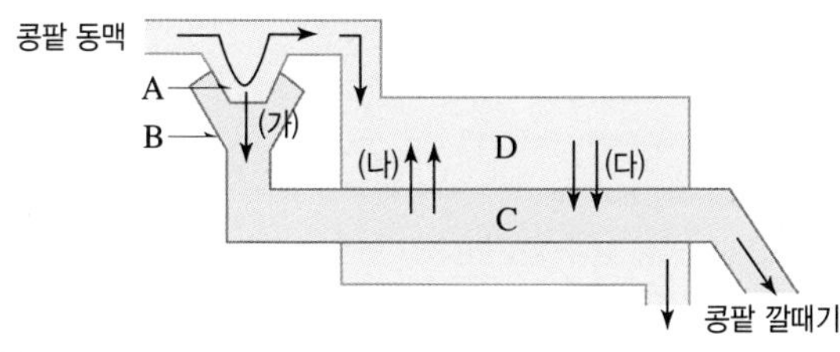

중요
09 (가)~(다)에 해당하는 과정을 옳게 짝 지은 것은?

	(가)	(나)	(다)
①	분비	재흡수	여과
②	여과	분비	재흡수
③	여과	재흡수	분비
④	재흡수	여과	분비
⑤	재흡수	분비	여과

중요
10 이에 대한 설명으로 옳은 것을 보기에서 모두 고른 것은?

보기
ㄱ. (가)가 일어난 물질은 모두 오줌으로 나간다.
ㄴ. B보다 콩팥 깔때기에서 요소의 농도가 높다.
ㄷ. 건강한 사람은 B에서 포도당이 검출되지 않는다.
ㄹ. 물과 무기염류는 오줌에 들어 있다.

① ㄱ, ㄴ ② ㄴ, ㄷ ③ ㄴ, ㄹ
④ ㄷ, ㄹ ⑤ ㄱ, ㄴ, ㄹ

11 여과되지 않는 물질을 모두 고르면?(2개)

① 요소 ② 혈구 ③ 포도당
④ 단백질 ⑤ 무기염류

12 여과된 후 전부 재흡수되는 물질을 모두 고르면?(2개)

① 물 ② 요소 ③ 단백질
④ 포도당 ⑤ 아미노산

13 다음은 오줌의 생성과 배설 경로를 나타낸 것이다.

(가) → (나) → 보먼주머니 → (다) → 콩팥 깔때기 → 오줌관 → (라) → 요도 → 몸 밖

(가)~(라)에 해당하는 구조를 옳게 짝 지은 것은?

	(가)	(나)	(다)	(라)
①	콩팥 정맥	사구체	세뇨관	방광
②	콩팥 정맥	세뇨관	사구체	방광
③	콩팥 동맥	사구체	세뇨관	방광
④	콩팥 동맥	세뇨관	사구체	방광
⑤	콩팥 동맥	세뇨관	방광	사구체

14 표는 콩팥 동맥 혈액, 여과액, 오줌의 성분을 비교하여 나타낸 것이다. A~C는 각각 요소, 단백질, 포도당 중 하나이다.

(단위 : %)

구분	혈액	여과액	오줌
A	8	0	0
B	0.1	0.1	0
C	0.03	0.03	2

이에 대한 설명으로 옳은 것은?

① A는 포도당, B는 단백질, C는 요소이다.
② A와 B는 여과액에 들어 있지 않다.
③ A는 여과된 후 전부 재흡수된다.
④ B는 크기가 커서 여과되지 않는다.
⑤ C는 오줌에 포함되어 몸 밖으로 나간다.

B 세포 호흡과 기관계

15 세포 호흡에 대한 설명으로 옳은 것은?

① 세포 호흡 결과 물과 산소가 만들어진다.
② 세포 호흡으로 얻은 에너지는 전부 근육 운동에 이용된다.
③ 세포 호흡의 목적은 생명 활동에 필요한 에너지를 얻는 것이다.
④ 순환계의 작용이 원활하지 않아도 세포 호흡이 잘 일어날 수 있다.
⑤ 세포 호흡과 자동차의 연소에서는 공통적으로 이산화 탄소가 사용된다.

16 격렬한 운동을 했을 때 숨이 가빠지면서 심장이 빠르게 뛰는 까닭으로 옳은 것은?

① 세포 호흡이 줄어들기 때문에
② 세포에 이산화 탄소를 빠르게 공급하기 위해서
③ 세포에 영양소와 산소를 빠르게 공급하기 위해서
④ 호흡 운동이 최대한 천천히 일어나게 하기 위해서
⑤ 근육에서 에너지를 소비하지 않고 저장하기 때문에

중요

17 다음은 세포 호흡 과정을 식으로 나타낸 것이다. ㉡은 탄수화물, 지방, 단백질이 분해될 때 공통적으로 생성되는 물질이다.

> 영양소 + ㉠(　　) ⟶ ㉡(　　) + 이산화 탄소 + 에너지

이에 대한 설명으로 옳은 것을 보기에서 모두 고른 것은?

> 보기
> ㄱ. ㉠은 산소, ㉡은 물이다.
> ㄴ. ㉠은 호흡계를 통해 흡수된다.
> ㄷ. 세포 호흡으로 얻은 에너지는 생장에 이용되지 않는다.

① ㄱ　② ㄱ, ㄴ　③ ㄱ, ㄷ
④ ㄴ, ㄷ　⑤ ㄱ, ㄴ, ㄷ

[18~19] 그림은 기관계의 유기적 작용을 나타낸 것이다. (가)~(다)는 각각 호흡계, 배설계, 소화계 중 하나이다.

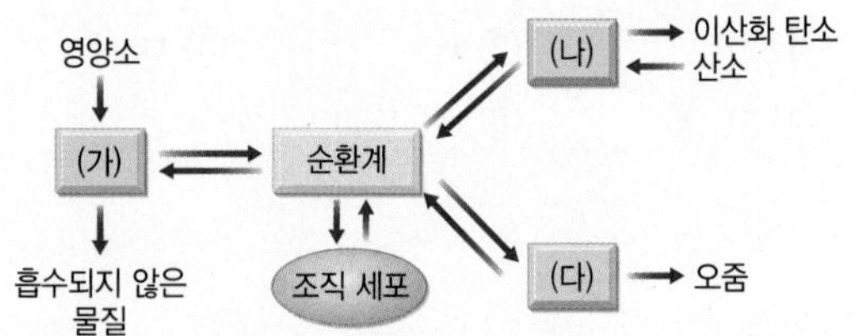

중요

18 (가)~(다)에 해당하는 기관계를 쓰시오.

19 이에 대한 설명으로 옳지 않은 것은?

① (가)는 세포 호흡에 필요한 영양소를 흡수한다.
② (가)에서 순환계로 이동하는 물질 중에 포도당이 있다.
③ 심장은 (나)를 구성하는 기관이다.
④ (나)로 들어온 산소는 순환계를 통해 조직 세포로 공급된다.
⑤ 요소는 (다)에서 걸러져 오줌으로 나간다.

서술형 문제

20 그림은 오줌의 생성 과정을 나타낸 것이다.

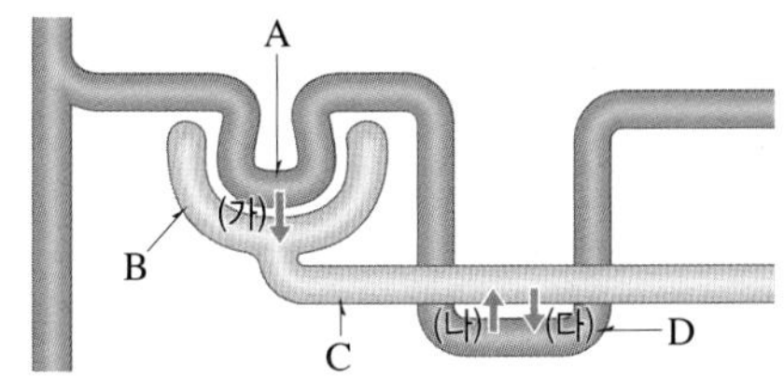

(1) A~D 부분의 이름을 쓰시오.

(2) 오줌에 포도당이 들어 있다면 (가)~(다) 중 어떤 과정에 문제가 있는 것인지 기호와 이름을 쓰시오.

(3) 다음에서 (가) 과정에서 이동하지 않는 물질을 모두 찾아 쓰고, 그 까닭을 서술하시오.

물, 요소, 단백질, 무기염류, 혈구

21 표는 건강한 사람의 콩팥 동맥 혈액, 여과액, 오줌의 성분을 비교하여 나타낸 것이다. (가)~(다)는 각각 단백질, 요소, 포도당 중 하나이다.

(단위 : %)

물질	혈액	여과액	오줌
(가)	0.03	0.03	2
(나)	0.1	0.1	0
(다)	8	0	0

(1) (가)~(다)에 해당하는 물질을 쓰시오.

(2) (가)의 농도가 여과액에 비해 오줌에서 크게 높아지는 까닭을 서술하시오.

(3) (나)가 여과액에는 있는데 오줌에는 없는 까닭을 서술하시오.

수준 높은 문제로 실력 탄탄

● 정답과 해설 14쪽

01 그림은 오줌 생성 과정에서 물질이 이동하는 경로를 모식적으로 나타낸 것이다.

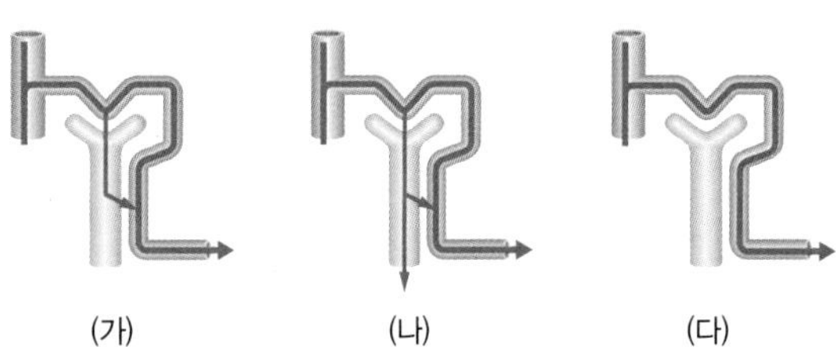

이에 대한 설명으로 옳은 것을 보기에서 모두 고른 것은?

> 보기
> ㄱ. 물과 무기염류는 (가)와 같은 경로로 이동한다.
> ㄴ. 포도당과 아미노산은 (나)와 같은 경로로 이동한다.
> ㄷ. (나)와 같은 경로로 이동하는 물질은 오줌에 들어 있다.
> ㄹ. 단백질은 (다)와 같은 경로로 이동한다.

① ㄱ, ㄴ ② ㄴ, ㄷ ③ ㄷ, ㄹ
④ ㄱ, ㄴ, ㄷ ⑤ ㄴ, ㄷ, ㄹ

02 표는 어떤 사람의 콩팥의 각 부분에서 채취한 물질에 영양소 검출 반응을 실시한 결과를 나타낸 것이다.

구분	사구체	보먼주머니	콩팥 깔때기
아이오딘 반응	−	−	−
베네딕트 반응	+	+	+
뷰렛 반응	+	−	−

(+ : 반응이 일어남, − : 반응이 일어나지 않음)

이에 대한 설명으로 옳은 것을 보기에서 모두 고른 것은?

> 보기
> ㄱ. 녹말은 사구체의 혈액에 없다.
> ㄴ. 사구체에 이상이 있어 단백질이 여과되었다.
> ㄷ. 재흡수 과정에 이상이 있어 포도당이 100 % 재흡수되지 않았다.

① ㄱ ② ㄱ, ㄴ ③ ㄱ, ㄷ
④ ㄴ, ㄷ ⑤ ㄱ, ㄴ, ㄷ

단원 평가 문제

지금까지 열심히 달려오셨어요!
단원 평가 문제를 풀면서 자신의 **실력**을 **확인**해 봅시다.

01 다음은 식물 몸과 동물 몸의 구성 단계를 나타낸 것이다.

> • 식물 : 세포 → 조직 → A → B → 개체
> • 동물 : 세포 → 조직 → C → D → 개체

이에 대한 설명으로 옳은 것은?

① 생물 몸의 공통 구성 단계는 세포 → 조직 → 기관 → 개체이다.
② A는 조직계, C는 기관계이다.
③ B는 동물에 없는 구성 단계이다.
④ C는 관련된 기능을 하는 몇 개의 기관이 모여 유기적 기능을 수행하는 단계이다.
⑤ 위, 심장 등은 D에 속한다.

02 기관계에 대한 설명으로 옳은 것은?

① 식물에는 없고, 동물에만 있다.
② 호흡계는 심장, 혈관 등으로 구성된다.
③ 동물의 몸을 구성하는 기본 단위이다.
④ 폐, 소장, 방광 등은 기관계에 해당한다.
⑤ 배설계는 위, 간, 대장 등으로 구성된다.

03 다음에서 설명하는 기관계는?

> 세포 호흡에 필요한 영양소와 산소를 조직 세포에 운반해 주고, 세포 호흡 결과 생성된 노폐물과 이산화 탄소를 운반해 온다.

① 소화계 ② 순환계 ③ 호흡계
④ 배설계 ⑤ 신경계

04 영양소에 대한 설명으로 옳지 않은 것은?

① 물은 여러 가지 물질을 운반한다.
② 바이타민이 부족하면 결핍증이 나타난다.
③ 탄수화물에는 녹말, 엿당, 설탕, 포도당 등이 있다.
④ 탄수화물, 단백질, 지방은 에너지원으로 이용된다.
⑤ 영양소 중 1 g당 가장 많은 에너지를 내는 것은 무기염류이다.

05 다음은 어떤 영양소에 대한 설명이다.

> … 몸을 구성하거나 몸의 기능을 조절하며, 칼슘, 마그네슘, 철, 칼륨, 나트륨 등이 있다. 또, 멸치, 다시마, 버섯과 같은 음식물에 많이 들어 있다. …

이 영양소로 옳은 것은?

① 물 ② 지방 ③ 단백질
④ 바이타민 ⑤ 무기염류

06 표는 어떤 음식 100 g에 들어 있는 여러 가지 영양소를 나타낸 것이다.

영양소	물	녹말	단백질	지방	나트륨
질량(g)	14	70	10	5	1

이 음식 100 g을 먹었을 때 얻을 수 있는 에너지양은?

① 365 kcal ② 480 kcal ③ 500 kcal
④ 630 kcal ⑤ 750 kcal

07 표는 어떤 음식물에 영양소 검출 반응을 수행한 결과를 나타낸 것이다.

반응	아이오딘 반응	베네딕트 반응	뷰렛 반응	수단 Ⅲ 반응
결과	청람색	변화 없음	보라색	선홍색

이 음식물에 들어 있는 것으로 확인된 영양소를 모두 나열한 것은?

① 녹말, 지방 ② 녹말, 포도당
③ 녹말, 단백질, 지방 ④ 녹말, 단백질, 포도당
⑤ 포도당, 단백질, 지방

08 다음은 어떤 영양소에 대한 설명이다.

> • 1 g당 약 9 kcal의 에너지를 낸다.
> • 땅콩, 버터, 참기름 등에 많이 들어 있다.
> • 사용하고 남은 탄수화물이 이 영양소로 바뀌어 저장된다.

이 영양소를 (가) 검출하는 반응과 (나) 반응 결과 나타나는 색깔 변화를 옳게 짝 지은 것은?

	(가)	(나)
①	뷰렛 반응	보라색
②	수단 Ⅲ 반응	황적색
③	수단 Ⅲ 반응	선홍색
④	아이오딘 반응	청람색
⑤	베네딕트 반응	황적색

09 다음은 침의 작용을 알아보기 위한 실험 과정이다.

> (가) 같은 양의 묽은 녹말 용액을 넣은 시험관 A~D를 준비하여 시험관 A와 C에는 증류수를, B와 D에는 침 용액을 넣는다.
> (나) 시험관 A~D를 35 ℃~40 ℃의 물이 든 비커에 담가 둔다.
> (다) 시간이 지난 후 시험관 A와 B에는 아이오딘-아이오딘화 칼륨 용액을 넣고, C와 D에는 베네딕트 용액을 넣은 후 가열하여 색깔 변화를 관찰한다.

이에 대한 설명으로 옳은 것을 보기에서 모두 고른 것은?

> 보기
> ㄱ. 시험관 A에서는 청람색이 나타나고, 시험관 B에서는 색깔 변화가 나타나지 않는다.
> ㄴ. 시험관 C에서는 황적색이 나타나고, 시험관 D에서는 색깔 변화가 나타나지 않는다.
> ㄷ. 아이오딘-아이오딘화 칼륨 용액은 녹말을 엿당으로 분해한다.
> ㄹ. 시험관을 35 ℃~40 ℃의 물에 담가 두는 것은 소화 효소가 체온 정도의 온도에서 활발하게 작용하기 때문이다.

① ㄱ, ㄴ ② ㄱ, ㄹ ③ ㄴ, ㄷ
④ ㄱ, ㄷ, ㄹ ⑤ ㄴ, ㄷ, ㄹ

10 입, 위, 소장에서 일어나는 소화 작용에 대한 설명으로 옳은 것을 모두 고르면?(2개)

① 입에서 펩신에 의해 녹말이 분해된다.
② 위에서 아밀레이스에 의해 단백질이 분해된다.
③ 소장에서 엿당이 포도당으로 분해된다.
④ 펩신은 염산의 도움을 받아 작용한다.
⑤ 이자액 속의 트립신에 의해 지방이 분해된다.

11 그림은 사람의 소화계 중 일부를 나타낸 것이다.

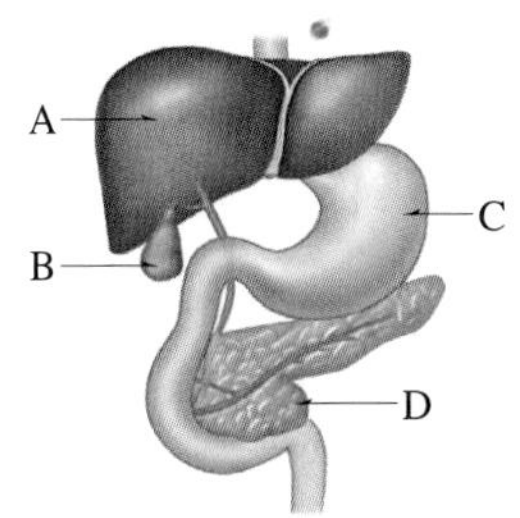

이에 대한 설명으로 옳지 않은 것은?

① A에서 쓸개즙을 만든다.
② B와 D에서 소장으로 소화액을 분비한다.
③ B는 지방의 소화를 돕는 소화액을 저장한다.
④ C에는 음식물이 직접 지나가지 않는다.
⑤ D에서 만들어 분비하는 소화액에는 녹말, 단백질, 지방의 소화 효소가 모두 들어 있다.

12 녹말, 단백질, 지방이 처음으로 분해되는 소화 기관과 최종 소화 산물을 옳게 짝 지은 것은?

	녹말	단백질	지방
①	입, 엿당	입, 아미노산	입, 지방산과 모노글리세리드
②	입, 포도당	위, 엿당	위, 지방산과 모노글리세리드
③	입, 포도당	위, 아미노산	소장, 지방산과 모노글리세리드
④	위, 포도당	소장, 아미노산	소장, 지방산과 모노글리세리드
⑤	소장, 포도당	위, 아미노산	소장, 지방산과 모노글리세리드

13 소장에서 융털의 (가) 모세 혈관으로 흡수되는 영양소와 (나) 암죽관으로 흡수되는 영양소를 옳게 짝 지은 것은?

	(가)	(나)
①	포도당	무기염류
②	포도당	아미노산
③	아미노산	포도당
④	아미노산	지방산
⑤	지방산	모노글리세리드

14 심장의 구조와 기능에 대한 설명으로 옳지 않은 것은?

① 심방은 동맥과 연결된다.
② 심실에서 온몸과 폐로 혈액을 내보낸다.
③ 혈액은 심방 → 심실 → 동맥으로 흐른다.
④ 심실은 심방보다 두껍고 탄력성이 강한 근육으로 이루어져 있다.
⑤ 심방과 심실 사이, 심실과 동맥 사이에 혈액이 거꾸로 흐르는 것을 막는 판막이 있다.

15 오른쪽 그림은 사람의 심장 구조를 나타낸 것이다. 가장 두꺼운 근육으로 이루어진 곳과 폐를 지나온 혈액을 받아들이는 곳의 기호를 순서대로 옳게 나열한 것은?

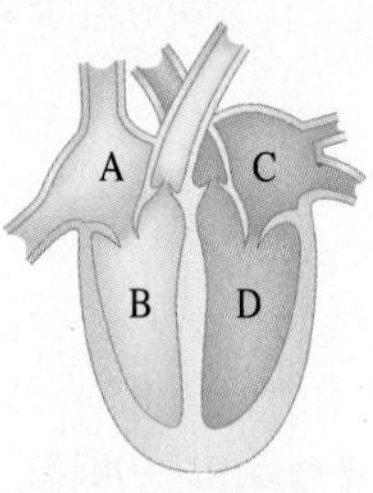

① A, B ② A, D ③ B, D
④ C, D ⑤ D, C

16 혈관의 특징을 비교한 내용으로 옳지 않은 것은?

① 정맥에는 판막이 있다.
② 동맥의 혈압이 가장 높다.
③ 동맥의 혈관 벽이 가장 두껍다.
④ 혈압은 모세 혈관보다 정맥에서 더 높다.
⑤ 모세 혈관에서 혈액이 흐르는 속도가 가장 느리다.

17 오른쪽 그림은 혈관의 모습을 나타낸 것이다. 주변의 조직 세포와 물질 교환이 일어나는 혈관의 기호와 이름을 옳게 짝 지은 것은?

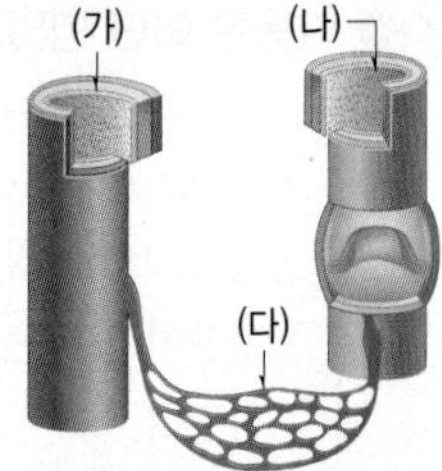

① (가), 동맥
② (가), 정맥
③ (나), 모세 혈관
④ (다), 정맥
⑤ (다), 모세 혈관

18 그림 (가)는 혈액을 분리한 모습을, (나)는 혈액의 성분을 나타낸 것이다.

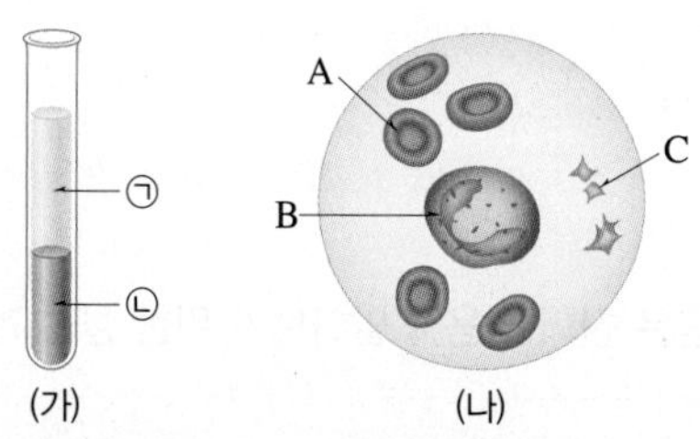

이에 대한 설명으로 옳지 않은 것은?

① ㉠은 액체 성분인 혈장이고, ㉡은 세포 성분인 혈구이다.
② ㉠에서 가장 많은 성분은 물이고, ㉡에서 현미경으로 가장 많이 관찰되는 것은 (나)의 A이다.
③ A는 산소를 운반한다.
④ B는 핵이 있고, 식균 작용을 한다.
⑤ C는 핵이 있고, 혈액 응고 작용을 한다.

19 온몸 순환 경로를 순서대로 옳게 나열한 것은?

① 우심실 → 폐동맥 → 폐의 모세 혈관 → 폐정맥 → 좌심방
② 우심실 → 대동맥 → 온몸의 모세 혈관 → 대정맥 → 좌심방
③ 좌심실 → 폐동맥 → 폐의 모세 혈관 → 폐정맥 → 우심방
④ 좌심실 → 대동맥 → 온몸의 모세 혈관 → 대정맥 → 우심방
⑤ 좌심방 → 대동맥 → 온몸의 모세 혈관 → 대정맥 → 좌심실

20 사람의 호흡계에 대한 설명으로 옳지 않은 것은?

① 코, 기관, 기관지, 폐 등의 호흡 기관으로 이루어진다.
② 기관의 안쪽 벽에는 섬모가 있어 먼지나 세균 등을 거른다.
③ 폐포와 모세 혈관 사이에서 산소와 이산화 탄소가 교환된다.
④ 갈비뼈는 폐를 보호하며, 위아래로 움직여 호흡 운동을 일으킨다.
⑤ 폐는 수많은 폐포로 이루어져 있어 공기와 닿는 표면적이 매우 작다.

21 그림 (가)는 호흡 운동의 원리를 알아보기 위한 모형을, (나)는 사람의 가슴 구조를 나타낸 것이다.

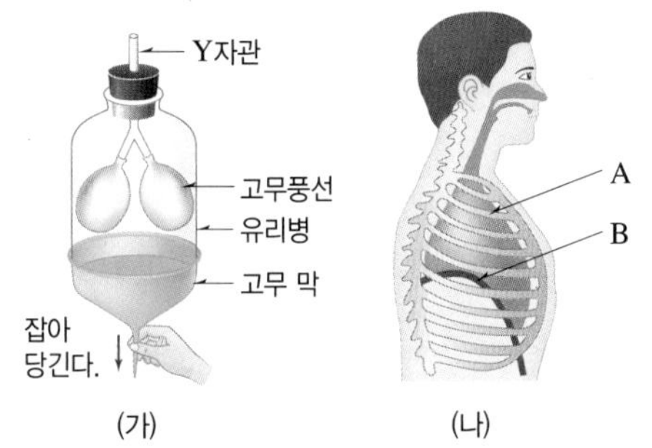

(가)의 고무 막을 잡아당겼을 때에 해당하는 (나)의 상태를 옳게 설명한 것은?

① A가 아래로 내려간다.
② B가 아래로 내려간다.
③ 흉강의 압력이 높아진다.
④ 흉강의 부피가 작아진다.
⑤ 폐 내부의 압력이 높아진다.

22 노폐물의 생성과 배설에 대한 설명으로 옳지 않은 것은?

① 암모니아는 간에서 요소로 바뀐다.
② 지방이 분해되면 암모니아가 생성된다.
③ 물은 오줌과 날숨을 통해 몸 밖으로 나간다.
④ 이산화 탄소는 날숨을 통해 몸 밖으로 나간다.
⑤ 배설은 콩팥에서 오줌을 만들어 요소와 같은 노폐물을 몸 밖으로 내보내는 과정이다.

23 그림은 사람의 배설계를 나타낸 것이다.

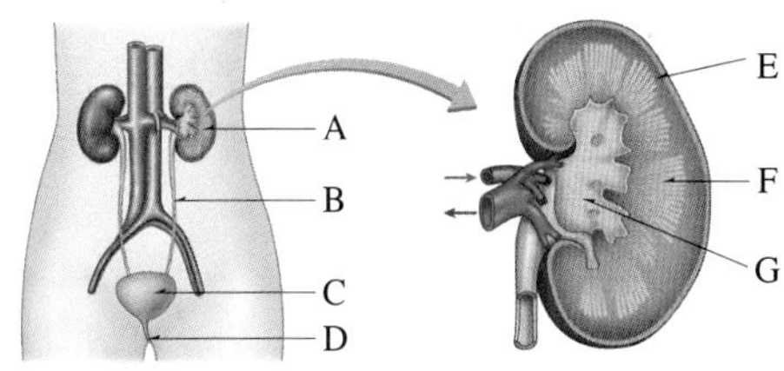

이에 대한 설명으로 옳지 않은 것은?

① B는 오줌관이다.
② C에 모인 오줌은 D를 통해 몸 밖으로 나간다.
③ E와 F에 네프론이 있다.
④ 네프론에서 만들어진 오줌은 G에 모였다가 B를 통해 C로 이동한다.
⑤ 콩팥으로 들어가는 혈액보다 콩팥에서 나오는 혈액에서 요소의 농도가 더 높다.

24 그림은 오줌이 생성되는 과정을 나타낸 것이다.

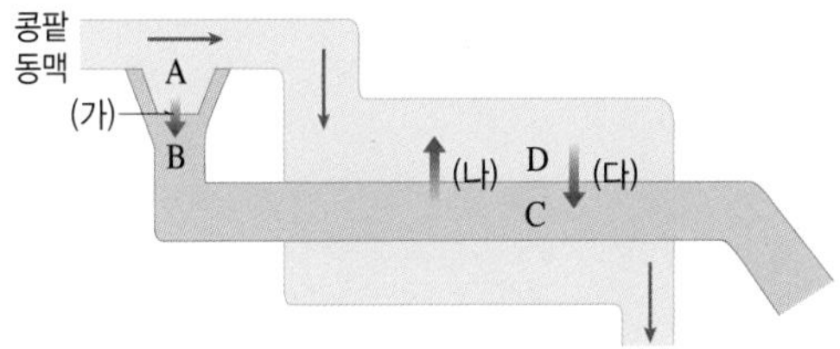

이에 대한 설명으로 옳지 않은 것은?

① B에는 포도당이 있다.
② C에는 혈구가 없다.
③ D에는 단백질이 없다.
④ (가) 과정에서 요소가 이동한다.
⑤ (나) 과정에서 무기염류가 이동한다.

25 그림은 기관계의 유기적 작용을 나타낸 것이다. A～D는 각각 순환계, 호흡계, 소화계, 배설계 중 하나이다.

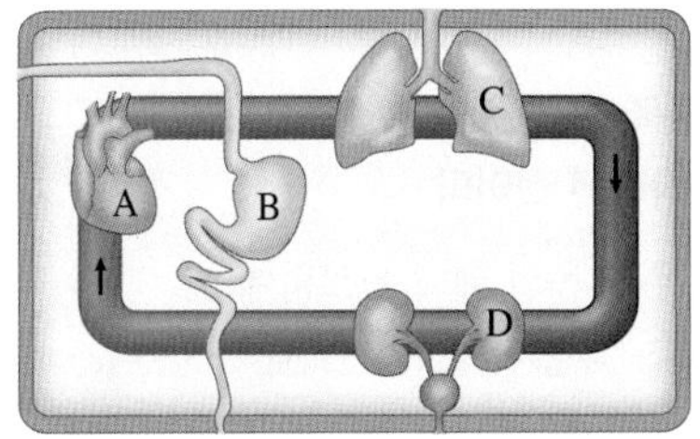

이에 대한 설명으로 옳은 것을 보기에서 모두 고르시오.

보기
ㄱ. B에서 흡수한 영양소는 A를 통해 운반된다.
ㄴ. C에서는 산소를 흡수하고, 이산화 탄소를 배출한다.
ㄷ. 위와 소장은 D를 구성하는 기관이다.

서술형 문제

26 어떤 음식물 속에 들어 있는 영양소의 종류를 알아보기 위해 시험관 A~D에 음식물을 각각 같은 양씩 넣고 다음과 같이 실험하였다.

> (가) 시험관 A에 아이오딘-아이오딘화 칼륨 용액을 넣었다.
> (나) 시험관 B에 베네딕트 용액을 넣고 가열하였다.
> (다) 시험관 C에 5% 수산화 나트륨 수용액과 1% 황산 구리(Ⅱ) 수용액을 넣었다.
> (라) 시험관 D에 수단 Ⅲ 용액을 넣었다.

(1) 실험 결과가 표와 같을 때 이 음식물에 들어 있는 것으로 확인된 영양소를 모두 쓰시오.

시험관	A	B	C	D
색깔 변화	청람색	변화 없음	변화 없음	선홍색

(2) (1)과 같이 생각한 까닭을 서술하시오.

27 심장에서 판막이 있는 위치 네 군데를 서술하시오.

28 오른쪽 그림은 호흡 운동 모형을 나타낸 것이다.

(1) 우리 몸의 폐와 가로막에 해당하는 구조를 각각 쓰시오.

(2) 고무 막을 밀어 올렸을 때에 해당하는 우리 몸의 변화를 다음 단어를 모두 포함하여 서술하시오.

> 가로막, 갈비뼈, 대기압, 부피, 압력, 폐, 공기

29 폐포와 모세 혈관 사이에서 산소와 이산화 탄소의 이동 방향을 서술하시오.

30 암모니아가 배설되는 과정을 다음 단어를 모두 포함하여 서술하시오.

> 간, 콩팥, 독성, 요소, 오줌, 암모니아

31 그림은 콩팥의 일부를 나타낸 것이다.

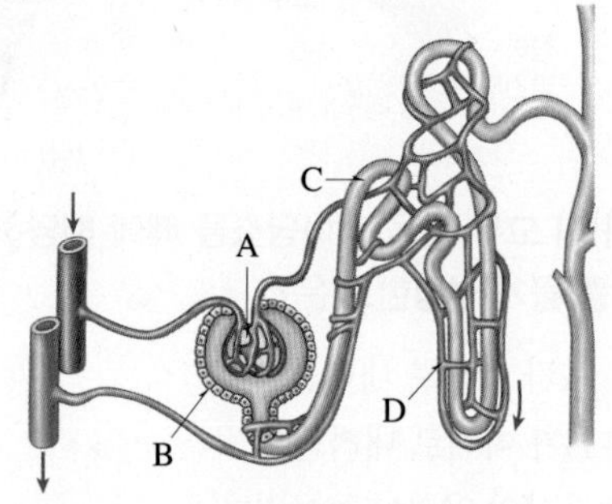

(1) 오줌을 만드는 단위를 무엇이라고 하는지 쓰고, 이를 구성하는 구조 세 가지를 찾아 기호를 쓰시오.

(2) 재흡수와 분비가 일어나는 방향을 각각 기호를 이용하여 서술하시오.

32 세포 호흡의 근본적인 목적을 서술하시오.

이 단원에서 학습한 내용을 확실히 이해했나요?
다음 내용을 잘 알고 있는지 스스로 체크해 보세요.

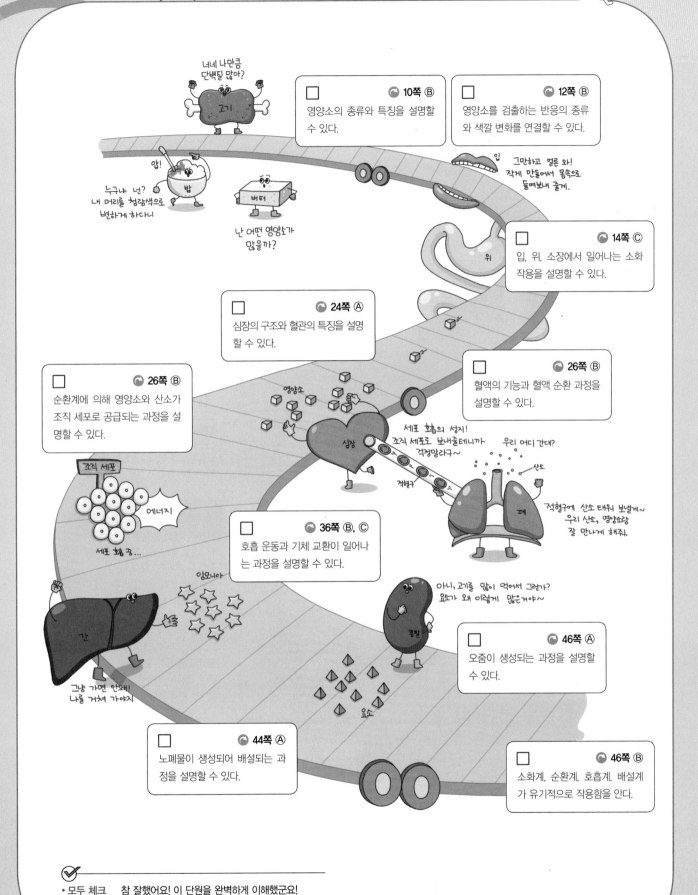

- ☐ 10쪽 Ⓑ 영양소의 종류와 특징을 설명할 수 있다.
- ☐ 12쪽 Ⓑ 영양소를 검출하는 반응의 종류와 색깔 변화를 연결할 수 있다.
- ☐ 14쪽 Ⓒ 입, 위, 소장에서 일어나는 소화 작용을 설명할 수 있다.
- ☐ 24쪽 Ⓐ 심장의 구조와 혈관의 특징을 설명할 수 있다.
- ☐ 26쪽 Ⓑ 혈액의 기능과 혈액 순환 과정을 설명할 수 있다.
- ☐ 26쪽 Ⓑ 순환계에 의해 영양소와 산소가 조직 세포로 공급되는 과정을 설명할 수 있다.
- ☐ 36쪽 Ⓑ, Ⓒ 호흡 운동과 기체 교환이 일어나는 과정을 설명할 수 있다.
- ☐ 46쪽 Ⓐ 오줌이 생성되는 과정을 설명할 수 있다.
- ☐ 44쪽 Ⓐ 노폐물이 생성되어 배설되는 과정을 설명할 수 있다.
- ☐ 46쪽 Ⓑ 소화계, 순환계, 호흡계, 배설계가 유기적으로 작용함을 안다.

- 모두 체크 참 잘했어요! 이 단원을 완벽하게 이해했군요!
- 9~6개 체크 알쏭달쏭한 내용은 해당 쪽으로 돌아가 복습하세요.
- 5개 이하 이 단원을 한 번 더 학습하세요.

물질의 특성

|다른 학년과의 연계는?|

초등학교 4~5학년

- 혼합물의 분리 : 다양한 방법으로 혼합물을 분리할 수 있다.
- 용해와 용액 : 어떤 물질이 다른 물질에 녹아 골고루 섞이는 현상은 용해이고, 용질이 용매에 골고루 섞여 있는 물질은 용액이다.

중학교 1학년

- 물질의 상태 변화 : 물질은 온도에 따라 입자의 배열이 달라져 상태 변화가 일어난다.

중학교 2학년

- 물질의 특성 : 물질을 나타내는 여러 가지 성질 중 그 물질만이 가지는 고유한 성질을 물질의 특성이라고 한다.
- 혼합물의 분리 : 물질의 특성을 이용하여 혼합물을 분리할 수 있다.

화학 Ⅱ

- 물질의 세 가지 상태와 용액 : 물질의 상태는 구성 입자의 운동에 따라 달라지고, 물질은 상태에 따라 물리적 성질이 달라진다.

이 단원에서는 물질의 특성과 혼합물의 분리 방법에 대해 알아본다.
이 단원을 들어가기 전에 이전 학년에서 배운 개념을 확인해 보자.

알고 있나요?

다음 내용에서 필요한 단어를 골라 빈칸을 완성해 보자.

가열, 냉각, 용해, 용매, 용질, 용액, 스포이트, 자석, 체, 증발, 거름

초4

1. 혼합물의 분리

① 콩과 좁쌀이 섞여 있는 혼합물의 분리 : ❶□를 이용하여 비슷한 크기의 알갱이끼리 분리한다.
② 철이 포함된 혼합물의 분리 : ❷□□을 이용하여 철만 분리한다.
③ 소금과 후추 혼합물의 분리 : 물을 부어 물에 녹는 소금과 물에 녹지 않는 후추를 거름 종이로 분리(❸□□)한 다음, 소금물을 가열하여 물을 ❹□□시키고 소금을 얻는다.
④ 물 위에 뜬 식용유의 분리 : ❺□□□□를 사용하여 식용유를 걷어 낸다.

초5

2. 용해와 용액

소금과 같이 다른 물질에 녹는 물질을 ❻□□이라고 한다.

물과 같이 다른 물질을 녹이는 물질을 ❼□□라고 한다.

용질이 용매에 녹아 골고루 섞이는 현상을 ❽□□라고 한다.

용질이 용매에 골고루 섞여 있는 물질을 ❾□□이라고 한다.

중1

3. 물질의 상태 변화

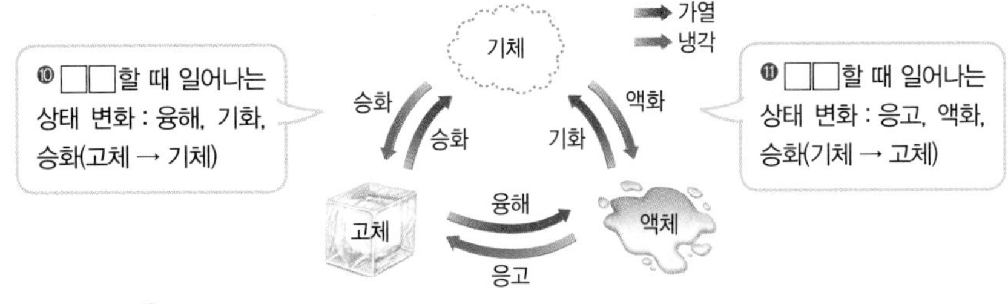

정답 | ❶ 체 ❷ 자석 ❸ 거름 ❹ 증발 ❺ 스포이트 ❻ 용질 ❼ 용매 ❽ 용해 ❾ 용액 ❿ 가열 ⓫ 냉각

물질의 특성(1)

A 물질의 분류

화보 6.1

1 순물질과 혼합물[1]

① 순물질 : 한 가지 물질로 이루어진 물질

구분	한 종류의 원소로 이루어진 물질	두 종류 이상의 원소로 이루어진 물질
모형	구리	물
예	구리, 다이아몬드, 금, 수은, 산소 등	물, 염화 나트륨, 이산화 탄소, 에탄올 등
성질	물질의 고유한 성질을 나타낸다.	

② 혼합물 : 두 가지 이상의 순물질이 섞여 있는 물질

구분	균일 혼합물	불균일 혼합물
정의	성분 물질이 고르게 섞인 혼합물	성분 물질이 고르지 않게 섞인 혼합물
모형	설탕물	과일 주스
예	설탕물, 식초, 공기, 탄산음료, *합금 등	과일 주스, 흙탕물, 우유, 암석 등
성질	• 성분 물질의 성질을 그대로 가진다. • 성분 물질의 혼합 비율에 따라 끓는점, 녹는점(어는점), 밀도 등이 달라진다.	

2 물질의 특성

다른 물질과 구별되는 그 물질만이 나타내는 고유한 성질

예 색깔, 냄새, 맛, 끓는점, 녹는점(어는점), 밀도, 용해도 등[2]

① 물질의 종류에 따라 다르다. ➡ 물질의 종류를 구별하는 데 이용할 수 있다.

② 같은 물질인 경우 물질의 양에 관계없이 일정하다.

③ 물질의 특성을 이용하면 순물질과 혼합물을 구별할 수 있다.

3 순물질과 혼합물의 구별

순물질은 끓는점과 녹는점(어는점)이 일정하지만, 혼합물은 일정하지 않다.[3]

구분	고체+액체 혼합물의 끓는점	고체+액체 혼합물의 어는점	고체+고체 혼합물의 녹는점
특징	순수한 액체보다 높은 온도에서 끓기 시작하고, 끓는 동안 온도가 계속 높아진다. (그래프: 온도(℃) 96~104, 끓기 시작, 소금물, 물, 가열 시간(분))	순수한 액체보다 낮은 온도에서 얼기 시작하고, 어는 동안 온도가 계속 낮아진다. (그래프: 온도(℃) −12~8, 얼기 시작, 물, 소금물, 냉각 시간(분))	각 성분 물질보다 낮은 온도에서 녹기 시작하고, 녹는 동안 온도가 계속 높아진다. (그래프: 온도(℃) 0~100, 나프탈렌, 혼합물, 파라-다이클로로벤젠, 가열 시간(분))
이용	• 달걀을 삶을 때 물에 소금을 넣는다. • 라면을 끓일 때 스프를 먼저 넣고 물을 끓인다.	• 눈이 쌓인 도로에 염화 칼슘 제설제를 뿌려 도로가 어는 것을 방지한다. • 자동차의 워셔액(물+에탄올 등)은 겨울철에도 얼지 않는다.	• 땜납(납+주석)은 쉽게 녹으므로 금속을 연결할 때 사용한다. • 퓨즈(납+주석 등)는 센 전류가 흐르면 녹아 끊어져서 전류를 차단한다.

플러스 강의

❶ 물질의 분류

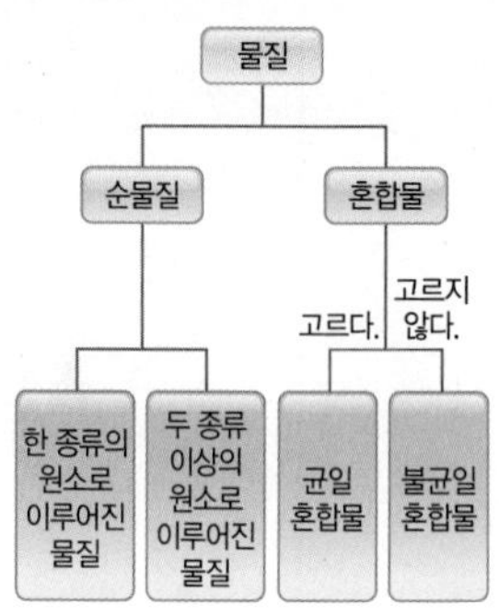

❷ 물질의 특성이 아닌 것

부피, 질량, 온도, 길이, 넓이, 농도 등

❸ 소금물이 100 ℃보다 높은 온도에서 끓기 시작하는 까닭

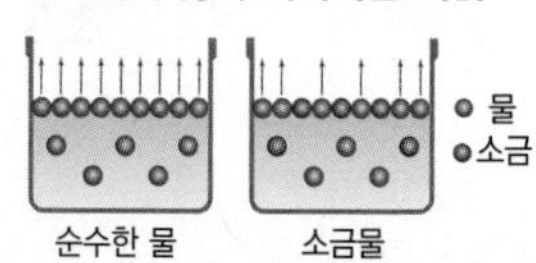

소금이 물의 기화를 방해하므로 소금물은 물의 끓는점인 100 ℃보다 높은 온도에서 끓기 시작한다. 또 끓는 동안 물이 기화하여 소금물의 농도가 진해지므로 온도가 계속 높아진다.

용어 돋보기

* 합금(合 합하다, 金 쇠)_ 한 금속에 다른 금속이나 비금속을 첨가하여 만든 새로운 성질의 금속

A 물질의 분류

- □□□ : 한 가지 물질로 이루어진 물질
- □□□ : 두 가지 이상의 순물질이 섞여 있는 물질
- □□□은 끓는점, 녹는점(어는점)과 같은 물질의 특성이 일정하지만, □□□은 일정하지 않다.

A

1 순물질에 대한 설명에는 '순', 혼합물에 대한 설명에는 '혼'이라고 쓰시오.

(1) 물질의 고유한 성질을 나타낸다. .... (　　)

(2) 한 가지 물질로 이루어진 물질이다. .... (　　)

(3) 성분 물질의 성질을 그대로 가진다. .... (　　)

(4) 에탄올, 산소, 이산화 탄소 등이 해당된다. .... (　　)

2 순물질인 경우에는 '순', 혼합물인 경우에는 '혼'이라고 쓰시오.

(1) 금 .... (　　) (2) 물 .... (　　)

(3) 탄산음료 .... (　　) (4) 공기 .... (　　)

(5) 염화 나트륨 .... (　　) (6) 식초 .... (　　)

3 물질을 구별할 수 있는 성질이 아닌 것은?

① 밀도 ② 부피 ③ 끓는점

④ 용해도 ⑤ 녹는점

4 물질의 특성에 대한 설명으로 옳은 것은 ○, 옳지 않은 것은 ×로 표시하시오.

(1) 물질의 종류에 따라 다르므로 물질을 구별하는 데 이용할 수 있다. .... (　　)

(2) 같은 물질이라도 물질의 양이 많아지면 물질의 특성이 달라진다. .... (　　)

(3) 순물질과 혼합물은 모두 물질의 특성이 일정하다. .... (　　)

5 오른쪽 그림은 물과 소금물을 가열할 때 온도 변화를 나타낸 것이다. A와 B 중 물과 소금물의 가열 곡선을 각각 고르시오.

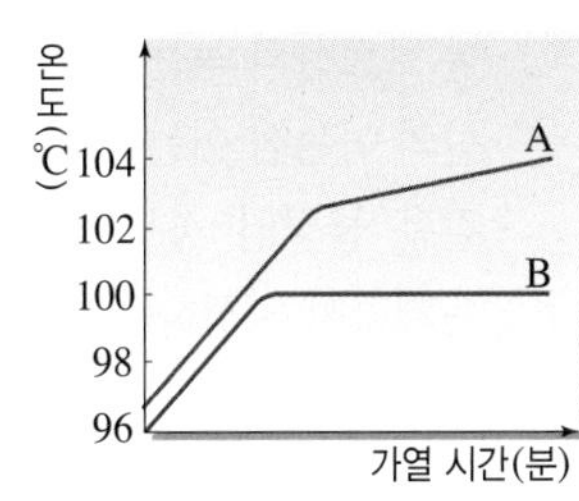

암기쾅 물질의 분류

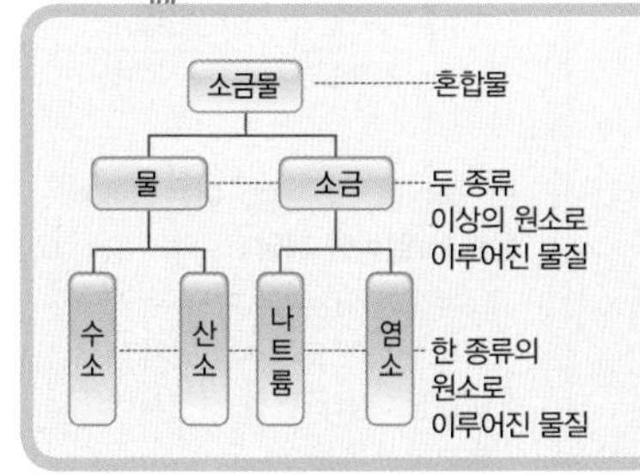

6 다음은 일상생활에서 혼합물의 성질을 이용한 예이다. (　　) 안에 알맞은 말을 각각 고르시오.

(1) 달걀을 삶을 때 물에 소금을 넣으면 ㉠(끓는점, 녹는점)이 높아지므로 100 ℃보다 ㉡(높은, 낮은) 온도에서 조리할 수 있다.

(2) 자동차의 앞 유리를 워셔액으로 닦으면 ㉠(끓는점, 어는점)이 ㉡(높아, 낮아)지므로 겨울철에도 얼지 않는다.

(3) 전류를 차단하는 퓨즈는 납과 주석을 섞어서 만든 혼합물로 ㉠(끓는점, 녹는점)이 순물질보다 ㉡(높은, 낮은) 성질을 이용한 것이다.

B 끓는점, 녹는점과 어는점

1 끓는점 액체 물질이 끓는 동안 일정하게 유지되는 온도❶❷

① 끓는점은 물질을 구별할 수 있는 물질의 특성이다.

• 끓는점은 물질의 종류에 따라 다르다.

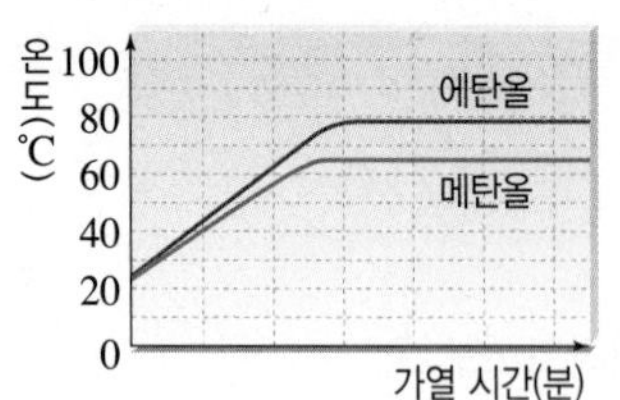

• 에탄올의 끓는점 : 78 °C • 메탄올의 끓는점 : 65 °C
➡ 에탄올과 메탄올은 끓는점이 다르므로, 끓는점을 이용하여 물질을 구별할 수 있다.
• 물질을 이루는 입자 사이에 잡아당기는 힘(인력)이 강할수록 끓는점이 높다.

• 같은 물질인 경우 끓는점은 물질의 양에 관계없이 일정하다.

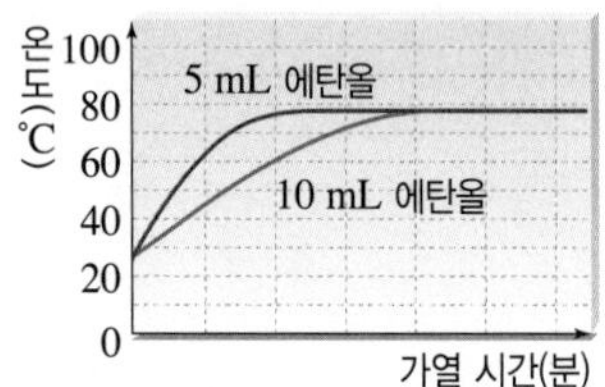

• 5 mL 에탄올과 10 mL 에탄올의 끓는점은 같다.
• 에탄올의 양이 10 mL일 때 더 늦게 끓는다.(단, 불꽃의 세기 일정)
➡ 양이 많을수록 끓는점에 늦게 도달한다.
• 불꽃의 세기가 강해지면 끓는점에 빨리 도달한다.

② 끓는점과 압력의 관계❸ 내 교과서 확인 | 미래엔

외부 압력	끓는점	예
높아지면	높아진다.	압력솥으로 밥을 하면 빨리 된다.
낮아지면	낮아진다.	높은 산에서 밥을 하면 쌀이 설익는다.

2 녹는점과 어는점 녹는점은 고체 물질이 녹는 동안 일정하게 유지되는 온도, 어는점은 액체 물질이 어는 동안 일정하게 유지되는 온도이다.❹

① 녹는점(어는점)은 물질을 구별할 수 있는 물질의 특성이다.❺

• 녹는점과 어는점은 물질의 종류에 따라 다르다.
예 로르산의 녹는점(어는점) : 44 °C, 팔미트산의 녹는점(어는점) : 62 °C

• 같은 물질인 경우 녹는점과 어는점은 양에 관계없이 일정하다.

② 한 물질의 녹는점과 어는점은 서로 같다. 예 얼음의 녹는점 0 °C, 물의 어는점 : 0 °C

3 녹는점, 끓는점과 물질의 상태 어떤 온도에서 물질의 상태는 녹는점과 끓는점에 따라 결정된다.❻

① 녹는점보다 낮은 온도에서는 고체 상태이다.

② 녹는점과 끓는점 사이의 온도에서는 액체 상태이다.

③ 끓는점보다 높은 온도에서는 기체 상태이다.

[1기압, 실온(약 20 °C)에서 물질의 상태]

• 실온<녹는점 : 고체 상태 예 실온(약 20 °C)<염화 나트륨의 녹는점(802 °C)
• 녹는점<실온<끓는점 : 액체 상태 예 얼음의 녹는점(0 °C)<실온(약 20 °C)<물의 끓는점(100 °C)
• 끓는점<실온 : 기체 상태 예 질소의 끓는점(−196 °C)<실온(약 20 °C)

플러스 강의

❶ 여러 가지 액체의 가열 곡선(단, 외부 압력과 불꽃의 세기는 같다.)

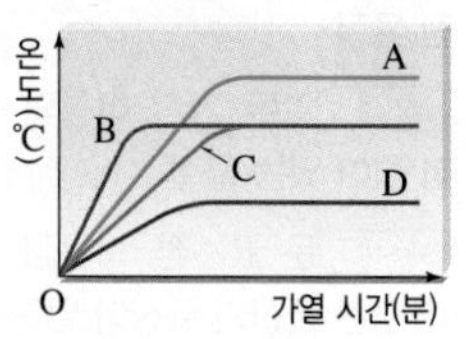

• 끓는점 : D<B=C<A
• B와 C는 같은 물질이며, C의 양이 B보다 많다.
• B가 가장 빨리 끓기 시작한다.

❷ 끓는점의 이용

• 끓는점이 −196 °C인 질소를 생체 시료의 동결 보관에 이용한다.
• 윤활유의 기름 성분은 끓는점이 300 °C 이상이므로 뜨거운 기계 안에서 액체로 존재한다.

내 교과서 확인 | 미래엔

❸ 끓는점과 압력

감압 용기에 뜨거운 물을 넣고 공기를 빼내면 물이 100 °C보다 낮은 온도에서 끓는다.
➡ 감압 용기 속 공기의 양이 줄어들어 압력이 낮아지므로 물의 끓는점이 낮아지기 때문

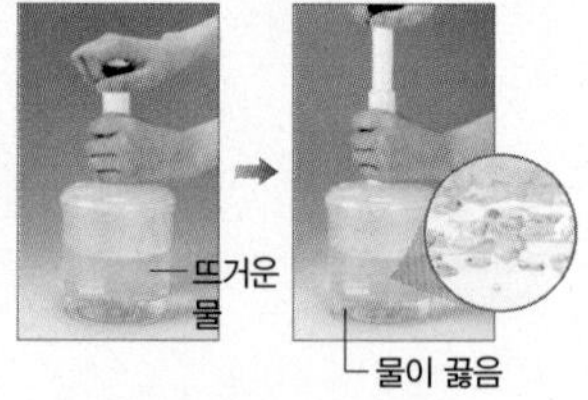

❹ 녹는점의 이용

• 녹는점이 낮은 것을 이용한 예 : 고체 접착제, 퓨즈, 땜납 등
• 녹는점이 높은 것을 이용한 예 : 타이타늄으로 만든 비행기 엔진, 주조틀, 꼬마전구의 필라멘트 등

❺ 물질의 종류, 양과 녹는점

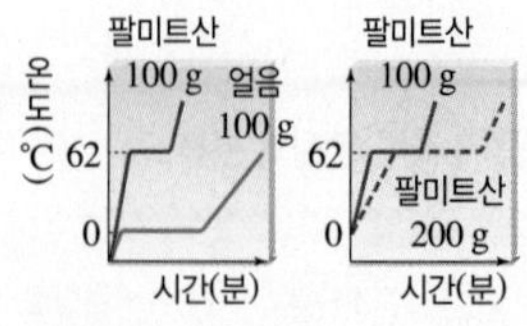

❻ 끓는점, 녹는점, 어는점에서 온도가 일정한 까닭

• 녹는점과 끓는점 : 가해 준 열이 상태 변화에 모두 사용되기 때문
• 어는점 : 상태 변화 하면서 열을 방출하기 때문

B 끓는점, 녹는점과 어는점

- □□□ : 액체 물질이 끓는 동안 일정하게 유지되는 온도
- 물질의 종류와 양에 따른 끓는점 : 끓는점은 물질의 종류에 따라 다르고, 양에 관계없이 □□하다.
- 외부 압력이 높아지면 끓는점이 □아지고, 외부 압력이 낮아지면 끓는점이 □아진다.
- □□□ : 고체 물질이 녹는 동안 일정하게 유지되는 온도
- □□□ : 액체 물질이 어는 동안 일정하게 유지되는 온도
- 물질의 상태
  - 녹는점보다 낮은 온도 : □□
  - 녹는점과 끓는점 사이의 온도 : □□
  - 끓는점보다 높은 온도 : □□

암기콱 물질의 종류에 따라 끓는점이 다른 까닭

입자 사이에 잡아당기는 힘이 강할수록 끓는점이 높다.

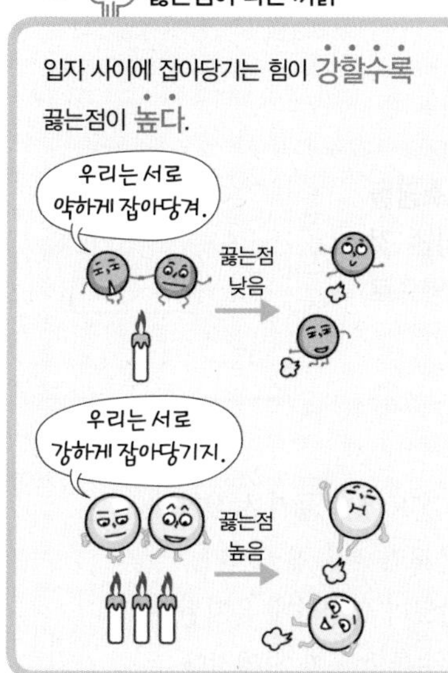

우리는 서로 약하게 잡아당겨.
끓는점 낮음
우리는 서로 강하게 잡아당기지.
끓는점 높음

7 끓는점에 대한 설명으로 옳은 것은 ○, 옳지 <u>않은</u> 것은 ×로 표시하시오.

(1) 물질의 종류에 관계없이 일정하므로 물질의 특성이다. ( )

(2) 물질의 양이 많아지면 끓는점이 높아진다. ( )

(3) 가열하는 불꽃의 세기가 강해도 끓는점은 변하지 않는다. ( )

(4) 끓는점은 압력에 따라 변하므로 물질의 특성이 아니다. ( )

8 오른쪽 그림은 1기압에서 액체 물질 A~C를 가열할 때 시간에 따른 온도 변화를 나타낸 것이다. 이에 대한 설명으로 옳은 것은 ○, 옳지 <u>않은</u> 것은 ×로 표시하시오.(단, 가열하는 불꽃의 세기는 모두 같다.)

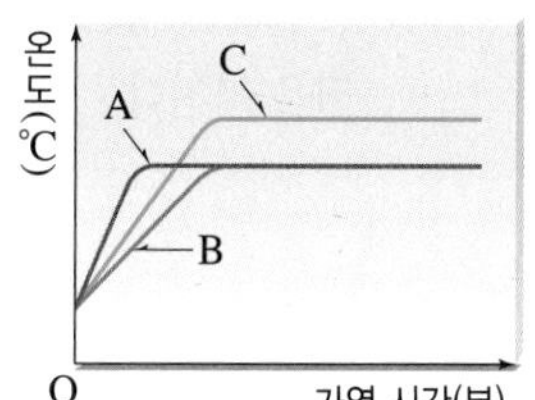

(1) A와 B는 같은 물질이다. ( )

(2) 가장 먼저 끓기 시작하는 물질은 A이다. ( )

(3) A의 양은 B의 양보다 많다. ( )

(4) C의 끓는점이 가장 높다. ( )

9 다음 ( ) 안에 알맞은 말을 고르시오.

> 높은 산 위는 기압이 ㉠(높, 낮)으므로 높은 산에서 밥을 하면 물의 끓는점이 ㉡(높, 낮)아져 쌀이 설익는다.

10 오른쪽 그림은 어떤 고체 물질의 가열·냉각 곡선을 나타낸 것이다.

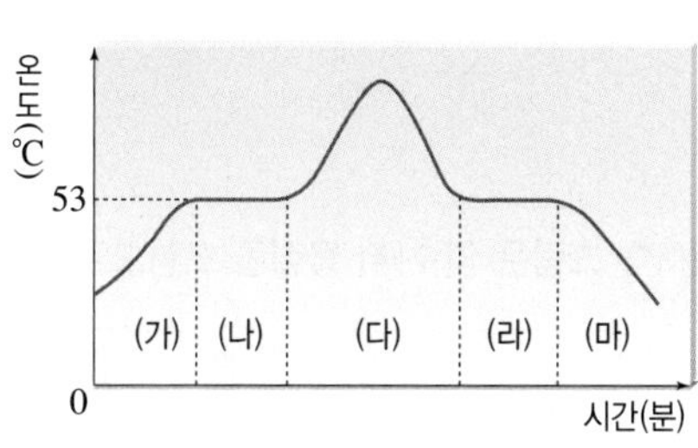

(1) 이 물질의 녹는점과 어는점은 각각 몇 °C인지 쓰시오.

(2) (가)~(마) 구간에서 물질은 각각 어떤 상태로 존재하는지 쓰시오.

더 풀어보고 싶다면? 시험 대비 교재 33쪽 계산력·암기력 강화 문제

11 오른쪽 표는 물질 A~C의 녹는점과 끓는점을 나타낸 것이다. 실온(약 20 °C)에서 A~C의 상태를 각각 쓰시오.

물질	A	B	C
녹는점(°C)	−218	0	80
끓는점(°C)	−183	100	218

기출 문제로 내신쑥쑥

전국 주요 학교의 **시험에 가장 많이 나오는 문제**들로만 구성하였습니다.
모든 친구들이 '꼭' 봐야 하는 코너입니다.

A 물질의 분류

중요
01 **순물질과 혼합물에 대한 설명으로 옳지 않은 것은?**

① 순물질은 한 가지 물질로 이루어져 있다.
② 순물질은 녹는점과 끓는점이 일정하다.
③ 혼합물은 두 가지 이상의 순물질이 섞여 있다.
④ 혼합물은 성분 물질의 혼합 비율에 따라 끓는점이 달라진다.
⑤ 혼합물은 성분 물질의 성질과 전혀 다른 새로운 성질을 가진다.

02 **그림은 물질의 분류 과정을 나타낸 것이다.**

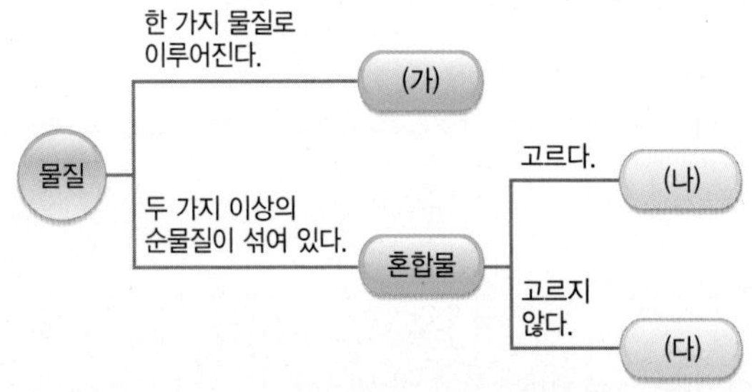

(가)~(다)에 해당하는 물질을 옳게 짝 지은 것은?

	(가)	(나)	(다)
①	물	공기	우유
②	주스	소금	흙탕물
③	공기	물	암석
④	금	탄산음료	이산화 탄소
⑤	구리	에탄올	합금

03 **그림은 몇 가지 물질을 모형으로 나타낸 것이다.**

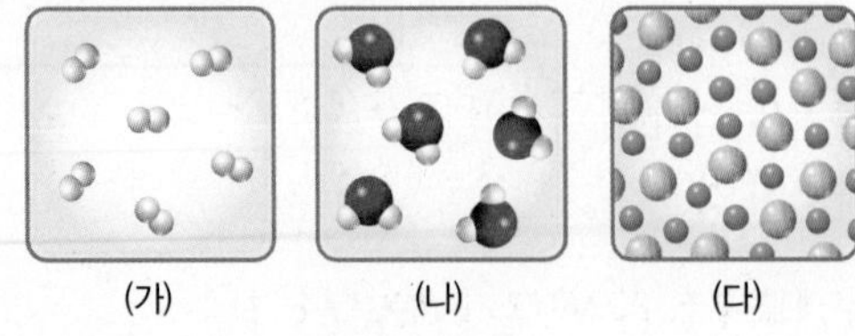

이에 대한 설명으로 옳은 것은?

① (가)는 순물질, (나)와 (다)는 혼합물이다.
② (가)는 한 가지 원소로 이루어진 물질이다.
③ 산소, 염화 나트륨은 (나)에 속한다.
④ (다)는 성분 물질이 고르지 않게 섞여 있다.
⑤ (다)의 예에는 설탕물, 우유 등이 있다.

중요
04 **순물질로만 옳게 짝 지은 것은?**

① 헬륨, 철, 공기
② 물, 설탕, 에탄올
③ 암석, 식초, 과일 주스
④ 산소, 이산화 탄소, 모래
⑤ 염화 나트륨, 바닷물, 우유

05 **물질의 특성에 대한 설명으로 옳지 않은 것은?**

① 물질의 종류를 구별할 수 있다.
② 그 물질만이 나타내는 고유한 성질이다.
③ 색깔, 냄새, 맛, 어는점, 용해도 등이 있다.
④ 부피, 질량은 다른 물질이라도 같은 값을 가질 수 있으므로 물질의 특성이 아니다.
⑤ 같은 물질이라도 양에 따라 값이 변할 수 있다.

중요
06 **물질의 특성을 보기에서 모두 고른 것은?**

보기
ㄱ. 넓이　ㄴ. 밀도　ㄷ. 온도
ㄹ. 끓는점　ㅁ. 길이　ㅂ. 녹는점

① ㄱ, ㄴ, ㄷ　② ㄱ, ㄷ, ㅁ　③ ㄴ, ㄷ, ㄹ
④ ㄴ, ㄹ, ㅂ　⑤ ㄷ, ㅁ, ㅂ

중요
07 **오른쪽 그림은 물과 소금물의 가열 곡선을 나타낸 것이다. 이에 대한 설명으로 옳지 않은 것은?**

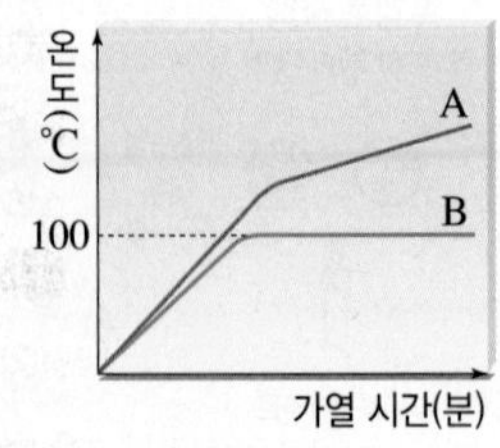

① A는 물이고, B는 소금물이다.
② A는 B보다 높은 온도에서 끓기 시작한다.
③ A는 끓는 동안 온도가 계속 올라간다.
④ B는 끓는 동안 온도가 일정하게 유지된다.
⑤ A는 시간이 지날수록 농도가 진해진다.

08 오른쪽 그림은 물과 소금물의 냉각 곡선을 나타낸 것이다. 이에 대한 설명으로 옳은 것을 보기에서 모두 고른 것은?

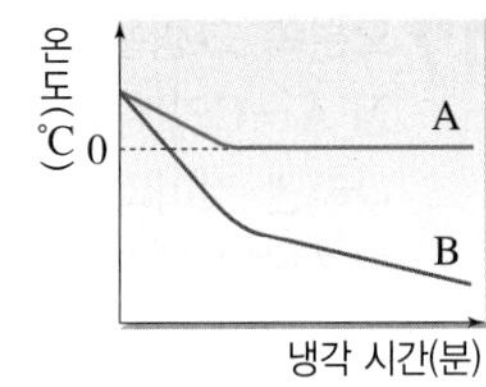

보기
ㄱ. A의 어는점은 0 ℃이다.
ㄴ. A는 녹는점과 어는점이 다르다.
ㄷ. A는 순물질이고, B는 혼합물이다.
ㄹ. A의 양이 증가하면 더 낮은 온도에서 얼기 시작한다.

① ㄱ, ㄴ ② ㄱ, ㄷ ③ ㄴ, ㄷ
④ ㄴ, ㄹ ⑤ ㄷ, ㄹ

09 오른쪽 그림은 나프탈렌, 파라-다이클로로벤젠의 가열 곡선과 두 고체를 섞은 혼합물의 가열 곡선을 나타낸 것이다. 이에 대한 설명으로 옳지 않은 것은?

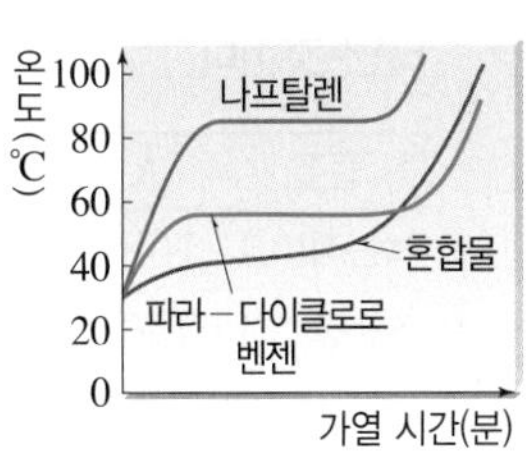

① 녹는점을 측정하면 순물질과 혼합물을 구별할 수 있다.
② 나프탈렌은 파라-다이클로로벤젠보다 녹는점이 높다.
③ 두 고체의 혼합물은 녹는 동안 온도가 일정하지 않다.
④ 두 고체의 혼합물은 각 고체의 녹는점보다 낮은 온도에서 녹기 시작한다.
⑤ 혼합물은 두 고체의 혼합 비율에 관계없이 녹기 시작하는 온도가 일정하다.

10 혼합물은 혼합물을 이루는 성분 물질과는 다른 온도에서 얼거나 녹기 시작한다. 이와 같은 혼합물의 성질을 이용한 예가 아닌 것은?

① 달걀을 삶을 때 물에 소금을 넣는다.
② 겨울철 눈이 내릴 때 도로에 제설제를 뿌린다.
③ 겨울철 자동차의 앞 유리를 워셔액으로 닦아도 얼지 않는다.
④ 냉동실에서 꺼낸 얼음과 아이스크림 중 아이스크림이 먼저 녹는다.
⑤ 퓨즈는 센 전류가 흐를 때 쉽게 녹아서 전류를 차단하는 데 사용한다.

B 끓는점, 녹는점과 어는점

11 끓는점에 대한 설명으로 옳지 않은 것은?

① 액체가 끓는 동안 일정하게 유지되는 온도이다.
② 물질의 종류를 구별하는 데 이용할 수 있다.
③ 물질의 양이 많아져도 끓는점은 일정하다.
④ 외부 압력이 달라져도 끓는점은 일정하다.
⑤ 물질을 이루는 입자 사이에 잡아당기는 힘이 강할수록 끓는점이 높다.

12 그림은 액체 물질 A~C를 가열하면서 온도 변화를 측정하여 나타낸 것이다.

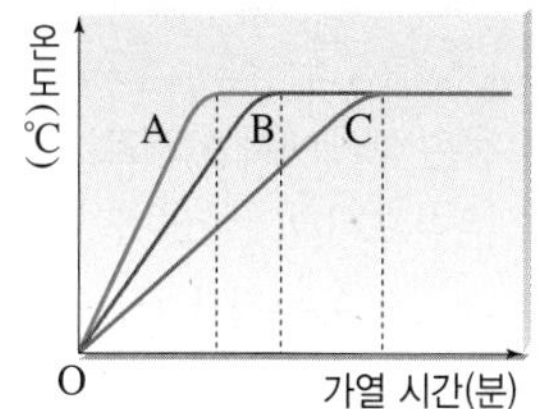

이에 대한 설명으로 옳은 것은?(단, 외부 압력과 가열하는 불꽃의 세기는 모두 같다.)

① A의 끓는점이 가장 낮다.
② 가장 먼저 끓기 시작하는 것은 B이다.
③ C의 질량이 가장 작다.
④ A~C는 모두 같은 종류의 물질이다.
⑤ 가열하는 불꽃의 세기를 강하게 하면 수평한 구간의 온도가 높아진다.

중요

13 오른쪽 그림은 순수한 액체 물질 A~D의 가열 곡선을 나타낸 것이다. 이에 대한 설명으로 옳지 않은 것은? (단, 외부 압력과 불꽃의 세기는 모두 같다.)

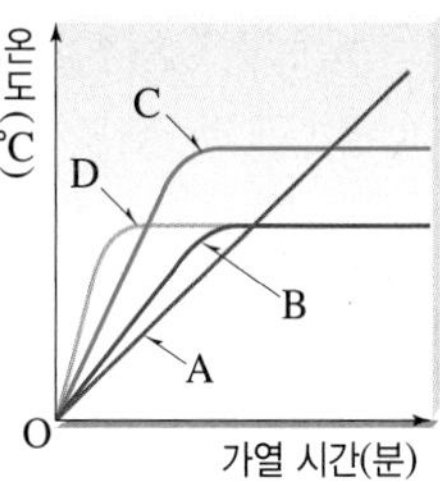

① B와 D는 같은 물질이다.
② D는 B보다 질량이 작다.
③ C는 A보다 끓는점이 낮다.
④ 가장 빨리 끓기 시작하는 물질은 D이다.
⑤ 입자 사이에 잡아당기는 힘이 가장 강한 물질은 C이다.

14 70 ℃ 정도의 물을 감압 용기에 넣고 펌프로 용기 안의 공기를 빼내었더니 오른쪽 그림과 같이 물이 끓었다. 이와 같은 원리로 설명할 수 있는 현상은?

① 어항 속 물의 양이 점점 줄어든다.
② 압력솥으로 밥을 하면 빨리 된다.
③ 금속을 용접할 때 땜납을 사용한다.
④ 높은 산에서 밥을 하면 쌀이 설익는다.
⑤ 찌그러진 탁구공을 뜨거운 물에 넣으면 펴진다.

15 녹는점과 어는점에 대한 설명으로 옳은 것을 보기에서 모두 고른 것은?

보기
ㄱ. 녹는점은 액체에서 고체로 변할 때 일정하게 유지되는 온도이다.
ㄴ. 같은 물질의 녹는점과 어는점은 같다.
ㄷ. 녹는점과 어는점은 물질의 특성이다.
ㄹ. 녹는점과 어는점에서 물질은 두 가지 상태로 존재한다.

① ㄱ, ㄴ ② ㄴ, ㄷ ③ ㄷ, ㄹ
④ ㄱ, ㄴ, ㄷ ⑤ ㄴ, ㄷ, ㄹ

중요
16 그림은 어떤 고체 물질의 가열·냉각 곡선을 나타낸 것이다.

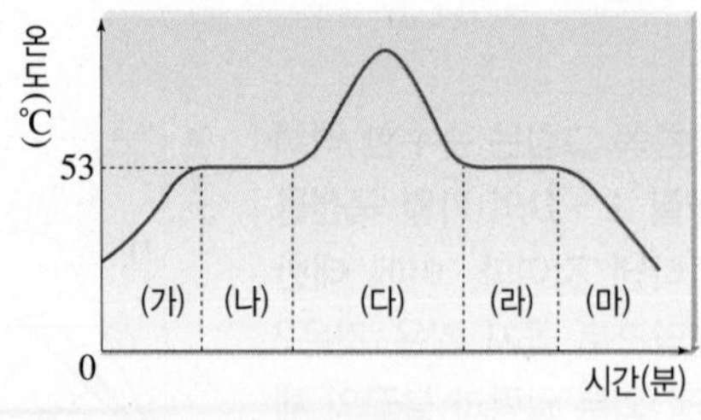

이에 대한 설명으로 옳은 것은?

① 이 물질의 끓는점은 53 ℃이다.
② (가), (마) 구간에서 물질은 액체 상태이다.
③ (나), (라) 구간에서 상태 변화가 일어난다.
④ (나)와 (라) 구간의 온도는 물질의 양에 따라 달라진다.
⑤ (다) 구간에서는 두 가지 상태가 함께 존재한다.

17 오른쪽 그림은 고체 물질 A～C의 가열 곡선을 나타낸 것이다. 이에 대한 설명으로 옳은 것은? (단, 외부 압력과 가열하는 불꽃의 세기는 모두 같다.)

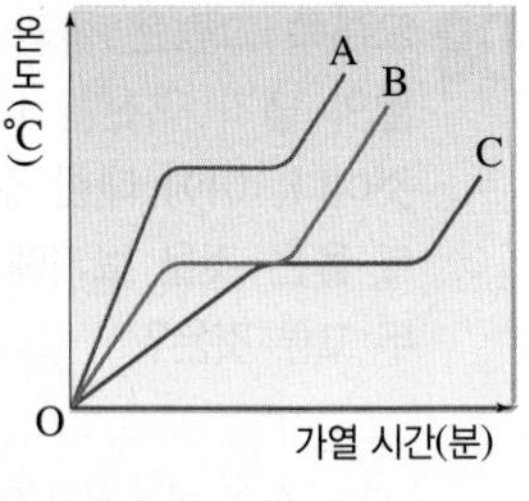

① B와 C는 서로 다른 물질이다.
② B는 C보다 질량이 작다.
③ 물질의 종류는 3가지이다.
④ C의 녹는점이 가장 높다.
⑤ B와 C를 섞으면 수평한 구간의 온도가 더 높은 곳에서 나타난다.

중요
18 표는 1기압에서 물질 A～E의 녹는점과 끓는점을 나타낸 것이다.

물질	A	B	C	D	E
녹는점(℃)	1085	5.6	54	−39	−218
끓는점(℃)	2562	80.1	174	357	−183

실온(약 20 ℃)에서 액체 상태로 존재하는 물질을 모두 고른 것은?

① A, C ② B, C ③ B, D
④ C, D ⑤ C, E

19 그림은 어떤 고체 물질의 가열 곡선을 나타낸 것이다.

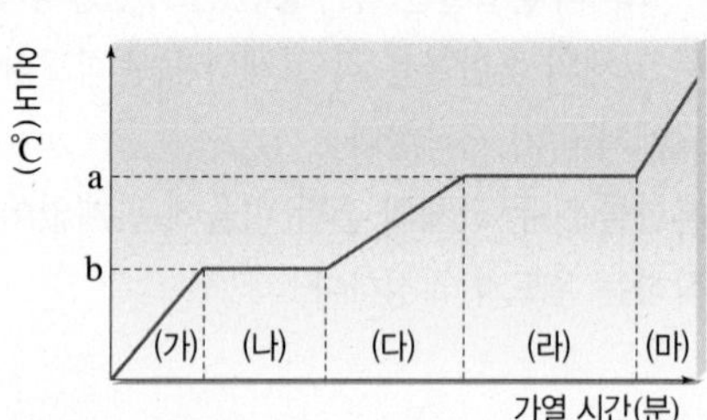

이에 대한 설명으로 옳은 것을 보기에서 모두 고른 것은?

보기
ㄱ. a는 녹는점, b는 끓는점이다.
ㄴ. 물질의 상태 변화가 일어나는 구간은 (가), (다), (마)이다.
ㄷ. (나) 구간에서는 고체와 액체가 함께 존재한다.
ㄹ. 외부 압력이 낮아지면 (라) 구간의 온도가 낮아진다.

① ㄱ, ㄴ ② ㄱ, ㄷ ③ ㄴ, ㄷ
④ ㄴ, ㄹ ⑤ ㄷ, ㄹ

서술형 문제

20 다음은 우리 주변의 여러 가지 물질을 나타낸 것이다.

> 에탄올, 우유, 철, 식초,
> 공기, 흙탕물, 이산화 탄소

(1) 각 물질을 순물질과 혼합물로 분류하시오.

(2) (1)과 같이 분류할 때 순물질과 혼합물의 구분 기준을 서술하시오.

중요

21 오른쪽 그림은 물과 소금물의 가열 곡선을 나타낸 것이다. A와 B가 각각 무엇을 나타내는지 쓰고, 그 까닭을 끓는점을 이용하여 서술하시오.

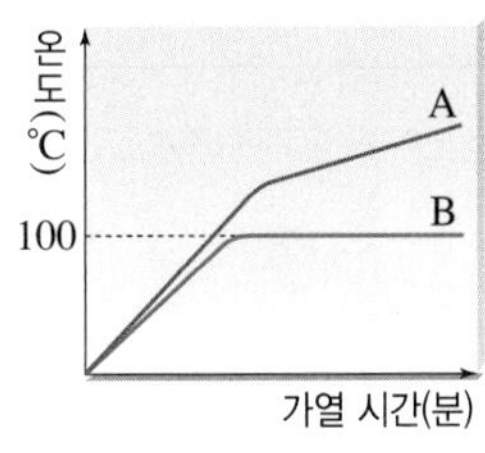

22 높은 산에 올라가서 밥을 하면 쌀이 덜 익어서 딱딱해지는 현상을 경험할 수 있다. 쌀이 설익는 까닭을 다음 단어를 모두 포함하여 서술하시오.

> 기압, 끓는점

중요

23 오른쪽 그림은 고체 물질 A~D의 가열 곡선을 나타낸 것이다. A~D 중 같은 물질을 고르고, 그 까닭을 서술하시오.(단, 외부 압력과 가열하는 불꽃의 세기는 모두 같다.)

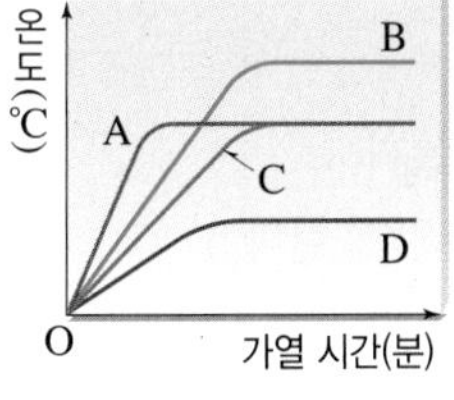

수준 높은 문제로 실력 탄탄

● 정답과 해설 19쪽

01 그림 (가)와 (나)는 소금물과 물의 가열 곡선과 냉각 곡선, (다)는 고체 나프탈렌, 고체 파라-다이클로로벤젠, 고체 나프탈렌과 고체 파라-다이클로로벤젠 혼합물의 가열 곡선을 나타낸 것이다.

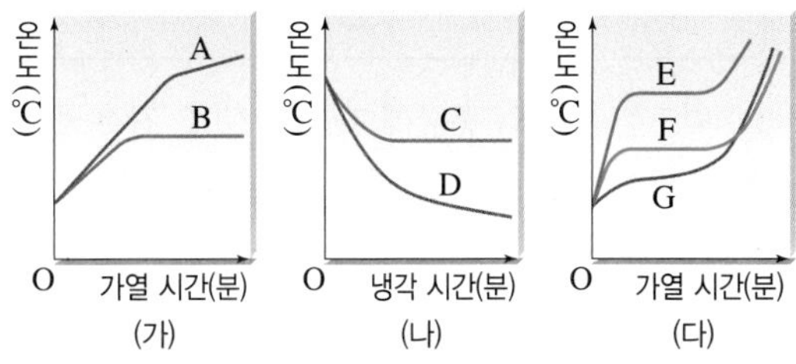

이에 대한 설명으로 옳은 것은?

① 순물질은 A, D, G이다.
② 혼합 비율에 따라 상태 변화 하는 온도가 달라지는 것은 B, C, E, F이다.
③ 겨울철 자동차의 냉각수에 부동액을 넣는 까닭은 (가)로 설명할 수 있다.
④ 에탄올이 물에 비해 잘 얼지 않는 까닭은 (나)로 설명할 수 있다.
⑤ 땜납을 사용하는 까닭은 (다)로 설명할 수 있다.

02 둥근바닥 플라스크에 물을 넣고 끓인 후 입구를 고무마개로 막고 플라스크를 거꾸로 세워 오른쪽 그림과 같이 찬물을 부었다. 이에 대한 설명으로 옳지 <u>않은</u> 것은?

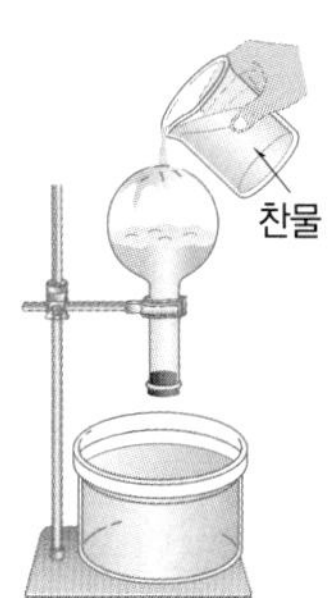

① 플라스크 내부의 수증기가 액화된다.
② 플라스크 내부의 압력이 낮아진다.
③ 플라스크 내부의 물이 다시 끓는다.
④ 물의 끓는점과 압력의 관계를 알 수 있다.
⑤ 플라스크 내부에서 끓고 있는 물의 온도는 100 ℃이다.

02 물질의 특성(2)

A 밀도

1 밀도 물질의 질량을 부피로 나눈 값, 즉 단위 부피당 질량❶❷❸ 탐구 a 72쪽

$$밀도=\frac{질량}{부피} \text{ (단위 : g/mL, g/cm}^3\text{, kg/m}^3\text{ 등)}$$

① 밀도는 물질의 종류에 따라 다르고, 같은 물질인 경우 양에 관계없이 일정하므로 물질의 특성이다.

[질량–부피 그래프에서 밀도 비교]

- 기울기 $=\frac{질량}{부피}=$ 밀도이므로 기울기가 클수록 밀도가 크다.
- 기울기 : C<A=B ➡ 밀도 : C<A=B
- A와 B는 밀도(기울기)가 같으므로 같은 물질이다.
- A : $\frac{20\text{ g}}{10\text{ cm}^3}=2\text{ g/cm}^3$
- B : $\frac{40\text{ g}}{20\text{ cm}^3}=2\text{ g/cm}^3$
- C : $\frac{10\text{ g}}{20\text{ cm}^3}=0.5\text{ g/cm}^3$

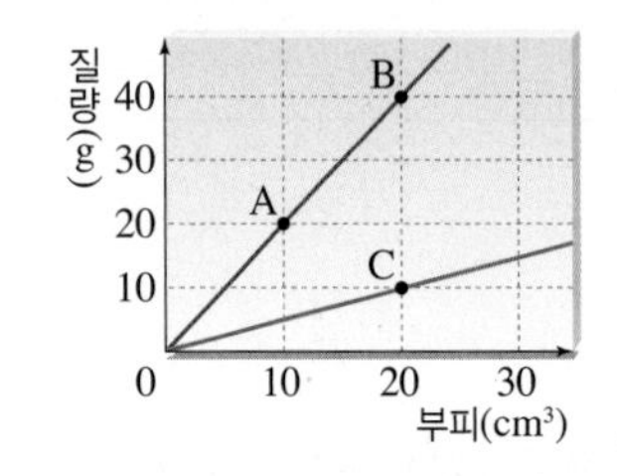

화보 6.2 ② 밀도가 큰 물질은 밀도가 작은 물질 아래로 가라앉고, 밀도가 작은 물질은 밀도가 큰 물질 위로 뜬다.

밀도 : 나무<식용유<플라스틱<물<글리세린*<돌

2 밀도의 변화

고체, 액체의 밀도	• 온도가 높아지면 부피가 약간 증가한다. ➡ 밀도 약간 감소 • 압력의 영향은 거의 받지 않는다.
기체의 밀도	• 온도가 높아지면 부피가 크게 증가한다. ➡ 밀도 감소 • 압력이 높아지면 부피가 크게 감소한다. ➡ 밀도 증가 ➡ 기체의 밀도는 온도, 압력과 함께 표시한다.
물질의 상태 (같은 물질인 경우)	• 부피 : 고체<액체<기체 ➡ 밀도 : 고체>액체>기체 예외 질량이 같을 때 물과 얼음의 부피 : 물<얼음 ➡ 밀도 : 물>얼음 예 얼음이 물 위에 뜬다.

화보 6.3

3 혼합물의 밀도 혼합물은 성분 물질의 혼합 비율에 따라 밀도가 달라진다.

예 물에 소금을 녹일수록 소금물의 밀도가 커지므로, 소금물의 밀도가 달걀의 밀도보다 커지면 달걀이 떠오른다.

▲ 물 ▲ 소금물

4 밀도와 관련된 생활 속 현상❹

① 구명조끼를 입으면 물보다 밀도가 작아져 물에 가라앉지 않는다.

② 잠수부는 허리에 밀도가 큰 납덩어리를 달아 물속에 잘 가라앉게 한다.

③ 공기보다 밀도가 작은 헬륨을 채운 풍선은 위로 떠오르고, 공기보다 밀도가 큰 이산화 탄소를 채운 풍선은 바닥으로 가라앉는다.

④ 가스 누출 경보기를 설치할 때 공기보다 밀도가 작은 LNG의 경우 천장 쪽에 설치하고, 공기보다 밀도가 큰 LPG의 경우 바닥 쪽에 설치한다.

플러스 강의

❶ 부피

정의	물질이 차지하고 있는 공간의 크기
단위	cm³, mL, L 등
측정 기구	눈금실린더, 피펫 등

❷ 눈금실린더의 눈금 읽는 방법

눈의 높이가 액체 표면과 수평이 되게 하여 최소 눈금의 $\frac{1}{10}$까지 어림하여 읽는다.

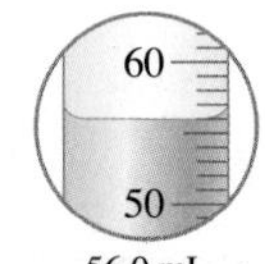

56.0 mL

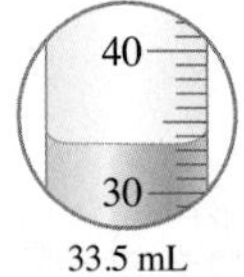

33.5 mL

❸ 질량

정의	장소나 상태에 따라 변하지 않는 물질의 고유한 양
단위	mg, g, kg 등
측정 기구	전자저울, 윗접시저울 등

내 교과서 확인 | 미래엔

❹ 아르키메데스의 원리

아르키메데스는 질량이 같은 순금과 왕관의 부피를 비교하여 왕관이 순금으로 만들어지지 않았음을 밝혔다.

▲ 순금

▲ 왕관

- 넘친 물의 양(부피) : 순금<왕관 ➡ 질량이 같을 때 넘친 물의 양이 많을수록, 즉 부피가 클수록 밀도가 작다.
- 밀도 : 순금>왕관 ➡ 왕관과 순금의 밀도가 다르므로 왕관은 순금으로 만들어지지 않았다.

용어 돋보기

*글리세린(Glycerin)_무색의 맑고 끈기 있는 액체, 의약품이나 화장품 등의 원료로 사용된다.

● 정답과 해설 19쪽

A 밀도

- □□ : 단위 부피당 질량

  밀도 $=\frac{㉠□□}{㉡□□}$

- 밀도가 □ 물질은 밀도가 작은 물질 아래로 가라앉고, 밀도가 □□ 물질은 밀도가 큰 물질 위로 뜬다.

1 부피, 질량, 밀도에 대한 설명으로 옳은 것은 ○, 옳지 않은 것은 ×로 표시하시오.

(1) 부피는 장소와 상태에 따라 변하지 않는 물질의 고유한 양이다. ( )

(2) 질량의 단위에는 g, kg 등이 있다. ( )

(3) 밀도는 물질의 부피를 질량으로 나눈 값이다. ( )

(4) 밀도의 단위는 g/cm^3, g/mL 등이 사용된다. ( )

(5) 두 물질의 부피가 같을 때 질량이 작을수록 밀도가 크다. ( )

2 질량이 20 g인 돌을 50.0 mL의 물이 담긴 눈금실린더에 넣었더니 물의 부피가 늘어 60.0 mL가 되었다. 이 돌의 밀도(g/cm^3)를 구하시오.

더 풀어보고 싶다면? 시험 대비 교재 41쪽 계산력·암기력 강화 문제

3 오른쪽 그림은 물질 A~E의 질량과 부피를 나타낸 것이다.

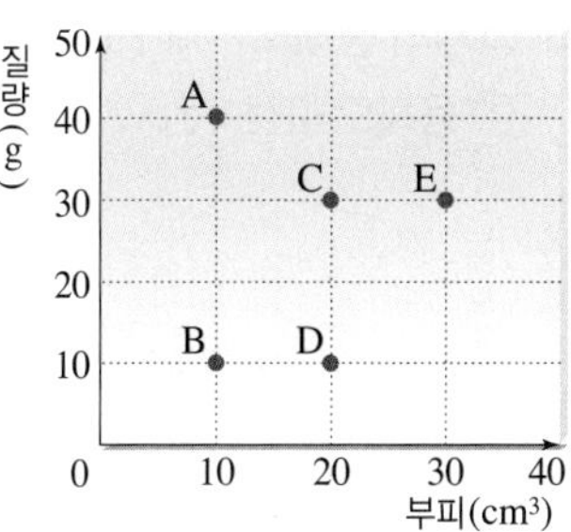

(1) A와 D의 밀도를 각각 구하시오.

(2) A~E 중 같은 물질로 예상되는 것을 모두 고르시오.

4 오른쪽 그림은 여러 가지 액체 물질과 고체 물질 A~E를 비커에 넣었을 때의 모습을 나타낸 것이다. A~E의 밀도를 등호나 부등호로 비교하시오.

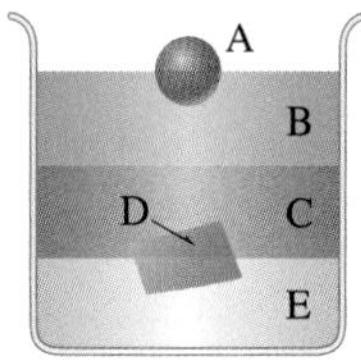

5 밀도의 변화에 대한 설명으로 옳은 것은 ○, 옳지 않은 것은 ×로 표시하시오.

(1) 고체나 액체의 밀도는 압력의 영향을 크게 받지 않는다. ( )

(2) 기체의 밀도를 나타낼 때는 온도와 압력을 함께 표시한다. ( )

(3) 같은 물질인 경우 물질의 상태가 변해도 밀도는 변하지 않는다. ( )

6 다음 현상들을 설명할 수 있는 물질의 특성을 쓰시오.

- 헬륨을 채운 풍선은 위로 떠오른다.
- 구명조끼를 입으면 물에 가라앉지 않는다.

암기쾅 밀도 공식 외우기

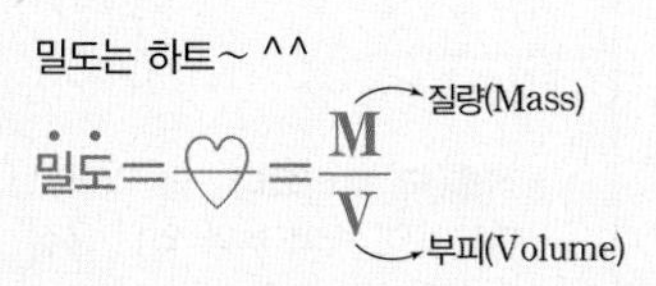

B 용해도

화보 6.4

1 용해와 용액

① 용해 : 한 물질이 다른 물질에 녹아 고르게 섞이는 현상

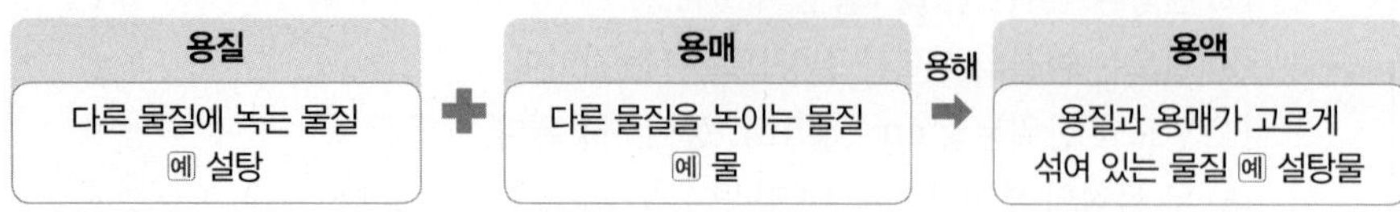

용질
다른 물질에 녹는 물질
예 설탕
용매
다른 물질을 녹이는 물질
예 물
용해
용액
용질과 용매가 고르게
섞여 있는 물질 예 설탕물

② 용액의 종류

- 포화 용액 : 일정량의 용매에 용질이 최대로 녹아 있는 용액
- 불포화 용액 : 포화 용액보다 용질이 적게 녹아 있는 용액 ➡ 용질이 더 녹을 수 있다.

2 용해도

어떤 온도에서 용매 100 g에 최대로 녹을 수 있는 용질의 g수

① 일정한 온도에서 같은 용매에 대한 용해도는 물질의 종류에 따라 다르므로, 용해도는 물질의 특성이다.

② 용해도는 용매와 용질의 종류, 온도에 따라 달라진다.

3 고체의 용해도

대부분 온도가 높을수록 증가하며, 압력의 영향은 거의 받지 않는다.

① 용해도 곡선 : 온도에 따른 물질의 용해도를 그래프로 나타낸 것[❶]

탐구 b 73쪽 | 여기서 잠깐 74쪽

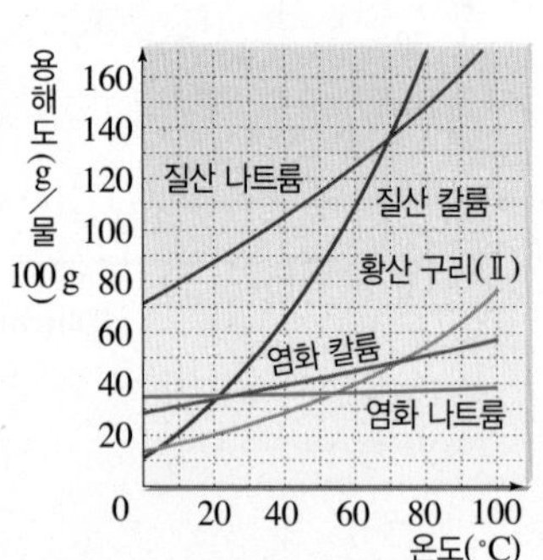

[여러 가지 고체의 용해도 곡선]

- 용해도 곡선 상의 점은 그 온도에서 포화 용액이다.[❷]
- 용해도 곡선의 기울기가 클수록 온도에 따른 용해도 변화가 크다.
  ➡ 냉각 시 *석출되는 결정의 양이 많다.

② 용질의 석출 : 용액을 냉각하면 용해도가 감소하므로 냉각한 온도에서의 용해도보다 많이 녹아 있던 용질이 석출된다. 여기서 잠깐 75쪽

석출되는 용질의 양 = 처음 온도에서 녹아 있던 용질의 양 − 냉각한 온도에서 최대로 녹을 수 있는 용질의 양

4 기체의 용해도

구분	온도	압력
용해도	온도가 낮을수록 용해도가 증가한다.	압력이 높을수록 용해도가 증가한다.
실험	A, B / 탄산음료 / 얼음물 / 탄산음료 / 뜨거운 물	뚜껑 A / 탄산음료 / B / 탄산음료
	온도가 높을수록 기체의 용해도가 감소하므로 기포가 많이 발생한다. ➡ 온도 : A<B ➡ 기포 발생량 : A<B ➡ 기체의 용해도 : A>B	압력이 낮을수록 기체의 용해도가 감소하므로 기포가 많이 발생한다. ➡ 압력 : A>B ➡ 기포 발생량 : A<B ➡ 기체의 용해도 : A>B
현상	여름철에 물고기가 수면 위로 입을 내밀고 뻐끔거린다.[❸]	탄산음료의 뚜껑을 열면 하얀 거품이 생긴다.[❹]

플러스 강의

❶ 용해도 곡선과 용액의 종류

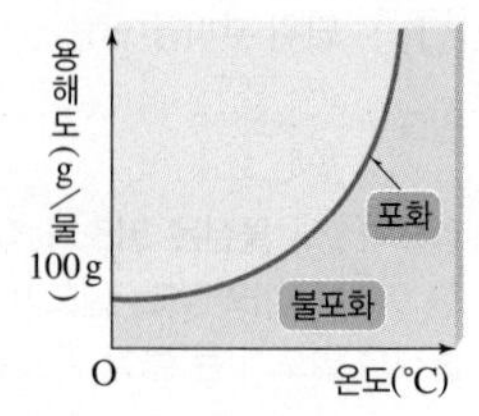

용해도 곡선 상은 포화 용액, 곡선 아래쪽은 불포화 용액이다.

❷ 포화 용액 만드는 방법

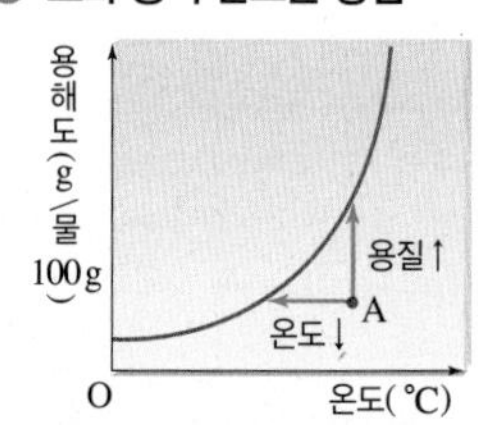

불포화 용액(A)의 온도를 낮추거나 용질을 더 녹여 용해도 곡선과 만나면 포화 용액이 된다.

❸ 온도에 따른 기체의 용해도와 관련된 현상

- 컵에 물을 담아 햇빛이 잘 드는 창가에 두면 컵 내부에 작은 공기 방울이 생긴다.
- 수돗물을 끓여 소량의 염소 기체를 제거한다.

❹ 압력에 따른 기체의 용해도와 관련된 현상

깊은 바닷속에 있던 잠수부가 물 위로 갑자기 올라오면 수압이 급격히 낮아지면서 혈액 속에 녹아 있던 질소 기체가 빠져나와 기포를 형성하여 혈관을 막으므로 잠수병에 걸릴 수 있다.

용어 돋보기

*석출(析 분리되다, 出 나타나다)_용액 속에 녹아 있던 용질이 결정 상태로 분리되는 현상

B 용해도

- □□ : 다른 물질에 녹는 물질
- □□ : 다른 물질을 녹이는 물질
- □□□ : 어떤 온도에서 용매 100 g에 최대로 녹을 수 있는 용질의 g수
- 기체의 용해도 : 온도가 □을수록, 압력이 □을수록 증가한다.

7 다음은 설탕을 물에 녹이는 과정을 나타낸 것이다.

설탕 (가) + 물 (나) ⟶ (다) 설탕물 (라)

(가)~(라)에 해당하는 용어를 각각 쓰시오.

8 용해도와 용해도 곡선에 대한 설명으로 옳은 것은 ○, 옳지 않은 것은 ×로 표시하시오.

(1) 용해도는 같은 물질이라도 온도에 따라 다르므로 물질의 특성이 아니다. ( )

(2) 용해도 곡선은 온도에 따른 물질의 용해도를 그래프로 나타낸 것이다. ( )

(3) 용해도 곡선 상의 점은 그 온도에서의 포화 용액이다. ( )

(4) 용해도 곡선의 기울기가 작을수록 온도에 따른 용해도 변화가 크다. ( )

더 풀어보고 싶다면? 시험 대비 교재 42쪽 계산력·암기력 강화 문제

9 60 ℃ 물 25 g에 고체 물질 A 10 g을 녹였더니 포화 용액이 되었다. 60 ℃에서 물에 대한 A의 용해도를 구하시오.

더 풀어보고 싶다면? 시험 대비 교재 43쪽 계산력·암기력 강화 문제

10 오른쪽 그림은 여러 가지 고체 물질의 용해도 곡선을 나타낸 것이다.

(1) 온도에 따른 용해도 변화가 가장 큰 물질의 이름을 쓰시오.

(2) 70 ℃ 물 100 g에 질산 나트륨을 녹여 포화 용액을 만든 후 20 ℃로 냉각할 때 석출되는 질산 나트륨의 질량(g)을 구하시오.

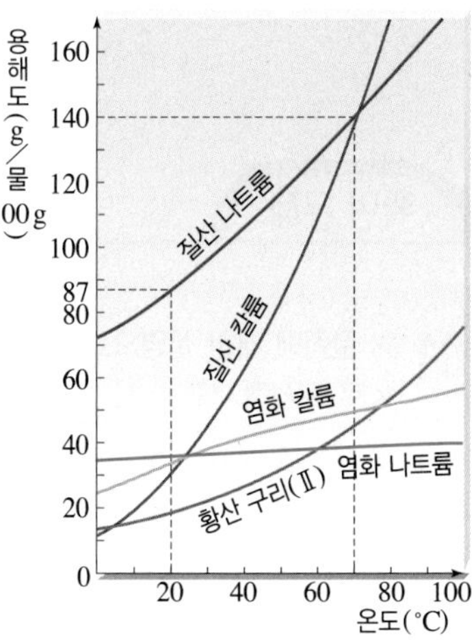

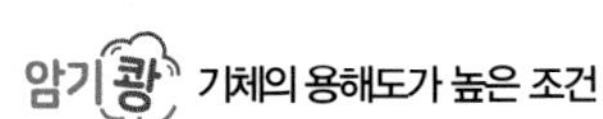

뚜껑을 닫아 (압력 ⬆)
톡 쏘는 맛이 강해져! (이산화 탄소 용해도 ⬆)
시원한 곳에 두면(온도 ⬇)
탄산음료

11 다음은 온도에 따른 기체의 용해도와 관련된 설명이다. ( ) 안에 알맞은 말을 각각 쓰시오.

탄산음료를 냉장고에 넣어 차갑게 보관하는 까닭은 온도가 ㉠( )을수록 이산화 탄소의 용해도가 ㉡( )하기 때문이다.

탐구 a 여러 가지 물질의 밀도 측정

이 탐구에서는 여러 가지 물질의 질량과 부피를 측정하여 밀도를 구하고, 밀도와 물질의 종류 및 양의 관계를 알아본다. ● 정답과 해설 20쪽

과정

:: 유의점

- 전자저울을 사용하기 전 영점 조절 버튼을 눌러 영점을 맞춘다.
- 전자저울 위에 금속 조각을 올릴 때는 이물질이 묻지 않게 핀셋을 이용한다.

실험 ❶ 물의 밀도 측정

❶ 빈 비커의 질량을 측정한다.

❷ 비커에 물 10.0 mL를 넣고 질량을 측정한 후 물 10.0 mL를 더 넣어 질량을 측정한다.

◎ 물의 질량=물을 넣어 측정한 비커의 질량−빈 비커의 질량

실험 ❷ 철과 알루미늄의 밀도 측정

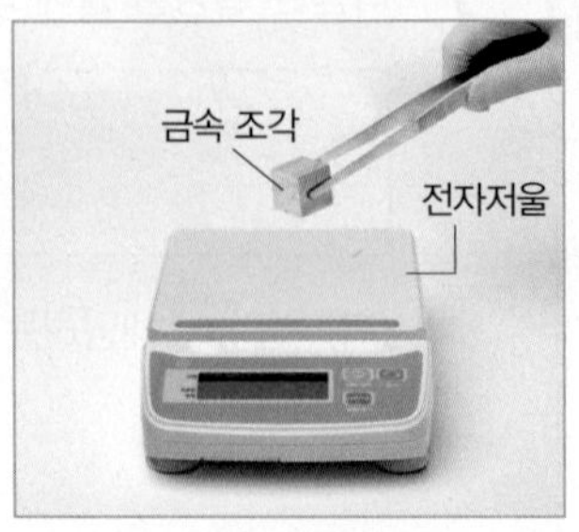

❶ 크기가 다른 철 조각 2개와 알루미늄 조각 2개의 질량을 각각 측정한다.

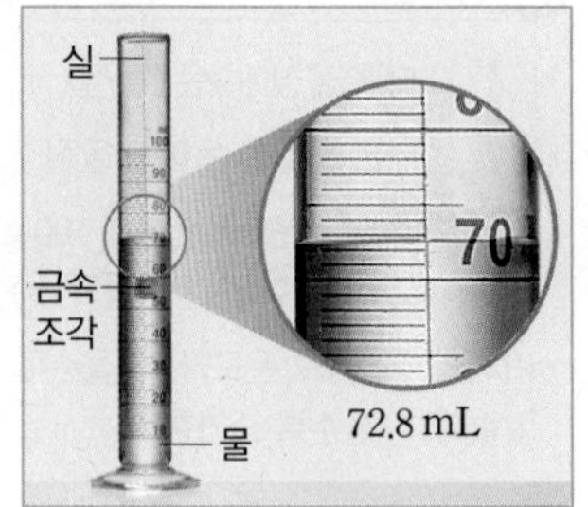

❷ 70.0 mL의 물을 눈금실린더에 넣고 금속 조각을 실에 매달아 물속에 넣은 후 늘어난 물의 부피를 각각 측정한다.

◎ 금속 조각의 부피
=전체 부피−물의 처음 부피

결과

각 실험에서 측정한 질량과 부피를 이용하여 물질의 밀도 값을 계산하면 다음과 같다.

◎ 단위의 변환

- 1 mL=1 cm^3
- 1 L=1000 mL
- 1 g=1000 mg
- 1 kg=1000 g

구분	물 (20 °C)		철		알루미늄	
			작은 것	큰 것	작은 것	큰 것
질량(g)	9.8	19.6	22.1	32.4	7.3	11.6
부피(cm^3)	10.0	20.0	2.8	4.1	2.7	4.3
밀도(g/cm^3)	0.98		7.9		2.7	

정리

1. 질량과 부피는 물질의 양에 따라 달라지므로 질량이나 부피로는 물질을 구별할 수 없다.
2. 같은 물질인 경우 물질의 양이 달라도 $\frac{질량}{부피}$ 값인 ㉠(　　　)는 일정하며, 물질의 종류가 다르면 밀도가 ㉡(　　　)다. 즉, ㉢(　　　)는 물질마다 고유한 값을 가지므로 물질의 특성이다.

확인 문제

01 위 실험에 대한 설명으로 옳은 것은 ○, 옳지 않은 것은 ×로 표시하시오.

(1) 실험 ❶에서 물의 질량은 물이 담긴 비커의 질량에서 빈 비커의 질량을 뺀 값이다. ( )

(2) 실험 ❷에서 물이 담긴 눈금실린더에 금속 조각을 넣었을 때 증가한 물의 부피는 금속 조각의 부피와 같다. ( )

(3) 밀도는 물질의 종류에 따라 다르다. ( )

(4) 질량을 비교하면 물, 철, 알루미늄을 구별할 수 있다. ( )

(5) 물질의 질량이 같을 때 부피가 클수록 밀도가 크다. ( )

[02~03] 표는 고체 물질 A~E의 질량과 부피를 측정하여 나타낸 것이다.

물질	A	B	C	D	E
질량(g)	21	26	4	16	9
부피(cm^3)	7	4	8	20	3

02 고체 A~E 중 같은 물질로 예상되는 것을 모두 고르시오.

03 02번과 같이 답한 까닭을 서술하시오.

탐구 b 온도에 따른 고체의 용해도

이 탐구에서는 온도에 따른 고체 용질의 용해도 변화를 알아본다.

● 정답과 해설 20쪽

과정 & 결과

❶ 4개의 시험관에 각각 물 10 g을 넣은 다음, 질산 칼륨을 4 g, 8 g, 12 g, 16 g씩 넣는다.
❷ 오른쪽 그림과 같이 장치하고 질산 칼륨이 모두 녹을 때까지 가열한다.
❸ 질산 칼륨이 모두 녹으면 불을 끄고 식히면서 각 시험관에서 결정이 생기기 시작하는 온도를 측정한다.

물 10 g에 녹은 질산 칼륨의 질량(g)	4	8	12	16
결정이 생기기 시작하는 온도(°C)	24.7	46.5	63.9	72.6

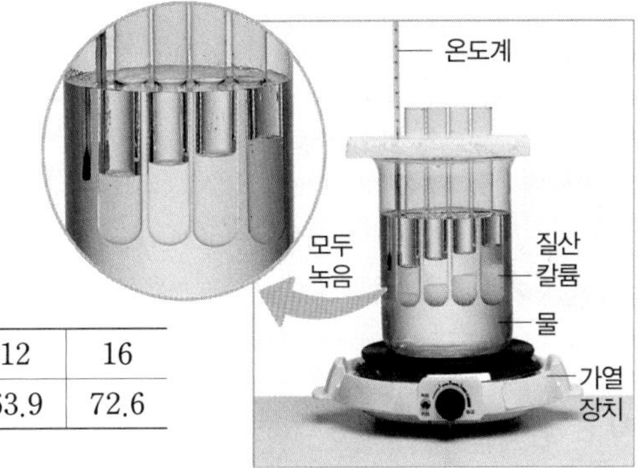

해석

- 결정이 생기기 시작할 때 용액은 포화 상태이므로, 이때 그 온도에서의 용해도를 알 수 있다.
  예 24.7 °C 물 10 g에 최대로 녹을 수 있는 질산 칼륨의 질량 : 4 g
  ➡ 24.7 °C 물 100 g에 최대로 녹을 수 있는 질산 칼륨의 질량 : 40 g
  ➡ 24.7 °C에서 질산 칼륨의 용해도 : 40
- 각 온도에서 질산 칼륨의 용해도(g/물 100 g)는 다음과 같다.

온도(°C)	24.7	46.5	63.9	72.6
질산 칼륨	40	80	120	160

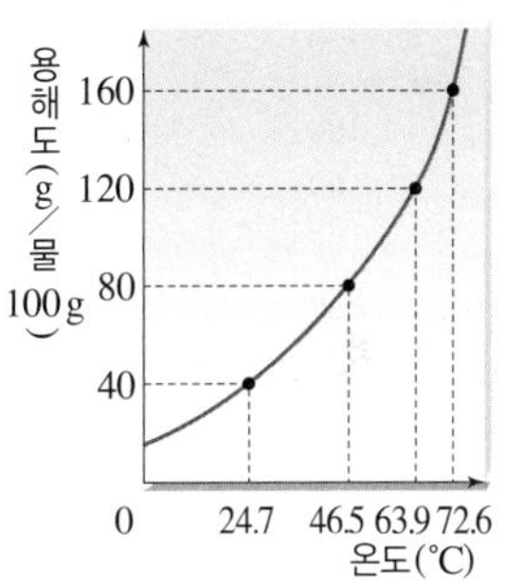

정리 고체의 용해도는 대부분 온도가 높을수록 (   )한다.

확인 문제

01 위 실험에 대한 설명으로 옳은 것은 ○, 옳지 않은 것은 ×로 표시하시오.

(1) 결정이 생기기 시작할 때 용액은 불포화 상태이다. ( )

(2) 시험관을 식힐 때 흰색 결정이 생기는 까닭은 더 이상 질산 칼륨이 녹아 있을 수 없기 때문이다. ( )

(3) 물 10 g에 질산 칼륨을 더 많이 녹이기 위해서는 온도를 높이면 된다. ( )

(4) 46.5 °C 물 100 g에 질산 칼륨 80 g을 녹이면 포화 용액이 된다. ( )

(5) 63.9 °C에서 질산 칼륨 포화 수용액 220 g에는 질산 칼륨이 120 g 녹아 있다. ( )

(6) 온도가 높을수록 질산 칼륨의 용해도는 감소한다. ( )

02 20 °C에서 물에 대한 염화 나트륨의 용해도는 36이다. 같은 온도에서 물 50 g에는 염화 나트륨이 최대 몇 g 녹을 수 있는지 쓰시오.

03 오른쪽 그림은 어떤 고체 물질의 용해도 곡선을 나타낸 것이다. A점의 용액을 포화 상태로 만들 수 있는 방법 두 가지를 구체적으로 서술하시오. (단, 물의 양은 100 g으로 일정하다.)

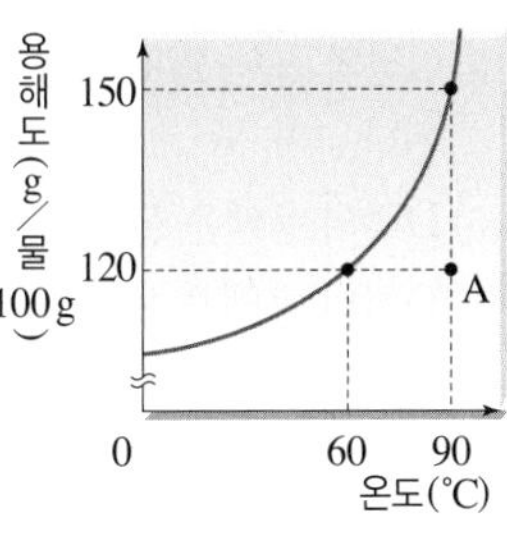

용해도 곡선을 해석하는 문제는 출제되는 내용이 정해져 있어. 따라서 그래프의 원리만 정확히 이해하면 문제를 쉽게 풀 수 있지. 여기서잠깐을 통해 용해도 곡선을 완벽하게 이해해 보자.

● 정답과 해설 20쪽

용해도 곡선 이해하기

잠깐! 이건 알고 있지?
1. 용해도는 어떤 온도에서 용매 100 g에 최대로 녹을 수 있는 용질의 g수이다.
2. 용해도 곡선 상에 존재하는 용액은 포화 용액이다.
3. 용해도 계산 시 물의 양은 100 g이 기준이다.

○ 용해도 곡선에서 알 수 있는 것

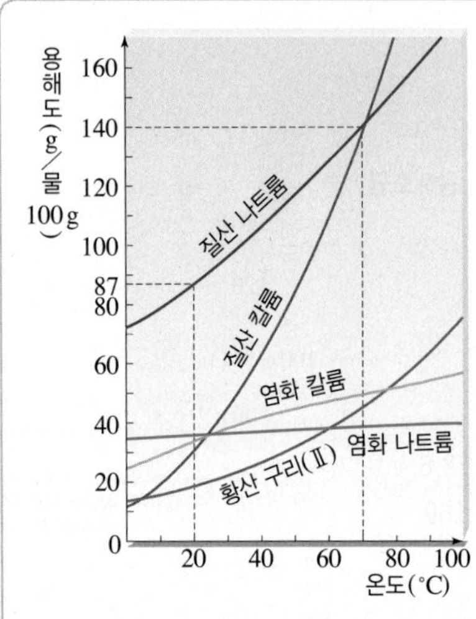

❶ 특정 온도에서 물질의 용해도
- 20 °C에서 질산 나트륨의 용해도는 87이다.
- 20 °C에서 용해도가 가장 큰 물질은 질산 나트륨이다.

❷ 온도에 따른 용해도 변화

온도에 따른 용해도 변화가 가장 큰 물질은 질산 칼륨이고(└ 기울기가 가장 크기 때문), 온도에 따른 용해도 변화가 가장 작은 물질은 염화 나트륨이다(└ 기울기가 가장 작기 때문).

❸ 용액을 냉각할 때 석출되는 용질의 양
- 70 °C의 물 100 g에 질산 나트륨 140 g이 녹아 있는 용액을 20 °C로(└ 용해도 87) 냉각하면 질산 나트륨 53 g이 결정으로 석출된다. ➡ 140 g−87 g=53 g
- 80 °C의 물 100 g에 각 물질을 녹여 만든 포화 용액을 40 °C로 냉각할 때 석출량이 가장 많은 것은 질산 칼륨이고(└ 기울기가 가장 크기 때문), 석출량이 가장 적은 것은 염화 나트륨이다(└ 기울기가 가장 작기 때문).

유제❶ 한 가지 고체 물질의 용해도 곡선 이해하기

오른쪽 그림에 대한 설명으로 옳은 것은 ○, 옳지 않은 것은 ×로 표시하시오.

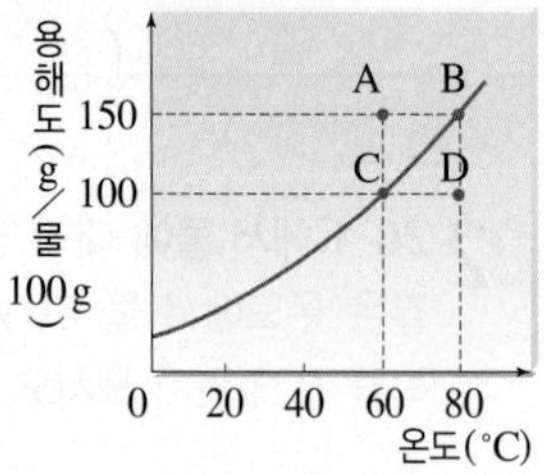

(1) A점의 용액은 불포화 용액이다. ( )

(2) B점의 용액은 포화 용액이다. ( )

(3) B점의 용액 250 g의 온도를 낮추면 결정이 석출된다. ( )

(4) C점의 용액은 포화 용액이다. ( )

(5) C점의 용액 200 g의 온도를 20 °C 높이면 B점의 용액이 된다. ( )

(6) D점의 용액은 불포화 용액이다. ( )

(7) D점의 용액을 냉각하거나, 용질을 더 넣으면 포화 용액이 된다. ( )

(8) D점의 용액 200 g의 온도를 40 °C로 낮추면 결정이 석출된다. ( )

(9) D점의 용액 200 g에 용질 150 g을 더 녹이면 B점의 용액이 된다. ( )

유제❷ 여러 가지 고체 물질의 용해도 곡선 이해하기

오른쪽 그림에 대한 설명으로 옳은 것은 ○, 옳지 않은 것은 ×로 표시하시오.

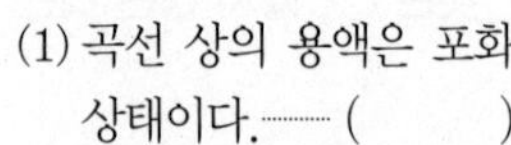

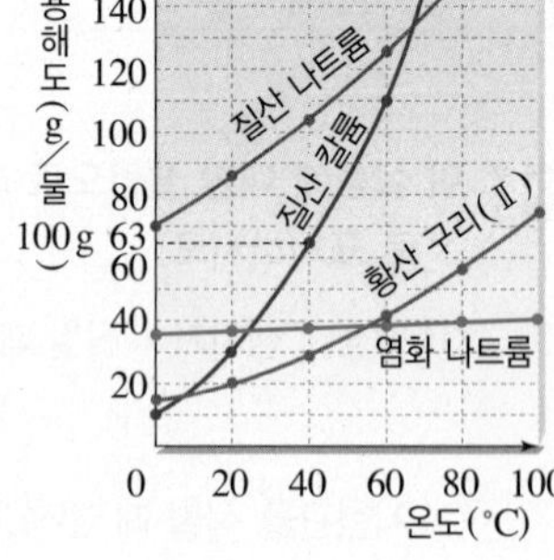

(1) 곡선 상의 용액은 포화 상태이다. ( )

(2) 온도가 높을수록 고체 물질의 용해도가 커진다. ( )

(3) 80 °C 물 100 g에 가장 많이 녹는 물질은 질산 나트륨이다. ( )

(4) 온도에 따른 용해도 변화가 가장 큰 물질은 황산 구리(Ⅱ)이다. ( )

(5) 온도에 따른 용해도 변화가 가장 작은 물질은 염화 나트륨이다. ( )

(6) 60 °C 물 100 g에 녹여 만든 포화 수용액을 20 °C로 냉각할 때 석출량이 가장 많은 것은 질산 나트륨이다. ( )

(7) 40 °C에서 물에 대한 질산 칼륨의 용해도는 63이다. ( )

(8) 40 °C의 질산 칼륨 포화 수용액 163 g을 20 °C로 냉각하면 질산 칼륨 33 g이 결정으로 석출된다. ( )

용해도 곡선에서 고체의 석출량을 구하는 문제는 자주 출제되며, 몇 가지 유형으로 정리할 수 있어.
여기서잠깐을 통해 유형별로 문제를 익혀 보자.

● 정답과 해설 21쪽

용해도 곡선에서 고체의 석출량 구하기

그림은 물질 A의 물에 대한 용해도 곡선을 나타낸 것이다.

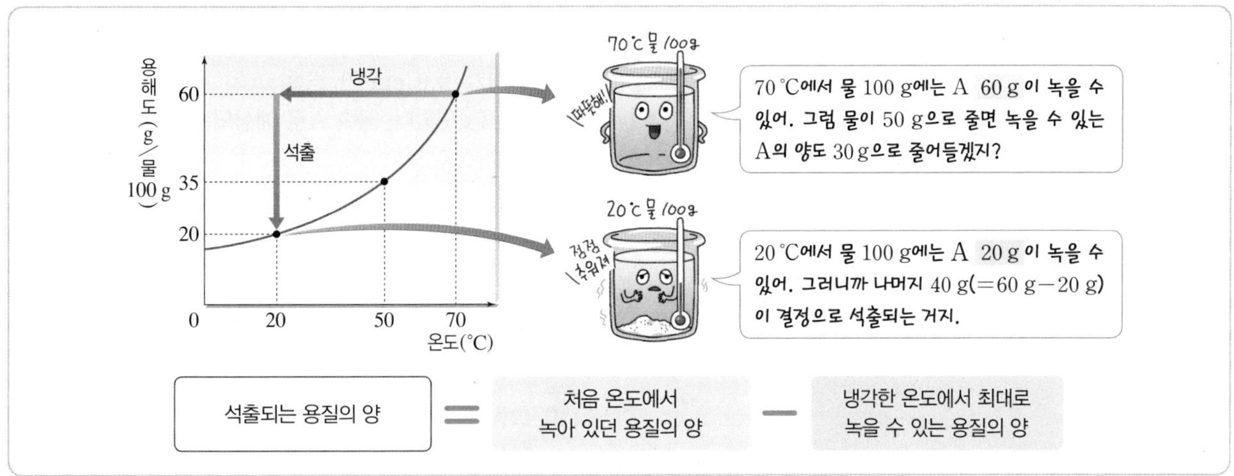

석출되는 용질의 양 = 처음 온도에서 녹아 있던 용질의 양 − 냉각한 온도에서 최대로 녹을 수 있는 용질의 양

유형 ① 물의 질량이 100 g인 경우 (용해도를 찾는다.)

|예제| 50 °C 물 100 g에 물질 A를 녹여 포화 용액을 만든 후, 20 °C로 냉각할 때 석출되는 A의 질량(g)을 구하시오.

|풀이| 50 °C에서 물 100 g에 A 35 g을 녹이면 포화 용액이 된다. 20 °C에서 용해도가 20이므로 20 °C로 냉각하면 A 15 g(=35 g−20 g)이 결정으로 석출된다.

50 °C 용해도 : 물 100 g+ 35 g
20 °C 용해도 : 물 100 g+ 20 g
→ 석출량 : 35 g−20 g=15 g

답 15 g

(유제①) 70 °C 물 100 g에 물질 A를 녹여 포화 용액을 만든 후, 50 °C로 냉각할 때 석출되는 A의 질량(g)을 구하시오.

유형 ② 물의 질량이 100 g이 아닌 경우 (물의 질량에 맞춰 계산한다.)

|예제| 70 °C 물 50 g에 물질 A 25 g을 녹인 용액을 20 °C로 냉각할 때 석출되는 A의 질량(g)을 구하시오.

|풀이| 20 °C에서 용해도가 20이므로 물 50 g에는 A가 최대 10 g 녹을 수 있다. 따라서 20 °C로 냉각하면 A 15 g(=25 g−10 g)이 결정으로 석출된다.

70 °C 물 50 g + 25 g
20 °C 용해도 : 물 100 g + 20 g
물 50 g + 10 g
→ 석출량 : 25 g−10 g=15 g

답 15 g

(유제②) 50 °C 물 200 g에 물질 A 60 g을 녹인 용액을 20 °C로 냉각할 때 석출되는 A의 질량(g)을 구하시오.

유형 ③ 용액의 질량이 제시된 경우 (물의 질량을 먼저 찾는다.)

|예제| 70 °C 포화 용액 320 g을 50 °C로 냉각할 때 석출되는 A의 질량(g)을 구하시오.

|풀이| 70 °C에서 용해도가 60이므로 물 100 g에 A 60 g을 녹이면 포화 용액 160 g이 된다. 따라서 70 °C 포화 용액 320 g은 물 200 g에 A 120 g이 녹아 있는 용액이다. 50 °C에서 용해도가 35이므로 물 200 g에 최대 70 g이 녹을 수 있다. 따라서 50 °C로 냉각하면 A 50 g(=120 g−70 g)이 결정으로 석출된다.

70 °C 용해도 : 물 100 g+ 60 g =160 g
물 200 g+ 120 g =320 g
50 °C 용해도 : 물 100 g+ 35 g
물 200 g+ 70 g
→ 석출량 : 120 g−70 g=50 g

답 50 g

(유제③) 50 °C 포화 용액 67.5 g을 20 °C로 냉각할 때 석출되는 A의 질량(g)을 구하시오.

전국 주요 학교의 **시험에 가장 많이 나오는 문제**들로만 구성하였습니다.
모든 친구들이 '꼭' 봐야 하는 코너입니다.

기출 문제로 내신 쑥쑥

A 밀도

01 밀도에 대한 설명으로 옳지 <u>않은</u> 것은?

① 단위 부피당 질량이다.
② 같은 물질인 경우 물질의 양에 관계없이 일정하다.
③ 기체의 밀도는 온도와 압력의 영향을 받지 않는다.
④ 두 물질의 질량이 같을 때 부피가 클수록 밀도가 작다.
⑤ 혼합물은 성분 물질의 혼합 비율에 따라 밀도가 달라진다.

중요 탐구 a 72쪽

02 그림과 같이 전자저울을 이용하여 금속의 질량을 측정한 다음 12.0 mL의 물이 들어 있는 눈금실린더에 금속 조각을 넣었다.

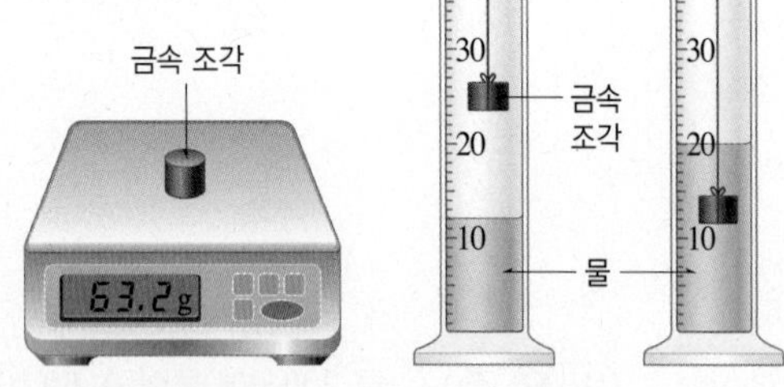

이 금속 조각의 밀도(g/cm^3)는?

① $0.77\ g/cm^3$ ② $1.08\ g/cm^3$
③ $2.7\ g/cm^3$ ④ $5.4\ g/cm^3$
⑤ $7.9\ g/cm^3$

탐구 a 72쪽

03 다음은 일정한 온도에서 어떤 액체의 밀도를 구하기 위해 측정한 값이다.

- 빈 비커의 질량 : 25.0 g
- 액체가 담긴 비커의 질량 : 40.0 g
- 액체가 담긴 눈금실린더의 부피 : 10.0 mL

이 액체의 밀도(g/mL)는?

① 0.6 g/mL ② 1.5 g/mL
③ 2.5 g/mL ④ 4.0 g/mL
⑤ 40.0 g/mL

04 표는 여러 가지 금속의 밀도를 나타낸 것이다.

물질	알루미늄	철	구리	은	금
밀도(g/cm^3)	2.7	7.9	9.0	10.5	19.3

부피가 9.0 cm^3인 금속 A의 질량을 측정하였더니 24.3 g이었다. 금속 A로 예상되는 물질은?

① 알루미늄 ② 철 ③ 구리
④ 은 ⑤ 금

중요

05 그림은 고체 물질 A~D의 질량과 부피를 측정하여 얻은 결과를 나타낸 것이다.

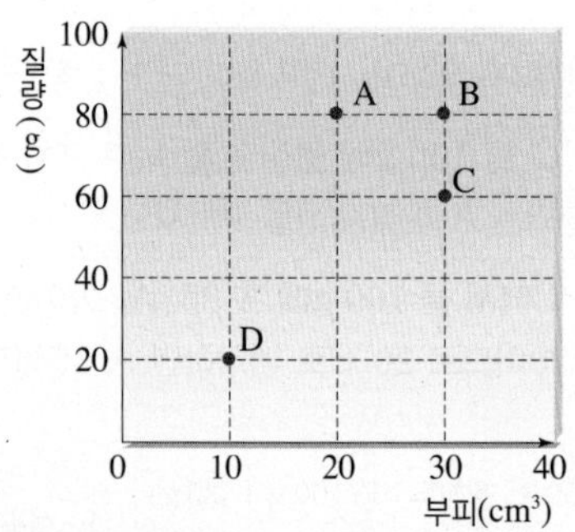

이에 대한 설명으로 옳은 것은?(단, A~D는 물에 녹지 않으며, 물의 밀도는 1.0 g/cm^3이다.)

① 물에 뜨는 물질은 2가지이다.
② B의 밀도가 가장 크다.
③ A와 B는 같은 종류의 물질이다.
④ A의 밀도는 C의 밀도의 2배이다.
⑤ 질량이 같을 때 부피가 가장 작은 물질은 C이다.

중요

06 표는 고체 물질 A~E의 질량과 부피를 측정하여 나타낸 것이다.

물질	A	B	C	D	E
질량(g)	24	18	36	40	36
부피(cm^3)	10	30	30	50	60

물에 넣었을 때 가라앉는 것을 모두 고른 것은?(단, A~E는 물에 녹지 않으며, 물의 밀도는 1.0 g/cm^3이다.)

① A, B ② A, C ③ B, E
④ C, D ⑤ D, E

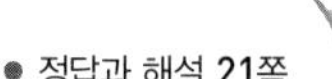

● 정답과 해설 21쪽

중요

07 여러 가지 물질을 유리컵에 넣었더니 오른쪽 그림과 같이 층을 이루었다. 이에 대한 설명으로 옳지 않은 것은?

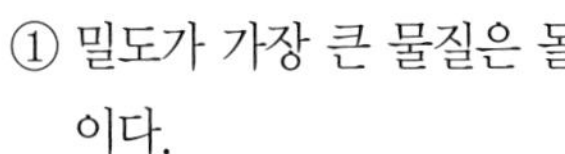

① 밀도가 가장 큰 물질은 돌이다.
② 물보다 밀도가 작은 물질은 3가지이다.
③ 플라스틱은 식용유보다 밀도가 크다.
④ 부피가 같은 경우 질량이 가장 작은 물질은 나무이다.
⑤ 같은 질량의 식용유와 물의 부피를 비교하면 물의 부피가 더 크다.

08 서로 섞이지 않는 액체 A~D를 유리컵에 담았더니 오른쪽 그림과 같이 층을 이루었다. 질량이 14.5 g, 부피가 5.0 cm^3인 금속 조각을 유리컵에 넣었을 때 금속 조각이 위치하는 곳을 쓰시오.(단, 액체의 밀도는 A 0.5 g/cm^3, B 1.6 g/cm^3, C 3.4 g/cm^3, D 4.1 g/cm^3이고, 금속 조각은 액체 A~D에 녹지 않는다.)

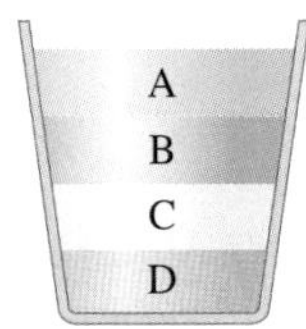

09 실험실에서 다음 물질의 밀도를 측정하여 나타낼 때 온도와 압력을 반드시 함께 표시해야 하는 것은?

① 구리 ② 산소 ③ 에탄올
④ 알루미늄 ⑤ 글리세린

10 오른쪽 그림과 같이 물에 달걀을 넣으면 가라앉지만, 물에 소금을 조금씩 넣어 녹이면 어느 순간 달걀이 떠오른다. 이에 대한 설명으로 옳은 것을 보기에서 모두 고른 것은?

보기
ㄱ. 물은 달걀보다 밀도가 크다.
ㄴ. 소금물의 농도가 진해지면 밀도가 커진다.
ㄷ. 달걀의 밀도는 소금물의 농도에 따라 달라진다.

① ㄱ ② ㄴ ③ ㄷ
④ ㄱ, ㄴ ⑤ ㄴ, ㄷ

11 밀도와 관련된 현상이 아닌 것은?

① 광고용 풍선에 헬륨을 채워 공중에 띄운다.
② 겨울철 눈이 쌓인 도로에 제설제를 뿌린다.
③ 구명조끼를 입으면 물에 빠져도 가라앉지 않는다.
④ 잠수부는 허리에 납으로 만든 벨트를 착용하고 잠수한다.
⑤ 가스 누출 경보기를 설치할 때 LNG는 천장 쪽에 설치하고, LPG는 바닥 쪽에 설치한다.

B 용해도

12 설탕이 물에 녹는 과정에 대한 설명으로 옳지 않은 것은?

① 설탕은 용질, 물은 용매이다.
② 설탕이 물에 녹는 과정은 용해, 설탕물은 용액이다.
③ 일정량의 물에 녹을 수 있는 설탕의 양에는 한계가 있다.
④ 일정량의 물에 녹을 수 있는 설탕의 양은 온도에 따라 다르다.
⑤ 일정량의 물에 설탕이 최대로 녹아 있는 용액은 불포화 용액이다.

중요

13 용해도에 대한 설명으로 옳지 않은 것은?

① 용해도는 물질의 특성이다.
② 용해도는 어떤 온도에서 용액 100 g에 최대로 녹을 수 있는 용질의 g수이다.
③ 용해도는 용질과 용매의 종류에 따라 달라진다.
④ 고체의 용해도는 대부분 온도가 높을수록 증가한다.
⑤ 기체의 용해도는 온도가 낮을수록, 압력이 높을수록 증가한다.

14 20 °C 물 50 g에 어떤 고체 물질 40 g을 넣고 잘 저어 녹인 후, 거름종이로 걸렀더니 고체 15 g이 걸러졌다. 20 °C에서 물에 대한 이 물질의 용해도는?

① 15 ② 25 ③ 40
④ 50 ⑤ 80

[15~16] 오른쪽 그림은 여러 가지 고체 물질의 용해도 곡선을 나타낸 것이다.

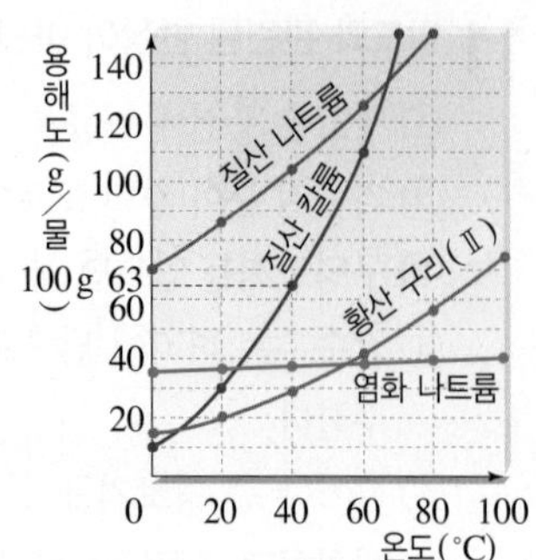

15 60 °C 물 100 g에 각 고체 물질을 녹여 포화 용액을 만든 후 20 °C로 냉각할 때 석출되는 결정의 양이 가장 많은 것은?

① 질산 나트륨　② 질산 칼륨
③ 황산 구리(Ⅱ)　④ 염화 나트륨
⑤ 모두 같다.

중요

16 이 그림에 대한 설명으로 옳지 않은 것은?

① 용해도 곡선에 표시된 점은 포화 용액이다.
② 온도에 따른 용해도 변화가 가장 작은 것은 염화 나트륨이다.
③ 40 °C에서 물 100 g에 가장 많이 녹을 수 있는 물질은 질산 나트륨이다.
④ 40 °C 물 200 g에 질산 칼륨 63 g이 녹아 있는 용액은 포화 용액이다.
⑤ 60 °C 물 100 g에 황산 구리(Ⅱ) 35 g을 녹인 후 20 °C로 냉각하면 황산 구리(Ⅱ) 15 g이 결정으로 석출된다.

17 표는 질산 나트륨의 용해도(g/물 100 g)를 나타낸 것이다.

온도(°C)	20	40	60	80
질산 나트륨	87	104	124	148

80 °C 질산 나트륨 포화 용액 124 g을 40 °C로 냉각할 때 석출되는 질산 나트륨의 질량(g)은?

① 10 g　② 22 g　③ 24 g
④ 44 g　⑤ 61 g

중요 탐구 b 73쪽

18 오른쪽 그림은 어떤 고체 물질의 용해도 곡선을 나타낸 것이다. 이에 대한 설명으로 옳은 것은?

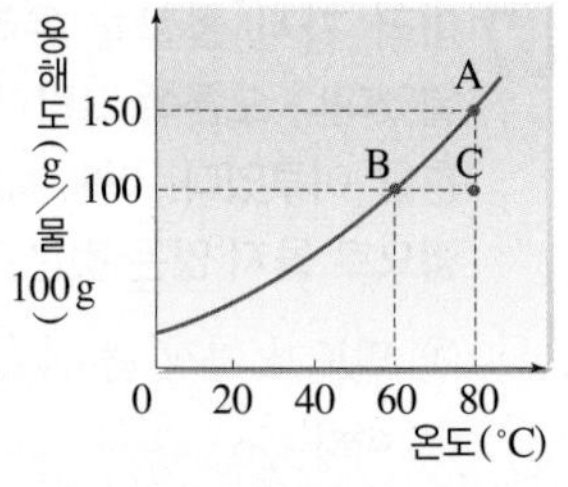

① A점과 B점의 용액은 불포화 용액이다.
② C점의 용액에는 용질을 더 녹일 수 없다.
③ 60 °C 물 50 g에는 이 물질이 최대 100 g 녹을 수 있다.
④ A점의 용액 250 g을 60 °C까지 냉각하면 고체 50 g이 결정으로 석출된다.
⑤ C점의 용액의 온도를 높이면 포화 용액으로 만들 수 있다.

중요

19 시험관 A~F에 같은 양의 사이다를 넣고 그림과 같이 장치한 후 발생하는 기포를 관찰하였다.

이 실험에 대한 설명으로 옳은 것은?

① 발생하는 기포의 수는 E<C<A 순이다.
② 기체의 용해도가 가장 작은 것은 F이다.
③ 온도가 높을수록, 압력이 낮을수록 기체의 용해도가 커진다.
④ 기체의 용해도와 압력의 관계를 설명하려면 B, D, F를 비교해야 한다.
⑤ A, C, E를 비교하면 기체의 용해도와 온도의 관계를 설명할 수 있다.

20 기체의 용해도와 관련된 현상이 아닌 것은?

① 해녀나 잠수부에게 잠수병이 생긴다.
② 탄산음료의 뚜껑을 열면 거품이 발생한다.
③ 여름철에 물고기가 수면 위로 올라와 뻐끔거린다.
④ 염소로 소독한 수돗물을 끓이면 염소 냄새가 사라진다.
⑤ 물이 들어 있는 컵에 얼음을 넣으면 얼음이 물 위로 뜬다.

서술형 문제

21 오른쪽 그림은 질량 11.9 g인 물체를 20.0 mL의 물이 들어 있는 눈금실린더에 넣었을 때의 모습이다. 이 물체의 밀도(g/cm^3)를 풀이 과정과 함께 서술하시오. (단, 부피를 구하는 과정도 포함한다.)

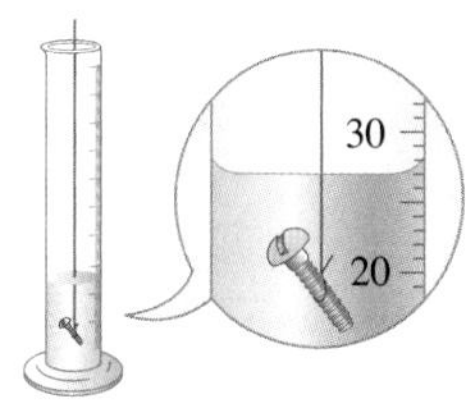

중요

22 오른쪽 그림은 물질 A~E의 부피와 질량을 나타낸 것이다. 같은 종류의 물질을 모두 고르고, 그 까닭을 밀도 값을 포함하여 서술하시오.

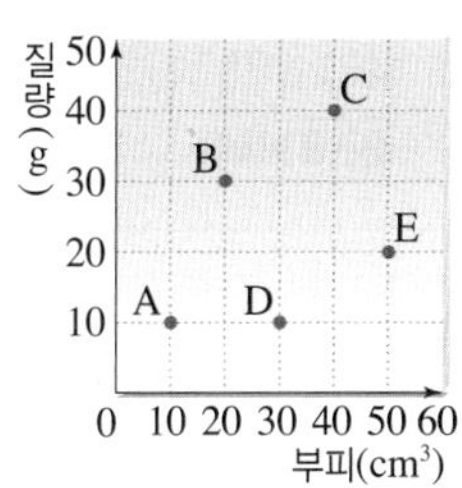

중요

23 표는 질산 칼륨의 용해도(g/물 100 g)를 나타낸 것이다.

온도(℃)	0	20	40	60	80
질산 칼륨	13.6	31.9	62.9	109.2	170.3

(1) 40 ℃ 물 100 g에 질산 칼륨 31.9 g이 녹아 있다. 이 용액을 포화 용액으로 만들기 위해 필요한 질산 칼륨의 질량(g)을 풀이 과정과 함께 서술하시오.

(2) 80 ℃ 물 200 g에 질산 칼륨을 녹여 포화 용액을 만든 후 60 ℃로 냉각할 때 석출되는 결정의 질량(g)을 풀이 과정과 함께 서술하시오.

24 시험관 A~D에 같은 양의 사이다를 넣은 후 그림과 같이 장치하고 발생하는 기포를 관찰하였다.

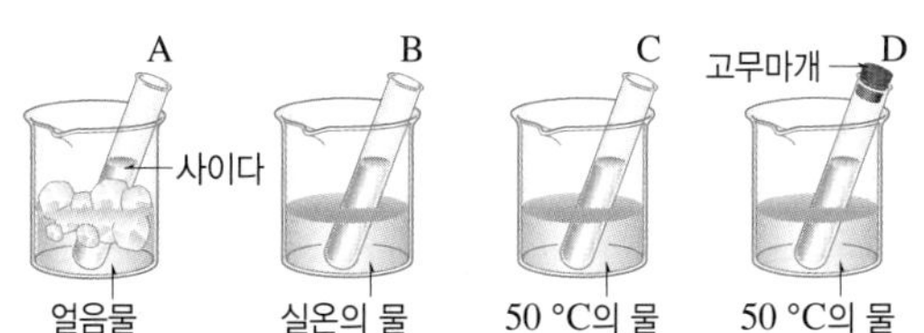

기포가 가장 많이 발생하는 시험관을 고르고, 그 까닭을 서술하시오.

수준 높은 문제로 실력 탄탄

● 정답과 해설 23쪽

01 그림은 아르키메데스가 왕관, 왕관과 같은 질량의 순금과 순은을 준비한 후 물이 가득 든 항아리에 각각 넣었을 때 넘친 물의 부피를 나타낸 것이다.

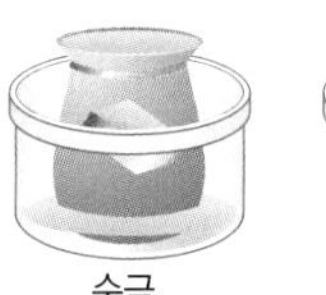
순금

왕관

순은

이 결과에 대한 해석으로 옳지 않은 것은?

① 넘친 물의 양은 물질의 부피를 나타낸다.
② 순은의 부피가 가장 크다.
③ 왕관의 밀도가 순금의 밀도보다 크다.
④ 왕관이 순금으로 만들어졌다면 넘친 물의 양이 순금과 같아야 한다.
⑤ 왕관에는 순금보다 밀도가 작은 물질이 섞여 있다.

02 다음은 어떤 고체 물질을 물 100 g에 녹인 용액 (가)~(다)에 대한 설명이고, 그림은 이 고체 물질의 용해도 곡선이다.

• (가)와 (나)는 포화 용액이다.
• (나)와 (다)는 같은 질량의 고체 물질이 녹아 있다.
• (가)를 30 ℃로 냉각하면 고체 50 g이 결정으로 석출된다.

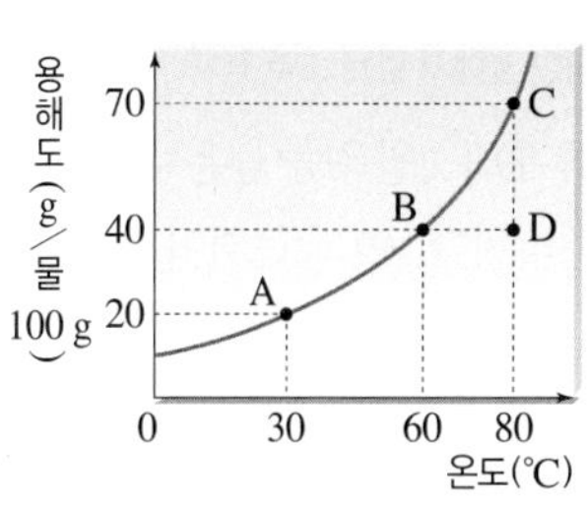

용액 A~D 중 (가)~(다)에 해당하는 것을 옳게 짝 지은 것은?

	(가)	(나)	(다)
①	A	B	C
②	B	C	A
③	C	B	D
④	C	D	B
⑤	D	B	A

03 혼합물의 분리(1)

A 끓는점 차를 이용한 분리

1 증류 액체 상태의 혼합물을 가열할 때 끓어 나오는 기체를 냉각하여 순수한 액체를 얻는 방법❶

➡ 끓는점이 다르고, 서로 잘 섞이는 액체 상태의 혼합물 분리에 이용된다.

- 액체 상태의 혼합물을 가열하면 끓는점이 낮은 물질이 먼저 끓어 나온다.

▲ 증류 장치

2 끓는점 차를 이용한 분리의 예

① 물과 에탄올 혼합물의 분리 : 물과 에탄올 혼합물을 가열하면 끓는점이 낮은 에탄올이 먼저 끓어 나오고, 끓는점이 높은 물이 나중에 끓어 나온다.❷ 탐구 a 84쪽

[물과 에탄올 혼합물의 가열 곡선]

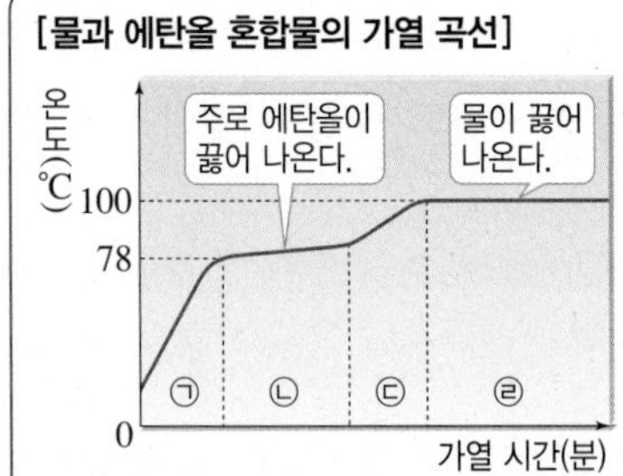

㉠ 혼합물의 온도가 높아진다.
㉡ 주로 에탄올이 끓어 나온다. ➡ 에탄올은 끓는점보다 약간 높은 온도에서 끓어 나오는데, 이는 물이 에탄올의 기화를 방해하고, 에탄올이 끓어 나올 때 물도 함께 기화되어 나오기 때문이다.
㉢ 물의 온도가 높아진다. ➡ 미처 끓어 나오지 못한 소량의 에탄올과 물이 기화되어 나온다.
㉣ 물이 끓어 나온다.

② 탁한 술에서 맑은 소주 얻기 : 소줏고리에 곡물을 발효하여 만든 술을 넣고 가열하면 끓는점이 낮은 에탄올이 먼저 끓어 나오다가 찬물에 의해 냉각되어 맑은 소주가 된다.

③ 바닷물에서 식수 얻기 : 바닷물을 가열하면 바닷물에 들어 있는 물만 기화하여 수증기가 되고, 이 수증기를 냉각하면 순수한 물을 얻을 수 있다.

▲ 탁한 술에서 맑은 소주 얻기

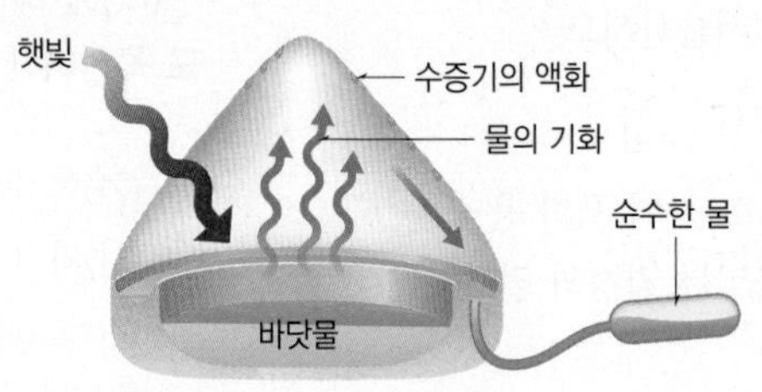

▲ 바닷물에서 식수 얻기

④ *원유의 분리 : 원유를 높은 온도로 가열하여 증류탑으로 보내면 끓는점이 비슷한 물질끼리 분리된다. ➡ 끓는점이 낮은 물질일수록 위쪽에서 분리된다.❸❹

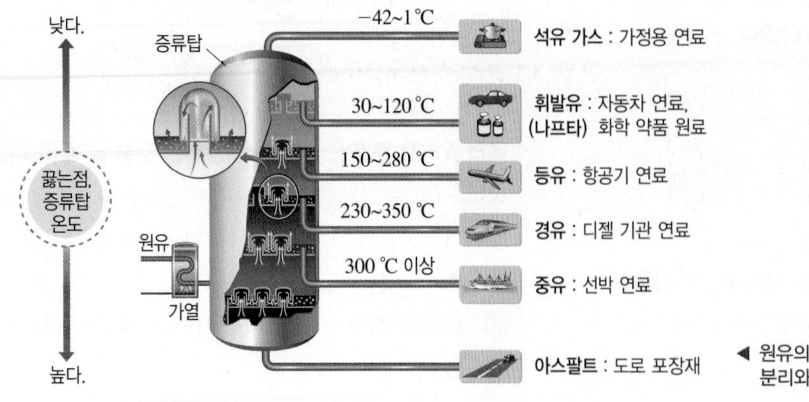

◀ 원유의 분리와 이용

플러스 강의

❶ 소금물의 증류와 증발

- 증류 : 소금물을 가열하여 끓어 나오는 수증기를 액화시켜 물을 얻는 것
- 증발 : 소금물을 가열하여 끓는점이 낮은 물을 먼저 증발시키고 소금을 얻는 것

➡ 증류와 증발은 모두 끓는점 차를 이용한 분리 방법이다.

❷ 물과 에탄올 혼합물의 가열

물과 에탄올 혼합물을 가열하면 에탄올이 먼저 끓어 나오지만, 이때 소량의 물도 함께 기화되어 나오기 때문에 증류를 여러 번 반복하면 순도 높은 물질을 얻을 수 있다.

내 교과서 확인 | 비상, 미래엔

❸ 공기의 분리

불순물을 제거한 공기를 액화한 후 증류탑으로 보내 온도를 높이면 끓는점에 따라 질소, 아르곤, 산소로 분리된다. 끓는점이 가장 낮은 질소는 증류탑의 가장 위에서, 끓는점이 가장 높은 산소는 증류탑의 가장 아래에 남아 액체 상태로 분리된다.

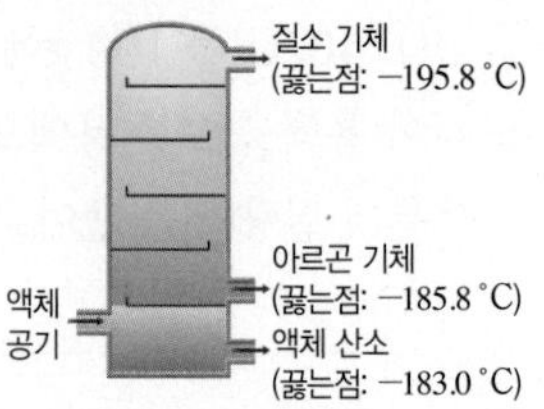

내 교과서 확인 | YBM

❹ 뷰테인과 프로페인의 분리

뷰테인의 끓는점은 −0.5 °C, 프로페인의 끓는점은 −42.1 °C이다. 혼합 기체를 소금이 섞인 얼음에 넣으면 끓는점이 높은 뷰테인이 먼저 액화되어 분리된다.

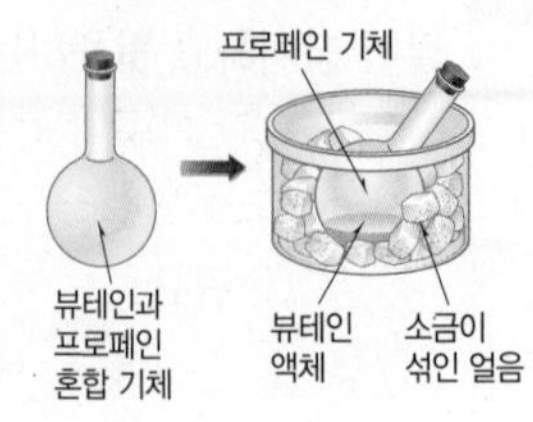

용어 돋보기

* **원유(原 근원, 油 기름)**_땅속에서 뽑아낸 가공하지 않은 기름

● 정답과 해설 23쪽

A 끓는점 차를 이용한 분리

- 서로 잘 섞이고 끓는점이 다른 액체 상태의 혼합물은 □□□ 차를 이용하여 분리한다.
- □□ : 액체 상태의 혼합물을 가열할 때 끓어 나오는 기체를 냉각하여 순수한 액체를 얻는 방법
- 물과 에탄올 혼합물을 가열하면 끓는점이 □은 에탄올이 먼저 끓어 나오고, 끓는점이 □은 물이 나중에 끓어 나온다.
- 원유를 높은 온도로 가열하여 증류탑으로 보내면 끓는점이 □은 물질일수록 증류탑의 □쪽에서 분리된다.

암기광 원유의 끓는점 순서

A

1 다음은 액체 상태의 혼합물을 분리하는 실험 장치에 대한 설명과 실험 장치를 나타낸 것이다. ( ) 안에 알맞은 말을 쓰시오.

> 오른쪽 그림은 ㉠( ) 차를 이용하여 액체 상태의 혼합물을 분리하는 장치로, 혼합물을 가열하면 끓는점이 ㉡( ) 물질이 먼저 끓어 나온다.

2 오른쪽 그림은 물과 에탄올 혼합물의 가열 곡선을 나타낸 것이다. (가)~(라) 중 에탄올이 주로 끓어 나오는 구간과 물이 끓어 나오는 구간을 골라 순서대로 쓰시오.

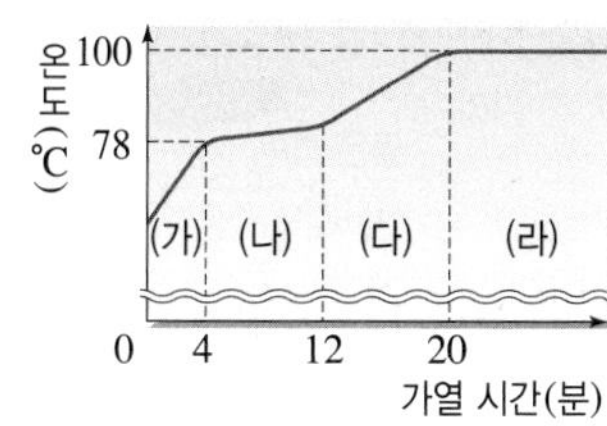

3 오른쪽 그림은 소줏고리를 이용하여 탁한 술에서 맑은 소주를 얻는 과정을 나타낸 것이다. 이때 이용되는 혼합물의 분리 방법을 쓰시오.

[4~5] 오른쪽 그림은 원유의 분리 장치인 증류탑을 나타낸 것이다.

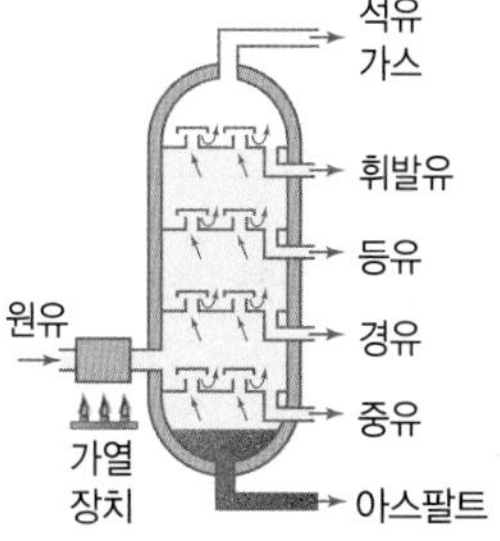

4 증류탑으로 원유를 분리할 때 이용되는 물질의 특성을 쓰시오.

5 다음은 원유를 분리할 때 증류탑의 각 층에서 얻어진 물질을 끓는점이 낮은 순서에서 높은 순서로 나열한 것이다. ( ) 안에 알맞은 말을 쓰시오.

B 밀도 차를 이용한 분리

1 고체 혼합물의 분리 밀도가 다른 두 고체 혼합물은 밀도가 두 물질의 중간 정도이며, 두 물질을 모두 녹이지 않는 액체에 넣어 분리한다.❶

① 액체보다 밀도가 작은 물질은 액체 위에 뜨고, 액체보다 밀도가 큰 물질은 아래로 가라앉는다.

➡ 밀도 비교 : A < 액체 < B

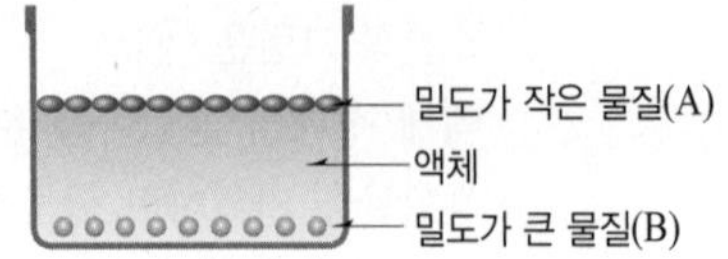

② 고체 혼합물의 분리 예

구분	좋은 볍씨 고르기	신선한 달걀 고르기	스타이로폼과 모래 분리
원리	쭉정이 / 좋은 볍씨 / 소금물 볍씨를 소금물에 담그면 *쭉정이는 뜨고, 잘 여문 좋은 볍씨는 가라앉는다.❷	오래된 달걀 / 소금물 / 신선한 달걀 달걀을 소금물에 넣으면 오래된 달걀은 뜨고, 신선한 달걀은 가라앉는다.	스타이로폼 / 물 / 모래 혼합물을 물에 넣으면 스타이로폼은 뜨고, 모래는 가라앉는다.
밀도 비교	쭉정이 < 소금물 < 좋은 볍씨	오래된 달걀 < 소금물 < 신선한 달걀	스타이로폼 < 물 < 모래

화보 6.5

2 액체 혼합물의 분리 서로 섞이지 않고 밀도가 다른 액체의 혼합물은 분별 깔때기를 이용하여 분리한다.❸ 탐구 b 85쪽

① 밀도가 작은 물질은 위로 뜨고, 밀도가 큰 물질은 아래로 가라앉아 층을 이룬다. ➡ 밀도 비교 : A < B

② 분리 방법 : 마개를 연 후 꼭지를 돌려 아래층의 밀도가 큰 물질을 먼저 분리하고, 위층의 밀도가 작은 물질은 위쪽 입구로 분리한다.

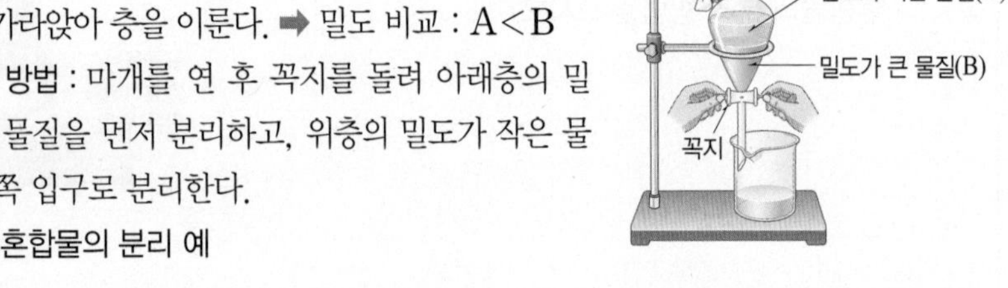

③ 액체 혼합물의 분리 예

혼합물	물과 식용유	간장과 참기름	물과 에테르	물과 사염화 탄소
위층	식용유	참기름	에테르	물
아래층	물	간장	물	사염화 탄소
밀도 비교	식용유 < 물	참기름 < 간장	에테르 < 물	물 < 사염화 탄소

3 밀도 차를 이용한 분리의 예

구분	*사금 채취	바다에서 유출된 기름 제거	혈액 분리
원리	사금이 섞인 모래를 그릇에 담아 물속에서 흔들면 모래는 씻겨 나가고, 사금이 남는다.	오일펜스 바다에 기름이 유출되면 오일펜스를 설치한 후 *흡착포를 이용하여 물 위에 뜬 기름을 제거한다.	혈장 / 혈구 혈액을 *원심 분리기에 넣고 회전시키면 혈구는 아래로, 혈장은 위로 분리된다.
밀도 비교	모래 < 사금	기름 < 바닷물	혈장 < 혈구

플러스 강의

❶ 재질이 다른 플라스틱 혼합물의 분리

① 플라스틱 A, B, C 혼합물을 에탄올에 넣으면 A만 뜬다.

② 에탄올에 물을 넣으면 B가 뜬다. ➡ 에탄올에 물을 넣으면 액체의 밀도가 증가하기 때문에 밀도가 작은 플라스틱부터 떠오른다.

플라스틱의 밀도 비교 : A < B < C

❷ 소금물의 농도와 밀도

소금물의 밀도는 농도가 진할수록 커진다. 볍씨를 고를 때 쭉정이가 뜨지 않으면 소금을 더 녹여 농도를 진하게 해야 한다. 반대로 소금물의 농도가 너무 진해서 좋은 볍씨까지 떠오른 경우에는 물을 더 넣어 농도를 연하게 해야 한다.

내 교과서 확인 | 비상, YBM

❸ 스포이트를 이용한 액체 혼합물의 분리

액체 혼합물의 양이 적을 때는 시험관에 혼합물을 넣고 스포이트로 위층의 액체 물질을 덜어 내어 분리한다.

➡ 밀도가 작은 식용유가 먼저 분리된다.

용어 돋보기

* 쭉정이_ 껍질만 있고 속에 알맹이가 들어 있지 않은 곡식
* 사금(砂 모래, 金 금)_ 물가나 물 밑의 모래와 자갈 속에 섞인 금 알갱이
* 흡착포(吸 마시다, 着 붙다, 布 베)_ 기름을 잘 빨아들이는 성질의 천
* 원심(遠 멀다, 心 가운데) 분리_ 회전에 의한 힘으로 혼합물 속의 작은 고체 입자나 액체 방울을 분리하는 조작

B 밀도 차를 이용한 분리

- 밀도가 다른 두 고체 혼합물은 밀도가 두 물질의 □□ 정도이며, 두 물질을 모두 녹이지 않는 □□에 넣어 분리한다.
- 서로 섞이지 않고 밀도가 다른 액체 혼합물인 경우 밀도가 □□ 물질은 위로 뜨고, 밀도가 □ 물질은 아래로 가라앉으므로 □□ □□□를 이용하여 분리한다.

B

6 소금물이 담긴 수조에 볍씨를 넣었더니 오른쪽 그림과 같이 분리되었다. 쭉정이, 좋은 볍씨, 소금물의 밀도를 부등호로 비교하시오.

[7~8] 오른쪽 그림은 액체 혼합물을 분리하는 실험 기구를 나타낸 것이다.

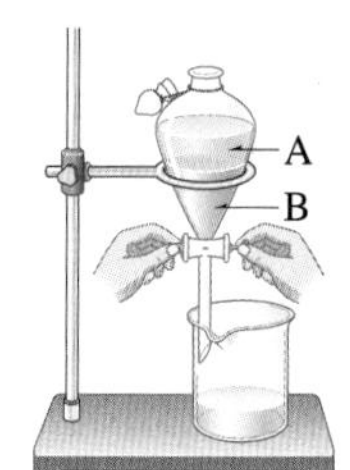

7 (　　) 안에 들어갈 알맞은 말이나 기호를 쓰시오.

(1) 이 실험 기구의 이름은 (　　　　)이다.

(2) 이 실험 기구로 혼합물을 분리할 때 이용되는 물질의 특성은 (　　　　)이다.

(3) 액체 A와 B 중 밀도가 작은 액체는 (　　　　)이다.

8 이 실험 기구에 다음 액체 혼합물을 넣고 가만히 세워 둘 때 아래층에 위치하는 물질을 각각 쓰시오.

(1) 물과 에테르 : ______　　(2) 물과 식용유 : ______

(3) 간장과 참기름 : ______　　(4) 물과 사염화 탄소 : ______

9 다음은 모래에 섞인 사금을 채취하는 방법이다. 이때 이용되는 물질의 특성을 쓰시오.

사금과 모래가 섞여 있는 혼합물을 그릇에 담아 물속에서 흔들면 모래는 씻겨 나가고, 사금이 남는다.

암기광 밀도 차를 이용한 혼합물의 분리

밀도 때문에 헤어지다니 너무 작위적이야!
(으 쪽, 면)

10 밀도 차를 이용하여 혼합물을 분리하는 경우는 ○, 밀도 차를 이용하는 경우가 아닌 것은 ×로 표시하시오.

(1) 원유의 분리 .... (　　)　(2) 물과 에탄올 분리 .... (　　)

(3) 스타이로폼과 모래 분리 ..... (　　)　(4) 바다에 유출된 기름 제거 .... (　　)

(5) 바닷물에서 식수 얻기 .... (　　)　(6) 원심 분리기로 혈액 분리 .... (　　)

탐구 a 물과 에탄올 혼합물의 분리

내 교과서 확인 | 미래엔, 천재

이 탐구에서는 서로 잘 섞이는 액체의 혼합물을 끓는점 차를 이용하여 분리하는 방법에 대해 알아본다.

● 정답과 해설 24쪽

과정

❶ 오른쪽 그림과 같이 장치한 후 물과 에탄올 혼합물을 가열하면서 시간에 따른 온도 변화를 측정하여 그래프로 나타낸다.
❷ 혼합물을 가열할 때 가지 부근에서 나오는 물질을 온도 변화에 따라 서로 다른 시험관에 차례로 모은다.

◎ **끓임쪽을 넣는 까닭**
액체 물질이 갑자기 끓어오르는 것을 방지하기 위해서이다.

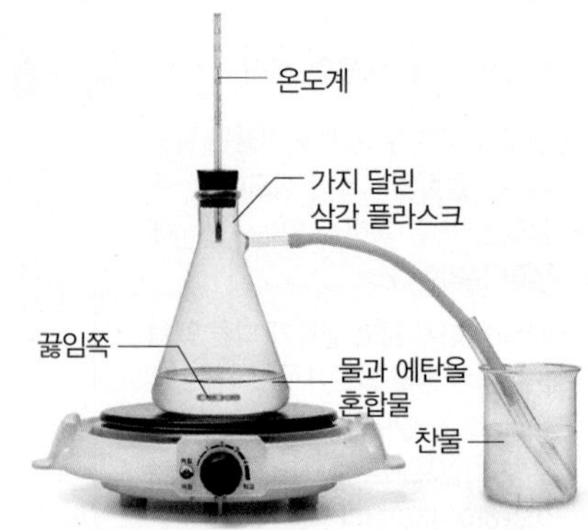

∷ 유의점
온도계의 밑부분이 가지 달린 삼각 플라스크의 가지 부근에 오도록 한다.

결과 & 해석

가열 시간에 따른 온도를 그래프로 나타내면 다음과 같다.

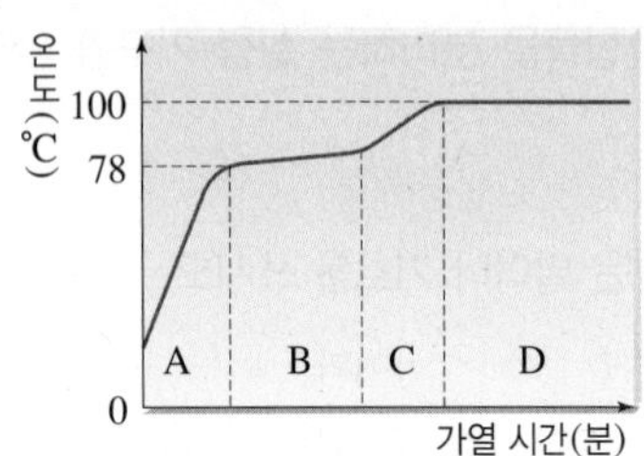

구분	관찰 결과	분리된 물질
A	시험관에 모이는 물질이 거의 없다.	–
B	알코올 냄새가 나는 물질이 모인다.	에탄올
C	알코올 냄새가 나는 물질이 약간 모인다.	소량의 에탄올과 물
D	냄새가 없는 물질이 모인다.	물

정리

서로 잘 섞이는 액체의 혼합물을 가열하면 끓는점이 ㉠(　　　)은 물질이 먼저 끓어 나오고, 끓는점이 ㉡(　　　)은 물질이 나중에 끓어 나온다.

이렇게도 실험해요

내 교과서 확인 | 동아

식초에서 물 분리

|과정| 오른쪽 그림과 같이 장치한 후 식초를 가열하면서 시간에 따른 온도 변화를 측정한다.

|결과| 끓는점이 낮은 물이 먼저 끓어 나오며, 이 수증기를 냉각하면 순수한 물을 얻을 수 있다.

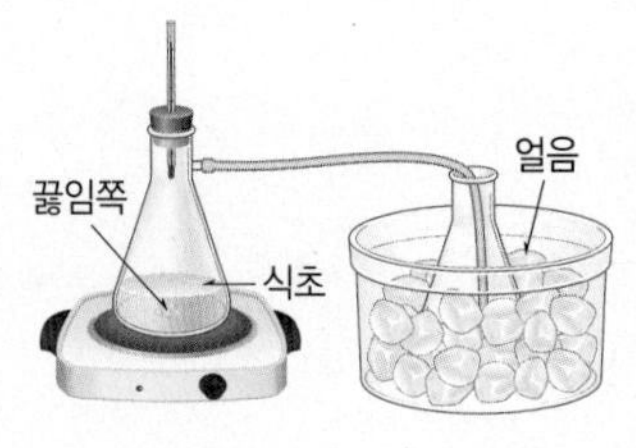

확인 문제

01 위 실험에 대한 설명으로 옳은 것은 ○, 옳지 않은 것은 ×로 표시하시오.

(1) 성분 물질의 끓는점 차가 클수록 잘 분리된다. (　　)

(2) 물과 에탄올 혼합물은 분별 깔때기를 이용해도 분리할 수 있다. (　　)

(3) 끓는점이 낮은 물질이 먼저 끓어 나온다. (　　)

(4) 온도가 일정하게 유지되는 D 구간에서 물이 끓어 나온다. (　　)

(5) 끓어 나온 성분 물질은 냉각되어 찬물 속에 들어 있는 시험관에 모인다. (　　)

(6) 식초에서 물을 분리할 때에 이와 같은 방법을 이용할 수 있다. (　　)

[02~03] 그림은 물과 에탄올 혼합물을 분리하는 실험 장치와 이 혼합물의 가열 곡선을 나타낸 것이다.

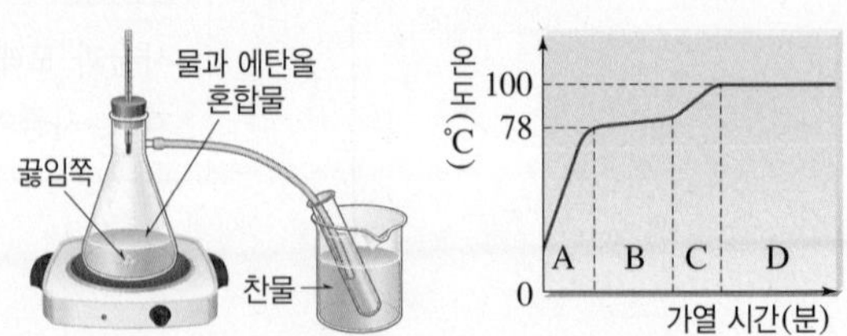

02 물과 에탄올 혼합물을 실험 장치에 넣고 가열할 때 에탄올이 주로 끓어 나오는 구간의 기호를 쓰시오.

03 02번과 같이 답한 까닭을 서술하시오.

탐구 b 물과 식용유 혼합물의 분리

이 탐구에서는 서로 섞이지 않는 액체의 혼합물을 밀도 차를 이용하여 분리하는 방법에 대해 알아본다.

● 정답과 해설 24쪽

과정

페이지를 인식하세요!

유의점

- 용액이 새지 않도록 분별 깔때기의 꼭지에 바셀린을 바른다.
- 아래층의 액체를 받아 낼 때는 분별 깔때기의 마개를 먼저 연다.
- 분별 깔때기의 긴 끝이 비커의 벽면에 닿게 하여 액체 방울이 튀지 않도록 한다.

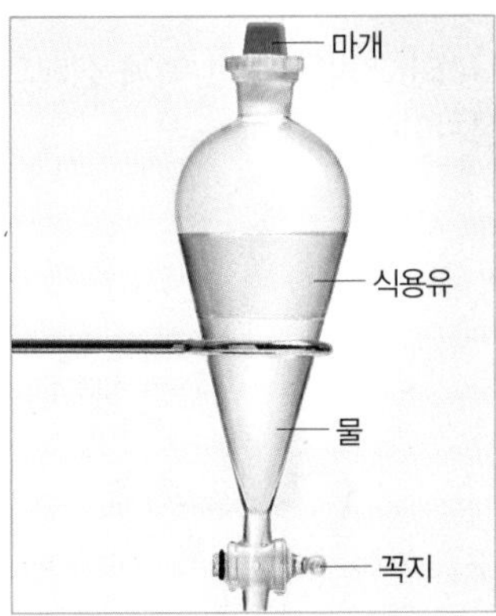

❶ 물과 식용유의 혼합 용액을 분별 깔때기에 넣고 마개로 막은 후 혼합물이 두 층으로 나누어질 때까지 기다린다.

❷ 층이 나누어지면 마개를 연 다음 꼭지를 돌려 아래층의 액체를 분리하고, 경계면의 액체는 따로 받아 낸다.

❸ 분별 깔때기의 위쪽 입구를 이용하여 위층의 액체를 다른 비커에 받아 낸다.

◎ **경계면 액체를 따로 받아 내는 까닭**
경계면의 액체에는 두 물질이 조금씩 섞여 있어 완벽히 분리되지 않기 때문이다.

결과 & 해석

구분	과정 ❷(아래층)	과정 ❸(위층)
분리되는 물질	물	식용유
각 층에 위치하는 까닭	물은 식용유보다 밀도가 커서 아래층에 위치한다.	식용유는 물보다 밀도가 작아서 위층에 위치한다.

정리

서로 섞이지 않고 밀도가 다른 액체의 혼합물을 ㉠(　　　　)에 넣고 일정 시간이 지나면 밀도가 작은 물질은 ㉡(　　　　)층에, 밀도가 큰 물질은 ㉢(　　　　)층에 위치한다.

확인 문제

01 위 실험에 대한 설명으로 옳은 것은 ○, 옳지 않은 것은 ×로 표시하시오.

(1) 서로 섞이지 않는 액체의 혼합물을 분리할 때 이용하는 방법이다. ( )

(2) 밀도 차를 이용한 분리 방법이다. ( )

(3) 분별 깔때기의 꼭지를 열면 밀도가 작은 액체가 먼저 분리된다. ( )

(4) 아래층의 액체를 비커에 받을 때 분별 깔때기의 마개를 닫아야 한다. ( )

(5) 분별 깔때기의 아래쪽 꼭지에 바셀린을 바르면 액체가 새는 것을 막을 수 있다. ( )

(6) 물과 식용유의 경계면 부근에는 두 액체가 조금씩 섞여 있으므로 따로 받아 낸다. ( )

[02~03] 오른쪽 그림은 분별 깔때기로 물과 사염화 탄소의 혼합물을 분리하는 모습을 나타낸 것이다.

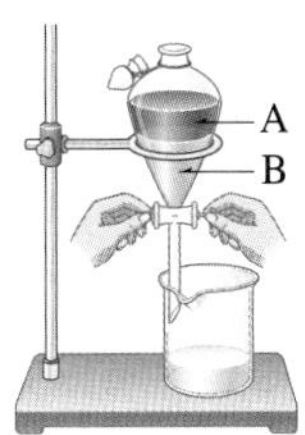

02 A와 B에 위치하는 물질을 각각 쓰시오.

03 02번과 같이 답한 까닭을 서술하시오.

전국 주요 학교의 **시험에 가장 많이 나오는 문제**들로만 구성하였습니다.
모든 친구들이 '꼭' 봐야 하는 코너입니다.

A 끓는점 차를 이용한 분리

01 증류에 대한 설명으로 옳지 않은 것은?

① 끓는점 차를 이용한 액체 혼합물 분리 방법이다.
② 혼합물을 가열할 때 끓어 나오는 기체를 냉각하여 액체를 얻는 방법이다.
③ 끓는점 차가 작을수록 분리가 잘 된다.
④ 서로 잘 섞이는 액체 상태의 혼합물을 분리할 때 이용한다.
⑤ 증류를 이용하여 식초에서 물을 분리할 수 있다.

02 다음 혼합물을 분리할 때 공통으로 이용되는 물질의 특성은?

• 탁한 술에서 맑은 소주 얻기 • 바닷물에서 식수 얻기

① 밀도 ② 끓는점 ③ 용해도
④ 어는점 ⑤ 질량

중요 탐구 a 84쪽

03 그림은 물과 에탄올 혼합물의 가열 곡선을 나타낸 것이다.

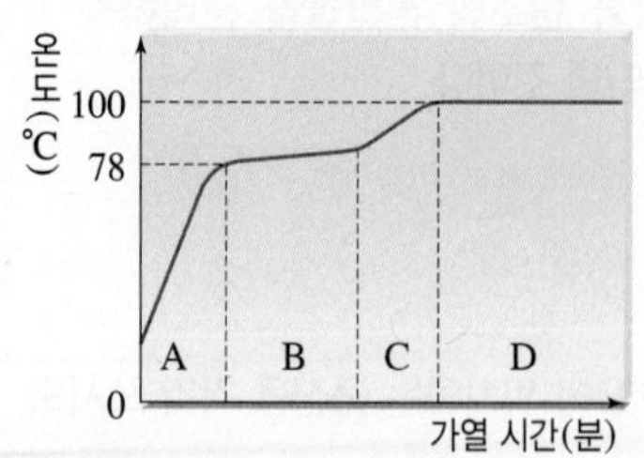

이에 대한 설명으로 옳지 않은 것은?

① B 구간에서는 에탄올이 주로 끓어 나온다.
② B 구간의 온도는 에탄올의 끓는점보다 약간 높다.
③ C 구간에서 물이 끓어 나온다.
④ B와 D 구간의 온도 차가 클수록 분리가 잘 된다.
⑤ 물과 에탄올 혼합물은 끓는점 차를 이용하여 분리한다.

[04~05] 그림은 어떤 액체 상태의 혼합물을 분리하는 실험 장치이다.

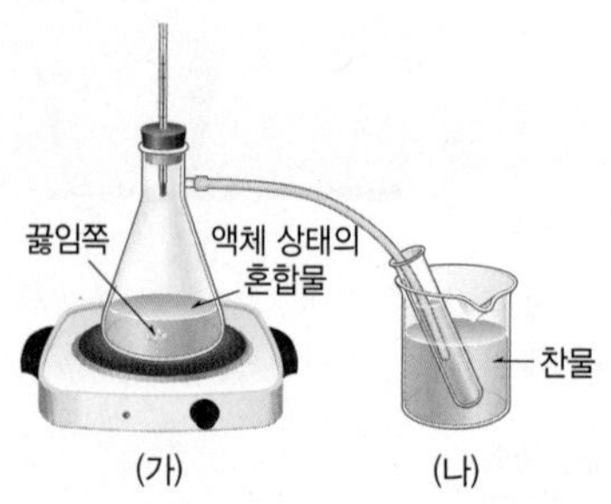

중요

04 이에 대한 설명으로 옳은 것을 보기에서 모두 고른 것은?

보기
ㄱ. 삼각 플라스크에서 기화가 일어난다. ㄴ. 액체 물질이 더 빨리 끓어오르게 하기 위해 끓임쪽을 넣는다. ㄷ. 이 실험 장치를 이용한 혼합물의 분리 방법은 증발이다.

① ㄱ ② ㄴ ③ ㄷ
④ ㄱ, ㄴ ⑤ ㄴ, ㄷ

05 이 실험 장치로 분리하기에 적당한 혼합물은?

① 물과 식용유 ② 물과 에테르
③ 물과 메탄올 ④ 간장과 참기름
⑤ 물과 사염화 탄소

06 오른쪽 그림은 탁한 술을 가열하여 소주를 만드는 데 이용하는 소줏고리의 구조이다. 이에 대한 설명으로 옳은 것을 모두 고르면?(2개)

찬물
소줏고리
탁한 술
소주

① 이러한 분리 방법을 재결정이라고 한다.
② 밀도 차를 이용하여 분리한다.
③ 끓는점이 낮은 에탄올이 먼저 끓어 나온다.
④ 기화된 성분이 찬물이 담긴 그릇에 닿으면 액화된다.
⑤ 바다에 유출된 기름을 제거하는 것과 같은 원리를 이용한다.

[07~08] 그림은 원유를 분리하는 증류탑을 나타낸 것이다.

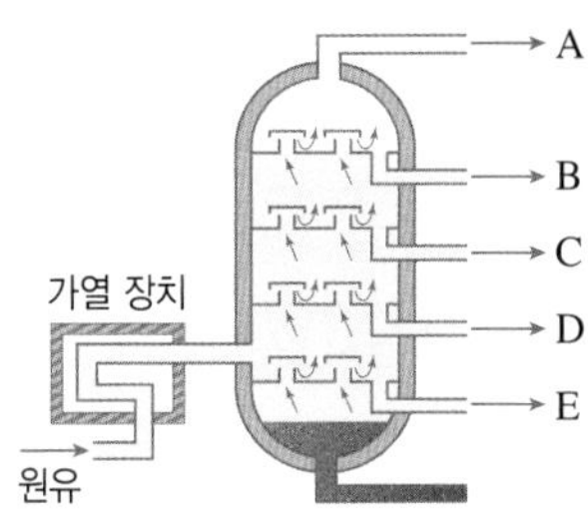

중요

07 증류탑에 대한 설명으로 옳은 것을 보기에서 모두 고른 것은?

보기
ㄱ. 증류를 이용하여 분리한다.
ㄴ. 증류탑의 온도는 위쪽으로 갈수록 낮아진다.
ㄷ. 끓는점이 비슷한 물질끼리 각 층에서 분리된다.
ㄹ. 끓는점이 높은 물질일수록 위쪽에서 분리되어 나온다.

① ㄱ, ㄴ ② ㄱ, ㄹ ③ ㄷ, ㄹ
④ ㄱ, ㄴ, ㄷ ⑤ ㄴ, ㄷ, ㄹ

08 표는 원유에서 얻어지는 여러 가지 물질의 끓는점을 나타낸 것이다.

물질	석유 가스	휘발유	등유	경유	중유
끓는점(°C)	−42 ~1	30 ~120	150 ~280	230 ~350	300 이상

증류탑의 B에서 분리되어 나오는 물질은?

① 석유 가스 ② 휘발유 ③ 등유
④ 경유 ⑤ 중유

09 표는 여러 가지 액체 물질의 특성을 나타낸 것이다.

물질	끓는점(°C)	밀도(g/mL)	용해성
A	76.7	1.6	B, C와 섞이지 않음
B	78.3	0.79	C, D와 잘 섞임
C	100	1.0	D와 섞이지 않음
D	80.1	0.88	A와 잘 섞임

증류로 분리하기에 가장 적당한 혼합물은?

① A+C ② A+D ③ B+C
④ B+D ⑤ C+D

10 혼합물을 분리하는 데 이용하는 물질의 특성이 나머지 넷과 다른 것은?

① 원유의 분리
② 공기의 성분 분리
③ 소금물에서 물 분리
④ 원심 분리기로 혈액 분리
⑤ 뷰테인과 프로페인의 분리

B 밀도 차를 이용한 분리

중요

11 좋은 볍씨와 쭉정이를 분리하기 위해 볍씨를 소금물에 넣었더니 그림과 같이 분리되었다.

이에 대한 설명으로 옳은 것은?

① 녹는점 차를 이용한다.
② 쭉정이는 소금물보다 밀도가 크다.
③ 쭉정이가 뜨지 않을 때는 물을 더 넣어야 한다.
④ 밀도를 비교하면 쭉정이<소금물<좋은 볍씨 순이다.
⑤ 같은 원리를 이용하여 물과 에탄올 혼합물을 분리할 수 있다.

12 스타이로폼과 모래를 물에 넣었더니 그림과 같이 분리되었다.

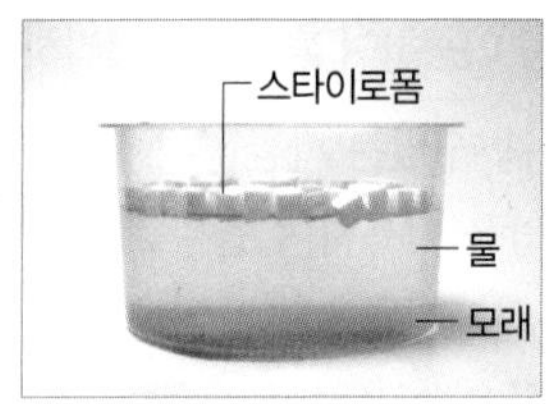

이 혼합물을 분리할 때 이용되는 물질의 특성은?

① 부피 ② 질량 ③ 밀도
④ 끓는점 ⑤ 용해도

13 재질이 다른 플라스틱 A~C의 혼합물을 분리하기 위해 다음과 같이 실험하였다.

> (가) 에탄올에 플라스틱 A~C의 혼합물을 넣었더니 모두 가라앉았다.
> (나) 에탄올에 물을 조금 넣었더니 플라스틱 A가 떠올랐고, 물을 더 넣었더니 플라스틱 B가 떠올랐다.
>
> 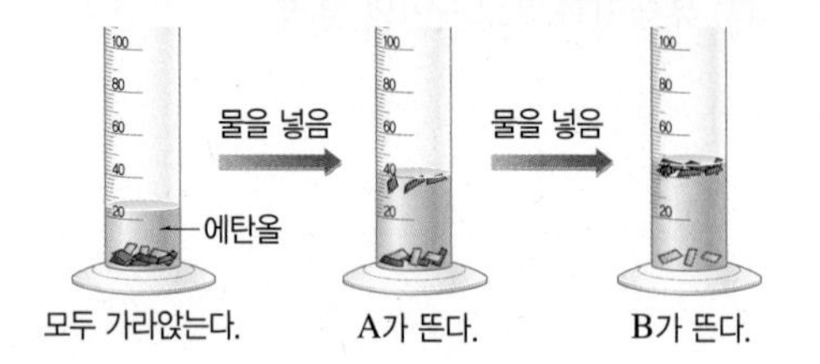
>

이에 대한 설명으로 옳지 않은 것은?

① 밀도 차를 이용하여 분리한다.
② 플라스틱 A~C의 밀도는 모두 에탄올보다 크다.
③ 플라스틱의 밀도 크기는 A<B<C 순이다.
④ 에탄올에 물을 넣을수록 용액의 밀도가 감소한다.
⑤ 소금물로 좋은 볍씨를 고르는 것과 같은 원리를 이용한다.

14 표는 여러 가지 액체 물질의 밀도를 나타낸 것이다.

액체	에탄올	벤젠	물	사염화 탄소	수은
밀도(g/cm^3)	0.79	0.88	1.0	1.6	13.6

밀도가 1.2 g/cm^3인 고체 A와 밀도가 1.9 g/cm^3인 고체 B의 혼합물을 분리하려고 할 때 사용할 수 있는 액체로 가장 적당한 것은?(단, A와 B는 표의 모든 액체에 녹지 않는다.)

① 에탄올 ② 벤젠 ③ 물
④ 사염화 탄소 ⑤ 수은

중요
15 밀도 차를 이용하여 혼합물을 분리하는 예가 아닌 것은?

① 모래 속에 있는 사금을 채취한다.
② 증류탑을 이용하여 원유를 분리한다.
③ 원심 분리기를 이용하여 혈액의 혈구를 분리한다.
④ 소금물을 이용하여 신선한 달걀과 오래된 달걀을 구분한다.
⑤ 바다에 기름이 유출되면 오일펜스를 설치한 후 흡착포로 기름을 제거한다.

탐구 b 85쪽

[16~17] 오른쪽 그림은 어떤 액체 물질 A와 B의 혼합물을 분리하는 실험 기구를 나타낸 것이다.

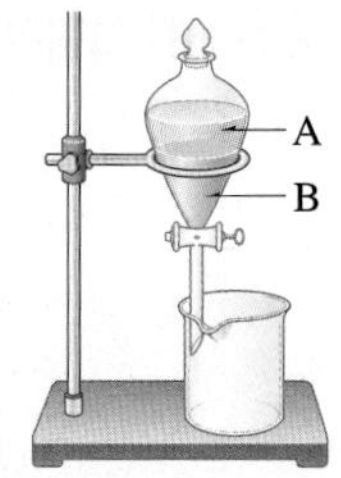

중요
16 이에 대한 설명으로 옳지 않은 것은?

① A보다 B의 밀도가 크다.
② A는 위쪽으로 따라낸다.
③ A와 B의 경계면의 액체는 따로 받아낸다.
④ 액체 A의 양이 적을 때 스포이트를 이용하여 분리할 수 있다.
⑤ B를 분리할 때는 마개를 닫은 상태에서 꼭지를 돌려야 한다.

중요
17 이 실험 기구로 분리할 수 없는 혼합물은?

① 물과 석유 ② 물과 에테르
③ 물과 식용유 ④ 물과 사염화 탄소
⑤ 물과 에탄올

18 그림은 액체 혼합물을 분리하는 실험 기구를 나타낸 것이다.

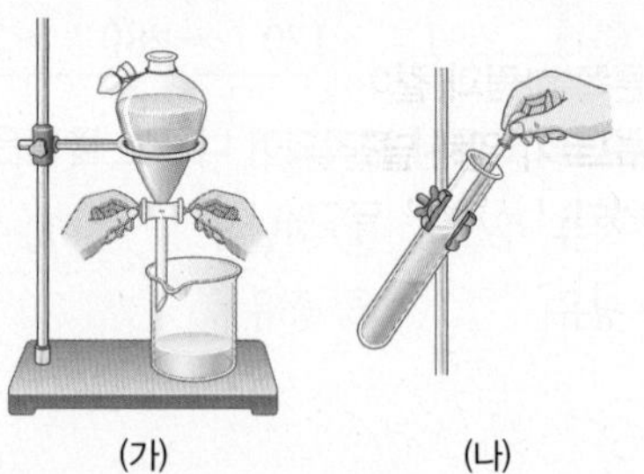

(가)와 (나)에 대한 설명으로 옳은 것을 보기에서 모두 고른 것은?

> 보기
> ㄱ. (가)는 아래층 물질이 먼저 분리되고, (나)는 위층 물질이 먼저 분리된다.
> ㄴ. (가)는 서로 섞이지 않는 액체 혼합물을 분리할 때, (나)는 서로 잘 섞이는 액체 혼합물을 분리할 때 사용한다.
> ㄷ. (가)와 (나)는 모두 밀도 차를 이용하여 분리한다.

① ㄷ ② ㄱ, ㄴ ③ ㄱ, ㄷ
④ ㄴ, ㄷ ⑤ ㄱ, ㄴ, ㄷ

서술형 문제

중요

19 오른쪽 그림은 어떤 혼합물을 분리하는 실험 장치를 나타낸 것이다.

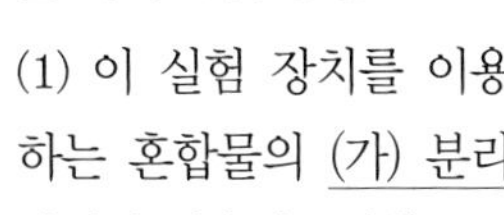

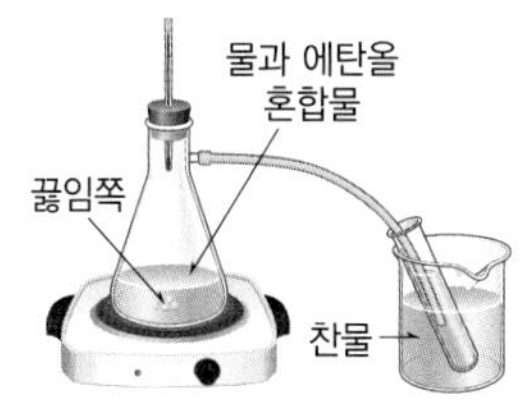

(1) 이 실험 장치를 이용하는 혼합물의 (가) 분리 방법과 이용하는 (나) 물질의 특성을 쓰시오.

(2) 물과 에탄올 혼합물을 실험 장치에 넣고 가열할 때 각 물질이 분리되는 순서를 끓는점과 관련지어 서술하시오.

20 오른쪽 그림은 원유를 분리하는 증류탑을 나타낸 것이다. 끓는점이 가장 낮은 물질이 분리되어 나오는 부분의 기호를 쓰고, 그 까닭을 서술하시오.

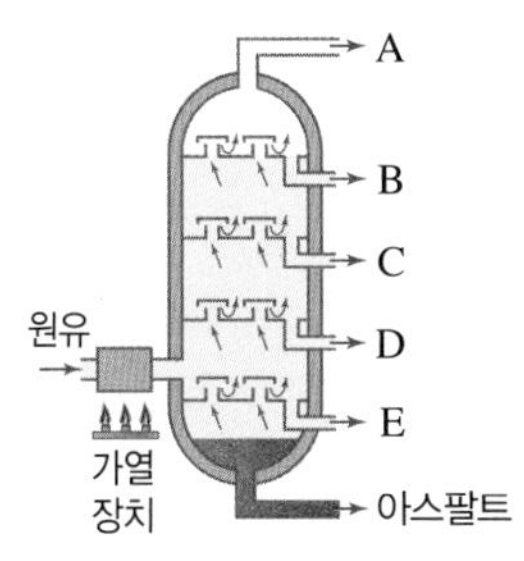

21 오른쪽 그림과 같이 신선한 달걀을 고르기 위해 달걀을 소금물에 넣었더니 신선한 달걀은 물속으로 가라앉고, 오래된 달걀은 물 위로 떠올랐다.

(1) 소금물, 신선한 달걀, 오래된 달걀의 밀도를 부등호로 비교하시오.

(2) 이와 같이 밀도가 다른 두 고체의 혼합물을 분리하기 위해 사용하는 액체의 조건 두 가지를 서술하시오.

중요

22 분별 깔때기로 두 액체의 혼합물을 분리할 때 이용되는 액체의 성질 두 가지를 서술하시오.

실력 탄탄

● 정답과 해설 26쪽

01 표는 몇 가지 기체 물질의 끓는점을 나타낸 것이다.

기체	산소	질소	아르곤
끓는점(°C)	−183.0	−195.8	−185.8

이 기체 물질이 섞여 있는 혼합물을 −200 °C로 냉각하여 액체로 만든 후 증류탑으로 보내 온도를 서서히 높일 때 A~C에서 분리되는 물질을 옳게 짝 지은 것은?

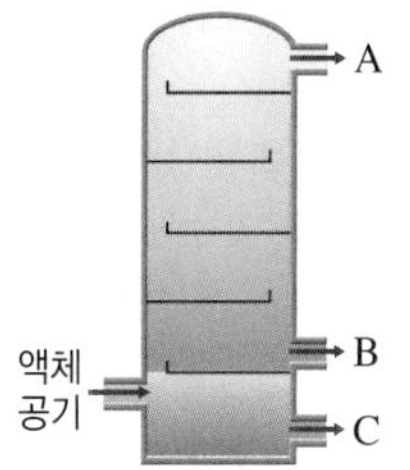

	A	B	C
①	산소	질소	아르곤
②	산소	아르곤	질소
③	질소	산소	아르곤
④	질소	아르곤	산소
⑤	아르곤	산소	질소

02 표는 물과 액체 A~C의 몇 가지 특성을 나타낸 것이다.

물질	끓는점 (°C)	녹는점 (°C)	밀도 (g/mL)	용해성
물	100	0.0	1.00	A, B와 잘 섞인다.
A	78	−114.1	0.79	B, 물과 잘 섞인다.
B	56	8.9	0.53	A, 물과 잘 섞인다.
C	85	5.6	0.88	물과 섞이지 않는다.

이에 대한 설명으로 옳은 것을 보기에서 모두 고른 것은?

보기
ㄱ. 물, A, B의 혼합물은 증류로 분리할 수 있다.
ㄴ. 물과 A의 혼합물보다 물과 B의 혼합물이 분리가 잘 된다.
ㄷ. 물과 C의 혼합물은 분별 깔때기를 이용하여 분리할 수 있다.

① ㄱ　② ㄷ　③ ㄱ, ㄴ
④ ㄴ, ㄷ　⑤ ㄱ, ㄴ, ㄷ

04 혼합물의 분리(2)

A 용해도 차를 이용한 분리

1 재결정 물질의 온도에 따른 용해도 차를 이용하여 순수한 고체 물질을 분리하는 방법 ➡ 불순물이 섞여 있는 고체 물질을 용매에 녹인 다음 용액의 온도를 낮추거나 용매를 증발시켜 순수한 고체 물질을 얻는다.

[염화 나트륨과 붕산 혼합물 분리] 탐구 a 92쪽 | 여기서잠깐 94쪽

과정 염화 나트륨20 g과 붕산 20 g이 섞인 혼합물을 80 °C 물 100 g에 모두 녹인 후 20 °C로 냉각하여 거름 장치로 거른다.

결과 붕산 15 g이 거름종이 위에 남는다.
➡ 20 °C에서 염화 나트륨의 용해도는 35.9이므로 염화 나트륨, 20 g이 모두 녹아 있다.
➡ 20 °C에서 붕산의 용해도는 5.0이므로 붕산은 5 g만 녹고, 나머지 15 g(=20 g−5 g)이 결정으로 석출된다.

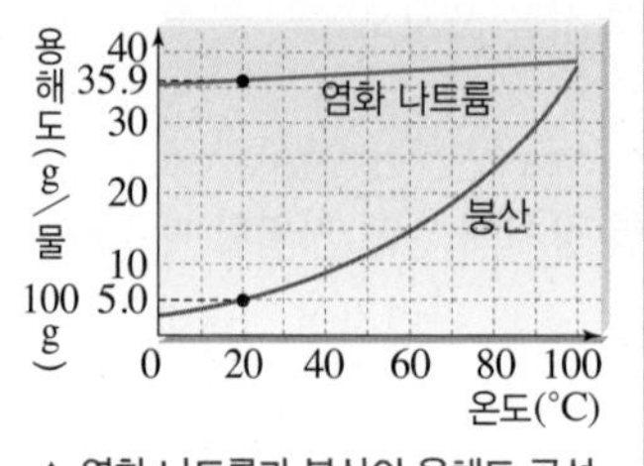

▲ 염화 나트륨과 붕산의 용해도 곡선

2 재결정을 이용한 혼합물 분리의 예 순수한 질산 칼륨 분리, 염화 나트륨과 붕산 혼합물 분리, 천일염에서 *정제 소금 얻기, 합성 약품 정제 등❶

B 크로마토그래피를 이용한 분리

1 크로마토그래피 혼합물을 이루는 성분 물질이 용매를 따라 이동하는 속도가 다른 것을 이용하여 혼합물을 분리하는 방법 탐구 b 93쪽

① 용매의 종류에 따라 분리되는 성분 물질의 수 또는 이동한 거리가 달라진다.
② 용매를 따라 이동하는 속도가 가장 빠른 성분 물질이 가장 멀리 이동한다.

[크로마토그래피의 원리]

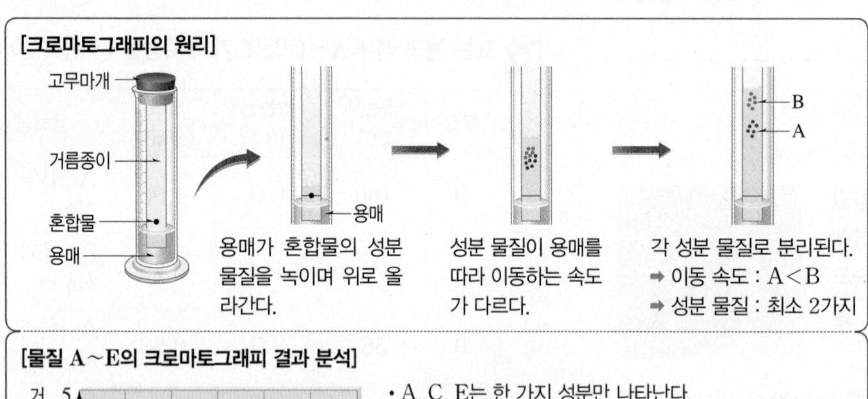

고무마개
거름종이
혼합물
용매
용매
B
A
용매가 혼합물의 성분 물질을 녹이며 위로 올라간다.
성분 물질이 용매를 따라 이동하는 속도가 다르다.
각 성분 물질로 분리된다.
➡ 이동 속도 : A<B
➡ 성분 물질 : 최소 2가지

[물질 A~E의 크로마토그래피 결과 분석]

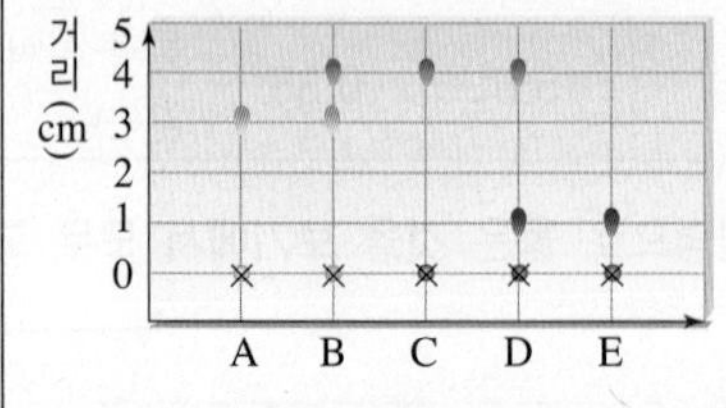

- A, C, E는 한 가지 성분만 나타난다.
 ➡ 순물질로 예상된다.
- B, D는 여러 가지 성분으로 분리된다.
 ➡ 혼합물이다.
- B는 A와 C를 포함하고, D는 C와 E를 포함한다.
 ➡ 올라간 높이가 같으면 같은 성분이다.
- 용매를 따라 이동하는 속도는 E<A<C 순이다.
 ➡ 높이 올라갈수록 이동 속도가 빠르다.

2 크로마토그래피의 특징

① 매우 적은 양의 혼합물도 분리할 수 있다.
② 분리 방법이 간단하고, 분리하는 데 걸리는 시간이 짧다.
③ 성질이 비슷하거나 복잡한 혼합물도 한 번에 분리할 수 있다.

3 크로마토그래피의 이용 사인펜 잉크의 색소 분리, 운동선수의 도핑 테스트, 단백질 성분의 검출, 식품 속 농약이나 중금속 성분의 검출, 잎의 색소 분리 등❷

플러스 강의

❶ 천일염에서 정제 소금 얻기
염전에서 바닷물을 증발시켜 얻은 천일염에는 흙, 티끌 등의 불순물이 섞여 있다. 이 천일염을 물에 녹인 다음 거름 장치로 거르면 물에 녹지 않는 불순물이 제거되고, 거른 용액을 증발시키면 용매의 양이 줄어들기 때문에 소금이 결정으로 석출된다.

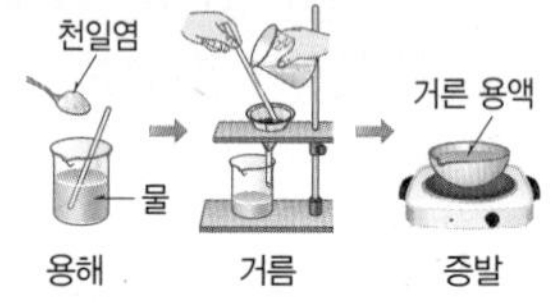

❷ 도핑 테스트
도핑 테스트는 운동선수들의 소변이나 혈액을 채취하여 금지 약물을 복용했는지 크로마토그래피로 분석하는 방법이다.

여기서잠깐 95쪽

❸ 여러 가지 혼합물의 분리
여러 가지 물질이 섞여 있는 혼합물을 분리할 때는 각 성분 물질의 특성을 파악한 후 분리 순서를 정한다.

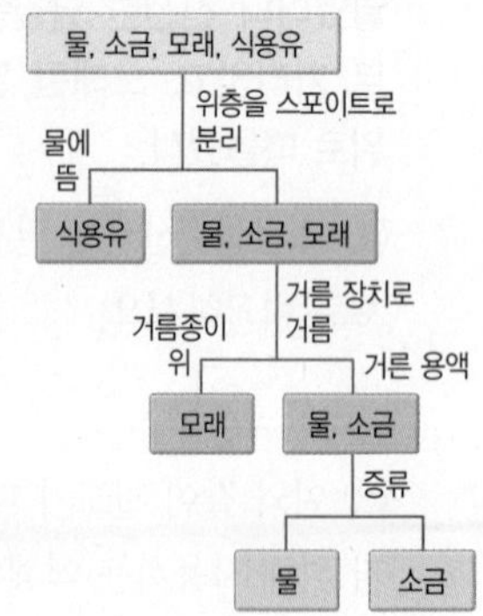

용어 돋보기
* 정제(精 깨끗하다, 製 만들다)_ 물질에 섞인 불순물을 없애 그 물질을 더 순수하게 함

확인 문제로 개념 쏙쏙

● 정답과 해설 26쪽

A 용해도 차를 이용한 분리

• □□□ : 불순물이 섞여 있는 고체 물질을 용매에 녹인 다음 용액의 온도를 낮추거나 용매를 증발시켜 순수한 고체 물질을 얻는 방법

B 크로마토그래피를 이용한 분리

• □□□□□□□ : 혼합물을 이루는 성분 물질이 용매를 따라 이동하는 속도가 다른 것을 이용하여 혼합물을 분리하는 방법

암기쾅 크로마토그래피의 원리

성분 물질이 용매를 따라 이동하는 **속도**가 다르다.

A

1 다음 (　　) 안에 알맞은 말을 쓰시오.

> 물질의 온도에 따른 (　　　) 차를 이용하여 순수한 고체 물질을 분리하는 방법을 재결정이라고 한다.

2 다음은 염화 나트륨과 붕산의 용해도 곡선을 나타낸 것이다. (　　) 안에 알맞은 말을 고르시오.

> 염화 나트륨 1 g과 붕산 15 g이 섞여 있는 혼합물을 뜨거운 물에 모두 녹인 후 20 ℃로 냉각하면 온도에 따른 용해도 차가 ㉠(큰, 작은) 물질인 ㉡(염화 나트륨, 붕산)이 결정으로 석출된다.

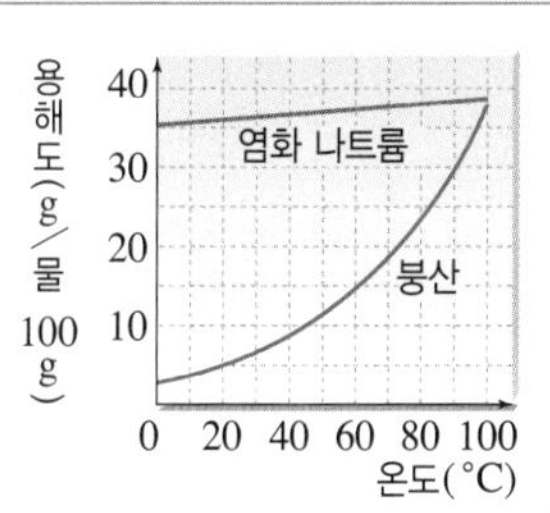

B

3 오른쪽 그림은 종이 크로마토그래피로 시금치 잎의 색소를 분리한 결과이다.

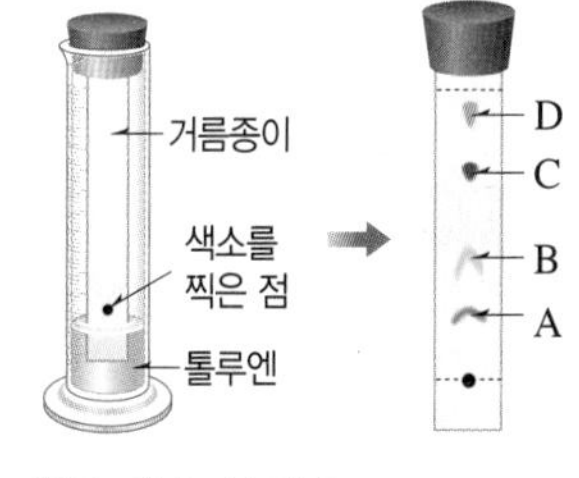

(1) 시금치 잎의 색소를 이루는 성분 물질은 최소 몇 가지인지 쓰시오.

(2) 이 실험에서 시금치 잎의 색소를 이루는 성분 물질 A~D 중 톨루엔을 따라 이동하는 속도가 가장 빠른 것을 쓰시오.

4 크로마토그래피에 대한 설명으로 옳은 것은 ○, 옳지 않은 것은 ×로 표시하시오.

(1) 성분 물질의 밀도 차를 이용하여 분리하는 방법이다. (　　)

(2) 분리 방법이 복잡하고, 분리하는 데 시간이 많이 걸린다. (　　)

(3) 혼합물의 양이 매우 적어도 분리할 수 있다. (　　)

(4) 성질이 비슷하거나 복잡한 혼합물도 한 번에 분리할 수 있다. (　　)

5 다음에서 공통으로 이용되는 혼합물의 분리 방법을 쓰시오.

> • 사인펜 잉크의 색소 분리
> • 운동선수의 도핑 테스트
> • 음식물에 첨가된 유해 물질의 검출

탐구 a 순수한 질산 칼륨 분리

이 탐구에서는 질산 칼륨과 황산 구리(Ⅱ)의 혼합물에서 순수한 질산 칼륨을 분리하는 방법을 알아본다. ● 정답과 해설 26쪽

과정 & 결과

❶ 40 ℃의 물 100 g에 질산 칼륨 30 g과 황산 구리(Ⅱ) 1 g이 섞여 있는 혼합물을 넣고 모두 녹인다.

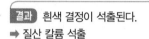

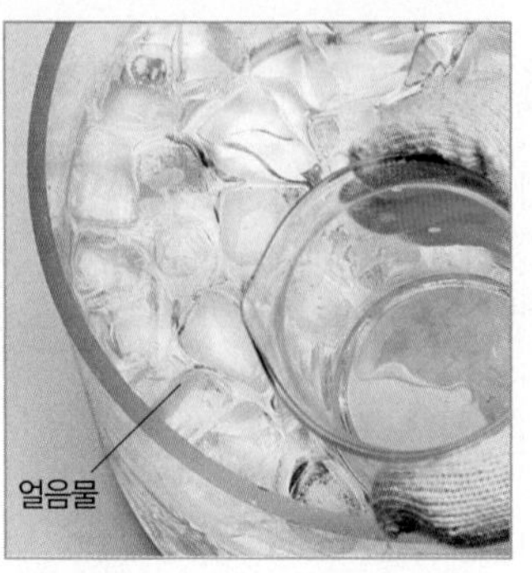

❷ 얼음물을 넣은 수조에 과정 ❶의 비커를 담가 0 ℃까지 냉각한다.

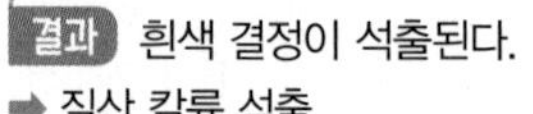

결과 흰색 결정이 석출된다.
➡ 질산 칼륨 석출

❸ 과정 ❷에서 냉각한 용액을 거름 장치로 걸러 석출된 물질을 분리한다.

결과 거름종이 위에 질산 칼륨이 남는다.

해석

질산 칼륨과 황산 구리(Ⅱ)의 용해도 곡선을 이용하여 결정으로 석출되는 물질을 확인한다.

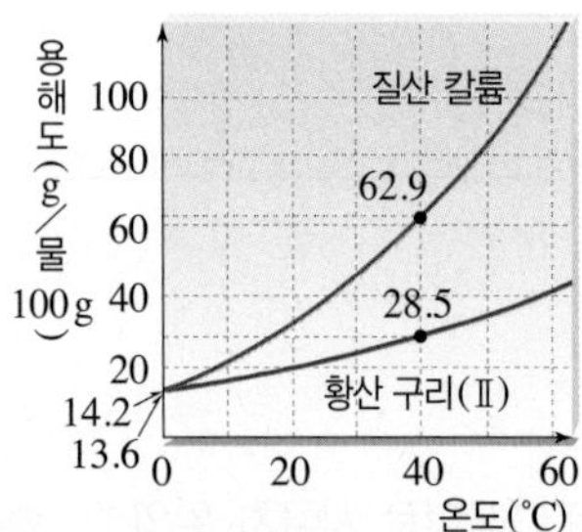

물질	40 ℃의 물 100 g에 녹아 있는 양	0 ℃의 물 100 g에 녹을 수 있는 양	석출량
질산 칼륨	30.0 g	13.6 g	16.4 g (=30.0 g−13.6 g)
황산 구리(Ⅱ)	1.0 g	14.2 g	없음

➡ 온도에 따른 용해도 차가 큰 질산 칼륨이 결정으로 석출된다.

정리

고체 혼합물(불순물이 섞여 있는 고체 물질)을 용매에 녹인 다음 용액의 온도를 낮추면 온도에 따른 ㉠(　　　) 차가 ㉡(　　　) 물질이 결정으로 석출되어 분리된다.

확인 문제

01 위 실험에 대한 설명으로 옳은 것은 ○, 옳지 않은 것은 ×로 표시하시오.

(1) 온도에 따른 용해도 차를 이용한 분리 방법이다. ( )

(2) 40 ℃의 물 100 g에는 질산 칼륨이 최대 62.9 g 녹을 수 있다. ( )

(3) 0 ℃의 물 100 g에 질산 칼륨 13.0 g이 녹아 있는 용액은 포화 용액이다. ( )

(4) 질산 칼륨은 황산 구리(Ⅱ)보다 온도에 따른 용해도 차가 작다. ( )

(5) 거름종이 위에는 결정으로 석출된 고체가 남는다. ( )

(6) 이와 같은 혼합물의 분리 방법을 재결정이라고 한다. ( )

[02~03] 오른쪽 그림은 염화 나트륨과 붕산의 용해도 곡선을 나타낸 것이다.

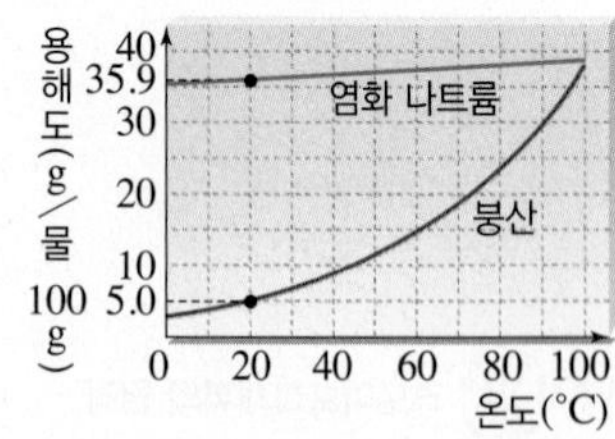

02 염화 나트륨과 붕산이 각각 16 g씩 섞인 혼합물을 80 ℃ 물 100 g에 모두 녹인 후 20 ℃까지 냉각할 때 석출되는 물질의 종류와 질량(g)을 쓰시오.

03 02번과 같이 답한 까닭을 서술하시오.

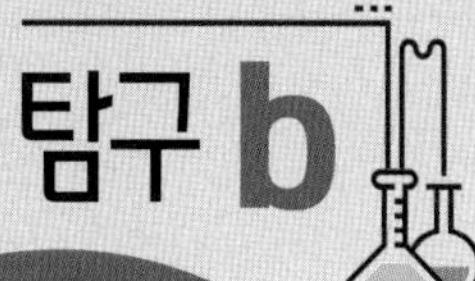

탐구 b 사인펜 잉크의 색소 분리

이 탐구에서는 사인펜 잉크 속에 들어 있는 색소를 분리하여 크로마토그래피의 원리를 알아본다.

● 정답과 해설 27쪽

과정 & 결과

페이지를 인식하세요!

❶ 거름종이의 한쪽 끝에서 1.5 cm 정도 되는 곳에 연필로 선을 긋고, 여러 색의 수성 사인펜으로 연필선 위에 점을 찍는다.

❷ 비커에 물을 1 cm 정도 붓고, 거름종이를 유리판에 붙인 후 사인펜 잉크를 찍은 점이 물에 잠기지 않게 비커에 넣고 변화를 관찰한다.

결과 수성 사인펜으로 찍은 점은 각각 여러 가지 색소로 분리된다. ➡ 색소마다 물을 따라 이동하는 속도가 다르기 때문

◎ **실험 과정의 유의 사항**

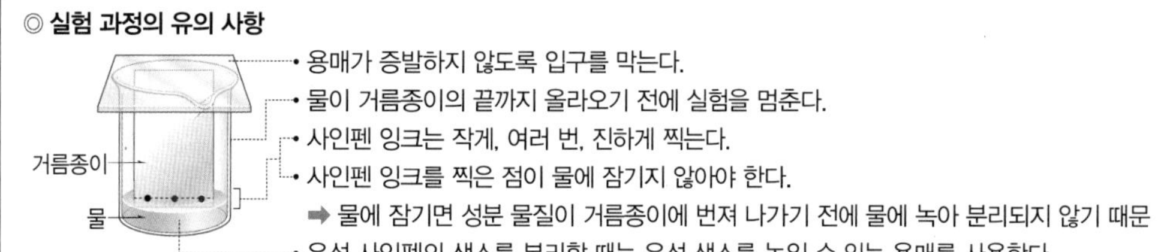

- 용매가 증발하지 않도록 입구를 막는다.
- 물이 거름종이의 끝까지 올라오기 전에 실험을 멈춘다.
- 사인펜 잉크는 작게, 여러 번, 진하게 찍는다.
- 사인펜 잉크를 찍은 점이 물에 잠기지 않아야 한다.
  ➡ 물에 잠기면 성분 물질이 거름종이에 번져 나가기 전에 물에 녹아 분리되지 않기 때문
- 유성 사인펜의 색소를 분리할 때는 유성 색소를 녹일 수 있는 용매를 사용한다.

정리 혼합물을 이루는 성분 물질이 ㉠(　　　)를 따라 이동하는 ㉡(　　　)가 다른 것을 이용하여 혼합물을 분리하는 방법을 크로마토그래피라고 한다.

확인 문제

01 위 실험에 대한 설명으로 옳은 것은 ○, 옳지 않은 것은 ×로 표시하시오.

(1) 사인펜 잉크를 찍은 점이 용매에 충분히 잠기도록 장치한다. ( )

(2) 용매의 증발을 막기 위해 비커의 입구에 유리판을 덮는다. ( )

(3) 사인펜의 잉크를 녹이지 않는 용매를 사용해야 한다. ( )

(4) 사인펜의 색에 따라 분리되는 색소의 종류가 다르게 나타난다. ( )

(5) 물 대신 에탄올을 용매로 사용하면 크로마토그래피 결과가 달라진다. ( )

(6) 수성 사인펜 대신 같은 색의 유성 사인펜으로 실험해도 크로마토그래피 결과는 같다. ( )

[02~03] 오른쪽 그림은 크로마토그래피 장치를 이용하여 사인펜 잉크의 색소를 분리하는 실험을 나타낸 것이다.

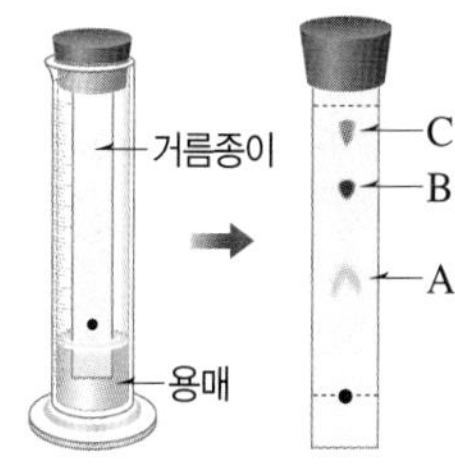

02 색소를 이루는 성분 물질은 최소 몇 가지인지 쓰고, 이동 속도가 가장 빠른 성분 물질의 기호를 쓰시오.

03 이 실험에 사용된 혼합물의 분리 방법을 쓰고, 이 방법의 장점을 두 가지 서술하시오.

여기서 잠깐

용해도 표에서 고체 석출량을 구하는 문제는 몇 가지 유형으로 정리할 수 있어. 여기서잠깐 을 통해 유형별로 문제를 익혀 보자.

● 정답과 해설 27쪽

용해도 표에서 고체 석출량 구하기

표는 염화 나트륨과 붕산의 용해도(g/물 100 g)를 나타낸 것이다. 80 ℃ 물 100 g에 염화 나트륨 15 g과 붕산 15 g이 섞인 혼합물을 모두 녹인 후 20 ℃로 냉각하였다.

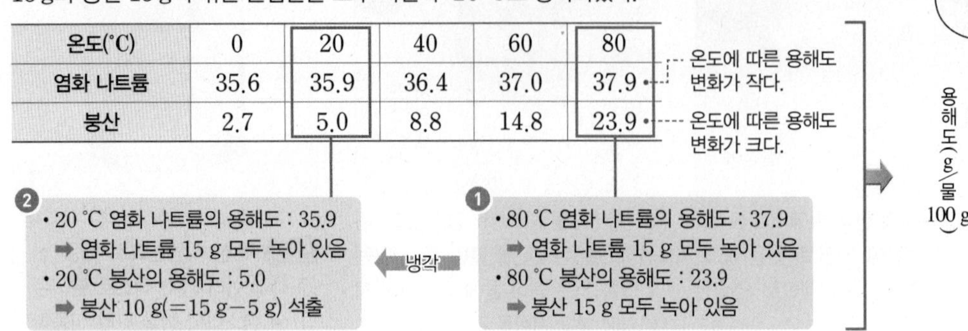

온도(℃)	0	20	40	60	80
염화 나트륨	35.6	35.9	36.4	37.0	37.9
붕산	2.7	5.0	8.8	14.8	23.9

온도에 따른 용해도 변화가 작다.
온도에 따른 용해도 변화가 크다.
① • 80 ℃ 염화 나트륨의 용해도 : 37.9 ➡ 염화 나트륨 15 g 모두 녹아 있음
• 80 ℃ 붕산의 용해도 : 23.9 ➡ 붕산 15 g 모두 녹아 있음
냉각
② • 20 ℃ 염화 나트륨의 용해도 : 35.9 ➡ 염화 나트륨 15 g 모두 녹아 있음
• 20 ℃ 붕산의 용해도 : 5.0 ➡ 붕산 10 g(=15 g−5 g) 석출

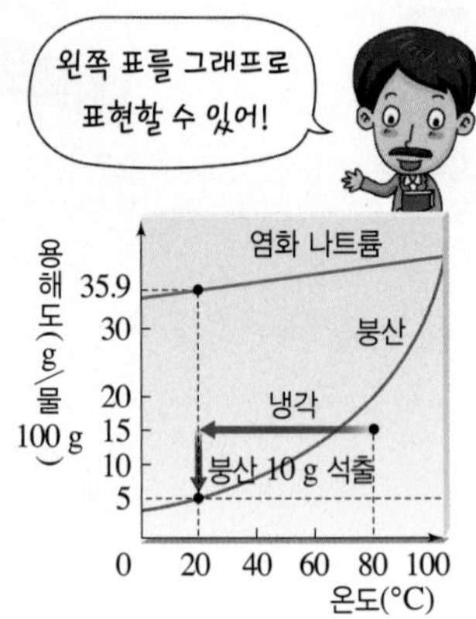

왼쪽 표를 그래프로 표현할 수 있어!
용해도(g/물 100 g)
35.9
30
20
15
10
5
0
20
40
60
80
100
온도(℃)
염화 나트륨
붕산
냉각
붕산 10 g 석출

유형 ①~② 표는 염화 나트륨과 질산 나트륨의 용해도(g/물 100 g)를 나타낸 것이다.

온도(℃)	0	20	40	60
염화 나트륨	35.6	35.9	36.4	37.0
질산 나트륨	73.0	87.3	104.1	123.7

유형 ① 물의 질량이 100 g인 경우

염화 나트륨 30 g과 질산 나트륨 100 g이 섞여 있는 혼합물을 60 ℃ 물 100 g에 모두 녹인 후 0 ℃로 냉각할 때 석출되는 물질의 종류와 질량(g)을 쓰시오.

1단계 냉각한 온도에서의 용해도를 이용해 석출되는 물질을 판단한다.

➡ 0 ℃에서 염화 나트륨의 용해도는 35.6, 질산 나트륨의 용해도는 73.0이므로 용해도 이상 들어 있는 질산 나트륨이 결정으로 석출된다.

2단계 석출량을 구한다.

➡ 0 ℃에서 질산 나트륨의 용해도는 73.0이므로 0 ℃로 냉각하면 질산 나트륨은 73 g만 녹고, 나머지 27 g(=100 g−73 g)이 결정으로 석출된다.

답 질산 나트륨, 27 g

유형 ② 물의 질량이 100 g이 아닌 경우

염화 나트륨 17 g과 질산 나트륨 45 g이 섞여 있는 혼합물을 40 ℃ 물 50 g에 모두 녹인 후 20 ℃로 냉각할 때 석출되는 물질의 종류와 질량(g)을 쓰시오.

1단계 냉각한 온도에서의 용해도를 이용해 물 50 g에 최대로 녹을 수 있는 용질의 양을 구하여 석출되는 물질을 판단한다.

➡

물질	20 ℃ 물 100 g에 최대로 녹을 수 있는 양		20 ℃ 물 50 g에 최대로 녹을 수 있는 양
염화 나트륨	35.9 g	÷2 →	17.95 g
질산 나트륨	87.3 g	÷2 →	43.65 g

용해도 이상 들어 있는 질산 나트륨이 결정으로 석출된다.

2단계 석출량을 구한다.

➡ 20 ℃ 물 50 g에 최대로 녹을 수 있는 질산 나트륨은 43.65 g이므로 20 ℃로 냉각하면 질산 나트륨은 43.65 g만 녹고, 나머지 1.35 g(= 45 g−43.65 g)이 결정으로 석출된다.

답 질산 나트륨, 1.35 g

유제 ① 표는 질산 칼륨과 황산 구리(Ⅱ)의 용해도(g/물 100 g)를 나타낸 것이다.

온도(℃)	20	40	60	80
질산 칼륨	31.9	62.9	109.2	170.3
황산 구리(Ⅱ)	20.0	28.5	40.4	57.0

질산 칼륨 85 g과 황산 구리(Ⅱ) 18 g이 섞여 있는 혼합물을 80 ℃ 물 100 g에 모두 녹인 후 20 ℃로 냉각할 때 석출되는 물질의 종류와 질량(g)을 쓰시오.

유제 ② 표는 염화 나트륨과 붕산의 용해도(g/물 100 g)를 나타낸 것이다.

온도(℃)	20	40	60	80
염화 나트륨	35.9	36.4	37.0	37.9
붕산	5.0	8.8	14.8	23.9

염화 나트륨 10 g과 붕산 5 g이 섞여 있는 혼합물을 60 ℃ 물 50 g에 모두 녹인 후 20 ℃로 냉각할 때 석출되는 물질의 종류와 질량(g)을 쓰시오.

물질의 특성을 이용해 혼합물을 분리하는 방법과 분리 장치 및 분리에 이용된 물질의 특성을 묻는 문제가 자주 출제돼. 여기서 잠깐 을 통해 혼합물의 분리 방법을 한 번에 정리하고, 표로 제시된 물질의 특성 자료를 해석하는 방법을 익혀 볼까?

● 정답과 해설 27쪽

혼합물의 분리 한눈에 구분하기

구분	끓는점 차를 이용한 분리	밀도 차를 이용한 분리		용해도 차를 이용한 분리	용매를 따라 이동하는 속도가 다른 것을 이용한 분리
	증류	고체 혼합물	액체 혼합물	재결정	크로마토그래피
장치	▲ 증류 장치	▲ 고체 혼합물 분리 장치	▲ 분별 깔때기	▲ 거름 장치	▲ 크로마토그래피
예	• 물과 에탄올 분리 • 탁한 술에서 맑은 소주 얻기(소줏고리 이용) • 바닷물에서 식수 얻기 • 원유의 분리(증류탑 이용)	• 좋은 볍씨 고르기 • 신선한 달걀 고르기 • 스타이로폼과 모래 분리	• 물과 식용유 분리 • 물과 에테르 분리 • 물과 사염화 탄소 분리 • 간장과 참기름 분리	• 순수한 질산 칼륨 얻기 • 천일염에서 정제 소금 얻기 • 합성 약품 정제	• 사인펜 잉크의 색소 분리 • 도핑 테스트 • 단백질 성분의 검출 • 잎의 색소 분리

물질의 특성을 이용해 혼합물 분리하기

잠깐! 이것만 기억하자.
1. 끓는점이 다르고, 서로 잘 섞이는 액체 혼합물은? ➡ 끓는점 차를 이용해 분리
2. 밀도가 다르고, 서로 섞이지 않는 액체 혼합물은? ➡ 밀도 차를 이용해 분리
3. 온도에 따른 용해도 차가 큰 고체 혼합물은? ➡ 용해도 차를 이용해 분리

표는 물, 에탄올, 식용유의 몇 가지 특성을 나타낸 것이다.

물질	용해성	끓는점(°C)	밀도(g/mL)
물	–	100	1.00
에탄올	물과 잘 섞인다.	78	0.79
식용유	물, 에탄올과 섞이지 않는다.	150	0.86

○ 물과 에탄올 혼합물 분리

➡ 서로 잘 섞이고, 끓는점이 다르다.
• 분리에 이용된 물질의 특성 : 끓는점
• 가장 적당한 분리 장치 : 증류 장치
• 분리 방법 : 물과 에탄올 혼합물을 가열하면 끓는점이 낮은 에탄올이 먼저 끓어 나오고, 끓는점이 높은 물이 나중에 끓어 나온다. ➡ 증류

○ 물과 식용유 혼합물 분리

➡ 서로 섞이지 않고, 밀도가 다르다.
• 분리에 이용된 물질의 특성 : 밀도
• 가장 적당한 분리 장치 : 분별 깔때기
• 분리 방법 : 마개를 연 후 꼭지를 돌려 아래층의 밀도가 큰 물을 먼저 분리하고, 위층의 밀도가 작은 식용유를 위쪽 입구로 분리한다.

유제 ❶ 표는 액체 물질 A~C의 몇 가지 특성을 조사한 자료이다.

물질	끓는점(°C)	밀도(g/mL)	용해성
A	78	0.79	C와 잘 섞인다.
B	76.7	1.63	A, C와 섞이지 않는다.
C	117.8	1.05	A와 잘 섞인다.

(1) A와 B, A와 C, B와 C 혼합물 중 증류로 분리하기에 가장 적당한 혼합물을 쓰시오.

(2) B와 C를 분리하기에 가장 적당한 실험 장치는?

① ② 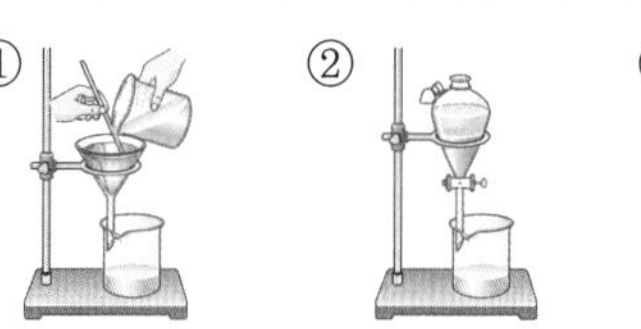

③ 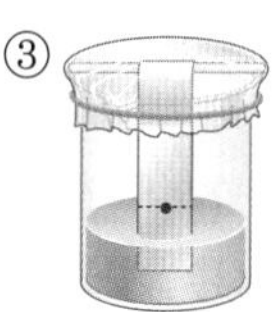

④ 

⑤ 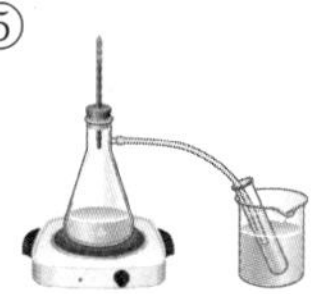

전국 주요 학교의 **시험에 가장 많이 나오는 문제**들로만 구성하였습니다.
모든 친구들이 '꼭' 봐야 하는 코너입니다.

기출 문제로 내신쑥쑥

A 용해도 차를 이용한 분리

중요

01 불순물이 포함된 질산 칼륨을 뜨거운 물에 녹인 후 냉각하여 거르면 순수한 질산 칼륨을 얻을 수 있다.

이 혼합물을 분리할 때 이용되는 (가) 물질의 특성과 (나) 혼합물의 분리 방법을 옳게 짝 지은 것은?

	(가)	(나)		(가)	(나)
①	용해도	증류	②	녹는점	증류
③	용해도	재결정	④	녹는점	재결정
⑤	용해도	크로마토그래피			

02 온도에 따른 용해도 차를 이용하여 분리하기에 적당한 혼합물을 보기에서 모두 고른 것은?

보기
ㄱ. 물과 에탄올
ㄴ. 물과 식용유
ㄷ. 물과 사염화 탄소
ㄹ. 스타이로폼과 모래
ㅁ. 붕산과 황산 구리(Ⅱ)
ㅂ. 질산 칼륨과 염화 나트륨

① ㄱ, ㄴ ② ㄴ, ㄷ ③ ㄷ, ㄹ
④ ㄹ, ㅁ ⑤ ㅁ, ㅂ

중요

03 표는 질산 칼륨과 황산 구리(Ⅱ)의 용해도(g/물 100 g)를 나타낸 것이다.

온도(°C)	0	20	40	60	80
질산 칼륨	13.6	31.9	62.9	109.2	170.3
황산 구리(Ⅱ)	14.2	20.0	28.5	40.4	57.0

질산 칼륨 100 g과 황산 구리(Ⅱ) 10 g이 섞여 있는 혼합물을 80 °C 물 100 g에 모두 녹인 후 20 °C로 냉각할 때 석출되는 물질의 종류와 질량은?

① 질산 칼륨, 68.1 g ② 질산 칼륨, 70.3 g
③ 황산 구리(Ⅱ), 4.2 g ④ 황산 구리(Ⅱ), 10.0 g
⑤ 질산 칼륨, 68.1 g+황산 구리(Ⅱ), 10.0 g

탐구 a 92쪽

[04~05] 다음은 염화 나트륨과 붕산의 온도에 따른 용해도 곡선을 나타낸 것이다.

(가) 염화 나트륨 15 g과 붕산 10 g이 섞여 있는 혼합물을 80 °C 물 50 g에 모두 녹인다.
(나) 과정 (가)의 용액을 20 °C로 냉각한 후 거름종이로 거른다.

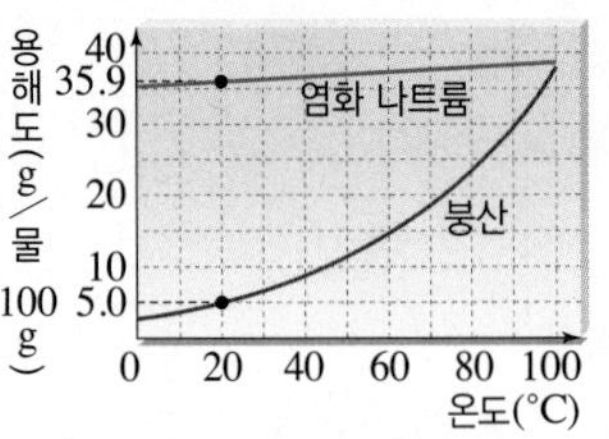

중요

04 이에 대한 설명으로 옳은 것을 보기에서 모두 고른 것은?

보기
ㄱ. 끓는점 차를 이용하여 분리한다.
ㄴ. 이와 같은 분리 방법을 재결정이라고 한다.
ㄷ. 염화 나트륨은 붕산보다 온도에 따른 용해도 차가 작다.
ㄹ. 이와 같은 방법으로 천일염에서 순도 높은 소금을 얻을 수 있다.

① ㄱ, ㄴ ② ㄴ, ㄷ ③ ㄷ, ㄹ
④ ㄱ, ㄴ, ㄷ ⑤ ㄴ, ㄷ, ㄹ

중요

05 과정 (나)에서 거름종이 위에 남는 물질의 종류와 그 질량은?

① 붕산, 5.0 g ② 붕산, 7.5 g
③ 염화 나트륨, 3.0 g ④ 염화 나트륨, 6.0 g
⑤ 붕산, 7.5 g+염화 나트륨, 6.0 g

B 크로마토그래피를 이용한 분리

06 크로마토그래피에 대한 설명으로 옳지 않은 것은?

① 사용하는 용매에 따라 결과가 달라진다.
② 매우 적은 양의 혼합물도 분리할 수 있다.
③ 성분 물질의 용해도 차를 이용한 분리 방법이다.
④ 성분 물질의 성질이 비슷한 혼합물도 분리할 수 있다.
⑤ 혼합물의 성분 물질 중에서 용매를 따라 이동하는 속도가 가장 빠른 물질이 가장 멀리 이동한다.

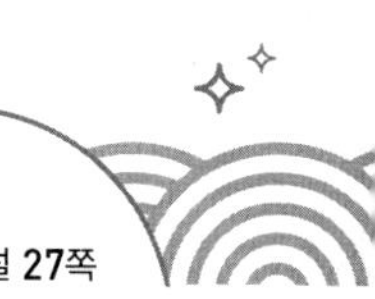

● 정답과 해설 27쪽

탐구 b | 93쪽

07 오른쪽 그림은 수성 사인펜 잉크의 색소를 분리하기 위한 실험 장치를 나타낸 것이다. 이에 대한 설명으로 옳은 것은?

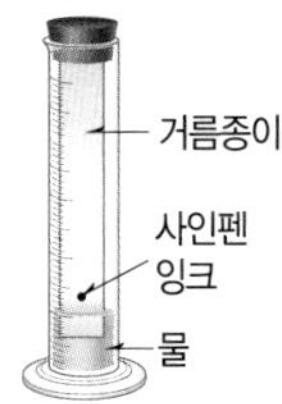

① 사인펜 잉크는 최대한 크게, 여러 번, 진하게 찍는다.
② 사인펜 잉크를 찍은 점이 물에 잠기게 장치한다.
③ 용매의 증발을 막기 위해 용기의 입구를 막는다.
④ 가장 아래쪽에 분리되는 색소의 이동 속도가 가장 빠르다.
⑤ 물 대신 에탄올을 사용해도 실험 결과는 같다.

중요

08 그림은 크로마토그래피를 이용하여 물질 A~E를 분리한 결과를 나타낸 것이다.

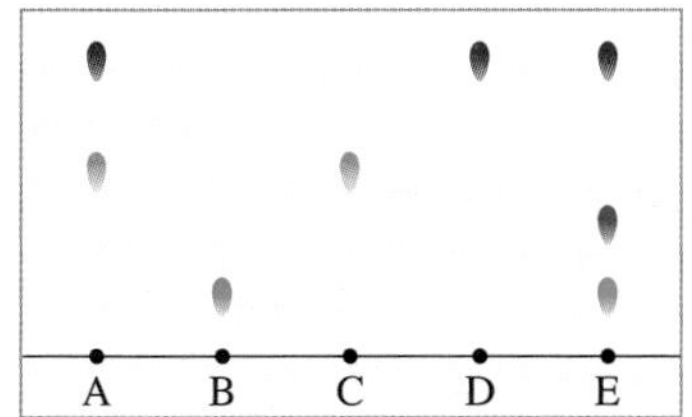

이에 대한 설명으로 옳지 않은 것은?

① 순물질로 예상되는 것은 B, C, D이다.
② A에는 C와 D가 포함되어 있다.
③ A와 E에는 공통으로 D가 포함되어 있다.
④ C는 D보다 용매를 따라 이동하는 속도가 빠르다.
⑤ E를 이루는 성분 물질은 최소 3가지이다.

09 크로마토그래피의 원리를 이용하여 혼합물을 분리하는 예가 아닌 것은?

① 도핑 테스트
② 의약품의 성분 검출
③ 바닷물에서 식수 분리
④ 시금치 잎의 색소 분리
⑤ 식품 속 농약 성분 검출

중요

10 혼합물을 분리할 때 이용되는 물질의 특성과 분리 방법 및 분리 장치를 옳게 짝 지은 것은?

	혼합물	물질의 특성	분리 방법 및 장치
①	물과 메탄올	밀도	증류
②	물과 식용유	끓는점	분별 깔때기
③	원유	끓는점	증류
④	간장과 참기름	밀도	재결정
⑤	염화 나트륨과 붕산	용해도	크로마토그래피

중요

11 그림은 혼합물을 분리하는 여러 가지 실험 장치를 나타낸 것이다.

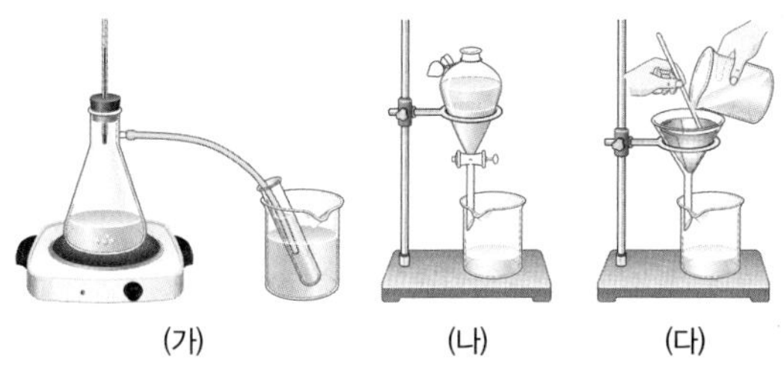

(가) (나) (다)

(가)~(다)의 실험 장치를 이용하여 혼합물을 분리하는 예를 옳게 짝 지은 것은?

① (가) – 소금물에서 물을 얻는다.
② (가) – 스타이로폼과 모래를 분리한다.
③ (나) – 천일염에서 깨끗한 소금을 얻는다.
④ (나) – 물과 에탄올의 혼합 용액을 분리한다.
⑤ (다) – 물과 식용유가 섞인 혼합 용액을 분리한다.

12 그림은 소금, 에탄올, 물, 모래가 섞여 있는 혼합물을 분리하기 위한 과정이다.

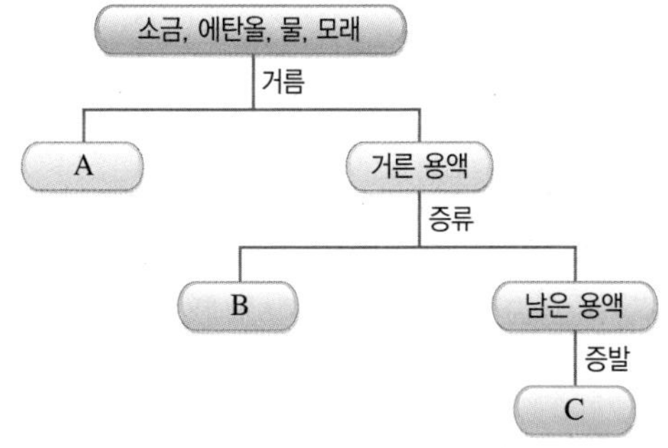

A~C에서 얻어지는 물질을 옳게 짝 지은 것은?

	A	B	C
①	소금	모래	에탄올
②	소금	모래	물
③	모래	에탄올	소금
④	모래	소금	에탄올
⑤	모래	에탄올	물

서술형 문제

중요

13 오른쪽 그림은 질산 칼륨과 염화 나트륨의 용해도 곡선을 나타낸 것이다. 질산 칼륨 60 g과 염화 나트륨 5 g이 섞여 있는 혼합물을 60 °C의 물 100 g에 모두 녹인 후 20 °C로 냉각할 때 석출되는 물질의 종류와 질량(g)을 풀이 과정과 함께 서술하시오.

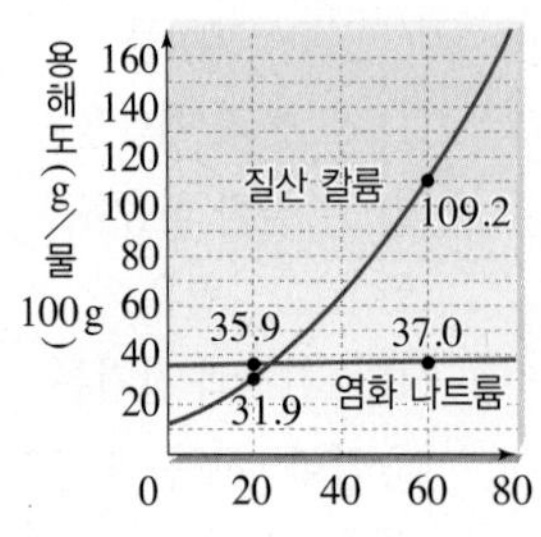

14 오른쪽 그림은 크로마토그래피를 이용하여 운동선수 A~C의 도핑 테스트를 진행한 결과이다. 금지 약물을 복용한 운동선수의 기호를 고르고, 그 까닭을 서술하시오.

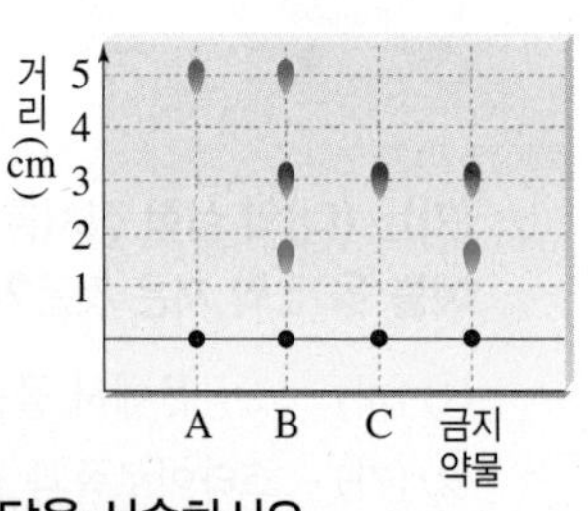

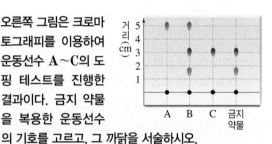

15 그림은 혼합물을 분리하는 과정을 나타낸 것이다.

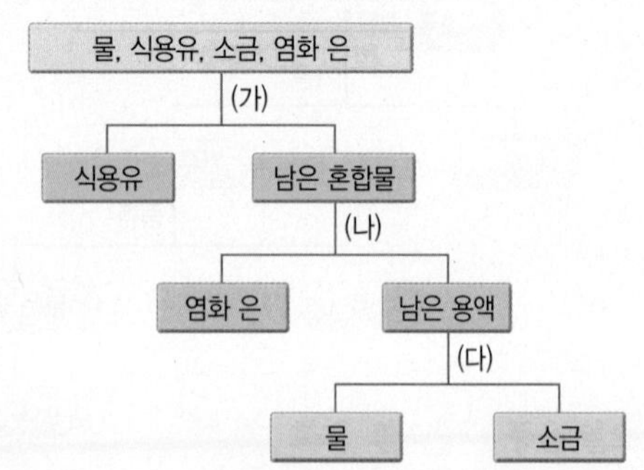

(1) (가)와 (나) 과정에서 이용되는 물질의 특성을 각각 쓰시오.

(2) (다) 과정에서 혼합물을 분리하는 방법을 이용되는 물질의 특성을 포함하여 서술하시오.

수준 높은 문제로 실력 탄탄

● 정답과 해설 29쪽

01 표는 질산 칼륨과 황산 구리(Ⅱ)의 용해도(g/물 100 g)를, 그림은 거름 장치를 나타낸 것이다. 질산 칼륨 20 g과 황산 구리(Ⅱ) 6 g이 섞여 있는 혼합물을 40 °C 물 50 g에 모두 녹인 다음 0 °C로 냉각하여 거름 장치로 걸렀다.

온도(°C)	0	20	40
질산 칼륨	13.6	31.9	62.9
황산 구리(Ⅱ)	14.2	20.0	28.5

이에 대한 설명으로 옳은 것을 보기에서 모두 고른 것은?

보기
ㄱ. (가)의 거름종이 위에 질산 칼륨 13.2 g이 남는다.
ㄴ. 걸러진 용액 (나)에는 황산 구리(Ⅱ)만 녹아 있다.
ㄷ. 혼합물을 0 °C로 냉각하는 과정에서 20 °C일 때 질산 칼륨은 모두 물에 녹아 있다.

① ㄱ ② ㄴ ③ ㄷ
④ ㄴ, ㄷ ⑤ ㄱ, ㄴ, ㄷ

02 다음은 사탕수수로부터 설탕을 얻는 과정을 나타낸 것이다.

(가) 사탕수수 으깬 즙을 가열하여 농축한다.
(나) 농축된 즙을 냉각하면 노란 결정이 생긴다.
(다) 노란 결정이 생긴 용액을 원심 분리하여 액체 성분을 분리한다.
(라) 노란 결정을 따뜻한 물에 녹인 후 서서히 냉각하여 순수한 설탕 결정을 얻는다.

사탕수수에서 설탕을 얻는 데 이용되는 물질의 특성을 옳게 짝 지은 것은?

	(가)	(나)	(다)	(라)
①	밀도	끓는점	용해도	밀도
②	밀도	용해도	끓는점	용해도
③	용해도	끓는점	밀도	용해도
④	끓는점	용해도	밀도	용해도
⑤	끓는점	밀도	끓는점	용해도

단원 평가 문제

지금까지 열심히 달려오셨어요!
단원 평가 문제를 풀면서 자신의 **실력**을 **확인**해 봅시다.

● 정답과 해설 29쪽

01 순물질에 해당하는 것을 보기에서 모두 고른 것은?

보기		
ㄱ. 공기	ㄴ. 땜납	ㄷ. 암석
ㄹ. 구리	ㅁ. 암모니아	ㅂ. 염화 나트륨

① ㄱ, ㄴ, ㄷ ② ㄱ, ㄷ, ㅁ ③ ㄴ, ㄹ, ㅂ
④ ㄷ, ㄹ, ㅁ ⑤ ㄹ, ㅁ, ㅂ

02 그림과 같이 여러 가지 물질을 분류하였다.

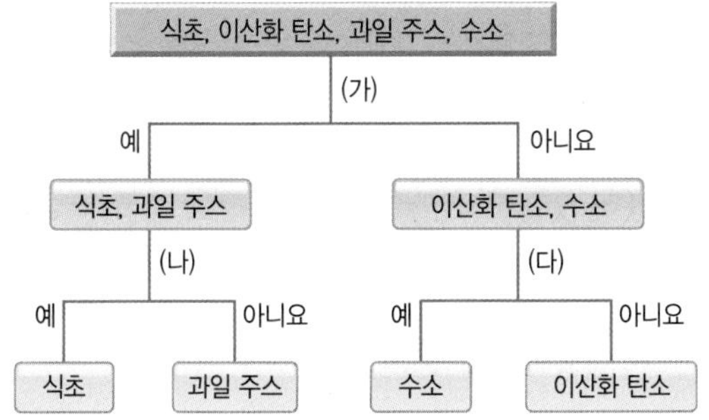

이에 대한 설명으로 옳지 않은 것은?

① (가)의 분류 기준은 '한 가지 물질로 이루어져 있는가?'이다.
② (나)의 분류 기준은 '고르게 섞여 있는가?'이다.
③ (다)의 분류 기준은 '한 종류의 원소로 이루어져 있는가?'이다.
④ 식초는 균일 혼합물이고, 과일 주스는 불균일 혼합물이다.
⑤ 수소와 이산화 탄소는 순물질이다.

03 물질을 구별할 수 있는 성질을 옳게 짝 지은 것은?

① 길이, 부피 ② 질량, 밀도
③ 부피, 질량 ④ 끓는점, 녹는점
⑤ 농도, 용해도

04 오른쪽 그림은 물과 소금물의 가열 곡선이다. 이에 대한 설명으로 옳은 것은?

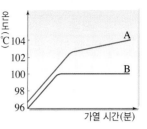

온도(℃) 104 102 100 98 96
A
B
가열 시간(분)

① A는 순물질이다.
② B는 혼합물이다.
③ A의 냉각 곡선에는 온도가 일정한 구간이 있다.
④ B는 물질의 양에 따라 어는점이 달라진다.
⑤ 외부 압력이 높아지면 B의 수평 구간의 온도가 높아진다.

05 시험관 2개에 한 종류의 순수한 액체 물질을 5 mL, 10 mL씩 넣고 각각 가열할 때 나타나는 결과로 옳은 것은?(단, 외부 압력과 가열하는 불꽃의 세기는 같다.)

①, ②
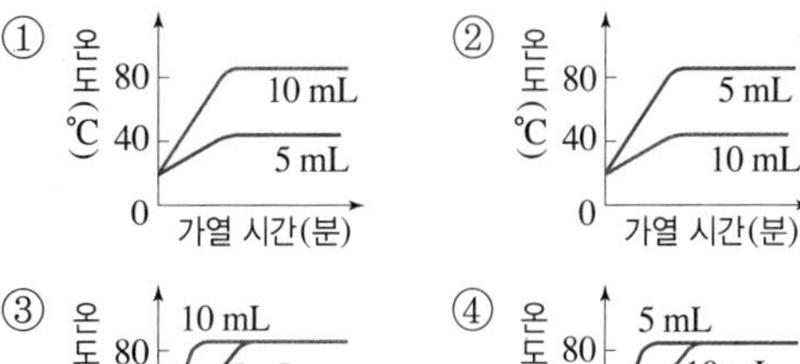

③

④
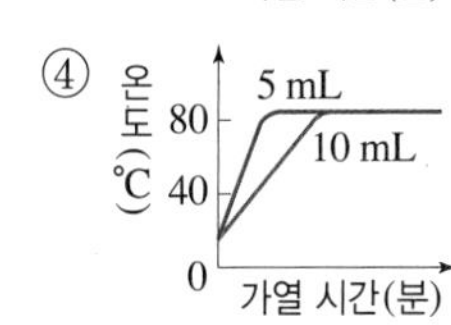

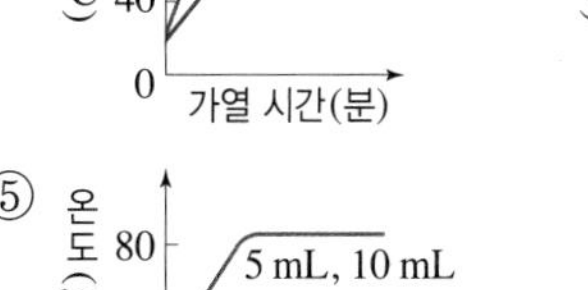

⑤

온도(℃) 80 40 0
5 mL, 10 mL
가열 시간(분)

06 그림은 고체 상태인 로르산과 팔미트산의 가열·냉각 곡선을 나타낸 것이다.

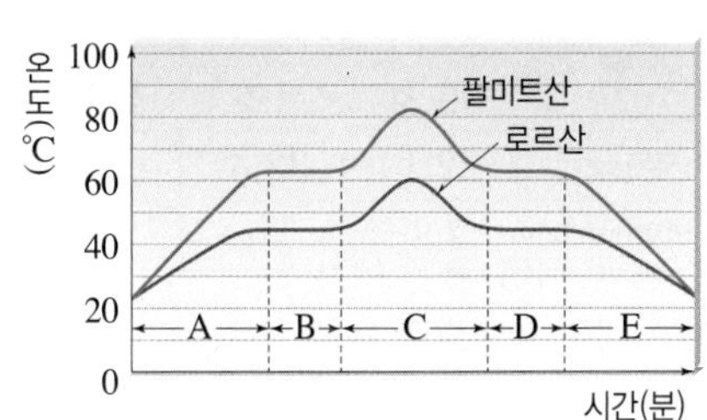

이에 대한 설명으로 옳지 않은 것은?

① 로르산과 팔미트산은 순물질이다.
② 두 물질 모두 B와 D 구간에서 상태가 변한다.
③ 녹는점을 이용하여 두 물질을 구별할 수 있다.
④ 두 물질의 양이 증가하면 B 구간의 온도가 높아진다.
⑤ 두 물질은 A, E 구간에서 고체 상태, C 구간에서 액체 상태로 존재한다.

07 표는 여러 가지 물질의 끓는점과 녹는점을 나타낸 것이다. 실온(약 20 ˚C)에서 기체 상태인 물질은?

물질	①	②	③	④	⑤
끓는점(˚C)	357	−183	100	218	78
녹는점(˚C)	−39	−218	0	80	−114

08 그림은 물질 A～E의 질량과 부피를 나타낸 것이다.

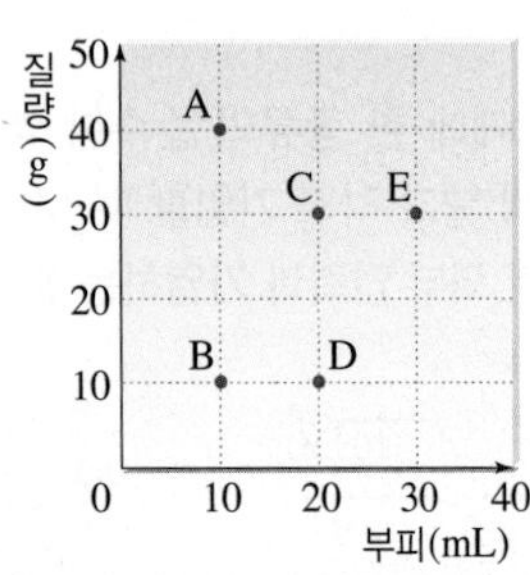

물질의 종류가 같은 것끼리 옳게 짝 지은 것은?

① A, B ② B, D ③ B, E
④ C, D ⑤ D, E

09 표는 크기가 다른 철과 알루미늄의 부피와 질량을 측정한 것이다.

구분	철		알루미늄	
	작은 것	큰 것	작은 것	큰 것
질량(g)	22.1	32.4	7.3	11.6
부피(cm^3)	2.8	4.1	2.7	4.3

이에 대한 설명으로 옳은 것을 보기에서 모두 고른 것은?(단, 물의 밀도는 1.0 g/cm^3이다.)

보기
ㄱ. 철과 알루미늄은 모두 물에 가라앉는다.
ㄴ. 철 조각을 반으로 자르면 밀도가 작아진다.
ㄷ. 알루미늄을 가열하여 액체 상태가 되더라도 밀도는 변하지 않는다.

① ㄱ ② ㄴ ③ ㄷ
④ ㄱ, ㄴ ⑤ ㄴ, ㄷ

10 오른쪽 그림은 질산 칼륨과 염화 나트륨의 용해도 곡선을 나타낸 것이다. 이에 대한 설명으로 옳지 않은 것은?

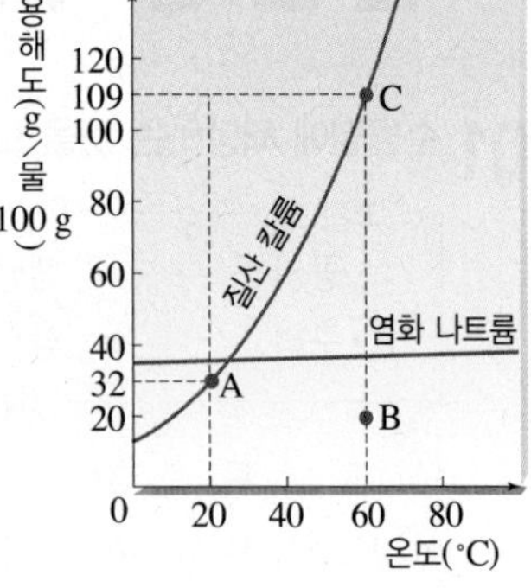

① 온도가 높을수록 두 물질의 용해도가 증가한다.
② 질산 칼륨은 염화 나트륨보다 온도에 따른 용해도 변화가 크다.
③ A점과 C점에서 질산 칼륨 수용액은 포화 용액이다.
④ B점에서 염화 나트륨은 물에 더 녹을 수 있다.
⑤ 물 100 g에 질산 칼륨을 녹여 만든 C 용액을 20 ˚C로 냉각하면 32 g의 결정이 석출된다.

11 표는 질산 칼륨의 용해도(g/물 100 g)를 나타낸 것이다.

온도(˚C)	0	20	40	60	80
질산 칼륨	14	32	63	109	170

20 ˚C에서 질산 칼륨 20 g이 녹아 있는 수용액 120 g을 포화 용액으로 만들기 위해 더 넣어 주어야 하는 질산 칼륨의 질량(g)은?

① 12 g ② 14 g ③ 18 g
④ 31 g ⑤ 77 g

12 시험관 A, B와 감압 용기에 같은 양의 사이다를 넣고 그림과 같이 장치한 후 발생하는 기포를 관찰하였다.

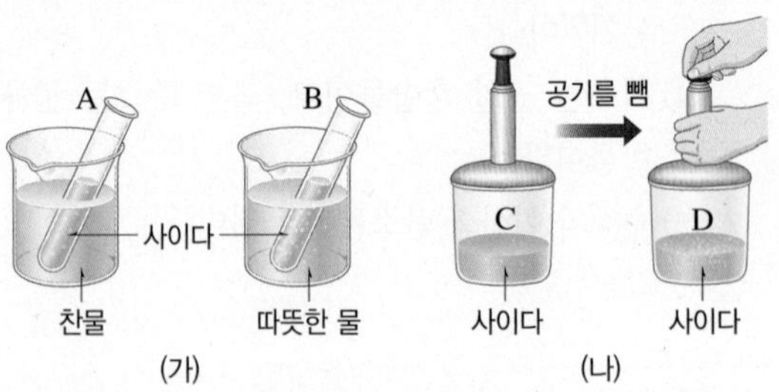

이에 대한 설명으로 옳은 것을 보기에서 모두 고른 것은?

보기
ㄱ. (가)에서 발생하는 기포의 수는 A<B이다.
ㄴ. (나)에서 발생하는 기포의 수는 D<C이다.
ㄷ. (가)는 기체의 용해도와 온도의 관계, (나)는 기체의 용해도와 압력의 관계를 설명할 수 있다.

① ㄷ ② ㄱ, ㄴ ③ ㄱ, ㄷ
④ ㄴ, ㄷ ⑤ ㄱ, ㄴ, ㄷ

13 다음은 소줏고리를 이용하여 소주를 얻는 과정에 대한 설명이다. ㉠~㉢에 알맞은 말을 옳게 짝 지은 것은?

> 소줏고리에 탁한 술을 넣고 가열하면 끓는점이 ㉠(　　) 에탄올이 먼저 ㉡(　　)되어 끓어 나온다. 이 기체 물질이 찬물이 담긴 그릇에 닿으면 ㉢(　　)되어 소주가 소줏고리 가지를 따라 흘러 나온다.

	㉠	㉡	㉢
①	높은	기화	액화
②	높은	액화	기화
③	낮은	액화	기화
④	낮은	기화	액화
⑤	낮은	기화	응고

14 그림 (가)와 같은 실험 장치로 물과 에탄올 혼합물을 가열하면서 온도 변화를 측정한 결과가 (나)와 같았다.

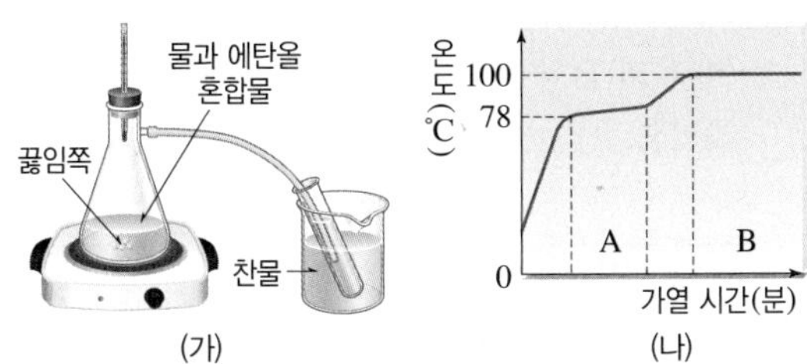

이에 대한 설명으로 옳은 것을 보기에서 모두 고른 것은?

> **보기**
> ㄱ. (가)에서 끓임쪽은 액체를 빨리 끓게 하기 위해 넣는다.
> ㄴ. (나)의 A 구간에서는 에탄올이 주로 끓어 나온다.
> ㄷ. (나)의 B 구간에서는 물이 끓어 나온다.
> ㄹ. 이 혼합물은 끓는점 차를 이용하여 분리한다.

① ㄱ, ㄴ　② ㄴ, ㄷ　③ ㄷ, ㄹ
④ ㄱ, ㄷ, ㄹ　⑤ ㄴ, ㄷ, ㄹ

15 오른쪽 그림은 원유를 분리하는 증류탑을 나타낸 것이다. 이에 대한 설명으로 옳은 것은?

① 용해도 차를 이용하여 혼합물을 분리한다.
② 끓는점이 다른 액체 혼합물을 분리하는 장치이다.
③ 증류탑의 위쪽으로 갈수록 온도가 높다.
④ A~E에서 분리되어 나오는 물질은 순물질이다.
⑤ A의 끓는점이 가장 높고, E의 끓는점이 가장 낮다.

16 오른쪽 그림은 혼합물을 분리하는 실험 기구를 나타낸 것이다. 이 실험 기구로 분리하기에 적당한 혼합물을 모두 고르면?(2개)

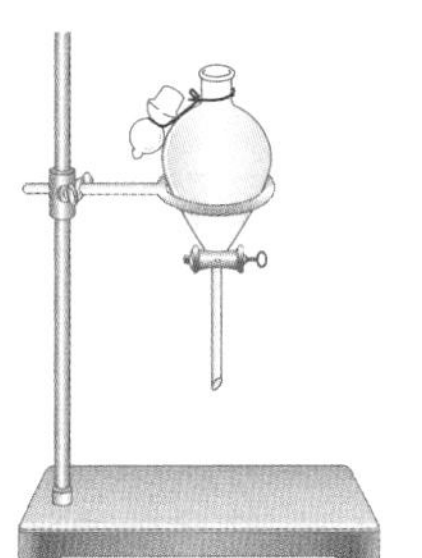

① 물과 에탄올
② 물과 식용유
③ 물과 에테르
④ 물과 메탄올
⑤ 질산 칼륨과 염화 나트륨

17 표는 염화 나트륨과 붕산의 용해도(g/물 100 g)를 나타낸 것이다.

온도(°C)	0	20	40	60	80
염화 나트륨	35.6	35.9	36.4	37.0	37.9
붕산	2.7	5.0	8.8	14.8	23.9

염화 나트륨 30 g과 붕산 20 g이 섞인 혼합물을 80 °C 물 100 g에 모두 녹인 후 40 °C로 냉각하여 거를 때 거름종이 위에 남는 물질의 종류와 그 질량은?

① 염화 나트륨, 4 g　② 염화 나트륨, 9.8 g
③ 붕산, 8.8 g　④ 붕산, 11.2 g
⑤ 붕산, 15 g

18 그림은 크로마토그래피를 이용하여 물질 A~D를 분리한 결과를 나타낸 것이다.

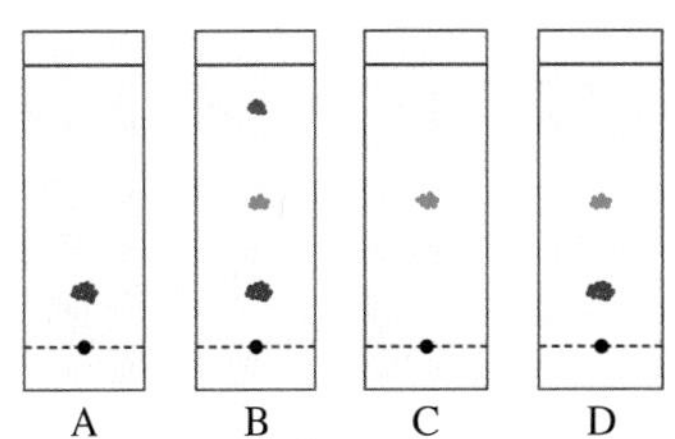

이에 대한 설명으로 옳지 <u>않은</u> 것은?

① A와 C는 순물질로 예상할 수 있다.
② B의 성분 물질은 최소 3가지이다.
③ D에는 A와 C가 섞여 있다.
④ A의 이동 속도가 가장 빠르다.
⑤ 운동선수의 도핑 테스트도 같은 원리를 이용한다.

서술형 문제

19 오른쪽 그림은 어떤 액체 물질의 양을 달리하여 가열할 때 온도 변화를 나타낸 것이다. A~C의 양을 부등호로 비교하고, 그 까닭을 서술하시오.(단, 외부 압력과 가열하는 불꽃의 세기는 같다.)

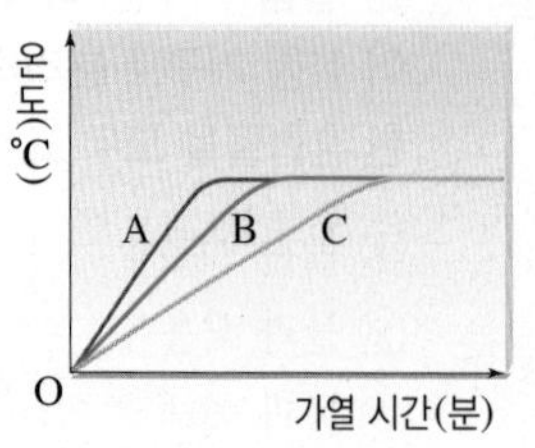

20 오른쪽 그림은 액체 물질 A와 B의 냉각 곡선을 나타낸 것이다. A와 B 중 혼합물의 기호를 쓰고, 그 까닭을 서술하시오.

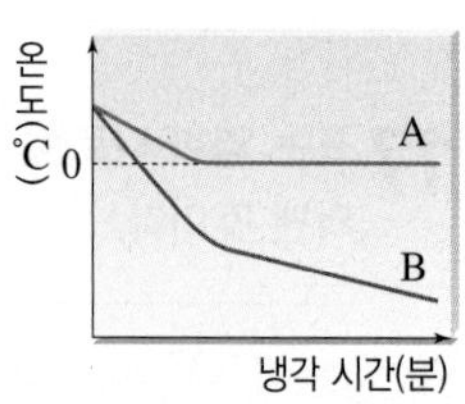

21 표는 20 ℃, 1기압에서 LNG, LPG, 공기의 밀도를 나타낸 것이다.

기체	LNG	LPG	공기
밀도(g/cm^3)	0.00075	0.00186	0.00121

LNG와 LPG의 가스 누출 경보기를 설치할 때 적절한 설치 위치를 그 까닭과 함께 서술하시오.

22 그림은 어떤 고체 물질의 용해도 곡선을 나타낸 것이다.

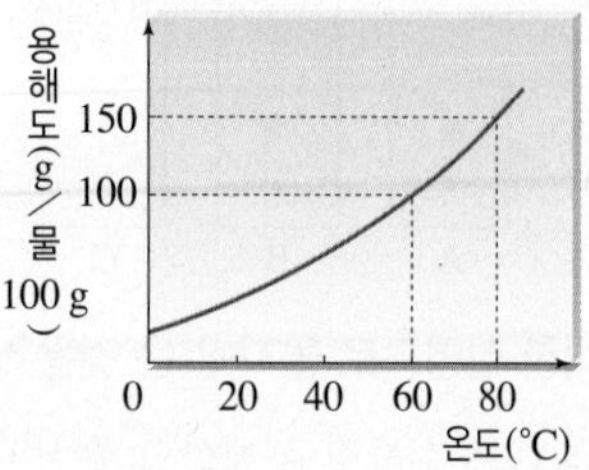

80 ℃의 물 50 g에 고체 물질을 녹여 포화 용액을 만든 후 60 ℃로 냉각할 때 석출되는 결정의 질량(g)을 풀이 과정과 함께 서술하시오.

23 표는 물과 액체 A, B의 몇 가지 특성을 나타낸 것이고, 그림은 혼합물을 분리하는 장치를 나타낸 것이다.

물질	밀도(g/mL)	끓는점(℃)	용해성
물	1.00	100	A와 잘 섞인다.
A	0.88	80	물과 잘 섞인다.
B	0.79	56	물과 섞이지 않는다.

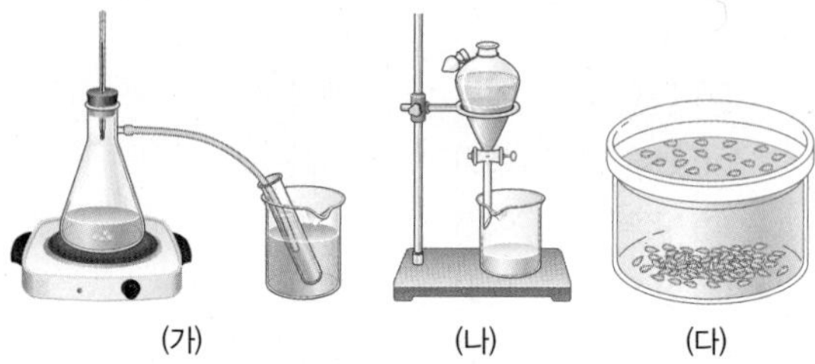

(1) 물과 A의 혼합물을 분리할 때 이용되는 물질의 특성을 쓰시오.

(2) 물과 B의 혼합물을 분리하기에 가장 적당한 실험 장치를 고르고, 그 까닭을 서술하시오.

24 표는 질산 칼륨과 질산 나트륨의 용해도(g/물 100 g)를 나타낸 것이다.

온도(℃)	0	20	40	60	80
질산 칼륨	13.6	31.9	62.9	109.2	170.3
질산 나트륨	73.0	87.3	104.1	123.7	148.0

(1) 질산 칼륨 100 g과 질산 나트륨 80 g이 섞인 혼합물을 80 ℃ 물 100 g에 넣어 모두 녹인 후 20 ℃로 냉각할 때 석출되는 물질의 종류와 질량(g)을 쓰시오.

(2) 두 혼합물의 분리 방법을 쓰고, 이와 같은 혼합물의 분리에 이용되는 물질의 특성을 '온도'라는 용어를 포함하여 서술하시오.

이 단원에서 학습한 내용을 확실히 이해했나요?
다음 내용을 잘 알고 있는지 스스로 체크해 보세요.

☐ 60쪽 Ⓐ
순물질과 혼합물의 정의와 분류, 구별 방법을 설명할 수 있다.

☐ 62쪽 Ⓑ
끓는점의 정의를 알고, 끓는점이 물질의 특성임을 설명할 수 있다.

☐ 62쪽 Ⓑ
녹는점과 어는점의 정의를 알고, 물질의 상태를 설명할 수 있다.

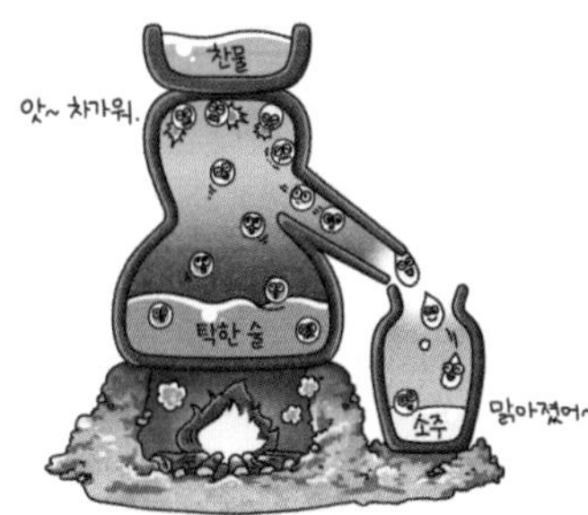

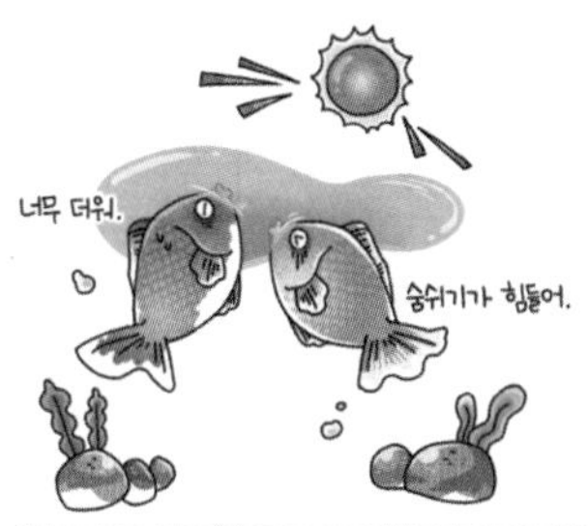

☐ 80쪽 Ⓐ
끓는점 차를 이용한 혼합물의 분리 방법을 설명할 수 있다.

☐ 70쪽 Ⓑ
용해와 용액을 알고, 고체와 기체의 용해도를 설명할 수 있다.

☐ 68쪽 Ⓐ
부피와 질량을 측정하여 밀도를 구하고, 이를 설명할 수 있다.

☐ 82쪽 Ⓑ
밀도 차를 이용한 혼합물의 분리 방법을 설명할 수 있다.

☐ 90쪽 Ⓐ
용해도 차를 이용한 혼합물의 분리 방법을 설명할 수 있다.

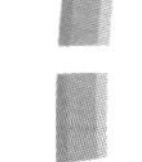

☐ 90쪽 Ⓑ
크로마토그래피를 이용한 혼합물의 분리 방법을 설명할 수 있다.

- 모두 체크　참 잘했어요! 이 단원을 완벽하게 이해했군요!
- 8~5개 체크　알쏭달쏭한 내용은 해당 쪽으로 돌아가 복습하세요.
- 4개 이하　이 단원을 한 번 더 학습하세요.

수권과 해수의 순환

|다른 학년과의 연계는?|

초등학교 3~4학년

- 지구와 달 : 지구 표면은 바다와 육지로 이루어져 있다.
- 물의 상태 변화 : 물은 끊임없이 이동하고 상태가 변하며 순환한다. 물은 소중한 자원이므로 물 부족 현상을 해결하기 위한 노력이 필요하다.

중학교 2학년

- 수권의 분포와 활용 : 수권은 해수, 빙하, 지하수, 호수와 하천수로 이루어져 있으며, 우리가 활용할 수 있는 물은 매우 적다.
- 해수의 특성 : 여러 요인에 따라 해수의 수온과 염분이 달라진다.
- 해수의 순환 : 바다에서는 해류와 조류 같은 해수의 흐름이 나타난다.

지구과학 Ⅰ

- 해수의 성질 : 여러 요인에 따라 해수의 수온, 염분, 밀도, 용존 산소량이 달라진다.
- 표층 순환 : 대기 대순환에 의해 표층 순환이 나타난다.
- 심층 순환 : 수온과 염분에 따른 밀도 차에 의해 심층 순환이 나타난다.

지구과학 Ⅱ

- 해수의 운동 : 수압 경도력과 전향력으로 해수의 운동을 설명할 수 있다.
- 조석 : 달과 태양의 기조력에 의해 조석이 발생하며, 조석의 양상은 시기와 지역에 따라 다르다.

알고 있나요?

이 단원에서는 수권의 분포와 활용 및 수권에서 가장 많은 양을 차지하는 해수의 특성과 순환에 대해 알아본다. 이 단원을 들어가기 전에 이전 학년에서 배운 개념을 확인해 보자.

다음 내용에서 필요한 단어를 골라 빈칸을 완성해 보자.

얼음, 수증기, 식물, 바다, 민물, 짠맛

초4 **1. 물의 상태 변화**

물은 ❶□□에 가장 많이 존재하지만, 높은 산이나 극지방에 ❷□□ 같은 고체 상태로도 존재한다.

강이나 호수, 바다의 물이 증발하면 ❸□□□가 되고, 구름을 이루어 다시 비를 내린다.

물은 동물과 식물의 속에도 존재하며, ❹□□의 잎에서 물이 기체 상태로 빠져나간다.

2. 물과 우리 생활

① 지구 표면의 많은 부분은 ❺□□로 덮여 있다.
② 바닷물은 육지의 물과는 달리 ❻□□이 난다.
③ 지구에는 많은 물이 있지만, 우리가 사용할 수 있는 ❼□□은 아주 적은 양이다.
④ 물 부족 현상을 해결하기 위해 물의 소중함을 인식하고 아껴 써야 한다.

정답 | ❶ 바다 ❷ 얼음 ❸ 수증기 ❹ 식물 ❺ 바다 ❻ 짠맛 ❼ 민물

01 수권의 분포와 활용

A 수권의 분포

1 수권 지구에 분포하는 물 ➡ 지구 표면의 약 70 %는 물로 덮여 있다.

화보 7.1

2 수권의 분포 수권은 크게 해수와 담수로 구분한다.

① 수권의 분포 : 해수가 대부분을 차지하고, 담수 중 빙하가 가장 큰 비율을 차지한다.

해수 > 빙하 > 지하수 > 호수와 하천수
(담수: 빙하 > 지하수 > 호수와 하천수)

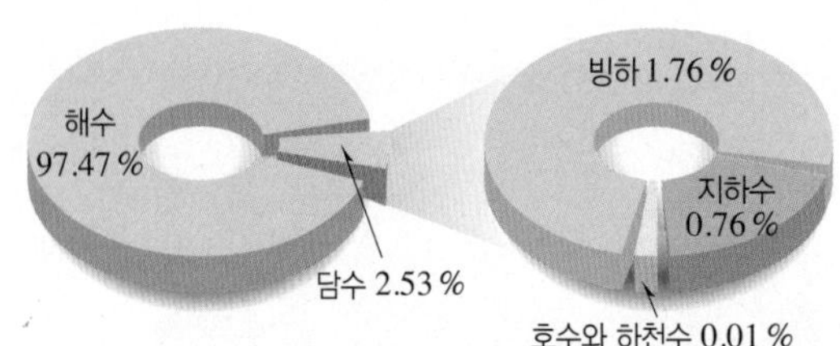

② 수권을 구성하는 물의 특징

해수	수권을 구성하는 물의 대부분을 차지하며, 짠맛이 난다.	
*담수	육지의 물은 대부분 담수이며, 짠맛이 나지 않는다.	
	빙하	눈이 쌓여 굳어진 고체 상태의 물로, 고산 지대나 극지방에 분포한다.
	지하수	땅속 지층이나 암석 사이의 빈틈을 채우고 있거나 매우 천천히 흐르는 물로, 주로 빗물이 지하로 스며들어 생긴다.
	호수, 하천수	지표를 흐르거나 고여 있는 물로, 매우 적은 양을 차지한다.

B 수권의 활용

1 수자원 사람이 살아가는 데 자원으로 활용하는 물

① 쉽게 활용할 수 있는 물 : 담수 중에서 주로 호수와 하천수를 활용하고, 부족한 경우 지하수를 활용한다. ➡ 수권 전체의 약 0.77 %에 해당하는 적은 양이다.

② 해수는 짠맛이 나고, 빙하는 얼어 있어 바로 활용하기 어렵다.[1]

화보 7.2 7.3

2 수자원의 용도 물은 우리 생활에 필수적인 자원이며, 다양한 용도로 활용된다.[2][3]

생활*용수	농업용수	공업용수	유지용수
일상생활에 쓰이는 물 예 마실 때, 요리할 때, 씻을 때	농업 활동에 쓰이는 물 예 농사를 지을 때, 가축을 기를 때	산업 활동에 쓰이는 물 예 제품을 만들거나 세척할 때	하천의 정상적인 기능을 유지하기 위해 필요한 물

3 수자원의 가치 인구가 증가하고 산업이 발달하면서 물 사용량은 점점 많아지고 있지만, 활용할 수 있는 수자원의 양은 매우 적고 한정되어 있다.

지하수의 가치
- 지하수는 호수와 하천수에 비해 양이 많고, 빗물이 지층의 빈틈으로 스며들어 채워지므로 지속적으로 활용할 수 있어 수자원으로서 가치가 높다.[4]
- 가뭄이 발생하거나 물 소비량 증가로 물이 부족할 때 호수와 하천수를 대체하여 지하수를 활용한다.

4 수자원의 관리

① 댐 건설, 지하수 개발, *해수 담수화 등을 통해 수자원을 안정적으로 확보한다.

② 물의 오염을 방지하고, 물을 절약하여 효율적으로 사용한다.[5]

플러스 강의

❶ 해수와 빙하의 활용
담수가 부족한 지역에서는 해수의 짠맛을 제거하여 활용하거나 빙하가 녹은 물을 활용하기도 한다.

❷ 수자원의 다양한 활용
- 수력 발전, 조력 발전 등 물을 이용하여 전기를 생산한다.
- 바다나 큰 강은 배가 지나는 운송 통로가 되며, 여가 생활이나 스포츠를 즐기는 공간이 된다.

내 교과서 확인 | 천재

❸ 우리나라 수자원 활용 현황

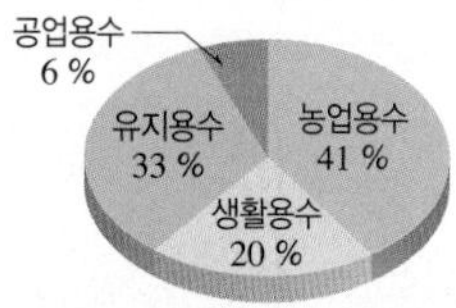

수자원은 현재 농업용수로 가장 많이 활용하고 있으며, 유지용수와 생활용수로도 많이 활용하고 있다. 생활 수준이 향상되면서 생활용수의 이용량이 빠르게 증가하고 있다.

❹ 지하수의 활용
지하수는 농작물 재배, 생수 개발, 도로 물청소, 공업 제품 생산, 냉난방 등에 활용되며, 온천과 같은 관광 자원으로도 활용된다.

❺ 물 절약 방법
- 빗물을 모아서 이용한다.
- 빨랫감은 모아서 세탁한다.
- 절수형 수도꼭지를 사용한다.
- 양치나 설거지를 할 때는 물을 받아서 사용한다.

용어 돋보기

* 담수(淡 싱겁다, 水 물)_짠맛이 나지 않는 물
* 용수(用 쓰다, 水 물)_특정한 목적을 위해 사용하는 물
* 해수 담수화_해수에서 염류를 제거하여 담수를 만드는 방법

A 수권의 분포

- □□ : 지구에 분포하는 물
- □□ : 짠맛이 나는 물로, 수권의 대부분을 차지한다.
- □□ : 짠맛이 나지 않는 물로, 주로 육지에 분포하며 빙하가 가장 많은 양을 차지한다.

B 수권의 활용

- □□□ : 사람이 살아가는 데 자원으로 활용하는 물
- 쉽게 활용할 수 있는 물 : 호수와 하천수, □□□
- □□□□ : 일상생활에서 씻고, 마시는 데 이용되는 물
- 인구 증가, 산업 발달 등으로 수자원 사용량은 점점 □□하고 있다.

암기쾅 수권의 분포 비율

수권은 해(수)>빙(하)>지(하수)>호(수와 하천수)!!

A

1 다음은 수권을 구성하는 물을 양이 많은 순서대로 나열한 것이다. (　　) 안에 알맞은 말을 쓰시오.

> ㉠(　　　)>빙하>㉡(　　　)>호수와 하천수

2 다음은 육지의 물에 대한 설명이다. (　　) 안에 알맞은 말을 쓰시오.

> 육지에 있는 물은 대부분 짠맛이 나지 않는 ㉠(　　　)이다. 이 중에서 가장 많은 양을 차지하는 ㉡(　　　)는 눈이 쌓여 굳어진 고체 상태로 존재한다. 두 번째로 많은 양을 차지하는 ㉢(　　　)는 땅속의 빈틈을 채우고 천천히 흐르는 물이다.

B

3 우리가 비교적 쉽게 활용할 수 있는 물을 모두 고르면?(2개)

① 해수　② 빙하　③ 지하수
④ 호수와 하천수　⑤ 대기 중의 수증기

4 수자원의 용도와 설명을 옳게 연결하시오.

(1) 공업용수 •　　• ㉠ 설거지나 빨래를 할 때 사용한다.
(2) 농업용수 •　　• ㉡ 농사를 짓거나 가축을 기를 때 사용한다.
(3) 생활용수 •　　• ㉢ 제품을 만들거나 기계의 냉각수로 사용한다.
(4) 유지용수 •　　• ㉣ 하천의 정상적인 기능을 유지하기 위해 쓰인다.

5 수자원에 대한 설명으로 옳은 것은 ○, 옳지 않은 것은 ×로 표시하시오.

(1) 인구 증가와 산업 발달로 수자원 이용량이 증가하고 있다. ············ (　　)
(2) 우리가 활용할 수 있는 수자원의 양은 매우 적고 한정되어 있다. ······ (　　)
(3) 우리나라의 수자원은 생활용수로 가장 많이 이용되고 있다. ············ (　　)
(4) 빙하가 녹은 물이나 짠맛을 제거한 해수를 일상생활에 이용하기도 한다.
············ (　　)
(5) 가뭄 등으로 강이나 호수의 물이 부족한 경우 지하수를 활용한다. ······ (　　)
(6) 지하수는 한 번 사용하면 채워지지 않아 지속적으로 활용할 수 없다. ··· (　　)

기출 문제로 내신 쑥쑥

전국 주요 학교의 **시험에 가장 많이 나오는 문제**들로만 구성하였습니다.
모든 친구들이 '꼭' 봐야 하는 코너입니다.

A 수권의 분포

01 수권에 대한 설명으로 옳은 것은?

① 지구에 분포하는 물이다.
② 수권의 물은 크게 해수와 지하수로 구분할 수 있다.
③ 수권을 이루는 물의 약 70 %는 해수이다.
④ 육지의 물은 대부분 액체 상태로 존재한다.
⑤ 수권을 이루는 물 중 짠맛이 나는 물을 담수라고 한다.

중요
02 지구에 존재하는 물 중에서 가장 많은 양을 차지하는 것은?

① 빙하 ② 해수 ③ 호수
④ 수증기 ⑤ 지하수

03 다음 중 담수에 해당하지 않는 것은?

① 빙하 ② 호수 ③ 해수
④ 지하수 ⑤ 하천수

04 담수에 대한 설명으로 옳은 것을 보기에서 모두 고른 것은?

보기
ㄱ. 우리가 주로 활용하는 물이다.
ㄴ. 육지에 있는 물은 대부분 담수이다.
ㄷ. 담수 중 대부분은 지하수의 형태로 존재한다.

① ㄱ ② ㄴ ③ ㄷ
④ ㄱ, ㄴ ⑤ ㄴ, ㄷ

중요
05 수권을 이루는 물을 양이 많은 것부터 순서대로 옳게 나열한 것은?

① 빙하 > 해수 > 지하수 > 호수와 하천수
② 빙하 > 해수 > 호수와 하천수 > 지하수
③ 해수 > 빙하 > 지하수 > 호수와 하천수
④ 해수 > 빙하 > 호수와 하천수 > 지하수
⑤ 호수와 하천수 > 지하수 > 해수 > 빙하

[06~07] 그림은 수권을 구성하는 물의 분포를 나타낸 것이다.

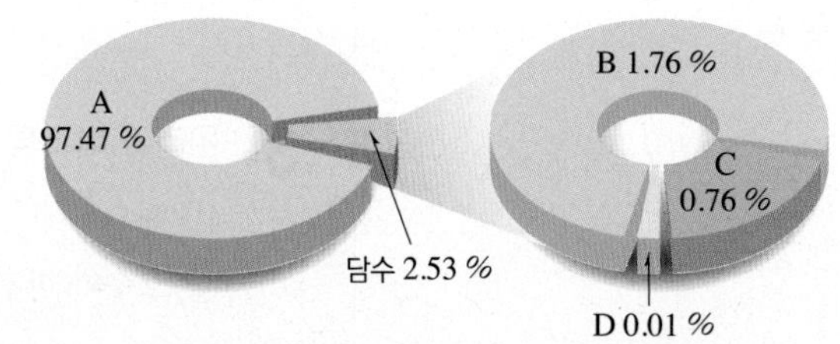

중요
06 A~C에 해당하는 것을 옳게 짝 지은 것은?

	A	B	C
①	빙하	해수	지하수
②	빙하	지하수	호수와 하천수
③	해수	빙하	지하수
④	해수	빙하	호수와 하천수
⑤	해수	지하수	빙하

중요
07 이에 대한 설명으로 옳은 것은?

① A는 육지에 있는 물이다.
② B는 주로 극지방에 분포한다.
③ C는 주로 지표를 따라 흐른다.
④ D는 주로 빗물이 지하로 스며들어 만들어진다.
⑤ B, C, D는 모두 짠맛이 나는 물이다.

08 수권을 이루는 물 중 다음 설명에 해당하는 것은?

- 극지방이나 고산 지대에 분포한다.
- 눈이 쌓여 굳어진 얼음으로, 고체 상태이다.
- 담수 중 가장 많은 양을 차지한다.

① 해수 ② 빙하 ③ 호수
④ 지하수 ⑤ 수증기

B 수권의 활용

중요
09 수자원에 대한 설명으로 옳지 않은 것은?

① 사람이 살아가는 데 자원으로 활용하는 물이다.
② 호수와 하천수를 주로 활용한다.
③ 일상생활, 농업 활동, 공업 활동 등에 이용된다.
④ 우리가 활용할 수 있는 수자원의 양은 한정적이다.
⑤ 수자원은 오염되어도 쉽게 복구가 가능하다.

10 표는 수권을 이루는 물의 구성 비율을 나타낸 것이다.

종류	해수	빙하	지하수	강, 호수
비율	97.47 %	1.76 %	0.76 %	0.01 %

수권을 이루는 물의 총량이 1000 mL라고 할 때, 우리가 쉽게 활용할 수 있는 물은 몇 mL인가?

① 0.1 mL ② 0.77 mL ③ 7.7 mL
④ 17.6 mL ⑤ 25.3 mL

11 지하수에 대한 설명으로 옳은 것을 보기에서 모두 고른 것은?

보기
ㄱ. 주로 빗물이 지하에 스며들어 생긴다.
ㄴ. 일상생활이나 농업 활동에 바로 이용할 수 있다.
ㄷ. 빗물이 지속적으로 채워지므로 개발을 많이 할수록 좋다.
ㄹ. 해수나 빙하에 비해 양이 매우 적어 수자원으로서 가치가 낮다.

① ㄱ, ㄴ ② ㄱ, ㄷ ③ ㄴ, ㄷ
④ ㄴ, ㄹ ⑤ ㄷ, ㄹ

중요
12 수자원의 활용에 대한 설명으로 옳지 않은 것은?

① 생활에 주로 이용하는 물은 담수이다.
② 해수는 수자원으로 활용할 수 없다.
③ 지하수는 온천 등 관광 자원으로 활용할 수 있다.
④ 물이 부족한 고산 지대에서는 빙하가 녹은 물을 활용하기도 한다.
⑤ 바다나 강은 물건의 운송로나 여가 활동을 즐기는 공간으로도 이용된다.

13 그림은 다양한 물의 활용 사례를 나타낸 것이다.

(가) (나) (다)

이에 대한 설명으로 옳은 것을 보기에서 모두 고른 것은?

보기
ㄱ. (가)와 같은 용도를 공업용수라고 한다.
ㄴ. (나)에서는 주로 담수를 이용한다.
ㄷ. (다)로 이용되는 물은 주로 고체 상태이다.
ㄹ. (나)와 (다)는 물을 같은 용도로 활용하고 있다.

① ㄱ, ㄴ ② ㄱ, ㄹ ③ ㄴ, ㄷ
④ ㄴ, ㄹ ⑤ ㄷ, ㄹ

14 다음은 물의 용도에 대한 설명이다.

(가) 사람이 생명 유지를 위해 물을 마신다.
(나) 하천의 수량을 유지하고 수질을 개선한다.

(가), (나)에 해당하는 물의 용도를 옳게 짝 지은 것은?

	(가)	(나)		(가)	(나)
①	공업용수	농업용수	②	공업용수	유지용수
③	생활용수	농업용수	④	생활용수	유지용수
⑤	유지용수	공업용수			

15 우리나라의 용도별 수자원 중 이용량이 가장 많은 것은?

① 공업용수 ② 농업용수 ③ 생활용수
④ 유지용수 ⑤ 발전용수

중요

16 그림은 우리나라의 수자원 활용 현황을 나타낸 것이다.

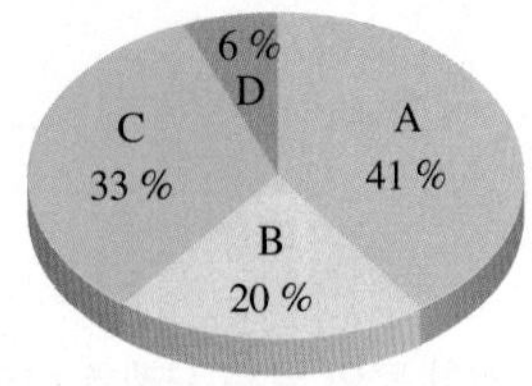

이에 대한 설명으로 옳은 것은?

① A는 제품을 만들거나 세척할 때 이용하는 물이다.
② B는 농작물을 재배하거나 가축을 기를 때 이용하는 물이다.
③ C가 부족하면 하천이 제 기능을 하기 어렵다.
④ D는 청소나 빨래 등을 할 때 이용하는 물이다.
⑤ 우리나라에서 수자원은 생활용수로 가장 많이 이용된다.

17 그림은 1900년부터 2000년까지 전 세계의 용도별 수자원 이용량 변화를 나타낸 것이다.

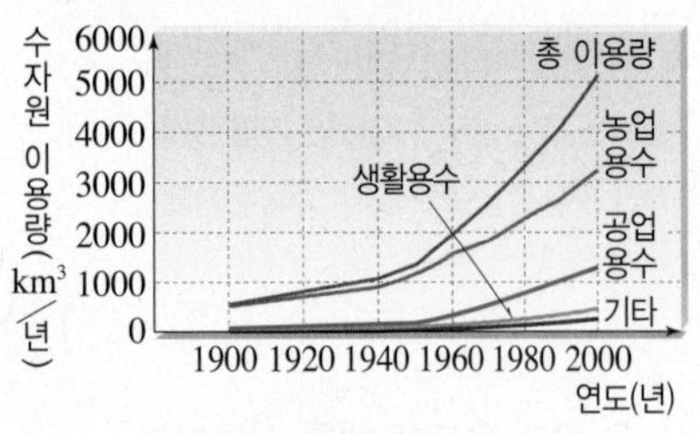

이에 대한 설명으로 옳지 않은 것은?

① 이 기간 동안 농업용수의 이용량이 가장 많다.
② 1900년에 비해 2000년에 총 이용량은 10배 정도 증가하였다.
③ 산업화가 진행되어 공업용수의 이용량이 증가하였다.
④ 생활 수준이 향상되면서 생활용수의 이용량이 증가하였다.
⑤ 수자원의 양이 늘어남에 따라 이용량이 함께 증가하고 있다.

18 수자원의 가치와 개발에 대한 설명으로 옳은 것을 보기에서 모두 고른 것은?

보기
ㄱ. 기후 변화로 수자원을 더 쉽게 확보할 수 있게 되었다.
ㄴ. 댐 건설이나 지하수 개발을 통해 수자원을 안정적으로 확보할 수 있다.
ㄷ. 산업화와 생활 수준의 향상으로 물의 이용량이 감소하고 있다.

① ㄴ ② ㄷ ③ ㄱ, ㄴ
④ ㄴ, ㄷ ⑤ ㄱ, ㄴ, ㄷ

중요

19 수자원을 관리하는 방법으로 옳지 않은 것은?

① 지하수를 개발하여 적절하게 활용한다.
② 농사를 지을 때 화학 비료를 많이 사용한다.
③ 생활 하수를 줄이기 위해 노력해야 한다.
④ 해수나 빙하를 수자원으로 활용할 수 있는 방법을 연구한다.
⑤ 공장에서는 폐수 정화 시설을 만들어 폐수를 그대로 흘려보내지 않는다.

20 다음은 생활 속에서 물을 절약하는 방법에 대한 학생 A~C의 대화 내용이다.

대화 내용이 옳은 학생을 모두 고른 것은?

① A ② C ③ A, B
④ B, C ⑤ A, B, C

서술형 문제

중요
21 그림은 수권의 구성을 나타낸 것이다.

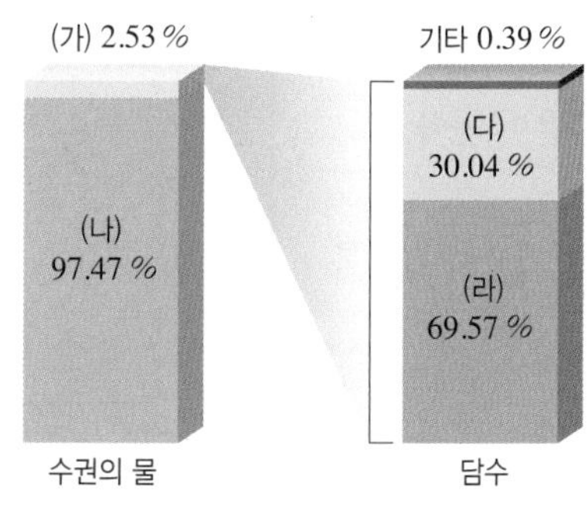

(1) (나)~(라)에 해당하는 것을 각각 쓰시오.

(2) 수권을 이루는 물의 총량이 1000 mL라고 할 때, 담수의 양은 몇 mL인지 계산 과정과 함께 구하시오.

22 오른쪽 그림은 우리나라의 용도별 수자원 이용 현황을 나타낸 것이다. 세 번째로 많은 양을 차지하는 용도 B를 쓰고, 그 활용 예를 한 가지만 서술하시오.

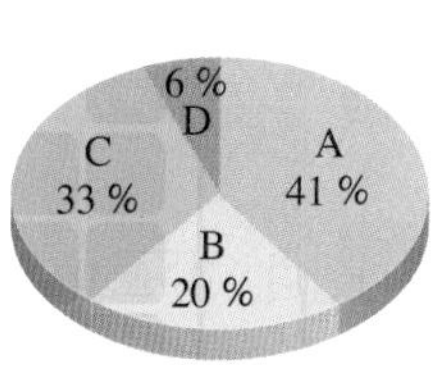

중요
23 그림은 일상생활에서 지하수를 다양하게 활용하는 모습을 나타낸 것이다.

수자원으로서 지하수의 가치를 서술하시오.

24 수자원을 안정적으로 확보하기 위한 방법을 두 가지 서술하시오.

● 정답과 해설 33쪽

01 그림은 지구 전체에 분포하는 물의 비율을 나타낸 것이다.

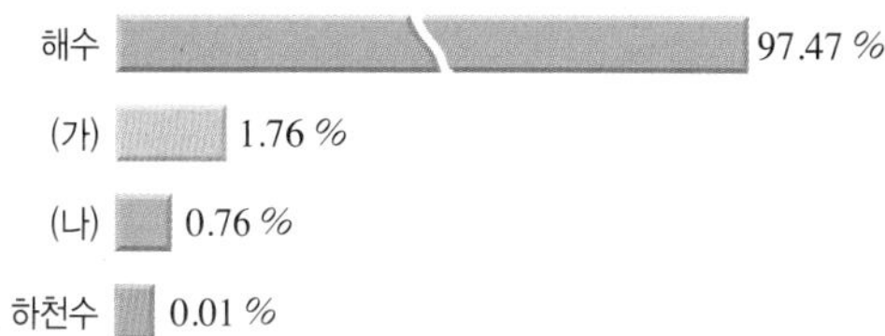

(가), (나)에 대한 설명으로 옳은 것을 보기에서 모두 고른 것은?

보기
ㄱ. (가)는 우리 생활에 쉽게 활용할 수 있다. ㄴ. (나)는 주로 극지방이나 고산 지대에 분포한다. ㄷ. (가)와 (나)는 모두 짠맛이 나지 않는 물이다.

① ㄱ ② ㄴ ③ ㄷ
④ ㄱ, ㄴ ⑤ ㄴ, ㄷ

02 그림은 우리나라의 수자원 이용량 변화와 용도별 수자원이 활용되는 비율을 나타낸 것이다.

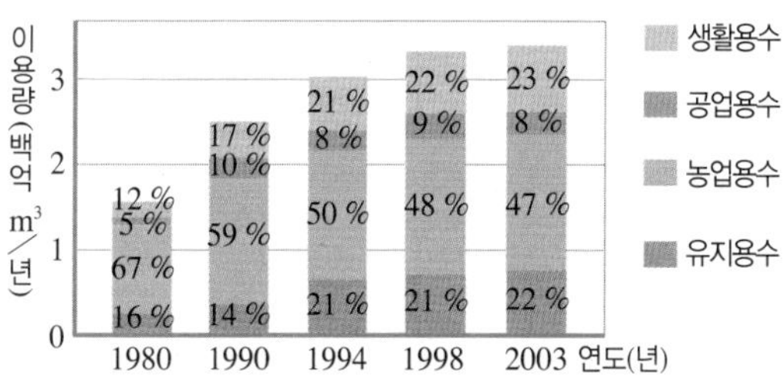

이에 대한 설명으로 옳지 않은 것은?

① 물의 총 이용량은 점점 증가하고 있다.
② 우리나라에서 수자원으로 가장 많이 이용되는 물은 농업용수이다.
③ 1980년에 비해 2003년에는 농업용수의 이용량이 증가하였다.
④ 1980년 이후 2003년까지 차지하는 비율이 가장 크게 증가한 것은 공업용수이다.
⑤ 물의 이용량이 계속 늘어나면 수자원은 부족해질 것이다.

02 해수의 특성

A 해수의 온도

1 해수의 표층 수온 분포 위도나 계절에 따라 해수의 표층 수온이 다르게 나타난다.

① 영향을 주는 요인 : 태양 에너지 ➡ 태양 에너지를 흡수하여 해수의 수온이 높아진다.

② 위도별 해수의 표층 수온 분포

- 저위도에서 고위도로 갈수록 표층 수온이 낮아진다. ➡ 저위도에서 고위도로 갈수록 태양 에너지가 적게 도달하기 때문❶
- 위도가 같은 곳에서는 대체로 표층 수온이 비슷하게 나타난다.

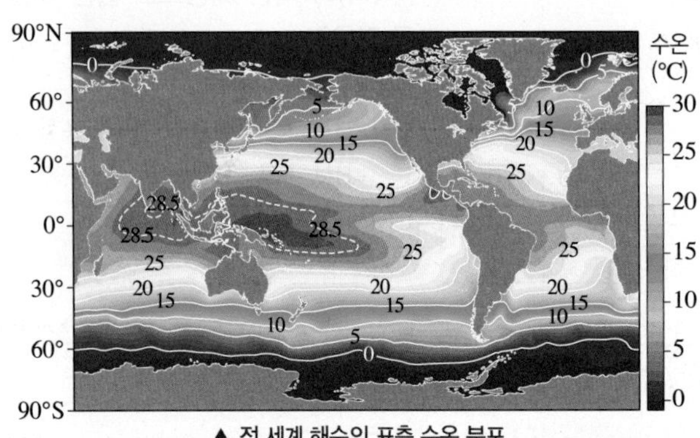

▲ 전 세계 해수의 표층 수온 분포

③ 계절별 해수의 표층 수온 분포 : 여름철의 표층 수온이 겨울철보다 높다. ➡ 겨울철보다 여름철에 태양 에너지를 많이 받기 때문

2 해수의 *연직 수온 분포 깊이에 따라 해수의 수온이 다르게 나타난다. 탐구 a 116쪽

① 영향을 주는 요인 : 태양 에너지, 바람 ➡ 깊이가 깊어질수록 태양 에너지가 적게 도달하고, 바람의 영향이 줄어들어 수온 분포가 달라진다.❷

② 해수의 연직 수온 분포 : 깊이에 따른 수온 분포를 기준으로 3개의 층으로 구분한다.

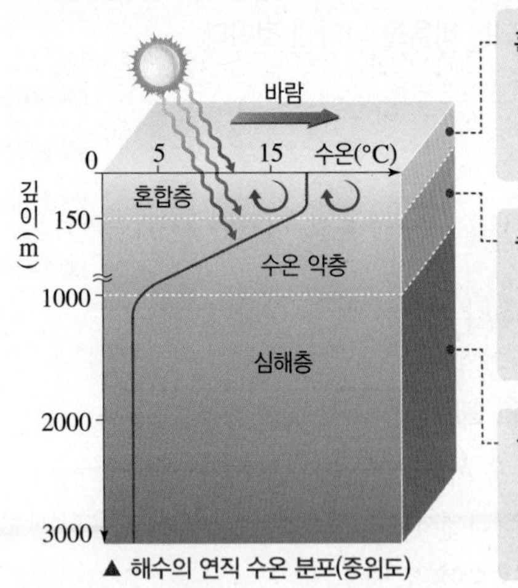

▲ 해수의 연직 수온 분포(중위도)

혼합층
- 태양 에너지의 대부분을 흡수하여 수온이 높고, 바람에 의해 해수가 혼합되어 수온이 일정한 층
- 바람이 강할수록 두께가 두꺼워진다.

수온 약층
- 깊이가 깊어질수록 수온이 급격하게 낮아지는 층
- 따뜻한 물이 위에 있고 차가운 물이 아래에 있어 대류가 잘 일어나지 않는다. ➡ 매우 안정하다.

심해층
- 태양 에너지가 거의 도달하지 않아 수온이 매우 낮고 일정한 층
- 위도나 계절에 관계없이 수온이 거의 일정하다.

③ 위도별 특징❸❹

저위도 해역	• 표층 수온이 가장 높다. • 바람이 약해서 혼합층이 얇게 나타난다. • 혼합층과 심해층의 수온 차이가 가장 크므로 수온 약층이 가장 뚜렷하다.
중위도 해역	바람이 강해서 혼합층이 가장 두껍게 나타난다.
고위도 해역	표층 수온이 매우 낮고, 층상 구조가 나타나지 않는다.

플러스 강의

❶ 위도에 따른 태양 에너지양

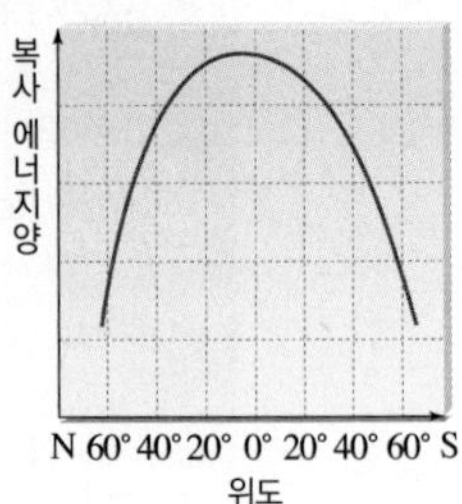

❷ 해수의 연직 수온 분포에 영향을 주는 요인

층상 구조 \ 요인	태양 에너지	바람
혼합층	○	○
수온 약층	○	×
심해층	×	×

❸ 위도별 해수의 연직 수온 분포

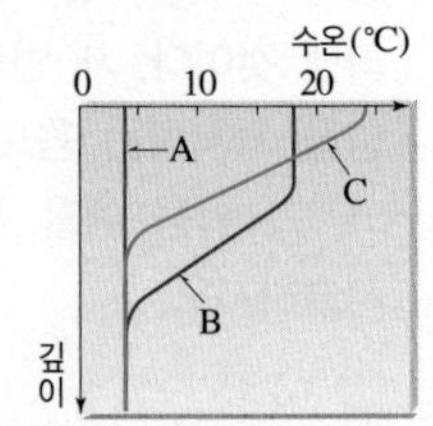

- A : 표층 수온이 낮고 층상 구조가 나타나지 않는다. ➡ 고위도
- B : 혼합층이 가장 두껍게 나타난다. ➡ 중위도
- C : 표층 수온이 가장 높고, 혼합층이 얇다. ➡ 저위도

❹ 위도별 해수의 층상 구조

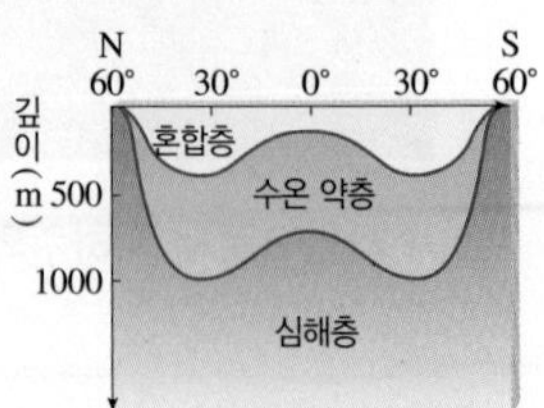

용어 돋보기

* 연직(鉛 따라 내려가다, 直 곧다)_ 지면에 대해 물체를 매단 실이 나타내는 수직 방향

● 정답과 해설 34쪽

A 해수의 온도

- 해수의 표층 수온은 저위도에서 고위도로 갈수록 □□진다.
- 위도에 따라 표층 수온이 달라지는 까닭 : 위도에 따라 도달하는 □□□□□의 양이 달라지기 때문
- 해수는 깊이에 따른 □□ 분포를 기준으로 3개 층으로 구분한다.
  - □□□ : 수온이 높고, 바람에 의해 해수가 혼합되어 수온이 일정한 층
  - □□ □□ : 깊이가 깊어질수록 수온이 급격히 낮아지는 층
  - □□□ : 수온이 낮고 일정하게 유지되는 층

암기쾅 해수의 층상 구조 이름으로 특징 기억하기

- 혼합층 : 혼합이 잘 일어나서 수온이 일정한 층
- 수온 약층 : 수온이 약해지는 층 (약해지는: 낮아지는)
- 심해층 : 수온 변화가 심심한 층 (심심한: 거의 없는)

1 해수의 표층 수온에 대한 설명으로 옳은 것은 ○, 옳지 않은 것은 ×로 표시하시오.

(1) 저위도에서 고위도로 갈수록 해수면에 도달하는 태양 에너지양이 많아진다. ( )

(2) 고위도에서 저위도로 갈수록 해수의 표층 수온은 낮아진다. ( )

(3) 위도가 같은 곳에서는 대체로 표층 수온이 비슷하다. ( )

(4) 여름철의 표층 수온은 겨울철보다 높다. ( )

2 다음 글의 ( ) 안에 알맞은 말을 쓰시오.

> 해수의 연직 수온 분포에 영향을 주는 요인은 ㉠( ) 에너지와 ㉡( ) 이다.

3 오른쪽 그림은 중위도 해역에서 해수의 연직 수온 분포를 나타낸 것이다.

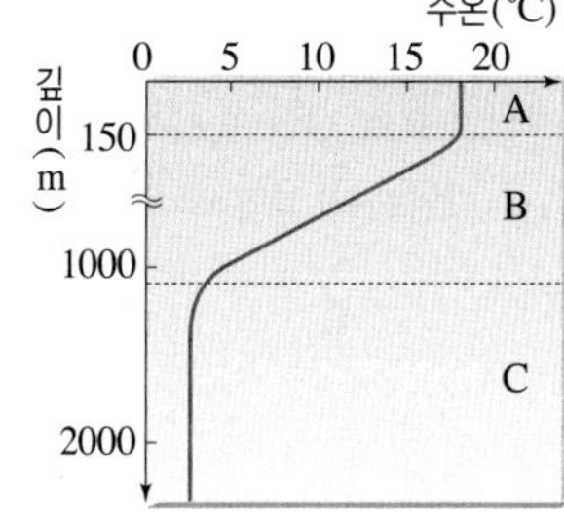

(1) A~C층의 이름을 각각 쓰시오.

(2) A~C 중 바람의 혼합 작용으로 수온이 일정한 층을 쓰시오.

(3) A~C 중 깊이에 따라 수온이 급격하게 변하는 층을 쓰시오.

(4) A~C 중 수온이 낮고, 깊이에 따른 수온 변화가 거의 없는 층을 쓰시오.

(5) A~C 중 대류가 일어나지 않아 가장 안정한 층을 쓰시오.

(6) A~C 중 바람이 강할수록 두께가 두꺼워지는 층을 쓰시오.

4 위도별 해수의 연직 수온 분포에 대한 설명으로 옳은 것은 ○, 옳지 않은 것은 ×로 표시하시오.

(1) 혼합층은 극지방에서 가장 두껍게 나타난다. ( )

(2) 심해층은 위도에 따라 수온 변화가 가장 크게 나타난다. ( )

(3) 혼합층과 심해층의 수온 차이가 가장 큰 곳은 적도 부근이다. ( )

02 해수의 특성

B 해수의 염분

1 염류 해수에 녹아 있는 여러 가지 물질

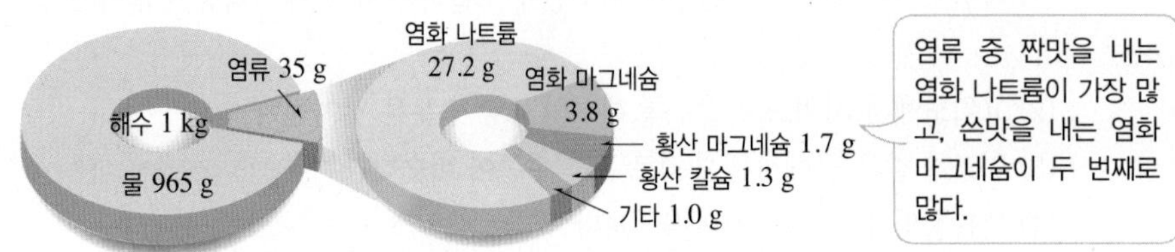

▲ 해수 1 kg에 35 g의 염류가 녹아 있을 때 각 염류의 질량비

2 염분 해수 1000 g에 녹아 있는 염류의 총량을 g 수로 나타낸 것❶

① 염분의 단위 : psu(실용염분단위), ‰(퍼밀)❷

② 전 세계 해수의 평균 염분 : 35 psu❸

③ 염분에 영향을 주는 요인 : 증발량과 강수량, 육지로부터 흘러드는 담수의 양, 빙하가 녹거나 해수가 어는 경우 등❹

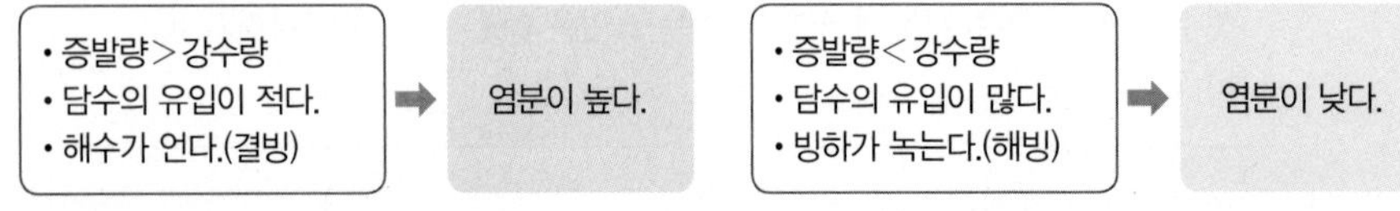

• 증발량 > 강수량
• 담수의 유입이 적다.
• 해수가 언다.(결빙)
염분이 높다.
• 증발량 < 강수량
• 담수의 유입이 많다.
• 빙하가 녹는다.(해빙)
염분이 낮다.

④ 전 세계 바다의 표층 염분 분포

위도	염분	원인
저위도(적도) 해역	낮다.	강수량이 증발량보다 많기 때문
중위도 해역 (위도 30° 부근)	높다.	건조한 기후로 증발량이 강수량보다 많기 때문
고위도(극) 해역	낮다.	빙하가 녹기 때문

N 60° 30° 0° 30° 60° S
낮다 높다
염분

⑤ 우리나라 주변 바다의 표층 염분 분포❺

- 우리나라 주변 바다의 평균 염분은 약 33 psu로, 전 세계 평균 염분보다 낮다.
- 강수량이 많은 여름철이 겨울철보다 염분이 낮다.
- 담수의 유입이 많은 황해가 동해보다 염분이 낮다.

여기서 잠깐 117쪽

3 염분비 일정 법칙 지역이나 계절에 따라 염분이 달라도 전체 염류에서 각 염류가 차지하는 비율은 항상 일정하다. ➡ 해수가 오랜 시간 동안 순환하며 골고루 섞였기 때문

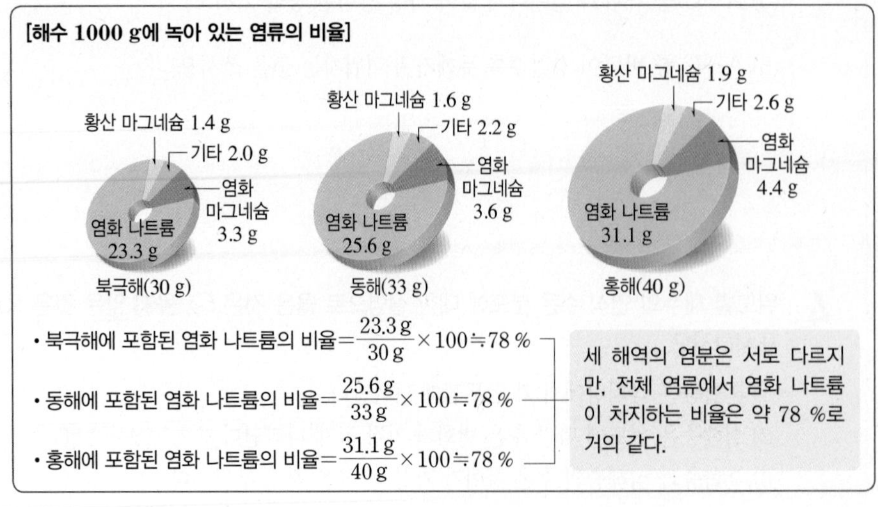
[해수 1000 g에 녹아 있는 염류의 비율]

- 북극해에 포함된 염화 나트륨의 비율 $=\frac{23.3\text{ g}}{30\text{ g}}\times 100 ≒ 78\ \%$
- 동해에 포함된 염화 나트륨의 비율 $=\frac{25.6\text{ g}}{33\text{ g}}\times 100 ≒ 78\ \%$
- 홍해에 포함된 염화 나트륨의 비율 $=\frac{31.1\text{ g}}{40\text{ g}}\times 100 ≒ 78\ \%$

세 해역의 염분은 서로 다르지만, 전체 염류에서 염화 나트륨이 차지하는 비율은 약 78 %로 거의 같다.

플러스 강의

❶ 해수의 염분 계산

염분은 해수 1000 g에 녹아 있는 염류의 총량을 g 수로 나타낸 것이므로 염분은 $\frac{\text{염류의 질량(g)}}{\text{해수의 질량(g)}}\times 1000$으로 계산한다.

❷ psu

15 °C, 1기압인 상태에서 해수에 전류를 흘려보내 측정한 염분의 단위로, 천분율인 ‰과 거의 같은 값을 나타낸다.

❸ 염분이 35 psu인 해수 속의 물과 염류 구성

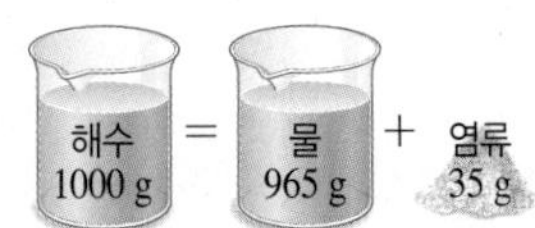

35 psu는 해수 1000 g에 염류 35 g이 녹아 있다는 뜻이다.

❹ 증발량, 강수량, 담수의 유입량과 염분 관계

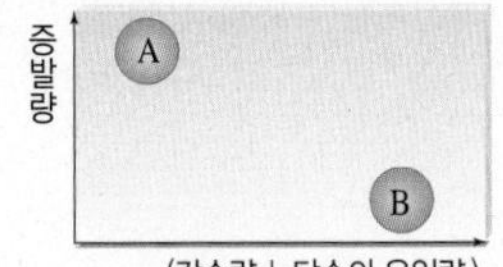

- A : 증발량이 많고, (강수량+담수의 유입량)이 적다. ➡ 염분이 높다.
- B : 증발량이 적고, (강수량+담수의 유입량)이 많다. ➡ 염분이 낮다.

❺ 우리나라 주변 바다의 표층 염분 분포

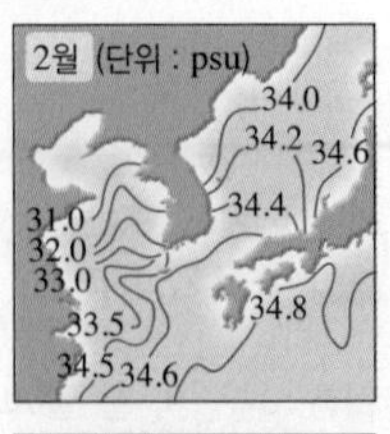

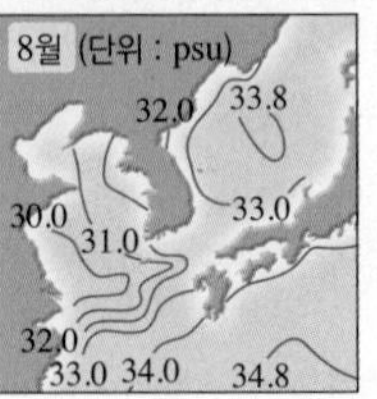

B 해수의 염분

- □□ : 해수에 녹아 있는 여러 가지 물질
- □□ : 해수 1000 g에 녹아 있는 염류의 총량을 g 수로 나타낸 것
- 염분에 영향을 주는 요인 : □□□과 □□□, 흘러드는 담수의 양, 해수의 결빙과 해빙
- 위도에 따른 표층 염분 분포 : □위도 해역에서 염분이 가장 높다.
- 우리나라 주변 바다의 표층 염분 비교
  - 황해 □ 동해
  - 여름철 □ 겨울철
- □□□ □□ □□ : 지역이나 계절에 따라 염분이 달라도 전체 염류에서 각 염류가 차지하는 비율은 일정하다는 법칙

암기꽝 염분이 높은 곳

발이 큰 중위는 짠돌이!
증발량 많은 중위도 염분이 높다.

암기꽝 염분비 일정 법칙 그림으로 기억하기

5 오른쪽 그림은 총 35 g의 염류 중 각 염류가 차지하는 질량을 나타낸 것이다. A, B에 해당하는 염류의 이름을 각각 쓰시오.

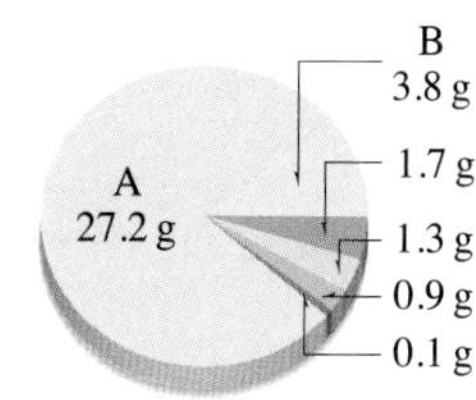

더 풀어보고 싶다면? 시험 대비 교재 69~70쪽 계산력·암기력 강화 문제

6 해수의 염분(psu) 또는 염류의 양(g)을 각각 구하시오.

(1) 해수 1000 g에 염류 40 g이 녹아 있을 때의 염분

(2) 해수 500 g에 염류 16 g이 녹아 있을 때의 염분

(3) 물 970 g과 염류 30 g을 섞어 만든 해수의 염분

(4) 염분이 32 psu인 해수 3 kg에 녹아 있는 염류의 양

7 해수의 염분에 영향을 주는 요인이 아닌 것은?

① 강수량 ② 증발량 ③ 바람의 방향
④ 담수 유입량 ⑤ 해수의 결빙과 해빙

8 다음 중 염분이 높은 곳은 '높', 염분이 낮은 곳은 '낮'을 쓰시오.

(1) 빙하가 녹는 바다 ( )
(2) 강물이 많이 유입되는 바다 ( )
(3) 해수가 얼어 얼음이 되는 바다 ( )
(4) 증발량이 강수량보다 많은 바다 ( )

9 전 세계 바다와 우리나라 주변 바다의 표층 염분 분포에 대한 설명으로 옳은 것은 ○, 옳지 않은 것은 ×로 표시하시오.

(1) 적도 해역은 강수량이 많아서 염분이 높다. ( )
(2) 중위도 해역은 증발량이 강수량보다 많아서 염분이 높다. ( )
(3) 극 해역은 빙하가 녹아서 염분이 낮다. ( )
(4) 우리나라 주변 바다에서 여름철 평균 염분은 겨울철보다 높다. ( )
(5) 황해는 동해보다 담수의 유입이 많아서 염분이 낮다. ( )

더 풀어보고 싶다면? 시험 대비 교재 71쪽 계산력·암기력 강화 문제

10 염분이 30 psu인 해수에 염류 A와 B가 7 : 1의 비율로 녹아 있을 때 염분이 45 psu인 해수에서 염류 A와 B 사이의 비율을 쓰시오.

탐구 a 해수의 연직 수온 분포

이 탐구에서는 해수의 연직 수온 분포에 영향을 주는 요인과 해수의 층상 구조를 알아본다.

● 정답과 해설 34쪽

과정

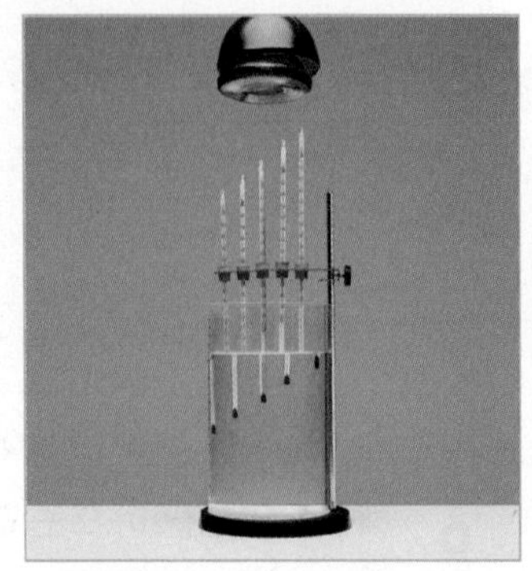

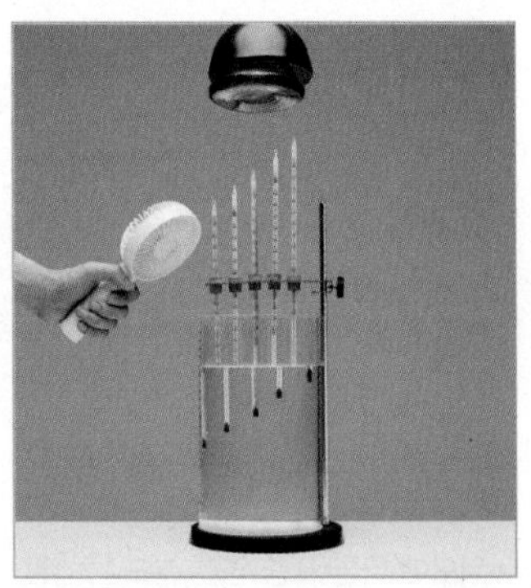

:: 유의점
적외선등이 수면 전체를 고르게 비추도록 설치한다.

❶ 수조에 물을 $\frac{3}{4}$ 정도 채우고, 온도계 5개를 수면에서부터 1, 3, 5, 7, 9 cm 깊이에 설치한 후 각 온도계의 처음 수온을 기록한다.

❷ 적외선등이 수면 위를 비추도록 설치하여 10분 동안 가열한 후, 각 온도계의 수온을 기록한다.

❸ 적외선등을 켠 상태에서 수면 가까이에 휴대용 선풍기로 3분 동안 바람을 일으킨 후, 각 온도계의 수온을 기록한다.

결과 & 해석

깊이 (cm)	수온(°C)		
	가열 전	가열 후	선풍기를 켠 후
1	26.0	29.3	28.3
3	26.0	28.8	28.3
5	26.0	27.6	28.1
7	26.0	26.5	26.8
9	26.0	26.0	26.0

➡

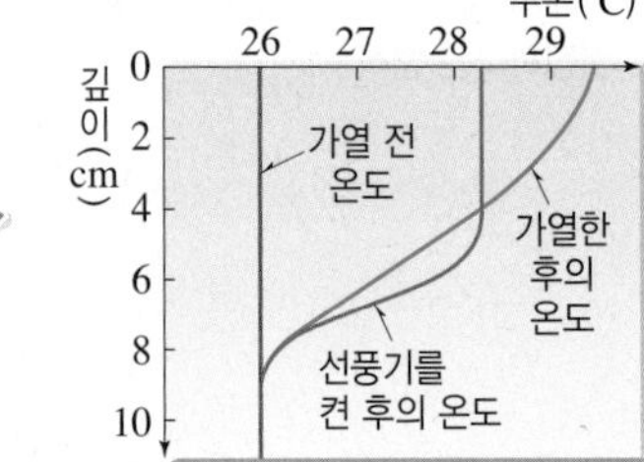

- 가열 전에는 깊이에 관계없이 수온이 일정하고 낮다.
- 적외선등으로 가열한 후에는 표면의 수온이 높아지고, 깊이가 깊어질수록 수온이 낮아진다. ➡ 2개 층 형성
- 선풍기로 바람을 일으키면 수면 부근에 수온이 일정한 층이 생긴다. ➡ 3개 층 형성

정리

1. 적외선등은 ㉠(　　　)에, 휴대용 선풍기는 ㉡(　　　)에 해당한다.
2. 적외선등을 켜기 전 : 깊이에 따른 수온 분포가 일정하다.
3. 적외선등을 켠 후 : 표면의 물이 에너지를 흡수하여 수온이 높아지고, 깊이가 깊어질수록 도달하는 에너지가 ㉢(　　　)하여 수온이 낮아진다.
4. 선풍기를 켠 후 : 수면 부근의 물이 섞여 수온이 일정한 구간이 나타난다. ➡ ㉣(　　　)층 형성

확인 문제

01 위 실험에 대한 설명으로 옳은 것은 ○, 옳지 않은 것은 ×로 표시하시오.

(1) 실제로 바다에서 깊이가 깊어질수록 도달하는 태양 에너지양은 적어진다. ( )

(2) 적외선등으로 가열만 했을 때는 수면 부근에 수온이 일정한 층이 생긴다. ( )

(3) 선풍기를 켜면 수면 부근에서는 물의 혼합 작용이 일어난다. ( )

(4) 선풍기를 켜면 깊이에 따른 수온 분포를 기준으로 2개 층으로 구분된다. ( )

02 해수의 연직 수온 분포에 영향을 미치는 요인 두 가지를 쓰시오.

03 오른쪽 그림은 위와 같은 실험을 하여 얻은 그래프이다. 선풍기 바람의 세기를 더 강하게 했을 때 혼합층 두께의 변화를 쓰고, 그 까닭을 서술하시오.

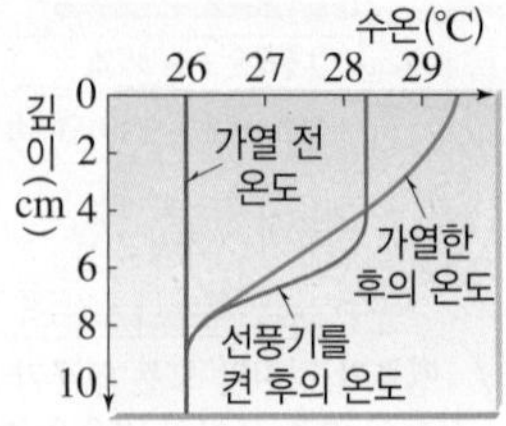

염분비 일정 법칙과 관련된 문제는 시험에 꼭 출제돼. 특히 이 법칙을 이용하여 염분이 다른 해수에 포함된 염류의 양을 구하거나 염류의 질량비를 이용하여 특정 염류의 양을 구하는 등 복잡한 문제가 나올 수 있어. 여기서잠깐을 통해 염분비 일정 법칙을 이해하고, 자주 출제되는 문제 유형을 연습해 보자!

● 정답과 해설 34쪽

염분비 일정 법칙을 이용하여 염류의 양 구하기

① 염분이 주어질 때, 염류의 양 구하기

염분이 35 psu인 해수 1 kg 속에 염화 나트륨이 27 g 녹아 있다면, 염분이 70 psu인 해수 1 kg 속에 녹아 있는 염화 나트륨의 양은?

❶ 염분비 일정 법칙에 의해 지역이나 계절에 따라 염분과 관계없이 전체 염류에서 각 염류가 차지하는 비율은 일정하다.

❷ 염분(알고 있는 값)을 기준으로 비례식을 세운다.

염분이 35 psu인 해수에서 염화 나트륨의 비율
=염분이 70 psu인 해수에서 염화 나트륨의 비율

➡ 35 psu (염분) : 27 g (염화 나트륨) = 70 psu (염분) : x (염화 나트륨) ∴ x=54 g

② 염류의 질량비가 주어질 때, 특정 염류의 양 구하기

동해와 황해의 해수 1 kg에 녹아 있는 염류의 질량이 표와 같을 때, A의 값은?(단, 소수점 셋째 자리에서 반올림한다.)

염류	염화 나트륨	염화 마그네슘	황산 마그네슘
동해	25.64 g		1.55 g
황해	24.10 g	3.38 g	A

❶ 염분비 일정 법칙에 의해 지역이나 계절에 따라 염분과 관계없이 전체 염류에서 각 염류가 차지하는 비율은 일정하다.

❷ 두 해수에 모두 제시된 염류를 기준으로 비례식을 세운다.

동해에서 염화 나트륨과 황산 마그네슘의 비율
=황해에서 염화 나트륨과 황산 마그네슘의 비율

➡ 25.64 g (염화 나트륨) : 1.55 g (황산 마그네슘) = 24.10 g (염화 나트륨) : A (황산 마그네슘) ∴ A≒1.46 g

---

(유제❶) 염분이 32 psu인 해수 100 g 속에 염화 마그네슘이 0.32 g 녹아 있다면, 염분이 35 psu인 해수 1 kg 속에 녹아 있는 염화 마그네슘은 몇 g인지 구하시오.

(유제❷) 염분이 30 psu인 해수 1 kg 속에 염화 나트륨이 24 g 녹아 있다면, 염분이 36 psu인 해수 2 kg에 녹아 있는 염화 나트륨은 몇 g인지 구하시오.

(유제❸) 염분이 34 psu인 해수 250 g 속에 황산 마그네슘이 0.4 g 녹아 있다면, 염분이 51 psu인 해수 4 kg에 녹아 있는 황산 마그네슘은 몇 g인지 구하시오.

(유제❹) 염분이 40 psu인 해수 속에 포함된 염류 중 염화 나트륨이 차지하는 비율은 78 %이다. 염분이 38 psu인 해수 1 kg에 녹아 있는 염화 나트륨은 몇 g인지 구하시오.(단, 소수점 둘째 자리에서 반올림한다.)

(유제❺) 표는 우리나라 동해와 이스라엘 사해의 해수 1 kg 속에 녹아 있는 염류의 구성 성분의 질량을 나타낸 것이다.

염류의 구성 성분	동해	사해
염소	(가)	100.0 g
나트륨	10.0 g	50.0 g
황산염	2.5 g	12.5 g
마그네슘	1.5 g	(나)
기타	1.0 g	5.0 g

(가)와 (나)의 값을 각각 구하시오.

(유제❻~❼) 표는 (가)와 (나) 해역의 해수 1 kg 속에 포함된 염류의 양을 나타낸 것이다.

염류	(가) 해역	(나) 해역
염화 나트륨	23.3 g	31.0 g
염화 마그네슘	A	4.3 g
황산 마그네슘	1.5 g	B
기타	2.0 g	2.7 g

(유제❻) A와 B의 값을 각각 구하시오.(단, 소수점 둘째 자리에서 반올림한다.)

(유제❼) (유제❻)의 값을 이용하여 (가)와 (나) 해역의 염분(psu)을 각각 구하시오.

전국 주요 학교의 **시험에 가장 많이 나오는 문제**들로만 구성하였습니다.
모든 친구들이 '꼭' 봐야 하는 코너입니다.

기출 문제로 내신쑥쑥

A 해수의 온도

[01~02] 그림은 전 세계 해수의 표층 수온 분포를 나타낸 것이다.

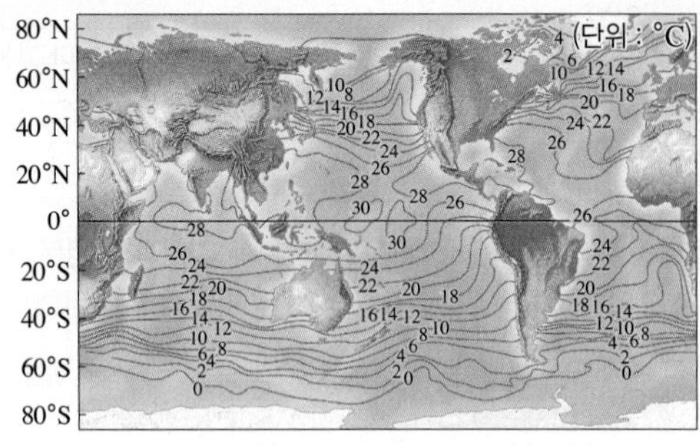

01 해수의 표층 수온 분포가 이와 같이 위도에 따라 다르게 나타나는 데 가장 큰 영향을 주는 것은?

① 대륙의 분포　② 바람의 세기
③ 태양 에너지　④ 해수의 염분
⑤ 강수량과 증발량

02 이에 대한 설명으로 옳은 것을 보기에서 모두 고른 것은?

보기
ㄱ. 저위도에서 고위도로 갈수록 표층 수온이 낮아진다.
ㄴ. 고위도로 갈수록 태양 에너지가 많이 도달한다.
ㄷ. 위도가 같은 지역은 대체로 표층 수온이 비슷하게 나타난다.

① ㄱ　② ㄴ　③ ㄱ, ㄷ
④ ㄴ, ㄷ　⑤ ㄱ, ㄴ, ㄷ

중요
03 해수의 연직 수온 분포에 대한 설명으로 옳지 않은 것은?

① 해수는 혼합층, 수온 약층, 심해층으로 구분한다.
② 해수의 수온은 깊이가 깊어질수록 계속 낮아진다.
③ 해수면 부근은 태양 에너지를 많이 받아 수온이 가장 높다.
④ 심해층은 연중 수온이 거의 일정하다.
⑤ 수온 약층은 깊이에 따라 수온이 급격하게 낮아진다.

[04~05] 오른쪽 그림은 해수의 연직 수온 분포를 나타낸 것이다.

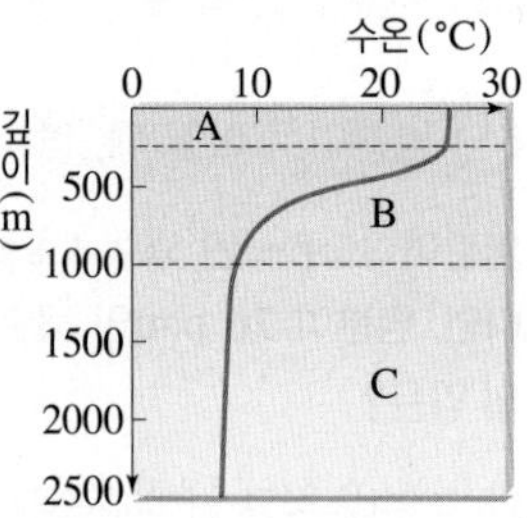

04 A~C층의 이름을 옳게 짝 지은 것은?

	A	B	C
①	혼합층	심해층	수온 약층
②	혼합층	수온 약층	심해층
③	수온 약층	혼합층	심해층
④	수온 약층	심해층	혼합층
⑤	심해층	수온 약층	혼합층

중요
05 이에 대한 설명으로 옳은 것은?

① A층의 두께는 항상 일정하다.
② B층은 불안정하여 물의 혼합 작용이 활발하게 일어난다.
③ B층은 계절에 따른 수온 변화가 거의 없다.
④ C층의 수온은 위도에 관계없이 거의 일정하다.
⑤ C층은 태양 에너지가 가장 많이 도달한다.

06 심해층에 대한 설명으로 옳은 것을 보기에서 모두 고른 것은?

보기
ㄱ. 표층에 비해 수온이 높고 일정하다.
ㄴ. 태양 에너지의 영향을 거의 받지 않는다.
ㄷ. 바람의 세기가 강할수록 두께가 두꺼워진다.

① ㄴ　② ㄷ　③ ㄱ, ㄷ
④ ㄴ, ㄷ　⑤ ㄱ, ㄴ, ㄷ

탐구 a | 116쪽

[07~08] 오른쪽 그림은 해수의 연직 수온 분포를 알아보기 위한 실험을 나타낸 것이다. 그림과 같이 적외선등을 10분 동안 비춘 후의 수온과 적외선등을 켠 상태에서 휴대용 선풍기로 바람을 일으킨 후의 수온을 각각 측정하였다.

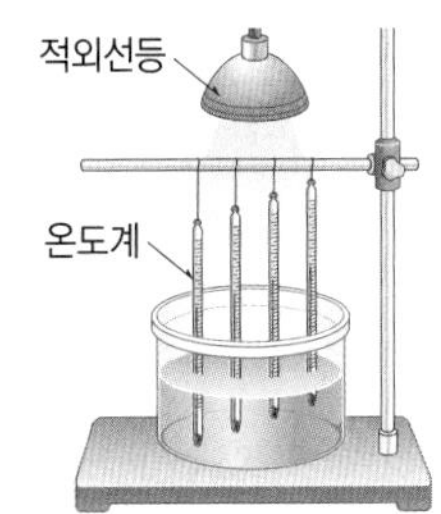

중요

07 이 실험에 대한 설명으로 옳은 것은?

① 적외선등의 에너지는 깊이에 관계없이 같은 양이 도달한다.
② 적외선등을 10분 동안 비추면 표층의 물이 혼합되어 수온이 일정한 층이 생긴다.
③ 선풍기를 강하게 하면 수온이 일정한 층이 사라진다.
④ 적외선등을 켠 상태에서 선풍기를 켜면 깊이에 따른 수온 변화를 기준으로 2개 층으로 구분된다.
⑤ 해수의 연직 수온 분포에 영향을 주는 요인은 태양 에너지와 바람이다.

08 적외선등을 비추고 선풍기로 바람을 일으킬 때 나타나는 깊이에 따른 수온 분포 그래프로 옳은 것은?

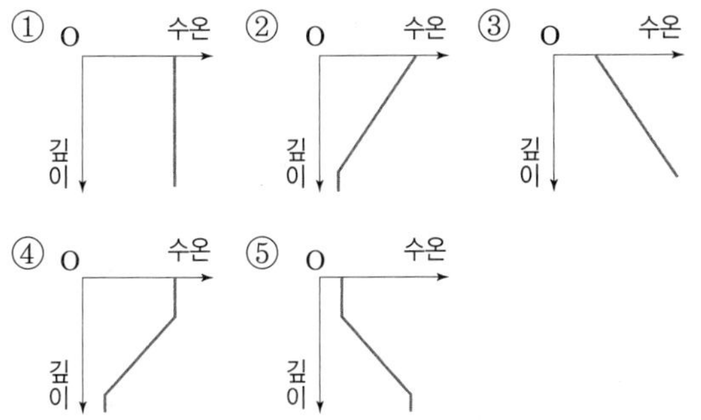

09 오른쪽 그림은 위도가 다른 A, B, C 세 해역의 연직 수온 분포를 나타낸 것이다. 이에 대한 설명으로 옳지 않은 것은?

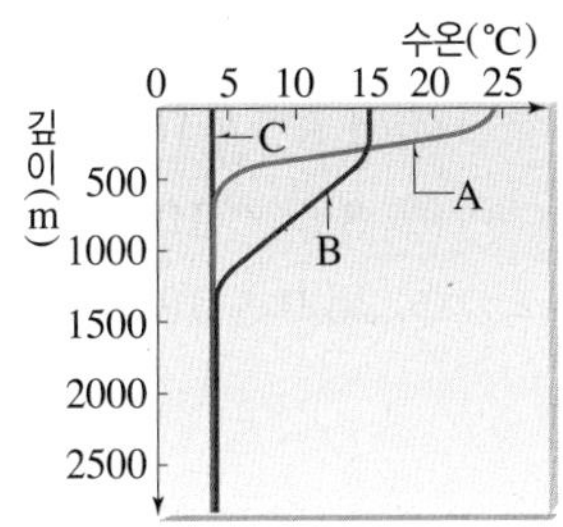

① C 해역의 위도가 가장 높다.
② A 해역의 표층 수온이 높은 까닭은 태양 에너지를 많이 받기 때문이다.
③ 바람이 가장 강한 해역은 B 해역이다.
④ A 해역에서 수온 약층의 온도 변화가 가장 크다.
⑤ C 해역에서 혼합층이 가장 잘 발달하였다.

B 해수의 염분

10 해수에 녹아 있는 염류 중 가장 많은 양을 차지하며, 짠맛을 내는 것은?

① 황산 칼륨 ② 황산 칼슘
③ 염화 나트륨 ④ 염화 마그네슘
⑤ 황산 마그네슘

중요

11 오른쪽 그림은 어떤 해수 1 kg에 포함된 염류들의 질량을 나타낸 것이다. 이에 대한 설명으로 옳은 것은?

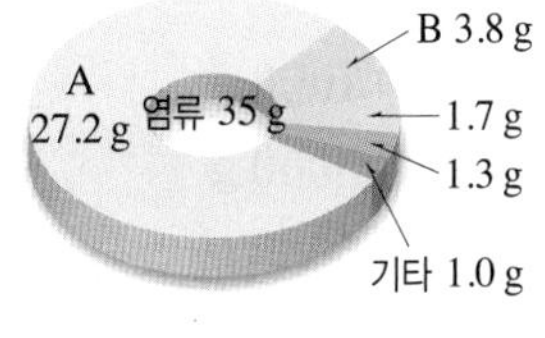

① A는 염화 마그네슘이다.
② B는 짠맛이 난다.
③ 이 해수의 염분은 3.5 psu이다.
④ 이 해수 100 g을 증발시키면 염류 3.5 g을 얻을 수 있다.
⑤ 바다에 따라 가장 많이 포함된 염류의 종류가 다르다.

중요

12 염분에 대한 설명으로 옳은 것은?

① 염분의 단위는 psu 또는 ‰이다.
② 전 세계 해수의 평균 염분은 약 45 psu이다.
③ 염분은 어느 곳에서 측정하여도 항상 일정하다.
④ 염분은 해수 10 g 속에 녹아 있는 여러 가지 염류의 양을 모두 합한 것이다.
⑤ 염분이 200 psu인 해수 1 kg을 만들기 위해서는 물 1000 g, 염류 200 g이 필요하다.

중요

13 표는 어떤 해수 100 g 속에 들어 있는 염류의 질량을 나타낸 것이다.

염류	염화 나트륨	염화 마그네슘	황산 마그네슘	황산 칼슘	기타
질량(g)	2.72	0.38	0.17	0.13	0.10

위 해수의 염분은 몇 psu인가?

① 3.5 psu ② 7.0 psu ③ 35 psu
④ 70 psu ⑤ 350 psu

14 염분이 30 psu인 해수 500 g에 녹아 있는 총 염류는 몇 g인가?

① 15 g ② 30 g ③ 50 g
④ 60 g ⑤ 90 g

15 염분이 36 psu인 해수에서 염류 180 g을 얻으려고 한다. 이때 필요한 해수의 양은?

① 1000 g ② 2000 g
③ 3000 g ④ 4000 g
⑤ 5000 g

중요

16 염분이 상대적으로 낮을 것으로 예상되는 곳을 보기에서 모두 고른 것은?

보기
ㄱ. 해수가 어는 곳
ㄴ. 빙하가 녹는 곳
ㄷ. 강물이 많이 유입되는 곳
ㄹ. 강수량이 증발량보다 많은 곳
ㅁ. (증발량－강수량) 값이 0보다 큰 곳

① ㄱ, ㄴ, ㄷ ② ㄱ, ㄷ, ㅁ
③ ㄱ, ㄹ, ㅁ ④ ㄴ, ㄷ, ㄹ
⑤ ㄴ, ㄹ, ㅁ

17 그림은 염분에 영향을 미치는 요인을 나타낸 것이다.

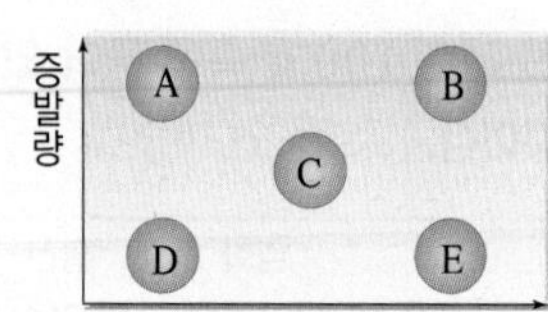

A~E 중 염분이 가장 높은 해수와 가장 낮은 해수를 순서대로 옳게 짝 지은 것은?

① A, B ② A, E ③ B, C
④ B, D ⑤ D, E

중요

18 그림은 겨울철(2월)과 여름철(8월)에 우리나라 주변 바다의 표층 염분 분포를 나타낸 것이다.

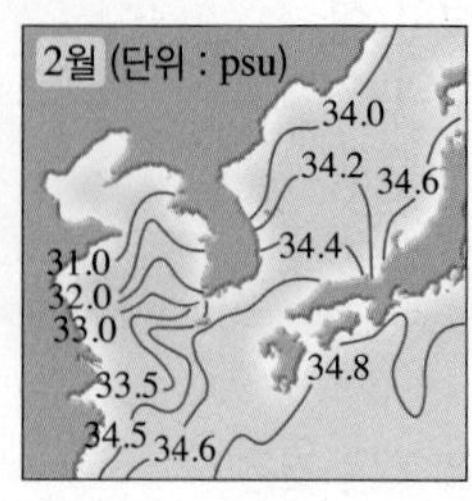

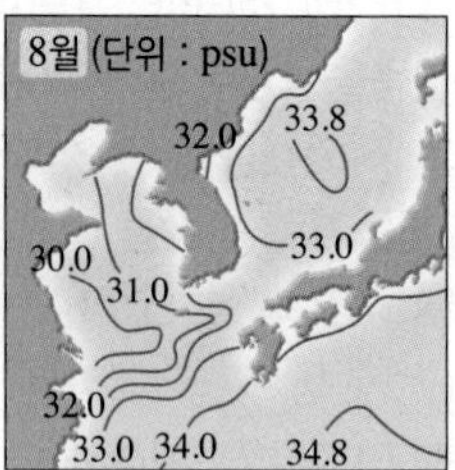

이에 대한 설명으로 옳은 것을 보기에서 모두 고른 것은?

보기
ㄱ. 황해의 염분이 동해보다 더 높다.
ㄴ. 겨울철의 염분이 여름철보다 더 낮다.
ㄷ. 겨울철보다 여름철에 강수량이 더 많을 것이다.
ㄹ. 육지로부터 유입되는 강물의 양은 동해보다 황해에서 더 많을 것이다.

① ㄱ, ㄴ ② ㄱ, ㄹ ③ ㄴ, ㄷ
④ ㄴ, ㄹ ⑤ ㄷ, ㄹ

[19~20] 표는 A와 B 해역의 염분과 주요 염류의 양을 조사하여 나타낸 것이다.

해역	염분(psu)	해수 1 kg에 포함된 염류(g)	
		염화 나트륨	염화 마그네슘
A	33	25.6	(가)
B	(나)	77.6	11

중요

19 (가)와 (나)에 들어갈 값을 옳게 짝 지은 것은?(단, 소수점 둘째 자리에서 반올림한다.)

	(가)	(나)		(가)	(나)
①	1.8	10.0	②	1.8	100.0
③	3.6	100.0	④	3.6	200.0
⑤	36.0	180.0			

20 A, B와 다른 해역에서 염분이 42 psu인 해수 1 kg 속에 들어 있는 염화 나트륨의 양은 몇 g인가?(단, 소수점 둘째 자리에서 반올림한다.)

① 22.7 g ② 27.2 g ③ 32.6 g
④ 35.0 g ⑤ 36.2 g

서술형 문제

중요

21 오른쪽 그림은 어느 해역의 연직 수온 분포를 나타낸 것이다.

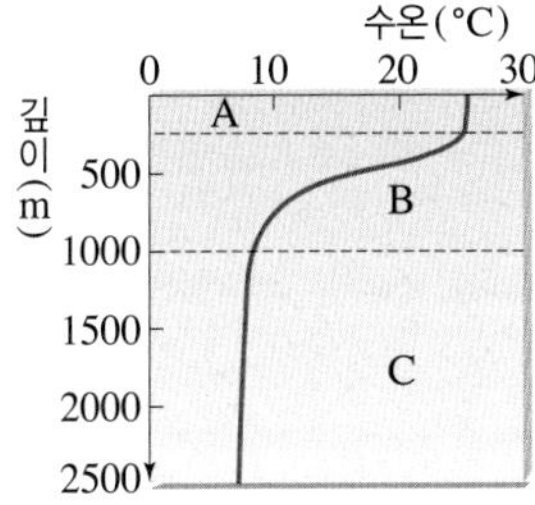

(1) 매우 안정하여 물이 섞이지 않는 층의 기호와 이름을 쓰시오.

(2) 계절과 위도에 따른 C층의 수온 변화를 서술하시오.

22 해수 500 g을 증발 접시에 담고 물이 완전히 사라질 때까지 가열하였더니 20 g의 염류가 남았다. 이 해수의 염분은 몇 psu인지 구하시오.

23 중위도 해역과 적도 해역 중 표층 염분이 더 높은 곳을 고르고, 그 까닭을 강수량과 증발량으로 서술하시오.

중요

24 표는 동해와 황해의 해수 1 kg에 포함된 염류의 질량과 비율을 나타낸 것이다.

염류	동해		황해	
	질량(g)	비율(%)	질량(g)	비율(%)
염화 나트륨	25.64	77.7	B	77.7
염화 마그네슘	3.60	A	3.38	10.9

(1) A의 값을 쓰고, 그렇게 판단한 까닭을 서술하시오.

(2) (1)과 관련 있는 법칙을 쓰시오.

(3) B를 구하는 비례식을 쓰고, 값을 구하시오.(단, 소수점 둘째 자리에서 반올림한다.)

실력 탄탄

● 정답과 해설 37쪽

01 그림 (가)와 (나)는 2월과 8월에 우리나라 주변 바다의 표층 수온 분포를 순서 없이 나타낸 것이다.

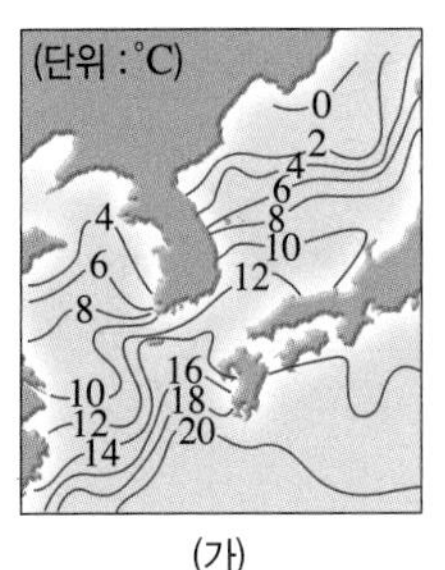

(가)

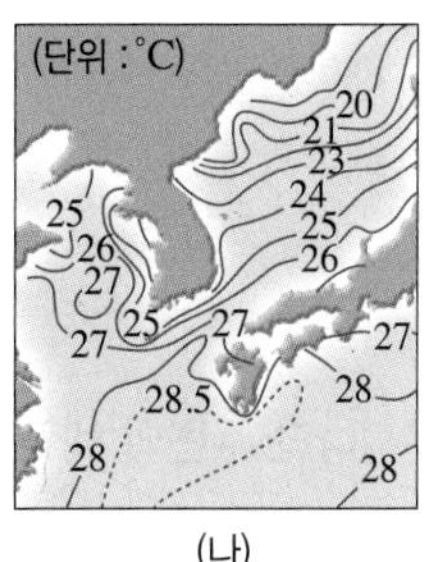

(나)

이에 대한 설명으로 옳은 것을 보기에서 모두 고른 것은?

> 보기
> ㄱ. (가)는 2월, (나)는 8월의 수온 분포이다.
> ㄴ. 동해는 남해보다 위도가 높아 표층 수온이 높다.
> ㄷ. 깊은 바닷속에서도 계절에 따라 (가), (나)와 같은 수온 분포가 나타난다.

① ㄱ ② ㄷ ③ ㄱ, ㄴ
④ ㄴ, ㄷ ⑤ ㄱ, ㄴ, ㄷ

02 그림은 북극해, 동해, 홍해의 해수 1 kg에 각각 녹아 있는 여러 염류의 질량을 나타낸 것이다.

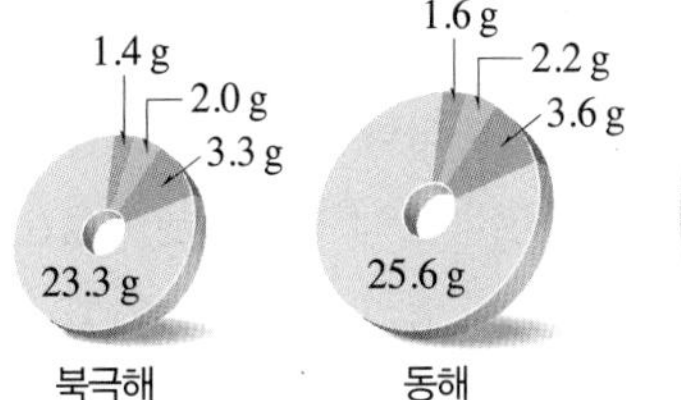

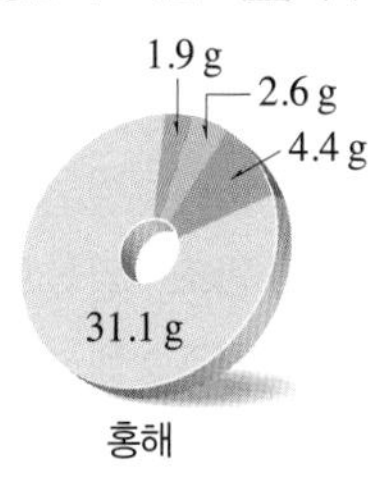

이에 대한 설명으로 옳지 않은 것은?

① 홍해의 염분은 40 psu이다.
② 북극해와 동해에 녹아 있는 염류의 양은 같다.
③ 세 바다에 녹아 있는 염화 마그네슘의 비율은 거의 같다.
④ 염류 중 가장 많은 양을 차지하는 것은 염화 나트륨이다.
⑤ 동해의 해수 500 g을 증발시켜 얻을 수 있는 염화 나트륨의 양은 12.8 g이다.

03 해수의 순환

A 해류

1 해류 일정한 방향으로 나타나는 지속적인 해수의 흐름

① 해류의 발생 원인 : 지속적으로 부는 바람❶

② 해류의 구분

- 난류 : 저위도에서 고위도로 흐르는 비교적 따뜻한 해류❷
- 한류 : 고위도에서 저위도로 흐르는 비교적 찬 해류

2 우리나라 주변의 해류

① 우리나라 주변의 해류

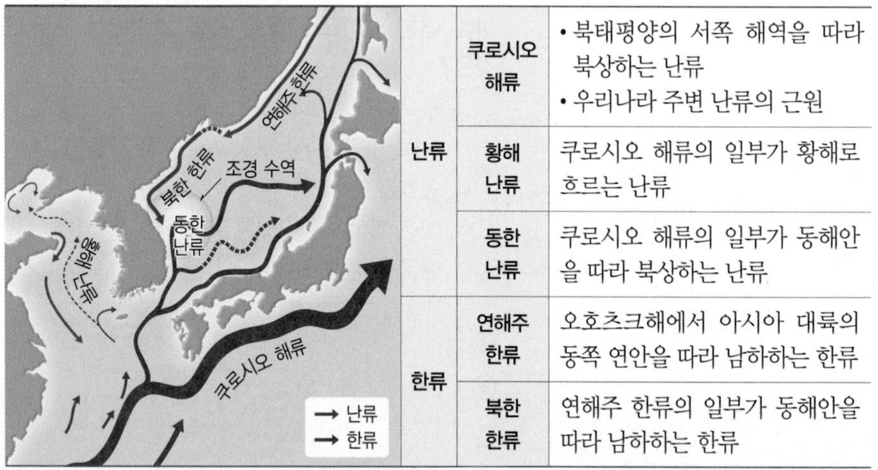

난류	쿠로시오 해류	• 북태평양의 서쪽 해역을 따라 북상하는 난류 • 우리나라 주변 난류의 근원
	황해 난류	쿠로시오 해류의 일부가 황해로 흐르는 난류
	동한 난류	쿠로시오 해류의 일부가 동해안을 따라 북상하는 난류
한류	연해주 한류	오호츠크해에서 아시아 대륙의 동쪽 연안을 따라 남하하는 한류
	북한 한류	연해주 한류의 일부가 동해안을 따라 남하하는 한류

② 조경 수역 : 난류와 한류가 만나는 해역 ➡ *영양 염류와 플랑크톤이 풍부하고, 한류성 어종과 난류성 어종이 함께 분포하여 좋은 어장이 만들어진다.

- 우리나라에서는 동한 난류와 북한 한류가 만나는 동해에 형성된다.
- 난류의 세력이 강한 여름에는 북상하고, 한류의 세력이 강한 겨울에는 남하한다.❸

B 조석

1 조석 밀물과 썰물에 의해 해수면의 높이가 주기적으로 높아지고 낮아지는 현상

① 조류 : 밀물과 썰물로 나타나는 해수의 흐름

② 만조 : 밀물로 해수면의 높이가 가장 높아졌을 때

③ 간조 : 썰물로 해수면의 높이가 가장 낮아졌을 때

④ 조차 : 만조와 간조 때의 해수면 높이 차

⑤ 조석의 주기 : 만조에서 다음 만조 또는 간조에서 다음 간조까지 걸리는 시간❹

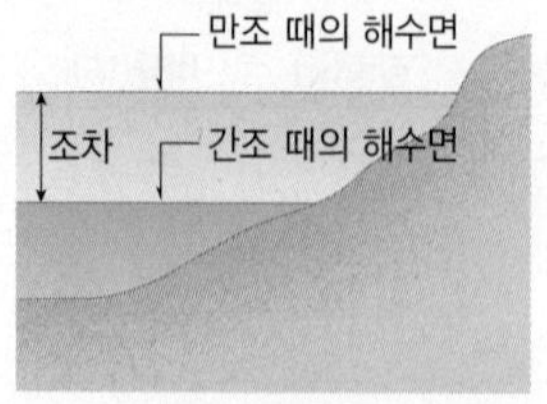

▲ 조석에 의한 해수면 높이 변화

화보 7.5

2 조석 현상의 이용

① 조차가 큰 지역 : 우리나라에서 조차는 서해안에서 가장 크고, 동해안에서 가장 작다.

② 조석 현상의 이용

- 간조 때 넓게 드러난 갯벌에서 조개를 캔다.
- 조차를 이용하거나(조력 발전) 조류를 이용하여(조류 발전) 전기를 생산한다.
- 해안가에 돌담이나 그물을 세워두고 조류를 이용하여 물고기를 잡는다.
- 사리일 때 간조가 되면 특정 지역에서 바닷길이 열리기도 한다.(바다 갈라짐 현상)❺

플러스 강의

내 교과서 확인 | 미래엔

❶ 해류의 발생 원인 실험

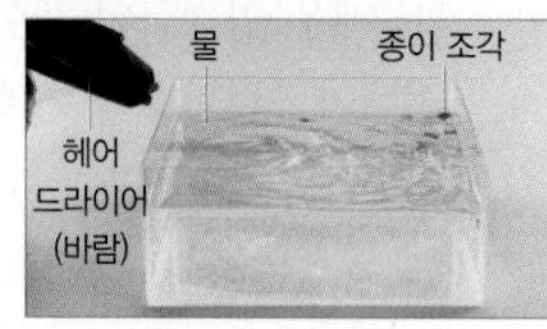

헤어드라이어로 바람을 지속적으로 일으키면 바람의 방향을 따라 종이 조각이 이동한다. ➡ 표층에 해류가 발생한다.

❷ 해류와 기온

해류는 주변 지역의 기온에 영향을 준다. 난류가 흐르는 지역은 대체로 주변에 비해 기온이 높다.

❸ 계절별 조경 수역의 위치

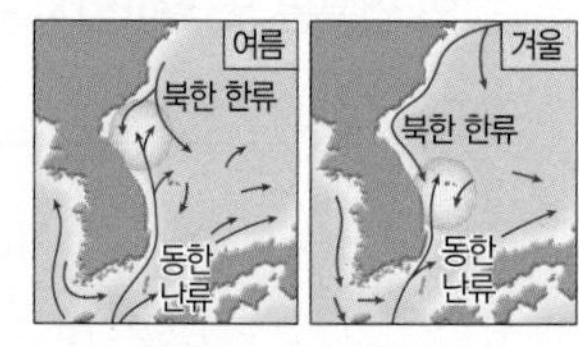

❹ 조석의 주기

우리나라에서 만조와 간조는 하루에 약 두 번씩 생기고, 조석의 주기는 약 12시간 25분이다.

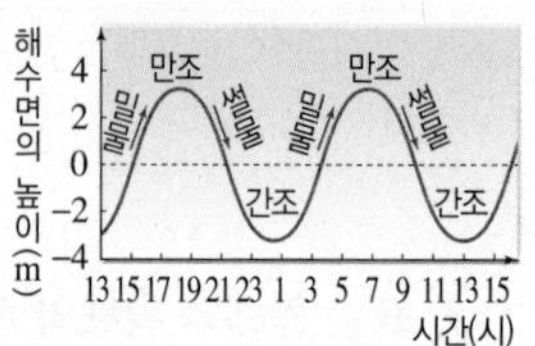

내 교과서 확인 | 천재

❺ 한 달 동안 해수면 높이 변화

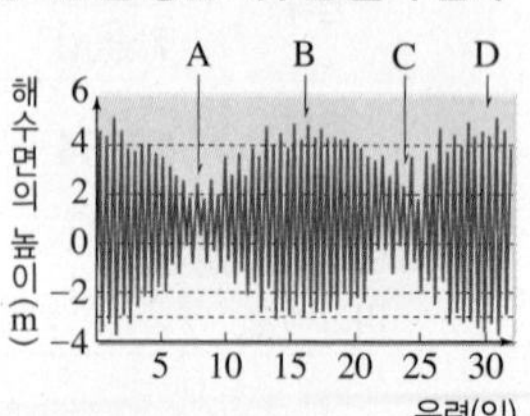

- 사리 : 한 달 중 조차가 가장 크게 나타나는 시기 ➡ B, D
- 조금 : 한 달 중 조차가 가장 작게 나타나는 시기 ➡ A, C
- 사리와 조금은 한 달에 약 두 번씩 생긴다.

용어 돋보기

* **영양 염류**_해수 속 규소, 인, 질소 등의 염류

A 해류

- □□ : 저위도에서 고위도로 흐르는 비교적 따뜻한 해류
- □□ : 고위도에서 저위도로 흐르는 비교적 찬 해류
- □□□□ 해류 : 북태평양의 서쪽 해역을 따라 북상하는 해류로, 우리나라 주변 난류의 근원
- □□ □□ : 난류와 한류가 만나는 해역으로, 우리나라에서는 동해에 형성

B 조석

- □□ : 밀물과 썰물에 의해 해수면의 높이가 주기적으로 높아지고 낮아지는 현상
- □□ : 해수면의 높이가 가장 높아졌을 때
- □□ : 해수면의 높이가 가장 낮아졌을 때
- □□ : 만조와 간조 때의 해수면 높이 차

암기 쾅 우리나라 주변의 해류

북한 구리로 만든 황동

북한: 한류 / 구: 쿠로시오 해류 / 황: 황해 난류 / 동: 동한 난류

A

1 난류에 해당하는 설명은 '난', 한류에 해당하는 설명은 '한'이라고 쓰시오.

(1) 주변 해수보다 수온이 낮다. ( )

(2) 주변 지역의 기온을 높게 한다. ( )

(3) 쿠로시오 해류가 이에 속한다. ( )

(4) 고위도에서 저위도로 흐른다. ( )

2 오른쪽 그림은 우리나라 주변에 흐르는 해류를 나타낸 것이다.

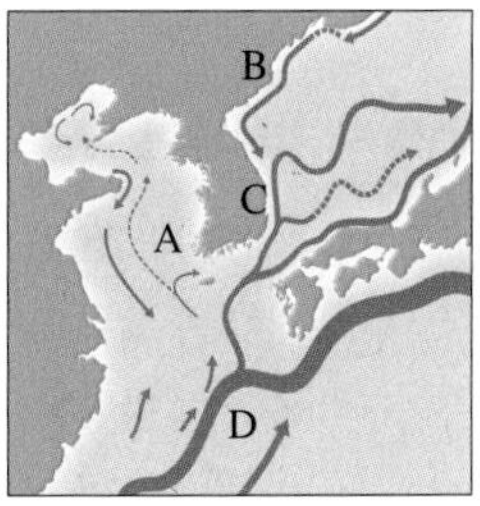

(1) 해류 A~D의 이름을 각각 쓰시오.

(2) 해류 A~D를 난류와 한류로 구분하시오.

• 난류 : ㉠ ________ • 한류 : ㉡ ________

3 우리나라의 조경 수역에 대한 설명이다. ( ) 안에 알맞은 말을 쓰시오.

> 우리나라에서 조경 수역은 ㉠( ) 난류와 ㉡( ) 한류가 만나는 ㉢( )에 형성되어 있다.

B

4 조석에 대한 설명으로 옳은 것은 ○, 옳지 <u>않은</u> 것은 ×로 표시하시오.

(1) 하루 중 해수면의 높이가 가장 낮을 때를 사리라고 한다. ( )

(2) 만조와 간조의 해수면의 높이 차를 조차라고 한다. ( )

(3) 우리나라에서 만조와 간조는 하루에 약 두 번씩 일어난다. ( )

(4) 한 달 중 만조와 간조의 해수면의 높이 차가 가장 작을 때를 조금이라고 한다. ( )

5 조석 현상의 이용에 대한 설명으로 옳은 것은 ○, 옳지 <u>않은</u> 것은 ×로 표시하시오.

(1) 우리나라에서 조차는 어느 바다에서나 같게 나타난다. ( )

(2) 조차가 작은 지역에서는 조력 발전소를 건설하여 전기를 생산한다. ( )

(3) 조차가 큰 지역에서는 간조 때 갯벌이 드러나 조개 등을 캘 수 있다. ( )

(4) 사리일 때 만조가 되면 바닷길이 열리기도 한다. ( )

기출 문제로 내신쑥쑥

전국 주요 학교의 **시험에 가장 많이 나오는 문제**들로만 구성하였습니다.
모든 친구들이 '꼭' 봐야 하는 코너입니다.

A 해류

01 바다의 표층에서 해류를 발생시키는 주된 원인은?

① 밀도 차이 ② 수심 차이
③ 수온 차이 ④ 염분 차이
⑤ 지속적인 바람

02 해류에 대한 설명으로 옳은 것은?

① 여름에는 난류, 겨울에는 한류가 흐른다.
② 난류는 고위도에서 저위도로 흐른다.
③ 해류의 방향은 주기적으로 변한다.
④ 한류는 주변 해수에 비해 비교적 수온이 낮다.
⑤ 난류가 흐르는 지역은 주변 지역에 비해 대체로 기온이 낮다.

03 그림과 같이 수조에 물을 채우고 종이 조각을 띄운 후, 헤어드라이어로 바람을 일으켜 종이 조각의 움직임을 관찰하였다.

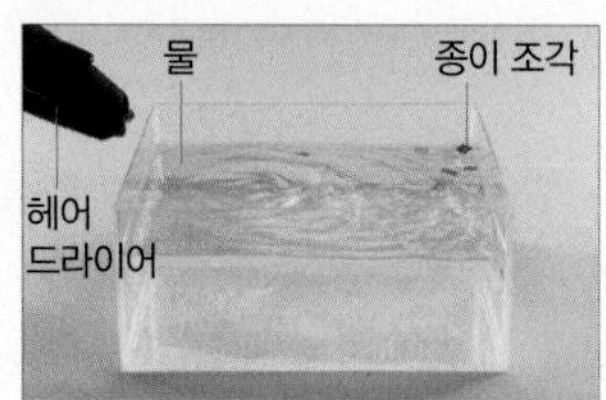

이에 대한 설명으로 옳은 것을 보기에서 모두 고른 것은?

보기
ㄱ. 표층에 발생하는 해류의 원인을 알아보기 위한 실험이다.
ㄴ. 종이 조각은 바람의 방향을 따라 움직인다.
ㄷ. 바람을 계속 불어 주면 종이 조각은 위아래로 일정하게 움직인다.
ㄹ. 바람을 세게 불어 주면 종이 조각은 더 천천히 움직인다.

① ㄱ, ㄴ ② ㄱ, ㄷ ③ ㄴ, ㄷ
④ ㄴ, ㄹ ⑤ ㄷ, ㄹ

04 우리나라 주변의 해류를 다음과 같이 두 집단으로 분류하였다.

A	B
북한 한류 연해주 한류	동한 난류 황해 난류 쿠로시오 해류

해류를 나눈 기준으로 옳은 것은?

① 해류가 발생한 원인
② 해류가 이동한 거리
③ 해류가 흐르는 지역
④ 해류의 상대적인 수온
⑤ 해류에 포함된 염류의 종류

[05~07] 그림은 우리나라 주변에 흐르는 해류를 나타낸 것이다.

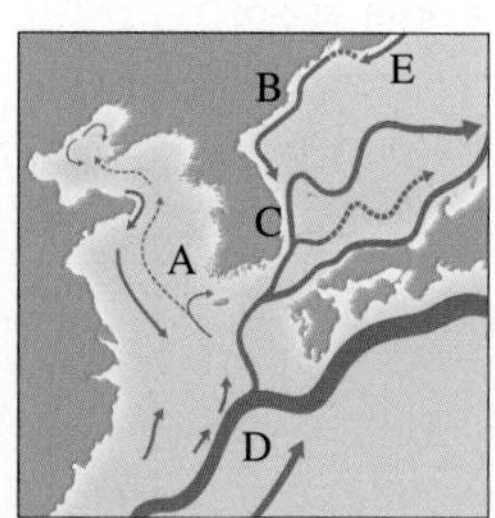

중요
05 해류 A~E의 이름을 옳게 짝 지은 것은?

① A－연해주 한류 ② B－북한 한류
③ C－황해 난류 ④ D－동한 난류
⑤ E－쿠로시오 해류

중요
06 이에 대한 설명으로 옳은 것은?

① A는 고위도에서 저위도로 이동한다.
② B는 우리나라에 영향을 미치는 해류가 아니다.
③ C는 겨울철에 세력이 강해진다.
④ C와 D는 모두 난류이다.
⑤ E는 우리나라 주변을 흐르는 난류의 근원이다.

07 A~E 중 조경 수역을 형성하는 두 해류를 고르시오.

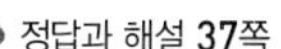

08 조경 수역에 대한 설명으로 옳지 않은 것은?

① 난류와 한류가 만나서 형성된다.
② 우리나라에서는 남해에 형성되어 있다.
③ 조경 수역에는 영양 염류와 플랑크톤이 풍부하다.
④ 조경 수역의 위치는 계절에 따라 약간씩 달라진다.
⑤ 조경 수역에는 한류성 어종과 난류성 어종이 함께 분포하여 좋은 어장이 만들어진다.

B 조석

중요

09 조석에 대한 설명으로 옳은 것을 보기에서 모두 고른 것은?

보기
ㄱ. 밀물과 썰물에 의해 해수면의 높이가 주기적으로 변하는 현상이다.
ㄴ. 우리나라에서 조석의 주기는 약 24시간이다.
ㄷ. 하루 중 해수면의 높이가 가장 높을 때를 만조라고 한다.
ㄹ. 한 달 중 만조와 간조의 조차가 가장 클 때를 조금이라고 한다.

① ㄱ, ㄷ　② ㄱ, ㄹ　③ ㄴ, ㄷ　④ ㄴ, ㄹ　⑤ ㄷ, ㄹ

10 그림 (가)와 (나)는 만조와 간조 때 찍은 서해안의 모습을 순서 없이 나타낸 것이다.

(가)

(나)

이에 대한 설명으로 옳은 것은?

① (가)는 만조일 때의 모습을 나타낸 것이다.
② (가)일 때 바닷길이 열리는 현상을 관측할 수 있다.
③ (나)는 간조일 때의 모습을 나타낸 것이다.
④ (나)일 때 갯벌이 넓게 드러나 조개를 잡을 수 있다.
⑤ (가)와 (나)에서 해수면의 높이가 달라지는 것은 계절이 변하기 때문이다.

중요

11 그림은 어느 지역에서 하루 동안 해수면의 높이 변화를 나타낸 것이다.

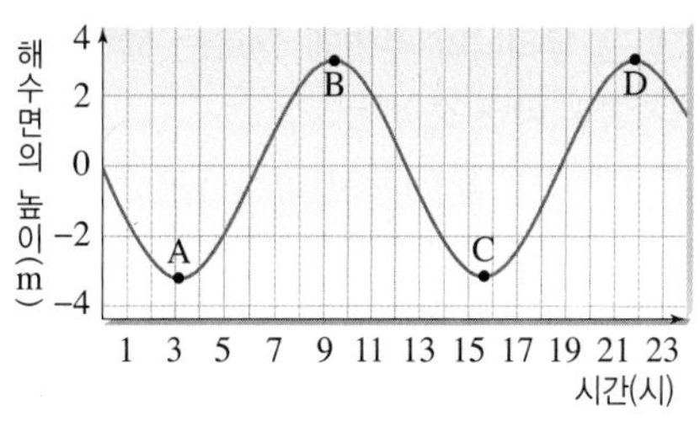

이에 대한 설명으로 옳은 것은?

① 이 지역의 조차는 약 3 m이다.
② A와 C는 만조, B와 D는 간조이다.
③ 19시경에는 썰물이 나타난다.
④ A에서 C까지 걸리는 시간은 약 15시간이다.
⑤ 15∼16시경은 갯벌 체험을 하기 좋은 시간이다.

12 그림은 어느 지역에서 한 달 동안 해수면의 높이 변화를 측정하여 나타낸 것이다.

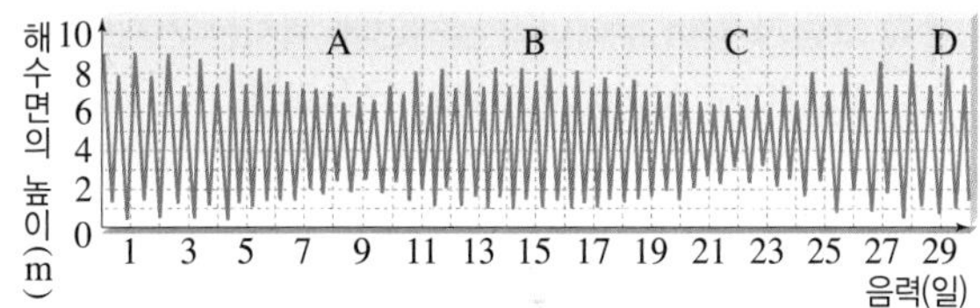

이에 대한 설명으로 옳은 것은?

① A와 같은 시기를 사리라고 한다.
② B와 같은 시기를 만조라고 한다.
③ C에서 하루 중 해수면의 높이 차가 가장 크다.
④ D일 때 바다 갈라짐 현상을 잘 관측할 수 있다.
⑤ A∼B 사이의 시간이 조석의 주기이다.

13 일상생활에서 조석을 이용하는 경우에 대한 설명으로 옳지 않은 것은?

① 조류를 이용하여 전기를 생산하기도 한다.
② 간조일 때 드러난 갯벌에서 조개를 잡을 수 있다.
③ 우리나라에서 조력 발전소는 대부분 동해안에 설치한다.
④ 조석에 의한 해수의 흐름을 이용하여 물고기를 잡을 수 있다.
⑤ 사리일 때 간조가 되면 일부 해안에서 바닷길을 이용하여 섬까지 걸어갈 수 있다.

서술형 문제

14 그림은 우리나라 주변에 흐르는 해류와 조경 수역의 위치를 나타낸 것이다.

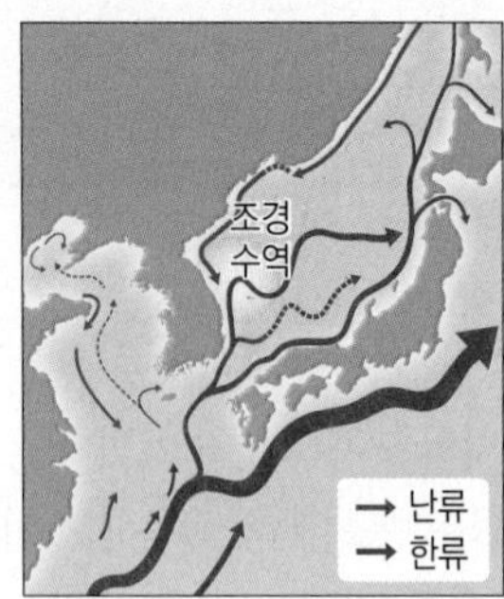

(1) 우리나라에서 조경 수역을 형성하는 두 해류를 쓰시오.

(2) 겨울철 조경 수역의 위치를 여름철과 비교하고, 변화의 원인을 서술하시오.

15 그림과 같이 우리나라 남해안에 위치한 거제도와 일본의 대마도 사이에서 기름이 유출되었다.

A~C 중 기름이 퍼지는 것을 막는 장치를 설치하기에 가장 적절한 곳을 고르고, 그 까닭을 서술하시오.

16 그림은 하루 동안 어느 지역의 해수면 높이 변화를 나타낸 것이다.

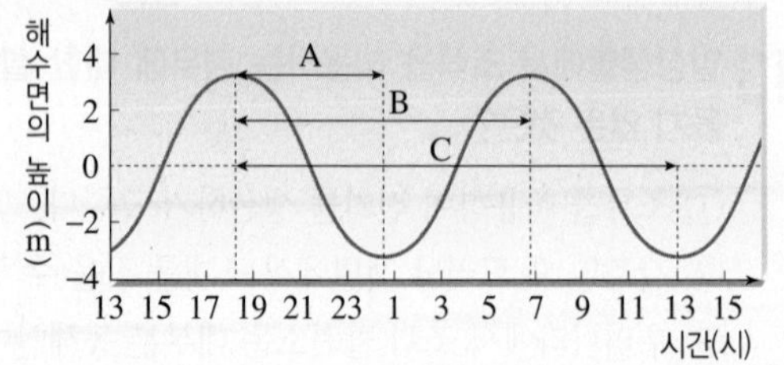

(1) A~C 중 조석의 주기에 해당하는 구간을 쓰시오.

(2) 이 지역의 조차는 약 몇 m인지 쓰시오.

수준 높은 문제로 실력 탄탄

● 정답과 해설 38쪽

01 그림 (가)는 우리나라 부근의 해류를 나타낸 것이고, (나)는 해류 A~C가 흐르는 해역의 수온과 염분 분포를 나타낸 것이다.

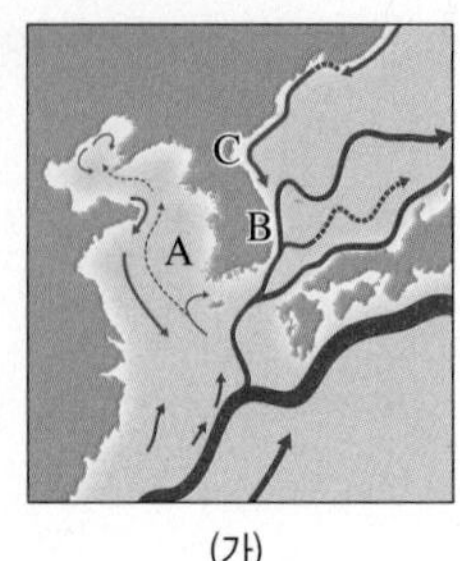

(가)

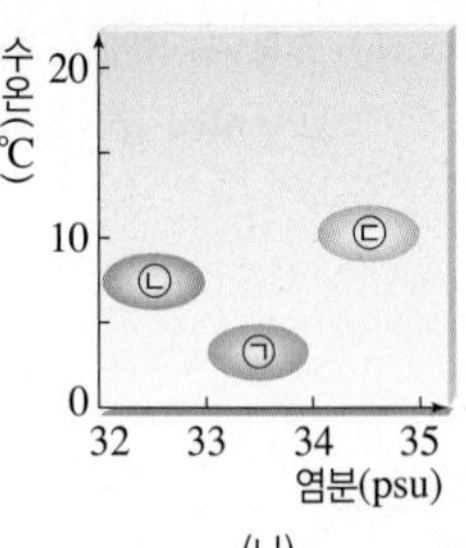

(나)

해류 A~C와 ㉠~㉢을 같은 것끼리 옳게 짝 지은 것은?

	A	B	C
①	㉠	㉡	㉢
②	㉠	㉢	㉡
③	㉡	㉠	㉢
④	㉡	㉢	㉠
⑤	㉢	㉡	㉠

02 그림은 우리나라의 겨울철 기온 분포를 나타낸 것이다.

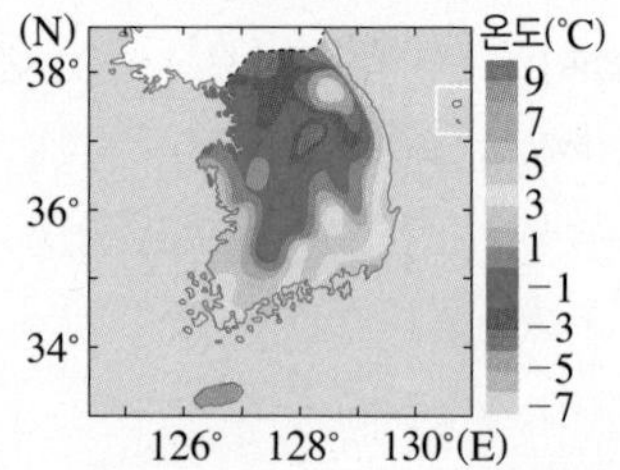

동해안 지역이 같은 위도의 내륙 지방에 비해 기온이 높은 것과 관련 있는 해류의 이름을 쓰시오.

03 다음은 2014년 음력 6월의 해수면의 높이를 나타낸 조석표이다.

8일	시각	01 : 32	07 : 43	14 : 19	20 : 07
	높이(cm)	189	594	214	522
16일	시각	03 : 01	09 : 51	15 : 09	21 : 50
	높이(cm)	709	121	626	44
23일	시각	02 : 40	08 : 34	15 : 24	21 : 12
	높이(cm)	158	631	156	582

위 표에서 바다 갈라짐 현상을 관측하기에 가장 적당한 날짜와 시각을 쓰시오.

단원 평가 문제

지금까지 열심히 달려오셨어요!
단원 평가 문제를 풀면서 자신의 **실력**을 **확인**해 봅시다.

● 정답과 해설 39쪽

01 그림은 수권을 이루는 물의 분포를 나타낸 것이다.

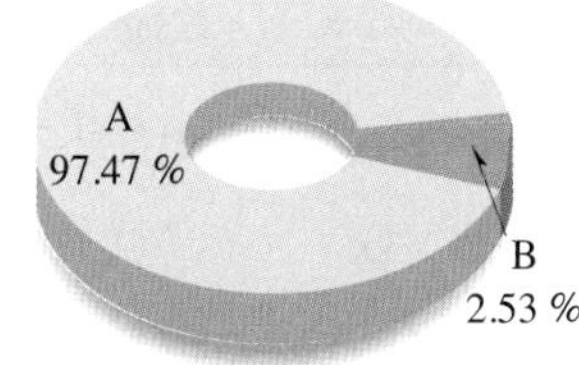

이에 대한 설명으로 옳은 것은?

① A는 육지에 분포하는 물이다.
② A의 대부분은 빙하이며, 극지방에 많다.
③ A 중 호수와 하천수는 생활에 쉽게 활용된다.
④ B는 해수이다.
⑤ B는 짠맛이 나지 않는다.

02 다음은 수권을 이루는 물의 일부를 나타낸 것이다.

• 지하수	• 호수와 하천수

이들의 공통점으로 옳지 않은 것은?

① 담수이다.
② 육지에 분포한다.
③ 짠맛이 나지 않는다.
④ 고체 상태로 존재한다.
⑤ 생활에 쉽게 활용할 수 있다.

03 그림은 1900년부터 2000년까지 전 세계의 수자원 이용량 변화를 나타낸 것이다.

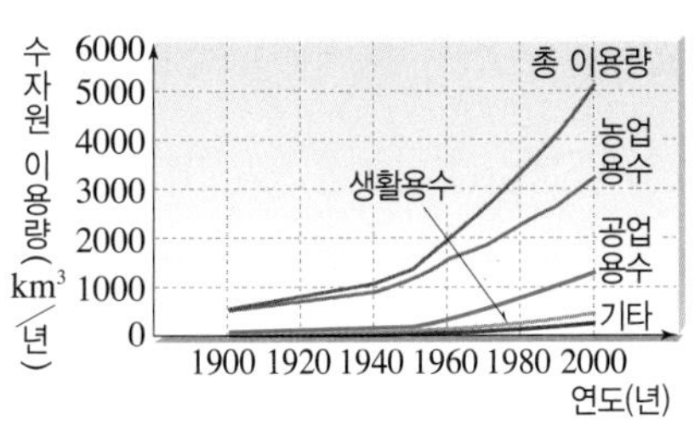

수자원의 이용량 증가 원인으로 적절하지 않은 것은?

① 산업화 ② 인구 증가
③ 문명 발달 ④ 기후 변화
⑤ 생활 수준 향상

04 해수의 온도에 대한 설명으로 옳지 않은 것은?

① 해수의 표층 수온은 위도와 계절에 따라 다르다.
② 해수의 표층 수온에 가장 큰 영향을 미치는 것은 바람이다.
③ 표층 해수의 등온선은 위도선과 대체로 나란하다.
④ 저위도에서 고위도로 갈수록 표층 수온이 낮다.
⑤ 고위도 해역에서는 연직 수온 분포에 따른 층상 구조가 나타나지 않는다.

05 깊이에 따른 해수의 수온 분포에 대한 설명으로 옳은 것을 보기에서 모두 고른 것은?

보기
ㄱ. 깊이에 따른 수온 변화에 따라 3개 층으로 구분한다.
ㄴ. 해수가 섞이지 않고 매우 안정한 층은 혼합층이다.
ㄷ. 수온 약층은 계절에 따라 수온 변화가 거의 나타나지 않는다.
ㄹ. 심해층에는 태양 에너지가 거의 도달하지 않는다.

① ㄱ, ㄴ ② ㄱ, ㄹ ③ ㄴ, ㄷ
④ ㄴ, ㄹ ⑤ ㄷ, ㄹ

06 그림 (가)와 같이 온도계를 설치한 후, 수면에 적외선 전등을 비추고 휴대용 선풍기로 바람을 일으켰더니 (나)와 같이 깊이에 따른 수온 변화가 나타났다.

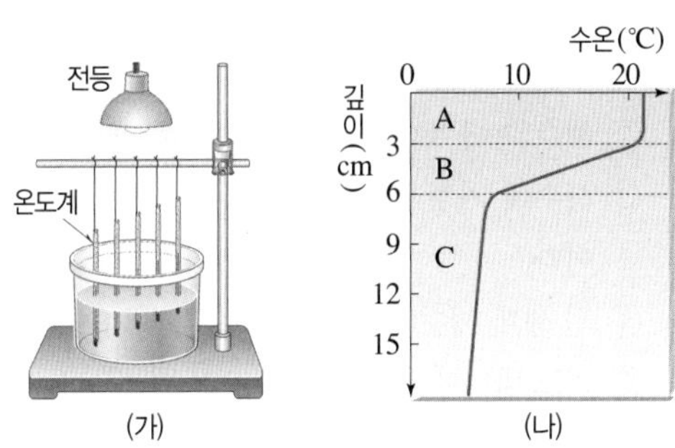

이에 대한 설명으로 옳은 것은?

① 전등의 세기를 세게 할수록 A층의 수온은 낮다.
② 선풍기를 켜면 B층의 물이 섞인다.
③ B층은 깊어질수록 수온이 급격히 낮아지는 수온 약층에 해당한다.
④ B층은 A층과 C층의 물질 교환이 잘 일어나게 한다.
⑤ C층은 깊이에 따른 수온 변화가 가장 크다.

07 오른쪽 그림은 위도에 따른 수온의 연직 분포를 나타낸 것이다. A~C 해역 중 (가) 태양 에너지를 가장 많이 흡수한 해역과 (나) 바람이 가장 강하게 부는 해역을 옳게 짝 지은 것은?

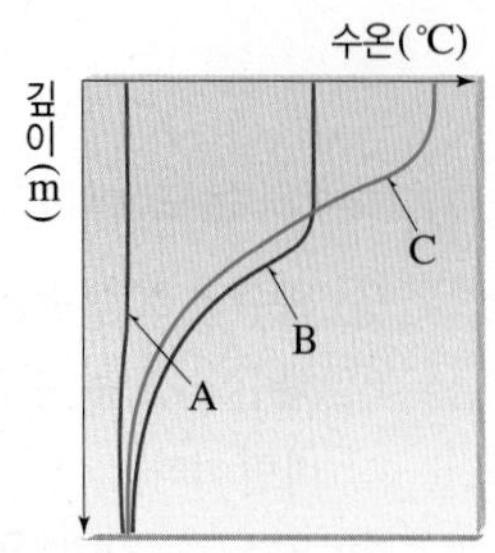

	(가)	(나)		(가)	(나)
①	A	B	②	A	C
③	B	A	④	C	A
⑤	C	B			

08 오른쪽 그림은 해수에 녹아 있는 여러 가지 염류의 질량을 나타낸 것이다. 염류 A와 B의 이름을 옳게 짝 지은 것은?

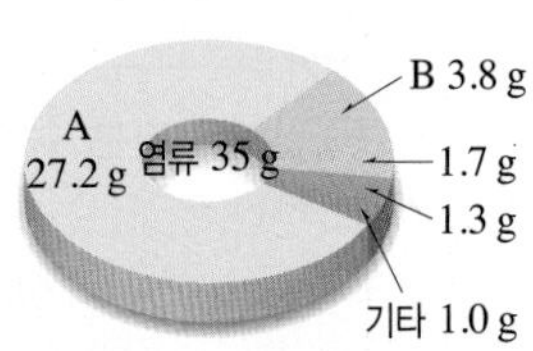

	A	B
①	염화 나트륨	황산 칼슘
②	염화 나트륨	황산 마그네슘
③	염화 나트륨	염화 마그네슘
④	염화 마그네슘	염화 나트륨
⑤	염화 마그네슘	황산 마그네슘

09 염류와 염분에 대한 설명으로 옳지 않은 것은?

① 하천수가 흘러드는 곳은 염분이 높다.
② 해수 속에 녹아 있는 물질을 염류라고 한다.
③ 해수에 가장 많이 녹아 있는 염류는 염화 나트륨이다.
④ 전 세계 해수의 평균 염분은 약 35 psu이다.
⑤ 어느 바다에서나 염류 사이의 비율은 일정하다.

10 염분이 35 psu인 해수 2000 g 속에 들어 있는 물과 염류의 양은?

	물	염류		물	염류
①	1000 g	35 g	②	1965 g	35 g
③	1930 g	70 g	④	2000 g	70 g
⑤	2035 g	70 g			

11 표는 A~D 해역의 해수와 염류의 양을 나타낸 것이다.

해역	A	B	C	D
해수의 양	200 g	3 kg	10 kg	500 g
염류의 총량	7 g	63 g	355 g	12.5 g

A~D 해역의 염분을 옳게 비교한 것은?

① A>C>B>D ② A>D>B>C
③ B>A>C>D ④ C>A>D>B
⑤ C>B>D>A

12 그림은 전 세계 해수의 표층 염분 분포를 나타낸 것이다.

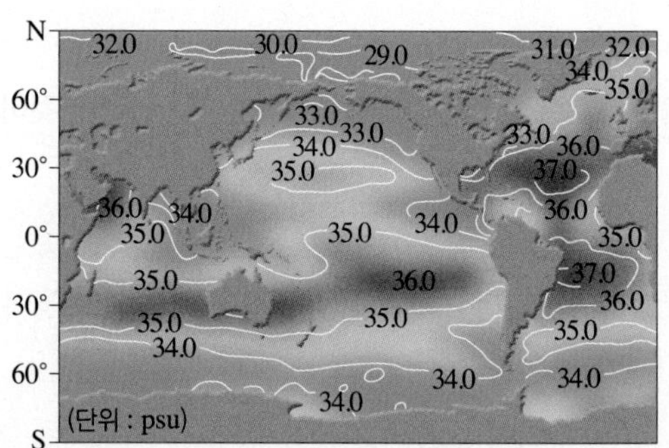

이에 대한 설명으로 옳은 것은?

① 고위도로 갈수록 염분이 높다.
② 위도 30° 부근에서 염분이 가장 낮다.
③ 적도 지역은 강수량보다 증발량이 많을 것이다.
④ 대양의 주변부는 중앙에 비해 대체로 염분이 낮다.
⑤ 위도에 따라 염분이 다르므로 각 염류의 비율도 다르게 나타날 것이다.

13 염분이 35 psu인 해수에 포함된 염화 나트륨과 염화 마그네슘의 질량비가 7 : 1이라면, 염분이 40 psu인 해수에 포함된 염화 나트륨과 염화 마그네슘의 질량비는?

① 1 : 7 ② 5 : 1 ③ 7 : 1
④ 10 : 1 ⑤ 10 : 7

14 염분이 35 psu인 해수 1 kg 속에 염화 나트륨이 27.2 g 들어 있다면, 염분이 30 psu인 해수 2 kg 속에 녹아 있는 염화 나트륨의 양은?

① 11.7 g ② 23.3 g ③ 27.2 g
④ 31.7 g ⑤ 46.6 g

15 표는 홍해와 사해의 해수 1 kg에 포함된 염화 나트륨과 염화 마그네슘의 질량 및 구성비를 나타낸 것이다.

해역	염류의 총량(g)	염화 나트륨		염화 마그네슘	
		질량(g)	구성비(%)	질량(g)	구성비(%)
홍해	40	31	77.5	B	11
사해	A	155	77.5	22	C

A~C의 값을 옳게 짝 지은 것은?

	A	B	C
①	100	2.2	5.5
②	100	44	77.5
③	150	3.3	77.5
④	200	4.4	11
⑤	200	44	11

[16~17] 오른쪽 그림은 우리나라 주변 해류의 분포를 나타낸 것이다.

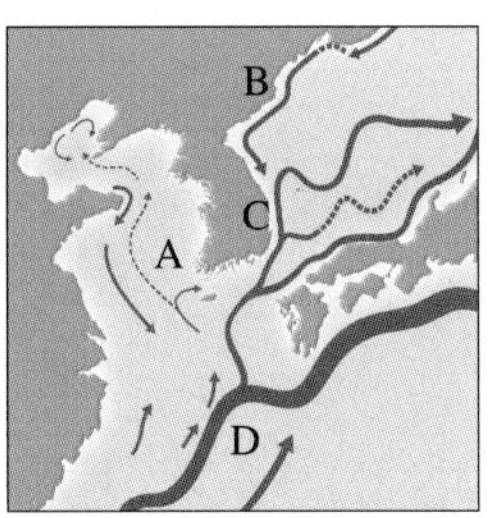

16 A~D 중 난류를 모두 고른 것은?

① A, C ② B, C ③ A, B, C
④ A, C, D ⑤ A, B, C, D

17 이에 대한 설명으로 옳지 않은 것은?

① A는 황해 난류이다.
② B는 주변 해수보다 수온이 높다.
③ C는 여름철에 세력이 강해진다.
④ 우리나라 난류의 근원이 되는 해류는 D이다.
⑤ 조경 수역을 형성하여 좋은 어장을 이루는 해류는 B와 C이다.

18 그림 (가)와 (나)는 여름철과 겨울철의 우리나라 주변 해류의 분포를 순서 없이 나타낸 것이다.

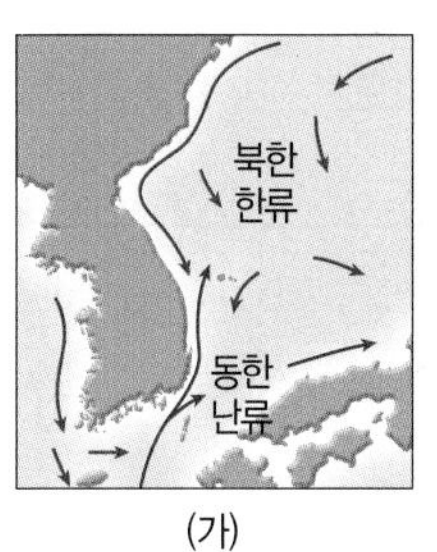

(가)

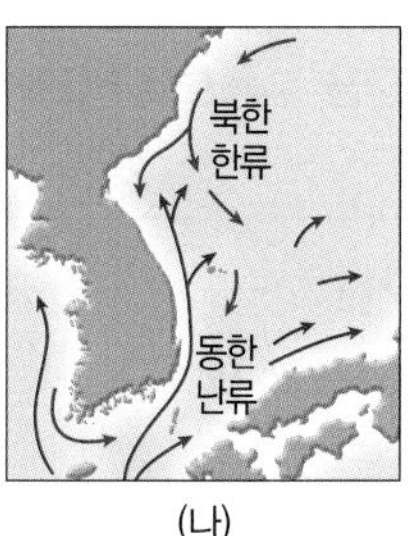

(나)

이에 대한 설명으로 옳은 것을 보기에서 모두 고른 것은?

보기
ㄱ. (가)는 (나)보다 난류의 세력이 강하다.
ㄴ. (나)는 (가)보다 조경 수역이 북쪽에서 형성된다.
ㄷ. (가)는 여름철, (나)는 겨울철 해류의 분포이다.

① ㄱ ② ㄴ ③ ㄱ, ㄷ
④ ㄴ, ㄷ ⑤ ㄱ, ㄴ, ㄷ

19 조석에 대한 설명으로 옳은 것은?

① 계절에 따라 해수면의 높이가 변하는 현상이다.
② 조석에 의해 생기는 해수의 흐름은 해류이다.
③ 밀물은 만조에서 간조가 될 때 나타난다.
④ 하루 중 해수면의 높이가 가장 높을 때를 간조라고 한다.
⑤ 만조와 간조 때의 해수면 높이 차를 조차라고 한다.

20 그림은 어느 해안 지역에서 며칠 동안 나타나는 해수면의 높이 변화를 나타낸 것이다.

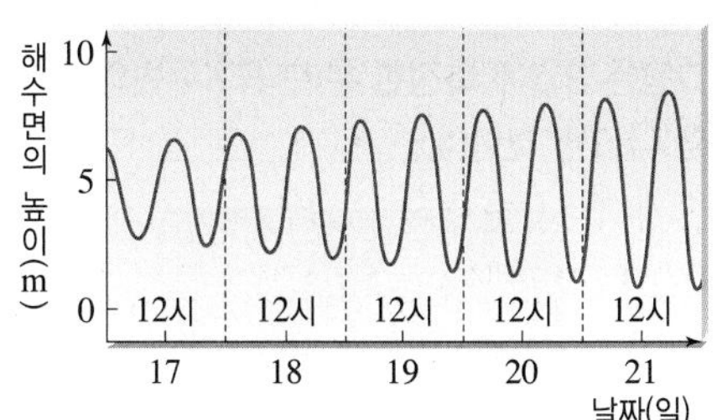

이에 대한 설명으로 옳은 것을 보기에서 모두 고르시오.

보기
ㄱ. 조차는 점점 증가하고 있다.
ㄴ. 간조와 만조는 하루에 한 번씩 나타난다.
ㄷ. 21일 정오(12시) 무렵은 조개잡이 체험을 하기 가장 좋은 시간이다.

서술형 문제

21 지구에 분포하는 빙하, 해수, 지하수, 호수와 하천수의 양을 부등호로 비교하시오.

22 해수와 빙하를 수자원으로 바로 활용하기 어려운 까닭을 각각 서술하시오.

23 그림은 어느 해역의 연직 수온 분포를 나타낸 것이다.

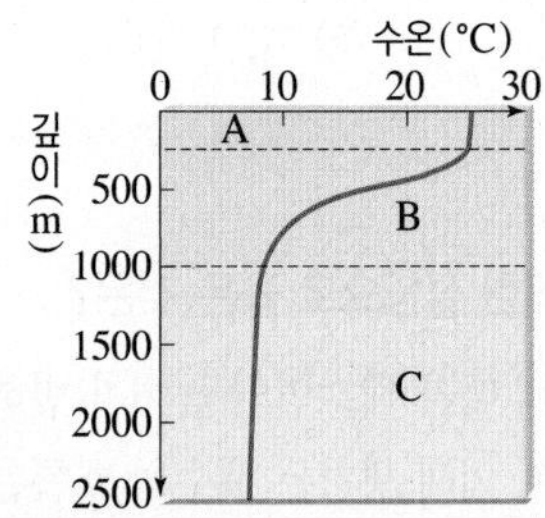

(1) A층의 두께에 가장 큰 영향을 주는 요인을 쓰시오.

(2) C층의 연직 수온이 일정한 까닭을 서술하시오.

24 그림은 8월에 측정한 우리나라 주변의 표층 염분 분포를 나타낸 것이다.

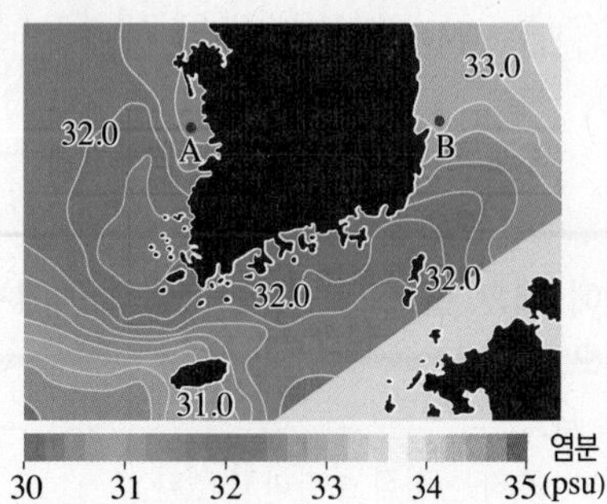

A와 B 해역 중 염분이 낮은 곳을 고르고, 그 까닭을 서술하시오.

25 표는 A와 B 해역의 해수 1 kg 속에 녹아 있는 염류의 질량을 나타낸 것이다.

염류	A 해역	B 해역
염화 나트륨	27.1 g	(가)
염화 마그네슘	3.8 g	3.6 g
황산 마그네슘	1.7 g	1.6 g
기타	2.4 g	2.3 g

(1) A 해역의 염분(psu)을 구하시오.

(2) B 해역의 해수 1 kg 속에 녹아 있는 염화 나트륨의 양 (가)를 구하는 비례식을 세우고, 그 값을 구하시오.(단, 소수점 첫째 자리에서 반올림한다.)

26 그림은 우리나라 주변의 해류를 나타낸 것이다.

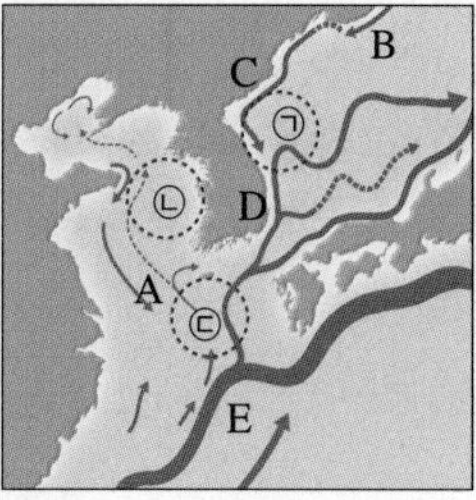

(1) 해류 A~E 중 우리나라 주변 난류의 근원이 되는 해류의 기호와 이름을 쓰시오.

(2) ㉠~㉢ 중 조경 수역이 형성되는 곳을 고르고, 이 곳에 좋은 어장이 형성되는 까닭을 서술하시오.

27 우리나라에서 조력 발전소를 건설하기 유리한 해안은 동해안, 서해안 중 어디인지 쓰고, 그 까닭은 무엇인지 서술하시오.

이 단원에서 학습한 내용을 확실히 이해했나요?
다음 내용을 잘 알고 있는지 스스로 체크해 보세요.

- ☐ 106쪽 Ⓐ 수권에 분포하는 물의 종류와 구성비를 설명할 수 있다.
- ☐ 106쪽 Ⓑ 생활에서 수자원이 활용되는 예를 알고, 수자원의 가치를 설명할 수 있다.
- ☐ 112쪽 Ⓐ 해수의 표층 수온 분포와 연직 수온 분포를 설명할 수 있다.
- ☐ 114쪽 Ⓑ 염류의 종류를 알고, 염분의 뜻과 염분 분포를 설명할 수 있다.
- ☐ 114쪽 Ⓑ 염분비 일정 법칙의 뜻을 알고, 이를 이용하여 염류와 염분을 구할 수 있다.
- ☐ 122쪽 Ⓐ 우리나라 주변 해류의 종류와 특징을 설명할 수 있다.
- ☐ 122쪽 Ⓑ 조석의 뜻과 조석 현상을 이용하는 예를 설명할 수 있다.

- 모두 체크 참 잘했어요! 이 단원을 완벽하게 이해했군요!
- 6~4개 체크 알쏭달쏭한 내용은 해당 쪽으로 돌아가 복습하세요.
- 3개 이하 이 단원을 한 번 더 학습하세요.

열과 우리 생활

다른 학년과의 연계는?

초등학교 5학년

- 온도 : 물질의 차갑거나 따뜻한 정도를 숫자와 ℃(섭씨도) 단위를 사용하여 나타낸다.
- 열의 이동 : 열이 온도가 높은 물질에서 온도가 낮은 물질로 이동하여 물질의 온도가 변한다.

중학교 2학년

- 온도와 열 : 열이 이동하면 물체의 온도가 달라진다.
- 열의 이동 방법 : 전도, 대류, 복사에 의해 열이 이동한다.
- 비열 : 비열이 클수록 온도가 잘 변하지 않는다.
- 열팽창 : 물질에 열을 가하면 부피가 증가한다.

통합과학

- 열효율 : 에너지가 사용되는 과정에서 열이 발생하며, 버려지는 열에너지로 인해 열에너지 이용의 효율이 낮아진다.

물리학 Ⅰ

- 에너지 보존 : 열에너지가 발생하면 역학적 에너지가 보존되지 않는다.
- 열기관 : 열기관이 외부와 열과 일을 주고받아 열기관의 내부 에너지가 변화된다.
- 열효율 : 열이 모두 일로 전환되지는 않는다.

이 단원에서는 물질을 이루는 입자의 운동을 변하게 하는 에너지인 열에 대해 알아본다.
이 단원을 들어가기 전에 이전 학년에서 배운 개념을 확인해 보자.

알고 있나요?

다음 내용에서 필요한 단어를 골라 빈칸을 완성해 보자.

올라, 높아, 내려, 낮아, 23

초5 **1. 온도와 열**

① 온도는 온도계를 사용하여 측정한다. 물질이 뜨거울수록 물질의 온도는 높아진다.

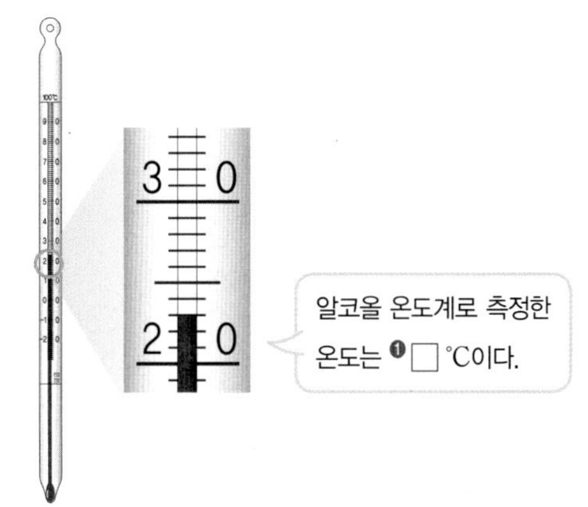

30
20
알코올 온도계로 측정한
온도는 ❶□ ℃이다.

② 공기 중에 공기보다 온도가 낮은 차가운 물을 놓아두면 물의 온도가 ❷□□지고, 공기보다 온도가 높은 따뜻한 물을 놓아두면 물의 온도가 ❸□□진다.

③ 온도가 다른 두 물질이 접촉한 채로 시간이 지나면 두 물질의 온도는 같아진다.

④ 열의 이동은 물질의 온도를 변하게 하는 원인이다.

⑤ 고체에서 열은 온도가 높은 부분에서 낮은 부분으로 고체를 따라 이동한다.

⑥ 액체와 기체에서는 주위보다 온도가 높은 부분이 직접 위로 올라가면서 열이 이동한다.

⑦ 온도가 높아진 공기는 ❹□□가고, 차가운 공기는 ❺□□간다.

정답 | ❶ 23 ❷ 낮아 ❸ 높아 ❹ 올라 ❺ 내려

01 열

A 온도와 입자의 운동

1 온도 물체의 차갑고 뜨거운 정도를 수치로 나타낸 것

화보 8.1 **2 온도와 입자의 운동** 온도는 물체를 구성하는 입자의 운동이 활발한 정도를 나타낸다.
➡ 물체의 온도가 낮을수록 입자의 운동이 둔하고, 물체의 온도가 높을수록 입자의 운동이 활발하다.❶

온도가 낮은 물체
➡ 입자의 운동이 둔하다.
▲ 차가운 물

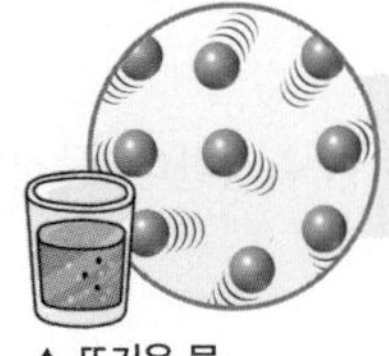
온도가 높은 물체
➡ 입자의 운동이 활발하다.
▲ 뜨거운 물

B 열의 이동

1 열 온도가 높은 물체에서 낮은 물체로 이동하는 에너지

2 열의 이동 방법 여기서 잠깐 139쪽

화보 8.2 ① 전도 : 고체에서 입자의 운동이 이웃한 입자에 차례로 전달되어 열이 이동하는 방법❷

[열 전달 방법]

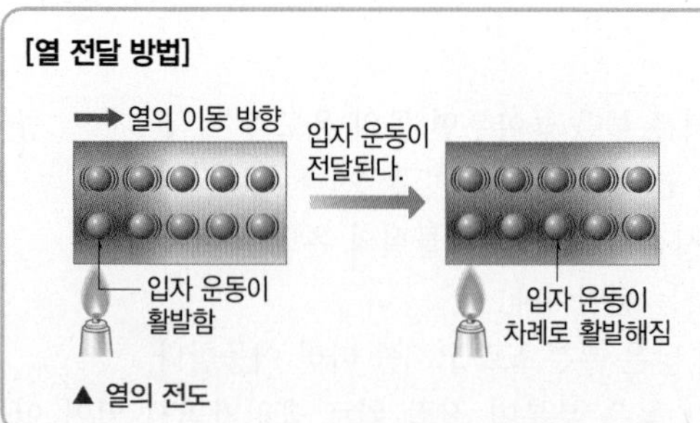
열의 이동 방향
입자 운동이 전달된다.
입자 운동이 활발함
입자 운동이 차례로 활발해짐
▲ 열의 전도

[전도에 의한 현상]
- 뜨거운 국에 숟가락을 담가 두면 손잡이 부분까지 뜨거워진다.
- 추운 날 실외의 금속으로 된 의자는 나무로 된 의자보다 더 차갑게 느껴진다.
- 냄비와 프라이팬은 금속으로 만들어 열이 잘 전달되게 하고, 손잡이는 플라스틱으로 만들어 열이 잘 전달되지 않게 한다.

② 대류 : 액체와 기체에서 입자가 직접 이동하면서 열이 전달되는 방법

[열 전달 방법]

열을 얻어 따뜻해진 물은 위로 이동한다.
온도가 상대적으로 낮은 물은 아래로 이동한다.
▲ 끓는 물의 대류

[대류에 의한 현상]
- 뜨거워진 물은 위로 올라가고, 찬물은 아래로 내려간다.
- 주전자에 든 물을 끓일 때 아래쪽만 가열해도 물이 골고루 데워진다.
- 난로를 켜면 방 전체가 따뜻해진다.
- 에어컨을 켜면 방 전체가 시원해진다.

화보 8.3 ③ 복사 : 열이 물질의 도움 없이 직접 이동하는 방법❸

[열 전달 방법]

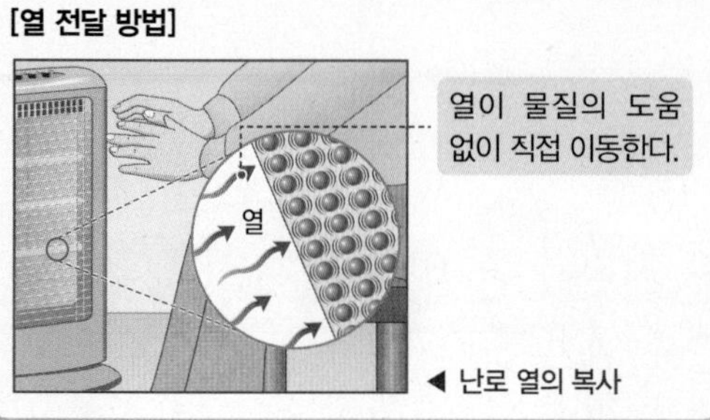
열이 물질의 도움 없이 직접 이동한다.
열
◀ 난로 열의 복사

[복사에 의한 현상]
- 난로에 가까이 있으면 따뜻함을 느낀다.
- 태양의 열이 지구로 전달된다.
- 토스터나 오븐으로 요리를 한다.
- 그늘보다 햇볕 아래가 더 따뜻하다.
- *적외선 카메라로 물체나 사람을 촬영하면 온도 분포를 알 수 있다.

플러스 강의

❶ 입자의 운동이 활발해지는 경우
물체를 구성하는 입자들은 가열할 때뿐만 아니라 두드리거나 튕길 때도 운동이 활발해지면서 온도가 높아진다.

❷ 열의 전도 정도
물질의 종류에 따라 열이 전도되는 정도가 다르다.
- 열이 잘 전도되는 물질 : 금속
  ➡ 이용 예 : 냄비 바닥, 밥솥 바닥 등
- 열이 잘 전도되지 않는 물질 : 플라스틱, 나무, 천 등
  ➡ 이용 예 : 냄비 손잡이, 냄비 받침, 튀김 젓가락, 오븐 장갑 등

❸ 열의 이동 방법 비유

책을 던진다. ➡ 열이 직접 이동하는 복사에 비유
책을 이웃한 사람에게 전달한다. ➡ 열이 차례로 전달되는 전도에 비유
책을 직접 들고 간다. ➡ 입자가 열을 직접 이동시키는 대류에 비유

용어 돋보기

* **적외선** _ 전자기파의 일종으로, 태양이나 어떤 물체로부터 공간으로 전달되는 복사 형태의 열은 주로 적외선에 의한 것이다.

● 정답과 해설 41쪽

A 온도와 입자의 운동

- □□ : 물체의 차갑고 뜨거운 정도를 수치로 나타낸 것
- 온도와 입자의 운동 : 온도가 □□수록 물체를 구성하는 입자의 운동이 활발하다.

B 열의 이동

- 열 : □□가 높은 곳에서 낮은 곳으로 이동하는 에너지
- □□ : 고체에서 입자의 운동이 이웃한 입자에 차례로 전달되어 열이 이동하는 방법
- □□ : 액체나 기체 상태의 입자가 직접 이동하면서 열이 전달되는 방법
- □□ : 물질의 도움 없이 열이 직접 이동하는 방법

1 다음은 물체의 온도와 입자의 운동에 대한 설명이다. (　　) 안에 알맞은 단어를 고르시오.

> 물체의 온도가 높아지면 입자의 운동이 ㉠(둔해, 활발해)지고, 물체의 온도가 낮아지면 입자의 운동이 ㉡(둔해, 활발해)진다.

2 그림은 어떤 물질을 이루는 입자들이 운동하는 모습을 나타낸 것이다. 온도가 높은 것부터 차례대로 쓰시오.(단, (가)~(다)는 같은 물질이다.)

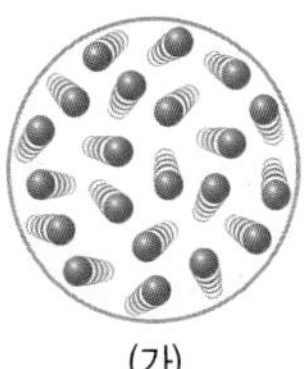
(가)

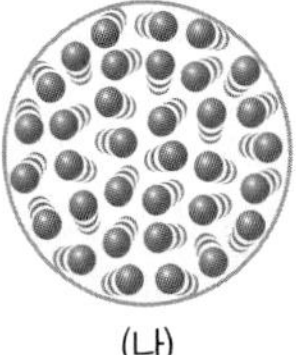
(나)

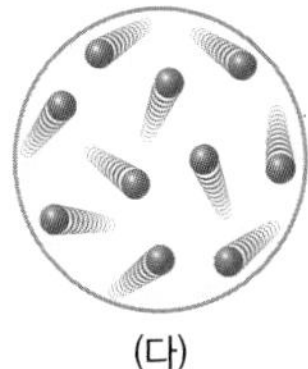
(다)

3 열의 이동 방법에 대한 설명으로 옳은 것은 ○, 옳지 않은 것은 ×로 표시하시오.

(1) 전도는 입자가 직접 이동하여 열을 전달한다. ( )
(2) 전도는 주로 고체에서 일어나는 열의 이동 방법이다. ( )
(3) 복사는 입자의 운동이 이웃한 입자에 차례로 전달되어 열이 이동한다. ( )
(4) 떨어져 있는 두 물체 사이에서도 열이 이동할 수 있다. ( )

4 오른쪽 그림은 주전자 속의 물이 끓고 있는 모습을 나타낸 것이다. (　　) 안에 알맞은 말을 모두 고르시오.

(1) ㉠(찬물, 따뜻한 물)은 위로 올라가고, ㉡(찬물, 따뜻한 물)은 아래로 내려간다.
(2) (전도, 대류, 복사)에 의해 나타나는 현상이다.
(3) (기체, 액체, 고체)에서 일어나는 열의 이동 방법이다.

5 그림은 열의 이동 방법 (가)~(다)를 나타낸 것이다. 각 경우 열의 이동 방법을 쓰시오.

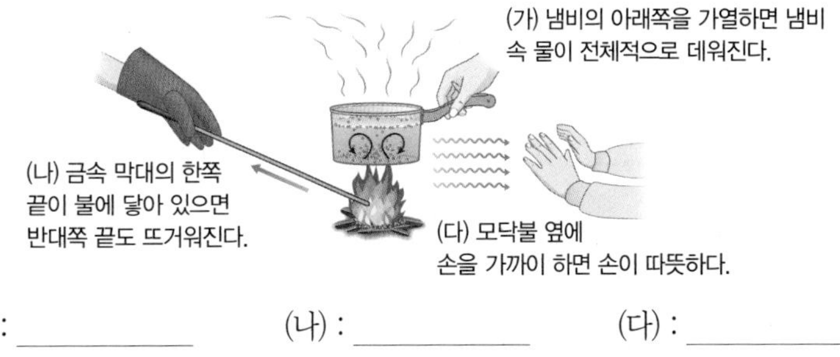

(가) 냄비의 아래쪽을 가열하면 냄비 속 물이 전체적으로 데워진다.
(나) 금속 막대의 한쪽 끝이 불에 닿아 있으면 반대쪽 끝도 뜨거워진다.
(다) 모닥불 옆에 손을 가까이 하면 손이 따뜻하다.

(가) : ________　(나) : ________　(다) : ________

6 다음과 같은 현상에서 열이 이동하는 방법을 쓰시오.

(1) 태양의 열이 우주 공간을 지나 지구로 전달된다. ( )
(2) 에어컨을 켜면 얼마 후 방 전체가 시원해진다. ( )
(3) 뜨거운 국에 담가 놓았던 숟가락은 손잡이까지 뜨거워진다. ( )

암기 꽝 온도와 입자의 운동

온도가 높을수록 입자 운동이 활발하고, 온도가 낮을수록 입자 운동이 둔하다.
➡ 온도↑ → 입자 운동↑
온도↓ → 입자 운동↓

3 냉난방 기구의 설치 냉난방기의 효율을 높이기 위해 난방기(난로)는 아래쪽에 설치하고, 냉방기(에어컨)는 위쪽에 설치한다.

난방기에 의한 공기의 대류		냉방기에 의한 공기의 대류
① 난방기를 켜면 따뜻해진 공기가 위로 올라간다. ② 위쪽의 찬 공기가 아래로 내려온다. ➡ 시간이 지나면 방 전체가 따뜻해진다.		① 냉방기를 켜면 차가워진 공기가 아래로 내려온다. ② 아래쪽에 있던 따뜻한 공기가 위로 올라간다. ➡ 시간이 지나면 방 전체가 시원해진다.

4 단열* 물체와 물체 사이에서 열이 이동하지 못하게 막는 것[❶]

① 단열을 하면 열의 이동을 막으므로 온도를 일정하게 유지할 수 있다.

② 전도, 대류, 복사에 의한 열의 이동을 모두 막아야 단열이 잘 된다.

③ 단열의 이용 : 보온병, 주택의 이중창, 스타이로폼 사용, 아이스박스, 방한복 등[❷]

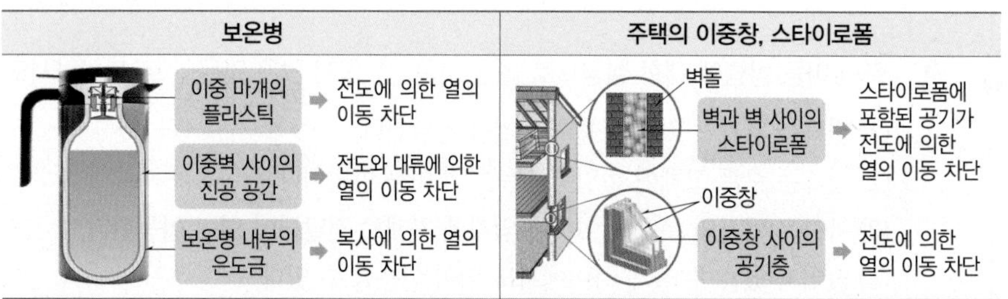

보온병	주택의 이중창, 스타이로폼
이중 마개의 플라스틱 ➡ 전도에 의한 열의 이동 차단 이중벽 사이의 진공 공간 ➡ 전도와 대류에 의한 열의 이동 차단 보온병 내부의 은도금 ➡ 복사에 의한 열의 이동 차단	벽돌 벽과 벽 사이의 스타이로폼 ➡ 스타이로폼에 포함된 공기가 전도에 의한 열의 이동 차단 이중창 이중창 사이의 공기층 ➡ 전도에 의한 열의 이동 차단

C 열평형

1 열평형 온도가 다른 두 물체를 접촉했을 때 온도가 높은 물체에서 낮은 물체로 열이 이동하여 두 물체의 온도가 같아진 상태 탐구 a 138쪽

① 열평형 상태가 되면 두 물체의 온도는 변하지 않는다.

② 열을 얻으면 입자의 운동이 활발해지고, 열을 잃으면 입자의 운동이 둔해진다.

③ 온도 차이가 클수록 이동하는 열의 양이 많다.[❸]

[온도가 다른 두 물체를 접촉한 경우 온도 변화와 열평형]

온도 / 온도가 높은 물체 / 열 / 온도가 낮은 물체 / 열평형 상태 / O / 시간

온도가 높은 물체 — 입자 운동이 활발하다. / 열 / 온도가 낮은 물체 — 입자 운동이 둔하다. / 열평형

해석

- 온도가 높은 물체 : 열을 잃어 온도가 낮아진다. ➡ 입자의 운동이 둔해진다.
- 온도가 낮은 물체 : 열을 얻어 온도가 높아진다. ➡ 입자의 운동이 활발해진다.
- 두 물체의 온도가 같아지면 더 이상 온도가 변하지 않는다. ➡ 열평형 상태에 도달한다.
- 온도가 높은 물체가 잃은 열의 양=온도가 낮은 물체가 얻은 열의 양

2 열평형 상태의 이용

① 온도계로 온도를 측정한다.

② 한약 팩을 뜨거운 물에 넣어 데운다.

③ 냉장고 속에 음식을 넣어 차게 보관한다.

④ 생선을 얼음 위에 놓아 신선하게 유지한다.

플러스 강의

❶ 단열재
열의 이동을 막는 물질을 단열재라고 하며, 열의 전도 정도가 느린 물질일수록 단열이 잘 된다.
- 솜, 스타이로폼, 뽁뽁이 : 내부에 공기를 많이 포함한다. ➡ 전도에 의한 열의 이동을 막는다.
- 진공 상태 : 열을 전달하는 물질이 없다. ➡ 전도와 대류에 의한 열의 이동을 막는다.
- 은도금, 은박지, 알루미늄박 : 열을 반사시킨다. ➡ 복사에 의한 열의 이동을 막는다.

❷ 단열의 이용
- 아이스박스 : 스타이로폼이 전도에 의한 열의 이동을 차단하여 내부 온도를 유지해 준다.
- 소방관의 방열복 : 외부의 열이 잘 전달되지 않는 소재를 사용한다.
- 방한복 : 공기층을 많이 포함하고 있는 솜털을 넣어 만든다.
- 얇은 옷 여러 벌 겹쳐 입기 : 얇은 옷들 사이의 공기층이 열의 이동을 막아 준다.
- 커튼 설치, 카펫이나 담요 깔기, 옥상과 벽면에 식물 심기 : 주택에서 빠져나가는 열의 이동을 막아 준다.

❸ 열량
이동한 열의 양을 열량이라고 하며 단위는 cal(칼로리), kcal(킬로칼로리)를 사용한다.

용어 돋보기

* **단열(斷 끊다, 熱 열)**_물체와 물체 사이에 열이 통하지 않도록 막음

B 열의 이동

- 난방기는 □□쪽에 설치하고 냉방기는 □쪽에 설치해야 효율을 높일 수 있다.
- □□ : 물체와 물체 사이에서 열이 이동하지 못하게 막는 것

C 열평형

- □□□ : 온도가 다른 두 물체가 접촉했을 때 온도가 높은 물체에서 온도가 낮은 물체로 열이 이동하여 두 물체의 온도가 같아진 상태
- 물체가 열을 □으면 온도가 높아지고, 입자의 운동이 □□해진다.

암기 쾅 냉난방 기구의 설치

뜨거운 난로는 아래에
차가운 에어컨은 위에 설치한다.
➡ 뜨아차위!

뜨거운 아메리카노 커피가 차 위에...
Coffee

B

7 오른쪽 그림은 냉난방 기구를 설치할 방 안의 모습이다. ( ) 안에 알맞은 말을 고르시오.

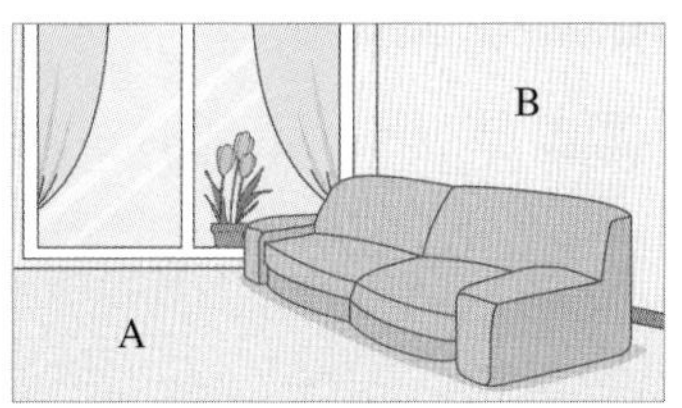

(1) 따뜻한 공기는 ㉠(위로, 아래로) 이동하므로 난방기는 ㉡(A, B) 위치에 설치하는 것이 좋다.

(2) 상대적으로 차가운 공기는 ㉠(위로, 아래로) 이동하므로 냉방기는 ㉡(A, B) 위치에 설치하는 것이 좋다.

8 단열에 대한 설명으로 옳은 것은 ○, 옳지 않은 것은 ×로 표시하시오.

(1) 솜과 스타이로폼은 공기를 적게 포함하고 있으므로 좋은 단열재이다. ( )

(2) 열의 이동을 효과적으로 차단하기 위해서는 전도에 의한 열의 이동만 막으면 된다. ( )

(3) 주택에 이중창을 설치하고, 바닥에 카펫을 깔면 주택에서 빠져나가는 열을 줄일 수 있다. ( )

(4) 추운 겨울에는 두꺼운 옷을 한 벌 입는 것보다 얇은 옷을 여러 벌 겹쳐 입는 것이 더 따뜻하다. ( )

C

9 오른쪽 그림과 같이 온도가 다른 두 물체 A와 B를 접촉시켰다. ( ) 안에 알맞은 말을 고르시오.(단, 열은 A와 B 사이에서만 이동한다.)

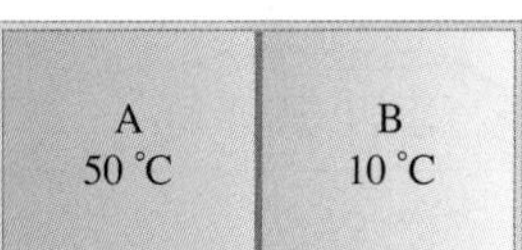

(1) 열은 (A에서 B, B에서 A)로 이동한다.

(2) A의 온도는 점점 ㉠(높아, 낮아)지고, B의 온도는 점점 ㉡(높아, 낮아)진다.

(3) A의 입자 운동은 점점 ㉠(활발해, 둔해)지고, B의 입자 운동은 점점 ㉡(활발해, 둔해)진다.

(4) A가 잃은 열의 양은 (B가 얻은 열의 양, B가 잃은 열의 양)과 같다.

10 오른쪽 그림은 물체 (가)와 물체 (나)를 접촉시켰을 때, (가)와 (나)의 온도 변화를 시간에 따라 나타낸 것이다.

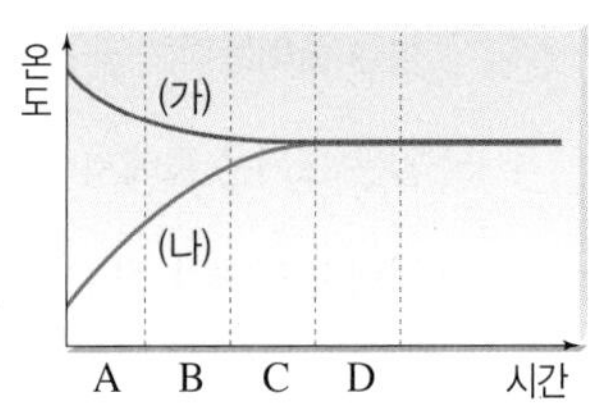

(1) (가)와 (나) 사이에서 열이 이동하는 방향을 화살표로 나타내시오.

(2) A~D 중 열평형 상태인 구간을 고르시오.

뜨거운 물과 차가운 물의 열평형

이 탐구에서는 온도가 다른 물의 온도 변화를 통해 열평형 상태에 도달할 때까지 열의 이동을 알아본다.

● 정답과 해설 **41**쪽

과정

❶ 열량계에 뜨거운 물을 넣고, 차가운 물이 담긴 비커를 열량계에 넣는다.
❷ 열량계의 뚜껑을 닫은 후 뜨거운 물과 차가운 물에 각각 디지털 온도계를 꽂는다.
❸ 2분 간격으로 뜨거운 물과 차가운 물의 온도를 측정하여 기록한다.

결과

시간(분)	0	2	4	6	8
뜨거운 물의 온도(°C)	60	40.5	33	30	30
차가운 물의 온도(°C)	10	23	28	30	30

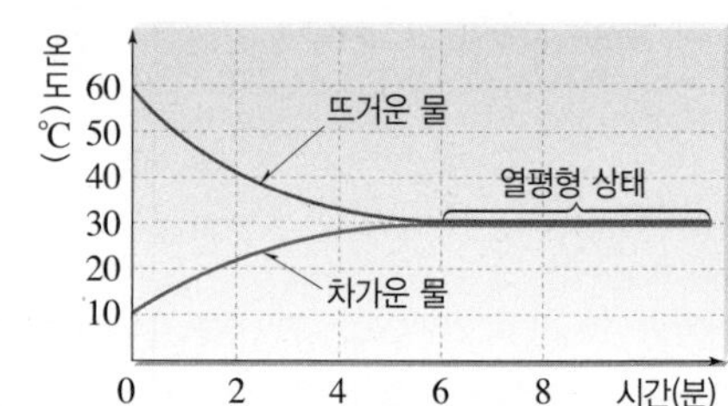

• 뜨거운 물의 온도는 낮아지고, 차가운 물의 온도는 높아진다.
• 두 물의 온도가 같아진 후부터 더 이상 온도가 변하지 않는다.

정리

1. 열은 온도가 ㉠(높은, 낮은) 물체에서 온도가 ㉡(높은, 낮은) 물체로 이동한다.
2. 온도가 다른 두 물체가 접촉하면 뜨거운 물체는 온도가 ㉢(높아, 낮아)지고, 차가운 물체는 온도가 ㉣(높아, 낮아)져서 두 물체는 온도가 같아지는 ㉤(   ) 상태에 도달한다.

확인 문제

01 위 실험에 대한 설명으로 옳은 것은 ○, 옳지 <u>않은</u> 것은 ×로 표시하시오.

(1) 열평형 상태가 되는 데 걸리는 시간은 2분이다. (   )
(2) 열평형 상태가 될 때까지 뜨거운 물의 온도는 높아지고, 차가운 물의 온도는 낮아진다. (   )
(3) 열평형 온도는 항상 접촉 전 차가운 물의 온도와 뜨거운 물의 온도의 중간값이다. (   )
(4) 시간이 지날수록 뜨거운 물과 차가운 물의 온도 차는 점점 줄어든다. (   )
(5) 열은 뜨거운 물에서 차가운 물로 이동한다. (   )
(6) 열평형 상태가 될 때까지 뜨거운 물의 입자 운동은 둔해지고, 차가운 물의 입자 운동은 활발해진다. (   )

[02~03] 그림은 물체 A와 B를 접촉할 때, 두 물체의 온도 변화를 시간에 따라 나타낸 것이다.

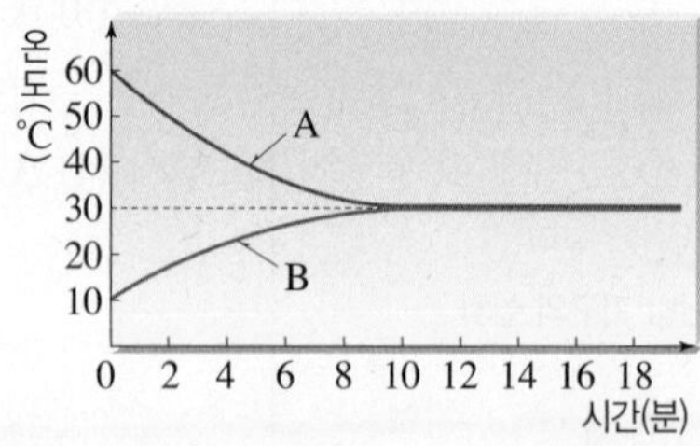

02 A와 B 사이에서 열이 이동하는 방향을 서술하시오.

03 A를 구성하는 입자의 운동은 어떻게 변하는지 서술하시오.

열은 눈에 보이지 않지만 열이 전달되는 현상은 실험을 통해 확인할 수 있어. 시험에 자주 출제되는 열의 이동과 관련된 실험 내용과 문제를 여기서 잠깐을 통해 알아보자.

● 정답과 해설 42쪽

열의 이동과 관련된 실험 정복하기

유형 ① 고체에서 열의 이동 – 전도

촛농으로 나무 막대를 금속 막대에 세워 붙인 후 가열하는 경우

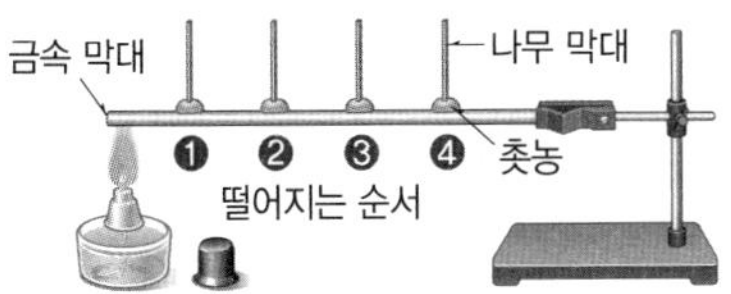

- 가열한 곳에 가까운 쪽부터 열이 전달된다.
- 가열한 곳에 가까운 쪽부터 촛농이 녹아 나무 막대가 떨어진다.
  ➡ 열이 전도에 의해 이동하기 때문이다.

유형 ② 액체에서 열의 이동 – 대류

차가운 물이 담긴 플라스크를 투명 필름으로 막고 뜨거운 물이 담긴 플라스크 위에 거꾸로 올려놓았다.

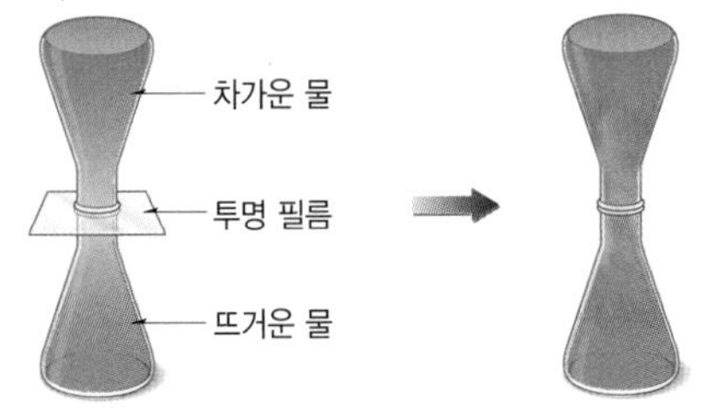

- 뜨거운 물과 차가운 물 사이를 막고 있던 필름을 제거하면 뜨거운 물은 위로 올라가고 차가운 물은 아래로 내려오면서 섞인다.
  ➡ 액체에서는 대류에 의해 열이 이동한다.

유형 ③ 효율적인 단열 방법 찾기

물병에 4 °C의 물 1 L씩을 넣고 그림과 같이 여러 단열재로 감싼 후 시간에 따른 물의 온도를 측정하였더니 알루미늄 포일로 감싼 물병의 온도 변화가 가장 작았다.

- 열의 이동을 막아 온도 변화가 작을수록 단열 효과가 좋은 것이다.
  ➡ 알루미늄 포일이 단열이 가장 잘 된다.

유제 ① 그림과 같이 성냥개비를 금속 막대에 촛농으로 세워 붙인 후, 알코올램프로 금속 막대의 한쪽 끝부분을 가열하였다.

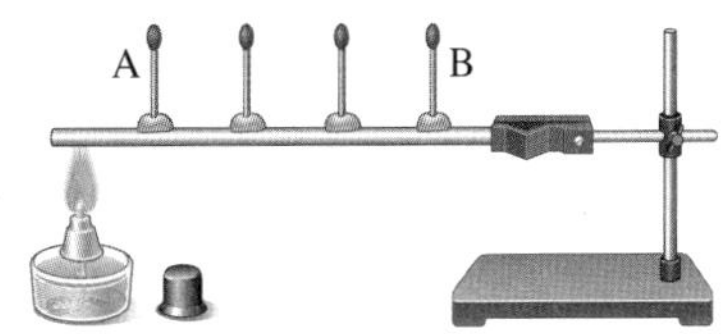

이에 대한 설명으로 옳지 않은 것은?

① 열은 A에서 B 쪽으로 전달된다.
② 성냥개비는 A 쪽부터 떨어진다.
③ 금속 막대 내의 입자가 이동하여 열이 전달된다.
④ 알코올램프를 A 쪽으로 가까이 하여 가열하면 성냥개비가 더 빨리 떨어진다.
⑤ 금속 막대 대신 유리 막대를 이용하면 성냥개비가 더 느리게 떨어진다.

유제 ② 오른쪽 그림과 같이 차가운 물이 담긴 플라스크를 투명 필름으로 막고 뜨거운 물이 담긴 플라스크 위에 거꾸로 올려놓은 다음 투명 필름을 천천히 뺐다. 이때 차가운 물과 뜨거운 물의 이동 방향과 열의 이동 방법을 옳게 짝 지은 것은?

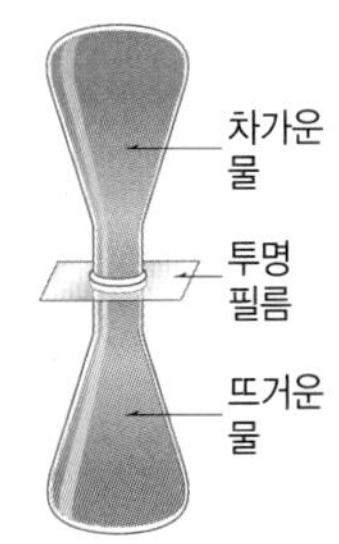

	차가운 물	뜨거운 물	열의 이동 방법
①	내려간다.	올라간다.	복사
②	내려간다.	올라간다.	대류
③	올라간다.	내려간다.	복사
④	올라간다.	내려간다.	대류
⑤	이동 안함	이동 안함	전도

유제 ③ 표는 시험관에 같은 양의 물을 넣고 여러 단열재로 시험관을 감싼 후 시간에 따라 물의 온도를 측정한 결과이다.

구분	공기	모래	톱밥	스타이로폼
처음 온도	60 °C	60 °C	60 °C	60 °C
5분 후	55 °C	53 °C	60 °C	58 °C
10분 후	52 °C	49 °C	59 °C	56 °C

단열이 잘 되는 순서대로 나열하시오.

전국 주요 학교의 **시험에 가장 많이 나오는 문제**들로만 구성하였습니다.
모든 친구들이 '꼭' 봐야 하는 코너입니다.

기출 문제로 내신 쑥쑥

A 온도와 입자의 운동

중요

01 온도에 대한 설명으로 옳은 것을 모두 고르면?(2개)

① 물체의 차갑고 뜨거운 정도를 나타낸 수치이다.
② 온도는 열에너지의 일종이다.
③ 물체를 두드리면 물체의 온도가 낮아진다.
④ 물체의 온도가 높을수록 입자 운동이 활발하다.
⑤ 온도의 단위로 cal, kcal 등이 있다.

중요

02 그림은 어떤 물질을 이루는 입자가 운동하는 모습을 나타낸 것이다.

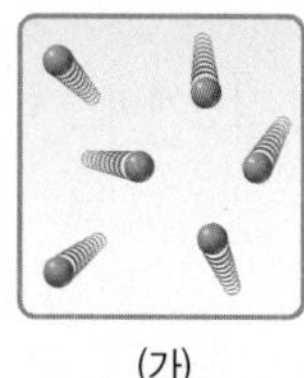
(가)

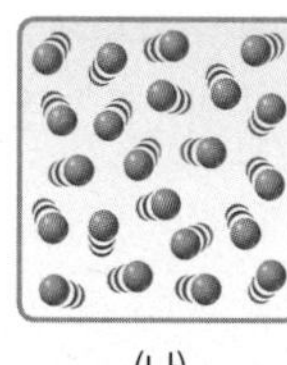
(나)

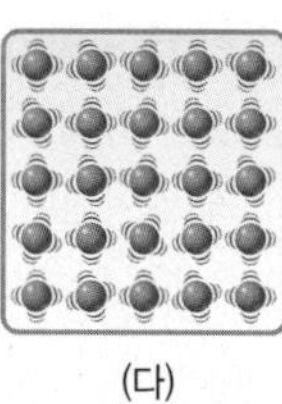
(다)

이에 대한 설명으로 옳은 것을 보기에서 모두 고른 것은?(단, (가)~(다)는 같은 물질이다.)

보기
ㄱ. (나)의 온도가 가장 높다.
ㄴ. 입자의 운동은 (가)가 가장 활발하다.
ㄷ. 온도는 (나)가 (다)보다 높다.
ㄹ. 열을 얻으면 입자의 운동이 점점 둔해진다.

① ㄱ, ㄴ ② ㄱ, ㄷ ③ ㄴ, ㄷ
④ ㄴ, ㄹ ⑤ ㄷ, ㄹ

B 열의 이동

중요

03 그림은 금속에서 열이 이동하는 과정을 나타낸 것이다. 이에 대한 설명으로 옳지 않은 것은?

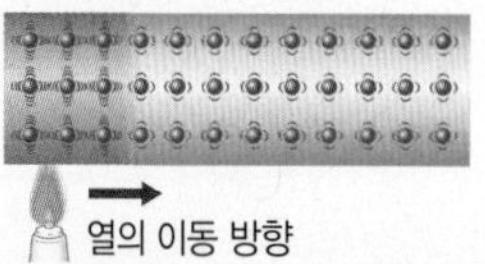

① 전도에 의해 열이 이동한다.
② 주로 고체에서 일어나는 현상이다.
③ 온도가 높아지면 입자 운동이 활발해진다.
④ 입자의 운동이 이웃한 입자에 차례로 전달되어 열이 이동한다.
⑤ 난로를 켜면 방 전체가 따뜻해지는 것과 같은 열의 이동 방법이다.

04 열의 이동에 대한 설명으로 옳지 않은 것은?

① 진공에서도 열이 이동할 수 있다.
② 고체 내에서는 전도에 의해 열이 이동한다.
③ 열이 복사될 때 입자의 이동 없이 열이 직접 이동한다.
④ 액체나 기체 상태의 물질에서는 입자가 직접 이동하여 열이 전달된다.
⑤ 냉방기와 난방기는 전도를 이용하여 열을 이동시킨다.

05 뜨거운 물이 가득 든 삼각 플라스크 위에 차가운 물이 가득 든 삼각 플라스크를 투명 필름으로 막아 오른쪽 그림과 같이 거꾸로 세워 올렸다. 두 삼각 플라스크 사이의 투명 필름을 빼내었을 때에 대한 설명으로 옳지 않은 것은?

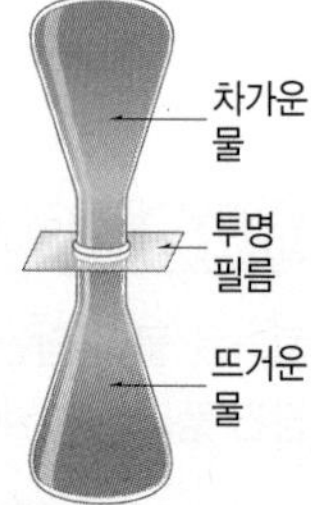

① 대류에 의해 두 물이 섞인다.
② 물 입자들이 직접 이동하면서 열을 전달한다.
③ 뜨거운 물은 위로, 차가운 물은 아래로 이동한다.
④ 입자의 운동이 이웃한 입자에 차례로 전달되어 물 전체의 온도가 높아진다.
⑤ 주전자의 바닥 부분만 가열하여도 물 전체가 데워지는 현상과 같은 원리이다.

06 그림은 열을 전달하는 방법을 책을 교실 뒤로 전달하는 방법에 비유한 것이다.

(다)와 같은 방법에 의한 열의 이동으로 나타나는 현상으로 옳은 것은?

① 다리미 바닥이 뜨거워진다.
② 그늘보다 햇볕 아래가 더 따뜻하다.
③ 에어컨을 켜면 방 전체가 시원해진다.
④ 난로 가까이에 있으면 따뜻함을 느낀다.
⑤ 추운 날 실외의 금속으로 된 의자는 나무로 된 의자보다 더 차갑게 느껴진다.

07 오른쪽 그림과 같이 백열전구에 손을 가까이 하면 따뜻함을 느낀다. 이와 같은 방법으로 열이 전달되는 것을 모두 고르면?(2개)

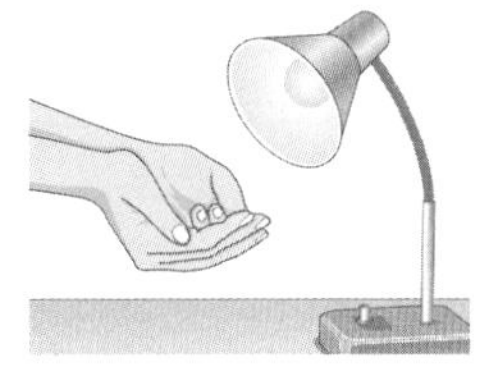

① 다리미로 옷을 다림질한다.
② 그늘보다 햇볕 아래가 더 따뜻하다.
③ 난로를 켜면 방 전체가 따뜻해진다.
④ 화롯불 옆에 있으면 따뜻함을 느낀다.
⑤ 끓고 있는 냄비 손잡이를 만지면 뜨겁다.

08 다음의 현상들과 관계있는 열의 이동 방법을 옳게 짝 지은 것은?

> (가) 라면을 삶을 물을 끓인다.
> (나) 햇볕을 쬐면 몸이 따뜻해진다.
> (다) 뜨거운 국에 담가 둔 숟가락이 따뜻해진다.

	(가)	(나)	(다)
①	전도	대류	복사
②	전도	복사	대류
③	대류	전도	복사
④	대류	복사	전도
⑤	복사	대류	전도

중요

09 단열에 대한 설명으로 옳지 않은 것은?

① 열이 이동하지 못하게 막는 것이다.
② 단열을 하면 물체의 온도를 유지할 수 있다.
③ 단열이 잘 되는 건물 내부는 건물 주변과 열평형 상태가 되기 쉽다.
④ 전도, 대류, 복사에 의한 열의 이동을 모두 막을수록 단열이 잘 된다.
⑤ 은박지, 알루미늄박 등은 복사에 의해 전달되는 열을 반사시켜 열의 이동을 막는다.

10 오른쪽 그림은 따뜻한 물을 보관할 때 사용하는 보온병의 구조를 나타낸 것이다. (가) 이중벽 사이의 진공 공간과 (나) 은도금된 벽면에서 열의 이동을 차단하는 원리를 옳게 짝 지은 것은?

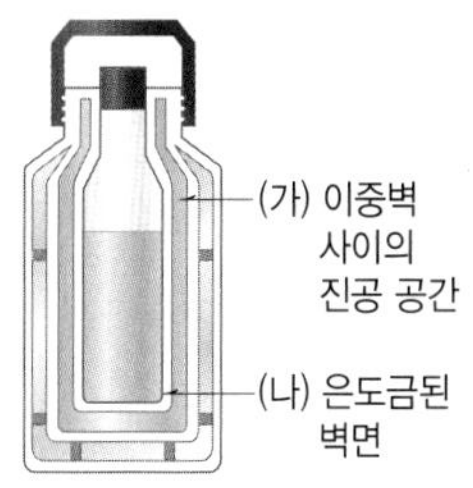

	(가)	(나)
①	전도	전도
②	대류	대류
③	대류	복사
④	복사	대류
⑤	복사	복사

11 오른쪽 그림과 같이 세 비커에 시험관 A~C를 각각 넣고 빈 공간에 신문지, 모래, 톱밥을 채운 후 시험관 A~C에 각각 70 ℃의 물을 같은 양만큼 넣어 온도 변화를 관찰하였더니 표와 같았다.

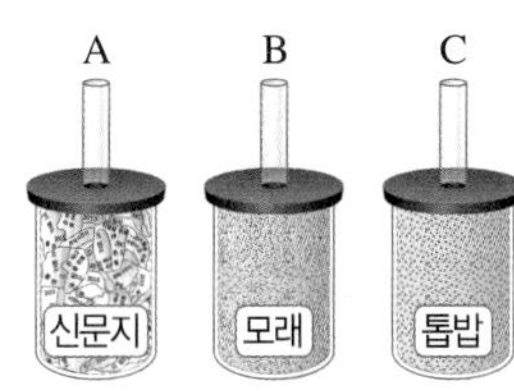

시간(분)	0	1	2	3	4
시험관 A(℃)	70	65	62	60	59
시험관 B(℃)	70	63	58	53	50
시험관 C(℃)	70	67.5	65.5	64	63

이에 대한 설명으로 옳은 것은?

① 4분 동안 물의 온도 변화가 가장 큰 것은 A이다.
② 4분 동안 시험관에 담긴 물이 잃은 열의 양을 비교하면 B>A>C이다.
③ 모래가 단열이 가장 잘 된다.
④ 열의 이동이 가장 느린 물질은 신문지이다.
⑤ 공기를 적게 포함하는 물질일수록 단열이 잘 된다.

중요

12 겨울철 단열과 효율적인 난방을 위한 방법으로 옳지 않은 것은?

① 난방기는 아래쪽에 설치한다.
② 바닥에 카펫이나 담요를 깐다.
③ 유리창을 이중창으로 교체한다.
④ 벽과 벽 사이에 스타이로폼을 넣는다.
⑤ 지붕은 열의 전도가 빠른 물질로 만든다.

C 열평형

13 열과 온도에 대한 설명으로 옳지 <u>않은</u> 것은?

① 온도가 다른 물체 사이에서 이동하는 에너지를 열이라고 한다.
② 물체가 열을 얻으면 온도가 높아진다.
③ 물체가 열을 잃으면 입자 운동이 둔해진다.
④ 열은 온도가 낮은 물체에서 높은 물체로 이동한다.
⑤ 열은 입자 운동이 활발한 물체에서 둔한 물체로 이동한다.

중요

14 그림은 온도가 다른 두 물체 (가)와 (나)의 입자 운동을 나타낸 것이다.

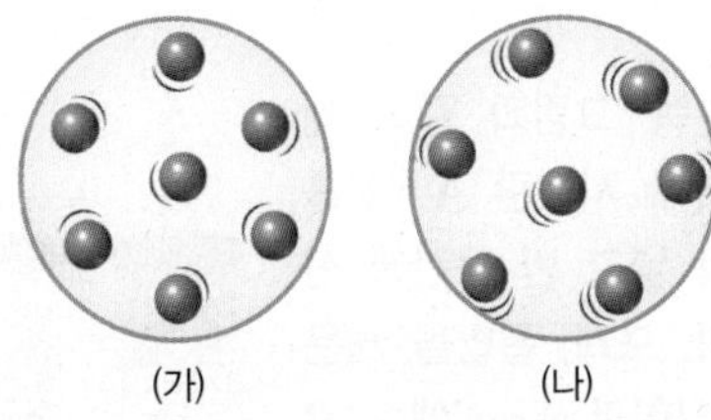

이에 대한 설명으로 옳은 것을 보기에서 모두 고른 것은?

> 보기
> ㄱ. 온도는 (나)가 (가)보다 낮다.
> ㄴ. (가)에 열을 가하면 (나)와 같은 상태가 된다.
> ㄷ. (가)와 (나)를 접촉하면 (가)의 입자 운동은 활발해지고, (나)의 입자 운동은 둔해진다.

① ㄱ　② ㄴ　③ ㄱ, ㄴ
④ ㄴ, ㄷ　⑤ ㄱ, ㄴ, ㄷ

15 그림과 같이 온도가 다른 두 물체 A, B를 접촉하였더니, A에서 B로 열이 이동하였다.

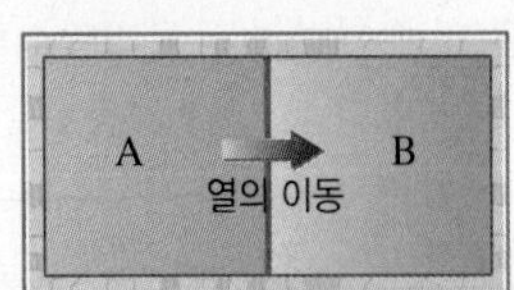

이에 대한 설명으로 옳은 것은?(단, 열은 A와 B 사이에서만 이동한다.)

① 처음에는 B가 A보다 온도가 높다.
② A의 입자 운동은 점점 활발해진다.
③ B의 입자 운동은 점점 둔해진다.
④ A가 잃은 열의 양과 B가 얻은 열의 양은 같다.
⑤ 시간이 지나면 B의 온도가 A의 온도보다 높아진다.

16 온도가 다른 네 물체 A, B, C, D를 서로 접촉할 때 열의 이동 방향이 그림과 같았다.

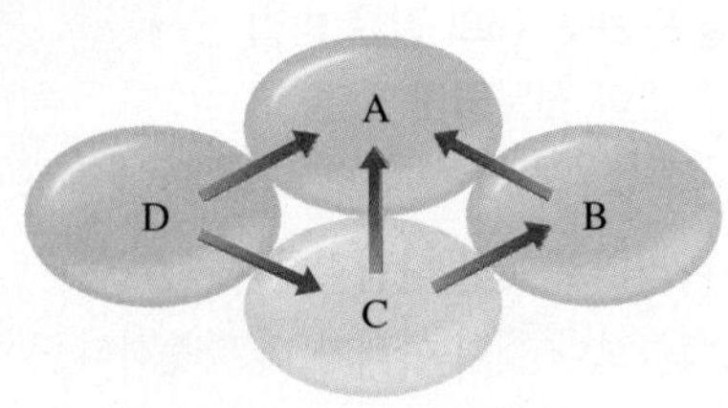

A~D 중 <u>(가) 온도가 가장 높은 물체</u>와 <u>(나) 온도가 가장 낮은 물체</u>를 옳게 짝 지은 것은?

	(가)	(나)		(가)	(나)
①	B	A	②	C	A
③	C	B	④	D	A
⑤	D	C			

탐구 a 138쪽

17 그림은 물체 A와 B를 접촉하였을 때, 두 물체의 온도 변화를 시간에 따라 나타낸 것이다.

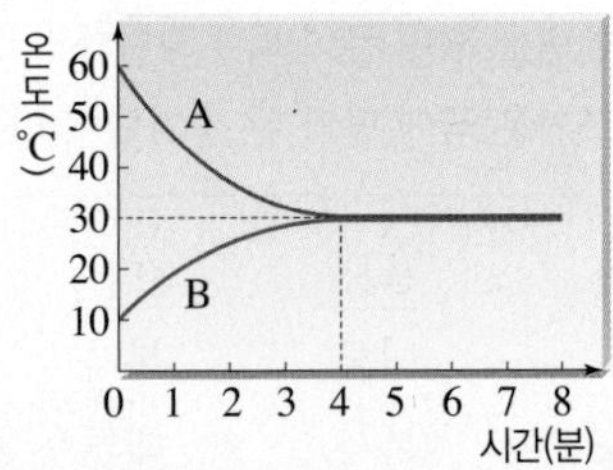

이에 대한 설명으로 옳은 것은?(단, 열은 A와 B 사이에서만 이동한다.)

① 열은 B에서 A로 이동한다.
② 5분일 때 A와 B는 열평형 상태이다.
③ A의 입자 운동은 점점 활발해진다.
④ 시간이 지날수록 이동하는 열의 양은 점점 많아진다.
⑤ 0~4분 동안 A가 잃은 열의 양이 B가 얻은 열의 양보다 많다.

18 열평형 현상을 이용한 예로 옳지 <u>않은</u> 것은?

① 사람이 많은 곳에서 훈훈함이 느껴진다.
② 음식물을 냉장고 속에 넣으면 시원해진다.
③ 겨드랑이에 체온계를 넣어 체온을 측정한다.
④ 여름철에 수박을 계곡물에 담가둔 후 먹는다.
⑤ 생선을 얼음 위에 두면 신선한 상태를 유지한다.

서술형 문제

19 그림은 열의 이동 방법을 나타낸 것이다.

(1) (가), (나), (다)에 알맞은 열의 이동 방법을 쓰시오.

(2) (가), (나), (다)와 관련된 현상을 각각 한 가지 서술하시오.

20 그림과 같이 가정에서 에어컨은 위쪽에 설치하고 난로는 아래쪽에 설치한다.

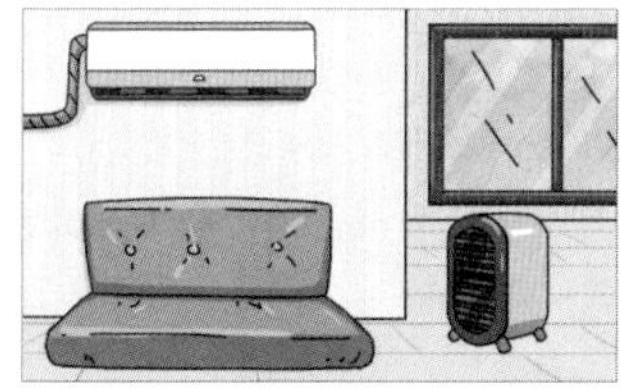

에어컨과 난로를 이와 같이 설치하는 까닭을 열의 이동 방법과 관련지어 서술하시오.

21 그림은 뜨거운 물에 넣어 충분히 끓인 달걀을 찬물에 넣은 직후부터 달걀과 물의 온도를 측정한 결과이다.

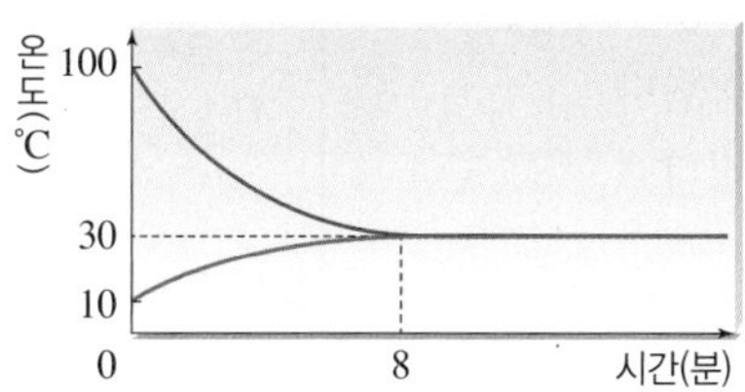

(1) 0~8분 동안 달걀과 찬물의 온도와 입자 운동의 변화를 서술하시오.

(2) 8분 후 달걀과 찬물의 온도가 같아지는 까닭을 열의 이동과 관련지어 서술하시오.

실력 탄탄

● 정답과 해설 44쪽

01 다음은 이중창과 석빙고에 대한 설명이다.

> • 이중창은 두 장의 유리로 되어 있으며, 유리 사이에 (가) 공기가 들어 있어 단열에 효과적이다.
> • 석빙고는 겨울에 채취한 얼음을 여름까지 저장하는 창고로, 냉장고 역할을 하였다. 석빙고의 천장에는 3개의 환기 구멍이 있다. (나) 석빙고 안에서 뜨거워진 공기는 환기 구멍을 통해 밖으로 빠져나가 석빙고 안의 온도가 시원하게 유지된다.

이에 대한 설명으로 옳은 것을 보기에서 모두 고른 것은?

> **보기**
> ㄱ. 이중창은 공기의 열 전달 속도가 빠른 특성을 활용한 예이다.
> ㄴ. (가)의 원리를 이용하여 겨울철 한파에 대비하기 위해 창문에 뽁뽁이를 붙인다.
> ㄷ. (나)의 원리를 이용하여 에어컨을 위쪽에 설치하는 것이 효율적이다.

① ㄱ　② ㄴ　③ ㄱ, ㄷ
④ ㄴ, ㄷ　⑤ ㄱ, ㄴ, ㄷ

02 그림 (가)와 같이 물이 든 수조 속에 물이 든 삼각 플라스크를 넣었더니 시간에 따른 수조 속 물의 온도 변화가 그림 (나)와 같았다.

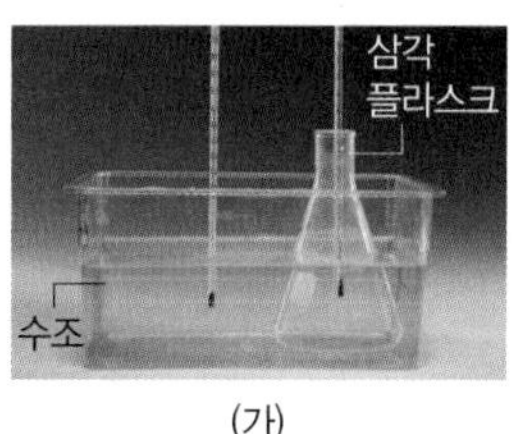

(가)

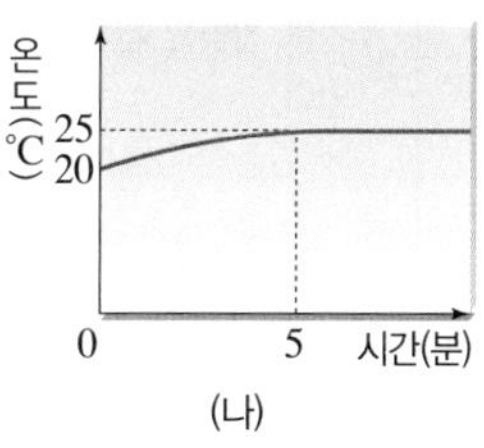

(나)

이때 삼각 플라스크 속 물의 온도 변화를 나타낸 그래프로 옳은 것은?(단, 외부와 열 출입은 무시한다.)

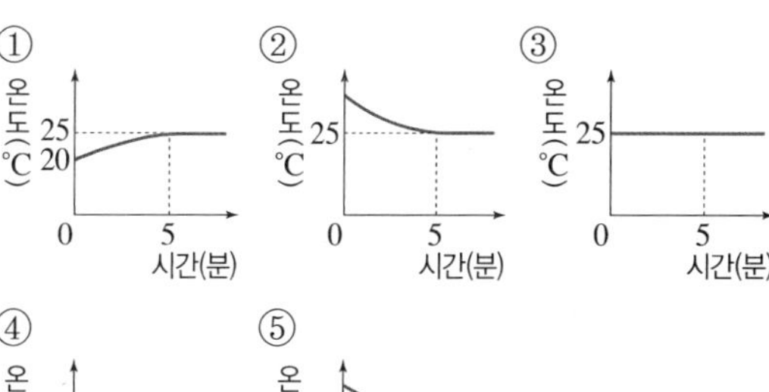

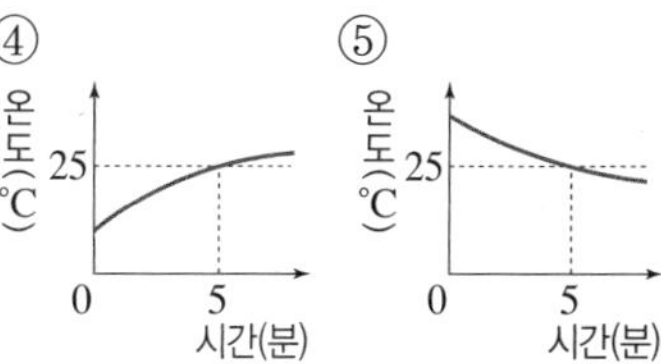

02 비열과 열팽창

A 비열

1 열량 온도가 다른 물체 사이에서 이동하는 열의 양

① 단위 : cal(칼로리), kcal(킬로칼로리)

② 1 kcal : 물 1 kg의 온도를 1 ℃ 높이는 데 필요한 열량 ➡ 1 kcal=1000 cal

[열량과 온도 변화]

과정 같은 용기에 물을 넣고 각각 다른 조건으로 가열하였더니 온도 변화가 그림과 같이 나타났다.

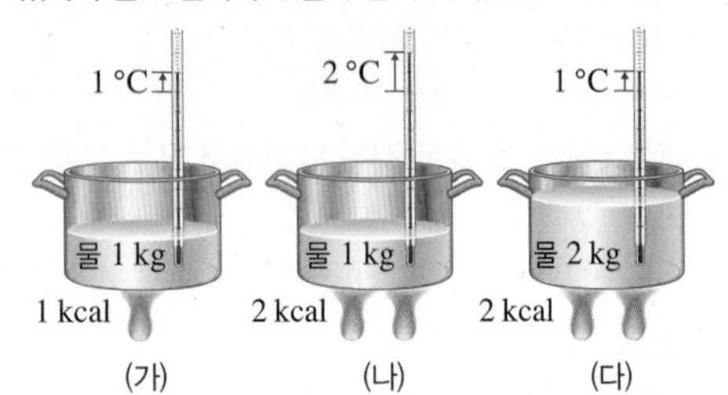

해석
- (가)와 (나) 비교 : 물체의 질량이 같을 때, 물체에 가한 열량이 클수록 온도 변화가 크다. ➡ 열량 ∝ 온도 변화
- (가)와 (다) 비교 : 온도 변화가 같을 때, 물체의 질량이 클수록 물체에 가한 열량이 크다. ➡ 열량 ∝ 질량
- (나)와 (다) 비교 : 같은 열량을 가할 때, 질량이 클수록 온도 변화가 작다.

  ➡ 온도 변화 ∝ $\frac{1}{\text{질량}}$

2 비열 어떤 물질 1 kg의 온도를 1 ℃ 높이는 데 필요한 열량 [단위 : kcal/(kg·℃)]

① 물의 비열 : 1 kcal/(kg·℃) ➡ 물 1 kg의 온도를 1 ℃ 높이는 데 1 kcal가 필요

② 비열의 특징 탐구 a 148쪽

- 비열은 물질마다 다르므로, 물질을 구별하는 특성이 된다.[1]
- 비열이 클수록 온도를 높이는 데 많은 열량이 필요하므로 온도가 잘 변하지 않는다.

③ 열량, 비열, 질량, 온도 변화의 관계 여기서 잠깐 150쪽

$$\text{비열}=\frac{\text{열량}}{\text{질량}\times\text{온도 변화}} \Rightarrow \text{열량}=\text{비열}\times\text{질량}\times\text{온도 변화},\ Q=cmt$$ [2]

[열량, 비열, 온도 변화의 관계]
- 같은 질량에 같은 열량을 가할 때 온도 변화 : 비열이 클수록 작다.
  예 물<콩기름<알루미늄<납
- 같은 질량을 같은 온도만큼 높일 때 필요한 열량 : 비열이 클수록 많다.
  예 물>콩기름>알루미늄>납

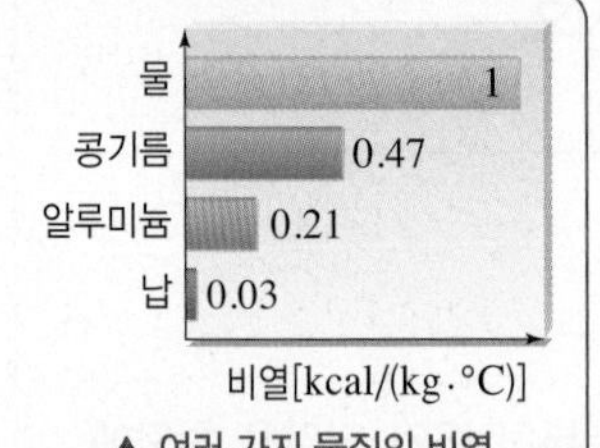

▲ 여러 가지 물질의 비열

화보 8.4

3 비열에 의한 현상 물은 다른 물질에 비해 비열이 매우 커서 다양한 현상이 나타난다.[3][4]

① 몸속에 있는 물은 체온을 항상 일정하게 유지하는 데 중요한 역할을 한다.

② 낮에는 모래가 바닷물보다 뜨겁지만 밤에는 모래가 바닷물보다 차갑다.

③ 해안 지역은 내륙 지역보다 *일교차가 작다.

④ 해안 지역에서 낮에는 *해풍, 밤에는 *육풍이 분다.

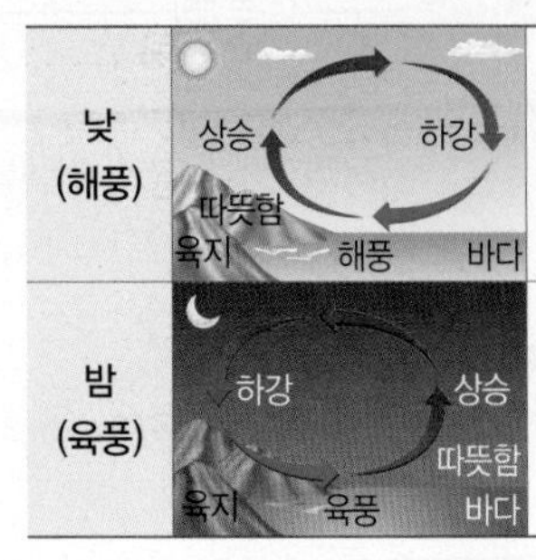

	설명
낮 (해풍)	태양의 열에너지에 의해 비열이 작은 육지가 바다보다 빨리 데워진다. ➡ 온도가 높은 육지의 공기는 상승하고, 온도가 낮은 바다의 공기는 하강한다.(대류) ➡ 바다에서 육지로 해풍이 분다.
밤 (육풍)	비열이 작은 육지가 바다보다 빨리 식는다. ➡ 온도가 높은 바다의 공기는 상승하고, 온도가 낮은 육지의 공기는 하강한다.(대류) ➡ 육지에서 바다로 육풍이 분다.

플러스 강의

❶ 여러 가지 물질의 비열

물질	비열	물질	비열
철	0.11	콩기름	0.47
모래	0.19	얼음	0.50
알루미늄	0.21	에탄올	0.57
콘크리트	0.21	물	1.00

[단위 : kcal/(kg·℃)]

❷ 각 물리량의 약자

Q	c	m	t
열량	비열	질량	온도 변화

❸ 비열이 큰 물질을 활용한 예
- 찜질 팩 안에 비열이 큰 물을 넣어 오랫동안 따뜻하게 한다.
- 비열이 큰 뚝배기는 뜨거운 상태를 오랫동안 유지해야 하는 음식을 요리할 때 사용한다.
- 비열이 큰 물을 자동차나 발전소의 냉각수로 사용한다.

❹ 비열이 작은 물질을 활용한 예

음식을 빨리 요리할 때 비열이 작은 금속 냄비인 양은 냄비를 사용한다.

용어 돋보기

* 일교차(日 하루, 較 비교하다, 差 차이)_하루 동안의 최고 기온과 최저 기온의 차이
* 해풍(海 바다, 風 바람)_바다에서 육지로 부는 바람
* 육풍(陸 육지, 風 바람)_육지에서 바다로 부는 바람

● 정답과 해설 44쪽

A 비열

- □□ : 온도가 다른 물체 사이에서 이동하는 열의 양
- □□ : 어떤 물질 1 kg의 온도를 1 ℃ 높이는 데 필요한 열량

  비열 = $\frac{□□}{질량 \times 온도\ 변화}$
- 같은 열량을 가할 때 비열이 클수록 온도 변화가 □□.
- □은 다른 물질에 비해 비열이 매우 커서 다양한 현상이 나타난다.

암기 광 열량, 비열, 질량, 온도 변화의 관계

$Q=cmt$이니까
큐 씨 엠 티
바비Q=씨암탉! 꼬꼬

A

1 열량과 비열에 대한 설명으로 옳은 것은 ○, 옳지 않은 것은 ×로 표시하시오.

(1) 물체의 질량이 같을 때 물체에 가한 열량이 클수록 온도 변화가 크다. ( )

(2) 어떤 물질의 온도를 1 ℃ 올리는 데 필요한 열량을 비열이라고 한다. ( )

(3) 비열이 작은 물질일수록 온도 변화가 크다. ( )

(4) 물의 비열은 주변에서 볼 수 있는 다른 물질보다 작은 편이다. ( )

2 오른쪽 그림과 같이 각각 물 300 g과 600 g이 담겨 있는 비커를 가열하였다.

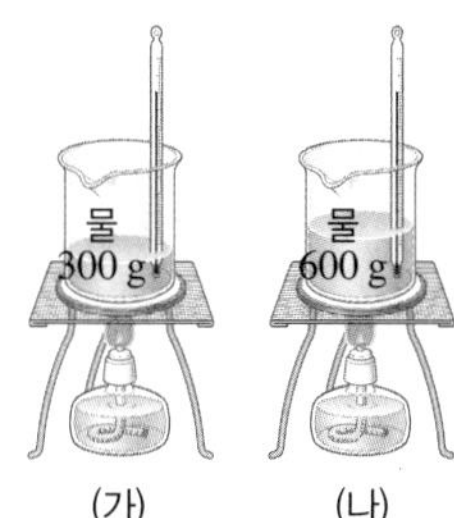

(1) 같은 세기의 불꽃으로 같은 시간 동안 가열할 때 온도 변화가 큰 것을 고르시오.

(2) (가)와 (나)의 물이 각각 10 ℃씩 올라가는 동안 (가)와 (나) 중 가한 열량이 큰 것을 고르시오.

더 풀어보고 싶다면? 시험 대비 교재 91쪽 계산력·암기력 강화 문제

3 질량이 4 kg인 물의 온도를 10 ℃ 높이는 데 필요한 열량은 몇 kcal인지 구하시오. (단, 물의 비열은 1 kcal/(kg·℃)이다.)

더 풀어보고 싶다면? 시험 대비 교재 91쪽 계산력·암기력 강화 문제

4 질량이 4 kg인 식용유의 온도를 10 ℃ 높이는 데 16 kcal의 열량이 필요하다고 할 때, 식용유의 비열은 몇 kcal/(kg·℃)인지 구하시오.

5 표는 여러 가지 물질의 비열을 나타낸 것이다. 각 물질 100 g에 100 kcal씩 열량을 가했을 때 온도 변화가 가장 큰 물질은 무엇인지 쓰시오.

물질	알루미늄	콩기름	모래	에탄올
비열(kcal/(kg·℃))	0.21	0.47	0.19	0.57

6 비열에 의한 현상과 이용에 대한 설명으로 옳은 것은 ○, 옳지 않은 것은 ×로 표시하시오.

(1) 해안 지역은 내륙 지역보다 일교차가 크다. ( )

(2) 사람의 체온은 외부 온도에 따라 잘 변한다. ( )

(3) 해안 지역에서 낮에는 육풍, 밤에는 해풍이 분다. ( )

(4) 비열이 큰 뚝배기는 데우는 데 시간이 오래 걸리지만 잘 식지 않는다. ( )

02 비열과 열팽창

B 열팽창

1 열팽창 물질에 열을 가할 때 물질의 길이 또는 부피가 증가하는 현상 탐구 b 149쪽

① 원인 : 물체에 열이 가해지면 물체를 구성하는 입자의 운동이 활발해져 입자 사이의 거리가 멀어지기 때문

② 온도 변화가 클수록 열팽창 정도가 크다.

③ 물질의 종류와 상태에 따라 열팽창 정도가 다르다. ➡ 고체＜액체＜기체❶

▲ 고체의 열팽창

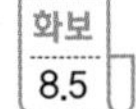

2 고체의 열팽창 열에 의해 고체의 길이 또는 부피가 증가하는 현상❷

① 바이메탈 : 열팽창 정도가 다른 두 금속을 붙여 놓은 장치 ➡ 두 금속의 열팽창 정도의 차이가 클수록 많이 휘어진다.❸

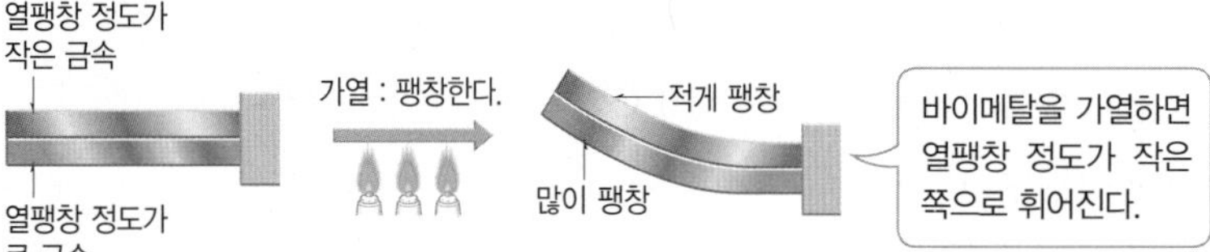

[바이메탈의 이용]

● **전기다리미** : 전원을 연결하여 온도가 높아지면 바이메탈은 열팽창 정도가 작은 위쪽으로 휘어진다. ➡ 회로가 끊어져서 더 이상 온도가 높아지지 않는다.

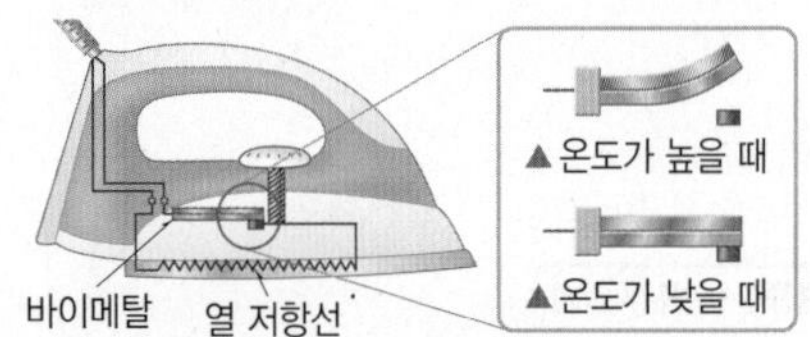

● **화재경보기** : 불이 나서 온도가 높아지면 바이메탈은 열팽창 정도가 작은 아래쪽으로 휘어진다. ➡ 회로가 연결되어 경보가 울리게 된다.

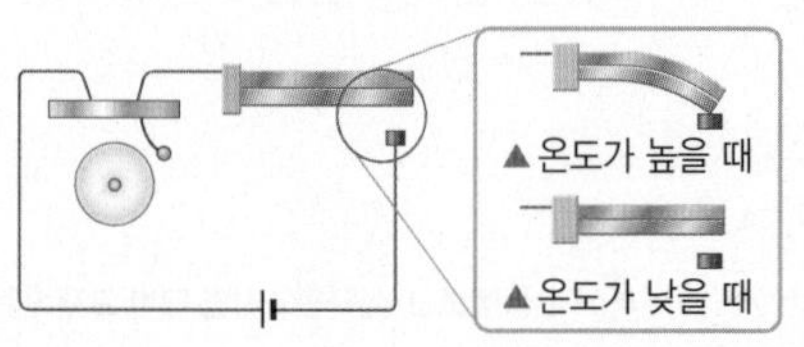

② 고체의 열팽창과 우리 생활❹

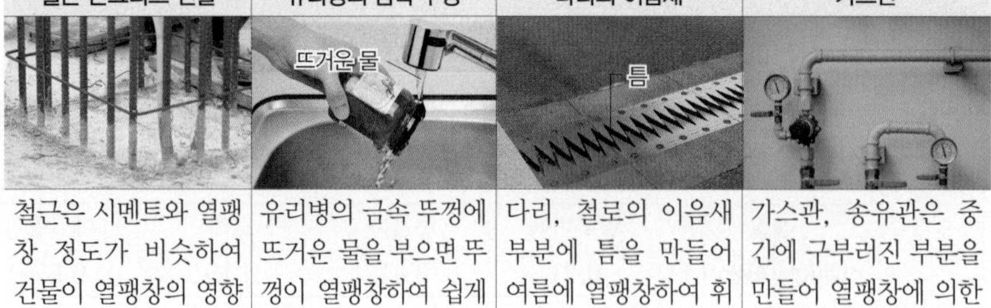

철근 콘크리트 건물	유리병의 금속 뚜껑	다리의 이음새	가스관
철근은 시멘트와 열팽창 정도가 비슷하여 건물이 열팽창의 영향을 적게 받는다.	유리병의 금속 뚜껑에 뜨거운 물을 부으면 뚜껑이 열팽창하여 쉽게 열린다.	다리, 철로의 이음새 부분에 틈을 만들어 여름에 열팽창하여 휘는 것을 막는다.	가스관, 송유관은 중간에 구부러진 부분을 만들어 열팽창에 의한 사고를 예방한다.

3 액체의 열팽창

① 온도계 : 온도계 속 액체의 온도가 올라가면 부피가 팽창하여 눈금이 올라가고, 온도가 낮아지면 부피가 수축하여 눈금이 내려간다. ➡ 열팽창 정도가 크고, 온도 변화에 따른 부피 변화가 일정한 알코올이나 수은을 사용한다.

② 음료수 병 : 음료수의 열팽창으로 병이 터지는 것을 막기 위해 병에 음료수를 가득 채우지 않는다.

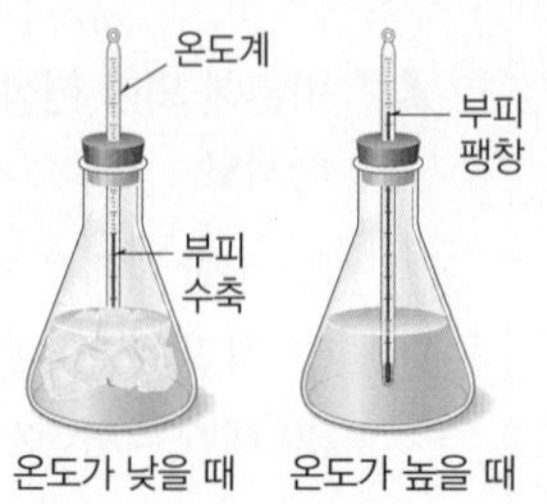

▲ 온도계의 열팽창

플러스 강의

❶ 열팽창 정도

고체와 액체는 물질의 종류에 따라 열팽창 정도가 다르지만, 기체는 물질의 종류에 관계없이 압력이 일정할 때 일정량의 기체의 부피는 온도가 높아짐에 따라 일정하게 증가한다. 이를 샤를 법칙이라고 한다.

❷ 금속 구와 금속 고리의 열팽창

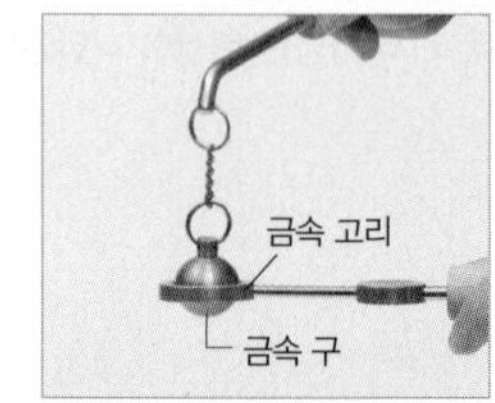

금속 구가 금속 고리에 꽉 끼어 통과하지 못하는 경우 열팽창을 이용하여 통과하게 만들 수 있다.

- 금속 고리를 가열하면 고리의 구멍이 커지므로 금속 구가 통과할 수 있다.
- 금속 구를 냉각시키면 금속 구가 수축되어 작아지므로 고리를 통과할 수 있다.

❸ 바이메탈을 냉각시킬 경우

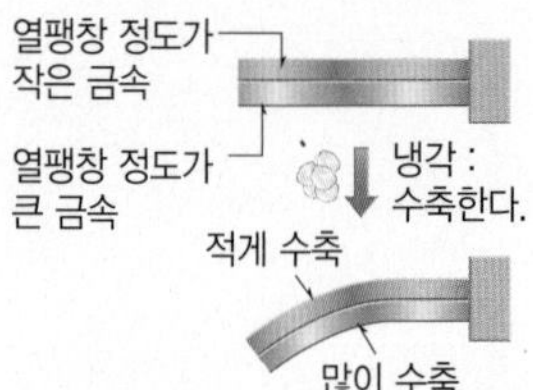

바이메탈을 냉각시키면 금속이 수축하여 휘어진다. 이때 열팽창 정도가 큰 쪽이 많이 수축하여 더 짧아지므로 그쪽으로 휘어진다.

❹ 고체의 열팽창의 다른 예

- 여름에는 전깃줄이 늘어지고, 겨울에는 팽팽해진다.
- 차가운 유리컵에 뜨거운 물을 부으면 유리컵이 깨진다.
- 철로 만들어진 에펠탑의 높이는 여름철이 겨울철보다 높다.
- 충치를 치료할 때 넣는 충전재는 치아와 열팽창 정도가 비슷한 물질을 사용한다.
- 포개진 그릇이 빠지지 않을 때에는 안쪽 그릇에는 차가운 물을 넣고, 바깥쪽 그릇은 뜨거운 물에 담그면 쉽게 빠진다.

B 열팽창

- 열팽창 : 물질에 열을 가할 때 물질의 길이 또는 부피가 □□하는 현상
- 열팽창의 원인 : 열에 의해 입자 운동이 □□해지면서 입자 사이의 거리가 □□지기 때문이다.
- □□□□ : 열팽창 정도가 다른 두 금속을 붙여 놓은 장치
- 바이메탈을 가열하면 열팽창 정도가 (큰, 작은) 쪽으로 휘어진다.

7 다음은 고체의 열팽창에 대한 설명이다. (　　) 안에 알맞은 단어를 보기에서 골라 쓰시오.

> 고체에 열을 가하면 ㉠(　　　)이(가) 높아지고, 입자의 ㉡(　　　)이(가) 활발해진다. 따라서 입자 사이의 ㉢(　　　)이(가) 멀어지므로 고체의 ㉣(　　　)이(가) 증가한다.

보기: 개수　거리　부피　온도　운동　질량

8 금속 막대 A, B, C를 사용하여 바이메탈을 만든 후 가열하였더니 그림과 같이 변하였다. 금속의 열팽창 정도를 비교하시오.

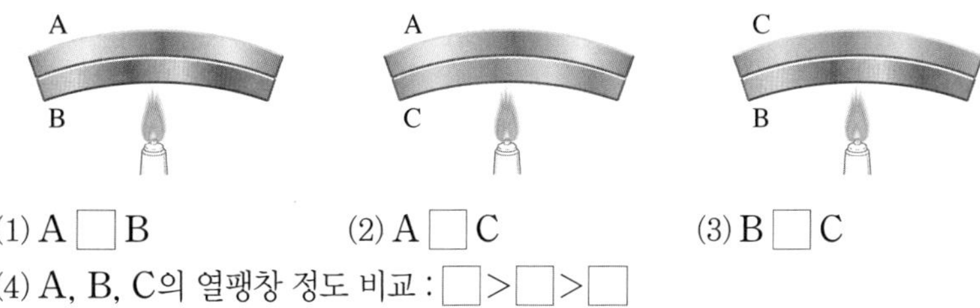

(1) A □ B　(2) A □ C　(3) B □ C

(4) A, B, C의 열팽창 정도 비교 : □>□>□

9 고체의 열팽창과 관련된 현상으로 옳은 것은 ○, 옳지 않은 것은 ×로 표시하시오.

(1) 다리나 철로 이음새 부분에 틈을 만든다. (　　)

(2) 불 위에 둔 냄비가 점점 전체적으로 뜨거워진다. (　　)

(3) 전깃줄이 여름철에는 늘어지고, 겨울철에는 팽팽해진다. (　　)

(4) 냉장고 안에 과일을 넣은 후 시간이 지나면 과일이 차가워진다. (　　)

암기콱 바이메탈이 휘어지는 방향

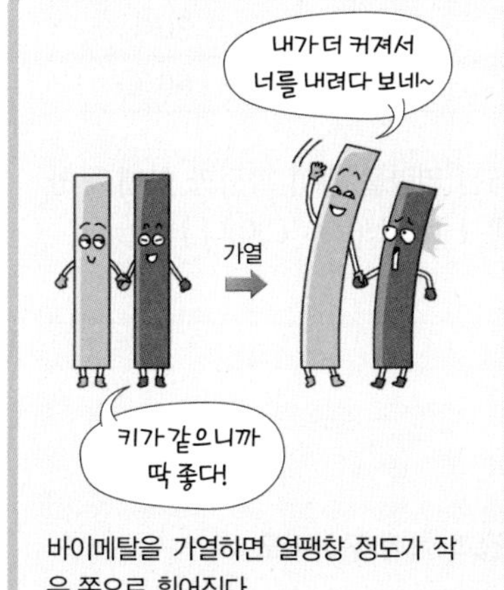

바이메탈을 가열하면 열팽창 정도가 작은 쪽으로 휘어진다.

10 그림과 같이 10 °C인 찬물을 넣은 삼각 플라스크에 가느다란 유리관을 꽂고 뜨거운 물이 담긴 수조에 넣었다. 이에 대한 설명으로 옳은 것은 ○, 옳지 않은 것은 ×로 표시하시오.

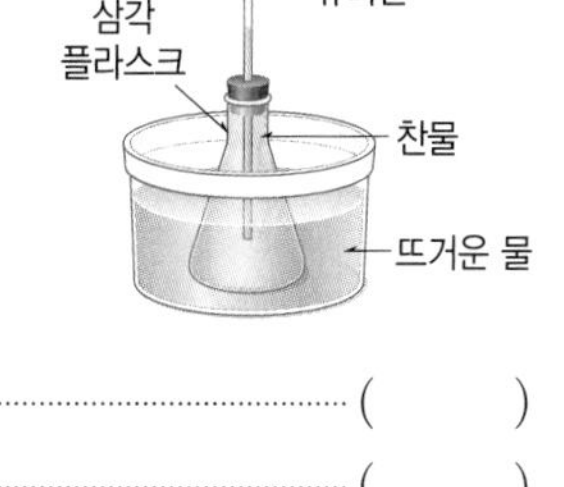

(1) 유리관 속 물의 높이가 높아진다. (　　)

(2) 삼각 플라스크 안 물의 입자의 운동이 활발해진다. (　　)

(3) 삼각 플라스크 안 물의 부피가 줄어든다. (　　)

(4) 열이 수조의 물에서 삼각 플라스크의 물로 이동한다. (　　)

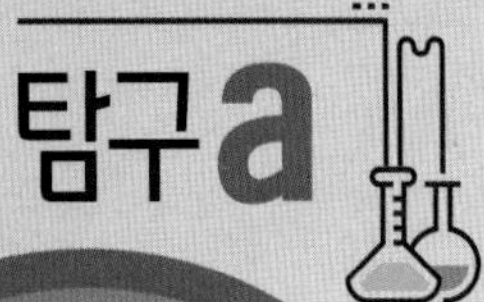

탐구 a 질량이 같은 두 물질의 비열 비교

이 탐구에서는 질량이 같은 액체를 가열할 때 온도 변화를 측정하여 비열을 비교해 본다.

● 정답과 해설 45쪽

과정

페이지를 인식하세요!

오투실험실

❶ 비커 2개에 물과 식용유를 100 g씩 넣는다.
❷ 그림과 같이 비커를 가열 장치 위에 올려놓은 후 디지털 온도계를 설치한다.
❸ 두 액체의 처음 온도를 측정한다.
❹ 가열 장치로 가열하면서 1분 간격으로 물과 식용유의 온도를 측정한다.

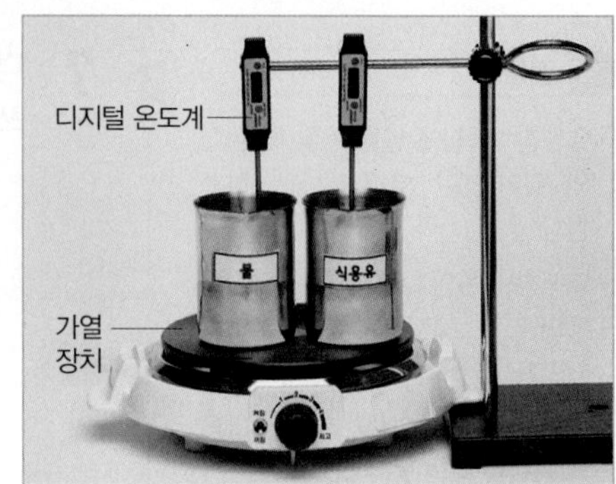

결과 & 해석

물의 온도 변화와 식용유의 온도 변화를 그래프로 나타내면 다음과 같다.

시간(분)	0	1	2	3	4	5
물의 온도(°C)	10	16	23	28	35	40
식용유의 온도(°C)	10	26	41	55	71	86

➡

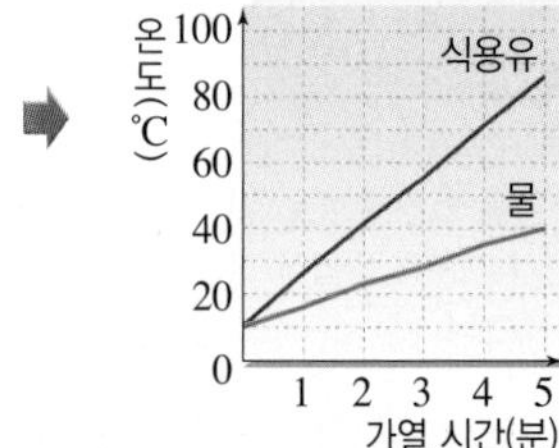

- 같은 시간 동안 가열하면 물과 식용유에 가한 열량이 같다.
- 같은 열량을 가했을 때 식용유의 온도 변화가 물의 온도 변화보다 크다.
  ➡ 물의 비열이 식용유보다 크다.
- 같은 온도만큼 높이는 데 필요한 열량은 물이 식용유보다 많다.
  ➡ 질량이 같을 때 비열이 클수록 같은 온도만큼 변화시키는 데 많은 열량이 필요하다.

정리

1. 같은 질량의 물체에 같은 열량을 가했을 때, 온도 변화가 ㉠ (클, 작을)수록 물체의 비열이 크다.
2. 같은 질량을 같은 온도만큼 높일 때, 물체의 비열이 ㉡ (클, 작을)수록 많은 열량을 가해야 한다.

확인 문제

01 위 실험에 대한 설명으로 옳은 것은 ○, 옳지 않은 것은 ×로 표시하시오.

(1) 과정 ❹에서 시간이 흐를수록 액체에 가한 열량은 증가한다. ( )

(2) 5분 후 식용유의 온도가 물보다 높으므로 식용유가 얻은 열량이 물이 얻은 열량보다 크다. ( )

(3) 가열 장치의 세기를 강하게 바꾸고 같은 실험을 반복하면 같은 시간 동안 온도 변화가 커진다. ( )

(4) 과정 ❶에서 물과 식용유의 양을 200 g으로 바꾸고 같은 실험을 반복하면 같은 시간 동안 식용유의 온도 변화가 더 커진다. ( )

(5) 80 °C의 물과 식용유를 실온에 두고 시간이 약간 지난 후 온도를 측정하면 식용유의 온도가 물보다 높다. ( )

[02~03] 표는 물과 어떤 물질 A를 같은 가열 장치를 이용하여 같은 시간 동안 가열했을 때의 온도 변화를 나타낸 것이다.

구분	질량	처음 온도	10분 후 온도
물	200 g	20 °C	30 °C
A	200 g	20 °C	60 °C

02 10분 동안 물에 가해진 열량을 풀이 과정과 함께 구하시오. (단, 물의 비열은 1 kcal/(kg·°C)이다.)

03 A의 비열을 풀이 과정과 함께 구하시오.

탐구 b 고체와 액체의 열팽창

이 탐구에서는 고체와 액체에 열을 가할 때 부피가 팽창하는 정도를 알아본다.

● 정답과 해설 45쪽

과정 & 결과

페이지를 인식하세요!

∷ 유의점

- 가열 전 금속 막대의 온도와 길이는 모두 같아야 한다.
- 뜨거운 물을 붓기 전 에탄올과 물의 온도와 부피는 같아야 한다.

◎ 실험 장치의 원리

금속 막대가 열팽창하면서 바늘 아랫부분을 오른쪽으로 밀기 때문에 바늘이 회전한다.

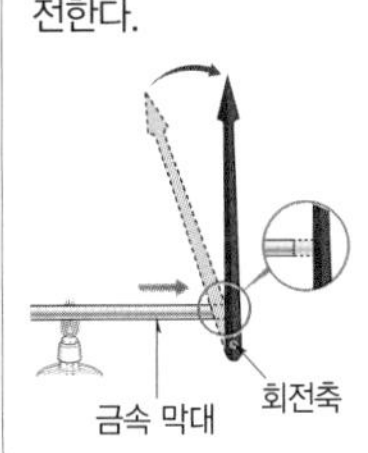

실험 ❶ 고체의 열팽창

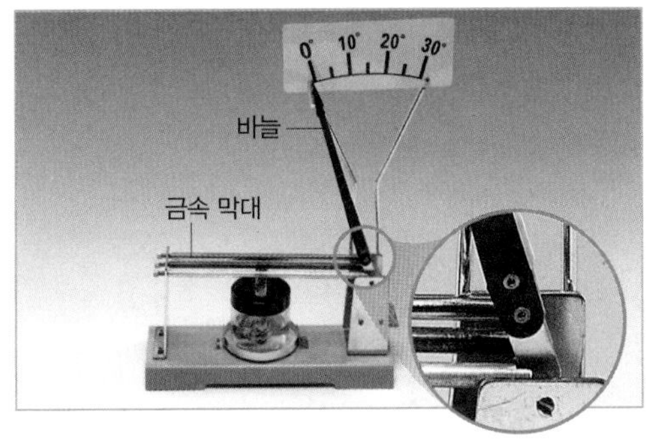

❶ 길이가 같은 철, 구리, 알루미늄 막대를 실험 장치에 연결한 후, 각 바늘의 영점을 조절한다.

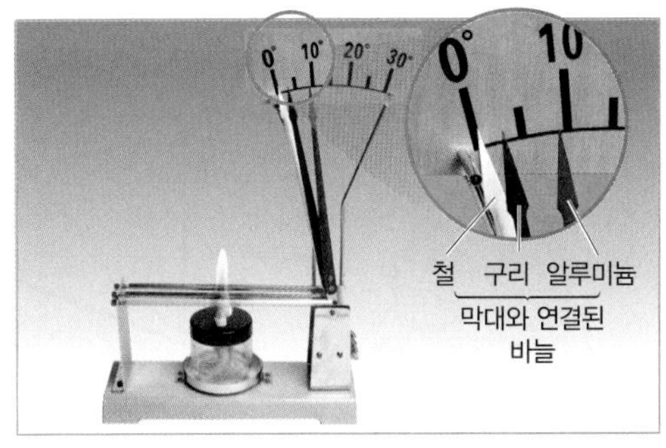

❷ 세 금속 막대를 동시에 가열하면서 각 금속 막대와 연결된 바늘이 회전하는 정도를 비교한다.

결과 회전하는 정도 : 알루미늄 > 구리 > 철

실험 ❷ 액체의 열팽창

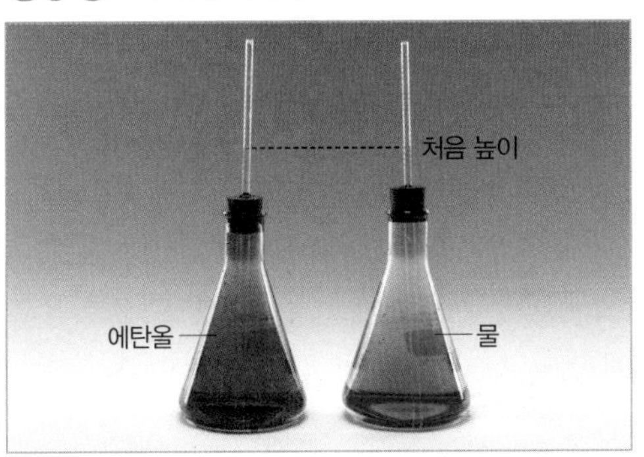

❶ 삼각 플라스크에 에탄올과 물을 가득 채운 후, 유리관을 꽂은 고무마개로 막고 유리관으로 올라온 액체의 처음 높이를 확인한다.

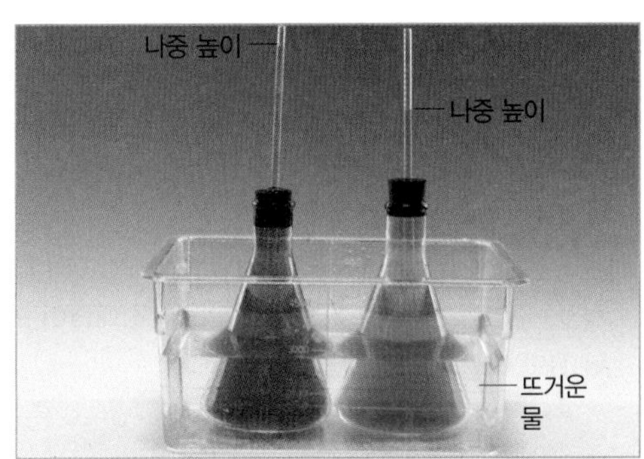

❷ 두 삼각 플라스크를 수조에 넣고 뜨거운 물을 천천히 부은 후 액체의 나중 높이를 비교한다.

결과 나중 높이 : 에탄올 > 물

정리

1. 고체와 액체는 열을 받으면 길이나 부피가 늘어나는 ㉠(　　　)을 한다.
2. 고체와 액체의 종류에 따라 열팽창 정도가 다르다.
   - 고체의 열팽창 정도 : ㉡(　　　) > 구리 > ㉢(　　　)
   - 액체의 열팽창 정도 : 에탄올 ㉣(　　　) 물

확인 문제

01 위 실험에 대한 설명으로 옳은 것은 ○, 옳지 않은 것은 ×로 표시하시오.

(1) 열에 의해 금속 막대의 길이가 길어진다. ( )

(2) 열에 의해 금속 막대 입자 사이의 거리가 가까워진다. ( )

(3) 액체의 종류에 따라 열팽창 정도가 다르다. ( )

(4) 에탄올이 든 삼각 플라스크 주위에 뜨거운 물을 부을 때 열은 에탄올에서 물로 이동한다. ( )

02 위 실험에서 고체와 액체를 가열할 때 입자 운동과 입자 사이의 거리는 어떻게 변하는지 서술하시오.

비열에 관한 문제는 시험에서 그래프와 함께 출제되는 경우가 많아. 그래프를 보고 비열을 구하는 공식에 값을 대입하면 쉽게 문제를 해결할 수 있어. 여기서 잠깐을 통해 그래프 해석을 알아보자.

● 정답과 해설 45쪽

시간에 따른 온도 그래프 해석 정복하기

유형 ① 두 물체에 같은 열량을 가하는 경우 온도 그래프

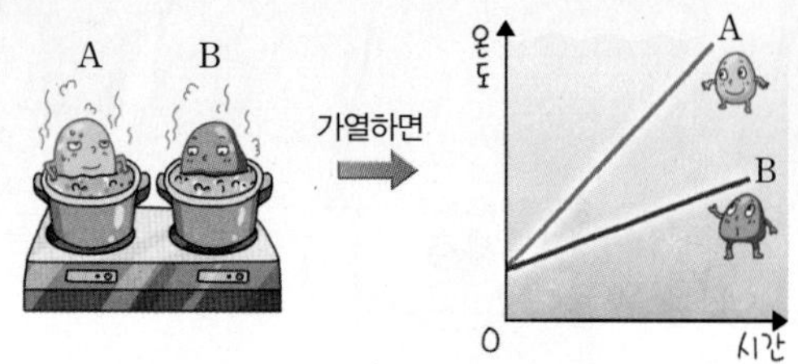

1. A, B가 같은 물질인 경우(비열이 같은 경우)

열량(일정) = 비열(일정) × 질량 × 온도 변화 (질량과 온도 변화: 반비례 관계)

- 온도 변화는 질량에 반비례한다.
- 시간 - 온도 그래프의 기울기가 작을수록 질량이 크다.
  ➡ B의 질량 > A의 질량

2. A, B의 질량이 같은 경우

열량(일정) = 비열 × 질량(일정) × 온도 변화 (비열과 온도 변화: 반비례 관계)

- 온도 변화는 비열에 반비례한다.
- 시간 - 온도 그래프의 기울기가 작을수록 비열이 크다.
  ➡ B의 비열 > A의 비열

유제 ① 오른쪽 그림은 A, B, C에 같은 열량을 가할 때 시간에 따른 온도 변화를 나타낸 것이다.

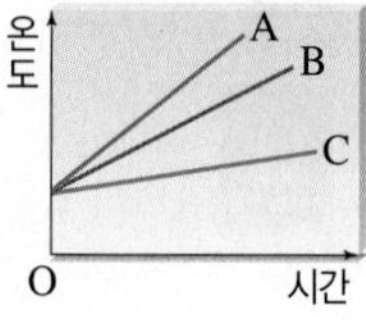

(1) A, B, C가 같은 물질인 경우, 질량이 가장 큰 것을 고르시오.

(2) A, B, C의 질량이 같은 경우, 비열이 가장 큰 것을 고르시오.

유제 ② 같은 물질 A와 B에 같은 열량을 가했더니 시간에 따른 온도 변화가 오른쪽 그림과 같았다. A와 B의 질량 비(A : B)를 옳게 나타낸 것은?

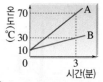

온도(℃) 70, 30, 10 / 0, 3 시간(분) / A, B

① 1 : 1　② 1 : 2　③ 1 : 3　④ 2 : 1　⑤ 3 : 1

유형 ② 온도가 다른 두 물체를 접촉하는 경우 온도 그래프

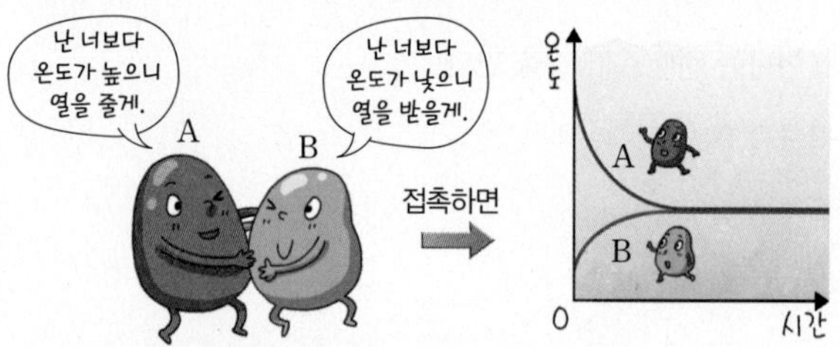

1. A, B가 같은 물질인 경우(비열이 같은 경우)

열량(일정) = 비열(일정) × 질량 × 온도 변화 (질량과 온도 변화: 반비례 관계)

- 온도 변화는 질량에 반비례한다.
- 온도 변화는 A가 B보다 크다. ➡ B의 질량 > A의 질량

2. A, B의 질량이 같은 경우

열량(일정) = 비열 × 질량(일정) × 온도 변화 (비열과 온도 변화: 반비례 관계)

- 온도 변화는 비열에 반비례한다.
- 온도 변화는 A가 B보다 크다. ➡ B의 비열 > A의 비열

유제 ③ 그림 (가)는 20 ℃의 물체 A에 80 ℃의 물체 B를 접촉한 후 시간에 따른 온도 변화를 측정하여 나타낸 것이고, 그림 (나)는 80 ℃의 물체 B에 20 ℃의 물체 C를 접촉하였을 때의 온도 변화를 나타낸 것이다.(단, 외부와의 열 출입은 없다.)

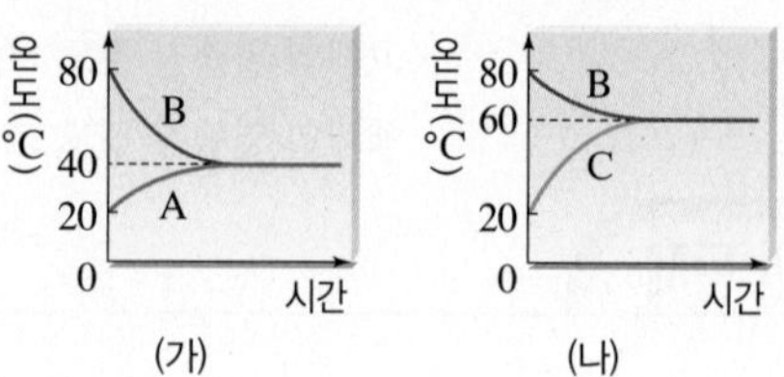

(1) A, B, C가 같은 물질인 경우, 질량을 비교하시오.

(2) A, B, C의 질량이 같은 경우, 비열을 비교하시오.

전국 주요 학교의 **시험에 가장 많이 나오는 문제**들로만 구성하였습니다.
모든 친구들이 '꼭' 봐야 하는 코너입니다.

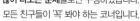

● 정답과 해설 45쪽

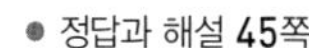

A 비열

중요
01 비열에 대한 설명으로 옳지 않은 것을 모두 고르면?(2개)

① 어떤 물질 1 kg을 1 °C 높이는 데 필요한 열량을 비열이라고 한다.
② 비열의 단위로는 kcal/(kg·°C)를 사용한다.
③ 같은 질량의 두 물질을 같은 세기의 불꽃으로 가열할 때, 비열이 큰 물질일수록 빨리 데워진다.
④ 비열은 물질의 종류에 따라 다르므로, 물질을 구별하는 특성이 된다.
⑤ 물질의 비열은 질량이 클수록 커진다.

02 온도가 7 °C인 액체 5 kg에 10 kcal의 열을 가하였더니, 온도가 32 °C가 되었다. 이 액체의 비열은?

① 0.008 kcal/(kg·°C) ② 0.0625 kcal/(kg·°C)
③ 0.08 kcal/(kg·°C) ④ 0.625 kcal/(kg·°C)
⑤ 1 kcal/(kg·°C)

중요
03 표는 여러 가지 물질의 비열을 나타낸 것이다.

물질	물	콩기름	알루미늄	모래	철
비열 (kcal/(kg·°C))	1.00	0.47	0.21	0.19	0.11

같은 세기의 불꽃으로 같은 시간 동안 가열할 때 온도 변화가 가장 큰 물질은?(단, 물질의 질량과 처음 온도는 모두 같다.)

① 물 ② 콩기름 ③ 알루미늄
④ 철 ⑤ 모래

04 표는 서로 다른 물질 A, B, C를 같은 세기의 불꽃으로 5분 동안 가열했을 때 온도 변화를 나타낸 것이다.

구분	질량(g)	처음 온도(°C)	나중 온도(°C)
A	100	25	40
B	100	25	60
C	200	25	60

A~C의 비열을 옳게 비교한 것은?

① A>B>C ② A>C>B
③ B>A>C ④ C>A>B
⑤ C>B>A

05 오른쪽 그림과 같이 500 g의 물을 10분 동안 가열하면서 물의 온도를 측정한 결과가 표와 같았다.

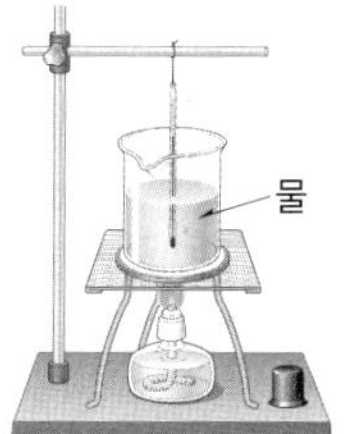

시간(분)	0	5	10
온도(°C)	20	25	30

물이 얻은 열량은?(단, 물의 비열은 1 kcal/(kg·°C)이고, 외부와 열 출입은 없다.)

① 1 kcal ② 5 kcal ③ 10 kcal
④ 15 kcal ⑤ 50 kcal

탐구 a 148쪽
06 오른쪽 그림과 같이 질량이 각각 100 g인 물과 식용유를 가열 장치 위에 올려놓고 동시에 가열하였다. 이에 대한 설명으로 옳지 않은 것은?

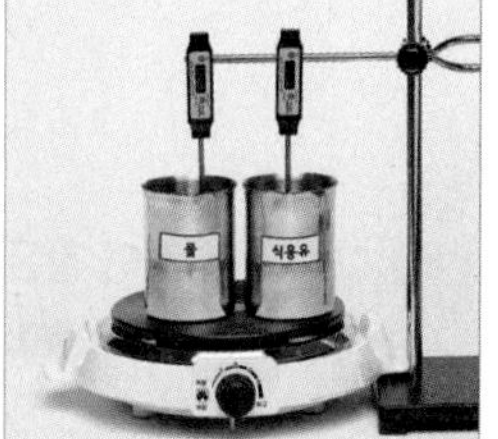

① 두 액체의 비열은 다르다.
② 물과 식용유에 가해지는 열량은 같다.
③ 같은 시간 동안 식용유의 온도가 더 많이 변한다.
④ 두 액체를 같은 온도만큼 높이는 데 필요한 열량이 다르다.
⑤ 비열이 큰 액체일수록 같은 시간 동안 온도가 더 많이 높아진다.

07 표는 질량이 같은 두 액체 물질 A, B를 같은 세기의 불꽃으로 가열할 때 온도 변화를 나타낸 것이다.

시간(분)	0	1	2	3
A의 온도(°C)	10	15	20	25
B의 온도(°C)	10	20	30	40

이에 대한 설명으로 옳은 것을 보기에서 모두 고른 것은?

보기
ㄱ. 같은 열량을 가했을 때, 온도 변화가 큰 것은 A이다.
ㄴ. 같은 온도만큼 높이는 데 더 많은 열량이 필요한 것은 B이다.
ㄷ. 비열은 A가 B보다 크다.

① ㄱ ② ㄷ ③ ㄱ, ㄴ
④ ㄱ, ㄷ ⑤ ㄴ, ㄷ

중요

08 오른쪽 그림은 질량이 같은 두 액체 A와 B를 같은 세기의 불꽃으로 가열할 때, 가열 시간에 따른 온도 변화를 나타낸 것이다. 이에 대한 설명으로 옳지 않은 것은?

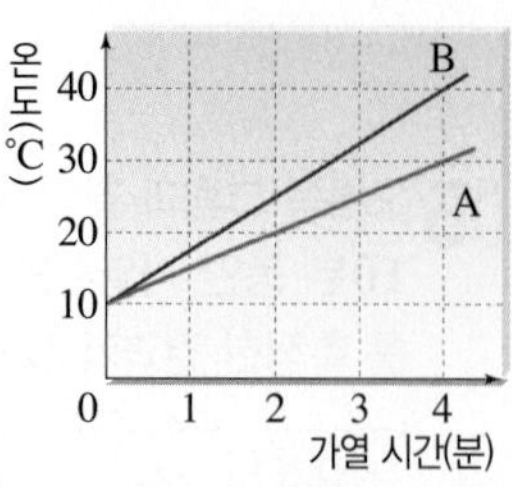

① 4분 동안 A와 B가 얻은 열량은 같다.
② 같은 시간 동안 온도 변화 비(A : B)는 3 : 4이다.
③ A와 B의 비열 비(A : B)는 3 : 2이다.
④ 그래프의 기울기가 클수록 비열이 작다.
⑤ A와 B는 서로 다른 물질이다.

중요

09 그림은 질량이 같은 두 물체 A, B를 접촉할 때 시간에 따른 온도 변화를 나타낸 것이다.

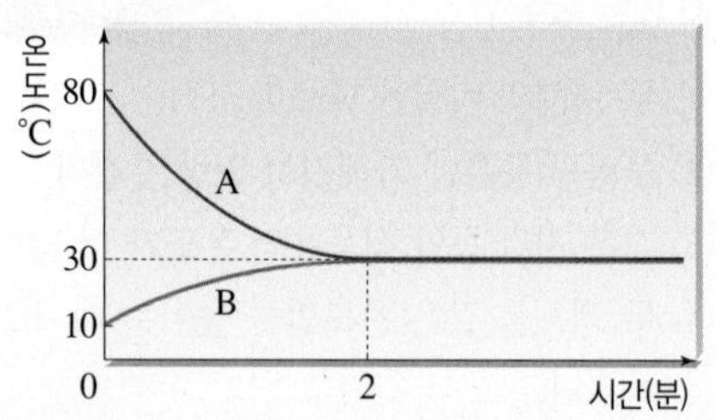

A, B에 대한 설명으로 옳지 않은 것은?(단, 외부와 열 출입은 없다.)

① 열평형 상태가 되었을 때의 온도는 30 ℃이다.
② 0~2분 동안 열은 A에서 B로 이동한다.
③ 온도 변화는 A가 B보다 크다.
④ A가 잃은 열량은 B가 얻은 열량과 같다.
⑤ 비열은 A가 B보다 크다.

10 비열에 의한 현상이나 활용 사례로 옳지 않은 것은?

① 찜질 팩 안에 물을 넣어서 사용한다.
② 내륙 지역은 해안 지역보다 일교차가 작다.
③ 음식의 따뜻함을 오랫동안 유지하기 위해 뚝배기에 담는다.
④ 자동차의 냉각수로 물을 사용한다.
⑤ 해안 지역에서 낮에는 해풍, 밤에는 육풍이 분다.

중요

11 그림은 낮에 해안가에서 바람이 부는 과정을 나타낸 것이다.

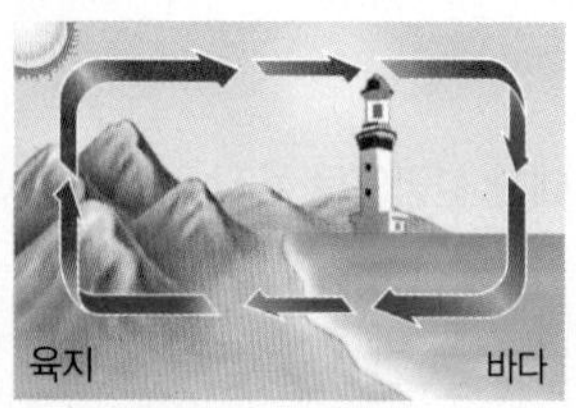

이에 대한 설명으로 옳은 것을 모두 고르면?(2개)

① 태양의 열에너지가 전도에 의해 바다와 육지에 전달된다.
② 바닷물의 온도가 육지의 온도보다 빨리 올라간다.
③ 대류에 의해 바다에서 육지로 바람이 분다.
④ 육지와 바다의 비열이 다르기 때문에 나타나는 현상이다.
⑤ 밤에도 바람이 같은 방향으로 분다.

B 열팽창

중요

12 열팽창에 대한 설명으로 옳지 않은 것은?

① 물질을 가열하면 부피가 증가하는 현상이다.
② 열에 의해 물질을 이루는 입자 사이의 거리가 멀어지기 때문에 나타나는 현상이다.
③ 가열해도 입자의 수와 입자의 크기는 변하지 않는다.
④ 같은 물질이면 고체, 액체, 기체 상태에 관계없이 열팽창 정도가 같다.
⑤ 고체의 열팽창 정도는 물질의 종류에 따라 다르다.

13 오른쪽 그림과 같이 다리를 설치할 때에는 다리의 이음새 부분에 틈을 만들어 두어야 한다. 이에 대한 설명으로 옳은 것을 보기에서 모두 고른 것은?

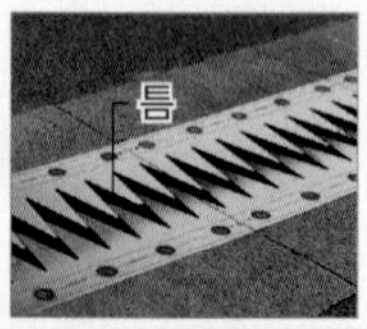

보기
ㄱ. 이음새의 틈은 겨울보다 여름에 크다.
ㄴ. 열팽창에 의해 다리가 휘는 것을 막기 위함이다.
ㄷ. 이와 같은 원리로 가스관을 설치할 때는 중간에 구부러진 부분을 만든다.

① ㄱ ② ㄷ ③ ㄱ, ㄴ
④ ㄴ, ㄷ ⑤ ㄱ, ㄴ, ㄷ

14 그림과 같이 종류가 다른 두 금속 A, B를 붙여서 만든 바이메탈을 가열하였더니 A 방향으로 휘어졌다.

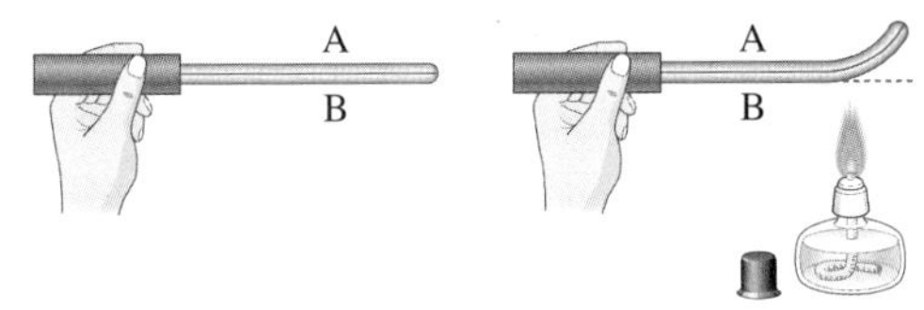

이에 대한 설명으로 옳은 것은?

① A와 B는 비열이 같다.
② A는 B보다 많이 팽창한다.
③ 이 바이메탈을 냉각시키면 A가 B보다 많이 수축한다.
④ 이 바이메탈을 냉각시키면 A 방향으로 휘어진다.
⑤ 이러한 물질은 온도에 따라 자동으로 작동되거나 전원이 차단되는 제품에 사용된다.

탐구 b | 149쪽

15 오른쪽 그림과 같이 철, 구리, 알루미늄 막대 끝을 바늘에 연결하고 가열하였더니, 바늘이 오른쪽으로 돌아갔다. 이에 대한 설명으로 옳지 <u>않은</u> 것은?

① 열팽창에 의한 현상이다.
② 가열 시간이 길수록 바늘이 더 많이 돌아간다.
③ 금속의 종류가 다르면 금속 막대가 팽창하는 정도가 다르다.
④ 금속 막대를 이루는 입자 사이의 거리가 멀어져서 나타나는 현상이다.
⑤ 열팽창 정도를 비교하면 철 > 구리 > 알루미늄이다.

중요

16 고체의 열팽창으로 설명할 수 있는 현상이 <u>아닌</u> 것을 모두 고르면?(2개)

① 여름철에 전깃줄이 늘어진다.
② 여름철 폭염에 철로가 휘어진다.
③ 겨울철 쇠 의자가 나무 의자보다 차갑다.
④ 온도계를 사용하여 사람의 체온을 측정한다.
⑤ 에펠탑의 높이는 여름철이 겨울철보다 높다.

탐구 b | 149쪽

17 같은 양의 에탄올과 물이 든 삼각 플라스크를 수조에 넣고 뜨거운 물을 부었더니, 오른쪽 그림과 같이 유리관의 액체의 높이가 변하였다. 이에 대한 설명으로 옳지 <u>않은</u> 것은?

① 액체가 열을 받으면 부피가 팽창한다.
② 에탄올과 물 모두 입자 운동이 활발해진다.
③ 물의 부피 변화가 에탄올의 부피 변화보다 크다.
④ 에탄올과 물 모두 유리관을 따라 올라간다.
⑤ 액체의 열팽창 정도는 에탄올이 물보다 크다.

18 실온(25 °C)에 오랫동안 두었던 부피가 같은 식용유, 물, 에탄올을 동일한 세 유리병에 각각 넣고 뜨거운 물에 충분히 담가 두었더니, 그림과 같이 유리관으로 올라오는 액체의 높이가 각각 달라졌다.

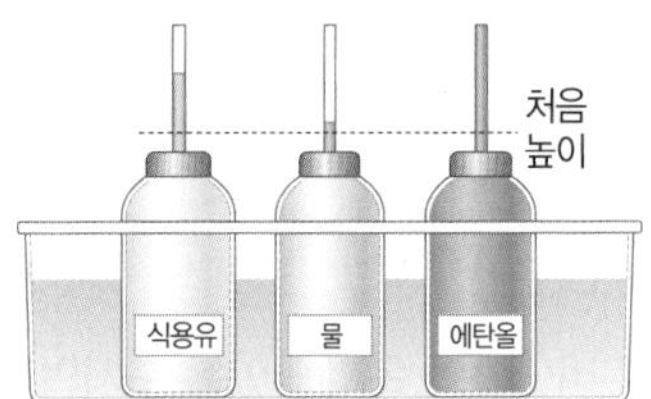

이에 대한 설명으로 옳지 <u>않은</u> 것은?

① 열은 세 액체에서 뜨거운 물로 이동한다.
② 충분한 시간이 지나면 세 액체의 온도 변화는 모두 같다.
③ 세 액체는 모두 입자 운동이 활발해진다.
④ 열팽창 정도는 에탄올 > 식용유 > 물이다.
⑤ 식용유의 입자 사이의 거리는 처음보다 멀어진다.

19 오른쪽 그림과 같이 음료수가 담긴 페트 병에는 빈 공간이 존재한다. 이렇게 페트 병에 음료수를 가득 채워 넣지 않는 까닭으로 가장 적절한 것은?

① 뚜껑을 쉽게 열기 위해서
② 페트 병마다 일정한 부피의 음료수를 담기 위해서
③ 전도가 느린 공기로 효과적인 단열을 하기 위해서
④ 페트 병이 열팽창하여 터지는 것을 방지하기 위해서
⑤ 음료수가 열팽창하여 페트 병이 터지는 것을 방지하기 위해서

서술형 문제

20 표는 물질 A~D의 비열을 나타낸 것이다.

물질	A	B	C	D
비열	1.00	0.40	0.21	0.09

[단위 : kcal/(kg·℃)]

(1) 같은 질량의 물질 A~D에 각각 같은 양의 열을 가할 때, A~D의 온도 변화를 비교하고, 그 까닭을 서술하시오.

(2) 질량이 200 g인 물질 B에 10분 동안 열을 가하여 B의 온도가 20 ℃ 증가하였을 때 가해 준 열량은 얼마인지 풀이 과정과 함께 구하시오.

21 그림은 바닷가와 육지에 있는 도시의 모습이다.

해안 도시

내륙 도시

두 도시가 낮 동안 태양으로부터 같은 양의 열을 받았을 때 일교차가 큰 도시는 어디인지 고르고, 그 까닭을 서술하시오.

22 오른쪽 그림과 같이 금속 고리보다 약간 커서 금속 고리를 통과하지 못하는 금속 구가 있다. 금속 구가 금속 고리를 통과하게 하는 방법 두 가지를 서술하시오.

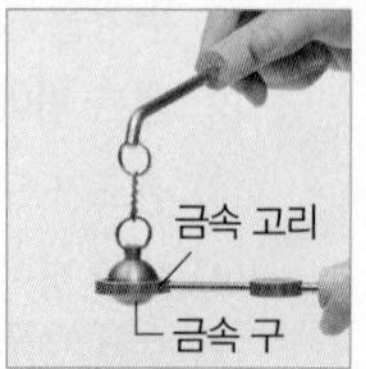

수준 높은 문제로 실력 탄탄

● 정답과 해설 47쪽

01 그림 (가)는 바이메탈을 이용하여 만든 화재경보기의 구조를 나타낸 것이고, 그림 (나)는 철수와 영희가 어떤 화재경보기를 테스트한 후 나누는 대화이다.

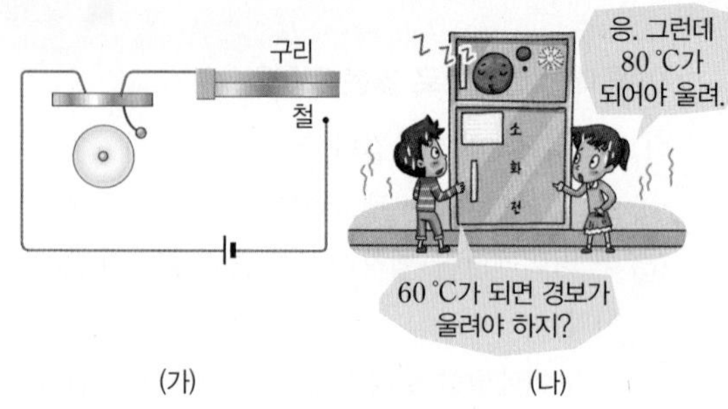

이를 해결할 수 있는 방법은?(단, 열팽창 정도는 알루미늄 > 구리 > 철 순이다.)

① 철 대신 구리를 사용한다.
② 철 대신 알루미늄을 사용한다.
③ 구리 대신 철을 사용한다.
④ 구리 대신 알루미늄을 사용한다.
⑤ 문제가 없으므로 바꾸지 않아도 된다.

02 그림과 같이 둥근바닥 플라스크에 20 ℃인 물을 넣고 가열하였더니, 물의 높이가 낮아졌다가 다시 높아졌다.

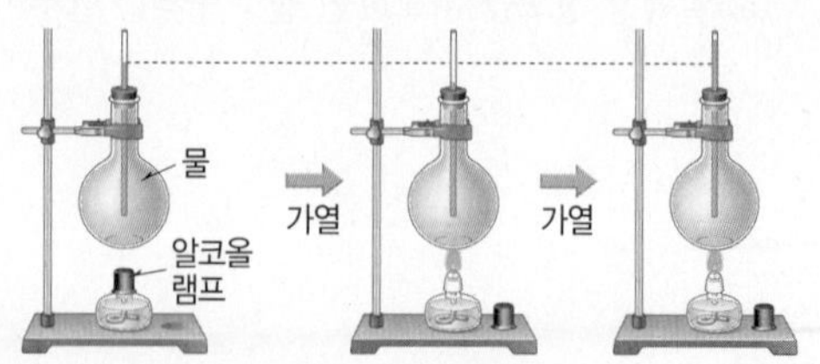

이와 같은 현상이 나타난 까닭은?

① 가열을 시작할 때 물이 증발하여 양이 줄어들므로
② 물이 팽창하기 전 둥근바닥 플라스크가 먼저 팽창하므로
③ 물을 가열하면 부피가 수축한 후 다시 팽창하므로
④ 물을 가열하면 대류 현상에 의해 아래로 내려가므로
⑤ 둥근바닥 플라스크 내부의 압력이 잠시 낮아지므로

단원 평가 문제

지금까지 열심히 달려오셨어요!
단원 평가 문제를 풀면서 자신의 **실력**을 **확인**해 봅시다.

● 정답과 해설 **47쪽**

01 어떤 물체의 입자 운동이 그림과 같이 변하였다.

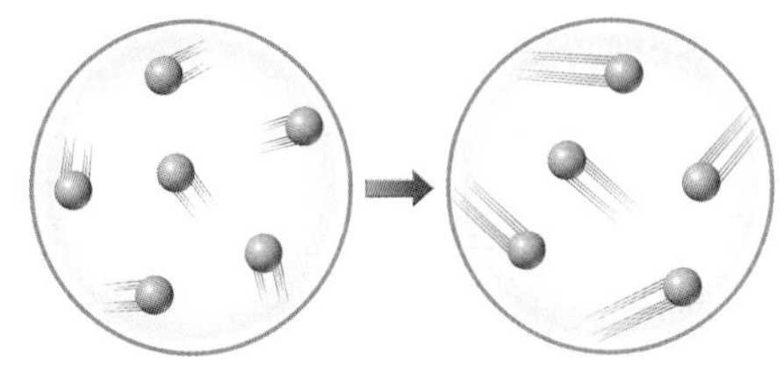

이에 대한 설명으로 옳은 것은?

① 입자 운동이 둔해졌다.
② 물체가 열을 잃었다.
③ 물체의 온도가 높아졌다.
④ 물체의 질량이 커졌다.
⑤ 물체를 이루는 입자의 수가 늘어났다.

02 그림과 같이 금속 막대 위에 촛농으로 나무 막대 (가)~(라)를 세워 놓고 한쪽 끝을 알코올램프로 가열하였다.

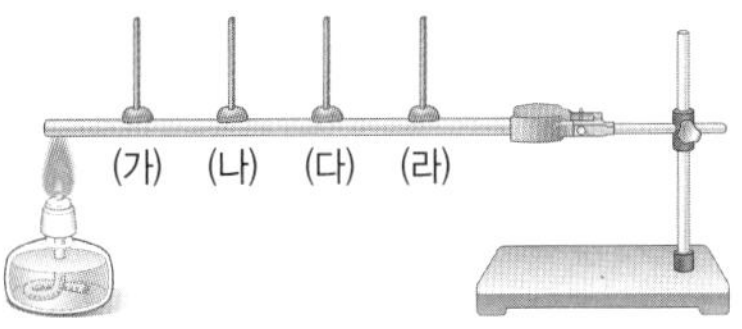

이에 대한 설명으로 옳은 것을 모두 고르면?(2개)

① 가장 먼저 떨어지는 나무 막대는 (라)이다.
② (가)~(라) 중 (가) 부분의 입자 운동이 가장 먼저 활발해진다.
③ 열은 (가)에서 (라) 방향으로 전달된다.
④ 금속 막대의 입자가 직접 이동하여 열을 전달한다.
⑤ 금속 막대의 종류가 달라져도 나무 막대가 떨어지는 데 걸리는 시간은 변함없다.

03 알코올램프를 이용하여 물을 끓일 때, 물의 흐름을 옳게 나타낸 것은?

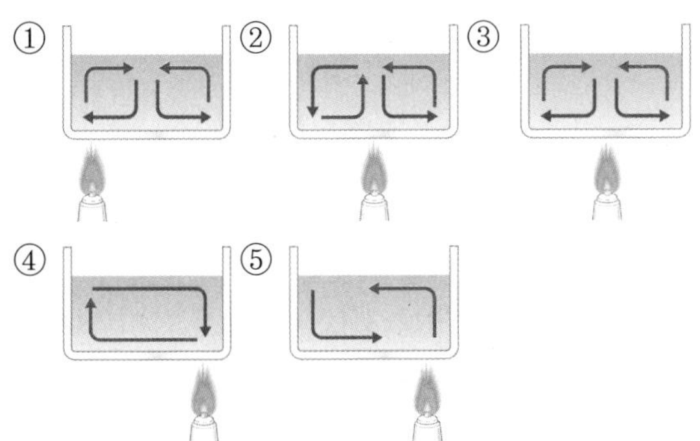

04 열의 이동 방법이 다른 하나는?

① 냄비 손잡이는 플라스틱으로 만든다.
② 햇볕 아래가 그늘진 곳보다 따뜻하다.
③ 추운 날 철봉을 만지면 차갑다.
④ 전기다리미의 바닥이 뜨거워진다.
⑤ 국이 담긴 그릇에 넣어 둔 숟가락의 손잡이가 따뜻해진다.

05 오른쪽 그림은 손잡이가 플라스틱으로 된 냄비이다. 이와 같이 손잡이와 냄비의 재질이 다른 까닭은?

① 플라스틱이 금속보다 단단하기 때문이다.
② 플라스틱은 금속보다 열이 느리게 전달되기 때문이다.
③ 플라스틱은 금속보다 열이 빠르게 전달되기 때문이다.
④ 플라스틱을 이루는 입자는 운동하지 않기 때문이다.
⑤ 금속이 플라스틱보다 열팽창 정도가 크기 때문이다.

06 오른쪽 그림은 따뜻한 물이 담겨 있는 보온병의 내부 구조를 나타낸 것이다. 이에 대한 설명으로 옳지 않은 것은?

마개
진공
따뜻한 물
은도금된 유리 벽면

① 단열을 활용한 예이다.
② 내부의 은도금된 벽면은 복사에 의한 열의 이동을 막는다.
③ 진공으로 된 부분에 공기를 넣으면 단열이 더 잘 된다.
④ 안쪽 벽을 유리로 만드는 까닭은 전도가 잘 되지 않게 하기 위해서이다.
⑤ 진공으로 된 부분은 전도와 대류에 의한 열의 이동을 모두 막는다.

07 우리 주변에서 단열을 이용한 예가 아닌 것은?

① 이중창 ② 보온병
③ 방한복 ④ 아이스박스
⑤ 전기 프라이팬 바닥

08 온도가 서로 다른 물체 A, B, C, D 중 2개씩 골라 접촉하였더니 다음과 같이 열이 이동하였다.

B→C D→B C→A

A~D의 처음 온도를 옳게 비교한 것은?

① A>B>C>D ② A>C>B>D
③ A>C>D>B ④ B>D>C>A
⑤ D>B>C>A

09 뜨거운 물을 차가운 컵에 넣고 가만히 두었을 때 나타나는 현상으로 옳은 것은?

① 물의 온도는 높아진다.
② 컵의 온도는 낮아진다.
③ 물의 입자 운동이 둔해진다.
④ 컵에서 물로 열이 이동한다.
⑤ 컵의 입자 운동이 둔해진다.

10 그림과 같이 두 비커에 10 ℃의 물과 60 ℃의 물을 각각 담은 후 수조에 두 비커의 물을 섞었더니 열평형을 이루었다.

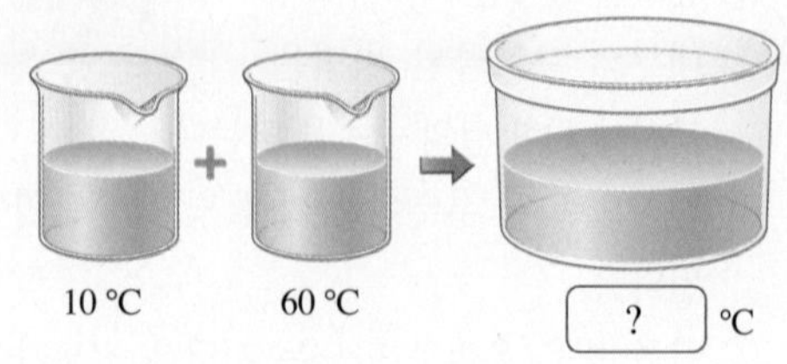

이때 열평형의 온도로 가능하지 않은 것은?

① 15 ℃ ② 20 ℃ ③ 40 ℃
④ 50 ℃ ⑤ 65 ℃

11 표는 여러 가지 물질의 비열을 나타낸 것이다.

물질	물	알루미늄	철	구리	금
비열 (kcal/(kg·℃))	1.00	0.21	0.11	0.09	0.03

이에 대한 설명으로 옳지 않은 것은?

① 1 kg의 온도를 1 ℃ 높이는 데 필요한 열량이 가장 큰 물질은 물이다.
② 구리 3 kg과 금 1 kg의 온도를 1 ℃ 높이는 데 필요한 열량은 같다.
③ 가열한 구리와 알루미늄의 질량과 온도가 같다면 구리가 알루미늄보다 빨리 식는다.
④ 질량이 모두 같을 때 온도가 가장 빨리 올라가는 것은 금이다.
⑤ 알루미늄 1 kg을 1 ℃ 높이는 데 필요한 열량은 0.21 kcal이다.

12 열량에 대한 설명으로 옳지 않은 것은?

① 열량의 단위로는 cal, kcal를 쓴다.
② 온도가 다른 두 물체를 접촉할 때 이동하는 열의 양이다.
③ 같은 열량을 가할 때 질량이 클수록 온도 변화가 작다.
④ 온도가 다른 두 물체를 접촉할 때 외부와 열 출입이 없다면 고온의 물체가 잃은 열량이 저온의 물체가 얻은 열량보다 크다.
⑤ 1 kcal는 물 1 kg의 온도를 1 ℃ 올리는 데 필요한 열량이다.

13 그림과 같이 온도가 20 ℃로 같은 물 200 g과 액체 A 400 g을 같은 세기의 불꽃으로 동시에 가열하여서 물의 온도가 35 ℃가 되었을 때 A의 온도가 45 ℃가 되었다.

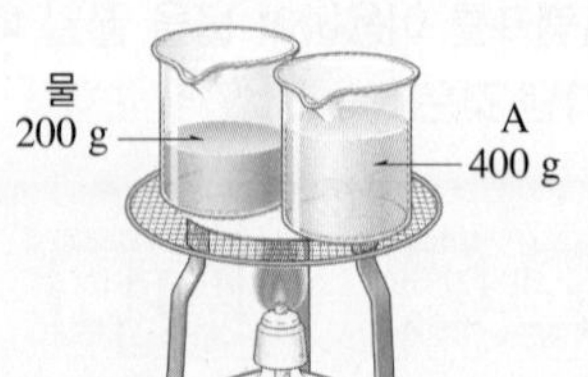

이때 A의 비열은?(단, 물의 비열은 1 kcal/(kg·℃)이고, 외부와의 열 출입은 없다.)

① 0.3 kcal/(kg·℃) ② 0.5 kcal/(kg·℃)
③ 0.7 kcal/(kg·℃) ④ 1.5 kcal/(kg·℃)
⑤ 3 kcal/(kg·℃)

14 물체 A와 B의 질량비는 1 : 2이고 비열의 비는 3 : 1이다. 두 물체에 같은 양의 열을 가했을 때 온도 변화의 비는?

① 1 : 2 ② 1 : 3 ③ 2 : 3
④ 3 : 2 ⑤ 3 : 4

15 오른쪽 그림은 두 물질 A, B를 같은 세기의 불꽃으로 가열할 때, 가열 시간에 따른 온도 변화를 나타낸 것이다. 이에 대한 설명으로 옳지 않은 것은?

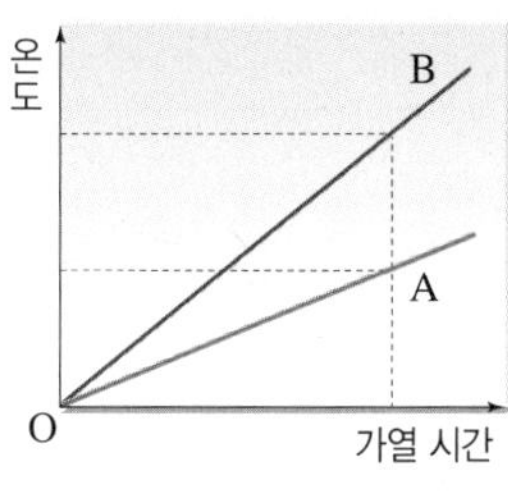

① A, B가 얻은 열량은 가열 시간에 비례한다.
② 같은 열량을 가할 때 온도 변화는 B가 A보다 크다.
③ A는 B보다 온도를 변화시키기 쉬운 물질이다.
④ A와 B의 질량이 같다면, 비열은 A가 B보다 크다.
⑤ A와 B가 같은 물질이라면, 질량은 A가 B보다 크다.

16 오른쪽 그림과 같은 에펠탑의 높이는 여름철이 겨울철보다 높다고 한다. 그 까닭을 옳게 설명한 것을 모두 고르면?(2개)

① 탑을 이루는 입자의 수가 많아지기 때문에
② 탑을 이루는 입자의 크기가 커지기 때문에
③ 탑을 이루는 입자의 종류가 달라지기 때문에
④ 탑을 이루는 입자의 운동이 활발해지기 때문에
⑤ 탑을 이루는 입자와 입자 사이의 거리가 멀어지기 때문에

17 오른쪽 그림은 전기다리미 내부의 구조를 나타낸 것이다. 이에 대한 설명으로 옳지 않은 것은?

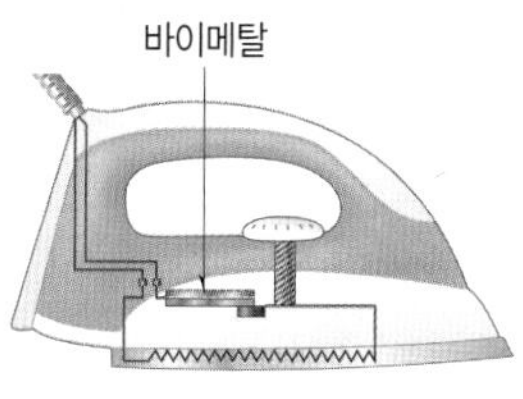

① 온도가 높아지면 바이메탈이 위로 휘어진다.
② 열팽창 정도가 비슷한 금속을 붙여 만든다.
③ 온도가 내려가면 휘어졌던 바이메탈이 원래 상태로 돌아온다.
④ 자동 온도 조절 스위치는 바이메탈을 이용하여 만든다.
⑤ 바이메탈의 온도가 올라갈 때 열팽창 정도가 큰 금속이 더 길어진다.

18 열팽창과 관련이 있는 현상은?

① 컵 속의 따뜻한 물이 시간이 지나면 식는다.
② 계곡물에 수박을 넣어 두면 수박이 시원해진다.
③ 뚝배기보다 금속 냄비에서 물을 끓일 때 더 빨리 끓는다.
④ 전신주의 전선은 겨울보다 더운 여름에 더 많이 늘어진다.
⑤ 주택에서는 열의 손실을 막기 위해 지붕, 벽, 문 등에 단열재를 사용한다.

19 네 개의 플라스크에 같은 부피의 네 가지 액체를 넣고 뜨거운 물에 넣었더니, 각각의 부피가 그림과 같이 증가하였다.

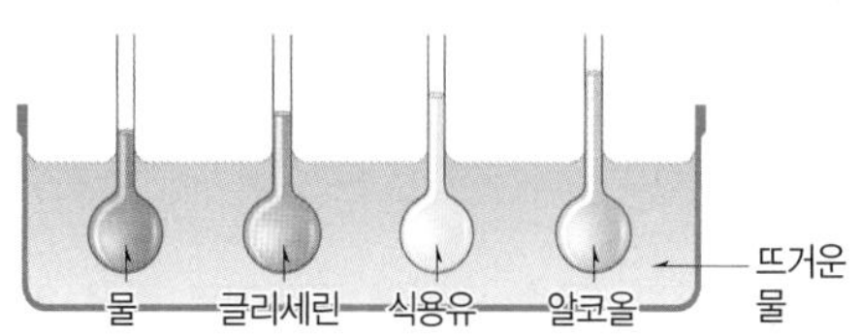

이에 대한 설명으로 옳은 것은?

① 열팽창 정도가 가장 큰 것은 물이다.
② 액체의 종류에 관계없이 열팽창 정도가 같다.
③ 열은 각 액체에서 뜨거운 물로 이동한다.
④ 열팽창 정도는 알코올 > 식용유 > 글리세린 > 물 순이다.
⑤ 네 가지 액체를 차가운 물에 넣었을 때 부피가 가장 많이 줄어드는 것은 물이다.

서술형 문제

20 그림과 같이 추운 날 실외에 금속 의자와 나무 의자가 놓여 있다.

금속 의자와 나무 의자의 온도를 비교하고, 금속 의자에 앉으면 나무 의자에 앉을 때보다 더 차갑게 느껴지는 까닭을 서술하시오.

21 오른쪽 그림과 같이 찬물을 넣은 플라스크를 뜨거운 물을 넣은 플라스크 위에 뒤집어서 올려놓았다. 플라스크 사이의 투명 필름을 제거한 후 시간이 지났을 때 찬물과 뜨거운 물의 변화를 열의 이동 방향을 포함하여 서술하시오.

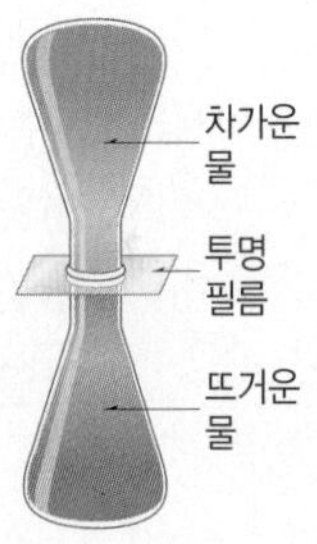

22 그림과 같이 금속 냄비와 뚝배기로 같은 찌개를 끓였을 때, 뚝배기의 찌개는 불을 끈 후에도 금속 냄비의 찌개보다 잘 식지 않는다.

금속 냄비

뚝배기

그 까닭을 서술하시오.

23 표는 여러 가지 물질의 비열을 나타낸 것이다.

물질	물	식용유	모래
비열(kcal/(kg·°C))	1	0.4	0.19

(1) 오른쪽 그림과 같은 찜질 팩에 넣기 가장 적절한 물질을 표에서 고르고, 그 까닭을 서술하시오.

(2) 질량이 2 kg인 식용유의 온도를 15 °C만큼 높이기 위해서 가해야 하는 열량은 몇 kcal인지 풀이 과정과 함께 구하시오.

24 그림은 바이메탈을 이용한 화재경보기의 모습을 나타낸 것이다.

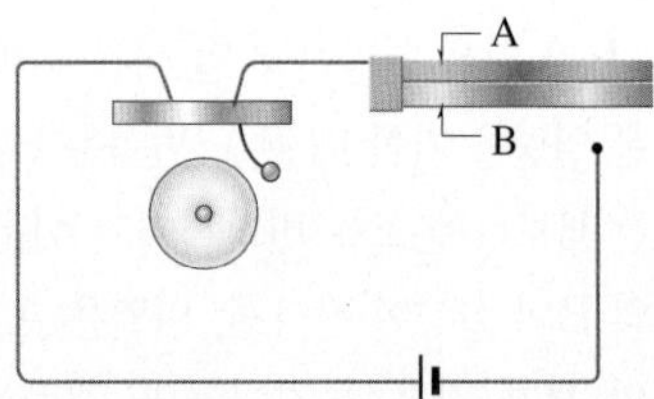

화재가 났을 때 경보가 울리려면 A와 B 중 열팽창 정도가 큰 금속은 무엇이어야 하는지 쓰고, 화재경보기의 작동 원리를 바이메탈의 특성을 이용하여 서술하시오.

25 그림은 열팽창 정도가 다른 세 금속 A, B, C를 사용하여 만든 바이메탈에 열을 가했을 때, 바이메탈이 휜 모습을 나타낸 것이다.

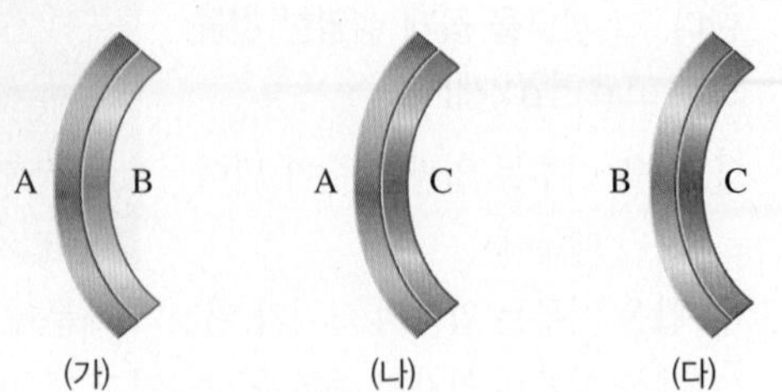

A, B, C의 열팽창 정도를 비교하고, 그 까닭을 서술하시오.

대단원 콕콕 점검

이 단원에서 학습한 내용을 확실히 이해했나요?
다음 내용을 잘 알고 있는지 스스로 체크해 보세요.

우리를 얻으면 열기가 후끈! 입자들이 신이 나서 뛰어다녀.

☐ 134쪽 Ⓐ
온도에 따라 입자의 운동이 달라지는 것을 설명할 수 있다.

입자들이 나를 옮겨주는 건 전도
인기란 이런거지.

☐ 136쪽 Ⓑ
열의 이동을 막는 단열과 단열이 이용되는 예를 말할 수 있다.

냉담
그러나 이중창의 마음을 뚫고 들어가는 건 어려워.

☐ 134쪽 Ⓑ
열의 이동 방법인 전도, 대류, 복사의 특징을 설명할 수 있다.

혼자 왔습니다.

둘이 왔습니다.
혼자보다 둘이 가면 열기는 더 후끈후끈

나는 평등을 사랑하는 박애주의자. 차가워진 입자들을 만나면 달려가.

☐ 144쪽 Ⓐ
열량과 온도 변화의 관계에 대해 설명할 수 있다.

☐ 136쪽 Ⓒ
열의 이동 방향과 열평형에 대해 설명할 수 있다.

우린 비열이 커.

우린 비열이 작아.
비열이 작은 입자들이 우릴 만나면 더 많이 신나해.

☐ 144쪽 Ⓐ
물질의 비열에 대해 알고 비열에 따른 온도 변화를 설명할 수 있다.

불끈 불끈
솟아라 힘!
우리를 만나면 고체, 액체, 기체 모두 힘이 솟는지 부피가 커져!

☐ 146쪽 Ⓑ
열팽창의 원인과 예를 설명할 수 있다.

- 모두 체크　참 잘했어요! 이 단원을 완벽하게 이해했군요!
- 5~4개 체크　알쏭달쏭한 내용은 해당 쪽으로 돌아가 복습하세요.
- 3개 이하　이 단원을 한 번 더 학습하세요.

IX

재해 · 재난과 안전

|다른 학년과의 연계는?|

초등학교 4학년

- 화산과 지진 : 화산 활동과 지진은 인명과 재산에 피해를 주는 등 사람들에게 많은 영향을 미친다. 지진이 발생하면 침착하게 안내원의 지시에 따르고, 스마트폰 등을 통하여 올바른 정보를 파악하여야 한다.

중학교 1학년

- 화산 : 화산 활동은 마그마가 지각의 약한 틈을 뚫고 지표로 나오는 현상이다.
- 지진 : 지진은 지구 내부에 쌓인 에너지가 갑자기 방출되며 땅이 흔들리는 현상으로, 규모와 진도로 지진의 세기를 나타낸다.

중학교 2학년

- 재해·재난과 안전 : 재해·재난의 원인과 피해를 과학적으로 분석하고, 재해·재난의 피해를 줄이기 위한 대처 방안을 세우면 재해·재난이 발생했을 때 피해를 줄일 수 있다.

생명과학 Ⅰ, 지구과학 Ⅰ

- 인체의 방어 작용 : 병원체의 감염 경로를 차단하면 감염성 질병을 예방할 수 있다.
- 악기상 : 국지성 호우, 폭설, 한파, 황사 등의 악기상은 시설물 파괴, 건강 위협 등 우리 생활에 많은 피해를 준다.

이 단원에서는 재해·재난의 피해와 과학적 원리를 이용한 대처 방안에 대해 알아본다.
이 단원을 들어가기 전에 이전 학년에서 배운 개념을 확인해 보자.

알고 있나요?

다음 내용에서 필요한 단어를 골라 빈칸을 완성해 보자.

> 화산, 지진, 용암, 규모, 가스, 머리, 피해

초4

1. 화산과 지진

① ❶□□은 땅속 깊은 곳에서 암석이 높은 열에 의하여 녹은 마그마가 분출하여 생긴 지형이다.

② ❷□□은 화산이 분출할 때 나오는 물질 중 액체 상태의 분출물로, 마그마가 지표면을 뚫고 나온 것이다.

③ ❸□□은 땅이 흔들리는 것으로, 화산 활동과 함께 발생할 수 있다.

2. 지진이 발생하였을 때 대처하는 방법

➡ 공공장소에서는 침착하게 안내원의 지시에 따른다.

➡ 낙하물이 있는 곳으로부터 멀리 피한다.

➡ 지진으로 흔들리는 동안 탁자 밑으로 들어가서 ❹□□를 보호한다.

➡ ❺□□와 전기를 차단하여 화재를 예방한다.

중1

3. 지진의 세기를 나타내는 방법

구분	❻□□	진도
기준	지진이 발생할 때 방출되는 에너지의 양	지진이 발생할 때 어떤 지역의 땅이 흔들린 정도나 ❼□□ 정도
특징	발생 지점으로부터의 거리 등에 관계없이 일정하다.	발생 지점으로부터의 거리, 지층의 강한 정도 등에 따라 달라진다.

정답 | ❶ 화산 ❷ 용암 ❸ 지진 ❹ 머리 ❺ 가스 ❻ 규모 ❼ 피해

재해·재난과 안전

A 재해·재난의 원인과 피해

1 재해·재난 국민의 생명, 신체, 재산과 국가에 피해를 주거나 줄 수 있는 것

- 재해·재난은 발생 원인에 따라 자연 재해·재난과 사회 재해·재난으로 구분한다.

자연 재해·재난	자연 현상으로 발생하는 재해·재난 예 지진, 화산, 태풍, 홍수, 가뭄, 폭설, 폭염, 황사, 미세먼지 등[1][2]
사회 재해·재난	인간의 부주의나 기술상의 문제 등 인간 활동으로 발생하는 재해·재난 예 화재, 폭발, 붕괴, 환경 오염 사고, 화학 물질 유출, 감염성 질병 확산, 운송 수단 사고 등

2 재해·재난의 원인과 피해

① 자연 재해·재난의 피해

지진	• 산이 무너지거나 땅이 갈라진다. • 도로나 건물이 무너지고 화재가 발생한다. • 대체로 규모가 큰 지진일수록 피해가 크다. • 해저에서 지진이 일어나면 *지진해일이 발생할 수 있다.
화산	• 화산재가 사람이 사는 지역을 덮친다. • 용암이 흐르면서 마을이나 농작물에 피해를 준다. • 화산 기체가 대기 중으로 퍼져 항공기 운행이 중단될 수 있다.
태풍	• 강한 바람으로 농작물이나 시설물에 피해를 준다.[3] • 집중 호우를 동반하여 도로가 무너지거나 산사태가 일어난다. • 태풍이 해안에 접근하는 시기가 만조 시각과 겹치면 해일이 발생할 수 있다.

② 사회 재해·재난의 원인과 피해

감염성 질병 확산		감염성 질병 : *병원체가 동물이나 인간에게 침입하여 발생하는 질병 예 중동호흡기증후군(MERS), 조류 독감, 유행성 눈병, 독감 등
	원인	병원체의 진화, 모기나 진드기와 같은 *매개체의 증가, 인구 이동, 교통수단의 발달, 무역 증가
	피해	• 지구적인 규모로 확산되어 수많은 사람과 동물에게 큰 피해를 줄 수 있다.[4] • 야생동물에게만 발생하던 질병이 인간에게 감염되어 새로운 감염성 질병이 나타나기도 한다.
화학 물질 유출	원인	작업자의 부주의, 관리 소홀, 운송 차량의 사고, 시설물의 노후화
	피해	• 폭발, 화재, 환경 오염 등을 일으킨다. • 호흡기나 피부를 통해 인체에 흡수되어 각종 질병을 유발한다. • 사고나 폭발로 화학 물질이 유출되면 짧은 시간 동안 큰 피해가 발생할 수 있다.
운송 수단 사고		열차, 항공기, 선박 등에서 발생하는 사고 예 열차 추돌 사고, 비행기 사고, 선박 기름 유출 등
	원인	안전 관리 소홀, 안전 규정 무시, 기계 자체 결함
	피해	한번 사고가 일어나면 그 피해가 매우 크다.

플러스 강의

내 교과서 확인 | 비상, 동아

❶ 기상 재해
태풍, 홍수, 가뭄, 폭설, 미세먼지 발생 등 기상 현상으로 발생하는 재해로, 매년 일정한 시기에 발생하는 특징이 있다. ➡ 기상 재해 예상 시 기상청에서 기상 특보를 발표한다.

❷ 황사 및 미세먼지
대기 중 모래 먼지인 황사와 입자 크기가 작은 먼지인 미세먼지는 호흡기 질환을 일으키거나 항공과 운수 산업에 피해를 준다.

내 교과서 확인 | 미래엔

❸ 태풍의 피해
태풍이 진행하는 방향의 오른쪽 지역은 왼쪽 지역보다 바람이 강하고 강수량도 많아 피해가 크다.

내 교과서 확인 | 동아

❹ 감염성 질병의 전파 경로
- 직접 전파 : 악수나 기침 등 감염자와 직접 접촉하여 전파
- 간접 전파 : 공기나 물, 모기 등의 동물, 음식물 등을 통해 전파

용어 돋보기

- **지진해일(海 바닷물, 溢 넘치다)**_수십 m 높이의 바닷물이 해안 지역을 덮치는 현상으로, 쓰나미라고도 한다.
- **병원체(病 질병, 原 원인, 體 몸)**_바이러스나 세균 등 질병을 일으키는 원인이 되는 미생물
- **매개체(媒 중매, 介 소개, 體 몸)**_병원체를 지니고 다른 생물로 전파하는 생물

A 재해·재난의 원인과 피해

- □□·□□ : 국민의 생명, 신체, 재산과 국가에 피해를 주거나 줄 수 있는 것
- □□ 재해·재난 : 자연 현상으로 발생하는 재해·재난
- □□ 재해·재난 : 인간 활동으로 발생하는 재해·재난
- □□□ □□ : 병원체가 동물이나 인간에게 침입하여 발생하는 질병

A

1 재해·재난에 대한 설명으로 옳은 것은 ○, 옳지 않은 것은 ×로 표시하시오.

(1) 국민의 생명, 신체, 재산과 국가에 피해를 주거나 줄 수 있는 것을 재해·재난이라고 한다. ( )

(2) 재해·재난은 발생 원인에 따라 자연 재해·재난과 사회 재해·재난으로 구분한다. ( )

(3) 기상 현상으로 발생하는 기상 재해는 사회 재난·재해에 속한다. ( )

2 다음은 재해·재난의 사례를 나열한 것이다.

보기		
ㄱ. 화재	ㄴ. 지진	ㄷ. 화산
ㄹ. 태풍	ㅁ. 홍수	ㅂ. 폭염
ㅅ. 화학 물질 유출	ㅇ. 감염성 질병 확산	ㅈ. 운송 수단 사고

자연 재해·재난과 사회 재해·재난에 해당하는 것을 보기에서 모두 고르시오.

(1) 자연 재해·재난 : ______

(2) 사회 재해·재난 : ______

3 다음 재해·재난 사례의 원인에 해당하는 것끼리 옳게 연결하시오.

(1) 감염성 질병 확산 • • ㉠ 안전 관리 소홀, 안전 규정 무시, 기계 자체 결함

(2) 화학 물질 유출 • • ㉡ 작업자의 부주의, 관리 소홀, 시설물의 노후화

(3) 운송 수단 사고 • • ㉢ 병원체의 진화, 모기나 진드기의 증가, 인구 이동, 무역 증가

4 재해·재난의 피해에 대한 설명으로 옳은 것은 ○, 옳지 않은 것은 ×로 표시하시오.

(1) 태풍은 강한 바람과 집중 호우를 동반한다. ( )

(2) 감염성 질병은 크게 확산되지 않고 특정 지역에만 그친다. ( )

(3) 지진으로 발생하는 피해는 대체로 규모가 큰 지진일수록 작다. ( )

(4) 화산 기체가 대기 중으로 퍼지면 항공기 운행이 중단될 수 있다. ( )

(5) 화학 물질이 유출되면서 나온 유독가스는 사람에게 질병을 유발할 수 있다. ( )

(6) 해저에서 지진이 발생하면 지진해일이 발생하여 항구의 시설이나 선박 등에 큰 피해를 주기도 한다. ( )

01 재해·재난과 안전

B 재해·재난의 대처 방안[1]

1 자연 재해·재난의 대처 방안

지진	• 건물을 지을 때 지질 구조가 불안정한 지역을 피하고, *내진 설계를 한다. • 내진 설계가 되어 있지 않은 건물에는 내진 구조물을 설치한다. • 해안 지역에서 지진해일이 발생하면 높은 곳으로 대피한다. [지진 발생 시 상황별 행동 요령] • 지진으로 흔들릴 때 : 탁자 아래로 들어가 몸을 보호한다. • 흔들림이 멈췄을 때 : 가스와 전기를 차단하고 문을 열어 출구를 확보한다. • 건물 밖으로 나갈 때 : 승강기를 이용하지 말고 계단을 이용한다. • 건물 밖으로 나왔을 때 : 가방 등으로 머리를 보호하고 운동장이나 공원 등 넓은 공간으로 대피한다. • 대피 장소에 도착한 후 : 안내 방송 등 올바른 정보에 따라 행동한다. 
화산	• 외출을 자제하고, 화산재에 노출되지 않도록 주의한다. • 문이나 창문을 닫고, 젖은 수건 등으로 문의 빈틈이나 환기구를 막는다. • 화산이 폭발할 가능성이 있는 지역에서는 방진 마스크, 손전등, 예비 의약품 등 필요한 물품을 미리 준비한다.
태풍	• 기상 위성 자료 등을 바탕으로 태풍의 이동 경로를 예측하고, 경보를 내린다. • 해안가에서는 바람막이숲을 조성하거나 제방을 쌓는다.[2] • 외출을 자제하고 창문에서 멀리 떨어진다. • 감전의 위험이 있으므로 전기 시설을 만지지 않는다. • 선박은 항구에 결박하고, 운행 중에는 태풍의 이동 경로에서 멀리 대피한다.

2 사회 재해·재난의 대처 방안

감염성 질병 확산	• 증상, 감염 경로 등 해당 질병에 대한 정보를 정확하게 알고 대처한다. • 병원체가 쉽게 증식할 수 없는 환경을 만들고, 확산 경로를 차단한다.[3] • 비누를 사용하여 손을 자주 씻고, 식재료를 깨끗이 씻는다. • 식수는 끓인 물이나 생수를 사용하고, 음식물을 충분히 익혀 먹는다. • 기침을 할 경우 코와 입을 가리고, 기침이 계속되면 마스크를 착용한다. • 평소에 예방 접종을 하고, 건강한 식습관으로 *면역력을 키운다.
화학 물질 유출	• 화학 물질이 피부에 직접 닿거나 유독가스를 흡입하지 않도록 주의하고, 최대한 멀리 대피한다. • 유출된 유독가스가 공기보다 밀도가 크면 ➡ 높은 곳으로 대피 유출된 유독가스가 공기보다 밀도가 작으면 ➡ 낮은 곳으로 대피 • 바람이 사고 발생 장소 쪽으로 불면 ➡ 바람 방향의 반대 방향으로 대피 바람이 사고 발생 장소에서 불어오면 ➡ 바람 방향의 직각 방향으로 대피  ▲ 바람이 사고 발생 장소 쪽으로 불 때  ▲ 바람이 사고 발생 장소에서 불어올 때
운송 수단 사고	• 사고가 발생하면 빠르고 정확하게 상황을 판단하여 대피한다. • 안내 방송을 잘 듣고, 운송 수단의 종류에 따른 대피 방법을 미리 알아둔다.

플러스 강의

❶ 재해·재난에 대처하는 과학자의 활동

- 화산 활동과 지진이 자주 발생하는 지역의 기록을 연구하여 예보 체계를 갖추려고 노력한다.
- 화산이나 지진 관측소에서 경보 체계를 운영하고 있으며, 다양한 관측 장비를 이용하여 기상재해를 비교적 정확하게 예보하고 있다.

내 교과서 확인 | 미래엔

❷ 바람막이숲

해안가에서 강한 바람의 피해를 막기 위해 만든 숲이다.

❸ 역학 조사 내 교과서 확인 | 천재

감염자가 사는 장소, 활동 범위를 자세히 파악하여 감염자가 접촉했던 사람을 추적하는 것으로, 감염성 질병의 원인을 찾고 확산을 막기 위한 활동이다.

[스노의 콜레라 전염 대처법]

❶ 스노는 콜레라의 전염 원인을 알아내기 위하여 사망자가 발생한 곳을 지도에 표시하였다.

❷ 표시한 지역에서 특정 급수 펌프를 이용한 사람들만 콜레라에 걸린 것을 발견하고, 지하수가 오염되었다고 결론을 내렸다.

❸ 오염된 지하수 사용을 금지하자 콜레라 확산이 멈추었다.

용어 돋보기

* **내진(耐 견디다, 震 지진)**_지진을 견딤
* **면역력(免 면하다, 疫 전염병, 力 힘)**_사람이나 동물의 몸 안에 병원균이 침입하여도 병에 걸리지 않을 만한 저항력

B 재해·재난의 대처 방안

- 지진의 피해를 줄이기 위해 건물을 지을 때 □□ 설계를 한다.
- 지진 발생 시 건물 밖으로 나갈 때는 □□을 이용한다.
- 화학 물질 유출 시 유독가스의 밀도와 □□의 방향을 고려하여 대피한다.

5 보기는 재해·재난의 사례를 나열한 것이다.

보기
ㄱ. 지진　　ㄴ. 화산　　ㄷ. 태풍
ㄹ. 감염성 질병 확산　　ㅁ. 화학 물질 유출　　ㅂ. 운송 수단 사고

재해·재난의 대처 방법에 해당하는 것을 보기에서 골라 기호를 쓰시오.

(1) 해안가에 제방을 쌓는다. ( )
(2) 비누를 사용하여 손을 자주 씻고, 음식을 익혀 먹는다. ( )
(3) 외출을 자제하고 화산재에 노출되지 않도록 주의한다. ( )
(4) 내진 설계가 되어 있지 않은 건물에 내진 구조물을 설치한다. ( )
(5) 화학 물질이 피부에 직접 닿지 않도록 주의하고 멀리 대피한다. ( )
(6) 안내 방송을 잘 듣고 운송 수단의 종류에 따른 대피 방법을 미리 알아둔다. ( )

6 자연 재해·재난의 대처 방안에 대한 설명으로 옳은 것은 ○, 옳지 않은 것은 ×로 표시하시오.

(1) 기상 위성으로 자료를 수집하여 태풍의 이동 경로를 예측한다. ( )
(2) 지진의 피해를 줄이기 위해서는 땅이 불안정한 지역에 건물을 짓는다. ( )
(3) 해안가에서 태풍 피해를 막기 위해 바람막이숲을 조성한다. ( )
(4) 화산이 폭발할 가능성이 높은 지역에서는 손전등, 예비 의약품 등 필요한 물품을 미리 준비한다. ( )

7 사회 재해·재난의 대처 방안에 대한 설명으로 옳은 것은 ○, 옳지 않은 것은 ×로 표시하시오.

(1) 정기적으로 소독을 하여 병원체가 증식할 수 없는 환경을 만든다. ( )
(2) 유출된 유독가스를 피하기 위해서는 항상 바람이 불어오는 방향으로 대피한다. ( )
(3) 독성이 있는 화학 물질이 유출되면 손수건 등으로 코와 입을 감싸 흡입하지 않도록 한다. ( )

8 다음은 화학 물질 유출 시 대피하는 방법에 대한 설명이다. ( ) 안에 알맞은 말을 고르시오.

화학 물질이 유출되면 먼저 유출된 장소에서 최대한 멀리 대피해야 한다. 이때 유출된 유독가스가 공기보다 밀도가 클 때에는 ㉠(높, 낮)은 곳으로 대피하고, 공기보다 밀도가 작을 때에는 ㉡(높, 낮)은 곳으로 대피해야 한다.

기출 문제로 내신 쑥쑥

전국 주요 학교의 **시험에 가장 많이 나오는 문제**들로만 구성하였습니다.
모든 친구들이 '꼭' 봐야 하는 코너입니다.

A 재해·재난의 원인과 피해

중요
01 재해·재난에 대한 설명으로 옳은 것은?

① 인명에 발생하는 피해만 해당된다.
② 홍수, 태풍, 폭설 등은 기상 재해에 해당한다.
③ 자연 재해·재난은 인간의 부주의나 기술상의 문제 등으로 발생한다.
④ 화학 물질 유출, 감염성 질병 확산 등은 자연 재해·재난의 사례이다.
⑤ 재해·재난은 발생하는 시기에 따라 자연 재해·재난과 사회 재해·재난으로 구분할 수 있다.

02 자연 재해·재난에 해당하는 것을 보기에서 모두 고른 것은?

보기
ㄱ. 가뭄이 들어 농작물이 말라 죽었다.
ㄴ. 공장에서 화재가 일어나 시설물에 피해를 입었다.
ㄷ. 감염성 질병이 확산되어 수많은 동물이 죽었다.
ㄹ. 폭염으로 기온이 일정 기준 이상으로 높아져 응급 환자가 발생하였다.

① ㄱ, ㄴ ② ㄱ, ㄹ ③ ㄴ, ㄷ
④ ㄴ, ㄹ ⑤ ㄷ, ㄹ

03 다음 설명에 해당하는 재해·재난으로 옳은 것은?

저위도 지역에서 발생하는 열대성 저기압으로, 강한 바람과 집중 호우를 동반하여 경작지 침수나 유실, 산사태, 건물 파손 등 큰 피해를 준다.

① 지진 ② 가뭄 ③ 황사
④ 폭발 ⑤ 태풍

중요
04 지진에 대한 설명으로 옳지 않은 것은?

① 지진으로 산이 무너지거나 땅이 갈라진다.
② 지진으로 건물이 무너져 사람이 다칠 수 있다.
③ 최근에는 지진 관측소에서 경보 체계를 운영하고 있다.
④ 해저에서 지진이 일어나면 지진해일이 발생할 수 있다.
⑤ 대체로 규모가 작은 지진일수록 지진으로 발생하는 피해가 크다.

05 그림은 화산이 폭발하는 모습을 나타낸 것이다.

이에 대한 설명으로 옳은 것을 보기에서 모두 고른 것은?

보기
ㄱ. 화산재가 사람이 사는 지역을 덮쳐 사람이 다칠 수 있다.
ㄴ. 화산이 폭발하면서 나오는 화산 기체는 대기 중으로 사라져 피해를 주지 않는다.
ㄷ. 화산 폭발로 뜨거운 용암이 흘러 나와 화산 주변의 마을이나 농작물에 피해를 줄 수 있다.

① ㄱ ② ㄴ ③ ㄱ, ㄷ
④ ㄴ, ㄷ ⑤ ㄱ, ㄴ, ㄷ

중요
06 재해·재난의 피해에 대한 설명으로 옳지 않은 것은?

① 운송 수단은 사고가 일어나면 그 피해가 크다.
② 화학 물질이 바다, 토양 등으로 유출되어 환경이 오염된다.
③ 야생동물에게 발생하는 질병은 절대 인간에게 감염되지 않는다.
④ 태풍이 진행하는 방향의 오른쪽 지역은 왼쪽 지역보다 바람이 강하고 강수량도 많아 피해가 크다.
⑤ 지진해일이 발생하면 바닷물이 해인 지역을 덮쳐 사람이나 항구의 시설 등에 큰 피해를 준다.

07 다음은 어떤 재해·재난의 원인과 피해에 대한 설명이다.

- 인간의 부주의나 기술상의 문제 등 인간 활동으로 발생하는 재해·재난이다.
- 독성이 있는 물질이 서로 반응하여 폭발하거나 화재가 발생한다.
- 호흡기나 피부를 통해 인체에 흡수되면 각종 질병을 유발한다.

이 재해·재난으로 가장 적절한 것은?

① 폭염 ② 화산 폭발
③ 환경 오염 사고 ④ 화학 물질 유출
⑤ 감염성 질병 확산

중요
08 다음은 사회 재해·재난의 원인을 나열한 것이다.

(가) 인구 이동 (나) 작업자의 부주의
(다) 운송 차량의 사고 (라) 병원체의 진화

화학 물질 유출과 감염성 질병 확산의 원인을 옳게 짝지은 것은?

	화학 물질 유출	감염성 질병 확산
①	(가), (다)	(나), (라)
②	(가), (나), (다)	(라)
③	(나), (다)	(가), (라)
④	(나), (다), (라)	(가)
⑤	(다), (라)	(가), (나)

09 감염성 질병에 대한 설명으로 옳은 것을 보기에서 모두 고른 것은?

보기
ㄱ. 감염자와 직접 접촉하는 경우에만 전파된다.
ㄴ. 병원체가 동물이나 인간에게 침입하여 발생하는 질병이다.
ㄷ. 지구적인 규모로 확산되어 많은 사람에게 피해를 줄 수 있다.
ㄹ. 역학 조사는 감염성 질병의 원인을 찾고 확산을 막기 위한 활동이다.

① ㄴ ② ㄱ, ㄷ ③ ㄴ, ㄹ
④ ㄱ, ㄷ, ㄹ ⑤ ㄴ, ㄷ, ㄹ

B 재해·재난의 대처 방안

중요
10 지진의 대처 방안으로 옳은 것을 보기에서 모두 고른 것은?

보기
ㄱ. 건물을 지을 때는 내진 설계를 한다.
ㄴ. 지진으로 흔들릴 때는 탁자 아래로 들어가 몸을 보호한다.
ㄷ. 건물 밖으로 나왔을 때는 건물 사이의 좁은 공간으로 대피한다.
ㄹ. 해안 지역에서 지진해일이 발생하면 최대한 낮은 곳으로 대피한다.

① ㄱ, ㄴ ② ㄴ, ㄹ ③ ㄷ, ㄹ
④ ㄱ, ㄴ, ㄷ ⑤ ㄴ, ㄷ, ㄹ

11 화산 폭발의 대처 방안으로 옳은 것을 보기에서 모두 고른 것은?

보기
ㄱ. 문이나 창문을 닫고, 문의 빈틈이나 환기구를 막아 화산재가 들어오지 못하게 한다.
ㄴ. 화산 폭발은 매년 같은 시기에 일어나므로 관측소를 운영하지 않아도 된다.
ㄷ. 화산이 폭발할 가능성이 있는 지역에서는 손전등, 방진 마스크 등 필요한 물품을 미리 준비한다.

① ㄱ ② ㄴ ③ ㄱ, ㄷ
④ ㄴ, ㄷ ⑤ ㄱ, ㄴ, ㄷ

12 태풍의 대처 방안으로 옳지 않은 것은?

① 태풍의 예상 진로에 있는 지역에 경보를 내린다.
② 해안가에서는 제방을 쌓고, 바람막이숲을 만든다.
③ 기상 위성으로 자료를 수집하여 태풍의 이동 경로를 예측한다.
④ 외출을 자제하고, 창문이나 유리문에 가까이 있는다.
⑤ 태풍 발생 시 선박을 운행 중인 경우에는 태풍의 이동 경로에서 최대한 멀리 대피한다.

13 **화학 물질이 유출되었을 때의 대처 방안으로 옳지 않은 것은?**

① 유출된 장소에서 최대한 멀리 대피한다.
② 실내로 대피한 경우 환풍기를 작동한다.
③ 화학 물질이 직접 피부에 닿지 않도록 주의한다.
④ 유독가스가 공기보다 밀도가 크면 높은 곳으로 대피한다.
⑤ 유독가스를 흡입하지 않도록 옷이나 수건 등으로 코와 입을 감싼다.

중요

14 **재해·재난의 대처 방안에 대한 설명으로 옳지 않은 것은?**

① 평소 면역력을 키워 감염성 질병을 예방한다.
② 감염성 질병에 대한 정보를 정확하게 알고 대처한다.
③ 지진 발생 시 전기와 가스를 켜서 이상이 없는지 확인한다.
④ 화학 물질이 유출되어 대피할 때에는 바람의 방향을 고려한다.
⑤ 내진 설계가 되어 있지 않은 건물에는 내진 구조물을 추가로 설치한다.

15 **다음은 스노(Snow, J., 1813~1858)가 콜레라 전염을 막기 위한 역학 조사 과정을 순서 없이 나열한 것이다.**

(가) 1854년 영국 런던에서 콜레라가 발생하여 수많은 사람들이 사망하였다. 스노는 독성 기체가 원인이라는 주장에 의문을 품었다.
(나) 스노는 사망자가 발생한 곳을 지도에 표시하였고, 한 급수 펌프 주변에 사망자가 몰려있는 것을 발견하였다.
(다) 스노는 지하수가 오염되었다고 결론을 내리고 오염된 지하수 사용을 금지하자 콜레라 확산이 멈췄다.
(라) 사망자가 발생한 지역에서도 다른 급수 펌프를 사용한 사람들은 콜레라에 걸리지 않았다.

역학 조사 과정을 순서대로 옳게 나열한 것은?

① (가) - (나) - (다) - (라)
② (가) - (나) - (라) - (다)
③ (가) - (다) - (나) - (라)
④ (나) - (다) - (가) - (라)
⑤ (나) - (다) - (라) - (가)

서술형 문제

중요

16 **다음은 지진이 발생했을 때의 행동 요령에 대한 학생들의 설명이다.**

- 성운 : 지진으로 흔들릴 때는 먼저 문을 열어 출구를 확보해야 해.
- 수영 : 흔들림이 멈추면 가스와 전기를 차단해야 해.
- 지혜 : 건물 밖으로 나갈 때는 승강기를 타고 빨리 이동해야 해.
- 민우 : 건물 밖에서는 가방 등으로 머리를 보호하며 대피해야 해.

행동 요령을 잘못 설명한 학생 2명을 고르고, 각각 옳게 고쳐 쓰시오.

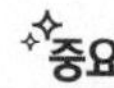
중요

17 **화학 물질 유출 사고가 발생한 지역에서 그림과 같이 바람이 불어오고 있다.**

A~C 중 대피해야 하는 방향을 쓰고, 그 까닭을 서술하시오.

18 **감염성 질병 확산을 줄이기 위해서는 개인 위생을 철저히 관리하는 것이 중요하다. 감염성 질병 확산에 대처하기 위해 개인이 지켜야 할 행동 요령을 두 가지만 서술하시오.**

단원 평가 문제

지금까지 열심히 달려오셨어요!
단원 평가 문제를 풀면서 자신의 **실력**을 **확인**해 봅시다.

● 정답과 해설 51쪽

01 재해·재난에 대한 설명으로 옳은 것은?

① 사회 재해·재난은 인간의 활동과는 관련이 없다.
② 재해·재난이 발생하는 원인을 알면 피해를 줄일 수 있다.
③ 자연 현상이나 인간의 부주의 등으로 발생하는 재산 피해만을 의미한다.
④ 재해·재난은 발생하는 장소에 따라 자연 재해·재난과 사회 재해·재난으로 구분할 수 있다.
⑤ 태풍, 홍수, 가뭄 등과 같이 자연 현상으로 발생하는 재해·재난을 사회 재해·재난이라고 한다.

02 자연 재해·재난의 사례가 아닌 것은?

① 한파로 겨울철 기온이 갑자기 내려간다.
② 가뭄으로 오랫동안 비가 내리지 않는다.
③ 폭염으로 가축이 폐사하거나 응급 환자가 발생한다.
④ 공장에서 사고나 폭발이 일어나 화학 물질이 유출된다.
⑤ 강한 바람과 비를 동반하는 태풍과 단시간에 많은 비가 내리는 집중 호우가 발생한다.

03 그림 (가)와 (나)는 어떤 재해·재난의 예이다.

(가) 비행기 사고

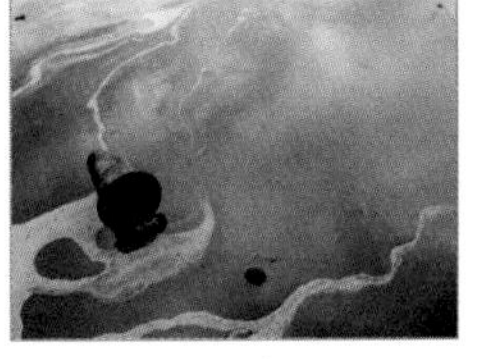
(나) 선박 기름 유출

이 재해·재난으로 옳은 것은?

① 폭발 ② 환경 오염 사고
③ 화학 물질 유출 ④ 운송 수단 사고
⑤ 감염성 질병 확산

04 자연 재해·재난의 피해에 대한 설명으로 옳지 않은 것은?

① 지진이 발생하여 건물이 무너지고 땅이 갈라진다.
② 화산 폭발로 뜨거운 용암이 흘러 나와 마을이나 농작물에 피해를 준다.
③ 화산이 폭발하면서 화산 기체가 대기 중으로 퍼져 항공기 운행이 중단된다.
④ 태풍이 해안에 접근하는 시기가 만조 시각과 겹치면 태풍의 피해가 줄어든다.
⑤ 해저에서 지진이 일어나면 지진해일이 발생하여 항구나 선박 등에 큰 피해를 주기도 한다.

05 다음은 어떤 재해·재난의 피해에 대한 설명이다.

- 지구적인 규모로 확산되어 수많은 동물과 사람에게 피해를 준다.
- 악수나 기침 등 감염자와 직접 접촉하거나 공기나 물 등을 통한 간접적인 접촉으로 전파된다.
- 중동호흡기증후군(MERS), 조류 독감 등이 대표적이다.

이 재해·재난의 발생 원인이 아닌 것은?

① 병원체의 진화 ② 인구 이동
③ 의료 기술 발달 ④ 모기나 진드기의 증가
⑤ 교통수단의 발달 및 무역 증가

06 화학 물질 유출의 피해에 대한 설명으로 옳은 것을 보기에서 모두 고른 것은?

보기
ㄱ. 인간의 활동과는 관련이 없다.
ㄴ. 피부에 직접 접촉하지만 않으면 피해가 발생하지 않는다.
ㄷ. 화학 물질이 바다, 토양, 대기 등으로 퍼지면 환경이 오염된다.

① ㄱ ② ㄷ ③ ㄱ, ㄴ
④ ㄴ, ㄷ ⑤ ㄱ, ㄴ, ㄷ

07 재해·재난의 대처 방안에 대한 설명으로 옳은 것을 보기에서 모두 고른 것은?

보기
ㄱ. 과학자의 활동과 관련이 있다.
ㄴ. 해안가에서는 바람막이숲을 만들어 태풍의 피해를 막을 수 있다.
ㄷ. 화학 물질의 유출로 대피할 때 바람의 방향은 고려하지 않아도 된다.
ㄹ. 지진에 대비하여 지질 구조가 불안정한 지역을 피해 건물을 짓는다.

① ㄱ ② ㄱ, ㄷ ③ ㄴ, ㄹ
④ ㄱ, ㄴ, ㄹ ⑤ ㄴ, ㄷ, ㄹ

08 자연 재해·재난의 대처 방안이 아닌 것은?

① 병원체의 확산 경로를 차단한다.
② 기상 위성으로 자료를 수집하여 태풍의 이동 경로를 예측한다.
③ 지진이 자주 발생하는 지역의 기록을 연구하여 예보 체계를 갖춘다.
④ 태풍에 대비하여 해안가에 제방을 쌓는다.
⑤ 화산 주변을 관측하고, 인공 위성으로 자료를 수집하여 화산 분출을 예측한다.

09 다음은 어떤 재난에 대비하기 위한 긴급 재난 문자이다.

[기상청] 10월 27일 15 : 37 경남 창녕군 남쪽 15 km 지역 규모 3.4 지진 발생/낙하물로부터 몸 보호, 진동 멈춘 후 야외 대피하며 여진 주의

이 재난에 따른 대처 방안으로 옳지 않은 것은?

① 흔들릴 때는 탁자 아래로 들어가 몸을 보호한다.
② 흔들림이 멈췄을 때는 가스와 전기를 차단한다.
③ 건물 밖으로 나갈 때는 승강기 대신 계단을 이용한다.
④ 건물 밖으로 나왔을 때는 가방 등으로 머리를 보호한다.
⑤ 건물 밖으로 나왔을 때는 운동장이나 공원 등 넓은 장소를 피해 대피한다.

10 감염성 질병 확산의 대처 방안으로 옳지 않은 것은?

① 기침을 할 경우 코와 입을 가린다.
② 음식물은 되도록 가열하지 않고 먹는다.
③ 평소 건강한 식습관으로 면역력을 키운다.
④ 외출 후 집에 돌아오면 손을 깨끗하게 씻는다.
⑤ 해당 질병에 대한 정보를 정확히 알고 대처한다.

11 그림은 북서풍이 부는 어느 지역에서 화학 물질이 유출되는 모습을 나타낸 것이다.

사고 발생 지점으로부터 A 지점에 떨어져 있는 사람이 대피해야 하는 방향으로 가장 적당한 것은?

① 북쪽 ② 서쪽
③ 남동쪽 ④ 북서쪽
⑤ 남서쪽

12 운송 수단 사고에 대한 설명으로 옳은 것을 보기에서 모두 고른 것은?

보기
ㄱ. 열차, 항공기, 선박 등에서 발생하는 사고이다.
ㄴ. 안전 관리 소홀, 안전 규정 무시 등으로 발생한다.
ㄷ. 사고가 일어나도 그 피해는 적다.
ㄹ. 운송 수단의 종류에 따른 대피 방법을 미리 알아둔다.

① ㄱ, ㄹ ② ㄴ, ㄷ ③ ㄷ, ㄹ
④ ㄱ, ㄴ, ㄹ ⑤ ㄴ, ㄷ, ㄹ

Ⅴ 동물과 에너지

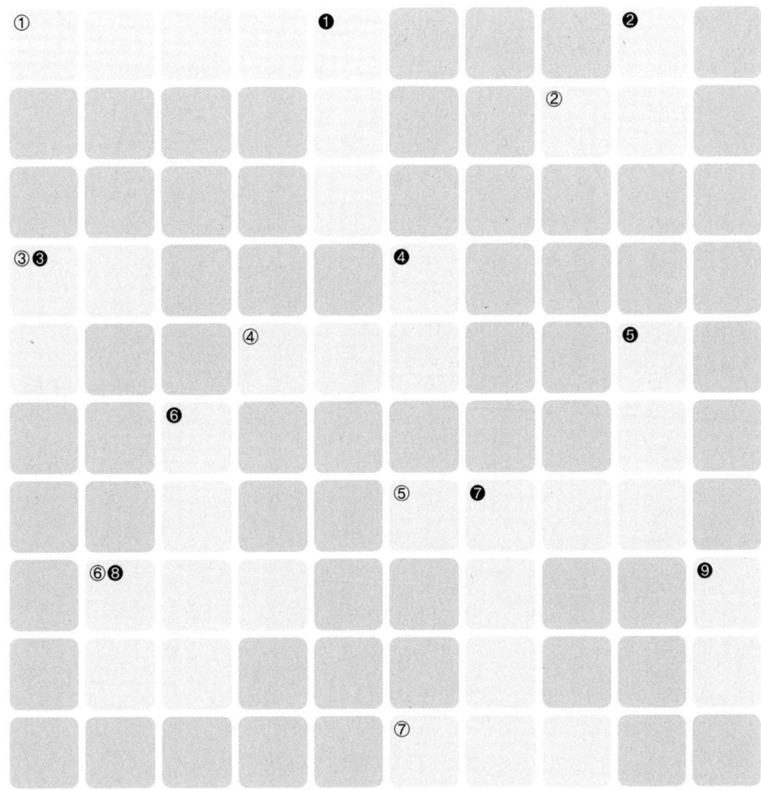

다음에서 설명하는 용어를 □ 안에 가로 또는 세로로 쓰시오.

① 에너지원으로 이용되는 영양소로, 탄수화물, 단백질, 지방이 있다.
② 심장에서 나오는 혈액이 흐르는 혈관이다.
③ 혈액을 심장으로 받아들이는 곳으로, 정맥과 연결되어 있다.
④ 콩팥에서 모세 혈관이 실뭉치처럼 뭉쳐 있는 부분이다.
⑤ 온몸에 그물처럼 퍼져 있는 가느다란 혈관이다.
⑥ 우심실에서 나간 혈액이 폐의 모세 혈관을 지나는 동안 이산화 탄소를 내보내고 산소를 받아 좌심방으로 돌아오는 순환이다.
⑦ 몸에 필요한 물질이 세뇨관에서 모세 혈관으로 이동하는 현상이다.

❶ 음식물이 직접 지나가는 곳이다.
❷ 심장으로 들어가는 혈액이 흐르는 혈관이다.
❸ 혈액을 심장에서 내보내는 곳으로, 동맥과 연결되어 있다.
❹ 기관 또는 기관계가 체계적으로 연결되어 이루어진 독립된 생물체를 말한다.
❺ 보먼주머니와 연결된 가늘고 긴 관이다.
❻ 좌심실에서 나간 혈액이 온몸의 모세 혈관을 지나는 동안 조직 세포에 산소와 영양소를 공급하고, 조직 세포에서 이산화 탄소와 노폐물을 받아 우심방으로 돌아오는 순환이다.
❼ 세포에서 영양소가 산소와 반응하여 물과 이산화 탄소로 분해되면서 에너지를 얻는 과정이다.
❽ 폐를 구성하는 작은 공기주머니이다.
❾ 크기가 작은 물질이 사구체에서 보먼주머니로 이동하는 현상이다.

Ⅵ 물질의 특성

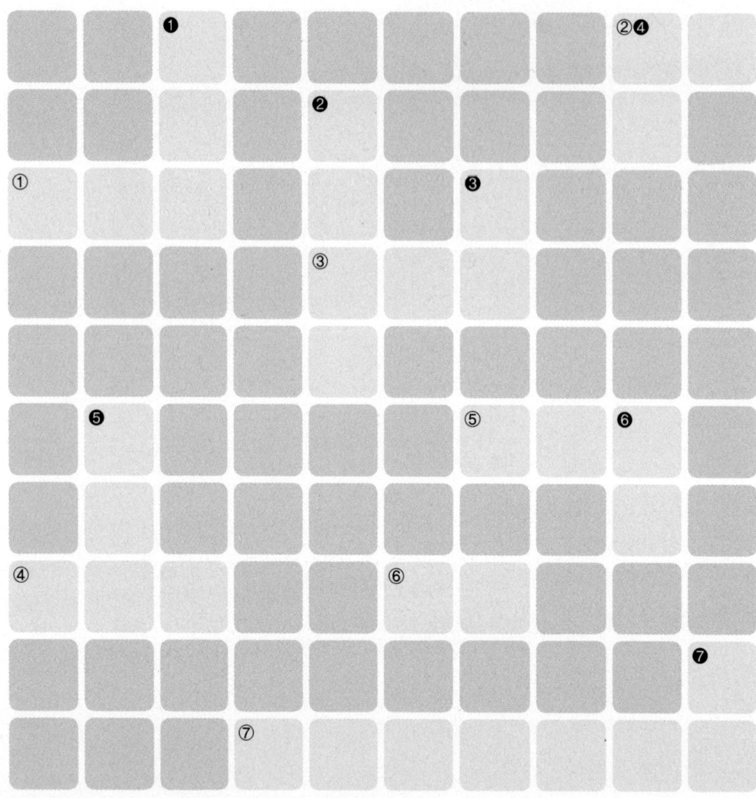

다음에서 설명하는 용어를 □ 안에 가로 또는 세로로 쓰시오.

가로

① 고체 물질이 녹는 동안 일정하게 유지되는 온도이다.

② 다른 물질에 녹는 물질을 말한다.

③ 어떤 온도에서 용매 100 g에 최대로 녹을 수 있는 용질의 g수이다.

④ 한 가지 물질로 이루어진 물질이다.

⑤ 물질의 온도에 따른 용해도 차를 이용하여 불순물이 섞여 있는 고체 물질에서 순수한 고체 물질을 분리하는 방법이다.

⑥ 액체 상태의 혼합물을 가열할 때 끓어 나오는 기체를 냉각하여 순수한 액체를 얻는 방법이다.

⑦ 혼합물을 이루는 성분 물질이 용매를 따라 이동하는 속도가 다른 것을 이용하여 혼합물을 분리하는 방법이다.

세로

❶ 액체 물질이 끓는 동안 일정하게 유지되는 온도이다.

❷ 일정량의 용매에 용질이 최대로 녹아 있는 용액을 말한다.

❸ 단위 부피당 질량으로, $\frac{질량}{부피}$이다.

❹ 다른 물질을 녹이는 물질을 말한다.

❺ 두 가지 이상의 순물질이 섞여 있는 물질이다.

❻ 물질에 섞인 불순물을 없애 그 물질을 더 순수하게 하는 것이다.

❼ 물질이 차지하고 있는 공간의 크기를 말한다.

Ⅶ 수권과 해수의 순환

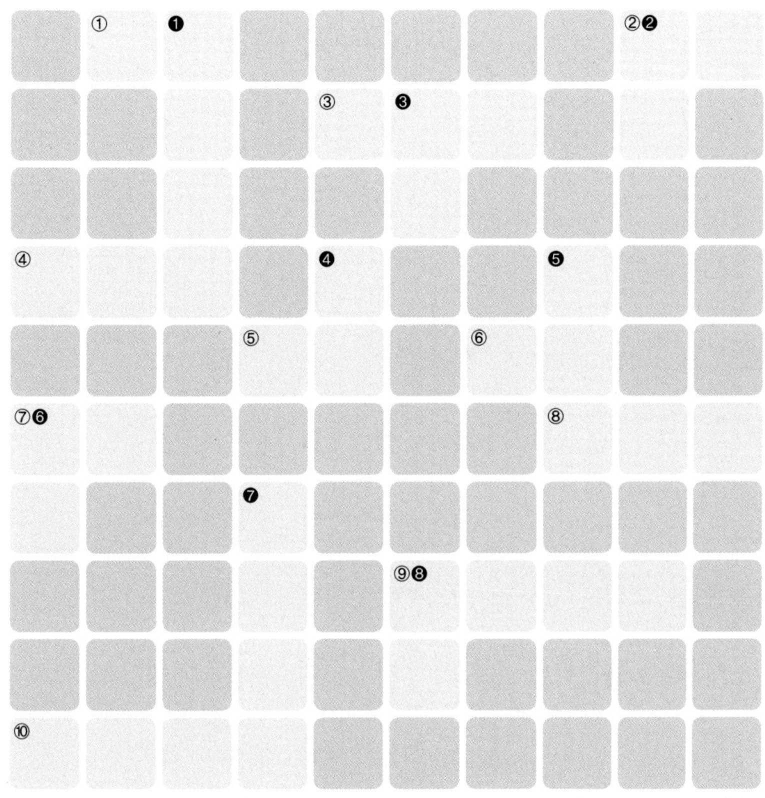

다음에서 설명하는 용어를 □ 안에 가로 또는 세로로 쓰시오.

가로

① 짠맛이 나지 않는 물로, 주로 육지에 분포하며 빙하가 가장 많은 양을 차지한다.
② 해수에 녹아 있는 여러 가지 물질이다.
③ 태양 에너지가 거의 도달하지 않아 수온이 매우 낮고 일정한 층이다.
④ 수온이 높고, 바람에 의해 해수가 혼합되어 수온이 일정한 층이다.
⑤ 썰물로 해수면의 높이가 가장 낮아졌을 때이다.
⑥ 눈이 쌓여 굳어진 고체 상태의 물로, 극지방과 고산 지대에 주로 분포한다.
⑦ 밀물과 썰물에 의해 해수면의 높이가 주기적으로 높아지고 낮아지는 현상이다.
⑧ 사람이 살아가는 데 자원으로 활용하는 물이다.
⑨ 난류와 한류가 만나는 해역으로, 우리나라에서는 동해에 형성된다.
⑩ 쿠로시오 해류의 일부가 동해안을 따라 북쪽으로 흐르는 난류이다.

세로

❶ 깊이가 깊어질수록 수온이 급격히 낮아지는 층이다.
❷ 해수 1000 g에 녹아 있는 염류의 총량을 g 수로 나타낸 것이다.
❸ 바다에 분포하고 짠맛이 나는 물로, 수권의 대부분을 차지한다.
❹ 밀물로 해수면의 높이가 가장 높아졌을 때이다.
❺ 땅속을 천천히 흐르는 물로, 주로 빗물이 지하로 스며들어 생긴다.
❻ 만조와 간조 때의 해수면 높이 차이다.
❼ 연해주 한류의 일부가 동해안을 따라 남쪽으로 흐르는 한류이다.
❽ 한 달 중 만조와 간조의 해수면 높이 차가 가장 작을 때이다.

Ⅷ 열과 우리 생활

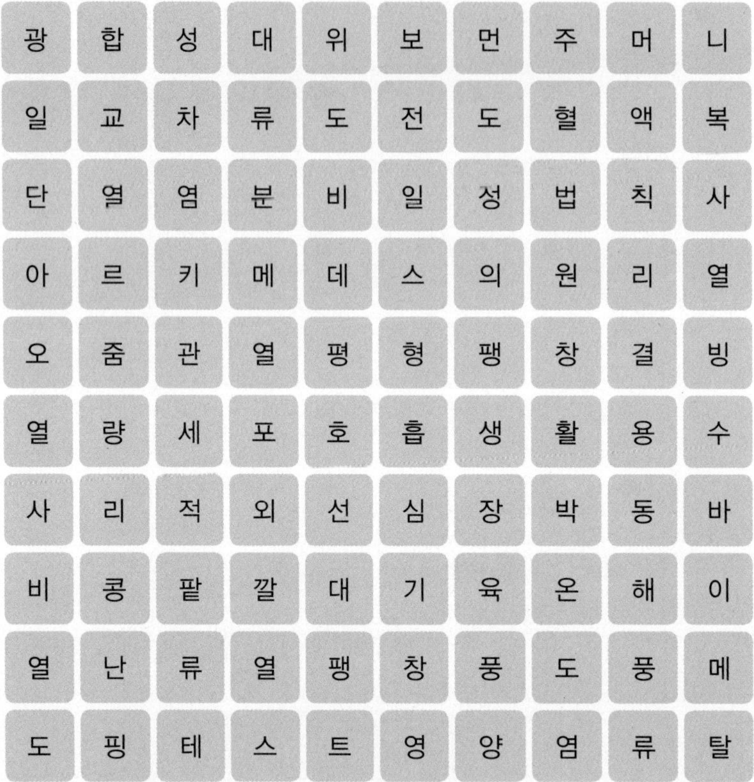

광	합	성	대	위	보	먼	주	머	니
일	교	차	류	도	전	도	혈	액	복
단	열	염	분	비	일	정	법	칙	사
아	르	키	메	데	스	의	원	리	열
오	줌	관	열	평	형	팽	창	결	빙
열	량	세	포	호	흡	생	활	용	수
사	리	적	외	선	심	장	박	동	바
비	콩	팥	깔	대	기	육	온	해	이
열	난	류	열	팽	창	풍	도	풍	메
도	핑	테	스	트	영	양	염	류	탈

다음에서 설명하는 용어를 찾아 단어 전체에 ○로 표시하시오.

❶ 입자가 직접 이동하면서 열이 전달되는 방법이다.
❷ 입자의 운동이 이웃한 입자에 전달되어 열이 이동하는 방법이다.
❸ 물체와 물체 사이에서 열이 이동하지 못하게 막는 것이다.
❹ 물질의 도움 없이 열이 직접 전달되는 방법이다.
❺ 온도가 다른 두 물체가 접촉한 후 시간이 지나 두 물체의 온도가 같아진 상태이다.
❻ 온도가 다른 물체 사이에서 이동하는 열의 양이다.
❼ 어떤 물질 1 kg의 온도를 1 ℃ 높이는 데 필요한 열량이다.
❽ 물질에 열을 가할 때 물질의 길이 또는 부피가 증가하는 현상이다.
❾ 물체의 차갑고 뜨거운 정도를 수치로 나타낸 것이다.
❿ 열팽창 정도가 다른 두 금속을 붙여 놓은 장치이다.

용어 Quiz 답

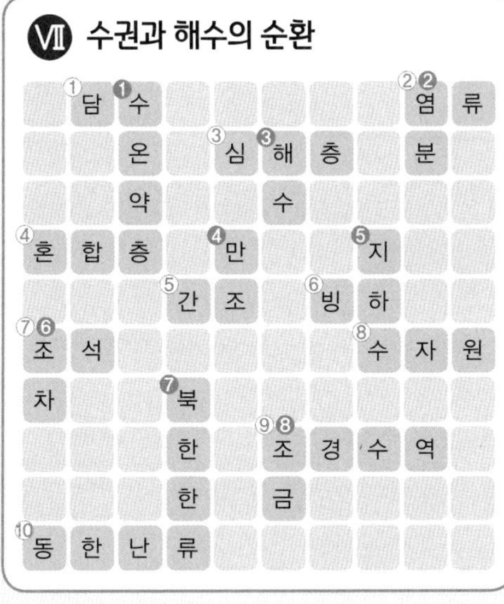

MEMO

시험 대비 교재

오투 친구들! 시험 대비 교재는 이렇게 활용하세요.

중단원별로 구성하였으니, 학교 시험에 대비해 단원별로 편리하게 사용하세요.

중단원 핵심 요약

▼

잠깐 테스트

▼

계산력 · 암기력 강화 문제

▼

중단원 기출 문제

▼

서술형 정복하기

시험 대비 **교재**

Ⅴ 동물과 에너지

Ⅵ 물질의 특성

Ⅶ 수권과 해수의 순환

Ⅷ 열과 우리 생활

Ⅸ 재해·재난과 안전

중단원 핵심 요약

1 동물 몸의 구성 단계

세포 → 조직 → 기관 → 기관계 → 개체

❶	생물의 몸을 구성하는 기본 단위 예 근육 세포, 상피 세포, 신경 세포, 혈구
조직	모양과 기능이 비슷한 세포가 모인 단계 예 근육 조직, 상피 조직, 신경 조직, 결합 조직
기관	여러 조직이 모여 고유한 모양과 기능을 갖춘 단계 예 위, 폐, 간, 심장, 콩팥, 방광
❷	관련된 기능을 하는 몇 개의 기관이 모여 유기적 기능을 수행하는 단계 예 • 소화계 : 양분을 소화하여 흡수한다. • 순환계 : 물질을 온몸으로 운반한다. • 호흡계 : 기체를 교환한다. • 배설계 : 노폐물을 걸러 몸 밖으로 내보낸다.
개체	기관계가 체계적으로 연결되어 이루어진 독립된 생물체

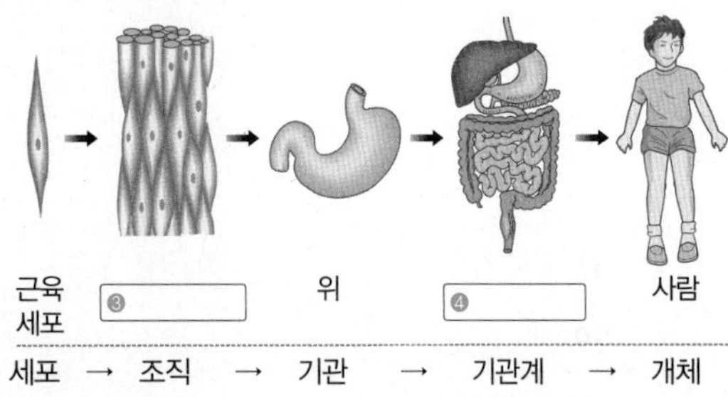

2 영양소

(1) 탄수화물, 단백질, 지방 : 에너지원으로 이용된다.

❺	• 주로 에너지원(4 kcal/g)으로 이용된다. • 남은 것은 지방으로 바뀌어 저장된다. • 종류 : 녹말, 엿당, 설탕, 포도당 등
❻	• 주로 몸을 구성하며, 에너지원(4 kcal/g)으로도 이용된다. • 몸의 기능을 조절한다.
지방	• 몸을 구성하거나 에너지원(9 kcal/g)으로 이용된다.

(2) 무기염류, 바이타민, 물 : 에너지원으로 이용되지 않는다.

무기염류	• 뼈, 이, 혈액 등을 구성한다. • 몸의 기능을 조절한다. • 종류 : 나트륨, 철, 칼슘, 칼륨, 마그네슘 등
바이타민	• 몸의 구성 성분이 아니다. • 적은 양으로 몸의 기능을 조절한다.
물	• 몸의 구성 성분 중 가장 많다. • 여러 가지 물질을 운반한다. • 체온 조절에 도움을 준다.

(3) 영양소 검출

영양소	검출 용액	색깔 변화
녹말	아이오딘 – 아이오딘화 칼륨 용액	청람색
포도당	베네딕트 용액+가열	황적색
❼	5 % 수산화 나트륨 수용액 +1 % 황산 구리(Ⅱ) 수용액	보라색
지방	수단 Ⅲ 용액	선홍색

3 소화

(1) ❽ : 음식물 속의 크기가 큰 영양소를 크기가 작은 영양소로 분해하는 과정

(2) 소화계 : 입, 식도, 위, 소장, 대장, 항문으로 연결된 소화관과 간, 쓸개, 이자 등으로 이루어져 있다.

① 소화관 : 음식물이 직접 지나가는 곳

② 소화 효소 : 크기가 큰 영양소를 크기가 작은 영양소로 분해하는 물질 ➡ 각각의 소화 효소는 한 종류의 영양소만 분해하며, 체온 범위에서 가장 활발하게 작용한다.

(3) 소화 과정 : 소화 과정의 결과 녹말은 ❾ 으로, 단백질은 ❿ 으로, 지방은 지방산과 모노글리세리드로 최종 분해된다.

입	침 속의 아밀레이스가 녹말을 엿당으로 분해한다.
위	위액 속의 ⓫ 이 염산의 도움을 받아 단백질을 분해한다.
소장	탄수화물, 단백질, 지방이 최종 분해된다. • ⓬ : 간에서 생성되어 쓸개에 저장되었다가 소장으로 분비되며, 지방의 소화를 돕는다. • 이자액 : 아밀레이스(녹말 분해), 트립신(단백질 분해), 라이페이스(지방 분해)가 들어 있다. • 소장의 소화 효소 : 탄수화물 소화 효소와 단백질 소화 효소가 있다.

(4) 영양소의 흡수와 이동

① 소장 안쪽 벽의 구조 : 주름이 많고, 주름 표면에는 융털이 많이 있어 영양소와 닿는 ⓭ 이 매우 넓다. ➡ 영양소를 효율적으로 흡수할 수 있다.

② 영양소의 흡수 : 수용성 영양소는 소장 융털의 ⓮ 으로 흡수되고, 지용성 영양소는 소장 융털의 ⓯ 으로 흡수된다.

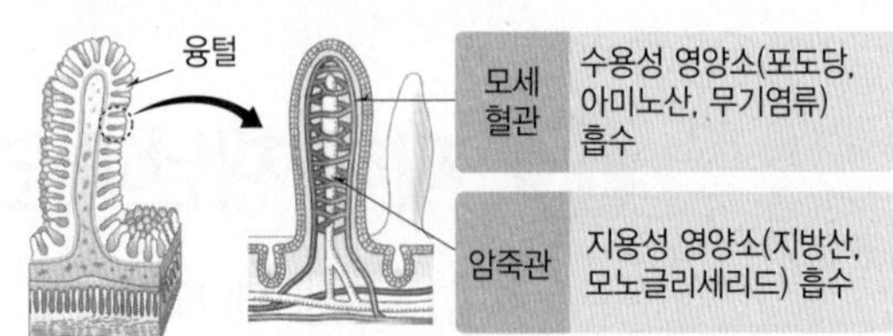

● 정답과 해설 52쪽

MEMO

1 동물의 몸은 세포 → 조직 → ①(　　　) → ②(　　　) → 개체의 단계로 이루어져 있다.

2 동물의 몸에만 있는 단계는 ①(　　　)로, 위와 소장 등으로 이루어진 ②(　　　), 심장과 혈관 등으로 이루어진 순환계, 폐와 기관 등으로 이루어진 호흡계, 콩팥과 방광 등으로 이루어진 ③(　　　) 등이 있다.

3 각 설명에 해당하는 영양소를 쓰시오.

(1) 주로 에너지원으로 이용되며, 녹말, 엿당, 설탕, 포도당 등이 있다.
(2) 몸의 구성 성분 중 가장 많고, 체온 조절에 도움을 준다.
(3) 뼈, 이, 혈액 등을 구성하며, 나트륨, 칼륨, 철 등이 있다.

4 다음은 영양소 검출 반응을 식으로 나타낸 것이다. (　　　) 안에 알맞은 말을 쓰시오.

(1) (　　　) + 아이오딘 – 아이오딘화 칼륨 용액 ⟶ 청람색
(2) 포도당 + 베네딕트 용액 $\xrightarrow{\text{가열}}$ (　　　)
(3) 단백질 + 5 % (　　　) 수용액 + 1 % 황산 구리(Ⅱ) 수용액 ⟶ 보라색
(4) 지방 + (　　　) 용액 ⟶ 선홍색

5 입에서는 침 속의 소화 효소인 ①(　　　)에 의해 ②(　　　)이 ③(　　　)으로 분해된다.

[6~7] 오른쪽 그림은 사람의 소화계 중 일부를 나타낸 것이다.

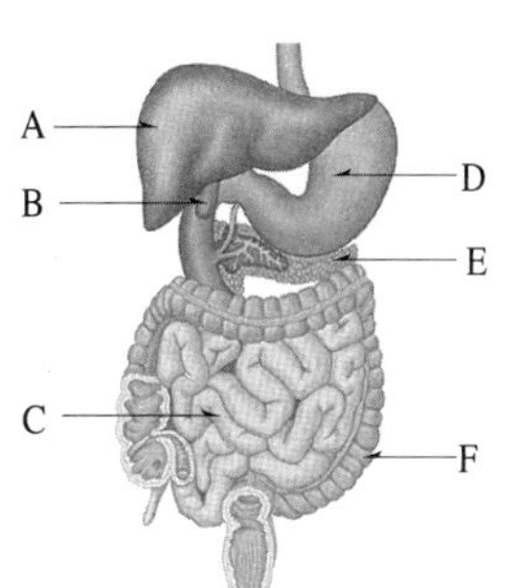

6 E에서 분비하는 소화액에 포함된 (가) 단백질 소화 효소와 (나) 지방 소화 효소의 이름을 쓰시오.

7 쓸개즙을 (가) 생성하는 곳과 (나) 저장하는 곳의 기호를 쓰시오.

8 소장에서 녹말은 ①(　　　), 단백질은 ②(　　　), 지방은 지방산과 ③(　　　)로 최종 분해되어 흡수된다.

9 소장 안쪽 벽은 주름과 ①(　　　) 때문에 영양소와 닿는 ②(　　　)이 매우 넓어 영양소를 효율적으로 흡수할 수 있다.

10 포도당과 아미노산은 소장 융털의 ①(　　　)으로 흡수되고, 지방산과 모노글리세리드는 소장 융털의 ②(　　　)으로 흡수된다.

계산력·암기력 강화 문제

● 정답과 해설 52쪽

❶ 소화계의 구조와 기능 암기하기 진도 교재 15쪽

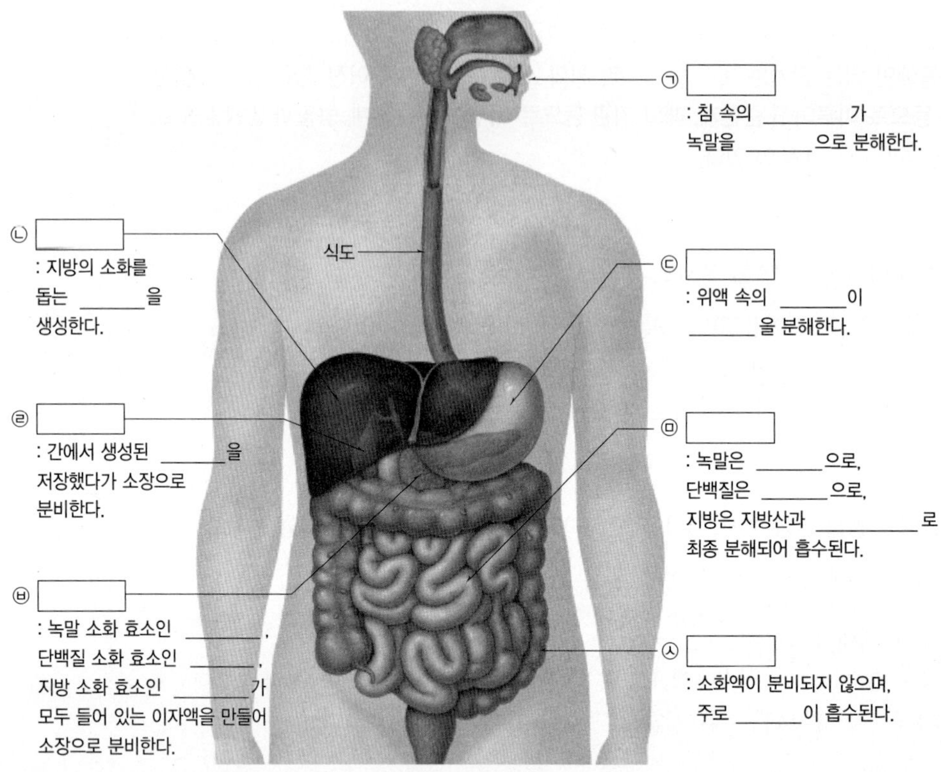
㉠
: 침 속의 ______가
녹말을 ______으로 분해한다.
㉡
: 지방의 소화를
돕는 ______을
생성한다.
식도
㉢
: 위액 속의 ______이
______을 분해한다.
㉣
: 간에서 생성된 ______을
저장했다가 소장으로
분비한다.
㉤
: 녹말은 ______으로,
단백질은 ______으로,
지방은 지방산과 ______로
최종 분해되어 흡수된다.
㉥
: 녹말 소화 효소인 ______,
단백질 소화 효소인 ______,
지방 소화 효소인 ______가
모두 들어 있는 이자액을 만들어
소장으로 분비한다.
㉦
: 소화액이 분비되지 않으며,
주로 ______이 흡수된다.

❷ 영양소의 흡수와 이동 암기하기 진도 교재 15쪽

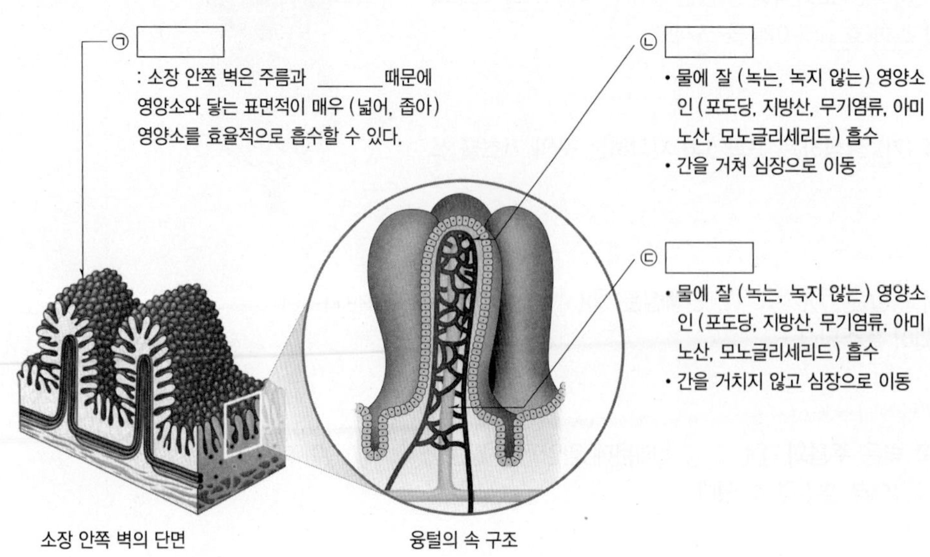
㉠
: 소장 안쪽 벽은 주름과 ______때문에
영양소와 닿는 표면적이 매우 (넓어, 좁아)
영양소를 효율적으로 흡수할 수 있다.
㉡
• 물에 잘 (녹는, 녹지 않는) 영양소
인 (포도당, 지방산, 무기염류, 아미
노산, 모노글리세리드) 흡수
• 간을 거쳐 심장으로 이동
㉢
• 물에 잘 (녹는, 녹지 않는) 영양소
인 (포도당, 지방산, 무기염류, 아미
노산, 모노글리세리드) 흡수
• 간을 거치지 않고 심장으로 이동
소장 안쪽 벽의 단면　　융털의 속 구조

● 정답과 해설 52쪽

01 다음은 동물(사람) 몸의 구성 단계를 순서 없이 나타낸 것이다.

(가) 사람	(나) 위	(다) 소화계
(라) 근육 세포	(마) 근육 조직	

구성 단계를 범위가 작은 것부터 순서대로 옳게 나열한 것은?

① (가) → (나) → (다) → (라) → (마)
② (다) → (나) → (라) → (마) → (가)
③ (라) → (마) → (가) → (나) → (다)
④ (라) → (마) → (나) → (다) → (가)
⑤ (마) → (라) → (나) → (다) → (가)

02 탄수화물에 대한 설명으로 옳은 것을 보기에서 모두 고른 것은?

보기
ㄱ. 주로 에너지원으로 이용된다.
ㄴ. 포도당, 엿당, 녹말 등이 있다.
ㄷ. 1 g당 약 9 kcal의 에너지를 낸다.
ㄹ. 밥, 빵, 국수, 고구마 등에 많이 들어 있다.

① ㄱ, ㄴ ② ㄴ, ㄷ ③ ㄷ, ㄹ
④ ㄱ, ㄴ, ㄹ ⑤ ㄴ, ㄷ, ㄹ

03 단백질에 대한 설명으로 옳은 것을 보기에서 모두 고른 것은?

보기
ㄱ. 주로 몸을 구성한다.
ㄴ. 몸의 기능을 조절한다.
ㄷ. 에너지원으로 이용되지 않는다.
ㄹ. 살코기, 생선, 달걀, 두부 등에 많이 들어 있다.

① ㄱ, ㄴ ② ㄴ, ㄷ ③ ㄷ, ㄹ
④ ㄱ, ㄴ, ㄹ ⑤ ㄴ, ㄷ, ㄹ

04 다음에서 설명하는 영양소의 종류를 쓰시오.

- 몸을 구성하거나 에너지원으로 이용된다.
- 최종 소화 산물은 지방산과 모노글리세리드이다.
- 사용하고 남은 탄수화물이 이 영양소로 바뀌어 저장된다.

05 영양소에 대한 설명으로 옳지 않은 것은?

① 물은 체온 조절에 도움을 준다.
② 물은 몸의 구성 성분 중 가장 많다.
③ 바이타민은 몸의 구성 성분이다.
④ 바이타민은 적은 양으로 몸의 기능을 조절한다.
⑤ 무기염류는 버섯, 다시마, 멸치 등에 많이 들어 있다.

06 표는 어떤 음식물 1인분에 포함된 영양소의 함량을 나타낸 것이다.

영양소	함량	영양소	함량
단백질	10 g	지방	16 g
탄수화물	78 g	나트륨	780 mg

이 음식물 1인분을 먹었을 때 얻을 수 있는 총 에너지양은?

① 496 kcal ② 502 kcal ③ 527 kcal
④ 546 kcal ⑤ 624 kcal

07 무기염류에 대한 설명으로 옳은 것을 보기에서 모두 고른 것은?

보기
ㄱ. 몸의 기능을 조절한다.
ㄴ. 철, 칼슘, 나트륨 등이 있다.
ㄷ. 뼈, 이, 혈액 등을 구성한다.

① ㄱ ② ㄱ, ㄴ ③ ㄱ, ㄷ
④ ㄴ, ㄷ ⑤ ㄱ, ㄴ, ㄷ

08 어떤 음식물에 들어 있는 영양소의 종류를 알아보기 위해 그림과 같이 검출 용액을 넣고 시험관 A만 가열한 후 색깔 변화를 관찰하였다.

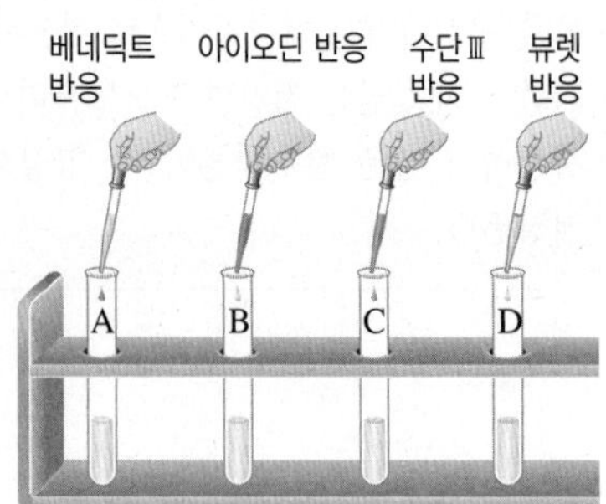

이 음식물에 포도당과 단백질이 들어 있을 경우 반응이 일어나는 시험관의 기호와 색깔 변화를 옳게 짝 지은 것은?

① A – 황적색, C – 보라색
② A – 황적색, D – 보라색
③ A – 청람색, D – 선홍색
④ B – 황적색, C – 선홍색
⑤ B – 청람색, D – 보라색

09 버터, 참기름, 땅콩 등에 특히 많이 들어 있는 영양소의 종류와 이 영양소에 수단 Ⅲ 용액을 떨어뜨렸을 때 나타나는 색깔 변화를 옳게 짝 지은 것은?

① 녹말 – 청람색
② 지방 – 황적색
③ 지방 – 선홍색
④ 포도당 – 황적색
⑤ 단백질 – 보라색

10 우리 몸의 소화계에서 음식물이 이동하는 경로를 순서대로 옳게 나열한 것은?

① 입 → 소장 → 위 → 식도 → 대장 → 항문
② 입 → 식도 → 위 → 소장 → 대장 → 항문
③ 입 → 식도 → 간 → 소장 → 대장 → 항문
④ 입 → 식도 → 간 → 위 → 소장 → 대장 → 항문
⑤ 입 → 식도 → 위 → 이자 → 소장 → 대장 → 항문

이 문제에서 나올 수 있는 보기는 多

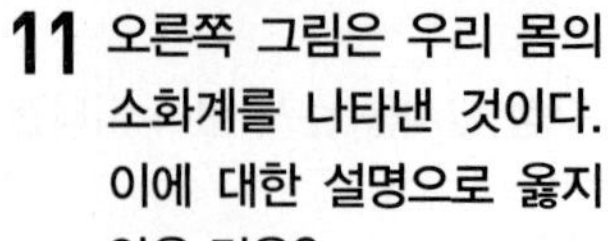

11 오른쪽 그림은 우리 몸의 소화계를 나타낸 것이다. 이에 대한 설명으로 옳지 않은 것은?

A B C D E F

① A와 E에서 아밀레이스가 작용한다.
② B와 D에는 음식물이 지나가지 않는다.
③ C와 E에서 펩신이 작용한다.
④ 라이페이스는 D에서 E로 분비된다.
⑤ E에서 영양소가 최종 분해되어 흡수된다.
⑥ F에서는 소화액이 분비되지 않는다.

12 같은 양의 녹말 용액이 들어 있는 시험관 A~C를 그림과 같이 장치하고 일정 시간 후 영양소 검출 반응을 하였더니 그 결과가 표와 같았다.

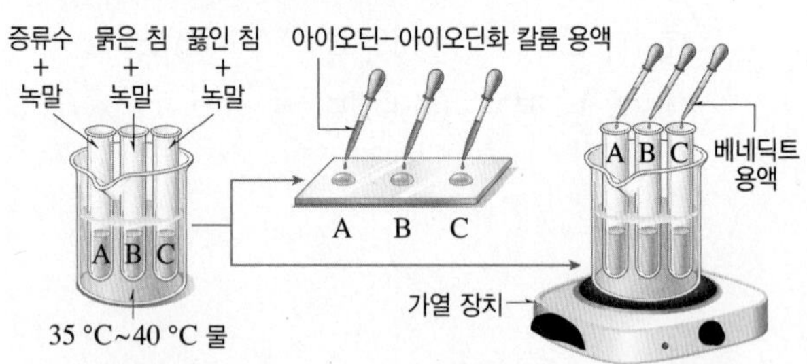

시험관	A	B	C
아이오딘 반응	(가)	(나)	청람색
베네딕트 반응	(다)	(라)	변화 없음

(가)~(라)의 색깔 변화를 옳게 짝 지은 것은?

	(가)	(나)	(다)	(라)
①	변화 없음	황적색	청람색	변화 없음
②	청람색	변화 없음	변화 없음	황적색
③	청람색	변화 없음	황적색	변화 없음
④	황적색	청람색	변화 없음	변화 없음
⑤	황적색	변화 없음	변화 없음	청람색

13 다음은 어떤 소화 기관에서 분비되는 물질의 특성을 설명한 것이다.

- 강한 산성 물질이다.
- 펩신의 작용을 돕는다.
- 음식물에 섞여 있는 세균을 제거한다.

이 물질은 무엇인가?

① 염산　② 쓸개즙　③ 트립신
④ 라이페이스　⑤ 아밀레이스

14 아밀레이스, 트립신, 라이페이스가 모두 들어 있는 소화액을 만들어 분비하는 곳은?

① 간　② 침샘　③ 위샘
④ 쓸개　⑤ 이자

15 쓸개즙에 대한 설명으로 옳은 것을 보기에서 모두 고른 것은?

보기
ㄱ. 간에서 만든다.
ㄴ. 지방 덩어리를 작은 알갱이로 만든다.
ㄷ. 지방을 분해하는 소화 효소가 들어 있다.
ㄹ. 쓸개에 저장하였다가 소장으로 분비한다.

① ㄱ, ㄴ　② ㄴ, ㄷ　③ ㄷ, ㄹ
④ ㄱ, ㄴ, ㄹ　⑤ ㄴ, ㄷ, ㄹ

16 소장에서 작용하는 소화 효소와 이에 의해 분해되는 영양소 및 각각의 소화 산물을 옳게 짝 지은 것은?

	소화 효소	영양소	소화 산물
①	펩신	단백질	아미노산
②	트립신	단백질	모노글리세리드
③	아밀레이스	지방	엿당
④	라이페이스	녹말	포도당
⑤	라이페이스	지방	지방산, 모노글리세리드

이 문제에서 나올 수 있는 보기는 多

17 오른쪽 그림은 사람의 소화계 중 일부를 나타낸 것이다. 이에 대한 설명으로 옳은 것을 모두 고르면?(2개)

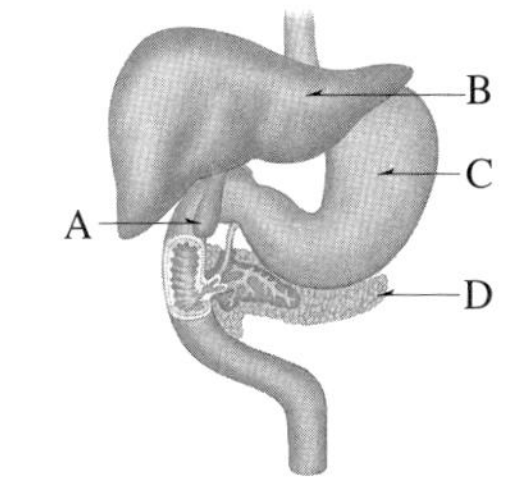

① A에 저장되는 소화액은 단백질의 소화를 돕는다.
② A와 D에서 소장으로 소화액이 분비된다.
③ B에서는 소화액을 만들지 않는다.
④ C에서 녹말이 처음으로 분해된다.
⑤ C에서 분비되는 소화액에는 펩신과 염산이 들어 있다.
⑥ D에서 지방이 처음으로 분해된다.

18 소장 안쪽 벽의 구조와 영양소의 흡수에 대한 설명으로 옳은 것을 보기에서 모두 고른 것은?

보기
ㄱ. 물은 흡수되지 않는다.
ㄴ. 소장 안쪽 벽에는 주름이 많고, 주름 표면에는 융털이 많이 있다.
ㄷ. 소장 안쪽 벽은 영양소와 닿는 표면적이 매우 넓어 영양소를 효율적으로 흡수할 수 있다.

① ㄱ　② ㄴ　③ ㄱ, ㄴ
④ ㄴ, ㄷ　⑤ ㄱ, ㄴ, ㄷ

19 오른쪽 그림은 소장 융털의 모습을 나타낸 것이다. (가)와 (나)로 흡수되는 영양소를 옳게 짝 지은 것은?

	(가)	(나)
①	포도당	아미노산
②	포도당	무기염류
③	지방산	무기염류
④	아미노산	지방산
⑤	아미노산	포도당

서술형 정복하기

1단계 단답형으로 쓰기

1 동물 몸의 구성 단계를 순서대로 나열하시오.

2 에너지원으로 이용되는 영양소 세 가지를 쓰시오.

3 5 % 수산화 나트륨 수용액과 1 % 황산 구리(Ⅱ) 수용액을 이용하여 검출할 수 있는 영양소를 쓰시오.

4 그림은 녹말의 소화 과정을 나타낸 것이다.

과정 (가)에 작용하는 소화 효소의 이름과 이 소화 효소가 들어 있는 소화액 두 가지를 쓰시오.

5 소화 효소에 의해 (가) 입에서 처음으로 분해되는 영양소, (나) 위에서 처음으로 분해되는 영양소, (다) 소장에서 처음으로 분해되는 영양소를 각각 쓰시오.

2단계 제시된 단어를 모두 이용하여 서술하기

[6~10] 각 문제에 제시된 단어를 모두 이용하여 답을 서술하시오.

6 조직의 뜻을 서술하시오.

모양, 기능, 세포

7 포도당과 지방을 검출하는 방법을 서술하시오.

수단 Ⅲ 용액, 베네딕트 용액, 황적색, 선홍색

8 녹말, 단백질, 지방의 최종 소화 산물을 서술하시오.

아미노산, 지방산, 포도당, 모노글리세리드

9 소장 안쪽 벽의 구조가 영양소 흡수에 유리한 까닭을 서술하시오.

주름, 융털, 표면적

10 위에서 일어나는 소화 작용을 서술하시오.

펩신, 염산, 단백질

3단계 실전 문제 풀어 보기

11 그림은 동물 몸의 구성 단계를 순서 없이 나타낸 것이다.

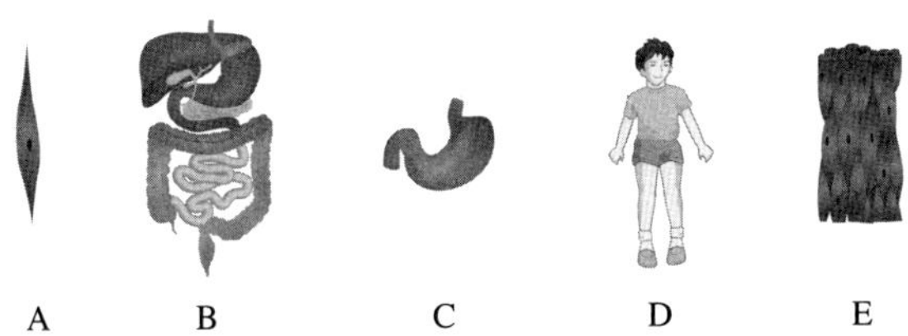

(1) A~E를 작은 구성 단계부터 순서대로 나열하시오.

(2) 제시된 그림 외에 B 단계에 해당하는 예를 세 가지 서술하시오.

답안작성 TIP

12 오른쪽 그림은 사람의 소화계 중 일부를 나타낸 것이다.

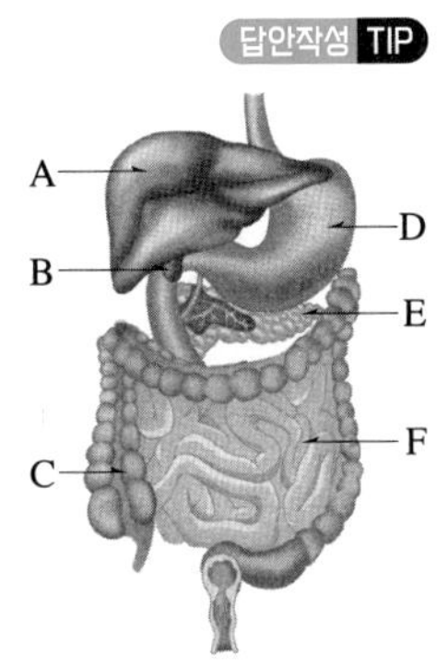

(1) 녹말, 단백질, 지방의 소화 효소가 모두 들어 있는 소화액의 이름과 이 소화액을 만들어 소장으로 분비하는 곳의 기호를 쓰시오.

(2) (1)의 소화액에 들어 있는 세 가지 소화 효소의 이름과 각 소화 효소가 분해하는 영양소의 종류를 서술하시오.

(3) 소화 효소는 들어 있지 않지만 지방의 소화를 돕는 소화액의 이름을 쓰고, 이 소화액의 생성·저장·분비 장소를 기호를 이용하여 서술하시오.

답안작성 TIP

13 표는 어떤 음식물에 들어 있는 영양소의 종류를 알아보기 위해 실시한 영양소 검출 반응의 결과를 나타낸 것이다.

검출 반응	아이오딘 반응	베네딕트 반응	뷰렛 반응	수단 Ⅲ 반응
색깔 변화	변화 없음	변화 없음	보라색	선홍색

(1) 이 음식물에 들어 있는 것으로 확인된 영양소의 종류를 모두 쓰시오.

(2) 이 음식물을 먹었을 때 입, 위, 소장 중 소화 효소에 의한 영양소의 분해가 일어나지 않는 소화 기관을 쓰시오.

(3) (2)의 소화 기관에서 일어나는 소화 작용을 다음 내용을 모두 포함하여 서술하시오.

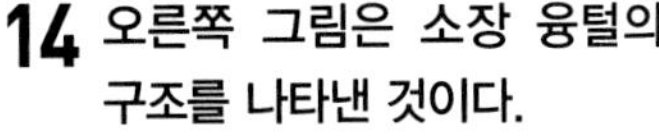

• 소화액 • 소화 효소
• 분해되는 영양소 • 소화 산물

답안작성 TIP

14 오른쪽 그림은 소장 융털의 구조를 나타낸 것이다.

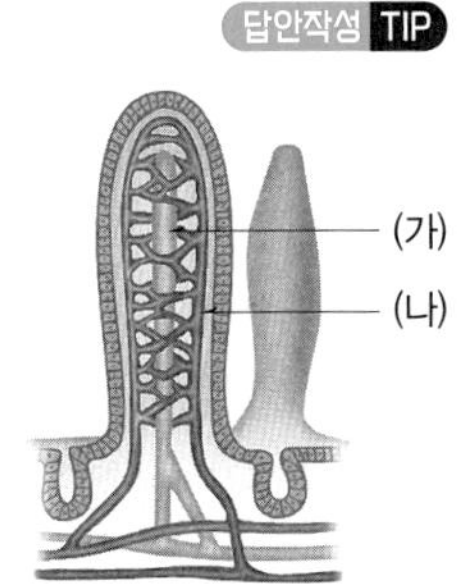

(1) (가)와 (나)의 이름을 쓰시오.

(2) (가)로 흡수되는 영양소와 (나)로 흡수되는 영양소를 각각 두 가지씩 쓰시오.

(3) (가)와 (나)로 흡수되는 영양소의 차이점을 물에 녹는 성질과 관련지어 서술하시오.

답안작성 TIP

12. (3) 만들어지는 곳과 저장되는 곳이 다른 소화액을 떠올린다. **13.** (2) 각 소화 기관에서 분해되는 영양소와 영양소 검출 반응 결과 음식물에 들어 있는 영양소를 대응시킨다. **14.** (3) 물에 잘 녹는 영양소와 물에 잘 녹지 않는 영양소가 각각 흡수되는 곳을 찾는다.

중단원 핵심 요약

1 심장

(1) 기능 : 규칙적인 수축과 이완 운동인 ❶ ______을 하여 혈액을 순환시킨다. ➡ 혈액 순환의 원동력

(2) 구조 : 2개의 심방과 2개의 심실로 이루어졌으며, 심방과 심실 사이, 심실과 동맥 사이에 판막이 있다.

구조	특징	
심방	혈액을 심장으로 받아들이는 곳, 정맥과 연결	
	우심방	대정맥을 통해 온몸을 지나온 혈액을 받아들인다.
	좌심방	폐정맥을 통해 폐를 지나온 혈액을 받아들인다.
심실	혈액을 심장에서 내보내는 곳, 동맥과 연결 ➡ 심방보다 두껍고 탄력성이 강한 근육으로 이루어져 있다.	
	❷ ______	폐동맥을 통해 혈액을 폐로 내보낸다.
	❸ ______	대동맥을 통해 혈액을 온몸으로 내보낸다. ➡ 근육이 가장 두껍다.
판막	혈액이 거꾸로 흐르는 것을 막는다. ➡ 심장에서 혈액은 심방 → 심실 → 동맥 방향으로만 흐른다.	

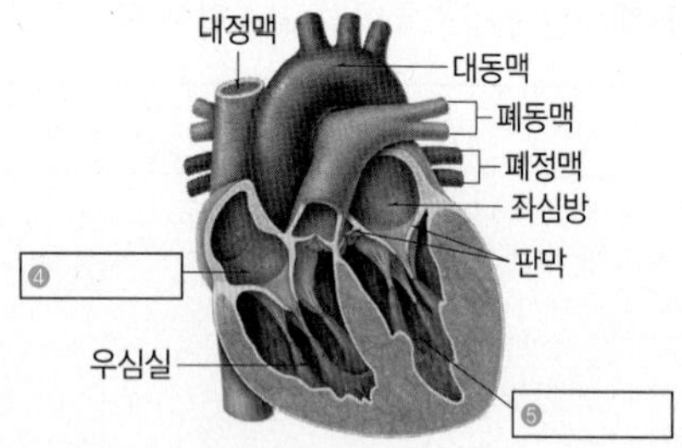

2 혈관

종류	특징
❻ ______	• 심장에서 나오는 혈액이 흐른다. • 혈관 벽이 두껍고 탄력성이 강하다. ➡ 심실에서 나온 혈액의 높은 압력(혈압)을 견딜 수 있다.
모세 혈관	• 온몸에 그물처럼 퍼져 있는 가느다란 혈관 • 혈관 벽이 매우 얇아 혈관을 지나는 혈액과 조직 세포 사이에서 물질 교환이 일어난다. 모세 혈관 ⇄ 조직 세포 (→ 산소, ❼ ______ / ← ❽ ______, 노폐물)
정맥	• 심장으로 들어가는 혈액이 흐른다. • 혈관 벽이 동맥보다 얇고 탄력성이 약하다. • 판막이 있다.

• 혈관 벽 두께 : 동맥 > 정맥 > 모세 혈관
• 혈압 : 동맥 > 모세 혈관 > 정맥
• 혈액이 흐르는 속도 : 동맥 > 정맥 > 모세 혈관
• 혈액의 흐름 : 동맥 → 모세 혈관 → 정맥

3 혈액

(1) 혈액의 구성 : 액체 성분인 혈장(약 55 %)과 세포 성분인 혈구(약 45 %)로 이루어져 있다.

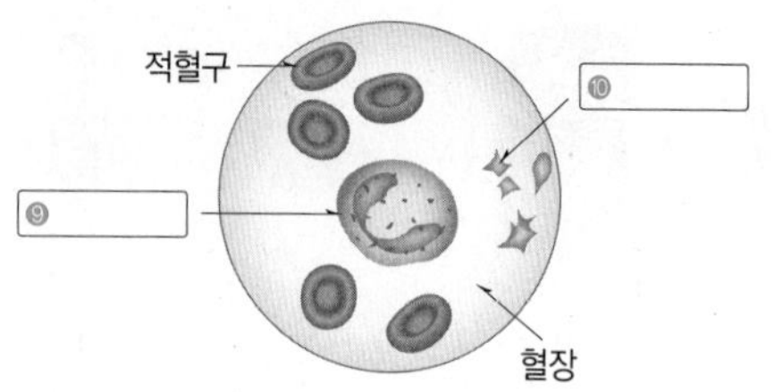

(2) 혈액의 기능

성분	특징
혈장	• 물이 주성분이다. • 영양소, 이산화 탄소, 노폐물 등을 운반한다.
적혈구	• 가운데가 오목한 원반 모양, 핵이 없다. • 헤모글로빈이 있어 붉은색을 띠고, ⓫ ______ 운반 작용을 한다.
백혈구	• 모양이 일정하지 않고, 핵이 있다. • ⓬ ______ 작용을 한다.
혈소판	• 모양이 일정하지 않고, 핵이 없다. • ⓭ ______ 작용을 한다.

4 혈액 순환

(1) ⓮ ______ : 좌심실에서 나간 혈액이 온몸의 모세 혈관을 지나는 동안 조직 세포에 산소와 영양소를 공급하고, 조직 세포에서 이산화 탄소와 노폐물을 받아 우심방으로 돌아오는 순환

⓯ ______ → 대동맥 → 온몸의 모세 혈관 → 대정맥 → 우심방

(2) ⓰ ______ : 우심실에서 나간 혈액이 폐의 모세 혈관을 지나는 동안 이산화 탄소를 내보내고 산소를 받아 좌심방으로 돌아오는 순환

우심실 → 폐동맥 → 폐의 모세 혈관 → ⓱ ______ → 좌심방

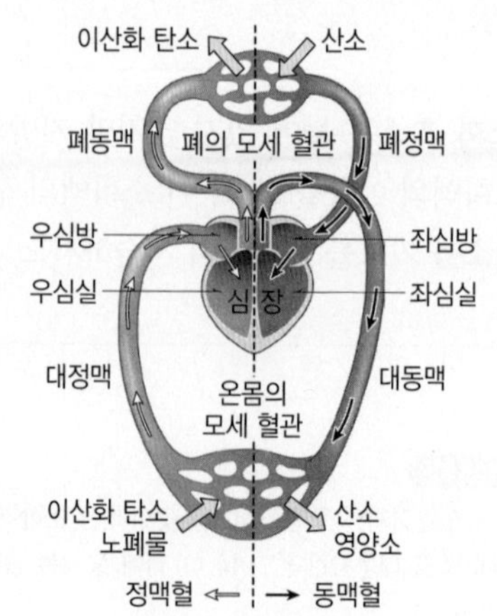

● 정답과 해설 54쪽

MEMO

[1~2] 오른쪽 그림은 심장의 구조를 나타낸 것이다.

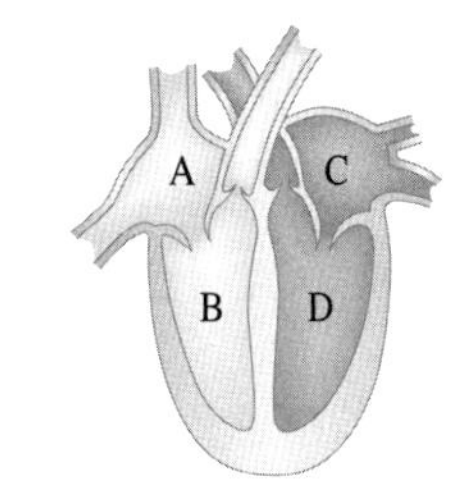

1 A~D의 이름을 쓰시오.

2 폐를 지나온 혈액을 받아들이는 곳의 기호를 쓰시오.

[3~4] 오른쪽 그림은 혈관이 연결된 모습을 나타낸 것이다.

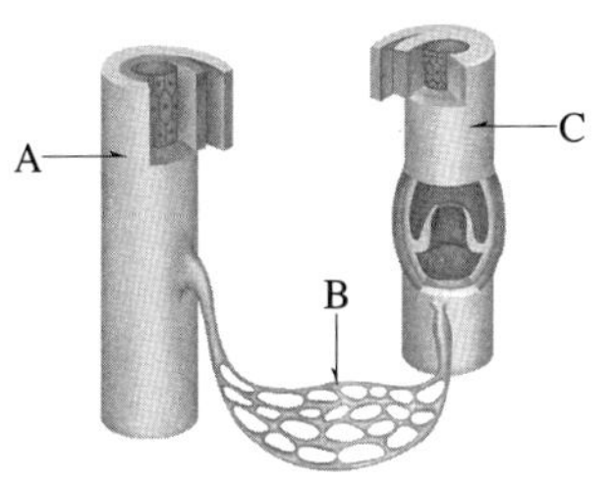

3 (　　) 안에 알맞은 혈관의 기호를 쓰시오.

> 심장에서 나온 혈액이 흐르는 방향은 ①(　　) → ②(　　) → ③(　　)이고, ④(　　)에서 혈액과 조직 세포 사이에 물질 교환이 일어난다.

4 혈관의 특징에 맞게 (　　) 안에 알맞은 기호를 쓰시오.

(1) 혈압 : ①(　　) > ②(　　) > ③(　　)
(2) 혈관 벽의 두께 : ①(　　) > ②(　　) > ③(　　)
(3) 혈액이 흐르는 속도 : ①(　　) > ②(　　) > ③(　　)

5 심장과 정맥에 있으며, 혈액이 거꾸로 흐르는 것을 막는 구조는 (　　)이다.

6 적혈구는 ①(　　) 작용, 백혈구는 ②(　　) 작용, 혈소판은 ③(　　) 작용을 한다.

7 혈구 중 수가 가장 많은 것은 ①(　　)이고, 핵이 있는 것은 ②(　　)이다.

[8~9] 오른쪽 그림은 혈액 순환 경로를 나타낸 것이다.

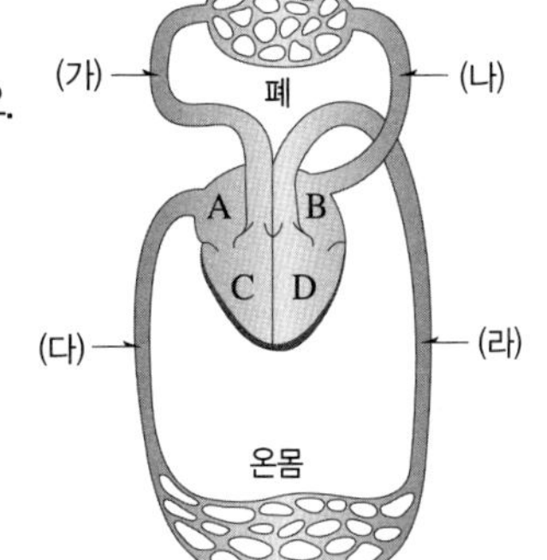

8 산소가 많은 혈액이 흐르는 곳을 모두 찾아 기호를 쓰시오.

9 온몸 순환의 경로는 ①(　　) → (라) → 온몸의 모세 혈관 → (다) → ②(　　)이다.

10 다음은 폐순환 경로를 나타낸 것이다. (　　) 안에 알맞은 혈관이나 심장 구조를 쓰시오.

> 우심실 → ①(　　) → 폐의 모세 혈관 → ②(　　) → ③(　　)

계산력·암기력 강화 문제

● 정답과 해설 54쪽

❶ 심장의 구조와 기능 암기하기 진도 교재 25쪽

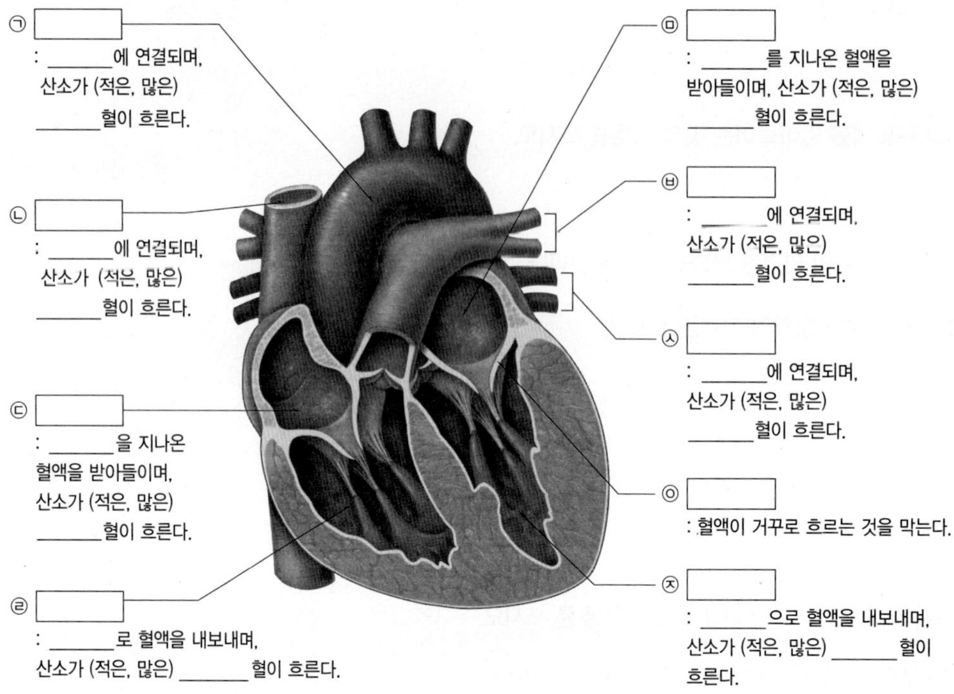

: ______에 연결되며, 산소가 (적은, 많은) ______혈이 흐른다.

: ______에 연결되며, 산소가 (적은, 많은) ______혈이 흐른다.

: ______로 혈액을 내보내며, 산소가 (적은, 많은) ______ 혈이 흐른다.

: ______에 연결되며, 산소가 (적은, 많은) ______혈이 흐른다.

: ______에 연결되며, 산소가 (적은, 많은) ______혈이 흐른다.

❷ 혈액의 구성과 기능 암기하기 진도 교재 27쪽

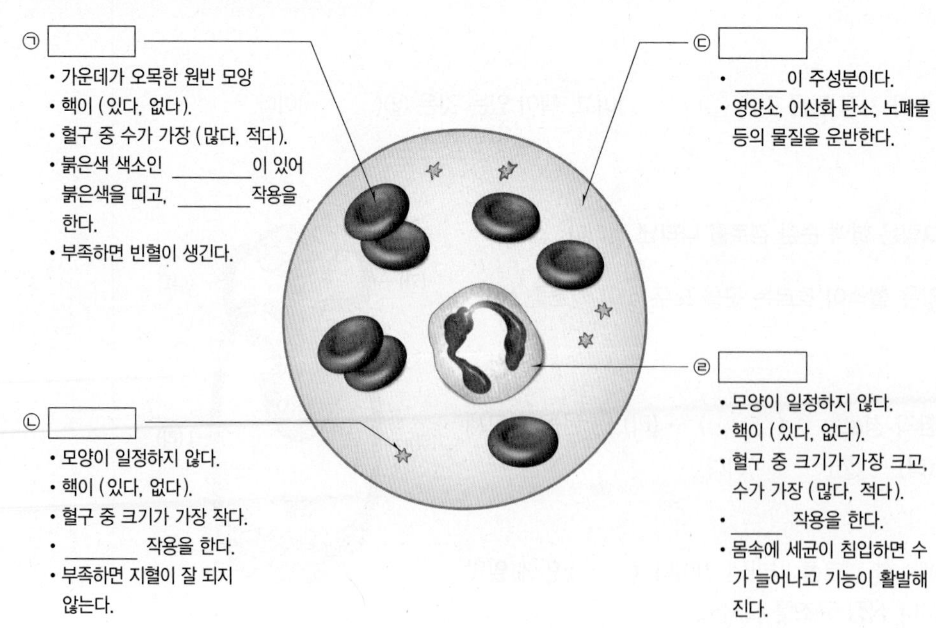

㉠
• 가운데가 오목한 원반 모양
• 핵이 (있다, 없다).
• 혈구 중 수가 가장 (많다, 적다).
• 붉은색 색소인 ______이 있어 붉은색을 띠고, ______ 작용을 한다.
• 부족하면 빈혈이 생긴다.
㉡
• 모양이 일정하지 않다.
• 핵이 (있다, 없다).
• 혈구 중 크기가 가장 작다.
• ______ 작용을 한다.
• 부족하면 지혈이 잘 되지 않는다.
㉢
• ______이 주성분이다.
• 영양소, 이산화 탄소, 노폐물 등의 물질을 운반한다.
㉣
• 모양이 일정하지 않다.
• 핵이 (있다, 없다).
• 혈구 중 크기가 가장 크고, 수가 가장 (많다, 적다).
• ______ 작용을 한다.
• 몸속에 세균이 침입하면 수가 늘어나고 기능이 활발해진다.

중단원 기출 문제

● 정답과 해설 54쪽

01 심장의 구조와 기능에 대한 설명으로 옳지 않은 것은?

① 심장 박동을 하여 혈액을 순환시킨다.
② 심실은 혈액을 심장에서 내보내는 곳이다.
③ 판막은 혈액이 거꾸로 흐르는 것을 막는다.
④ 좌심방과 좌심실에는 산소가 적은 혈액이 흐른다.
⑤ 심실은 심방보다 두껍고 탄력성이 강한 근육으로 이루어져 있다.

[02~04] 오른쪽 그림은 사람의 심장 구조를 나타낸 것이다.

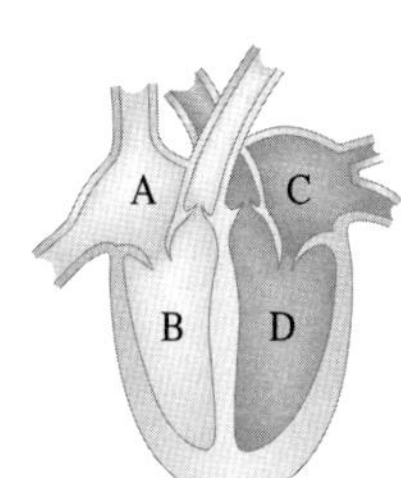

02 A~D의 이름을 옳게 짝 지은 것은?

① A – 좌심방
② B – 좌심실
③ C – 우심방
④ C – 좌심방
⑤ D – 우심실

03 A~D에 연결된 혈관을 옳게 짝 지은 것은?

① A – 폐동맥 ② B – 폐정맥
③ C – 대동맥 ④ D – 대동맥
⑤ D – 대정맥

04 이에 대한 설명으로 옳은 것을 보기에서 모두 고른 것은?

보기
ㄱ. A에서 온몸을 지나온 혈액을 받아들인다.
ㄴ. B → A, D → C 방향으로 혈액이 흐른다.
ㄷ. D에서 온몸으로 혈액을 내보낸다.

① ㄱ ② ㄴ ③ ㄱ, ㄴ
④ ㄱ, ㄷ ⑤ ㄴ, ㄷ

[05~06] 그림은 혈관이 연결된 모습을 나타낸 것이다.

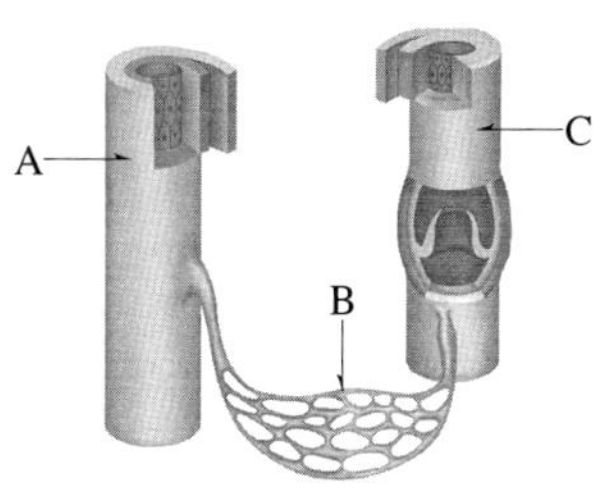

05 이에 대한 설명으로 옳은 것은?

① A에는 심장으로 들어가는 혈액이 흐른다.
② A에는 항상 산소를 많이 포함한 혈액이 흐른다.
③ B에서 조직 세포와 물질 교환이 일어난다.
④ C에서 혈압이 가장 높다.
⑤ 혈액은 C → B → A 방향으로 흐른다.

06 혈관 벽이 가장 두꺼운 혈관의 기호와 이름을 옳게 짝 지은 것은?

① A, 동맥 ② A, 정맥 ③ B, 모세 혈관
④ B, 정맥 ⑤ C, 동맥

07 혈관의 특징에 대한 설명으로 옳은 것을 보기에서 모두 고른 것은?

보기
ㄱ. 혈압은 동맥에서 가장 높고, 정맥에서 가장 낮다.
ㄴ. 혈관 벽은 동맥이 가장 두껍고, 모세 혈관이 가장 얇다.
ㄷ. 혈액이 흐르는 속도는 동맥에서 가장 빠르고, 정맥에서 가장 느리다.

① ㄱ ② ㄴ ③ ㄱ, ㄴ
④ ㄱ, ㄷ ⑤ ㄱ, ㄴ, ㄷ

이 문제에서 나올 수 있는 보기는 多

08 그림은 어떤 혈관의 구조를 나타낸 것이다.

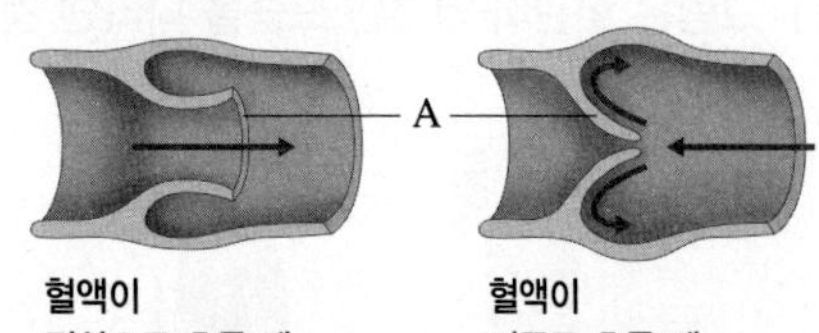

이에 대한 설명으로 옳은 것을 모두 고르면?(2개)

① A는 판막이다.
② A는 혈액이 거꾸로 흐르는 것을 막는다.
③ 이 혈관은 동맥이다.
④ 심실과 연결되어 있다.
⑤ 혈관 중 혈압이 가장 높다.
⑥ 심장에서 나오는 혈액이 흐른다.
⑦ 조직 세포와 물질 교환이 일어난다.

09 심장과 혈관에서 판막이 존재하는 곳끼리 옳게 짝 지은 것은?

① 우심방과 좌심방 사이, 정맥
② 좌심방과 좌심실 사이, 동맥
③ 좌심실과 대동맥 사이, 정맥
④ 우심방과 폐정맥 사이, 동맥
⑤ 우심실과 폐동맥 사이, 모세 혈관

10 혈액에 대한 설명으로 옳지 않은 것은?

① 혈장에서 가장 많은 성분은 물이다.
② 혈구 중 크기가 가장 큰 것은 적혈구이다.
③ 혈장은 영양소, 노폐물, 이산화 탄소 등을 운반한다.
④ 적혈구는 가운데가 오목한 원반 모양으로, 핵이 없다.
⑤ 혈액은 세포 성분인 혈구와 액체 성분인 혈장으로 이루어져 있다.

[11~12] 오른쪽 그림은 혈액의 성분을 나타낸 것이다.

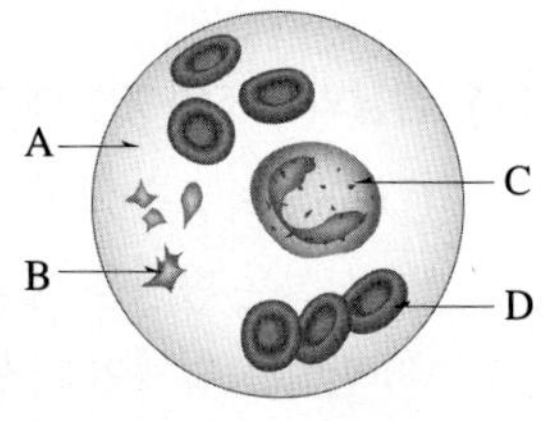

이 문제에서 나올 수 있는 보기는 多

11 이에 대한 설명으로 옳은 것을 모두 고르면?(2개)

① A는 백혈구로, 식균 작용을 한다.
② B는 혈장으로, 영양소를 운반한다.
③ C는 혈소판으로, 상처 부위에서 혈액을 응고시킨다.
④ D는 적혈구로, 산소 운반 작용을 한다.
⑤ D는 붉은색 색소인 헤모글로빈이 있어 붉은색을 띤다.
⑥ B~D 중 수가 가장 많은 것은 B이고, 가장 적은 것은 C이다.

12 다음은 혈액의 성분과 관련되어 나타난 현상이다.

> 아름이는 (가) 빈혈 때문에 어지럼증을 느끼다가 넘어져 무릎에 상처가 났는데, 시간이 지나자 상처 부위의 (나) 출혈이 멈췄다.

(가), (나)의 현상과 가장 관계 깊은 혈액 성분의 기호를 옳게 짝 지은 것은?

	(가)	(나)		(가)	(나)
①	A	C	②	B	D
③	C	B	④	C	D
⑤	D	B			

13 다음은 어떤 혈구의 특징이다.

> • 모양이 일정하지 않다.
> • 김사액으로 핵을 염색하여 관찰한다.
> • 몸에 세균이 침입하면 그 수가 늘어난다.

이 혈구의 이름을 쓰시오.

14 그림은 헤모글로빈의 성질을 나타낸 것이다.

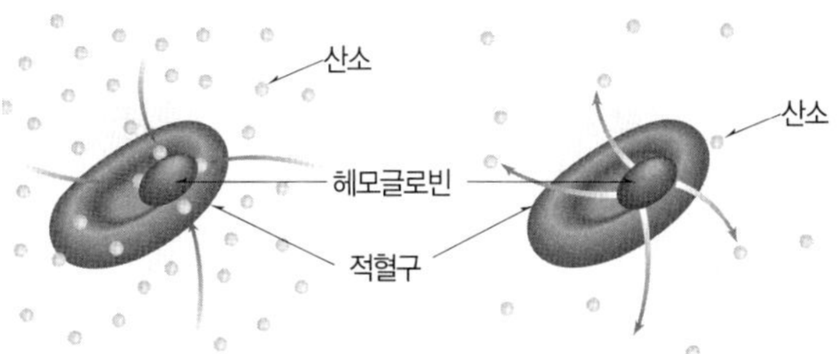

(가) 산소와 결합한다. (나) 산소와 떨어진다.

이에 대한 설명으로 옳은 것을 보기에서 모두 고른 것은?

보기
ㄱ. 폐와 같이 산소가 많은 곳에서는 (가) 현상이 일어난다.
ㄴ. 조직과 같이 산소가 적은 곳에서는 (나) 현상이 일어난다.
ㄷ. 헤모글로빈은 산소를 만드는 역할을 한다.

① ㄱ ② ㄱ, ㄴ ③ ㄱ, ㄷ
④ ㄴ, ㄷ ⑤ ㄱ, ㄴ, ㄷ

[15~17] 그림은 사람의 혈액 순환 과정을 나타낸 것이다.

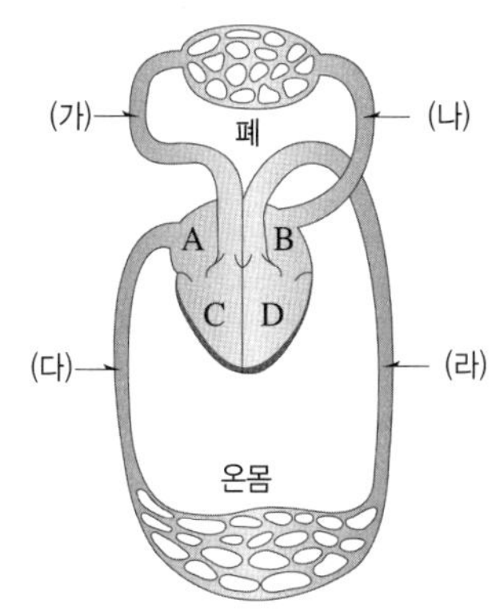

15 각 부분의 이름을 옳게 짝 지은 것은?

① (가) – 대동맥 ② (나) – 폐동맥
③ (다) – 대정맥 ④ B – 우심방
⑤ C – 좌심실

16 폐순환 경로를 옳게 나열한 것은?

① A → (다) → 온몸의 모세 혈관 → (라) → D
② B → (나) → 폐의 모세 혈관 → (가) → C
③ C → (가) → 폐의 모세 혈관 → (나) → B
④ D → (나) → 폐의 모세 혈관 → (가) → C
⑤ D → (라) → 온몸의 모세 혈관 → (다) → A

17 이에 대한 설명으로 옳은 것은?

① (가)에는 산소를 많이 포함한 혈액이 흐른다.
② (나)에는 정맥혈이 흐른다.
③ A와 B 사이에는 판막이 있다.
④ D와 (라) 사이에는 판막이 있다.
⑤ 온몸 순환이 일어나는 경로는 C → (다) → 온몸의 모세 혈관 → (라) → B이다.

18 혈액이 온몸의 모세 혈관을 지날 때 (가) 모세 혈관에서 조직 세포로 이동하는 물질과 (나) 조직 세포에서 모세 혈관으로 이동하는 물질을 옳게 짝 지은 것은?

	(가)	(나)
①	영양소, 노폐물	산소, 이산화 탄소
②	산소, 이산화 탄소	영양소, 노폐물
③	산소, 노폐물	이산화 탄소, 영양소
④	산소, 영양소	이산화 탄소, 노폐물
⑤	이산화 탄소, 노폐물	산소, 영양소

19 다음은 몸속에서 온몸 순환과 폐순환이 일어나는 경로를 나타낸 것이다.

우심실 → (A) → 폐의 모세 혈관 → 폐정맥 → 좌심방
↑ ↓
우심방 ← (B) ← 온몸의 모세 혈관 ← 대동맥 ← 좌심실

혈관 A, B의 이름과 이곳에 흐르는 혈액의 특징을 옳게 짝 지은 것은?

	A	B	특징
①	대동맥	폐동맥	산소가 적다.
②	대정맥	폐동맥	산소가 많다.
③	대정맥	폐동맥	산소가 적다.
④	폐동맥	대정맥	산소가 많다.
⑤	폐동맥	대정맥	산소가 적다.

서술형 정복하기

1단계 단답형으로 쓰기

1 심장과 정맥에서 혈액이 거꾸로 흐르는 것을 막는 구조의 이름을 쓰시오.

2 (가) 혈압이 가장 높은 혈관과 (나) 혈액이 흐르는 속도가 가장 느린 혈관을 각각 쓰시오.

3 혈액 응고 작용을 하는 혈구의 이름을 쓰시오.

[4~5] 다음은 혈액 순환 경로를 나타낸 것이다.

온몸 → (가) → 우심방 → (나) → 폐동맥 → 폐 → (라) → 좌심방 → (다) → 대동맥 → 온몸

4 (가)~(라)에 해당하는 심장 구조와 혈관의 이름을 쓰시오.

5 (가)~(라) 중 동맥혈이 흐르는 곳을 모두 쓰시오.

2단계 제시된 단어를 모두 이용하여 서술하기

[6~10] 각 문제에 제시된 단어를 모두 이용하여 답을 서술하시오.

6 심장에서 판막이 있는 위치를 서술하시오.

심실, 동맥, 심방

7 혈관 중 정맥에만 판막이 있는 까닭을 서술하시오.

혈액, 혈압

8 백혈구의 기능을 서술하시오.

세균, 식균

9 적혈구는 헤모글로빈이 있어 산소를 운반한다. 헤모글로빈의 성질을 서술하시오.

산소, 많은 곳, 적은 곳

10 온몸 순환에서 혈액의 변화를 서술하시오.

동맥혈, 정맥혈

3단계 실전 문제 풀어 보기

답안작성 TIP

11 오른쪽 그림은 사람의 심장 구조를 나타낸 것이다.

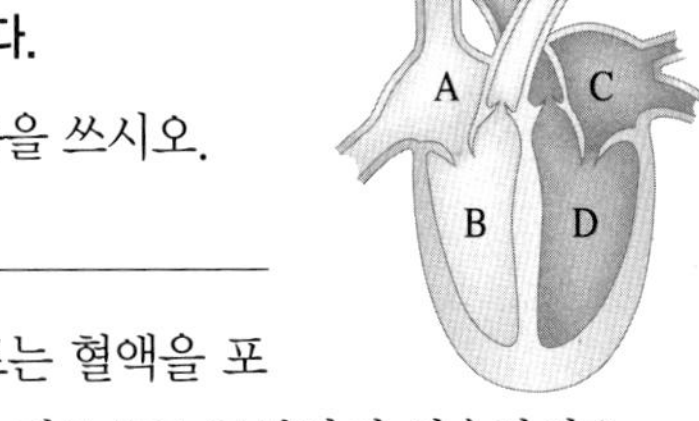

(1) A~D의 이름을 쓰시오.

(2) A~D에 흐르는 혈액을 포함하는 산소 양을 기준으로 구분하여 서술하시오.

12 오른쪽 그림은 혈액을 분리한 모습을 나타낸 것이다.

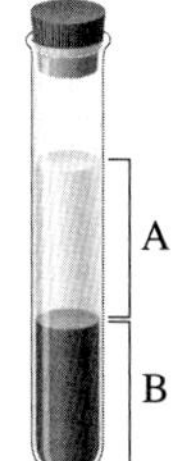

(1) A와 B는 각각 혈구와 혈장 중 무엇에 해당하는지 쓰시오.

(2) A의 기능을 한 가지만 서술하시오.

13 그림은 모세 혈관과 조직 세포 사이에서 물질 교환이 일어나는 모습을 나타낸 것이다.

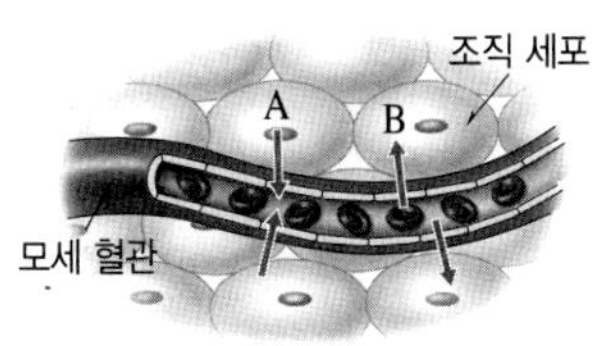

(1) 산소, 이산화 탄소, 영양소, 노폐물 중 A 방향으로 이동하는 물질을 모두 쓰시오.

(2) 모세 혈관에서 물질 교환이 일어나는 까닭을 혈관 벽의 두께와 관련지어 서술하시오.

답안작성 TIP

14 그림은 혈액의 성분을 나타낸 것이다.

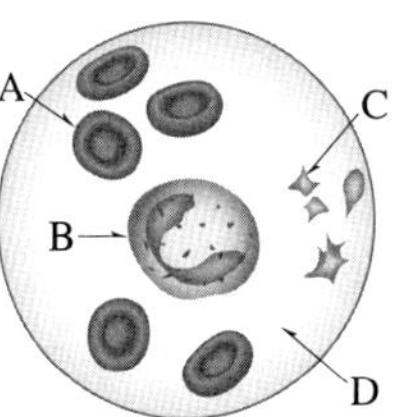

(1) A~D의 이름을 쓰시오.

(2) 현미경으로 혈액을 관찰하였을 때 가장 많이 관찰되는 혈구의 기호를 쓰시오.

(3) A~C에서 핵의 유무를 서술하시오.

답안작성 TIP

15 그림은 사람의 몸에서 일어나는 혈액 순환 경로를 나타낸 것이다.

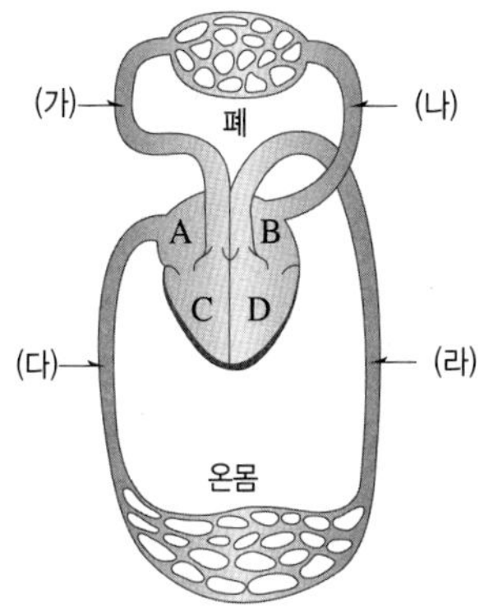

(1) 온몸 순환이 일어나는 경로를 기호와 화살표를 이용하여 나열하시오.(단, 폐와 온몸 중 지나가는 모세 혈관을 경로에 포함한다.)

(2) 폐순환에서 혈액에 포함된 산소의 양은 어떻게 변하는지 쓰고, 그 까닭을 서술하시오.

답안작성 TIP

11. (2) 온몸을 지나온 혈액이 흐르는 곳과 폐를 지나온 혈액이 흐르는 곳을 찾는다. **14.** (2) 혈구 중 수가 가장 많은 것을 찾는다. **15.** (2) 폐의 모세 혈관에서 일어나는 산소의 이동과 관련지어 서술한다.

중단원 핵심 요약

● 정답과 해설 56쪽

1 호흡계

(1) **호흡계 :** ❶ ______를 흡수하고 ❷ ______를 배출하는 기능을 담당하며, 코, 기관, 기관지, 폐 등의 호흡 기관으로 이루어져 있다.

(2) **들숨과 날숨의 성분 :** ❸ ______에는 ❹ ______보다 산소는 적게 들어 있고, 이산화 탄소는 많이 들어 있다. ➡ 공기가 몸 안으로 들어왔다 나가는 동안 몸에서 산소를 받아들이고 이산화 탄소를 내보내기 때문

(3) **호흡계의 구조 :** 숨을 들이쉬면 공기가 콧속을 지나 기관과 기관지를 거쳐 폐 속의 폐포로 들어간다.

코	• 차고 건조한 공기를 따뜻하고 축축하게 만든다. • 콧속은 가는 털과 끈끈한 액체로 덮여 있어 먼지나 세균 등을 걸러 낸다.
기관, 기관지	• 기관의 안쪽 벽에는 ❺ ______가 있어 먼지나 세균 등을 거른다. • 기관은 두 개의 기관지로 갈라져 각각 좌우 폐와 연결된다. • 기관지는 폐 속에서 더 많은 가지로 갈라져 폐포와 연결된다.
폐	• 가슴 속에 좌우 한 개씩 있다. • 갈비뼈와 가로막으로 둘러싸인 흉강에 들어 있다. ➡ 폐는 근육이 없어 스스로 수축하거나 이완할 수 없고, 갈비뼈와 가로막의 움직임에 따라 그 크기가 변한다. • 수많은 ❻ ______로 이루어져 있어 공기와 닿는 표면적이 매우 넓다. ➡ 기체 교환이 효율적으로 일어날 수 있다.

[폐포]
- 폐를 구성하는 작은 공기주머니이다.
- 표면이 모세 혈관으로 둘러싸여 있다. ➡ 폐포와 모세 혈관 사이에서 산소와 이산화 탄소가 교환된다.

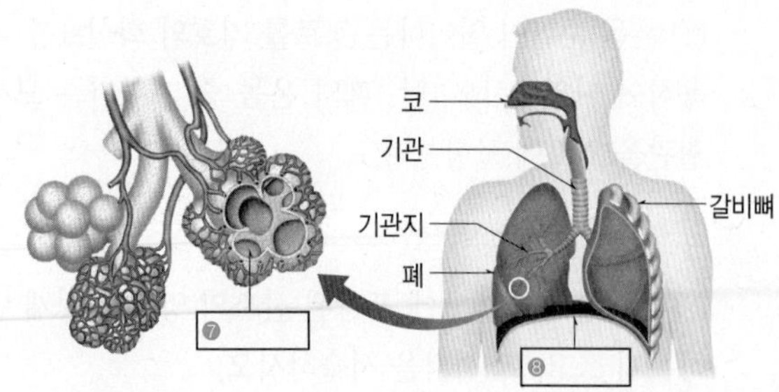

2 호흡 운동

(1) **호흡 운동의 원리 :** 폐는 ❾ ______이 없어 스스로 커지거나 작아지지 못하므로 흉강을 둘러싸고 있는 갈비뼈와 가로막의 움직임에 의해 호흡 운동이 일어난다.

(2) 호흡 운동 과정

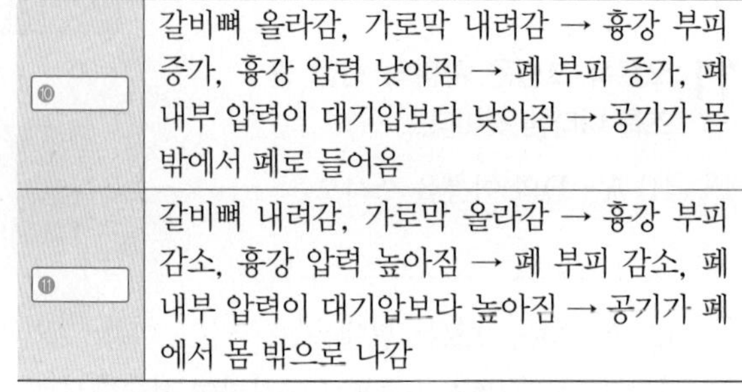

❿ ______	갈비뼈 올라감, 가로막 내려감 → 흉강 부피 증가, 흉강 압력 낮아짐 → 폐 부피 증가, 폐 내부 압력이 대기압보다 낮아짐 → 공기가 몸 밖에서 폐로 들어옴
⓫ ______	갈비뼈 내려감, 가로막 올라감 → 흉강 부피 감소, 흉강 압력 높아짐 → 폐 부피 감소, 폐 내부 압력이 대기압보다 높아짐 → 공기가 폐에서 몸 밖으로 나감

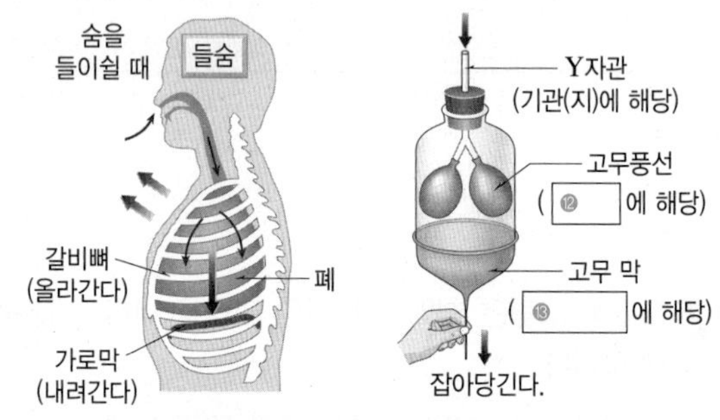

(3) 들숨과 날숨의 비교

구분	갈비뼈	가로막	흉강 부피	흉강 압력	폐 부피	폐 내부 압력
들숨	위로	아래로	증가	낮아짐	증가	⓮ ______
날숨	아래로	위로	감소	높아짐	감소	⓯ ______

3 기체 교환

(1) **기체 교환 원리 :** 기체의 농도 차이에 따른 ⓰ ______ ➡ 농도가 높은 곳에서 낮은 곳으로 기체가 확산된다.

(2) 폐와 조직 세포에서의 기체 교환

기체 교환	기체 농도	
	산소	이산화 탄소
폐포와 폐포를 둘러싼 모세 혈관 사이에서 일어나는 기체 교환	⓱ ______ > ⓲ ______	폐포< 모세 혈관
	폐포 (산소 →, ← 이산화 탄소) 모세 혈관	
온몸의 모세 혈관과 조직 세포 사이에서 일어나는 기체 교환	모세 혈관> 조직 세포	모세 혈관< 조직 세포
	모세 혈관 (산소 →, ← 이산화 탄소) 조직 세포	

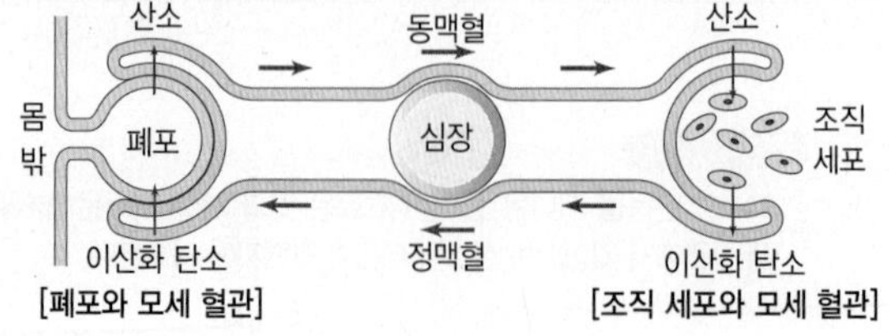

[폐포와 모세 혈관] [조직 세포와 모세 혈관]

● 정답과 해설 56쪽

MEMO

1 호흡계에서는 ①(산소, 이산화 탄소)를 받아들이고, ②(산소, 이산화 탄소)를 내보낸다.

2 날숨은 들숨에 비해 ①(산소, 이산화 탄소)는 적고, ②(산소, 이산화 탄소)는 많다.

3 다음은 숨을 들이쉬었을 때 공기가 이동하는 경로이다. (　　) 안에 알맞은 말을 쓰시오.

코 → 기관 → ①(　　　) → ②(　　　) 속의 폐포

4 폐는 수많은 ①(　　　)로 이루어져 있어 공기와 닿는 표면적이 매우 ②(넓어, 좁아) 기체 교환이 효율적으로 일어난다.

[5~6] 오른쪽 그림은 호흡 운동의 원리를 알아보기 위한 호흡 운동 모형을 나타낸 것이다.

5 모형의 각 부분에 해당하는 사람의 호흡 기관을 쓰시오.

(1) 유리병 속의 공간 : ____________

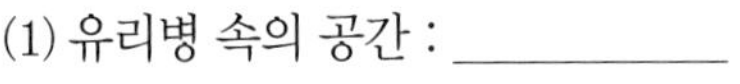

(2) 고무풍선 : ____________

(3) 고무 막 : ____________

6 고무 막을 아래로 잡아당길 때에 해당하는 우리 몸의 변화를 고르시오.

(1) 가로막 : (올라간다, 내려간다).
(2) 갈비뼈 : (올라간다, 내려간다).
(3) 흉강의 압력 : (높아진다, 낮아진다).
(4) 폐의 부피 : (커진다, 작아진다).

7 날숨이 일어날 때는 흉강의 부피가 ①(커, 작아)지고, 압력이 ②(높아, 낮아)진다.

8 들숨이 일어날 때는 폐 내부 압력이 대기압보다 ①(높아, 낮아)지고, 날숨이 일어날 때는 폐 내부 압력이 대기압보다 ②(높아, 낮아)진다.

9 폐포에서 모세 혈관으로 ①(산소, 이산화 탄소)가 이동하고, 모세 혈관에서 폐포로 ②(산소, 이산화 탄소)가 이동한다.

10 산소는 조직 세포보다 모세 혈관에 ①(많고, 적고), 이산화 탄소는 조직 세포보다 모세 혈관에 ②(많다, 적다).

중단원 기출 문제

01 호흡계에 대한 설명으로 옳지 않은 것은?

① 코와 기관에서 먼지나 세균이 걸러진다.
② 이산화 탄소를 흡수하고, 산소를 내보낸다.
③ 콧속은 가는 털과 끈끈한 액체로 덮여 있다.
④ 기관지는 폐 속에서 더 많은 가지로 갈라져 폐포와 연결된다.
⑤ 숨을 들이쉬면 공기가 콧속을 지나 기관과 기관지를 거쳐 폐 속의 폐포로 들어간다.

02 들숨과 날숨의 성분에 대한 설명으로 옳은 것을 보기에서 모두 고른 것은?

보기
ㄱ. 들숨과 날숨의 성분에는 차이가 없다.
ㄴ. 들숨에는 날숨보다 산소가 많이 들어 있다.
ㄷ. 날숨에는 들숨보다 이산화 탄소가 많이 들어 있다.

① ㄱ ② ㄷ ③ ㄱ, ㄴ
④ ㄴ, ㄷ ⑤ ㄱ, ㄴ, ㄷ

03 그림과 같이 2개의 비커에 초록색 BTB 용액을 넣은 후 (가)에는 공기 펌프로 공기를 주입하고, (나)에는 빨대로 날숨을 불어넣었다.

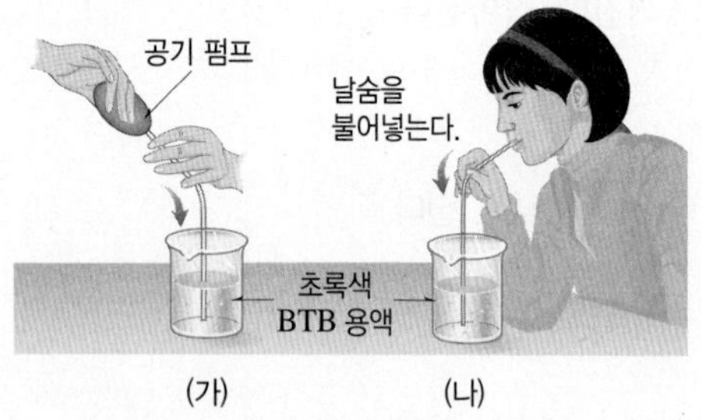

이에 대한 설명으로 옳지 않은 것은?

① (가)에는 들숨을 넣었다.
② (가)보다 (나)에서 BTB 용액의 색깔이 노란색으로 더 빨리 변한다.
③ BTB 용액의 색깔이 변하게 하는 기체는 산소이다.
④ 들숨보다 날숨에 이산화 탄소가 더 많이 들어 있음을 확인할 수 있다.
⑤ BTB 용액의 색깔을 변하게 하는 기체는 석회수를 뿌옇게 변하게 한다.

04 그림은 사람의 호흡계를 나타낸 것이다.

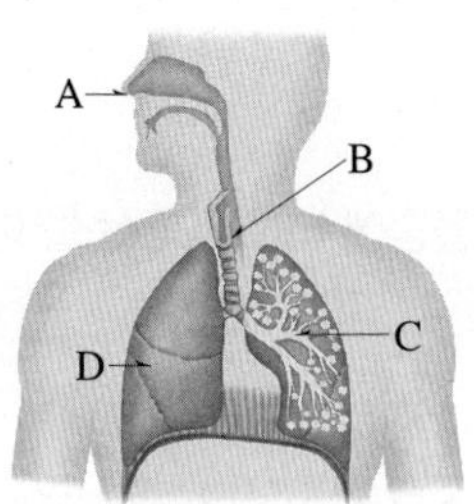

이에 대한 설명으로 옳지 않은 것은?

① B는 기관, C는 기관지이다.
② B는 두 개의 C로 갈라져 좌우 폐와 연결된다.
③ D는 근육이 있어 스스로 움직일 수 있다.
④ D 속의 폐포와 폐포를 둘러싼 모세 혈관 사이에서 기체 교환이 일어난다.
⑤ 숨을 들이쉬면 A → B → C → D 속의 폐포로 공기가 들어간다.

05 폐에 대한 설명으로 옳지 않은 것은?

① 흉강에 들어 있다.
② 폐포에서 모세 혈관으로 산소가 이동한다.
③ 폐포는 표면이 모세 혈관으로 둘러싸여 있다.
④ 갈비뼈와 가로막의 움직임에 따라 크기가 변한다.
⑤ 수많은 폐포로 이루어져 있어 표면적이 좁기 때문에 기체 교환이 효율적으로 일어난다.

이 문제에서 나올 수 있는 보기는 多

06 사람의 호흡 운동에 대한 설명으로 옳은 것을 모두 고르면?(2개)

① 숨을 내쉴 때는 흉강의 부피가 커진다.
② 숨을 들이쉴 때는 폐의 부피가 커진다.
③ 흉강의 부피가 커지면 압력이 높아진다.
④ 가로막이 올라가면 흉강의 압력이 낮아진다.
⑤ 폐 내부의 압력이 대기압보다 낮을 때 들숨이 일어난다.
⑥ 갈비뼈가 올라가고 가로막이 내려가면 날숨이 일어난다.

07 들숨과 날숨이 일어날 때 우리 몸에서 일어나는 변화를 옳게 짝 지은 것은?

	구분	들숨	날숨
①	가로막	올라감	내려감
②	갈비뼈	내려감	올라감
③	흉강 부피	커짐	작아짐
④	흉강 압력	높아짐	낮아짐
⑤	공기 이동	폐 → 몸 밖	몸 밖 → 폐

08 그림은 각각 들숨과 날숨이 일어날 때의 우리 몸의 변화를 나타낸 것이다.

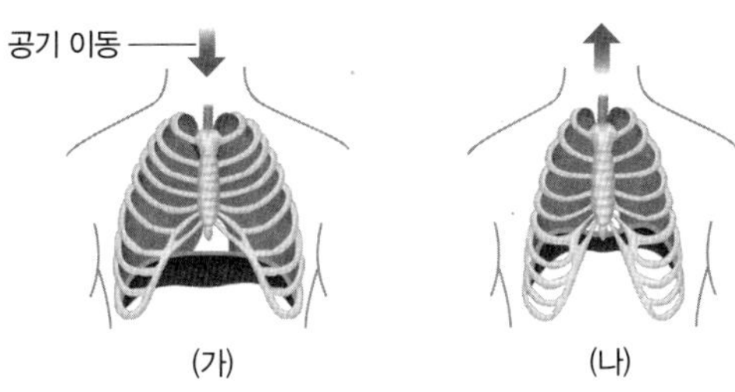

(가) (나)

(가) 상황에 해당하는 우리 몸의 변화로 옳은 것은?

① 폐의 부피가 작아진다.
② 흉강의 부피가 작아진다.
③ 가로막이 위로 올라간다.
④ 갈비뼈가 아래로 내려간다.
⑤ 폐 내부의 압력이 낮아진다.

이 문제에서 나올 수 있는 보기는 多

09 오른쪽 그림은 사람의 가슴 구조를 나타낸 것이다. 이에 대한 설명으로 옳지 않은 것은?

(가)
(나)

① (가)는 갈비뼈, (나)는 가로막이다.
② (가)가 내려갈 때 날숨이 일어난다.
③ (가)가 내려갈 때 폐의 부피가 작아진다.
④ (가)가 올라갈 때 흉강의 압력이 높아진다.
⑤ (나)가 내려갈 때 들숨이 일어난다.
⑥ (나)가 내려갈 때 흉강의 부피가 커진다.
⑦ (나)가 올라갈 때 폐 내부의 압력이 높아진다.

[10~12] 그림은 호흡 운동 모형을 나타낸 것이다.

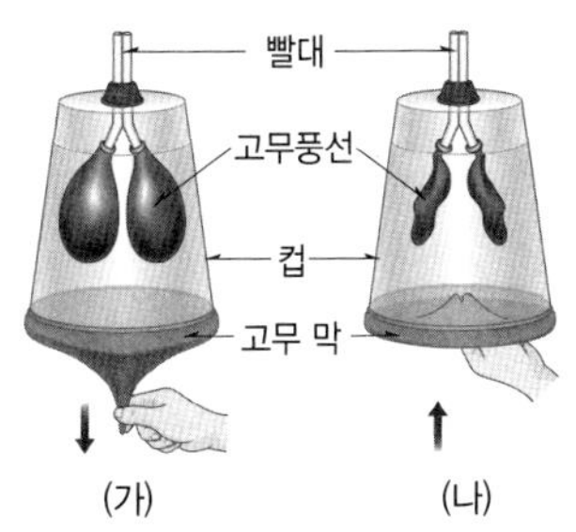

(가) (나)

10 호흡 운동 모형과 우리 몸의 구조를 옳게 짝 지은 것은?

	컵 속의 공간	고무풍선	고무 막
①	폐	흉강	가로막
②	폐	가로막	흉강
③	흉강	폐	가로막
④	흉강	가로막	폐
⑤	가로막	폐	흉강

11 (가)와 (나)에 대한 설명으로 옳은 것을 보기에서 모두 고른 것은?

보기
ㄱ. (가)는 들숨, (나)는 날숨에 해당한다.
ㄴ. (가)에서 컵 속의 부피가 작아진다.
ㄷ. (가)에서 고무풍선으로 공기가 들어온다.
ㄹ. (나)에서 고무풍선 속의 압력이 높아진다.

① ㄱ, ㄴ ② ㄴ, ㄷ ③ ㄷ, ㄹ
④ ㄱ, ㄷ, ㄹ ⑤ ㄴ, ㄷ, ㄹ

12 (나)와 같은 상황에 해당하는 우리 몸의 변화로 옳은 것은?

① 갈비뼈가 올라가고, 가로막이 내려간다.
② 흉강의 부피가 커진다.
③ 흉강의 압력이 낮아진다.
④ 폐의 부피가 커진다.
⑤ 폐 내부의 압력이 대기압보다 높아진다.

13 사람의 몸에서 기체 교환이 일어나는 것과 같은 원리에 의해 일어나는 현상은?

① 젖은 빨래가 마른다.
② 향수 냄새가 방 안 전체로 퍼진다.
③ 바닷물을 증발시켜 소금을 얻는다.
④ 드라이아이스의 크기가 점점 작아진다.
⑤ 어항 속의 물이 시간이 지나면 줄어든다.

14 폐포와 폐포를 둘러싼 모세 혈관 사이, 온몸의 모세 혈관과 조직 세포 사이에서 일어나는 기체 교환에 대한 설명으로 옳은 것을 보기에서 모두 고른 것은?

보기
ㄱ. 모세 혈관에서 폐포로 산소가 이동한다.
ㄴ. 폐포보다 모세 혈관에 이산화 탄소가 더 많다.
ㄷ. 조직 세포보다 모세 혈관에 산소가 더 많다.
ㄹ. 조직 세포와 모세 혈관 사이에서 기체 교환이 일어난 결과 혈액의 산소 농도가 낮아진다.

① ㄱ, ㄴ　② ㄴ, ㄷ　③ ㄷ, ㄹ
④ ㄱ, ㄷ, ㄹ　⑤ ㄴ, ㄷ, ㄹ

[15~16] 그림은 폐포와 폐포를 둘러싼 모세 혈관 사이에서 일어나는 기체 교환을 나타낸 것이다. A와 B는 각각 산소와 이산화 탄소 중 하나이다.

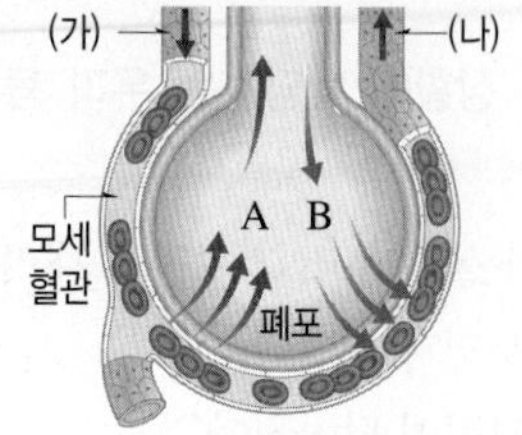

15 A와 B 중 들숨보다 날숨에 많이 들어 있는 기체를 쓰시오.

16 이에 대한 설명으로 옳지 않은 것은?

① A는 이산화 탄소, B는 산소이다.
② A는 날숨을 통해 몸 밖으로 나간다.
③ A의 농도는 폐포보다 모세 혈관에서 더 높다.
④ 적혈구는 B를 운반하는 작용을 한다.
⑤ B의 농도는 (나)보다 (가)에서 더 높다.

17 오른쪽 그림은 모세 혈관과 조직 세포 사이에서 일어나는 기체 교환을 나타낸 것이다. 이에 대한 설명으로 옳은 것은?

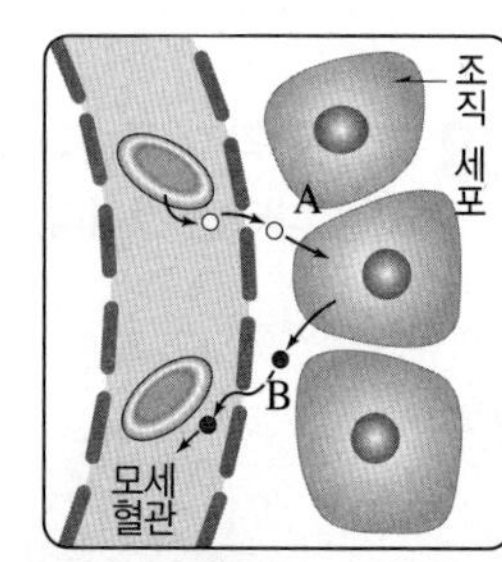

① 이산화 탄소는 A 방향으로 이동한다.
② 모세 혈관보다 조직 세포에 더 많은 기체는 A 방향으로 이동한다.
③ 산소는 B 방향으로 이동한다.
④ 조직 세포보다 모세 혈관에 더 많은 기체는 B 방향으로 이동한다.
⑤ 기체는 농도가 높은 곳에서 낮은 곳으로 확산된다.

18 그림은 사람의 몸에서 일어나는 기체 교환 과정을 나타낸 것이다. A~D는 각각 산소와 이산화 탄소 중 하나이다.

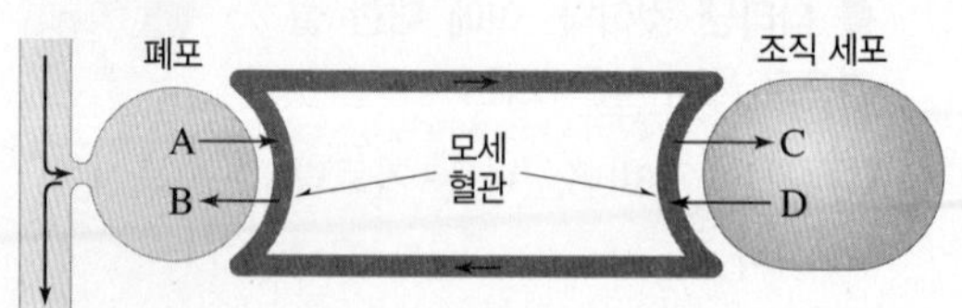

이에 대한 설명으로 옳지 않은 것은?

① A의 농도는 폐포 > 모세 혈관이다.
② A는 날숨보다 들숨에 더 많이 포함되어 있다.
③ B와 D는 같은 종류의 기체이다.
④ C는 산소이다.
⑤ D의 농도는 모세 혈관 > 조직 세포이다.

서술형 정복하기

● 정답과 해설 57쪽

1단계 단답형으로 쓰기

1 산소를 흡수하고 이산화 탄소를 배출하는 기능을 담당하는 기관계의 이름을 쓰시오.

2 다음은 숨을 들이쉴 때 공기가 이동하는 경로이다. (   ) 안에 알맞은 말을 쓰시오.

> 코 → 기관 → ㉠(   ) → 폐 속의 ㉡(   )

3 다음은 호흡 운동의 원리를 설명한 것이다. (   ) 안에 알맞은 말을 쓰시오.

> 폐는 ㉠(   )이 없어 스스로 커지거나 작아지지 못하므로 ㉡(   )와 ㉢(   )의 움직임에 의해 호흡 운동이 일어난다.

4 다음은 기체 교환의 원리를 설명한 것이다. (   ) 안에 알맞은 말을 쓰시오.

> 폐와 조직 세포에서 기체 교환은 기체의 농도 차이에 따른 ㉠(   )에 의해 일어난다. 즉, 기체의 농도가 ㉡(   ) 쪽에서 ㉢(   ) 쪽으로 기체가 이동한다.

5 폐포, 모세 혈관, 조직 세포 중 (가) 산소의 농도가 가장 높은 곳과 (나) 이산화 탄소의 농도가 가장 높은 곳을 쓰시오.

2단계 제시된 단어를 모두 이용하여 서술하기

[6~10] 각 문제에 제시된 단어를 모두 이용하여 답을 서술하시오.

6 들숨과 날숨의 성분을 비교하여 서술하시오.

> 산소, 이산화 탄소

7 폐가 수많은 폐포로 이루어져 있어 유리한 점을 서술하시오.

> 표면적, 기체 교환

8 숨을 내쉴 때 일어나는 흉강의 변화를 서술하시오.

> 부피, 압력

9 폐에서의 기체 교환을 서술하시오.

> 산소, 이산화 탄소, 폐포, 모세 혈관

10 조직 세포에서의 기체 교환을 서술하시오.

> 산소, 이산화 탄소, 모세 혈관, 조직 세포

3단계 실전 문제 풀어 보기

답안작성 TIP

11 그림은 들숨과 날숨 시 일어나는 호흡 기관의 변화를 순서 없이 나타낸 것이다.

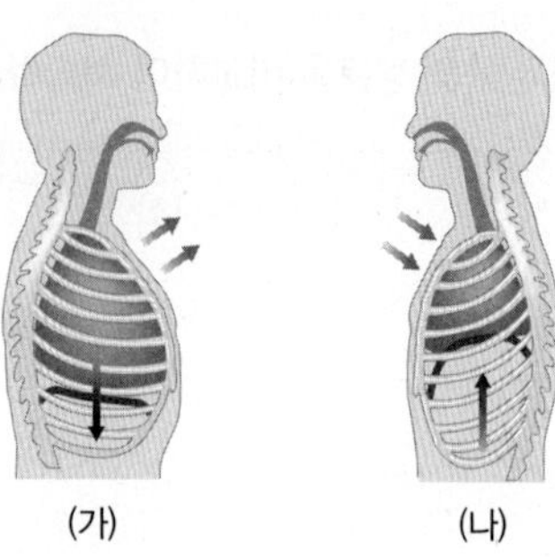

(1) (가)와 (나)가 각각 들숨과 날숨 중 무엇에 해당하는지 쓰시오.

(2) (가)에서 폐의 부피와 폐 내부의 압력 변화를 서술하시오.(단, 폐 내부의 압력 변화는 대기압과 비교하여 서술한다.)

답안작성 TIP

12 그림은 호흡 운동 모형을 나타낸 것이다.

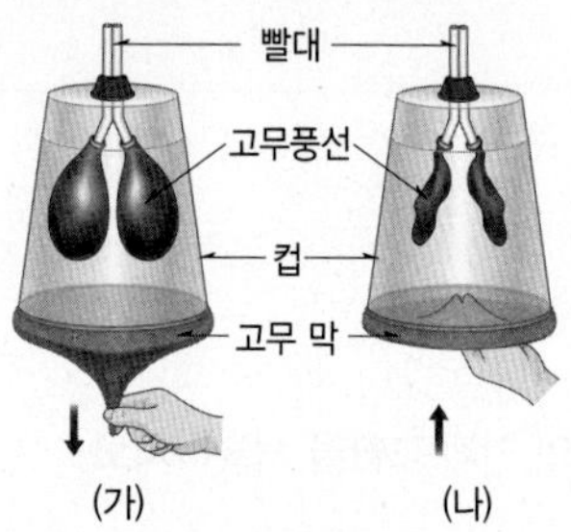

(1) (가)와 (나)는 각각 들숨과 날숨 중 무엇에 해당하는지 쓰시오.

(2) (가)와 (나)에서 컵 속의 부피와 압력 변화를 서술하시오.

답안작성 TIP

13 그림은 폐포와 폐포를 둘러싼 모세 혈관의 모습을 나타낸 것이다. A와 B는 각각 산소와 이산화 탄소 중 하나이다.

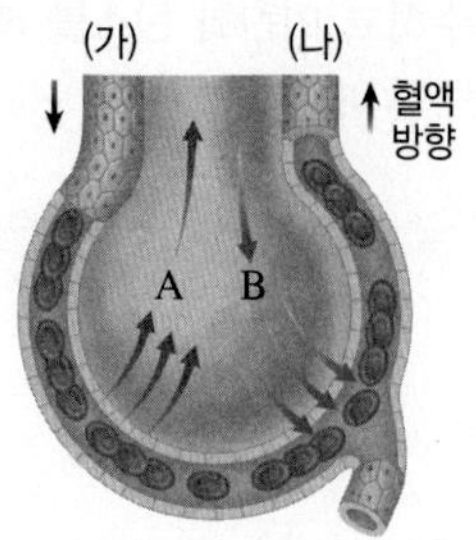

(1) A, B에 해당하는 기체를 쓰시오.

(2) 기체 A의 이동 방향을 농도와 관련지어 서술하시오.

(3) (가)와 (나) 중 혈액의 산소 양이 더 많은 곳의 기호를 쓰고, 그 까닭을 서술하시오.

14 그림은 기체 교환 과정을 나타낸 것이다. (가)와 (나)는 각각 산소와 이산화 탄소 중 하나이다.

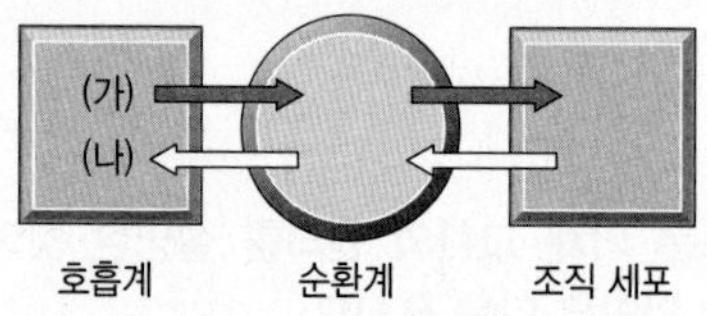

(1) (가), (나)에 해당하는 기체를 쓰시오.

(2) (가)와 (나) 중 들숨보다 날숨에 더 많이 들어 있는 기체를 쓰시오.

(3) 폐포와 모세 혈관, 조직 세포와 모세 혈관 사이에서 (가)의 농도를 비교하여 서술하시오.

답안작성 TIP

11. 기체의 부피와 압력의 관계, 압력 변화에 따른 공기의 이동을 생각한다. **12.** 고무 막을 잡아당기는 것과 밀어 올리는 것을 가로막의 움직임에 대입시킨다. **13.** (3) 혈액이 폐포의 모세 혈관을 지날 때 산소의 이동을 생각한다.

● 정답과 해설 58쪽

1 노폐물의 생성과 배설

(1) ❶ ______ : 콩팥에서 오줌을 만들어 요소와 같은 노폐물을 몸 밖으로 내보내는 과정

(2) 노폐물의 생성과 배설 : 세포에서 생명 활동에 필요한 에너지를 얻기 위해 영양소를 분해할 때 노폐물이 만들어진다.

분해 영양소	노폐물	몸 밖으로 나가는 방법
탄수화물, 지방, 단백질	❷ ______	날숨(폐)
탄수화물, 지방, 단백질	물	날숨(폐), 오줌(콩팥)
단백질	암모니아	독성이 강하므로 간에서 독성이 약한 요소로 바뀜 → 오줌(콩팥)

➡ ❸ ______이 분해될 때만 질소를 포함하는 노폐물인 암모니아가 생성된다.

2 배설계

배설계 배설계는 콩팥, 오줌관, 방광, 요도 등의 배설 기관으로 이루어져 있다.

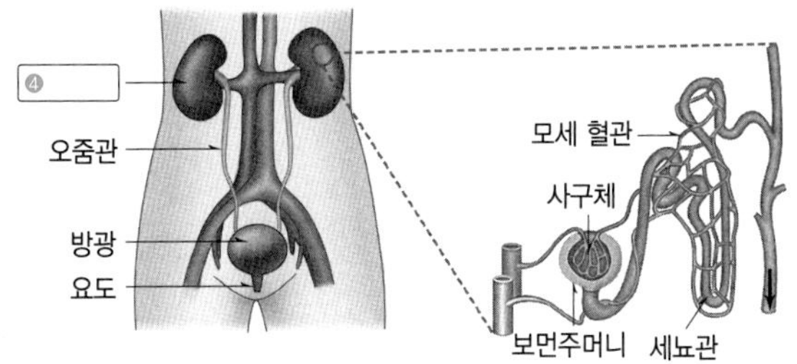

<table>
<tr><td rowspan="5">콩팥</td><td colspan="3">• 혈액 속의 노폐물을 걸러 내어 오줌을 만드는 기관
• 콩팥 겉질, 콩팥 속질, 콩팥 깔때기의 세 부분으로 구분된다.
• 콩팥 겉질과 콩팥 속질에 네프론이 있다.
• ❺ ______ : 오줌을 만드는 단위 ➡ 사구체, 보먼주머니, 세뇨관으로 이루어진다.</td></tr>
<tr><td rowspan="3">네프론</td><td>사구체</td><td>모세 혈관이 실뭉치처럼 뭉쳐 있는 부분</td></tr>
<tr><td>보먼 주머니</td><td>사구체를 둘러싼 주머니 모양의 구조</td></tr>
<tr><td>세뇨관</td><td>보먼주머니와 연결된 가늘고 긴 관</td></tr>
<tr><td colspan="3">• 콩팥 깔때기 : 네프론에서 만들어진 오줌은 콩팥 깔때기에 모인 다음, 오줌관을 통해 방광으로 이동한다.</td></tr>
<tr><td>❻ ______</td><td colspan="3">콩팥과 방광을 연결하는 긴 관</td></tr>
<tr><td>방광</td><td colspan="3">콩팥에서 만들어진 오줌을 모아 두는 곳</td></tr>
<tr><td>요도</td><td colspan="3">방광에 모인 오줌이 몸 밖으로 나가는 통로</td></tr>
</table>

3 오줌의 생성

(1) 오줌 생성 과정

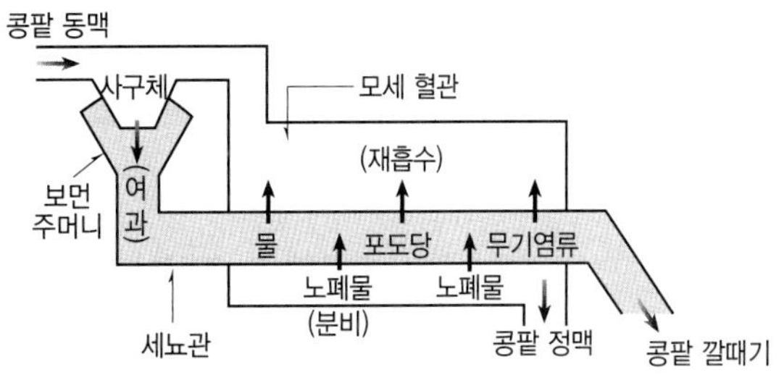

구분	이동 경로	이동 물질
여과	사구체 → ❼ ______	크기가 작은 물질 : 물, 요소, 포도당, 아미노산, 무기염류 등
❽ ______	세뇨관 → 모세 혈관	몸에 필요한 물질 : 물, 포도당, 아미노산, 무기염류 등
분비	❾ ______ → 세뇨관	여과되지 않고 혈액에 남아 있는 노폐물

① 여과액에 없는 물질 : 단백질, 혈구 ➡ 크기가 커서 여과되지 않기 때문

② 여과액에는 있지만 오줌에는 없는 물질 : 포도당, 아미노산 ➡ 여과된 후 전부 재흡수되기 때문

③ 요소의 농도 : 여과액보다 오줌에서 농도가 훨씬 높다. ➡ 대부분의 물이 재흡수되어 농축되기 때문

(2) 오줌 생성 및 배설 경로 : 콩팥 동맥 → 사구체 → 보먼주머니 → ❿ ______ → 콩팥 깔때기 → 오줌관 → 방광 → 요도 → 몸 밖

4 세포 호흡과 기관계

(1) 세포 호흡 : 세포에서 영양소가 산소와 반응하여 물과 이산화 탄소로 분해되면서 에너지를 얻는 과정

➡ 세포 호흡으로 얻은 에너지는 여러 가지 생명 활동에 이용되거나 열로 방출된다.

(2) 세포 호흡과 기관계 : 생명 활동에 필요한 에너지를 얻는 세포 호흡이 잘 일어나려면 소화계, 순환계, 호흡계, 배설계가 유기적으로 작용해야 한다.

⓬ ______	영양소를 소화하여 흡수한다.
⓭ ______	여러 가지 물질을 운반한다.
호흡계	산소를 흡수하고, 이산화 탄소를 내보낸다.
배설계	오줌을 만들어 노폐물을 내보낸다.
조직 세포	세포 호흡을 하여 에너지를 얻는다.

잠깐 테스트

● 정답과 해설 58쪽

MEMO

1 콩팥에서 오줌을 만들어 요소와 같은 노폐물을 몸 밖으로 내보내는 과정을 (　　　)이라고 한다.

2 세포에서 탄수화물, 지방, 단백질이 분해될 때 공통으로 생성되는 ①(　　　)은 폐에서 날숨으로 나가거나 콩팥에서 오줌으로 나가고, ②(　　　)는 폐에서 날숨으로 나간다.

3 세포에서 ①(　　　)이 분해될 때만 생성되는 암모니아는 ②(　　　)에서 독성이 약한 ③(　　　)로 바뀐 후 콩팥에서 오줌으로 나간다.

4 콩팥은 콩팥 겉질, 콩팥 속질, ①(　　　)의 세 부분으로 구분되며, 콩팥 겉질과 콩팥 속질에 오줌을 만드는 단위인 ②(　　　)이 있다.

[5~7] 오른쪽 그림은 콩팥의 구조 중 일부를 나타낸 것이다. (　　) 안에 알맞은 기호를 쓰시오.

5 네프론은 (　　　), (　　　), (　　　)로 이루어진다.

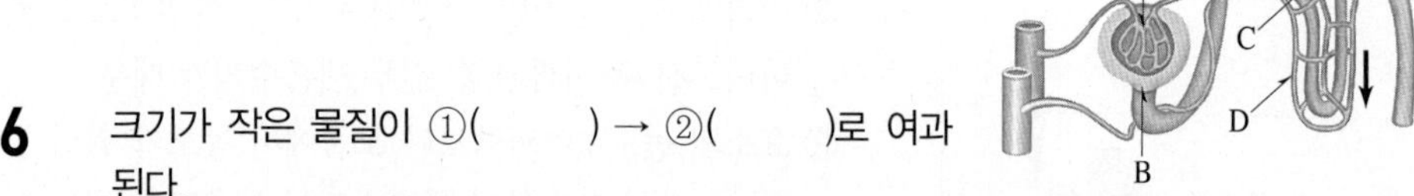

6 크기가 작은 물질이 ①(　　　) → ②(　　　)로 여과된다.

7 몸에 필요한 물질이 ①(　　　) → ②(　　　)로 재흡수된다.

8 오른쪽 그림은 오줌 생성 과정을 나타낸 것이다. 각 설명에 해당하는 물질을 보기에서 모두 고르시오.

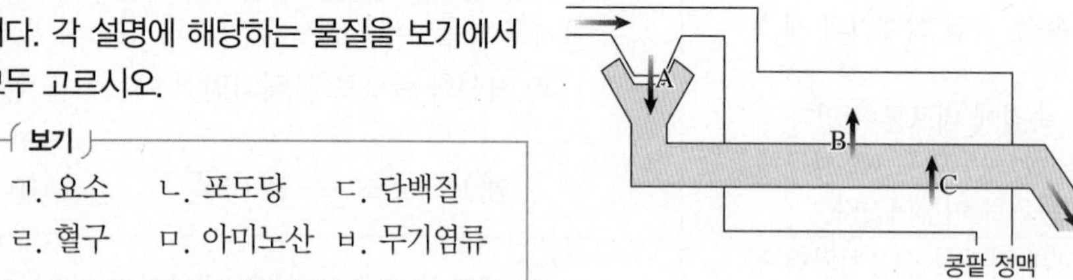

보기
ㄱ. 요소　ㄴ. 포도당　ㄷ. 단백질
ㄹ. 혈구　ㅁ. 아미노산　ㅂ. 무기염류

(1) 과정 A에서 이동하지 않는 물질 : ____________

(2) 과정 A가 일어난 후 과정 B에서 전부 이동하는 물질 : ____________

9 오줌이 만들어져 몸 밖으로 나가는 경로는 콩팥 동맥 → 사구체 → ①(　　　) → 세뇨관 → ②(　　　) → 오줌관 → 방광 → 요도 → 몸 밖이다.

10 세포 호흡은 세포에서 영양소가 ①(　　　)와 반응하여 이산화 탄소와 물로 분해되면서 ②(　　　)를 얻는 과정이다.

중단원 기출 문제

● 정답과 해설 58쪽

01 배설의 뜻을 가장 옳게 설명한 것은?

① 암모니아를 요소로 바꾸는 과정이다.
② 몸속에서 산소와 이산화 탄소를 교환하는 과정이다.
③ 소화 및 흡수되지 않은 물질을 몸 밖으로 내보내는 과정이다.
④ 영양소가 산소와 반응하여 분해되면서 에너지를 얻는 과정이다.
⑤ 콩팥에서 오줌을 만들어 요소와 같은 노폐물을 몸 밖으로 내보내는 과정이다.

02 노폐물의 생성과 배설에 대한 설명으로 옳지 않은 것은?

① 단백질이 분해될 때만 암모니아가 생성된다.
② 지방이 분해되면 물과 이산화 탄소가 생성된다.
③ 물은 오줌과 날숨을 통해 몸 밖으로 내보내진다.
④ 이산화 탄소는 날숨을 통해 몸 밖으로 내보내진다.
⑤ 암모니아는 독성이 강하므로 콩팥에서 독성이 약한 요소로 바뀐 후 몸 밖으로 내보내진다.

03 그림은 노폐물의 생성과 배설 과정을 나타낸 것이다.

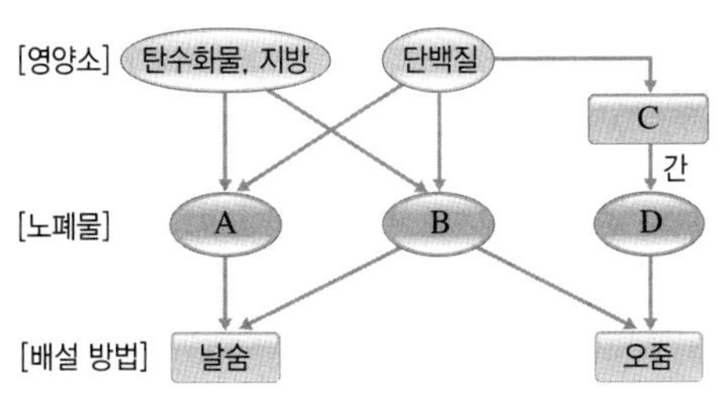

A~D에 해당하는 노폐물을 옳게 짝 지은 것은?

	A	B	C	D
①	물	산소	요소	암모니아
②	물	이산화 탄소	암모니아	요소
③	암모니아	물	이산화 탄소	요소
④	이산화 탄소	물	요소	암모니아
⑤	이산화 탄소	물	암모니아	요소

04 그림은 사람의 배설계를 나타낸 것이다.

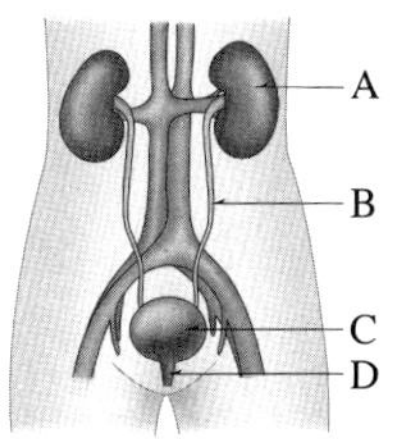

이에 대한 설명으로 옳은 것은?

① A에서 혈액 속의 노폐물을 걸러 오줌을 만든다.
② B는 세뇨관이다.
③ B에는 콩팥에서 심장으로 가는 혈액이 흐른다.
④ C는 콩팥 겉질, 콩팥 속질, 콩팥 깔때기의 세 부분으로 구분된다.
⑤ D는 오줌관이다.

[05~06] 그림은 콩팥의 구조를 나타낸 것이다.

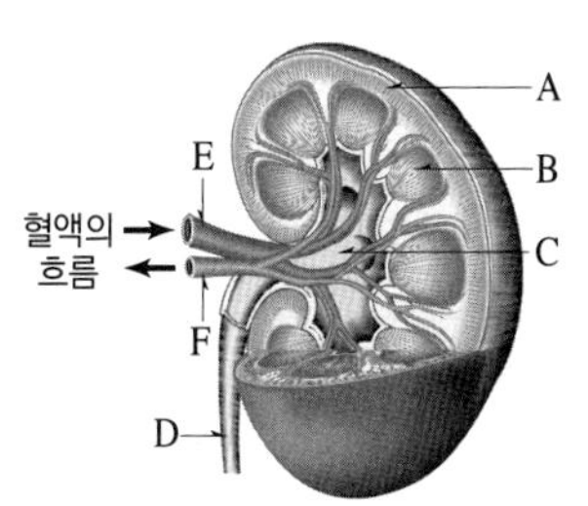

05 A~F의 이름을 쓰시오.

06 이에 대한 설명으로 옳은 것을 보기에서 모두 고른 것은?

보기
ㄱ. A와 B에 네프론이 있다.
ㄴ. 네프론에서 만들어진 오줌은 C에 모인 다음, D를 통해 방광으로 이동한다.
ㄷ. E보다 F에서 요소의 농도가 낮다.

① ㄱ ② ㄱ, ㄴ ③ ㄱ, ㄷ
④ ㄴ, ㄷ ⑤ ㄱ, ㄴ, ㄷ

07 네프론에 대한 설명으로 옳은 것을 보기에서 모두 고른 것은?

보기
ㄱ. 오줌을 만드는 단위이다. ㄴ. 콩팥 겉질과 콩팥 속질에 있다. ㄷ. 사구체, 보먼주머니, 오줌관으로 이루어진다.

① ㄱ　② ㄴ　③ ㄷ
④ ㄱ, ㄴ　⑤ ㄴ, ㄷ

[08~09] 그림은 콩팥의 일부를 나타낸 것이다.

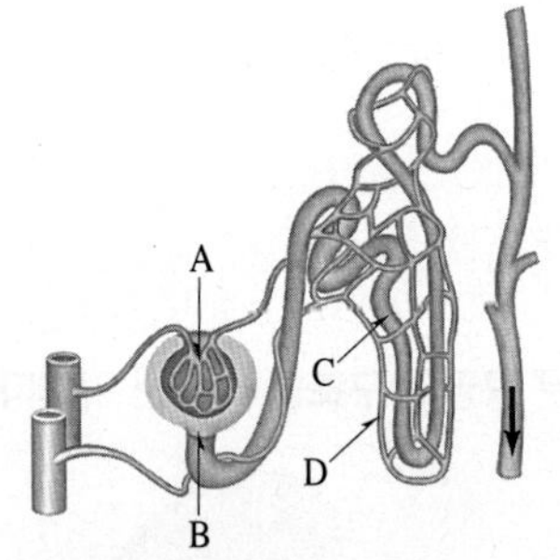

08 A~D의 이름을 옳게 짝 지은 것은?

	A	B	C	D
①	사구체	모세 혈관	세뇨관	보먼주머니
②	사구체	모세 혈관	보먼주머니	세뇨관
③	사구체	보먼주머니	세뇨관	모세 혈관
④	세뇨관	사구체	모세 혈관	보먼주머니
⑤	세뇨관	보먼주머니	사구체	모세 혈관

09 이에 대한 설명으로 옳지 않은 것을 모두 고르면?(2개)

① A → B로 여과가 일어난다.
② 네프론은 A, B, C로 이루어진다.
③ B에는 단백질이 없다.
④ 여과되지 않고 혈액에 남아 있는 노폐물이 이동하는 방향은 C → D이다.
⑤ 포도당과 아미노산은 D → C로 재흡수된다.

[10~11] 그림은 사람의 몸에서 오줌이 만들어지는 과정을 나타낸 것이다.

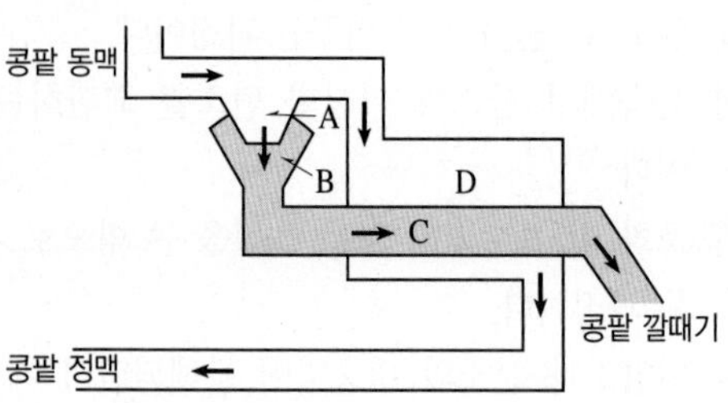

10 여과, 재흡수, 분비가 일어나는 방향을 각각 옳게 짝 지은 것은?

	여과	재흡수	분비
①	A → B	C → D	D → C
②	A → B	D → C	C → D
③	A → B	B → C	D → C
④	B → A	C → D	D → C
⑤	B → C	D → C	C → D

이 문제에서 나올 수 있는 보기는 多

11 이에 대한 설명으로 옳지 않은 것을 모두 고르면?(2개)

① A와 B에는 모두 요소가 들어 있다.
② A → B로 크기가 작은 물질이 이동한다.
③ A, B, C를 합쳐서 네프론이라고 한다.
④ C 속의 무기염류는 D로 이동하지 않는다.
⑤ D에는 혈구가 있다.
⑥ B와 콩팥 깔때기에서 요소의 농도는 같다.

12 여과되는 물질끼리 옳게 짝 지은 것은?

① 물, 단백질　② 요소, 단백질
③ 요소, 포도당　④ 포도당, 혈구
⑤ 아미노산, 혈구

13 다음은 오줌이 만들어져 몸 밖으로 나가는 경로이다.

콩팥 동맥 → ㉠(　　) → 보먼주머니 → ㉡(　　) → 콩팥 깔때기 → 오줌관 → 방광 → 요도 → 몸 밖

(　　) 안에 알맞은 구조의 이름을 쓰시오.

14 오줌에 들어 있는 성분끼리 옳게 짝 지은 것은?

① 물, 요소
② 물, 포도당
③ 요소, 단백질
④ 포도당, 무기염류
⑤ 아미노산, 무기염류

15 오줌 생성 과정에 대한 설명으로 옳은 것을 보기에서 모두 고른 것은?

보기
ㄱ. 여과된 물질은 모두 오줌으로 나간다.
ㄴ. 세뇨관과 모세 혈관 사이에서 재흡수와 분비가 일어난다.
ㄷ. 여과된 물이 대부분 재흡수되므로 여과액보다 오줌에서 요소의 농도가 크게 높아진다.

① ㄱ ② ㄷ ③ ㄱ, ㄴ
④ ㄴ, ㄷ ⑤ ㄱ, ㄴ, ㄷ

16 표는 건강한 사람의 콩팥 동맥 혈액, 여과액, 오줌에 포함된 성분을 비교하여 나타낸 것이다. (가)~(다)는 각각 요소, 포도당, 단백질 중 하나이다.

(단위 : %)

성분	콩팥 동맥 혈액	여과액	오줌
(가)	8	0	0
(나)	0.03	0.03	2
(다)	0.1	0.1	0

이에 대한 설명으로 옳지 않은 것은?

① (가)는 단백질, (나)는 요소, (다)는 포도당이다.
② (가)는 여과되지 않는 물질이다.
③ (나)는 여과되는 물질이다.
④ (다)는 여과된 후 일부만 재흡수되는 물질이다.
⑤ 정상인의 오줌에는 (다)가 없다.

17 달리기와 같이 격렬한 운동을 할 때 나타나는 변화로 옳지 않은 것은?

① 체온이 낮아진다.
② 세포 호흡이 활발해진다.
③ 근육에서 에너지를 많이 사용한다.
④ 영양소와 산소의 소비가 많아진다.
⑤ 호흡 운동과 심장 박동이 빨라진다.

18 세포 호흡에 대한 설명으로 옳지 않은 것은?

① 세포에서 영양소가 산소와 반응하여 물과 이산화 탄소로 분해되면서 에너지를 얻는 과정이다.
② 세포 호흡의 근본적인 목적은 생명 활동에 필요한 에너지를 얻는 것이다.
③ 세포 호흡에 필요한 산소의 이동에는 순환계가 관여하지 않는다.
④ 세포 호흡에 필요한 영양소는 소화계에서 흡수된 후 순환계를 통해 조직 세포로 운반된다.
⑤ 세포 호흡으로 발생한 이산화 탄소는 순환계를 통해 호흡계로 이동하여 날숨으로 나간다.

19 그림은 기관계의 유기적 작용을 나타낸 것이다.

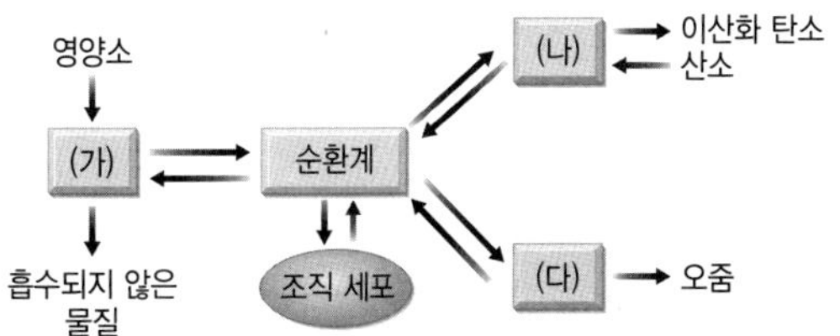

이에 대한 설명으로 옳은 것을 보기에서 모두 고른 것은?

보기
ㄱ. (가)는 소화계, (나)는 호흡계, (다)는 배설계이다.
ㄴ. (나)에서 세포 호흡에 필요한 산소를 흡수한다.
ㄷ. 대장은 (다)를 구성하는 기관이다.
ㄹ. 세포 호흡이 잘 일어나려면 소화계, 순환계, 호흡계, 배설계가 유기적으로 작용해야 한다.

① ㄱ, ㄷ ② ㄴ, ㄹ ③ ㄱ, ㄴ, ㄹ
④ ㄴ, ㄷ, ㄹ ⑤ ㄱ, ㄴ, ㄷ, ㄹ

서술형 정복하기

● 정답과 해설 59쪽

1단계 단답형으로 쓰기

1 탄수화물, 지방, 단백질이 분해될 때 공통적으로 만들어지는 노폐물 두 가지를 쓰시오.

2 콩팥과 방광을 연결하는 긴 관의 이름을 쓰시오.

3 네프론을 구성하는 세 가지 구조의 이름을 쓰시오.

2단계 제시된 단어를 모두 이용하여 서술하기

[4~5] 각 문제에 제시된 단어를 모두 이용하여 답을 서술하시오.

4 여과액에 있는 포도당이 오줌에 없는 까닭을 서술하시오.

여과, 재흡수

5 세포 호흡의 근본적인 목적을 서술하시오.

생명 활동, 에너지

3단계 실전 문제 풀어 보기

답안작성 TIP

6 이산화 탄소, 물, 암모니아가 몸 밖으로 나가는 과정을 서술하시오.

답안작성 TIP

7 그림은 오줌이 생성되는 과정을 나타낸 것이다.

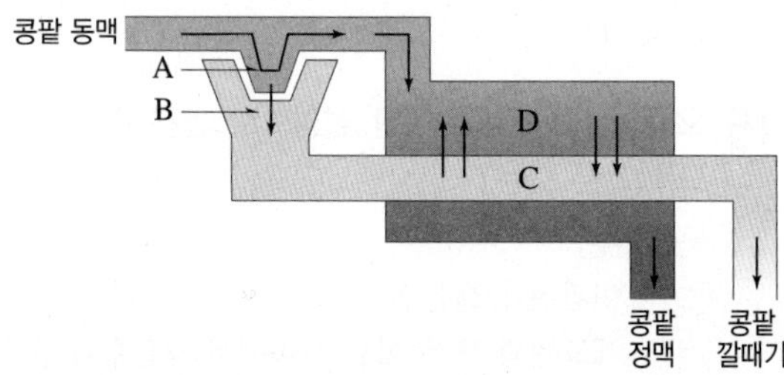

여과, 재흡수, 분비가 일어나는 방향을 기호를 이용하여 서술하시오.

답안작성 TIP

8 그림은 여러 가지 기관계의 유기적 작용을 나타낸 것이다. (가)~(다)는 각각 호흡계, 배설계, 순환계 중 하나이다.

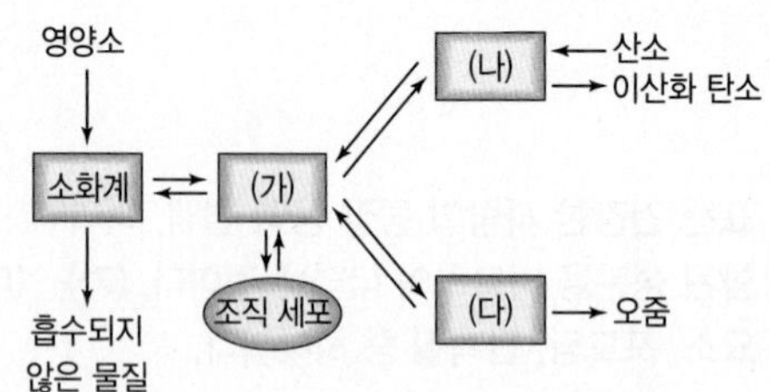

(1) 기관계 (가)~(다)의 이름을 쓰시오.

(2) 세포 호흡에 필요한 산소와 영양소가 조직 세포로 운반되는 과정을 기관계의 작용으로 서술하시오.

답안작성 TIP

6. 암모니아가 요소로 바뀌는 장소와 오줌으로 나가는 장소를 구분한다. **7.** 재흡수는 여과된 물질이 다시 혈관으로 이동하는 것이고, 분비는 여과되지 않고 혈관에 남아 있는 물질이 이동하는 것이다. **8.** 산소와 영양소를 흡수하는 기관계를 찾는다.

중단원 핵심 요약

1 순물질과 혼합물

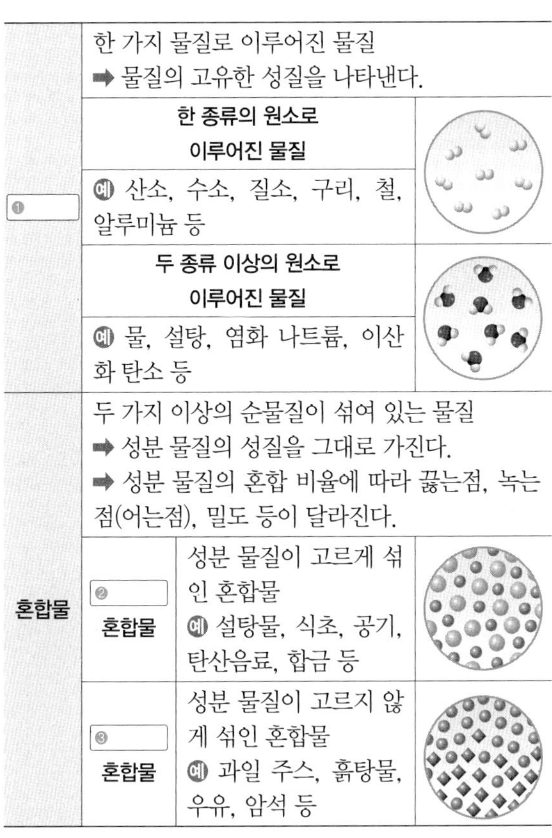

구분		설명	
❶		한 가지 물질로 이루어진 물질 ➡ 물질의 고유한 성질을 나타낸다.	
		한 종류의 원소로 이루어진 물질 예 산소, 수소, 질소, 구리, 철, 알루미늄 등	
		두 종류 이상의 원소로 이루어진 물질 예 물, 설탕, 염화 나트륨, 이산화 탄소 등	
혼합물		두 가지 이상의 순물질이 섞여 있는 물질 ➡ 성분 물질의 성질을 그대로 가진다. ➡ 성분 물질의 혼합 비율에 따라 끓는점, 녹는점(어는점), 밀도 등이 달라진다.	
	❷ 혼합물	성분 물질이 고르게 섞인 혼합물 예 설탕물, 식초, 공기, 탄산음료, 합금 등	
	❸ 혼합물	성분 물질이 고르지 않게 섞인 혼합물 예 과일 주스, 흙탕물, 우유, 암석 등	

2 물질의 특성

물질의 특성 다른 물질과 구별되는 그 물질만이 나타내는 고유한 성질

예 끓는점, 녹는점(어는점), 밀도, 용해도 등

① 물질의 ❹ 에 따라 다르다.

② 같은 물질인 경우 양에 관계없이 ❺ 하다.

3 순물질과 혼합물의 구별

순물질과 혼합물의 구별 ❻ 은 끓는점과 녹는점(어는점)이 일정하지만, ❼ 은 일정하지 않다.

구분	설명	그래프
고체+액체 혼합물의 끓는점	순수한 액체보다 ❽ 은 온도에서 끓기 시작하고, 끓는 동안 온도가 계속 높아진다.	온도(℃) 96~104, 소금물, 물, 끓기 시작, 가열 시간(분)
고체+액체 혼합물의 어는점	순수한 액체보다 ❾ 은 온도에서 얼기 시작하고, 어는 동안 온도가 계속 낮아진다.	온도(℃) 8~−12, 얼기 시작, 물, 소금물, 냉각 시간(분)
고체+고체 혼합물의 녹는점	각 성분 물질보다 낮은 온도에서 녹기 시작하고, 녹는 동안 온도가 계속 높아진다.	온도(℃) 0~100, 나프탈렌, 혼합물, 파라-다이클로로벤젠, 가열 시간(분)

4 끓는점

(1) ❿ : 액체 물질이 끓는 동안 일정하게 유지되는 온도 ➡ 끓는점은 물질의 특성이다.

물질의 종류와 끓는점	물질의 양과 끓는점
끓는점은 물질의 종류에 따라 다르다. ➡ 물질을 이루는 입자 사이에 잡아당기는 힘이 강할수록 끓는점이 높다.	같은 물질인 경우 끓는점은 양에 관계없이 일정하다. ➡ 양이 많을수록 끓는점에 늦게 도달한다.
온도(℃) 0~100, 에탄올, 메탄올, 가열 시간(분)	온도(℃) 0~100, 5 mL 에탄올, 10 mL 에탄올, 가열 시간(분)

(2) 끓는점과 압력의 관계

① 외부 압력이 높아지면 끓는점이 ⓫ 진다.

예 압력솥으로 밥을 하면 밥이 빨리 된다.

② 외부 압력이 낮아지면 끓는점이 ⓬ 진다.

예 높은 산에서 밥을 하면 쌀이 설익는다.

5 녹는점과 어는점

⓭	⓮
고체 물질이 녹는 동안 일정하게 유지되는 온도	액체 물질이 어는 동안 일정하게 유지되는 온도

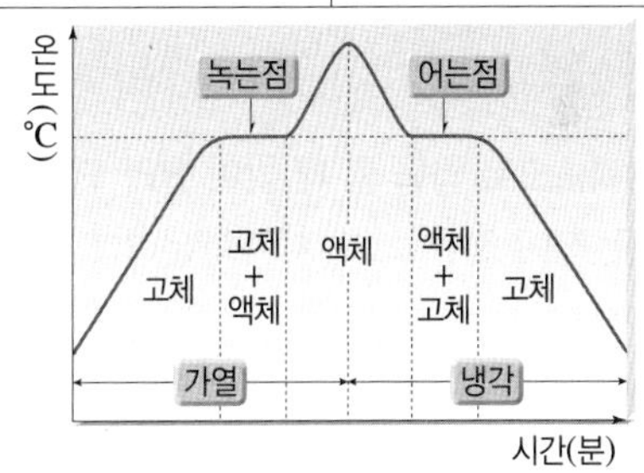

① 녹는점과 어는점은 물질의 특성이다.

- 녹는점과 어는점은 물질의 종류에 따라 다르다.
- 같은 물질인 경우 녹는점과 어는점은 양에 관계없이 일정하다.

② 한 물질의 녹는점과 어는점은 서로 ⓯ 다.

예 얼음은 0 ℃에서 녹고, 물은 0 ℃에서 언다.

6 녹는점, 끓는점과 물질의 상태

녹는점, 끓는점과 물질의 상태 어떤 온도에서 물질의 상태는 녹는점과 끓는점에 따라 결정된다.

저온	녹는점		끓는점	고온

고체	액체	기체
녹는점보다 낮은 온도에서는 고체 상태이다.	녹는점과 끓는점 사이의 온도에서는 액체 상태이다.	끓는점보다 높은 온도에서는 기체 상태이다.

MEMO

1 한 가지 물질로 이루어진 물질은 ①(　　　)이고, 두 가지 이상의 순물질이 섞여 있는 물질은 ②(　　　)이다.

2 다음 물질들을 순물질, 균일 혼합물, 불균일 혼합물로 각각 분류하시오.

(가) 에탄올	(나) 식초	(다) 금	(라) 암석	(마) 공기	(바) 흙탕물

3 물질의 특성인 것을 보기에서 모두 고르시오.

보기
ㄱ. 밀도　ㄴ. 끓는점　ㄷ. 부피　ㄹ. 질량　ㅁ. 용해도　ㅂ. 농도

4 ①(순물질, 혼합물)은 녹는점과 끓는점이 일정하지만, ②(순물질, 혼합물)은 일정하지 않다.

5 소금물이 끓기 시작하는 온도는 순수한 물의 끓는점보다 ①(　　　)고, 소금물이 얼기 시작하는 온도는 순수한 물의 어는점보다 ②(　　　)다.

6 에탄올 10 mL와 에탄올 20 mL의 끓는점을 비교하시오.

7 압력솥으로 밥을 할 때 밥이 빨리 되는 것은 압력솥 내부의 압력이 ①(　　　)져서 물의 끓는점이 ②(　　　)지기 때문이다.

8 오른쪽 그림은 어떤 고체 물질의 가열·냉각 곡선을 나타낸 것이다. 이 물질의 녹는점은 ①(　　　) ℃, 어는점은 ②(　　　) ℃이며, 고체 상태와 액체 상태가 함께 존재하는 구간은 ③(　　　)이다.

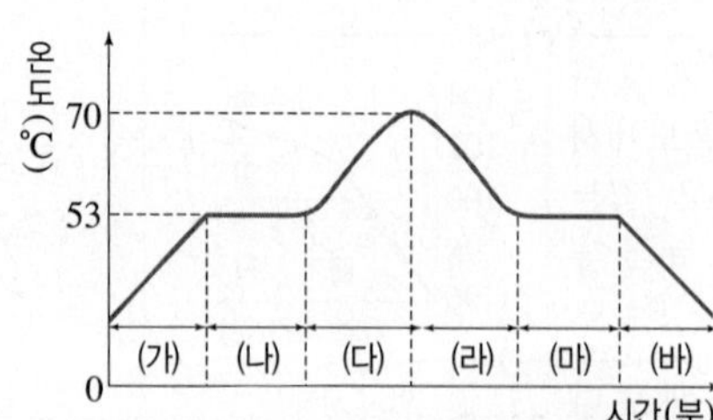

9 녹는점보다 낮은 온도에서 물질은 ①(　　　) 상태이고, 끓는점보다 높은 온도에서 물질은 ②(　　　) 상태이다.

10 어떤 물질의 녹는점은 5.5 ℃이고, 끓는점은 80 ℃이다. 실온(약 20 ℃)에서 이 물질의 상태를 쓰시오.

계산력·암기력 강화 문제

● 정답과 해설 59쪽

녹는점, 끓는점과 물질의 상태 진도 교재 63쪽

◎ **고체 물질의 가열 곡선**

고체 물질을 가열하면 녹는점에서 고체 → 액체로 상태가 변하고, 끓는점에서 액체 → 기체로 상태가 변한다.

◎ **녹는점, 끓는점과 물질의 상태**

- 녹는점보다 낮은 온도에서는 고체 상태이다.
- 녹는점과 끓는점 사이의 온도에서는 액체 상태이다.
- 끓는점보다 높은 온도에서는 기체 상태이다.

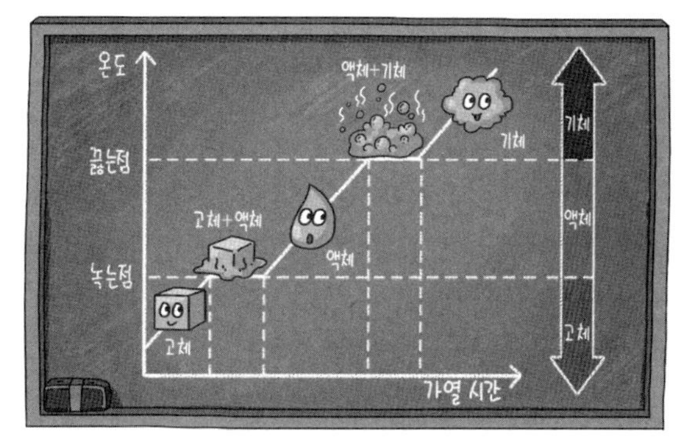

● **녹는점, 끓는점과 물질의 상태**

1 다음은 에탄올에 대한 자료이다.

녹는점 : −114 ℃	끓는점 : 78 ℃

50 ℃와 100 ℃에서 에탄올은 각각 어떤 상태로 존재하는지 쓰시오.

2 오른쪽 표는 물질 A와 B의 녹는점과 끓는점을 나타낸 것이다. 실온(약 20 ℃)에서 물질 A와 B의 상태를 각각 쓰시오.

물질	A	B
녹는점(℃)	−98	801
끓는점(℃)	65	1413

[3~5] 표는 몇 가지 물질의 녹는점과 끓는점을 나타낸 것이다.

물질	A	B	C	D	E
녹는점(℃)	−95	80	−39	−210	0
끓는점(℃)	56	218	357	−196	100

3 90 ℃에서 기체 상태인 물질을 모두 고르시오.

4 실온(약 20 ℃)에서 액체 상태인 물질을 모두 고르시오.

5 일정한 압력에서 −300 ℃의 고체 물질 A~E를 같은 불꽃으로 가열하였을 때 가장 먼저 녹는 물질을 고르시오.(단, 고체 물질 A~E의 질량과 시간에 따른 온도 변화는 모두 같다.)

● **물질의 상태와 온도**

6 오른쪽 표는 물질 A와 B의 녹는점과 끓는점을 나타낸 것이다. 두 물질이 모두 액체 상태로 존재하는 온도는?

물질	A	B
녹는점(℃)	−23	60
끓는점(℃)	82	143

① −25 ℃　　② 25 ℃
③ 50 ℃　　④ 65 ℃
⑤ 85 ℃

이 문제에서 나올 수 있는 보기는 多

01 순물질과 혼합물에 대한 설명으로 옳은 것을 모두 고르면?(2개)

① 혼합물은 녹는점과 끓는점이 일정하다.
② 혼합물은 성분 물질의 성질을 그대로 가진다.
③ 불균일 혼합물은 성분 물질이 고르게 섞여 있다.
④ 순물질은 한 가지 원소로만 이루어진 물질이다.
⑤ 순물질의 가열 곡선에는 수평한 구간이 나타난다.
⑥ 물은 수소와 산소로 이루어진 물질이므로 혼합물이다.

02 그림은 물질의 분류 과정을 나타낸 것이다.

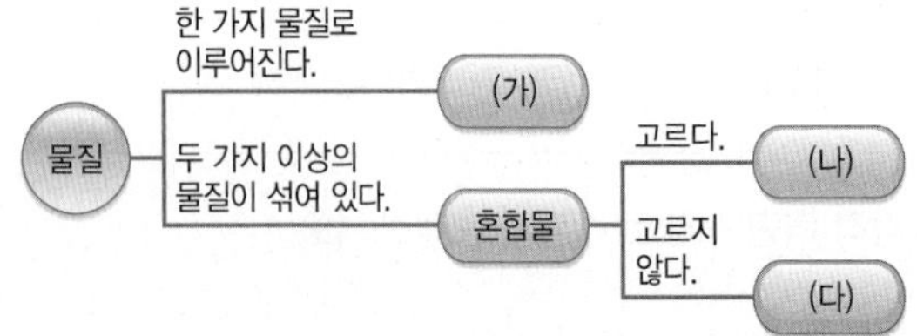

(가)~(다)에 해당하는 용어를 옳게 짝 지은 것은?

	(가)	(나)	(다)
①	순물질	균일 혼합물	불균일 혼합물
②	순물질	불균일 혼합물	균일 혼합물
③	균일 혼합물	순물질	불균일 혼합물
④	균일 혼합물	불균일 혼합물	순물질
⑤	불균일 혼합물	순물질	균일 혼합물

03 그림과 같이 몇 가지 물질을 분류하였다.

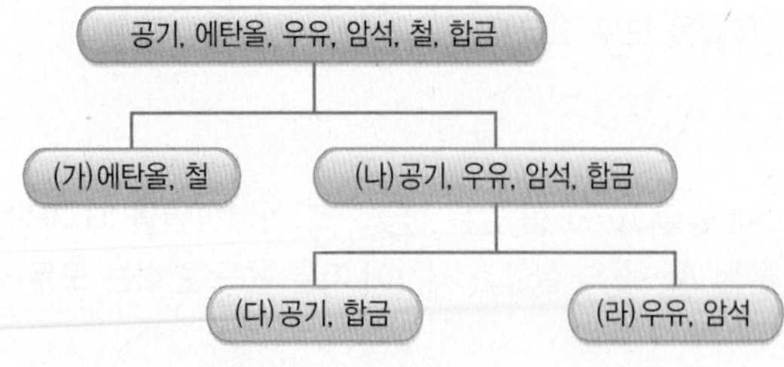

이에 대한 설명으로 옳은 것은?

① (가)는 두 가지 물질로 이루어져 있다.
② (가)는 끓는점이 일정하지 않다.
③ (나)는 물질의 특성이 일정하다.
④ (다)는 성분 물질이 고르게 섞여 있다.
⑤ (라)는 한 가지 물질로 이루어져 있다.

04 순물질을 보기에서 모두 고른 것은?

보기
ㄱ. 공기　ㄴ. 수소　ㄷ. 사이다
ㄹ. 과일 주스　ㅁ. 에탄올　ㅂ. 염화 나트륨

① ㄱ, ㄴ, ㄷ　② ㄱ, ㄹ, ㅁ　③ ㄴ, ㄷ, ㄹ
④ ㄴ, ㅁ, ㅂ　⑤ ㄷ, ㄹ, ㅂ

05 그림은 몇 가지 물질을 모형으로 나타낸 것이다.

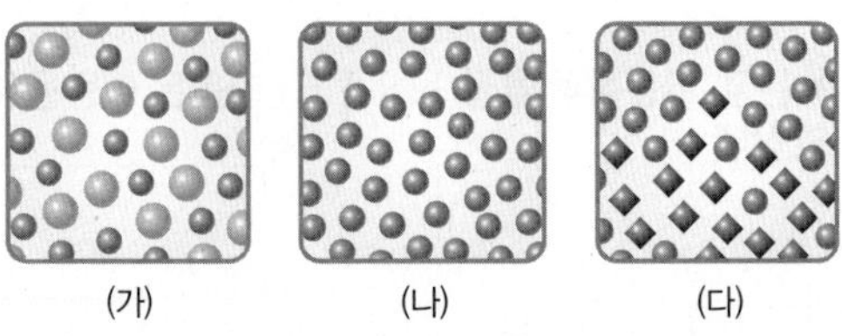

이에 대한 설명으로 옳지 않은 것은?

① (나)는 순물질이다.
② (가)와 (다)는 혼합물이다.
③ (가)는 성분 물질이 고르게 섞여 있다.
④ (다)는 성분 물질이 고르지 않게 섞여 있다.
⑤ (가)와 (나)는 끓는점이 일정하다.

06 물질의 특성만으로 옳게 짝 지은 것은?

① 부피, 질량　② 끓는점, 길이
③ 질량, 밀도　④ 밀도, 끓는점
⑤ 녹는점, 온도

이 문제에서 나올 수 있는 보기는 多

07 물질의 특성에 대한 설명으로 옳지 않은 것은?

① 물질의 특성은 그 물질만이 나타내는 고유한 성질이다.
② 물질의 특성은 물질을 구별하는 기준이 된다.
③ 부피는 물질의 특성이 아니다.
④ 질량은 물질의 고유한 양이므로 물질의 특성이다.
⑤ 물질의 특성에는 밀도, 어는점, 녹는점 등이 있다.
⑥ 물질의 특성은 물질의 양에 관계없이 물질의 종류가 같으면 같은 값을 갖는다.

08 오른쪽 그림은 액체 A와 B의 가열 곡선을 나타낸 것이다. 이에 대한 설명으로 옳지 않은 것은?

① A는 끓는점이 일정하지 않다.
② B는 끓는 동안 온도가 일정하게 유지된다.
③ A는 두 가지 이상의 순물질이 섞여 있는 물질이다.
④ B는 순물질이다.
⑤ A는 성분 물질의 성질을 가지지 않는다.

09 오른쪽 그림은 물과 소금물의 냉각 곡선을 나타낸 것이다. 이에 대한 설명으로 옳지 않은 것은?

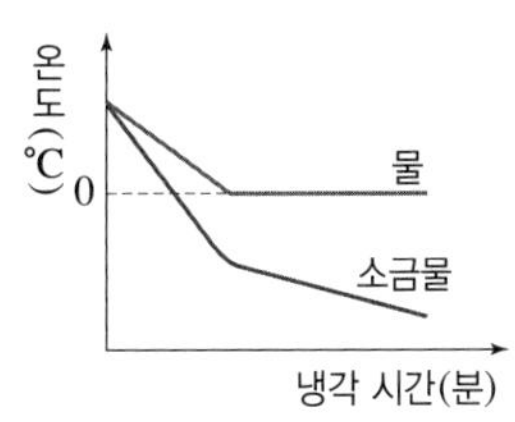

① 물의 어는점은 0 ℃이다.
② 소금물은 어는점이 일정하다.
③ 소금물은 0 ℃보다 낮은 온도에서 언다.
④ 냉각 곡선으로 순물질과 혼합물을 구별할 수 있다.
⑤ 자동차의 앞 유리를 워셔액으로 닦으면 겨울철에 잘 얼지 않는 까닭을 알 수 있다.

10 다음 현상을 설명할 수 있는 원리는?

- 전류 차단기에 퓨즈를 이용한다.
- 금속을 연결할 때 땜납을 사용한다.

① 순물질의 녹는점과 어는점은 같다.
② 순물질의 끓는점과 녹는점은 일정하다.
③ 혼합물의 끓는점은 순물질보다 높다.
④ 혼합물의 녹는점은 순물질보다 낮다.
⑤ 혼합물의 밀도는 성분 비율에 따라 달라진다.

이 문제에서 나올 수 있는 보기는 多

11 혼합물의 성질을 이용한 예가 아닌 것은?

① 땜납은 회로를 연결하는 데 사용한다.
② 수돗물을 끓이면 소독약 냄새가 없어진다.
③ 겨울철 자동차의 냉각수에 부동액을 넣는다.
④ 달걀을 삶을 때 물에 소금을 먼저 넣고 삶는다.
⑤ 날씨가 추워도 장독대의 간장독은 잘 얼지 않는다.
⑥ 겨울철 눈이 많이 오는 도로에 염화 칼슘을 뿌린다.
⑦ 전기 누전 사고를 예방하기 위해 납과 주석을 섞어 만든 퓨즈를 사용한다.

이 문제에서 나올 수 있는 보기는 多

12 끓는점에 대한 설명으로 옳지 않은 것을 모두 고르면? (2개)

① 물질의 종류에 따라 다르다.
② 혼합물의 끓는점은 일정하지 않다.
③ 끓는점은 압력에 관계없이 일정하다.
④ 가열하는 불꽃의 세기가 강할수록 끓는점이 높아진다.
⑤ 물질의 양이 많아지면 끓는점에 도달하는 데 걸리는 시간이 길어진다.
⑥ 물질을 이루는 입자 사이에 잡아당기는 힘이 강할수록 끓는점이 높아진다.

13 오른쪽 그림은 액체 A~D의 가열 곡선을 나타낸 것이다. 이에 대한 설명으로 옳은 것은?(단, 외부 압력과 가열하는 불꽃의 세기는 모두 같다.)

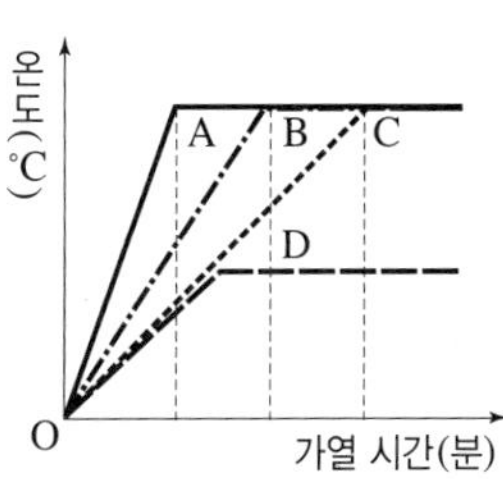

① A는 C보다 양이 많다.
② B와 D는 같은 물질이다.
③ D는 C보다 끓는점이 높다.
④ A, B, C는 모두 같은 물질이다.
⑤ 가장 먼저 끓기 시작하는 것은 D이다.

14 오른쪽 그림과 같이 주사기 속에 뜨거운 물을 넣고 주사기 끝을 고무마개로 막은 후 피스톤을 잡아당겼더니 물이 끓어 기포가 발생하였다. 이에 대한 설명으로 옳지 않은 것은?

뜨거운 물

① 주사기 속의 압력이 낮아진다.
② 주사기 속 물의 끓는점이 낮아진다.
③ 주사기 속 물이 끓을 때 물의 온도는 100 ℃이다.
④ 끓는점과 압력의 관계를 설명할 수 있다.
⑤ 높은 산에서 물을 끓일 때와 같은 현상이다.

15 그림은 에탄올의 끓는점을 측정하기 위한 실험 장치와 그 결과를 나타낸 것이다.

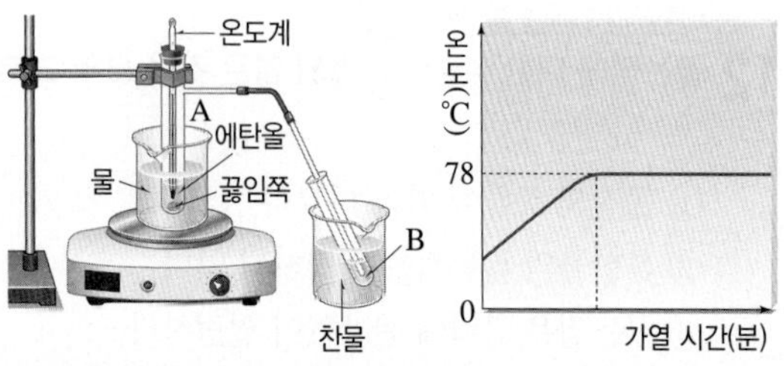

이에 대한 설명으로 옳은 것을 보기에서 모두 고른 것은?

보기
ㄱ. 78 ℃에서 액체와 기체 상태가 함께 존재한다.
ㄴ. 그래프에서 수평한 구간의 온도는 에탄올의 끓는점이다.
ㄷ. 시험관 A에서는 기화, 시험관 B에서는 액화가 일어난다.
ㄹ. 가열하는 불꽃의 세기가 강해지면 그래프에서 수평한 구간의 온도가 높아진다.

① ㄱ, ㄴ ② ㄴ, ㄷ ③ ㄷ, ㄹ
④ ㄱ, ㄴ, ㄷ ⑤ ㄴ, ㄷ, ㄹ

16 녹는점과 어는점에 대한 설명으로 옳지 않은 것은?

① 나프탈렌의 녹는점과 어는점은 같다.
② 녹는점과 어는점은 모두 물질의 특성이다.
③ 녹는점과 어는점은 물질의 양에 관계없이 일정하다.
④ 녹는점과 어는점에서는 고체와 액체가 함께 존재한다.
⑤ 물질을 이루는 입자 사이에 잡아당기는 힘이 강한 물질일수록 녹는점과 어는점이 낮다.

이 문제에서 나올 수 있는 보기는 多

17 그림은 어떤 고체 물질의 가열·냉각 곡선을 나타낸 것이다.

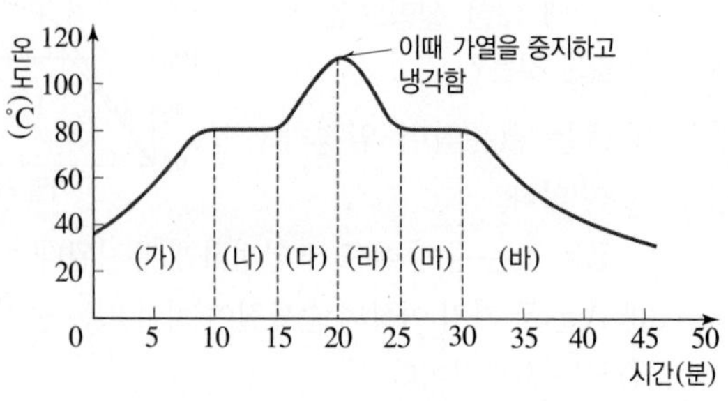

이에 대한 설명으로 옳은 것을 모두 고르면?(2개)

① (나) 구간의 온도는 끓는점이다.
② (마) 구간에서 융해가 일어난다.
③ (나) 구간은 가해 준 열에너지가 모두 상태 변화에 쓰이므로 온도가 일정하다.
④ 고체 상태와 액체 상태가 함께 존재하는 구간은 (다)와 (라)이다.
⑤ (나)와 (마) 구간의 온도는 서로 다르다.
⑥ 물질의 양이 많아지면 (가) 구간의 기울기가 작아진다.
⑦ 물질의 양이 많아지면 (나) 구간의 온도가 높아진다.

18 고체 파라－다이클로로벤젠 5 g과 10 g을 같은 조건으로 가열할 때 나타나는 가열 곡선으로 옳은 것은?

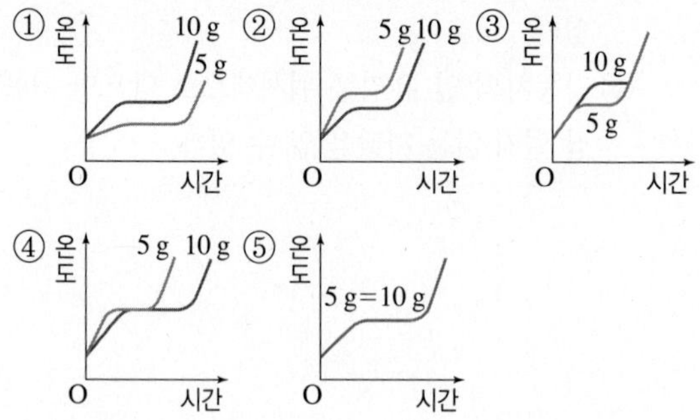

19 표는 물질 A~F의 녹는점과 끓는점을 나타낸 것이다.

물질	A	B	C	D	E	F
녹는점(℃)	−210	−117	0	16	801	1085
끓는점(℃)	−196	78	100	118	1465	2562

실온(약 20 ℃)에서 액체 상태로 존재하는 물질을 옳게 짝 지은 것은?

① A, B, C ② A, C, D ③ B, C, D
④ B, D, E ⑤ C, D, F

서술형 정복하기

● 정답과 해설 61쪽

1단계 단답형으로 쓰기

1 다음의 여러 가지 물질을 (가) 순물질, (나) 균일 혼합물, (다) 불균일 혼합물로 분류하시오.

화강암, 산소, 공기, 구리, 철, 물, 소금

2 물질의 특성이 될 수 있는 것을 모두 고르시오.

색깔, 온도, 질량, 끓는점, 밀도

3 다음은 무엇에 대한 설명인지 각각 쓰시오.

(가) 액체가 끓어 기체로 변하는 동안 일정하게 유지되는 온도
(나) 고체가 녹아 액체로 변하는 동안 일정하게 유지되는 온도

4 다음 (　　) 안에 공통으로 들어갈 알맞은 말을 쓰시오.

높은 산에서 밥을 하면 외부 압력이 (　　)아지므로 물의 끓는점이 (　　)아져 쌀이 설익는다.

5 어떤 물질의 녹는점과 끓는점이 다음과 같을 때, 실온(약 20 °C)에서 이 물질은 어떤 상태로 존재하는지 쓰시오.

• 녹는점 : −55 °C　　• 끓는점 : 35 °C

2단계 제시된 단어를 모두 이용하여 서술하기

[6~10] 각 문제에 제시된 단어를 모두 이용하여 답을 서술하시오.

6 물질은 순물질과 혼합물로 분류할 수 있다. 순물질과 혼합물의 정의를 각각 서술하시오.

한 가지 물질, 두 가지, 순물질

7 물질의 특성에 대해 서술하시오.

물질의 종류, 물질의 양

8 추운 겨울철 눈이 내릴 때 도로에 염화 칼슘 제설제를 뿌리는 까닭을 서술하시오.

어는점, 0 °C, 영하의 날씨

9 감압 용기에 뜨거운 물을 넣고 펌프로 용기 안의 공기를 빼내면 물이 다시 끓는다. 이와 같은 현상이 나타나는 까닭을 서술하시오.

감압 용기, 공기의 양, 압력

10 어떤 온도에서 물질의 상태를 결정하는 방법을 서술하시오.

녹는점, 온도, 고체, 끓는점, 액체, 기체

3단계 실전 문제 풀어 보기

11 그림은 몇 가지 물질을 기준에 따라 분류한 것이다.

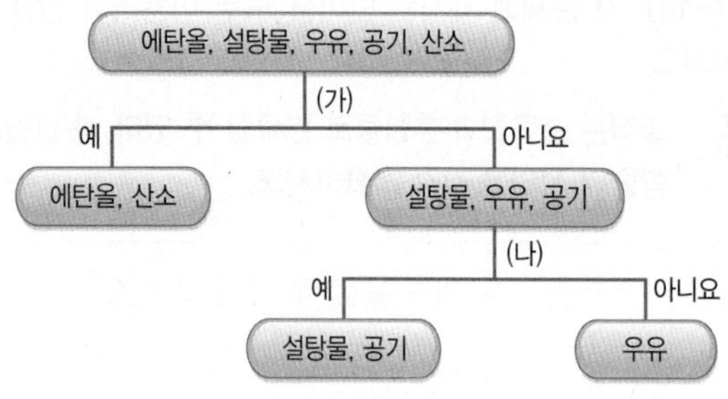

(가)와 (나)의 분류 기준을 각각 서술하시오.

---

12 오른쪽 그림은 소금물과 물의 가열 곡선을 나타낸 것이다. 소금물은 끓는 동안에도 계속 온도가 올라가는 까닭을 농도를 이용하여 서술하시오.

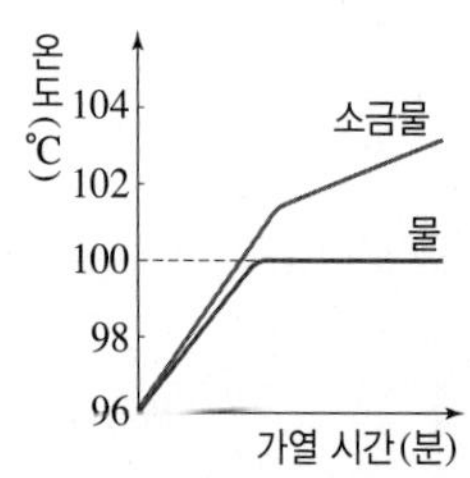

답안작성 TIP

13 그림은 순수한 액체 물질 A～D의 가열 곡선을 나타낸 것이다.(단, 외부 압력과 불꽃의 세기는 모두 같다.)

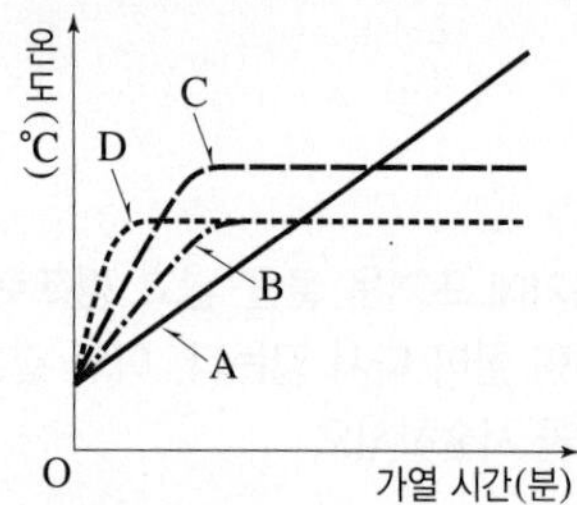

(1) A～D 중 같은 물질을 고르고 부등호를 이용하여 같은 물질의 질량을 비교하시오.

---

(2) A～D 중 물질을 이루는 입자 사이에 잡아당기는 힘이 가장 강한 것을 고르고, 그 까닭을 서술하시오.

---

14 그림은 고체 상태의 로르산과 팔미트산을 각각 일정 시간 동안 가열한 다음 냉각할 때의 온도 변화를 나타낸 것이다.

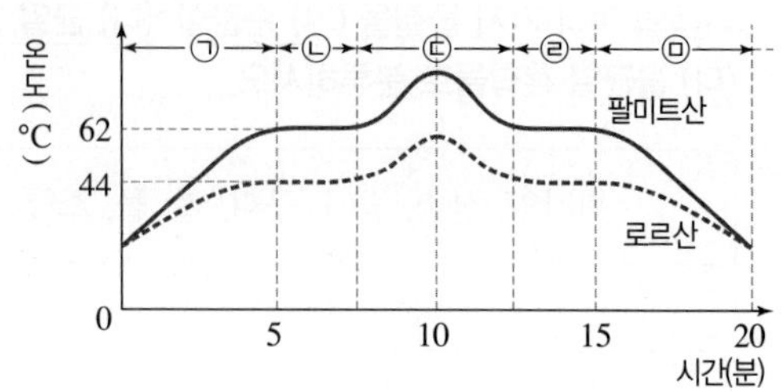

(1) ㉠～㉤ 중 로르산과 팔미트산의 상태가 변하는 구간은 각각 어디인지 서술하시오.

---

(2) 로르산과 팔미트산의 녹는점과 어는점은 각각 몇 ℃인지 서술하시오.

---

(3) 로르산과 팔미트산을 구별할 수 있는 까닭을 서술하시오.

답안작성 TIP

15 표는 물질 A～C의 녹는점과 끓는점을 나타낸 것이다.

물질	A	B	C
녹는점(℃)	1535	−117	−210
끓는점(℃)	2750	79	−196

(1) 실온(약 20 ℃)에서 액체 상태로 존재하는 물질을 모두 고르시오.

---

(2) (1)과 같이 답한 까닭을 서술하시오.

답안작성 TIP

13. 물질을 이루는 입자 사이에 잡아당기는 힘이 다르기 때문에 물질의 종류에 따라 끓는점이 다르다. **15.** A～C는 실온이 녹는점보다 낮은 온도인지, 녹는점과 끓는점 사이의 온도인지, 끓는점보다 높은 온도인지 확인한다.

중단원 핵심 요약

● 정답과 해설 62쪽

1 밀도 물질의 질량을 부피로 나눈 값, 즉 단위 부피당 질량

밀도 = $\frac{❶\ \square}{❷\ \square}$ (단위 : g/mL, g/cm³ 등)

(1) 밀도의 특징

① 밀도는 물질의 종류에 따라 다르다.

② 같은 물질인 경우 밀도는 양에 관계없이 일정하다.

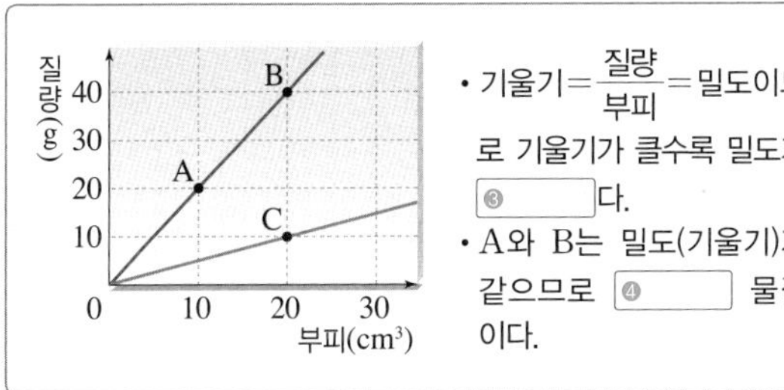

③ 밀도가 ❺ 물질은 밀도가 ❻ 물질 아래로 가라앉는다.

(2) 밀도의 변화 : ❼ 의 밀도를 나타낼 때는 온도와 압력을 함께 표시한다.

구분	내용
고체와 액체의 밀도	• 온도가 높아지면 부피가 약간 증가한다. ➡ 밀도 약간 감소 • 압력의 영향은 거의 받지 않는다.
기체의 밀도	• 온도가 높아지면 부피가 크게 증가한다. ➡ 밀도 ❽ • 압력이 높아지면 부피가 크게 감소한다. ➡ 밀도 ❾
물질의 상태	• 같은 물질인 경우 부피 : 고체 < 액체 < 기체 ➡ 밀도 : 고체 > 액체 > 기체 [예외] 질량이 같을 때 물과 얼음의 부피 : 물 < 얼음 ➡ 밀도 : 물 > 얼음

(3) 혼합물의 밀도 : 혼합물은 성분 물질의 혼합 비율에 따라 밀도가 달라진다.

(4) 밀도와 관련된 생활 속 현상

① 구명조끼를 입으면 물보다 밀도가 작아져 물에 가라앉지 않는다.

② 잠수부는 허리에 밀도가 큰 납덩어리를 달아 물속에 잘 가라앉게 한다.

③ 공기보다 밀도가 작은 헬륨을 채운 풍선은 위로 떠오르고, 공기보다 밀도가 큰 이산화 탄소를 채운 풍선은 바닥으로 가라앉는다.

④ 가스 누출 경보기를 설치할 때 공기보다 밀도가 작은 LNG의 경우 천장 쪽에 설치하고, 공기보다 밀도가 큰 LPG의 경우 바닥 쪽에 설치한다.

2 용해와 용액

(1) 용해 : 한 물질이 다른 물질에 녹아 고르게 섞이는 현상

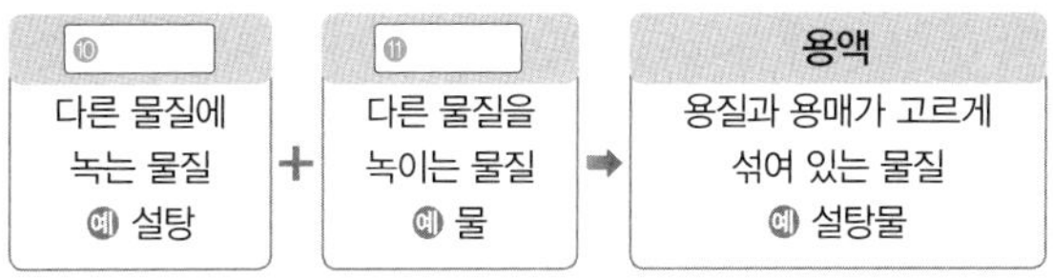

❿
다른 물질에 녹는 물질
예 설탕
+
⓫
다른 물질을 녹이는 물질
예 물
➡
용액
용질과 용매가 고르게 섞여 있는 물질
예 설탕물

(2) 용액의 종류

① ⓬ 용액 : 일정량의 용매에 용질이 최대로 녹아 있는 용액

② 불포화 용액 : 포화 용액보다 용질이 적게 녹아 있는 용액 ➡ 용질이 더 녹을 수 있다.

3 용해도 어떤 온도에서 ⓭ 100 g에 최대로 녹을 수 있는 용질의 g수

(1) 고체의 용해도 : 대부분 온도가 높을수록 ⓮ 하며, 압력의 영향은 거의 받지 않는다.

① 용해도 곡선 : 온도에 따른 용해도를 나타낸 그래프

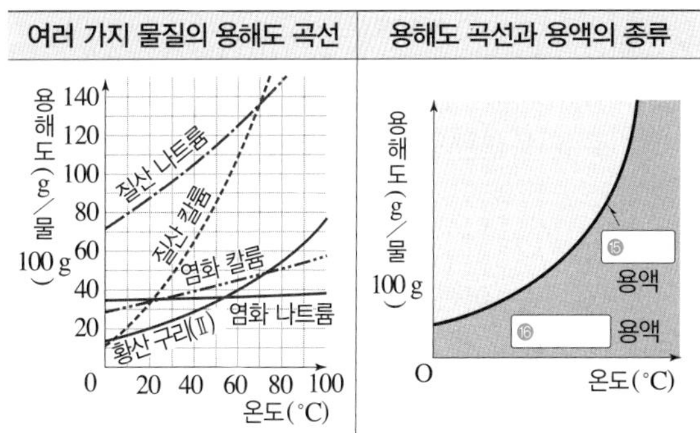

② 용질의 석출 : 용액을 냉각하면 용해도가 감소하므로 냉각한 온도에서의 용해도보다 많이 녹아 있던 용질이 석출된다.

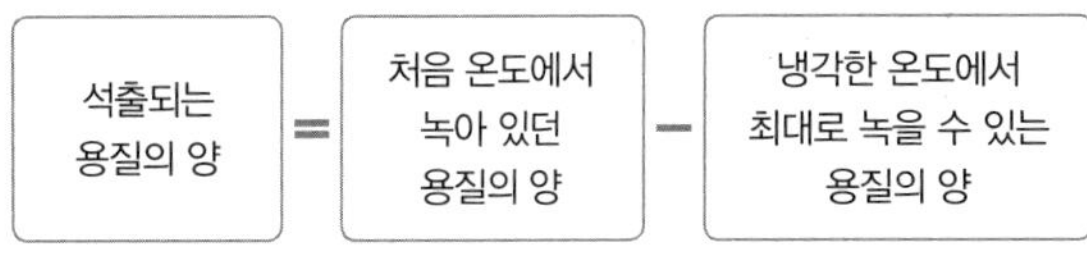

석출되는 용질의 양
=
처음 온도에서 녹아 있던 용질의 양
−
냉각한 온도에서 최대로 녹을 수 있는 용질의 양

(2) 기체의 용해도 : 온도가 ⓱ 을수록, 압력이 ⓲ 을수록 증가한다.

온도의 영향	압력의 영향
• 여름철 물고기가 물 위로 입을 내밀고 뻐끔거린다. • 컵에 물을 담아 햇빛이 잘 드는 창가에 두면 컵 내부에 작은 공기 방울이 생긴다. • 수돗물을 끓여 소량의 염소 기체를 제거한다.	• 탄산음료의 뚜껑을 열면 하얀 거품이 생긴다. • 깊은 바닷속에 있던 잠수부가 물 위로 갑자기 올라오면 잠수병에 걸릴 수 있다.

● 정답과 해설 62쪽

MEMO

1 밀도는 물질의 질량을 부피로 나눈 값, 즉 밀도$=\dfrac{①(\quad\quad)}{②(\quad\quad)}$이다.

2 질량이 48 g인 돌멩이를 32.0 mL의 물이 들어 있는 눈금실린더에 넣었더니, 전체 부피가 48.0 mL가 되었다. 이 돌멩이의 밀도(g/cm^3)를 구하시오.

[3~4] 표는 액체 물질 A～E의 질량과 부피를 측정하여 나타낸 것이다.

물질	A	B	C	D	E
질량(g)	50	72	6	40	35
부피(mL)	100	48	3	60	5

3 밀도가 3 g/cm^{3}인 고체 물질을 A～E에 각각 넣었을 때, 고체 물질이 위로 뜨는 액체를 모두 고르시오.(단, 고체 물질은 A～E에 녹지 않는다.)

4 A～E를 컵에 넣었더니 5개의 층이 나타났다. 각 층에 해당하는 물질을 아래층부터 순서대로 쓰시오.(단, A～E는 서로 섞이지 않는다.)

5 헬륨을 채운 풍선은 공기보다 밀도가 ①(작으므로, 크므로) 하늘 높이 올라가지만, 입으로 분 풍선은 공기보다 밀도가 ②(작으므로, 크므로) 바닥으로 가라앉는다.

6 용해도는 어떤 온도에서 (   ) 100 g에 최대로 녹을 수 있는 용질의 g수이다.

7 고체 물질이 녹아 있는 불포화 용액을 포화 용액으로 만들려면 온도를 ①(높이, 낮추)거나 ②(용매를, 용질을) 더 넣어 주어야 한다.

8 60 ℃에서 물 50 g에 질산 칼륨 45 g을 녹인 후 10 ℃로 냉각할 때 결정으로 석출되는 질산 칼륨의 질량(g)을 구하시오.(단, 질산 칼륨의 용해도는 60 ℃에서 109, 10 ℃에서 20이다.)

9 오른쪽 그림과 같이 사이다를 넣은 시험관을 (가)~(라)의 비커에 담그고 변화를 관찰하였다. 이때 (가)~(라)에서 발생하는 기포의 양을 부등호나 등호로 비교하시오.

(가) 얼음물 (나) 얼음물 (다) 실온의 물 (라) 50 ℃의 물

10 탄산음료를 만들 때 이산화 탄소 기체를 많이 녹이려면 온도를 ①(높이고, 낮추고) 압력을 ②(높인다, 낮춘다).

계산력·암기력 강화 문제

● 정답과 해설 62쪽

❶ 밀도 구하기 진도 교재 69쪽

밀도$=\frac{질량}{부피}$(단위 : g/mL, g/cm³, kg/m³) ➡ 부피$=\frac{질량}{밀도}$, 질량$=$밀도$\times$부피

● 밀도 구하기

1 모서리의 길이가 2 cm인 정육면체 모양의 고체의 질량을 측정하였더니 32 g이었다. 이 고체의 밀도(g/cm³)를 구하시오.

2 질량이 22.4 g인 볼트를 실에 매달아 10.0 mL의 물이 들어 있는 눈금실린더에 넣었더니 전체 부피가 17.0 mL가 되었다. 이 볼트의 밀도(g/cm³)를 구하시오.

3 질량이 20 g인 액체 물질을 빈 눈금실린더에 넣었더니 부피가 40 cm³가 되었다. 이 액체 물질의 밀도(g/cm³)를 구하시오.

4 표는 고체 A~E의 질량과 부피를 측정하여 나타낸 것이다.

고체	A	B	C	D	E
질량(g)	21	26	4	18	9
부피(cm³)	7	4	8	24	3

고체 A~E 중 같은 물질이라고 생각되는 것을 고르시오.

● 부피와 질량 구하기

5 어떤 물질의 질량이 14.4 g이고 밀도가 3.6 g/cm³ 일 때 이 물질의 부피(cm³)를 구하시오.

6 오른쪽 표의 (　　) 안에 알맞은 값을 구하시오.

질량(g)	부피(cm³)	밀도(g/cm³)
560	(1)(　　)	8
(2)(　　)	20	11.3
(3)(　　)	50	0.9

7 금속 A를 물이 가득 담긴 비커에 넣었더니 10 cm³의 물이 넘쳤다. 같은 질량의 금속 B를 물이 가득 담긴 비커에 넣었을 때 넘치는 물의 부피(cm³)를 구하시오.(단, 금속 A의 밀도는 5 g/cm³, 금속 B의 밀도는 20 g/cm³이다.)

8 1.5 L 페트병에 경유를 가득 채웠을 때, 경유의 질량(kg)을 구하시오.(단, 경유의 밀도는 0.8 g/cm³이다.)

◆ 용해도 및 포화 용액에서 다양한 질량 구하기 진도 교재 71쪽

용해도 : 어떤 온도에서 용매 100 g에 최대로 녹을 수 있는 용질의 g수
➡ 어떤 온도에서 용매 100 g에 용질이 용해도만큼 녹으면 포화 용액이 된다.

● **용해도 구하기**

1 60 ℃ 물 100 g에 염화 나트륨 50 g을 녹였더니 13 g이 녹지 않고 남았다. 60 ℃에서 염화 나트륨의 용해도를 구하시오.

2 20 ℃ 물 25 g에 어떤 고체 물질 5 g을 녹였더니 포화 용액이 되었다. 20 ℃에서 이 물질의 용해도를 구하시오.

3 20 ℃ 물 50 g에 황산 구리(Ⅱ) 35 g을 녹였더니 황산 구리(Ⅱ) 25 g이 녹지 않고 가라앉았다. 20 ℃에서 황산 구리(Ⅱ)의 용해도를 구하시오.

4 30 ℃ 물에 어떤 고체 물질을 녹여 포화 용액 300 g을 만들었다. 이 포화 용액에 녹아 있는 고체 물질이 60 g이라면 30 ℃에서 이 물질의 용해도를 구하시오.

● **질량 구하기**

[5~8] 표는 질산 칼륨의 용해도(g/물 100 g)를 나타낸 것이다.

온도(℃)	40	60	80	100
질산 칼륨	63	109	170	243

5 80 ℃ 물 100 g에 질산 칼륨을 녹여 포화 용액을 만들었다. 이 포화 용액의 질량(g)을 구하시오.

6 60 ℃ 물 50 g에 질산 칼륨을 녹여 포화 용액을 만들었다. 이 포화 용액의 질량(g)을 구하시오.

7 40 ℃ 질산 칼륨 포화 용액 326 g에 들어 있는 질산 칼륨과 물의 질량(g)을 구하시오.

8 60 ℃ 물에 질산 칼륨 50 g을 녹여 질산 칼륨 수용액 100 g을 만들었다. 이 용액에 더 녹을 수 있는 질산 칼륨의 질량(g)을 구하시오..

◆ 석출량 구하기 진도 교재 71쪽

석출량=(처음 온도에서 녹아 있던 용질의 양)−(냉각한 온도에서 최대로 녹을 수 있는 용질의 양)

● 물의 질량이 100 g인 경우

[1~8] 표는 질산 칼륨의 용해도(g/물 100 g)를 나타낸 것이다.

온도(℃)	20	40	60	80	100
질산 칼륨	32	63	109	170	243

1 80 ℃ 물 100 g에 질산 칼륨 150 g을 녹인 용액을 20 ℃로 냉각할 때 석출되는 결정의 질량(g)을 구하시오.

2 60 ℃ 물 100 g에 질산 칼륨을 녹여 포화 용액을 만들었다. 이 용액을 40 ℃로 냉각할 때 석출되는 결정의 질량(g)을 구하시오.

● 물의 질량이 100 g이 아닌 경우

3 60 ℃ 물 50 g에 질산 칼륨 50 g을 녹인 후 20 ℃로 냉각할 때 석출되는 결정의 질량(g)을 구하시오.

4 80 ℃ 물 50 g에 질산 칼륨을 녹여 포화 용액을 만든 후 60 ℃로 냉각하였다. 이때 석출되는 결정의 질량(g)을 구하시오.

5 80 ℃ 물 200 g에 질산 칼륨 300 g을 완전히 녹였다. 이 용액을 40 ℃로 냉각할 때 석출되는 결정의 질량(g)을 구하시오.

6 40 ℃ 물 200 g에 질산 칼륨을 녹여 포화 용액을 만들었다. 이 용액을 20 ℃로 냉각할 때 석출되는 결정의 질량(g)을 구하시오.

● 용액의 질량이 제시된 경우

7 60 ℃ 질산 칼륨 포화 용액 209 g을 20 ℃로 냉각할 때 석출되는 결정의 질량(g)을 구하시오.

8 60 ℃ 물에 질산 칼륨 60 g을 녹여 질산 칼륨 수용액 150 g을 만들었다. 이 용액을 20 ℃로 냉각할 때 석출되는 결정의 질량(g)을 구하시오.

중단원 기출 문제

이 문제에서 나올 수 있는 보기는 多

01 밀도에 대한 설명으로 옳은 것을 모두 고르면?(2개)

① 밀도의 단위는 g/cm³, g/mL 등이 있다.
② 물질의 상태가 변해도 밀도는 항상 일정하다.
③ 기체의 밀도는 압력이 높아질수록 감소한다.
④ 두 물질의 질량이 같은 경우 부피가 작을수록 밀도가 작다.
⑤ 밀도가 큰 물질은 밀도가 작은 물질 아래로 가라앉는다.
⑥ 기체의 밀도는 온도와 압력에 따라 달라지므로 물질의 특성이 아니다.
⑦ 밀도가 20 g/cm³인 물질을 반으로 나누어 밀도를 측정하면 10 g/cm³이다.

02 그림과 같이 물과 눈금실린더를 이용하여 돌의 부피를 측정하였다.

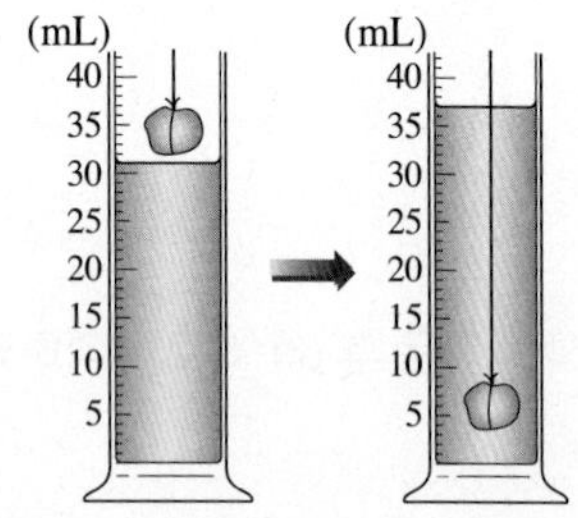

이 돌의 질량이 38.4 g이라면 돌의 밀도(g/cm³)는?

① 3.84 g/cm³ ② 6.0 g/cm³
③ 6.4 g/cm³ ④ 12.8 g/cm³
⑤ 19.2 g/cm³

03 표는 20 ℃, 1기압에서 물질 A~E의 질량과 부피를 측정한 결과를 나타낸 것이다.

물질	A	B	C	D	E
질량(g)	50	32	2	6	35
부피(cm³)	100	16	10	3	5

물질 A~E 중 같은 물질끼리 옳게 짝 지은 것은?

① A, C ② B, C ③ B, D
④ C, E ⑤ D, E

04 표는 몇 가지 물질의 밀도를 나타낸 것이다.

물질	알루미늄	철	구리	은	납
밀도(g/cm³)	2.7	7.9	9.0	10.5	11.4

고체 물질 A의 질량과 부피를 측정하였더니 다음과 같았다. A로 예상되는 물질은?

- A의 질량 : 39.5 g
- A를 넣기 전 물의 부피 : 30.0 mL
- 물이 든 눈금실린더에 A를 넣었을 때의 부피 : 35.0 mL

① 알루미늄 ② 철 ③ 구리
④ 은 ⑤ 납

05 오른쪽 그림은 몇 가지 물질을 유리컵에 넣은 모습이다. 각 물질의 밀도를 옳게 비교한 것은?

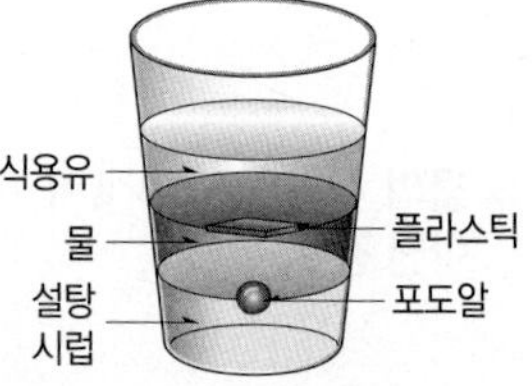

① 설탕 시럽<포도알<물<플라스틱<식용유
② 설탕 시럽<물<식용유<플라스틱<포도알
③ 플라스틱<포도알<식용유<물<설탕 시럽
④ 식용유<물<설탕 시럽<플라스틱<포도알
⑤ 식용유<플라스틱<물<포도알<설탕 시럽

06 물에 달걀을 넣으면 가라앉지만, 물에 소금을 조금씩 넣어 녹이면 그림과 같이 어느 순간 달걀이 소금물 위로 떠오른다.

이에 대한 설명으로 옳은 것은?

① 물의 밀도는 달걀의 밀도보다 크다.
② 모든 소금물의 밀도는 같다.
③ 소금을 녹일수록 달걀의 밀도가 커진다.
④ 소금을 녹일수록 소금물의 밀도가 작아진다.
⑤ 혼합물의 밀도는 성분 물질의 혼합 비율에 따라 달라진다.

[07~08] 오른쪽 그림은 물질 A~F의 부피와 질량을 측정하여 나타낸 것이다.

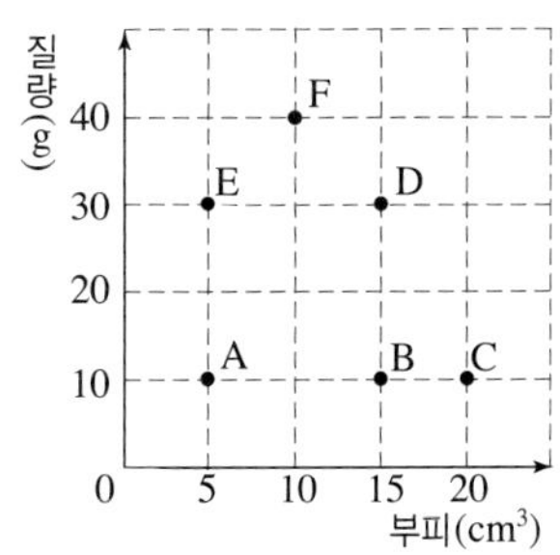

이 문제에서 나올 수 있는 보기는 多

07 이에 대한 설명으로 옳은 것을 모두 고르면?(2개)

① 4가지의 물질이 있다.
② A와 D는 같은 물질이다.
③ A, B, C는 밀도가 같다.
④ 밀도가 가장 큰 것은 F이다.
⑤ D의 밀도는 0.5 g/cm^3이다.
⑥ F의 밀도는 A의 밀도의 3배이다.
⑦ 질량이 같을 때 부피가 가장 큰 것은 C이다.

08 A~F 중 물에 뜰 것으로 예상되는 물질을 모두 고른 것은?(단, 물의 밀도는 1.0 g/cm^3이고, A~F는 물에 녹지 않는다.)

① A, B　② B, C　③ B, D
④ D, E　⑤ E, F

09 표는 일정한 온도와 압력에서 순수한 금속 조각 A~C의 질량과 부피를 측정한 결과이다.

구분	A	B	C
질량(g)	15.6	23.4	31.2
부피(cm^3)	2.0	3.0	4.0

이에 대한 설명으로 옳은 것을 보기에서 모두 고른 것은?

보기
ㄱ. A와 B는 같은 물질이다.
ㄴ. 밀도가 가장 큰 물질은 C이다.
ㄷ. 금속 A~C를 반으로 자르면 질량과 부피가 모두 감소한다.
ㄹ. 금속 A~C를 반으로 잘라도 밀도는 변하지 않는다.

① ㄱ, ㄴ　② ㄴ, ㄷ　③ ㄷ, ㄹ
④ ㄱ, ㄷ, ㄹ　⑤ ㄴ, ㄷ, ㄹ

10 실온(약 20 °C)에서 온도와 압력에 따른 밀도 변화가 가장 큰 물질은?

① 구리　② 산소　③ 에탄올
④ 아세톤　⑤ 염화 나트륨

11 밀도와 관련된 현상에 대한 설명으로 옳지 않은 것은?

① 에어컨은 아래쪽에, 온풍기는 위쪽에 설치한다.
② 헬륨은 공기보다 밀도가 작으므로 헬륨이 든 풍선은 위로 뜬다.
③ 잠수부는 밀도가 큰 납덩어리를 허리에 달아 물에 잘 가라앉게 한다.
④ 사해에서는 바닷물보다 사람의 밀도가 상대적으로 작으므로 사람이 물 위에 쉽게 뜬다.
⑤ 구명조끼 속에 들어 있는 물질은 물보다 밀도가 작으므로 구명조끼를 입으면 물 위에 뜬다.

12 용해와 용액에 대한 설명으로 옳지 않은 것은?

① 용해는 한 물질이 다른 물질에 녹아 고르게 섞이는 현상이다.
② 물에 설탕을 녹일 때 물은 용질, 설탕은 용매이다.
③ 흙탕물은 불균일 혼합물이므로 용액이 아니다.
④ 포화 용액에는 용질이 최대로 녹아 있다.
⑤ 불포화 용액에는 용질이 더 녹을 수 있다.

13 30 °C 물 200 g에 어떤 고체 물질 80 g을 녹였더니 20 g이 녹지 않고 가라앉았다. 30 °C에서 물에 대한 이 물질의 용해도는?

① 15　② 20　③ 30
④ 60　⑤ 80

VI 물질의 특성

14 고체의 용해도에 대한 설명으로 옳은 것을 모두 고르면?(3개)

① 압력의 영향을 많이 받는다.
② 용매가 다르면 용해도 값이 달라진다.
③ 온도에 따라 값이 변하므로 물질의 특성이 될 수 없다.
④ 용액 100 g에 최대로 녹을 수 있는 용질의 g수이다.
⑤ 대부분의 고체는 온도가 높을수록 용해도가 감소한다.
⑥ 유리 막대로 저어 주거나 용질을 잘게 부수어 녹여도 용해도는 변하지 않는다.
⑦ 일정한 온도에서 용매 100 g에 용질이 용해도만큼 녹아 있는 용액은 포화 용액이다.

15 그림은 여러 가지 고체 물질의 용해도 곡선을 나타낸 것이다.

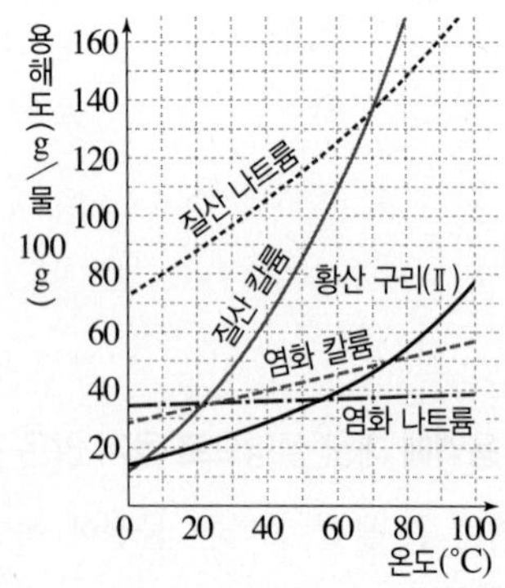

온도에 따른 용해도 변화가 (가) 가장 큰 물질과 (나) 가장 작은 물질을 각각 쓰시오.

16 표는 질산 나트륨의 용해도(g/물 100 g)를 나타낸 것이다.

온도(°C)	20	40	60	80
질산 나트륨	87	104	124	148

80 °C 물 200 g에 질산 나트륨을 최대로 녹여 포화 용액을 만든 후 40 °C로 냉각할 때 석출되는 질산 나트륨의 질량(g)은?

① 22 g ② 44 g ③ 60 g
④ 88 g ⑤ 104 g

17 오른쪽 그림은 질산 칼륨의 용해도 곡선을 나타낸 것이다. 이에 대한 설명으로 옳지 않은 것은?

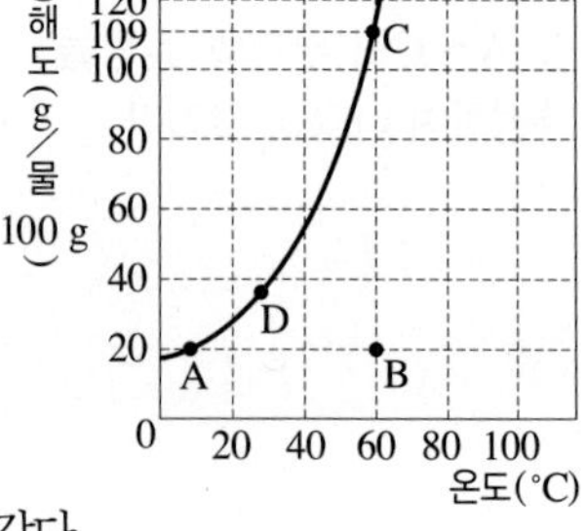

① A점과 D점에서 용액에 녹아 있는 질산 칼륨의 질량은 같다.
② B점에서 용액은 불포화 상태이다.
③ C점에서 용액은 포화 상태이다.
④ B점에서 용액의 온도를 낮추면 포화 용액이 될 수 있다.
⑤ C점의 용액 209 g을 A점까지 온도를 낮추면 질산 칼륨 89 g이 결정으로 석출된다.

18 그림과 같이 장치하고 시험관 A~D에 같은 양의 사이다를 넣은 후 발생하는 기포를 관찰하였다.

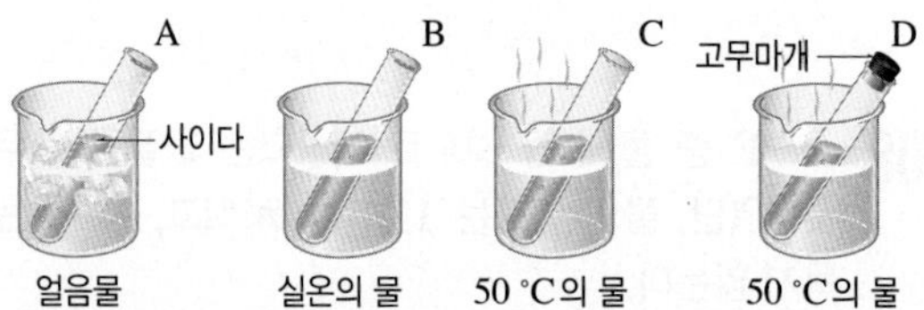

이에 대한 설명으로 옳지 않은 것은?

① 기포가 발생하는 까닭은 이산화 탄소의 용해도가 작아져 더 이상 용액 속에 녹아 있을 수 없기 때문이다.
② 기포가 가장 많이 발생하는 것은 C이다.
③ D의 고무마개를 빼면 기포 발생량이 감소한다.
④ A~C를 비교하면 온도에 따른 기체의 용해도를 알 수 있다.
⑤ C와 D를 비교하면 압력에 따른 기체의 용해도를 알 수 있다.

19 다음 내용과 관계있는 현상을 모두 고르면?(2개)

> 기체의 용해도는 압력이 낮을수록 감소한다.

① 탄산음료의 뚜껑을 열면 거품이 생긴다.
② 사이다는 냉장고에 차게 보관해야 한다.
③ 주전자의 물을 끓이면 수증기가 발생한다.
④ 커피 가루는 찬물보다 더운물에 잘 녹는다.
⑤ 잠수부들은 수면 위로 올라올 때 천천히 올라와야 한다.

● 정답과 해설 64쪽

1단계 단답형으로 쓰기

1 (가)~(다)는 무엇에 대한 설명인지 각각 쓰시오.

> (가) 물질이 차지하고 있는 공간의 크기
> (나) 장소나 상태에 따라 변하지 않는 물질의 고유한 양
> (다) 단위 부피당 질량

2 밀도가 8.95 g/cm^3인 금속을 반으로 나누었다. 반으로 나눈 금속의 밀도(g/cm^3)를 쓰시오.

3 다음 ( ) 안에 알맞은 말을 쓰시오.

> 공기보다 밀도가 ㉠( ) LNG는 천장 쪽에 가스 누출 경보기를 설치하고, 공기보다 밀도가 ㉡( ) LPG는 바닥 쪽에 가스 누출 경보기를 설치한다.

4 다음 ( ) 안에 알맞은 말을 쓰시오.

> 설탕물에서 설탕과 같이 녹는 물질을 ㉠( ), 물과 같이 녹이는 물질을 ㉡( ), 설탕이 물에 녹는 현상을 ㉢( )라고 한다.

5 40 °C 물 200 g에 고체 물질 35 g을 녹였더니 포화 용액이 되었다. 40 °C에서 물에 대한 고체 물질의 용해도를 구하시오.

2단계 제시된 단어를 모두 이용하여 서술하기

[6~10] 각 문제에 제시된 단어를 모두 이용하여 답을 서술하시오.

6 밀도가 물질의 특성인 까닭을 서술하시오.

> 물질의 종류, 같은 물질, 양

7 물에서 물질이 뜨거나 가라앉는 현상을 밀도와 관련지어 서술하시오.

> 밀도, 작은, 큰

8 달걀은 물보다 밀도가 크기 때문에 물에 넣으면 달걀이 가라앉지만, 물에 소금을 조금씩 녹이면 어느 순간 달걀이 떠오른다. 이러한 현상이 나타나는 까닭을 서술하시오.

> 물, 소금의 양, 소금물, 밀도

9 80 °C 물 100 g에 고체 물질 120 g을 녹인 후 60 °C로 냉각할 때 석출되는 결정의 질량(g)을 풀이 과정과 함께 서술하시오.(단, 고체 물질의 용해도는 60 °C에서 90, 80 °C에서 130이다.)

> 60 °C, 90 g, 결정의 질량, 120 g

10 더운 여름철 연못의 물고기들이 수면 위로 입을 내밀고 뻐끔거리는 까닭을 서술하시오.

> 온도, 기체의 용해도, 산소

3단계 실전 문제 풀어 보기

11 질량이 19.2 g인 고체 물질을 20.0 mL의 물이 담긴 눈금실린더에 넣었더니 물의 부피가 28.0 mL가 되었다. 이 고체 물질의 밀도(g/cm³)를 풀이 과정과 함께 서술하시오.

답안작성 TIP

12 그림은 물질 A~C의 질량과 부피 관계를 나타낸 것이다.

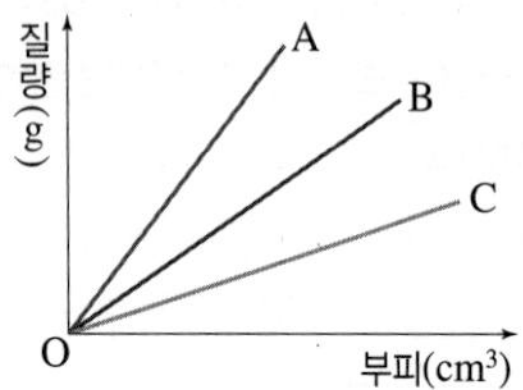

(1) A~C의 밀도의 크기를 등호나 부등호로 비교하시오.

(2) (1)과 같이 답한 까닭을 서술하시오.

13 표는 몇 가지 물질의 질량과 부피를 측정하여 나타낸 것이다.(단, 물의 밀도는 1.0 g/cm³이며, 물질 A~D는 모두 물에 녹지 않는다.)

구분	A	B	C	D
질량(g)	20	200	21	33
부피(cm³)	80	100	7	66

(1) 물질 A~D의 밀도를 구하시오.

(2) 물질 A~D 중 물에 뜰 것으로 예상되는 물질의 기호를 모두 쓰시오.

(3) (2)와 같이 답한 까닭을 서술하시오.

답안작성 TIP

14 표는 질산 나트륨과 질산 칼륨의 용해도(g/물 100 g)를 나타낸 것이다.

온도(°C)	20	40	60	80
질산 나트륨	87	104	124	148
질산 칼륨	32	63	109	170

(1) 60 °C 물 100 g에 질산 나트륨 80 g을 넣고 녹인 후 20 °C로 냉각할 때 석출되는 질산 나트륨의 질량(g)을 쓰시오.

(2) (1)과 같이 답한 까닭을 서술하시오.

(3) 80 °C 물 100 g에 질산 칼륨 100 g을 넣고 녹인 후 20 °C로 냉각할 때 석출되는 질산 칼륨의 질량(g)을 풀이 과정과 함께 서술하시오.

15 그림과 같이 장치한 후 각 시험관에서 발생하는 기포의 양을 관찰하였다.

(가) 얼음물 (나) 실온의 물 (다) 실온의 물

(1) 기체의 용해도와 온도의 관계를 알기 위해 비교해야 하는 시험관을 고르고, 그 관계를 서술하시오.

(2) 기체의 용해도와 압력의 관계를 알기 위해 비교해야 하는 시험관을 고르고, 그 관계를 서술하시오.

답안작성 TIP

12. 그래프의 기울기$=\frac{\text{질량}}{\text{부피}}$이다. 14. 석출되는 용질의 양=처음 온도에서 녹아 있던 용질의 양−냉각한 온도에서 최대로 녹을 수 있는 용질의 양

중단원 핵심 요약

● 정답과 해설 65쪽

1 끓는점 차를 이용한 분리

(1) ❶ _____ : 액체 상태의 혼합물을 가열할 때 끓어 나오는 기체를 냉각하여 순수한 액체를 얻는 방법 ➡ 액체 상태의 혼합물을 가열하면 끓는점이 ❷ _____ 물질이 먼저 끓어 나온다.

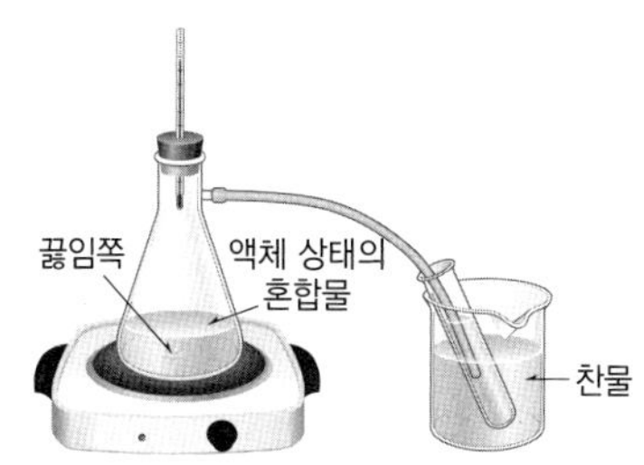

▲ 증류 장치

(2) 끓는점 차를 이용한 분리의 예

① 물과 에탄올 혼합물 분리 : 물과 에탄올 혼합물을 가열하면 끓는점이 ❸ _____ 은 에탄올이 먼저 끓어 나오고, 끓는점이 ❹ _____ 은 물이 나중에 끓어 나온다.

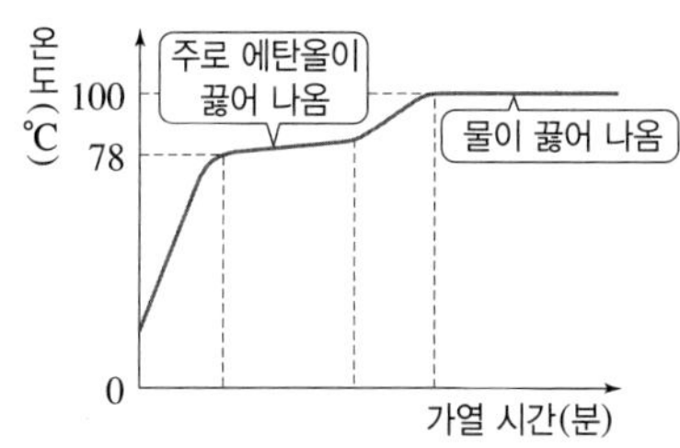

▲ 물과 에탄올 혼합물의 가열 곡선

② 탁한 술에서 맑은 소주 얻기 : 소줏고리에 곡물을 발효하여 만든 탁한 술을 넣고 가열하면 끓는점이 낮은 에탄올이 먼저 끓어 나오다가 찬물에 의해 냉각되어 맑은 소주가 된다.

③ 바닷물에서 식수 얻기 : 바닷물을 가열하면 물이 기화하여 수증기가 되고, 이 수증기를 냉각하면 순수한 물을 얻을 수 있다.

④ 원유의 분리 : 원유를 높은 온도로 가열하여 증류탑으로 보내면 끓는점이 ❺ _____ 은 물질일수록 증류탑의 위쪽에서 분리되어 나온다.

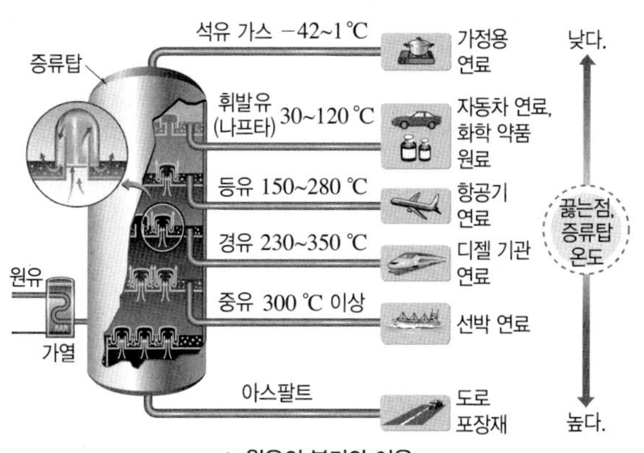

▲ 원유의 분리와 이용

2 밀도 차를 이용한 분리

(1) 고체 혼합물의 분리 : 밀도가 다른 두 고체 혼합물은 밀도가 두 물질의 ❻ _____ 정도이며, 두 물질을 모두 녹이지 않는 액체에 넣어 분리한다. ➡ 액체보다 밀도가 ❼ _____ 물질은 액체 위에 뜨고, 액체보다 밀도가 ❽ _____ 물질은 아래로 가라앉는다.

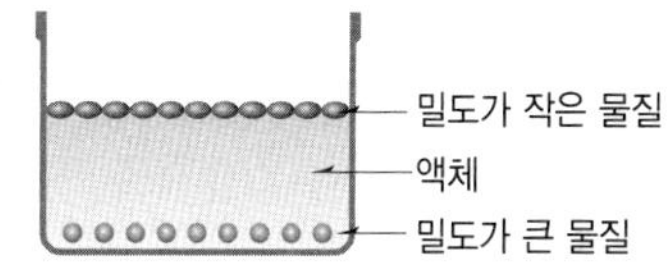

구분	원리
좋은 볍씨 고르기	볍씨를 소금물에 담그면 쭉정이는 뜨고, 잘 여문 좋은 볍씨는 가라앉는다. ➡ 밀도 : 쭉정이 < 소금물 < 좋은 볍씨
신선한 달걀 고르기	달걀을 소금물에 넣으면 오래된 달걀은 뜨고, 신선한 달걀은 가라앉는다. ➡ 밀도 : 오래된 달걀 < 소금물 < 신선한 달걀
스타이로폼과 모래 분리	혼합물을 물에 넣으면 스타이로폼은 뜨고, 모래는 가라앉는다. ➡ 밀도 : 스타이로폼 < 물 < 모래

(2) 액체 혼합물의 분리 : 서로 섞이지 않고 밀도가 다른 액체의 혼합물은 ❾ _____ 를 이용하여 분리한다. ➡ 밀도가 ❿ _____ 물질은 위로 뜨고, 밀도가 ⓫ _____ 물질은 아래로 가라앉아 층을 이룬다.

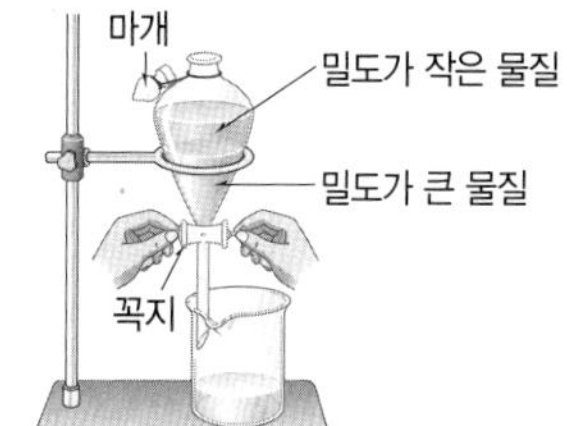

혼합물	위층	아래층	밀도 비교
물과 식용유	식용유	물	식용유 < 물
간장과 참기름	참기름	간장	참기름 < 간장
물과 에테르	에테르	물	에테르 < 물
물과 사염화 탄소	물	사염화 탄소	물 < 사염화 탄소

(3) 밀도 차를 이용한 분리의 예

구분	원리
사금 채취	사금이 섞인 모래를 그릇에 담아 물속에서 흔들면 모래는 씻겨 나가고, 사금이 남는다.
바다에 유출된 기름 제거	바다에 기름이 유출되면 오일펜스를 설치한 후 흡착포로 물 위에 뜬 기름을 제거한다.
혈액 분리	혈액을 원심 분리기에 넣고 회전시키면 혈구는 아래로, 혈장은 위로 분리된다.

VI 물질의 특성

잠깐 테스트

● 정답과 해설 65쪽

MEMO

1 서로 잘 섞이며 끓는점이 다른 두 액체 상태의 혼합물을 가열하면 끓는점이 (　　　) 물질이 먼저 끓어 나온다.

2 증류 장치를 이용하여 분리하기에 적당한 혼합물을 보기에서 모두 고르시오.

보기	
ㄱ. 물과 소금	ㄴ. 간장과 참기름
ㄷ. 물과 식용유	ㄹ. 물과 사염화 탄소

[3~4] 오른쪽 그림은 물과 에탄올 혼합물의 가열 곡선이다.

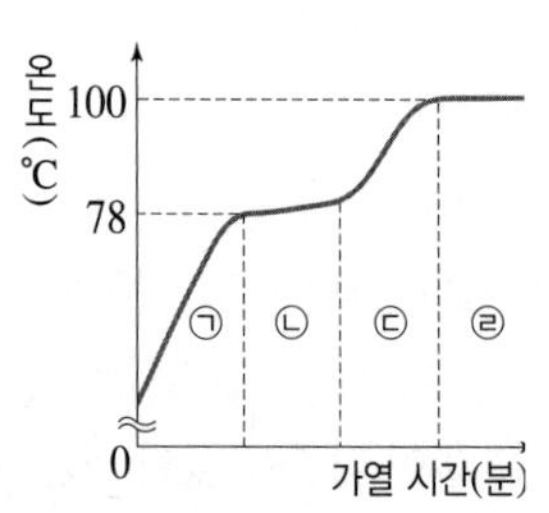

3 ㉠~㉣ 중 에탄올이 주로 끓어 나오는 구간의 기호를 쓰시오.

4 ㉠~㉣ 중 물이 끓어 나오는 구간의 기호를 쓰시오.

5 바닷물을 끓여 식수를 얻거나 탁한 술을 가열하여 맑은 소주를 얻는 방법을 무엇이라고 하는지 쓰시오.

6 증류탑에서 원유를 분리할 때 끓는점이 낮은 물질일수록 증류탑의 ①(위쪽, 아래쪽)에서, 끓는점이 높은 물질일수록 증류탑의 ②(위쪽, 아래쪽)에서 분리되어 나온다.

7 밀도가 다른 두 고체 혼합물을 액체에 넣어 분리할 때 액체의 밀도는 두 고체 물질의 (　　　) 정도여야 한다.

[8~9] 오른쪽 그림과 같은 장치를 이용하여 액체 혼합물을 분리하였다.

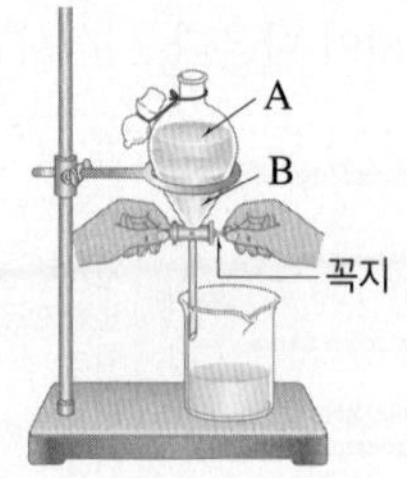

8 이 실험 장치의 이름을 쓰시오.

9 이 실험 장치로 물과 에테르를 분리할 때 A와 B에 위치하는 물질을 각각 쓰시오.

10 바다에 기름이 유출되면 오일펜스를 설치한 후 흡착포를 이용하여 물 위에 뜬 기름을 제거한다. 이때 이용되는 물질의 특성을 쓰시오.

중단원 기출 문제

● 정답과 해설 65쪽

01 용액을 가열할 때 끓어 나오는 기체를 냉각하여 순수한 액체 물질을 얻는 방법은?

① 거름 ② 증발 ③ 증류
④ 재결정 ⑤ 크로마토그래피

02 그림은 액체 상태의 혼합물을 분리하는 실험 장치를 나타낸 것이다.

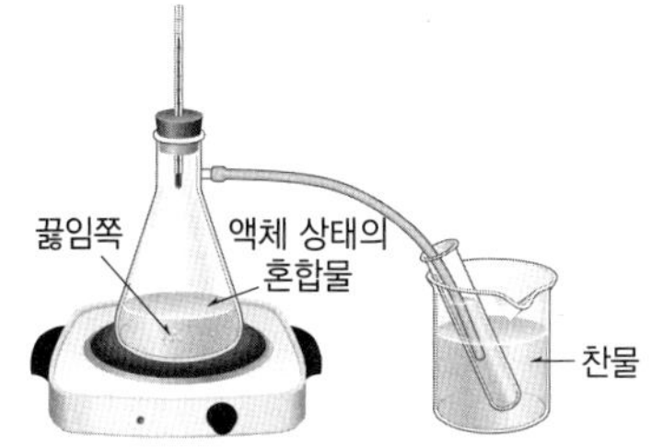

이에 대한 설명으로 옳지 않은 것은?

① 끓는점 차를 이용한 증류 장치이다.
② 온도계의 밑부분은 삼각 플라스크의 가지 부근에 오게 한다.
③ 끓임쪽은 액체가 갑자기 끓어오르는 것을 방지한다.
④ 두 물질의 끓는점 차가 클수록 분리가 잘 된다.
⑤ 끓는점이 높은 물질부터 분리되어 나온다.

03 그림은 물과 에탄올 혼합물의 가열 곡선을 나타낸 것이다.

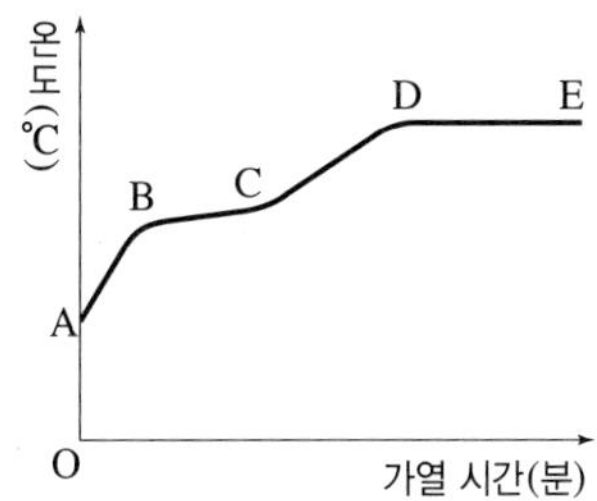

이에 대한 설명으로 옳은 것은?

① AB 구간에서는 주로 에탄올이 끓어 나온다.
② BC 구간의 온도는 에탄올의 끓는점보다 약간 낮다.
③ CD 구간에서는 물이 끓어 나온다.
④ DE 구간에서는 온도가 100 °C로 일정하다.
⑤ 물과 에테르 혼합물도 이와 같이 끓는점 차를 이용하여 분리한다.

04 증류 장치로 분리하기에 적당한 혼합물을 보기에서 모두 고른 것은?

보기
ㄱ. 물과 메탄올 ㄴ. 물과 에탄올
ㄷ. 모래와 톱밥 ㄹ. 물과 사염화 탄소

① ㄱ, ㄴ ② ㄱ, ㄷ ③ ㄱ, ㄹ
④ ㄴ, ㄷ ⑤ ㄴ, ㄹ

05 오른쪽 그림은 탁한 술을 가열하여 소주를 만드는 데 이용하는 소줏고리이다. 이러한 혼합물의 분리에서 이용되는 물질의 특성과 분리 방법을 옳게 짝 지은 것은?

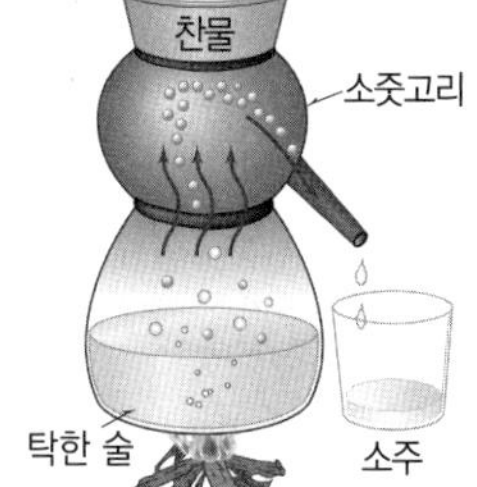

① 밀도 – 증류
② 밀도 – 재결정
③ 끓는점 – 증류
④ 끓는점 – 재결정
⑤ 용해도 – 크로마토그래피

06 증류를 이용하여 혼합물을 분리하는 예는?

① 바닷물에서 식수를 분리한다.
② 바다에 유출된 기름을 제거한다.
③ 모래를 물로 씻어내 사금을 채취한다.
④ 좋은 볍씨와 쭉정이를 소금물에 넣어 분리한다.
⑤ 모래와 스타이로폼 혼합물을 물에 넣어 분리한다.

07 표는 액체 A와 B의 몇 가지 성질을 나타낸 것이다.

물질	용해성	끓는점(°C)	밀도(g/cm^3)
A	서로 잘 섞인다.	56.5	0.76
B		78.3	0.79

A와 B의 혼합물을 분리하기에 가장 적당한 방법 및 실험 장치는?

① 증류 ② 재결정
③ 스포이트 이용 ④ 크로마토그래피
⑤ 분별 깔때기 이용

[08~09] 그림은 원유를 분리하는 증류탑을 모형으로 나타낸 것이다.

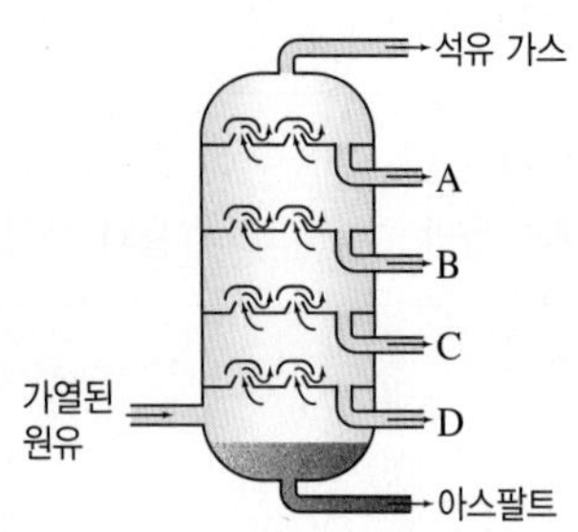

08 A~D에서 분리되어 나오는 물질의 끓는점을 부등호로 비교하시오.

09 이에 대한 설명으로 옳지 않은 것은?

① 성분 물질의 끓는점 차를 이용한다.
② 증류탑의 위로 올라갈수록 온도가 낮다.
③ 끓는점이 낮은 성분일수록 위쪽에서 분리된다.
④ 이러한 분리 방법을 증류라고 한다.
⑤ A~D에서 분리되어 나오는 물질은 순물질이다.

10 뷰테인과 프로페인의 혼합 기체를 그림과 같은 장치를 이용하여 분리하려고 한다.

이에 대한 설명으로 옳지 않은 것은?(단, 뷰테인의 끓는점은 −0.5 ℃, 프로페인의 끓는점은 −42.1 ℃이다.)

① 끓는점 차를 이용한 분리 방법이다.
② 수조 속에 있는 얼음에 소금을 넣는다.
③ 뷰테인은 액체 상태로 분리된다.
④ 프로페인은 기체 상태로 분리된다.
⑤ 수조 속의 온도는 프로페인의 끓는점보다 낮게 유지되어야 한다.

11 표는 몇 가지 기체 물질의 끓는점을 나타낸 것이다.

기체	프로페인	산소	질소	아르곤
끓는점(℃)	−42.1	−183.0	−195.8	−185.8

이 기체 물질이 섞여 있는 혼합물을 −200 ℃로 냉각한 후 증류탑으로 보내 온도를 서서히 높일 때 증류탑의 가장 높은 곳에서 기화되어 분리되는 물질은?

① 프로페인　② 산소　③ 질소
④ 아르곤　⑤ 산소, 질소

12 오른쪽 그림은 플라스틱 A와 B의 혼합물을 분리하는 방법을 나타낸 것이다. 이때 사용하는 액체의 조건을 모두 고르면?(2개)

① 플라스틱 A와 B 중 한 물질만 녹인다.
② 플라스틱 A와 B를 모두 녹이지 않는다.
③ 플라스틱 A와 B의 밀도보다 커야 한다.
④ 플라스틱 A와 B의 밀도보다 작아야 한다.
⑤ 플라스틱 A와 B의 중간 정도의 밀도를 갖는다.

13 혼합물을 분리할 때 밀도 차를 이용하는 것을 보기에서 모두 고른 것은?

보기
ㄱ. 물과 에탄올 분리
ㄴ. 공기의 성분 분리
ㄷ. 간장과 참기름 분리
ㄹ. 물과 식용유 분리

① ㄱ, ㄴ　② ㄱ, ㄷ　③ ㄴ, ㄷ
④ ㄴ, ㄹ　⑤ ㄷ, ㄹ

14 스타이로폼과 돌이 섞인 혼합물에 물을 부었더니 그림과 같이 분리되었다.

이 실험 결과를 통해 밀도를 옳게 비교한 것은?

① 돌<물<스타이로폼
② 돌<스타이로폼<물
③ 물<돌<스타이로폼
④ 스타이로폼<돌<물
⑤ 스타이로폼<물<돌

15 표는 여러 가지 액체 물질의 밀도를 나타낸 것이다.

액체	A	B	C	D	E
밀도(g/cm^3)	1.0	9.0	7.3	3.2	0.3

밀도가 4.5 g/cm^3인 모래와 밀도가 0.4 g/cm^3인 플라스틱이 섞여 있는 혼합물을 밀도 차로 분리할 때 사용할 수 있는 액체를 모두 고른 것은?(단, A~E는 모두 모래와 플라스틱을 녹이지 않는다.)

① A　② E　③ A, D
④ B, C　⑤ D, E

16 오른쪽 그림은 혼합물을 분리하는 데 사용되는 실험 장치이다. 이 실험 장치에 대한 설명으로 옳은 것은?

① 끓는점 차를 이용한다.
② 물과 에탄올 혼합물을 분리할 수 있다.
③ 밀도가 큰 물질은 위층에 위치한다.
④ 밀도가 작은 물질은 아래층에 위치한다.
⑤ 서로 섞이지 않고 밀도가 다른 액체의 혼합물을 분리할 때 사용한다.

17 분별 깔때기로 분리할 수 있는 혼합물과 분리에 이용되는 물질의 특성을 옳게 짝 지은 것은?

① 물과 식용유 – 밀도
② 물과 소금 – 밀도
③ 모래와 설탕 – 용해도
④ 물과 메탄올 – 끓는점
⑤ 물과 에테르 – 끓는점

18 표는 액체 A와 B의 몇 가지 특성을 나타낸 것이다.

물질	끓는점(°C)	밀도(g/mL)	용해성
A	100	1	서로 섞이지 않는다.
B	240	0.86	

액체 A와 B의 혼합물을 분리할 때 이용되는 물질의 특성과 실험 기구를 옳게 짝 지은 것은?

① 끓는점, 소줏고리를 이용하여 분리한다.
② 끓는점, 증류 장치를 이용하여 분리한다.
③ 끓는점, 분별 깔때기를 이용하여 분리한다.
④ 밀도, 증류 장치를 이용하여 분리한다.
⑤ 밀도, 분별 깔때기를 이용하여 분리한다.

19 혼합물을 분리하는 데 이용되는 물질의 특성이 나머지 넷과 다른 것은?

① 혈액을 원심 분리기에 넣어 혈구를 분리한다.
② 사금이 섞인 모래를 쟁반에 담고 물속에서 흔든다.
③ 신선한 달걀을 고르기 위해 달걀을 소금물에 넣는다.
④ 우리 조상들은 소줏고리를 이용하여 탁한 술에서 소주를 만든다.
⑤ 유조선에서 흘러나온 원유를 제거하기 위해 오일펜스를 설치한다.

서술형 정복하기

1단계 단답형으로 쓰기

1 액체 상태의 혼합물을 가열할 때 끓어 나오는 기체를 냉각하여 순수한 액체를 얻는 방법을 무엇이라고 하는지 쓰시오.

2 다음과 같은 혼합물의 분리에서 공통으로 이용되는 물질의 특성을 쓰시오.

- 원유의 분리
- 탁한 술에서 맑은 소주 얻기

3 다음 ( ) 안에 알맞은 말을 고르시오.

밀도 차를 이용하여 두 가지 고체 혼합물을 분리할 때는 두 고체 물질을 모두 ㉠(녹이고, 녹이지 않고), 밀도가 두 ㉡(고체보다 작은, 고체의 중간 정도인, 고체보다 큰) 액체 물질을 사용한다.

4 다음 ( ) 안에 알맞은 말을 고르시오.

적은 양의 서로 섞이지 않는 액체 혼합물을 분리할 때는 시험관에 혼합물을 넣고 ㉠(분별 깔때기, 스포이트)를 이용하여 ㉡(위층, 아래층) 액체 물질을 먼저 덜어 내어 분리한다.

5 바닷물에 기름이 유출되면 오일펜스를 설치한 후 흡착포를 이용하여 기름을 제거한다. 바닷물과 기름의 밀도를 부등호로 비교하시오.

2단계 제시된 단어를 모두 이용하여 서술하기

[6~10] 각 문제에 제시된 단어를 모두 이용하여 답을 서술하시오.

6 물과 에탄올 혼합물을 분리할 때 끓임쪽을 넣는 까닭을 서술하시오.

액체, 갑자기, 방지

7 소줏고리를 이용하여 탁한 술에서 맑은 소주를 얻는 방법을 서술하시오.

끓는점, 에탄올, 기화, 찬물, 액화

8 증류탑으로 원유를 분리할 때 끓는점에 따른 분리 위치를 서술하시오.

끓는점, 위쪽, 아래쪽

9 물과 사염화 탄소를 분별 깔때기에 넣고 가만히 세워 둘 때의 결과를 서술하시오.

밀도, 위, 아래

10 분별 깔때기를 이용해 위층과 아래층의 액체를 분리하는 방법을 서술하시오.

마개, 꼭지, 위쪽 입구, 다른 비커

3단계 실전 문제 풀어 보기

답안작성 TIP

11 그림은 에탄올 수용액을 가열할 때 시간에 따른 온도 변화를 나타낸 것이다.

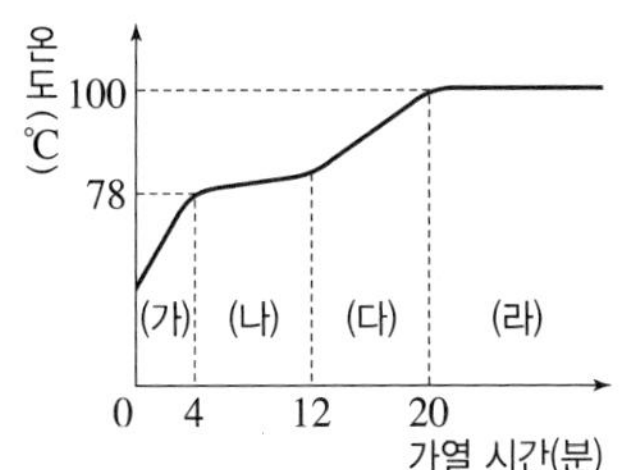

(가)~(라) 중 물이 분리되는 구간을 고르고, 그 까닭을 서술하시오.

답안작성 TIP

12 그림은 원유를 분리하는 증류탑을 나타낸 것이다.

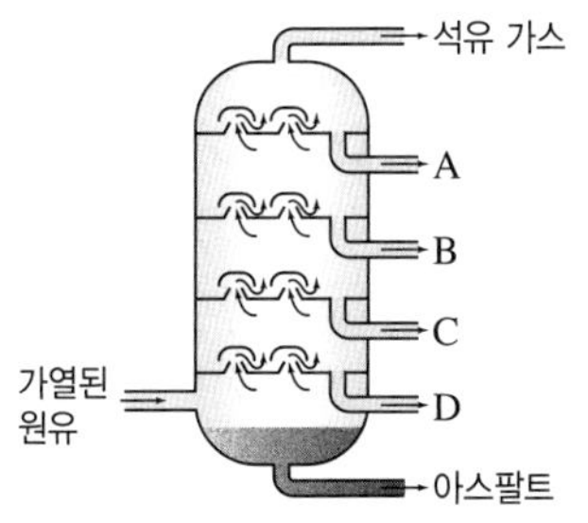

A~D 중 끓는점이 가장 높은 물질이 분리되어 나오는 부분의 기호를 쓰고, 증류탑에서 이용하는 혼합물의 분리 방법 및 그 방법에 이용되는 물질의 특성을 서술하시오.

13 표는 액체 A~E의 밀도를 나타낸 것이다.

액체	A	B	C	D	E
밀도(g/cm^3)	2.0	7.3	9.2	3.2	0.3

밀도가 5.0 g/cm^3인 돌과 밀도가 0.8 g/cm^3인 스타이로폼의 혼합물을 밀도 차를 이용하여 분리하려고 할 때 사용할 수 있는 액체를 모두 고르고, 그 까닭을 서술하시오.(단, 돌과 스타이로폼은 액체 A~E에 모두 녹지 않는다.)

14 그림은 혼합물을 분리하기 위한 실험 장치를 나타낸 것이다.

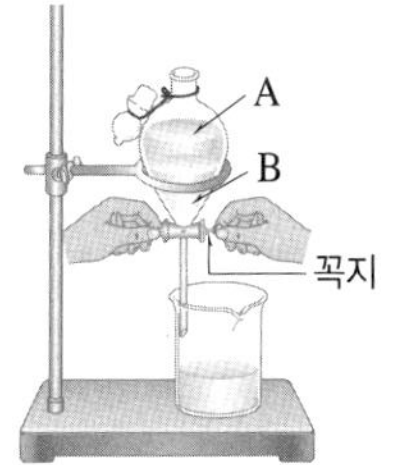

(1) 이 실험 장치의 이름을 쓰시오.

(2) A와 B 중 밀도가 더 큰 물질의 기호를 쓰고, 그 까닭을 서술하시오.

(3) 이 실험 장치로 분리할 수 있는 액체 혼합물의 조건 두 가지를 서술하시오.

15 다음은 분별 깔때기를 이용하여 액체 혼합물을 분리하는 과정을 순서 없이 나열한 것이다.

(가) 액체 혼합물을 분별 깔때기에 넣는다.
(나) 경계면 근처의 액체를 따로 받아 낸다.
(다) 분별 깔때기의 위쪽 입구를 이용하여 위층의 액체를 다른 비커에 받아 낸다.
(라) 마개로 막은 후 혼합물이 두 층으로 나누어질 때까지 기다린다.
(마) 분별 깔때기의 마개를 막고 꼭지를 돌려 아래층 액체를 분리한다.

(1) (가)~(마) 중 옳지 않은 과정을 고르고, 옳게 고쳐 서술하시오.

(2) 위 과정을 순서대로 나열하시오.

답안작성 TIP

11. 액체 상태의 혼합물을 가열하면 끓는점이 낮은 물질이 먼저 끓어 나온다. **12.** 증류탑에서는 끓는점이 낮은 물질일수록 위쪽에서, 끓는점이 높은 물질일수록 아래쪽에서 분리된다.

중단원 핵심 요약

● 정답과 해설 67쪽

1 용해도 차를 이용한 분리

(1) ❶ ______ : 물질의 온도에 따른 용해도 차를 이용하여 순수한 고체 물질을 분리하는 방법

➡ 불순물이 섞여 있는 고체를 용매에 녹인 다음 용액의 온도를 낮추거나 용매를 증발시켜 순수한 고체 물질을 얻는다.

(2) 재결정을 이용한 혼합물 분리의 예

① 염화 나트륨과 붕산 혼합물 분리

[과정]

❶ 염화 나트륨 20 g과 붕산 20 g이 섞인 혼합물을 80 ℃의 물 100 g에 모두 녹인다.

❷ ❶의 용액을 20 ℃로 냉각한 후 거름 장치로 거른다.

[결과]

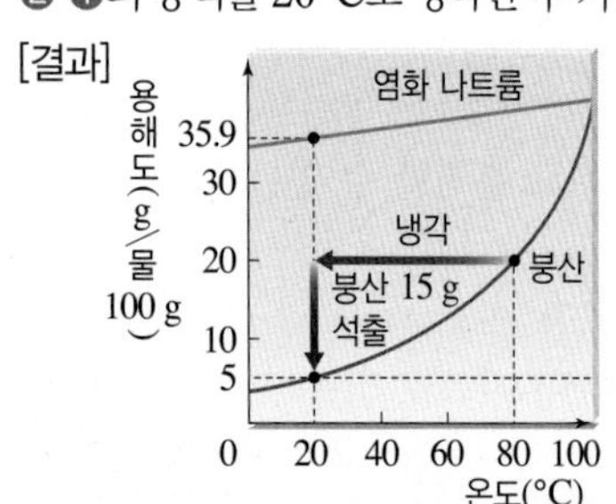

◀ 염화 나트륨과 붕산의 용해도 곡선

물질	염화 나트륨	붕산
80 ℃의 물 100 g에 녹아 있는 양	20 g	20 g
20 ℃의 물 100 g에 녹을 수 있는 양	35.9 g	5 g
석출량	없음	15 g

➡ 20 ℃에서 염화 나트륨의 용해도는 35.9이므로 염화 나트륨은 모두 녹아 있다.

➡ 20 ℃에서 붕산의 용해도는 5이므로 붕산은 5 g만 녹고 나머지 15 g이 결정으로 석출된다.

[정리] 온도에 따른 용해도 차가 ❷ ______ 수록 재결정하기 쉽다.

② 천일염에서 정제 소금 얻기 : 천일염을 물에 녹인 후 거름 장치로 거르면 물에 녹지 않는 불순물이 제거되고, 거른 용액을 증발시켜 순수한 소금을 얻는다.

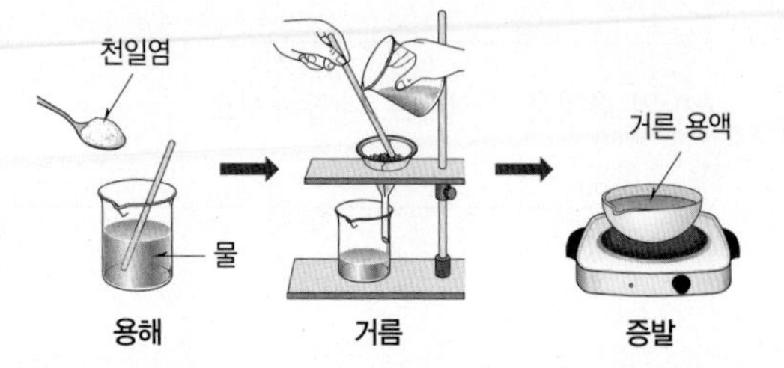

③ 합성 약품 정제 : 약품을 합성한 후 불순물을 제거하여 순도를 높인다. 예 아스피린의 정제

2 크로마토그래피를 이용한 분리

(1) 크로마토그래피 : 혼합물을 이루는 성분 물질이 용매를 따라 이동하는 ❸ ______ 가 다른 것을 이용하여 분리하는 방법

➡ 용매의 종류에 따라 분리되는 성분 물질의 수 또는 이동한 거리가 달라진다.

[크로마토그래피 결과 분석]

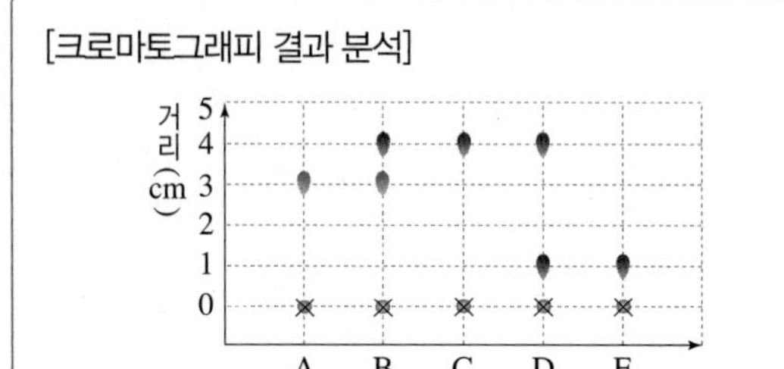

• A, C, E는 한 가지 성분만 나타났으므로 ❹ ______ 로 예상할 수 있다.

• B, D는 여러 가지 성분으로 분리되므로 ❺ ______ 이다.

• 올라간 높이가 같으면 같은 성분이므로 B는 A와 C를 포함하고, D는 C와 E를 포함한다.

• 높이 올라갈수록 이동 속도가 빠르므로 용매를 따라 이동하는 속도는 E<A<C 순이다.

(2) 크로마토그래피의 특징

① 매우 적은 양의 혼합물도 분리할 수 있다.

② 분리 방법이 간단하고, 분리하는 데 걸리는 시간이 ❻ ______ 다.

③ 성질이 비슷하거나 복잡한 혼합물도 한 번에 분리할 수 있다.

(3) 크로마토그래피의 이용 : 사인펜 잉크의 색소 분리, 운동선수의 도핑 테스트, 단백질 성분의 검출, 식품 속 농약이나 중금속 성분 검출, 잎의 색소 분리 등

3 여러 가지 혼합물의 분리

여러 가지 물질이 섞여 있는 혼합물을 분리할 때는 각 성분 물질의 특성을 파악한 후, 분리 순서를 정한다.

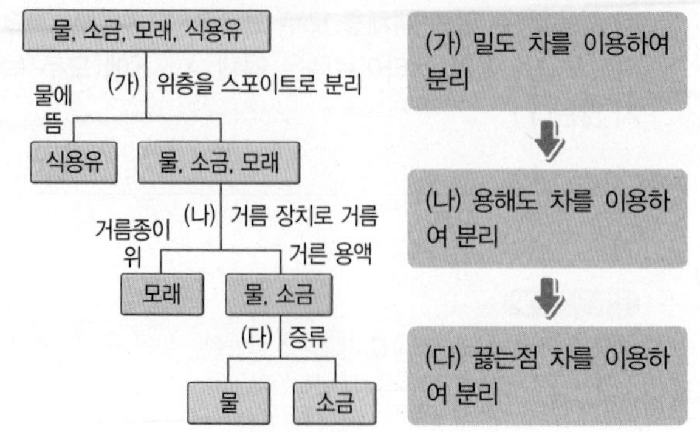

잠깐 테스트

● 정답과 해설 67쪽

MEMO

1 불순물이 섞인 질산 칼륨을 따뜻한 물에 녹인 후 냉각하면 순수한 질산 칼륨이 결정으로 석출된다. 이러한 혼합물의 분리 방법을 (　　　)이라고 한다.

2 재결정은 온도에 따른 (　　　) 차를 이용하여 분리하는 방법이다.

3 오른쪽 그림은 질산 칼륨과 염화 나트륨의 용해도 곡선을 나타낸 것이다. 질산 칼륨 70 g과 염화 나트륨 5 g이 섞여 있는 혼합물을 60 ℃의 물 100 g에 모두 녹인 후 40 ℃로 냉각할 때 석출되는 물질의 종류와 질량(g)을 쓰시오.

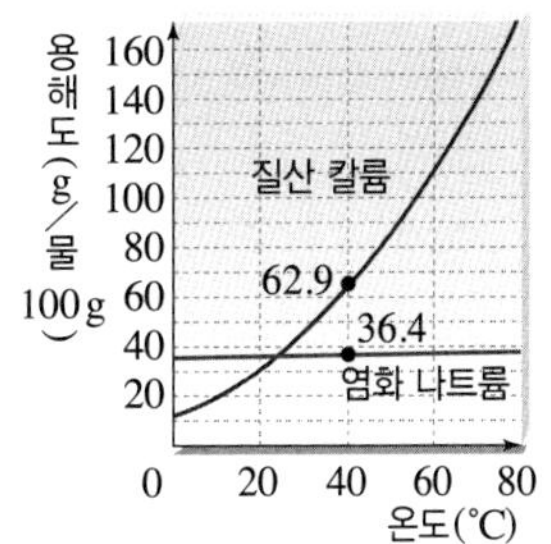

4 혼합물의 각 성분이 용매를 따라 이동하는 속도가 다른 것을 이용하는 혼합물의 분리 방법을 쓰시오.

5 크로마토그래피에 대한 설명으로 옳은 것은 ○, 옳지 않은 것은 ×로 표시하시오.

(1) 성질이 비슷한 물질도 분리할 수 있다. ································ (　　　)
(2) 혼합물의 양이 적어도 쉽게 분리할 수 있다. ··························· (　　　)
(3) 복잡한 혼합물은 여러 번 반복해야 각 성분으로 분리할 수 있다. ·········· (　　　)

[6~8] 오른쪽 그림은 물질 A~E를 종이 크로마토그래피로 분리한 결과를 나타낸 것이다.

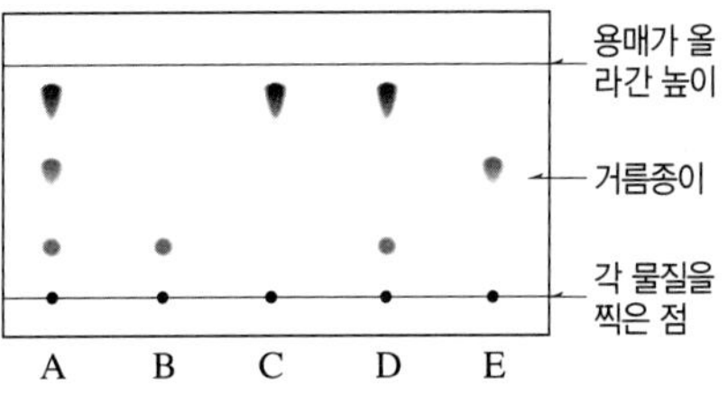

6 이 자료만으로 판단할 때 물질 A~E를 순물질과 혼합물로 구분하시오.

7 이 자료만으로 판단할 때 순물질 중 용매를 따라 이동하는 속도가 가장 빠른 성분의 기호를 쓰시오.

8 물질 D에 포함되어 있는 성분의 기호를 쓰시오.

[9~10] 오른쪽 그림은 여러 가지 물질이 섞여 있는 혼합물을 분리하는 과정을 나타낸 것이다.

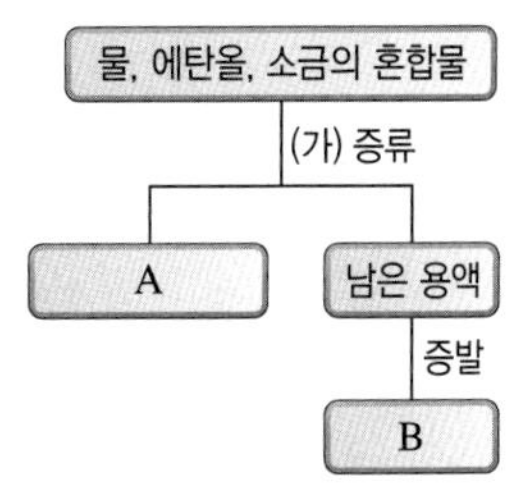

9 (가)에서 이용된 물질의 특성을 쓰시오.

10 A와 B에서 분리되는 물질을 각각 쓰시오.

중단원 기출 문제

01 다음은 재결정에 대하여 설명한 것이다.

> 재결정이란 불순물이 섞여 있는 고체 물질을 용매에 녹인 후 용액의 온도를 ㉠( )거나 용매를 ㉡( )시켜 순수한 ㉢( ) 물질을 얻는 방법이다.

㉠~㉢에 들어갈 말을 옳게 짝 지은 것은?

	㉠	㉡	㉢
①	낮추	증류	고체
②	낮추	증발	액체
③	낮추	증발	고체
④	높이	증발	액체
⑤	높이	증류	고체

02 다음은 흙먼지가 섞인 붕산에서 순수한 붕산을 분리하는 실험 과정을 순서 없이 나열한 것이다.

> (가) 녹인 용액을 거름 장치로 거른다.
> (나) 냉각된 용액을 거름 장치로 거르면 붕산이 걸러진다.
> (다) 거름종이를 통과한 용액을 얼음물에 넣어 냉각시킨다.
> (라) 흙먼지가 섞인 붕산을 뜨거운 물에 넣어 녹인다.

(가)~(라)를 순서대로 나열하시오.

03 그림은 염전에서 얻은 천일염을 정제하는 과정을 나타낸 것이다.

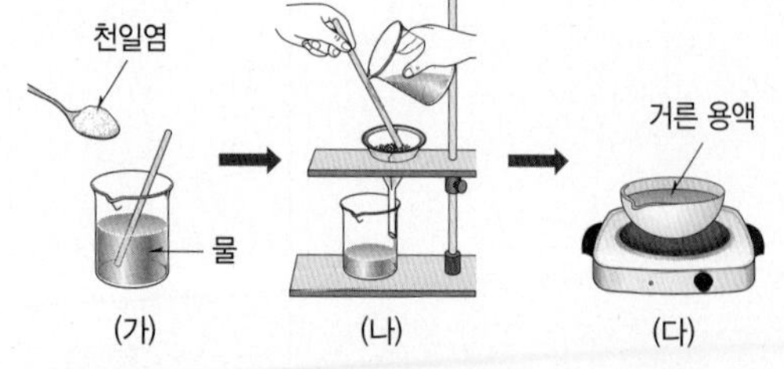

이에 대한 설명으로 옳지 않은 것은?

① (가)에서는 물에 대한 용해도차를 이용한다.
② (나)에서 불순물이 걸러진다.
③ (나)에서 소금은 거름종이를 통과하지 못하고 물만 걸러진다.
④ (다)에서 물을 증발시켜 순수한 소금을 얻을 수 있다.
⑤ 이와 같은 방법을 재결정이라고 한다.

[04~05] 표는 질산 칼륨과 황산 구리(Ⅱ)의 온도에 따른 용해도(g/물 100 g)를 나타낸 것이다.

온도(°C)	0	20	40	60	80
질산 칼륨	13.6	31.9	62.9	109.2	170.3
황산 구리(Ⅱ)	14.2	20.0	28.5	40.4	57.0

04 질산 칼륨 50 g과 황산 구리(Ⅱ) 5 g이 섞인 혼합물을 60 °C의 물 100 g에 모두 녹였다. 이에 대한 설명으로 옳지 않은 것은?

① 혼합물은 온도에 따른 용해도 차를 이용하여 분리할 수 있다.
② 질산 칼륨은 황산 구리(Ⅱ)보다 온도에 따른 용해도 차가 크다.
③ 60 °C의 혼합 용액을 20 °C로 냉각하면 질산 칼륨만 석출된다.
④ 60 °C의 혼합 용액을 20 °C로 냉각하면 석출되는 고체의 양은 18.1 g이다.
⑤ 60 °C의 혼합 용액을 0 °C로 냉각하면 질산 칼륨과 황산 구리(Ⅱ) 모두 석출된다.

05 질산 칼륨 100 g과 황산 구리(Ⅱ) 25 g이 섞여 있는 혼합물을 60 °C의 물 200 g에 모두 녹인 후 0 °C로 냉각할 때 석출되는 물질의 종류와 질량은?

① 질산 칼륨, 72.8 g
② 황산 구리(Ⅱ), 10.8 g
③ 질산 칼륨, 86.4 g
④ 황산 구리(Ⅱ), 25.0 g
⑤ 질산 칼륨, 72.8 g+황산 구리(Ⅱ), 10.8 g

06 혼합물 분리에 적용된 물질의 특성이 나머지 넷과 다른 것은?

① 모래와 스타이로폼을 분리한다.
② 염화 나트륨과 붕산 혼합물을 분리한다.
③ 질산 칼륨과 황산 구리(Ⅱ) 혼합물을 분리한다.
④ 합성한 약품을 정제하여 순수한 약품을 얻는다.
⑤ 사탕수수 즙에서 분리한 노란 결정에서 순수한 설탕 결정을 얻는다.

이 문제에서 나올 수 있는 보기는 多

07 그림은 물질 A~E를 종이 크로마토그래피로 분리한 결과를 나타낸 것이다.

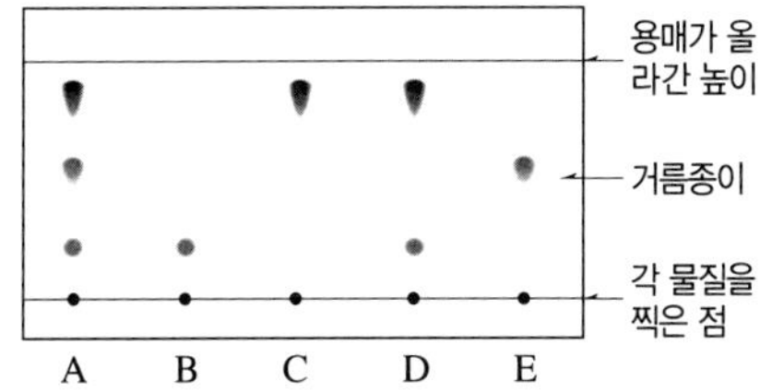

이에 대한 설명으로 옳지 않은 것은?

① A는 최소 3가지의 성분으로 이루어진다.
② B와 C는 A의 성분 물질이다.
③ D는 B와 E의 혼합물이다.
④ 순물질로 예상되는 것은 B, C, E이다.
⑤ 용매를 따라 이동하는 속도가 가장 빠른 성분은 C이다.
⑥ 용매를 바꾸면 분리되는 성분 물질의 수 또는 이동한 거리가 달라진다.

08 크로마토그래피에 대한 설명으로 옳은 것을 보기에서 모두 고른 것은?

보기
ㄱ. 혼합물의 양이 적으면 분리할 수 없다.
ㄴ. 분리 방법이 간단하고, 분리 시간이 짧다.
ㄷ. 성분 물질의 성질이 비슷하면 분리할 수 없다.
ㄹ. 성분 물질이 용매를 따라 이동하는 속도 차를 이용한다.

① ㄱ, ㄴ ② ㄱ, ㄷ ③ ㄴ, ㄷ
④ ㄴ, ㄹ ⑤ ㄷ, ㄹ

09 오른쪽 그림은 사인펜 잉크의 크로마토그래피 결과를 나타낸 것이다. 이에 대한 설명으로 옳지 않은 것을 모두 고르면?(2개)

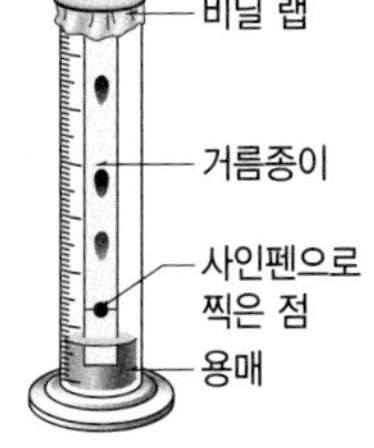

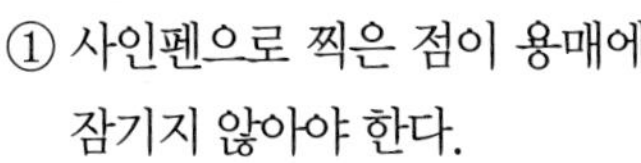

① 사인펜으로 찍은 점이 용매에 잠기지 않아야 한다.
② 용매가 마르지 않게 입구를 막아야 한다.
③ 용매가 달라져도 색소가 올라간 높이는 같다.
④ 용매는 사인펜의 성분을 녹일 수 있는 물질을 선택해야 한다.
⑤ 실험 결과로 보아 사인펜 잉크의 색소는 최소 4가지의 성분 물질이 섞여 있다.

10 시금치 잎의 색소를 이루는 성분을 분리할 때 필요한 실험 장치로 가장 적당한 것은?

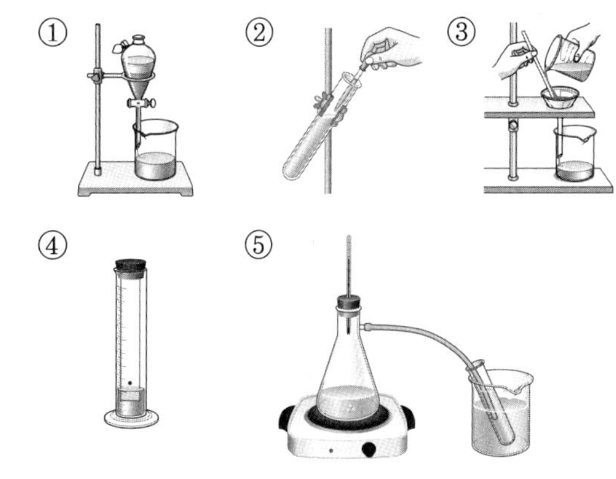

[11~12] 그림은 물, 메탄올, 소금의 혼합물을 분리하는 과정을 나타낸 것이다.

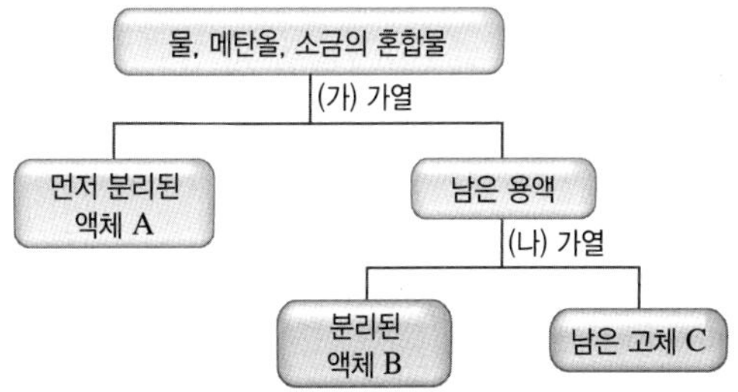

11 (가)와 (나) 과정에서 공통으로 이용되는 분리 방법을 쓰시오.

12 A~C에 해당하는 물질을 각각 쓰시오.

13 다음과 같은 물질들이 섞인 혼합물을 분리할 때 필요한 과정이 아닌 것은?

철 가루, 톱밥, 소금, 모래

① 자석을 대어 본다.
② 물에 녹여 거른다.
③ 물에 넣고 저어 준다.
④ 거른 용액을 증발시킨다.
⑤ 용매를 따라 이동하는 속도 차를 이용한다.

VI 물질의 특성

서술형 정복하기

● 정답과 해설 68쪽

1단계 단답형으로 쓰기

1 불순물이 섞여 있는 고체를 용매에 녹인 다음 용액의 온도를 낮추거나 용매를 증발시켜 순수한 고체를 분리하는 방법은 무엇인지 쓰시오.

2 재결정으로 혼합물을 분리하는 예를 모두 고르시오.

(가) 합성 약품 정제
(나) 모래 속의 사금 얻기
(다) 단백질 성분의 검출
(라) 천일염에서 순수한 소금 얻기

3 운동선수의 도핑 테스트, 사인펜 잉크의 색소 분리에서 공통으로 이용되는 분리 방법은 무엇인지 쓰시오.

2단계 제시된 단어를 모두 이용하여 서술하기

[4~5] 각 문제에 제시된 단어를 모두 이용하여 답을 서술하시오.

4 적은 양의 황산 구리(Ⅱ)가 섞여 있는 질산 칼륨을 용매에 녹인 후 냉각하면 순수한 질산 칼륨을 얻을 수 있다. 그 까닭을 서술하시오.

온도, 용해도 차

5 크로마토그래피를 이용한 분리 방법의 원리를 서술하시오.

성분 물질, 용매, 속도

3단계 실전 문제 풀어 보기

답안작성 TIP

6 그림은 염화 나트륨과 붕산의 용해도 곡선이다.

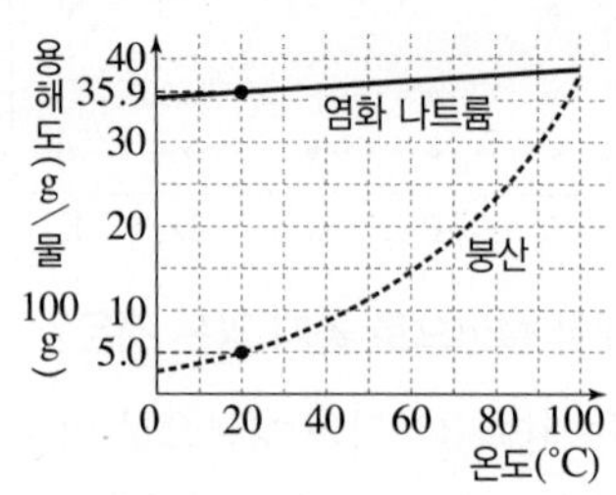

염화 나트륨과 붕산이 각각 16 g씩 섞인 혼합물을 80 °C 물 100 g에 넣어 모두 녹인 후 20 °C까지 냉각시켜 거를 때, 거른 용액 속에 녹아 있는 물질의 종류와 질량(g)을 풀이 과정과 함께 서술하시오.

답안작성 TIP

7 표는 질산 칼륨과 염화 나트륨의 용해도(g/물 100 g)를 나타낸 것이다.

온도(°C)	0	20	40	60	80
질산 칼륨	13.6	31.9	62.9	109.2	170.3
염화 나트륨	35.6	35.9	36.4	37.0	37.9

질산 칼륨 50 g과 염화 나트륨 5 g이 섞인 혼합물을 60 °C의 물 50 g에 모두 녹인 후 0 °C로 냉각할 때 석출되는 물질의 종류와 질량(g)을 풀이 과정과 함께 서술하시오.

8 그림은 물질 A~E를 크로마토그래피로 분리한 결과이다.

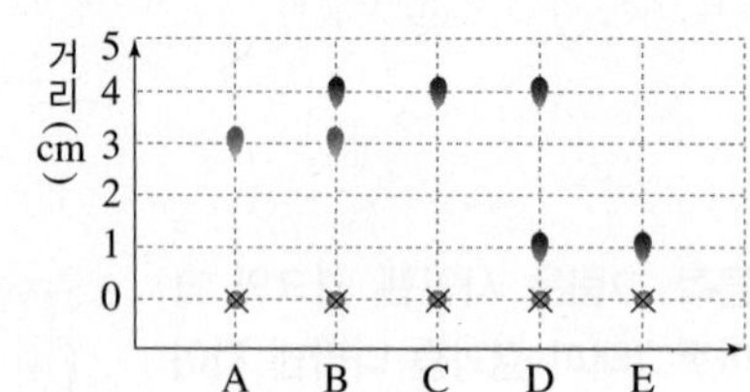

(1) 이 자료만으로 판단할 때 A~E 중 순물질을 모두 고르고, 그 까닭을 서술하시오.

(2) 혼합물 중 E 성분을 포함하는 것을 모두 고르시오.

답안작성 TIP

6~7. 온도에 따른 용해도 차가 큰 물질은 온도에 따른 용해도 차가 작은 물질보다 결정으로 석출되기 쉽다.

1 수권의 분포

(1) 수권 : 지구에 분포하는 물 ➡ 지구 표면의 약 70 %는 물로 덮여 있다.

(2) 수권의 분포 : 크게 해수와 담수로 구분하며, 담수는 빙하, 지하수, 호수와 하천수로 이루어져 있다.

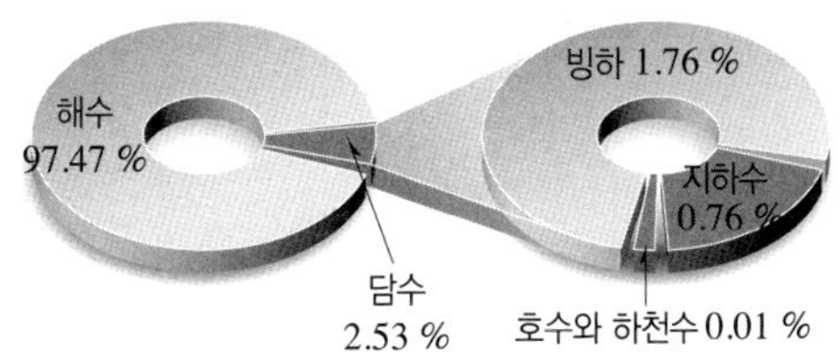

• 물의 양 비교 : 해수 > 빙하 > 지하수 > 호수와 하천수 (빙하 > 지하수 > 호수와 하천수: 담수)

① [❶] : 바다에 있는 물로, 수권의 대부분을 차지하며, 짠맛이 난다.

② 담수 : 육지의 물은 대부분 짠맛이 나지 않는 담수이며, [❷]가 가장 많은 양을 차지한다.

빙하	눈이 쌓여 굳어진 고체 상태의 물로, 고산 지대나 극지방에 분포한다.
[❸]	땅속 지층이나 암석 사이의 빈틈을 채우고 있거나 매우 천천히 흐르는 물로, 주로 빗물이 지하로 스며들어 생긴다.
호수와 하천수	지표를 흐르거나 고여 있는 물로, 매우 적은 양을 차지한다.

2 수자원 사람이 살아가는 데 자원으로 활용하는 물

(1) 우리가 쉽게 활용할 수 있는 물 : [❹](주로 이용), 지하수 ➡ 수권 전체의 약 0.77 %에 해당하는 적은 양이다.

(2) 해수는 짠맛이 나고, 빙하는 얼어 있어 바로 활용하기 어렵다.

3 수자원의 활용 물은 우리 생활에 필수적인 자원이며, 다양한 용도로 활용된다.

(1) 수자원의 용도

[❺]	일상생활에 쓰이는 물 예 마실 때, 요리, 세탁, 목욕할 때
농업용수	농업 활동에 쓰이는 물 예 농사를 지을 때, 가축을 기를 때
공업용수	산업 활동에 쓰이는 물 예 제품을 생산하거나 세척할 때
유지용수	하천의 정상적인 기능을 유지하기 위해 필요한 물

(2) 우리나라 수자원 활용 현황

① 우리나라에서는 현재 수자원을 [❻]로 가장 많이 활용하고 있으며, 유지용수와 생활용수로도 많이 활용한다.

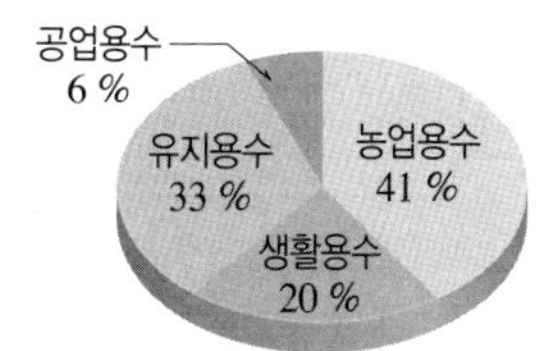

▲ 우리나라 수자원 활용 현황

② 수자원의 총 이용량은 계속 증가하고 있고, 생활 수준이 향상되면서 생활용수의 이용량이 빠르게 증가하고 있다.

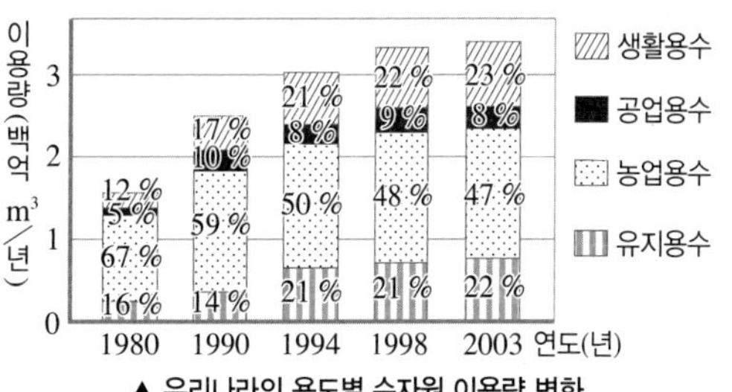

▲ 우리나라의 용도별 수자원 이용량 변화

4 수자원의 가치

(1) 수자원의 가치 : 인구 증가, 산업과 문명 발달로 인한 생활 수준 향상으로 물 이용량은 [❼]하고 있지만 활용할 수 있는 수자원의 양은 매우 적고 한정되어 있다.

(2) 지하수의 가치

① 지하수는 담수이며, 호수와 하천수에 비해 양이 많고, 빗물이 스며들어 채워지므로 지속적으로 활용할 수 있다. ➡ 수자원으로서 가치가 높다.

② 가뭄 등으로 물이 부족할 때 호수와 하천수를 대체하여 지하수를 활용한다.

③ 지하수의 활용

• 농작물 재배 • 생수 개발 • 도로 물청소
• 공업 제품 생산 • 온천과 같은 관광 자원

5 수자원 관리 방법

수자원 확보	댐 건설, [❽] 개발, 해수 담수화 등
오염 방지	생활 하수 줄이기, 정화 시설 설치 등
수자원 절약	빗물 이용하기, 절수형 수도꼭지 사용하기, 빨랫감 모아서 세탁하기 등

● 정답과 해설 69쪽

MEMO

1 지구에 분포하는 물을 ( )이라고 한다.

2 지구에 분포하는 물 중 가장 많은 양을 차지하는 것은 ①( )이고, 담수 중 가장 많은 양을 차지하는 것은 ②( )이다.

3 육지의 물은 대부분 짠맛이 나지 않는 ( )이다.

4 사람이 살아가는 데 자원으로 활용할 수 있는 물을 ( )이라고 한다.

5 우리가 쉽게 활용할 수 있는 물은 ①( )이고, 부족한 경우 ②( )를 이용한다.

6 ①( )는 짠맛이 나고, ②( )는 고체 상태이므로 바로 활용하기 어렵다.

7 각 설명에 해당하는 수자원의 용도를 쓰시오.

(1) 제품 생산에 이용되는 물

(2) 세탁할 때나 요리할 때 이용되는 물

8 우리나라의 수자원 이용량 중 가장 많은 양을 차지하는 것은 ( )이다.

9 지하수에 대한 설명으로 옳은 것은 ○, 옳지 않은 것은 ×로 표시하시오.

(1) 땅속을 천천히 흐르거나 지층 사이의 빈틈을 채우고 있는 물이다. ·········· ( )

(2) 해수나 빙하에 비해 양이 매우 적어 수자원으로서의 가치가 낮다. ·········· ( )

(3) 한 번 사용하고 나면 다시 채워지지 않는다. ·································· ( )

10 수자원으로 이용할 수 있는 물의 양은 ①(무한하고, 한정되어 있고), 인구 증가, 산업 발달, 생활 수준의 향상 등으로 이용량이 ②(증가, 감소)하여 수자원이 점점 부족해지고 있다.

● 정답과 해설 69쪽

01 수권에 대한 설명으로 옳은 것을 보기에서 모두 고른 것은?

보기
ㄱ. 지구에 분포하는 물을 말한다.
ㄴ. 수권은 지구 표면의 약 97 %를 덮고 있다.
ㄷ. 수권의 물 대부분은 짠맛이 나지 않는 물이다.
ㄹ. 육지의 물은 대부분 고체 상태로 이루어져 있다.

① ㄱ, ㄴ ② ㄱ, ㄷ ③ ㄱ, ㄹ
④ ㄴ, ㄷ ⑤ ㄷ, ㄹ

02 (가) 수권의 물 중 가장 많은 양을 차지하는 것과 (나) 담수 중 가장 많은 양을 차지하는 것을 옳게 짝 지은 것은?

	(가)	(나)		(가)	(나)
①	빙하	해수	②	빙하	호수와 하천수
③	지하수	빙하	④	해수	호수와 하천수
⑤	해수	빙하			

이 문제에서 나올 수 있는 보기는 多

03 그림은 수권을 이루는 물의 분포를 나타낸 것이다.

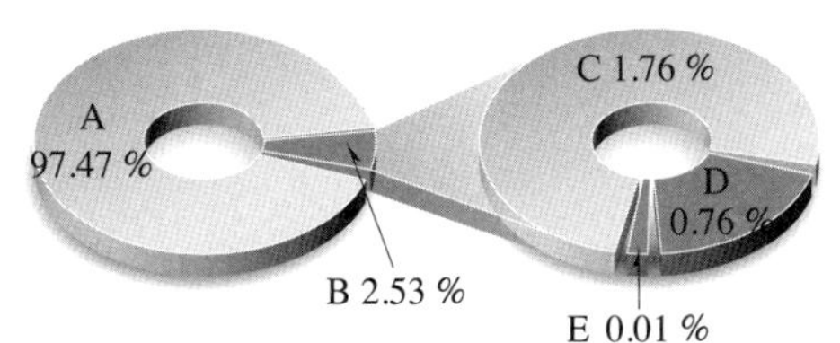

A~E에 대한 설명으로 옳은 것을 모두 고르면?(2개)

① A는 육지에 분포하는 물이다.
② B가 차지하는 면적은 지표의 약 70 %에 해당한다.
③ B에서는 호수와 하천수가 가장 많은 양을 차지한다.
④ B는 모두 액체 상태로 존재한다.
⑤ C는 주로 극지방에 분포한다.
⑥ D는 땅속 지층 사이로 흐르는 물이다.
⑦ E는 우리가 쉽게 활용할 수 없는 물이다.

04 담수에 대한 설명으로 옳은 것을 보기에서 모두 고른 것은?

보기
ㄱ. 육지에 주로 분포한다.
ㄴ. 짠맛이 나는 물이다.
ㄷ. 수자원으로 이용하지 않는다.
ㄹ. 지하수가 두 번째로 많은 양을 차지한다.

① ㄱ, ㄴ ② ㄱ, ㄹ ③ ㄴ, ㄷ
④ ㄴ, ㄹ ⑤ ㄷ, ㄹ

05 수권의 물 중 다음 설명에 해당하는 것은?

• 지표에 내린 강수가 고이거나 흐르는 것이다.
• 주변에서 쉽게 얻어 활용할 수 있다.
• 전체 수권의 약 0.01 %에 불과하다.

① 빙하 ② 해수 ③ 지하수
④ 수증기 ⑤ 호수와 하천수

06 빙하에 대한 설명으로 옳은 것을 보기에서 모두 고른 것은?

보기
ㄱ. 짠맛이 나지 않는다.
ㄴ. 고산 지대나 극지방에 분포한다.
ㄷ. 매우 천천히 흐르며, 빗물이 지하로 스며들어 생긴다.

① ㄱ ② ㄷ ③ ㄱ, ㄴ
④ ㄴ, ㄷ ⑤ ㄱ, ㄴ, ㄷ

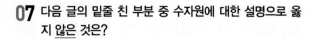

07 다음 글의 밑줄 친 부분 중 수자원에 대한 설명으로 옳지 않은 것은?

> 지표에 내린 강수가 고이거나 흐르면서 호수나 하천수를 이루고, ① 땅속으로 스며들면서 지하수가 되었다가 바다로 흘러 들어가서 해수가 된다. 따라서 ② 우리가 이용하는 물은 강수량의 영향을 직접적으로 받는다. 한편, ③ 추운 지역에서는 빙하가 되고, 낮은 곳으로 흐르면서 ④ 주변 지형을 변화시킨다. 이 중 ⑤ 우리가 쉽게 활용할 수 있는 물은 해수이다.

08 표는 수권을 구성하는 물을 나타낸 것이다.

종류	해수	빙하	지하수	강, 호수
비율	97.47 %	1.76 %	0.76 %	0.01 %

쉽게 활용할 수 있는 물의 비율(%)은?

① 0.01 % ② 0.77 % ③ 1.76 %
④ 2.53 % ⑤ 7.7 %

09 물의 이용에 대한 설명으로 옳은 것을 보기에서 모두 고른 것은?

보기
ㄱ. 해수를 활용하기 위해서는 담수로 만들어야 한다.
ㄴ. 하천수가 부족하면 빙하를 이용한다.
ㄷ. 우리나라에서 물은 유지용수로 가장 많이 이용된다.
ㄹ. 우리가 쉽게 활용할 수 있는 물의 양은 매우 적고 한정되어 있다.

① ㄱ, ㄴ ② ㄱ, ㄹ ③ ㄴ, ㄷ
④ ㄴ, ㄹ ⑤ ㄷ, ㄹ

10 수자원을 활용하는 사례로 옳지 않은 것은?

① 강에 댐을 지어 전기를 생산한다.
② 해수를 바로 농작물 재배에 사용한다.
③ 온천을 개발하여 관광 자원으로 활용한다.
④ 큰 강이나 바다를 배가 지나는 길로 이용한다.
⑤ 고산 지대에서 빙하가 녹은 물을 식수로 이용한다.

11 다음은 수자원의 용도에 대한 설명이다.

> (가) 강이 제 기능을 할 수 있도록 물의 양을 유지하는 데 필요한 물이다.
> (나) 농사를 짓거나 가축을 기를 때 사용하는 물이다.
> (다) 공장에서 제품을 생산하거나 기계의 냉각수로 사용하는 물이다.

(가)~(다)에 해당하는 것을 옳게 짝 지은 것은?

	(가)	(나)	(다)
①	공업용수	농업용수	생활용수
②	공업용수	생활용수	농업용수
③	농업용수	생활용수	유지용수
④	유지용수	농업용수	공업용수
⑤	유지용수	농업용수	생활용수

12 오른쪽 그림은 우리나라의 수자원 이용 현황을 나타낸 것이다. 이에 대한 설명으로 옳은 것을 보기에서 모두 고른 것은?

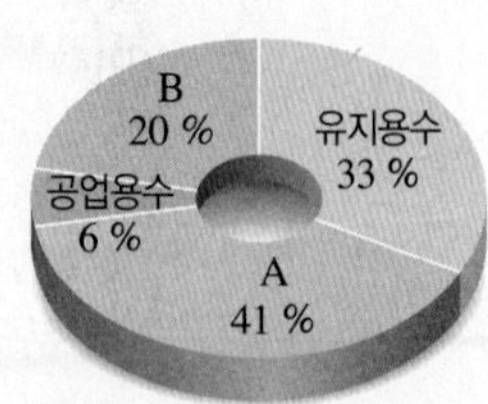

보기
ㄱ. A는 농업용수, B는 생활용수를 나타낸다.
ㄴ. A는 하천의 정상적인 기능을 유지하는 데 필요한 물이다.
ㄷ. B는 공산품의 생산에 필요한 물이다.

① ㄱ ② ㄴ ③ ㄱ, ㄷ
④ ㄴ, ㄷ ⑤ ㄱ, ㄴ, ㄷ

13 그림은 우리나라의 수자원 이용량 변화와 용도별 수자원이 활용되는 비율을 나타낸 것이다.

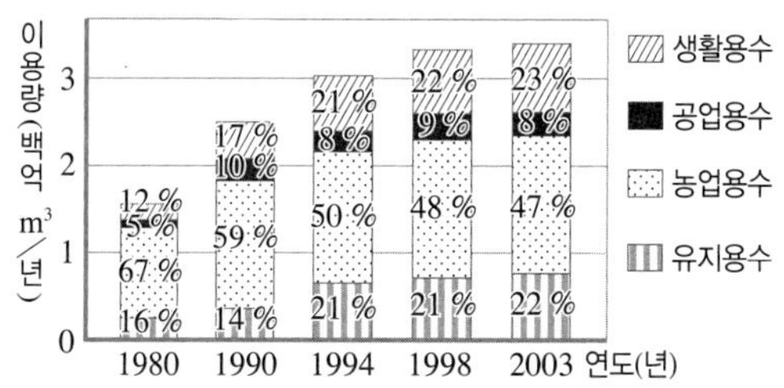

이에 대한 설명으로 옳지 않은 것을 모두 고르면?(2개)

① 1980년에 비해 2003년에 수자원의 총 이용량은 증가하였다.
② 수자원은 생활용수로 가장 많이 이용되었다.
③ 공업용수가 차지하는 비율이 가장 많이 증가하였다.
④ 농업용수의 이용 비율은 계속 줄어들었다.
⑤ 이러한 추세가 계속될 경우 물 부족 문제가 심각해질 것이다.

14 전 세계의 수자원 이용량이 증가하는 원인과 가장 거리가 먼 것은?

① 인구 증가　② 산업 발달
③ 문명의 발달　④ 생활 수준 향상
⑤ 지구의 기온 상승

15 수자원의 가치에 대한 설명으로 옳은 것을 보기에서 모두 고른 것은?

보기
ㄱ. 물은 우리 생활에 꼭 필요한 자원이다.
ㄴ. 수자원 개발과 함께 물을 절약하려는 노력이 필요하다.
ㄷ. 물은 끊임없이 순환하기 때문에 무제한으로 사용이 가능하다.

① ㄱ　② ㄴ　③ ㄷ
④ ㄱ, ㄴ　⑤ ㄴ, ㄷ

16 지하수에 대한 설명으로 옳은 것은?

① 주로 해수가 지하에 스며들어 만들어진다.
② 일상생활에서 가장 적게 활용하는 물이다.
③ 지하수를 무분별하게 개발하면 지반이 무너질 수 있다.
④ 해수나 빙하에 비해 양이 매우 적어 수자원으로서 가치가 낮다.
⑤ 지하수는 계속 채워지므로 호수나 하천수보다 더 많이 이용한다.

17 다음은 수자원 관리에 대한 학생들의 대화 내용이다.

대화 내용이 옳은 학생을 모두 고른 것은?

① 보영　② 유진　③ 지훈
④ 보영, 유진　⑤ 보영, 지훈

18 우리나라 수자원의 특징과 물 부족 대책 방안에 대한 설명으로 옳지 않은 것은?

① 우리나라는 강수량이 여름에 집중된다.
② 산지가 많아 바다로 유실되는 양이 많다.
③ 생활 하수를 줄여 물의 오염을 방지해야 한다.
④ 양치질을 할 때는 물을 틀어 놓고 한다.
⑤ 해수를 담수화하여 수자원을 확보한다.

서술형 정복하기

● 정답과 해설 69쪽

1단계 단답형으로 쓰기

1 수권을 이루는 물을 크게 두 가지로 구분하시오.

2 다음에서 쉽게 활용할 수 있는 물을 모두 고르시오.

(가) 빙하　　(나) 해수
(다) 지하수　　(라) 호수와 하천수

3 수권의 물 중 사람이 살아가는 데 자원으로 활용하는 물을 무엇이라고 하는지 쓰시오.

2단계 제시된 단어를 모두 이용하여 서술하기

[4~5] 각 문제에 제시된 단어를 모두 이용하여 답을 서술하시오.

4 수권을 이루는 물을 양이 많은 순서대로 나열하여 서술하시오.

지하수, 호수와 하천수, 해수, 빙하

5 지하수가 수자원으로서 가치가 높은 까닭을 서술하시오.

호수와 하천수, 빗물, 지속적

3단계 실전 문제 풀어 보기

답안작성 TIP

6 그림은 수권을 구성하는 물의 분포를 나타낸 것이다.

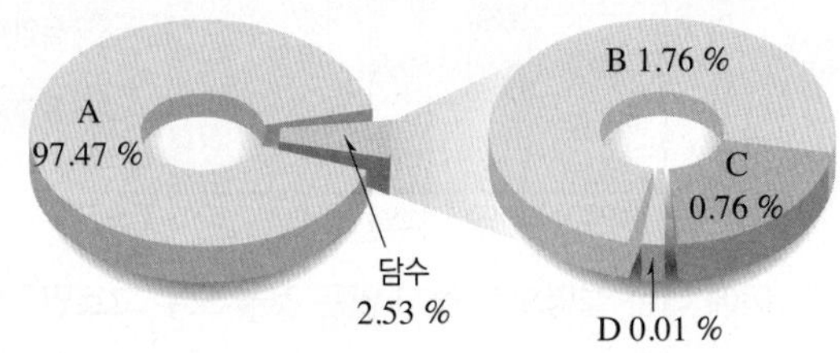

(1) A~D는 무엇인지 각각 쓰시오.

(2) 담수는 적도와 극지방 중 어느 곳에 많이 분포하는지 쓰고, 까닭을 서술하시오.

답안작성 TIP

7 그림은 우리나라의 수자원 이용량의 변화와 용도별 수자원이 활용되는 비율을 나타낸 것이다.

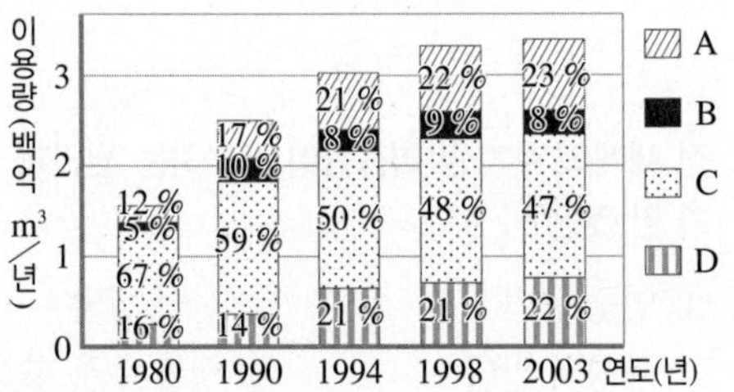

(1) 가장 많은 양을 차지하는 C에 해당하는 수자원의 용도를 쓰시오.

(2) C의 용도로 수자원을 활용하는 예를 한 가지만 서술하시오.

8 일상생활에서 물을 절약할 수 있는 방법을 두 가지 서술하시오.

답안작성 TIP

6. (2) 담수 중 가장 많은 양을 차지하는 것이 무엇인지 알고, 물의 상태와 분포 지역을 떠올린다.　**7.** (1) 우리나라에서 가장 많이 활용하고 있는 수자원이 무엇인지 파악한다.

중단원 핵심 요약

● 정답과 해설 70쪽

1 해수의 표층 수온 분포

(1) 영향을 주는 요인 : ❶ [　　　　]

(2) 위도별 표층 수온 분포 : 저위도에서 고위도로 갈수록 표층 수온이 낮아진다. ➡ 저위도에서 고위도로 갈수록 태양 에너지가 적게 도달하기 때문

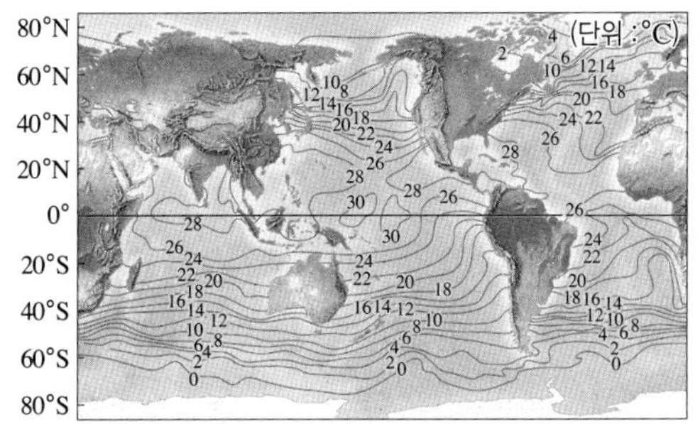

▲ 전 세계 해수의 표층 수온 분포

(3) 계절별 표층 수온 분포 : 여름철의 표층 수온이 겨울철보다 높다.

2 해수의 연직 수온 분포

(1) 영향을 주는 요인 : 태양 에너지, ❷ [　　　　]

(2) 해수의 연직 수온 분포 : 깊이에 따른 수온 분포를 기준으로 3개 층으로 구분한다.

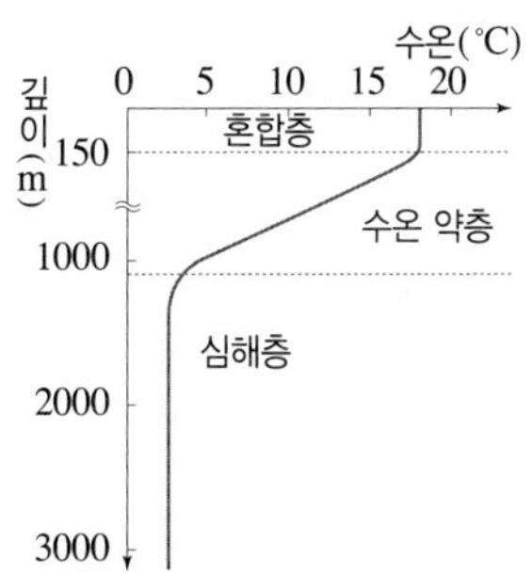

▲ 해수의 연직 수온 분포

혼합층	• 태양 에너지를 많이 받아 수온이 높고, 바람에 의해 해수가 혼합되어 수온이 일정한 층 • 바람의 세기가 강할수록 두께가 두꺼워짐
❸ [　　　　]	• 깊어질수록 수온이 급격히 낮아지는 층 • 대류가 잘 일어나지 않아 매우 안정함
심해층	• 태양 에너지가 거의 도달하지 않아 수온이 낮고 일정한 층 • 위도나 계절에 관계없이 수온이 거의 일정함

(3) 위도별 특징

저위도	• 표층 수온이 가장 높고 심해층과 차이가 큼 • 바람이 약해 혼합층이 얇음
중위도	바람이 강해 ❹ [　　　　]이 가장 두껍게 발달함
고위도	표층 수온이 낮고 층상 구조가 나타나지 않음

3 염류

해수에 녹아 있는 여러 물질 ➡ 짠맛을 내는 ❺ [　　　　]이 가장 많고, 쓴맛을 내는 염화 마그네슘이 두 번째로 많다.

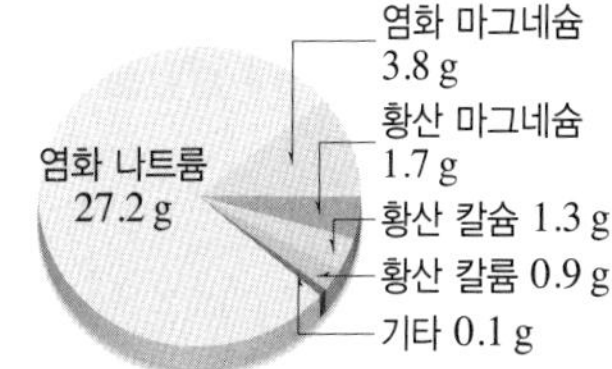

▲ 총 염류가 35 g일 때 각 염류의 질량비

4 염분

해수 1000 g에 녹아 있는 염류의 총량을 g 수로 나타낸 것

$$염분 = \frac{염류의\ 총량(g)}{해수(물+염류)의\ 질량(g)} \times 1000$$

(1) 단위 : ❻ [　　　　](실용염분단위), ‰(퍼밀)

(2) 전 세계 해수의 평균 염분 : 약 ❼ [　　　　] psu

5 염분 분포

(1) 해수의 염분에 영향을 주는 요인 : 강수량과 증발량, ❽ [　　　　]의 유입량, 해수의 결빙과 해빙

염분이 높은 곳	염분이 낮은 곳
증발량이 강수량보다 ❾ [　　　　] 곳	증발량이 강수량보다 ❿ [　　　　] 곳
담수의 유입이 적은 곳	담수의 유입이 많은 곳
해수가 어는 곳(결빙)	빙하가 녹는 곳(해빙)

(2) 전 세계 바다의 표층 염분 분포

위도	염분	원인
저위도(적도)	낮다.	증발량<강수량
위도 30° 부근	높다.	증발량>강수량
고위도(극)	⓫ [　　　　].	해빙

(3) 우리나라 주변 바다의 표층 염분 분포

① 우리나라 주변 바다의 평균 염분은 약 33 psu로, 전 세계 평균 염분보다 낮다.

② 우리나라 주변 바다의 표층 염분 비교

염분 비교	원인
여름철<겨울철	여름철에 ⓬ [　　　　]이 많기 때문
황해<동해	황해는 ⓭ [　　　　]의 유입량이 많기 때문

6 염분비 일정 법칙

지역이나 계절에 따라 염분이 달라도 전체 염류에서 각 염류가 차지하는 비율은 ⓮ [　　　　]하다. ➡ 해수가 오랜 시간 순환하며 섞였기 때문

잠깐 테스트

● 정답과 해설 70쪽

MEMO

1 해수의 표층 수온은 ①(　　　　)를 많이 받는 ②(고위도, 저위도)에서 높게 나타난다.

2 해수의 연직 수온 분포에 영향을 미치는 요인은 ①(　　　　)와 ②(　　　　)이다.

[3~4] 오른쪽 그림은 해수의 연직 수온 분포를 나타낸 것이다.

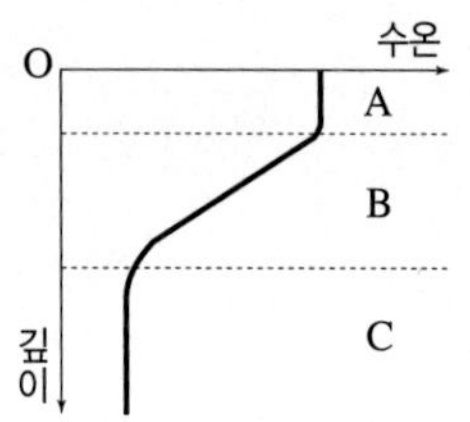

3 A~C층의 이름을 쓰시오.

4 A~C 중 각 설명에 해당하는 층의 기호를 쓰시오.

(1) 바람이 강하게 불수록 두꺼워지는 층

(2) 계절과 위도에 관계없이 수온이 거의 일정한 층

5 염류 중 ①(　　　　)은 짠맛을 내며 가장 많은 양을 차지하고, ②(　　　　)은 쓴맛을 내며 두 번째로 많은 양을 차지한다.

6 해수 1000 g 속에 녹아 있는 염류의 총량을 g 수로 나타낸 것을 ①(　　　　)이라 하며, ①(　　　　)을 구하는 식은 $\frac{\text{염류의 질량(g)}}{\text{해수의 질량(g)}} \times$ ②(　　　　)이다.

7 염분이 40 psu인 해수 1 kg은 물 ①(　　　　) g과 염류 ②(　　　　) g으로 이루어져 있다.

8 강수량이 증발량보다 많은 적도 해역은 염분이 ①(낮고, 높고), 증발량이 강수량보다 많은 중위도 해역은 염분이 ②(낮다, 높다).

9 우리나라 주변 해역에서는 담수의 유입량이 많은 황해의 염분이 동해보다 ①(　　　　)고, 강수량이 많은 여름철의 염분이 겨울철보다 ②(　　　　)다.

10 염분이 35 psu인 해수 A와 염분이 40 psu인 해수 B에 포함된 염화 나트륨의 비율을 비교하면 (A가 크다, 같다, B가 크다).

계산력·암기력 강화 문제

염분 구하기 진도 교재 115쪽

• 염분 : 해수 1000 g 속에 녹아 있는 염류의 총량을 g 수로 나타낸 것

➡ 따라서 염분은 $\frac{\text{염류의 총량(g)}}{\text{해수(물+염류)의 질량(g)}} \times 1000$으로 구할 수 있다.

● 염류의 총량이 주어졌을 때 염분 구하기

1 어떤 해수 1000 g을 가열하여 물을 증발시켰더니 33 g의 염류가 남았다. 이 해수의 염분(psu)은 얼마인가?

2 어떤 해수 200 g 속에 염류 7 g이 녹아 있다면, 이 해수의 염분(psu)은 얼마인가?

3 어떤 해수 500 g 속에 염류 17 g이 녹아 있다면, 이 해수의 염분(psu)은 얼마인가?

4 어떤 해수 2 kg을 증발시켰을 때 남은 염류가 72 g이라면, 이 해수의 염분(psu)은 얼마인가?

● 각 염류의 질량이 주어졌을 때 염분 구하기

5 표는 어느 해역의 해수 1 kg에 녹아 있는 염류의 질량을 나타낸 것이다. 이 해수의 염분(psu)을 구하시오.

염류	염화 나트륨	염화 마그네슘	황산 마그네슘	황산 칼슘	기타
질량(g)	23.3	3.3	1.4	1.1	0.9

6 표는 어느 해역의 해수 500 g에 녹아 있는 염류의 질량을 나타낸 것이다. 이 해수의 염분(psu)을 구하시오.

염류	염화 나트륨	염화 마그네슘	황산 마그네슘	황산 칼슘	기타
질량(g)	12.8	1.8	0.8	0.6	0.5

● 염분 비교하기

7 다음은 A～C 해역의 해수에 녹아 있는 염류를 분석한 것이다.

• A : 해수 1 kg 속에 35 g의 염류가 녹아 있다.
• B : 해수 500 g 속에 16 g의 염류가 녹아 있다.
• C : 해수 5 kg 속에 140 g의 염류가 녹아 있다.

A～C의 염분을 부등호로 비교하시오.

Ⅶ 수권과 해수의 순환

계산력·암기력 강화 문제

◆ 염류와 물의 양 구하기 진도 교재 115쪽

해수 1000 g : 해수 1000 g에 녹아 있는 염류의 질량(g)＝해수(물＋염류)의 질량(g) : 염류의 총량(g)

● 염류의 양 구하기

1 염분이 33 psu인 해수 100 g을 가열하면 몇 g의 염류를 얻을 수 있는가?

2 염분이 200 psu인 해수 2 kg을 증발시키면 몇 g의 염류를 얻을 수 있는가?

3 염분이 40 psu인 해수 10 kg을 증발시키면 몇 g의 염류를 얻을 수 있는가?

● 염류와 물의 양 구하기

4 염분이 35 psu인 해수 1000 g을 만들려고 한다. 이때 필요한 물과 염류의 양을 각각 쓰시오.

물 : ㉠(　　　) g　　　　염류 : ㉡(　　　) g

5 염분이 40 psu인 해수 500 g을 만들려고 한다. 이때 필요한 물과 염류의 양을 각각 쓰시오.

물 : ㉠(　　　) g　　　　염류 : ㉡(　　　) g

6 염분이 32 psu인 해수 3 kg을 만들려고 한다. 이때 필요한 물과 염류의 양을 각각 쓰시오.

물 : ㉠(　　　) g　　　　염류 : ㉡(　　　) g

● 해수의 양 구하기

7 염분이 30 psu인 해수를 증발시켜 염류 12 kg을 얻으려고 할 때 필요한 해수의 양은 몇 kg인가?

8 염분이 45 psu인 해수를 증발시켜 염류 360 g을 얻으려고 할 때 필요한 해수의 양은 몇 kg인가?

① 염분비 일정 법칙 적용하기 진도 교재 115쪽

• 염분비 일정 법칙 : 지역이나 계절에 따라 염분이 달라도 각 염류가 차지하는 비율은 일정하다.
➡ 정의를 이용하거나 비례식을 다양하게 세워 염분이나 염류의 양 등을 구할 수 있다.

비례식 ❶	(A 해수의 염분) : (A 해수에서 염류 ⓐ의 질량) = (B 해수의 염분) : (B 해수에서 염류 ⓐ의 질량)
비례식 ❷	(A 해수에서 염류 ⓐ의 질량) : (A 해수에서 염류 ⓑ의 질량) = (B 해수에서 염류 ⓐ의 질량) : (B 해수에서 염류 ⓑ의 질량)

● 염류의 양 구하기

1 염분이 30 psu인 해수 1 kg 속에 염화 나트륨이 24 g 포함되어 있다면, 염분이 40 psu인 해수 1 kg 속에 녹아 있는 염화 나트륨은 몇 g인가?

2 염분이 32 psu인 해수 100 g 속에 염화 마그네슘이 0.32 g 녹아 있다면, 염분이 35 psu인 해수 1 kg 속에 녹아 있는 염화 마그네슘은 몇 g인가?

3 표는 어느 세 해역의 해수 1000 g에 녹아 있는 각 염류의 질량을 측정하여 g 수로 나타낸 것이다. ㉠, ㉡에 알맞은 값을 구하시오.

염류	염화 나트륨	염화 마그네슘	황산 마그네슘	황산 칼슘	기타
A 해역	27.2 g		1.8 g	1.2 g	
B 해역	(㉠)	1.9 g		0.6 g	
C 해역	54.4 g		(㉡)		1.8 g

● 염분 구하기

4 염분이 32 psu인 해수 1 kg에는 염화 나트륨 24.8 g이 포함되어 있다. 어떤 해수 1 kg에 염화 나트륨 31 g이 포함되어 있다면, 이 해수의 염분(psu)은 얼마인지 구하시오.

5 염분이 35 psu인 해수 1 kg에는 염화 나트륨 27.2 g이 포함되어 있다. 어떤 해수 1 kg에 염화 나트륨이 23.3 g 포함되어 있다면, 이 해수의 염분(psu)은 얼마인지 구하시오.(단, 소수점 첫째 자리에서 반올림한다.)

● 염류의 양과 염분 구하기

6 오른쪽 표는 황해, 동해의 해수 1 kg에 녹아 있는 각 염류의 양을 나타낸 것이다. A, B에 알맞은 값을 구하시오.(단, 소수점 둘째 자리에서 반올림한다.)

구분	염분 (psu)	해수 1 kg에 포함된 염류의 양(g)	
		염화 나트륨	염화 마그네슘
황해	33.4	25.9	(A)
동해	(B)	26.4	3.7

01 그림은 전 세계 해수의 표층 수온 분포를 나타낸 것이다.

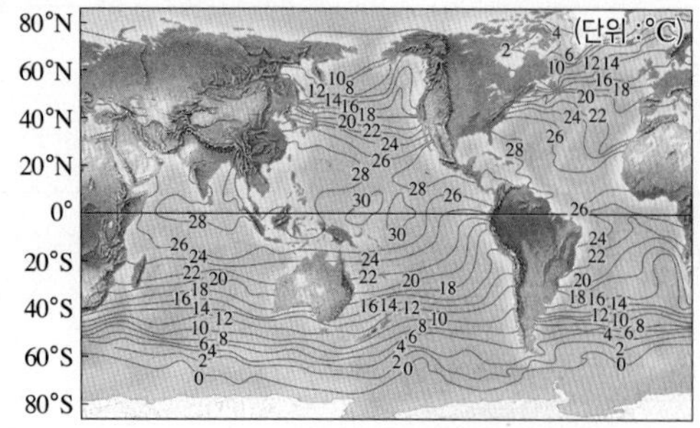

( ) 안에 알맞은 말을 옳게 짝 지은 것은?

> 해수의 표층 수온에 가장 큰 영향을 주는 요인은 ㉠( ) 에너지이며, 수온은 ㉡( )일수록 높다. 따라서 등온선은 대체로 ㉢( )선에 나란하다.

	㉠	㉡	㉢		㉠	㉡	㉢
①	지구	고위도	경도	②	지구	저위도	위도
③	태양	고위도	경도	④	태양	저위도	경도
⑤	태양	저위도	위도				

이 문제에서 나올 수 있는 보기는 多

02 그림은 해수의 연직 수온 분포를 나타낸 것이다.

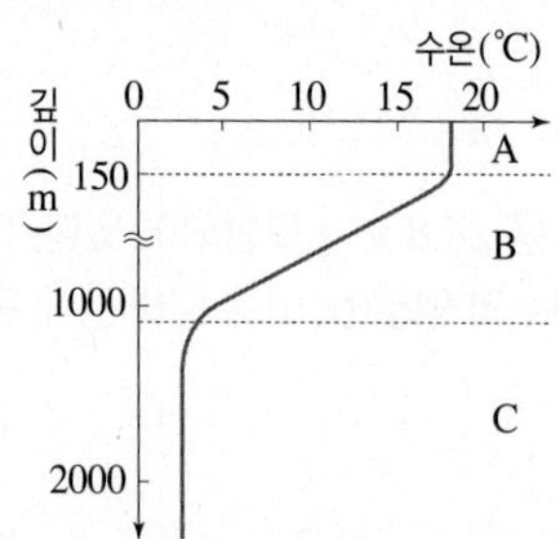

A~C 각 층에 대한 설명으로 옳지 않은 것을 모두 고르면?(3개)

① A는 혼합층, B는 수온 약층, C는 심해층이다.
② A층은 바람이 강하게 불수록 두께가 두꺼워진다.
③ A층은 위도나 계절에 관계없이 수온이 일정하다.
④ B층은 연직 운동이 일어나지 않는 안정한 층이다.
⑤ B층은 A층과 C층의 열과 물질 교환을 차단한다.
⑥ C층은 태양 에너지의 영향을 거의 받지 않는다.
⑦ C층의 수온은 계절에 따라 달라진다.
⑧ C층은 바람의 혼합 작용으로 수온이 일정하다.

03 수온의 연직 분포 중 바람이 가장 강하게 부는 지역은?

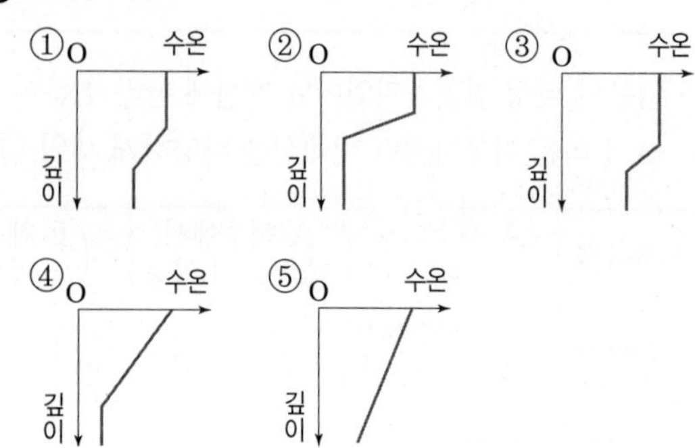

04 오른쪽 그림은 해수의 연직 수온 분포를 알아보기 위한 실험을 나타낸 것이다. 수조의 물을 해수라고 할 때, 적외선등과 휴대용 선풍기는 각각 무엇에 해당하는지 순서대로 쓰시오.

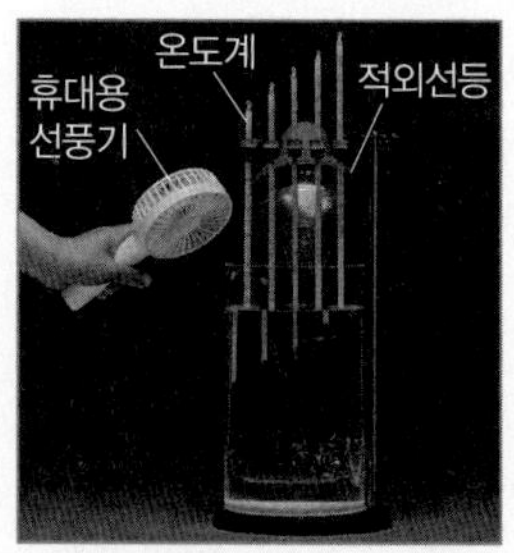

05 오른쪽 그림은 위도에 따른 수온의 연직 분포를 나타낸 것이다. 이에 대한 설명으로 옳은 것을 보기에서 모두 고른 것은?

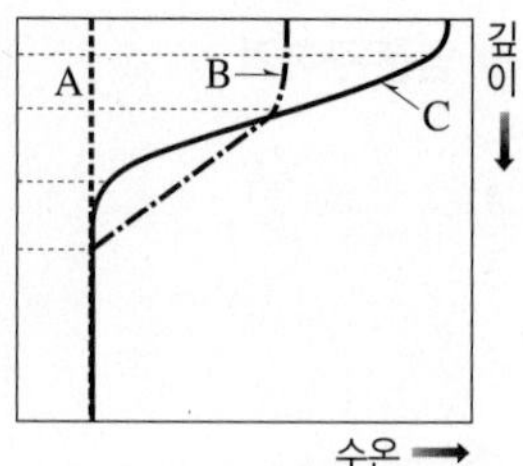

> **보기**
> ㄱ. A는 저위도, B는 중위도, C는 고위도에 해당한다.
> ㄴ. B 해역은 C 해역보다 바람이 강하게 분다.
> ㄷ. 수온 약층이 가장 잘 발달하는 곳은 A 해역이다.
> ㄹ. 도달하는 태양 에너지양이 가장 많은 곳은 C 해역이다.

① ㄱ, ㄴ ② ㄱ, ㄷ ③ ㄴ, ㄷ
④ ㄴ, ㄹ ⑤ ㄷ, ㄹ

06 그림은 우리나라 주변에서 계절에 따른 해수의 표층 수온 분포를 나타낸 것이다.

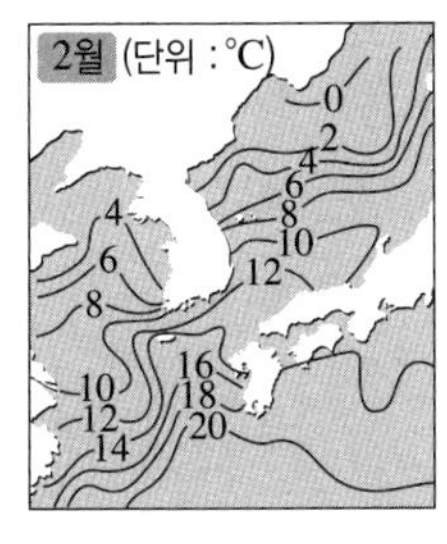

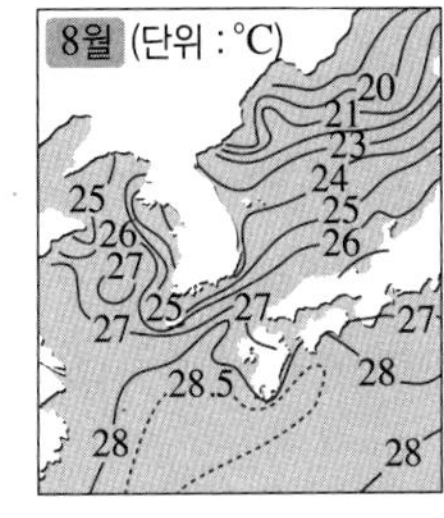

이에 대한 설명으로 옳은 것은?

① 여름철의 수온이 겨울철보다 낮다.
② 고위도로 갈수록 수온이 높아진다.
③ 겨울철에는 동해안의 수온이 같은 위도의 서해안보다 더 높다.
④ 대륙 주변에서는 해류와 대륙의 영향으로 등온선이 위도선에 나란하다.
⑤ 계절에 따라 수온이 다른 까닭은 염류의 양이 다르기 때문이다.

07 염류에 대한 설명으로 옳은 것을 보기에서 모두 고른 것은?

보기
ㄱ. 해수에 녹아 있는 여러 가지 물질을 염류라고 한다. ㄴ. 염분이 다르면, 전체 염류에서 각 염류가 차지하는 비율이 다르다. ㄷ. 바닷물에 따라 해수 1 kg에 녹아 있는 염류의 양은 일정하다.

① ㄱ ② ㄷ ③ ㄱ, ㄴ
④ ㄴ, ㄷ ⑤ ㄱ, ㄴ, ㄷ

08 해수에 녹아 있는 염류 중 양이 가장 많은 물질과 두 번째로 많은 물질을 순서대로 옳게 짝 지은 것은?

① 황산 칼슘, 염화 나트륨
② 황산 칼슘, 황산 마그네슘
③ 염화 나트륨, 황산 마그네슘
④ 염화 나트륨, 염화 마그네슘
⑤ 염화 마그네슘, 염화 나트륨

09 표는 우리나라 동해의 해수 500 g에 녹아 있는 염류의 질량을 나타낸 것이다.

염류	염화 나트륨	염화 마그네슘	황산 마그네슘	황산 칼슘	기타
질량(g)	12.8	1.8	0.8	0.6	0.5

동해의 염분은 얼마인가?

① 16.5 psu ② 33 psu ③ 35 psu
④ 165 psu ⑤ 330 psu

10 해수 400 g을 증발시켰더니 염류 12 g이 남았다. 이 해수의 염분은 얼마인가?

① 12 psu ② 24 psu ③ 30 psu
④ 36 psu ⑤ 40 psu

11 염분이 40 psu인 해수 500 g에 들어 있는 (가) 물의 양과 (나) 염류의 양을 옳게 짝 지은 것은?

	(가)	(나)		(가)	(나)
①	250 g	20 g	②	480 g	20 g
③	480 g	40 g	④	500 g	40 g
⑤	500 g	80 g			

12 염분이 35 psu인 해수에서 염류 700 g을 얻으려고 할 때 필요한 해수의 양은?

① 1 kg ② 10 kg ③ 20 kg
④ 100 kg ⑤ 200 kg

13 해수의 염분에 영향을 미치는 요인 중 염분이 낮아지게 하는 요인을 보기에서 모두 고른 것은?

보기
ㄱ. 결빙　　ㄴ. 해빙
ㄷ. 강수량 증가　　ㄹ. 증발량 증가
ㅁ. 강물의 유입

① ㄱ, ㄴ, ㄹ　② ㄱ, ㄷ, ㅁ　③ ㄴ, ㄷ, ㄹ
④ ㄴ, ㄷ, ㅁ　⑤ ㄷ, ㄹ, ㅁ

이 문제에서 나올 수 있는 보기는 多

14 염분이 높을 것으로 예상되는 바다를 모두 고르면? (2개)

① 건조한 사막 지대 부근의 바다
② 햇빛과 바람이 강한 지역의 바다
③ 강물이 흘러드는 대륙 주변의 바다
④ 비가 많이 내리는 적도 부근의 바다
⑤ 여름철 빙하가 녹는 남극 지역의 바다
⑥ 눈이 많이 내리고 증발량이 적은 바다

15 그림은 전 세계 해수의 표층 염분 분포를 나타낸 것이다.

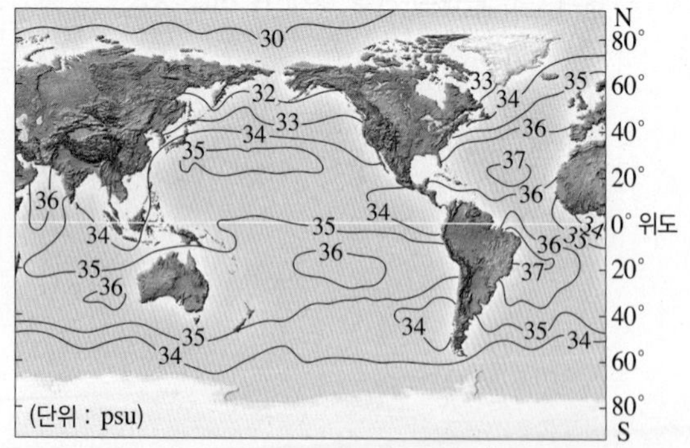

대양의 중앙부가 주변부보다 표층 염분이 높은 까닭으로 옳은 것은?

① 해수의 결빙이 많기 때문이다.
② 강수량이 증발량보다 많기 때문이다.
③ 바람의 영향을 거의 받지 않기 때문이다.
④ 태양 에너지가 거의 도달하지 않기 때문이다.
⑤ 담수 유입의 영향을 거의 받지 않기 때문이다.

16 해수에 포함된 염류 중 염화 나트륨이 차지하는 비율이 가장 큰 바다는?

① 염분이 약 7 psu인 발트 해
② 염분이 약 34 psu인 동해
③ 염분이 약 40 psu인 지중해
④ 염분이 약 30 psu인 북극해
⑤ 모두 같다.

17 표는 A 해역과 B 해역의 염분과 염화 나트륨의 양을 나타낸 것이다.

해역	염분	해수 1 kg 속 염화 나트륨의 양
A	35 psu	24.5 g
B	x	25.9 g

B 해역의 염분(x)은 얼마인가?

① 34 psu　② 35 psu　③ 36 psu
④ 37 psu　⑤ 38 psu

18 표는 그린란드 근해, 홍해, 동해에서 해수 1 kg에 포함된 염류의 질량과 구성비를 나타낸 것이다.

지역	해수 1 kg 속의 염류의 총량(g)	염화 나트륨		염화 마그네슘	
		질량 (g)	구성비 (%)	질량 (g)	구성비 (%)
그린란드 근해	35	27	77	3.5	10
홍해	40	31	77	4	10
동해	30	23	77	A	10

이에 대한 설명으로 옳은 것을 모두 고르면?(2개)

① 동해의 염분이 가장 높다.
② 어느 바다에서나 염류의 양은 일정하다.
③ 동해에서 염화 마그네슘의 질량(A)은 3 g이다.
④ 어느 바다에서나 염류를 구성하는 비율은 일정하다.
⑤ 염화 나트륨의 구성비가 일정한 까닭은 해저 화산 활동으로 염류가 공급되기 때문이다.

서술형 정복하기

● 정답과 해설 72쪽

1단계 단답형으로 쓰기

1 해수의 연직 수온 분포에 영향을 주는 요인을 두 가지 쓰시오.

2 해수는 혼합층, 수온 약층, 심해층으로 구분할 수 있다. 이처럼 세 층으로 구분하는 기준을 쓰시오.

3 저위도, 중위도, 고위도 해역 중 표층 수온이 가장 높고 혼합층이 얇게 나타나는 곳을 쓰시오.

4 해수에 녹아 있는 염류 중 가장 많은 양을 차지하는 물질의 이름을 쓰시오.

5 염분에 영향을 주는 요인을 두 가지 쓰시오.

6 염분이 40 psu인 해수 속에 포함된 염화 나트륨과 염화 마그네슘의 질량비는 7 : 1이다. 염분이 200 psu인 해수 속에 포함된 염화 나트륨과 염화 마그네슘의 질량비를 쓰시오.

2단계 제시된 단어를 모두 이용하여 서술하기

[7~10] 각 문제에 제시된 단어를 모두 이용하여 답을 서술하시오.

7 위도에 따른 해수의 표층 수온 분포를 서술하시오.

고위도, 저위도, 태양 에너지양, 표층 수온

8 수온 약층이 매우 안정한 까닭을 서술하시오.

따뜻한 물, 차가운 물, 위, 아래, 대류

9 위도 30° 부근 해역의 표층 염분이 적도 해역보다 상대적으로 높은 까닭을 서술하시오.

증발량, 강수량

10 염분비 일정 법칙을 서술하시오.

염류, 지역, 비율, 일정

VII 수권과 해수의 순환

3단계 실전 문제 풀어 보기

11 그림은 전 세계의 표층 수온 분포를 나타낸 것이다.

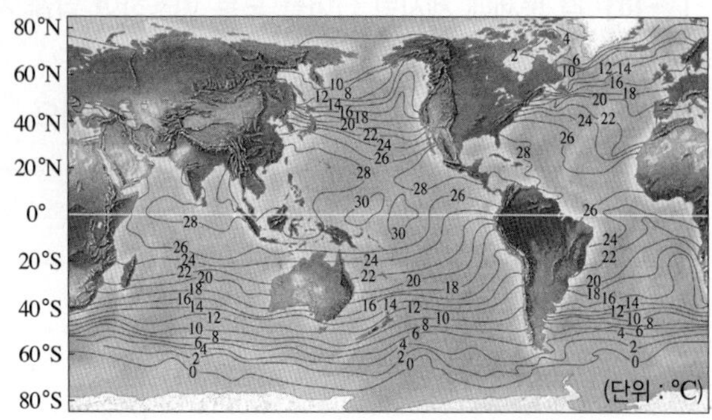

위도에 따른 표층 수온 변화를 서술하시오.

12 오른쪽 그림은 해수의 연직 수온 분포를 나타낸 것이다.

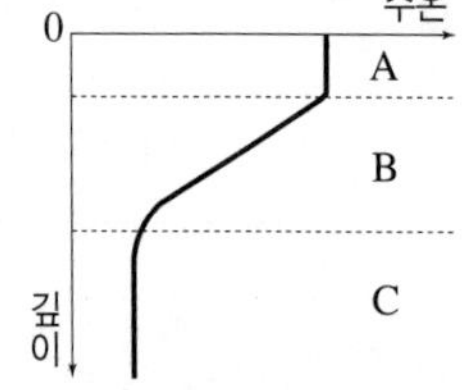

(1) A층의 수온이 일정한 까닭을 서술하시오.

(2) 깊이가 깊어질수록 B층의 수온이 낮아지는 까닭을 서술하시오.

답안작성 TIP

13 그림은 위도에 따른 해수의 연직 수온 분포를 나타낸 것이다.

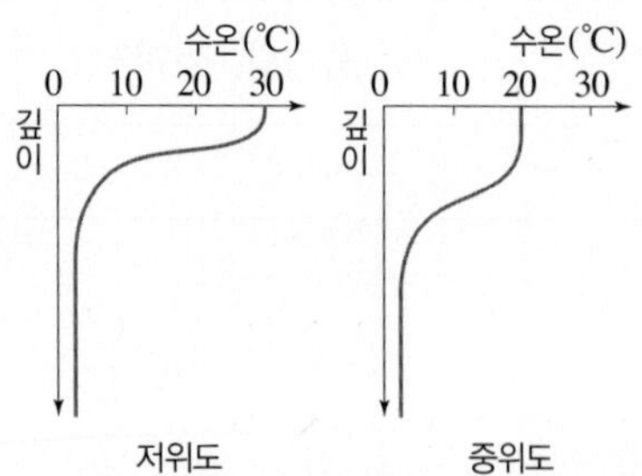

저위도와 중위도 해역에서 혼합층의 두께를 부등호로 비교하고, 혼합층의 두께가 차이 나는 까닭을 서술하시오.

14 표는 어느 해역의 해수 1000 g에 녹아 있는 염류의 종류와 양을 나타낸 것이다.

염류	염화 나트륨	염화 마그네슘	황산 마그네슘	기타	합계
질량(g)	24.1	3.4	1.5	3.0	32

위 해수에서 황산 마그네슘의 구성비(%)를 식을 세워 구하고, 해수의 염분(psu)을 구하시오.(단, 구성비는 소수점 둘째 자리에서 반올림한다.)

• 황산 마그네슘의 구성비(%) :

• 해수의 염분 :

답안작성 TIP

15 그림은 우리나라 주변 바다의 계절별 표층 염분 분포를 나타낸 것이다.

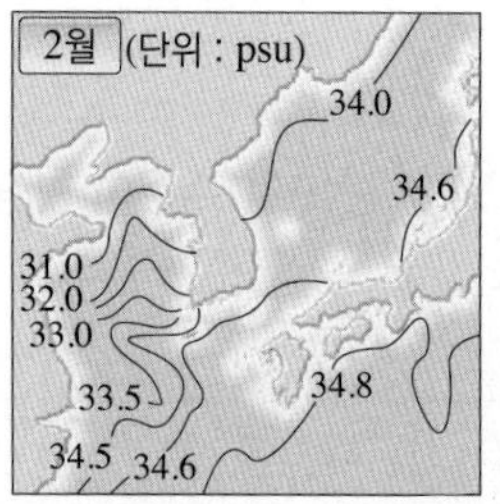

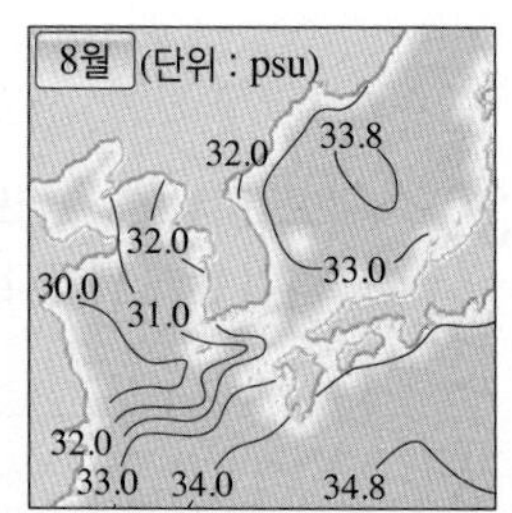

(1) 겨울철(2월)보다 여름철(8월)에 염분이 낮은 까닭을 서술하시오.

(2) 황해가 동해보다 염분이 낮은 까닭을 서술하시오.

답안작성 TIP

16 표는 동해와 황해의 해수 1 kg에 녹아 있는 염류의 양을 나타낸 것이다.

염류	염화 나트륨	염화 마그네슘
동해(g)	25.64	3.60
황해(g)	A	3.38

A의 값을 비례식을 세워 구하시오.(단, 소수점 첫째 자리에서 반올림한다.)

답안작성 TIP

13. 혼합층의 두께를 결정짓는 요인이 무엇인지 생각해 본다. **15.** 염분에 영향을 주는 요인을 알고, 각 요인이 계절과 지형에 따라 어떻게 달라지는지 생각해 본다. **16.** 염분비 일정 법칙을 이용하여 두 해수에 모두 제시된 값을 기준으로 비례식을 세운다.

중단원 핵심 요약

1 해류 일정한 방향으로 나타나는 지속적인 해수의 흐름

(1) 해류의 발생 원인 : 지속적인 ❶ ______

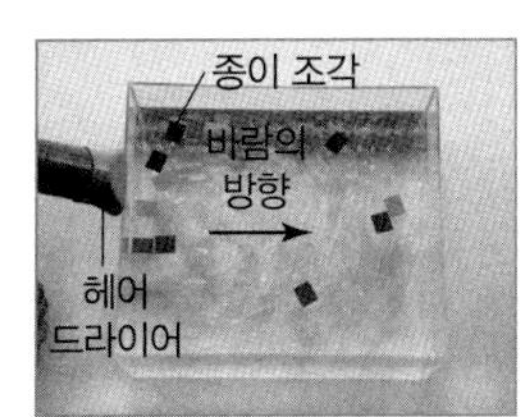

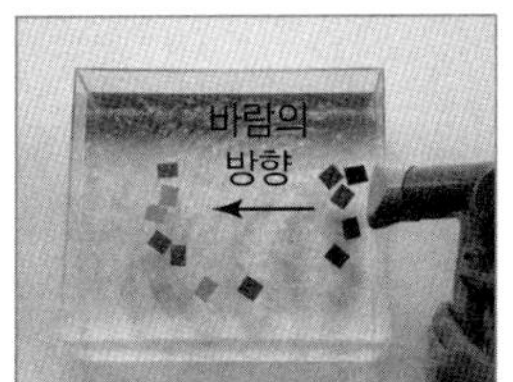

헤어드라이어로 지속적으로 바람을 일으키면 종이 조각(물)이 바람의 방향을 따라 이동한다. ➡ 바람이 지속적으로 불면 표층에 일정한 방향으로 흐르는 해류가 발생한다.

(2) 해류의 구분

① ❷ ______ : 저위도에서 고위도로 흐르는 비교적 따뜻한 해류

② ❸ ______ : 고위도에서 저위도로 흐르는 비교적 찬 해류

(3) 해류의 영향 : 해류는 주변 지역의 기온에 영향을 준다. 예 난류가 흐르는 지역은 대체로 주변에 비해 기온이 높다.

2 우리나라 주변의 해류

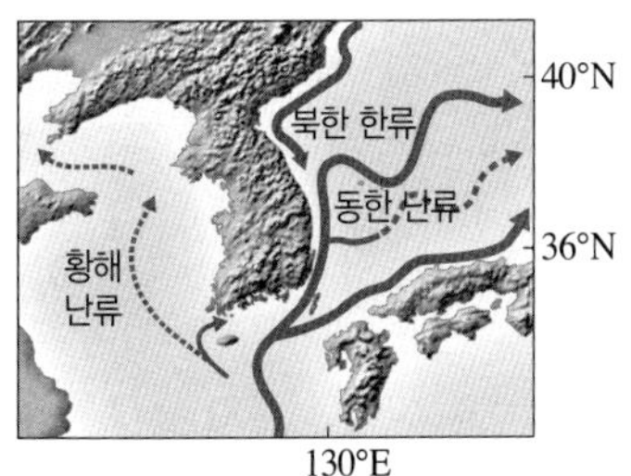

▲ 우리나라 주변 해류 분포

(1) 우리나라 주변의 해류

난류	• ❹ ______ 해류 : 우리나라 주변 난류의 근원 • 황해 난류 : 쿠로시오 해류의 일부가 황해로 흐르는 난류 • 동한 난류 : 쿠로시오 해류의 일부가 동해안을 따라 북상하는 난류
한류	• 연해주 한류 : 오호츠크해에서 아시아 대륙의 동쪽 연안을 따라 남하하는 한류 • 북한 한류 : 연해주 한류의 일부가 동해안을 따라 남하하는 한류

(2) 조경 수역 : 난류와 한류가 만나는 해역

① 위치 : ❺ ______ 난류와 ❻ ______ 한류가 만나는 동해에 형성 ➡ 여름에 북상하고 겨울에 남하한다.

② 특징 : 영양 염류와 플랑크톤이 풍부하고, 한류성 어종과 난류성 어종이 함께 분포하여 좋은 어장이 형성된다.

3 조석

(1) 조석 : 밀물과 썰물에 의해 해수면의 높이가 주기적으로 높아지고 낮아지는 현상

조류	밀물과 썰물로 나타나는 해수의 흐름	
❼ ______	밀물로 해수면의 높이가 가장 높아졌을 때	(그림)
❽ ______	썰물로 해수면의 높이가 가장 낮아졌을 때	
조차	만조와 간조 때의 해수면 높이 차	▲ 조석에 의한 해수면 높이 변화

(2) 조석에 의한 해수면 높이 변화

① 하루 동안 해수면의 높이 변화

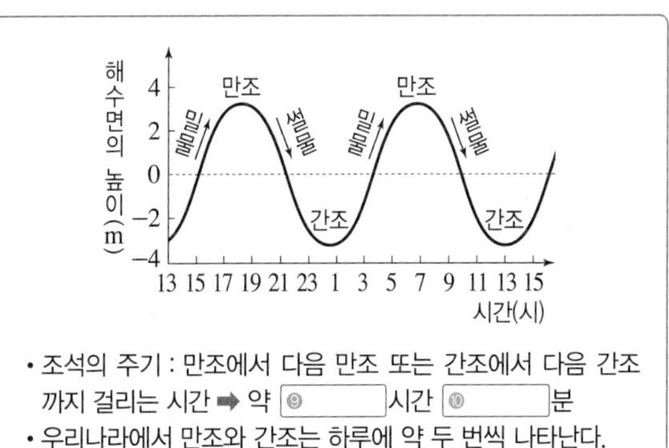

• 조석의 주기 : 만조에서 다음 만조 또는 간조에서 다음 간조까지 걸리는 시간 ➡ 약 ❾ ______ 시간 ❿ ______ 분
• 우리나라에서 만조와 간조는 하루에 약 두 번씩 나타난다.

② 한 달 동안 해수면의 높이 변화

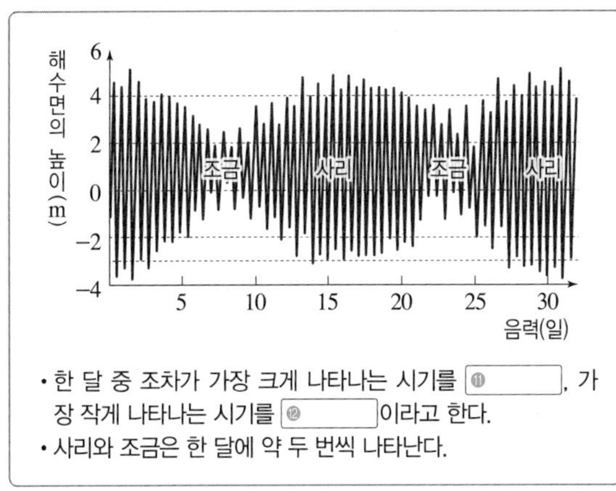

• 한 달 중 조차가 가장 크게 나타나는 시기를 ⓫ ______, 가장 작게 나타나는 시기를 ⓬ ______ 이라고 한다.
• 사리와 조금은 한 달에 약 두 번씩 나타난다.

(3) 조석의 이용 : 우리나라 서해안과 같이 조차가 크게 나타나는 지역에서는 조석을 다양하게 이용한다.

① 어업 : ⓭ ______ 때 넓게 드러난 갯벌에서 조개를 캐거나 돌담이나 그물을 세우고 조류를 이용하여 물고기를 잡는다.

② 바다 갈라짐 현상 : 사리일 때 간조가 되면 일부 지역에서 바닷길이 열려 섬까지 걸어갈 수 있다.

③ 전기 생산 : 조차를 이용하거나(조력 발전) 조류를 이용하여(조류 발전) 전기를 생산한다.

VII 수권과 해수의 순환

잠깐 테스트

● 정답과 해설 72쪽

MEMO

1 일정한 방향으로 나타나는 지속적인 해수의 흐름을 ①(　　　)라 하고, 해수의 표층에서 해류를 발생시키는 원인은 ②(　　　)이다.

2 난류는 ①(저위도에서 고위도, 고위도에서 저위도)로 흐르는 비교적 ②(찬, 따뜻한) 해류이고, 한류는 ③(저위도에서 고위도, 고위도에서 저위도)로 흐르는 비교적 ④(찬, 따뜻한) 해류이다.

[3~5] 오른쪽 그림은 우리나라 주변의 해류를 나타낸 것이다.

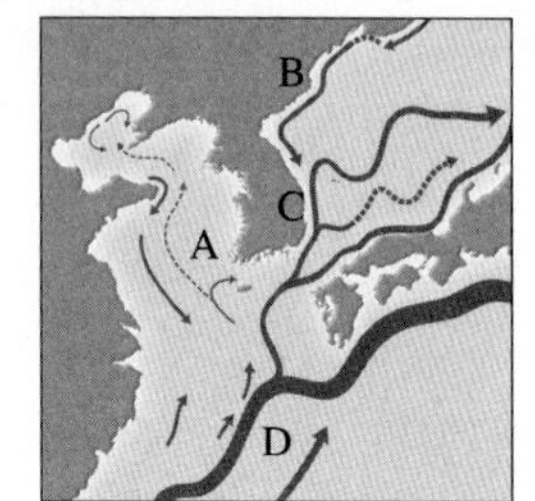

3 한류에 해당하는 해류의 기호와 이름을 쓰시오.

4 우리나라 주변 난류의 근원이 되는 해류의 기호와 이름을 순서대로 쓰시오.

5 A~D 중 조경 수역을 형성하는 두 해류를 고르시오.

6 우리나라에서 조경 수역의 위치는 여름에는 ①(북상, 남하)하고, 겨울에는 ②(북상, 남하)한다.

7 밀물과 썰물에 의해 해수면의 높이가 주기적으로 변하는 현상을 ①(　　　)이라고 하며, 밀물로 해수면의 높이가 가장 높을 때를 ②(　　　), 썰물로 해수면의 높이가 가장 낮을 때를 ③(　　　)라고 한다.

8 오른쪽 그림은 조석에 의한 해수면의 높이 변화를 나타낸 것이다. A~C에 알맞은 말을 쓰시오.

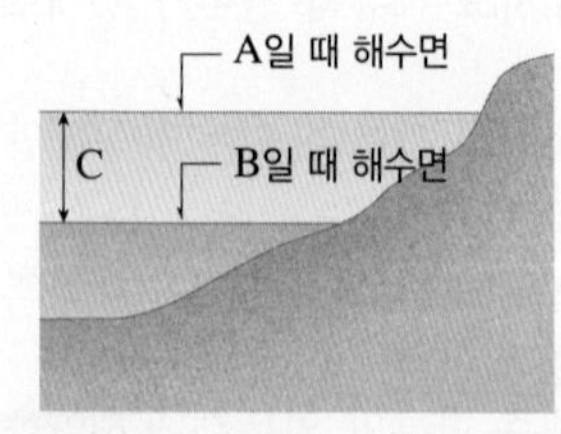

9 우리나라에서 만조와 간조는 하루에 약 ①(두, 네) 번씩 생기고, 조석의 주기는 약 ②(12시간 25분, 24시간 50분)이다.

10 우리나라의 서해안과 같이 조차가 크게 나타나는 지역에서는 이를 이용하여 전기를 생산하기도 하는데, 이를 (　　　)이라고 한다.

중단원 기출 문제

● 정답과 해설 73쪽

01 해류에 대한 설명으로 옳은 것을 보기에서 모두 고른 것은?

보기
ㄱ. 해류는 계절에 따라 방향이 달라진다.
ㄴ. 주변 해수와의 상대적인 수온을 비교하여 한류와 난류를 구분한다.
ㄷ. 난류는 여름철에만 흐르는 해류이다.
ㄹ. 한류는 고위도에서 저위도로 흐르는 해류이다.

① ㄱ, ㄴ ② ㄱ, ㄷ ③ ㄴ, ㄷ
④ ㄴ, ㄹ ⑤ ㄷ, ㄹ

02 다음 중 우리나라 주변의 해류가 아닌 것은?

① 동한 난류 ② 황해 난류 ③ 북한 한류
④ 북적도 해류 ⑤ 쿠로시오 해류

03 주변 해수에 비해 상대적으로 수온이 낮은 해류만을 옳게 짝 지은 것은?

① 동한 난류, 황해 난류
② 동한 난류, 북한 한류
③ 북한 한류, 연해주 한류
④ 북한 한류, 쿠로시오 해류
⑤ 황해 난류, 쿠로시오 해류

04 우리나라 주변 해류에 대한 설명으로 옳은 것은?

① 동해에는 한류만 흐른다.
② 한류와 난류는 서로 만나지 않는다.
③ 조경 수역은 황해에 형성되어 있다.
④ 일정한 주기로 해류의 방향이 바뀐다.
⑤ 동해와 황해에 흐르는 난류는 하나의 해류에서 갈라져 나온 것이다.

[05~07] 그림은 우리나라 주변의 해류를 나타낸 것이다.

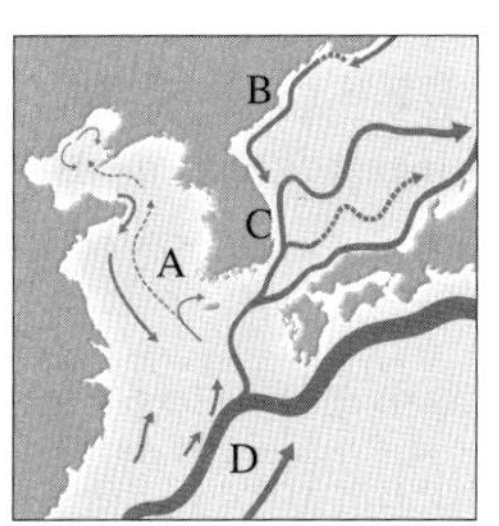

05 해류 A~C의 이름을 옳게 짝 지은 것은?

	A	B	C
①	동한 난류	북한 한류	황해 난류
②	동한 난류	황해 난류	북한 한류
③	황해 난류	동한 난류	북한 한류
④	황해 난류	북한 한류	동한 난류
⑤	북한 한류	동한 난류	황해 난류

이 문제에서 나올 수 있는 보기는 多

06 이에 대한 설명으로 옳은 것을 모두 고르면?(2개)

① A와 B는 난류이다.
② B는 쿠로시오 해류에서 갈라져 나온 것이다.
③ C는 겨울철에 동해안 지역의 기온을 낮춘다.
④ D는 우리나라 주변 난류의 근원 해류이다.
⑤ 조경 수역을 이루는 해류는 A와 C이다.
⑥ 여름철에는 조경 수역이 북쪽에 치우쳐 형성된다.

07 다음 설명과 관련 있는 두 해류의 기호와 이름을 각각 쓰시오.

한류성 어종인 청어, 명태 등과 난류성 어종인 오징어, 고등어, 민어, 갈치 등이 풍부하여 좋은 어장이 형성된다.

Ⅶ 수권과 해수의 순환

08 조경 수역에 대한 설명으로 옳은 것을 보기에서 모두 고른 것은?

보기
ㄱ. 난류와 한류가 만나는 곳이다.
ㄴ. 우리나라에서는 남해에 형성되어 있다.
ㄷ. 조경 수역의 위치는 계절에 관계없이 항상 일정하다.
ㄹ. 영양 염류와 플랑크톤이 풍부하여 좋은 어장이 만들어진다.

① ㄱ, ㄴ ② ㄱ, ㄹ ③ ㄴ, ㄷ
④ ㄴ, ㄹ ⑤ ㄷ, ㄹ

09 그림과 같이 거제도 부근에서 기름이 유출되었다고 할 때, 기름이 이동하는 방향으로 옳은 것은?

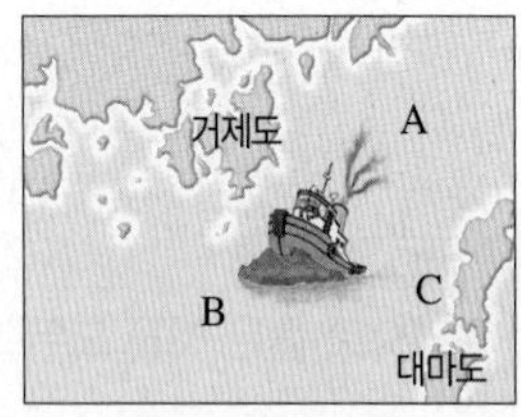

① A ② B ③ C
④ A, B ⑤ A, B, C

10 조석 현상에 대한 설명으로 옳지 않은 것은?

① 해수면의 높이가 주기적으로 변하는 현상이다.
② 밀물로 해수면의 높이가 높아지고, 썰물로 해수면의 높이가 낮아진다.
③ 하루 중 해수면의 높이가 가장 낮을 때를 만조라고 한다.
④ 간조와 만조 때의 해수면 높이 차이를 조차라고 한다.
⑤ 우리나라에서 간조와 만조는 하루에 약 두 번씩 나타난다.

11 그림은 어느 지역에서 하루 동안 해수면 높이 변화를 측정하여 나타낸 것이다.

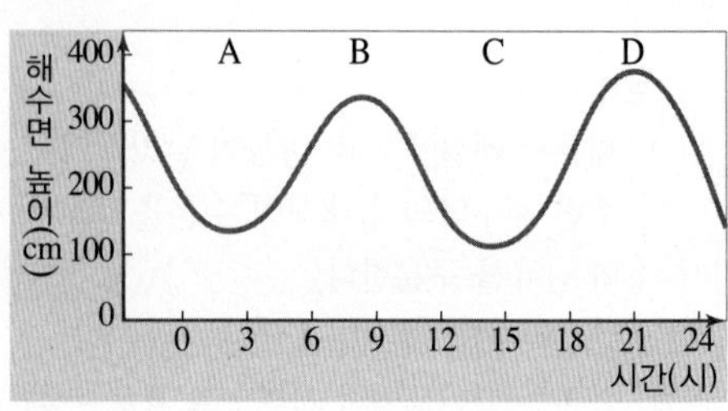

이에 대한 설명으로 옳은 것은?

① A를 만조라고 한다.
② B일 때 해수면의 높이가 가장 낮다.
③ 갯벌 체험을 하기에 가장 적합한 때는 D이다.
④ A에서 D까지의 시간이 조석의 주기이다.
⑤ 간조와 만조는 하루에 약 두 번씩 나타난다.

12 그림은 어느 지역에서 한 달 동안 해수면의 높이 변화를 나타낸 것이다.

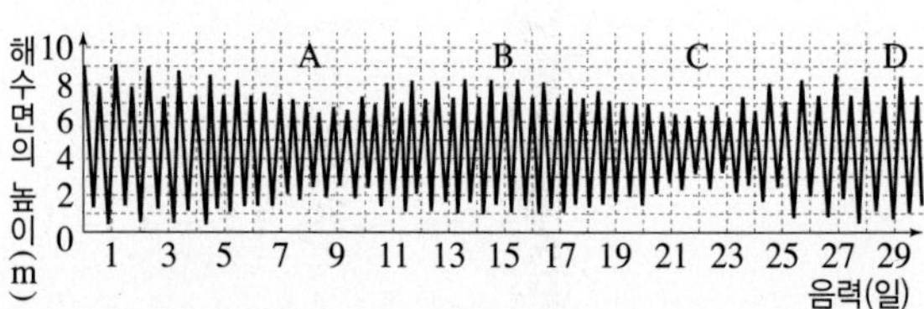

이에 대한 설명으로 옳은 것을 보기에서 모두 고른 것은?

보기
ㄱ. A를 조금이라고 한다.
ㄴ. B일 때 하루 중 해수면의 높이 차가 가장 작다.
ㄷ. 바다 갈라짐 현상은 C일 때 가장 잘 일어난다.

① ㄱ ② ㄴ ③ ㄷ
④ ㄱ, ㄴ ⑤ ㄴ, ㄷ

13 조석 현상을 이용하는 예로 옳지 않은 것은?

① 간조 무렵에 갯벌에서 조개를 캔다.
② 만조 때 바다 갈라짐 현상을 볼 수 있다.
③ 만조 때 고기잡이배가 먼 바다로 나간다.
④ 서해안에 조력 발전소를 지어 전기를 생산한다.
⑤ 바다에 그물을 고정하고 조류를 이용하여 물고기를 잡는다.

서술형 정복하기

● 정답과 해설 73쪽

1단계 단답형으로 쓰기

1 해수면 위를 지속적으로 부는 바람에 의해 일정한 방향으로 흐르는 해수의 흐름을 무엇이라고 하는지 쓰시오.

2 다음 설명에 해당하는 해류의 이름을 쓰시오.

> • 북태평양에서 대륙 연안을 따라 북상한다.
> • 우리나라 주변에 흐르는 난류의 근원이다.

3 우리나라 동해에서 동한 난류와 북한 한류가 만나 형성되는 곳을 무엇이라고 하는지 쓰시오.

4 동해안과 서해안 중 우리나라에서 조차가 더 큰 지역을 쓰시오.

2단계 제시된 단어를 모두 이용하여 서술하기

[5~6] 각 문제에 제시된 단어를 모두 이용하여 답을 서술하시오.

5 난류와 한류를 비교하여 서술하시오.

> 저위도, 고위도, 따뜻한, 차가운

6 조석의 뜻을 서술하시오.

> 밀물, 썰물, 해수면, 주기

3단계 실전 문제 풀어 보기

답안작성 TIP

7 그림은 우리나라 주변에 흐르는 해류를 나타낸 것이다.

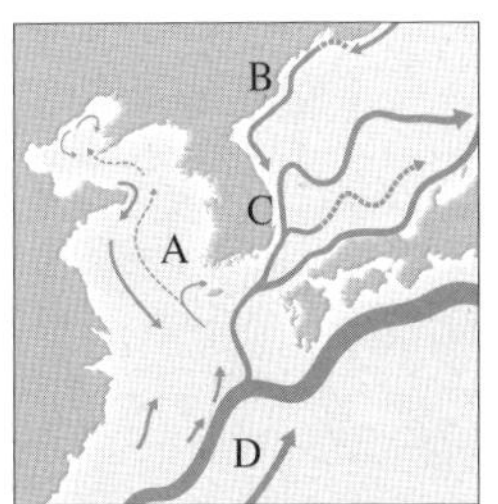

(1) 해류 A~D의 이름을 각각 쓰시오.

(2) 해류 A와 B의 상대적인 수온을 비교하여 서술하시오.

(3) 조경 수역을 이루는 두 해류의 기호를 쓰고, 조경 수역에서 좋은 어장이 형성되는 까닭을 서술하시오.

답안작성 TIP

8 그림은 우리나라 주변 해수의 겨울철 표층 수온 분포를 나타낸 것이다.

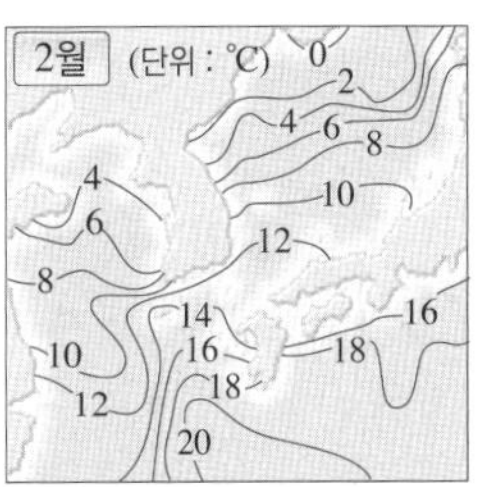

같은 위도에 위치한 동해안과 서해안 지역을 비교할 때 수온이 더 높은 곳을 고르고, 그 까닭을 서술하시오.

9 우리 생활에서 조석을 이용하는 예를 두 가지 서술하시오.

답안작성 TIP

7. (2) 해류 A와 B의 종류를 알면 상대적인 수온을 비교할 수 있다. (3) 조경 수역은 한류와 난류가 만나는 곳이다. **8.** 표층 수온은 주로 태양 에너지양에 따라 달라진다. 그 외에 어떤 요소가 수온에 영향을 미칠지 생각해 본다.

Ⅶ 수권과 해수의 순환

중단원 핵심 요약

1 온도와 입자의 운동

(1) 온도 : 물체의 차갑고 뜨거운 정도를 수치로 나타낸 것

(2) 입자의 운동 : 입자의 운동이 활발할수록 물체의 온도가 ❶ ______, 입자의 운동이 둔할수록 물체의 온도가 ❷ ______.

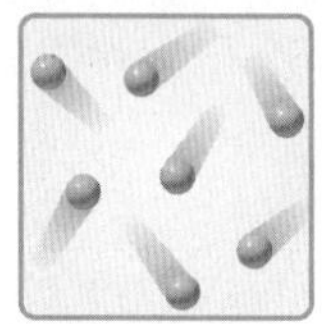
▲ 온도가 높은 물체

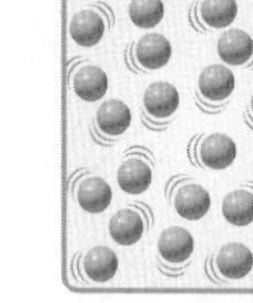
▲ 온도가 낮은 물체

2 열의 이동 방법

(1) ❸ ______ : 고체에서 입자의 운동이 이웃한 입자에 차례로 전달되어 열이 이동하는 방법

▲ 고체에서 열의 전도

예
- 뜨거운 국에 숟가락을 담가 두면 손잡이 부분까지 뜨거워진다.
- 추운 날 금속으로 된 의자는 나무로 된 의자보다 더 차갑게 느껴진다.
- 냄비와 프라이팬은 금속으로 만들고, 손잡이나 주방 장갑은 플라스틱이나 면으로 만든다.

(2) ❹ ______ : 액체와 기체에서 입자가 직접 이동하면서 열이 전달되는 방법

▲ 액체에서 열의 대류

예
- 주전자로 물을 끓일 때 아래쪽만 가열해도 물 전체가 뜨거워진다.
- 방에 난로를 아래쪽에 켜 두면 방 전체가 따뜻해지고, 에어컨을 위쪽에 켜 두면 방 전체가 시원해진다.

(3) ❺ ______ : 열이 물질의 도움 없이 직접 이동하는 방법

예
- 난로에 가까이 있으면 따뜻함을 느낀다.
- 태양의 열이 지구로 전달된다.
- 그늘보다 햇볕 아래가 더 따뜻하다.

3 냉난방 기구의 설치

냉난방기의 효율을 높이기 위해 난방기는 ❻ ______쪽에 설치하고, 냉방기는 ❼ ______쪽에 설치한다.

➡ 대류 현상에 의해 따뜻한 공기는 위로 올라가고 차가운 공기는 아래로 내려오기 때문

4 ❽ ______

물체와 물체 사이에서 열이 이동하지 못하게 막는 것

(1) 단열을 하면 열의 이동을 막으므로 온도를 일정하게 유지할 수 있다.

(2) 전도, 대류, 복사에 의한 열의 이동을 모두 막아야 단열이 잘 된다.

(3) 단열의 이용 : 보온병, 주택의 이중창, 스타이로폼 사용, 아이스박스 등

▲ 보온병에서의 단열

5 열평형

(1) ⓫ ______ : 온도가 다른 두 물체를 접촉한 후 어느 정도 시간이 지났을 때 두 물체의 온도가 같아진 상태

- 열은 온도가 높은 물체에서 온도가 낮은 물체로 이동한다.
- 열을 얻으면 입자의 운동이 ⓬ ______해지고, 열을 잃으면 입자의 운동이 ⓭ ______해진다.
- 온도 차이가 클수록 이동하는 열의 양이 많다.

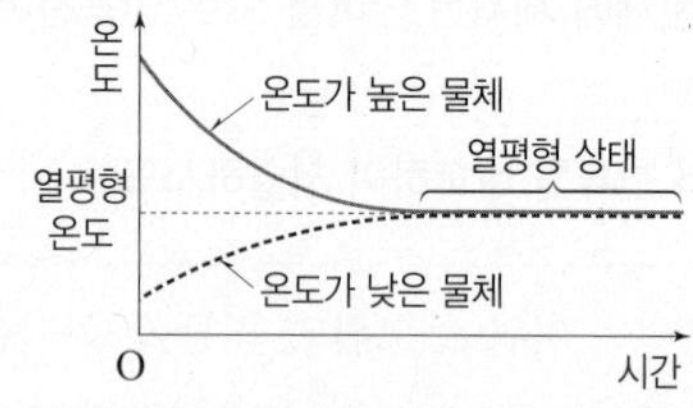

구분	온도가 높은 물체	온도가 낮은 물체
열	잃음	얻음
온도	낮아짐	높아짐
입자 운동	둔해짐	활발해짐
열의 양	온도가 높은 물체가 잃은 열의 양 =온도가 낮은 물체가 얻은 열의 양	

(2) 열평형 상태의 이용
- 온도계로 온도를 측정한다.
- 한약 팩을 뜨거운 물에 넣어 데운다.
- 냉장고 속에 음식을 넣어 차게 보관한다.
- 생선을 얼음 위에 놓아 신선하게 유지한다.
- 여름에 수박을 시원한 물속에 담가 시원하게 만든다.

잠깐 테스트

● 정답과 해설 74쪽

MEMO

1 물체의 차갑고 뜨거운 정도를 수치로 나타낸 것을 (　　　)라고 한다.

2 오른쪽 그림은 입자가 운동하는 모습을 나타낸 것이다. (가)~(다) 중 온도가 가장 높은 것과 가장 낮은 것을 골라 순서대로 쓰시오.

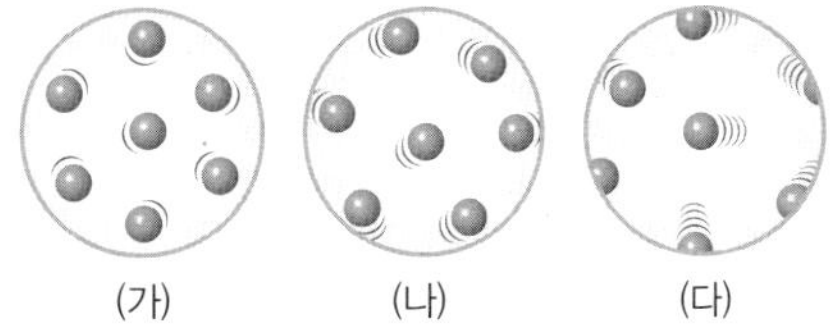

[3~5] 그림은 열이 이동하는 방법을 간단히 나타낸 것이다.

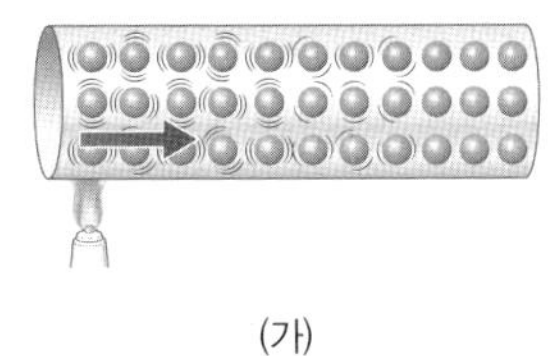
(가)

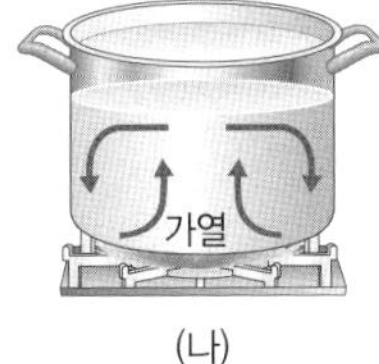

(나)

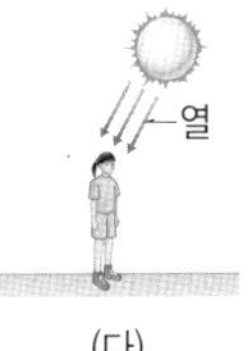

(다)

3 (가)와 같이 고체에서 입자의 운동이 이웃한 입자에 차례로 전달되어 열이 이동하는 방법을 (　　　)라고 한다.

4 (나)와 같이 액체나 기체 상태의 입자가 직접 이동하여 열이 전달되는 방법을 (　　　) 라고 한다.

5 (다)와 같이 물질의 도움 없이 빛과 같은 형태로 열이 직접 전달되는 방법을 (　　　)라고 한다.

6 따뜻한 공기는 ①(위로 올라가고, 아래로 내려가고), 찬 공기는 ②(위로 올라가므로, 아래로 내려가므로), 난방기는 방의 ③(위쪽, 아래쪽)에 설치하고, 냉방기는 방의 ④(위쪽, 아래쪽)에 설치하는 것이 효율적이다.

7 물체와 물체 사이에서 열이 이동하지 못하게 막는 것을 ①(　　　)이라고 하며, 이를 통해 물체의 ②(　　　)를 유지할 수 있다.

8 온도가 다른 두 물체를 접촉한 후 어느 정도 시간이 지났을 때, 두 물체의 온도가 같아진 상태를 (　　　)이라고 한다.

9 온도가 다른 두 물체를 접촉하면 열은 온도가 ①(높은, 낮은) 물체에서 ②(높은, 낮은) 물체로 이동한다.

10 오른쪽 그림은 90 ℃의 더운물과 10 ℃의 찬물을 접촉하였을 때, 시간에 따른 온도 변화를 나타낸 것이다. 이에 대한 설명으로 옳은 것은 ○, 옳지 않은 것은 ×로 표시하시오.(단, 열은 더운물과 찬물 사이에서만 이동한다.)

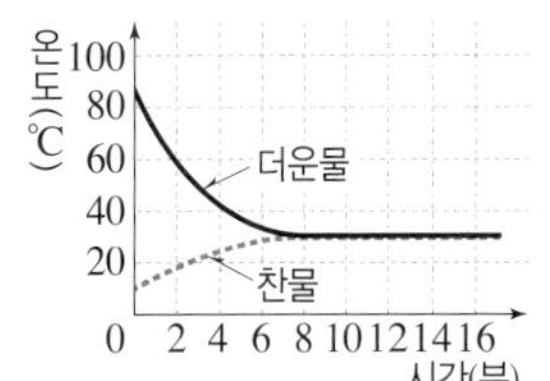

(1) 더운물의 입자 운동은 둔해지고, 찬물의 입자 운동은 활발해진다. ………… (　　　)
(2) 열평형 상태에 도달하는 데 걸린 시간은 4분이다. ………… (　　　)
(3) 찬물이 잃은 열의 양과 더운물이 얻은 열의 양은 같다. ………… (　　　)

01 온도와 열에 대한 설명으로 옳은 것을 보기에서 모두 고른 것은?

보기
ㄱ. 온도가 낮을수록 입자 운동이 활발하다.
ㄴ. 열은 온도가 높은 물체에서 낮은 물체로 이동한다.
ㄷ. 열은 입자 운동이 둔한 물체에서 활발한 물체로 이동한다.

① ㄱ ② ㄴ ③ ㄱ, ㄴ
④ ㄴ, ㄷ ⑤ ㄱ, ㄴ, ㄷ

02 그림 (가)와 (나)는 온도가 서로 다른 물의 입자 운동 모습을 나타낸 것이다.

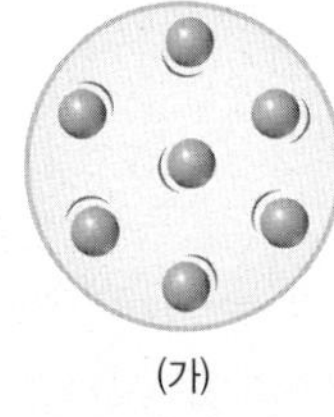
(가)

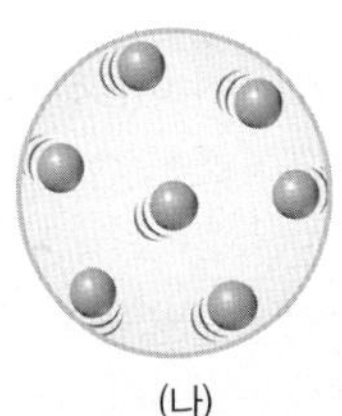
(나)

이에 대한 설명으로 옳은 것을 보기에서 모두 고른 것은?

보기
ㄱ. (가)의 온도가 (나)보다 낮다.
ㄴ. (가)에 열을 가하면 (나)와 같은 상태가 된다.
ㄷ. 물에 잉크를 떨어뜨리면 잉크는 (가)에서가 (나)에서보다 빨리 퍼진다.

① ㄱ ② ㄷ ③ ㄱ, ㄴ
④ ㄴ, ㄷ ⑤ ㄱ, ㄴ, ㄷ

03 그림과 같이 금속 막대의 한쪽 끝부분인 A 부분을 가열하고 있다.

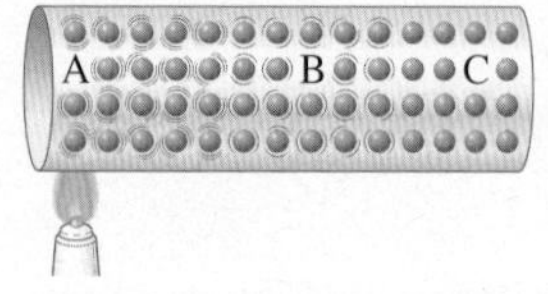

이에 대한 설명으로 옳지 않은 것은?

① 입자 운동이 이웃한 입자에 차례로 전달되어 열이 이동한다.
② 열을 받은 금속 막대의 입자 운동은 활발해진다.
③ 대류의 방법으로 열이 이동한다.
④ B 부분이 C 부분보다 먼저 뜨거워진다.
⑤ 다른 금속으로 바꾸어 실험하면 열이 전달되는 빠르기가 달라진다.

04 추운 겨울날 금속으로 된 의자가 나무로 된 의자보다 더 차갑게 느껴진다. 그 까닭으로 옳은 것은?

① 금속이 가진 열이 더 크기 때문이다.
② 나무가 가진 열이 더 크기 때문이다.
③ 금속의 온도가 나무보다 낮기 때문이다.
④ 금속이 나무보다 열을 잘 전달하기 때문이다.
⑤ 나무가 금속보다 열을 잘 전달하기 때문이다.

이 문제에서 나올 수 있는 보기는 多

05 열의 이동 방법 중 대류와 관계 있는 현상을 모두 고르면?(3개)

① 난로는 실내에서 낮은 곳에 설치한다.
② 고구마를 알루미늄박으로 감싸서 익힌다.
③ 적외선 카메라로 건물의 온도를 측정한다.
④ 모닥불에서 피어오르는 연기가 위로 올라간다.
⑤ 뜨거운 물을 담은 유리컵을 만지면 손이 따뜻하다.
⑥ 물을 주전자에 넣고 주전자 바닥을 가열하면 주전자 속 물 전체의 온도가 높아진다.

06 그림은 추운 겨울날에 사용하는 난방용 난로의 모습을 나타낸 것이다.

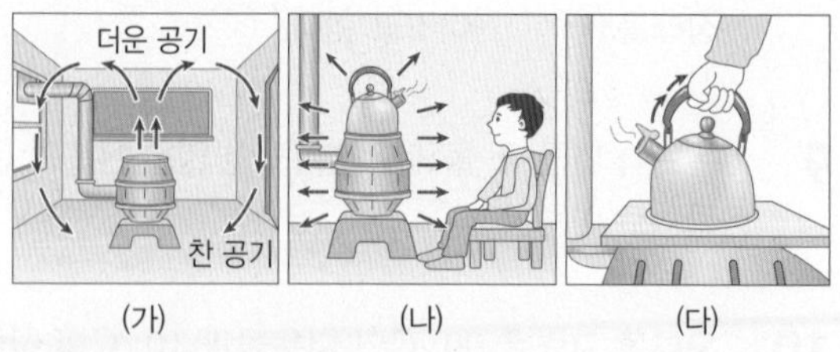

(가) (나) (다)

(가)~(다)에서 열의 이동 방법을 옳게 짝 지은 것은?

	(가)	(나)	(다)
①	전도	대류	복사
②	전도	복사	대류
③	대류	전도	복사
④	대류	복사	전도
⑤	복사	대류	전도

07 오른쪽 그림은 모닥불에서 열이 이동하는 모습을 나타낸 것이다. 이에 대한 설명으로 옳지 않은 것은?

① ㉠의 원리를 이용하여 에어컨은 위쪽에 설치한다.
② ㉠은 주로 액체, 기체에서 열이 전달되는 방법이다.
③ ㉡은 전도를 나타낸다.
④ ㉢은 입자가 열을 직접 전달하는 방법이다.
⑤ 태양열은 ㉢과 같은 방법으로 지구에 전달된다.

이 문제에서 나올 수 있는 보기는 多

08 단열에 대한 설명으로 옳지 않은 것은?

① 물체 사이에서 열이 이동하지 못하게 막는 것이다.
② 물체 사이의 단열이 잘 되면 열평형 상태가 되기 어렵다.
③ 물질의 종류에 따라 열의 이동을 막는 정도가 다르다.
④ 전도, 대류, 복사에 의한 열의 이동을 모두 막을수록 단열에 효율적이다.
⑤ 공기를 적게 포함하는 물질일수록 단열에 효과적이다.
⑥ 같은 재질로 된 단열재일 때 두께가 두꺼울수록 단열이 잘 된다.

09 오른쪽 그림과 같이 뜨거운 물이 든 시험관을 비커에 넣고 시험관과 비커 사이의 빈 공간을 공기, 모래, 톱밥, 스타이로폼으로 가득 채운 다음 10분 후 시험관 속 물의 온도를 측정하였더니 표와 같았다.

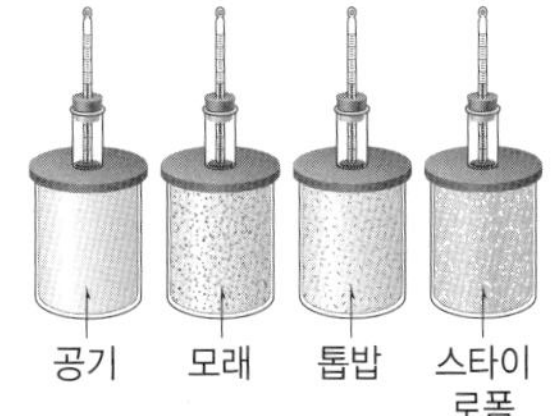

물질	공기	모래	톱밥	스타이로폼
처음 온도	90 ℃	90 ℃	90 ℃	90 ℃
나중 온도	80 ℃	76 ℃	86 ℃	84 ℃

이 실험의 결과로부터 알 수 있는 것은?

① 기체 상태인 물질에서 열이 잘 이동한다.
② 고체 상태인 물질에서 열이 잘 이동한다.
③ 단열재로 사용하기 가장 좋은 물질은 톱밥이다.
④ 열이 이동하는 방법으로는 전도, 대류, 복사가 있다.
⑤ 물의 온도 변화가 클수록 단열이 잘 되는 물질이다.

10 스타이로폼을 이용하여 만들어진 아이스박스에 얼음과 생선을 넣어 운반하면 생선을 신선하게 보관할 수 있다. 이에 대한 설명으로 옳지 않은 것은?

① 스타이로폼은 단열재로 사용된다.
② 스타이로폼은 외부에서 들어오는 열을 차단한다.
③ 스타이로폼은 내부에 공기를 많이 포함하고 있다.
④ 스타이로폼 내부의 공기에 의해 열의 전도가 느리게 일어난다.
⑤ 스타이로폼 상자에 뜨거운 음식을 넣어 두면 금방 식는다.

11 오른쪽 그림은 따뜻한 물을 보관할 때 사용하는 보온병의 구조를 나타낸 것이다. 이에 대한 설명으로 옳지 않은 것은?

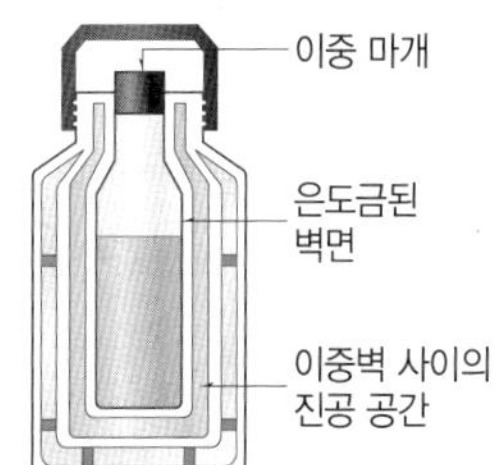

① 보온병은 전도, 대류, 복사에 의한 열의 이동을 모두 차단한다.
② 은도금된 벽면은 복사에 의한 열의 이동을 차단한다.
③ 이중벽 사이의 진공 공간은 전도와 대류에 의한 열의 이동을 차단한다.
④ 보온병의 이중 마개는 열의 이동을 차단하는 단열재로 만들어야 한다.
⑤ 이중벽 사이에 공기를 채워 넣으면 진공 상태보다 열의 이동을 더 많이 차단할 수 있다.

이 문제에서 나올 수 있는 보기는 多

12 오른쪽 그림과 같이 창문을 이중창으로 하면 단열에 효과적이다. 이와 같은 원리로 설명할 수 있는 현상은?

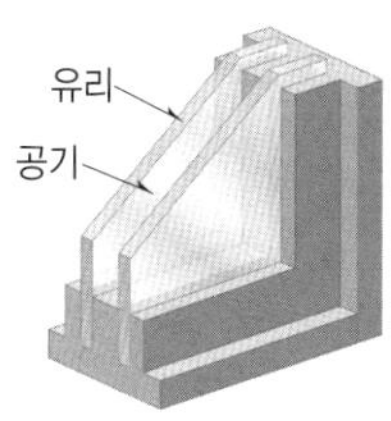

① 에어컨은 위쪽에, 난로는 아래쪽에 설치한다.
② 기온이 올라가면 온도계의 눈금이 올라간다.
③ 한약이 담긴 팩을 뜨거운 물에 담가서 데운다.
④ 겨울에는 흰색 옷보다 검은색 옷이 따뜻하다.
⑤ 감자를 구울 때 금속 포크를 꽂으면 감자가 빨리 익는다.
⑥ 얇은 옷을 여러 벌 입는 것이 두꺼운 옷을 한 벌 입는 것보다 따뜻하다.

13 온도가 다른 네 물체 A, B, C, D 중 두 개씩 골라 접촉시켰더니 다음과 같이 열이 이동하였다.

B → D　　C → B　　A → C

A~D 중 온도가 가장 높은 물체와 가장 낮은 물체를 순서대로 옳게 짝 지은 것은?

① A, C　② A, D　③ B, C　④ C, A　⑤ D, C

14 그림은 온도가 다른 두 물체 A, B의 입자 운동을 나타낸 것이다. 이에 대한 설명으로 옳지 않은 것은?

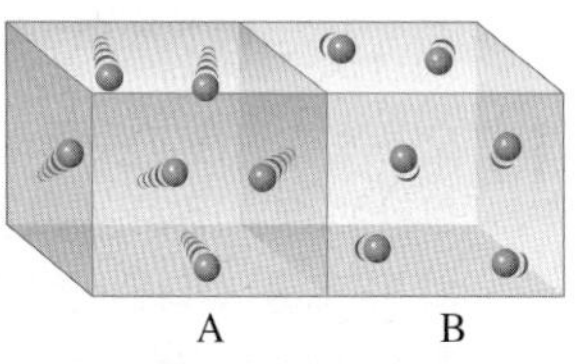

① 온도는 A가 B보다 높다.
② 열은 A에서 B로 이동한다.
③ 두 물체를 접촉시키면 A는 온도가 낮아진다.
④ 두 물체를 접촉시키면 B는 온도가 높아진다.
⑤ 충분한 시간이 지난 후 B의 입자 운동은 A의 입자 운동보다 활발해진다.

15 그림 (가)와 같이 수조에 차가운 물을 넣고 그 안에 따뜻한 물이 담긴 비커를 넣었더니 수조와 비커의 물의 온도 변화가 그림 (나)와 같았다.

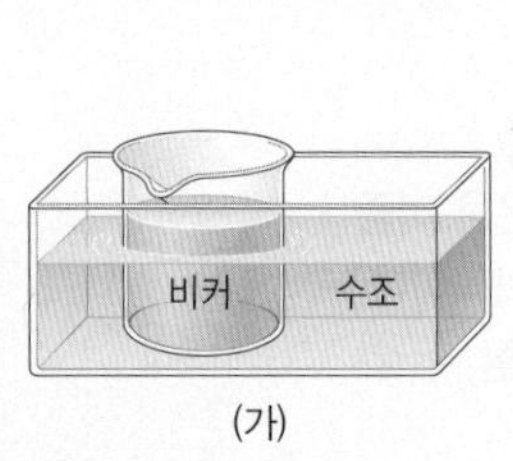

(가)

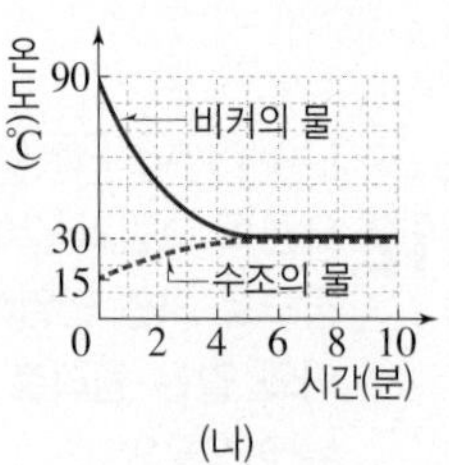

(나)

이에 대한 설명으로 옳지 않은 것은?(단, 외부와의 열 출입은 없다.)

① 열평형 온도는 30 ℃이다.
② 수조의 물은 입자 운동이 활발해진다.
③ 비커의 물이 잃은 열의 양과 수조의 물이 얻은 열의 양은 같다.
④ 열은 비커의 물에서 수조의 물로 이동한다.
⑤ 비커의 물과 수조의 물은 모두 입자 운동이 활발해진다.

16 다음 중 열평형 상태에 있는 두 물체를 옳게 짝 지은 것은?

① 20 ℃의 물 100 g과 30 ℃의 물 100 g
② 20 ℃의 물 100 g과 20 ℃의 알코올 200 g
③ 20 ℃의 물 100 g과 30 ℃의 물 200 g
④ 30 ℃의 물 200 g과 10 ℃의 금속 1 kg
⑤ 30 ℃의 물 200 g과 0 ℃의 얼음 100 g

이 문제에서 나올 수 있는 보기는 多

17 그림은 온도가 다른 두 물체 A, B를 접촉하였을 때, A에서 B로 열이 이동하는 모습을 나타낸 것이다.

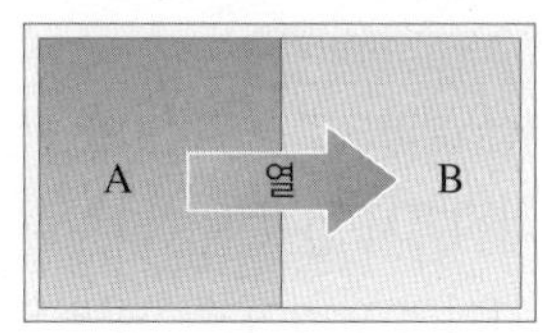

이에 대한 설명으로 옳지 않은 것은?(단, 외부와 열 출입은 없다.)

① 처음 온도는 A가 B보다 높다.
② B의 온도는 점점 높아진다.
③ A의 입자 운동은 점점 둔해진다.
④ 시간이 지나도 A에서 B로 이동하는 열의 양은 일정하다.
⑤ A가 잃은 열의 양과 B가 얻은 열의 양은 같다.
⑥ 시간이 충분히 지나면 A와 B의 온도는 같아진다.

이 문제에서 나올 수 있는 보기는 多

18 그림과 같이 두 비커에 질량이 같은 10 ℃의 물과 60 ℃의 물을 각각 담은 후, 두 비커의 물을 섞었다.

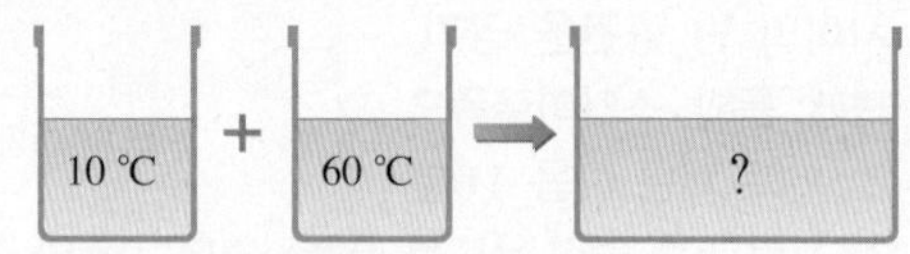

외부와 열 출입이 없을 때, 이에 대한 설명으로 옳은 것을 모두 고르면?(2개)

① 두 물을 섞기 전에는 10 ℃의 물이 60 ℃의 물보다 입자 운동이 활발하다.
② 10 ℃의 물은 열을 잃는다.
③ 60 ℃의 물은 열을 얻는다.
④ 열은 10 ℃의 물에서 60 ℃의 물로 이동한다.
⑤ 10 ℃의 물은 입자 운동이 활발해진다.
⑥ 10 ℃의 물이 얻은 열의 양과 60 ℃의 물이 잃은 열의 양은 같다.

서술형 정복하기

● 정답과 해설 75쪽

1단계 단답형으로 쓰기

1 물체의 차갑고 뜨거운 정도를 수치로 나타낸 것을 무엇이라고 하는지 쓰시오.

2 열이 물질의 도움 없이 직접 이동하는 방법을 무엇이라고 하는지 쓰시오.

3 고체에서 입자의 운동이 이웃한 입자에 차례로 전달되어 열이 이동하는 방법을 무엇이라고 하는지 쓰시오.

4 물체와 물체 사이에서 열이 이동하지 못하게 막는 것을 무엇이라고 하는지 쓰시오.

5 온도가 다른 두 물체를 접촉한 후 시간이 지나면 두 물체의 온도가 같아지는데, 이러한 상태를 무엇이라고 하는지 쓰시오.

6 차가운 물과 뜨거운 물을 접촉했을 때, 차가운 물의 입자의 운동은 어떻게 변하는지 쓰시오.

2단계 제시된 단어를 모두 이용하여 서술하기

[7~9] 각 문제에 제시된 단어를 모두 이용하여 답을 서술하시오.

7 그림은 천장형 냉난방 기구를 여름철에 에어컨으로, 겨울철에 난방기로 사용하는 모습이다.

열의 이동 방식을 고려할 때 천장에 설치되어 있는 냉난방 기구는 어느 계절에 효율적인지 쓰고, 그 까닭을 서술하시오.

찬 공기, 따뜻한 공기, 대류

8 오른쪽 그림은 몸을 따뜻하게 하기 위해 겨울철에 입는 방한복을 나타낸 것이다. 방한복을 입는 까닭을 서술하시오.

솜털, 공기, 전도

9 집을 지을 때는 오른쪽 그림과 같은 이중창을 많이 사용한다. 유리가 한 장으로 된 창에 비해 이중창을 사용할 때의 장점을 열의 이동과 관련지어 서술하시오.

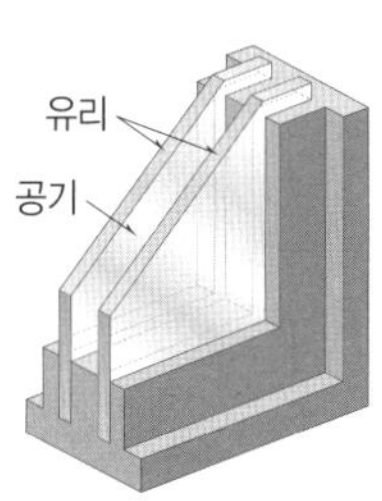

공기, 전도, 온도

3단계 실전 문제 풀어 보기

답안작성 TIP

10 그림과 같이 질량이 같고 온도가 다른 물이 들어 있는 비커 A, B에 잉크를 떨어뜨렸더니 잉크가 비커 B에서 더 빨리 퍼져나갔다.

(1) 두 비커 중 온도가 더 높은 물이 들어 있는 비커는 무엇인지 쓰시오.

(2) 비커 B에서 잉크가 더 빨리 퍼져나가는 까닭을 서술하시오.

11 온도가 다른 네 물체 A, B, C, D 중 두 개씩 짝을 지어 접촉시켰더니 다음과 같이 열이 이동하였다.

$A \rightarrow D \quad B \rightarrow C \quad C \rightarrow A$

A～D의 온도를 비교하고, 그렇게 생각한 까닭을 서술하시오.

답안작성 TIP

12 오른쪽 그림과 같이 냄비는 금속으로 만들고 냄비의 손잡이와 집게의 손잡이는 플라스틱으로 만든다. 그 까닭을 서술하시오.

답안작성 TIP

13 오른쪽 그림은 따뜻한 물의 온도를 일정하게 유지하는 보온병의 구조를 나타낸 것이다. 보온병의 구조가 차단하는 열의 이동 방법을 까닭과 함께 서술하시오.

(1) 이중벽의 진공 공간

(2) 은도금된 벽면

14 그림과 같이 100 ˚C로 가열한 금속을 차가운 물에 넣었더니 물의 온도가 점점 높아지다가 35 ˚C에서 멈추었다.

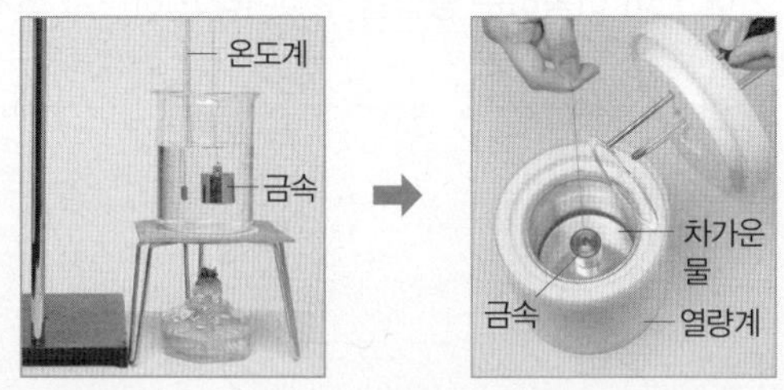

물의 온도가 35 ˚C가 되기까지 열의 이동 방향과 그 까닭을 서술하시오.

15 오른쪽 그림과 같이 더운 여름철에 놀러갔을 때 수박을 차가운 물이나 계곡에 넣어 두었다가 꺼내 먹는다. 그 까닭을 서술하시오.

답안작성 TIP

10. 온도에 따른 입자의 운동은 잉크가 퍼지는 속도에 영향을 미친다. **12.** 전도가 잘 되어야 하는 부분과 전도가 잘 되지 않아야 하는 부분을 나누어 서술한다. **13.** 물질이 없는 진공 상태를 만들면 물질에 의해 열이 전달되는 것을 차단할 수 있다.

중단원 핵심 요약

● 정답과 해설 75쪽

1 열량 ❶ ______가 다른 물체 사이에서 이동하는 열의 양 [단위 : cal(칼로리), kcal(킬로칼로리)]

(1) 1 kcal : 물 1 kg의 온도를 1 ℃ 높이는 데 필요한 열량

(2) 열량과 온도 변화

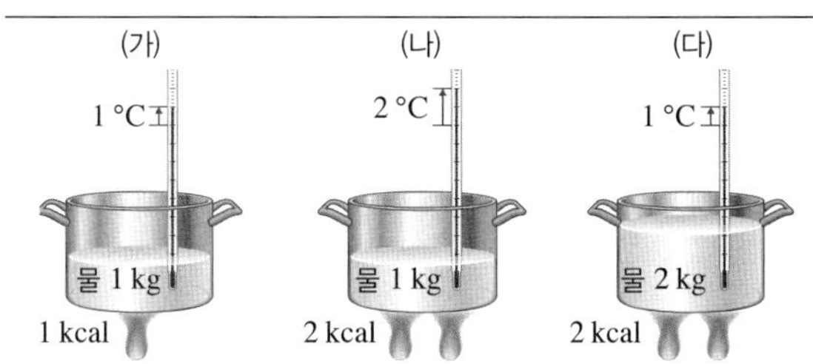

질량이 같을 때 (가)와 (나)	온도 변화가 같을 때 (가)와 (다)	같은 열량을 가할 때 (나)와 (다)
열량이 클수록 온도 변화가 큼	질량이 클수록 가한 열량이 큼	질량이 클수록 온도 변화가 작음

2 비열 어떤 물질 ❷ ______의 온도를 1 ℃ 높이는 데 필요한 열량 [단위 : kcal/(kg·℃)]

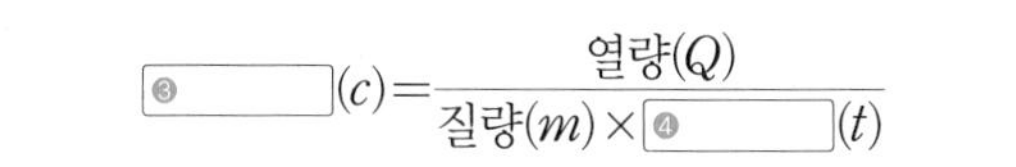

$$❸\,\_\_\_\_\_\_(c)=\frac{\text{열량}(Q)}{\text{질량}(m)\times ❹\,\_\_\_\_\_\_(t)}$$

(1) 비열의 특징

- 물질을 구별하는 특성이다.
- 비열이 작은 물질일수록 온도가 잘 변한다.

(2) 가열 시간 – 온도 그래프 분석

- 가열 시간이 같으면, 물질에 가한 열량이 같다.
- 같은 시간 동안 온도 변화가 큰 물질일수록 비열이 ❺ ______.

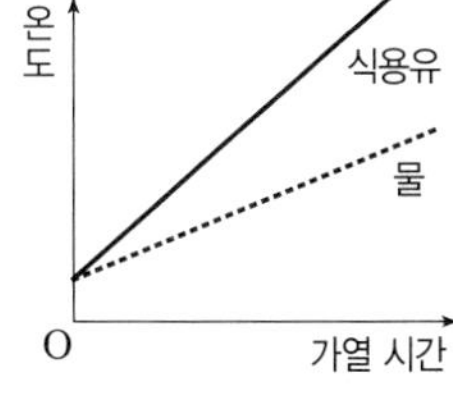

➡ 비열의 크기 : 물 > 식용유

질량이 같을 때	비열이 같을 때
같은 열량을 가한 경우 온도 변화가 큰 물질일수록 ❻ ______이 작다.	같은 열량을 가한 경우 온도 변화가 큰 물질일수록 ❼ ______이 작다.

3 비열에 의한 현상 물은 비열이 매우 ❽ ______서 온도 변화가 작으므로 다양한 현상을 일으킨다.

- 몸속에 있는 물은 외부 온도의 급격한 변화에도 체온을 일정하게 유지하는 데 중요한 역할을 한다.
- 낮에는 모래가 바닷물보다 따뜻하지만, 밤에는 모래가 바닷물보다 차갑다.
- 해안 지역은 내륙 지역보다 일교차가 작다.
- 육지보다 바다의 비열이 크므로 해안 지역에서 낮에는 해풍, 밤에는 육풍이 분다.

구분	❾ ______	❿ ______
모습	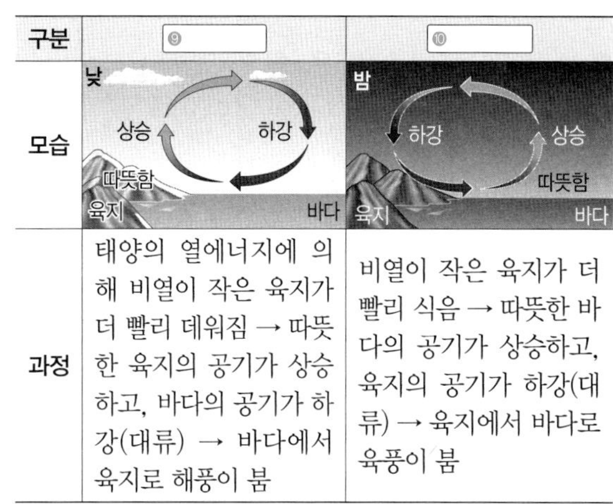	
과정	태양의 열에너지에 의해 비열이 작은 육지가 더 빨리 데워짐 → 따뜻한 육지의 공기가 상승하고, 바다의 공기가 하강(대류) → 바다에서 육지로 해풍이 붊	비열이 작은 육지가 더 빨리 식음 → 따뜻한 바다의 공기가 상승하고, 육지의 공기가 하강(대류) → 육지에서 바다로 육풍이 붊

4 열팽창 물질에 열을 가할 때 물질의 길이 또는 부피가 증가하는 현상

(1) 원인 : 물체에 열이 가해지면 물체를 구성하는 입자의 운동이 활발해져서 입자 사이의 거리가 ⓫ ______지기 때문

(2) 물질의 종류와 상태에 따라 열팽창 정도가 다르다.

5 고체의 열팽창 열에 의해 고체의 길이 또는 부피가 증가하는 현상

(1) ⓬ ______ : 열팽창 정도가 다른 두 금속을 붙여 놓은 장치 ➡ 열을 가했을 때 열팽창 정도가 ⓭ ______ 금속 쪽으로 휘어진다.

(2) 고체의 열팽창과 우리 생활

- 기차의 철로나 다리의 이음새에 틈을 둔다.
- 병뚜껑에 뜨거운 물을 부으면 쉽게 열 수 있다.
- 철근은 시멘트와 열팽창 정도가 비슷하여 건물이 열팽창의 영향을 덜 받는다.

6 액체의 열팽창 열에 의해 액체의 부피가 증가하는 현상

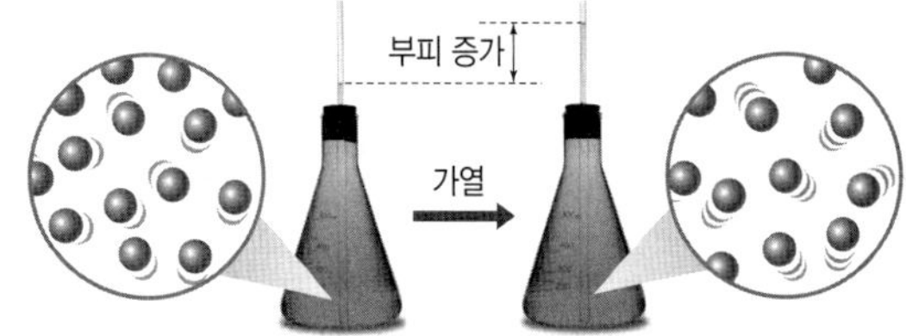

(1) 액체의 종류에 따라 열팽창 정도가 다르다.

(2) 액체의 열팽창과 우리 생활

- 수은이나 알코올의 열팽창을 이용하여 온도계를 만든다.
- 열팽창으로 병이 터지는 것을 막기 위해 병에 음료수를 가득 채우지 않는다.

Ⅷ 열과 우리 생활

MEMO

1 온도가 다른 두 물체를 접촉했을 때 이동하는 열의 양을 (　　　)이라고 한다.

2 어떤 물질 1 kg의 온도를 1 ℃만큼 올리는 데 필요한 열량을 ①(　　　)이라 한다. 물의 비열은 ②(　　　) kcal/(kg·℃)로, 물 1 kg의 온도를 1 ℃ 올리는 데 1 kcal가 필요하다.

3 질량이 같은 두 물질에 같은 열량을 가했을 때, 비열이 큰 물질일수록 온도 변화가 ①(크다, 작다). 또한, 같은 물질인 경우 가한 열량이 같을 때, 물질의 질량이 클수록 온도 변화가 ②(크다, 작다).

4 질량이 10 kg인 20 ℃의 물을 50 ℃로 만들기 위해 물에 가해 주어야 하는 열량은 몇 kcal인지 구하시오.(단, 물의 비열은 1 kcal/(kg·℃)이다.)

5 해안 지역에서는 낮에 육지의 공기가 바다의 공기보다 온도가 높아서 ①(해풍, 육풍)이 분다. 반대로 밤에는 육지의 공기가 바다의 공기보다 온도가 낮아서 ②(해풍, 육풍)이 분다. 이와 같은 해풍과 육풍은 육지와 바다의 ③(질량, 비열)이 다르기 때문에 발생하는 현상이다.

6 물체에 열을 가할 때 물체의 길이 또는 부피가 증가하는 현상을 ①(　　　)이라고 한다. 이러한 현상은 기체, 액체, 고체 중 ②(　　　)에서 가장 크게 일어난다.

7 물질에 열을 가할 때 팽창하는 까닭은 열에 의해 물질을 이루는 ①(　　　)의 운동이 활발해지면서 입자 사이의 ②(　　　)가 멀어지기 때문이다.

8 오른쪽 그림과 같이 가운데 구멍이 뚫린 둥근 금속판을 가열하였다. 이때 구멍의 크기는 ①(커지고, 그대로이고, 작아지고), 금속판의 바깥 둘레 크기는 ②(커진다, 그대로이다, 작아진다).

9 오른쪽 그림과 같이 열팽창 정도가 큰 금속 A와 열팽창 정도가 작은 금속 B가 붙어 있는 바이메탈을 가열하면 ①(A, B) 쪽으로 휘어지고, 냉각하면 ②(A, B) 쪽으로 휘어진다.

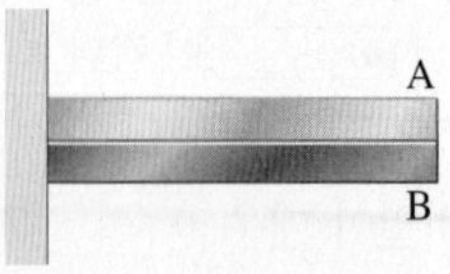

A
B

10 고체와 액체의 열팽창에 의한 현상으로 옳은 것은 ○, 옳지 않은 것은 ×로 표시하시오.

(1) 전깃줄은 여름에는 늘어졌다가 겨울이 되면 팽팽해진다. ························ (　　　)
(2) 철로나 다리 이음새의 틈은 여름에는 넓어졌다가 겨울이 되면 좁아진다. ·· (　　　)
(3) 음료수 병이 터지는 것을 막기 위해 병에 음료수를 가득 채우지 않는다. ··· (　　　)

계산력·암기력 강화 문제

❶ 비열 관계식 적용하기 진도 교재 145쪽

- 열량(Q) : 온도가 다른 물체 사이에서 이동하는 열의 양, 단위 : kcal(킬로칼로리), cal(칼로리)
- 비열(c) : 어떤 물질 1 kg의 온도를 1 ℃ 높이는 데 필요한 열량, 단위 : kcal/(kg·℃)
- 비열, 열량, 질량, 온도 변화의 관계

$$\text{비열} = \frac{\text{열량}}{\text{질량} \times \text{온도 변화}} \Rightarrow \text{열량} = \text{비열} \times \text{질량} \times \text{온도 변화},\ Q = cmt$$

● 비열 구하기

1 질량이 2 kg인 액체에 5 kcal의 열을 가했더니, 이 액체의 온도가 5 ℃ 높아졌다. 이 액체의 비열은 몇 kcal/(kg·℃)인지 구하시오.

2 질량이 400 g인 어떤 물질에 0.8 kcal의 열을 가했더니, 이 물질의 온도가 10 ℃ 높아졌다. 이 물질의 비열은 몇 kcal/(kg·℃)인지 구하시오.

3 온도가 20 ℃인 어떤 금속 200 g에 0.06 kcal의 열을 가했더니, 이 금속의 온도가 23 ℃가 되었다. 이 금속의 비열은 몇 kcal/(kg·℃)인지 구하시오.

● 열량 구하기

4 비열이 1 kcal/(kg·℃)인 물 1 kg의 온도를 10 ℃ 높이는 데 필요한 열량은 몇 kcal인지 구하시오.

5 비열이 0.11 kcal/(kg·℃)인 철 100 g의 온도를 20 ℃ 높이는 데 필요한 열량은 몇 kcal인지 구하시오.

6 온도가 15 ℃이고 비열이 0.4 kcal/(kg·℃)인 액체 300 g이 있다. 이 액체의 온도를 30 ℃까지 높이는 데 필요한 열량은 몇 kcal인지 구하시오.

● 질량 구하기

7 비열이 0.2 kcal/(kg·℃)인 금속에 3 kcal의 열을 가하였더니, 금속의 온도가 60 ℃ 높아졌다. 이 금속의 질량은 몇 kg인지 구하시오.

8 온도가 20 ℃이고 비열이 1 kcal/(kg·℃)인 물에 1 kcal의 열을 가하였더니, 물의 온도는 25 ℃가 되었다. 물의 질량은 몇 g인지 구하시오.

● 온도 변화 및 온도 구하기

9 비열이 1 kcal/(kg·℃)인 물 10 kg에 100 kcal의 열을 가했을 때, 물의 온도는 몇 ℃ 높아지는지 구하시오.

10 비열이 0.2 kcal/(kg·℃)인 물질 100 g에 0.5 kcal의 열을 가했을 때, 물질의 온도는 몇 ℃ 높아지는지 구하시오.

11 비열이 1 kcal/(kg·℃)인 15 ℃의 물 1 kg에 30 kcal의 열을 가하면, 물의 온도는 몇 ℃가 되는지 구하시오.

12 비열이 0.4 kcal/(kg·℃)인 액체 700 g에 7 kcal의 열을 가하였더니, 액체의 온도가 40 ℃가 되었다. 열을 가하기 전 액체의 온도는 몇 ℃인지 구하시오.

● 정답과 해설 76쪽

01 같은 용기에 물 1 kg을 각각 넣고 물에 가하는 열량을 1 kcal, 2 kcal로 다르게 하였을 때 물의 온도 변화가 그림과 같이 나타났다.

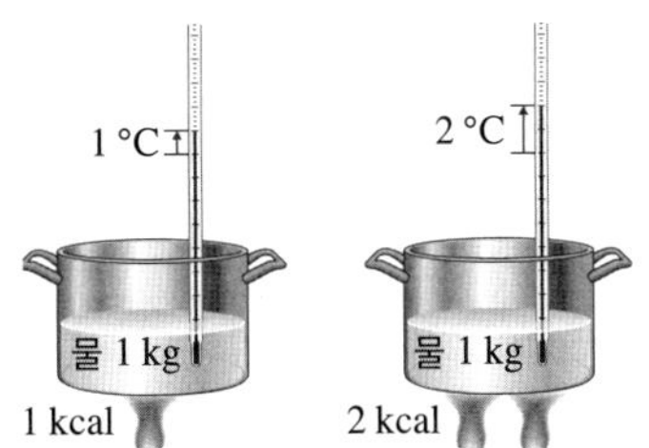

이를 통해 알 수 있는 사실로 가장 적절한 것은?

① 물체의 온도 변화는 물체의 질량에 비례한다.
② 물체의 온도 변화는 물체의 비열에 비례한다.
③ 물체의 온도 변화는 가해 준 열량에 비례한다.
④ 물체의 온도 변화는 물체의 질량에 반비례한다.
⑤ 물체의 온도 변화는 물체의 비열에 반비례한다.

[02~03] 그림과 같이 물 200 g과 미지의 액체 200 g을 전열기를 이용하여 같은 세기의 열로 동시에 가열하는 실험을 하였다. 50초 후 물의 온도는 20 °C, 액체의 온도는 50 °C 높아졌다.

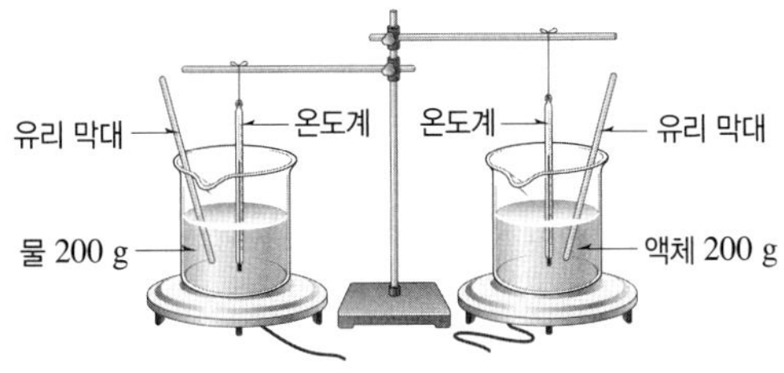

02 위 실험에서 50초 동안 물이 얻은 열량은 몇 kcal인지 구하시오.(단, 물의 비열은 1 kcal/(kg·°C)이다.)

03 위 실험에서 미지의 액체의 비열은?

① 0.1 kcal/(kg·°C) ② 0.2 kcal/(kg·°C)
③ 0.3 kcal/(kg·°C) ④ 0.4 kcal/(kg·°C)
⑤ 0.5 kcal/(kg·°C)

04 질량이 100 g으로 같은 두 금속 A, B의 온도를 10 °C 높이는 데 각각 0.4 kcal, 0.1 kcal의 열량이 필요하다. 이때 금속 A의 비열은 금속 B의 몇 배인지 쓰시오.

05 다음은 커피 한 잔을 만들기 위해 물을 끓이는 데 필요한 조건들이다.

- 물의 질량 : 0.2 kg
- 물의 처음 온도 : 25 °C
- 물의 나중 온도 : 100 °C
- 물의 비열 : 1 kcal/(kg·°C)

커피 한 잔을 만들기 위해 필요한 열량은?

① 6 kcal ② 8 kcal ③ 10 kcal
④ 12 kcal ⑤ 15 kcal

06 그림 (가)는 90 °C 물이 담긴 비커를 15 °C 물 2 kg이 담긴 수조에 넣은 모습을 나타낸 것이다. 그림 (나)는 비커와 수조에 담긴 물의 온도 변화를 시간에 따라 나타낸 것이다.

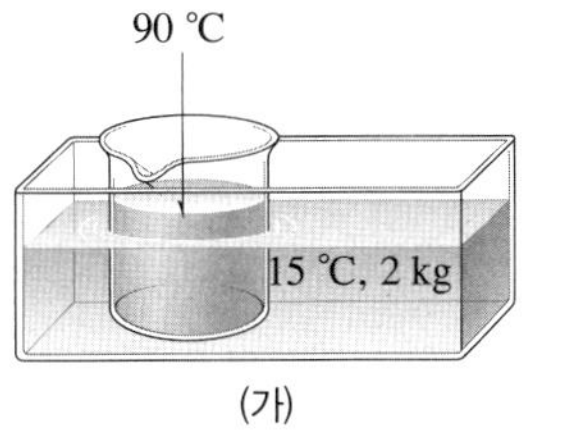

(가)

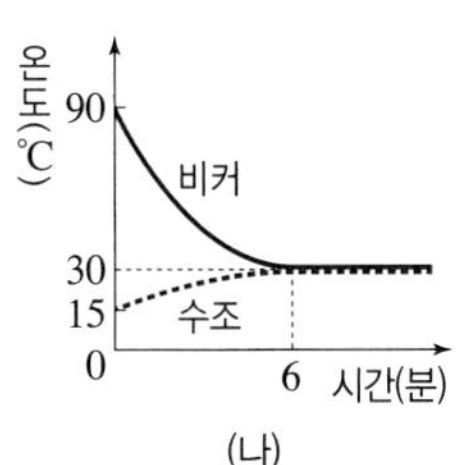

(나)

비커에 담긴 물의 질량은?(단, 외부와 열 출입은 없다.)

① 0.3 kg ② 0.4 kg ③ 0.5 kg
④ 0.6 kg ⑤ 0.7 kg

07 물 100 g과 식용유 100 g을 같은 세기의 불꽃으로 가열할 때 온도 변화 그래프로 옳은 것은?(단, 물의 비열은 1 kcal/(kg·°C)이고, 식용유의 비열은 0.4 kcal/(kg·°C)이다.)

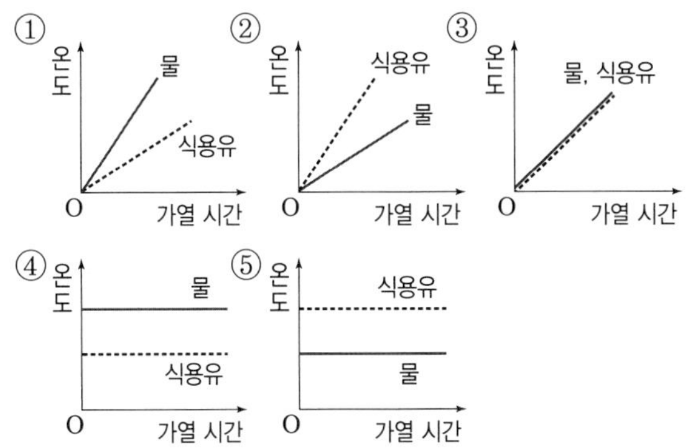

08 오른쪽 그림은 두 물질 A, B를 같은 세기의 불꽃으로 가열할 때, 시간에 따른 온도 변화를 나타낸 것이다. 이에 대한 설명으로 옳은 것을 모두 고른 것은?

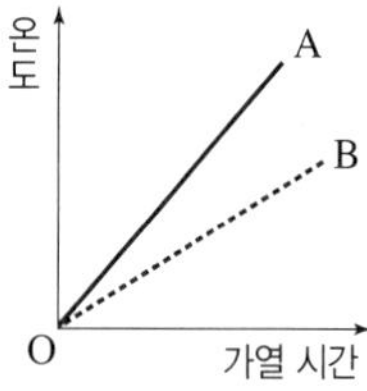

보기
ㄱ. 가열 시간이 같으면 A와 B에 가한 열량도 같다.
ㄴ. 같은 열량을 가했을 때 온도 변화는 A가 B보다 크다.
ㄷ. A와 B의 질량이 같다면, 비열은 A가 B보다 작다.
ㄹ. A와 B의 비열이 같다면, 질량은 A가 B보다 크다.

① ㄱ, ㄷ ② ㄴ, ㄹ ③ ㄱ, ㄴ, ㄷ
④ ㄴ, ㄷ, ㄹ ⑤ ㄱ, ㄴ, ㄷ, ㄹ

09 표는 질량이 같은 물과 콩기름을 같은 가열 장치 위에 올려놓고 가열했을 때 온도 변화를 측정한 것이다.

시간(분)	0	1	2	3
물(°C)	20	26	33	40
콩기름(°C)	20	32	45	58

이에 대한 설명으로 옳은 것을 보기에서 모두 고른 것은?

보기
ㄱ. 물의 비열이 더 크다.
ㄴ. 온도를 70 °C까지 높일 때 콩기름에 더 많은 열량을 가해야 한다.
ㄷ. 3분 동안 물과 콩기름이 얻은 열량은 같다.
ㄹ. 식을 때는 물의 온도가 콩기름보다 빠르게 낮아질 것이다.

① ㄱ, ㄴ ② ㄱ, ㄷ ③ ㄴ, ㄷ
④ ㄷ, ㄹ ⑤ ㄱ, ㄷ, ㄹ

이 문제에서 나올 수 있는 보기는 多

10 비열에 의한 현상이나 비열을 이용한 예가 아닌 것은?

① 낮에는 모래가 바닷물보다 뜨겁다.
② 찜질 팩 안에 물을 넣어서 사용한다.
③ 프라이팬을 이용하여 계란을 익힌다.
④ 사막 지역은 낮과 밤의 온도 차가 크다.
⑤ 화력 발전소에서 냉각수로 바닷물을 사용한다.
⑥ 라면을 끓일 때는 금속 냄비, 된장찌개를 끓일 때는 뚝배기를 이용한다.

11 그림은 낮과 밤에 해안가에서 부는 바람을 나타낸 것이다.

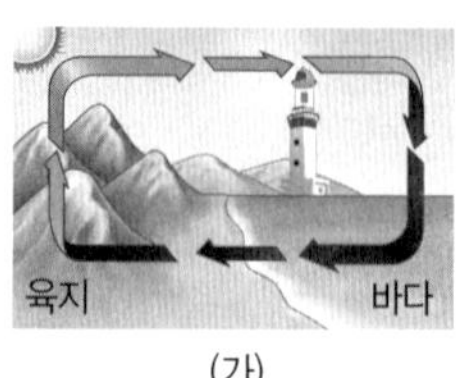

(가)

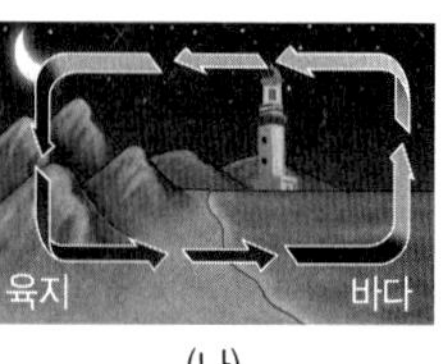

(나)

이에 대한 설명으로 옳지 않은 것은?

① (가)는 해풍이다.
② (나)는 육풍이다.
③ 육지의 비열이 바다보다 커서 발생하는 현상이다.
④ (가)에서 육지의 공기는 바다의 공기보다 따뜻하다.
⑤ (나)에서 육지의 공기는 바다의 공기보다 차갑다.

12 물질에 열을 가하면 팽창하는 까닭으로 옳은 것은?

① 열에 의해 입자의 수가 많아지기 때문
② 열에 의해 입자의 크기가 커지기 때문
③ 열에 의해 입자의 구조가 달라지기 때문
④ 열에 의해 입자의 진동이 약해지기 때문
⑤ 열에 의해 입자 사이의 거리가 멀어지기 때문

이 문제에서 나올 수 있는 보기는 多

13 열팽창에 대한 설명으로 옳은 것을 모두 고르면? (2개)

① 열팽창하는 정도는 물질의 종류에 따라 다르다.
② 부피가 달라져도 물체를 이루는 입자 수는 변하지 않는다.
③ 입자 운동이 활발해지면 물체의 부피가 수축한다.
④ 열팽창하는 정도는 고체 > 액체 > 기체 순으로 크다.
⑤ 온도 변화가 클수록 열팽창 정도는 작아진다.
⑥ 액체는 물질의 종류와 관계없이 일정하게 팽창한다.

14 그림과 같이 구리와 납을 붙여 바이메탈을 만든 후, 열을 가하거나 냉각하였다.

이때 바이메탈이 휘어지는 방향을 옳게 짝 지은 것은?(단, 열팽창 정도는 납>구리이다.)

	가열	냉각		가열	냉각
①	A	B	②	A	C
③	B	B	④	C	A
⑤	C	B			

15 그림은 전기다리미 내부에 장착된 온도 조절기의 모습을 나타낸 것이다.

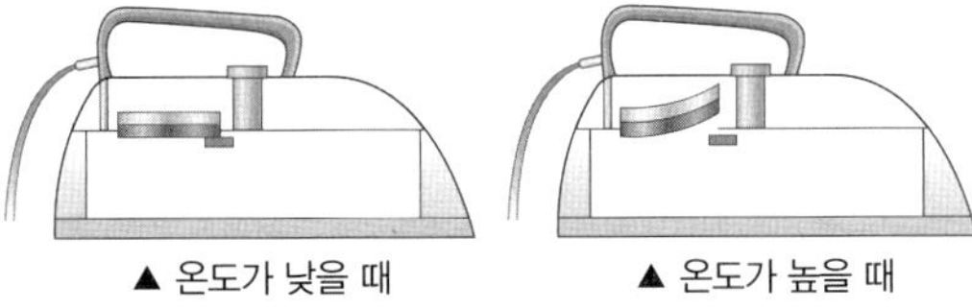

▲ 온도가 낮을 때 ▲ 온도가 높을 때

이 온도 조절기에 대한 설명으로 옳지 않은 것은?

① 바이메탈을 이용한다.
② 열팽창의 원리에 의해 작동한다.
③ 금속마다 열팽창하는 정도가 다른 것을 이용한다.
④ 온도가 올라가면 온도 조절기 내부에 있는 두 금속의 부피가 팽창한다.
⑤ 온도 조절기에 사용된 두 금속의 종류는 같아도 된다.

16 고체의 열팽창에 의한 현상 중 여름철에 나타나는 현상이 아닌 것은?

① 전깃줄이 팽팽해진다.
② 다리의 이음새가 좁아진다.
③ 기차의 철로 틈이 좁아진다.
④ 에펠탑의 높이가 겨울보다 높아진다.
⑤ 송유관의 구부러진 부분이 늘어난다.

17 여름철에 자동차에 기름을 넣을 때는 기름통을 가득 채우지 않는 것이 좋다고 한다.

그 까닭을 옳게 설명한 것은?

① 기름이 기화하여 공기 중으로 날아가기 때문
② 기름의 부피가 작아져 기름값이 많이 나오기 때문
③ 기름의 온도가 높아져 기름이 많이 소모되기 때문
④ 기름통이 팽창하여 연료 게이지가 잘 맞지 않기 때문
⑤ 가득 채우면 액체의 열팽창으로 기름이 흘러 넘칠 수 있기 때문

[18~19] 그림은 처음 온도가 같은 다섯 종류의 액체를 유리관에 넣고 뜨거운 물에 넣었을 때, 액체가 유리관을 따라 올라간 높이를 나타낸 것이다.(단, 처음 높이는 모두 같았다.)

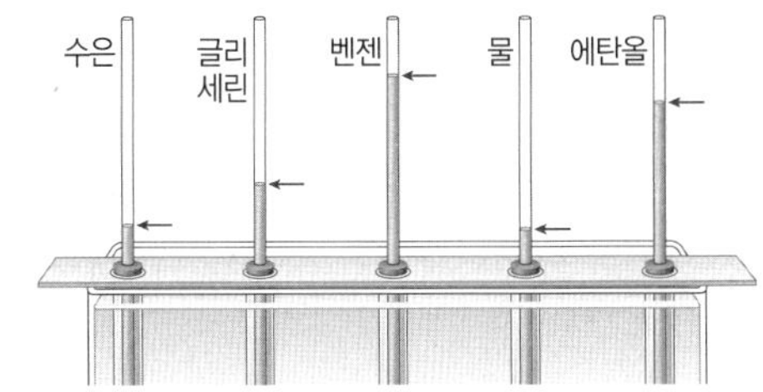

18 위 실험의 결과로 알 수 있는 것은?

① 액체의 종류에 따라 비열이 다르다.
② 액체의 종류에 따라 질량이 다르다.
③ 액체의 종류에 따라 열팽창하는 정도가 다르다.
④ 액체의 종류에 따라 열을 흡수하는 정도가 다르다.
⑤ 액체의 종류에 따라 열을 이동시키는 방법이 다르다.

19 위 실험에서 다섯 종류의 액체 중 열팽창하는 정도가 가장 큰 액체는?

① 수은 ② 글리세린 ③ 벤젠
④ 물 ⑤ 에탄올

서술형 정복하기

1단계 단답형으로 쓰기

1 물질 1 kg의 온도를 1 ℃ 높이는 데 필요한 열량을 무엇이라고 하는지 쓰시오.

2 해안 지역과 내륙 지역 중 일교차가 작은 지역은 어디인지 쓰시오.

3 해안 지역에서 비열 차이에 의해 낮과 밤에 부는 바람은 무엇인지 순서대로 쓰시오.

4 뜨거운 상태를 오랫동안 유지해야 하는 음식은 뚝배기와 양은 냄비 중 어디에 요리해야 하는지 쓰시오.

5 물체의 온도가 높아질 때 부피가 팽창하는 현상을 무엇이라고 하는지 쓰시오.

6 열팽창 정도가 다른 두 금속을 붙인 것으로, 전기다리미, 화재경보기에 이용되는 것은 무엇인지 쓰시오.

2단계 제시된 단어를 모두 이용하여 서술하기

[7~10] 각 문제에 제시된 단어를 모두 이용하여 답을 서술하시오.

7 질량이 5 kg이고 온도가 25 ℃인 물체 A에 100 kcal의 열을 가했더니 A의 온도가 75 ℃가 되었다. 물체 A의 비열을 풀이 과정과 함께 구하시오.

질량, 온도 변화, 열량

8 금속 냄비로 찌개를 끓일 때 불을 끄면 바로 찌개가 끓는 상태를 멈추지만, 오른쪽 그림과 같이 뚝배기로 끓이면 불을 꺼도 끓는 상태를 어느 정도 유지한다. 이러한 까닭을 서술하시오.

금속 냄비, 뚝배기, 비열

9 오른쪽 그림은 철로의 이음새 부분의 틈을 나타낸 것이다. 이와 같이 틈을 만드는 까닭을 서술하시오.

온도, 열팽창, 입자 운동

10 오른쪽 그림과 같이 포개어져 있는 그릇 두 개가 잘 빠지지 않고 있다. 그릇을 쉽게 빼기 위한 방법을 서술하시오.

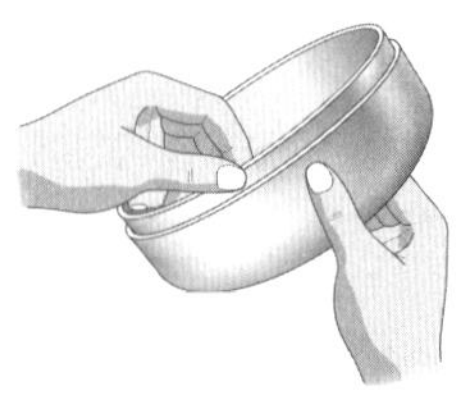

안쪽 그릇, 바깥쪽 그릇, 차가운 물, 뜨거운 물

● 정답과 해설 77쪽

3단계 실전 문제 풀어 보기

답안작성 TIP

11 다음은 여러 가지 물질의 비열을 나타낸 것이다.

물질	금	철	모래	콩기름	물
비열 (kcal/(kg·℃))	0.03	0.11	0.19	0.47	1.00

(1) 각 물질 1 kg에 같은 열량을 가했을 때 온도 변화가 큰 순서대로 쓰시오.

(2) 한여름에 바닷가에 놀러 가면 낮에 해변의 모래는 뜨겁지만 바닷물은 뜨겁지 않다. 그 까닭을 표를 참고하여 서술하시오.

(3) 콩기름 10 kg의 온도를 10 ℃ 올리는 데 필요한 열량을 풀이 과정과 함께 구하시오.

답안작성 TIP

12 그림은 물 500 g과 어떤 액체 500 g을 같은 세기의 열로 가열할 때 시간에 따른 온도 변화를 나타낸 것이다.

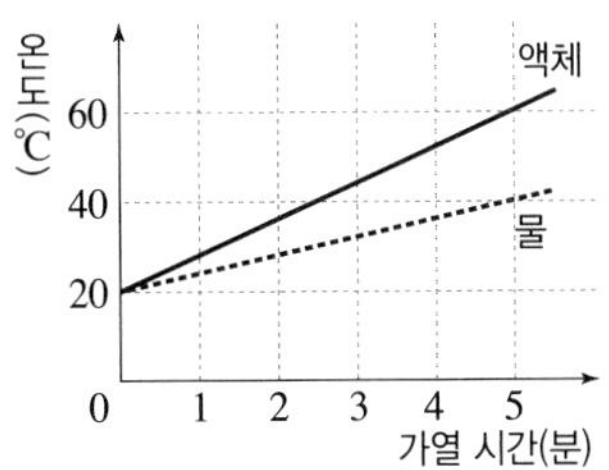

(1) 물과 액체의 비열 비(물 : 액체)를 풀이 과정과 함께 구하시오.

(2) 5분 동안 액체에 가해 준 열량은 몇 kcal인지 풀이 과정과 함께 구하시오.(단, 물의 비열은 1 kcal/(kg·℃)이다.)

13 그림은 어느 지역의 여름과 겨울의 모습을 나타낸 것이다.

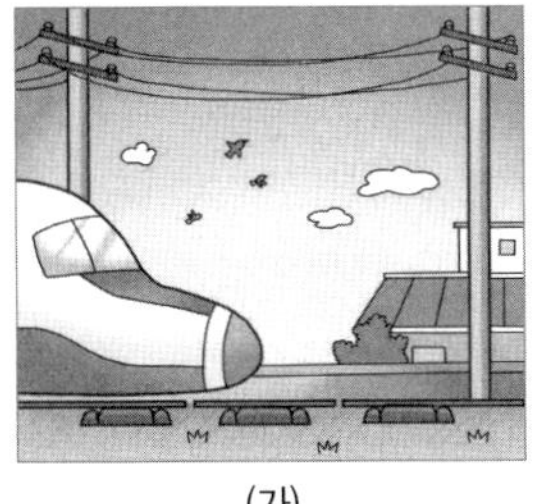
(가)

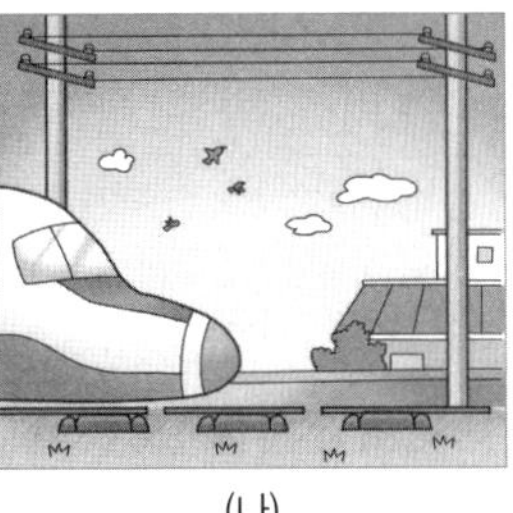
(나)

(1) 두 그림에서 다른 곳 두 가지를 찾아 쓰시오.

(2) (가), (나)는 각각 여름과 겨울 중 어느 계절인지 쓰고, 그 까닭을 서술하시오.

답안작성 TIP

14 오른쪽 그림과 같이 껌 종이를 직사각형 모양으로 자른 후 종이 면이 안쪽, 알루미늄박 면이 바깥쪽으로 향하도록 접어서 열을 가하였다. 이때 껌 종이가 안쪽으로 오므라들었다면, 이 사실을 통해 알 수 있는 것을 서술하시오.

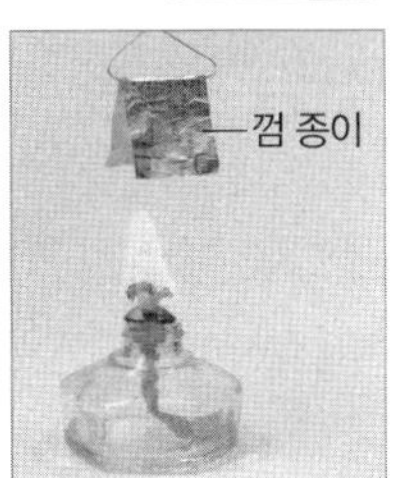

15 그림은 수은 온도계를 나타낸 것이다.

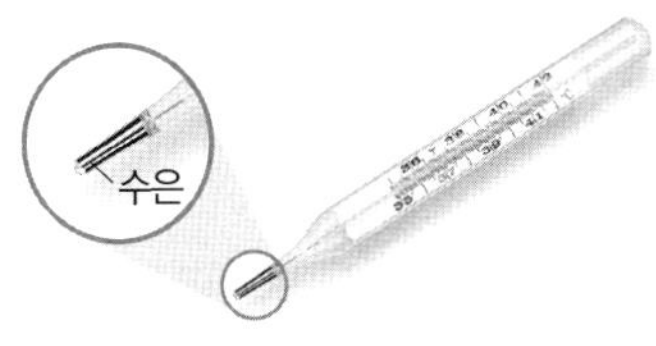

수은 온도계는 액체의 어떤 원리를 이용하여 온도를 측정하는지 쓰고, 수은을 온도 측정에 이용하는 까닭을 온도와 부피 변화의 관계를 이용하여 두 가지만 서술하시오.

답안작성 TIP

11~12. 열량과 비열은 '열량=비열×질량×온도 변화($Q=cmt$)' 공식을 이용하여 구할 수 있다. **14.** 열팽창 정도가 다른 두 물질을 붙여 놓고 가열하면 열팽창하는 정도가 작은 쪽으로 휘어지게 된다.

중단원 핵심 요약

01 재해·재난과 안전

● 정답과 해설 78쪽

1 재해·재난 국민의 생명, 신체, 재산과 국가에 피해를 주거나 줄 수 있는 것

(1) ❶ ______ 재해·재난 : 자연 현상으로 발생한다.

예 지진, 화산, 태풍, 홍수, 가뭄, 폭설, 폭염, 황사, 미세먼지 등

(2) ❷ ______ 재해·재난 : 인간 활동으로 발생한다.

예 화재, 폭발, 붕괴, 환경 오염 사고, 화학 물질 유출, 감염성 질병 확산, 운송 수단 사고 등

2 재해·재난의 원인과 피해

(1) 자연 재해·재난의 피해

지진	• 산이 무너지거나 땅이 갈라진다. • 도로나 건물이 무너지고 화재가 발생한다. • 대체로 규모가 큰 지진일수록 피해가 크다. • 해저에서 지진이 일어나면 ❸ ______ 이 발생할 수 있다.
화산	• 화산재가 사람이 사는 지역을 덮친다. • 용암이 흘러 마을과 농작물에 피해를 준다. • 화산 기체가 대기 중으로 퍼져 항공기 운행이 중단될 수 있다.
❹ ______	• 강한 바람과 집중 호우를 동반한다. • 농작물과 시설물에 피해를 준다. • 도로를 무너뜨리거나 산사태를 일으킨다. • 태풍이 해안에 접근하는 시기가 만조 시각과 겹치면 해일이 발생할 수 있다.

(2) 사회 재해·재난의 원인과 피해

감염성 질병 확산	❺ ______ : 병원체가 동물이나 인간에게 침입하여 발생하는 질병	
	원인	• 병원체의 진화 • 인구 이동 • 모기나 진드기와 같은 매개체의 증가 • 교통수단의 발달 및 무역 증가
	피해	• 지구적인 규모로 확산되어 수많은 사람과 동물에게 큰 피해를 줄 수 있다. • 야생동물에게만 발생하던 질병이 인간에게 감염되기도 한다.
❻ ______	원인	• 작업자의 부주의 • 관리 소홀 • 운송 차량의 사고 • 시설물의 노후화
	피해	• 폭발, 화재, 환경 오염 등을 일으킨다. • 호흡기나 피부를 통해 인체에 흡수되어 각종 질병을 유발한다.
운송 수단 사고	원인	• 안전 관리 소홀 • 기계 자체 결함
	피해	한번 사고가 일어나면 그 피해가 매우 크다.

3 재해·재난의 대처 방안

(1) 자연 재해·재난의 대처 방안

지진	• 건물을 지을 때 지질 구조가 불안정한 지역을 피하고, ❼ ______ 설계를 한다. • 내진 설계가 되어 있지 않은 건물에는 내진 구조물을 설치한다. • 지진으로 흔들릴 때는 탁자 아래로 들어가 몸을 보호한다. • 흔들림이 멈췄을 때는 가스와 전기를 차단하고 문을 열어 출구를 확보한다. • 건물 밖으로 나갈 때는 ❽ ______ 을 이용한다. • 건물 밖으로 나왔을 때는 머리를 보호하고 넓은 공간으로 대피한다. • 해안 지역에서 지진해일이 발생하면 높은 곳으로 대피한다.
화산	• 외출을 자제하고, 화산재에 노출되지 않도록 주의한다. • 문이나 창문을 닫고, 젖은 수건 등으로 문의 빈틈이나 환기구를 막는다. • 화산이 폭발할 가능성이 있는 지역에서는 방진 마스크, 손전등 등을 미리 준비한다.
❾ ______	• 태풍의 이동 경로를 예측하고, 경보를 내린다. • 해안가에서는 바람막이숲을 조성하거나 제방을 쌓는다. • 외출을 자제하고, 창문에서 멀리 떨어진다. • 전기 시설을 만지지 않는다. • 선박을 항구에 결박하고, 운행 중에는 태풍의 이동 경로에서 멀리 대피한다.

(2) 사회 재해·재난의 대처 방안

❿ ______	• 병원체가 쉽게 증식할 수 없는 환경을 만들고, 확산 경로를 차단한다. • 비누를 사용하여 손을 자주 씻는다. • 식수는 끓인 물이나 생수를 사용하고, 음식물을 충분히 익혀 먹는다. • 기침을 할 경우 코와 입을 가린다. • 평소에 예방 접종을 하고, 면역력을 키운다.
화학 물질 유출	• 화학 물질이 피부에 직접 닿거나 유독가스를 흡입하지 않도록 주의한다. • 유출된 유독가스가 공기보다 밀도가 크면 높은 곳으로 대피하고, 공기보다 밀도가 작으면 낮은 곳으로 대피한다. • 바람이 사고 발생 장소 쪽으로 불면 바람 방향의 반대 방향으로 대피하고, 바람이 사고 발생 장소에서 불어오면 바람 방향의 ⓫ ______ 방향으로 대피한다.
운송 수단 사고	• 안내 방송을 잘 듣는다. • 운송 수단에 따른 대피 방법을 미리 알아둔다.

잠깐 테스트

● 정답과 해설 78쪽

MEMO

1 (　　　)은 국민의 생명, 신체, 재산과 국가에 피해를 주거나 줄 수 있는 것이다.

2 자연 현상으로 발생하는 재해·재난을 ①(　　　) 재해·재난이라 하고, 인간 활동으로 발생하는 재해·재난을 ②(　　　) 재해·재난이라고 한다.

3 다음은 재해·재난의 사례들을 나열한 것이다.

보기

ㄱ. 태풍	ㄴ. 화재	ㄷ. 가뭄
ㄹ. 폭염	ㅁ. 환경 오염 사고	ㅂ. 운송 수단 사고

자연 재해·재난과 사회 재해·재난으로 구분하시오.

(1) 자연 재해·재난 : ________　　(2) 사회 재해·재난 : ________

4 해저에서 지진이 일어나면 수십 m 높이의 바닷물이 해안 지역을 덮치는 (　　　)이 발생할 수 있다.

5 ①(　　　　)은 병원체가 동물이나 인간에게 침입하여 발생하는 질병으로, 병원체의 진화, 모기나 진드기와 같은 매개체의 ②(증가, 감소), 인구 이동, 무역의 ③(증가, 감소) 등의 원인으로 확산된다.

6 건물을 설계할 때는 지진에 잘 견딜 수 있도록 ①(　　　) 설계를 하고, 지질 구조가 ② (안정, 불안정)한 지역에 건물을 짓는다.

7 지진이 발생했을 때에는 (계단, 승강기)을 이용하여 침착하게 대피하고, 안내 방송 등 올바른 정보에 따라 행동한다.

8 (　　　)이 발생했을 때에는 기상 위성으로 자료를 수집하여 이동 경로를 예측하고, 예상 진로에 있는 지역에 경보를 내린다.

9 감염성 질병 확산의 피해를 줄이기 위한 방법으로 옳은 것을 보기에서 모두 고르시오.

보기

ㄱ. 손 자주 씻기	ㄴ. 가스와 전기 차단하기	ㄷ. 음식물 충분히 익혀 먹기
ㄹ. 면역력 키우기	ㅁ. 예방 접종 하기	ㅂ. 물건을 낮은 곳으로 옮기기

10 화학 물질이 유출되었을 때 유출된 유독가스가 공기보다 밀도가 크면 ①(높은, 낮은) 곳으로 대피하고, 바람이 사고 발생 장소에서 불어오면 바람 방향의 ②(직각, 반대) 방향으로 대피해야 한다.

중단원 기출 문제

01 재해·재난에 대한 설명으로 옳지 않은 것은?

① 사회 재해·재난은 인간의 활동으로 발생한다.
② 자연 현상이나 인간의 부주의 등으로 발생한다.
③ 가뭄과 폭염은 자연 재해·재난에 해당한다.
④ 화재, 붕괴, 폭발 등은 자연 현상으로 발생하는 재해·재난이다.
⑤ 발생하는 원인에 따라 자연 재해·재난과 사회 재해·재난으로 구분할 수 있다.

02 그림 (가)는 지진, (나)는 태풍의 피해 모습을 나타낸 것이다.

(가) 지진

(나) 태풍

이에 대한 설명으로 옳은 것을 보기에서 모두 고른 것은?

보기
ㄱ. (가)는 인간 활동, (나)는 자연 현상으로 발생하는 재해·재난이다.
ㄴ. (가)가 일어나면 도로나 건물이 무너지고 화재가 발생할 수 있다.
ㄷ. (나)는 강한 바람으로 농작물이나 시설물에 피해를 줄 수 있다.

① ㄱ ② ㄴ ③ ㄱ, ㄷ
④ ㄴ, ㄷ ⑤ ㄱ, ㄴ, ㄷ

03 다음 설명에 해당하는 재해·재난으로 옳은 것은?

- 바이러스나 세균 등의 병원체가 동물이나 인간에게 침입하여 발생한다.
- 중동호흡기증후군(MERS), 조류 독감, 유행성 눈병 등이 해당한다.

① 가뭄 ② 황사
③ 화학 물질 유출 ④ 환경 오염 사고
⑤ 감염성 질병 확산

04 다음은 어떤 재해·재난의 피해에 대한 설명이다.

독성 물질이 바다, 토양, 대기 등으로 퍼져 환경이 오염되고, 유출된 물질이 반응하여 폭발하거나 화재가 발생하여 유출된 지역의 인근 주민들이 피해를 입는다.

이 재해·재난의 발생 원인이 아닌 것은?

① 관리 소홀 ② 인구 이동
③ 운송 차량의 사고 ④ 작업자의 부주의
⑤ 시설물의 노후화

05 재해·재난의 피해에 대한 설명으로 옳지 않은 것은?

① 대체로 규모가 큰 지진일수록 피해가 크다.
② 화학 물질을 접촉하면 질병이 발생할 수 있다.
③ 감염성 질병은 지구적인 규모로 확산되기도 한다.
④ 화산 기체가 대기 중으로 퍼져 항공기 운행이 중단될 수 있다.
⑤ 태풍이 해안에 접근하는 시기가 만조 시각과 겹치면 태풍의 피해가 줄어든다.

06 다음은 스노가 콜레라 전염을 막기 위한 대처법을 발견하는 과정을 설명한 것이다.

(가) 스노는 콜레라의 전염 원인을 알아내기 위하여 사망자가 발생한 곳을 지도에 표시하였다.
(나) 표시한 지역에서 다른 급수 펌프를 이용한 사람들은 콜레라에 걸리지 않았음을 발견한 스노는 지하수가 오염되었다고 결론을 내렸다.
(다) 오염된 지하수 사용을 금지하자 콜레라 확산이 멈추었다.

이에 대한 설명으로 옳은 것을 보기에서 모두 고른 것은?

보기
ㄱ. 콜레라는 눈에 보이지 않는 독성 기체가 공기 중으로 퍼져 전염된다.
ㄴ. 스노의 활동과 같이 감염성 질병의 원인을 찾고 확산을 막는 활동을 역학 조사라고 한다.
ㄷ. 콜레라와 같은 감염성 질병 확산에 대처하려면 병원체가 쉽게 증식할 수 없는 환경을 만들어야 한다.

① ㄱ ② ㄴ ③ ㄱ, ㄷ
④ ㄴ, ㄷ ⑤ ㄱ, ㄴ, ㄷ

07 재해·재난의 대처 방안에 대한 설명으로 옳지 않은 것은?

① 건물을 지을 때는 내진 설계를 하지 않는다.
② 감염성 질병에 대한 정보를 정확하게 알고 대처한다.
③ 해안가에서는 태풍을 막기 위해 바람막이숲을 만든다.
④ 화학 물질의 유출로 대피할 때에는 바람의 방향을 고려한다.
⑤ 화산이 폭발할 가능성이 있는 지역에서는 미리 필요한 물품을 준비한다.

08 지진에 대한 대처 방안으로 옳은 것을 보기에서 모두 고른 것은?

보기
ㄱ. 탁자 아래로 들어가 몸을 보호한다.
ㄴ. 무거운 물건은 높은 곳으로 옮긴다.
ㄷ. 화재가 일어날 위험이 있으므로 가스와 전기를 차단한다.
ㄹ. 건물 밖으로 이동할 때에는 승강기 대신 계단을 이용한다.

① ㄱ, ㄴ ② ㄱ, ㄷ ③ ㄱ, ㄷ, ㄹ
④ ㄴ, ㄷ, ㄹ ⑤ ㄱ, ㄴ, ㄷ, ㄹ

09 태풍의 피해와 대처 방안에 대한 설명으로 옳은 것을 보기에서 모두 고른 것은?

보기
ㄱ. 해안가에서는 제방을 설치하여 태풍의 피해를 줄일 수 있다.
ㄴ. 태풍이 진행하는 방향의 오른쪽 지역은 왼쪽 지역보다 피해가 크다.
ㄷ. 태풍의 이동 경로는 예측할 수 없으므로 미리 경보를 내려 대비할 수 없다.

① ㄱ ② ㄷ ③ ㄱ, ㄴ
④ ㄴ, ㄷ ⑤ ㄱ, ㄴ, ㄷ

10 다음은 어떤 재해·재난의 대처 방안에 대한 설명이다.

(가) 지질 구조가 불안정한 지역을 피해 건물을 짓는다.
(나) 방역을 통해 병원체가 증식할 수 없는 환경을 만든다.

(가)와 (나)에 해당하는 재해·재난을 옳게 짝 지은 것은?

	(가)	(나)
①	태풍	화학 물질 유출
②	태풍	환경 오염 사고
③	지진	화학 물질 유출
④	지진	운송 수단 사고
⑤	지진	감염성 질병 확산

11 감염성 질병 확산에 대한 대처 방안이 아닌 것을 모두 고르면?(2개)

① 물건을 낮은 곳으로 옮긴다.
② 전기 제품의 플러그를 빼 놓는다.
③ 비누를 사용하여 손을 자주 씻는다.
④ 건강한 식습관으로 면역력을 키운다.
⑤ 식수는 끓인 물이나 생수를 이용한다.

12 재해·재난의 대처 방안에 대한 설명으로 옳지 않은 것은?

① 감염성 질병에 걸리지 않도록 평소에 예방 접종을 한다.
② 지진 발생 시 재난 방송을 시청하며 정확한 정보를 얻는다.
③ 화학 물질에 노출되었을 때는 즉시 병원에 가서 진찰을 받는다.
④ 태풍 발생 시 외출을 자제하고 창문이나 유리문에서 멀리 떨어진다.
⑤ 화학 물질이 유출되어 실내로 대피한 경우에는 문과 창문을 열어 환기를 시킨다.

서술형 정복하기

● 정답과 해설 79쪽

답안작성 TIP

1 그림은 화산 폭발과 화학 물질 유출의 모습을 나타낸 것이다.

(가) 화산 폭발

(나) 화학 물질 유출

(1) (가)와 (나)를 자연 재해·재난과 사회 재해·재난으로 구분하시오.

(2) (가)와 (나)의 피해를 각각 한 가지만 서술하시오.
• (가) :
• (나) :

2 자연 현상으로 발생하는 재해·재난인 지진과 태풍의 피해를 각각 한 가지만 서술하시오.
• 지진 :
• 태풍 :

3 다음은 어떤 재해·재난의 피해 사례를 설명한 것이다.

> 2015년 5월 최초의 중동호흡기증후군(MERS) 감염자가 발생한 이후 병원에서도 감염자가 발생하면서 몇 개월 동안 감염자가 급속하게 늘었다. 감염자들은 격리 조치되었고, 대부분의 학교에 휴교령이 내려졌으며 사망자가 38명이나 되었다.

(1) 어떤 재해·재난인지 쓰시오.

(2) (1)과 같은 재해·재난이 발생하는 원인을 두 가지만 서술하시오.

4 집 안에 있을 때 갑자기 지진이 발생했다면 다음 상황에서 각각 어떻게 행동해야 하는지 행동 요령을 한 가지씩 서술하시오. (단, 건물이 무너질 가능성은 없다고 가정한다.)

(가) 지진으로 흔들릴 때 :

(나) 흔들림이 멈췄을 때 :

(다) 건물 밖으로 나갈 때 :

5 우리나라로 태풍이 접근하고 있을 때 한 어선이 태풍의 예상 진행 경로상에서 조업 중이었다. 이 어선은 태풍의 진행 방향에서 어느 쪽으로 대피하는 것이 안전한지 쓰고, 그 까닭을 간단히 서술하시오.

답안작성 TIP

6 다음은 재해·재난의 대처 방안에 대해 학생들이 토론한 내용이다. 잘못된 부분을 찾아 옳게 고쳐 쓰시오.

(1) 민우 : 해안가에 있을 때 지진해일이 발생하면 낮은 곳으로 대피해야 해.

(2) 지혜 : 화학 물질이 유출된 경우 유독가스가 공기보다 밀도가 작으면 높은 곳으로 대피해야 해.

(3) 수영 : 해외여행 후 귀국 시 몸에 이상 증상이 나타나면 집에서 충분히 휴식을 취해야 해.

답안작성 TIP

1. 재해·재난은 발생 원인에 따라 자연 현상으로 발생하는 자연 재해·재난, 인간 활동으로 발생하는 사회 재해·재난으로 구분할 수 있다.
6. (2) 밀도가 큰 물질은 아래로 가라앉고, 밀도가 작은 물질은 위로 뜬다.

MEMO

MEMO

생 생 한 과 학 의 즐 거 움 ! 과 학 은 역 시 ! **15개정 교육과정**

오투

중학 **과학**

2-2

정답과 해설

책 속의 가접 별책 (특허 제 0557442호)

'정답과 해설'은 본책에서 쉽게 분리할 수 있도록 제작되었으므로
유통 과정에서 분리될 수 있으나 파본이 아닌 정상제품입니다.

visang

우리는 남다른 상상과 혁신으로
교육 문화의 새로운 전형을 만들어
모든 이의 행복한 경험과 성장에 기여한다

오투 2-2

정답과 해설

진도 교재 정답과 해설

Ⅴ 동물과 에너지

01 소화

확인 문제로 개념쏙쏙 진도 교재 11, 13, 15쪽

A 세포, 조직, 조직계, 기관, 기관계, 개체

B 단백질, 무기염류, 아이오딘, 베네딕트, 뷰렛, 수단 Ⅲ

C 소화, 소화 효소, 아밀레이스, 녹말, 펩신, 단백질, 아밀레이스, 트립신, 라이페이스, 포도당, 아미노산, 모노글리세리드, 융털, 표면적, 모세 혈관, 암죽관

1 (1) ㉠ 세포, ㉡ 기관 (2) ㉠ 조직, ㉡ 기관계 (3) ㉠ 조직계, ㉡ 기관 **2** (1) (가) 개체, (나) 기관계, (다) 세포, (라) 기관, (마) 조직 (2) (다) → (마) → (라) → (나) → (가) **3** (1) 위, 간, 소장, 대장 (2) 심장, 혈관 (3) 폐, 기관 (4) 콩팥, 방광 **4** (1) ○ (2) × (3) × (4) ○ (5) × (6) × **5** (1) – ㉠ (2) – ㉢ (3) – ㉡ **6** (1) 물 (2) 무 (3) 바 (4) 물 **7** ㉠ 녹말, ㉡ 청람색, ㉢ 베네딕트, ㉣ 황적색, ㉤ 5 % 수산화 나트륨, ㉥ 보라색, ㉦ 지방, ㉧ 수단 Ⅲ **8** A : 입, B : 식도, C : 간, D : 위, E : 이자, F : 소장, G : 대장 **9** ㉠ B, ㉡ D, ㉢ F **10** (1) ○ (2) ○ (3) × (4) × **11** (1) × (2) ○ (3) ○ (4) × **12** (1) A : 아밀레이스, B : 펩신, C : 트립신, D : 라이페이스 (2) (가) 포도당, (나) 아미노산, (다) 지방산 **13** (1) C, 간 (2) D, 위 (3) F, 소장 (4) E, 이자 **14** (1) (가) 모세 혈관, (나) 암죽관 (2) (가) ㄴ, ㄷ, ㄹ, (나) ㄱ, ㅁ

2 (가)는 사람으로 개체이고, (나)는 소화계로 기관계이다. (다)는 상피 세포와 근육 세포로 세포이고, (라)는 위로 기관이다. (마)는 상피 조직과 근육 조직으로 조직이다.

4 바로알기 (2) 동물의 몸에만 있는 단계는 기관계이다.
(3) 식물의 몸에는 조직계가 있고, 기관계는 없다.
(5) 동물의 몸은 다양한 세포가 체계적으로 모여 유기적으로 구성되어 있다.
(6) 뿌리, 줄기, 잎은 식물의 기관이다. 식물의 조직에는 표피 조직, 울타리 조직 등이 있다.

9 간(C)과 이자(E)에는 음식물이 직접 지나가지 않는다.

10 바로알기 (3), (4) 위액 속에 들어 있는 펩신은 염산의 도움을 받아 작용한다.

11 바로알기 (1) 지방은 소장에서 처음으로 분해된다.
(4) 쓸개즙에는 소화 효소가 들어 있지 않다.

13 (1) 쓸개즙은 간(C)에서 생성되어 쓸개에 저장되었다가 소장(F)으로 분비된다.
(2) 단백질은 위(D)에서 펩신에 의해 처음으로 분해된다.
(3) 소장(F)에서 녹말은 포도당으로, 단백질은 아미노산으로, 지방은 지방산과 모노글리세리드로 최종 분해되어 흡수된다.
(4) 이자(E)에서 만들어 분비하는 이자액에는 녹말을 분해하는 아밀레이스, 단백질을 분해하는 트립신, 지방을 분해하는 라이페이스가 모두 들어 있다.

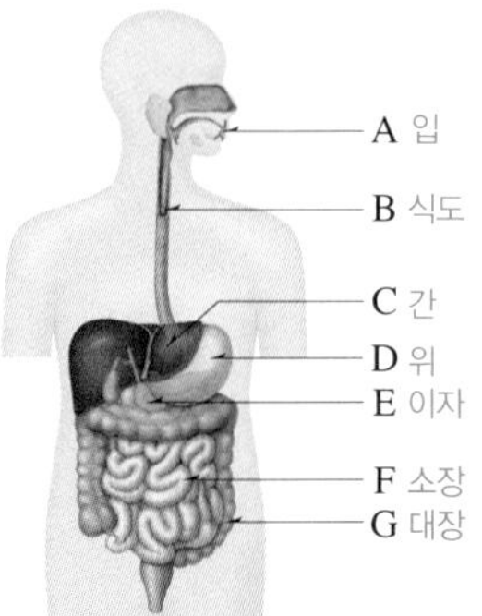

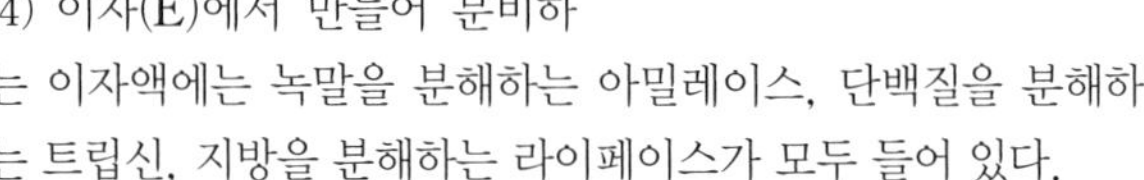

14 수용성 영양소(포도당, 아미노산, 무기염류)는 융털의 모세 혈관(가)으로 흡수되고, 지용성 영양소(지방산, 모노글리세리드)는 융털의 암죽관(나)으로 흡수된다.

탐구 a 진도 교재 16쪽

㉠ 녹말, ㉡ 단백질

01 (1) × (2) ○ (3) × **02** 5 % 수산화 나트륨 수용액, 1 % 황산 구리(Ⅱ) 수용액 **03** 지방, 식용유에 수단 Ⅲ 용액을 넣었을 때 선홍색이 나타났기 때문이다.

01 바로알기 (1) 녹말은 아이오딘 – 아이오딘화 칼륨 용액으로 검출할 수 있다. 수단 Ⅲ 용액은 지방 검출 용액이다.
(3) 단백질에 뷰렛 용액을 넣으면 보라색으로 색깔 변화가 나타난다. 녹말에 아이오딘 – 아이오딘화 칼륨 용액을 넣었을 때 청람색으로 색깔 변화가 나타난다.

02 단백질을 검출할 때는 5 % 수산화 나트륨 수용액과 1 % 황산 구리(Ⅱ) 수용액을 이용한다.

03

채점 기준	배점
지방이라고 쓰고, 그 까닭을 옳게 서술한 경우	100 %
지방이라고만 쓴 경우	30 %

탐구 b 진도 교재 17쪽

㉠ 아밀레이스, ㉡ 녹말

01 (1) ○ (2) × (3) × **02** 아밀레이스 **03** **침** 속에 들어 있는 소화 효소인 **아밀레이스**에 의해 **녹말**이 **엿당**으로 분해되었기 때문이다.

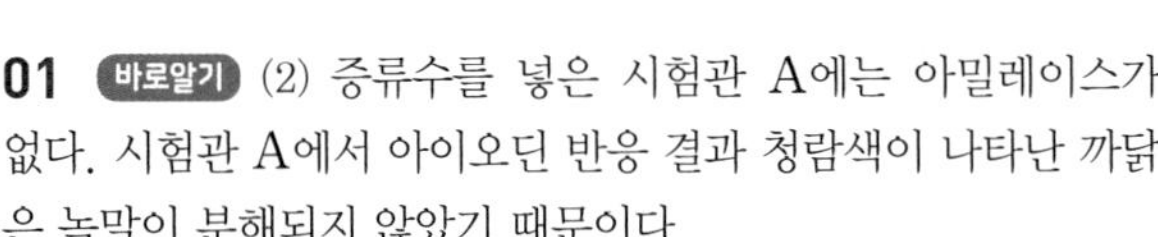

01 바로알기 (2) 증류수를 넣은 시험관 A에는 아밀레이스가 없다. 시험관 A에서 아이오딘 반응 결과 청람색이 나타난 까닭은 녹말이 분해되지 않았기 때문이다.
(3) 시험관 B에서는 침 속의 아밀레이스에 의해 녹말이 엿당으로 분해되었다. 펩신은 위액 속에 들어 있는 단백질을 분해하는 소화 효소이다.

02 침 속에는 녹말을 엿당으로 분해하는 소화 효소인 아밀레이스가 들어 있다.

03

채점 기준	배점
단어를 모두 포함하여 옳게 서술한 경우	100 %
세 가지 단어만 포함하여 서술한 경우	70 %
두 가지 단어만 포함하여 서술한 경우	40 %

기출 문제로 **내신쑥쑥** 진도 교재 19~23쪽

01 ④ **02** ② **03** (가) → (라) → (나) → (다) → (마) **04** ③ **05** (다), 기관계 **06** ⑤ **07** ③, ⑤ **08** ⑤ **09** ③, ④ **10** ⑤ **11** ③ **12** ⑤ **13** ② **14** A : 녹말, B : 단백질, C : 지방 **15** ⑤ **16** ③ **17** ㉠ 녹말, ㉡ 아밀레이스, ㉢ 엿당 **18** ⑤ **19** ② **20** ⑤ **21** ①, ⑤ **22** (가) D, (나) 펩신 **23** E, 이자 **24** ④ **25** ③ **26** ⑤ **27** ③
서술형 문제 **28** 수단 Ⅲ 용액을 넣었을 때 선홍색이 나타나는지 확인한다. **29** (1) A, 청람색 (2) B, 황적색 (3) 침 속에 들어 있는 소화 효소인 아밀레이스가 녹말을 엿당으로 분해하였기 때문이다. **30** 펩신의 작용을 돕는다. 음식물에 섞여 있는 세균을 제거하는(살균) 작용을 한다. **31** 소장 안쪽 벽은 주름과 융털 때문에 영양소와 닿는 표면적이 매우 넓어 영양소를 효율적으로 흡수할 수 있다.

01 ① 위, 폐, 콩팥은 동물의 기관이고, 뿌리와 줄기는 식물의 기관이다.
②, ③ 생물의 몸을 구성하는 기본 단위는 세포이고, 모양과 기능이 비슷한 세포가 모여 조직을 이룬다.
⑤ 식물의 몸은 '세포 → 조직 → 조직계 → 기관 → 개체'의 단계로 이루어진다.
바로알기 ④ 삼겹살은 여러 종류의 조직으로 이루어져 있지만, 고유한 모양과 특별한 기능이 있다고 할 수 없기 때문에 기관이 아니다.

02 ② 동물의 몸은 '세포 → 조직 → 기관 → 기관계 → 개체'의 단계로 이루어진다.
바로알기 ③ 동물의 몸에는 조직계가 없고, 기관계가 있다. 조직계는 식물 몸의 구성 단계에 있다.

[03~05]

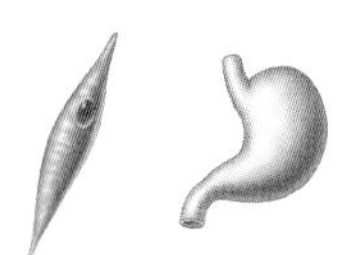
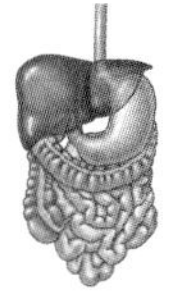

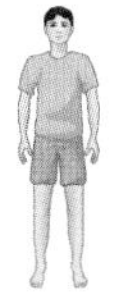

03 동물의 몸은 '세포(가) → 조직(라) → 기관(나) → 기관계(다) → 개체(마)'의 단계로 이루어진다.

04 바로알기 ① 여러 조직이 모여 고유한 모양과 기능을 갖춘 단계는 기관(나)이다. 세포(가)는 생물의 몸을 구성하는 기본 단위이다.
② 신경 조직은 근육 조직(라)과 같은 조직에 해당한다.
④ 심장은 위(나)와 같은 기관에 해당한다.
⑤ (마)는 개체이다.

05 식물의 몸은 '세포 → 조직 → 조직계 → 기관 → 개체'의 단계로 이루어진다. 식물의 몸에는 기관계(다)가 없고, 조직계가 있다.

06 바로알기 ①, ②, ③ 호흡계는 기체를 교환하고, 소화계는 양분을 소화하여 흡수한다. 배설계는 노폐물을 걸러 몸 밖으로 내보내며, 순환계는 여러 가지 물질을 온몸으로 운반한다.
④ 심장과 혈관은 순환계를 구성하는 기관이다. 소화계는 위, 소장, 대장 등으로 구성된다.

07 바로알기 ③ 탄수화물은 주로 에너지원으로 이용된다. 단백질은 주로 몸을 구성하며, 에너지원으로도 이용된다.
⑤ 탄수화물, 단백질, 지방은 에너지원으로 이용되는 3대 영양소이고, 무기염류, 바이타민, 물은 에너지원으로 이용되지 않는 부영양소이다.

08 (가)는 무기염류, (나)는 탄수화물, (다)는 지방에 대한 설명이다.

09 바로알기 ① 바이타민은 몸의 구성 성분이 아니다.
② 나트륨, 철, 칼슘은 무기염류이다. 바이타민에는 바이타민 A, B_1, C, D 등이 있다.
⑤ 물의 기능이다.

10 1 g당 약 4 kcal의 에너지를 내는 영양소에는 탄수화물과 단백질이 있는데, 이 중 몸을 구성하는 주요 성분이며, 살코기, 생선, 콩 등에 많이 들어 있는 영양소는 단백질이다. 탄수화물은 주로 에너지원으로 이용되며, 밥, 국수, 빵, 고구마, 감자 등에 많이 들어 있다.
⑤ 단백질에 뷰렛 용액(5 % 수산화 나트륨 수용액+1 % 황산 구리(Ⅱ) 수용액)을 넣으면 보라색이 나타난다.
바로알기 ① 수단 Ⅲ 용액을 넣었을 때 선홍색이 나타나는 것은 지방이다.
② 베네딕트 용액을 넣고 가열하였을 때 황적색이 나타나는 것은 당분(포도당, 엿당 등)이다.
③ 아이오딘-아이오딘화 칼륨 용액을 넣었을 때 청람색이 나타나는 것은 녹말이다.

11 바로알기 ① 미음 : 녹말, 아이오딘-아이오딘화 칼륨 용액
④ 식용유 : 지방, 수단 Ⅲ 용액
⑤ 달걀흰자 : 단백질, 뷰렛 용액(5 % 수산화 나트륨 수용액 +1 % 황산 구리(Ⅱ) 수용액)

12

녹말 검출 / 당분 검출 / 지방 검출 / 단백질 검출
아이오딘-아이오딘화 칼륨 용액 / 베네딕트 용액 / 수단 Ⅲ 용액 / 5 % 수산화 나트륨 수용액 +1 % 황산 구리(Ⅱ) 수용액
A B C D

시험관 C와 D에서 색깔 변화가 나타났으므로 이 음식물에는 지방과 단백질이 들어 있다.

13 베네딕트 반응(가), 수단 Ⅲ 반응(다), 뷰렛 반응(라) 결과 색깔 변화가 나타났으므로 우유에는 당분, 지방, 단백질이 들어 있다.
ㄱ. 베네딕트 용액으로 당분을 검출할 때는 가열을 해야 색깔 변화가 빠르게 일어난다.
ㄴ. 아이오딘 반응(나)에서 색깔 변화가 나타나지 않았으므로 우유에는 녹말이 들어 있지 않다.
바로알기 ㄷ. 우유에는 탄수화물(당분), 단백질, 지방이 모두 들어 있다.

14 A+B, A+C 혼합 용액에서 모두 아이오딘 반응이 일어났으므로 공통 용액인 A에는 녹말이 들어 있다. A+B 혼합 용액에서 뷰렛 반응이 일어났으므로 용액 B에는 단백질이 들어 있고, A+C 혼합 용액에서 수단 Ⅲ 반응이 일어났으므로 용액 C에는 지방이 들어 있다.

15 소화는 음식물 속의 크기가 큰 영양소를 크기가 작은 영양소로 분해하는 과정이다.

16 ① 쓸개즙은 소화 효소는 없지만, 지방 덩어리를 작은 알갱이로 만들어 지방이 잘 소화되도록 돕는다.
② 위에서는 위액 속의 소화 효소인 펩신이 염산의 도움을 받아 단백질을 분해한다.
④ 녹말, 단백질, 지방은 크기가 커서 세포막을 통과할 수 없으므로, 세포로 흡수되기 위해서는 작게 분해되어야 한다.
⑤ 음식물을 씹어 음식물의 크기가 작아지면 음식물이 소화액과 닿는 표면적이 넓어져 소화가 활발하게 일어날 수 있다.
바로알기 ③ 각각의 소화 효소는 한 종류의 영양소만 분해한다.

17 입에서는 침 속의 아밀레이스가 녹말을 단맛이 나는 엿당으로 분해한다.

18 A는 입, B는 식도, C는 간, D는 위, E는 이자, F는 소장, G는 대장이다.
① 입(A)에서는 침 속의 아밀레이스에 의해 녹말이 엿당으로 분해된다.
② 간(C)에서 생성된 쓸개즙은 쓸개에 저장되었다가 소장(F)으로 분비된다.
③ 이자(E)는 이자액을 만들어 소장(F)으로 분비한다.
④ 소장(F)에서 영양소가 최종 분해되어 흡수된다.
바로알기 ⑤ 간(C)과 이자(E)에는 음식물이 통과하지 않는다.

19 ② 시험관 C에서 아이오딘 반응이 일어나지 않고 베네딕트 반응만 일어난 것은 침 속의 아밀레이스에 의해 녹말이 엿당으로 분해되었기 때문이다.
바로알기 ① 시험관 A, B, D에서는 베네딕트 반응이 일어나지 않았으므로 당분이 검출되지 않았다. 시험관 A, B, D에서는 녹말이 분해되지 않아 아이오딘 반응이 일어났다.
③ 시험관 B에서 녹말이 분해되지 않은 것으로 보아 침을 끓이면 소화 효소가 기능을 잃어 소화 작용이 일어나지 않는다.
④ 시험관 D에서 녹말이 분해되지 않은 것으로 보아 증류수는 녹말을 엿당으로 분해하지 않는다.
⑤ 너무 낮은 온도(A)와 너무 높은 온도(B)에서는 녹말이 분해되지 않고, 35 ℃~40 ℃(C)에서만 녹말이 분해된 것으로 보아 소화 효소의 작용은 온도의 영향을 받는다. 소화 효소는 체온 범위에서 가장 활발하게 작용한다.

20 바로알기 ① 침 속의 아밀레이스는 녹말을 엿당으로 분해한다.
② 위액 속의 펩신은 단백질을 분해한다.
③ 쓸개즙에는 소화 효소가 없다.
④ 이자액 속의 트립신은 단백질을 분해한다.

21 ② 이자액 속의 라이페이스는 지방 소화 효소이다.
③ 쓸개즙은 소화 효소는 없지만, 지방 덩어리를 작은 알갱이로 만들어 지방이 잘 소화되도록 돕는다.
④ 침에는 녹말 소화 효소인 아밀레이스가 있다.
바로알기 ① 지방은 소장에서 처음으로 분해된다. 위에서는 단백질이 분해된다.
⑤ 지방은 이자액 속의 라이페이스에 의해 최종 소화 산물인 지방산과 모노글리세리드로 분해된다.

[22~24]

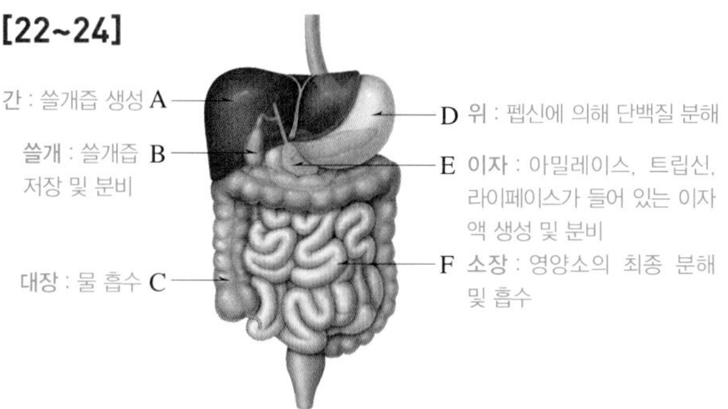

22 단백질은 위(D)에서 펩신에 의해 처음으로 분해된다.

23 이자(E)는 이자액을 만들어 소장(F)으로 분비한다. 이자액에는 녹말을 분해하는 아밀레이스, 단백질을 분해하는 트립신, 지방을 분해하는 라이페이스가 모두 들어 있다.

24 ① 간(A)에서 만들어져 쓸개(B)에 저장되었다가 소장(F)으로 분비되는 쓸개즙은 소화 효소는 없지만 지방 덩어리를 작은 알갱이로 만들어 지방의 소화를 돕는다.
바로알기 ④ 이자(E)에서는 녹말, 단백질, 지방의 소화 효소가 모두 들어 있는 이자액을 만들어 소장(F)으로 분비하며, 음식물이 직접 지나가지 않는다. 녹말, 단백질, 지방은 소장(F)에서 최종 분해된다.

25

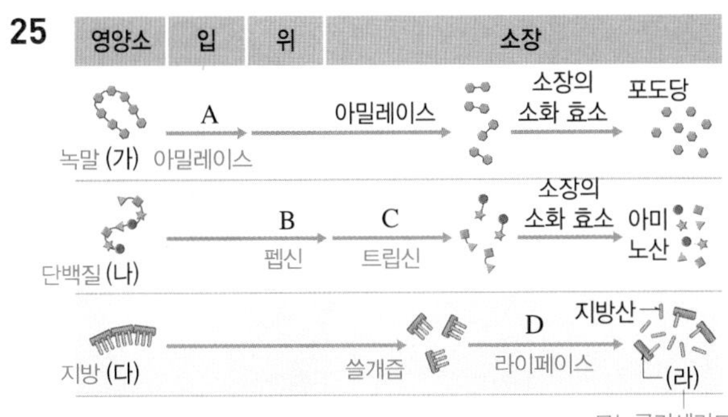

바로알기 ① 입에서 처음으로 분해되고 최종 산물이 포도당인 (가)는 녹말이고, 위에서 처음으로 분해되고 최종 산물이 아미노산인 (나)는 단백질이며, 소장에서 지방산과 모노글리세리드 (라)로 분해되는 (다)는 지방이다.

② 쓸개즙은 지방(다)의 소화를 돕는다.

④ A는 아밀레이스, B는 펩신이다.

⑤ 트립신(C)과 라이페이스(D)는 이자액에 들어 있다.

26 ⑤ 소장 안쪽 벽은 주름과 융털 때문에 영양소와 닿는 표면적이 매우 넓어 영양소를 효율적으로 흡수할 수 있다.

바로알기 ① 쓸개즙은 쓸개에서 소장으로, 이자액은 이자에서 소장으로 분비되어 작용한다.

② 최종 분해된 영양소는 소장의 융털로 흡수된다. 대장에서는 소장을 지나온 물질에 남아 있는 물이 흡수된다.

③ 이자액 속의 아밀레이스는 녹말을 엿당으로 분해하고, 소장의 탄수화물 소화 효소에 의해 엿당이 포도당으로 분해된다.

④ 포도당, 아미노산, 무기염류 같은 수용성 영양소는 융털의 모세 혈관으로 흡수되고, 지방산과 모노글리세리드 같은 지용성 영양소는 융털의 암죽관으로 흡수된다.

27 ⑤ 암죽관(A)으로 흡수되는 지용성 영양소는 간을 거치지 않고 심장으로 이동하고, 모세 혈관(B)으로 흡수되는 수용성 영양소는 간을 거쳐 심장으로 이동한다.

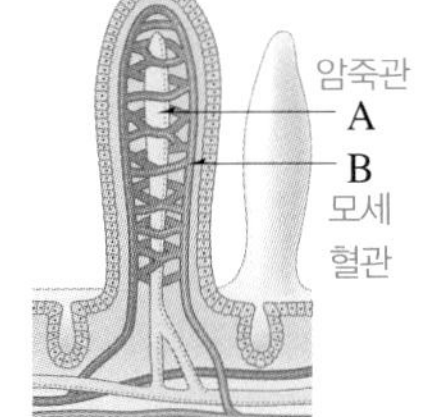

바로알기 ③ 수용성 영양소인 무기염류는 융털의 모세 혈관(B)으로 흡수된다.

28

채점 기준	배점
검출 용액과 색깔 변화를 모두 포함하여 옳게 서술한 경우	100 %
검출 용액만 옳게 서술한 경우	50 %

29 증류수를 넣은 시험관 A에서는 녹말이 분해되지 않고, 침 용액을 넣은 시험관 B에서는 녹말이 엿당으로 분해된다.

	채점 기준	배점
(1)	시험관의 기호와 색깔 변화를 모두 옳게 쓴 경우	20 %
	시험관의 기호만 옳게 쓴 경우	10 %
(2)	시험관의 기호와 색깔 변화를 모두 옳게 쓴 경우	20 %
	시험관의 기호만 옳게 쓴 경우	10 %
(3)	침 속의 아밀레이스가 녹말을 엿당으로 분해하였기 때문이라는 내용을 포함하여 옳게 서술한 경우	60 %
	침 속의 아밀레이스가 녹말을 분해하였기 때문이라고만 서술한 경우	40 %

30

채점 기준	배점
염산의 기능을 두 가지 모두 옳게 서술한 경우	100 %
한 가지만 옳게 서술한 경우	50 %

31

채점 기준	배점
표면적 증가와 영양소의 효율적 흡수를 모두 포함하여 옳게 서술한 경우	100 %
둘 중 한 가지만 포함하여 서술한 경우	50 %

수준 높은 문제로 **실력탄탄** 진도 교재 23쪽

01 (라) → (마) → (나) → (다) → (가) **02** ⑤ **03** ②

01 동물의 몸은 '세포 → 조직 → 기관 → 기관계 → 개체'의 단계로 이루어진다. 심장(나)은 기관, 순환계(다)는 기관계에 해당한다.

02

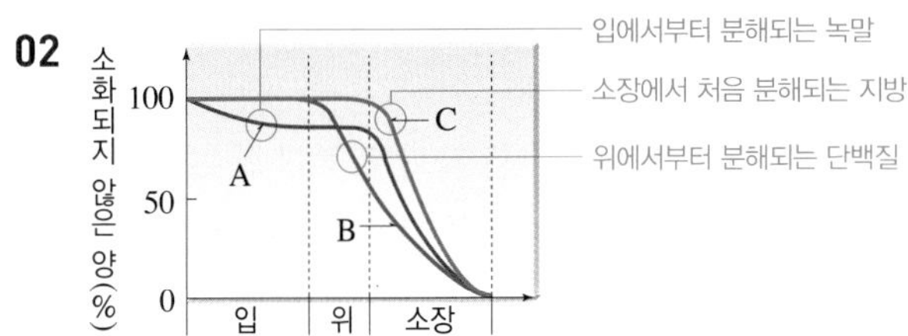

입과 소장에서 분해되는 A는 녹말, 위와 소장에서 분해되는 B는 단백질, 소장에서 처음으로 분해되는 C는 지방이다.

⑤ 이자액에는 지방(C)을 분해하는 라이페이스가 들어 있으며, 쓸개즙은 소화 효소는 없지만 지방 덩어리를 작은 알갱이로 만들어 지방의 소화를 돕는다.

바로알기 ① 녹말(A)은 침이나 이자액 속의 아밀레이스에 의해 분해된다.

② 소화 효소는 체온 정도의 온도에서 가장 활발하게 작용하며, 온도가 너무 높으면 그 기능을 잃는다.

③ 염산의 도움을 받아 단백질(B)을 분해하는 소화 효소는 위액 속에 들어 있는 펩신이다.

④ 위액에는 지방(C) 소화 효소가 없다.

03 A+B, B+C 혼합 용액에서 모두 뷰렛 반응이 일어났으므로 공통 용액인 B에는 단백질이 들어 있다. A+B 혼합 용액에서 아이오딘 반응이 일어났으므로 용액 A에는 녹말이 들어 있고, B+C 혼합 용액에서 수단 Ⅲ 반응이 일어났으므로 용액 C에는 지방이 들어 있다.

③, ④ 단백질(B)의 최종 소화 산물은 아미노산이다. 수용성 영양소인 아미노산은 융털의 모세 혈관으로 흡수된다.

⑤ 지방(C)은 라이페이스에 의해 지방산과 모노글리세리드로 분해된다.

바로알기 ② 녹말(A)의 최종 소화 산물은 포도당이다. 수용성 영양소인 포도당은 융털의 모세 혈관으로 흡수된다.

02 순환

확인 문제로 개념쏙쏙

진도 교재 25, 27쪽

A 심방, 심실, 판막, 동맥, 모세 혈관, 정맥
B 혈장, 적혈구, 백혈구, 혈소판, 온몸, 온몸, 우, 폐, 폐, 좌

1 (1) × (2) ○ (3) × (4) ○ (5) × **2** (1) A : 우심방, B : 좌심방, C : 우심실, D : 좌심실, E : 판막 (2) (가) 대정맥, (나) 대동맥, (다) 폐동맥, (라) 폐정맥 (3) A (4) C **3** A : 동맥, B : 모세 혈관, C : 정맥 **4** A → B → C **5** (1) B (2) A (3) C (4) B **6** (1) × (2) × (3) ○ (4) × (5) ○ **7** (1) B, 백혈구 (2) A, 적혈구 (3) D, 혈소판 (4) C, 혈장 **8** (1) A : 폐동맥, B : 대정맥, C : 대동맥, D : 폐정맥 (2) ㉠ A, ㉡ D, ㉢ (라) (3) ㉠ C, ㉡ B, ㉢ (가) **9** (1) × (2) × (3) ○ (4) ×

1 바로알기 (1) 심실은 심방보다 두껍고 탄력성이 강한 근육으로 이루어져 있어 강하게 수축하여 혈액을 내보내기에 알맞다.
(3) 심장에서 혈액은 심방 → 심실 → 동맥 방향으로 흐른다.
(5) 심장에서 판막은 심방과 심실 사이, 심실과 동맥 사이에 있다.

2 (3) 우심방(A)은 대정맥(가)을 통해 온몸을 지나온 혈액을 받아들인다.
(4) 우심실(C)은 수축하여 폐동맥(다)을 통해 혈액을 폐로 내보낸다.

[3~5]

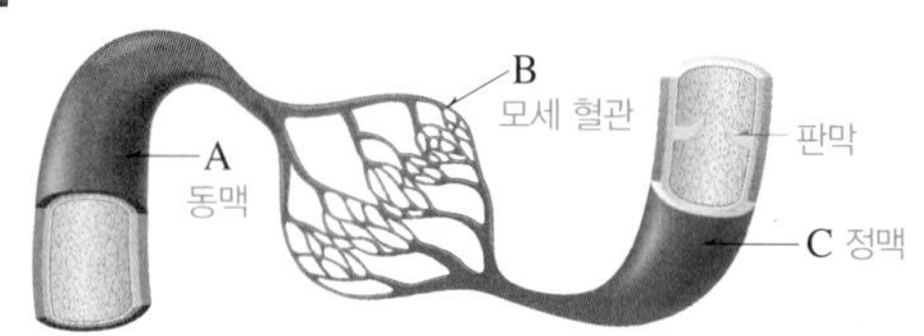

5 (1), (4) 모세 혈관(B)은 혈관 벽이 한 층의 세포로 되어 있어 매우 얇고, 혈액이 흐르는 속도가 가장 느려 조직 세포와 물질 교환이 일어나기에 유리하다.
(2) 동맥(A)은 혈관 벽이 두껍고 탄력성이 강하여 심실에서 나온 혈액의 높은 압력을 견딜 수 있다.
(3) 정맥(C)은 혈압이 매우 낮아 혈액이 거꾸로 흐를 수 있기 때문에 이를 막기 위해 혈관 곳곳에 판막이 있다.

6 바로알기 (1) 혈구의 크기 : 백혈구 > 적혈구 > 혈소판
(2) 혈구 수 : 적혈구 > 혈소판 > 백혈구
(4) 적혈구에 붉은색 색소인 헤모글로빈이 있다.

7 A는 적혈구, B는 백혈구, C는 혈장, D는 혈소판이다.
(1) 백혈구(B)는 식균 작용을 한다.
(2) 적혈구(A)는 산소 운반 작용을 한다.
(3) 혈소판(D)은 혈액 응고 작용을 한다.
(4) 혈장(C)은 여러 가지 물질을 운반한다.

8 (1) 우심방(가)에는 대정맥(B), 우심실(나)에는 폐동맥(A), 좌심실(다)에는 대동맥(C), 좌심방(라)에는 폐정맥(D)이 연결되어 있다.
(2) 폐순환 경로 : 우심실(나) → 폐동맥(A) → 폐의 모세 혈관 → 폐정맥(D) → 좌심방(라)
(3) 온몸 순환 경로 : 좌심실(다) → 대동맥(C) → 온몸의 모세 혈관 → 대정맥(B) → 우심방(가)

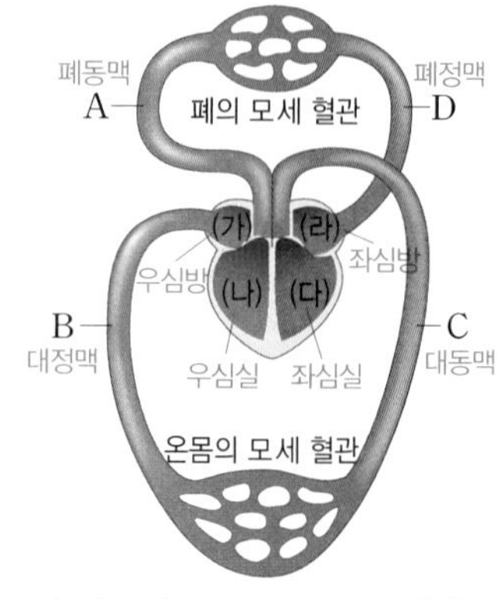

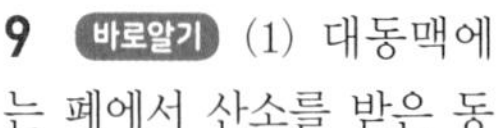

9 바로알기 (1) 대동맥에는 폐에서 산소를 받은 동맥혈이 흐르고, 폐동맥에는 조직 세포에 산소를 공급한 정맥혈이 흐른다.
(2) 온몸 순환에서는 조직 세포에 산소를 공급하므로 동맥혈이 정맥혈로 바뀐다.
(4) 혈액이 온몸의 모세 혈관을 지나는 동안 조직 세포에 산소와 영양소를 공급하고, 조직 세포에서 이산화 탄소와 노폐물을 받는다.

탐구 a

진도 교재 28쪽

㉠ 많고, ㉡ 없다, ㉢ 크고, ㉣ 있다
01 (1) × (2) ○ (3) ○ (4) × **02** 적혈구 **03** 김사액에 의해 백혈구의 핵이 보라색으로 염색된다.

01 바로알기 (1) 적혈구는 핵이 없다. 김사액은 백혈구의 핵을 보라색으로 염색한다.
(4) 받침유리를 혈액이 있는 반대 방향으로 밀어야 혈액이 얇게 펴지고, 혈구가 터지지 않는다.

02 혈구 중 적혈구의 수가 가장 많다.

03

채점 기준	배점
백혈구와 보라색을 모두 포함하여 옳게 서술한 경우	100 %
백혈구의 핵을 염색한다고만 서술한 경우	50 %

여기서 잠깐

진도 교재 29쪽

유제❶ (1) ㉠ 대동맥, ㉡ 대정맥, ㉢ 우심방 (2) ㉠ 우심실, ㉡ 폐정맥, ㉢ 좌심방
유제❷ (1) ㉠ D, ㉡ (라), ㉢ (다) (2) ㉠ (가), ㉡ (나), ㉢ B

유제❷ A는 우심방, B는 좌심방, C는 우심실, D는 좌심실, (가)는 폐동맥, (나)는 폐정맥, (다)는 대정맥, (라)는 대동맥이다. (1)은 온몸 순환, (2)는 폐순환이다.

기출 문제로 **내신쑥쑥** 진도 교재 30~33쪽

01 ④ 02 ⑤ 03 ③ 04 ⑤ 05 ① 06 ①, ③ 07 ④
08 ① 09 ②, ④ 10 ③ 11 ⑤ 12 ② 13 ④
14 ① 15 ② 16 ② 17 ② 18 ① 19 ③ 20 ④

서술형 문제 **21** 혈액이 거꾸로 흐르는 것을 막는다. **22** (1) A, 심실에서 나온 혈액의 높은 압력(혈압)을 견딜 수 있다. (2) B, 혈관 중 혈액이 흐르는 속도가 가장 느리다. **23** 백혈구, 몸속에 침입한 세균 등을 잡아먹는 식균 작용을 한다. **24** (1) D → (라) → (바) → (다) → A (2) 혈액이 온몸의 모세 혈관(바)을 지나는 동안 조직 세포에 산소와 영양소를 공급하고, 조직 세포에서 이산화 탄소와 노폐물을 받는다.

01 바로알기 ④ 심장에서 혈액을 받아들이는 심방은 정맥과 연결되고, 혈액을 내보내는 심실은 동맥과 연결된다.

02 바로알기 ⑤ 심실은 심방보다 두껍고 탄력성이 강한 근육으로 이루어져 있어 강하게 수축하여 혈액을 내보내기에 알맞다.

03 바로알기 ③ 심장에서 판막은 심방과 심실 사이, 심실과 동맥 사이에 있다.

[04~05]

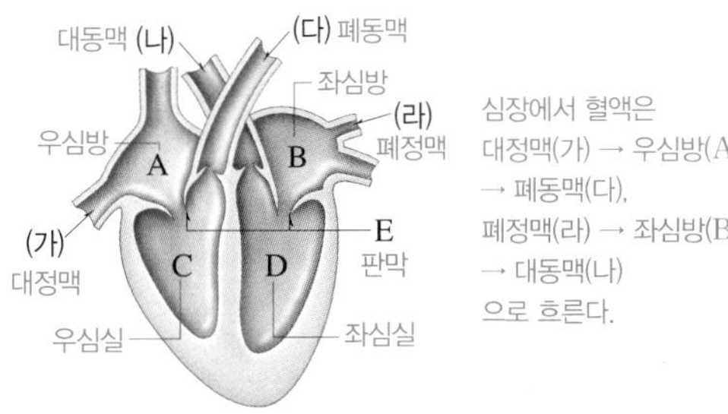

04 ② 심방보다 심실의 근육이 더 두껍고, 심실 중에서는 폐로 혈액을 내보내는 우심실(C)보다 온몸으로 혈액을 내보내는 좌심실(D)의 근육이 더 두껍다.
③ 우심방(A)은 대정맥(가), 좌심방(B)은 폐정맥(라), 우심실(C)은 폐동맥(다), 좌심실(D)은 대동맥(나)과 연결되어 있다.
바로알기 ⑤ (가)는 대정맥, (라)는 폐정맥이다.

05 ㄱ, ㄴ. 우심방(A)은 대정맥(가)을 통해 온몸을 지나온 혈액을 받아들이고, 수축하여 혈액을 우심실(C)로 보낸다.
바로알기 ㄷ. 좌심방(B)은 폐정맥(라)을 통해 폐를 지나온 혈액을 받아들이고, 수축하여 혈액을 좌심실(D)로 보낸다.
ㄹ. 좌심실(D)이 수축하면 혈액이 좌심실(D)에서 좌심방(B)으로 흐르지 않도록 좌심방(B)과 좌심실(D) 사이의 판막(E)이 닫힌다.

06 바로알기 ②, ④ 동맥에는 심장에서 나오는 혈액이 흐르고, 정맥에는 심장으로 들어가는 혈액이 흐른다. 즉, 심장에서 나온 혈액은 동맥 → 모세 혈관 → 정맥 방향으로 흐른다.
⑤ 동맥은 혈관 벽이 두껍고 탄력성이 강하여 심실에서 나온 혈액의 높은 압력을 견딜 수 있다.

07

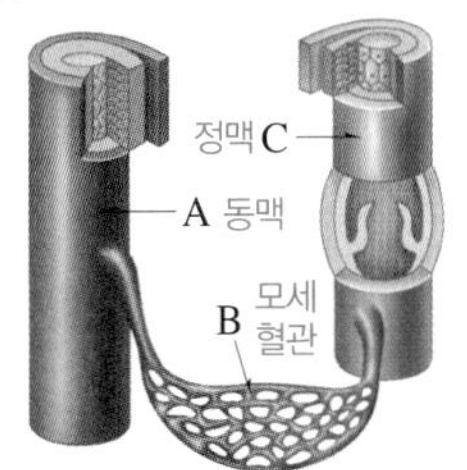

바로알기 ④ 혈관 속 혈액과 조직 세포 사이의 물질 교환은 혈관 벽이 얇은 모세 혈관(B)에서 일어난다.

08 ②, ③ 모세 혈관은 혈관 벽이 매우 얇고, 혈액이 흐르는 속도가 가장 느려 물질 교환이 일어나기에 유리하다.
④, ⑤ 혈액이 모세 혈관을 지나는 동안 혈액 속의 산소와 영양소가 조직 세포로 전달되고, 조직 세포에서 발생한 이산화 탄소와 노폐물이 혈액으로 이동한다.
바로알기 ① 혈압은 동맥 > 모세 혈관 > 정맥 순이다.

09 • 혈압 : 동맥 > 모세 혈관 > 정맥
• 혈관 벽 두께 : 동맥 > 정맥 > 모세 혈관
• 혈액이 흐르는 속도 : 동맥 > 정맥 > 모세 혈관

10 A는 액체 성분인 혈장이고, B는 세포 성분인 혈구이다.
바로알기 ③ 혈장(A)에 가장 많은 성분은 물이다.

11 ⑤ 산소가 부족한 고산 지대에 사는 사람은 평지에 사는 사람에 비해 적혈구 수가 많아 산소를 효율적으로 이용할 수 있다.
바로알기 ①, ④ 적혈구는 핵이 없고, 붉은색 색소인 헤모글로빈이 있어 붉은색을 띤다.
② 혈구 중 수가 가장 많은 것은 적혈구이다.
③ 혈구 중 크기가 가장 큰 것은 백혈구이다.

[12~13]

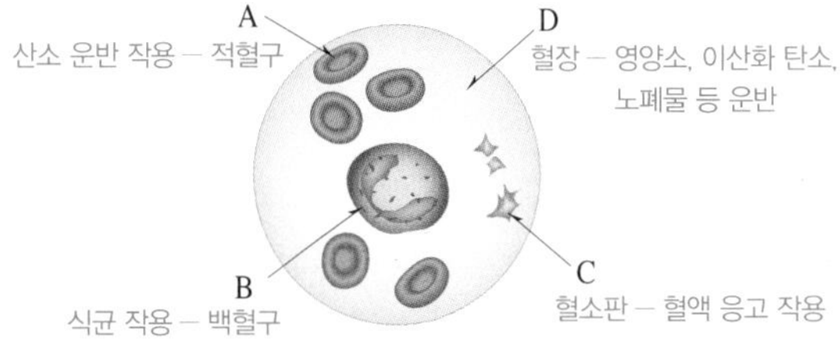

12 바로알기 ①, ⑤ 몸속에 침입한 세균을 잡아먹는 식균 작용은 백혈구(B)가 담당한다.
③ 혈액 응고 작용은 혈소판(C)이 담당한다.
④ 영양소, 노폐물, 이산화 탄소 등의 물질 운반은 혈장(D)이 담당한다.

13 혈소판(C)은 상처 부위의 혈액을 응고시켜 출혈을 막고 상처를 보호한다.

14 ㄱ. 학생 A는 정상인에 비해 혈소판의 수가 매우 적다. 따라서 출혈이 일어날 때 혈소판에 의한 혈액 응고 작용이 늦어질 것이다.
바로알기 ㄴ. 세균이 몸속에 침입하여 염증이 생기면 식균 작용을 하는 백혈구의 수가 크게 증가한다. 학생 A와 B의 백혈구 수는 정상이다.

ㄷ. 산소를 운반하는 적혈구의 수가 부족할 때 빈혈이 나타나므로, 학생 B만 빈혈 증상이 있을 것이다.

15 ② 고정은 세포의 모양이 변형되지 않고 살아 있을 때의 형태로 유지되게 하는 과정이다.

바로알기 ① 받침유리를 혈액이 있는 반대 방향으로 밀어야 혈액이 얇게 펴지고, 혈구가 깨지지 않는다.
③ 김사액은 백혈구의 핵을 보라색으로 염색한다. 적혈구에는 핵이 없다.
④ 가장 많이 관찰되는 혈구는 혈구 중 수가 가장 많은 적혈구이다.
⑤ 백혈구는 혈구 중 크기가 가장 크고, 수가 가장 적으며, 핵이 있다.

16 ①, ③ 폐순환에서는 폐에서 산소를 받으므로 정맥혈이 동맥혈로 바뀐다.

바로알기 ② 온몸 순환을 거친 혈액이 이어서 폐순환을 거치고, 폐순환을 거친 혈액이 이어서 온몸 순환을 거친다. 온몸 순환과 폐순환은 연결된 과정이다.

17 혈액 순환은 온몸 순환과 폐순환으로 구분되며, 온몸 순환과 폐순환은 연결된 과정이다. 온몸 순환은 좌심실(다) → 대동맥 → 온몸의 모세 혈관 → 대정맥(가) → 우심방의 경로를 따라 일어난다. 온몸 순환을 마친 혈액은 우심방에서 우심실(나)로 이동하여 폐순환 경로를 따라 이동한다. 폐순환은 우심실(나) → 폐동맥 → 폐의 모세 혈관 → 폐정맥(라) → 좌심방의 경로를 따라 일어난다.

18 산소를 많이 포함한 혈액은 동맥혈이다.

바로알기 ① 온몸을 지나온 혈액이 대정맥 → 우심방 → 우심실 → 폐동맥으로 이동하므로, 폐동맥에는 정맥혈이 흐른다.

[19~20]

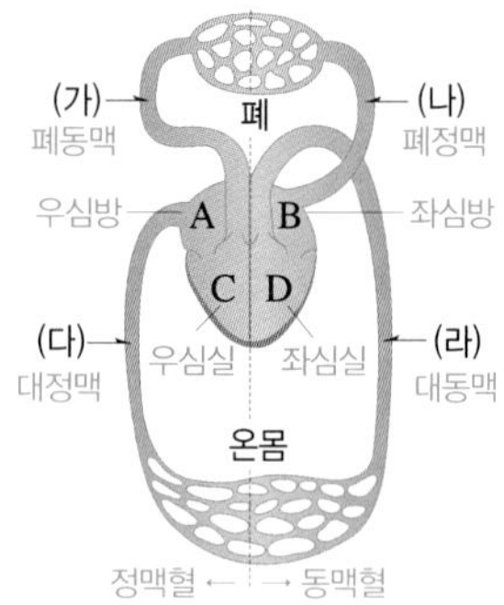

• 폐순환 경로 : 우심실(C) → 폐동맥(가) → 폐의 모세 혈관 → 폐정맥(나) → 좌심방(B)
• 온몸 순환 경로 : 좌심실(D) → 대동맥(라) → 온몸의 모세 혈관 → 대정맥(다) → 우심방(A)

19 ③은 폐순환 경로이고, ⑤는 온몸 순환 경로이다.

20 ㄱ. 우심실(C)에는 폐동맥(가), 좌심방(B)에는 폐정맥(나)이 연결되어 있다.
ㄴ. 폐동맥(가)과 대정맥(다)에는 온몸을 지나온 정맥혈이 흐르고, 폐정맥(나)과 대동맥(라)에는 폐를 지나온 동맥혈이 흐른다.
ㄹ. 심장에서 판막은 심방과 심실 사이, 심실과 동맥 사이에 있다.

바로알기 ㄷ. 우심방(A)과 우심실(C)에는 온몸의 조직 세포에 산소를 공급하고 온 정맥혈이 흐르고, 좌심방(B)과 좌심실(D)에는 폐에서 산소를 받고 온 동맥혈이 흐른다.

21

채점 기준	배점
혈액이 거꾸로 흐르는 것을 막는다는 내용을 포함하여 옳게 서술한 경우	100 %
혈액이 거꾸로 흐르는 것을 막는다는 내용이 없는 경우	0 %

22 A는 동맥, B는 모세 혈관, C는 정맥이다.

	채점 기준	배점
(1)	A라고 쓰고, 혈관 벽이 두꺼운 것이 유리한 까닭을 옳게 서술한 경우	50 %
	A라고만 쓴 경우	15 %
(2)	B라고 쓰고, 물질 교환에 유리한 까닭을 옳게 서술한 경우	50 %
	B라고만 쓴 경우	15 %

23

채점 기준	배점
백혈구라고 쓰고, 그 기능을 옳게 서술한 경우	100 %
백혈구라고만 쓴 경우	30 %

24

	채점 기준	배점
(1)	온몸 순환 경로를 옳게 나열한 경우	40 %
(2)	산소, 영양소, 이산화 탄소, 노폐물의 이동 방향을 모두 옳게 서술한 경우	60 %
	네 가지 중 한 가지라도 이동 방향을 틀리게 서술한 경우	0 %

수준 높은 문제로 **실력탄탄** 진도 교재 33쪽

01 ② **02** ③

01 혈압이 가장 높고 혈액이 흐르는 속도가 가장 빠른 A는 동맥이고, 혈액이 흐르는 속도가 가장 느린 B는 모세 혈관이다. 혈압이 가장 낮은 C는 정맥이다.
ㄴ. 모세 혈관(B)은 혈관 벽이 한 층의 세포로 되어 있다.
• 혈관 벽 두께 : 동맥(A) > 정맥(C) > 모세 혈관(B)

바로알기 ㄱ. A는 동맥, B는 모세 혈관, C는 정맥이다.
ㄷ. 모세 혈관(B)보다 정맥(C)의 혈압이 더 낮지만, 혈액이 흐르는 속도는 모세 혈관(B)보다 정맥(C)에서 더 빠르다.

02 A는 우심방, B는 좌심방, C는 우심실, D는 좌심실, E는 폐동맥, F는 폐의 모세 혈관, G는 폐정맥, H는 대정맥, I는 온몸의 모세 혈관, J는 대동맥이다.
ㄷ. (가)는 폐순환에서 혈액이 폐의 모세 혈관(F)을 지나는 동안 산소를 얻어 혈액 속의 산소 양이 증가하는 변화를 나타낸 것이다.

바로알기 ㄱ. (가)는 폐순환에서 일어나는 산소 양의 변화이다.
ㄴ. ㉢은 산소를 많이 포함한 동맥혈이다. 온몸의 모세 혈관(I)을 지나면서 조직 세포에 산소를 공급한 정맥혈(㉠)이 대정맥(H) → 우심방(A) → 우심실(C) → 폐동맥(E)을 거쳐 폐의 모세 혈관(F)으로 들어가 산소를 받아 동맥혈(㉢)이 된다. 즉, 폐동맥(E)에는 산소를 적게 포함한 정맥혈(㉠)이 흐른다.

03 호흡

확인 문제로 **개념쏙쏙** 진도 교재 35, 37쪽

A 산소, 이산화 탄소, 폐포, 폐포, 산소, 이산화 탄소
B 갈비뼈, 가로막, 들숨, 낮아
C 산소, 이산화 탄소, 모세 혈관, 조직 세포, 조직 세포, 모세 혈관

1 ㉠ 산소, ㉡ 이산화 탄소 **2** ㉠ 기관, ㉡ 폐포 **3** A : 코, B : 기관, C : 기관지, D : 폐, E : 폐포, F : 갈비뼈, G : 가로막 **4** (1) ○ (2) ○ (3) × (4) ○ (5) ○ (6) × (7) ○ **5** ㉠ 근육, ㉡ 가로막 **6** ㉠ 내려간다, ㉡ 올라간다, ㉢ 증가한다, ㉣ 감소한다, ㉤ 낮아진다, ㉥ 높아진다, ㉦ 증가한다, ㉧ 감소한다 **7** (1) ○ (2) × (3) ○ (4) × **8** (1) ㉠ 폐포, ㉡ 모세 혈관, (2) ㉠ 조직 세포, ㉡ 모세 혈관 (3) ㉠ 산소, ㉡ 이산화 탄소

1 날숨에는 들숨보다 산소는 적게 들어 있고, 이산화 탄소는 많이 들어 있다.

2 숨을 들이쉬면 공기가 콧속을 지나 기관과 기관지를 거쳐 폐 속의 폐포로 들어간다.

[3~4]

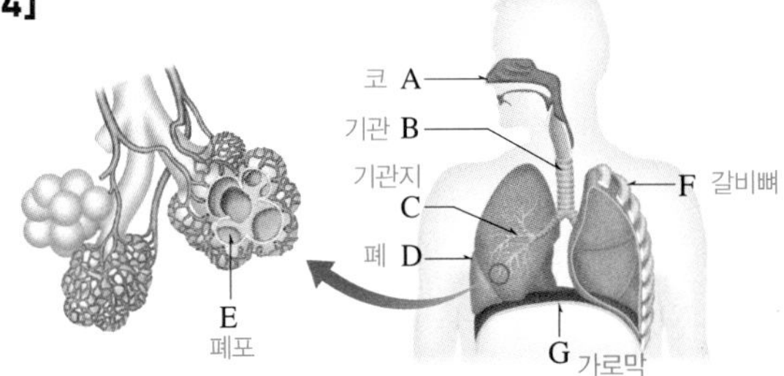

4 바로알기 (3) 폐(D)는 근육이 없어 스스로 수축하거나 이완할 수 없고, 갈비뼈(F)와 가로막(G)의 움직임에 따라 그 크기가 변한다.
(6) 폐(D)는 수많은 폐포(E)로 이루어져 있어 공기와 닿는 표면적이 매우 넓기 때문에 기체 교환이 효율적으로 일어날 수 있다. 즉, 폐포(E)는 폐(D)의 표면적을 넓힌다.

6 부피가 증가하면 압력이 낮아지고, 부피가 감소하면 압력이 높아진다.

7 바로알기 (2) 갈비뼈(가)가 올라가면 흉강의 부피가 증가하고, 압력이 낮아진다.
(4) 가로막(나)이 올라가면 흉강과 폐의 부피가 감소하고, 압력이 높아진다.

8 • 산소의 농도 : 폐포 > 모세 혈관, 모세 혈관 > 조직 세포 ➡ 산소의 이동 : 폐포 → 모세 혈관, 모세 혈관 → 조직 세포
• 이산화 탄소의 농도 : 조직 세포 > 모세 혈관, 모세 혈관 > 폐포 ➡ 이산화 탄소의 이동 : 조직 세포 → 모세 혈관, 모세 혈관 → 폐포

탐구 a 진도 교재 38쪽

㉠ 들숨, ㉡ 날숨, ㉢ 흉강, ㉣ 폐

01 (1) × (2) × (3) ○ (4) ○ **02** 가로막 **03** 고무 막을 잡아당기면 컵 속의 부피가 증가하고 압력이 낮아져 공기가 밖에서 고무풍선 속으로 들어온다.

01 바로알기 (1) 고무 막을 잡아당기면 컵 속의 부피가 증가하여 압력이 낮아진다.
(2) 고무 막을 잡아당기면 작은 고무풍선이 부푼다.

02 호흡 운동 모형의 고무 막은 우리 몸의 가로막에 해당한다.

03

채점 기준	배점
컵 속의 부피 변화, 컵 속의 압력 변화, 공기의 이동을 모두 옳게 서술한 경우	100 %
세 가지 중 두 가지만 옳게 서술한 경우	70 %
세 가지 중 한 가지만 옳게 서술한 경우	30 %

여기서 잠깐 진도 교재 39쪽

(유제) (1) A : 갈비뼈, B : 가로막, C : 폐 (2) B : 고무 막, C : 고무풍선 (3) 잡아당길 때 : 들숨, 밀어 올릴 때 : 날숨 (4) ㉠ 증가, ㉡ 낮아, ㉢ 증가, ㉣ 낮아 (5) ④

(유제) (5) (나)에서 고무 막을 밀어 올릴 때는 가로막이 위로 올라가는 날숨이 일어날 때에 해당한다. 날숨이 일어나는 과정은 '갈비뼈(A)가 내려가고, 가로막(B)이 올라감 → 흉강 부피 감소, 압력 높아짐 → 폐(C) 부피 감소, 압력 높아짐 → 공기가 폐(C) 안에서 몸 밖으로 나감'이다.

기출 문제로 내신쏙쏙 진도 교재 40~43쪽

01 ⑤ **02** ③ **03** ② **04** ③ **05** ⑤ **06** ⑤ **07** ⑤ **08** ② **09** ④ **10** ③ **11** ② **12** ⑤ **13** ② **14** ④ **15** A : 이산화 탄소, B : 산소 **16** ③ **17** ② **18** ①

서술형문제 **19** 폐는 수많은 폐포로 이루어져 있어 **공기**와 닿는 **표면적**이 매우 넓기 때문에 **기체 교환**이 효율적으로 일어날 수 있다. **20** (1) A : 갈비뼈, B : 가로막 (2) 숨을 들이쉴 때는 A가 올라가고 B가 내려가 흉강의 부피가 커지고 이에 따라 폐의 부피도 커진다. **21** (1) 산소, 산소(A)의 농도는 폐포가 모세 혈관보다 높으므로 폐포 → 모세 혈관으로 산소(A)가 이동한다. (2) 이산화 탄소, 이산화 탄소(B)의 농도는 조직 세포가 모세 혈관보다 높으므로 조직 세포 → 모세 혈관으로 이산화 탄소(B)가 이동한다.

01 바로알기 ⑤ 호흡계에서는 산소를 흡수하고 이산화 탄소를 배출하는 기능을 담당한다.

02 ㄱ, ㄷ. 공기가 몸 안으로 들어왔다 나가는 동안 몸에서 산소(A)를 받아들이고, 이산화 탄소(B)를 내보내기 때문에 날숨에는 들숨보다 산소(A)는 적게 들어 있고, 이산화 탄소(B)는 많이 들어 있다.

바로알기 ㄴ. 산소(A)는 폐포에서 모세 혈관으로 이동하고, 이산화 탄소(B)는 모세 혈관에서 폐포로 이동한다.

03 ⑤ 폐는 수많은 폐포로 이루어져 있어 공기와 닿는 표면적이 매우 넓기 때문에 기체 교환이 효율적으로 일어날 수 있다.

바로알기 ② 폐는 근육이 없어 스스로 수축하거나 이완할 수 없고, 갈비뼈와 가로막의 움직임에 따라 그 크기가 변한다.

[04~05]

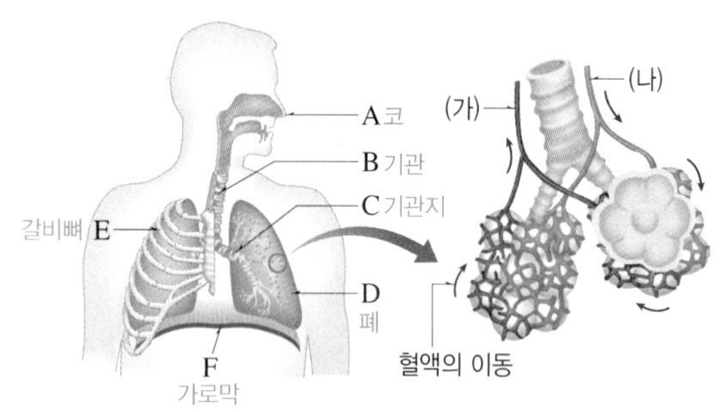

04 B는 기관, C는 기관지, D는 폐, E는 갈비뼈, F는 가로막이다.

05 ① 콧속(A)은 가는 털과 끈끈한 액체로 덮여 있어 먼지나 세균 등을 걸러 낸다. 또, 기관(B)의 안쪽 벽에는 섬모가 있어 먼지나 세균 등을 거른다.

② 숨을 들이쉬면 공기가 콧속(A)을 지나 기관(B)과 기관지(C)를 거쳐 폐(D) 속의 폐포로 들어간다.

③ 폐(D)는 근육이 없어 스스로 수축하거나 이완할 수 없고, 갈비뼈(E)와 가로막(F)의 움직임에 따라 그 크기가 변한다.

④ 폐에서 나가는 혈액이 흐르는 (가)는 폐정맥과 연결되고, 폐로 들어오는 혈액이 흐르는 (나)는 폐동맥과 연결된다.

바로알기 ⑤ 산소는 폐포에서 모세 혈관으로 이동한다. 따라서 기체 교환을 하기 전의 혈액(나)보다 기체 교환을 마치고 나가는 혈액(가)에 산소가 더 많다.

06 기체의 부피는 압력에 반비례하며, 공기는 압력이 높은 곳에서 낮은 곳으로 이동한다. 따라서 가로막이 내려가고 갈비뼈가 올라가 흉강과 폐의 부피가 커지면 폐의 내부 압력이 대기압보다 낮아지고, 압력이 높은 몸 밖에서 압력이 낮은 폐 안으로 공기가 들어온다.

07

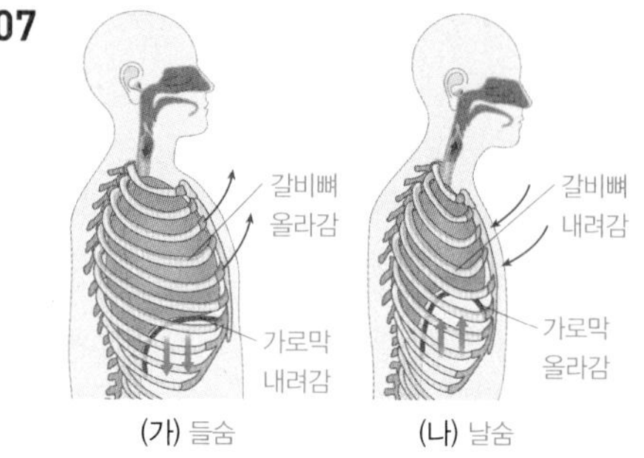

(가) 들숨 : 갈비뼈 위로, 가로막 아래로 → 흉강 부피 증가, 압력 감소 → 폐 부피 증가, 폐 내부 압력 감소(대기압보다 낮아짐) → 공기가 몸 밖에서 폐 안으로 들어옴

(나) 날숨 : 갈비뼈 아래로, 가로막 위로 → 흉강 부피 감소, 압력 증가 → 폐 부피 감소, 폐 내부 압력 증가(대기압보다 높아짐) → 공기가 폐 안에서 몸 밖으로 나감

바로알기 ⑤ 날숨(나)이 일어날 때는 폐 내부 압력이 높아진다.

08 (가)는 갈비뼈, (나)는 가로막이다. 날숨이 일어날 때는 갈비뼈(가)가 아래로 내려가고 가로막(나)이 위로 올라가 흉강의 부피가 작아지고, 압력이 높아진다. 이에 따라 폐의 부피가 작아지고, 폐 내부 압력이 대기압보다 높아져 공기가 폐 안에서 몸 밖으로 나간다.

바로알기 ② 날숨이 일어날 때는 가로막(나)이 위로 올라간다.

09 바로알기

	구분	들숨	날숨
①	갈비뼈	올라감	내려감
②	가로막	내려감	올라감
③	폐의 부피	커짐	작아짐
⑤	공기 이동 방향	몸 밖 → 폐	폐 → 몸 밖

10 ③ Y자관(A)은 우리 몸의 기관 및 기관지, 고무풍선(B)은 폐, 고무 막(C)은 가로막에 해당한다. 유리병 속의 공간은 흉강에 해당한다.

11 바로알기 ①, ③, ④ 고무 막(C)을 아래로 잡아당기면 유리병 속의 부피가 증가하고 압력이 낮아진다. 그 결과 유리병에 들어 있는 고무풍선(B)의 부피가 증가하고, 고무풍선(B) 안의 압력이 낮아져 바깥의 공기가 Y자관(A)을 통해 고무풍선(B) 안으로 들어온다.

⑤ 고무 막(C)을 아래로 잡아당기는 것은 우리 몸에서 가로막이 아래로 내려가 들숨이 일어나는 경우와 같다.

12 ⑤ 호흡 운동 모형에서 고무 막을 밀어 올리는 것은 우리 몸의 날숨에 해당한다. 날숨이 일어날 때는 가로막이 올라가고 갈비뼈가 내려가 흉강과 폐의 부피가 작아지고 압력이 높아져 공기가 폐 안에서 몸 밖으로 나간다.

13

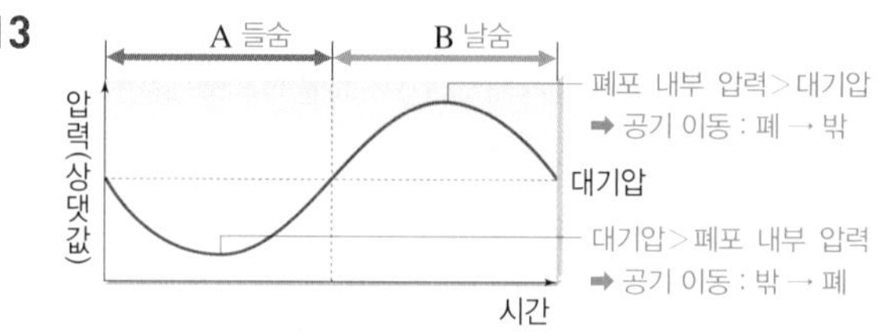

ㄱ. 폐포 내부의 압력이 대기압보다 낮을 때(A) 들숨이 일어나고, 대기압보다 높을 때(B) 날숨이 일어난다.

ㄴ. 갈비뼈가 내려가고, 가로막이 올라갈 때 날숨(B)이 일어난다.

바로알기 ㄷ. 날숨(B)이 일어날 때는 흉강과 폐의 부피가 작아지고, 압력이 높아진다.

14 ① 농도가 높은 곳에서 낮은 곳으로 기체가 확산된다.

②, ③ 산소 농도가 높은 폐포에서 산소 농도가 낮은 모세 혈관으로 산소가 확산되므로 폐에서의 기체 교환 결과 혈액의 산소 농도가 높아진다.

⑤ 산소 농도는 모세 혈관>조직 세포이고, 이산화 탄소 농도는 모세 혈관<조직 세포이다.

바로알기 ④ 이산화 탄소 농도가 높은 조직 세포에서 이산화 탄소 농도가 낮은 모세 혈관으로 이산화 탄소가 확산된다.

[15~16]

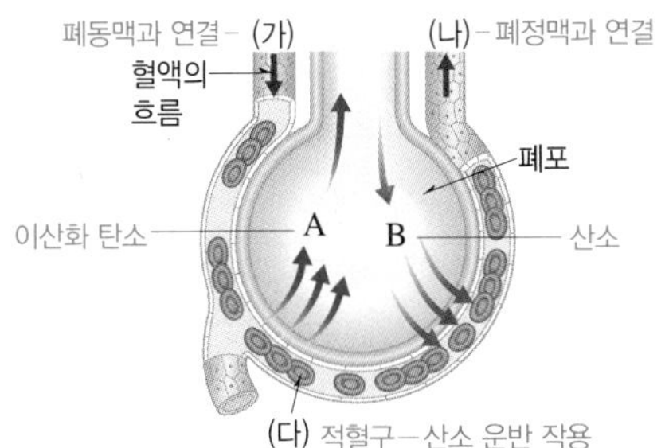

15 이산화 탄소(A)는 모세 혈관 → 폐포, 산소(B)는 폐포 → 모세 혈관으로 이동한다.

16 ① 모세 혈관에서 폐포로 이동한 이산화 탄소(A)는 날숨을 통해 몸 밖으로 나간다.
② 폐동맥을 통해 폐로 혈액이 들어온다.
④ 이산화 탄소는 모세 혈관에서 폐포로 이동한다. 따라서 기체 교환을 하기 전의 혈액(가)보다 기체 교환을 마친 혈액(나)에서 이산화 탄소의 농도가 더 낮다.
⑤ 적혈구(다)는 산소(B) 운반 작용을 한다.

바로알기 ③ 기체 교환을 하기 전인 (가)에는 암적색의 정맥혈이 흐르고, 기체 교환을 마친 (나)에는 선홍색의 동맥혈이 흐른다.

[17~18]

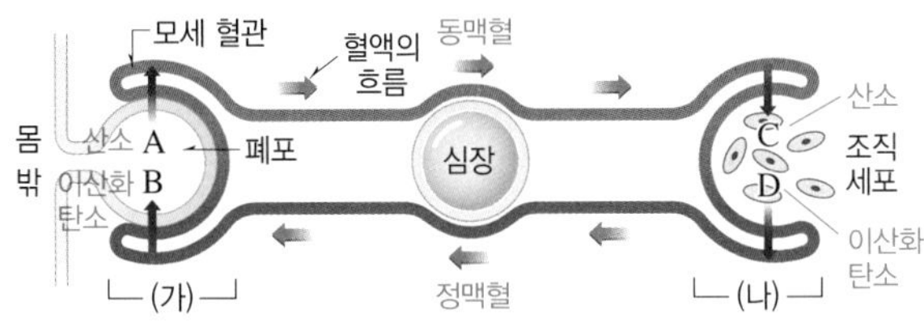

17 산소는 폐포 → 모세 혈관(A), 모세 혈관 → 조직 세포(C)로 이동하고, 이산화 탄소는 조직 세포 → 모세 혈관(D), 모세 혈관 → 폐포(B)로 이동한다.

18 ① 폐에서 기체 교환이 일어나 혈액이 산소를 얻기 때문에 폐순환 경로에서 폐를 지나온 혈액에 산소가 많다.

바로알기 ② 폐포와 모세 혈관 사이(가)에서 산소는 폐포 → 모세 혈관으로 이동한다. 따라서 (가)에서의 기체 교환 결과 정맥혈이 동맥혈로 바뀐다.
③ 조직 세포와 모세 혈관 사이(나)에서 산소는 모세 혈관 → 조직 세포로 이동한다. 따라서 (나)에서의 기체 교환 결과 혈액의 산소 농도가 낮아진다.
④ 호흡계에서는 산소(A, C)를 흡수하고, 이산화 탄소(B, D)를 배출하는 기능을 담당한다.
⑤ 산소(A, C)는 날숨보다 들숨에 더 많이 들어 있다.

19

채점 기준	배점
제시된 단어를 모두 사용하여 옳게 서술한 경우	100 %
기체 교환이 효율적으로 일어난다고만 서술한 경우	50 %

20

	채점 기준	배점
(1)	A와 B의 이름을 모두 옳게 쓴 경우	30 %
	둘 중 하나라도 이름을 틀리게 쓴 경우	0 %
(2)	갈비뼈(A)와 가로막(B)의 움직임, 흉강과 폐의 부피 변화를 모두 옳게 서술한 경우	70 %
	둘 중 한 가지만 옳게 서술한 경우	35 %

21

	채점 기준	배점
(1)	산소라고 쓰고, 이동 방향을 농도와 관련지어 옳게 서술한 경우	50 %
	산소라고 쓰고, 이동 방향만 옳게 서술한 경우	30 %
	산소라고만 쓴 경우	10 %
(2)	이산화 탄소라고 쓰고, 이동 방향을 농도와 관련지어 옳게 서술한 경우	50 %
	이산화 탄소라고 쓰고, 이동 방향만 옳게 서술한 경우	30 %
	이산화 탄소라고만 쓴 경우	10 %

01 ② **02** ①

01 ①, ③, ⑤ 들숨보다 날숨에 이산화 탄소가 더 많이 들어 있으므로 날숨을 넣은 (나)에서 BTB 용액의 색깔이 노란색으로 더 빨리 변한다.
④ BTB 용액의 색깔이 노란색으로 변하는 것은 이산화 탄소 때문이다. 이산화 탄소가 물에 녹으면 산성을 띠므로 BTB 용액의 색깔이 노란색으로 변한다.

바로알기 ② (나)의 BTB 용액은 색깔이 노란색으로 변한다.

02

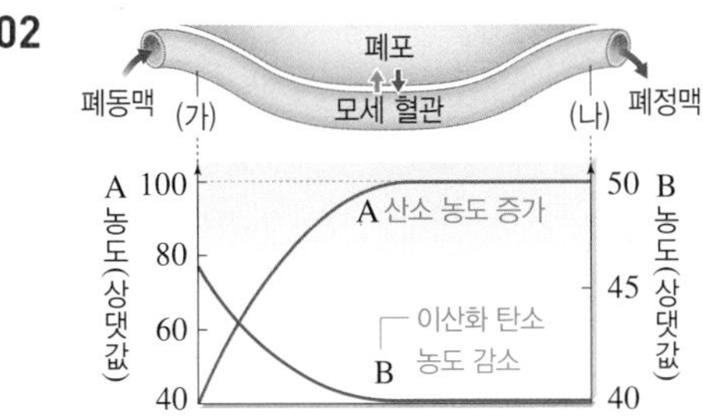

ㄱ, ㄴ. 산소는 폐포 → 모세 혈관으로 이동하고, 이산화 탄소는 모세 혈관 → 폐포로 이동한다. 따라서 기체 교환 결과 농도가 높아지는 A는 산소이고, 농도가 낮아지는 B는 이산화 탄소이다.

바로알기 ㄷ. 기체 교환은 기체의 농도 차이에 따른 확산에 의해 일어난다. 이산화 탄소(B)는 폐포보다 모세 혈관에 더 많기 때문에 모세 혈관 → 폐포로 이동한다.
ㄹ. 산소는 폐포 → 모세 혈관으로 이동하므로, 기체 교환을 하기 전의 혈액이 흐르는 (가)보다 기체 교환을 마친 혈액이 흐르는 (나)에서 산소 농도가 더 높다.

04 배설

확인 문제로 개념쏙쏙 　진도 교재 45, 47쪽

Ⓐ 배설, 물, 이산화 탄소, 암모니아, 콩팥, 네프론, 여과, 재흡수, 분비
Ⓑ 세포 호흡

1 (1) – ㉢ (2) – ㉡ (3) – ㉠　**2** A : 콩팥, B : 오줌관, C : 방광, D : 요도, E : 사구체, F : 보먼주머니, G : 세뇨관　**3** (1) B (2) E (3) F　**4** E, F, G　**5** A : 콩팥 겉질, B : 콩팥 속질, C : 콩팥 깔때기　**6** ㉠ B, ㉡ C　**7** (가) 여과, (나) 재흡수, (다) 분비　**8** (1) ○ (2) ○ (3) × (4) ○　**9** ㄱ, ㄴ, ㅁ　**10** ㉠ 사구체, ㉡ 세뇨관, ㉢ 오줌관　**11** ㉠ 산소, ㉡ 이산화 탄소　**12** ㉠ 소화계, ㉡ 호흡계, ㉢ 순환계, ㉣ 배설계

1 독성이 강한 암모니아는 간에서 요소로 바뀐 다음 콩팥에서 오줌으로 나간다.

[2~4]

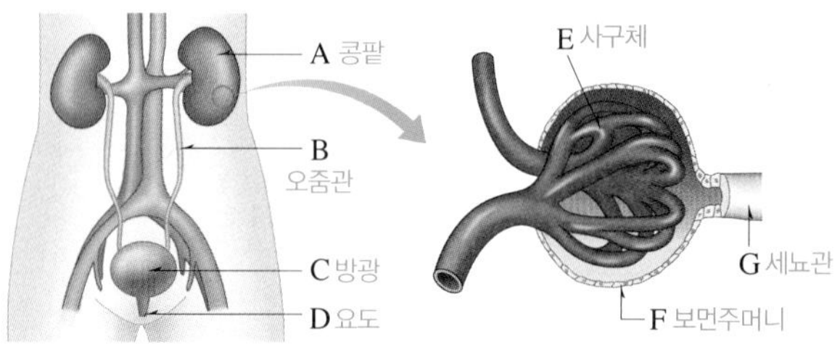

4 네프론은 사구체(E), 보먼주머니(F), 세뇨관(G)으로 이루어진다.

6 콩팥 겉질(A)과 콩팥 속질(B)에 있는 네프론에서 만들어진 오줌은 콩팥 깔때기(C)에 모인 다음 오줌관을 통해 방광으로 이동한다.

7 • 여과(가) : 사구체 → 보먼주머니
• 재흡수(나) : 세뇨관 → 모세 혈관
• 분비(다) : 모세 혈관 → 세뇨관

8 (1), (2) 사구체에서 보먼주머니로 크기가 작은 물질이 여과(가)되며, 혈구나 단백질과 같이 크기가 큰 물질은 여과(가)되지 않는다.
바로알기 (3) 물과 무기염류는 여과(가)된 후 대부분 재흡수(나)된다.

9 바로알기 ㄷ. 포도당은 여과되어 여과액에 있지만, 전부 재흡수되어 오줌에는 없다.
ㄹ. 크기가 큰 단백질은 여과되지 않아 여과액과 오줌에 없다.

11 세포 호흡은 세포에서 영양소가 산소(㉠)와 반응하여 물과 이산화 탄소(㉡)로 분해되면서 에너지를 얻는 과정이다.

12 소화계는 영양소의 소화와 흡수, 호흡계는 산소와 이산화 탄소의 교환, 순환계는 물질 운반, 배설계는 노폐물의 배설을 담당한다.

기출 문제로 내신쏙쏙 　진도 교재 48~51쪽

01 ④　**02** ㉠ 암모니아, ㉡ 간, ㉢ 요소　**03** ⑤　**04** ④　**05** ②　**06** ④　**07** A, B, C　**08** ①　**09** ③　**10** ③　**11** ②, ④　**12** ④, ⑤　**13** ③　**14** ⑤　**15** ③　**16** ③　**17** ②　**18** (가) 소화계, (나) 호흡계, (다) 배설계　**19** ③
서술형 문제 **20** (1) A : 사구체, B : 보먼주머니, C : 세뇨관, D : 모세 혈관 (2) (다), 재흡수 (3) 단백질, 혈구, 크기가 큰 물질이기 때문이다.　**21** (1) (가) 요소, (나) 포도당, (다) 단백질 (2) 여과된 물의 대부분이 재흡수되어 농축되기 때문이다. (3) 여과된 후 전부 재흡수되기 때문이다.

01

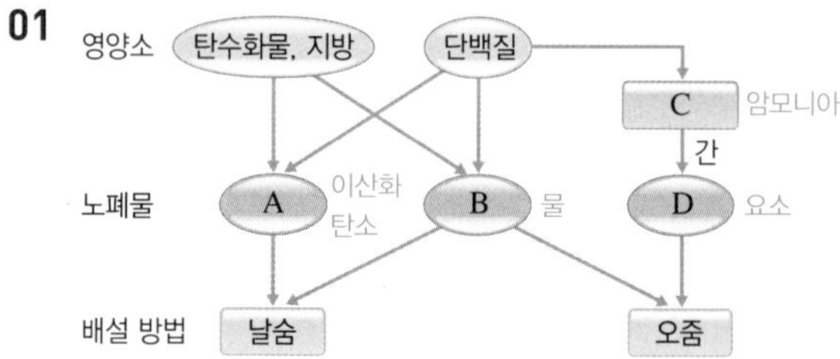

탄수화물, 지방, 단백질이 분해될 때 공통으로 생성되는 노폐물은 이산화 탄소(A)와 물(B)이고, 단백질이 분해될 때만 생성되는 노폐물은 암모니아(C)이다. 암모니아(C)는 간에서 독성이 약한 요소(D)로 바뀌어 콩팥에서 오줌으로 나간다.

02 암모니아(㉠)는 독성이 강하므로 간(㉡)에서 독성이 약한 요소(㉢)로 바뀐 후 콩팥에서 걸러져 오줌으로 나간다.

03 바로알기 ① 암모니아는 간에서 요소로 바뀐다.
② 물은 날숨이나 오줌으로 나간다.
③ 이산화 탄소는 폐에서 날숨으로 나간다.
④ 질소를 포함하는 영양소인 단백질이 분해될 때 질소를 포함하는 노폐물인 암모니아가 만들어진다.

04 바로알기 ④ 소화·흡수되지 않은 물질을 대변으로 내보내는 것은 배설이 아니라 배출로, 소화계에서 담당한다.

05 A는 콩팥, B는 오줌관, C는 방광, D는 요도이다.
② 콩팥(A)의 네프론에서 만들어진 오줌은 콩팥 깔때기를 거쳐 오줌관(B)을 따라 흘러 방광(C)으로 이동한다.
바로알기 ① A는 오줌을 만드는 기관인 콩팥이다.
③ 포도당은 여과된 후 전부 재흡수되므로, 오줌관(B)에 흐르는 오줌에는 포도당이 없다.
⑤ 콩팥으로 들어오는 혈액이 흐르는 혈관은 콩팥 동맥이다. 따라서 오줌이 만들어져 이동하는 경로는 콩팥 동맥 → 콩팥(A) → 오줌관(B) → 방광(C) → 요도(D)이다.

06 ①, ②, ③ 콩팥 겉질(A)과 콩팥 속질(B)에 있는 네프론에서 만들어진 오줌이 콩팥 깔때기(C)에 모인다.
⑤ 콩팥 동맥은 콩팥으로 들어오는 혈액이 흐르는 혈관이고, 콩팥 정맥은 콩팥에서 나가는 혈액이 흐르는 혈관이다.

바로알기 ④ 콩팥 정맥에는 노폐물이 걸러진 혈액이 흐르므로, 콩팥 동맥보다 콩팥 정맥에서 요소의 농도가 낮다.

[07~08]

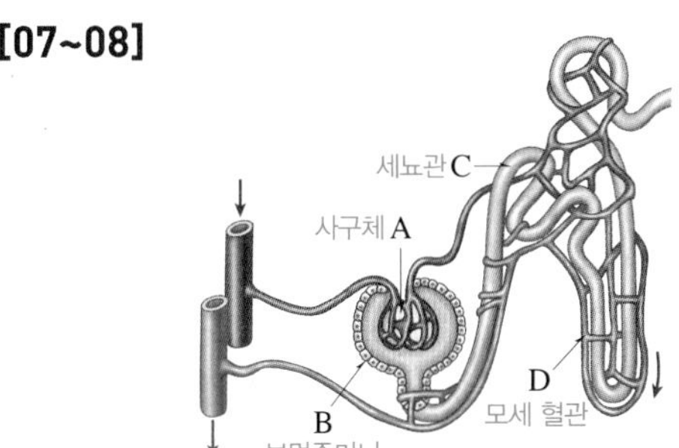

07 네프론은 사구체(A), 보먼주머니(B), 세뇨관(C)으로 이루어진다.

08 ㄱ. 여과는 크기가 작은 물질이 사구체(A)에서 보먼주머니(B)로 이동하는 과정이다.
바로알기 ㄴ, ㄷ. 재흡수는 몸에 필요한 물질이 세뇨관(C)에서 모세 혈관(D)으로 이동하는 과정이고, 분비는 여과되지 않고 혈액에 남아 있는 노폐물이 모세 혈관(D)에서 세뇨관(C)으로 이동하는 과정이다.

[09~10]

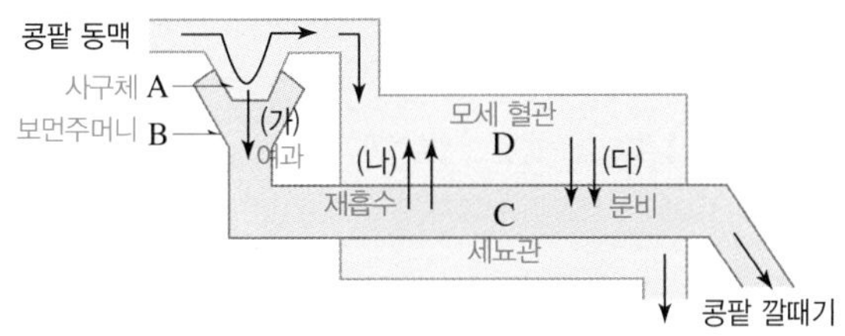

09 사구체(A)에서 보먼주머니(B)로 여과(가)가 일어나고, 세뇨관(C)과 모세 혈관(D) 사이에서 재흡수(나)와 분비(다)가 일어난다.

10 ㄴ. 여과된 물이 대부분 재흡수되기 때문에 보먼주머니(B) 속 여과액보다 콩팥 깔때기 속 오줌에서 요소의 농도가 훨씬 높다.
ㄹ. 물과 무기염류는 여과된 후 대부분 재흡수되므로 오줌에 들어 있다.
바로알기 ㄱ. 건강한 사람의 경우 하루 동안 콩팥에서 생성되는 여과액은 약 180 L이고, 이 중 대부분은 재흡수되어 실제로 배설되는 오줌의 양은 약 1.8 L이다. 포도당과 아미노산은 전부 재흡수되고, 물과 무기염류는 대부분 재흡수된다.
ㄷ. 포도당은 여과되는 물질이므로 보먼주머니(B) 속 여과액에 들어 있다.

11 ②, ④ 혈구나 단백질과 같이 크기가 큰 물질은 여과되지 않는다.

12 ④, ⑤ 포도당과 아미노산은 전부 재흡수되고, 물과 무기염류는 대부분 재흡수된다.

13 콩팥 동맥(가)을 통해 콩팥으로 혈액이 들어오고, 사구체(나)에서 보먼주머니로 여과된 액체가 세뇨관(다)을 따라 흐르면서 재흡수와 분비가 일어나 오줌이 만들어진다. 네프론에서 만들어진 오줌은 콩팥 깔때기에 모인 다음 오줌관을 통해 방광(라)으로 이동한다.

14 • A는 여과액에 없다. ➡ 크기가 커서 여과되지 않는 물질 : 단백질
• B는 여과액에는 있지만 오줌에는 없다. ➡ 여과된 후 전부 재흡수되는 물질 : 포도당
• C는 여과액보다 오줌에서 농도가 크게 높아진다. ➡ 여과된 물의 대부분이 재흡수되면서 농도가 높아지는 물질 : 요소
⑤ 요소(C)는 오줌으로 배설된다.
바로알기 ① A는 단백질, B는 포도당, C는 요소이다.
② 단백질(A)은 여과액에 들어 있지 않고, 포도당(B)은 여과액에 들어 있다.
③, ④ 크기가 커서 여과되지 않는 물질은 단백질(A)이고, 여과된 후 전부 재흡수되는 물질은 포도당(B)이다.

15 ③ 세포 호흡의 근본적인 목적은 생명 활동에 필요한 에너지를 얻는 것이다.
바로알기 ① 세포 호흡 결과 물과 이산화 탄소가 만들어진다.
② 세포 호흡으로 얻은 에너지는 체온 유지, 두뇌 활동, 소리 내기, 근육 운동, 생장 등 여러 가지 생명 활동에 이용되거나 열로 방출된다.
④ 생명 활동에 필요한 에너지를 얻는 과정인 세포 호흡이 잘 일어나려면 소화계, 순환계, 호흡계, 배설계가 유기적으로 작용해야 한다.
⑤ 세포 호흡과 연소에서는 공통적으로 산소가 사용되고, 이산화 탄소가 발생한다.

16 격렬한 운동을 하면 근육에서 에너지를 많이 소비하므로 운동에 필요한 에너지를 얻기 위해 세포 호흡이 활발해지고, 그 결과 영양소와 산소의 소비가 늘어난다. 따라서 세포에 영양소와 산소를 빠르게 공급하기 위해 호흡 운동과 심장 박동이 빨라진다.

17 ㄱ. 세포 호흡은 세포에서 영양소가 산소(㉠)와 반응하여 물(㉡)과 이산화 탄소로 분해되면서 에너지를 얻는 과정이다.
ㄴ. 세포 호흡에 필요한 영양소는 소화계에서 흡수하고, 산소(㉠)는 호흡계에서 흡수한다.
바로알기 ㄷ. 세포 호흡으로 얻은 에너지는 체온 유지, 두뇌 활동, 소리 내기, 근육 운동, 생장 등 여러 가지 생명 활동에 이용되거나 열로 방출된다.

[18~19]

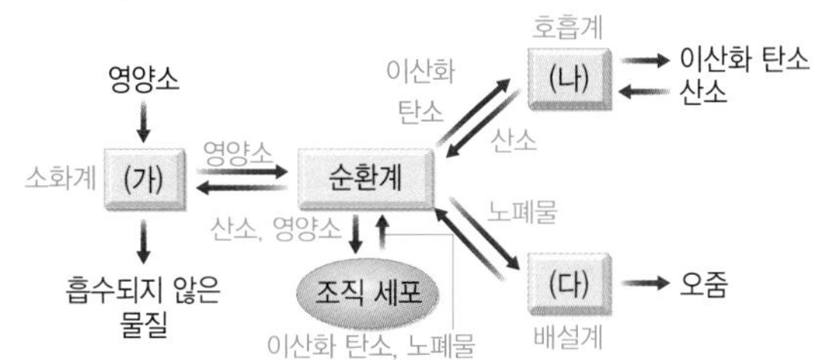

18 소화계(가)는 영양소의 소화와 흡수, 호흡계(나)는 산소와 이산화 탄소의 교환, 순환계는 물질 운반, 배설계(다)는 노폐물의 배설을 담당한다.

19 ①, ② (가)는 섭취한 음식물에 포함된 영양소의 소화와 흡수를 통해 포도당과 같은 영양소를 몸 안으로 받아들이는 소화계이다.
④ 호흡계(나)에서 흡수한 산소는 순환계에 의해 조직 세포로 전달된다.
⑤ 배설계(다)에서 요소와 같은 노폐물을 걸러 오줌을 만들어 몸 밖으로 내보낸다.
바로알기 ③ 심장은 순환계를 구성하는 기관이다. 호흡계(나)는 코, 기관, 기관지, 폐 등으로 구성된다.

20 (2) 오줌에 포도당이 있는 경우는 포도당이 여과된 후 전부 재흡수(다)되지 않은 것이므로, 재흡수(다) 과정에 문제가 있는 것이다.
(3) 여과(가)는 크기가 작은 물질이 사구체(A)에서 보먼주머니(B)로 이동하는 현상이다.

	채점 기준	배점
(1)	A ~ D의 이름을 모두 옳게 쓴 경우	20 %
	A ~ D 중 하나라도 이름을 틀리게 쓴 경우	0 %
(2)	기호와 이름을 모두 옳게 쓴 경우	30 %
	재흡수라고만 쓴 경우	15 %
(3)	물질을 옳게 찾아 쓰고, 그 까닭을 옳게 서술한 경우	50 %
	물질만 옳게 찾아 쓴 경우	20 %

21 여과된 후 오줌에 포함되어 배설되는 (가)는 요소이고, 여과된 후 전부 재흡수되어 오줌에 들어 있지 않은 (나)는 포도당이다. 여과되지 않아 여과액에 없는 (다)는 단백질이다.

	채점 기준	배점
(1)	(가)~(다)의 이름을 모두 옳게 쓴 경우	30 %
	(가)~(다) 중 하나라도 이름을 틀리게 쓴 경우	0 %
(2)	여과된 물의 대부분이 재흡수되기 때문이라는 내용을 포함하여 옳게 서술한 경우	40 %
	물의 재흡수를 언급하지 않은 경우	0 %
(3)	여과된 후 전부 재흡수되기 때문이라고 옳게 서술한 경우	30 %
	여과된 후 재흡수되기 때문이라고만 서술한 경우	0 %

수준 높은 문제로 실력탄탄 진도 교재 51쪽

01 ③ **02** ③

01

바로알기 ㄱ. 여과되었다가 대부분 재흡수되고, 일부가 오줌으로 나가는 물과 무기염류는 (나)와 같은 경로로 이동한다.
ㄴ. 여과되었다가 전부 재흡수되는 포도당과 아미노산은 (가)와 같은 경로로 이동한다.

02 아이오딘 반응은 녹말 검출 반응, 베네딕트 반응은 당분(포도당, 엿당 등) 검출 반응, 뷰렛 반응은 단백질 검출 반응이다.
ㄱ. 사구체의 혈액, 보먼주머니의 여과액, 콩팥 깔때기의 오줌에서 모두 아이오딘 반응이 일어나지 않았으므로, 녹말은 혈액, 여과액, 오줌에 모두 들어 있지 않다.
ㄷ. 콩팥 깔때기의 오줌에서 베네딕트 반응이 일어났으므로, 오줌에 포도당이 들어 있다.
바로알기 ㄴ. 보먼주머니의 여과액에서 뷰렛 반응이 일어나지 않았으므로, 단백질은 여과되지 않았다.

단원평가문제 진도 교재 52~56쪽

01 ① **02** ① **03** ② **04** ⑤ **05** ⑤ **06** ① **07** ③ **08** ③ **09** ② **10** ③, ④ **11** ④ **12** ③ **13** ④ **14** ① **15** ⑤ **16** ④ **17** ⑤ **18** ⑤ **19** ④ **20** ⑤ **21** ② **22** ② **23** ⑤ **24** ③ **25** ㄱ, ㄴ

서술형문제 **26** (1) 녹말, 지방 (2) 아이오딘-아이오딘화 칼륨 용액을 넣은 시험관 A에서 청람색이 나타났으므로 녹말이 있음을 확인할 수 있고, 수단 Ⅲ 용액을 넣은 시험관 D에서 선홍색이 나타났으므로 지방이 있음을 확인할 수 있다. **27** 심장에서 판막은 좌심방과 좌심실 사이, 우심방과 우심실 사이, 좌심실과 대동맥 사이, 우심실과 폐동맥 사이에 있다. **28** (1) 폐 : 고무풍선, 가로막 : 고무 막 (2) **가로막**이 올라가고 **갈비뼈**가 내려가 **폐**의 **부피**가 작아지고, **폐** 내부 **압력**이 **대기압**보다 높아져 **공기**가 **폐** 안에서 몸 밖으로 나간다. **29** 산소는 폐포 → 모세 혈관으로 이동하고, 이산화 탄소는 모세 혈관 → 폐포로 이동한다. **30** **독성**이 강한 **암모니아**는 **간**에서 **독성**이 약한 **요소**로 바뀐 후 **콩팥**에서 **오줌**으로 나간다. **31** (1) 네프론, A, B, C (2) 재흡수는 C → D로 일어나고, 분비는 D → C로 일어난다. **32** 생명 활동에 필요한 에너지를 얻는 것이다.

01 • 식물 : 세포 → 조직 → 조직계(A) → 기관(B) → 개체
• 동물 : 세포 → 조직 → 기관(C) → 기관계(D) → 개체
바로알기 ② A는 조직계, C는 기관이다.
③ 기관(B)은 식물과 동물에 모두 있는 구성 단계이다.
④ 관련된 기능을 하는 몇 개의 기관이 모여 유기적 기능을 수행하는 단계는 기관계(D)이다.
⑤ 위, 심장 등은 동물의 기관(C)에 해당한다.

02 ① 기관계는 동물에서만 볼 수 있다. 식물에는 기관계가 없고 조직계가 있다.

바로알기 ② 호흡계는 폐, 기관 등으로 구성된다. 심장과 혈관은 순환계를 구성한다.
③ 생물의 몸을 구성하는 기본 단위는 세포이다.
④ 폐, 소장, 방광 등은 기관에 해당한다.
⑤ 배설계는 콩팥, 방광 등으로 구성된다. 위, 간, 대장은 소화계를 구성한다.

03 ② 물질 운반을 담당하는 기관계는 순환계이다.
바로알기 ⑤ 신경계는 자극을 전달하고 반응을 일으킨다.

04 ② • 바이타민 A 부족 : 야맹증 ➡ 어두운 환경에서 잘 보이지 않는다.
• 바이타민 B_1 부족 : 각기병 ➡ 다리가 공기가 든 것처럼 붓는다.
• 바이타민 C 부족 : 괴혈병 ➡ 잇몸이 붓고 피가 나며, 피부에 멍이 든다.
• 바이타민 D 부족 : 구루병 ➡ 뼈가 약해져 뼈의 변형 등이 나타난다.
바로알기 ⑤ 에너지원으로 이용되는 영양소는 탄수화물, 단백질, 지방이다. 탄수화물과 단백질은 1 g당 약 4 kcal, 지방은 1 g당 약 9 kcal의 에너지를 낸다. 무기염류는 에너지원으로 이용되지 않는다.

05 무기염류는 뼈, 이, 혈액 등을 구성하고, 몸의 기능을 조절한다.

06 녹말은 탄수화물이고, 나트륨은 무기염류이다. 물과 무기염류는 에너지를 내지 않으므로 탄수화물(녹말), 단백질, 지방이 내는 에너지만 계산하면 된다.
$(70\ g \times 4\ kcal/g) + (10\ g \times 4\ kcal/g) + (5\ g \times 9\ kcal/g) = 365\ kcal$

07 아이오딘 반응 결과 청람색이 나타나면 녹말이, 베네딕트 반응 결과 황적색이 나타나면 당분이, 뷰렛 반응 결과 보라색이 나타나면 단백질이, 수단 Ⅲ 반응 결과 선홍색이 나타나면 지방이 들어 있는 것이다.

08 설명에 해당하는 영양소는 지방이다. 지방에 수단 Ⅲ 용액을 넣으면 선홍색이 나타난다.

09 증류수를 넣은 시험관 A와 C에는 녹말이 있고, 침 용액을 넣은 시험관 B와 D에는 엿당이 있다.
ㄱ. 시험관 A에는 증류수를 넣어 녹말이 그대로 남아 있으므로 아이오딘 반응 결과 청람색이 나타난다.
ㄹ. 소화 효소는 체온 정도의 온도에서 가장 활발하게 작용한다.
바로알기 ㄴ. 시험관 D에는 침 용액을 넣어 녹말이 엿당으로 분해되므로 베네딕트 반응 결과 황적색이 나타난다.
ㄷ. 아이오딘 – 아이오딘화 칼륨 용액이 아니라 침 속의 소화 효소인 아밀레이스가 녹말을 엿당으로 분해한다.

10 ③ 소장의 탄수화물 소화 효소에 의해 엿당이 포도당으로 분해된다.
④ 위액 속의 펩신은 염산의 도움을 받아 작용한다. 염산은 펩신의 작용을 돕고, 음식물에 섞여 있는 세균을 제거한다.
바로알기 ① 입에서는 침 속의 아밀레이스에 의해 녹말이 엿당으로 분해된다.
② 위에서는 위액 속의 펩신에 의해 단백질이 분해된다.
⑤ 이자액 속의 트립신은 단백질을 분해하며, 라이페이스가 지방을 분해한다.

11 ①, ③ 지방의 소화를 돕는 쓸개즙은 간(A)에서 생성되어 쓸개(B)에 저장되었다가 소장으로 분비된다.
② 쓸개즙과 이자액은 소장으로 분비된다.
⑤ 이자액에는 녹말 소화 효소인 아밀레이스, 단백질 소화 효소인 트립신, 지방 소화 효소인 라이페이스가 모두 들어 있다.

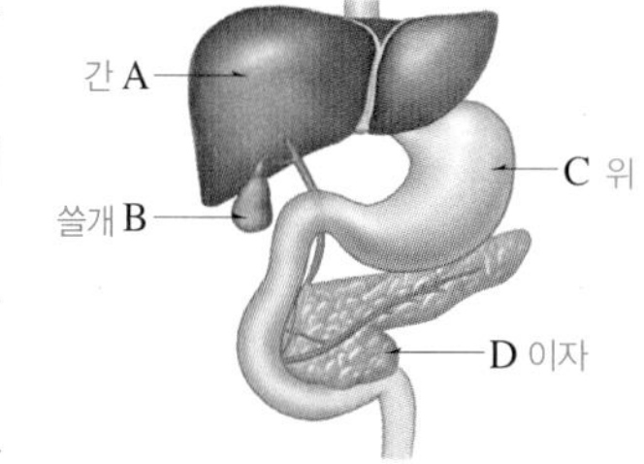

바로알기 ④ 음식물은 입 – 식도 – 위(C) – 소장 – 대장 – 항문의 경로로 이동한다.

12 • 녹말(탄수화물) : 입에서 처음으로 분해된다. 침과 이자액 속의 아밀레이스에 의해 엿당으로 분해되고, 소장의 탄수화물 소화 효소에 의해 포도당으로 최종 분해된다.
• 단백질 : 위에서 처음으로 분해된다. 위액 속의 펩신, 이자액 속의 트립신에 의해 중간 산물로 분해되고, 소장의 단백질 소화 효소에 의해 아미노산으로 최종 분해된다.
• 지방 : 소장에서 처음으로 분해된다. 쓸개즙이 지방의 소화를 돕고, 이자액 속의 라이페이스에 의해 지방산과 모노글리세리드로 최종 분해된다.

13 ④ 모세 혈관으로 흡수되는 영양소(가)는 수용성 영양소(포도당, 아미노산, 무기염류 등)이고, 암죽관으로 흡수되는 영양소(나)는 지용성 영양소(지방산, 모노글리세리드 등)이다.

14 ② 심방은 혈액을 심장으로 받아들이는 곳이고, 심실은 혈액을 심장에서 내보내는 곳이다.
③, ⑤ 심방과 심실 사이, 심실과 동맥 사이에는 판막이 있어 혈액이 거꾸로 흐르는 것을 막는다. 이 때문에 심장에서 혈액은 심방 → 심실 → 동맥 방향으로만 흐른다.
④ 심실은 심방보다 두껍고 탄력성이 강한 근육으로 이루어져 있어 강하게 수축하여 혈액을 내보내기에 알맞다.
바로알기 ① 혈액을 받아들이는 심방(좌심방, 우심방)은 정맥(폐정맥, 대정맥)과 연결된다.

15 A는 우심방, B는 우심실, C는 좌심방, D는 좌심실이다.
⑤ 심장에서 가장 두꺼운 근육으로 이루어진 곳은 온몸으로 혈액을 내보내는 좌심실(D)이고, 폐를 지나온 혈액을 받아들이는 곳은 폐정맥과 연결된 좌심방(C)이다.

16 ① 정맥은 혈압이 매우 낮아 혈액이 거꾸로 흐를 수 있기 때문에 이를 막기 위해 군데군데 판막이 있다.
② 혈압 : 동맥 > 모세 혈관 > 정맥
③ 혈관 벽 두께 : 동맥 > 정맥 > 모세 혈관
⑤ 혈액이 흐르는 속도 : 동맥 > 정맥 > 모세 혈관
바로알기 ④ 혈압은 모세 혈관보다 정맥에서 더 낮다.

17 (가)는 동맥, (나)는 정맥, (다)는 모세 혈관이다.

⑤ 혈관 벽이 한 층의 세포로 되어 있어 매우 얇은 모세 혈관(다)에서 물질 교환이 일어난다.

18

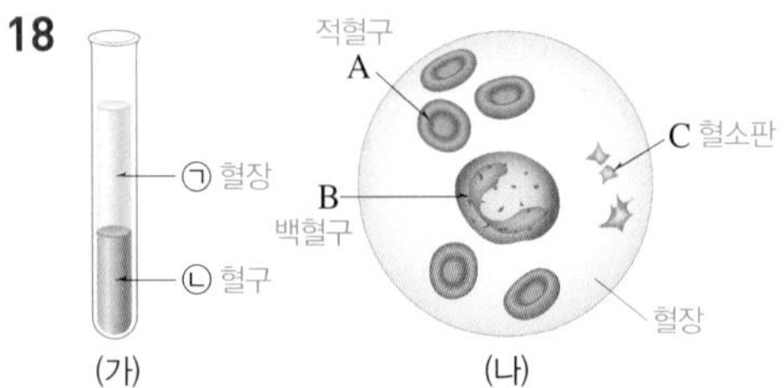

② 혈구 수 : 적혈구(A) > 혈소판(C) > 백혈구(B)

바로알기 ⑤ 적혈구(A)와 혈소판(C)은 핵이 없다.

19 ④ 온몸 순환은 좌심실에서 나온 혈액이 온몸의 모세 혈관을 지나는 동안 조직 세포에 산소와 영양소를 주고 이산화 탄소와 노폐물을 받아 우심방으로 돌아오는 과정이다.

바로알기 ① 우심실에서 나온 혈액이 폐의 모세 혈관을 지나는 동안 산소를 받고 이산화 탄소를 내보낸 후 좌심방으로 돌아오는 폐순환 경로이다.

20 ③ 폐포에서 모세 혈관으로 산소가 이동하고, 모세 혈관에서 폐포로 이산화 탄소가 이동한다.

바로알기 ⑤ 폐는 수많은 폐포로 이루어져 있어 공기와 닿는 표면적이 매우 넓기 때문에 기체 교환이 효율적으로 일어날 수 있다.

21 호흡 운동 모형에서 고무 막을 잡아당기는 것은 우리 몸에서 들숨이 일어날 때에 해당한다. 들숨이 일어날 때는 갈비뼈(A)가 위로 올라가고 가로막(B)이 아래로 내려가 흉강과 폐의 부피가 커지고 압력이 낮아진다. 그 결과 공기가 몸 밖에서 폐 안으로 들어온다.

22 **바로알기** ② 암모니아는 단백질이 분해될 때 생성되는 노폐물이다. 물과 이산화 탄소는 탄수화물, 지방, 단백질이 분해될 때 공통으로 생성된다.

23

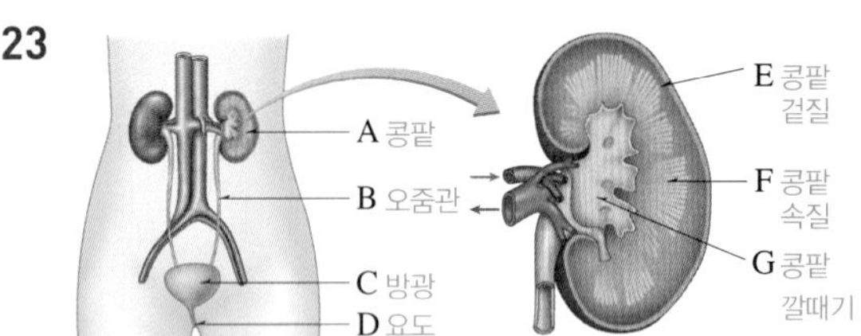

콩팥 겉질(E)과 콩팥 속질(F)에 있는 네프론에서 만들어진 오줌은 콩팥 깔때기(G)에 모였다가 오줌관(B)을 통해 방광(C)으로 이동한다. 방광(C)에 모인 오줌은 요도(D)를 통해 몸 밖으로 나간다.

바로알기 ⑤ 콩팥으로 들어가는 혈액보다 콩팥에서 노폐물이 걸러져 나오는 혈액에서 요소의 농도가 낮다.

24 A는 사구체, B는 보먼주머니, C는 세뇨관, D는 모세 혈관이다. (가)는 여과, (나)는 재흡수, (다)는 분비 과정이다.

① 포도당은 여과(가)되므로 보먼주머니(B)에 들어 있다.

② 혈구와 단백질은 여과(가)되지 않으므로 보먼주머니(B)와 세뇨관(C)에 없다.

바로알기 ③ 모세 혈관(D)에는 단백질이 있다.

25

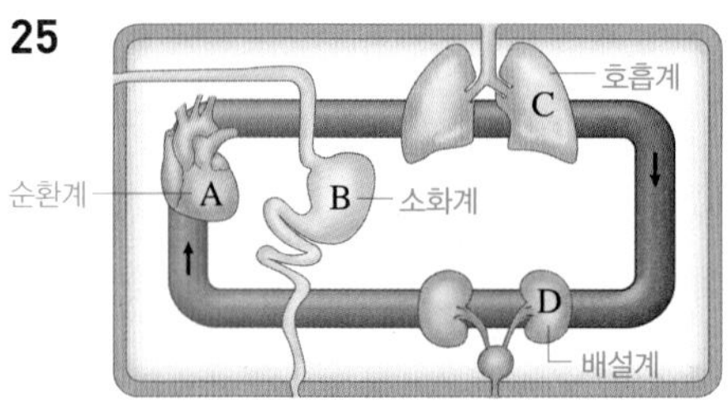

ㄱ. 소화계(B)에서 흡수한 영양소는 순환계(A)를 통해 조직 세포로 전달된다.

바로알기 ㄷ. 위와 소장은 소화계(B)를 구성하는 기관이다. 배설계(D)는 콩팥, 방광 등으로 이루어져 있다.

26

	채점 기준	배점
(1)	녹말과 지방을 모두 옳게 쓴 경우	40 %
	둘 중 하나라도 틀리게 쓴 경우	0 %
(2)	아이오딘 반응과 수단 Ⅲ 반응의 색깔 변화를 들어 까닭을 옳게 서술한 경우	60 %
	아이오딘 반응과 수단 Ⅲ 반응이 일어났기 때문이라고만 서술한 경우	40 %

27

채점 기준	배점
심장에서 판막이 있는 위치 네 군데를 모두 옳게 서술한 경우	100 %
세 군데만 옳게 서술한 경우	75 %
두 군데만 옳게 서술한 경우	50 %
한 군데만 옳게 서술한 경우	25 %

28

	채점 기준	배점
(1)	폐와 가로막에 해당하는 구조를 모두 옳게 쓴 경우	40 %
	둘 중 하나라도 틀리게 쓴 경우	0 %
(2)	단어를 모두 포함하여 옳게 서술한 경우	60 %
	가로막과 갈비뼈의 움직임, 폐의 변화, 공기의 이동 중 하나라도 틀리게 서술한 경우	0 %

29

채점 기준	배점
산소와 이산화 탄소의 이동 방향을 모두 옳게 서술한 경우	100 %
둘 중 하나라도 틀리게 서술한 경우	0 %

30

채점 기준	배점
단어를 모두 포함하여 옳게 서술한 경우	100 %
암모니아는 간에서 요소로 바뀐 후 콩팥에서 오줌으로 나간다고만 서술한 경우	70 %

31

	채점 기준	배점
(1)	네프론이라고 쓰고, 네프론을 이루는 세 가지 구조의 기호를 모두 옳게 쓴 경우	40 %
	네프론이라고만 쓴 경우	10 %
(2)	재흡수와 분비가 일어나는 방향을 모두 옳게 서술한 경우	60 %
	둘 중 하나라도 틀리게 서술한 경우	0 %

32

채점 기준	배점
생명 활동에 필요한 에너지를 얻는 것이라고 옳게 서술한 경우	100 %
에너지를 얻는다는 내용을 포함하지 않은 경우	0 %

Ⅵ 물질의 특성

01 물질의 특성(1)

확인 문제로 개념쏙쏙 진도 교재 61, 63쪽

A 순물질, 혼합물, 순물질, 혼합물

B 끓는점, 일정, 높, 낮, 녹는점, 어는점, 고체, 액체, 기체

1 (1) 순 (2) 순 (3) 혼 (4) 순 **2** (1) 순 (2) 순 (3) 혼 (4) 혼 (5) 순 (6) 혼 **3** ② **4** (1) ○ (2) × (3) × **5** 물 : B, 소금물 : A **6** (1) ㉠ 끓는점, ㉡ 높은 (2) ㉠ 어는점, ㉡ 낮아 (3) ㉠ 녹는점, ㉡ 낮은 **7** (1) × (2) × (3) ○ (4) × **8** (1) ○ (2) ○ (3) × (4) ○ **9** ㉠ 낮, ㉡ 낮 **10** (1) 녹는점 : 53 ℃, 어는점 : 53 ℃ (2) (가) 고체 상태, (나) 고체+액체 상태, (다) 액체 상태, (라) 액체+고체 상태, (마) 고체 상태 **11** A : 기체, B : 액체, C : 고체

1 (1), (2), (4) 순물질은 한 가지 물질로 이루어진 물질로, 물질의 고유한 성질을 나타낸다. 순물질의 예에는 에탄올, 산소, 이산화 탄소 등이 있다.
(3) 혼합물은 두 가지 이상의 순물질이 섞여 있는 물질로, 성분 물질의 성질을 그대로 가진다.

2 (1), (2), (5) 금, 물, 염화 나트륨은 한 가지 물질로 이루어진 순물질이다.
(3), (4), (6) 탄산음료, 공기, 식초는 두 가지 이상의 순물질이 섞여 있는 혼합물이다.

3 ② 부피는 물질의 양에 따라 측정값이 변하는 성질이므로, 물질의 특성이 아니다.

4 바로알기 (2) 같은 물질은 물질의 양에 관계없이 물질의 특성이 일정하다.
(3) 혼합물은 물질의 특성이 일정하지 않다.

5 물(순물질)은 끓는점이 일정하므로 가열 곡선에서 수평한 구간이 나타나지만, 소금물(혼합물)은 끓는점이 일정하지 않으므로 가열 곡선에서 수평한 구간이 나타나지 않는다.

6 (2) 자동차 앞 유리를 워셔액으로 닦으면 어는점이 낮아지므로 추운 겨울에 기온이 내려가도 쉽게 얼지 않는다.
(3) 납과 주석을 섞어서 만든 퓨즈는 센 전류가 흐를 때 쉽게 녹아서 전류를 차단하는 데 사용한다.

7 바로알기 (1) 끓는점은 물질의 종류에 따라 다르므로 물질의 특성이다.
(2) 끓는점은 물질의 양에 관계없이 일정하다.
(4) 일정한 압력에서 끓는점은 물질의 종류에 따라 다르므로 물질의 특성이다.

8 (1) A와 B는 끓는점이 같으므로 같은 물질이다.
(2) 수평한 구간이 가장 빨리 나타나는 A가 가장 빨리 끓는다.
(4) 수평한 구간의 온도는 C가 가장 높으므로, C의 끓는점이 가장 높다.
바로알기 (3) A가 B보다 먼저 끓는 것으로 보아 A의 양이 B의 양보다 적음을 알 수 있다.

9 높은 산에서는 기압이 낮아 물의 끓는점이 낮아진다.

10 (1) (나) 구간의 온도가 녹는점, (라) 구간의 온도가 어는점이다.
(2) (나)와 (라) 구간에서는 두 가지 상태가 함께 존재한다.

11 온도가 녹는점보다 낮을 때는 고체, 녹는점과 끓는점 사이일 때는 액체, 끓는점보다 높을 때는 기체로 존재한다.

기출 문제로 내신쏙쏙 진도 교재 64~67쪽

01 ⑤ **02** ① **03** ② **04** ② **05** ⑤ **06** ④ **07** ① **08** ② **09** ⑤ **10** ① **11** ④ **12** ④ **13** ⑤ **14** ④ **15** ⑤ **16** ③ **17** ② **18** ③ **19** ⑤

서술형문제 **20** (1) 순물질 : 에탄올, 철, 이산화 탄소, 혼합물 : 우유, 식초, 공기, 흙탕물 (2) 순물질은 한 가지 물질로 이루어진 물질이고, 혼합물은 두 가지 이상의 순물질이 섞여 있는 물질이다. **21** A : 소금물, B : 물, A는 끓는 동안 온도가 계속 올라가므로 혼합물인 소금물이고, B는 끓는 동안 온도가 일정하게 유지되므로 순물질인 물이다. **22** 높은 산에 올라가면 **기압**이 낮아져 물의 **끓는점**이 낮아지기 때문이다. **23** A와 C, 같은 물질은 녹는점이 같기 때문이다.

01 ①, ② 순물질은 한 가지 물질로 이루어진 물질로, 녹는점과 끓는점 등이 일정하다.
③, ④ 혼합물은 두 가지 이상의 순물질이 섞여 있는 물질로, 성분 물질의 혼합 비율에 따라 끓는점, 녹는점 등이 달라진다.
바로알기 ⑤ 혼합물은 성분 물질의 성질을 그대로 가지고 있다.

02 물, 소금, 금, 이산화 탄소, 구리, 에탄올은 순물질이고, 공기, 탄산음료, 합금은 균일 혼합물, 우유, 주스, 흙탕물, 암석은 불균일 혼합물이다.

03 (가)는 한 종류의 원소로 이루어진 순물질, (나)는 두 종류 이상의 원소로 이루어진 순물질, (다)는 균일 혼합물이다.
바로알기 ① (가)와 (나)는 순물질, (다)는 혼합물이다.
③ 산소는 (가)에 속하고, 염화 나트륨은 (나)에 속한다.
④ (다)는 성분 물질이 고르게 섞여 있는 균일 혼합물이다.
⑤ 우유는 불균일 혼합물이다.

04 헬륨, 철, 물, 설탕, 에탄올, 산소, 이산화 탄소, 염화 나트륨은 순물질이고, 공기, 암석, 식초, 과일 주스, 모래, 바닷물, 우유는 혼합물이다.

05 ①, ② 물질의 특성은 그 물질만이 나타내는 고유한 성질이므로 물질의 종류를 구별할 수 있다.

③, ④ 색깔, 냄새, 맛, 어는점, 용해도는 물질의 특성이고, 부피, 질량은 물질의 특성이 아니다.

바로알기 ⑤ 같은 물질인 경우 물질의 양에 관계없이 물질의 특성이 일정하다.

06 물질의 특성에는 밀도, 끓는점, 녹는점, 어는점, 용해도 등이 있다.

바로알기 ㄱ, ㄷ, ㅁ. 넓이, 온도, 길이는 물질의 종류에 따라 일정하지 않고, 물질의 양에 따라 변하므로 물질의 특성이 아니다.

07 ③, ⑤ 소금물이 끓는 동안 물이 기화하여 소금물의 농도가 진해지므로 온도가 계속 올라간다.

바로알기 ① 소금물은 순수한 물보다 높은 온도에서 끓기 시작하고, 끓는 동안 온도가 계속 높아지므로 A는 소금물이고, B는 물이다.

08 A는 물, B는 소금물의 냉각 곡선이다. 혼합물인 소금물은 어는점이 순수한 물보다 낮고, 어는 동안 온도가 계속 낮아진다.

바로알기 ㄴ. A는 순물질이므로 녹는점과 어는점이 0 ℃로 같다.
ㄹ. 순물질은 물질의 양에 관계없이 물질의 특성이 일정하다. 따라서 A의 양이 증가해도 0 ℃에서 얼기 시작한다.

09 ①, ③, ④ 나프탈렌과 파라-다이클로로벤젠은 수평한 구간이 나타나므로 순물질이고, 두 고체의 혼합물은 각 고체의 녹는점보다 낮은 온도에서 녹기 시작하고, 녹는 동안 온도가 일정하지 않다.

바로알기 ⑤ 두 고체의 혼합 비율에 따라 혼합물이 녹기 시작하는 온도가 달라진다.

10 ② 눈에 제설제를 뿌리면 눈이 잘 녹고, 녹은 용액은 어는점이 0 ℃보다 낮아지므로 영하의 날씨에서도 쉽게 얼지 않는다. 이는 혼합물의 어는점이 낮아지는 현상이다.
③ 자동차의 앞 유리를 닦는 워셔액은 물, 알코올 등의 혼합물이다. 워셔액은 순수한 물보다 낮은 온도에서 얼기 때문에 추운 겨울철에도 얼어붙지 않는다.
④, ⑤ 고체 혼합물의 녹는점이 성분 물질보다 낮은 온도에서 녹기 시작하는 현상이다.

바로알기 ① 혼합물의 끓는점이 성분 물질의 끓는점보다 높아지는 현상이다.

11 ②, ③ 끓는점은 물질의 특성이므로 물질의 종류를 구별하는 데 이용할 수 있고, 같은 물질인 경우 양이 많아져도 끓는점은 변하지 않는다.
⑤ 입자 사이에 잡아당기는 힘(인력)이 강할수록 그 힘을 이겨내고 기체로 되는 데 많은 에너지가 필요하므로 끓는점이 높다.

바로알기 ④ 외부 압력이 높아지면 끓는점이 높아지고, 외부 압력이 낮아지면 끓는점이 낮아진다.

12 ④ A~C는 끓는점이 같으므로 같은 물질이다.

바로알기 ① A~C는 끓는점이 모두 같다.
② 가장 먼저 끓기 시작하는 것은 A이다.
③ C가 끓는점에 가장 늦게 도달하므로, C의 질량이 가장 크다.
⑤ 가열하는 불꽃의 세기를 강하게 해도 수평한 구간의 온도는 변하지 않으며, 수평한 구간에 도달하는 시간이 짧아진다.

13

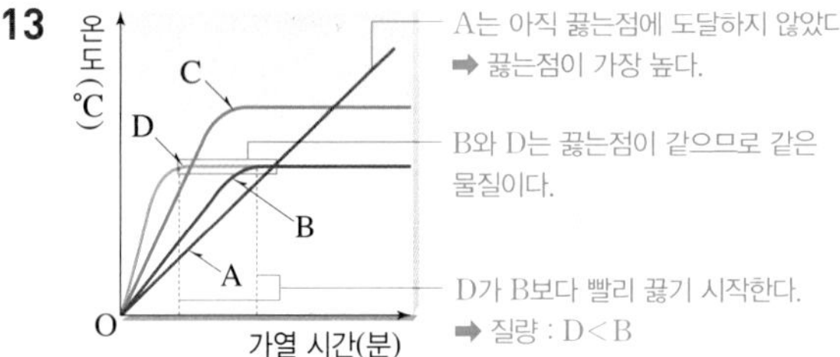

① B와 D는 끓는점이 같으므로 같은 물질이고, B(또는 D), A, C는 끓는점이 다르므로 다른 물질이다.
② 질량이 작을수록 끓는점에 빨리 도달하므로 D는 B보다 질량이 작다.
③ A는 온도가 계속 높아지고 있는 상태로, 끓는점에 도달하지 않았으므로 A의 끓는점이 가장 높다.
④ D가 끓는점에 가장 먼저 도달하므로 가장 빨리 끓기 시작한다.

바로알기 ⑤ 물질을 이루는 입자 사이에 잡아당기는 힘(인력)이 강할수록 끓는점이 높으므로, 입자 사이에 잡아당기는 힘이 가장 강한 물질은 끓는점이 가장 높은 A이다.

14 ④ 높은 산에서는 기압이 낮아 물의 끓는점이 낮으므로 높은 산에서 밥을 하면 쌀이 익을 만큼 충분히 높은 온도에 도달하지 못하여 쌀이 설익는다.

바로알기 ①은 기화(증발), ②는 외부 압력이 높아질 때 끓는점이 높아지는 현상, ③은 고체 혼합물의 녹는점이 낮아지는 현상, ⑤는 온도가 높아져 기체의 부피가 증가하는 현상이다.

15 ㄴ. 한 물질의 녹는점과 어는점은 서로 같다.
ㄷ. 녹는점과 어는점은 물질의 종류에 따라 다르므로 물질의 특성이다.
ㄹ. 녹는점과 어는점에서는 액체 상태와 고체 상태가 함께 존재한다.

바로알기 ㄱ. 녹는점은 고체에서 액체로 변할 때 일정하게 유지되는 온도이고, 어는점은 액체에서 고체로 변할 때 일정하게 유지되는 온도이다.

16

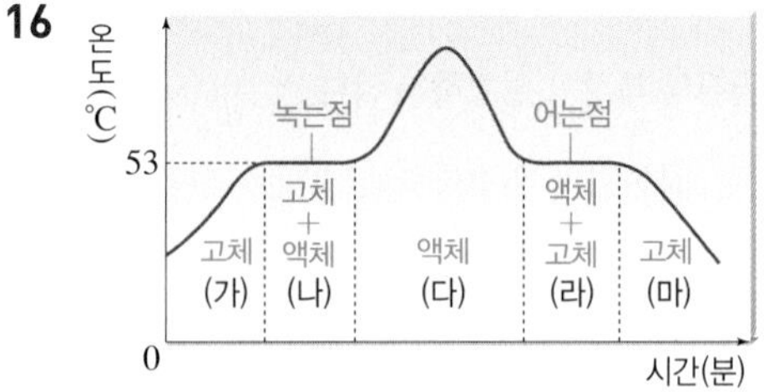

③ (나), (라) 구간에서 온도가 일정하므로 상태 변화가 일어나고 있음을 알 수 있다.

바로알기 ① 이 물질의 녹는점과 어는점은 53 ℃이다.
② (가), (마) 구간에서 물질은 고체 상태이다.
④ 같은 물질인 경우 녹는점과 어는점은 물질의 양에 관계없이 일정하다.
⑤ (다) 구간에서는 액체 상태로 존재한다.

17 ② B와 C는 녹는점이 같으므로 같은 물질이며, 질량이 작을수록 녹는점에 도달하는 데 걸리는 시간이 짧아지므로 B는 C보다 질량이 작다.

바로알기 ③ 물질의 종류는 2가지이다.
④ 수평한 구간의 온도가 가장 높은 것은 A이므로, A의 녹는점이 가장 높다.
⑤ B와 C는 같은 물질이므로 섞어도 수평한 구간의 온도가 변하지 않는다.

18 물질은 녹는점보다 낮은 온도에서 고체, 녹는점과 끓는점 사이의 온도에서 액체, 끓는점보다 높은 온도에서 기체 상태로 존재한다. 따라서 실온(약 20 ℃)에서 A와 C는 고체, B와 D는 액체, E는 기체 상태이다.

녹는점 끓는점

A			약 20 ℃	1085 ℃	2562 ℃	➡ 고체
B		5.6 ℃	약 20 ℃	80.1℃		➡ 액체
C			약 20 ℃	54 ℃	174 ℃	➡ 고체
D		−39 ℃	약 20 ℃	357 ℃		➡ 액체
E	−218℃	−183℃	약 20 ℃			➡ 기체

19 ㄷ. (나) 구간에서는 융해가 일어나므로 고체와 액체가 함께 존재한다.
ㄹ. 외부 압력이 낮아지면 끓는점이 낮아지므로 (라) 구간의 온도가 낮아진다.
바로알기 ㄱ. a는 끓는점, b는 녹는점이다.
ㄴ. 물질의 상태 변화가 일어나는 구간은 (나), (라)이다.

20

	채점 기준	배점
(1)	순물질과 혼합물을 옳게 분류한 경우	50 %
(2)	순물질과 혼합물의 구분 기준을 옳게 서술한 경우	50 %

21

채점 기준	배점
A와 B를 옳게 쓰고, 끓는점을 이용하여 까닭을 옳게 서술한 경우	100 %
A와 B만 옳게 쓴 경우	50 %

22

채점 기준	배점
쌀이 설익는 까닭을 단어를 모두 포함하여 옳게 서술한 경우	100 %
그 외의 경우	0 %

23 녹는점은 물질의 종류에 따라 다르고, 같은 물질인 경우 물질의 양에 관계없이 일정하다. 물질의 양이 많을수록 늦게 녹으므로 A보다 C의 양이 많음을 알 수 있다.

채점 기준	배점
A와 C를 고르고, 그 까닭을 옳게 서술한 경우	100 %
A와 C만 고른 경우	50 %

수준 높은 문제로 **실력탄탄** 진도 교재 67쪽

01 ⑤ **02** ⑤

01 ⑤ 납과 주석의 혼합물인 땜납은 납이나 주석보다 쉽게 녹으므로 금속을 연결할 때 사용한다. 따라서 (다)로 설명할 수 있다.
바로알기 ① 순물질은 B, C, E, F이다.
② 혼합 비율에 따라 상태 변화 하는 온도가 달라지는 것은 A, D, G이다.
③ 자동차의 냉각수에 부동액을 넣는 까닭은 (나)로 설명할 수 있다.
④ 에탄올이 물에 비해 잘 얼지 않는 까닭은 에탄올의 어는점(−114 ℃)이 물의 어는점(0 ℃)보다 낮기 때문이다. 또한 에탄올과 물은 순물질이므로 냉각 곡선에서 모두 수평한 구간이 나타난다.

02 둥근바닥 플라스크에 찬물을 부으면 플라스크 안의 수증기가 액화되므로 플라스크 안에 들어 있는 수증기의 양이 감소한다. 따라서 플라스크 내부의 압력이 낮아져 물의 끓는점이 낮아진다.
바로알기 ⑤ 플라스크 내부에서 물은 100 ℃보다 낮은 온도에서 끓는다.

02 물질의 특성(2)

확인 문제로 **개념쏙쏙** 진도 교재 69, 71쪽

A 밀도, ㉠ 질량, ㉡ 부피, 큰, 작은
B 용질, 용매, 용해도, 낮, 높

1 (1) × (2) ○ (3) × (4) ○ (5) × **2** 2 g/cm^3 **3** (1) A : 4 g/cm^3, D : 0.5 g/cm^3 (2) B, E **4** A<B<C<D<E **5** (1) ○ (2) ○ (3) × **6** 밀도 **7** (가) 용질, (나) 용매, (다) 용해, (라) 용액 **8** (1) × (2) ○ (3) ○ (4) × **9** 40 **10** (1) 질산 칼륨 (2) 53 g **11** ㉠ 낮, ㉡ 증가

1 바로알기 (1) 부피는 물질이 차지하고 있는 공간의 크기이며, 장소와 상태에 따라 변하지 않는 물질의 고유한 양은 질량이다.
(3) 밀도는 물질의 질량을 부피로 나눈 값이다.
(5) 두 물질의 부피가 같을 때 질량이 작을수록 밀도가 작다.

2 돌의 부피는 10.0 mL(=60.0 mL−50.0 mL)=10.0 cm^{3}이므로, 밀도$=\frac{질량}{부피}=\frac{20\text{ g}}{10.0\text{ cm}^3}=2\text{ g/cm}^3$이다.

3 (1) A의 밀도$=\frac{질량}{부피}=\frac{40\text{ g}}{10\text{ cm}^3}=4\text{ g/cm}^3$

D의 밀도$=\frac{질량}{부피}=\frac{10\text{ g}}{20\text{ cm}^3}=0.5\text{ g/cm}^3$

(2) 그림에서 직선의 기울기$=\frac{질량}{부피}=$밀도이므로 기울기가 같은 B와 E가 같은 물질이다. B와 E의 밀도는 1 g/cm^{3}이다.

4 밀도가 큰 물질은 밀도가 작은 물질 아래로 가라앉고, 밀도가 작은 물질은 밀도가 큰 물질 위로 뜬다.

5 (1) 고체나 액체의 밀도는 압력의 영향을 거의 받지 않는다.
(2) 기체의 밀도는 온도와 압력의 영향을 크게 받으므로, 기체의 밀도를 나타낼 때는 온도와 압력을 함께 표시한다.
바로알기 (3) 같은 물질이라도 물질의 상태가 변하면 부피가 달라지므로 밀도가 변한다.

6 헬륨을 채운 풍선은 공기보다 밀도가 작으므로 위로 떠오르고, 구명조끼를 입으면 물보다 밀도가 작아져 물에 가라앉지 않는다.

7 설탕(용질) + 물(용매) $\xrightarrow{\text{용해}}$ 설탕물(용액)

8 **바로알기** (1) 일정한 온도에서 같은 용매에 대한 용해도는 물질의 종류에 따라 다르므로 용해도는 물질의 특성이다.
(4) 용해도 곡선의 기울기가 클수록 온도에 따른 용해도 변화가 크다.

9 용해도는 어떤 온도에서 용매 100 g에 최대로 녹을 수 있는 용질의 g수이다. 60 ℃ 물 25 g에 A 10 g을 녹였을 때 포화 용액이 되었으므로 물 100 g에는 A 40 g을 최대로 녹일 수 있다. 따라서 60 ℃에서 물에 대한 A의 용해도는 40이다.

10 (1) 용해도 곡선의 기울기가 클수록 온도에 따른 용해도 변화가 크므로 온도에 따른 용해도 변화가 가장 큰 것은 질산 칼륨이고, 가장 작은 것은 염화 나트륨이다.
(2) 70 ℃에서 질산 나트륨의 용해도가 140이므로 70 ℃ 물 100 g에 질산 나트륨 140 g을 녹이면 포화 용액이 된다. 20 ℃에서 질산 나트륨의 용해도는 87이므로 물 100 g에 질산 나트륨 87 g이 최대로 녹을 수 있다. 따라서 20 ℃로 냉각하면 질산 나트륨 53 g(=140 g−87 g)이 결정으로 석출된다.

탐구 a

진도 교재 72쪽

㉠ 밀도, ㉡ 다르, ㉢ 밀도
01 (1) ○ (2) ○ (3) ○ (4) × (5) × **02** A와 E **03** 밀도가 3.0 g/cm³로 같기 때문이다.

01 **바로알기** (4) 질량은 물질의 양에 따라 측정값이 변하므로 질량으로는 물질을 구별할 수 없다.
(5) 밀도$=\frac{\text{질량}}{\text{부피}}$이므로 두 물질의 질량이 같을 때 부피가 클수록 밀도가 작다.

02 물질의 밀도는 A 3.0 g/cm³, B 6.5 g/cm³, C 0.5 g/cm³, D 0.8 g/cm³, E 3.0 g/cm³이다. 따라서 고체 A와 E는 밀도가 같으므로 같은 물질이다.

03 같은 물질인 경우 물질의 질량이나 부피가 달라도 밀도는 일정하며, 물질의 종류가 다르면 밀도가 다르다.

채점 기준	배점
밀도가 같기 때문이라고 서술한 경우	100 %
그 외의 경우	0 %

탐구 b

진도 교재 73쪽

증가
01 (1) × (2) ○ (3) ○ (4) ○ (5) ○ (6) × **02** 18 g **03** 물의 온도를 60 ℃로 낮춘다. 고체 물질을 30 g 더 녹인다.

01 (5) 63.9 ℃에서 질산 칼륨의 용해도는 120이므로 포화 수용액 220 g은 물 100 g에 질산 칼륨 120 g이 녹아 있는 용액이다.
바로알기 (1) 결정이 생기기 시작할 때 용액은 포화 상태이다.
(6) 온도가 높을수록 질산 칼륨의 용해도는 증가한다.

02 20 ℃ 물 100 g에 염화 나트륨이 최대 36 g 녹을 수 있으므로, 같은 온도의 물 50 g에는 염화 나트륨이 최대 18 g 녹을 수 있다.

03 불포화 용액의 온도를 낮추거나 용질을 더 녹여 용해도 곡선과 만나면 포화 용액이 된다.

채점 기준	배점
포화 상태로 만들 수 있는 방법 두 가지를 모두 옳게 서술한 경우	100 %
포화 상태로 만들 수 있는 방법을 한 가지만 옳게 서술한 경우	50 %

여기서 잠깐

진도 교재 74쪽

유제❶ (1) × (2) ○ (3) ○ (4) ○ (5) × (6) ○ (7) ○ (8) ○ (9) ×
유제❷ (1) ○ (2) ○ (3) × (4) × (5) ○ (6) × (7) ○ (8) ○

유제❶ **바로알기** (1) A점의 용액은 과포화 용액이다. 과포화 용액은 포화 용액보다 용질이 많이 녹아 있는 용액으로, 매우 불안정한 상태이다.
(5) C점의 용액 200 g의 온도를 20 ℃ 높이면 D점의 용액이 된다.
(9) D점의 용액 200 g에 용질 50 g을 더 녹이면 B점의 용액이 된다.

유제❷ **바로알기** (3) 80 ℃ 물 100 g에 가장 많이 녹는 물질은 질산 칼륨이다.
(4) 온도에 따른 용해도 변화가 가장 큰 물질은 기울기가 가장 큰 질산 칼륨이다.
(6) 60 ℃ 물 100 g에 녹여 만든 포화 수용액을 20 ℃까지 냉각할 때 석출량이 가장 많은 것은 기울기가 가장 큰 질산 칼륨이다.

여기서 잠깐

진도 교재 75쪽

유제❶ 25 g　　유제❷ 20 g　　유제❸ 7.5 g

유제❶ 70 ℃에서 용해도가 60이므로 물 100 g에 A 60 g을 녹이면 포화 용액이 된다. 50 ℃에서 용해도가 35이므로 물 100 g에 최대 35 g이 녹을 수 있다. 따라서 50 ℃로 냉각하면 A 25 g(=60 g−35 g)이 결정으로 석출된다.

70 ℃ 용해도 : 물 100 g+ 60 g
50 ℃ 용해도 : 물 100 g+ 35 g
→ 60 g−35 g=25 g

유제❷ 20 ℃에서 용해도가 20이므로 물 100 g에는 A가 최대 20 g 녹을 수 있고, 물 200 g에는 A가 최대 40 g 녹을 수 있다. 따라서 20 ℃로 냉각하면 A 20 g(=60 g−40 g)이 결정으로 석출된다.

50 ℃ : 물 200 g+ 60 g
20 ℃ 용해도 : 물 100 g+ 20 g
물 200 g+ 40 g
→ 60 g−40 g=20 g

유제❸ 50 ℃에서 용해도가 35이므로 물 100 g에 A 35 g을 녹이면 포화 용액 135 g이 된다. 따라서 50 ℃ 포화 용액 67.5 g은 물 50 g에 A 17.5 g이 녹아 있는 용액이다. 20 ℃에서 용해도가 20이므로 물 50 g에 최대 10 g이 녹을 수 있다. 따라서 20 ℃로 냉각하면 A 7.5 g(=17.5 g−10 g)이 결정으로 석출된다.

50 ℃ 용해도 : 물 100 g + 35 g =135 g
물 50 g + 17.5 g =67.5 g
20 ℃ 용해도 : 물 100 g + 20 g
물 50 g + 10 g
→ 17.5 g−10 g =7.5 g

기출 문제로 내신쑥쑥

진도 교재 76~79쪽

01 ③　02 ⑤　03 ②　04 ①　05 ④　06 ②　07 ⑤
08 B와 C 사이　09 ②　10 ②　11 ②　12 ⑤　13 ②
14 ④　15 ②　16 ④　17 ②　18 ④　19 ⑤　20 ⑤

서술형 문제 21 부피는 27.0 mL−20.0 mL=7.0 mL=7.0 cm³이므로, 밀도$=\frac{질량}{부피}=\frac{11.9\ g}{7.0\ cm^3}=1.7\ g/cm^3$이다.
22 A와 C, 두 물질은 밀도가 1 g/cm³로 같기 때문이다.
23 (1) 40 ℃에서 용해도가 62.9이므로 포화 용액을 만들기 위해 필요한 질산 칼륨의 질량은 62.9 g−31.9 g=31 g이다. (2) 80 ℃에서 용해도가 170.3이므로 물 200 g에 질산 칼륨 340.6 g을 녹이면 포화 용액이 된다. 따라서 60 ℃로 냉각하면 고체 122.2 g(=340.6 g−218.4 g)이 결정으로 석출된다. 24 C, 기체의 용해도는 온도가 높을수록, 압력이 낮을수록 감소하기 때문이다.

01 ① 밀도는 질량을 부피로 나눈 값, 즉 단위 부피당 질량이다.
② 밀도는 물질의 특성이므로, 같은 물질인 경우 물질의 양에 관계없이 일정하다.
④ 밀도$=\frac{질량}{부피}$이므로, 밀도는 부피에 반비례한다. 따라서 질량이 같을 때 부피가 클수록 밀도가 작다.
⑤ 혼합물의 농도가 진할수록 밀도가 커진다. 따라서 혼합물은 성분 물질의 혼합 비율에 따라 밀도가 달라진다.
바로알기 ③ 기체의 밀도는 온도와 압력의 영향을 크게 받으므로, 기체의 밀도를 나타낼 때는 온도와 압력을 함께 표시한다.

02 ⑤ 질량은 63.2 g이고, 부피는 20.0 mL−12.0 mL=8.0 mL=8.0 cm³이다. 따라서 밀도$=\frac{질량}{부피}=\frac{63.2\ g}{8.0\ cm^3}=$7.9 g/cm³이다.

03 ② 액체의 질량=(액체가 담긴 비커의 질량)−(빈 비커의 질량)=40.0 g−25.0 g=15.0 g이다. 따라서 액체의 밀도$=\frac{15.0\ g}{10.0\ mL}=1.5\ g/mL$이다.

04 ① 금속 A의 밀도$=\frac{24.3\ g}{9.0\ cm^3}=2.7\ g/cm^3$이다. 같은 물질인 경우 양에 관계없이 밀도가 일정하므로 금속 A는 알루미늄이다.

05

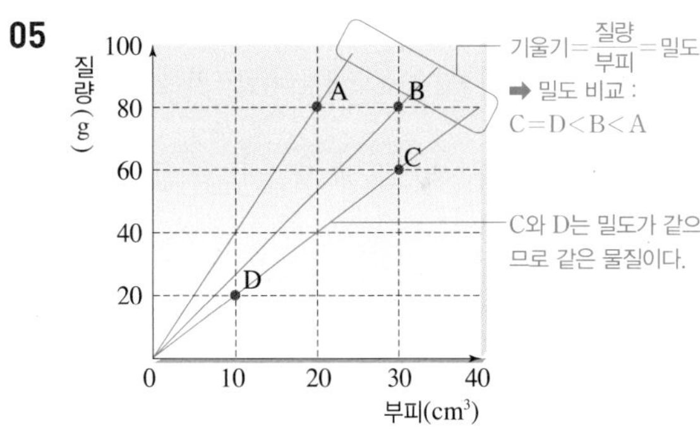

A : $\frac{80\ g}{20\ cm^3}=4\ g/cm^3$　B : $\frac{80\ g}{30\ cm^3}≒2.7\ g/cm^3$

C : $\frac{60\ g}{30\ cm^3}=2\ g/cm^3$　D : $\frac{20\ g}{10\ cm^3}=2\ g/cm^3$

바로알기 ① A~D는 물(1.0 g/cm³)보다 밀도가 크므로 모두 물에 가라앉는다.
② A의 밀도가 가장 크다.
③ A와 B는 밀도가 다르므로 다른 종류의 물질이다.
⑤ 밀도$=\frac{질량}{부피}$이므로 질량이 같을 때 부피가 작을수록 밀도가 크다. 따라서 질량이 같을 때 부피가 가장 작은 물질은 밀도가 가장 큰 A이다.

06 A~E의 밀도를 계산하면 다음과 같다.

A : $\frac{24\ g}{10\ cm^3}=2.4\ g/cm^3$　B : $\frac{18\ g}{30\ cm^3}=0.6\ g/cm^3$

C : $\frac{36\ g}{30\ cm^3}=1.2\ g/cm^3$　D : $\frac{40\ g}{50\ cm^3}=0.8\ g/cm^3$

E : $\frac{36\ g}{60\ cm^3}=0.6\ g/cm^3$

물보다 밀도가 큰 A와 C는 물에 가라앉고, 물보다 밀도가 작은 B, D, E는 물 위에 뜬다.

07 ① 밀도가 큰 물질일수록 아래쪽에 위치하고, 밀도가 작은 물질일수록 위쪽에 위치한다. 따라서 밀도는 나무<식용유<플라스틱<물<글리세린<돌 순이다.
② 물보다 밀도가 작은 물질은 나무, 식용유, 플라스틱이다.
③ 플라스틱은 식용유 아래로 가라앉으므로 플라스틱은 식용유보다 밀도가 크다.
④ 밀도$=\frac{질량}{부피}$이므로 부피가 같을 때 밀도가 작을수록 질량이 작다. 따라서 부피가 같은 경우 질량이 가장 작은 물질은 밀도가 가장 작은 나무이다.
바로알기 ⑤ 밀도$=\frac{질량}{부피}$이므로 질량이 같을 때 부피가 클수록 밀도가 작다. 밀도는 식용유<물이므로 질량이 같은 경우 식용유가 물보다 부피가 크다.

08 금속 조각의 밀도$=\frac{14.5\ g}{5.0\ cm^3}=2.9\ g/cm^3$이므로, 액체 B의 밀도보다 크고 액체 C의 밀도보다 작다. 따라서 금속 조각은 B와 C 사이에 위치한다.

09 ② 기체의 밀도를 나타낼 때는 온도와 압력을 함께 표시한다.
바로알기 ①, ③, ④, ⑤ 고체와 액체의 밀도는 온도의 영향을 받지만, 압력의 영향은 거의 받지 않는다.

10 ㄴ. 물에 소금을 녹일수록 소금물의 농도가 진해지고 밀도가 커진다.
바로알기 ㄱ. 물에 달걀을 넣었을 때 달걀이 가라앉았으므로 물은 달걀보다 밀도가 작다.
ㄷ. 달걀의 밀도는 일정하며, 소금물의 농도가 진해질수록 밀도가 증가하므로 소금물의 밀도가 달걀의 밀도보다 커지면 가라앉아 있던 달걀이 떠오른다.

11 ①, ③, ④, ⑤ 밀도와 관련된 현상이다.
바로알기 ② 겨울철 눈이 쌓인 도로에 제설제를 뿌리면 녹은 눈이 제설제와 섞여 쉽게 얼지 않는다. 이것은 혼합물의 어는점이 낮아지는 것과 관련된 현상이다.

12 ①, ② 설탕이 물에 녹을 때 설탕은 용질, 물은 용매, 설탕이 물에 녹는 현상은 용해, 설탕물은 용액이다. 이때 설탕물은 균일 혼합물이다.
③ 어떤 온도에서 일정량의 물에 설탕을 계속 넣어 녹이면 어느 순간 설탕이 녹지 않고 바닥에 가라앉는다. 이 현상을 통해 일정량의 물에 녹을 수 있는 설탕의 양에는 한계가 있음을 알 수 있다.
④ 용해도는 용매와 용질의 종류, 온도에 따라 달라진다. 따라서 물의 온도가 달라지면 녹을 수 있는 설탕의 양이 달라진다.
바로알기 ⑤ 일정량의 물에 설탕이 최대로 녹아 있는 용액은 포화 용액이다.

13 ① 일정한 온도에서 같은 용매에 대한 용해도는 물질의 종류에 따라 다르므로 용해도는 물질의 특성이다.
③ 용해도는 용매와 용질의 종류, 온도에 따라 달라진다.
④ 고체의 용해도는 대부분 온도가 높을수록 증가하며, 압력의 영향은 거의 받지 않는다.
⑤ 기체의 용해도는 온도가 낮을수록 증가하고, 압력이 높을수록 증가한다.
바로알기 ② 용해도는 어떤 온도에서 용매 100 g에 최대로 녹을 수 있는 용질의 g수이다.

14 ④ 고체 15 g이 녹지 않고 남았으므로 20 °C 물 50 g에 이 물질은 최대 25 g(=40 g−15 g) 녹을 수 있다. 따라서 20 °C 물 100 g에는 최대 50 g 녹을 수 있으므로 20 °C에서 이 물질의 용해도는 50이다.

15 ② 용해도 곡선의 기울기가 큰 물질일수록 온도에 따른 용해도 변화가 크므로 용액을 냉각할 때 석출되는 용질의 양이 많다. 용해도 곡선의 기울기가 가장 큰 것은 질산 칼륨이다.

16 ① 용해도 곡선 상의 점은 포화 용액이다.
② 온도에 따른 용해도 변화가 가장 작은 것은 용해도 곡선의 기울기가 가장 작은 염화 나트륨이다.
③ 40 °C에서 용해도가 가장 큰 물질은 질산 나트륨이다.
⑤ 20 °C에서 황산 구리(Ⅱ)의 용해도는 20이다. 따라서 60 °C 물 100 g에 황산 구리(Ⅱ) 35 g을 녹인 후 20°C로 냉각하면 15 g(=35 g−20 g)이 결정으로 석출된다.
바로알기 ④ 40 °C에서 질산 칼륨의 용해도는 63이므로 물 100 g에 질산 칼륨 63 g이 녹아 있는 용액이 포화 용액이다. 물 200 g에 질산 칼륨 63 g이 녹아 있는 용액은 질산 칼륨이 더 녹을 수 있으므로 불포화 용액이다.

17 ② 80 °C에서 질산 나트륨의 용해도는 148이므로 물 100 g에 질산 나트륨 148 g을 녹이면 포화 용액이 된다. 따라서 80 °C 포화 용액 124 g은 물 50 g에 질산 나트륨 74 g이 녹아 있는 상태이다. 40 °C에서 질산 나트륨의 용해도는 104이므로 물 50 g에 최대 52 g 녹을 수 있다. 따라서 40 °C로 냉각하면 질산 나트륨 22 g(=74 g−52 g)이 결정으로 석출된다.

18

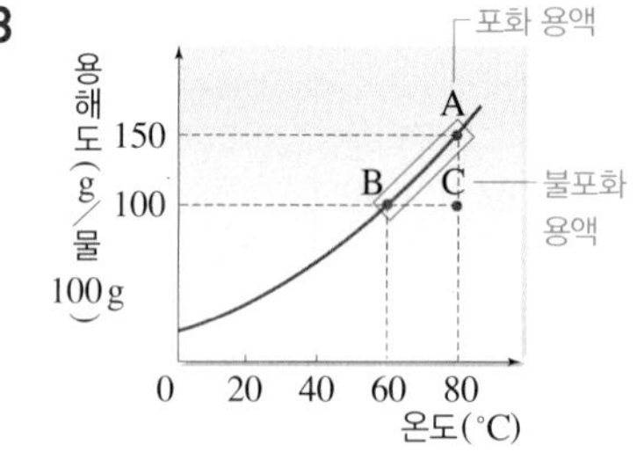

④ A점의 용액 250 g은 물 100 g에 이 물질 150 g이 녹아 있는 상태이다. 60 °C에서 용해도가 100이므로 물 100 g에 최대 100 g 녹을 수 있다. 따라서 A점의 용액 250 g을 60 °C로 냉각하면 고체 50 g(=150 g−100 g)이 결정으로 석출된다.
바로알기 ① A점과 B점의 용액은 포화 용액이다.
② C점의 용액은 불포화 용액이므로 용질을 더 녹일 수 있다.
③ 60 °C에서 용해도가 100이므로 60 °C 물 50 g에는 이 물질이 최대 50 g 녹을 수 있다.
⑤ 용해도 곡선 상의 점은 포화 용액이다. 따라서 C점의 용액은 온도를 60 °C로 낮추거나, 용질을 더 녹이면 포화 용액으로 만들 수 있다.

19 [기체의 용해도와 온도의 관계]
• 온도 : A<C<E ➡ 기포 발생량 : A<C<E ➡ 용해도 : A>C>E

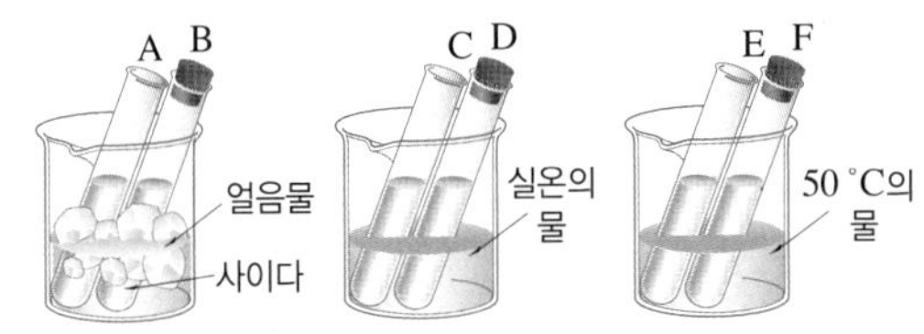

[기체의 용해도와 압력의 관계]
• 압력 : A<B ➡ 기포 발생량 : A>B ➡ 용해도 : A<B
• 압력 : C<D ➡ 기포 발생량 : C>D ➡ 용해도 : C<D
• 압력 : E<F ➡ 기포 발생량 : E>F ➡ 용해도 : E<F

⑤ A, C, E는 압력은 같고 온도가 다른 조건이므로 기체의 용해도와 온도의 관계를 설명할 수 있다.

바로알기 ① 온도가 높을수록 기체의 용해도가 감소하여 기포가 많이 발생하므로 발생하는 기포의 수는 A<C<E 순이다.
② 기체의 용해도가 가장 작은 것은 온도가 가장 높고, 고무마개가 없어 압력이 낮은 E이다.
③ 온도가 높을수록, 압력이 낮을수록 기체의 용해도는 작아진다.
④ 기체의 용해도와 압력의 관계를 설명하려면 온도는 같고 압력이 다른 A, B 또는 C, D 또는 E, F를 비교해야 한다.

20 ①, ②는 압력에 따른 기체의 용해도와 관련된 현상이고, ③, ④는 온도에 따른 기체의 용해도와 관련된 현상이다.
바로알기 ⑤ 얼음의 밀도가 물의 밀도보다 작기 때문에 물 위에 얼음이 뜨는 것으로, 이는 밀도와 관련된 현상이다.

21

채점 기준	배점
밀도를 풀이 과정과 함께 옳게 서술한 경우	100 %
밀도만 옳게 쓴 경우	50 %

22 물질 A~E의 밀도를 계산하면 다음과 같다.

• A : $\frac{10\,g}{10\,cm^3}=1\,g/cm^3$　• B : $\frac{30\,g}{20\,cm^3}=1.5\,g/cm^3$

• C : $\frac{40\,g}{40\,cm^3}=1\,g/cm^3$　• D : $\frac{10\,g}{30\,cm^3}=\frac{1}{3}\,g/cm^3$

• E : $\frac{20\,g}{50\,cm^3}=0.4\,g/cm^3$

채점 기준	배점
A와 C를 고르고, 그 까닭을 밀도 값을 포함하여 옳게 서술한 경우	100 %
A와 C를 고르고, 밀도가 같기 때문이라고만 서술한 경우	70 %
A와 C만 고른 경우	30 %

23

	채점 기준	배점
(1)	질산 칼륨의 질량을 풀이 과정과 함께 옳게 서술한 경우	50 %
	질산 칼륨의 질량만 옳게 쓴 경우	25 %
(2)	석출되는 결정의 질량을 풀이 과정과 함께 옳게 서술한 경우	50 %
	석출되는 결정의 질량만 옳게 쓴 경우	25 %

24

채점 기준	배점
C를 고르고, 그 까닭을 옳게 서술한 경우	100 %
C만 고른 경우	50 %

수준 높은 문제로 **실력탄탄** 진도 교재 79쪽

01 ③　**02** ③

01 넘친 물의 양은 각 물질의 부피를 나타내므로 부피는 순금<왕관<순은 순이다. 밀도$=\frac{질량}{부피}$이므로 질량이 같을 때 부피가 작을수록 밀도가 크다. 따라서 밀도는 순금>왕관>순은 순이다.
④ 같은 종류의 물질은 밀도가 같으므로 왕관이 순금으로 만들어졌다면 왕관과 같은 질량의 순금을 물속에 넣었을 때 넘친 물의 양이 왕관을 넣었을 때 넘친 물의 양과 같아야 한다.
⑤ 왕관의 밀도가 순금보다 작으므로 왕관에 순금보다 밀도가 작은 물질이 섞여 있음을 알 수 있다.
바로알기 ③ 왕관의 밀도는 순금의 밀도보다 작다.

02 • (가)와 (나)는 포화 용액이다. ➡ A, B, C는 용해도 곡선 상에 있으므로 포화 용액이다. ➡ (가)와 (나)는 A, B, C 중 하나이다.
• (나)와 (다)는 같은 질량의 고체 물질이 녹아 있다. ➡ B와 D는 물 100 g에 용질 40 g이 녹아 있다. ➡ (나)는 B이고, (다)는 D이다.
• (가)를 30 °C로 냉각하면 고체 50 g이 결정으로 석출된다. ➡ 80 °C에서 용해도는 70이고, 30 °C에서 용해도는 20이므로 80 °C의 포화 용액 C를 30 °C로 냉각하면 고체 50 g(=70 g−20 g)이 결정으로 석출된다. ➡ (가)는 C이다.

03 혼합물의 분리(1)

확인 문제로 **개념쏙쏙** 진도 교재 81, 83쪽

A 끓는점, 증류, 낮, 높, 낮, 위
B 중간, 액체, 작은, 큰, 분별 깔때기

1 ㉠ 끓는점, ㉡ 낮은　**2** (나), (라)　**3** 증류　**4** 끓는점　**5** ㉠ 석유 가스, ㉡ 휘발유, ㉢ 경유　**6** 쭉정이<소금물<좋은 볍씨　**7** (1) 분별 깔때기 (2) 밀도 (3) A　**8** (1) 물 (2) 물 (3) 간장 (4) 사염화 탄소　**9** 밀도　**10** (1) × (2) × (3) ○ (4) ○ (5) × (6) ○

1 그림은 액체 상태의 혼합물을 분리하는 증류 장치로, 끓는점 차를 이용하여 혼합물을 분리할 수 있다. 액체 상태의 혼합물을 가열하면 끓는점이 낮은 물질이 먼저 끓어 나온다.

2 첫 번째 수평 구간인 (나)에서는 끓는점이 낮은 에탄올이 주로 끓어 나오고, 두 번째 수평 구간인 (라)에서는 끓는점이 높은 물이 끓어 나온다.

3 소줏고리를 이용하여 탁한 술에서 맑은 소주를 얻는 방법은 끓는점 차를 이용한 증류이다.

4 원유를 가열하여 증류탑으로 보내면 끓는점이 낮은 물질은 기체 상태로 위로 올라가고, 끓는점이 높은 물질은 중간에 식어 바닥에 모이는 과정이 각 층에서 반복되어 원유가 분리된다.

5 증류탑에서는 끓는점이 낮은 물질일수록 위쪽에서 분리되어 나온다.

6 소금물보다 밀도가 작은 쭉정이는 위로 뜨고, 소금물보다 밀도가 큰 좋은 볍씨는 아래로 가라앉는다.

7 분별 깔때기는 밀도 차를 이용해 혼합물을 분리하는 장치로, 밀도가 다르고 서로 섞이지 않는 액체 혼합물을 분리할 때 이용한다. 이때 밀도가 작은 물질은 위로 뜨므로 액체 A와 B의 밀도는 A<B이다.

8 분별 깔때기의 아래층에는 밀도가 큰 물질이 위치한다.
(1) 에테르<물, (2) 식용유<물, (3) 참기름<간장, (4) 물<사염화 탄소

9 모래는 사금보다 밀도가 작으므로 씻겨 나가고, 사금은 모래보다 밀도가 크므로 그릇에 남는다.

10 바로알기 (1), (2), (5) 끓는점 차를 이용하여 분리한다.

탐구 a

진도 교재 84쪽

㉠ 낮, ㉡ 높

01 (1) ○ (2) × (3) ○ (4) ○ (5) ○ (6) ○ **02** B **03** 물질이 끓는 동안에는 온도가 거의 변하지 않으며, 끓는점이 낮은 에탄올이 물보다 먼저 끓어 나오기 때문이다.

01 바로알기 (2) 분별 깔때기는 서로 섞이지 않고 밀도가 다른 액체의 혼합물을 분리하는 기구이다. 물과 에탄올은 서로 잘 섞이므로 물과 에탄올 혼합물은 분별 깔때기로 분리할 수 없다.

02 물과 에탄올 혼합물을 가열하면 끓는점이 낮은 에탄올이 먼저 끓어 나오고, 끓는점이 높은 물이 나중에 끓어 나와 분리된다.

03

채점 기준	배점
B라고 답한 까닭을 옳게 서술한 경우	100 %
그 외의 경우	0 %

탐구 b

진도 교재 85쪽

㉠ 분별 깔때기, ㉡ 위, ㉢ 아래

01 (1) ○ (2) ○ (3) × (4) × (5) ○ (6) ○ **02** A : 물, B : 사염화 탄소 **03** 밀도가 작은 물은 위로 뜨고, 밀도가 큰 사염화 탄소는 아래로 가라앉기 때문이다.

01 (1) 분별 깔때기를 이용해 밀도가 다르고 서로 섞이지 않는 액체 혼합물을 분리할 수 있다.

바로알기 (3) 밀도가 큰 액체가 아래층에 위치하므로 분별 깔때기의 꼭지를 열면 밀도가 큰 액체가 먼저 분리된다.
(4) 분별 깔때기의 아래층에 위치한 액체를 비커에 받을 때는 마개를 연 후 꼭지를 돌려야 대기압이 작용하여 액체가 아래쪽으로 흘러나온다.

02 밀도가 작은 물은 위로 뜨고, 밀도가 큰 사염화 탄소는 아래로 가라앉아 층을 이룬다.

03

채점 기준	배점
밀도 차와 관련지어 옳게 서술한 경우	100 %
그 외의 경우	0 %

기출 문제로 내신쑥쑥

진도 교재 86~89쪽

01 ③ **02** ② **03** ③ **04** ① **05** ③ **06** ③, ④ **07** ④ **08** ② **09** ③ **10** ④ **11** ④ **12** ③ **13** ④ **14** ④ **15** ② **16** ⑤ **17** ⑤ **18** ③

서술형문제 **19** (1) (가) 증류, (나) 끓는점 (2) 끓는점이 낮은 에탄올이 먼저 끓어 나오고, 끓는점이 높은 물이 나중에 끓어 나온다. **20** A, 끓는점이 낮은 물질일수록 증류탑의 위쪽에서 분리되기 때문이다. **21** (1) 오래된 달걀<소금물<신선한 달걀 (2) 두 고체 물질의 중간 정도의 밀도를 가져야 한다. 두 고체 물질을 모두 녹이지 않아야 한다. **22** 두 액체의 밀도가 달라야 한다. 두 액체가 서로 섞이지 않아야 한다.

01 ①, ④ 증류는 액체 상태의 혼합물을 끓는점 차를 이용하여 분리하는 방법으로, 서로 잘 섞이는 액체 상태의 혼합물을 분리할 때 주로 이용한다.
② 증류는 액체 상태 혼합물을 가열할 때 끓어 나오는 기체를 냉각하여 액체를 얻는 방법이다.
⑤ 끓는점 차를 이용한 증류로 식초 안의 물을 분리할 수 있다.
바로알기 ③ 증류는 성분 물질 사이의 끓는점 차가 클수록 분리가 잘 된다.

02 ② 소줏고리에 탁한 술을 넣고 가열하면 끓는점이 낮은 에탄올이 먼저 끓어 나오다가 찬물에 의해 액화되어 맑은 소주가 된다. 바닷물을 가열하면 물만 기화하여 수증기가 되고 이 수증기를 냉각시키면 식수를 얻을 수 있다. 이때 공통으로 이용된 물질의 특성은 끓는점이다.

03 ①, ② B 구간에서 끓는점이 낮은 에탄올이 먼저 끓어 나온다. 이때 물이 에탄올의 기화를 방해하고, 끓는점이 높은 물도 함께 기화되어 나오므로 B 구간의 온도는 순수한 에탄올의 끓는점인 78 °C보다 약간 높다.
④ 증류에서는 B와 D 구간의 온도 차가 클수록, 즉 두 액체의 끓는점 차가 클수록 분리가 잘 된다.
바로알기 ③ C 구간에서는 물의 온도가 높아지며, D 구간에서 물이 끓어 나온다.

04 ㄱ. 액체 상태의 혼합물을 가열하면 삼각 플라스크에서 끓는점이 낮은 물질이 기화되어 먼저 끓어 나오고, 끓어 나온 기체 물질은 냉각되어 시험관에 모인다.

바로알기 ㄴ. 끓임쪽은 액체가 갑자기 끓어오르는 것을 방지하기 위해 넣는다.
ㄷ. 이 실험 장치를 이용한 혼합물의 분리 방법은 증류이다. 액체 혼합물을 가열할 때 먼저 끓어 나온 끓는점이 낮은 물질을 액화시켜 순수한 액체를 얻는 방법을 증류라고 하고, 끓는점이 낮은 물질을 먼저 증발시켜 끓는점이 높은 물질을 얻는 방법을 증발이라고 한다.

05 ③ 서로 잘 섞이고 끓는점이 다른 액체의 혼합물은 끓는점 차를 이용하여 증류 장치로 분리한다.

바로알기 ①, ②, ④, ⑤는 밀도 차를 이용하여 분별 깔때기로 분리한다.

06 ③, ④ 탁한 술을 소줏고리에 넣고 가열하면 끓는점이 낮은 에탄올이 먼저 끓어 나오다가 찬물이 담긴 그릇에 의해 냉각되어 액체로 모이므로 맑은 소주를 얻을 수 있다.

바로알기 ①, ② 이러한 분리 방법을 증류라고 하며, 끓는점 차를 이용한다.
⑤ 바다에 유출된 기름을 제거하는 것은 밀도 차를 이용하여 혼합물을 분리하는 예이다.

07 **바로알기** ㄹ. 끓는점이 낮은 물질은 기체 상태로 위로 올라가고, 끓는점이 높은 물질은 중간에 식어 바닥에 모이므로 끓는점이 낮은 물질일수록 위쪽에서 분리된다.

08 끓는점이 낮은 물질일수록 증류탑의 위쪽에서 분리된다. A에서는 석유 가스, B에서는 휘발유, C에서는 등유, D에서는 경유, E에서는 중유가 분리된다.

09

밀도가 다르고, 서로 섞이지 않는다. → 밀도 차를 이용해 분리

물질	끓는점(°C)	밀도(g/mL)	용해성
A	76.7	1.6	B, C와 섞이지 않음
B	78.3	0.79	C, D와 잘 섞임
C	100	1.0	D와 섞이지 않음
D	80.1	0.88	A와 잘 섞임

끓는점이 다르고, 서로 잘 섞인다. → 끓는점 차를 이용해 분리

서로 잘 섞이며, 끓는점 차가 큰 액체 혼합물은 증류로 분리하기에 적당하다.
③ B와 C의 혼합물은 끓는점 차가 크고, 서로 잘 섞이므로 증류로 분리하기에 가장 적당하다.

바로알기 ①, ⑤ A와 C, C와 D의 혼합물은 서로 섞이지 않으므로 증류로 분리하기에 적당하지 않다.
②, ④ A와 D, B와 D의 혼합물은 서로 잘 섞이지만, 끓는점 차가 B와 C의 혼합물보다 크지 않으므로 B와 C의 혼합물보다 증류로 분리하기 어렵다.

10 ①, ②, ③, ⑤ 끓는점 차를 이용하여 분리한다.

바로알기 ④ 밀도 차를 이용하여 분리한다.

11 ④ 소금물보다 밀도가 작은 쭉정이는 소금물 위로 뜨고, 소금물보다 밀도가 큰 좋은 볍씨는 아래로 가라앉으므로 밀도는 쭉정이<소금물<좋은 볍씨 순이다.

바로알기 ① 밀도 차를 이용하는 방법이다.
② 쭉정이는 소금물보다 밀도가 작다.
③ 소금물의 밀도는 농도가 진할수록 커진다. 쭉정이가 뜨지 않을 때는 소금물의 밀도가 쭉정이보다 작은 상태이므로 소금을 더 녹여 소금물의 밀도를 크게 해야 한다.
⑤ 물과 에탄올 혼합물은 끓는점 차를 이용한 증류로 분리한다.

12 ③ 모래는 스타이로폼보다 밀도가 커 물에 가라앉으므로 밀도 차를 이용하여 분리할 수 있다.

13

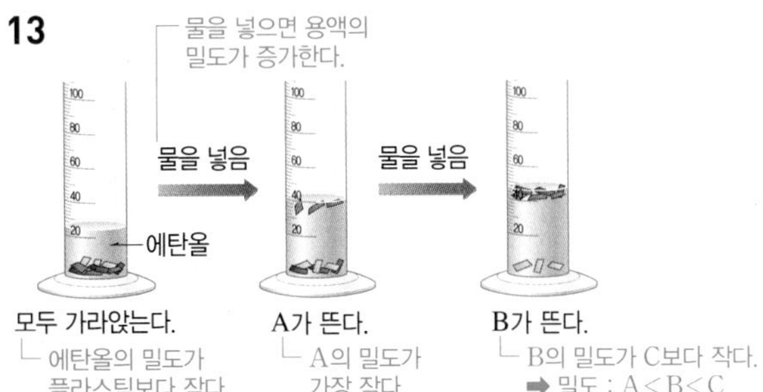

①, ⑤ 이 실험은 밀도 차를 이용한 것으로, 소금물로 좋은 볍씨를 고르는 것도 밀도 차를 이용하여 혼합물을 분리하는 예이다.
② 에탄올에 플라스틱 A~C를 넣었을 때 모두 가라앉았으므로 플라스틱 A~C의 밀도는 모두 에탄올보다 크다.
③ A가 가장 먼저 떠올랐으므로 A의 밀도가 가장 작다. A와 B가 떠올랐을 때 C는 떠오르지 않았으므로 C의 밀도가 가장 크다. 따라서 플라스틱의 밀도 크기는 A<B<C 순이다.

바로알기 ④ 에탄올에 물을 넣으면 가라앉았던 플라스틱이 떠오르므로 에탄올에 물을 넣을수록 용액의 밀도가 증가하는 것을 알 수 있다.

14 ④ 밀도가 다른 두 고체 혼합물을 분리할 때는 밀도가 두 물질의 중간 정도이며, 두 물질을 모두 녹이지 않는 액체를 사용해야 한다. A의 밀도는 1.2 g/cm^3, B의 밀도는 1.9 g/cm^3이므로 밀도가 1.6 g/cm^3인 사염화 탄소에 넣으면 A는 뜨고, B는 가라앉으므로 분리할 수 있다.

15 ①, ③, ④, ⑤ 밀도 차를 이용하여 혼합물을 분리하는 예이다.

바로알기 ② 증류탑에서 원유를 분리하는 것은 끓는점 차를 이용하여 혼합물을 분리하는 예이다.

16 ① 밀도가 큰 물질이 아래로 가라앉으므로 아래층에 있는 B의 밀도가 위층에 있는 A의 밀도보다 크다.
③ A와 B의 경계면에 있는 액체에는 두 물질이 조금씩 섞여 있으므로 따로 받아 낸다.

바로알기 ⑤ B를 분리할 때는 마개를 연 후 꼭지를 돌려야 대기압이 작용하여 액체가 아래쪽으로 흘러나온다.

17 분별 깔때기는 서로 섞이지 않고 밀도가 다른 액체의 혼합물을 분리할 때 사용하는 실험 기구이다.
①, ②, ③, ④의 혼합물은 분별 깔때기로 분리할 수 있다.

바로알기 ⑤ 물과 에탄올은 서로 잘 섞이므로 분별 깔때기로 분리할 수 없으며, 끓는점 차를 이용한 증류로 분리한다.

18 ㄱ. (가)는 분별 깔때기, (나)는 스포이트이며, (가)는 아래층 물질을 먼저 분리하고, (나)는 위층 물질을 먼저 분리한다.

ㄷ. 서로 섞이지 않는 액체 혼합물은 밀도 차를 이용하여 분리한다.

바로알기 ㄴ. (가)와 (나) 모두 서로 섞이지 않는 액체 혼합물을 밀도 차를 이용하여 분리할 때 사용하는 실험 기구이다.

19

	채점 기준	배점
(1)	(가)와 (나)를 모두 옳게 쓴 경우	50 %
	(가)와 (나) 중 한 가지만 옳게 쓴 경우	25 %
(2)	물질이 분리되는 순서를 끓는점과 관련지어 옳게 서술한 경우	50 %

20

채점 기준	배점
끓는점이 가장 낮은 물질이 분리되어 나오는 부분의 기호를 옳게 쓰고, 그 까닭을 옳게 서술한 경우	100 %
끓는점이 가장 낮은 물질이 분리되어 나오는 부분의 기호만 옳게 쓴 경우	50 %

21

	채점 기준	배점
(1)	밀도를 옳게 비교한 경우	50 %
(2)	액체의 조건 두 가지를 모두 옳게 서술한 경우	50 %
	액체의 조건을 한 가지만 옳게 서술한 경우	25 %

22

채점 기준	배점
액체의 성질 두 가지를 모두 옳게 서술한 경우	100 %
액체의 성질을 한 가지만 옳게 서술한 경우	50 %

수준 높은 문제로 **실력탄탄** 진도 교재 89쪽

01 ④ **02** ⑤

01 ④ 기체 혼합물을 냉각시켜 액체로 만든 후 온도를 서서히 높이면 끓는점이 낮은 물질일수록 증류탑의 위쪽에서 분리되어 나온다.

02 밀도가 다르고, 서로 섞이지 않는다. → 밀도 차를 이용해 분리

물질	끓는점 (°C)	녹는점 (°C)	밀도 (g/mL)	용해성
물	100	0.0	1.00	A, B와 잘 섞인다.
A	78	−114.1	0.79	B, 물과 잘 섞인다.
B	56	8.9	0.53	A, 물과 잘 섞인다.
C	85	5.6	0.88	물과 섞이지 않는다.

끓는점이 다르고, 서로 잘 섞인다. → 끓는점 차를 이용해 분리

서로 잘 섞이며, 끓는점이 다른 액체 혼합물은 끓는점 차를 이용하여 분리하기에 적당하다. 서로 잘 섞이지 않고, 밀도가 다른 액체 혼합물은 밀도 차를 이용하여 분리하기에 적당하다.

ㄱ. 물, A, B의 혼합물은 끓는점이 다르고, 서로 잘 섞이므로 끓는점 차를 이용한 증류로 분리하기에 적당하다.

ㄴ. 증류는 성분 물질 사이의 끓는점 차가 클수록 분리가 잘 된다. A와 B는 물과 잘 섞이며, 물과 A의 끓는점 차가 물과 B의 끓는점 차보다 작으므로 물과 B의 혼합물이 물과 A의 혼합물보다 분리가 잘 된다.

ㄷ. 물과 C의 혼합물은 밀도가 다르고, 서로 섞이지 않으므로 밀도 차를 이용하여 분별 깔때기로 분리할 수 있다.

04 혼합물의 분리(2)

확인 문제로 **개념쏙쏙** 진도 교재 91쪽

A 재결정

B 크로마토그래피

1 용해도 **2** ㉠ 큰, ㉡ 붕산 **3** (1) 4가지 (2) D **4** (1) × (2) × (3) ○ (4) ○ **5** 크로마토그래피

1 재결정은 온도에 따른 용해도 차를 이용하여 불순물이 섞여 있는 고체 물질을 용매에 녹인 다음 용액의 온도를 낮추거나 용매를 증발시켜 순수한 고체 물질을 얻는 방법이다.

2 온도에 따른 용해도 차가 클수록 재결정하기 쉽다. 붕산은 염화 나트륨보다 온도에 따른 용해도 차가 크므로 20 °C로 냉각하였을 때 용해도 이상 들어 있는 붕산이 결정으로 석출된다.

3 (1) 시금치 잎의 색소가 A~D로 분리되었으므로 색소를 이루는 성분 물질은 최소 4가지임을 알 수 있다.
(2) 색소를 찍은 점에서 가장 멀리까지 이동한 D의 이동 속도가 가장 빠르다.

4 **바로알기** (1) 크로마토그래피는 성분 물질이 용매를 따라 이동하는 속도가 다른 것을 이용하여 혼합물을 분리하는 방법이다.
(2) 크로마토그래피는 분리 방법이 간단하고, 분리하는 데 걸리는 시간이 짧다.

5 사인펜 잉크의 색소 분리, 운동선수의 도핑 테스트, 음식물에 첨가된 유해 물질의 검출은 모두 크로마토그래피를 이용하여 혼합물을 분리하는 예이다.

탐구 a 진도 교재 92쪽

㉠ 용해도, ㉡ 큰

01 (1) ○ (2) ○ (3) × (4) × (5) ○ (6) ○ **02** 붕산, 11 g

03 20 °C에서 붕산의 용해도는 5.0이므로 20 °C 물 100 g에 붕산은 최대 5.0 g 녹을 수 있고, 11 g(=16 g−5 g)은 결정으로 석출된다.

01 바로알기 (3) 0 ℃의 물 100 g에 질산 칼륨은 최대 13.6 g이 녹을 수 있으므로, 질산 칼륨 13.0 g이 녹아 있는 용액은 불포화 용액이다.
(4) 용해도 곡선의 기울기가 클수록 온도에 따른 용해도 차가 크므로 질산 칼륨은 황산 구리(Ⅱ)보다 온도에 따른 용해도 차가 크다.

02 20 ℃에서 붕산의 용해도는 5.0이므로 20 ℃ 물 100 g에 붕산은 최대 5.0 g 녹을 수 있고, 11 g(=16 g−5 g)은 결정으로 석출된다. 20 ℃에서 염화 나트륨의 용해도는 35.9이므로 염화 나트륨 16 g은 모두 녹아 있다.

03

채점 기준	배점
붕산 11 g이 석출되는 까닭을 옳게 서술한 경우	100 %
그 외의 경우	0 %

탐구 b

진도 교재 93쪽

㉠ 용매, ㉡ 속도
01 (1) × (2) ○ (3) × (4) ○ (5) ○ (6) × **02** 3가지, C
03 크로마토그래피, 분리 방법이 간단하다. 분리하는 데 걸리는 시간이 짧다. 매우 적은 양의 혼합물도 분리할 수 있다. 성질이 비슷하거나 복잡한 혼합물도 한 번에 분리할 수 있다. 중 두 가지

01 바로알기 (1) 사인펜 잉크를 찍은 점이 용매에 잠기면 성분 물질이 거름종이에 번져 나가기 전에 용매에 녹아 분리되지 않으므로 용매에 잠기지 않게 한다.
(3) 용매는 사인펜의 잉크를 녹이는 것을 사용해야 한다.
(6) 사인펜의 색이 같더라도 사인펜이 유성과 수성으로 다르기 때문에 크로마토그래피 결과가 달라진다.

02 사인펜 잉크의 색소가 A~C로 분리되었으므로 색소를 이루는 성분 물질은 최소 3가지임을 알 수 있다. 높이 올라간 성분 물질일수록 이동 속도가 빠르다.

03

채점 기준	배점
혼합물의 분리 방법을 옳게 쓰고, 장점을 두 가지 모두 옳게 서술한 경우	100 %
혼합물의 분리 방법을 옳게 쓰고, 장점을 한 가지만 옳게 서술한 경우	70 %
혼합물의 분리 방법 또는 장점 한 가지만 옳게 쓴 경우	40 %

여기서 잠깐

진도 교재 94쪽

유제❶ 질산 칼륨, 53.1 g 유제❷ 붕산, 2.5 g

유제❶ 20 ℃에서 질산 칼륨의 용해도는 31.9이므로 20 ℃로 냉각하면 질산 칼륨은 31.9 g만 녹고, 나머지 53.1 g(=85 g−31.9 g)이 결정으로 석출된다. 20 ℃에서 황산 구리(Ⅱ)의 용해도는 20.0이므로 황산 구리(Ⅱ) 18 g은 모두 녹아 있다.

유제❷ 20 ℃ 물 100 g에 염화 나트륨 35.9 g, 붕산 5.0 g이 최대로 녹을 수 있으므로 물 50 g에는 각각 17.95 g, 2.5 g이 최대로 녹을 수 있다. 따라서 20 ℃ 물 50 g에 붕산은 2.5 g만 녹고, 나머지 2.5 g(=5 g−2.5 g)이 결정으로 석출되며, 염화 나트륨 10 g은 모두 녹아 있다.

여기서 잠깐

진도 교재 95쪽

유제❶ (1) A와 C 혼합물 (2) ②

유제❶

밀도가 다르고, 서로 섞이지 않는다. → 밀도 차를 이용해 분리

물질	끓는점(℃)	밀도(g/mL)	용해성
A	78	0.79	C와 잘 섞인다.
B	76.7	1.63	A, C와 섞이지 않는다.
C	117.8	1.05	A와 잘 섞인다.

끓는점이 다르고, 서로 잘 섞인다. → 끓는점 차를 이용해 분리

(1) A와 C 혼합물은 서로 잘 섞이며, 끓는점이 다른 액체 혼합물이므로 끓는점 차를 이용한 증류로 분리하기에 적당하다.
(2) ② B와 C 혼합물은 서로 섞이지 않으며, 밀도가 다른 액체 혼합물이므로 밀도 차를 이용해 분별 깔때기로 분리할 수 있다.

기출 문제로 내신쑥쑥

진도 교재 96~98쪽

01 ③ **02** ⑤ **03** ① **04** ⑤ **05** ② **06** ③ **07** ③
08 ④ **09** ③ **10** ③ **11** ① **12** ③
서술형문제 **13** 20 ℃에서 질산 칼륨의 용해도는 31.9이므로 질산 칼륨은 31.9 g만 녹고, 나머지 28.1 g(=60 g−31.9 g)이 결정으로 석출된다. **14** B, B의 크로마토그래피는 금지 약물의 성분 물질을 모두 포함하고 있기 때문이다. **15** (1) (가) 밀도, (나) 용해도 (2) 끓는점 차를 이용하여 소금물을 증류하면 물과 소금으로 분리할 수 있다.

01 ③ 불순물이 포함된 질산 칼륨을 뜨거운 물에 녹인 후 냉각하여 걸러 순수한 질산 칼륨을 얻는 것은 온도에 따른 용해도 차를 이용한 재결정으로 혼합물을 분리하는 방법이다.

02 ㅁ, ㅂ. 붕산과 황산 구리(Ⅱ), 질산 칼륨과 염화 나트륨은 온도에 따른 용해도 차를 이용한 재결정으로 분리한다.
바로알기 ㄱ. 물과 에탄올은 끓는점 차를 이용한 증류로 분리한다.
ㄴ, ㄷ. 물과 식용유, 물과 사염화 탄소는 밀도 차를 이용하여 분별 깔때기로 분리한다.

ㄹ. 스타이로폼과 모래는 밀도 차를 이용하여 두 고체 물질을 녹이지 않고 밀도가 두 물질의 중간 정도인 용매에 넣어 분리한다.

03 ① 20 ℃ 물 100 g에 질산 칼륨은 최대 31.9 g 녹을 수 있고, 황산 구리(Ⅱ)는 최대 20.0 g 녹을 수 있다. 따라서 20 ℃로 냉각하면 질산 칼륨은 31.9 g만 녹고, 나머지 68.1 g (=100 g−31.9 g)이 석출되며, 황산 구리(Ⅱ) 10 g은 모두 녹아 있다.

04 ㄴ. 물질의 온도에 따른 용해도 차를 이용해 순수한 고체 물질을 얻는 방법을 재결정이라고 한다.
ㄷ. 용해도 곡선에서 염화 나트륨은 붕산보다 기울기가 작으므로 온도에 따른 용해도 차도 작다.
ㄹ. 천일염을 물에 녹인 다음 거름 장치로 걸러서 물에 녹지 않는 불순물을 제거하고, 거른 용액을 증발시키면 순도 높은 소금이 결정으로 석출된다. 천일염은 용해도 차를 이용한 재결정으로 순도 높은 소금을 얻을 수 있다.
바로알기 ㄱ. 온도에 따른 용해도 차를 이용하여 분리한다.

05 ② 20 ℃ 물 50 g에 염화 나트륨은 최대 17.95 g 녹을 수 있고, 붕산은 최대 2.5 g 녹을 수 있다. 따라서 20 ℃로 냉각하면 붕산은 2.5 g만 녹고, 나머지 7.5 g(=10 g−2.5 g)이 결정으로 석출되며, 염화 나트륨 15 g은 모두 녹아 있다.

06 ① 크로마토그래피는 사용하는 용매에 따라 분리되는 성분 물질의 수 또는 이동한 거리가 달라진다.
바로알기 ③ 크로마토그래피는 성분 물질이 용매를 따라 이동하는 속도 차를 이용한다.

07 **바로알기** ① 사인펜 잉크는 작게 찍으며, 한 번 찍고 말린 뒤 다시 찍어 진하게 한다.
② 사인펜 잉크를 찍은 점이 물에 잠기면 성분 물질이 거름종이에 번져 나가기 전에 물에 녹아 분리되지 않으므로 물에 잠기지 않게 장치해야 한다.
④ 이동 속도가 빠를수록 높이 올라가므로 가장 아래쪽에 분리되는 색소의 이동 속도가 가장 느리다.
⑤ 물 대신 에탄올을 용매로 사용하면 성분 물질의 용해성이나 용매를 따라 이동하는 속도가 달라지므로 실험 결과도 다르게 나타난다.

08

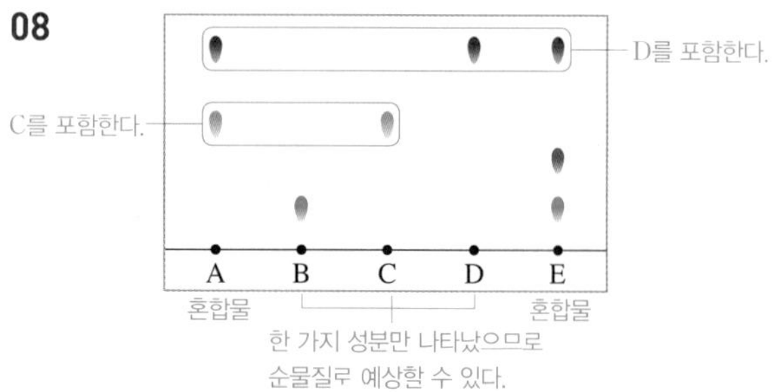

① B, C, D는 한 가지 성분만 나타나므로 순물질로 예상할 수 있다.
② A는 C와 D로 분리되었으므로 A에는 C와 D가 포함되어 있다.
③ A와 E는 같은 높이에 D가 있으므로 공통으로 D를 포함한다.
⑤ E는 3개의 성분으로 분리되었으므로 E를 이루는 성분 물질은 최소 3가지이다.
바로알기 ④ 용매를 따라 이동하는 속도가 빠를수록 위쪽에 나타난다. C는 D보다 아래쪽에 있으므로 C는 D보다 용매를 따라 이동하는 속도가 느리다.

09 ①, ②, ④, ⑤ 크로마토그래피를 이용하여 혼합물을 분리하는 예이다.
바로알기 ③ 끓는점 차를 이용한 증류로 분리한다.

10 **바로알기**

	혼합물	물질의 특성	분리 방법 및 장치
①	물과 메탄올	밀도 끓는점	증류
②	물과 식용유	끓는점 밀도	분별 깔때기
④	간장과 참기름	밀도	재결정 분별 깔때기
⑤	염화 나트륨과 붕산	용해도	크로마토그래피 재결정

11 (가)는 증류 장치, (나)는 분별 깔때기, (다)는 거름 장치이다.
① 증류 장치를 이용하여 소금물에서 물을 얻을 수 있다.
바로알기 ② 스타이로폼과 모래 혼합물을 물에 넣으면 스타이로폼은 뜨고, 모래는 가라앉으므로 분리할 수 있다.
③ 천일염을 뜨거운 물에 녹인 후 거름 장치로 거르면 깨끗한 소금을 얻을 수 있다.
④ 물과 에탄올의 혼합 용액은 증류 장치를 이용하여 분리한다.
⑤ 물과 식용유가 섞인 혼합 용액은 분별 깔때기를 이용하여 분리한다.

12

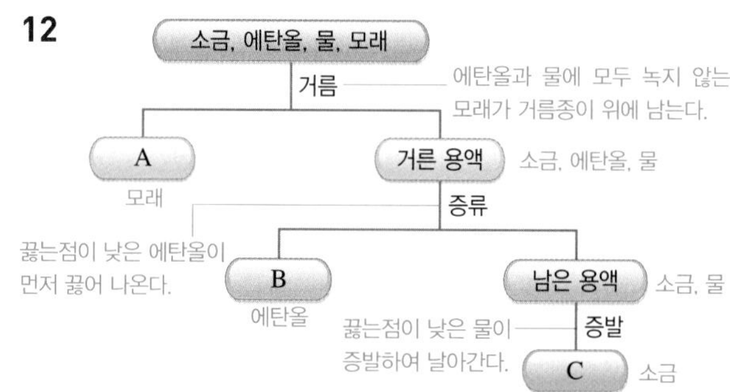

13 20 ℃ 물 100 g에 질산 칼륨은 최대 31.9 g 녹을 수 있고, 염화 나트륨은 최대 35.9 g 녹을 수 있다. 따라서 20 ℃로 냉각하면 질산 칼륨은 31.9 g만 녹고, 나머지 28.1 g(=60 g −31.9 g)이 결정으로 석출되며, 염화 나트륨 5 g은 모두 녹아 있다.

채점 기준	배점
석출되는 물질의 종류와 질량을 풀이 과정과 함께 옳게 서술한 경우	100 %
석출되는 물질의 종류와 질량만 옳게 쓴 경우	50 %

14

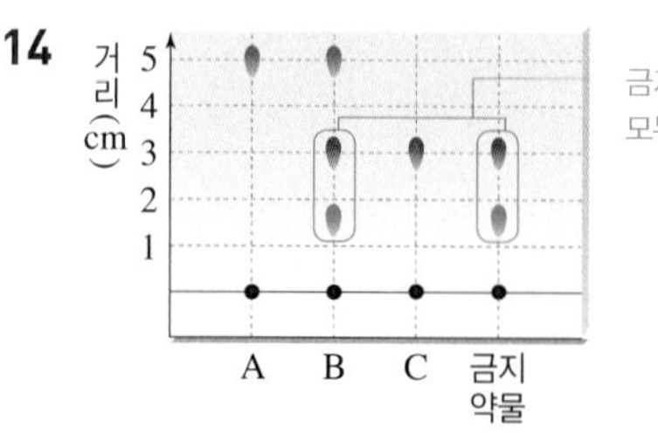

용매를 따라 이동한 높이가 같으면 같은 종류의 성분 물질이다. B의 크로마토그래피는 금지 약물의 성분 물질을 모두 포함하고 있기 때문에 B가 금지 약물을 복용하였다는 것을 확인할 수 있다.

채점 기준	배점
금지 약물을 복용한 운동선수를 옳게 고르고, 그 까닭을 옳게 서술한 경우	100 %
금지 약물을 복용한 운동선수만 옳게 고른 경우	50 %

15

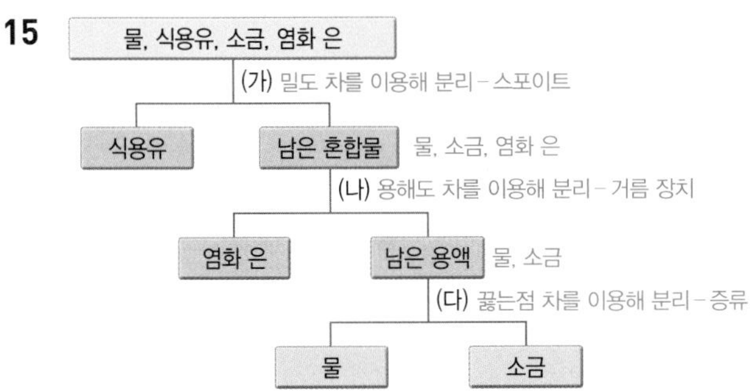

(1) 과정 (가)에서 밀도 차를 이용하여 스포이트로 식용유를 분리한 후 과정 (나)에서 용해도 차를 이용하여 거름 장치로 물에 녹지 않는 염화 은을 분리할 수 있다.
(2) 남은 용액을 증류 장치에 넣고 가열하면 소금은 남고 끓는점이 낮은 물만 기화하여 수증기가 된다. 이 수증기를 냉각하면 물을 얻을 수 있다. 증류를 이용하여 물과 소금을 모두 얻을 수 있다.

	채점 기준	배점
(1)	(가)와 (나) 과정에서 이용된 물질의 특성을 모두 옳게 쓴 경우	50 %
(2)	(다) 과정에서의 분리 방법을 물질의 특성을 포함하여 옳게 서술한 경우	50 %
	분리 방법 또는 물질의 특성만 옳게 쓴 경우	25 %

수준 높은 문제로 실력탄탄 진도 교재 98쪽

01 ① **02** ④

01 ㄱ. 0 ℃ 물 50 g에 질산 칼륨은 최대 6.8 g 녹을 수 있으므로 0 ℃로 냉각하면 질산 칼륨은 6.8 g만 녹고, 나머지 13.2 g (=20 g−6.8 g)이 결정으로 석출된다. 따라서 거름 장치로 거르면 (가)의 거름종이 위에 질산 칼륨 13.2 g이 남는다.
바로알기 ㄴ. 0 ℃ 물 50 g에 황산 구리 (Ⅱ)는 최대 7.1 g 녹을 수 있으므로, 0 ℃로 냉각하면 황산 구리(Ⅱ) 6 g은 모두 녹아 있고, 질산 칼륨은 13.2 g이 결정으로 석출되고 나머지 6.8 g이 녹아 있다. 따라서 거름 장치로 거른 후 (나)의 용액에는 황산 구리(Ⅱ) 6 g과 질산 칼륨 6.8 g이 녹아 있다.
ㄷ. 20 ℃ 물 50 g에 질산 칼륨은 최대 15.95 g 녹을 수 있다. 따라서 혼합물을 0 ℃로 냉각하는 과정에서 20 ℃일 때 질산 칼륨은 20 g 중 4.05 g(=20 g−15.95 g)이 결정으로 석출된다.

02 사탕수수에서 설탕을 얻을 때는 물질의 특성 중 끓는점, 밀도, 용해도를 이용한다.
(가) 사탕수수 으깬 즙을 가열하면 끓는점이 낮은 물만 증발하여 즙이 농축된다. ➡ 끓는점
(나) (가)의 혼합물을 냉각하면 노란 결정이 석출된다. ➡ 용해도
(다) 석출된 결정은 밀도가 커서 가라앉으므로 원심 분리하여 따로 분리한다. ➡ 밀도
(라) 분리한 결정을 재결정하면 불순물이 제거되고 순수한 설탕 결정을 얻을 수 있다. ➡ 용해도

단원평가문제 진도 교재 99~102쪽

01 ⑤ **02** ① **03** ④ **04** ⑤ **05** ④ **06** ④ **07** ② **08** ③ **09** ① **10** ⑤ **11** ① **12** ③ **13** ④ **14** ⑤ **15** ② **16** ②, ③ **17** ④ **18** ④

서술형문제 **19** A<B<C, 물질의 양이 많을수록 끓는점에 도달하는 데 걸리는 시간이 길어지기 때문이다. **20** B, 어는점이 일정하지 않기 때문이다. **21** LNG는 공기보다 밀도가 작으므로 천장 쪽에 설치하고, LPG는 공기보다 밀도가 크므로 바닥 쪽에 설치한다. **22** 80 ℃에서 물 50 g에 최대로 녹을 수 있는 고체 물질의 질량은 75 g이므로 60 ℃로 냉각하면 25 g(=75 g−50 g)이 결정으로 석출된다. **23** (1) 끓는점 (2) (나), 물과 B는 밀도가 다르고 서로 섞이지 않는 액체 혼합물이므로 밀도 차를 이용하여 분별 깔때기에 넣어 분리할 수 있다. **24** (1) 질산 칼륨, 68.1 g (2) 재결정, 온도에 따른 용해도 차를 이용한다.

01 공기, 땜납, 암석은 두 가지 이상의 순물질이 섞여 있는 혼합물이고, 구리, 암모니아, 염화 나트륨은 한 가지 물질로 이루어진 순물질이다.

02

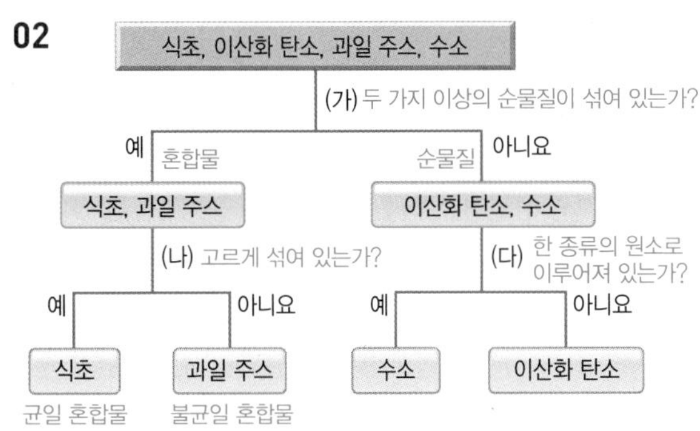

바로알기 ① 식초와 과일 주스는 혼합물이고, 수소와 이산화 탄소는 순물질이므로 (가)의 분류 기준은 '두 가지 이상의 순물질이 섞여 있는가?'이다.

03 밀도, 끓는점, 녹는점, 용해도는 물질의 종류에 따라 다르고, 같은 물질인 경우 물질의 양에 관계없이 일정하므로 물질을 구별할 수 있는 물질의 특성이다.

바로알기 길이, 부피, 질량, 농도는 물질의 양에 따라 측정값이 변하는 성질이므로 물질의 특성이 아니다.

04 A는 끓는점이 일정하지 않으므로 혼합물(소금물)이고, B는 끓는점이 일정하므로 순물질(물)이다.
⑤ 외부 압력이 높아지면 끓는점이 높아지므로 B의 수평 구간의 온도가 높아진다.
바로알기 ①, ③ A는 혼합물인 소금물이므로 냉각 곡선에서 온도가 일정한 구간이 나타나지 않는다.
②, ④ B는 순물질이므로 양에 관계없이 어는점이 일정하다.

05 ④ 물질의 종류가 같으면 양이 달라도 끓는점이 같으므로 수평 구간의 온도는 같다. 그러나 양이 많아지면 끓는점에 도달하는 데 걸리는 시간이 길어지므로 수평 구간이 더 늦게 나타난다.

06

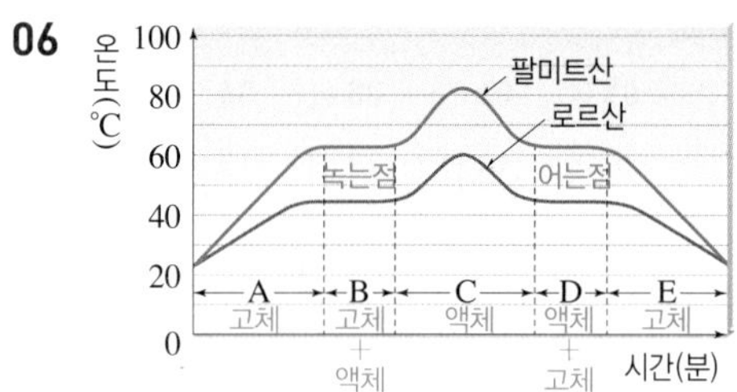

①, ② 로르산과 팔미트산의 가열·냉각 곡선에서 B는 녹는점이고, D는 어는점이다. B와 D 구간에서 상태 변화가 일어나는 동안 온도가 일정하게 유지되므로 두 물질은 순물질임을 알 수 있다.
③ 로르산의 녹는점은 44 ℃, 팔미트산의 녹는점은 62 ℃로 다르므로 녹는점을 이용하여 두 물질을 구별할 수 있다.
⑤ 두 물질은 A, E 구간에서 고체 상태, B, D 구간에서 고체+액체 상태, C 구간에서 액체 상태로 존재한다.
바로알기 ④ 같은 물질인 경우 녹는점과 어는점은 물질의 양에 관계없이 일정하다. 따라서 물질의 양이 증가해도 B 구간의 온도인 녹는점은 높아지지 않는다.

07 ② 실온(약 20 ℃)이 끓는점보다 높은 온도이므로 기체 상태이다.
바로알기 ①, ③, ⑤ 실온(약 20 ℃)이 녹는점과 끓는점 사이의 온도이므로 액체 상태이다.
④ 실온(약 20 ℃)이 녹는점보다 낮은 온도이므로 고체 상태이다.

08 ③ 그림에서 직선의 기울기$=\frac{\text{질량}}{\text{부피}}=$밀도이므로, 기울기가 같은 B와 E가 같은 물질이다. 물질 A~E의 밀도를 계산하면 다음과 같다.

• A : $\frac{40\text{ g}}{10\text{ cm}^3}=4\text{ g/cm}^3$ • B : $\frac{10\text{ g}}{10\text{ cm}^3}=1\text{ g/cm}^3$

• C : $\frac{30\text{ g}}{20\text{ cm}^3}=1.5\text{ g/cm}^3$ • D : $\frac{10\text{ g}}{20\text{ cm}^3}=0.5\text{ g/cm}^3$

• E : $\frac{30\text{ g}}{30\text{ cm}^3}=1\text{ g/cm}^3$

09 ㄱ. 밀도는 철이 7.9 g/cm^3, 알루미늄이 2.7 g/cm^3이다. 철과 알루미늄은 모두 물의 밀도보다 크므로 물에 넣으면 가라앉는다.
바로알기 ㄴ. 철 조각을 반으로 자르면 질량과 부피가 감소하지만, 밀도는 물질의 양에 관계없이 일정한 물질의 특성이므로 철 조각을 반으로 잘라도 밀도는 일정하다.
ㄷ. 같은 물질인 경우 물질의 상태가 변하면 부피가 달라진다. 따라서 알루미늄을 가열하여 액체 상태가 되면 부피가 달라지므로 밀도가 변한다.

10 ① 제시된 자료에서 질산 칼륨과 염화 나트륨은 온도가 높을수록 용해도가 증가함을 알 수 있다.
② 용해도 곡선의 기울기가 클수록 온도에 따른 용해도 변화가 크다. 따라서 질산 칼륨이 염화 나트륨보다 온도에 따른 용해도 변화가 크다.
③ 용해도 곡선 상의 점은 그 온도에서 포화 용액이므로, A점과 C점에서 질산 칼륨 수용액은 포화 상태이다.
④ B점은 불포화 상태이므로 용질인 염화 나트륨은 용매인 물에 더 녹을 수 있다.
바로알기 ⑤ 포화 용액의 온도를 낮추면 두 온도에서의 용해도 차만큼 결정이 석출된다. 질산 칼륨의 용해도는 60 ℃에서 109이고, 20 ℃에서 32이므로 물 100 g에 질산 칼륨을 녹여 만든 C 용액을 20 ℃로 냉각하면 109 g−32 g=77 g의 결정이 석출된다.

11 ① 20 ℃에서 질산 칼륨의 용해도가 32이므로, 물 100 g에 질산 칼륨은 최대 32 g 녹을 수 있다. 따라서 더 넣어 주어야 하는 질산 칼륨의 질량은 12 g(=32 g−20 g)이다.

12 ㄱ. (가)에서 온도가 높을수록 기포가 많이 발생한다. 따라서 발생하는 기포의 수는 A<B이다.
ㄷ. (가)는 온도와 기체의 용해도 관계를 알아보는 실험이고, (나)는 압력과 기체의 용해도 관계를 알아보는 실험이다.
바로알기 ㄴ. (나)에서 감압 용기의 공기를 빼면 용기 속 압력이 낮아지므로 기포가 많이 발생한다. 따라서 발생하는 기포의 수는 C<D이다.

13 ④ 소줏고리에 탁한 술을 넣고 가열하면 끓는점이 낮은 에탄올이 먼저 기화되어 끓어 나온다. 이 기체 물질이 찬물이 담긴 그릇에 닿으면 액화되어 소줏고리 가지를 따라 흘러나오는데, 이것이 소주이다.

14 ㄴ. 첫 번째 수평 구간인 A에서는 물보다 끓는점이 낮은 에탄올이 끓는점보다 약간 높은 온도에서 주로 끓어 나온다.
ㄷ. 두 번째 수평 구간인 B에서는 에탄올보다 끓는점이 높은 물이 끓어 나온다.
ㄹ. 물과 에탄올은 서로 잘 섞이고 끓는점이 다르기 때문에 끓는점 차를 이용하여 분리한다.
바로알기 ㄱ. 끓임쪽은 액체가 갑자기 끓어오르는 것을 방지하기 위해 넣는다.

15 바로알기 ① 끓는점 차를 이용하여 혼합물을 분리한다.
③ 증류탑의 온도는 위쪽으로 갈수록 낮아지므로 끓는점이 낮은 물질일수록 위쪽에서 분리되어 나온다.
④ A~E에서 분리되어 나오는 물질은 끓는점이 일정하지 않으므로 끓는점이 비슷한 여러 가지 물질이 섞인 혼합물이다.
⑤ A의 끓는점이 가장 낮고, E의 끓는점이 가장 높다.

16 ②, ③ 분별 깔때기는 서로 섞이지 않고 밀도가 다른 액체의 혼합물을 분리할 때 사용한다.

바로알기 ①, ④ 물과 에탄올, 물과 메탄올은 끓는점 차를 이용하여 분리한다.

⑤ 질산 칼륨과 염화 나트륨은 온도에 따른 용해도 차를 이용하여 분리한다.

17 ④ 40 ℃에서 염화 나트륨의 용해도는 36.4이고, 붕산의 용해도는 8.8이므로 40 ℃ 물 100 g에 염화 나트륨은 최대 36.4 g 녹을 수 있고, 붕산은 최대 8.8 g 녹을 수 있다. 따라서 40 ℃로 냉각하면 염화 나트륨 30 g은 모두 녹아 있고, 붕산은 8.8 g만 녹고, 나머지 11.2 g(=20 g−8.8 g)이 결정으로 석출된다.

18

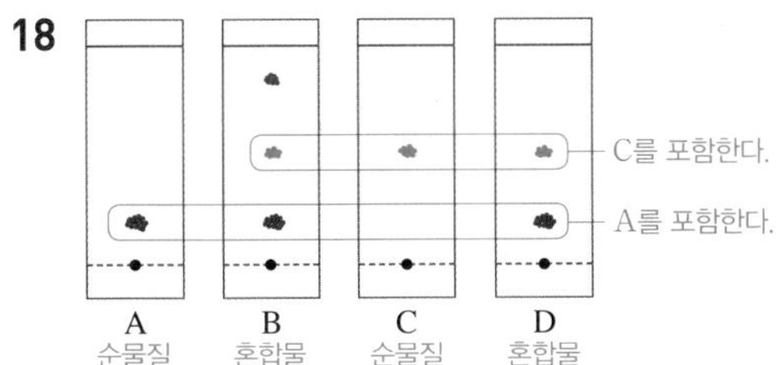

① A와 C는 1가지 성분만 나타나므로 순물질로 예상할 수 있다.

② B는 3가지 성분으로 분리되었으므로 B를 이루는 성분 물질은 최소 3가지이다.

③ D는 A와 C로 분리되었으므로 D에는 A와 C가 섞여 있다.

바로알기 ④ 용매를 따라 이동하는 속도가 가장 빠른 물질이 가장 멀리 이동한다.

19

채점 기준	배점
A~C의 양을 옳게 비교하고, 그 까닭을 옳게 서술한 경우	100 %
A~C의 양만 옳게 비교한 경우	50 %

20 A는 순물질의 냉각 곡선이고, B는 혼합물의 냉각 곡선이다.

채점 기준	배점
B를 고르고, 그 까닭을 옳게 서술한 경우	100 %
B만 고른 경우	50 %

21 LNG는 공기보다 밀도가 작아서 위로 퍼지고, LPG는 공기보다 밀도가 커서 아래로 가라앉는다.

채점 기준	배점
가스 누출 경보기의 설치 위치를 그 까닭과 함께 옳게 서술한 경우	100 %
가스 누출 경보기의 설치 위치만 옳게 쓴 경우	50 %
LNG 또는 LPG 중 한 가지만 설치 위치와 그 까닭을 옳게 서술한 경우	50 %

22 80 ℃에서 고체 물질의 용해도는 150이므로, 물 100 g에 최대 150 g 녹을 수 있고, 물 50 g에는 최대 75 g 녹을 수 있다. 또한 60 ℃에서 고체 물질의 용해도는 100이므로, 물 100 g에 최대 100 g 녹을 수 있고, 물 50 g에는 최대 50 g 녹을 수 있다.

채점 기준	배점
석출되는 결정의 질량을 풀이 과정과 함께 옳게 서술한 경우	100 %
석출되는 결정의 질량만 옳게 쓴 경우	50 %

23 끓는점이 다르고, 서로 잘 섞인다. → 끓는점을 이용해 분리

물질	밀도(g/mL)	끓는점(℃)	용해성
물	1.00	100	A와 잘 섞인다.
A	0.88	80	물과 잘 섞인다.
B	0.79	56	물과 섞이지 않는다.

밀도가 다르고, 서로 섞이지 않는다. → 밀도 차를 이용해 분리

(1) 물과 A의 혼합물은 끓는점이 다르고 서로 잘 섞이는 액체 혼합물이므로 끓는점 차를 이용해 분리하기에 적당하다.

(2) 물과 B의 혼합물은 밀도가 다르고 서로 섞이지 않는 액체 혼합물이므로 밀도 차를 이용해 (나) 분별 깔때기에 넣어 분리할 수 있다.

	채점 기준	배점
(1)	물과 A의 혼합물을 분리할 때 이용되는 물질의 특성을 옳게 쓴 경우	50 %
(2)	물과 B의 혼합물을 분리하기에 가장 적당한 실험 장치를 옳게 쓰고, 그 까닭을 옳게 서술한 경우	50 %
	분리하기에 가장 적당한 실험 장치만 옳게 쓴 경우	25 %

24 (1) 20 ℃ 물 100 g에 최대로 녹을 수 있는 질산 칼륨은 31.9 g이므로 질산 칼륨 31.9 g이 녹아 있고, 나머지 69.1 g (=100 g−31.9 g)은 결정으로 석출된다.

	채점 기준	배점
(1)	석출되는 물질의 종류와 질량을 모두 옳게 쓴 경우	50 %
(2)	분리 방법을 옳게 쓰고, 온도를 포함하여 물질의 특성을 옳게 서술한 경우	50 %
	분리 방법 또는 물질의 특성만 옳게 쓴 경우	25 %

이 단원에서는 물질의 특성과 혼합물의 분리에 대해 배웠어요. 이젠 여러 물질이 섞여 있는 혼합물의 분리도 문제 없죠!?

Ⅶ 수권과 해수의 순환

01 수권의 분포와 활용

확인 문제로 **개념쏙쏙** 진도 교재 107쪽

Ⓐ 수권, 해수, 담수

Ⓑ 수자원, 지하수, 생활용수, 증가

1 ㉠ 해수, ㉡ 지하수 **2** ㉠ 담수, ㉡ 빙하, ㉢ 지하수 **3** ③, ④ **4** (1) - ㉢ (2) - ㉡ (3) - ㉠ (4) - ㉣ **5** (1) ○ (2) ○ (3) × (4) ○ (5) ○ (6) ×

1 지구에 분포하는 물의 양을 비교하면 해수 > 빙하 > 지하수 > 호수와 하천수이다.

2 육지의 물은 대부분 담수이다. 담수 중 가장 많은 양을 차지하는 것은 빙하이고, 그 다음으로 많은 양을 차지하는 것은 지하수이다.

3 우리가 생활에서 가장 쉽게 활용할 수 있는 물은 담수 중 호수와 하천수이며, 부족하면 지하수를 개발하여 활용한다. 해수는 짠맛이 나고 빙하는 얼어 있어 바로 활용하기 어렵다.

4 (1) 공업용수는 산업 활동에 쓰이는 물이다.
(3) 생활용수는 일상생활에 쓰이는 물이다.
(4) 유지용수는 하천의 정상적인 기능을 유지하기 위해 필요한 물이다. 하천은 항상 일정한 양 이상의 물이 흘러야 하천으로서의 기능을 할 수 있다.

5 (2) 수자원으로 쉽게 활용되는 물은 호수와 하천수 및 지하수로, 수권의 0.77 % 정도에 불과하다.
바로알기 (3) 우리나라의 수자원은 농업용수로 가장 많이 이용되고 있다.
(6) 지하수는 빗물이 스며들어 채워지므로 적절히 활용하면 지속적으로 사용할 수 있다.

기출 문제로 **내신쏙쏙** 진도 교재 108~111쪽

01 ① **02** ② **03** ③ **04** ④ **05** ③ **06** ③ **07** ② **08** ② **09** ⑤ **10** ③ **11** ① **12** ② **13** ① **14** ④ **15** ② **16** ③ **17** ⑤ **18** ① **19** ② **20** ③

서술형 문제 **21** (1) (나) 해수, (다) 지하수, (라) 빙하 (2) $1000\ \text{mL} \times \frac{2.53}{100} = 25.3\ \text{mL}$이다. **22** 생활용수, 요리를 한다. 손을 씻는다. 빨래를 한다. 등 **23** 지하수는 호수와 하천수보다 양이 많고, 빗물이 스며들어 채워지므로 지속적으로 사용할 수 있어 수자원으로서 가치가 높다. **24** 댐을 건설한다. 지하수를 개발한다. 해수를 담수화한다. 등

01 **바로알기** ② 수권의 물은 크게 해수와 담수로 구분할 수 있다.
③ 수권의 물 중 해수가 약 97 %로 가장 많은 양을 차지한다.
④ 육지의 물은 대부분 담수이고, 담수 중 가장 많은 양을 차지하는 빙하는 고체 상태이다.
⑤ 육지의 물은 대부분 짠맛이 나지 않는 담수이다. 짠맛이 나는 것은 해수이다.

02 지구상에 존재하는 물 중에서 가장 많은 양을 차지하는 것은 해수로, 전체의 약 97 %를 차지한다.

03 담수는 짠맛이 나지 않는 물로, 빙하, 지하수, 호수와 하천수의 물을 포함한다.

04 **바로알기** ㄷ. 담수 중 대부분은 빙하의 형태로 존재한다.

05 수권은 해수와 담수로 이루어져 있으며, 수권의 대부분은 해수이다. 담수는 빙하, 지하수, 호수와 하천수 순으로 많다.

06

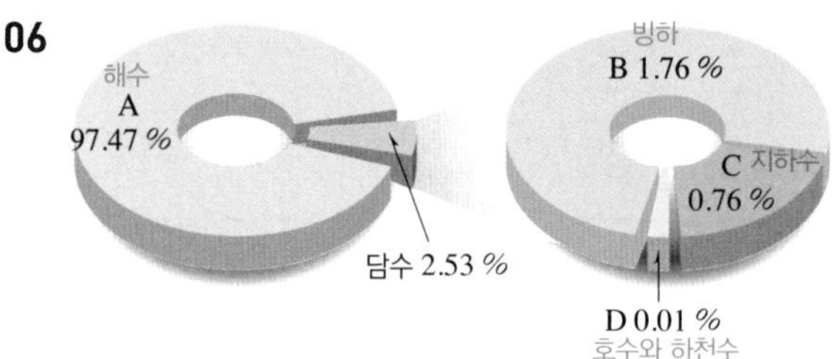

07 ② B는 빙하로, 극지방이나 고산 지대에 분포한다.
바로알기 ① A는 해수로, 바다에 존재한다.
③ C는 지하수로, 땅속을 천천히 흐르는 물이다.
④ D는 호수와 하천수로, 지표에 존재한다.
⑤ B, C, D는 모두 담수로, 짠맛이 나지 않는다.

08 고체 상태이며, 담수 중 가장 많은 양을 차지하는 것은 빙하이다.

09 **바로알기** ⑤ 수자원이 오염되면 복구하기 힘들므로 물의 오염을 방지해야 한다.

10 우리가 쉽게 활용할 수 있는 물은 지하수와 강, 호수의 물이다. 따라서 $1000\ \text{mL} \times \frac{(0.76+0.01)}{100} = 7.7\ \text{mL}$이다.

11 **바로알기** ㄷ. 지하수는 빗물이 지속적으로 채워지므로 적절히 활용하면 지속적인 사용이 가능하다. 그러나 지하수를 무분별하게 개발하여 사용할 경우 지반 침하, 지하수 고갈 등의 문제가 발생할 수 있으므로 주의해야 한다.
ㄹ. 지하수는 해수나 빙하에 비해 쉽게 활용할 수 있고, 호수나 하천수에 비해 양이 많아 수자원으로서 가치가 높다.

12 ③ 지하수는 주로 생활용수나 농업용수로 활용되며, 온천 등 관광 자원으로 활용할 수도 있다.
바로알기 ② 생활에 주로 이용하는 물은 담수이지만, 담수가 부족한 곳에서는 해수의 짠맛을 제거하여 활용하기도 한다.

13 (가)는 제품을 만드는 데 사용하는 물(공업용수), (나)는 농사를 짓는 데 사용하는 물(농업용수), (다)는 사람이 마시는 물(생활용수)을 나타낸 것이다.

ㄴ. 우리 생활에 이용하는 물은 주로 담수이다.
바로알기 ㄷ. 담수 중 액체 상태인 호수와 하천수, 지하수를 주로 이용한다.

14 사람이 생명 유지를 위해 마시는 물은 생활용수이고, 하천이 정상적인 기능을 하도록 수량을 유지하고 수질을 개선하는 데 필요한 물은 유지용수이다.

15 우리나라에서는 수자원을 농업용수로 가장 많이 활용하고 있으며, 유지용수와 생활용수로도 많이 활용하고 있다.

16 A는 농업용수, B는 생활용수, C는 유지용수, D는 공업용수이다.
바로알기 ① 제품을 만들거나 세척할 때 이용하는 물은 공업용수(D)이다.
② 농작물을 재배하거나 가축을 기를 때 이용하는 물은 농업용수(A)이다.
④ 청소나 빨래 등을 할 때 이용하는 물이나 마시는 물은 생활용수(B)이다.
⑤ 우리나라에서 수자원은 농업용수로 가장 많이 이용된다.

17 ② 1900년에 수자원 이용량이 약 500 km^3/년이었고, 2000년에는 수자원 이용량이 약 5000 km^3/년이므로, 10배 정도 증가하였다.
바로알기 ⑤ 수자원의 양은 한정되어 있는데, 이용량은 계속 증가하므로 앞으로 수자원은 점점 부족해질 것이다.

18 바로알기 ㄱ. 기후 변화로 홍수나 가뭄이 잦아지면 수자원을 안정적으로 확보하기 어렵다.
ㄷ. 산업화와 생활 수준의 향상으로 수자원의 이용량이 증가하고 있다.

19 수자원을 관리하기 위해서는 댐 건설, 지하수 개발 등을 통해 수자원을 안정적으로 확보할 뿐 아니라 물의 오염을 막고 물을 절약하여 효율적으로 활용해야 한다.
바로알기 ② 화학 비료는 수질 오염의 원인이 되므로 농사를 지을 때 농약이나 화학 비료의 사용을 줄여야 한다.

20 바로알기 C. 물을 절약하기 위해서 빨랫감은 모아서 한꺼번에 세탁한다.

21 수권의 대부분을 차지하는 (나)는 해수이고, (가)는 담수이다. 담수 중 가장 많은 양을 차지하는 (라)는 빙하이며, 담수 중 두 번째로 많은 (다)는 지하수이다.

	채점 기준	배점
(1)	(나)~(라)의 이름을 모두 옳게 쓴 경우	30 %
	(나)~(라) 중 하나의 이름을 옳게 쓴 경우 부분 배점	10 %
(2)	계산 과정과 답을 옳게 쓴 경우	70 %
	계산 과정만 옳게 쓴 경우	40 %

22 A는 농업용수, B는 생활용수, C는 유지용수, D는 공업용수이다.

채점 기준	배점
생활용수를 쓰고, 활용 예를 옳게 서술한 경우	100 %
생활용수만 쓴 경우	40 %

23 지하수는 농업용수나 생활용수 등으로 이용되는 중요한 수자원이다.

채점 기준	배점
지하수의 양과 지속 가능성을 포함하여 옳게 서술한 경우	100 %
그 외의 경우	0 %

24 수자원을 안정적으로 확보하기 위해서는 댐과 같은 저수 시설을 건설하거나 지하수를 개발해야 한다. 또한, 해수나 빙하를 활용하려는 노력도 필요하다.

채점 기준	배점
수자원 확보 방법 두 가지를 모두 옳게 서술한 경우	100 %
수자원 확보 방법을 한 가지만 옳게 서술한 경우	50 %

진도 교재 111쪽

01 ③ **02** ④

01 (가)는 빙하이고, (나)는 지하수이다.
ㄷ. (가)와 (나)는 모두 담수로, 짠맛이 나지 않는다.
바로알기 ㄱ. 빙하는 얼어 있어 우리 생활에 쉽게 활용하기 어렵고, 호수와 하천수 및 지하수를 쉽게 활용할 수 있다.
ㄴ. 주로 극지방이나 고산 지대에 분포하는 것은 빙하이다.

02

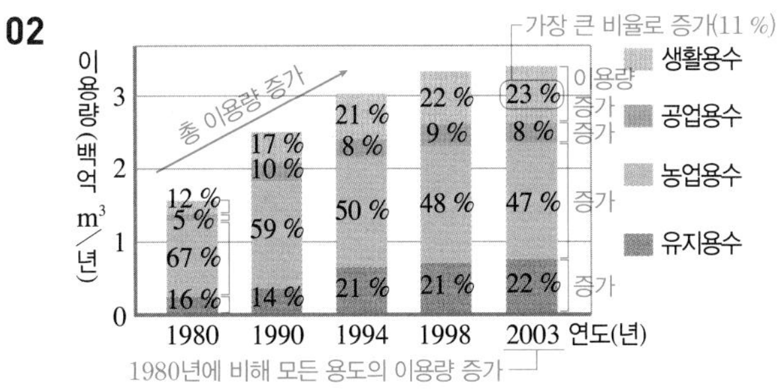

① 물의 총 이용량은 1980년에 약 160억 m^3/년에서 2003년에 약 340억 m^3/년으로 증가하였다.
② 우리나라에서는 농업용수의 이용량이 가장 많다.
③ 1980년에 비해 2003년에 농업용수가 차지하는 비율은 줄었지만, 농업용수의 실제 이용량은 증가하였다.
⑤ 이용할 수 있는 물의 양은 한정되어 있으므로 수자원의 이용량이 계속 증가하면 수자원은 부족해질 것이다.
바로알기 ④ 1980년 이후 차지하는 비율이 가장 크게 증가한 것은 생활용수이다. 공업용수가 차지하는 비율은 3 % 증가하였고, 농업용수가 차지하는 비율은 감소하였으며, 유지용수가 차지하는 비율은 6 % 증가하였다.

02 해수의 특성

확인 문제로 개념 쏙쏙 진도 교재 113, 115쪽

Ⓐ 낮아, 태양 에너지, 수온, 혼합층, 수온 약층, 심해층
Ⓑ 염류, 염분, 증발량, 강수량, 중, <, <, 염분비 일정 법칙

1 (1) × (2) × (3) ○ (4) ○ **2** ㉠ 태양, ㉡ 바람 **3** (1) A : 혼합층, B : 수온 약층, C : 심해층 (2) A (3) B (4) C (5) B (6) A **4** (1) × (2) × (3) ○ **5** A : 염화 나트륨, B : 염화 마그네슘 **6** (1) 40 psu (2) 32 psu (3) 30 psu (4) 96 g **7** ③ **8** (1) 낮 (2) 낮 (3) 높 (4) 높 **9** (1) × (2) ○ (3) ○ (4) × (5) ○ **10** 7 : 1

1 바로알기 (1), (2) 고위도에서 저위도로 갈수록 해수면에 도달하는 태양 에너지양이 많아지므로 해수의 표층 수온은 높아진다.

2 깊이가 깊어질수록 태양 에너지가 적게 도달하고, 바람의 영향이 감소하여 수온 분포가 달라진다.

3 (2) 해수면 부근은 바람의 영향을 받아 위아래의 해수가 섞이므로 수온이 일정하다. 따라서 바람의 혼합 작용으로 수온이 일정한 층은 혼합층(A)이다.
(4) 태양 에너지가 거의 도달하지 않아 수온이 낮고, 깊이에 따른 수온 변화가 거의 없는 층은 심해층(C)이다.
(5) 수온 약층(B)은 위층의 수온이 아래층보다 높으므로 대류가 잘 일어나지 않아 안정하다.
(6) 바람이 강할수록 혼합 작용이 깊은 곳까지 일어나 혼합층(A)이 두꺼워진다.

4 바로알기 (1) 혼합층은 바람이 강한 중위도에서 가장 두껍게 나타난다. 극지방은 수온이 매우 낮아서 층상 구조가 나타나지 않는다.
(2) 심해층은 위도나 계절에 관계없이 수온이 거의 일정하다.

5 해수에 녹아 있는 염류 중 가장 많은 양을 차지하는 것(A)은 염화 나트륨이고, 두 번째로 많은 양을 차지하는 것(B)은 염화 마그네슘이다.

6 (1) 염분은 해수 1000 g에 녹아 있는 염류의 총량을 g 수로 나타낸 것이므로, 염류 40 g이 녹아 있는 해수 1000 g의 염분은 40 psu이다.
(2) 해수 500 g에 염류 16 g이 녹아 있으므로, 이 해수 1000 g에는 염류가 32 g 녹아 있다.
(3) 해수의 질량은 물과 염류의 질량을 합한 것이다. 따라서 이 해수 1000 g(물 970 g+염류 30 g)에는 염류 30 g이 녹아 있다.
(4) 염분이 32 psu인 해수 1 kg(=1000 g)에는 32 g의 염류가 녹아 있다. 따라서 이 해수 3 kg에는 32 g×3=96 g의 염류가 녹아 있다.

7 해수의 염분에 영향을 주는 요인으로는 강수량과 증발량, 담수의 유입량, 해수의 결빙과 해빙 등이 있다.

8 (1), (3) 해수가 얼어 얼음이 되는 곳은 염분이 높고, 빙하가 녹는 곳은 염분이 낮다.
(2) 담수인 강물이 많이 유입되는 곳은 염분이 낮다.
(4) 증발량이 강수량보다 많은 곳은 염분이 높고, 강수량이 증발량보다 많은 곳은 염분이 낮다.

9 바로알기 (1) 적도 해역은 증발량보다 강수량이 많아서 염분이 낮다.
(4) 우리나라는 겨울철보다 여름철에 강수량이 많으므로 여름철 평균 염분은 겨울철보다 낮다.

10 염분비 일정 법칙에 의해 염분이 달라도 염류 사이의 비율은 일정하므로 염류 A와 B 사이의 비율은 7 : 1이다.

탐구 a 진도 교재 116쪽

㉠ 태양, ㉡ 바람, ㉢ 감소, ㉣ 혼합
01 (1) ○ (2) × (3) ○ (4) × **02** 태양 에너지, 바람 **03** 혼합층의 두께가 두꺼워진다. 바람의 세기가 강해지면 물이 더 잘 혼합되기 때문이다.

01 바로알기 (2) 적외선등으로 가열만 했을 때는 깊이가 깊어질수록 수온이 낮아지다가 일정해진다. 적외선등으로 가열하고 선풍기를 켰을 때는 수면 부근에 수온이 일정한 층이 생긴다.
(4) 선풍기를 켠 후에는 혼합층이 형성되어 깊이에 따른 수온 분포를 기준으로 3개 층으로 구분할 수 있다.

02 해수는 태양 에너지를 흡수하여 수온이 높아지고, 바람에 의해 섞여 수온이 일정한 구간이 나타난다.

채점 기준	배점
요인 두 가지를 모두 옳게 쓴 경우	100 %
요인을 한 가지만 옳게 쓴 경우	50 %

03 혼합층의 두께는 바람의 세기가 강할수록 두꺼워진다.

채점 기준	배점
혼합층 두께의 변화와 까닭을 모두 옳게 서술한 경우	100 %
혼합층 두께의 변화만 옳게 서술한 경우	50 %

여기서 잠깐 진도 교재 117쪽

유제❶ 3.5 g 유제❷ 57.6 g
유제❸ 9.6 g 유제❹ 29.6 g
유제❺ (가) 20.0 g, (나) 7.5 g
유제❻ A : 3.2 g, B : 2.0 g
유제❼ (가) 30 psu, (나) 40 psu

유제❶ 염분이 32 psu인 해수 1000 g에 녹아 있는 염화 마그네슘은 0.32 g×10=3.2 g이다. 염분을 기준으로 구하려는 염류의 질량을 넣어 비례식을 세운다.

32 psu	:	3.2 g	=	35 psu	:	x
염분		염화 마그네슘		염분		염화 마그네슘

따라서 3.2 g×35 psu=32 psu×x, x=3.5 g

유제❷ 주어진 염분을 기준으로 구하려는 염화 나트륨의 질량을 넣어 비례식을 세운다.

30 psu	:	24 g	=	36 psu	:	x
염분		염화 나트륨		염분		염화 나트륨

따라서 해수 1 kg 속에 녹아 있는 염화 나트륨은
24 g×36 psu=30 psu×x, x=28.8 g이고,
해수 2 kg에 녹아 있는 염화 나트륨은 28.8 g×2=57.6 g이다.

유제❸ 염분이 34 psu인 해수 1000 g에 녹아 있는 황산 마그네슘은 0.4 g×4=1.6 g이다. 염분을 기준으로 구하려는 염류의 질량을 넣어 비례식을 세운다.

34 psu	:	1.6 g	=	51 psu	:	x
염분		황산 마그네슘		염분		황산 마그네슘

따라서 1 kg 속에 녹아 있는 황산 마그네슘은
1.6 g×51 psu=34 psu×x, x=2.4 g이고,
해수 4 kg에 녹아 있는 황산 마그네슘은 2.4 g×4=9.6 g이다.

유제❹ 염분비 일정 법칙에 따라 해수에 들어 있는 염류량의 비는 항상 일정하다. 염분이 38 psu인 해수 1000 g에 녹아 있는 염화 나트륨은 38 g×0.78≒29.6 g이다.

유제❺ 두 해수에 모두 제시된 염류의 구성 성분을 기준으로 비례식을 세운다.
(가)의 경우 나트륨을 기준으로 비례식을 세우면,

10.0 g	:	(가)	=	50.0 g	:	100.0 g
동해의 나트륨		동해의 염소		사해의 나트륨		사해의 염소

따라서 50.0 g×(가)=100.0 g×10.0 g, (가)=20.0 g
(나)의 경우 나트륨을 기준으로 비례식을 세우면,

10.0 g	:	1.5 g	=	50.0 g	:	(나)
동해의 나트륨		동해의 마그네슘		사해의 나트륨		사해의 마그네슘

따라서 10.0 g×(나)=1.5 g×50.0 g, (나)=7.5 g

유제❻ 두 해수에 모두 제시된 염류를 기준으로 비례식을 세운다.
A의 경우 염화 나트륨을 기준으로 비례식을 세우면,

23.3 g	:	A	=	31.0 g	:	4.3 g
(가) 해역의 염화 나트륨		(가) 해역의 염화 마그네슘		(나) 해역의 염화 나트륨		(나) 해역의 염화 마그네슘

따라서 31.0 g×A=23.3 g×4.3 g, A≒3.2 g
B의 경우 염화 나트륨을 기준으로 비례식을 세우면,

23.3 g	:	1.5 g	=	31.0 g	:	B
(가) 해역의 염화 나트륨		(가) 해역의 황산 마그네슘		(나) 해역의 염화 나트륨		(나) 해역의 황산 마그네슘

따라서 1.5 g×31.0 g=23.3 g×B, B≒2.0 g

유제❼ A가 3.2 g이므로 (가) 해역에서 해수 1000 g 속에 염류가 30 g(=23.3 g+3.2 g+1.5 g+2.0 g) 포함되어 있다. B가 2.0 g이므로 (나) 해역에서 해수 1000 g 속에 염류가 40 g (=31.0 g+4.3 g+2.0 g+2.7 g) 포함되어 있다.

기출 문제로 내신쑥쑥

진도 교재 118~121쪽

01 ③ 02 ③ 03 ② 04 ② 05 ④ 06 ① 07 ⑤
08 ④ 09 ⑤ 10 ③ 11 ④ 12 ① 13 ③ 14 ①
15 ⑤ 16 ④ 17 ② 18 ⑤ 19 ③ 20 ③

서술형문제 21 (1) B, 수온 약층 (2) C층의 수온은 계절과 위도에 관계없이 거의 일정하다. 22 40 psu 23 중위도 해역, 중위도 해역은 강수량보다 증발량이 더 많으므로 적도 해역보다 표층 염분이 높다. 24 (1) 10.9, 염분이 달라도 염류 사이의 비율은 일정하기 때문이다. (2) 염분비 일정 법칙 (3) 3.60 : 25.64=3.38 : B, B≒24.1

01 해수의 표층 수온이 위도에 따라 다르게 나타나는 것은 위도에 따라 도달하는 태양 에너지의 양이 다르기 때문이다.

02 바로알기 ㄴ. 고위도로 갈수록 태양 에너지가 적게 도달하므로 저위도에서 고위도로 갈수록 표층 수온이 낮아진다.

03 해수는 깊이에 따른 수온 분포에 따라 혼합층, 수온 약층, 심해층으로 구분한다.
바로알기 ② 해수의 수온은 해수면 가까이에서 가장 높고, 깊이가 깊어질수록 낮아진다. 그러나 심해층에 도달하면 깊이가 깊어져도 수온이 거의 일정하게 나타난다.

[04~05]

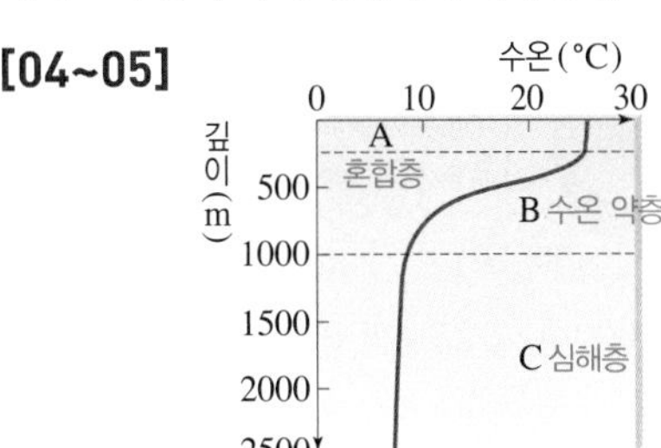

05 바로알기 ① 바람이 강할수록 해수가 더 깊은 곳까지 섞이므로 혼합층(A)이 두꺼워진다.
② 수온 약층(B)은 매우 안정하여 물이 잘 섞이지 않는다. 물의 혼합 작용이 활발한 층은 바람의 영향을 받는 혼합층이다.
③ 계절에 따른 수온 변화가 거의 없는 층은 태양 에너지나 바람의 영향을 거의 받지 않는 심해층(C)이다.
⑤ 태양 에너지는 혼합층(A)에서 대부분 흡수되며, 심해층(C)에는 거의 도달하지 않는다.

06 바로알기 ㄱ. 심해층은 수온이 4 °C 이하로 낮고 일정하다.
ㄷ. 바람의 세기가 강할수록 두께가 두꺼워지는 층은 혼합층이다.

07 ⑤ 적외선등은 태양, 휴대용 선풍기는 바람에 해당하며, 해수의 연직 수온 분포에 영향을 미치는 요인은 태양 에너지와 바람이다.

바로알기 ① 적외선등의 에너지는 깊이가 깊어질수록 적게 도달한다.

② 적외선등만 비추었을 때는 깊이가 깊어질수록 수온이 낮아지다가 일정해진다. 즉, 수온 약층과 심해층 2개 층으로 구분된다.

③ 적외선등을 비추면서 선풍기로 바람을 일으켰을 때는 수면 부근에 수온이 일정한 층이 생기고, 그 아래에서는 깊이가 깊어질수록 수온이 급격히 낮아지다가 다시 일정해진다.

④ 적외선등을 켠 상태에서 선풍기를 켜면 수면 부근에 수온이 일정한 층이 생기므로 혼합층, 수온 약층, 심해층의 3개 층으로 구분된다.

08 선풍기를 켜면 바람에 의한 혼합 작용으로 수면 부근에 수온이 일정한 층(혼합층)이 생기고, 그 아래에서는 깊이가 깊어질수록 수온이 낮아지는 층(수온 약층)이 나타나다가 다시 일정(심해층)해진다.

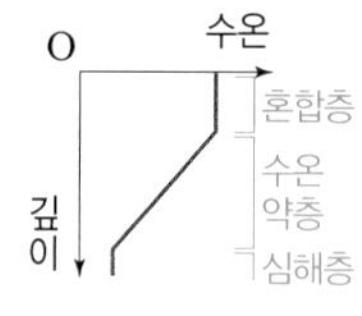

09 ① 표층의 수온이 가장 높은 A는 저위도, 혼합층이 가장 두꺼운 B는 중위도, 표층 수온이 낮고 층상 구조가 나타나지 않는 C는 고위도에 해당한다.

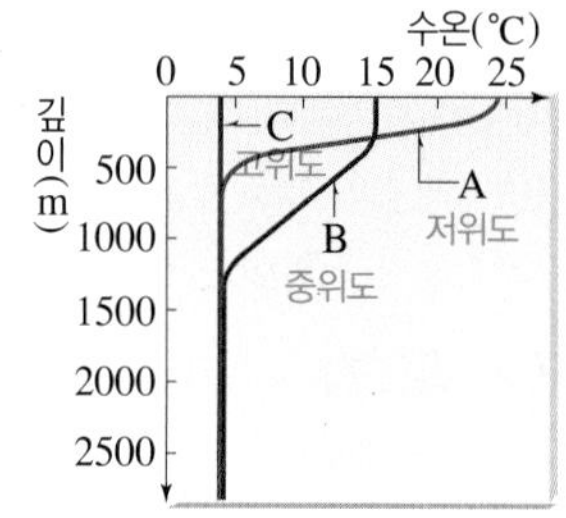

바로알기 ⑤ C 해역에는 혼합층이 나타나지 않는다. 혼합층이 가장 잘 발달한 해역은 바람이 강하게 부는 중위도(B)이다.

10 염류 중 가장 많은 양을 차지하는 것은 염화 나트륨이고, 두 번째로 많은 양을 차지하는 것은 염화 마그네슘이다.

11

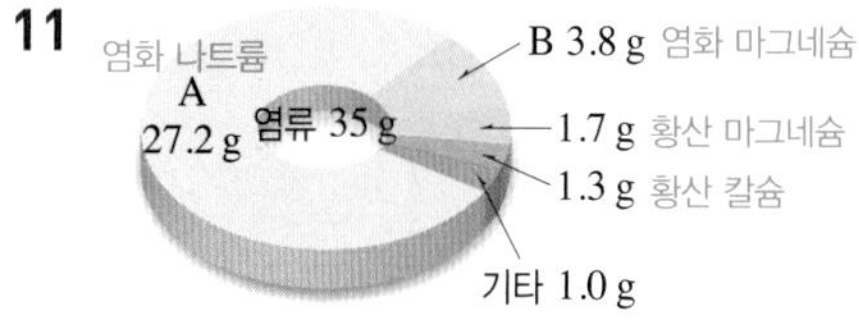

④ 이 해수 1 kg(=1000 g)에 35 g의 염류가 녹아 있으므로 해수 100 g을 증발시키면 염류 3.5 g을 얻을 수 있다.

바로알기 ② 짠맛이 나는 것은 염화 나트륨(A)이고, 염화 마그네슘(B)은 쓴맛이 난다.

③ 해수 1 kg에 총 35 g의 염류가 녹아 있으므로 이 해수의 염분은 35 psu이다.

⑤ 모든 해수에 가장 많이 포함된 염류는 염화 나트륨이다.

12 **바로알기** ② 전 세계 해수의 평균 염분은 약 35 psu이다.

③ 염분은 지역이나 계절에 따라 달라진다.

④ 염분은 해수 1000 g(=1 kg)에 녹아 있는 염류의 총량을 g 수로 나타낸 것이다.

⑤ 염분은 해수(물+염류) 1000 g에 녹아 있는 염류의 총량이므로, 염분이 200 psu인 해수 1 kg을 만들기 위해서는 물 800 g과 염류 200 g이 필요하다.

13 염분은 해수 1000 g에 녹아 있는 염류의 총량을 g 수로 나타낸 것이다. 해수 100 g에 녹아 있는 총 염류의 양이 3.5 g이므로, 이 해수 1000 g에는 35 g의 염류가 녹아 있다. 따라서 염분은 35 psu이다.

14 염분은 해수 1 kg(=1000 g)에 녹아 있는 염류의 총량을 g 수로 나타낸 것이다. 따라서 염분이 30 psu인 해수 500 g에는 30 g×0.5=15 g의 염류가 녹아 있다.

15 염분이 36 psu인 해수 1 kg에는 36 g의 염류가 녹아 있으므로 염류 180 g을 얻기 위해서는 180÷36=5 kg(=5000 g)의 해수가 필요하다.

16 ㄴ, ㄷ, ㄹ. 빙하가 녹거나 강물이 많이 유입되거나 강수량이 증발량보다 많은 곳은 해수(물+염류)에서 물의 양이 많아지므로 염분이 낮아진다.

바로알기 ㄱ. 해수가 얼면 염류를 제외한 물이 얼기 때문에 물의 양이 줄어들어 염분이 높아진다.

ㅁ. (증발량−강수량) 값이 0보다 크다는 것은 증발량이 강수량보다 많은 것이므로 염분이 높다.

17

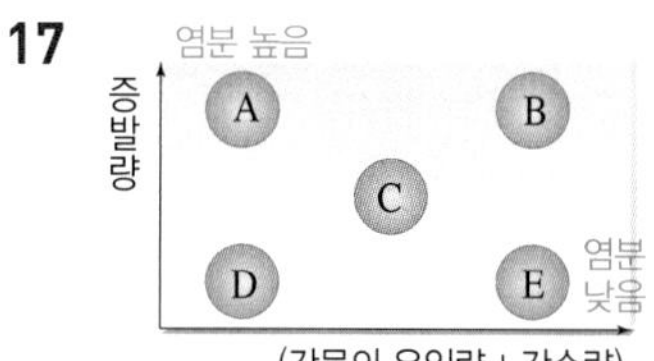

강물의 유입량과 강수량이 적을수록, 증발량이 많을수록 염분이 높다. 따라서 염분이 가장 높은 해수는 A이다.

강물의 유입량과 강수량이 많을수록, 증발량이 적을수록 염분이 낮다. 따라서 염분이 가장 낮은 해수는 E이다.

18 ㄷ. 여름철의 염분이 겨울철의 염분보다 전반적으로 낮은 것으로 보아 여름철에 강수량이 더 많음을 알 수 있다.

바로알기 ㄱ. 황해는 강물의 유입으로 동해보다 염분이 낮다.

ㄴ. 여름철에는 강수량이 집중되어 겨울철보다 염분이 낮다.

19 염분비 일정 법칙에 따라 염화 나트륨을 기준으로 비례식을 세운다.

25.6 : (가)=77.6 : 11, (가)≒3.6

25.6 : 33=77.6 : (나), (나)≒100.0

20 염분이 33 psu인 해수 1 kg에는 25.6 g의 염화 나트륨이 들어 있으므로 염분비 일정 법칙에 따라 염분을 기준으로 비례식을 세운다.

33 psu : 25.6 g=42 psu : x, x≒32.6 g

21 A는 혼합층, B는 수온 약층, C는 심해층이다. 수온 약층은 따뜻한 물이 위에, 차가운 물이 아래에 있어 물이 섞이지 않아 안정하고, 혼합층과 심해층 사이의 물질 교환을 차단한다.

	채점 기준	배점
(1)	B를 쓰고, 이름을 옳게 쓴 경우	40 %
	B만 쓰거나 이름만 옳게 쓴 경우	20 %
(2)	수온이 일정하다 또는 수온 변화가 거의 없다는 내용을 포함하여 옳게 서술한 경우	60 %

22 이 해수 500 g에 20 g의 염류가 녹아 있으므로 해수 1000 g에는 40 g의 염류가 녹아 있다. 따라서 염분은 40 psu이다.

채점 기준	배점
해수의 염분을 옳게 구한 경우	100 %
그 외의 경우	0 %

23

채점 기준	배점
중위도 해역을 쓰고, 강수량과 증발량을 언급하여 까닭을 옳게 서술한 경우	100 %
중위도 해역만 쓴 경우	30 %

24 (1) 염분이 달라도 각 염류의 비율은 일정하므로 모든 바다에서 염류 사이의 비율은 같다. 따라서 동해의 해수에 녹아 있는 염화 마그네슘의 비율은 10.9 %이다.

(3) 염화 마그네슘의 질량을 기준으로 황해의 염화 나트륨의 질량(B)을 구하는 비례식을 세운다.

3.60 : 25.64=3.38 : B, B≒24.1

	채점 기준	배점
(1)	A의 값을 옳게 쓰고, 까닭을 옳게 서술한 경우	40 %
	A의 값만 옳게 쓴 경우	20 %
(2)	염분비 일정 법칙이라고 쓴 경우	20 %
(3)	비례식을 옳게 쓰고, 값을 옳게 구한 경우	40 %
	비례식만 옳게 쓴 경우	20 %

수준 높은 문제로 **실력탄탄** 진도 교재 121쪽

01 ① **02** ②

01

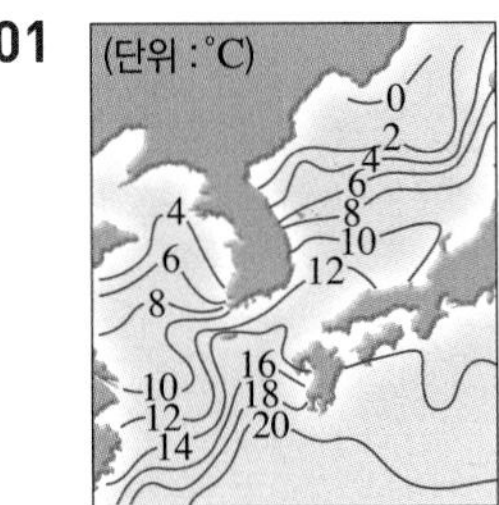

(가) 2월

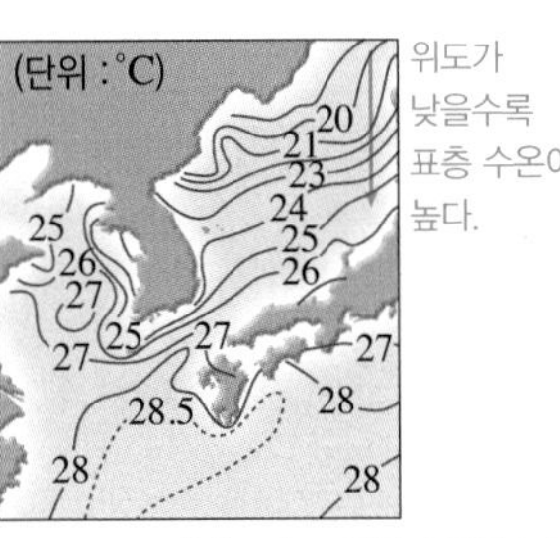

(나) 8월 – 평균 수온이 높다.

바로알기 ㄴ. 저위도에서 고위도로 갈수록 해수면이 받는 태양 에너지양이 적어진다. 동해는 남해보다 위도가 높으므로 표층 수온이 낮다.

ㄷ. 깊은 바닷속에는 태양 에너지가 거의 도달하지 못하므로 계절에 따른 수온 변화가 적어 수온 분포가 표층 해수와 다르게 나타난다.

02 ① 홍해의 해수 1 kg 속에 포함된 염류는 31.1 g+1.9 g +2.6 g+4.4 g=40 g이므로, 홍해의 염분은 40 psu이다.

⑤ 1000 g : 25.6 g = 500 g : x, x=12.8 g

바로알기 ② 북극해의 해수 1 kg에는 염류가 30 g 녹아 있고, 동해의 해수 1 kg에는 염류가 33 g 녹아 있다.

03 해수의 순환

확인 문제로 **개념쏙쏙** 진도 교재 123쪽

A 난류, 한류, 쿠로시오, 조경 수역

B 조석, 만조, 간조, 조차

1 (1) 한 (2) 난 (3) 난 (4) 한 **2** (1) A : 황해 난류, B : 북한 한류, C : 동한 난류, D : 쿠로시오 해류 (2) ㉠ A, C, D, ㉡ B **3** ㉠ 동한, ㉡ 북한, ㉢ 동해 **4** (1) × (2) ○ (3) ○ (4) ○ **5** (1) × (2) × (3) ○ (4) ×

1 (1), (4) 주변 해수보다 수온이 낮고, 고위도에서 저위도로 흐르는 해류는 한류이다.

(2) 난류는 주변 해수보다 비교적 따뜻하여 주변 지역의 기온을 높게 한다.

2

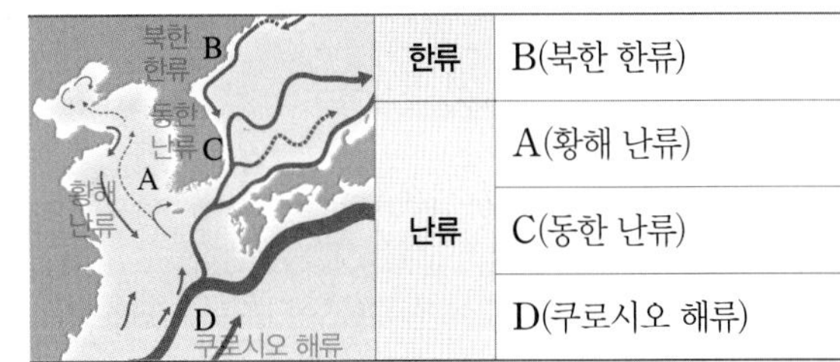

한류	B(북한 한류)
난류	A(황해 난류)
	C(동한 난류)
	D(쿠로시오 해류)

3 우리나라의 동해에는 동한 난류와 북한 한류가 만나 조경 수역이 형성되어 있다. 난류와 한류가 만나는 해역인 조경 수역은 영양 염류와 플랑크톤이 풍부하고 다양한 어종이 모여들어 좋은 어장이 된다.

4 바로알기 (1) 하루 중 해수면의 높이가 가장 낮을 때를 간조라고 한다. 사리는 한 달 중 조차가 가장 크게 나타나는 시기이다.

5 바로알기 (1) 우리나라에서 조차는 서해안에서 가장 크게 나타난다.

(2) 조력 발전소는 조차를 이용하여 전기를 생산하므로 조차가 큰 지역에 건설한다.

(4) 한 달 중 조차가 가장 큰 사리일 때 간조가 되면 해수면의 높이가 크게 낮아지므로 일부 지역에서 바닷길이 열린다.

기출 문제로 **내신쑥쑥** 진도 교재 124~126쪽

01 ⑤ **02** ④ **03** ① **04** ④ **05** ② **06** ④ **07** B, C **08** ② **09** ① **10** ② **11** ⑤ **12** ④ **13** ③

서술형문제 **14** (1) 북한 한류, 동한 난류 (2) 겨울철에는 여름철에 비해 조경 수역의 위치가 남쪽으로 치우친다. 겨울철에는 북한 한류의 세력이 강해지기 때문이다. **15** A, 동한 난류가 북상하는 곳이기 때문이다. **16** (1) B (2) 약 6 m

02 바로알기 ② 난류는 저위도에서 고위도로, 한류는 고위도에서 저위도로 흐른다.
③ 해류는 일정한 방향으로 나타나는 해수의 지속적인 흐름이다.
⑤ 난류가 흐르는 지역은 주변 지역에 비해 대체로 기온이 높다.

03 ㄱ. 바람에 의해 바다의 표층에 해류가 발생하는 것을 확인하는 실험이다.
바로알기 ㄷ. 바람을 계속 불어 주면 종이 조각은 바람의 방향과 같은 수평 방향으로 일정하게 움직인다.
ㄹ. 바람을 세게 불어 주면 종이 조각은 더 빠르게 움직인다.

04 A는 비교적 수온이 낮은 한류이고, B는 비교적 수온이 높은 난류이다.

05

06 ④ C는 D에서 갈라져 나온 난류이다.
바로알기 ① A는 저위도에서 고위도로 이동한다.
③ 동한 난류(C)는 저위도에서 고위도로 흐르는 난류로, 여름철에는 세력이 강해지고, 겨울철에는 세력이 약해진다.
⑤ 우리나라 주변을 흐르는 난류의 근원은 북태평양의 서쪽 해역을 따라 북상하는 쿠로시오 해류(D)이다.

07 조경 수역은 한류와 난류가 만나는 곳으로, 우리나라는 동해에서 북한 한류와 동한 난류가 만나 조경 수역을 형성한다.

08 ③, ⑤ 조경 수역에는 영양 염류와 플랑크톤이 풍부하고, 한류성 어종과 난류성 어종이 함께 분포하여 좋은 어장이 만들어진다.
바로알기 ② 우리나라에서 조경 수역은 동한 난류와 북한 한류가 만나는 동해에 형성되어 있다.

09 ㄱ. 조석은 밀물과 썰물에 의해 해수면의 높이가 주기적으로 높아지고 낮아지는 현상이다.
바로알기 ㄴ. 우리나라에서 조석의 주기는 약 12시간 25분이다.
ㄹ. 한 달 중 만조와 간조의 조차가 가장 클 때를 사리라고 한다.

10 (가)는 간조, (나)는 만조일 때의 모습을 나타낸 것이다.
바로알기 ④ 해수면의 높이가 가장 낮은 간조일 때 갯벌이 넓게 드러나 조개를 잡을 수 있다.
⑤ 조석은 하루 중 해수면의 높이가 규칙적으로 높아지고 낮아지는 현상으로, 계절 변화와는 관계없이 일어난다.

11 A와 C는 간조, B와 D는 만조이다.
⑤ 해수면의 높이가 낮을 때 갯벌이 드러나므로 갯벌 체험은 15~16시경에 하는 것이 좋다.
바로알기 ① 조차는 간조와 만조 때 해수면의 높이 차로, 이 지역의 조차는 약 6 m이다.
③ 19시경에는 해수면의 높이가 점점 높아지는 밀물이 나타난다.
④ A에서 C까지 걸리는 시간은 약 12시간 25분이다.

12

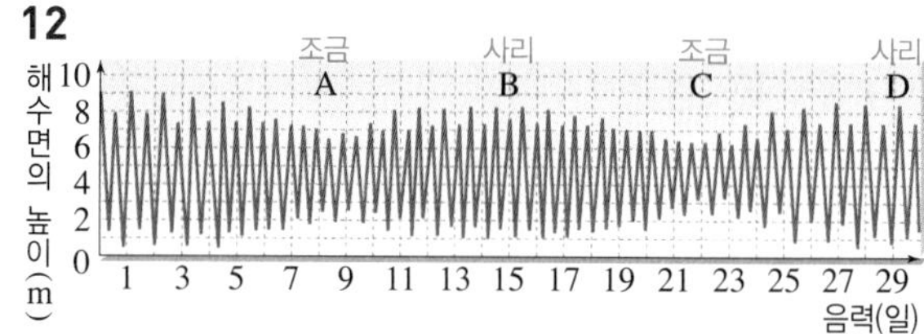

④ 사리일 때 간조가 되면 해수면의 높이가 가장 낮아져 바다 갈라짐 현상을 잘 관측할 수 있다.
바로알기 ①, ② A, C와 같이 한 달 중 조차가 가장 작은 시기를 조금이라 하고, B, D와 같이 조차가 가장 큰 시기를 사리라고 한다.
⑤ 조석의 주기는 만조에서 다음 만조 또는 간조에서 다음 간조까지 걸리는 시간이다.

13 바로알기 ③ 우리나라에서 조력 발전소는 대부분 조차가 큰 서해안에 설치한다.

14 조경 수역은 난류와 한류가 만나는 곳이다. 따라서 한류의 세력이 강해지는 겨울철에는 조경 수역이 남쪽으로 치우치고, 난류의 세력이 강해지는 여름철에는 조경 수역이 북쪽으로 치우친다.

	채점 기준	배점
(1)	북한 한류, 동한 난류를 쓴 경우	40 %
(2)	겨울철에 나타나는 조경 수역의 위치 변화와 원인을 모두 옳게 서술한 경우	60 %
	조경 수역의 위치 변화만 옳게 서술한 경우	30 %

15 쿠로시오 해류의 지류인 동한 난류를 따라 기름이 흘러갈 것을 예상하여 A에 설치하는 것이 기름이 퍼지는 것을 효과적으로 막을 수 있는 방법이다.

채점 기준	배점
A를 고르고, 까닭을 옳게 서술한 경우	100 %
A만 고른 경우	40 %

16 조석의 주기는 만조에서 다음 만조 또는 간조에서 다음 간조까지의 시간으로, 약 12시간 25분이다. 조차는 간조와 만조 때 해수면의 높이 차를 말한다.

	채점 기준	배점
(1)	B를 쓴 경우	50 %
(2)	조차를 옳게 쓴 경우	50 %

수준 높은 문제로 실력탄탄

진도 교재 126쪽

01 ④ **02** 동한 난류 **03** 16일, 21 : 50

01 A와 B는 난류, C는 한류이므로 수온이 가장 낮은 ㉠은 C 해류가 흐르는 곳의 측정값이다. A가 흐르는 황해는 B가 흐르는 동해보다 강물의 유입량이 많아 염분이 낮으므로 A의 측정값은 ㉡, B의 측정값은 ㉢이다.

02 동해안 지역은 비교적 수온이 높은 동한 난류의 영향을 많이 받아 같은 위도의 내륙 지방에 비해 기온이 높다.

03 바다 갈라짐 현상은 사리일 때 간조가 되면 가장 잘 관측할 수 있다. 16일에 조차가 가장 크게 나타나며, 21시 50분에 해수면의 높이가 가장 낮으므로, 이때 바다 갈라짐 현상을 가장 잘 관측할 수 있다.

단원평가문제

진도 교재 127~130쪽

01 ⑤ **02** ④ **03** ④ **04** ② **05** ② **06** ③ **07** ⑤ **08** ③ **09** ① **10** ③ **11** ④ **12** ④ **13** ③ **14** ⑤ **15** ④ **16** ④ **17** ② **18** ② **19** ⑤ **20** ㄱ, ㄷ

서술형 문제 **21** 해수>빙하>지하수>호수와 하천수 **22** 해수는 짠맛이 나며, 빙하는 얼어 있기 때문이다. **23** (1) 바람 (2) 태양 에너지가 거의 도달하지 않기 때문이다. **24** A 해역, 동해에 비해 황해에 담수가 더 많이 유입되기 때문이다. **25** (1) 35 psu (2) 3.8 g : 27.1 g=3.6 g : (가), (가)≒26 g **26** (1) E, 쿠로시오 해류 (2) ㉠, 난류와 한류가 만나 영양 염류와 플랑크톤이 풍부하고, 한류성 어종과 난류성 어종이 함께 존재하기 때문이다. **27** 서해안, 조력 발전은 조차를 이용하는데, 우리나라에서는 동해안보다 서해안의 조차가 더 크게 나타나기 때문이다.

01 A는 해수, B는 담수이다.
⑤ 해수는 짠맛이 나고, 담수는 짠맛이 나지 않는다.
바로알기 ② 담수의 대부분은 빙하이며, 극지방에 많다.
③ 생활에 쉽게 활용되는 호수와 하천수는 담수이다.

02 **바로알기** ④ 고체 상태로 존재하는 것은 빙하로, 지하수 및 호수와 하천수는 액체 상태로 존재한다.

03 세계 인구가 증가하고, 산업화와 문명 발달로 생활 수준이 향상됨에 따라 수자원 이용량이 증가하였다.
바로알기 ④ 기후 변화로 강수량이 변하면 이용 가능한 수자원의 양이 줄어들 수도 있다.

04 ① 위도와 계절에 따라 해수면이 받는 태양 에너지양이 달라지므로 해수의 표층 수온이 달라진다.
⑤ 고위도 해역은 표층 수온이 낮아서 해수의 연직 수온 분포에 따른 층상 구조가 나타나지 않는다.
바로알기 ② 해수의 표층 수온에 가장 큰 영향을 미치는 것은 태양 에너지이다.

05 ㄱ. 해수는 깊이에 따른 수온 변화에 따라 혼합층, 수온약층, 심해층으로 구분한다.
바로알기 ㄴ. 해수가 섞이지 않고 안정한 층은 수온 약층이다.
ㄷ. 계절이나 위도에 따라 수온 변화가 거의 나타나지 않는 층은 심해층이다.

06 ③ B층은 바람의 영향이 적고, 깊이가 깊어질수록 도달하는 전등의 에너지양이 감소하여 수온이 급격히 낮아진다.
바로알기 ① 전등의 세기를 세게 할수록 A층의 수온은 높아진다.
② 바람이 불면 A층의 물이 섞인다.
④ B층은 매우 안정하여 해수의 연직 운동이 일어나지 않으므로 A층과 C층 사이의 열과 물질 교환을 차단한다.
⑤ C층은 전등의 영향을 거의 받지 않으므로 깊이에 따른 수온 변화가 거의 없다.

07

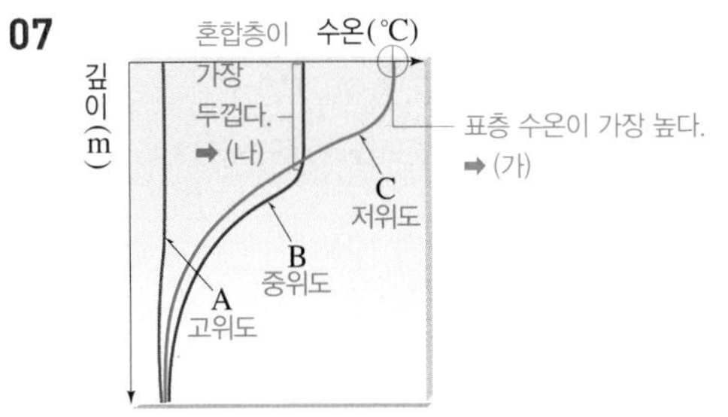

(가) 태양 에너지를 많이 흡수할수록 수온이 높다. 따라서 태양 에너지를 가장 많이 흡수한 해역은 표층 수온이 가장 높은 C 해역(저위도)이다.
(나) 바람이 강하게 부는 해역일수록 해수의 혼합 작용이 잘 일어나서 혼합층이 두껍게 나타난다. 따라서 혼합층이 가장 두꺼운 B 해역(중위도)에서 바람이 가장 강하게 분다.

08

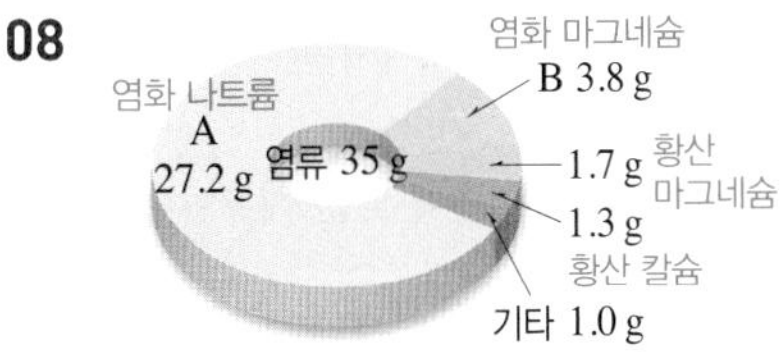

09 **바로알기** ① 담수인 하천수가 흘러드는 곳은 해수(물+염류) 중 물의 양이 많아지므로 염분이 낮다.

10 염분이 35 psu인 해수 1 kg 속에는 35 g의 염류가 녹아 있으므로 2 kg(=2000 g)에는 70 g의 염류가 녹아 있다. 이때 물의 양은 2000 g−70 g=1930 g이다.

11 염분은 해수 1000 g(=1 kg)에 녹아 있는 염류의 총량이다.
A : 해수 200 g에 염류 7 g이 녹아 있다.
➡ 해수 1000 g 속의 염류=7 g×5=35 g ∴ 35 psu
B : 해수 3 kg 속에 염류 63 g이 녹아 있다.
➡ 해수 1 kg 속의 염류=63 g÷3=21 g ∴ 21 psu
C : 해수 10 kg 속에 염류 355 g이 녹아 있다.
➡ 해수 1 kg 속의 염류=355 g÷10=35.5 g ∴ 35.5 psu
D : 해수 500 g 속에 염류 12.5 g이 녹아 있다.
➡ 해수 1000 g 속의 염류=12.5 g×2=25 g ∴ 25 psu

12 ④ 육지로부터 담수가 유입되는 대양의 주변부는 중앙에 비해 대체로 염분이 낮다.
바로알기 ②, ③ 강수량이 증발량보다 많은 적도 해역은 염분이 낮고, 증발량이 강수량보다 많은 위도 30° 부근의 해역은 염분이 높다.

13 염분비 일정 법칙에 따라 바다마다 염분은 달라도 각 염류가 차지하는 비율(%)은 일정하다.

14 주어진 염분을 기준으로 구하려는 염화 나트륨의 질량을 넣어 비례식을 세운다.

$\underset{\text{염분}}{35\ \text{psu}} : \underset{\text{염화 나트륨}}{27.2\ \text{g}} = \underset{\text{염분}}{30\ \text{psu}} : \underset{\text{염화 나트륨}}{x}$

따라서 염분이 30 psu인 해수 1 kg 속에 녹아 있는 염화 나트륨은 27.2 g×30 psu=35 psu×x, x≒23.3 g이다. 이 해수 2 kg에 녹아 있는 염화 나트륨은 23.3 g×2=46.6 g이다.

15 C는 염분비 일정 법칙에 의해 11이다. A와 B는 염화 나트륨을 기준으로 비례식을 세워 구할 수 있다.
- 40 : 31=A : 155, A=200
- 155 : 22=31 : B, B=4.4

[16~17]

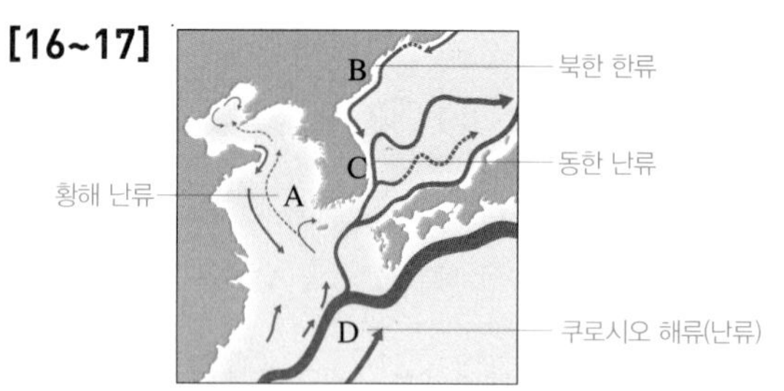

17 ① A는 황해 난류, B는 북한 한류, C는 동한 난류, D는 쿠로시오 해류이다.
⑤ 북한 한류(B)와 동한 난류(C)는 동해에서 만나 조경 수역을 이룬다.
바로알기 ② 한류는 주변 해수보다 수온이 낮은 해류이다.

18

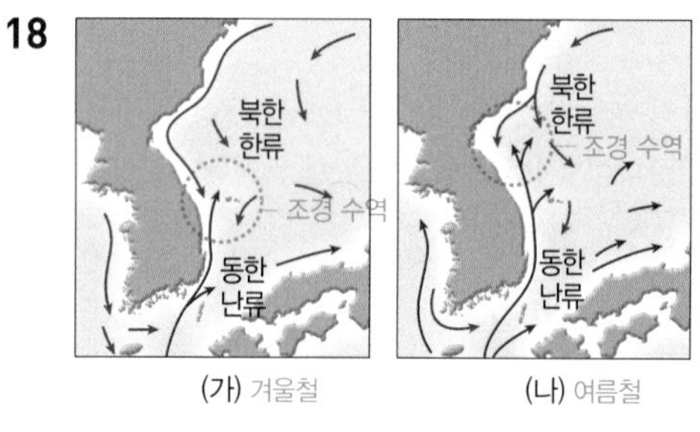

(가) 겨울철 (나) 여름철

ㄴ. 조경 수역은 난류와 한류가 만나는 곳으로, (나)에서 동한 난류와 북한 한류가 만나는 지점은 (가)에서 만나는 지점보다 북쪽에 위치한다.
바로알기 ㄱ. (가)는 (나)보다 북한 한류가 남쪽으로 더 내려와 있으므로 한류의 세력이 더 강하다.
ㄷ. (가)는 조경 수역이 남쪽으로 치우쳐 있으므로 겨울철 해류의 분포이다. (나)는 조경 수역이 북쪽으로 치우쳐 있으므로 여름철 해류의 분포이다.

19 **바로알기** ① 조석은 밀물과 썰물에 의해 해수면의 높이가 주기적으로 높아지고 낮아지는 현상이다.
② 조석에 의해 생기는 해수의 흐름은 조류이다. 해류는 일정한 방향으로 나타나는 지속적인 해수의 흐름이다.
③ 밀물은 간조에서 만조가 될 때 나타나고, 썰물은 만조에서 간조가 될 때 나타난다.
④ 하루 중 해수면의 높이가 가장 높을 때를 만조, 가장 낮을 때를 간조라고 한다.

20 ㄷ. 해수면의 높이가 가장 낮은 21일 정오(12시) 무렵은 갯벌이 넓게 드러나므로 조개잡이 체험을 하기 좋다.
바로알기 ㄴ. 간조와 만조는 하루에 약 두 번씩 나타난다.

21 수권의 대부분을 차지하는 것은 해수이고, 담수 중 가장 많은 것은 빙하이며, 담수 중 두 번째로 많은 것은 지하수이다.

채점 기준	배점
빙하, 해수, 지하수, 호수와 하천수의 양을 옳게 비교한 경우	100 %
그 외의 경우	0 %

22 해수를 이용하려면 염류를 제거해야 하고, 빙하는 고체 상태로 얼어 있어 녹여야 하므로 바로 활용하기 어렵다.

채점 기준	배점
해수와 빙하를 모두 옳게 서술한 경우	100 %
해수와 빙하 중 한 가지만 옳게 서술한 경우	50 %

23 A는 혼합층, B는 수온 약층, C는 심해층이다. 혼합층은 바람의 세기가 강할수록 두꺼워지고, 태양 에너지는 수심이 깊어질수록 도달하는 양이 줄어들어 심해층에는 거의 도달하지 않는다.

	채점 기준	배점
(1)	바람을 쓴 경우	40 %
(2)	태양 에너지를 언급하여 까닭을 옳게 서술한 경우	60 %

24

채점 기준	배점
A 해역을 쓰고, 까닭을 옳게 서술한 경우	100 %
A 해역만 쓴 경우	40 %

25 A 해역의 해수 1 kg 속에 녹아 있는 염류의 총량은 35 g (=27.1 g+3.8 g+1.7 g+2.4 g)이므로 염분은 35 psu이다.
모범답안 (2) 3.8 g : 27.1 g=3.6 g : (가) 또는
1.7 g : 27.1 g=1.6 g : (가) 또는
2.4 g : 27.1 g=2.3 g : (가), (가)≒26 g

	채점 기준	배점
(1)	염분을 옳게 구한 경우	40 %
(2)	식을 옳게 세우고, (가)를 옳게 구한 경우	60 %
	식만 옳게 세운 경우	30 %

26 A는 황해 난류, B는 연해주 한류, C는 북한 한류, D는 동한 난류, E는 쿠로시오 해류이다.

	채점 기준	배점
(1)	기호와 이름을 모두 옳게 쓴 경우	40 %
	기호와 이름 중 한 가지만 옳게 쓴 경우	20 %
(2)	㉠을 고르고, 까닭을 옳게 서술한 경우	60 %
	㉠만 고른 경우	30 %

27

채점 기준	배점
서해안을 쓰고, 서해안의 조차가 크다는 내용을 포함하여 까닭을 옳게 서술한 경우	100 %
서해안만 쓴 경우	40 %

Ⅷ 열과 우리 생활

01 열

확인 문제로 개념쏙쏙 진도 교재 135, 137쪽

A 온도, 높을

B 온도, 전도, 대류, 복사, 아래, 위, 단열

C 열평형, 얻, 활발

1 ㉠ 활발해, ㉡ 둔해 **2** (다), (가), (나) **3** (1) × (2) ○ (3) × (4) ○ **4** (1) ㉠ 따뜻한 물, ㉡ 찬물 (2) 대류 (3) 기체, 액체 **5** (가) 대류, (나) 전도, (다) 복사 **6** (1) 복사 (2) 대류 (3) 전도 **7** (1) ㉠ 위로, ㉡ A (2) ㉠ 아래로, ㉡ B **8** (1) × (2) × (3) ○ (4) ○ **9** (1) A에서 B (2) ㉠ 낮아, ㉡ 높아 (3) ㉠ 둔해, ㉡ 활발해 (4) B가 얻은 열의 양 **10** (1) (가) → (나) (2) D

1 물체의 온도가 높아지면 입자의 운동이 활발해지고, 물체의 온도가 낮아지면 입자의 운동이 둔해진다.

2 물질의 입자 운동이 (다)>(가)>(나) 순으로 활발하다. 물질의 온도가 높을수록 입자 운동이 활발하므로, 온도를 비교하면 (다)>(가)>(나)이다.

3 바로알기 (1) 입자가 직접 이동하는 열의 전달 방법은 대류이다.
(3) 입자의 운동이 이웃한 입자에 전달되어 열이 이동하는 방법은 전도이다.

4 (1) 아래쪽에서 데워진 따뜻한 물은 부피가 커지면서 가벼워져 위로 올라가고, 위쪽의 찬물은 상대적으로 무거워서 아래로 내려간다.
(2) 주전자 바닥만 가열해도 주전자 속 물이 전체적으로 따뜻해지는 것은 대류에 의한 현상이다.
(3) 대류는 입자가 자유롭게 이동할 수 있는 기체와 액체에서 일어난다.

5 (가) 냄비의 아래쪽을 가열하면 데워진 물이 위로 올라가고, 차가운 물이 아래로 내려와서 물이 전체적으로 데워진다. ➡ 대류
(나) 금속 막대 내의 입자의 운동이 이웃한 입자에 전달되어 열이 이동한다. ➡ 전도
(다) 모닥불의 열이 다른 물질의 도움 없이 직접 손까지 이동한다. ➡ 복사

6 (1) 태양의 열이 물질의 도움 없이 직접 전달되는 복사에 의한 열의 이동 방법이다.
(2) 에어컨을 켜면 차가워진 공기는 아래쪽으로 내려가고, 더운 공기는 위로 올라가 전체적으로 시원해진다.
(4) 숟가락의 뜨거운 국에 담긴 부분에서 입자의 운동이 이웃한 입자에 차례로 전달되는 전도에 의한 열의 이동 방법이다.

7 (1) 따뜻한 공기는 위로 올라가므로 난방기는 아래쪽에 설치하면 방 전체가 따뜻해진다.
(2) 차가운 공기는 아래로 내려가므로 냉방기는 위쪽에 설치하면 방 전체가 시원해진다.

8 (4) 얇은 옷을 여러 벌 겹쳐 입으면 옷 사이에 공기가 많이 포함되므로, 공기에 의해 열의 이동이 차단되어 두꺼운 옷을 한 벌 입는 것보다 더 따뜻하다.
바로알기 (1) 솜과 스타이로폼은 공기를 많이 포함하고 있어 열의 전도를 효과적으로 차단하므로 좋은 단열재이다.
(2) 전도, 대류, 복사에 의한 열의 이동을 모두 막아야 효과적으로 열의 이동을 차단할 수 있다.

9 (1) 열은 온도가 높은 A에서 온도가 낮은 B로 이동한다.
(2), (3) A는 열을 잃어 온도가 점점 낮아지므로 입자 운동이 둔해지고, B는 열을 얻어 온도가 점점 높아지므로 입자 운동이 활발해진다.
(4) 열은 A와 B 사이에서만 이동하므로, A가 잃은 열의 양은 B가 얻은 열의 양과 같다.

10 (1) (가)는 온도가 낮아지고 (나)는 온도가 높아져서 열평형 상태에 도달하므로, 열은 (가) → (나)로 이동하였다.
(2) 두 물체의 온도가 같은 D가 열평형 상태인 구간이다.

탐구 a 진도 교재 138쪽

㉠ 높은, ㉡ 낮은, ㉢ 낮아, ㉣ 높아, ㉤ 열평형

01 (1) × (2) × (3) × (4) ○ (5) ○ (6) ○ **02** 열은 A에서 B로 이동한다. **03** 입자의 운동이 점점 둔해진다.

01 바로알기 (1) 두 물의 온도가 같아지는 시간인 6분부터 열평형 상태가 된다.
(2) 열평형 상태가 될 때까지 뜨거운 물의 온도는 낮아지고, 차가운 물의 온도는 높아진다.
(3) 열평형 상태일 때 물의 온도는 접촉 전 차가운 물의 온도와 뜨거운 물의 온도의 사잇값이다. 외부와의 열 출입이 없는 경우 두 물의 질량이 같을 때에만 열평형 온도는 접촉 전 두 물의 온도의 중간값이 된다.

02 온도가 다른 두 물체가 접촉할 때 열은 온도가 높은 물체에서 온도가 낮은 물체로 이동한다. A는 처음 온도가 60 ℃이고, B는 처음 온도가 10 ℃이므로 온도가 높은 A에서 온도가 낮은 B로 열이 이동한다.

채점 기준	배점
A와 B를 이용하여 열의 이동 방향을 옳게 서술한 경우	100 %
온도가 높은 쪽에서 낮은 쪽으로 이동한다라고 서술한 경우	50 %

03 A는 열을 잃어 온도가 점점 낮아지므로 입자 운동이 점점 둔해진다.

채점 기준	배점
입자의 운동을 옳게 서술한 경우	100 %

여기서 잠깐

진도 교재 139쪽

유제❶ ③ 유제❷ ②

유제❸ 톱밥, 스타이로폼, 공기, 모래

유제❶ ① A와 가까운 쪽이 가열되므로 열은 A에서 B 쪽으로 전달된다.

② 먼저 데워지는 부분의 촛농이 먼저 녹아 성냥개비가 떨어지므로 성냥개비는 A 쪽부터 떨어진다.

④ 알코올램프가 A와 가까워지면 열이 빨리 전달되어 성냥개비가 더 빨리 떨어진다.

⑤ 유리 막대는 금속 막대보다 열의 전도가 느리므로 성냥개비가 더 느리게 떨어진다.

바로알기 ③ 금속 막대를 따라 열이 이동하는 방법은 전도이다. 전도는 입자의 운동이 이웃한 입자에 차례로 전달되어 열이 이동하는 방법이다. 입자가 직접 이동하는 것은 대류로, 액체나 기체에서 열이 전달되는 방법이다.

유제❷ 투명 필름을 제거하면 차가운 물은 아래로 내려가고 뜨거운 물은 위로 올라가면서 섞인다. 이처럼 입자가 직접 이동하면서 열을 전달하는 것을 대류라고 한다.

유제❸ 열이 이동하지 못하도록 하면 물체의 온도 변화를 줄일 수 있다. 따라서 단열이 잘 될수록 물체의 온도 변화가 작다. 표에 제시된 네 가지의 경우 모두 처음 온도가 60 ℃로 같았으므로 10분 후 온도가 가장 적게 변한 톱밥이 단열이 가장 잘 된 경우이고, 온도가 가장 많이 변한 모래가 단열이 잘 되지 않은 경우이다.

기출 문제로 내신쑥쑥

진도 교재 140~143쪽

01 ①, ④ **02** ③ **03** ⑤ **04** ⑤ **05** ④ **06** ③ **07** ②, ④ **08** ④ **09** ③ **10** ③ **11** ② **12** ⑤ **13** ④ **14** ④ **15** ④ **16** ④ **17** ② **18** ①

서술형 문제 **19** (1) (가) 전도, (나) 대류, (다) 복사 (2) (가) 뜨거운 국 속에 넣어둔 숟가락이 뜨거워진다, 프라이팬 바닥을 가열하여 소시지를 굽는다, 냄비나 국자의 손잡이는 나무나 플라스틱으로 만든다. 등 (나) 에어컨은 위쪽에 설치하고 난로는 아래쪽에 설치한다, 주전자에 물을 넣고 바닥 부분을 가열하면 물 전체가 데워진다. 등 (다) 태양열이 지구에 도달한다, 양지의 눈이 그늘의 눈보다 빨리 녹는다, 모닥불이나 난로 가까이 있으면 따스함을 느낀다. 등 **20** 대류에 의해 차가운 공기는 아래로 내려가고, 따뜻한 공기는 위로 올라가기 때문이다. **21** (1) 달걀의 온도는 낮아져 입자의 운동이 둔해지고, 찬물의 온도는 높아져 입자의 운동이 활발해진다. (2) 온도가 높은 달걀에서 온도가 낮은 물로 열이 이동하여 열평형을 이루기 때문이다.

01 ① 물체의 차갑고 뜨거운 정도를 수치로 나타낸 것을 온도라고 한다.

④ 온도가 높은 물체일수록 입자 운동이 활발하고, 온도가 낮은 물체일수록 입자 운동이 둔하다.

바로알기 ② 온도는 에너지가 아니다.

③ 물체를 두드리면 입자의 운동이 활발해지므로 온도가 높아진다.

⑤ cal와 kcal는 열량의 단위이다.

02 ㄴ. 입자의 운동은 (가), (나), (다) 순으로 활발하다.

ㄷ. (나)의 입자 운동이 (다)보다 활발하므로 온도는 (나) > (다)이다.

바로알기 ㄱ. 입자 운동이 가장 활발한 (가)의 온도가 가장 높다.

ㄹ. 열을 얻으면 온도가 높아지고 입자의 운동이 활발해진다.

03 ① 입자의 운동이 이웃한 입자에 차례로 전달되어 열이 이동하는 방법을 전도라고 한다.

② 고체에서는 주로 전도에 의해 열이 이동한다.

③ 금속에 열을 가하는 부분의 입자 운동이 활발해지므로 온도가 높아지면 입자 운동이 활발해지는 것을 알 수 있다.

④ 금속과 같은 고체의 경우 입자의 운동이 이웃한 입자에 차례로 전달되어 주변 입자의 운동이 활발해지면서 열이 이동한다.

바로알기 ⑤ 데워진 공기가 직접 이동하여 방 전체가 따뜻해지므로 대류에 의한 열의 이동 방법이다.

04 ① 복사는 다른 물질의 도움 없이 열이 이동하는 방법이므로 진공에서도 복사의 방법으로 열이 이동할 수 있다.

④ 대류에 의한 열의 이동 방법이다.

바로알기 ⑤ 냉방기와 난방기는 대류를 이용하여 열을 이동시킨다.

05 ①, ②, ③ 뜨거운 물은 위로, 차가운 물은 아래로 직접 이동하여 열이 이동하는 방법이 대류이다.

⑤ 주전자의 바닥 부분만 가열하여도 대류에 의해 주전자 속 물은 전체적으로 데워진다.

바로알기 ④ 입자의 운동이 이웃한 입자에 차례로 전달되어 열이 이동하는 방법은 전도이다. 전도는 주로 고체에서 일어나며, 액체나 기체에서는 대류에 의해 열이 전달된다.

06 (가) 책을 던지는 것은 열이 물질의 도움 없이 직접 이동하는 복사에 비유한 것이다.

(나) 책을 이웃한 사람에게 전달하는 것은 열이 차례로 전달되는 전도에 비유한 것이다.

(다) 책을 직접 들고 가는 것은 입자가 열을 직접 이동시키는 대류에 비유한 것이다.

바로알기 ①, ⑤ 전도에 의한 현상이다.

②, ④ 복사에 의한 현상이다.

07 백열전구에 손을 가까이 할 때 따뜻함을 느끼는 것은 다른 물질의 도움 없이 열이 직접 이동하는 복사에 의한 현상이다.

바로알기 ①, ⑤ 전도에 의한 현상이다.

③ 대류에 의한 현상이다.

08 (가) 물을 끓이면 대류에 의해 물 전체가 뜨거워진다.
(나) 태양의 열이 복사에 의해 지구에 전달된다.
(다) 뜨거운 국의 열이 전도에 의해 숟가락으로 이동한다.

09 ①, ② 단열은 열의 이동을 막아 물체의 온도를 잘 변하지 않게 하는 것이다.
바로알기 ③ 단열이 잘 되는 건물은 외부와 건물 사이에 열의 이동이 잘 일어나지 않기 때문에 외부와 열평형이 잘 되지 않는다.

10 (가) 이중벽 사이의 진공 공간은 전도와 대류에 의한 열의 이동을 차단한다.
(나) 보온병 내부의 은도금된 벽면은 복사에 의한 열의 이동을 차단한다.

11 ② 4분 동안 물의 온도 변화는 A가 11 ℃, B가 20 ℃, C가 7 ℃이다. 열을 많이 잃을수록 온도가 많이 낮아지므로 B가 가장 많은 열을 잃었다.
바로알기 ① 4분 동안 물의 온도 변화가 가장 큰 것은 B, 가장 작은 것은 C이다.
③, ④ 열의 이동이 느릴수록 단열이 잘 된다. 따라서 단열이 가장 잘 되는 것은 온도가 가장 적게 변한 톱밥이다.
⑤ 공기는 전도가 잘 되지 않는 물질이므로 공기를 많이 포함하는 물질일수록 단열이 잘 된다.

12 ③, ④ 이중창을 설치하거나 벽과 벽 사이에 스타이로폼을 넣으면 이중창 사이와 스타이로폼에 포함된 공기가 열의 전도를 막아 열 손실이 줄어든다.
바로알기 ⑤ 열의 전도가 빠른 물질로 지붕을 만들면 열이 빠르게 바깥으로 빠져나가므로 열 손실이 크다.

13 ②, ③ 물체가 열을 얻으면 온도가 높아지고(입자 운동이 활발해지고), 열을 잃으면 온도가 낮아진다(입자 운동이 둔해진다).
바로알기 ④ 열은 온도가 높은 물체(입자 운동이 활발한 물체)에서 온도가 낮은 물체(입자 운동이 둔한 물체)로 이동한다.

14 ㄴ. (가)에 열을 가하면 온도가 높아지므로 (나)와 같이 입자 운동이 활발해진다.
ㄷ. (가)와 (나)를 접촉하면 (나)에서 (가)로 열이 이동하므로 (가)의 온도는 높아지고 (나)의 온도는 낮아진다. 따라서 (가)의 입자 운동은 활발해지고, (나)의 입자 운동은 둔해진다.
바로알기 ㄱ. (나)의 입자 운동이 (가)보다 활발하므로, 온도는 (나)가 (가)보다 높다.

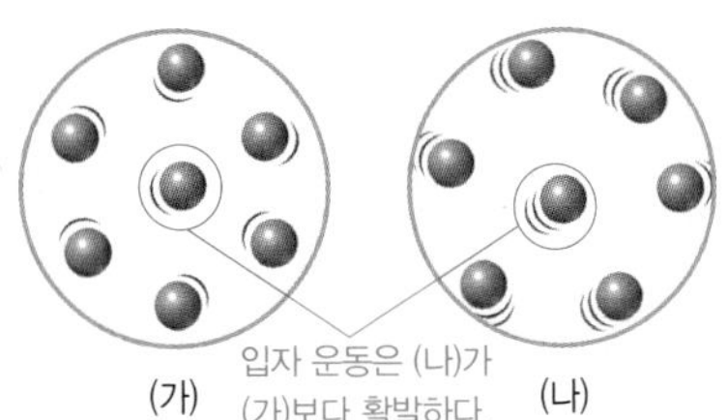

15 ④ 열은 A와 B 사이에서만 이동하므로, A가 잃은 열의 양만큼 B가 열을 얻는다. 따라서 A가 잃은 열의 양과 B가 얻은 열의 양은 같다.
바로알기 ① 열은 항상 온도가 높은 물체에서 낮은 물체로 이동한다. 따라서 B는 A보다 온도가 낮다.
② A는 열을 잃어 온도가 낮아지고, 입자 운동이 둔해진다.
③ B는 열을 얻어 온도가 높아지고, 입자 운동이 활발해진다.
⑤ 시간이 지나면 A와 B는 열평형 상태가 되므로 A와 B의 온도는 같아진다.

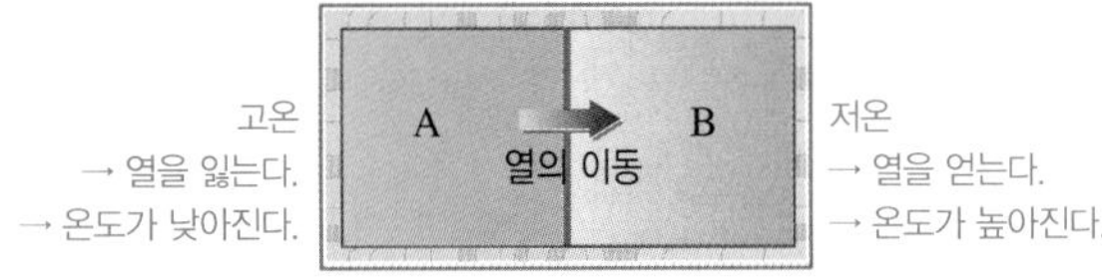

16 열은 높은 곳에서 낮은 곳으로 이동한다. 따라서 온도를 비교하면 D>C>B>A이다.

17

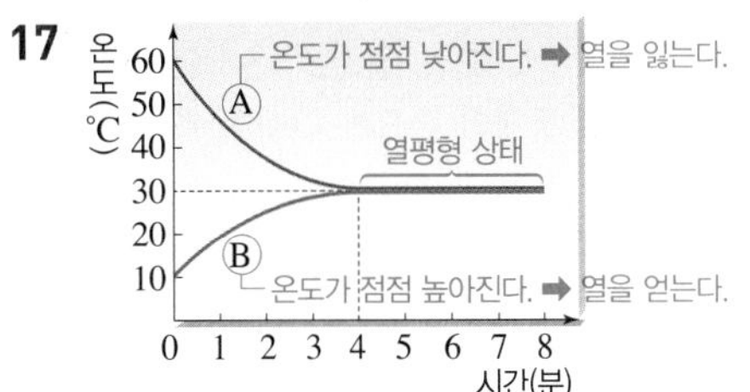

② 5분일 때 A와 B의 온도가 같으므로 열평형 상태이다.
바로알기 ① 열은 온도가 높은 A에서 온도가 낮은 B로 이동한다.
③ A의 온도는 점점 낮아지므로 입자 운동은 점점 둔해진다.
④ 시간이 지날수록 A와 B의 온도 차는 점점 작아진다. 따라서 시간이 지날수록 A와 B 사이에서 이동하는 열의 양은 점점 적어진다.
⑤ 열은 A와 B 사이에서만 이동하므로 0~4분 동안 A가 잃은 열의 양은 B가 얻은 열의 양과 같다.

18 ② 음식물의 열이 냉장고 속 공기로 이동하여 냉장고 속 공기와 열평형 상태가 된다.
③ 몸의 열이 체온계로 이동하여 몸과 체온계가 열평형 상태가 된다.
④ 수박의 열이 차가운 계곡물로 이동하여 수박이 계곡물과 열평형 상태가 된다.
⑤ 생선의 열이 얼음으로 이동하여 생선과 얼음이 열평형 상태가 된다.
바로알기 ① 사람이 많은 곳에서는 사람이 복사 형태로 내놓는 열 때문에 훈훈함이 느껴진다.

19 (가) 금속 막대의 한쪽 끝이 불에 닿아 있으면 반대쪽 끝도 뜨거워지는 것은 전도에 의한 현상이다.
(나) 냄비의 아래쪽을 가열하면 냄비 속 물이 전체적으로 데워지는 것은 대류에 의한 현상이다.
(다) 모닥불 옆에 손을 가까이 하면 손이 따뜻해지는 것은 복사에 의한 현상이다.

	채점 기준	배점
(1)	열의 이동 방법을 모두 옳게 쓴 경우	40 %
(2)	(가), (나), (다)에 관련된 현상을 한 가지씩 모두 옳게 서술한 경우	60 %
	(가), (나), (다)에 관련된 현상 중 두 가지만 옳게 서술한 경우	40 %
	(가), (나), (다)에 관련된 현상 중 한 가지만 옳게 서술한 경우	20 %

20 에어컨에서 나오는 차가운 공기는 실내 공기보다 무거워서 아래로 내려온다. 따라서 에어컨은 위쪽에 설치해야 대류 현상이 잘 일어나서 실내 전체를 시원하게 할 수 있다. 반대로 난로에서 나오는 뜨거운 공기는 실내 공기보다 가벼워서 위로 올라간다. 따라서 난로는 아래쪽에 설치해야 대류 현상이 잘 일어나서 실내 전체를 따뜻하게 할 수 있다.

채점 기준	배점
대류에 의해 차가운 공기는 아래로 내려가고, 따뜻한 공기는 위로 올라간다라고 서술한 경우	100 %
대류에 의해서라고만 서술한 경우	50 %

21 온도가 높은 달걀과 온도가 낮은 물이 접촉하면 달걀에서 물 쪽으로 열이 이동한다. 그러므로 달걀의 온도는 낮아지고 물의 온도는 높아지며, 두 물체의 온도가 같아질 때까지 열이 이동한다.

	채점 기준	배점
(1)	달걀과 물의 온도 변화와 입자 운동의 변화를 모두 옳게 서술한 경우	40 %
	달걀과 물의 온도 변화와 입자의 운동 변화 중 한 가지만 옳게 서술한 경우	20 %
(2)	물체의 온도를 비교하여 열의 이동으로 서술한 경우	60 %
	열이 이동하기 때문이라고만 서술한 경우	30 %

수준 높은 문제로 **실력탄탄** 진도 교재 143쪽

01 ④ **02** ②

01 ㄴ. 뽁뽁이는 공기층을 많이 포함하고 있으므로 공기의 열 전달 속도가 느린 특성을 이용하여 겨울철 한파에 대비하기 위해 창문에 뽁뽁이를 붙인다.
ㄷ. (나)에서 석빙고 안에서 뜨거워진 공기는 위로 올라가고 차가운 공기가 아래로 내려온다. 위로 올라간 뜨거운 공기는 천장에 있는 환기 구멍을 통해 밖으로 빠져나간다. 이는 대류에 의한 현상으로, 이와 같은 원리로 에어컨을 위쪽에 설치하면 찬 공기는 아래로 내려오고, 아래쪽에 있던 따뜻한 공기가 위로 올라가서 방 전체가 시원하게 유지된다.
바로알기 ㄱ. 이중창은 공기의 열 전달 속도가 느린 특성을 활용한 예이다.

02 온도가 다른 수조 속 물과 삼각 플라스크 속 물이 접촉하면 열이 이동한다. 그런데 주어진 그래프를 보면 수조 속 물의 온도가 높아지다가 일정해지므로 삼각 플라스크 속 물에서 수조 속 물로 열이 이동하여 열평형 상태가 된 것이다. 따라서 삼각 플라스크 속 물의 온도는 점점 낮아지다가 수조 속 물이 일정해진 온도와 같은 25 ℃로 일정해진다.

02 비열과 열팽창

확인 문제로 **개념쏙쏙** 진도 교재 145, 147쪽

Ⓐ 열량, 비열, 열량, 작다, 물
Ⓑ 증가, 활발, 멀어, 바이메탈, 작은

1 (1) ○ (2) × (3) ○ (4) × **2** (1) (가) (2) (나) **3** 40 kcal **4** 0.4 kcal/(kg·℃) **5** 모래 **6** (1) × (2) × (3) × (4) ○ **7** ㉠ 온도, ㉡ 운동, ㉢ 거리, ㉣ 부피 **8** (1) > (2) > (3) < (4) A, C, B **9** (1) ○ (2) × (3) ○ (4) × **10** (1) ○ (2) ○ (3) × (4) ○

1 바로알기 (2) 어떤 물질 1 kg의 온도를 1 ℃ 올리는 데 필요한 열량을 비열이라고 한다.
(4) 물의 비열은 다른 물질에 비해 매우 커서 다양한 현상이 나타난다.

2 (1) 열량과 비열이 같을 때 온도 변화는 질량에 반비례하므로 질량이 작은 (가)의 물이 (나)의 물보다 온도 변화가 크다.
(2) 온도 변화와 비열이 같으므로 열량은 질량에 비례한다. 따라서 질량이 큰 (나)에 가한 열량이 (가)에 가한 열량보다 크다.

3 열량=비열×질량×온도 변화
$=1\ \text{kcal/(kg·℃)}\times 4\ \text{kg}\times 10\ ℃=40\ \text{kcal}$

4 $\text{비열}=\dfrac{\text{열량}}{\text{질량}\times\text{온도 변화}}=\dfrac{16\ \text{kcal}}{4\ \text{kg}\times 10\ ℃}=0.4\ \text{kcal/(kg·℃)}$

5 $\text{비열}=\dfrac{\text{열량}}{\text{질량}\times\text{온도 변화}}$에서 질량이 같은 물질에 같은 열량을 가했을 때 비열은 온도 변화와 반비례하므로 비열이 작을수록 온도 변화가 크다.

6 바로알기 (1) 해안 지역은 비열이 큰 바다의 영향으로 내륙 지역보다 일교차가 작다.
(2) 사람의 몸은 약 70 %가 물로 이루어져 있는데, 물은 비열이 크므로 체온이 잘 변하지 않는다.
(3) 바다보다 육지의 비열이 작아서 낮에는 해풍(바다에서 육지로 부는 바람), 밤에는 육풍(육지에서 바다로 부는 바람)이 분다.

7 물질에 열을 가하면 온도가 높아지고, 입자 운동이 활발해진다. 따라서 입자 사이의 거리가 멀어지므로 부피가 증가한다.

8 바이메탈을 가열하면 열팽창 정도가 큰 금속이 열팽창 정도가 작은 금속보다 많이 팽창하므로 열팽창 정도가 작은 금속 쪽으로 휘어진다.

9 바로알기 (2) 냄비가 전체적으로 뜨거워지는 것은 열의 전도에 의한 현상이다.
(4) 차가운 냉장고 안에 과일을 넣으면 열평형 상태가 되어 과일이 차가워진다.

10 바로알기 (3) 삼각 플라스크 안 물의 온도가 올라가면서 입자 운동이 활발해진다. 따라서 입자 사이의 거리가 멀어지므로 부피가 증가한다.

탐구 a

진도 교재 148쪽

㉠ 작을, ㉡ 클

01 (1) ○ (2) × (3) ○ (4) × (5) × **02** 열량=비열×질량×온도 변화=1 kcal/(kg·℃)×0.2 kg×10 ℃=2 kcal이다. **03** 물과 A에는 같은 열량이 가해졌으므로 A의 비열 $=\frac{\text{열량}}{\text{질량}\times\text{온도 변화}}=\frac{2\text{ kcal}}{0.2\text{ kg}\times 40\text{ ℃}}=0.25\text{ kcal/(kg·℃)}$이다.

01 바로알기 (2) 같은 시간 동안 가열했으므로 식용유와 물이 얻는 열량은 같다.
(4) 가한 열량은 같은데 물체의 질량이 커지면 온도 변화는 작아진다.
(5) 비열이 작을수록 온도 변화가 크므로 비열이 작은 식용유의 온도가 물보다 많이 내려간다.

02 식에서 질량은 단위가 kg이므로 200 g=0.2 kg을 대입하고, 온도 변화=나중 온도−처음 온도이므로 30 ℃−20 ℃=10 ℃를 대입하여 열량을 구한다.

채점 기준	배점
풀이 과정과 함께 열량을 구한 경우	100 %
풀이 과정 없이 열량만 구한 경우	40 %

03 물과 A는 같은 가열 장치 위에 같은 시간 동안 있었으므로 같은 열량을 얻었다. 따라서 A가 얻은 열량은 물이 얻은 열량과 같은 2 kcal이다. A의 질량은 200 g=0.2 kg이고, 온도 변화는 60 ℃−20 ℃=40 ℃이다.

채점 기준	배점
풀이 과정과 함께 비열을 구한 경우	100 %
풀이 과정 없이 비열만 구한 경우	40 %

탐구 b

진도 교재 149쪽

㉠ 열팽창, ㉡ 알루미늄, ㉢ 철, ㉣ >

01 (1) ○ (2) × (3) ○ (4) × **02** 입자 운동은 활발해지고, 입자 사이의 거리는 멀어진다.

01 바로알기 (2) 금속 막대에 열이 가해지면 금속 막대를 이루는 입자의 운동이 활발해지므로 입자 사이의 거리가 멀어진다.
(4) 열은 온도가 높은 물체에서 낮은 물체로 이동하므로 뜨거운 물에서 에탄올, 뜨거운 물에서 삼각 플라스크 속의 물로 이동한다.

02 물체를 가열하면 물체를 구성하는 입자의 운동이 활발해져서 입자 사이의 거리가 멀어지므로 열팽창 현상이 나타난다.

채점 기준	배점
주어진 단어 중 사용한 단어 하나당 부분 점수	25 %

여기서 잠깐

진도 교재 150쪽

유제❶ (1) C (2) C 유제❷ ③
유제❸ (1) A>B>C (2) A>B>C

유제❶ (1) 물질의 종류가 같으면 비열이 같다. 가한 열량과 비열이 같은 경우 시간-온도 그래프의 기울기가 작을수록 질량이 크므로 C의 질량이 가장 크다.
(2) 가한 열량과 질량이 같은 경우 시간-온도 그래프의 기울기가 작을수록 비열이 크므로 C의 비열이 가장 크다.

유제❷ 비열이 같은 경우 온도 변화는 질량에 반비례한다.
A의 질량 : B의 질량

$$=\frac{1}{\text{A의 온도 변화}}:\frac{1}{\text{B의 온도 변화}}$$

$$=\frac{1}{70\text{ ℃}-10\text{ ℃}}:\frac{1}{30\text{ ℃}-10\text{ ℃}}=\frac{1}{60\text{ ℃}}:\frac{1}{20\text{ ℃}}=1:3$$

유제❸ (1) A, B, C가 같은 물질이면 세 물체의 비열이 같다. 외부와 열 출입이 없을 때 접촉한 두 물체 사이에서 고온의 물체가 잃은 열량과 저온의 물체가 얻은 열량은 같으므로 물체의 질량은 온도 변화에 반비례한다. 따라서 질량은 A>B>C이다.
(2) (가)에서 A와 B를 접촉한 순간부터 열평형 상태가 될 때까지 B의 온도 변화가 A의 온도 변화보다 크므로 비열은 A>B이다. (나)에서 B와 C를 접촉할 때 열평형 상태가 될 때까지 C의 온도 변화가 B의 온도 변화보다 크므로 비열은 B>C이다. 따라서 비열은 A>B>C이다.

기출 문제로 내신쑥쑥

진도 교재 151~154쪽

01 ③, ⑤ **02** ③ **03** ④ **04** ① **05** ② **06** ⑤ **07** ② **08** ② **09** ⑤ **10** ② **11** ③, ④ **12** ④ **13** ④ **14** ⑤ **15** ⑤ **16** ③, ④ **17** ③ **18** ① **19** ⑤

서술형 문제 **20** (1) D>C>B>A, 물질의 질량과 물질에 가한 열량이 같은 경우 비열이 작은 물질일수록 온도가 크게 변하기 때문이다. (2) 열량=비열×질량×온도 변화=0.40 kcal/(kg·℃)×0.2 kg×20 ℃=1.6 kcal이다. **21** 내륙 도시, 육지가 바다보다 비열이 작아 온도 변화가 크게 나타나므로 내륙 도시의 일교차가 해안 도시보다 크다. **22** 금속구를 냉각시킨다. 금속 고리를 가열한다.

01 바로알기 ③ 비열이 큰 물질일수록 1 kg의 온도를 1 ℃ 높이는 데 많은 열량이 필요하다. 따라서 비열이 큰 물질일수록 같은 세기의 불꽃으로 가열할 때, 온도가 잘 변하지 않아 천천히 데워진다.
⑤ 물질의 비열은 질량과 관계없이 일정한 물질의 특성이다.

02 비열$=\dfrac{\text{열량}}{\text{질량}\times\text{온도 변화}}=\dfrac{10\ \text{kcal}}{5\ \text{kg}\times(32\ ℃-7\ ℃)}$

$=\dfrac{10\ \text{kcal}}{5\ \text{kg}\times 25\ ℃}=0.08\ \text{kcal/(kg}\cdot℃)$

03 같은 세기의 불꽃으로 같은 시간 동안 가열하면 물질에 가해지는 열량이 모두 같다. 이때 비열이 작을수록 온도 변화가 크므로 온도 변화가 가장 큰 물질은 비열이 가장 작은 철이다.

04 질량이 같은 A와 B를 비교하면 비열$=\dfrac{\text{열량}}{\text{질량}\times\text{온도 변화}}$에서 비열은 온도 변화와 반비례하므로 온도 변화가 작은 A의 비열이 더 크다(A>B). 온도 변화가 같은 B와 C를 비교하면 비열$=\dfrac{\text{열량}}{\text{질량}\times\text{온도 변화}}$에서 비열과 질량은 반비례하므로 질량이 작은 B의 비열이 더 크다(B>C). 따라서 비열은 A>B>C이다.

05 열량=비열×질량×온도 변화

$=1\ \text{kcal/(kg}\cdot℃)\times0.5\ \text{kg}\times10\ ℃=5\ \text{kcal}$

06 ① 물과 식용유는 다른 물질이므로 비열도 다르다.
② 같은 가열 장치 위에 올려놓고 가열하였으므로 물과 식용유에 가해지는 열량은 같다.
③ 식용유의 비열이 물의 비열보다 작으므로 같은 시간 동안 온도가 더 많이 변한다.
④ 물과 식용유의 비열이 다르므로 두 물질의 질량이 같을 때 같은 온도만큼 높이는 데 필요한 열량이 다르다. 비열이 클수록 열량이 많이 필요하다.
바로알기 ⑤ 두 물체의 질량이 같으면 같은 열량을 가했을 때 비열이 클수록 온도 변화가 작다.

07 ㄷ. 두 물질의 질량이 같으면 같은 열량을 가했을 때 비열이 클수록 온도 변화가 작다. 따라서 비열은 A가 B보다 크다.
바로알기 ㄱ. 같은 세기의 불꽃으로 같은 시간 동안 가열하면 물체에 가해지는 열량이 같다. 처음 온도는 같고, 3분일 때 B의 온도가 A보다 높으므로 온도 변화가 큰 것은 B이다.
ㄴ. 두 물질의 비열이 다르므로 두 물질의 질량이 같을 때 같은 온도만큼 높이는 데 필요한 열량이 다르다. 물질을 20 ℃까지 높이는 데 A는 2분, B는 1분이 걸렸으므로 같은 온도만큼 높이는 데 더 많은 열량이 필요한 것은 A이다.

08 ① 같은 세기의 불꽃으로 가열하였으므로, 같은 시간 동안 A와 B가 얻은 열량은 같다.
③ 질량과 열량이 같으므로 비열은 온도 변화에 반비례한다. 따라서 비열 비 A : B$=\dfrac{1}{2}:\dfrac{1}{3}=3:2$이다.

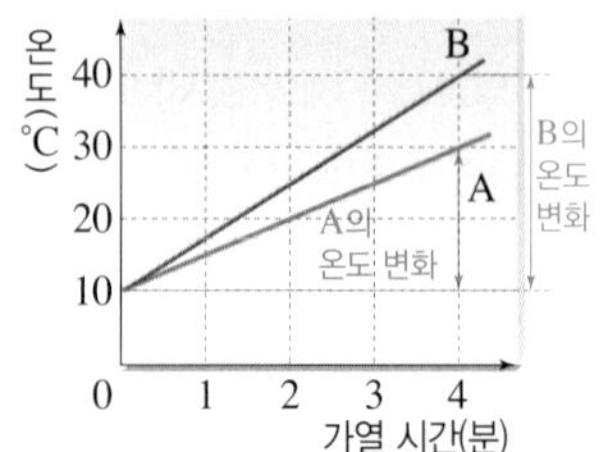

④ 그래프의 기울기가 클수록 온도 변화가 크므로 비열이 작다.
⑤ A와 B의 비열이 다르므로 A와 B는 서로 다른 물질이다.

바로알기 ② 4분 동안 A의 온도 변화=30 ℃−10 ℃=20 ℃이고, B의 온도 변화=40 ℃−10 ℃=30 ℃이다. 따라서 온도 변화 비 A : B=2 : 3이다.

09

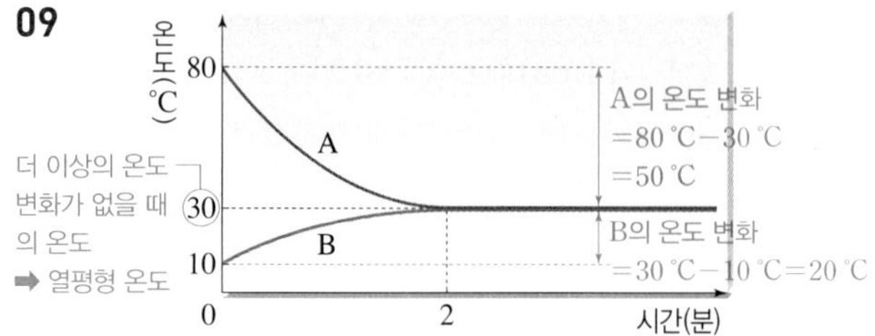

① 더 이상의 온도 변화가 없을 때의 온도가 열평형 온도이므로 30 ℃이다.
② 열은 온도가 높은 물체에서 낮은 물체로 이동하므로 0~2분 동안 열은 A에서 B로 이동한다.
③ A의 온도 변화는 80 ℃−30 ℃=50 ℃이고, B의 온도 변화는 30 ℃−10 ℃=20 ℃이므로, 온도 변화는 A가 B보다 크다.
④ 외부와 열 출입이 없으므로 A가 잃은 열량과 B가 얻은 열량은 같다.
바로알기 ⑤ 두 물질의 질량과 두 물질에 가해진 열량이 같을 때 비열$=\dfrac{\text{열량}}{\text{질량}\times\text{온도 변화}}$에서 비열은 온도 변화에 반비례한다. 온도 변화는 A>B이므로 비열은 A<B이다.

10 바로알기 ② 육지는 바다보다 비열이 작아서 온도 변화가 크므로, 내륙 지역은 해안 지역보다 일교차가 크다.

11 ③ 낮에는 온도가 높은 육지의 따뜻한 공기가 올라가고 바다의 차가운 공기가 내려오므로 바다에서 육지로 바람이 분다. 이는 공기가 순환하는 대류에 의한 현상이다.
④ 해풍과 육풍은 육지와 바닷물의 비열 차로 인한 온도 차에 의한 현상이다.
바로알기 ① 태양의 열에너지가 복사에 의해 바다와 육지로 전달된다.
② 비열이 작을수록 온도 변화가 크다. 따라서 비열이 작은 육지의 온도가 바닷물의 온도보다 빨리 올라간다.
⑤ 비열이 작을수록 온도가 빠르게 변하므로 밤에는 육지가 빨리 식어서 바닷물보다 온도가 낮아진다. 따라서 바다의 공기가 상승하고, 육지로부터 바람이 불어오는 육풍이 분다.

12 ⑤ 고체와 액체는 물질의 종류에 따라 열팽창 정도가 다르다.
바로알기 ④ 같은 물질이라도 물질의 상태에 따라 열팽창 정도가 다르다. 기체>액체>고체 순으로 열팽창 정도가 크다.

13 바로알기 ㄱ. 여름에 온도가 높아지면 입자의 운동이 활발해져서 부피가 증가하기 때문에 틈이 좁아진다.

14 바로알기 ① A와 B는 서로 다른 종류의 금속이므로 비열이 다르다.
② 바이메탈을 가열할 때 A 쪽으로 휘어졌으므로 B가 A보다 열팽창 정도가 크다. 따라서 B는 A보다 많이 팽창한다.
③, ④ 열팽창 정도가 클수록 온도 변화에 따른 부피 변화가 크므로 냉각시키면 부피가 많이 감소한다. 따라서 바이메탈을 냉각시키면 열팽창 정도가 큰 B가 A보다 많이 수축하여 B 쪽으로 휘어진다.

15 ② 가열 시간이 길수록 막대의 온도가 높아 팽창하는 길이가 길어지므로 바늘이 더 많이 돌아간다.
③ 물질의 종류에 따라 열팽창하는 정도가 다르다.
바로알기 ⑤ 바늘이 많이 돌아갈수록 열팽창 정도가 크므로 열팽창 정도는 알루미늄>구리>철 순으로 크다.

16 **바로알기** ③ 쇠 의자가 나무 의자보다 더 차갑게 느껴지는 까닭은 쇠가 나무보다 열을 잘 전도해서 몸에서 열을 빠르게 빼앗아가기 때문이다.
④ 온도계는 알코올과 수은 등의 액체가 열팽창하는 것을 이용하여 온도를 측정한다.

17 **바로알기** ③ 열팽창하여 유리관을 따라 올라간 물의 나중 높이가 에탄올의 나중 높이보다 낮으므로 물의 부피 변화가 에탄올의 부피 변화보다 작다.

18 ② 세 액체의 처음 온도가 25 ℃로 같고, 충분한 시간이 지나면 뜨거운 물과 열평형 상태를 이루므로 나중 온도도 같다. 따라서 세 액체의 온도 변화는 모두 같다.
③ 세 액체 모두 온도가 높아지므로 입자 운동이 활발해진다.
④ 처음에는 같았던 액체의 부피가 나중에는 각각 다른 것을 통해 액체의 종류에 따라 열팽창 정도가 다르다는 것을 알 수 있다. 이때 열팽창 정도는 에탄올>식용유>물 순으로 크다.
⑤ 식용유의 온도가 처음보다 높아져 입자 운동이 활발해지므로 입자 사이의 거리는 처음보다 멀어진다.
바로알기 ① 열은 온도가 높은 곳에서 낮은 곳으로 이동하므로 뜨거운 물에서 세 액체로 이동한다.

19 열에 의해 온도가 상승할 때 고체의 부피보다 액체의 부피가 더 많이 변한다. 따라서 페트 병에 음료수를 가득 채우면 음료수의 열팽창으로 페트 병이 부풀어올라 터질 수 있다.

20 비열$=\frac{\text{열량}}{\text{질량}\times\text{온도 변화}}$이므로 물질의 질량과 가해진 열량이 같을 때 비열은 온도 변화에 반비례한다.

	채점 기준	배점
(1)	온도 변화를 비교하고, 비열과 온도 변화의 관계에 대해 옳게 서술한 경우	50 %
	온도 변화만 옳게 비교한 경우	20 %
(2)	열량을 풀이 과정과 함께 옳게 구한 경우	50 %
	풀이 과정 없이 열량만 구한 경우	20 %

21 일교차는 하루 중 가장 높은 기온과 가장 낮은 기온의 차이이다. 비열이 작으면 빨리 뜨거워지고, 빨리 식으므로 비열이 작은 내륙 도시의 일교차가 해안 도시보다 크다.

채점 기준	배점
내륙 도시를 쓰고, 그 까닭을 옳게 서술한 경우	100 %
내륙 도시만 쓴 경우	40 %

22 금속 구가 금속 고리를 통과하려면 금속 구의 부피가 감소하거나 금속 고리의 부피가 증가해야 한다. 금속 구의 부피가 감소하려면 금속 구를 냉각해야 하고, 금속 고리의 부피가 증가하려면 금속 고리를 가열해야 한다.

채점 기준	배점
두 가지 모두 옳게 서술한 경우	100 %
두 가지 중 한 가지만 옳게 서술한 경우	50 %

수준 높은 문제로 실력탄탄

진도 교재 154쪽

01 ④ **02** ②

01 ④ 바이메탈은 사용된 두 금속의 열팽창 정도의 차이가 많이 날수록 온도가 올라갈 때 잘 휘어진다. 따라서 철과 열팽창 정도의 차이가 구리보다 많이 나는 알루미늄을 구리 대신 사용하면 바이메탈이 더 낮은 온도에서 휘어진다.
바로알기 ①, ③ 바이메탈은 열팽창 정도가 다른 두 금속을 붙여서 만든다. 서로 같은 금속을 붙이면 열팽창 정도가 차이 나지 않으므로 휘어지지 않아서 회로가 연결되지 않는다.
② 철 대신 알루미늄을 사용하면 알루미늄이 구리보다 열팽창이 잘 되므로 온도가 올라갔을 때 바이메탈이 위쪽으로 휘어진다. 이때는 회로가 연결되지 않으므로 아무리 온도가 높이 올라가도 경보기가 울리지 않게 된다.

02 가열을 시작할 때 유리관 속 물의 높이가 낮아진 까닭은 둥근바닥 플라스크가 열을 받아서 물보다 먼저 팽창하기 때문이다. 따라서 처음에는 둥근바닥 플라스크가 팽창하면서 물의 높이가 낮아지지만 고체보다 액체의 열팽창 정도가 크므로, 물의 높이는 다시 높아진다.

단원평가문제

진도 교재 155~158쪽

01 ③ **02** ②, ③ **03** ⑤ **04** ② **05** ② **06** ③ **07** ⑤ **08** ⑤ **09** ③ **10** ⑤ **11** ② **12** ④ **13** ① **14** ③ **15** ③ **16** ④, ⑤ **17** ② **18** ④ **19** ④

서술형문제 **20** 금속 의자와 나무 의자의 온도는 같지만, 금속이 나무보다 열을 잘 전도하기 때문이다. **21** 뜨거운 물이 위로 올라가고, 찬물이 아래로 내려오므로 대류가 일어나 찬물과 뜨거운 물이 고르게 섞인다. **22** 금속 냄비보다 뚝배기의 비열이 커서 잘 식지 않기 때문이다. **23** (1) 물, 비열이 커서 온도가 쉽게 변하지 않기 때문이다. (2) 열량=비열×질량×온도 변화=0.4 kcal/(kg·℃)×2 kg×15 ℃=12 kcal이다. **24** A, 화재가 발생해 바이메탈에 열이 가해지면 A가 열팽창이 더 잘 되므로 B 쪽으로 휘어져 회로가 연결되어 경보기가 작동한다. **25** A>B>C, 바이메탈을 가열할 때 바이메탈은 열팽창 정도가 작은 금속 쪽으로 휘어지기 때문이다.

01 ③ 물체의 온도가 높아지면 입자 운동이 활발해진다.
바로알기 ①, ② 입자 운동이 활발해졌으므로 물체는 열을 얻었다.
④, ⑤ 물체의 온도가 변하여도 질량과 입자의 수는 변함없다.

02 ②, ③ 금속 막대에서 불과 닿는 부분의 온도가 높아지면 입자가 진동하고, 입자의 운동이 이웃한 입자에 전달되어 열이 이동한다. 따라서 알코올램프와 가장 가까운 곳인 (가)부터 온도가 높아지므로 열은 (가)에서 (라) 방향으로 전달된다.
바로알기 ① 가장 먼저 떨어지는 나무 막대는 (가)이다.
④ 금속에서 열은 전도의 방법으로 이동한다. 입자가 직접 이동하여 열을 전달하는 방법은 대류이다.
⑤ 물질의 종류에 따라 열이 전도되는 빠르기가 다르므로, 금속 막대의 종류가 달라지면 나무 막대가 떨어지는 데 걸리는 시간이 달라진다.

03 알코올램프로 가열한 부분의 물은 온도가 높아져 입자 운동이 활발해진다. 따라서 부피가 커져 가벼워지므로 위로 올라간다. 이때 상대적으로 차가운 위쪽의 물은 무거워서 아래로 내려온다.

04 ①, ③, ④, ⑤ 전도에 의한 현상이다.
바로알기 ② 복사에 의한 현상이다.

05 ② 플라스틱은 금속에 비해 열 전도가 잘 되지 않는 물질이므로 불 위에 둔 냄비의 손잡이를 잡아도 뜨겁지 않다.

06 ② 은도금된 벽면은 열을 반사시켜 복사에 의한 열의 이동을 차단한다.
④ 보온병의 안쪽 벽을 유리로 만들면 전도가 잘 되지 않아서 열의 이동이 차단된다.
⑤ 진공 공간은 공기가 거의 없으므로 전도와 대류에 의한 열의 이동을 차단한다.
바로알기 ③ 공기는 전도에 의한 열의 이동을 막지만 대류는 일어난다. 따라서 진공으로 된 부분에 공기를 넣으면 진공 상태일 때보다는 단열이 잘 되지 않는다.

07 **바로알기** ⑤ 전기 프라이팬의 바닥은 열이 잘 전도될 수 있도록 금속으로 만들어진다.

08 열의 이동 방향은 온도가 높은 물체 → 온도가 낮은 물체이다.
• 열이 B → C로 이동 ➡ 온도는 B>C이다.
• 열이 D → B로 이동 ➡ 온도는 D>B이다.
• 열이 C → A로 이동 ➡ 온도는 C>A이다.
따라서 A~D의 온도를 비교하면 D>B>C>A이다.

09 ③ 물의 온도는 낮아지므로 입자 운동은 둔해진다.
바로알기 ① 물은 열을 잃으므로 온도가 낮아진다.
② 컵은 열을 얻으므로 온도가 높아진다.
④ 온도가 높은 물에서 온도가 낮은 컵으로 열이 이동한다.
⑤ 컵은 온도가 높아지므로 입자 운동이 활발해진다.

10 온도가 서로 다른 물체가 만났을 때 높은 온도의 물체의 온도는 낮아지고, 낮은 온도의 물체의 온도는 높아져서 같은 온도를 이루므로 열평형 온도는 온도가 높은 물체와 낮은 물체의 사이의 온도만 가능하다.

11 ① 물질 1 kg의 온도를 1 ℃ 높이는 데 필요한 열량이 비열이다.
④ 질량과 열량이 같을 때 온도 변화는 비열에 반비례한다. 따라서 비열이 가장 작은 금의 온도 변화가 가장 크다.
바로알기 ② 구리 3 kg을 1 ℃ 높이는 데 필요한 열량$=0.09\times3\times1=0.27$(kcal)이고, 금 1 kg을 1 ℃ 높이는 데 필요한 열량$=0.03\times1\times1=0.03$(kcal)이다.

12 ③ 온도 변화$=\frac{\text{열량}}{\text{비열}\times\text{질량}}$이므로 같은 열량을 가할 때 온도 변화는 질량에 반비례한다.
바로알기 ④ 온도가 다른 두 물체를 접촉할 때 외부와의 열 출입이 없다면 고온의 물체가 잃은 열량은 저온의 물체가 얻은 열량과 같다.

13 같은 세기의 불꽃으로 가열하였으므로, 물의 온도가 35 ℃가 되었을 때 물이 얻은 열량과 A의 온도가 45 ℃가 되었을 때 A가 얻은 열량은 같다. 이때 열량=비열×질량×온도 변화이므로, 1 kcal/(kg·℃)×0.2 kg×(35 ℃−20 ℃)=A의 비열×0.4 kg×(45 ℃−20 ℃)에서 A의 비열=0.3 kcal/(kg·℃)이다.

14 열량=비열×질량×온도 변화에서 열량이 같을 때 온도 변화는 비열×질량에 반비례한다. 따라서 A와 B의 질량비는 1 : 2이고, 비열의 비는 3 : 1이므로 온도 변화의 비는 $\frac{1}{1\times3}:\frac{1}{2\times1}=2:3$이다.

15 **바로알기** ③ A와 B의 질량을 모르므로 비교할 수 없다. 같은 시간 동안 A가 B보다 온도가 작게 변했으므로 A와 B의 질량이 같다면 A가 B보다 온도를 변화시키기 어려운 물질이다.

16 에펠탑의 높이가 겨울철보다 여름철에 높아지는 까닭은 열이 가해지면 탑을 이루는 입자의 운동이 활발해지므로 입자 사이의 거리가 멀어져서 부피가 팽창하기 때문이다.

17 ① 온도가 높아지면 바이메탈에서 아래쪽 금속이 위쪽 금속보다 더 많이 팽창하여 위로 휘어져서 회로가 끊어지게 된다.
③ 온도가 내려가면 바이메탈이 수축하여 원래 상태로 되돌아온다.
바로알기 ② 열팽창 정도의 차이가 많이 나는 금속을 붙여야 온도가 올라갈 때 잘 휘어진다.

18 **바로알기** ①, ②는 열평형, ③은 비열, ⑤는 단열과 관련된 현상이다.

19 ④ 부피 변화가 클수록 열팽창 정도가 큰 것이다. 따라서 열팽창 정도는 알코올>식용유>글리세린>물 순으로 크다.
바로알기 ① 네 가지 액체 중 부피가 가장 크게 변한 알코올의 열팽창 정도가 가장 크다.
⑤ 액체를 차가운 물에 넣으면 온도가 내려가면서 입자 사이의 거리가 가까워져 부피가 감소한다. 열팽창 정도가 클수록 부피가 더 많이 감소하므로 부피가 가장 많이 줄어드는 것은 알코올이다.

20 두 의자가 실외 공기와 열평형 상태가 되어 실외 온도와 같아지기 때문에 두 의자의 온도는 같다. 그러나 금속이 나무보다 열을 잘 전도한다. 따라서 금속 의자에 앉으면 나무 의자에 앉을 때보다 몸의 열을 더 빠르게 빼앗겨 금속 의자가 나무 의자보다 차갑게 느껴진다.

채점 기준	배점
온도를 옳게 비교하고, 전도를 포함하여 차갑게 느껴지는 까닭을 옳게 서술한 경우	100 %
온도를 옳게 비교하고, 전도를 포함하지 않고 차갑게 느껴지는 까닭을 옳게 서술한 경우	80 %
온도만 옳게 비교한 경우	30 %

21 투명 필름을 제거하면 뜨거운 물이 위쪽으로 올라가고, 온도가 상대적으로 낮은 차가운 물이 아래쪽으로 내려온다. 물을 구성하는 입자들이 대류에 의해 순환하면서 비커 속 물이 전체적으로 고르게 섞인다.

채점 기준	배점
뜨거운 물이 위로 올라가고 찬물이 아래로 내려오므로 대류에 의해 찬물과 뜨거운 물이 고르게 섞인다라고 서술한 경우	100 %
찬물과 뜨거운 물이 고르게 섞인다라고만 서술한 경우	40 %

22 뚝배기는 비열이 커서 데우는 데 오래 걸리지만 잘 식지 않는다. 따라서 불을 꺼도 끓는 상태를 어느 정도 유지한다. 반면, 금속 냄비는 비열이 작아서 빨리 끓지만 빨리 식는다.

채점 기준	배점
금속 냄비보다 뚝배기의 비열이 크기 때문이라고 서술한 경우	100 %
뚝배기가 잘 식지 않는다라고만 서술한 경우	30 %

23 찜질 팩은 오랫동안 온도를 유지할 수 있어야 효과적이므로 비열이 큰 물질을 사용한다.

	채점 기준	배점
(1)	물을 고르고, 비열이 커서 온도가 쉽게 변하지 않는다라고 서술한 경우	50 %
	물만 고른 경우	20 %
(2)	풀이 과정과 함께 열량을 옳게 구한 경우	50 %
	풀이 과정 없이 열량만 구한 경우	20 %

24 화재가 발생했을 때 화재경보기가 울리려면 바이메탈이 회로에 연결되어야 한다. 회로가 연결되려면 바이메탈이 B 쪽으로 휘어져야 하므로 A가 B보다 많이 팽창해야 한다.

채점 기준	배점
A를 쓰고, 화재경보기의 원리를 옳게 서술한 경우	100 %
A만 쓴 경우	40 %

25 열팽창 정도는 (가)에서는 $A>B$, (나)에서는 $A>C$, (다)에서는 $B>C$이다. 따라서 $A>B>C$이다.

채점 기준	배점
$A>B>C$라고 쓰고, 바이메탈을 가열할 때 열팽창 정도가 작은 금속 쪽으로 휘어진다라고 서술한 경우	100 %
$A>B>C$라고만 쓴 경우	50 %

Ⅸ 재해·재난과 안전

01 재해·재난과 안전

확인 문제로 개념쏙쏙

진도 교재 163, 165쪽

Ⓐ 재해, 재난, 자연, 사회, 감염성 질병
Ⓑ 내진, 계단, 바람

1 (1) ○ (2) ○ (3) × **2** (1) ㄴ, ㄷ, ㄹ, ㅁ, ㅂ (2) ㄱ, ㅅ, ㅇ, ㅈ **3** (1) ㉢ (2) ㉡ (3) ㉠ **4** (1) ○ (2) × (3) × (4) ○ (5) ○ (6) ○ **5** (1) ㄷ (2) ㄹ (3) ㄴ (4) ㄱ (5) ㅁ (6) ㅂ **6** (1) ○ (2) × (3) ○ (4) ○ **7** (1) ○ (2) × (3) ○ **8** ㉠ 높, ㉡ 낮

1 (2) 자연 현상으로 발생하는 재해·재난을 자연 재해·재난이라 하고, 인간의 부주의나 기술상의 문제 등 인간 활동으로 발생하는 재해·재난을 사회 재해·재난이라고 한다.
바로알기 (3) 기상 재해는 태풍, 홍수, 가뭄, 폭설 등으로 자연 재해·재난에 속한다.

2 지진, 태풍, 화산, 홍수, 폭염 등은 자연 재해·재난이고, 화재, 화학 물질 유출, 감염성 질병 확산, 운송 수단 사고 등은 사회 재해·재난이다.

3 (1) 감염성 질병 확산의 원인으로는 병원체의 진화, 모기나 진드기와 같은 매개체의 증가, 인구 이동, 교통수단의 발달, 무역 증가 등이 있다.
(2) 화학 물질 유출의 원인으로는 작업자의 부주의, 관리 소홀, 운송 차량의 사고, 시설물의 노후화 등이 있다.
(3) 운송 수단 사고의 원인으로는 안전 관리 소홀, 안전 규정 무시, 기계 자체의 결함이 있다.

4 (5) 유출된 화학 물질이 피부에 닿았을 때 수포가 생기거나 호흡기를 통해 흡입했을 때 폐에 손상을 주는 등 각종 질병을 유발한다.
바로알기 (2) 감염성 질병은 특정 지역에 그치지 않고 지구적인 규모로 확산되어 수많은 사람과 동물에게 큰 피해를 줄 수 있다.
(3) 대체로 규모가 큰 지진일수록 피해가 크다.

5 (4) 내진 설계가 되어 있지 않은 건물에는 벽이나 창문에 대각선으로 지지대를 설치하는 등 내진 구조물을 추가로 설치한다.

6 (1) 기상 위성으로 자료를 수집하여 태풍의 이동 경로를 예측하고, 태풍의 예상 진로에 있는 지역에 경보를 내려 태풍의 피해를 줄일 수 있다.
(2) 지진의 피해를 줄이기 위해서는 땅이 불안정한 지역을 피해 건물을 지어야 한다.

7 바로알기 (2) 화학 물질이 유출되어 대피할 때 바람이 사고 발생 장소에서 불어오면 바람이 불어오는 방향의 직각 방향으로 대피한다.

8 밀도가 큰 물질은 밀도가 작은 물질 아래로 가라앉는다. 따라서 유출된 유독가스가 공기보다 밀도가 크면 지표를 따라 낮은 곳으로 이동하기 때문에 사고가 발생한 지역보다 높은 곳으로 대피해야 한다.

기출 문제로 **내신쑥쑥** 진도 교재 166~168쪽

01 ② **02** ② **03** ⑤ **04** ⑤ **05** ③ **06** ③ **07** ④ **08** ③ **09** ⑤ **10** ① **11** ③ **12** ④ **13** ② **14** ③ **15** ②

서술형문제 **16** • 성운 : 지진으로 흔들릴 때는 탁자 아래로 들어가 몸을 보호해야 해. • 지혜 : 건물 밖으로 나갈 때는 계단으로 이동해야 해. **17** B, 바람이 사고 발생 장소에서 불어오므로 바람 방향의 직각 방향인 B 쪽으로 대피해야 한다. **18** 비누를 사용하여 손을 자주 씻는다. 식수는 끓인 물이나 생수를 사용한다. 음식물을 충분히 익혀 먹는다. 기침을 할 경우 코와 입을 가린다. 등

01 바로알기 ① 재해·재난은 국민의 생명, 신체, 재산과 국가에 피해를 주거나 줄 수 있는 것이다.
③ 자연 재해·재난은 자연 현상으로 발생하는 재해·재난이다. 인간의 부주의나 기술상의 문제 등 인간 활동으로 발생하는 재해·재난은 사회 재해·재난이다.
④ 화학 물질 유출, 감염성 질병 확산 등은 사회 재해·재난의 사례이다.
⑤ 재해·재난은 발생하는 원인에 따라 자연 재해·재난과 사회 재해·재난으로 구분할 수 있다.

02 ㄱ, ㄹ. 가뭄과 폭염은 자연 현상으로 발생하는 자연 재해·재난이다.
바로알기 ㄴ, ㄷ. 화재와 감염성 질병 확산은 인간 활동으로 발생하는 사회 재해·재난이다.

04 ③ 과학자들은 최근에 화산이나 지진 관측소에서 경보 체계를 운영하고 있다.
바로알기 ⑤ 규모는 지진의 세기를 나타내는 방법 중 하나로, 대체로 규모가 큰 지진일수록 피해가 크다.

05 바로알기 ㄴ. 화산 기체가 대기 중으로 퍼지면 항공기 운행이 중단되는 피해가 생길 수 있다.

06 ⑤ 지진해일은 수십 m 높이의 바닷물이 해안 지역을 덮치는 현상으로, 해저에서 지진이 일어나 발생한다.
바로알기 ③ 야생동물에게만 발생하던 질병이 인간에게 감염되어 새로운 감염성 질병이 나타나기도 한다.

07 화학 물질 유출은 인간 활동으로 발생하는 사회 재해·재난으로, 화학 물질이 반응하여 폭발하거나 화재가 발생하고, 각종 질병을 유발하는 등의 피해를 준다.

08 화학 물질 유출의 원인으로는 작업자의 부주의, 관리 소홀, 운송 차량의 사고, 시설물의 노후화 등이 있다. 감염성 질병 확산의 원인으로는 병원체의 진화, 모기나 진드기와 같은 매개체의 증가, 인구 이동, 교통수단의 발달, 무역 증가 등이 있다.

09 ㄴ. 역학 조사는 감염자가 사는 장소, 활동 범위를 자세히 파악하여 감염자가 접촉했던 사람을 추적하는 것으로, 감염성 질병의 원인을 찾고 확산을 막기 위한 활동이다.
바로알기 ㄱ. 감염성 질병은 악수나 기침 등 감염자와 직접 접촉하여 전파되거나 공기나 물, 동물, 음식물 등을 통해 간접적으로 전파되기도 한다.

10 ㄱ. 건물을 지을 때는 건물에 내진 설계를 하여 지진으로 건물이 무너지는 것을 막는다.
바로알기 ㄷ. 건물 밖으로 나왔을 때는 운동장이나 공원 등 넓은 장소로 대피한다.
ㄹ. 해안 지역에서 지진해일이 발생하면 최대한 높은 곳으로 대피해야 한다.

11 ㄷ. 손전등과 방진 마스크는 화산 폭발로 화산재가 낙하했을 때 대비할 수 있는 물품이다.
바로알기 ㄴ. 화산 폭발은 언제 일어날지 예측하기 어렵기 때문에 관측소에서 경보 체계를 운영하고 있다.

12 ② 바람막이숲은 해안가에서 강한 바람의 피해를 막기 위해 만든 숲이다.
바로알기 ④ 창문이나 유리문이 태풍의 강한 바람에 의해 깨질 위험이 있으므로 창문이나 유리문에서 멀리 떨어져 있어야 한다.

13 ④ 유독가스가 공기보다 밀도가 크면 높은 곳으로 대피하고, 공기보다 밀도가 작으면 낮은 곳으로 대피한다.
바로알기 ② 화학 물질 유출 시 실내로 대피한 경우 외부의 유독가스가 실내에 들어오지 않도록 외부 공기와 통하는 환풍기의 작동을 중단해야 한다.

14 ① 면역 체계가 약화되면 감염성 질병이 발생할 수 있으므로 건강한 식습관으로 면역력을 키운다.
④ 화학 물질이 유출되어 대피할 때 바람이 사고 발생 장소 쪽으로 불면 바람 방향의 반대 방향으로 대피하고, 바람이 사고 발생 장소에서 불어오면 바람 방향의 직각 방향으로 대피한다.
바로알기 ③ 지진 발생 시 화재가 일어날 위험이 있으므로 가스와 전기를 차단한다.

15 스노는 콜레라가 전염되는 원인을 알아내기 위해 사망자가 발생한 곳을 조사하여 원인을 밝혀냈다. 이와 같이 감염성 질병의 원인을 찾고 확산을 막기 위한 활동을 역학 조사라고 한다.

16 지진으로 흔들릴 때는 먼저 튼튼한 탁자 아래로 들어가 몸을 보호한 후, 흔들림이 멈추면 문을 열어 출구를 확보한다. 지진으로 승강기가 고장날 수 있으므로 건물 밖으로 나갈 때는 계단으로 이동해야 한다.

채점 기준	배점
성운과 지혜를 고르고, 각각 옳게 고쳐 쓴 경우	100 %
성운과 지혜 중 1명만 고르고 옳게 고쳐 쓴 경우	50 %
성운과 지혜만 고른 경우	30 %

17 화학 물질이 피부에 닿거나 흡입하면 각종 질병을 유발하므로 최대한 멀리 대피한다.

채점 기준	배점
B를 고르고, 그 까닭을 옳게 서술한 경우	100 %
B만 고른 경우	50 %

18 감염성 질병의 확산을 막기 위해서는 병원체가 쉽게 증식할 수 없는 환경을 만들고, 확산 경로를 차단해야 한다.

채점 기준	배점
개인이 지켜야 할 행동 요령 두 가지를 모두 옳게 서술한 경우	100 %
개인이 지켜야 할 행동 요령을 한 가지만 옳게 서술한 경우	50 %

단원 평가 문제

진도 교재 169~170쪽

01 ② **02** ④ **03** ④ **04** ④ **05** ③ **06** ② **07** ④
08 ① **09** ⑤ **10** ② **11** ⑤ **12** ④

01 **바로알기** ① 사회 재해·재난은 인간의 부주의나 기술상의 문제 등 인간 활동으로 발생하는 재해·재난이다.
③ 재해·재난은 국민의 생명, 신체, 재산과 국가에 피해를 주거나 줄 수 있는 것이다.
④ 재해·재난은 발생하는 원인에 따라 자연 재해·재난과 사회 재해·재난으로 구분할 수 있다.
⑤ 태풍, 홍수, 가뭄 등과 같이 자연 현상으로 발생하는 재해·재난을 자연 재해·재난이라고 한다. 사회 재해·재난은 인간 활동으로 발생하는 재해·재난이다.

02 한파, 가뭄, 폭염, 태풍은 자연 현상으로 발생하는 자연 재해·재난이다.
바로알기 ④ 화학 물질 유출은 인간 활동으로 발생하는 사회 재해·재난이다.

03 열차, 항공기, 선박 등과 같은 운송 수단에서 발생하는 사고를 운송 수단 사고라고 한다.

04 **바로알기** ④ 태풍이 해안에 접근하는 시기가 만조 시각과 겹치면 해일이 발생하여 해안가에서 멀리 떨어진 곳까지 침수 피해가 커질 수 있다.

05 ①, ④ 감염성 질병은 병원체가 동물이나 인간에게 침입하여 발생하는 질병으로, 모기나 진드기와 같은 매개체에 의해 간접적으로 확산되기도 한다.
②, ⑤ 특정 지역에서 발생한 감염성 질병이 다른 지역으로 빠르게 확산되는 원인이다.

06 **바로알기** ㄱ. 화학 물질 유출은 작업자의 부주의, 관리 소홀, 운송 차량의 사고, 시설물의 노후화 등 인간 활동으로 발생하는 사회 재해·재난이다.
ㄴ. 화학 물질은 피부에 닿았을 때 수포가 생기거나 호흡기를 통해 흡입했을 때 폐에 손상을 주는 등 각종 질병을 유발한다.

07 ㄱ. 과학자들은 화산 활동과 지진이 자주 발생하는 지역의 기록을 연구하여 예보 체계를 갖추려고 노력하고 있다.
바로알기 ㄷ. 화학 물질 유출로 대피할 때는 바람의 방향과 유출된 유독가스의 밀도 등을 고려하여 대피해야 한다.

08 ②, ④는 태풍, ③은 지진, ⑤는 화산의 대처 방안이다. 지진, 태풍, 화산은 자연 현상으로 발생하는 자연 재해·재난이다.
바로알기 ① 병원체의 확산 경로를 차단하여 병원체가 증식하지 못하게 하는 것은 감염성 질병 확산의 대처 방안이다. 감염성 질병 확산은 인간 활동으로 발생하는 사회 재해·재난이다.

09 지진에 대비하기 위한 긴급 재난 문자이다.
③ 전기가 차단되어 승강기가 멈출 수 있으므로 건물 밖으로 이동할 때는 승강기 대신 계단을 이용한다.
바로알기 ⑤ 건물 밖으로 나왔을 때는 운동장이나 공원 등 넓은 장소로 대피해야 한다.

10 ① 감염성 질병은 기침을 통해 확산될 가능성이 있으므로 기침이나 재채기를 할 경우 휴지, 손수건 등으로 코와 입을 가려야 한다. 또한 기침이 계속된다면 마스크를 착용해야 한다.
바로알기 ② 감염성 질병의 발생 원인인 병원체는 살아 있는 세포에 기생하므로 음식을 충분히 익혀 병원체의 증식을 막아야 한다.

11 화학 물질이 유출되어 대피할 때 바람이 사고 발생 장소 쪽으로 불면 바람 방향의 반대 방향으로 대피하고, 바람이 사고 발생 장소에서 불어오면 바람 방향의 직각 방향으로 대피한다.
⑤ 바람이 북서쪽에서 불어오므로 바람 방향의 직각 방향인 남서쪽 또는 북동쪽으로 대피한다.

12 ㄱ. 운송 수단 사고는 열차, 항공기, 선박 등에서 발생하는 사고이다.
ㄹ. 운송 수단 사고가 발생했을 때는 안내 방송을 잘 듣고, 운송 수단의 종류에 따른 대피 방법을 미리 알아둔다.
바로알기 ㄷ. 운송 수단은 한번 사고가 일어나면 그 피해가 매우 크다.

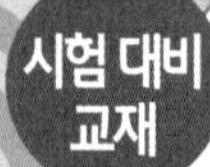

시험 대비 교재

정답과 해설

Ⅴ 동물과 에너지

01 소화

중단원 핵심 요약 시험 대비 교재 2쪽

① 세포 ② 기관계 ③ 근육 조직 ④ 소화계
⑤ 탄수화물 ⑥ 단백질 ⑦ 단백질 ⑧ 소화
⑨ 포도당 ⑩ 아미노산 ⑪ 펩신 ⑫ 쓸개즙
⑬ 표면적 ⑭ 모세 혈관 ⑮ 암죽관

잠깐 테스트 시험 대비 교재 3쪽

1 ① 기관, ② 기관계 **2** ① 기관계, ② 소화계, ③ 배설계 **3** (1) 탄수화물 (2) 물 (3) 무기염류 **4** (1) 녹말 (2) 황적색 (3) 수산화 나트륨 (4) 수단 Ⅲ **5** ① 아밀레이스, ② 녹말, ③ 엿당 **6** (가) 트립신, (나) 라이페이스 **7** (가) A, (나) B **8** ① 포도당, ② 아미노산, ③ 모노글리세리드 **9** ① 융털, ② 표면적 **10** ① 모세 혈관, ② 암죽관

계산력·암기력 강화 문제 시험 대비 교재 4쪽

◇ 소화계의 구조와 기능 암기하기

㉠ 입, 아밀레이스, 엿당 ㉡ 간, 쓸개즙 ㉢ 위, 펩신, 단백질 ㉣ 쓸개, 쓸개즙 ㉤ 소장, 포도당, 아미노산, 모노글리세리드 ㉥ 이자, 아밀레이스, 트립신, 라이페이스 ㉦ 대장, 물

◇ 영양소의 흡수와 이동 암기하기

㉠ 융털, 융털, 넓어 ㉡ 모세 혈관, 녹는, 포도당, 무기염류, 아미노산 ㉢ 암죽관, 녹지 않는, 지방산, 모노글리세리드

중단원 기출 문제 시험 대비 교재 5~7쪽

01 ④	02 ④	03 ④	04 지방	05 ③	06 ①
07 ⑤	08 ②	09 ③	10 ②	11 ③	12 ②
13 ①	14 ⑤	15 ④	16 ⑤	17 ②, ⑤	18 ④
19 ③					

01 ④ 동물 몸의 구성 단계는 '세포(라) → 조직(마) → 기관(나) → 기관계(다) → 개체(가)'이다.

02 주로 에너지원으로 이용되는 탄수화물은 밥, 빵, 국수, 고구마, 감자 등에 많이 들어 있다.

바로알기 ㄷ. 탄수화물은 1 g당 약 4 kcal의 에너지를 낸다. 1 g당 약 9 kcal의 에너지를 내는 영양소는 지방이다.

03 주로 몸을 구성하며 에너지원으로도 이용되는 단백질은 살코기, 생선, 달걀, 두부, 콩 등에 많이 들어 있다.

바로알기 ㄷ. 탄수화물, 단백질, 지방은 에너지원으로 이용된다. 단백질은 1 g당 약 4 kcal의 에너지를 낸다.

04 몸을 구성하거나 에너지원으로 이용되는 지방은 라이페이스에 의해 지방산과 모노글리세리드로 분해된다.

05 **바로알기** ③ 바이타민은 몸의 구성 성분이 아니다.

06 에너지는 탄수화물, 단백질, 지방에서만 얻을 수 있다.
$(10\text{ g}\times 4\text{ kcal/g})+(78\text{ g}\times 4\text{ kcal/g})+(16\text{ g}\times 9\text{ kcal/g})$
$=496\text{ kcal}$

07 뼈, 이, 혈액 등을 구성하며, 몸의 기능을 조절하는 무기염류는 멸치, 버섯, 다시마, 우유 등에 많이 들어 있다.

08 포도당이 있으면 베네딕트 반응(A) 결과 황적색이 나타나고, 단백질이 있으면 뷰렛 반응(D) 결과 보라색이 나타난다.

09 버터, 참기름, 땅콩 등에 특히 많이 들어 있는 영양소는 지방이다. 지방은 수단 Ⅲ 반응 결과 선홍색으로 색깔 변화가 나타난다.

10 음식물이 지나가는 소화관은 입 – 식도 – 위 – 소장 – 대장 – 항문으로 이어져 있다.

11 A는 입, B는 간, C는 위, D는 이자, E는 소장, F는 대장이다.

바로알기 ③ 펩신은 위(C)에서 단백질을 분해한다. 소장(E)에서 단백질은 이자액 속의 트립신과 소장의 단백질 소화 효소에 의해 분해된다.

12 증류수(A)와 끓인 침(C)은 녹말을 분해하지 못한다. 따라서 시험관 A와 C에서는 녹말이 그대로 남아 있어 아이오딘 반응 결과 청람색으로 색깔 변화가 나타난다. 시험관 B에서는 침 속의 아밀레이스에 의해 녹말이 엿당으로 분해되므로 베네딕트 반응 결과 황적색으로 색깔 변화가 나타난다.

13 염산은 강한 산성 물질로, 위샘에서 분비되는 위액에 들어 있다. 염산은 펩신의 작용을 돕고, 음식물에 섞여 있는 세균을 제거하는(살균) 작용을 한다.

14 이자액에는 녹말을 분해하는 아밀레이스, 단백질을 분해하는 트립신, 지방을 분해하는 라이페이스가 모두 들어 있다.

15 ㄱ, ㄹ. 쓸개즙은 간에서 만들어져 쓸개에 저장되었다가 소장으로 분비된다.
ㄴ. 쓸개즙은 지방 덩어리를 작은 알갱이로 만들어 지방의 소화를 돕는다.

바로알기 ㄷ. 쓸개즙에는 소화 효소가 없다.

16 소장에서 작용하는 소화 효소에는 이자액 속의 아밀레이스(녹말 분해), 트립신(단백질 분해), 라이페이스(지방 분해) 및 소장의 탄수화물 소화 효소와 단백질 소화 효소가 있다.

바로알기 ① 펩신은 위에서 염산의 도움을 받아 작용한다.

17 A는 쓸개, B는 간, C는 위, D는 이자이다.

바로알기 ① 쓸개(A)에 저장되었다가 소장으로 분비되는 소화액은 쓸개즙이다. 쓸개즙은 지방의 소화를 돕는다.
③ 간(B)에서 쓸개즙을 만든다.
④ 녹말은 입에서 아밀레이스에 의해 처음으로 분해된다. 위(C)에서 처음으로 분해되는 영양소는 단백질이다.
⑥ 이자(D)에는 음식물이 직접 지나가지 않는다. 지방은 소장에서 이자액 속의 라이페이스에 의해 처음으로 분해된다.

18 **바로알기** ㄱ. 음식물에 들어 있는 물은 소장에서 대부분 흡수되고, 소장을 지나온 물질에 남아 있는 물이 대장에서 흡수된다.

19 (가)는 암죽관, (나)는 모세 혈관이다.
암죽관(가)으로는 지용성 영양소(지방산, 모노글리세리드 등)가 흡수되고, 모세 혈관(나)으로는 수용성 영양소(포도당, 아미노산, 무기염류 등)가 흡수된다.

서술형 정복하기

시험 대비 교재 8~9쪽

1 **답** 세포 → 조직 → 기관 → 기관계 → 개체

2 **답** 탄수화물, 단백질, 지방

3 **답** 단백질

4 **답** 아밀레이스, 침, 이자액

5 **답** (가) 녹말, (나) 단백질, (다) 지방

6 **모범답안** **모양**과 **기능**이 비슷한 **세포**가 모인 단계이다.

7 **모범답안** • 포도당 : **베네딕트 용액**을 넣고 가열하면 **황적색**이 나타난다.
• 지방 : **수단 Ⅲ 용액**을 넣으면 **선홍색**이 나타난다.

8 **모범답안** 녹말은 **포도당**, 단백질은 **아미노산**, 지방은 **지방산**과 **모노글리세리드**로 최종 분해된다.

9 **모범답안** 소장 안쪽 벽은 **주름**과 **융털** 때문에 영양소와 닿는 **표면적**이 매우 넓어 영양소를 효율적으로 흡수할 수 있다.

10 **모범답안** **펩신**이 **염산**의 도움을 받아 **단백질**을 분해한다.

11 **모범답안** (1) A → E → C → B → D
(2) 기관계(B)의 예로는 순환계, 호흡계, 배설계 등이 있다.

| 해설 | 동물의 몸은 세포 → 조직 → 기관 → 기관계 → 개체의 구성 단계를 거쳐 이루어진다. A는 근육 세포 – 세포, B는 소화계 – 기관계, C는 위 – 기관, D는 사람 – 개체, E는 근육 조직 – 조직이다.

	채점 기준	배점
(1)	구성 단계를 순서대로 옳게 나열한 경우	40 %
(2)	기관계의 예를 세 가지 모두 옳게 서술한 경우	60 %
	기관계의 예를 두 가지만 옳게 서술한 경우	40 %
	기관계의 예를 한 가지만 옳게 서술한 경우	20 %

12 **모범답안** (1) 이자액, E
(2) 아밀레이스는 녹말, 트립신은 단백질, 라이페이스는 지방을 분해한다.
(3) 쓸개즙, 쓸개즙은 A에서 생성되어 B에 저장되었다가 F로 분비된다.

| 해설 | A는 간, B는 쓸개, C는 대장, D는 위, E는 이자, F는 소장이다.

	채점 기준	배점
(1)	소화액의 이름과 생성 장소를 모두 옳게 쓴 경우	20 %
	둘 중 한 가지만 옳게 쓴 경우	10 %
(2)	세 가지 소화 효소의 이름과 각 소화 효소가 분해하는 영양소의 종류를 모두 옳게 서술한 경우	40 %
	세 가지 소화 효소의 이름만 옳게 서술한 경우	20 %
(3)	쓸개즙이라고 쓰고, 쓸개즙의 생성·저장·분비 장소를 옳게 서술한 경우	40 %
	쓸개즙이라고만 쓴 경우	10 %

13 **모범답안** (1) 단백질, 지방
(2) 입
(3) 침 속의 아밀레이스가 녹말을 엿당으로 분해한다.

| 해설 | 아이오딘 반응은 녹말, 베네딕트 반응은 당분, 뷰렛 반응은 단백질, 수단 Ⅲ 반응은 지방 검출 반응이다. 단백질은 위와 소장에서 분해되고, 지방은 소장에서 분해된다.

	채점 기준	배점
(1)	단백질과 지방을 모두 옳게 쓴 경우	20 %
	둘 중 하나라도 틀리게 쓴 경우	0 %
(2)	입이라고 옳게 쓴 경우	20 %
(3)	네 가지 내용을 모두 포함하여 옳게 서술한 경우	60 %
	세 가지 내용만 포함하여 서술한 경우	40 %
	두 가지 내용만 포함하여 서술한 경우	20 %

14 **모범답안** (1) (가) 암죽관, (나) 모세 혈관
(2) (가) 지방산, 모노글리세리드, (나) 포도당, 아미노산
(3) (가)로 흡수되는 영양소는 물에 잘 녹지 않는 지용성 영양소이고, (나)로 흡수되는 영양소는 물에 잘 녹는 수용성 영양소이다.

	채점 기준	배점
(1)	(가)와 (나)의 이름을 모두 옳게 쓴 경우	20 %
	둘 중 하나라도 틀리게 쓴 경우	0 %
(2)	(가)와 (나)로 흡수되는 영양소를 두 가지씩 옳게 쓴 경우	30 %
	한 가지씩만 옳게 쓴 경우	15 %
(3)	(가)와 (나)로 흡수되는 영양소의 차이점을 물에 녹는 성질과 관련지어 옳게 서술한 경우	50 %
	(가)로 흡수되는 영양소는 지용성 영양소이고, (나)로 흡수되는 영양소는 수용성 영양소라고만 서술한 경우	40 %

02 순환

중단원 핵심 요약
시험 대비 교재 10쪽

① 심장 박동 ② 우심실 ③ 좌심실 ④ 우심방
⑤ 좌심실 ⑥ 동맥 ⑦ 영양소 ⑧ 이산화 탄소
⑨ 백혈구 ⑩ 혈소판 ⑪ 산소 ⑫ 식균
⑬ 혈액 응고 ⑭ 온몸 순환 ⑮ 좌심실 ⑯ 폐순환
⑰ 폐정맥

잠깐 테스트
시험 대비 교재 11쪽

1 A : 우심방, B : 우심실, C : 좌심방, D : 좌심실 **2** C
3 ① A, ② B, ③ C, ④ B **4** (1) ① A, ② B, ③ C
(2) ① A, ② C, ③ B (3) ① A, ② C, ③ B **5** 판막
6 ① 산소 운반, ② 식균, ③ 혈액 응고 **7** ① 적혈구, ② 백혈구 **8** (나), (라), B, D **9** ① D, ② A **10** ① 폐동맥, ② 폐정맥, ③ 좌심방

계산력·암기력 강화 문제
시험 대비 교재 12쪽

◇ 심장의 구조와 기능 암기하기

㉠ 대동맥, 좌심실, 많은, 동맥 ㉡ 대정맥, 우심방, 적은, 정맥 ㉢ 우심방, 온몸, 적은, 정맥 ㉣ 우심실, 폐, 적은, 정맥 ㉤ 좌심방, 폐, 많은, 동맥 ㉥ 폐동맥, 우심실, 적은, 정맥 ㉦ 폐정맥, 좌심방, 많은, 동맥 ㉧ 판막 ㉨ 좌심실, 온몸, 많은, 동맥

◇ 혈액의 구성과 기능 암기하기

㉠ 적혈구, 없다, 많다, 헤모글로빈, 산소 운반 ㉡ 혈소판, 없다, 혈액 응고 ㉢ 혈장, 물 ㉣ 백혈구, 있다, 적다, 식균

중단원 기출 문제
시험 대비 교재 13~15쪽

01 ④ **02** ④ **03** ④ **04** ④ **05** ③ **06** ①
07 ③ **08** ①, ② **09** ③ **10** ② **11** ④, ⑤ **12** ⑤
13 백혈구 **14** ② **15** ③ **16** ③ **17** ④ **18** ④
19 ⑤

01 바로알기 ④ 좌심방과 좌심실에는 폐에서 산소를 받고 돌아온 산소가 많은 혈액(동맥혈)이 흐르고, 우심방과 우심실에는 조직 세포에 산소를 공급하고 돌아온 산소가 적은 혈액(정맥혈)이 흐른다.

02 A는 우심방, B는 우심실, C는 좌심방, D는 좌심실이다.

03 심방에는 정맥이, 심실에는 동맥이 연결되어 있다.
바로알기 ① 우심방(A)에는 대정맥이 연결되어 있다.
② 우심실(B)에는 폐동맥이 연결되어 있다.
③ 좌심방(C)에는 폐정맥이 연결되어 있다.
⑤ 좌심실(D)에는 대동맥이 연결되어 있다.

04 바로알기 ㄴ. 심장에서 혈액은 심방 → 심실 → 동맥 방향으로 흐른다. 즉, 우심방(A)의 혈액은 우심실(B)로, 우심실(B)의 혈액은 폐동맥으로 이동하고, 좌심방(C)의 혈액은 좌심실(D)로, 좌심실(D)의 혈액은 대동맥으로 이동한다.

05 A는 동맥, B는 모세 혈관, C는 정맥이다.
③ 혈관 벽이 한 층의 세포로 되어 있어 매우 얇은 모세 혈관(B)에서 조직 세포와 물질 교환이 일어난다.
바로알기 ① 심장으로 들어가는 혈액이 흐르는 혈관은 정맥(C)이다. 동맥(A)에는 심장에서 나오는 혈액이 흐른다.
② 폐동맥에는 조직 세포에 산소를 공급하여 산소를 적게 포함한 정맥혈이 흐른다.
④ 혈압은 동맥(A) > 모세 혈관(B) > 정맥(C) 순이다.
⑤ 심장에서 나온 혈액은 동맥(A) → 모세 혈관(B) → 정맥(C)을 거쳐 심장으로 들어간다.

06 ① 동맥(A)은 혈관 벽이 두껍고 탄력성이 강하여 심실에서 나온 혈액의 높은 압력(혈압)을 견딜 수 있다.

07 ㄱ. 혈압 : 동맥 > 모세 혈관 > 정맥
ㄴ. 혈관 벽 두께 : 동맥 > 정맥 > 모세 혈관
바로알기 ㄷ. 혈액이 흐르는 속도 : 동맥 > 정맥 > 모세 혈관

08 바로알기 ③ 혈액이 거꾸로 흐르는 것을 막는 판막(A)이 있는 것으로 보아 이 혈관은 정맥이다.
④, ⑤, ⑥ 동맥에 대한 설명이다.
⑦ 모세 혈관에서 조직 세포와 물질 교환이 일어난다.

09 심장에는 심방과 심실 사이, 심실과 동맥 사이에 판막이 있고, 혈관 중에는 혈압이 낮은 정맥에 판막이 있다.

10 바로알기 ② 혈구 중 크기가 가장 큰 것은 백혈구이고, 가장 작은 것은 혈소판이다.

11 바로알기 ① A는 혈장이다. 혈장(A)은 영양소, 노폐물, 이산화 탄소 등을 운반한다.
② B는 혈소판이다. 혈소판(B)은 혈액 응고 작용을 한다.
③ C는 백혈구이다. 백혈구(C)는 식균 작용을 한다.
⑥ 혈구 중 수가 가장 많은 것은 적혈구(D)이고, 가장 적은 것은 백혈구(C)이다.

12 산소를 운반하는 적혈구(D)가 부족하면 빈혈이 나타난다. 혈소판(B)은 상처 부위에서 혈액을 응고시켜 출혈을 막고 상처를 보호한다.

13 모양이 일정하지 않고 핵이 있는 혈구는 백혈구이다. 백혈구는 몸속에 침입한 세균 등을 잡아먹는 식균 작용을 한다.

14 헤모글로빈은 폐와 같이 산소가 많은 곳에서는 산소와 결합하고(가), 조직과 같이 산소가 적은 곳에서는 산소와 떨어지는(나) 성질이 있다.

15

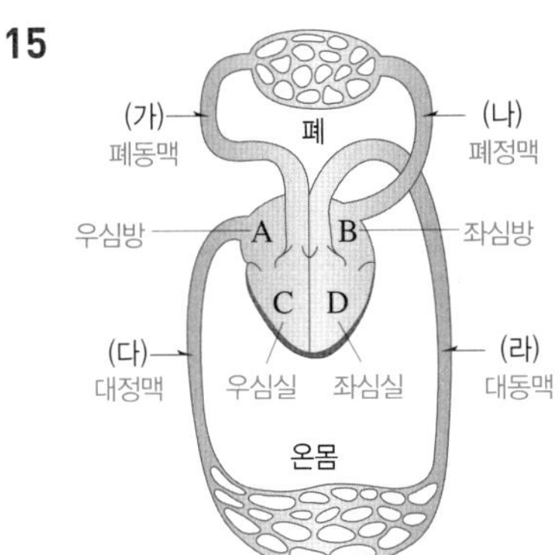

16 ③ 폐순환 경로 : 우심실(C) → 폐동맥(가) → 폐의 모세 혈관 → 폐정맥(나) → 좌심방(B)

바로알기 ⑤ 온몸 순환 경로 : 좌심실(D) → 대동맥(라) → 온몸의 모세 혈관 → 대정맥(다) → 우심방(A)

17 ④ 심장에서 판막은 심방과 심실 사이, 심실과 동맥 사이에 있다.

바로알기 ① 폐동맥(가)에는 조직 세포에 산소를 공급하여 산소를 적게 포함한 정맥혈이 흐른다.

② 폐정맥(나)에는 폐에서 산소를 공급받아 산소를 많이 포함한 동맥혈이 흐른다.

③ 우심방(A)과 좌심방(B) 사이에는 판막이 없다.

⑤ 온몸 순환이 일어나는 경로는 좌심실(D) → 대동맥(라) → 온몸의 모세 혈관 → 대정맥(다) → 우심방(A)이다.

18 소화계에서 흡수한 영양소와 호흡계에서 흡수한 산소가 혈액에서 조직 세포로 전달되고, 조직 세포에서 생성된 노폐물과 이산화 탄소가 혈액으로 이동한다.

19 ⑤ 폐동맥(A)과 대정맥(B)에는 조직 세포에 산소를 공급하여 산소를 적게 포함한 정맥혈이 흐른다.

서술형 정복하기

시험 대비 교재 16~17쪽

1 답 판막

2 답 (가) 동맥, (나) 모세 혈관

3 답 혈소판

4 답 (가) 대정맥, (나) 우심실, (다) 좌심실, (라) 폐정맥

5 답 (다), (라)

6 모범답안 **심방**과 **심실** 사이, **심실**과 **동맥** 사이에 판막이 있다.

7 모범답안 정맥은 **혈압**이 매우 낮아 **혈액**이 거꾸로 흐를 수 있기 때문에 이를 막기 위해 군데군데 판막이 있다.

8 모범답안 몸속에 침입한 **세균** 등을 잡아먹는 **식균** 작용을 한다.

9 모범답안 헤모글로빈은 **산소**가 **많은 곳**에서는 **산소**와 결합하고, **산소**가 **적은 곳**에서는 **산소**와 떨어지는 성질이 있다.

10 모범답안 **동맥혈**이 **정맥혈**로 바뀐다.

11 모범답안 (1) A : 우심방, B : 우심실, C : 좌심방, D : 좌심실 (2) A와 B에는 산소가 적게 포함된 혈액(정맥혈)이 흐르고, C와 D에는 산소가 많이 포함된 혈액(동맥혈)이 흐른다.

| 해설 | 온몸을 지나온 혈액이 대정맥을 통해 우심방(A)으로 들어오고, 우심방(A)의 혈액은 우심실(B)로 이동한다. 폐를 지나온 혈액이 폐정맥을 통해 좌심방(C)으로 들어오고, 좌심방(C)의 혈액은 좌심실(D)로 이동한다.

	채점 기준	배점
(1)	A~D의 이름을 모두 옳게 쓴 경우	30 %
	이름을 하나라도 틀리게 쓴 경우	0 %
(2)	정맥혈과 동맥혈이 흐르는 곳을 옳게 구분하여 서술한 경우	70 %
	정맥혈과 동맥혈이 흐르는 곳을 한 군데라도 틀리게 서술한 경우	0 %

12 모범답안 (1) A : 혈장, B : 혈구
(2) 영양소, 이산화 탄소, 노폐물 등의 물질을 운반한다.

	채점 기준	배점
(1)	A와 B가 무엇에 해당하는지 옳게 쓴 경우	30 %
(2)	영양소, 이산화 탄소, 노폐물 등의 물질을 운반한다고 옳게 서술한 경우	70 %
	물질을 운반한다고만 서술한 경우	40 %

13 모범답안 (1) 이산화 탄소, 노폐물
(2) 모세 혈관은 혈관 벽이 한 층의 세포로 되어 있어 매우 얇기 때문에 조직 세포와 물질 교환이 일어난다.

| 해설 | 조직 세포에서 모세 혈관으로 이산화 탄소와 노폐물이 이동하고(A), 모세 혈관에서 조직 세포로 산소와 영양소가 이동한다(B).

	채점 기준	배점
(1)	이산화 탄소와 노폐물을 모두 옳게 쓴 경우	40 %
	물질의 종류를 하나라도 틀리게 쓴 경우	0 %
(2)	모세 혈관에서 물질 교환이 일어나는 까닭을 혈관 벽의 두께와 관련지어 옳게 서술한 경우	60 %
	혈관 벽의 두께가 얇다는 내용이 포함되지 않은 경우	0 %

14 모범답안 (1) A : 적혈구, B : 백혈구, C : 혈소판, D : 혈장
(2) A (3) A와 C에는 핵이 없고, B에는 핵이 있다.

	채점 기준	배점
(1)	A~D의 이름을 모두 옳게 쓴 경우	30 %
	이름을 하나라도 틀리게 쓴 경우	0 %
(2)	A라고 옳게 쓴 경우	20 %
(3)	A~C의 핵의 유무를 모두 옳게 서술한 경우	50 %
	A~C의 핵의 유무를 하나라도 틀리게 서술한 경우	0 %

15 (1) D → (라) → 온몸의 모세 혈관 → (다) → A
(2) 혈액의 산소 양이 증가한다. 혈액이 폐의 모세 혈관을 지날 때 산소를 받기 때문이다.

시험 대비 교재

	채점 기준	배점
(1)	온몸 순환 경로를 옳게 나열한 경우	30 %
(2)	산소 양의 변화를 옳게 쓰고, 그 까닭을 옳게 서술한 경우	70 %
	산소 양의 변화만 옳게 쓴 경우	30 %

03 호흡

중단원 핵심 요약

시험 대비 교재 18쪽

① 산소 ② 이산화 탄소 ③ 날숨 ④ 들숨
⑤ 섬모 ⑥ 폐포 ⑦ 폐포 ⑧ 가로막
⑨ 근육 ⑩ 들숨 ⑪ 날숨 ⑫ 폐
⑬ 가로막 ⑭ 낮아짐 ⑮ 높아짐 ⑯ 확산
⑰ 폐포 ⑱ 모세 혈관

잠깐 테스트

시험 대비 교재 19쪽

1 ① 산소, ② 이산화 탄소 **2** ① 산소, ② 이산화 탄소
3 ① 기관지, ② 폐 **4** ① 폐포, ② 넓어 **5** (1) 흉강
(2) 폐 (3) 가로막 **6** (1) 내려간다 (2) 올라간다 (3) 낮아진다
(4) 커진다 **7** ① 작아, ② 높아 **8** ① 낮아, ② 높아
9 ① 산소, ② 이산화 탄소 **10** ① 많고, ② 적다

중단원 기출 문제

시험 대비 교재 20~22쪽

01 ② **02** ④ **03** ③ **04** ③ **05** ⑤ **06** ②, ⑤
07 ③ **08** ⑤ **09** ④ **10** ③ **11** ④ **12** ⑤
13 ② **14** ⑤ **15** A **16** ⑤ **17** ⑤ **18** ⑤

01 ⑤ 숨을 들이쉬면 공기가 코 → 기관 → 기관지 → 폐 속의 폐포로 이동한다.
바로알기 ② 호흡계는 숨을 쉬면서 산소를 흡수하고 이산화 탄소를 배출하는 기능을 담당한다.

02 공기가 몸 안으로 들어왔다 나가는 동안 몸에서 산소를 받아들이고 이산화 탄소를 내보내기 때문에 날숨에는 들숨보다 산소가 적고, 이산화 탄소가 많다.
• 산소 : 들숨 > 날숨
• 이산화 탄소 : 들숨 < 날숨

03 날숨에는 들숨보다 이산화 탄소가 많이 들어 있으므로 들숨을 넣은 (가)보다 날숨을 불어넣은 (나)에서 BTB 용액의 색깔이 노란색으로 더 빨리 변한다.
바로알기 ③ BTB 용액의 색깔이 변하게 하는 기체는 이산화 탄소이다. 이산화 탄소가 물에 녹으면 산성을 띠므로 BTB 용액의 색깔이 노란색으로 변한다.

04 A는 코, B는 기관, C는 기관지, D는 폐이다.
바로알기 ③ 폐(D)는 근육이 없어 스스로 수축하거나 이완하지 못하며, 갈비뼈와 가로막의 움직임에 따라 그 크기가 변한다.

05 **바로알기** ⑤ 폐는 수많은 폐포로 이루어져 있어 공기와 닿는 표면적이 매우 넓기 때문에 기체 교환이 효율적으로 일어난다.

06 **바로알기** ①, ④ 숨을 내쉴 때(날숨)는 가로막이 올라가고 갈비뼈가 내려가 흉강의 부피가 작아지고, 압력이 높아진다.
③, ⑥ 갈비뼈가 올라가고 가로막이 내려가면 흉강과 폐의 부피가 커지고, 압력이 낮아져 들숨이 일어난다.

07 • 들숨 : 가로막 내려감, 갈비뼈 올라감 → 흉강 부피 증가, 압력 낮아짐 → 폐 부피 증가, 폐 내부 압력이 대기압보다 낮아짐 → 공기가 몸 밖에서 폐 안으로 들어옴
• 날숨 : 가로막 올라감, 갈비뼈 내려감 → 흉강 부피 감소, 압력 높아짐 → 폐 부피 감소, 폐 내부 압력이 대기압보다 높아짐 → 공기가 폐 안에서 몸 밖으로 나감

08 (가)는 들숨, (나)는 날숨이다. 들숨(가)이 일어날 때는 가로막이 내려가고 갈비뼈가 올라가 흉강과 폐의 부피가 커지고 폐 내부 압력이 대기압보다 낮아진다. 그 결과 공기가 몸 밖에서 폐 안으로 들어온다.

09 (가)는 갈비뼈, (나)는 가로막이다.
바로알기 ④ 갈비뼈(가)가 올라가고, 가로막(나)이 내려가면 흉강의 부피가 커지고 압력이 낮아진다.

10 호흡 운동 모형의 빨대는 우리 몸의 기관과 기관지, 고무풍선은 폐, 컵 속의 공간은 흉강, 고무 막은 가로막에 해당한다.

11 ㄱ. 호흡 운동 모형에서 고무 막을 잡아당길 때(가)는 가로막이 내려가는 들숨에 해당하고, 고무 막을 밀어 올릴 때(나)는 가로막이 올라가는 날숨에 해당한다.
ㄹ. 고무 막을 밀어 올리면(나) 컵 속의 공간과 고무풍선의 부피가 작아지고 압력이 높아진다.
바로알기 ㄴ. 고무 막을 잡아당기면(가) 컵 속의 부피가 커지고 압력이 낮아져 밖에서 고무풍선으로 공기가 들어온다.

12 고무 막을 밀어 올릴 때(나)는 가로막이 올라가는 날숨에 해당한다.
• 날숨 : 가로막 올라감, 갈비뼈 내려감 → 흉강 부피 감소, 압력 높아짐 → 폐 부피 감소, 폐 내부 압력이 대기압보다 높아짐 → 공기가 폐 안에서 몸 밖으로 나감

13 사람의 몸에서 기체 교환이 일어나는 원리는 기체의 농도 차이에 따른 확산이다.

바로알기 ①, ③, ⑤ 증발의 예이다.
④ 승화의 예이다.

14 • 폐에서의 기체 교환 : 폐포에는 모세 혈관보다 산소가 많고, 이산화 탄소가 적다. 따라서 산소는 폐포 → 모세 혈관으로 이동하고, 이산화 탄소는 모세 혈관 → 폐포로 이동한다.
• 조직 세포에서의 기체 교환 : 조직 세포에는 모세 혈관보다 산소가 적고, 이산화 탄소가 많다. 따라서 산소는 모세 혈관 → 조직 세포로 이동하고, 이산화 탄소는 조직 세포 → 모세 혈관으로 이동한다.

15 모세 혈관에서 폐포로 이동하여 몸 밖으로 나가는 A는 이산화 탄소이고, 몸 밖에서 폐포로 들어와 모세 혈관으로 이동하는 B는 산소이다. 날숨에는 들숨보다 산소(B)는 적고, 이산화 탄소(A)는 많다.

16 바로알기 ⑤ (가)의 혈액은 폐포의 모세 혈관을 지나면서 산소(B)를 얻고 이산화 탄소(A)를 내보낸 후 (나)로 흐른다. 따라서 산소(B)의 농도는 (가)보다 (나)에서 더 높다.

17 기체는 농도가 높은 곳에서 낮은 곳으로 확산된다. 조직 세포에는 모세 혈관보다 산소가 적고, 이산화 탄소가 많다. 따라서 산소는 모세 혈관 → 조직 세포로 이동하고(A), 이산화 탄소는 조직 세포 → 모세 혈관으로 이동한다(B).

18 • 산소 농도 : 폐포 > 모세 혈관, 모세 혈관 > 조직 세포 ➡ 산소 이동 : 폐포 → 모세 혈관(A), 모세 혈관 → 조직 세포(C)
• 이산화 탄소 농도 : 조직 세포 > 모세 혈관, 모세 혈관 > 폐포 ➡ 이산화 탄소 이동 : 조직 세포 → 모세 혈관(D), 모세 혈관 → 폐포(B)

서술형 정복하기

시험 대비 교재 23~24쪽

1 답 호흡계

2 답 ㉠ 기관지, ㉡ 폐포

3 답 ㉠ 근육, ㉡ 갈비뼈, ㉢ 가로막

4 답 ㉠ 확산, ㉡ 높은, ㉢ 낮은

5 답 (가) 폐포, (나) 조직 세포

6 모범답안 날숨에는 들숨보다 **산소**는 적고, **이산화 탄소**는 많다.

7 모범답안 폐는 수많은 폐포로 이루어져 있어 공기와 닿는 **표면적**이 매우 넓기 때문에 **기체 교환**이 효율적으로 일어날 수 있다.

8 모범답안 흉강의 **부피**가 작아지고, **압력**이 높아진다.

9 모범답안 **산소**는 **폐포**에서 **모세 혈관**으로 이동하고, **이산화 탄소**는 **모세 혈관**에서 **폐포**로 이동한다.

10 모범답안 **산소**는 **모세 혈관**에서 **조직 세포**로 이동하고, **이산화 탄소**는 **조직 세포**에서 **모세 혈관**으로 이동한다.

11 모범답안 (1) (가) 들숨, (나) 날숨
(2) 폐의 부피가 커지고, 폐 내부의 압력이 대기압보다 낮아진다.
| 해설 | (2) 들숨(가)이 일어날 때는 갈비뼈가 올라가고 가로막이 내려가 흉강의 부피가 커지고 압력이 낮아진다. 이에 따라 폐의 부피가 커지고 폐 내부 압력이 대기압보다 낮아져 공기가 몸 밖에서 폐 안으로 들어온다.

채점 기준		배점
(1)	(가)와 (나)를 옳게 쓴 경우	30 %
(2)	폐의 부피와 폐 내부의 압력 변화를 모두 옳게 서술한 경우	70 %
	폐 내부의 압력 변화를 대기압과 비교하지 않고 낮아진다고만 서술한 경우	50 %

12 모범답안 (1) (가) 들숨, (나) 날숨
(2) (가) 컵 속의 부피가 증가하고, 압력이 낮아진다. (나) 컵 속의 부피가 감소하고, 압력이 높아진다.

채점 기준		배점
(1)	(가)와 (나)를 옳게 쓴 경우	30 %
(2)	(가)와 (나)에서 컵 속의 부피와 압력 변화를 모두 옳게 서술한 경우	70 %
	컵 속의 부피와 압력 변화 중 하나만 옳게 서술한 경우	35 %

13 모범답안 (1) A : 이산화 탄소, B : 산소
(2) 이산화 탄소(A)는 농도가 폐포보다 모세 혈관에서 높으므로 모세 혈관 → 폐포로 이동한다.
(3) (나), 혈액이 폐포의 모세 혈관을 지날 때 폐포에서 모세 혈관으로 산소(B)가 이동하기 때문이다.

채점 기준		배점
(1)	A와 B를 옳게 쓴 경우	20 %
(2)	이산화 탄소의 농도와 이동 방향을 모두 옳게 서술한 경우	40 %
	농도를 언급하지 않고 이동 방향만 옳게 서술한 경우	20 %
(3)	(나)라고 쓰고, 그 까닭을 옳게 서술한 경우	40 %
	(나)라고 쓰고, (가)에는 폐포에서 산소를 받기 전의 혈액이 흐르고, (나)에는 폐포에서 산소를 받은 후의 혈액이 흐르기 때문이라고 서술한 경우도 정답 인정	40 %
	(나)라고만 쓴 경우	10 %

14 모범답안 (1) (가) 산소, (나) 이산화 탄소
(2) (나)
(3) 산소(가)의 농도는 모세 혈관보다 폐포에서 높고, 조직 세포보다 모세 혈관에서 높다.

채점 기준		배점
(1)	(가)와 (나)를 옳게 쓴 경우	20 %
(2)	(나)라고 옳게 쓴 경우	20 %
(3)	폐포와 모세 혈관, 조직 세포와 모세 혈관 사이에서 산소(가)의 농도를 모두 옳게 비교하여 서술한 경우	60 %
	둘 중 하나만 옳게 서술한 경우	30 %

04 배설

중단원 핵심 요약 시험 대비 교재 25쪽

① 배설 ② 이산화 탄소 ③ 단백질 ④ 콩팥 ⑤ 네프론 ⑥ 오줌관 ⑦ 보먼주머니 ⑧ 재흡수 ⑨ 모세 혈관 ⑩ 세뇨관 ⑪ 이산화 탄소 ⑫ 소화계 ⑬ 순환계

잠깐 테스트 시험 대비 교재 26쪽

1 배설 **2** ① 물, ② 이산화 탄소 **3** ① 단백질, ② 간, ③ 요소 **4** ① 콩팥 깔때기, ② 네프론 **5** A, B, C **6** ① A, ② B **7** ① C, ② D **8** (1) ㄷ, ㄹ (2) ㄴ, ㅁ **9** ① 보먼주머니, ② 콩팥 깔때기 **10** ① 산소, ② 에너지

중단원 기출 문제 시험 대비 교재 27~29쪽

01 ⑤ **02** ⑤ **03** ⑤ **04** ① **05** A : 콩팥 겉질, B : 콩팥 속질, C : 콩팥 깔때기, D : 오줌관, E : 콩팥 동맥, F : 콩팥 정맥 **06** ⑤ **07** ④ **08** ③ **09** ④, ⑤ **10** ① **11** ④, ⑥ **12** ③ **13** ㉠ 사구체, ㉡ 세뇨관 **14** ① **15** ④ **16** ④ **17** ① **18** ③ **19** ③

01 바로알기 ① 간에서 일어나는 작용, ② 기체 교환, ③ 배출, ④ 세포 호흡에 대한 설명이다.

02 바로알기 ⑤ 단백질이 분해되어 생성된 암모니아는 독성이 강하므로 간에서 독성이 약한 요소로 바뀐 후 콩팥에서 오줌으로 나간다.

03 탄수화물, 지방, 단백질이 분해될 때 공통으로 생기는 노폐물은 이산화 탄소(A)와 물(B)이다. 질소를 포함하는 노폐물인 암모니아(C)는 단백질이 분해될 때만 생긴다.

04 A는 콩팥, B는 오줌관, C는 방광, D는 요도이다.
바로알기 ②, ③, ⑤ 콩팥(A)에서 만들어진 오줌은 오줌관(B)을 따라 흘러 방광(C)으로 이동하고, 방광(C)에 모인 오줌은 요도(D)를 통해 몸 밖으로 나간다.
④ 콩팥 겉질, 콩팥 속질, 콩팥 깔때기의 세 부분으로 구분되는 기관은 콩팥(A)이다.

05 A는 콩팥 겉질, B는 콩팥 속질, C는 콩팥 깔때기, D는 오줌관, E는 콩팥 동맥, F는 콩팥 정맥이다.

06 ㄱ. 콩팥 겉질(A)과 콩팥 속질(B)에 네프론이 있다.
ㄴ. 네프론에서 만들어진 오줌은 콩팥 깔때기(C)에 모인 다음, 오줌관(D)을 통해 방광으로 이동한다.
ㄷ. 콩팥으로 들어가는 혈액이 흐르는 콩팥 동맥(E)보다 노폐물이 걸러진 후 콩팥에서 나오는 혈액이 흐르는 콩팥 정맥(F)에서 요소의 농도가 더 낮다.

07 바로알기 ㄷ. 네프론은 사구체, 보먼주머니, 세뇨관으로 이루어진다.

08 A는 사구체, B는 보먼주머니, C는 세뇨관, D는 모세 혈관이다.

09 ③ 크기가 큰 단백질은 여과되지 않는다.
바로알기 ④, ⑤ 재흡수는 세뇨관(C) → 모세 혈관(D), 분비는 모세 혈관(D) → 세뇨관(C)으로 일어난다.

10 사구체(A) → 보먼주머니(B)로 여과가 일어나고, 세뇨관(C) → 모세 혈관(D)으로 재흡수가 일어난다. 분비는 모세 혈관(D) → 세뇨관(C)으로 일어난다.

11 ①, ② 크기가 작은 요소는 여과되므로 사구체(A)와 보먼주머니(B)에 모두 들어 있다.
③ 네프론은 사구체(A), 보먼주머니(B), 세뇨관(C)으로 이루어진다.
⑤ 모세 혈관(D) 속 혈액에는 혈구가 있다.
바로알기 ④ 무기염류는 여과된 후 대부분 재흡수된다.
⑥ 여과된 물의 대부분이 재흡수되므로 보먼주머니(B) 속 여과액보다 콩팥 깔때기 속 오줌에서 요소의 농도가 훨씬 높다.

12 크기가 큰 단백질과 혈구는 여과되지 않는다.

13 오줌이 만들어져 몸 밖으로 나가는 경로는 콩팥 동맥 → 사구체(㉠) → 보먼주머니 → 세뇨관(㉡) → 콩팥 깔때기 → 오줌관 → 방광 → 요도 → 몸 밖이다.

14 바로알기 ②, ④, ⑤ 포도당과 아미노산은 여과된 후 전부 재흡수되므로 오줌에 들어 있지 않다.
③ 단백질은 크기가 커서 여과되지 않는다.

15 바로알기 ㄱ. 하루 동안 콩팥에서 생성되는 여과액은 약 180 L이고, 이 중 대부분은 재흡수되어 실제로 배설되는 오줌의 양은 약 1.8 L이다.

16 여과되지 않아 여과액에 없는 (가)는 단백질이고, 여과된 후 전부 재흡수되어 여과액에는 있지만 오줌에는 없는 (다)는 포도당이다. 요소(나)는 여과된 물의 대부분이 재흡수됨에 따라 여과액보다 오줌에서 농도가 크게 높아진다.
바로알기 ④ 포도당(다)은 여과된 후 전부 재흡수되어 오줌에 들어 있지 않다.

17 격렬한 운동을 하면 근육에서 에너지를 많이 이용하므로 세포 호흡이 활발해져 영양소와 산소의 소비가 늘어나고, 이에 따라 세포에 영양소와 산소를 빠르게 공급하기 위해 호흡 운동과 심장 박동이 빨라진다.
바로알기 ① 세포 호흡이 활발해지면 열이 방출되어 체온이 높아진다.

18 바로알기 ③ 호흡계에서 흡수한 산소는 순환계를 통해 조직 세포로 운반된다.

19 영양소를 소화하여 흡수하는 (가)는 소화계, 산소를 흡수하고 이산화 탄소를 배출하는 (나)는 호흡계이다. 오줌을 만들어 노폐물을 몸 밖으로 내보내는 (다)는 배설계이다.

바로알기 ㄷ. 대장은 소화계(가)를 구성하는 기관이다. 배설계(다)는 콩팥, 오줌관, 방광, 요도와 같은 배설 기관으로 이루어져 있다.

서술형 정복하기

시험 대비 교재 30쪽

1 **답** 이산화 탄소, 물

2 **답** 오줌관

3 **답** 사구체, 보먼주머니, 세뇨관

4 **모범답안** **여과**된 후 전부 **재흡수**되기 때문이다.

5 **모범답안** **생명 활동**에 필요한 **에너지**를 얻는 것이다.

6 **모범답안** • 이산화 탄소는 폐에서 날숨으로 나간다.
• 물은 폐에서 날숨으로 나가거나 콩팥에서 오줌으로 나간다.
• 독성이 강한 암모니아는 간에서 독성이 약한 요소로 바뀐 다음, 콩팥에서 오줌으로 나간다.

| **해설** | 탄수화물, 지방, 단백질이 분해될 때 공통적으로 이산화 탄소와 물이 생성되고, 질소를 포함하는 영양소인 단백질이 분해될 때 질소를 포함하는 노폐물인 암모니아가 생성된다.

채점 기준	배점
이산화 탄소, 물, 암모니아가 몸 밖으로 나가는 과정을 모두 옳게 서술한 경우	100 %
세 가지 중 두 가지만 옳게 서술한 경우	70 %
세 가지 중 한 가지만 옳게 서술한 경우	30 %

7 **모범답안** 여과는 A → B, 재흡수는 C → D, 분비는 D → C로 일어난다.

| **해설** | A는 사구체, B는 보먼주머니, C는 세뇨관, D는 모세혈관이다.

채점 기준	배점
여과, 재흡수, 분비가 일어나는 방향을 모두 옳게 서술한 경우	100 %
세 가지 중 하나라도 틀리게 서술한 경우	0 %

8 **모범답안** (1) (가) 순환계, (나) 호흡계, (다) 배설계
(2) 세포 호흡에 필요한 산소는 호흡계(나)에서 흡수되고, 영양소는 소화계에서 흡수되며, 흡수된 산소와 영양소는 순환계(가)를 통해 조직 세포로 운반된다.

| **해설** | 순환계(가)는 산소와 영양소를 조직 세포로 운반하고, 조직 세포에서 생성된 이산화 탄소와 노폐물을 운반해 온다.

	채점 기준	배점
(1)	(가)~(다)의 이름을 모두 옳게 쓴 경우	40 %
	(가)~(다) 중 하나라도 이름을 틀리게 쓴 경우	0 %
(2)	호흡계, 소화계, 순환계의 작용과 관련지어 옳게 서술한 경우	60 %
	기관계의 작용이 하나라도 잘못 연결된 경우	0 %

Ⅵ 물질의 특성

01 물질의 특성(1)

중단원 핵심 요약

시험 대비 교재 31쪽

① 순물질 ② 균일 ③ 불균일 ④ 종류
⑤ 일정 ⑥ 순물질 ⑦ 혼합물 ⑧ 높
⑨ 낮 ⑩ 끓는점 ⑪ 높아 ⑫ 낮아
⑬ 녹는점 ⑭ 어는점 ⑮ 같

잠깐 테스트

시험 대비 교재 32쪽

1 ① 순물질, ② 혼합물 **2** 순물질 : (가), (다), 균일 혼합물 : (나), (마), 불균일 혼합물 : (라), (바) **3** ㄱ, ㄴ, ㅁ **4** ① 순물질, ② 혼합물 **5** ① 높, ② 낮 **6** 같다. **7** ① 높아, ② 높아 **8** ① 53, ② 53, ③ (나), (마) **9** ① 고체, ② 기체 **10** 액체

계산력·암기력 강화 문제

시험 대비 교재 33쪽

◆ 녹는점, 끓는점과 물질의 상태

1 50 ℃ : 액체, 100 ℃ : 기체 **2** A : 액체, B : 고체 **3** A, D **4** A, C, E **5** D **6** ④

1

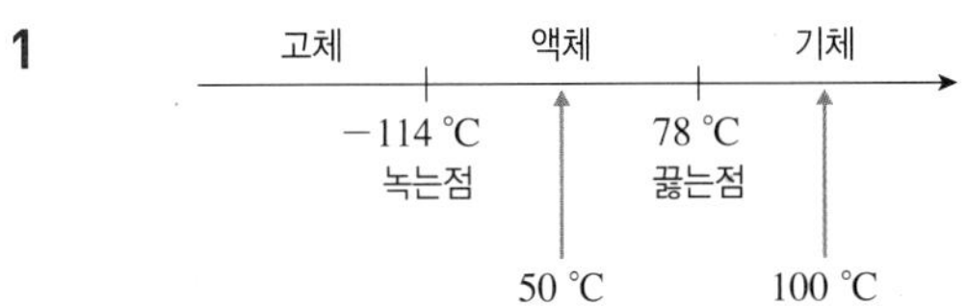

2

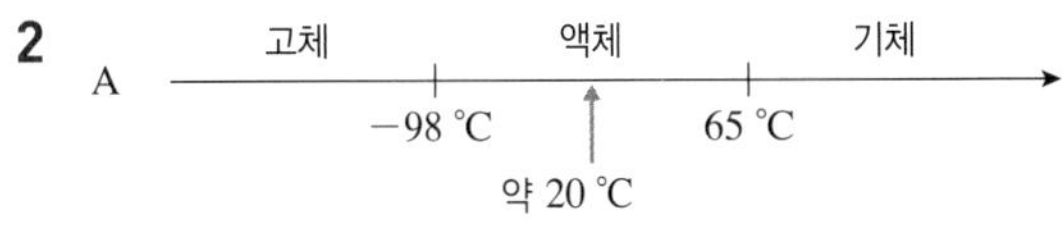

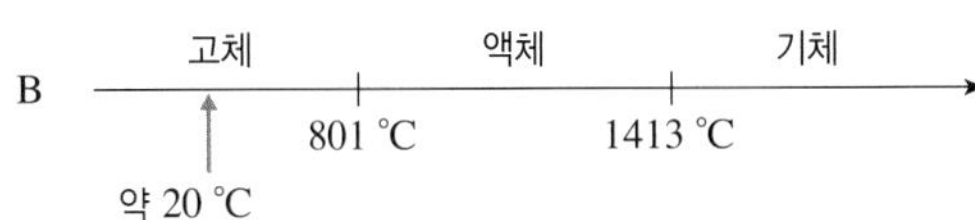

3 90 ℃에서 A, D는 기체, B, C, E는 액체 상태이다.

4 실온에서 A, C, E는 액체, B는 고체, D는 기체 상태이다.

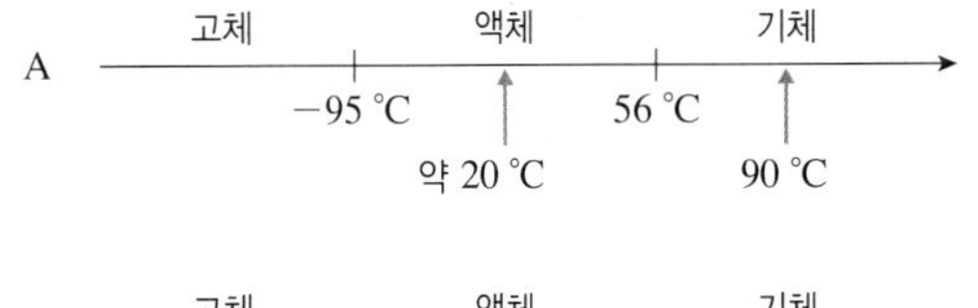

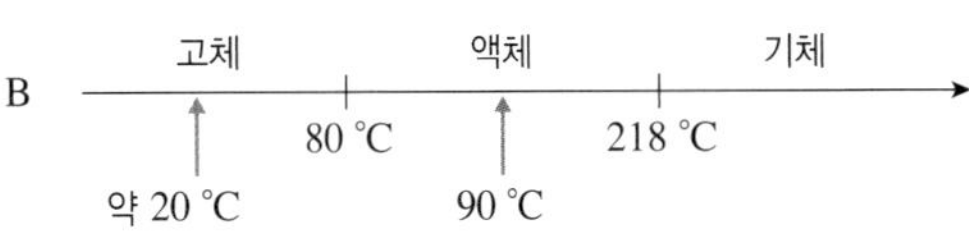

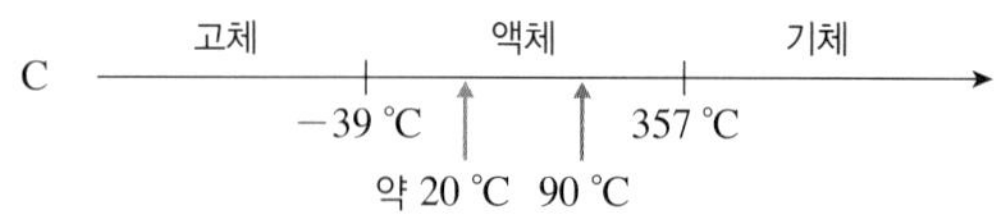

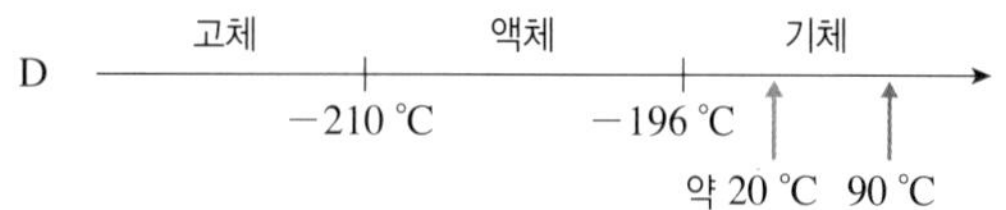

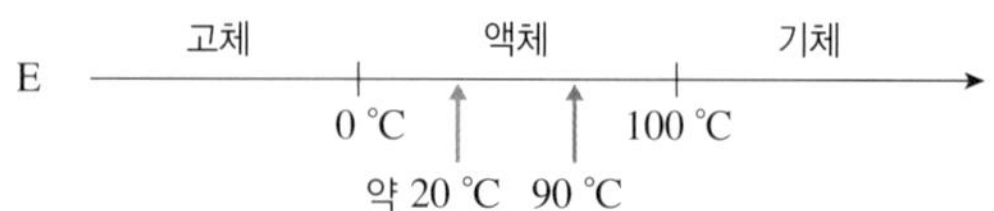

5 −300 ℃의 고체 물질 A~E를 같은 불꽃으로 가열하면 녹는점이 가장 낮은 D가 가장 먼저 고체 → 액체로 상태가 변한다.

6 액체 상태인 구간은 녹는점과 끓는점 사이의 온도이므로 A는 −23~82 ℃에서 액체 상태이고, B는 60~143 ℃에서 액체 상태이다. 따라서 두 물질이 모두 액체 상태로 존재하는 온도는 60~82 ℃이다.

중단원 기출 문제

시험 대비 교재 34~36쪽

01 ②, ⑤ **02** ① **03** ④ **04** ④ **05** ⑤ **06** ④ **07** ④ **08** ⑤ **09** ② **10** ④ **11** ② **12** ③, ④ **13** ④ **14** ③ **15** ④ **16** ⑤ **17** ③, ⑥ **18** ④ **19** ③

01 ② 혼합물은 두 가지 이상의 순물질이 섞여 있으므로 성분 물질의 성질을 그대로 가진다.
⑤ 순물질은 녹는점과 끓는점이 일정하므로 가열 곡선에 수평한 구간이 나타난다.
바로알기 ① 혼합물은 녹는점과 끓는점이 일정하지 않다.
③ 불균일 혼합물은 성분 물질이 고르지 않게 섞여 있다.
④ 순물질은 한 가지 물질로 이루어진 물질이며, 한 종류의 원소로 이루어진 물질과 두 종류 이상의 원소로 이루어진 물질이 있다.
⑥ 물은 수소와 산소로 이루어진 순물질이다.

02 ① (가)는 순물질, (나)는 균일 혼합물, (다)는 불균일 혼합물이다.

03 (가)는 순물질, (나)는 혼합물, (다)는 균일 혼합물, (라)는 불균일 혼합물이다.
바로알기 ①, ② (가)는 순물질이므로 한 가지 물질로 이루어져 있으며, 끓는점이 일정하다.
③ (나)는 혼합물이므로 물질의 특성이 일정하지 않다.
⑤ (라)는 불균일 혼합물이므로 두 가지 이상의 순물질이 섞여 있다.

04 **바로알기** ㄱ. 공기는 질소, 산소, 아르곤 등의 기체가 섞인 균일 혼합물이다.
ㄷ. 사이다는 물에 설탕, 이산화 탄소 등이 섞인 균일 혼합물이다.
ㄹ. 과일 주스는 불균일 혼합물이다.

05 (가)는 성분 물질이 고르게 섞인 균일 혼합물, (나)는 순물질, (다)는 성분 물질이 고르지 않게 섞인 불균일 혼합물이다.
바로알기 ⑤ (가)는 혼합물이므로 끓는점이 일정하지 않고, (나)는 순물질이므로 끓는점이 일정하다.

06 끓는점, 밀도, 녹는점은 물질의 특성이고, 부피, 질량, 길이, 온도는 물질의 특성이 아니다.

07 물질의 특성은 다른 물질과 구별되는 그 물질만이 나타내는 고유한 성질로, 물질의 종류마다 다르고, 같은 물질인 경우 양에 관계없이 일정하다.
바로알기 ④ 질량은 취하는 양에 따라 측정값이 달라지므로 물질의 특성이 아니다.

08 A는 끓는점이 일정하지 않으므로 혼합물이고, B는 끓는점이 일정하므로 순물질이다.
바로알기 ⑤ A는 혼합물이므로 성분 물질의 성질을 그대로 가진다.

09 ④ 냉각 곡선에서 수평한 구간이 나타나는 것은 순물질이고, 수평한 구간이 나타나지 않는 것은 혼합물이다.
⑤ 자동차의 앞 유리를 워셔액으로 닦으면 추운 겨울에도 유리가 잘 얼지 않는다. 이는 혼합물의 어는점이 낮아지는 현상을 이용한 예이다.
바로알기 ② 소금물은 0 ℃보다 낮은 온도에서 얼기 시작하며, 어는 동안 온도가 계속 낮아지므로 어는점이 일정하지 않다.

10 ④ 고체 혼합물의 녹는점은 성분 물질의 녹는점보다 낮다. 전류 차단기의 퓨즈는 납과 주석 등의 혼합물이며, 센 전류가 흘러 열이 발생하면 쉽게 녹아 끊어진다. 땜납은 납과 주석의 혼합물이며, 쉽게 녹으므로 금속을 연결할 때 사용한다.

11 ①과 ⑦은 혼합물의 녹는점이 낮아지는 성질, ③, ⑤, ⑥은 혼합물의 어는점이 낮아지는 성질, ④는 혼합물의 끓는점이 높아지는 성질을 이용한 예이다.
바로알기 ② 기체의 용해도는 온도가 높을수록 감소하므로 수돗물을 끓이면 수돗물에 녹아 있던 염소 기체가 빠져나와 소독약 냄새가 없어진다.

12 ⑥ 물질을 이루는 입자 사이에 잡아당기는 힘을 인력이라 하며, 인력이 클수록 끓는점이 높다.
바로알기 ③ 끓는점은 압력에 따라 변한다.
④ 끓는점은 가열하는 불꽃의 세기에 관계없이 일정하다.

13 ④ A, B, C는 끓는점이 같으므로 같은 물질이다.
바로알기 ① A는 C보다 끓는점에 더 빨리 도달하므로 양이 더 적다.
② B와 D는 끓는점이 다르므로 다른 물질이다.
③ D는 C보다 끓는점이 낮다.
⑤ 가장 먼저 끓기 시작하는 것은 수평한 구간이 가장 빨리 나타나는 A이다.

14 바로알기 ③ 주사기의 피스톤을 잡아당기면 주사기 속의 압력이 낮아지므로 물의 끓는점이 낮아진다. 따라서 100 ℃보다 낮은 온도에서 물이 끓는다.

15 ㄱ, ㄴ. 에탄올의 끓는점은 그래프에서 수평한 구간의 온도인 78 ℃이며, 끓는점에서는 액체와 기체가 함께 존재한다.
바로알기 ㄹ. 끓는점은 가열하는 불꽃의 세기에 관계없이 일정하므로 불꽃의 세기가 강해져도 수평한 구간의 온도는 일정하다.

16 ① 나프탈렌은 순물질이므로 녹는점과 어는점이 같다.
바로알기 ⑤ 물질을 이루는 입자 사이에 잡아당기는 힘이 강할수록 녹는점과 어는점이 높다.

17 ③ (나) 구간에서는 융해가 일어나며, 이때 가해 준 열에너지가 모두 상태 변화에 쓰이므로 온도가 일정하게 유지된다.
⑥ 물질의 양이 많아지면 녹는점에 도달하는 데 걸리는 시간, 즉 (가) 구간의 길이가 길어지므로 (가) 구간의 기울기는 작아진다.
바로알기 ① (나) 구간의 온도는 녹는점이다.
② (마) 구간에서 응고가 일어난다.
④ 고체 상태와 액체 상태가 함께 존재하는 구간은 (나)와 (마)이다. (다)와 (라) 구간에서는 액체 상태로 존재한다.
⑤ (나)와 (마) 구간의 온도는 녹는점과 어는점이므로 서로 같다.
⑦ 물질의 양이 많아져도 녹는점은 일정하다.

18 ④ 물질의 종류가 같으면 질량이 달라도 녹는점이 같으며, 질량이 클수록 녹는점에 도달하는 데 걸리는 시간이 길어진다.

19 물질은 녹는점과 끓는점 사이의 온도에서 액체 상태로 존재한다. 실온(약 20 ℃)에서 A는 기체 상태, B, C, D는 액체 상태, E, F는 고체 상태로 존재한다.

서술형 정복하기

시험 대비 교재 37~38쪽

1 답 (가) 산소, 구리, 철, 물, 소금, (나) 공기, (다) 화강암

2 답 색깔, 끓는점, 밀도

3 답 (가) 끓는점, (나) 녹는점

4 답 낮

5 답 액체

6 모범답안 순물질은 **한 가지 물질**로 이루어진 물질이고, 혼합물은 **두 가지** 이상의 **순물질**이 섞여 있는 물질이다.

7 모범답안 물질의 특성은 **물질의 종류**에 따라 다르고, 같은 물질인 경우 **물질의 양**에 관계없이 일정하다.

8 모범답안 제설제를 뿌리면 눈이 녹으며, 녹은 눈에 제설제가 섞인 용액은 **어는점**이 **0 ℃**보다 낮으므로 **영하의 날씨**에도 잘 얼지 않는다.

9 모범답안 **감압 용기** 안 **공기의 양**이 줄어들어 용기 안의 **압력**이 낮아지기 때문이다.

10 모범답안 **녹는점**보다 **온도**가 낮으면 **고체** 상태, **녹는점**과 **끓는점** 사이의 **온도**에서는 **액체** 상태, **끓는점**보다 높은 온도에서는 **기체** 상태이다.

11 모범답안 (가) 한 가지 물질로 이루어져 있는가?(순물질인가?), (나) 성분 물질이 고르게 섞여 있는가?(균일 혼합물인가?)
| 해설 | 에탄올과 산소는 한 가지 물질로 이루어진 순물질이고, 설탕물과 공기는 성분 물질이 고르게 섞인 균일 혼합물이며, 우유는 성분 물질이 고르지 않게 섞인 불균일 혼합물이다.

채점 기준	배점
(가)와 (나) 모두 옳게 서술한 경우	100 %
(가)와 (나) 중 한 가지만 옳게 서술한 경우	50 %

12 모범답안 소금물이 끓는 동안 물이 기화하여 소금물의 농도가 진해지기 때문이다.

채점 기준	배점
소금물의 온도가 계속 올라가는 까닭을 농도를 이용하여 옳게 서술한 경우	100 %
그 외의 경우	0 %

13 모범답안 (1) B와 D, D<B
(2) A, 입자 사이에 잡아당기는 힘이 강할수록 끓는점이 높은데, A의 끓는점이 가장 높기 때문이다.

	채점 기준	배점
(1)	같은 물질을 고르고, 질량을 옳게 비교한 경우	50 %
	같은 물질만 옳게 고른 경우	25 %
(2)	입자 사이에 잡아당기는 힘이 가장 강한 것을 고르고, 그 까닭을 옳게 서술한 경우	50 %
	입자 사이에 잡아당기는 힘이 가장 강한 것만 옳게 고른 경우	25 %

14 모범답안 (1) 로르산과 팔미트산은 모두 ㉡과 ㉣ 구간에서 상태가 변한다.
(2) 로르산의 녹는점과 어는점은 44 ℃이고, 팔미트산의 녹는점과 어는점은 62 ℃이다.
(3) 로르산과 팔미트산은 녹는점(어는점)이 다르므로 두 물질을 구별할 수 있다.

	채점 기준	배점
(1)	로르산과 팔미트산의 상태가 변하는 구간을 옳게 서술한 경우	30 %
(2)	로르산과 팔미트산의 녹는점과 어는점을 옳게 서술한 경우	30 %
(3)	로르산과 팔미트산을 구별할 수 있는 까닭을 옳게 서술한 경우	40 %

15 모범답안 (1) B
(2) 물질 B는 실온이 녹는점과 끓는점 사이의 온도이기 때문이다.

	채점 기준	배점
(1)	실온에서 액체 상태로 존재하는 물질을 옳게 고른 경우	50 %
(2)	물질을 고른 까닭을 옳게 서술한 경우	50 %

02 물질의 특성(2)

중단원 핵심 요약
시험 대비 교재 39쪽

① 질량	② 부피	③ 크	④ 같은
⑤ 큰	⑥ 작은	⑦ 기체	⑧ 감소
⑨ 증가	⑩ 용질	⑪ 용매	⑫ 포화
⑬ 용매	⑭ 증가	⑮ 포화	⑯ 불포화
⑰ 낮	⑱ 높		

잠깐 테스트
시험 대비 교재 40쪽

1 ① 질량, ② 부피 **2** 3 g/cm^3 **3** E **4** E－C－B－D－A **5** ① 작으므로, ② 크므로 **6** 용매 **7** ① 낮추, ② 용질을 **8** 35 g **9** (가)<(나)<(다)<(라) **10** ① 낮추고, ② 높인다

계산력·암기력 강화 문제
시험 대비 교재 41쪽

◇ 밀도 구하기

1 4 g/cm^3 **2** 3.2 g/cm^3 **3** 0.5 g/cm^3 **4** A와 E **5** 4.0 cm^3 **6** (1) 70 (2) 226 (3) 45 **7** 2.5 cm^3 **8** 1.2 kg

1 정육면체의 부피＝2 cm×2 cm×2 cm＝8 cm^3

밀도$=\frac{질량}{부피}=\frac{32\text{ g}}{8\text{ cm}^3}=4\text{ g/cm}^3$

2 볼트의 부피＝17.0 mL－10.0 mL＝7.0 mL＝7.0 cm^3 (1 mL＝1 cm^3)

밀도$=\frac{질량}{부피}=\frac{22.4\text{ g}}{7.0\text{ cm}^3}=3.2\text{ g/cm}^3$

3 밀도$=\frac{질량}{부피}=\frac{20\text{ g}}{40\text{ cm}^3}=0.5\text{ g/cm}^3$

4 밀도가 같으면 같은 물질이다.

고체	A	B	C	D	E
질량(g)	21	26	4	18	9
부피(cm^3)	7	4	8	24	3
밀도(g/cm^3)	3	6.5	0.5	0.75	3

5 밀도$=\frac{질량}{부피}$이므로 부피$=\frac{질량}{밀도}=\frac{14.4\text{ g}}{3.6\text{ g/cm}^3}=4.0\text{ cm}^3$

6 (1) 밀도$=\frac{질량}{부피}$이므로 부피$=\frac{질량}{밀도}=\frac{560\text{ g}}{8\text{ g/cm}^3}=70\text{ cm}^3$

(2) 질량＝밀도×부피＝11.3 g/cm^3×20 cm^3＝226 g

(3) 질량＝밀도×부피＝0.9 g/cm^3×50 cm^3＝45 g

7 질량＝밀도×부피이므로 금속 A의 질량＝5 g/cm^3×10 cm^3＝50 g이다. 따라서 금속 B의 질량도 50 g이다.

금속 B의 부피$=\frac{질량}{밀도}=\frac{50\text{ g}}{20\text{ g/cm}^3}=2.5\text{ cm}^3$

[다른 풀이] 질량이 같을 때 금속의 밀도는 부피에 반비례한다. 금속 A의 밀도 : 금속 B의 밀도＝1 : 4이므로 금속 A의 부피가 10 cm^{3}일 때 금속 B의 부피는 $\frac{1}{4}$인 2.5 cm^{3}이다.

8 질량＝밀도×부피이고, 1.5 L＝1500 mL＝1500 cm^{3}이다. 따라서 경유의 질량＝0.8 g/cm^3×1500 cm^3＝1200 g이다. 1000 g＝1 kg이므로, 1200 g은 1.2 kg이다.

계산력·암기력 강화 문제
시험 대비 교재 42쪽

◇ 용해도 및 포화 용액에서 다양한 질량 구하기

1 37 **2** 20 **3** 20 **4** 25 **5** 270 g **6** 104.5 g **7** 질산 칼륨 126 g, 물 200 g **8** 4.5 g

1 60 ℃ 물 100 g에 염화 나트륨 37 g(＝50 g－13 g)이 최대로 녹으므로 60 ℃에서 염화 나트륨의 용해도는 37이다.

2 20 ℃ 물 25 g에 이 물질 5 g이 녹을 수 있으므로 물 100 g에는 최대 20 g 녹을 수 있다. 따라서 20 ℃에서 이 물질의 용해도는 20이다.

3 황산 구리(Ⅱ) 25 g이 녹지 않고 남았으므로 20 ℃ 물 50 g에 황산 구리(Ⅱ)는 최대 10 g 녹을 수 있다. 따라서 20 ℃ 물 100 g에는 최대 20 g 녹을 수 있으므로 20 ℃에서 황산 구리(Ⅱ)의 용해도는 20이다.

4 물 240 g에 물질 60 g이 최대로 녹아 있으므로 물 100 g에는 물질 25 g이 최대로 녹을 수 있다.

240 g : 60 g＝100 g : x, x＝25 g

따라서 30 ℃에서 이 물질의 용해도는 25이다.

5 80 ℃에서 용해도가 170이므로 물 100 g에 질산 칼륨 170 g이 최대로 녹을 수 있다. 따라서 포화 용액의 질량은 270 g(＝100 g＋170 g)이다.

6 60 ℃에서 용해도가 109이므로 물 100 g에 질산 칼륨 109 g이 최대로 녹을 수 있다. 따라서 물 50 g에는 질산 칼륨 54.5 g이 최대로 녹을 수 있으므로 포화 용액의 질량은 104.5 g(＝50 g＋54.5 g)이다.

7 40 ℃에서 용해도가 63이므로 물 100 g에 질산 칼륨 63 g을 녹이면 포화 용액 163 g이 된다. 따라서 포화 용액 326 g은 물 200 g에 질산 칼륨 126 g이 녹아 있는 용액이다.

8 60 ℃에서 용해도가 109이므로 물 100 g에는 질산 칼륨 109 g이 최대로 녹을 수 있고, 물 50 g에는 54.5 g이 최대로 녹을 수 있다. 따라서 이 용액에는 질산 칼륨 4.5 g(＝54.5 g－50 g)이 더 녹을 수 있다.

계산력·암기력 강화 문제
시험 대비 교재 43쪽

◇ 석출량 구하기

1 118 g **2** 46 g **3** 34 g **4** 30.5 g **5** 174 g **6** 62 g **7** 77 g **8** 31.2 g

1 20 ℃에서 용해도가 32이므로 물 100 g에 질산 칼륨 32 g이 최대로 녹을 수 있다. 따라서 20 ℃로 냉각하면 질산 칼륨 118 g(=150 g−32 g)이 결정으로 석출된다.

2 60 ℃에서 용해도가 109이므로 물 100 g에 질산 칼륨 109 g을 녹이면 포화 용액이 된다. 40 ℃에서 용해도가 63이므로 물 100 g에 최대 63 g 녹을 수 있다. 따라서 40 ℃로 냉각하면 질산 칼륨 46 g(=109 g−63 g)이 결정으로 석출된다.

3 20 ℃에서 용해도가 32이므로 물 100 g에 질산 칼륨 32 g이 녹을 수 있고, 물 50 g에는 질산 칼륨 16 g이 녹을 수 있다. 따라서 20 ℃로 냉각하면 질산 칼륨 34 g(=50 g−16 g)이 결정으로 석출된다.

4 80 ℃에서 용해도가 170이므로 물 100 g에 질산 칼륨 170 g이 녹을 수 있고, 물 50 g에 질산 칼륨 85 g을 녹이면 포화 용액이 된다. 60 ℃에서 용해도가 109이므로 물 100 g에 질산 칼륨 109 g이 녹을 수 있고, 물 50 g에는 54.5 g이 녹을 수 있다. 따라서 60 ℃로 냉각하면 질산 칼륨 30.5 g(=85 g−54.5 g)이 결정으로 석출된다.

5 40 ℃에서 용해도가 63이므로 물 100 g에 질산 칼륨 63 g이 최대로 녹을 수 있고, 물 200 g에는 질산 칼륨 126 g이 최대로 녹을 수 있다. 따라서 40 ℃로 냉각하면 질산 칼륨 174 g(=300 g−126 g)이 결정으로 석출된다.

6 40 ℃에서 용해도가 63이므로 물 100 g에 질산 칼륨 63 g이 최대로 녹을 수 있고, 물 200 g에는 질산 칼륨 126 g이 최대로 녹을 수 있다. 20 ℃에서 용해도가 32이므로 물 100 g에 질산 칼륨 32 g이 녹을 수 있고, 물 200 g에는 64 g이 녹을 수 있다. 따라서 20 ℃로 냉각하면 질산 칼륨 62 g(=126 g−64 g)이 결정으로 석출된다.

7 60 ℃에서 용해도가 109이므로 물 100 g에 질산 칼륨 109 g을 녹이면 포화 용액 209 g이 된다. 20 ℃에서 용해도가 32이므로 물 100 g에 질산 칼륨 32 g이 최대로 녹을 수 있다. 따라서 20 ℃로 냉각하면 질산 칼륨 77 g(=109 g−32 g)이 결정으로 석출된다.

8 20 ℃에서 용해도가 32이므로 물 100 g에는 질산 칼륨 32 g이 녹을 수 있고, 물 90 g에는 질산 칼륨 28.8 g이 녹을 수 있다.

100 g : 32 g=90 g : x, x=28.8 g

따라서 20 ℃로 냉각하면 질산 칼륨 31.2 g(=60 g−28.8 g)이 결정으로 석출된다.

중단원 기출 문제

시험 대비 교재 44~46쪽

01 ①, ⑤ **02** ③ **03** ③ **04** ② **05** ⑤ **06** ⑤ **07** ②, ⑦ **08** ② **09** ④ **10** ② **11** ① **12** ② **13** ③ **14** ②, ⑥, ⑦ **15** (가) 질산 칼륨, (나) 염화 나트륨 **16** ④ **17** ① **18** ③ **19** ①, ⑤

01 바로알기 ② 물질의 상태가 변하면 부피가 달라지므로 밀도가 변한다.
③ 압력이 높아지면 기체의 부피가 감소하므로 기체의 밀도가 증가한다.
④ 밀도$=\frac{질량}{부피}$이므로 두 물질의 질량이 같은 경우 부피가 작을수록 밀도가 크다.
⑥ 기체의 밀도는 온도와 압력에 따라 달라지지만, 온도와 압력이 일정한 조건에서는 일정한 값을 나타내므로 물질의 특성이다.
⑦ 물질을 반으로 나누어도 물질의 부피와 질량의 비는 일정하므로 밀도는 변하지 않는다.

02 ③ 돌의 부피=37.0 mL−31.0 mL=6.0 mL=6.0 cm^3
돌의 밀도$=\frac{38.4\ g}{6.0\ cm^3}=6.4\ g/cm^3$

03 ③ 밀도는 물질마다 고유한 값을 가지므로 밀도가 같은 B와 D가 같은 물질이다.
A : $\frac{50\ g}{100\ cm^3}=0.5\ g/cm^3$ B : $\frac{32\ g}{16\ cm^3}=2\ g/cm^3$
C : $\frac{2\ g}{10\ cm^3}=0.2\ g/cm^3$ D : $\frac{6\ g}{3\ cm^3}=2\ g/cm^3$
E : $\frac{35\ g}{5\ cm^3}=7\ g/cm^3$

04 ② A의 부피=35.0 mL−30.0 mL=5.0 mL=5.0 cm^3
A의 밀도$=\frac{39.5\ g}{5.0\ cm^3}=7.9\ g/cm^3$
철의 밀도가 7.9 g/cm^3이므로 A는 철이다.

05 ⑤ 밀도가 큰 물질은 밀도가 작은 물질 아래로 가라앉는다. 따라서 밀도의 크기는 식용유<플라스틱<물<포도알<설탕 시럽의 순이다.

06 물에 소금을 녹일수록 소금물의 밀도가 커지며, 소금물의 밀도가 달걀보다 커지면 달걀이 소금물 위로 떠오른다.
⑤ 소금물과 같은 혼합물의 밀도는 성분 물질의 혼합 비율에 따라 달라진다.
바로알기 ① 달걀은 물에 가라앉으므로 물의 밀도는 달걀보다 작다.
② 소금물의 밀도는 농도에 따라 변한다.
③, ④ 소금을 녹일수록 소금물의 밀도는 커지지만, 달걀의 밀도는 일정하다.

07 그림에서 원점을 지나는 직선의 기울기$=\frac{질량}{부피}$=밀도이므로 직선의 기울기가 클수록 밀도가 크다. 따라서 A~F의 밀도를 비교하면 C<B<A=D<F<E 순이다.
② A와 D는 밀도가 같으므로 같은 물질이다.
⑦ 밀도$=\frac{질량}{부피}$이므로 질량이 같은 경우 밀도가 작을수록 부피가 크다. 따라서 질량이 같을 때 부피가 가장 큰 것은 밀도가 가장 작은 C이다.
바로알기 ① A와 D만 밀도가 같으므로 5가지의 물질이 있다.

시험 대비 교재

⑤ D의 밀도$=\frac{30\ g}{15\ cm^3}=2\ g/cm^3$

⑥ F의 밀도는 A의 밀도의 2배이다.

A의 밀도$=\frac{10\ g}{5\ cm^3}=2\ g/cm^3$

F의 밀도$=\frac{40\ g}{10\ cm^3}=4\ g/cm^3$

08 ② B와 C는 물보다 밀도가 작으므로 물 위에 뜬다.

B의 밀도$=\frac{10\ g}{15\ cm^3}\fallingdotseq 0.67\ g/cm^3$

C의 밀도$=\frac{10\ g}{20\ cm^3}=0.5\ g/cm^3$

09 **바로알기** ㄴ. 금속 A~C의 밀도는 모두 7.8 g/cm^3로 같으므로 A~C는 같은 물질이다.

10 ② 온도와 압력에 따른 밀도 변화가 가장 큰 물질은 기체 상태인 산소이다.

바로알기 ①, ③, ④, ⑤ 고체와 액체 상태의 물질은 온도에 따라 밀도가 약간 변하지만 압력의 영향은 거의 받지 않는다.

11 **바로알기** ① 온도가 높아지면 기체의 부피가 증가하므로 기체의 밀도가 작아진다. 따라서 따뜻한 공기는 밀도가 작아서 위로 올라가고, 차가운 공기는 밀도가 커서 아래로 내려오므로 에어컨은 위쪽에, 온풍기는 아래쪽에 설치한다.

12 ③ 용액은 균일 혼합물이다.

⑤ 불포화 용액은 포화 용액보다 용질이 적게 녹아 있는 용액이다.

바로알기 ② 물에 설탕을 녹일 때 물은 용매, 설탕은 용질이다.

13 ③ 고체 물질 20 g이 녹지 않고 가라앉았으므로 30 ℃ 물 200 g에 이 물질은 최대 60 g(=80 g−20 g) 녹을 수 있다. 따라서 30 ℃ 물 100 g에는 최대 30 g 녹을 수 있으므로 30 ℃에서 이 물질의 용해도는 30이다.

14 **바로알기** ① 고체의 용해도는 압력의 영향을 거의 받지 않는다.

③, ④ 용해도는 어떤 온도에서 용매 100 g에 최대로 녹을 수 있는 용질의 g수로, 용매의 종류와 온도에 따라 달라지지만 일정한 온도, 같은 용매에 대한 용해도는 물질마다 일정한 값을 가지므로 물질의 특성이다.

⑤ 대부분의 고체는 온도가 높을수록 용해도가 증가한다.

15 온도에 따른 용해도 변화가 가장 큰 물질은 용해도 곡선에서 기울기가 가장 큰 질산 칼륨이고, 온도에 따른 용해도 변화가 가장 작은 물질은 용해도 곡선에서 기울기가 가장 작은 염화 나트륨이다.

16 ④ 80 ℃에서 질산 나트륨의 용해도는 148이므로 물 100 g에 질산 나트륨은 최대 148 g 녹을 수 있고, 물 200 g에 질산 나트륨 296 g을 녹이면 포화 용액이 된다. 40 ℃에서 질산 나트륨의 용해도는 104이므로 물 200 g에 최대 208 g이 녹을 수 있다. 따라서 40 ℃로 냉각하면 질산 나트륨 88 g(=296 g −208 g)이 결정으로 석출된다.

17 ④ B점의 용액은 온도를 낮추거나, 용질을 더 넣으면 포화 용액으로 만들 수 있다.

⑤ C점의 용액 209 g은 물 100 g에 질산 칼륨 109 g이 녹아 있는 용액이다. A점에서는 물 100 g에 질산 칼륨이 최대 20 g 녹을 수 있으므로 C점에서 A점까지 온도를 낮추면 질산 칼륨 89 g(=109 g−20 g)이 결정으로 석출된다.

바로알기 ① A점과 D점의 용액은 모두 포화 용액이지만, 물 100 g에 녹은 용질의 양이 다르다.

18

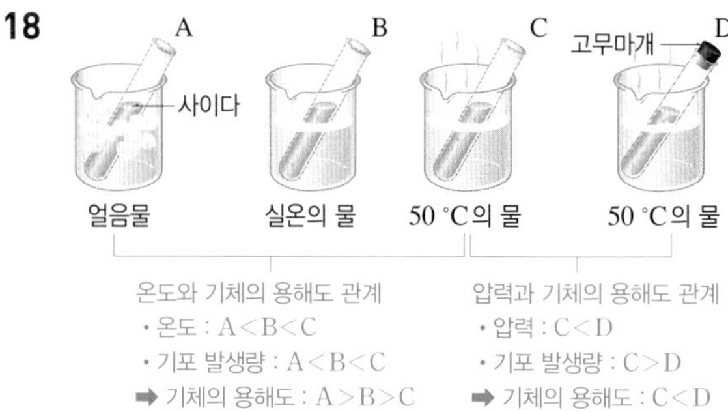

② 온도가 높을수록, 압력이 낮을수록 기체의 용해도가 감소하므로 C에서 이산화 탄소의 용해도가 가장 작아 기포가 가장 많이 발생한다.

바로알기 ③ D의 고무마개를 빼면 압력이 낮아지므로 이산화 탄소의 용해도가 감소하여 이산화 탄소가 기포로 빠져나온다. 따라서 기포 발생량이 증가한다.

19 ① 탄산음료의 뚜껑을 열면 병 내부의 압력이 낮아져 탄산음료에 녹아 있던 이산화 탄소 기체가 빠져나오기 때문에 거품이 생긴다.

⑤ 잠수부들이 갑자기 수면으로 올라오면 수압이 급격히 낮아져 기체의 용해도가 감소한다. 따라서 혈액 속에 녹아 있던 질소가 기체로 빠져나와 잠수병에 걸릴 수 있으므로 천천히 올라와야 한다.

바로알기 ② 기체의 용해도는 온도가 낮을수록 커지므로 사이다를 냉장고에 차게 보관해야 톡 쏘는 맛을 유지할 수 있다.

③ 물을 끓이면 기화되어 수증기가 발생한다.

④ 고체 물질의 용해도는 일반적으로 온도가 높을수록 증가하므로 커피 가루는 찬물보다 더운물에 잘 녹는다.

서술형 정복하기

시험 대비 교재 47~48쪽

1 답 (가) 부피, (나) 질량, (다) 밀도

2 답 8.95 g/cm^3

3 답 ㉠ 작은, ㉡ 큰

4 답 ㉠ 용질, ㉡ 용매, ㉢ 용해

5 답 17.5

6 **모범답안** 밀도는 **물질의 종류**에 따라 다르고, **같은 물질**인 경우 **양**에 관계없이 일정하기 때문이다.

7 **모범답안** 물에 뜨는 물질은 물보다 **밀도**가 **작은** 물질이고, 물에 가라앉는 물질은 물보다 **밀도**가 **큰** 물질이다.

8 모범답안 물에 녹은 **소금의 양**이 많아질수록 **소금물의 밀도**가 커지기 때문이다.

9 모범답안 **60 °C** 물 100 g에 고체 물질은 최대 **90 g** 녹을 수 있으므로 석출되는 **결정의 질량**은 **120 g−90 g**=30 g이다.

10 모범답안 **온도**가 높아지면 **기체의 용해도**가 감소하여 **산소**가 물에 잘 녹지 않기 때문이다.

11 모범답안 밀도$=\frac{\text{질량}}{\text{부피}}=\frac{19.2\ \text{g}}{8.0\ \text{cm}^3}=2.4\ \text{g/cm}^3$이다.

| 해설 | 금속 조각의 부피=28.0 mL−20.0 mL=8.0 mL=8.0 cm^3

채점 기준	배점
풀이 과정과 함께 밀도를 옳게 구한 경우	100 %
밀도만 옳게 구한 경우	50 %

12 모범답안 (1) C<B<A

(2) 밀도$=\frac{\text{질량}}{\text{부피}}$이므로 기울기가 클수록 밀도가 크기 때문이다.

	채점 기준	배점
(1)	밀도를 옳게 비교한 경우	50 %
(2)	(1)과 같이 답한 까닭을 옳게 서술한 경우	50 %

13 모범답안 (1) A : 0.25 g/cm^3, B : 2 g/cm^3, C : 3 g/cm^3, D : 0.5 g/cm^3

(2) A, D

(3) A와 D는 물보다 밀도가 작기 때문이다.

	채점 기준	배점
(1)	밀도를 모두 옳게 쓴 경우	40 %
(2)	물에 뜨는 물질의 기호를 모두 옳게 쓴 경우	30 %
(3)	(2)와 같이 답한 까닭을 옳게 서술한 경우	30 %

14 모범답안 (1) 결정이 석출되지 않는다.

(2) 20 °C에서 질산 나트륨의 용해도는 87이므로, 물 100 g에 최대로 녹을 수 있는 질산 나트륨의 질량은 87 g이기 때문이다.

(3) 20 °C에서 질산 칼륨의 용해도가 32이므로 물 100 g에 질산 칼륨은 최대 32 g 녹을 수 있다. 따라서 20 °C로 냉각하면 질산 칼륨 68 g(=100 g−32 g)이 결정으로 석출된다.

	채점 기준	배점
(1)	질산 나트륨의 질량을 옳게 쓴 경우	20 %
(2)	(1)과 같이 답한 까닭을 옳게 서술한 경우	30 %
(3)	석출되는 질산 칼륨의 질량을 풀이 과정과 함께 옳게 서술한 경우	50 %

15 모범답안 (1) (가)와 (나), 기체의 용해도는 온도가 낮을수록 증가한다.

(2) (나)와 (다), 기체의 용해도는 압력이 높을수록 증가한다.

| 해설 | (1) (가)와 (나)는 압력은 같고 온도만 다른 조건이므로 기체의 용해도와 온도의 관계를 알 수 있다.

(2) (나)와 (다)는 온도는 같고 압력만 다른 조건이므로 기체의 용해도와 압력의 관계를 알 수 있다.

	채점 기준	배점
(1)	(가)와 (나)를 고르고, 기체의 용해도와 온도의 관계를 옳게 서술한 경우	50 %
	(가)와 (나)만 고른 경우	25 %
(2)	(나)와 (다)를 고르고, 기체의 용해도와 압력의 관계를 옳게 서술한 경우	50 %
	(나)와 (다)만 고른 경우	25 %

03 혼합물의 분리(1)

중단원 핵심 요약

시험 대비 교재 49쪽

① 증류 ② 낮은 ③ 낮 ④ 높 ⑤ 낮 ⑥ 중간 ⑦ 작은 ⑧ 큰 ⑨ 분별 깔때기 ⑩ 작은 ⑪ 큰

잠깐 테스트

시험 대비 교재 50쪽

1 낮은 **2** ㄱ **3** ㉡ **4** ㉣ **5** 증류 **6** ① 위쪽, ② 아래쪽 **7** 중간 **8** 분별 깔때기 **9** A : 에테르, B : 물 **10** 밀도

중단원 기출 문제

시험 대비 교재 51~53쪽

01 ③ **02** ⑤ **03** ④ **04** ① **05** ③ **06** ① **07** ① **08** A<B<C<D **09** ⑤ **10** ⑤ **11** ③ **12** ②, ⑤ **13** ⑤ **14** ⑤ **15** ③ **16** ⑤ **17** ① **18** ⑤ **19** ④

01 ③ 액체 상태의 혼합물을 가열할 때 끓어 나오는 기체를 냉각하여 순수한 액체 물질을 얻는 방법을 증류라고 한다.

02 ① 증류 장치는 끓는점 차를 이용하여 혼합물을 분리하는 장치이다.

② 삼각 플라스크의 가지 부분에 온도계의 밑부분을 오도록 하는 까닭은 기화되어 나오는 물질의 온도를 측정해야하기 때문이다.

③ 끓임쪽은 액체가 갑자기 끓어오르는 것을 방지하기 위해 넣는다.

④ 증류는 성분 물질의 끓는점 차가 클수록 분리가 잘 된다.

바로알기 ⑤ 끓는점이 낮은 물질부터 분리되어 나온다.

03 ④ DE 구간에서는 순수한 물이 100 °C에서 끓어 나온다.

바로알기 ① AB 구간에서는 끓어 나오는 물질이 거의 없고, BC 구간에서 주로 에탄올이 끓어 나온다.

② BC 구간의 온도는 에탄올의 끓는점보다 약간 높다.

③ CD 구간에서는 액체의 온도가 올라가고, DE 구간에서 물이 끓어 나온다.

⑤ 물과 에테르는 서로 섞이지 않고 밀도가 다르므로 밀도 차를 이용하여 분리한다.

시험 대비 교재

04 ㄱ, ㄴ. 물과 메탄올, 물과 에탄올 혼합물과 같이 서로 잘 섞이고 끓는점이 다른 액체 혼합물은 끓는점 차를 이용하여 증류 장치로 분리할 수 있다.

바로알기 ㄷ. 모래와 톱밥 혼합물과 같이 밀도가 다른 고체 혼합물은 밀도가 두 물질의 중간 정도이며, 두 물질을 모두 녹이지 않는 액체에 넣어 분리할 수 있다.

ㄹ. 물과 사염화 탄소 혼합물과 같이 서로 섞이지 않고 밀도가 다른 액체 혼합물은 분별 깔때기로 분리할 수 있다.

05 ③ 탁한 술에서 맑은 소주를 얻는 것은 증류이며, 증류는 끓는점 차를 이용하여 혼합물을 분리하는 방법이다.

06 ① 바닷물에서 식수를 분리하는 것은 증류를 이용하여 혼합물을 분리하는 예이다.

바로알기 ②, ③, ④, ⑤는 모두 밀도 차를 이용하여 혼합물을 분리하는 예이다.

07 ① A와 B는 서로 잘 섞이고 끓는점이 다른 액체이므로 끓는점 차를 이용한 증류로 분리한다.

08 증류탑의 위로 올라갈수록 온도가 낮아지므로 끓는점이 낮은 물질일수록 증류탑의 위쪽에서 분리되어 나온다. 따라서 끓는점은 A<B<C<D 순이다.

09 **바로알기** ⑤ A~D에서 분리되어 나오는 물질은 끓는점이 비슷한 몇 가지 물질이 섞인 혼합물이다.

10 얼음에 소금을 넣으면 −17 ℃ 정도까지 온도가 내려가며, 이 온도에서 프로페인은 기체, 뷰테인은 액체 상태로 존재하므로 두 물질을 분리할 수 있다.

바로알기 ⑤ 수조 속의 온도는 뷰테인의 끓는점보다 낮고, 프로페인의 끓는점보다 높게 유지되어야 한다.

11 기체 혼합물을 냉각시켜 액체로 만든 후 온도를 서서히 높이면 끓는점이 낮은 물질일수록 증류탑의 위쪽에서 분리되어 나온다. 끓는점은 질소<아르곤<산소<프로페인 순이다.

12 ②, ⑤ 밀도 차를 이용하여 고체 혼합물을 분리할 때는 고체 혼합물을 모두 녹이지 않고, 밀도가 두 고체의 중간 정도인 액체를 이용한다.

13 ㄷ, ㄹ. 간장과 참기름, 물과 식용유는 밀도 차를 이용하여 분리한다.

바로알기 ㄱ, ㄴ. 물과 에탄올, 공기의 성분은 끓는점 차를 이용하여 분리한다.

14 ⑤ 물보다 밀도가 큰 돌은 아래로 가라앉고, 물보다 밀도가 작은 스타이로폼은 물 위에 뜬다.

15 ③ 밀도 차를 이용하여 두 고체의 혼합물을 분리할 때는 밀도가 두 고체의 중간 정도인 액체를 사용해야 한다. A 또는 D에 모래와 플라스틱의 혼합물을 넣으면 모래는 가라앉고, 플라스틱은 액체 위로 떠서 분리된다.

바로알기 • B 또는 C에 모래와 플라스틱의 혼합물을 넣으면 두 물질이 모두 액체 위로 뜬다.

• E에 모래와 플라스틱의 혼합물을 넣으면 두 물질이 모두 가라앉는다.

16 ⑤ 서로 섞이지 않고 밀도가 다른 액체의 혼합물은 분별 깔때기를 이용하여 분리한다.

바로알기 ① 분별 깔때기는 밀도 차를 이용한다.

② 물과 에탄올 혼합물은 끓는점 차를 이용하여 증류 장치로 분리한다.

③, ④ 밀도가 큰 물질은 아래층에 위치하고, 밀도가 작은 물질은 위층에 위치한다.

17 ① 분별 깔때기는 물과 식용유의 혼합물과 같이 서로 섞이지 않고 밀도가 다른 액체의 혼합물을 밀도 차를 이용하여 분리하는 데 사용된다.

바로알기 ②, ④ 물과 소금, 물과 메탄올의 혼합물은 서로 잘 섞이고 끓는점이 다르므로 끓는점 차를 이용하여 증류 장치로 분리할 수 있다.

③ 모래와 설탕의 혼합물은 용해도 차를 이용하여 거름 장치로 분리할 수 있다.

⑤ 물과 에테르는 밀도 차를 이용해 분리할 수 있다.

18 ⑤ 액체 A와 B의 밀도가 다르고 서로 섞이지 않으므로 밀도 차를 이용하여 분별 깔때기로 분리한다.

19 ①, ②, ③, ⑤는 모두 밀도 차를 이용한 혼합물의 분리 방법이다.

바로알기 ④ 소줏고리를 이용하여 탁한 술에서 소주를 만드는 것은 끓는점 차를 이용한 혼합물의 분리 방법이다.

서술형 정복하기

시험 대비 교재 54~55쪽

1 답 증류

2 답 끓는점

3 답 ㉠ 녹이지 않고, ㉡ 고체의 중간 정도인

4 답 ㉠ 스포이트, ㉡ 위층

5 답 기름<바닷물

6 모범답안 **액체** 물질이 **갑자기** 끓어오르는 것을 **방지**하기 위해서이다.

7 모범답안 소줏고리에 탁한 술을 넣고 가열하면 **끓는점**이 낮은 **에탄올**이 먼저 **기화**되어 끓어 나오다가 **찬물**에 의해 **액화**되어 맑은 소주가 된다.

8 모범답안 증류탑에서는 **끓는점**이 낮은 물질일수록 **위쪽**에서, 끓는점이 높은 물질일수록 **아래쪽**에서 분리된다.

9 모범답안 **밀도**가 작은 물은 **위**로 뜨고, 밀도가 큰 사염화 탄소는 **아래**로 가라앉아 층을 이룬다.

10 모범답안 **마개**를 연 다음 **꼭지**를 돌려 아래층의 액체를 분리한 후 **위쪽 입구**를 이용하여 위층의 액체를 **다른 비커**에 받아 낸다.

11 모범답안 (라), 끓는점이 높은 물이 나중에 끓어 나오기 때문이다.

채점 기준	배점
(라)를 고르고, 그 까닭을 옳게 서술한 경우	100 %
(라)만 고른 경우	50 %

12 모범답안 D, 증류를 이용하여 분리하며, 이때 이용되는 물질의 특성은 끓는점이다.

채점 기준	배점
끓는점이 가장 낮은 물질이 분리되어 나오는 부분, 혼합물의 분리 방법, 물질의 특성 세 가지를 모두 옳게 서술한 경우	100 %
세 가지 중 두 가지만 옳게 서술한 경우	70 %
세 가지 중 한 가지만 옳게 서술한 경우	40 %

13 모범답안 A, D, 밀도가 두 물질의 중간 정도이기 때문이다.

채점 기준	배점
액체를 모두 옳게 고르고, 그 까닭을 옳게 서술한 경우	100 %
액체만 모두 옳게 고른 경우	50 %

14 모범답안 (1) 분별 깔때기
(2) B, 밀도가 큰 물질은 아래로 가라앉기 때문이다.
(3) 서로 섞이지 않아야 한다. 밀도가 달라야 한다.

	채점 기준	배점
(1)	실험 장치의 이름을 옳게 쓴 경우	20 %
(2)	기호를 옳게 쓰고, 까닭을 옳게 서술한 경우	40 %
	기호만 옳게 쓴 경우	20 %
(3)	혼합물의 조건 두 가지를 모두 옳게 서술한 경우	40 %
	혼합물의 조건을 한 가지만 옳게 서술한 경우	20 %

15 모범답안 (1) (마), 분별 깔때기의 마개를 열고 꼭지를 돌려 아래층 액체를 분리한다.
(2) (가)-(라)-(마)-(나)-(다)
| 해설 | (1) 마개를 연 후 꼭지를 돌려야 대기압이 작용하여 액체가 아래쪽으로 흘러나온다.
(2) 액체 혼합물을 분별 깔때기에 넣고 마개로 막은 후 혼합물이 두 층으로 나누어지면 마개를 열고 꼭지를 돌려 아래층 액체를 분리한다. 경계면 근처의 액체는 따로 받아내고 분별 깔때기의 위쪽 입구로 위층의 액체 물질을 다른 비커에 받아 낸다.

	채점 기준	배점
(1)	옳지 않은 과정을 고르고, 옳게 고쳐 서술한 경우	50 %
	옳지 않는 과정만 고른 경우	25 %
(2)	분리 과정 순서를 옳게 나열한 경우	50 %

04 혼합물의 분리(2)

중단원 핵심 요약

시험 대비 교재 56쪽

① 재결정 ② 클 ③ 속도 ④ 순물질
⑤ 혼합물 ⑥ 짧

잠깐 테스트

시험 대비 교재 57쪽

1 재결정 **2** 용해도 **3** 질산 칼륨, 7.1 g **4** 크로마토그래피 **5** (1) ○ (2) ○ (3) × **6** 순물질 : B, C, E, 혼합물 : A, D **7** C **8** B, C **9** 끓는점 **10** A : 에탄올, B : 소금

중단원 기출 문제

시험 대비 교재 58~59쪽

01 ③ **02** (라)-(가)-(다)-(나) **03** ③ **04** ⑤
05 ① **06** ① **07** ③ **08** ④ **09** ③, ⑤ **10** ④
11 증류 **12** A : 메탄올, B : 물, C : 소금 **13** ⑤

01 ③ 재결정은 물질의 온도에 따른 용해도 차를 이용하여 불순물이 섞인 고체 물질을 높은 온도에서 용매에 녹인 후 서서히 냉각하거나 용매를 증발시켜 순수한 고체를 얻는 방법이다.

02 온도에 따른 용해도 차를 이용한 재결정 과정이다. 흙먼지가 섞인 붕산을 뜨거운 물에 넣어 녹인 후 거름 장치로 거르면 거름종이 위에 흙먼지가 남고, 붕산은 물에 녹아 거름종이를 통과한다. 이렇게 거른 용액을 냉각하면 붕산이 결정으로 석출되므로 냉각된 용액을 거르면 붕산 결정이 걸러진다.

03 ①, ② (가)에서 천일염을 물에 녹이면 소금은 물에 녹고, 불순물은 물에 녹지 않는다. 따라서 (가)의 용액을 거름종이에 통과시키면 불순물이 거름종이 위에 남는다.
바로알기 ③ (나)에서 불순물은 거름종이를 통과하지 못하고, 소금물만 걸러진다.

04 ③, ④ 20 ℃에서 질산 칼륨의 용해도는 31.9이므로 질산 칼륨 31.9 g은 녹아 있고, 나머지 18.1 g(=50 g−31.9 g)이 결정으로 석출된다. 20 ℃에서 황산 구리(Ⅱ)의 용해도는 20.0이므로 황산 구리(Ⅱ)는 모두 녹아 있다.
바로알기 ⑤ 0 ℃에서 질산 칼륨의 용해도는 13.6이므로 질산 칼륨 13.6 g은 녹아 있고, 나머지 36.4 g(=50 g−13.6 g)이 결정으로 석출된다. 0 ℃에서 황산 구리(Ⅱ)의 용해도는 14.2이므로 황산 구리(Ⅱ)는 모두 녹아 있다.

05 ① 0 ℃ 물 200 g에 질산 칼륨은 최대 27.2 g 녹을 수 있으므로 질산 칼륨 27.2 g은 녹아 있고, 나머지 72.8 g(=100 g−27.2 g)이 결정으로 석출된다. 0 ℃ 물 200 g에 황산 구리(Ⅱ)는 최대 28.4 g 녹을 수 있으므로 황산 구리(Ⅱ)는 모두 녹아 있다.

06 ②, ③, ④, ⑤는 용해도 차를 이용하여 혼합물을 분리하는 예이다.
바로알기 ①은 밀도 차를 이용하여 혼합물을 분리하는 예이다.

07

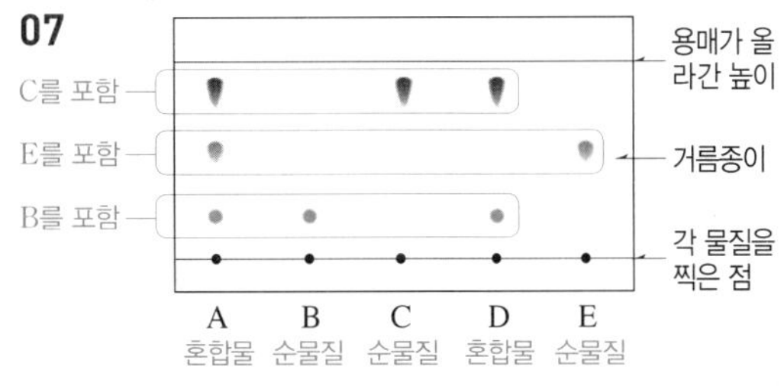

①, ② 실험 결과 A는 B, C, E로 분리되었으므로 A는 최소 3가지의 성분으로 이루어져 있다.
④ B, C, E는 한 가지 성분만 나타났으므로 순물질로 예상할 수 있다.
⑤ 용매를 따라 이동하는 속도가 빠를수록 높이 올라가므로 이동하는 속도가 가장 빠른 성분은 C이다.
⑥ 용매의 종류에 따라 분리되는 성분 물질의 수나 성분 물질이 이동한 거리가 달라진다.
바로알기 ③ D의 성분 물질은 B와 C이다.

08 **바로알기** ㄱ, ㄷ. 크로마토그래피는 매우 적은 양의 혼합물이나 성질이 비슷한 혼합물도 분리할 수 있다.

09 **바로알기** ③ 용매의 종류에 따라 분리되는 성분 물질의 수나 성분 물질이 이동한 거리가 달라진다.
⑤ 크로마토그래피 결과 3개의 성분으로 분리되었으므로 사인펜 잉크의 색소는 최소 3가지의 성분 물질이 섞여 있다.

10 ④ 시금치 잎의 색소를 이루는 성분은 크로마토그래피를 이용하여 분리한다.
바로알기 ① 분별 깔때기, ② 스포이트, ③ 거름 장치, ⑤ 증류 장치

[11~12] 물, 메탄올, 소금의 혼합물은 증류를 이용해 분리할 수 있다. 혼합물을 가열하면 끓는점이 낮은 메탄올이 먼저 끓어 분리되고, 계속 가열하면 물이 끓어 분리되므로 소금이 남는다.

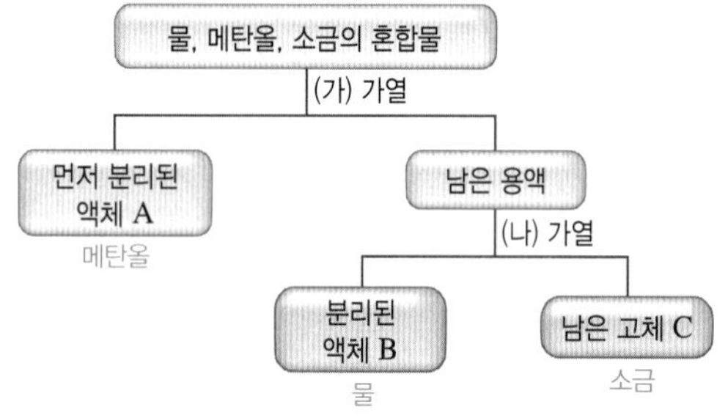

13 ① 혼합물을 자석에 대면 철 가루가 분리된다. → ②, ④ 물에 녹여 거른 후 거른 용액을 증발시키면 소금을 얻을 수 있다. → ③ 거름종이에 남은 물질을 넣고 저어 주면 톱밥은 물 위에 뜨고, 모래는 물 아래로 가라앉으므로 톱밥과 모래를 분리할 수 있다.

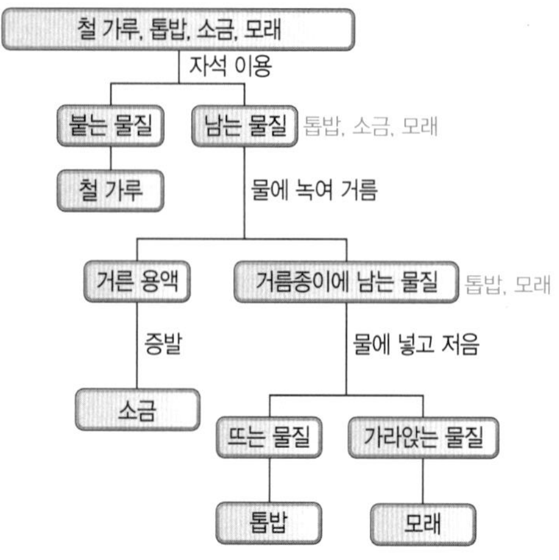

서술형 정복하기

시험 대비 교재 60쪽

1 답 재결정

2 답 (가), (라)

3 답 크로마토그래피

4 **모범답안** 질산 칼륨이 황산 구리(Ⅱ)보다 **온도**에 따른 **용해도 차**가 크기 때문에 결정으로 석출된다.

5 **모범답안** 혼합물을 이루는 **성분 물질**이 **용매**를 따라 이동하는 **속도**가 다른 것을 이용하여 분리한다

6 **모범답안** 20 ℃에서 염화 나트륨은 용해도가 35.9이므로 16 g이 모두 거른 용액 속에 녹아 있고, 붕산은 용해도가 5.0이므로 5 g만 거른 용액 속에 녹아 있다.
| 해설 | 20 ℃에서 염화 나트륨의 용해도는 35.9이고, 붕산의 용해도는 5.0이므로 20 ℃ 물 100 g에 염화 나트륨은 최대 35.9 g 녹을 수 있고, 붕산은 최대 5.0 g 녹을 수 있다. 따라서 20 ℃로 냉각하면 염화 나트륨 16 g은 거른 용액 속에 모두 녹아 있고, 붕산은 5 g만 거른 용액 속에 녹아 있고, 나머지 11 g(=16 g−5 g)이 결정으로 석출된다.

채점 기준	배점
거른 용액 속에 녹아 있는 물질의 종류와 질량을 풀이 과정과 함께 옳게 서술한 경우	100 %
거른 용액 속에 녹아 있는 물질의 종류와 질량만 옳게 쓴 경우	50 %

7 **모범답안** 0 ℃ 물 50 g에 질산 칼륨은 최대 6.8 g 녹을 수 있으므로 0 ℃로 냉각하면 질산 칼륨 43.2 g(=50 g−6.8 g)이 결정으로 석출된다.
| 해설 | 0 ℃ 물 100 g에 질산 칼륨은 최대 13.6 g 녹을 수 있으므로 물 50 g에는 최대 6.8 g 녹을 수 있다. 따라서 0 ℃로 냉각하면 질산 칼륨은 6.8 g만 녹고, 나머지 43.2 g(=50 g−6.8 g)이 결정으로 석출된다. 0 ℃ 물 100 g에 염화 나트륨은 최대 35.6 g 녹을 수 있으므로, 물 50 g에는 최대 17.8 g 녹을 수 있다. 따라서 염화 나트륨 5 g은 모두 녹아 있다.

채점 기준	배점
석출되는 물질의 종류와 질량을 풀이 과정과 함께 옳게 서술한 경우	100 %
석출되는 물질의 종류와 질량만 옳게 쓴 경우	50 %

8 **모범답안** (1) A, C, E, 한 가지 성분만 나타났기 때문이다. (2) D
| 해설 | (1) A, C, E는 한 가지 성분만 나타났으므로 순물질로 예상할 수 있다.
(2) 실험 결과 D는 C, E로 분리되었으므로 D의 성분 물질은 C와 E이다.

	채점 기준	배점
(1)	A, C, E를 고르고, 그 까닭을 옳게 서술한 경우	50 %
	A, C, E만 고른 경우	30 %
(2)	D를 고른 경우	50 %

Ⅶ 수권과 해수의 순환

01 수권의 분포와 활용

중단원 핵심 요약
시험 대비 교재 61쪽

① 해수 ② 빙하 ③ 지하수 ④ 호수와 하천수
⑤ 생활용수 ⑥ 농업용수 ⑦ 증가 ⑧ 지하수

잠깐 테스트
시험 대비 교재 62쪽

1 수권 **2** ① 해수, ② 빙하 **3** 담수 **4** 수자원 **5** ① 호수와 하천수, ② 지하수 **6** ① 해수, ② 빙하 **7** (1) 공업용수 (2) 생활용수 **8** 농업용수 **9** (1) ○ (2) × (3) × **10** ① 한정되어 있고, ② 증가

중단원 기출 문제
시험 대비 교재 63~65쪽

01 ③	**02** ⑤	**03** ⑤, ⑥	**04** ②	**05** ⑤	**06** ③
07 ⑤	**08** ②	**09** ②	**10** ②	**11** ④	**12** ①
13 ②, ③	**14** ⑤	**15** ④	**16** ③	**17** ①	**18** ④

01 ㄹ. 육지의 물은 대부분 담수이고, 담수 중 가장 많은 양을 차지하는 것은 고체 상태인 빙하이다.
바로알기 ㄴ. 수권은 지구 표면의 약 70 %를 덮고 있다.
ㄷ. 수권의 물 대부분은 해수로, 짠맛이 난다.

03 A는 해수, B는 담수, C는 빙하, D는 지하수, E는 호수와 하천수이다.
⑤ 빙하(C)의 대부분(약 97.5 %)은 극지방인 남극과 그린란드에 분포한다.
바로알기 ① 해수(A)는 바다에 분포하는 물이다.
② 지표의 약 70 %는 바다가 차지한다.
③ 담수(B)에서는 빙하가 가장 많은 양을 차지한다.
④ 담수 중 빙하는 고체 상태이다.
⑦ 호수와 하천수(E)는 우리가 쉽게 활용할 수 있는 물이다.

04 바로알기 ㄴ. 담수는 짠맛이 나지 않는 물이다.
ㄷ. 해수는 짠맛이 나서 바로 활용하기 어려우므로 수자원으로는 담수를 주로 이용한다.

05 우리가 쉽게 활용하는 물은 주로 호수와 하천수이고, 부족하면 지하수를 개발하여 이용한다.

06 바로알기 ㄷ. 지하수에 대한 설명이다.

07 바로알기 ⑤ 우리가 쉽게 활용할 수 있는 물은 담수 중 호수와 하천수 및 지하수이다.

08 우리가 쉽게 활용할 수 있는 물은 지하수와 강, 호수의 물이다.

09 ㄱ. 해수를 활용하기 위해서는 짠맛을 제거하여 담수로 만들어야 한다.
바로알기 ㄴ. 하천수가 부족하면 지하수를 개발하여 이용한다.
ㄷ. 우리나라에서 물은 농업용수로 가장 많이 이용된다.

10 바로알기 ② 해수는 짠맛이 나므로 바로 농작물 재배에 사용할 수 없다.

11 (가) 하천의 정상적인 기능을 유지하기 위해 수량을 유지하고, 수질을 개선하는 데 필요한 물은 유지용수이다.
(나) 농사를 짓거나 가축을 기르는 등 농업 활동에 사용하는 물은 농업용수이다.
(다) 공업 제품의 생산, 세척, 냉각수 등으로 사용하는 물은 공업용수이다.

12 A는 농업용수, B는 생활용수이다.
바로알기 ㄴ. 농업용수(A)는 농작물 및 원예 작물을 기르는 데 이용되며, 하천의 정상적인 기능을 유지하는 데 필요한 물은 유지용수이다.
ㄷ. 공산품의 생산에 필요한 물은 공업용수이다.

13 ⑤ 수자원의 양은 한정되어 있으나, 수자원 이용량이 늘어나 물 부족 현상이 나타날 수 있다.
바로알기 ② 1980년~2003년까지 용도별 차지하는 비율(%)은 농업용수가 가장 높았다.
③ 생활용수가 차지하는 비율이 1980년에 12 %에서 2003년에 23 %로 가장 많이 증가하였다.

14 인구 증가, 산업 발달 및 문명 발달로 인한 생활 수준 향상으로 인해 수자원 이용량이 증가하고 있다.

15 바로알기 ㄷ. 물이 순환하더라도 우리 생활에 활용할 수 있는 물의 양은 매우 적고 한정적이므로 물을 절약해야 한다.

16 바로알기 ① 지하수는 주로 빗물이 지하에 스며들어 만들어진다.
②, ⑤ 일상생활에서 가장 많이 활용하는 물은 호수와 하천수이고, 부족한 경우 지하수를 활용한다.
④ 지하수는 호수나 하천수에 비해 양이 많아서 수자원으로서 가치가 높다.

17 바로알기 유진 : 오염된 물은 인구 증가와 산업 발달로 증가하고 있다.
지훈 : 빨래나 설거지는 한꺼번에 모아서 한다.

18 ② 우리나라는 국토의 약 65 %가 산지로 되어 있어 물을 확보하기 어렵고, 바다로 유실되는 양이 많다.
바로알기 ④ 양치질을 할 때는 컵을 사용하여 필요한 만큼만 물을 사용한다.

서술형 정복하기
시험 대비 교재 66쪽

1 답 해수, 담수

2 답 (다), (라)

3 답 수자원

시험 대비 교재

4 모범답안 수권을 이루는 물의 양은 **해수 > 빙하 > 지하수 > 호수와 하천수**이다.

5 모범답안 지하수는 **호수와 하천수**에 비해 양이 많고, **빗물**이 스며들어 채워지기 때문에 **지속적**으로 활용할 수 있어 수자원으로서 가치가 높다.

6 모범답안 (1) A : 해수, B : 빙하, C : 지하수, D : 호수와 하천수
(2) 극지방, 담수 중 가장 많은 것은 빙하인데, 빙하는 대부분 극지방에 분포하기 때문이다.

	채점 기준	배점
(1)	A~D의 이름을 모두 옳게 쓴 경우	40 %
(2)	극지방을 쓰고, 까닭을 옳게 서술한 경우	60 %
	극지방만 쓴 경우	30 %

7 모범답안 (1) 농업용수
(2) 농사를 짓는다. 가축을 기른다. 원예 식물을 기른다. 등

	채점 기준	배점
(1)	농업용수를 쓴 경우	40 %
(2)	수자원 활용 예를 옳게 서술한 경우	60 %

8 모범답안 빗물을 모아서 이용한다. 빨랫감은 모아서 세탁한다. 절수형 수도꼭지를 사용한다. 양치나 설거지를 할 때 물을 받아서 사용한다. 등

채점 기준	배점
물 절약 방법 두 가지를 모두 옳게 서술한 경우	100 %
물 절약 방법 한 가지만 옳게 서술한 경우	50 %

02 해수의 특성

중단원 핵심 요약

시험 대비 교재 67쪽

① 태양 에너지 ② 바람 ③ 수온 약층 ④ 혼합층
⑤ 염화 나트륨 ⑥ psu ⑦ 35 ⑧ 담수(강물)
⑨ 많은 ⑩ 적은 ⑪ 낮다 ⑫ 강수량
⑬ 담수 ⑭ 일정

잠깐 테스트

시험 대비 교재 68쪽

1 ① 태양 에너지, ② 저위도 **2** ① 태양 에너지, ② 바람
3 A : 혼합층, B : 수온 약층, C : 심해층 **4** (1) A (2) C
5 ① 염화 나트륨, ② 염화 마그네슘 **6** ① 염분, ② 1000
7 ① 960, ② 40 **8** ① 낮고, ② 높다 **9** ① 낮, ② 낮
10 같다

계산력·암기력 강화 문제

시험 대비 교재 69쪽

◇ 염분 구하기

1 33 psu **2** 35 psu **3** 34 psu **4** 36 psu
5 30 psu **6** 33 psu **7** C < B < A

1 염분 $= \frac{33\text{ g}}{1000\text{ g}} \times 1000 = 33$ psu

2 염분 $= \frac{7\text{ g}}{200\text{ g}} \times 1000 = 35$ psu

3 염분 $= \frac{17\text{ g}}{500\text{ g}} \times 1000 = 34$ psu

4 염분 $= \frac{72\text{ g}}{2000\text{ g}} \times 1000 = 36$ psu

5 해수 1 kg에 녹아 있는 염류의 총량은 23.3 g + 3.3 g + 1.4 g + 1.1 g + 0.9 g = 30 g이므로, 염분은 30 psu이다.

6 해수 500 g에 녹아 있는 염류의 총량은 12.8 g + 1.8 g + 0.8 g + 0.6 g + 0.5 g = 16.5 g이므로, 해수 1000 g에는 염류 33 g이 녹아 있다.

7 염분은 해수 1 kg 속에 녹아 있는 염류의 총량(g)이므로 A의 염분은 35 psu, B의 염분은 32 psu, C의 염분은 28 psu이다.

계산력·암기력 강화 문제

시험 대비 교재 70쪽

◇ 염류와 물의 양 구하기

1 3.3 g **2** 400 g **3** 400 g **4** ㉠ 965, ㉡ 35 **5** ㉠ 480, ㉡ 20 **6** ㉠ 2904, ㉡ 96 **7** 400 kg **8** 8 kg

1 염분이 33 psu인 해수 1000 g을 가열하면 33 g의 염류를 얻을 수 있다. 따라서 1000 g : 33 g = 100 g : x, x = 3.3 g

2 염분이 200 psu인 해수 1000 g을 증발시키면 200 g의 염류를 얻을 수 있다. 따라서 1000 g : 200 g = 2000 g : x, x = 400 g

3 염분이 40 psu인 해수 1000 g을 증발시키면 40 g의 염류를 얻을 수 있다. 따라서 1000 g : 40 g = 10000 g : x, x = 400 g

4 염분이 35 psu인 해수 1000 g에는 염류 35 g이 녹아 있다. 따라서 물 965 g과 염류 35 g으로 이루어져 있다.

5 염분이 40 psu인 해수 1000 g에는 염류 40 g이 녹아 있으므로 이 해수 500 g에는 20 g의 염류가 녹아 있다. 따라서 물 480 g과 염류 20 g으로 이루어져 있다.

6 염분이 32 psu인 해수 1000 g에는 염류 32 g이 녹아 있으므로 이 해수 3 kg(= 3000 g)에는 96 g의 염류가 녹아 있다. 따라서 물 2904 g과 염류 96 g으로 이루어져 있다.

7 1 kg : 30 g = x : 12000 g, x = 400 kg

8 1 kg : 45 g = x : 360 g, x = 8 kg

계산력·암기력 강화 문제 시험 대비 교재 71쪽

◆ 염분비 일정 법칙 적용하기

1 32 g **2** 3.5 g **3** ㉠ 13.6 g, ㉡ 3.6 g **4** 40 psu
5 30 psu **6** A : 3.6, B : 34.0

1 30 psu : 24 g=40 psu : x 또는 30 psu : 40 psu=24 g : x ∴ x=32 g

2 염분이 32 psu인 해수 1000 g 속에 녹아 있는 염화 마그네슘의 양은 3.2 g이다.
32 psu : 3.2 g=35 psu : x 또는 32 psu : 35 psu=3.2 g : x
∴ x=3.5 g

3 ㉠, ㉡의 값을 구하려면 두 해역에서 모두 질량이 제시된 염류의 양을 기준으로 비례식을 세우면 된다.
27.2 g : 1.2 g=㉠ : 0.6 g, ㉠=13.6 g
27.2 g : 1.8 g=54.4 g : ㉡, ㉡=3.6 g

4 32 psu : 24.8 g=x : 31 g, x=40 psu

5 35 psu : 27.2 g=x : 23.3 g, x≒30 psu

6 25.9 : A=26.4 : 3.7, A≒3.6
25.9 : 33.4=26.4 : B, B≒34.0

중단원 기출 문제 시험 대비 교재 72~74쪽

01 ⑤ **02** ③, ⑦, ⑧ **03** ③ **04** 태양, 바람 **05** ④
06 ③ **07** ① **08** ④ **09** ② **10** ③ **11** ② **12** ③
13 ④ **14** ①, ② **15** ⑤ **16** ⑤ **17** ④ **18** ③, ④

01 ㉢ 등온선은 부분적으로 대륙이나 해류의 영향으로 경도선에 나란한 곳도 있지만, 대체로 태양 에너지의 영향으로 위도선에 나란하다.

02 A는 혼합층, B는 수온 약층, C는 심해층이다.
바로알기 ③ 혼합층(A)은 태양 에너지의 영향을 많이 받으므로 위도나 계절에 따라 수온이 달라진다.
⑦ 심해층(C)은 태양 에너지가 거의 도달하지 않아 위도나 계절에 관계없이 수온이 일정하다.
⑧ 심해층(C)은 바람의 영향을 받지 않으며, 태양 에너지가 거의 도달하지 않아서 수온이 낮고 일정하다.

03 바람이 강하게 부는 지역일수록 더 깊은 곳까지 해수가 섞이므로 혼합층이 두껍게 발달한다.

04 적외선등은 해수의 온도를 높이는 태양에, 휴대용 선풍기는 해수를 섞는 바람에 해당한다.

05 A는 고위도, B는 중위도, C는 저위도 해역의 수온 분포이다.
ㄴ. 중위도 해역(B)은 저위도 해역(C)보다 바람이 강하게 불므로 혼합층의 두께가 더 두껍게 나타난다.
ㄹ. 저위도 해역(C)은 도달하는 태양 에너지양이 가장 많으므로 표층 수온이 가장 높다.
바로알기 ㄷ. 혼합층과 심해층의 수온 차가 클수록 수온 약층이 잘 발달한다. 심해층의 수온은 세 해역에서 같고 표층 수온은 저위도 해역에서 가장 높으므로 수온 약층은 저위도 해역(C)에서 가장 잘 발달한다.

06 바로알기 ① 여름철의 수온이 겨울철보다 더 높다.
② 수온은 고위도로 갈수록 낮아진다.
④ 대륙 주변에서는 해류와 대륙의 영향으로 등온선이 위도선에 나란하지 않다.

07 바로알기 ㄴ, ㄷ. 지역이나 계절에 따라 해수 1 kg에 녹아 있는 염류의 양은 다르지만, 전체 염류에서 각 염류가 차지하는 비율은 항상 일정하다.

08 염류 중 가장 많은 양을 차지하는 것은 짠맛을 내는 염화 나트륨이고, 염류 중 두 번째로 많은 양을 차지하는 것은 쓴맛을 내는 염화 마그네슘이다.

09 해수 500 g 속에 녹아 있는 염류의 총량이 16.5 g이므로 해수 1 kg 속에는 33 g의 염류가 녹아 있다. 따라서 염분은 33 psu이다.

10 염분(x)$=\dfrac{12\text{ g}}{400\text{ g}}\times1000$, x=30 psu

11 염류의 양(x)은 40 psu$=\dfrac{x}{500\text{ g}}\times1000$에서 x=20 g이므로, 물의 양은 500 g−20 g=480 g이다.

12 35 psu$=\dfrac{700\text{ g}}{x}\times1000$, x=20000 g=20 kg

13 ㄴ, ㄷ, ㅁ. 빙하가 녹거나 강수량이 증가하거나 강물이 유입되면 해수(물+염류)에서 물의 양이 많아지므로 염분이 낮아진다.
바로알기 ㄱ, ㄹ. 해수가 얼거나 증발량이 증가하면 해수(물+염류)에서 물의 양이 적어지므로 염분이 높아진다.

14 증발량이 강수량보다 많은 곳, 결빙이 일어나는 곳은 염분이 높다. 건조한 사막 지역(①)이나 햇빛과 바람이 강한 지역(②)은 증발이 잘 일어나므로 염분이 높다.
바로알기 강물이 유입되는 곳(③), 강수량이 증발량보다 많은 곳(④, ⑥), 빙하가 녹는 곳(⑤)은 염분이 낮다.

15 ⑤ 육지로부터 담수가 유입되는 대양의 주변부는 중앙부보다 표층 염분이 상대적으로 낮다.

16 염분비 일정 법칙에 따라 해수마다 염분은 달라도 염류 사이의 비율은 일정하다.

17 35 psu : 24.5 g=x : 25.9 g, x=37 psu

18 ③ 그린란드 근해에서 해수 1 kg 속의 염류의 총량과 염화 마그네슘의 질량을 이용하여 비례식을 세우면, 35 g : 3.5 g=30 g : A이다. 따라서 A는 3 g이다.

바로알기 ① 해수 1 kg 속에 포함된 염류의 총량(=염분)은 홍해가 40 g으로 가장 많으므로 홍해의 염분이 가장 높다.
② 바다마다 염류를 구성하는 성분 사이의 비율은 일정하지만, 염류의 양은 다르다.
⑤ 어느 바다에서나 염류의 구성비가 일정한 까닭은 해수가 움직이면서 섞이기 때문이다.

서술형 정복하기

시험 대비 교재 75~76쪽

1 답 태양 에너지, 바람

2 답 깊이에 따른 수온 변화

3 답 저위도 해역

4 답 염화 나트륨

5 답 강수량과 증발량, 담수의 유입량, 해수의 결빙과 해빙

6 답 7 : 1

7 모범답안 **저위도**에서 **고위도**로 갈수록 해수면이 받는 **태양 에너지양**이 적어지므로 **표층 수온**이 낮아진다.

8 모범답안 수온 약층은 **따뜻한 물**이 **위**에 있고, **차가운 물**이 **아래**에 있으므로 **대류**가 잘 일어나지 않아 매우 안정하다.

9 모범답안 위도 30° 부근 해역은 **증발량**이 **강수량**보다 많기 때문에 적도 해역보다 표층 염분이 상대적으로 높다.

10 모범답안 **지역**이나 계절에 따라 염분이 달라도 전체 **염류**에서 각 **염류**가 차지하는 **비율**은 **일정**하다.

11 모범답안 적도 부근에서 표층 수온이 가장 높고, 고위도로 갈수록 수온이 낮아진다.

채점 기준	배점
위도별 표층 수온 변화를 옳게 서술한 경우	100 %
그 외의 경우	0 %

12 모범답안 (1) 바람의 혼합 작용이 일어나기 때문이다.
(2) 깊이가 깊어질수록 도달하는 태양 에너지양이 감소하기 때문이다.
| 해설 | A는 혼합층, B는 수온 약층, C는 심해층이다.

	채점 기준	배점
(1)	혼합층의 수온이 일정한 까닭을 옳게 서술한 경우	50 %
(2)	깊이에 따른 태양 에너지양을 언급하여 옳게 서술한 경우	50 %
	깊이에 따른 구분 없이 서술한 경우	25 %

13 모범답안 중위도 해역>저위도 해역, 저위도 해역보다 중위도 해역에서 바람이 더 강하게 불기 때문이다.

채점 기준	배점
혼합층의 두께를 옳게 비교하고, 바람의 세기를 언급하여 까닭을 옳게 서술한 경우	100 %
혼합층의 두께만 옳게 비교한 경우	50 %

14 모범답안 • 황산 마그네슘의 구성비(%) : $\frac{1.5\text{ g}}{32\text{ g}}\times 100 \fallingdotseq 4.7\ \%$
• 해수의 염분 : 32 psu
| 해설 | 염분은 해수 1000 g에 녹아 있는 염류의 총량이다.

채점 기준	배점
구성비를 식을 세워 옳게 구하고, 염분을 옳게 구한 경우	100 %
식을 세우지 않고 구성비를 구하고, 염분을 옳게 구한 경우	60 %
염분만 옳게 구한 경우	40 %

15 모범답안 (1) 우리나라는 겨울철보다 여름철에 강수량이 많기 때문이다.
(2) 황해는 동해보다 육지로부터 유입되는 담수의 양이 많기 때문이다.
| 해설 | (1) 우리나라 여름철에는 겨울철보다 증발량이 많지만 강수량은 더 많기 때문에 염분이 낮다.

	채점 기준	배점
(1)	여름철에 강수량이 많다는 내용을 포함하여 옳게 서술한 경우	50 %
(2)	황해에 유입되는 담수의 양이 동해보다 많기 때문이라고 서술한 경우	50 %

16 모범답안 3.60 : 25.64=3.38 : A 또는 25.64 : A=3.60 : 3.38, A≒24
| 해설 | 염분비 일정 법칙을 이용하여 염화 마그네슘을 기준으로 비례식을 세운다.

채점 기준	배점
비례식을 옳게 세우고, A의 값을 옳게 구한 경우	100 %
비례식만 옳게 세운 경우	60 %

03 해수의 순환

중단원 핵심 요약

시험 대비 교재 77쪽

① 바람 ② 난류 ③ 한류 ④ 쿠로시오
⑤ 동한 ⑥ 북한 ⑦ 만조 ⑧ 간조
⑨ 12 ⑩ 25 ⑪ 사리 ⑫ 조금
⑬ 간조

잠깐 테스트

시험 대비 교재 78쪽

1 ① 해류, ② 지속적인 바람 **2** ① 저위도에서 고위도, ② 따뜻한, ③ 고위도에서 저위도, ④ 찬 **3** B, 북한 한류
4 D, 쿠로시오 해류 **5** B, C **6** ① 북상, ② 남하
7 ① 조석, ② 만조, ③ 간조 **8** A : 만조, B : 간조, C : 조차
9 ① 두, ② 12시간 25분 **10** 조력 발전

중단원 기출 문제

시험 대비 교재 79~80쪽

01 ④ 02 ④ 03 ③ 04 ⑤ 05 ④ 06 ④, ⑥ 07 B : 북한 한류, C : 동한 난류 08 ② 09 ① 10 ③ 11 ⑤ 12 ① 13 ②

01 바로알기 ㄱ, ㄷ. 해류는 일정한 방향으로 나타나는 지속적인 해수의 흐름으로, 계절에 따라 방향이 바뀌거나 사라지지 않는다.

02 동한 난류, 황해 난류, 북한 한류는 우리나라 주변을 흐르는 해류이고, 쿠로시오 해류는 동한 난류와 황해 난류의 근원이 되는 해류이다.

03 주변 해수에 비해 상대적으로 수온이 낮은 해류는 한류이다.

04 ⑤ 동해에 흐르는 동한 난류와 황해에 흐르는 황해 난류는 모두 쿠로시오 해류에서 갈라져 나온 것이다.
바로알기 ②, ③ 우리나라 동해에는 한류와 난류가 만나서 조경 수역을 이룬다.

[05~07]

06 A는 황해 난류, B는 북한 한류, C는 동한 난류, D는 쿠로시오 해류이다.
⑥ 여름철에는 동한 난류(C)의 세력이 강해 조경 수역의 위치가 북쪽으로 치우쳐 형성된다.
바로알기 ① A는 난류, B는 한류이다.
② 북한 한류(B)는 연해주 한류에서 갈라져 나온 것이다.
③ 동한 난류(C)는 해안 가까이 흘러 겨울철에 동해안의 기온을 높인다.
⑤ 조경 수역은 한류와 난류가 만나는 곳이다. 우리나라는 동해에서 북한 한류(B)와 동한 난류(C)가 만나 조경 수역을 이룬다.

07 우리나라 동해안에는 북한 한류와 동한 난류가 만나서 조경 수역을 형성한다. 이곳에는 영양 염류와 플랑크톤이 풍부하고, 한류성 어종과 난류성 어종이 함께 분포하여 좋은 어장이 형성된다.

08 바로알기 ㄴ. 우리나라에서 조경 수역은 동한 난류와 북한 한류가 만나는 동해에 형성되어 있다.
ㄷ. 계절에 따라 난류와 한류의 세력이 달라져 조경 수역의 위치가 변한다.

09 거제도 부근에서는 동해안을 따라 북상하는 동한 난류가 흐르므로, 기름은 A 방향으로 이동한다.

10 바로알기 ③ 하루 중 해수면의 높이가 가장 높을 때를 만조, 가장 낮을 때를 간조라고 한다.

11 바로알기 ③ 갯벌은 해수면의 높이가 낮아지는 간조(A, C) 일 때 드러난다.
④ 조석의 주기는 만조에서 다음 만조(B~D) 또는 간조에서 다음 간조(A~C)까지 걸리는 시간이다.

12 A, C는 한 달 중 조차가 가장 작은 조금이고, B, D는 조차가 가장 큰 사리이다.
바로알기 ㄷ. 바다 갈라짐 현상은 사리일 때(B, D) 간조가 되면 가장 잘 일어난다.

13 바로알기 ② 해수면의 높이가 낮아지는 간조 때 바다 갈라짐 현상을 볼 수 있다.

서술형 정복하기

시험 대비 교재 81쪽

1 답 해류

2 답 쿠로시오 해류

3 답 조경 수역

4 답 서해안

5 모범답안 난류는 **저위도**에서 **고위도**로 흐르는 비교적 **따뜻한** 해류이고, 한류는 **고위도**에서 **저위도**로 흐르는 비교적 **차가운** 해류이다.

6 모범답안 조석은 **밀물**과 **썰물**에 의해 **해수면**의 높이가 **주기**적으로 높아지고 낮아지는 현상이다.

7 모범답안 (1) A : 황해 난류, B : 북한 한류, C : 동한 난류, D : 쿠로시오 해류
(2) 난류인 A의 수온이 한류인 B의 수온보다 높다.
(3) B와 C, 한류와 난류가 만나 영양 염류와 플랑크톤이 풍부하고, 한류성 어종과 난류성 어종이 함께 분포하기 때문이다.
| 해설 | (3) 우리나라 동해에서는 북한 한류와 동한 난류가 만나 조경 수역을 이룬다.

	채점 기준	배점
(1)	A~D의 이름을 모두 옳게 쓴 경우	30 %
(2)	A와 B의 수온을 옳게 비교하여 서술한 경우	30 %
(3)	B와 C를 쓰고, 영양 염류와 플랑크톤이 풍부하다는 내용과 어종을 언급하여 까닭을 옳게 서술한 경우	40 %
	B와 C만 쓴 경우	20 %

8 모범답안 동해안 지역, 동해안이 서해안보다 난류의 영향을 더 많이 받기 때문이다.

채점 기준	배점
동해안 지역을 쓰고, 까닭을 옳게 서술한 경우	100 %
동해안 지역만 쓴 경우	40 %

9 모범답안 • 조류를 이용하여 물고기를 잡는다.
• 갯벌에서 조개를 캔다.
• 바다 갈라짐 현상을 이용하여 섬까지 걸어간다.
• 조차나 조류를 이용하여 전기 에너지를 얻는다. 등

채점 기준	배점
조석을 이용하는 예 두 가지를 모두 옳게 서술한 경우	100 %
예를 한 가지만 옳게 서술한 경우	50 %

Ⅷ 열과 우리 생활

01 열

중단원 핵심 요약

시험 대비 교재 82쪽

① 높고	② 낮다	③ 전도	④ 대류
⑤ 복사	⑥ 아래	⑦ 위	⑧ 단열
⑨ 대류	⑩ 복사	⑪ 열평형	⑫ 활발
⑬ 둔			

잠깐 테스트

시험 대비 교재 83쪽

1 온도 **2** (다), (가) **3** 전도 **4** 대류 **5** 복사 **6** ① 위로 올라가고, ② 아래로 내려가므로, ③ 아래쪽, ④ 위쪽 **7** ① 단열, ② 온도 **8** 열평형 **9** ① 높은, ② 낮은 **10** (1) ○ (2) × (3) ×

중단원 기출 문제

시험 대비 교재 84~86쪽

01 ② **02** ③ **03** ③ **04** ④ **05** ①, ④, ⑥ **06** ④ **07** ④ **08** ⑤ **09** ③ **10** ⑤ **11** ⑤ **12** ⑥ **13** ② **14** ⑤ **15** ⑤ **16** ② **17** ④ **18** ⑤, ⑥

01 바로알기 ㄱ. 온도가 낮을수록 입자 운동이 둔하고, 온도가 높을수록 입자 운동이 활발하다.
ㄷ. 열은 입자 운동이 활발한 물체에서 입자 운동이 둔한 물체로 이동한다.

02 ㄱ. 입자 운동이 둔할수록 물체의 온도는 낮다.
바로알기 ㄷ. 물의 입자의 운동이 활발할수록 잉크가 빨리 퍼진다.

03 ① 입자 운동이 이웃한 입자에 차례로 전달되어 열이 이동하므로 전도의 방법으로 열이 이동하는 모습이다.
④ 불이 닿는 부분이 먼저 데워지고, 그 부분의 입자 운동이 이웃한 입자로 전달되어 열이 이동한다. 따라서 열은 A → B → C로 이동한다.
바로알기 ③ 전도의 방법으로 열이 이동한다.

04 ④ 금속이 나무보다 열 전도가 더 잘 되는 물질이어서 금속 의자에 앉을 때가 나무 의자에 앉을 때보다 몸의 열이 빠르게 빠져나간다.

05 바로알기 ② 알루미늄박으로 열이 전도되어 고구마가 골고루 익는다.
③ 적외선 카메라는 건물에서 복사되는 열을 통해 건물의 온도를 측정한다.
⑤ 뜨거운 물을 담은 유리컵을 만지면 손이 따뜻한 까닭은 전도에 의해 열이 물 → 유리컵 → 손으로 전달되기 때문이다.

06 (가)는 공기의 대류에 의해 방 전체가 따뜻해지는 경우이다.
(나)는 난로에서 나오는 복사열에 의해 따뜻함을 느끼는 경우이다.
(다)는 전도에 의해 주전자의 손잡이가 따뜻해지는 경우이다.

07 바로알기 ④ 열이 물질의 도움을 받지 않고 빛과 같은 형태로 직접 전달되는 방법을 복사라고 하는데, ㉢이 이에 해당한다. 이러한 원리로 태양열이 공기가 없는 우주 공간을 지나 지구에 도달할 수 있는 것이다.

08 바로알기 ⑤ 공기를 많이 포함하는 물질일수록 전도에 의한 열의 이동을 효과적으로 차단하므로 단열에 효과적이다.

09 ③ 물의 온도 변화가 가장 작은 톱밥이 단열 효과가 가장 좋은 물질이다.

10 바로알기 ⑤ 스타이로폼은 공기를 많이 포함하고 있어 효율적인 단열재이다. 공기는 열의 전도가 느리게 일어나므로 스타이로폼으로 만든 아이스박스는 차갑고 뜨거운 음식을 모두 오랫동안 일정한 온도로 보관할 수 있다.

11 바로알기 ⑤ 이중벽 사이에 공기를 채워 넣으면 전도와 대류에 의한 열의 이동이 가능해져서 진공 상태에 비해 열의 이동이 많아진다.

12 이중창은 유리와 유리 사이에 있는 공기가 열의 이동을 차단하는 단열재 역할을 한다.
⑥ 얇은 옷을 여러 벌 입으면 옷 사이의 공기층이 열의 이동을 차단하므로 두꺼운 옷을 한 벌 입는 것보다 더 따뜻하다.
바로알기 ①은 대류, ②는 액체의 열팽창, ③은 열평형, ④는 복사, ⑤는 전도의 방법으로 열이 이동하는 현상이다.

13 열은 온도가 높은 물체에서 낮은 물체로 이동하므로 온도를 비교하면 B>D, C>B, A>C이다. 따라서 네 물체의 온도를 비교하면 A>C>B>D이다.

14 바로알기 ⑤ 충분한 시간이 흐르면 열평형 상태가 되므로 A와 B의 입자 운동이 활발한 정도는 같아진다.

15 ①, ③ 물의 온도가 5분부터 30 ℃로 같아졌으므로 열평형 온도는 30 ℃이고 온도가 높은 물체가 잃은 열의 양은 온도가 낮은 물체가 얻은 열의 양과 같다.
②, ④ 열은 온도가 높은 비커의 물에서 온도가 낮은 수조의 물 쪽으로 이동하였다. 열을 얻은 수조의 물은 입자 운동이 활발해지고 온도가 올라간다.
바로알기 ⑤ 열은 비커의 물에서 수조의 물로 이동하므로 비커의 물은 입자 운동이 둔해지고, 수조의 물은 입자 운동이 활발해진다.

16 열평형 상태는 열의 이동이 없는 상태로, 두 물체의 온도가 같으면 열의 이동이 없다.

17 바로알기 ④ 시간이 지날수록 A와 B의 온도 차는 줄어들므로 고온의 물체인 A에서 저온의 물체인 B로 이동하는 열의 양은 점점 줄어든다.

18 ⑤ 열을 얻은 10 ℃의 물은 입자 운동이 활발해진다.
⑥ 두 물을 섞으면 열평형 상태가 될 때까지 두 물이 주고 받은 열의 양이 같다.
바로알기 ① 온도가 낮을수록 입자 운동이 둔하므로 10 ℃의 물이 60 ℃의 물보다 입자 운동이 더 둔하다.
②, ③ 두 물을 섞으면 온도가 낮은 10 ℃의 물은 열을 얻고, 온도가 높은 60 ℃의 물은 열을 잃는다.
④ 열은 온도가 높은 60 ℃의 물에서 온도가 낮은 10 ℃의 물로 이동한다.

서술형 정복하기

시험 대비 교재 87~88쪽

1 답 온도

2 답 복사

3 답 전도

4 답 단열

5 답 열평형

6 답 입자의 운동이 활발해진다.

7 모범답안 여름, **찬 공기**가 아래로 내려오고, 아래쪽에 있던 **따뜻한 공기**가 위로 올라가는 **대류** 현상에 의해 시간이 지나면 방 전체가 고르게 시원해진다.

8 모범답안 **솜털**은 **공기**를 많이 포함하고 있어서 열이 **전도**되는 것을 차단하기 때문이다.

9 모범답안 이중창을 설치하면 유리와 유리 사이의 **공기**가 열이 **전도**되는 것을 막으므로 집 안의 **온도**를 유지할 수 있다.

10 모범답안 (1) B
(2) 비커 B에 들어 있는 물의 입자의 운동이 더 활발하기 때문이다.
| 해설 | 물의 입자 운동이 활발하면 물속에 떨어뜨린 잉크가 더 빨리 퍼지게 된다.

	채점 기준	배점
(1)	B라고 쓴 경우	30 %
(2)	입자의 운동을 비교하여 옳게 서술한 경우	70 %
	B의 온도가 더 높기 때문이라고 서술한 경우	30 %

11 모범답안 B>C>A>D, 열은 온도가 높은 물체에서 낮은 물체로 이동하기 때문이다.

채점 기준	배점
온도를 옳게 비교하고, 그 까닭을 옳게 서술한 경우	100 %
온도만 옳게 비교한 경우	50 %

12 모범답안 냄비는 열이 잘 전달되도록 전도가 잘 되는 금속으로 만들고, 손잡이는 열이 잘 전달되지 않도록 전도가 잘 되지 않는 플라스틱으로 만든다.

채점 기준	배점
전도되는 정도를 언급하여 금속과 플라스틱을 사용하는 까닭을 모두 옳게 서술한 경우	100 %
열의 전달이나 전도에 대한 언급 없이 서술한 경우	50 %

13 모범답안 (1) 공기가 거의 없어 전도와 대류에 의한 열의 이동을 차단한다.
(2) 벽면에서 열을 반사시키므로 복사에 의한 열의 이동을 차단한다.

	채점 기준	배점
(1)	공기가 거의 없어 전도와 대류에 의한 열의 이동을 차단한다라고 서술한 경우	50 %
	전도와 대류에 의한 열의 이동을 차단한다라고만 서술한 경우	40 %
(2)	열을 반사시켜 복사에 의한 열의 이동을 차단한다라고 서술한 경우	50 %
	복사에 의한 열의 이동을 차단한다라고만 서술한 경우	40 %

14 모범답안 열은 금속에서 물로 이동한다. 열은 온도가 높은 물체에서 낮은 물체로 이동하기 때문이다.
| 해설 | 열은 온도가 높은 물체에서 낮은 물체로 이동한다. 이 실험에서는 금속이 고온이고, 열량계 속 물이 저온이므로 금속에서 열량계 속 물로 열이 이동한다.

채점 기준	배점
열의 이동 방향을 쓰고, 까닭을 옳게 서술한 경우	100 %
열의 이동 방향만 쓴 경우	40 %

15 모범답안 수박이 갖고 있던 열이 차가운 물로 이동하여 수박이 시원해지기 때문이다.

채점 기준	배점
열의 이동과 수박의 온도 변화를 모두 옳게 서술한 경우	100 %
수박에서 물로 열이 이동한다고만 서술한 경우	60 %

02 비열과 열팽창

중단원 핵심 요약

시험 대비 교재 89쪽

① 온도 ② 1 kg ③ 비열 ④ 온도 변화
⑤ 작다 ⑥ 비열 ⑦ 질량 ⑧ 커
⑨ 해풍 ⑩ 육풍 ⑪ 멀어 ⑫ 바이메탈
⑬ 작은

잠깐 테스트
시험 대비 교재 90쪽

1 열량 **2** ① 비열, ② 1 **3** ① 작다, ② 작다 **4** 300 kcal **5** ① 해풍, ② 육풍, ③ 비열 **6** ① 열팽창, ② 기체 **7** ① 입자, ② 거리 **8** ① 커지고, ② 커진다 **9** ① B, ② A **10** (1) ○ (2) × (3) ○

계산력·암기력 강화 문제
시험 대비 교재 91~92쪽

◇ 비열 관계식 적용하기

1 0.5 kcal/(kg·℃) **2** 0.2 kcal/(kg·℃) **3** 0.1 kcal/(kg·℃) **4** 10 kcal **5** 0.22 kcal **6** 1.8 kcal **7** 0.25 kg **8** 200 g **9** 10 ℃ **10** 25 ℃ **11** 45 ℃ **12** 15 ℃

1 $\text{비열}=\frac{\text{열량}}{\text{질량}\times\text{온도 변화}}=\frac{5\text{ kcal}}{2\text{ kg}\times5\text{ ℃}}=0.5\text{ kcal/(kg·℃)}$

2 $\text{비열}=\frac{\text{열량}}{\text{질량}\times\text{온도 변화}}=\frac{0.8\text{ kcal}}{400\text{ g}\times10\text{ ℃}}$

$=\frac{0.8\text{ kcal}}{0.4\text{ kg}\times10\text{ ℃}}=0.2\text{ kcal/(kg·℃)}$

3 $\text{비열}=\frac{\text{열량}}{\text{질량}\times\text{온도 변화}}=\frac{0.06\text{ kcal}}{200\text{ g}\times(23\text{ ℃}-20\text{ ℃})}$

$=\frac{0.06\text{ kcal}}{0.2\text{ kg}\times3\text{ ℃}}=0.1\text{ kcal/(kg·℃)}$

4 열량=비열×질량×온도 변화

=1 kcal/(kg·℃)×1 kg×10 ℃=10 kcal

5 열량=비열×질량×온도 변화

=0.11 kcal/(kg·℃)×100 g×20 ℃

=0.11 kcal/(kg·℃)×0.1 kg×20 ℃

=0.22 kcal

6 열량=비열×질량×온도 변화

=0.4 kcal/(kg·℃)×300 g×(30 ℃−15 ℃)

=0.4 kcal/(kg·℃)×0.3 kg×15 ℃

=1.8 kcal

7 $\text{질량}=\frac{\text{열량}}{\text{비열}\times\text{온도 변화}}=\frac{3\text{ kcal}}{0.2\text{ kcal/(kg·℃)}\times60\text{ ℃}}$

=0.25 kg

8 $\text{질량}=\frac{\text{열량}}{\text{비열}\times\text{온도 변화}}$

$=\frac{1\text{ kcal}}{1\text{ kcal/(kg·℃)}\times(25\text{ ℃}-20\text{ ℃})}$

=0.2 kg=200 g

9 $\text{온도 변화}=\frac{\text{열량}}{\text{비열}\times\text{질량}}=\frac{100\text{ kcal}}{1\text{ kcal/(kg·℃)}\times10\text{ kg}}$

=10 ℃

10 $\text{온도 변화}=\frac{\text{열량}}{\text{비열}\times\text{질량}}=\frac{0.5\text{ kcal}}{0.2\text{ kcal/(kg·℃)}\times0.1\text{ kg}}$

=25 ℃

11 $\text{온도 변화}=\frac{\text{열량}}{\text{비열}\times\text{질량}}=\frac{30\text{ kcal}}{1\text{ kcal/(kg·℃)}\times1\text{ kg}}$

=30 ℃

따라서 물의 온도는 15 ℃에서 30 ℃ 높아진 45 ℃가 된다.

12 $\text{온도 변화}=\frac{\text{열량}}{\text{비열}\times\text{질량}}=\frac{7\text{ kcal}}{0.4\text{ kcal/(kg·℃)}\times0.7\text{ kg}}$

=25 ℃

25 ℃ 높아진 온도가 40 ℃가 되어야 하므로 처음 온도=40 ℃ −25 ℃=15 ℃이다.

중단원 기출 문제
시험 대비 교재 93~95쪽

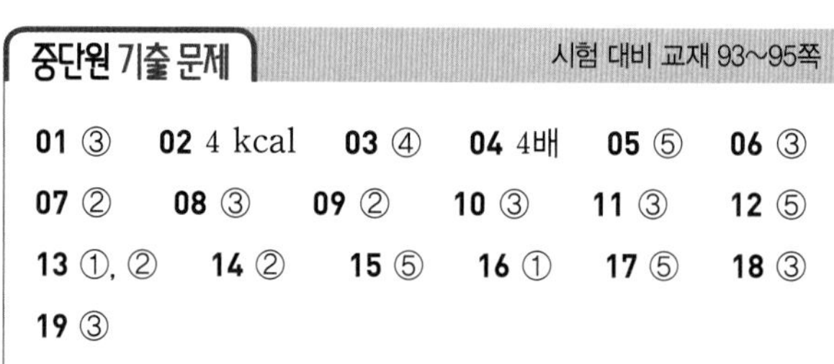

01 ③ **02** 4 kcal **03** ④ **04** 4배 **05** ⑤ **06** ③ **07** ② **08** ③ **09** ② **10** ③ **11** ③ **12** ⑤ **13** ①, ② **14** ② **15** ⑤ **16** ① **17** ⑤ **18** ③ **19** ③

01 질량과 비열이 같을 때 물체의 온도 변화는 가해 준 열량에 비례한다.

02 물이 얻은 열량=물의 비열×질량×온도 변화

=1 kcal/(kg·℃)×0.2 kg×20 ℃

=4 kcal

03 같은 세기의 열로 같은 시간 동안 가열하였으므로 물이 얻은 열량과 액체가 얻은 열량은 같다. 따라서

4 kcal=c×0.2 kg×50 ℃에서 c=0.4 kcal/(kg·℃)이다.

04 열량=비열×질량×온도 변화에서 질량과 온도 변화가 같을 때 비열과 열량은 비례 관계이다. A의 열량이 B의 4배이므로 A의 비열은 B의 4배이다.

05 열량=비열×질량×온도 변화

=1×0.2×(100−25)=15(kcal)

06

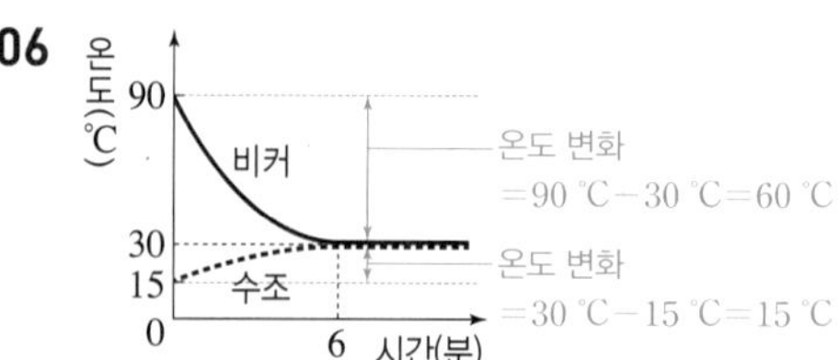

비커에 담긴 물이 잃은 열량은 수조에 담긴 물이 얻은 열량과 같다. 물의 비열은 일정하므로 온도 변화는 질량에 반비례한다. 비커의 물이 수조에 담긴 물보다 온도 변화가 4배 크므로 질량은 비커의 물이 수조의 물의 $\frac{1}{4}$배이다.

07 같은 열량을 가할 때 비열이 클수록 온도 변화가 작으므로 시간-온도 그래프의 기울기가 작다.

08

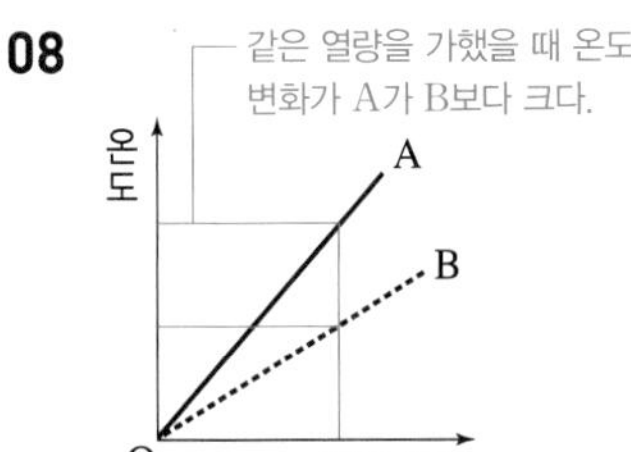
같은 열량을 가했을 때 온도 변화가 A가 B보다 크다.
온도
A
B
O
가열 시간

ㄱ. A와 B를 같은 세기의 불꽃으로 가열했으므로 가열 시간이 같으면 A와 B에 가한 열량도 같다.
ㄴ, ㄷ. 같은 열량을 가할 때 온도 변화는 A가 B보다 크다. 따라서 질량이 같다면 비열은 온도 변화에 반비례하므로 비열은 A가 B보다 작다.
바로알기 ㄹ. A와 B의 비열이 같다면 질량은 온도 변화가 큰 A가 B보다 작다.

09 ㄱ, ㄷ. 같은 시간 동안 물과 콩기름에 가해 준 열량은 같다. 이때 물의 온도 변화가 콩기름의 온도 변화보다 작으므로 물의 비열이 더 크다.
바로알기 ㄴ. 같은 온도까지 높일 때 비열이 클수록 많은 열량이 필요하므로 물에 더 많은 열량을 가해야 한다.
ㄹ. 식을 때도 온도 변화는 비열이 클수록 작다. 따라서 콩기름의 온도가 더 빨리 낮아진다.

10 ⑤ 화력 발전소에서는 비열이 큰 물을 냉각수로 사용한다.
⑥ 라면과 같이 음식을 빨리 요리할 때 비열이 작은 금속 냄비를 사용하고, 된장찌개와 같이 뜨거운 상태를 오랫동안 유지해야 하는 음식을 요리할 때는 뚝배기를 이용한다.
바로알기 ③ 프라이팬은 열의 전도를 이용하여 음식물을 익힌다.

11 **바로알기** ③ 해풍과 육풍은 육지의 비열이 바다보다 작기 때문에 온도 차가 생겨 발생하는 현상이다.

12 물질에 열을 가하면 입자 운동이 활발해지면서 입자 사이의 거리가 멀어지므로 물질의 부피가 팽창한다.

13 **바로알기** ③ 입자 운동이 활발해지면 입자 사이의 거리가 멀어져서 물체의 부피가 팽창한다.
④ 열팽창 정도는 기체 > 액체 > 고체 순으로 크다.
⑤ 온도 변화가 클수록 열팽창 정도는 커진다.
⑥ 액체는 물질의 종류에 따라 열팽창하는 정도가 다르다.

14 바이메탈은 길이가 더 짧은 쪽으로 휘어지므로 바이메탈을 가열하면 열팽창하는 정도가 작은 구리(A) 쪽으로, 냉각하면 열팽창하는 정도가 큰 납(C) 쪽으로 휘어진다.

15 **바로알기** ⑤ 바이메탈은 종류가 다른 두 금속이 열팽창하는 정도가 다른 것을 이용한다.

16 **바로알기** ① 여름철에는 온도가 높아져 고체가 열팽창하므로 전깃줄이 늘어나 아래로 처진다.

17 여름철에 기름을 가득 채우면 액체의 열팽창에 의해 기름의 부피가 팽창하여 넘칠 수 있다.

18 유리관을 따라 액체의 높이가 올라간 것은 액체의 부피가 증가했기 때문이다. 액체의 종류에 따라 유리관을 따라 올라간 높이가 다르므로 액체의 종류에 따라 열팽창하는 정도가 다름을 알 수 있다.

19 열팽창 정도가 가장 큰 액체는 유리관을 따라 가장 높이 올라간 벤젠이다.

서술형 정복하기

시험 대비 교재 96~97쪽

1 답 비열

2 답 해안 지역

3 답 해풍, 육풍

4 답 뚝배기

5 답 열팽창

6 답 바이메탈

7 **모범답안** 비열$=\dfrac{\text{열량}}{\text{질량}\times\text{온도 변화}}=\dfrac{100\ \text{kcal}}{5\ \text{kg}\times(75-25)\ ℃}$
$=0.4$ kcal/(kg·℃)이다.

8 **모범답안** **금속 냄비**보다 **뚝배기**의 **비열**이 커서 잘 식지 않기 때문이다.

9 **모범답안** 여름철에 **온도**가 올라가면 철로를 이루는 입자들의 **입자 운동**이 활발해져서 입자 사이의 거리가 멀어져 **열팽창**하기 때문이다.

10 **모범답안** **안쪽 그릇**에는 **차가운 물**을 붓고 **바깥쪽 그릇**에는 **뜨거운 물**을 부으면 그릇을 쉽게 뺄 수 있다.

11 **모범답안** (1) 금, 철, 모래, 콩기름, 물
(2) 모래의 비열이 물보다 작아서 낮 동안 모래의 온도가 더 많이 올라가기 때문이다.
(3) 열량=콩기름의 비열×질량×온도 변화$=0.47\times10\times10$ $=47$(kcal)이다.

	채점 기준	배점
(1)	순서대로 옳게 쓴 경우	30 %
(2)	비열을 이용하여 온도 변화의 차이를 옳게 서술한 경우 모래의 비열이 더 낮기 때문이라고 서술한 경우도 정답 인정	30 %
(3)	풀이 과정과 함께 열량을 옳게 구한 경우	40 %
	47 kcal만 구한 경우	20 %

12 **모범답안** (1) 물과 액체의 온도 변화 비가 (40−20)℃ : (60−20)℃=1 : 2이므로 비열의 비는 2 : 1이다.
(2) 액체의 비열은 0.5 kcal/(kg·℃)이므로 액체에 가해 준 열량$=0.5\times0.5\times40=10$(kcal)이다.
| 해설 | 같은 시간 동안 질량이 같은 물과 액체가 받은 열량은 같으므로 비열은 온도 변화에 반비례한다.

	채점 기준	배점
(1)	온도 변화로 비열의 비를 옳게 구한 경우	50 %
	비열의 비만 쓴 경우	20 %
(2)	풀이 과정과 함께 열량을 구한 경우	50 %
	10 kcal만 구한 경우	30 %

13 **모범답안** (1) 전선, 기차의 철로 틈
(2) (가) 여름, (나) 겨울, 온도가 높은 여름에 전선과 기차의 철로가 열팽창하기 때문이다.

| 해설 | (1) (가)에서는 전선이 늘어져 있고, (나)에서는 팽팽해져 있다. 또한, (가)에서는 기차의 철로 틈이 좁지만, (나)에서는 기차의 철로 틈이 넓다.
(2) (나)보다 (가)에서 전선이 늘어져 있고 기차의 철로 틈이 좁은 것은 (가)에서 전선과 기차의 철로가 열팽창하였기 때문이다. 이는 (나)보다 (가)에서의 온도가 높기 때문이다.

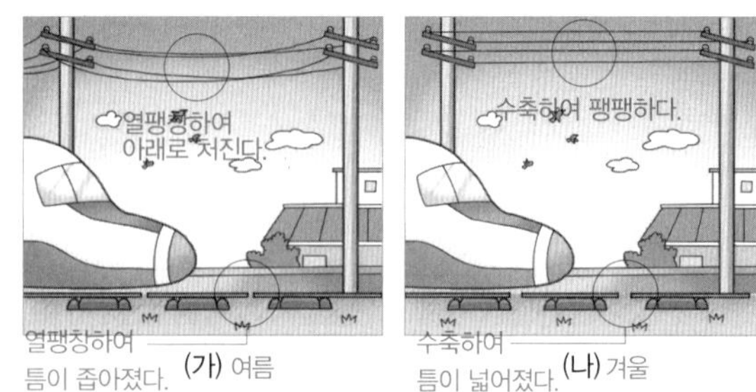

(가) 여름 (나) 겨울

	채점 기준	배점
(1)	두 가지를 모두 옳게 쓴 경우	50 %
	두 가지 중 한 가지만 옳게 쓴 경우	25 %
(2)	계절을 쓰고, 온도가 높아서 열팽창하기 때문이라고 서술한 경우	50 %
	계절을 쓰고, 여름에 부피가 커지기 때문이라고 서술한 경우	30 %
	계절만 쓴 경우	20 %

14 **모범답안** 열팽창 정도는 알루미늄이 종이보다 크다.

| 해설 | 껌 종이가 오므라든 것은 바깥쪽 부분이 안쪽 부분보다 더 많이 팽창하였기 때문이다.

채점 기준	배점
종이보다 알루미늄의 열팽창 정도가 크다라고 서술한 경우	100 %
종이와 알루미늄의 열팽창 정도가 다르기 때문이라고 서술한 경우	50 %

15 **모범답안** 액체의 열팽창, 수은은 온도 변화에 따른 부피 변화가 일정하고, 부피 변화가 비교적 크기 때문이다.

| 해설 | 수은 온도계는 온도 변화에 따라 수은의 부피가 변하는 것을 이용하여 온도를 측정한다. 온도계에 사용하는 액체는 온도 변화에 따른 부피 변화가 일정하고, 부피 변화가 큰 물질을 이용한다.

채점 기준	배점
열팽창이라고 쓰고, 온도 변화에 따른 부피 변화가 일정하고 크기 때문이라고 서술한 경우	100 %
열팽창이라고 쓰고, 온도 변화에 따른 부피 변화가 일정하다 또는 부피 변화가 크다 중 한 가지만 서술한 경우	60 %
열팽창이라고만 쓴 경우	30 %

Ⅸ 재해·재난과 안전

01 재해·재난과 안전

중단원 핵심 요약

시험 대비 교재 98쪽

① 자연 ② 사회 ③ 지진해일 ④ 태풍
⑤ 감염성 질병 ⑥ 화학 물질 유출 ⑦ 내진
⑧ 계단 ⑨ 태풍 ⑩ 감염성 질병 확산
⑪ 직각

잠깐 테스트

시험 대비 교재 99쪽

1 재해·재난 **2** ① 자연, ② 사회 **3** (1) ㄱ, ㄷ, ㄹ (2) ㄴ, ㅁ, ㅂ **4** 지진해일 **5** ① 감염성 질병, ② 증가, ③ 증가 **6** ① 내진, ② 안정 **7** 계단 **8** 태풍 **9** ㄱ, ㄷ, ㄹ, ㅁ **10** ① 높은, ② 직각

중단원 기출 문제

시험 대비 교재 100~101쪽

01 ④ **02** ④ **03** ⑤ **04** ② **05** ⑤ **06** ④
07 ① **08** ③ **09** ③ **10** ⑤ **11** ①, ② **12** ⑤

01 **바로알기** ④ 화재, 붕괴, 폭발 등은 인간의 부주의나 기술상의 문제 등 인간 활동으로 발생하는 사회 재해·재난이다.

02 **바로알기** ㄱ. 지진과 태풍은 모두 자연 현상으로 발생하는 자연 재해·재난이다. 인간 활동으로 발생하는 재해·재난은 사회 재해·재난이라고 한다.

03 병원체가 동물이나 인간에게 침입하여 발생하는 질병을 감염성 질병이라고 한다.

04 **바로알기** ② 인구 이동은 감염성 질병 확산의 원인 중 하나이다.

05 ③ 감염성 질병은 어느 한 지역에 그치지 않고, 지구적인 규모로 확산하여 수많은 사람과 동물에게 큰 피해를 줄 수 있다.

바로알기 ⑤ 태풍이 해안에 접근하는 시기가 만조 시각과 겹치면 해일이 발생하여 해안가에서 멀리 떨어진 곳까지 침수 피해가 커질 수 있다.

06 **바로알기** ㄱ. 콜레라는 콜레라균에 오염된 음식이나 물을 먹어 발생하는 질병이다. 스노는 역학 조사를 바탕으로 콜레라의 전염 원인을 알아냈다.

07 ④ 화학 물질의 유출로 대피 시 바람이 사고 발생 장소 쪽으로 불면 바람 방향의 반대 방향으로 대피하고, 바람이 사고 발생 장소에서 불어오면 바람 방향의 직각 방향으로 대피한다.

바로알기 ① 건물을 지을 때 내진 설계를 하여 건물이 지진에 견딜 수 있도록 한다.

08 ㄹ. 지진 발생 시 전기가 끊겨 승강기의 작동이 갑자기 멈출 위험이 있으므로 건물 밖으로 이동할 때에는 승강기 대신 계단을 이용한다.

바로알기 ㄴ. 지진 발생 시 무거운 물건이 떨어져 다칠 위험이 있으므로 무거운 물건은 낮은 곳으로 옮긴다.

09 ㄴ. 태풍이 진행하는 방향의 오른쪽 지역은 왼쪽 지역보다 바람이 강하고 강수량도 많아 피해가 크다.

바로알기 ㄷ. 기상 위성으로 자료를 수집하여 태풍의 이동 경로를 예측하고, 태풍의 예상 진로에 있는 지역에 경보를 내릴 수 있다.

11 ④ 건강한 식습관으로 우리 몸이 병원체와 싸워 이길 수 있는 면역력을 키울 수 있다.

바로알기 ① 지진, ② 태풍에 대한 행동 요령이다.

12 **바로알기** ⑤ 화학 물질 유출 시 실내로 대피한 경우 외부의 유독가스가 실내에 들어오지 않도록 문과 창문을 닫고, 외부 공기와 통하는 에어컨이나 환풍기의 작동을 멈춘다.

서술형 정복하기

시험 대비 교재 102쪽

1 **모범답안** (1) (가) 자연 재해·재난, (나) 사회 재해·재난

(2) • (가) : 화산재가 사람이 사는 지역을 덮친다. 용암이 흐르면서 마을이나 농작물에 피해를 준다. 화산 기체가 대기 중으로 퍼져 항공기 운행이 중단될 수 있다. 등

• (나) : 폭발, 화재, 환경 오염 등을 일으킨다. 호흡기나 피부를 통해 인체에 흡수되어 각종 질병을 유발한다. 등

	채점 기준	배점
(1)	(가)와 (나)를 옳게 구분한 경우	40 %
(2)	(가)와 (나)의 피해를 모두 옳게 서술한 경우	60 %
	(가)와 (나)의 피해 중 한 가지만 옳게 서술한 경우	30 %

2 **모범답안** • 지진 : 산이 무너지거나 땅이 갈라진다. 도로나 건물이 무너지고 화재가 발생한다. 해저에서 지진이 일어나면 지진해일이 발생할 수 있다. 등

• 태풍 : 강한 바람으로 농작물이나 시설물에 피해를 준다. 집중 호우를 동반하여 도로가 무너지거나 산사태가 일어난다. 태풍이 해안에 접근하는 시기가 만조 시각과 겹치면 해일이 발생할 수 있다. 등

채점 기준	배점
지진과 태풍의 피해를 모두 옳게 서술한 경우	100 %
지진과 태풍의 피해 중 한 가지만 옳게 서술한 경우	50 %

3 **모범답안** (1) 감염성 질병 확산

(2) 병원체의 진화, 모기나 진드기와 같은 매개체의 증가, 인구 이동, 무역 증가, 교통수단의 발달 등

	채점 기준	배점
(1)	감염성 질병 확산이라고 쓴 경우	40 %
(2)	감염성 질병 확산의 원인을 두 가지 모두 옳게 서술한 경우	60 %
	감염성 질병 확산의 원인을 한 가지만 옳게 서술한 경우	30 %

4 **모범답안** (가) 지진으로 흔들릴 때 : 탁자 아래로 들어가 몸을 보호한다.

(나) 흔들림이 멈췄을 때 : 가스와 전기를 차단하고, 문을 열어 출구를 확보한다.

(다) 건물 밖으로 나갈 때 : 승강기를 이용하지 말고 계단을 이용한다.

채점 기준	배점
(가)~(다) 모두 옳게 서술한 경우	100 %
(가)~(다) 중 2개만 옳게 서술한 경우	60 %
(가)~(다) 중 1개만 옳게 서술한 경우	30 %

5 **모범답안** 왼쪽, 태풍이 진행하는 방향의 오른쪽 지역은 왼쪽 지역보다 바람이 강하고 강수량도 많아 피해가 크기 때문이다.

채점 기준	배점
왼쪽이라고 쓰고, 그 까닭을 옳게 서술한 경우	100 %
왼쪽이라고만 쓴 경우	50 %

6 **모범답안** (1) 해안가에 있을 때 지진해일이 발생하면 높은 곳으로 대피해야 해.

(2) 화학 물질이 유출된 경우 유독가스가 공기보다 밀도가 작으면 낮은 곳으로 대피해야 해.

(3) 해외여행 후 귀국 시 몸에 이상 증상이 나타나면 검역관에게 신고해야 해.

채점 기준	배점
(1)~(3) 모두 옳게 고친 경우	100 %
(1)~(3) 중 2개만 옳게 고친 경우	60 %
(1)~(3) 중 1개만 옳게 고친 경우	30 %

MEMO